U0816826

图 2-8　广西容县真武阁

图 2-67　商鞅铜方升

(a)　　(b)

图 2-27　广西全州县石岗村燕子窝楼:(a)正面 (b)侧面

图 2-74　山西永济县永乐宫
三清殿壁画：校正尺度

图 2-39　考古工作者发掘唐代铁牛现场

图 3-6　汉代长信宫灯

图 3-16　清代金昆等绘《庆丰图》

图 3-24　晋顾恺之绘《女史箴》图局部

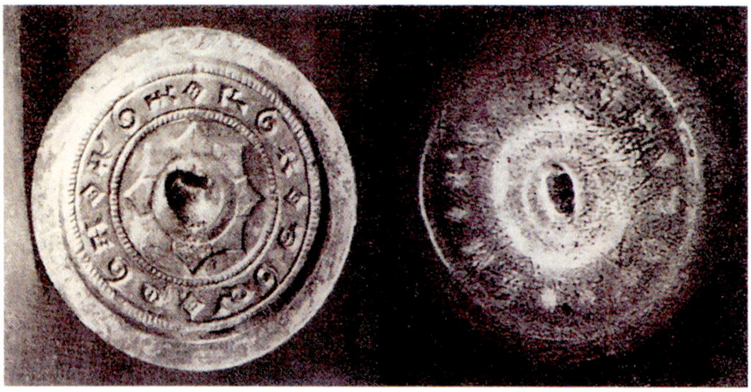

(a)　(b)

图 3-29　西汉透光镜:(a)镜背纹饰 (b)镜面反射光斑

图 4-1　在河南舞阳县贾湖村发掘的公元前60世纪的骨笛

图 4-4　曾侯乙编钟

图 4-13
宋人摹顾恺
之《斲琴图》
之局部

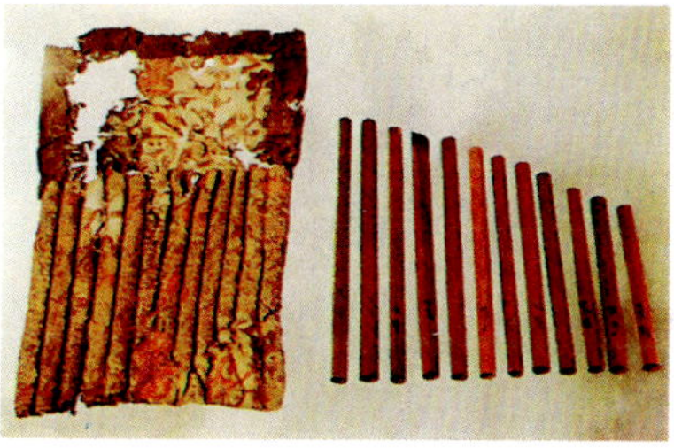

图 4-18　长沙马王堆
汉墓出土律管

图 4-23　建于 13 世纪的
晋南舞台

图 4-24　北京故宫清代
漱芳斋戏台

图 4-25　清人绘北京茶园演戏图

图 4-27
天坛内建筑：
回音壁(下)和
圜丘(上)

图 4-34　曾侯乙编磬

(a)

(b)

图 6-8　战国曾侯乙铜制保温器：
(a)器外形 (b)开盖后器形

(a)　　(b)

图 5-11　北京故宫博物院藏明代瓷罗盘：(a)俯视瓷盘内图 (b)釉绘于盘内底中心的罗盘方位

卢嘉锡　总主编

中国科学技术史

物理学卷

戴念祖　主编

科学出版社
北京

内 容 简 介

本书展现了中国古代科学在物理学方面的概貌。中国古代物理学可与西方同一时期相比的有力学与光学两个分支；在电磁学和热学方面，中国取得了远胜于西方的成就；在声学，特别是在乐律方面更是成绩卓著。

本书包括历史的概述、力学、光学、声学、电和磁、热学以及近代物理知识在中国的传播等几部分。书后附有较完善的中国（尤其是古代中国）有关物理学的参考书目，文前有珍贵的彩图插页。本书可供科学史工作者、理科大学生以及广大知识界读者阅读。

图书在版编目（CIP）数据

中国科学技术史：物理学卷 / 卢嘉锡总主编；戴念祖分卷主编. -北京：科学出版社，2001

ISBN 978-7-03-007853-7

Ⅰ.中… Ⅱ.①卢… ②戴… Ⅲ.①自然科学史-中国②物理学-技术史-中国 Ⅳ.N092

中国版本图书馆 CIP 数据核字(2000)第 38844 号

责任编辑：姜淑华 / 责任印制：赵 博 / 封面设计：曲 渊 张 放

科学出版社出版
北京东黄城根北街 16 号
邮政编码：100717
http://www.sciencep.com
北京厚诚则铭印刷科技有限公司印刷
科学出版社发行 各地新华书店经销
*
2001 年 5 月第 一 版 开本：787×1092 1/16
2025 年 1 月第八次印刷 印张：40 插页：2
字数：942 000

定价：258.00 元

（如有印装质量问题，我社负责调换）

《中国科学技术史》的组织机构和人员

顾　问（以姓氏笔画为序）

王大珩　王佛松　王振铎　王绶琯　白寿彝　孙　枢　孙鸿烈　师昌绪
吴文俊　汪德昭　严东生　杜石然　余志华　张存浩　张含英　武　衡
周光召　柯　俊　胡启恒　胡道静　侯仁之　俞伟超　席泽宗　涂光炽
袁翰青　徐苹芳　徐冠仁　钱三强　钱文藻　钱伟长　钱临照　梁家勉
黄汲清　章　综　曾世英　蒋顺学　路甬祥　谭其骧

总主编　卢嘉锡

编委会委员（以姓氏笔画为序）

马素卿　王兆春　王渝生　艾素珍　丘光明　刘　钝　华觉明　汪子春
汪前进　宋正海　陈美东　杜石然　杨文衡　杨　熺　李家治　李家明
吴瑰琦　陆敬严　罗桂环　周魁一　周嘉华　金秋鹏　范楚玉　姚平录
柯　俊　赵匡华　赵承泽　姜丽蓉　席龙飞　席泽宗　郭书春　郭湖生
谈德颜　唐锡仁　唐寰澄　梅汝莉　韩　琦　董恺忱　廖育群　潘吉星
薄树人　戴念祖

常务编委会

主　　任　陈美东

委　　员（以姓氏笔画为序）

华觉明　杜石然　金秋鹏　赵匡华　唐锡仁　潘吉星　薄树人　戴念祖

编撰办公室

主　　任　金秋鹏

副 主 任　周嘉华　杨文衡　廖育群

工作人员（以姓氏笔画为序）

王扬宗　陈　晖　郑俊祥　徐凤先　康小青　曾雄生

物理学卷编委

主　　编　戴念祖

编　　委　王　冰　洪震寰　姜淑华　徐克明

总　序

中国有悠久的历史和灿烂的文化，是世界文明不可或缺的组成部分，为世界文明做出了重要的贡献，这已是世所公认的事实。

科学技术是人类文明的重要组成部分，是支撑文明大厦的主要基干，是推动文明发展的重要动力，古今中外莫不如此。如果说中国古代文明是一棵根深叶茂的参天大树，中国古代的科学技术便是缀满枝头的奇花异果，为中国古代文明增添斑斓的色彩和浓郁的芳香，又为世界科学技术园地增添了盎然生机。这是自上世纪末、本世纪初以来，中外许多学者用现代科学方法进行认真的研究之后，为我们描绘的一幅真切可信的景象。

中国古代科学技术蕴藏在汗牛充栋的典籍之中，凝聚于物化了的、丰富多姿的文物之中，融化在至今仍具有生命力的诸多科学技术活动之中，需要下一番发掘、整理、研究的功夫，才能揭示它的博大精深的真实面貌。为此，中国学者已经发表了数百种专著和万篇以上的论文，从不同学科领域和审视角度，对中国科学技术史作了大量的、精到的阐述。国外学者亦有佳作问世，其中英国李约瑟(J. Needham)博士穷毕生精力编著的《中国科学技术史》(拟出7卷34册)，日本薮内清教授主编的一套中国科学技术史著作，均为宏篇巨著。关于中国科学技术史的研究，已是硕果累累，成为世界瞩目的研究领域。

中国科学技术史的研究，包涵一系列层面：科学技术的辉煌成就及其弱点；科学家、发明家的聪明才智、优秀品德及其局限性；科学技术的内部结构与体系特征；科学思想、科学方法以及科学技术政策、教育与管理的优劣成败；中外科学技术的接触、交流与融合；中外科学技术的比较；科学技术发生、发展的历史过程；科学技术与社会政治、经济、思想、文化之间的有机联系和相互作用；科学技术发展的规律性以及经验与教训，等等。总之，要回答下列一些问题：中国古代有过什么样的科学技术？其价值、作用与影响如何？又走过怎样的发展道路？在世界科学技术史中占有怎样的地位？为什么会这样，以及给我们什么样的启示？还要论述中国科学技术的来龙去脉，前因后果，展示一幅真实可靠、有血有肉、发人深思的历史画卷。

据我所知，编著一部系统、完整的中国科学技术史的大型著作，从本世纪50年代开始，就是中国科学技术史工作者的愿望与努力目标，但由于各种原因，未能如愿，以致在这一方面显然落后于国外同行。不过，中国学者对祖国科学技术史的研究不仅具有极大的热情与兴趣，而且是作为一项事业与无可推卸的社会责任，代代相承地进行着不懈的工作。他们从业余到专业，从少数人发展到数百人，从分散研究到有组织的活动，从个别学科到科学技术的各领域，逐次发展，日臻成熟，在资料积累、研究准备、人才培养和队伍建设等方面，奠定了深厚而又广大的基础。

本世纪80年代末，中国科学院自然科学史研究所审时度势，正式提出了由中国学者编著《中国科学技术史》的宏大计划，随即得到众多中国著名科学家的热情支持和大力推动，得到中国科学院领导的高度重视。经过充分的论证和筹划，1991年这项计划被正式列为中国科学院"八五"计划的重点课题，遂使中国学者的宿愿变为现实，指日可待。作为一名科技工作者，我对此感到由衷的高兴，并能为此尽绵薄之力，感到十分荣幸。

《中国科学技术史》计分30卷，每卷60至100万字不等，包括以下三类：

通史类(5卷)：

《通史卷》、《科学思想史卷》、《中外科学技术交流史卷》、《人物卷》、《科学技术教育、机构与管理卷》。

分科专史类(19卷)：

《数学卷》、《物理学卷》、《化学卷》、《天文学卷》、《地学卷》、《生物学卷》、《农学卷》、《医学卷》、《水利卷》、《机械卷》、《建筑卷》、《桥梁技术卷》、《矿冶卷》、《纺织卷》、《陶瓷卷》、《造纸与印刷卷》、《交通卷》、《军事科学技术卷》、《计量科学卷》。

工具书类(6卷)：

《科学技术史词典卷》、《科学技术史典籍概要卷》(一)、(二)、《科学技术史图录卷》、《科学技术年表卷》、《科学技术史论著索引卷》。

这是一项全面系统的、结构合理的重大学术工程。各卷分可独立成书，合可成为一个有机的整体。其中有综合概括的整体论述，有分门别类的纵深描写，有可供检索的基本素材，经纬交错，斐然成章。这是一项基础性的文化建设工程，可以弥补中国文化史研究的不足，具有重要的现实意义。

诚如李约瑟博士在1988年所说："关于中国和中国文化在古代和中世纪科学、技术和医学史上的作用，在过去30年间，经历过一场名副其实的新知识和新理解的爆炸"(中译本李约瑟《中国科学技术史》作者序)，而1988年至今的情形更是如此。在20世纪行将结束的时候，对所有这些知识和理解作一次新的归纳、总结与提高，理应是中国科学技术史工作者义不容辞的责任。应该说，我们在启动这项重大学术工程时，是处在很高的起点上，这既是十分有利的基础条件，同时也自然面对更高的社会期望，所以这是一项充满了机遇与挑战的工作。这是中国科学界的一大盛事，有著名科学家组成的顾问团为之出谋献策，有中国科学院自然科学史研究所和全国相关单位的专家通力合作，共襄盛举，同构华章，当不会辜负社会的期望。

中国古代科学技术是祖先留给我们的一份丰厚的科学遗产，它已经表明中国人在研究自然并用于造福人类方面，很早而且在相当长的时间内就已雄居于世界先进民族之林，这当然是值得我们自豪的巨大源泉，而近三百年来，中国科学技术落后于世界科学技术发展的潮流，这也是不可否认的事实，自然是值得我们深省的重大问题。理性地认识这部兴盛与衰落、成功与失败、精华与糟粕共存的中国科学技术发展史，引以为鉴，温故知新，既不陶醉于古代的辉煌，又不沉沦于近代的落伍，克服民族沙文主义和虚无主义，清醒地、满怀热情地弘扬我国优秀的科学技术传统，自觉地和主动地缩短同国际先进科学技术的差距，攀登世界科学技术的高峰，这些就是我们从中国科学技术史全面深入的回顾与反思中引出的正确结论。

许多人曾经预言说，即将来临的21世纪是太平洋的世纪。中国是太平洋区域的一个国家，为迎接未来世纪的挑战，中国人应该也有能力再创辉煌，包括在科学技术领域做出更大的贡献。我们真诚地希望这一预言成真，并为此贡献我们的力量。圆满地完成这部《中国科学技术史》的编著任务，正是我们为之尽心尽力的具体工作。

卢嘉锡

1996年10月20日

目　录

总序 …………………………………………………………………………………… 卢嘉锡
绪论 ………………………………………………………………………………… (1)
　一 “物理”的古代词义 ……………………………………………………………… (1)
　二 物理学的典籍 …………………………………………………………………… (3)
　三 传统物理学的特点 ……………………………………………………………… (5)
第一章 历史的概述 …………………………………………………………………… (7)
　第一节 物理学知识的萌芽 ………………………………………………………… (7)
　第二节 传统物理学的发展 ………………………………………………………… (9)
　第三节 传统物理学的高度发展 …………………………………………………… (12)
　第四节 物理学从传统走向近代 …………………………………………………… (14)
　一 明末清初的传统物理学知识 …………………………………………………… (15)
　二 鸦片战争前中西科学交流以及物理学知识的融合 ……………………………… (16)
　三 鸦片战争之后近代物理学在中国的传播与引进 ………………………………… (18)
第二章 力学 ………………………………………………………………………… (20)
　第一节 简单机械及其原理 ………………………………………………………… (20)
　一 杠杆和天平 ……………………………………………………………………… (20)
　二 《墨经》论杠杆 …………………………………………………………………… (25)
　三 滑轮和辘轳 ……………………………………………………………………… (27)
　四 《墨经》论滑轮 …………………………………………………………………… (30)
　五 尖劈与斜面 ……………………………………………………………………… (33)
　六 《墨经》论斜面 …………………………………………………………………… (35)
　第二节 重心和平衡 ………………………………………………………………… (38)
　一 《墨经》论力的平衡 ……………………………………………………………… (38)
　二 对重心的认识及运用 …………………………………………………………… (39)
　三 周庙欹器及其在历代的发展 …………………………………………………… (42)
　四 重心与平衡在建筑中的运用 …………………………………………………… (44)
　五 不倒翁 …………………………………………………………………………… (45)
　六 磬的重心 ………………………………………………………………………… (47)
　第三节 力和运动 …………………………………………………………………… (48)
　一 《墨经》定义力 …………………………………………………………………… (48)
　二 对几种力的认识 ………………………………………………………………… (50)
　三 王充论力和一个力学系统的内力 ……………………………………………… (53)
　四 时空的物理性质 ………………………………………………………………… (54)
　五 机械运动 ………………………………………………………………………… (58)
　六 相对运动 ………………………………………………………………………… (64)
　七 回转运动:陀螺与平衡环 ………………………………………………………… (67)

八　力学的相对性原理 ……………………………………………………………… (71)
九　动量矩守恒原理的应用 ………………………………………………………… (73)
十　动力学的思想萌芽 ……………………………………………………………… (75)
十一　功与能的古代观念 …………………………………………………………… (76)
十二　箭矢飞行及相关观念的东西方之差异 ……………………………………… (78)
第四节　流体力学 ……………………………………………………………………… (82)
一　液体的浮力 ……………………………………………………………………… (82)
二　液体的比重及其测定法 ………………………………………………………… (87)
三　液体的表面现象 ………………………………………………………………… (92)
四　静水和流水的力学知识 ………………………………………………………… (94)
五　大气压 …………………………………………………………………………… (100)
第五节　材料力学 …………………………………………………………………… (105)
一　对材料性质的认识 ……………………………………………………………… (105)
二　材料强度的经验检验法及其联接问题 ………………………………………… (108)
三　弹性变形和弹性定律 …………………………………………………………… (113)
四　梁木断面的高宽比 ……………………………………………………………… (120)
第六节　固体 ………………………………………………………………………… (122)
一　固体的比重 ……………………………………………………………………… (123)
二　晶体 ……………………………………………………………………………… (126)
三　垛积术与密堆积概念 …………………………………………………………… (140)
第七节　基本计量 …………………………………………………………………… (142)
一　时间的计量 ……………………………………………………………………… (143)
二　长度、容量和质量单位 ………………………………………………………… (150)
三　单位量值的演变与标准器的制定 ……………………………………………… (154)
四　寻求自然常数的努力 …………………………………………………………… (158)
五　《墨经》论度量 ………………………………………………………………… (163)
第三章　光学 ………………………………………………………………………… (166)
第一节　光源 ………………………………………………………………………… (166)
一　热光源 …………………………………………………………………………… (166)
二　冷光 ……………………………………………………………………………… (173)
第二节　影论 ………………………………………………………………………… (182)
一　圭表和影 ………………………………………………………………………… (182)
二　《墨经》论影 …………………………………………………………………… (185)
三　方以智的“光肥影瘦”说 ……………………………………………………… (189)
四　影戏 ……………………………………………………………………………… (193)
第三节　像论 ………………………………………………………………………… (194)
一　小孔成像 ………………………………………………………………………… (195)
二　反射镜成像 ……………………………………………………………………… (202)
三　透镜成像 ………………………………………………………………………… (225)
第四节　视觉、颜色和色散 ………………………………………………………… (243)
一　视觉与透视 ……………………………………………………………………… (243)
二　颜色与色觉 ……………………………………………………………………… (244)
三　色散 ……………………………………………………………………………… (246)

四　衍射 …… (252)
五　滤光及其应用 …… (253)
第五节　大气光象 …… (254)
一　“小儿辩日” …… (255)
二　海市蜃楼 …… (258)
三　峨眉宝光 …… (260)
第四章　声学 …… (262)
第一节　导言 …… (262)
一　声音的古代定义 …… (262)
二　声学与文化背景 …… (264)
第二节　音调的数学计算 …… (270)
一　乐律的起源 …… (271)
二　三分损益法和三分损益律 …… (279)
三　三分损益律的发展 …… (284)
四　纯律的应用和理论 …… (297)
五　朱载堉及其等程律 …… (303)
六　音高标准器与管口校正 …… (318)
第三节　声音的特性、传播和应用 …… (329)
一　声音的特性 …… (330)
二　声音的传播 …… (335)
三　建筑与声音 …… (341)
四　器物破裂及其内杂质的声音鉴定法 …… (347)
五　利用声响捕鱼 …… (348)
六　音乐与语言机械的制造 …… (350)
七　喷水鱼洗 …… (352)
第四节　乐器与声学知识 …… (354)
一　振动与声音 …… (354)
二　弦与管乐器 …… (355)
三　打击乐器 …… (361)
四　编钟和壳式乐器 …… (363)
第五节　共振 …… (374)
一　宋代之前共振现象的记述 …… (375)
二　宋代及其之后演示共振的实验 …… (377)
三　消除共振 …… (379)
四　地听器的发明及其应用 …… (381)
第五章　电和磁 …… (386)
第一节　摩擦起电 …… (386)
一　琥珀与玳瑁 …… (386)
二　毛皮、丝绸和其他 …… (389)
第二节　雷电 …… (391)
一　对雷电的一般认识 …… (391)
二　导体与绝缘体概念的滥觞 …… (393)
三　尖端放电和大气电现象 …… (394)

四 建筑避雷 …… (396)
五 东西方对电的认识差异 …… (398)
第三节 磁石及其特性 …… (399)
一 磁石的名称及其分类 …… (399)
二 磁石特性的发现 …… (400)
三 人造磁体 …… (402)
四 磁石的应用和磁幻术 …… (404)
第四节 指南针、磁极性和磁偏角 …… (407)
一 司南的创制 …… (408)
二 指南鱼、指南龟和地磁倾角的运用 …… (409)
三 指南针的制造和安装 …… (412)
四 磁体的极性 …… (414)
五 地磁偏角 …… (415)
第五节 罗盘及其在航海中的应用 …… (417)
一 罗盘的起源与发展 …… (417)
二 航海用指南针与罗盘 …… (421)
第六章 热学 …… (425)
第一节 火、燃烧与冰 …… (425)
一 对火的认识 …… (425)
二 摩擦生火 …… (426)
三 引火柴与活塞式点火器 …… (429)
四 自燃现象 …… (430)
五 冰 …… (432)
第二节 热与温度 …… (434)
一 热胀冷缩与物态变化 …… (434)
二 沸腾过程 …… (437)
三 热传导与热理论 …… (439)
四 测温、测湿与火候 …… (444)
五 冷凝与对冰花的观察 …… (448)
第三节 热现象的技术应用 …… (450)
一 热气球 …… (450)
二 走马灯 …… (451)
三 保温瓶 …… (452)
第七章 近代物理学知识在中国的传播 …… (455)
第一节 明末清初西方物理学知识的传入及影响 …… (455)
一 中国和欧洲的社会与科技发展的状况 …… (455)
二 天主教耶稣会士来华与西方物理学知识的传入 …… (458)
三 物理学知识集中的几种书籍 …… (459)
四 力学与简单机械知识的传入 …… (461)
五 热学与气象学知识的传入 …… (466)
六 光学知识的传入 …… (470)
七 西方物理学知识传播的影响 …… (475)
第二节 仪器制造与中西物理学知识的融合 …… (478)

一　眼镜 …… (479)
二　三棱镜和望远镜 …… (482)
三　崇祯历局制望远镜 …… (488)
四　薄珏、孙云球和黄履庄 …… (492)
五　计时器、钟表和单摆 …… (498)
六　阿基米德螺旋 …… (505)
七　郑复光及其《镜镜诊痴》 …… (507)
八　邹伯奇及其《格术补》 …… (528)
九　邹伯奇的玻璃摄影术 …… (537)
十　郑光祖和中西宇宙观的融合 …… (541)
第三节　晚清西方物理学知识的传入及影响 …… (543)
一　中国和欧洲的社会与科学技术 …… (543)
二　基督教新教传教士来华以及西方人士在华的科学与教育活动 …… (546)
三　物理学书籍的翻译 …… (549)
四　物理学教育 …… (552)
五　晚清时期传入的近代物理学知识 …… (555)
六　物理学名词的翻译和审订 …… (562)
七　物理学知识传播的影响以及影响物理学知识传播的因素 …… (566)
第四节　近代物理学的发端 …… (569)
一　《谈天·序》和李善兰的划时代宣言 …… (569)
二　廷德耳的《声学》、传统与近代的交流 …… (572)
三　近代物理教学的肇始 …… (576)
四　"西学中源"说 …… (581)
图录　表录　谱例 …… (585)
参考文献 …… (593)
主题索引 …… (607)
书名索引 …… (611)
人名索引 …… (613)
后　记 …… (624)
总　跋 …… (625)

绪　论

在近代科学诞生之前，人们无疑地积累了大量的科学知识。它们究竟有哪些内容，是如何被认识的，被谁发现和总结的，又以何种形式总结，它们在科学形成过程中、在社会进步和人类思维中曾经起过何种作用……如此等等，就是我们所说的“古代科学史”。物理学史亦然。虽然仅在科学诞生之后，才先后产生一门门范围明确、专业精深的学科，但是，从专门性的学科眼光看，追寻某学科在古代的历史发展，或许更能深入地发掘科学的历史功能及其价值。

物理学史是物理学的概念、理论、方法和实验的起源、发生和发展的历史。其中一些重大的物理事件及其前因后果，历史意义，参与该事件的重要人物，各民族之间的物理学交流，是特别引人注意的内容。近年，人们尤其关心物理学及其思想在不同民族的起源、物理学与社会之间的关系等课题。本书讨论的内容是物理学在中国的起源、发生和发展的历史情形，而且着重叙述古代时期的物理学。

一　“物理”的古代词义

“物理学”一词源出于希腊文 *Φνσικη*，其本意是探讨自然界和自然现象。当亚里士多德创造这一词并用它命名他的一本著作时，其意为《自然哲学》或《自然论》。该书在中世纪时期的拉丁文译本将书题译为physica，后来英译本将它译为physics，物理学由此得名①。

“物理”一词在中国古代与现代的含义亦不相同，它的历史演变及其定名是颇为有趣的。

“物理”一词古已有之，但其意义并非近代所谓的“物理学”，而是泛指一切事物的道理。所谓“事物”乃涵盖天地人身、草木鸟兽、金石器用、医药占卜、鬼神方术，以至人事变迁、伦理道德、帝王更迭等等，无所不包。晋杨泉《物理论》，明王宣《物理所》、方以智《物理小识》等冠以“物理”一词的著作，大致都包括了这诸多方面的内容。晋张华《博物志》中有“物理”篇，清郑光祖《一斑录》中有“物理”卷，其内容也不外如此。因之，西汉文学家贾谊在其《新书·道德说》中以“物理”阐述其“德”与“神”的含义。他写道：

“德者变及物理之所出也”。

“变化无所不为，物理及诸变之起，皆神之所化也”。

唐代房玄龄等人在修撰《晋书》时如此褒奖晋明帝司马绍：

---

① 亚里士多德《物理学》，张竹明译，商务印书馆，1982，第9～10页（**本书以下所引著作版本问题，均见本书附录“参考文献”**。

“帝聪明有机断，尤精物理”[①]。

唐代诗人杜甫在其《曲江诗》中刻划其官场失意的心态时写道：

“细推物理须行乐，何用浮名绊此身”[②]。

直到明末，方以智的父亲方孔炤在回答“星辰何以明、雷风何以作、动何以飞走、植何以荣枯”的问题时曾说：

> 圣人官天地、府万物、推历律、定制度、兴礼乐，以前民用，化至咸若，皆物理也。其常也，即其变也。变未有极乎？变极自反乎？惟神而明之者知之[③]。

在具体回答问题之前，方孔炤将天地万物、礼乐制度全都归结为“物理”。在他看来，“物理在一切中”，即使“性命、生死、鬼神”，也“只一大物理也”[④]。在方孔炤的影响下，方以智将农、医、算、测、工器，乃至“实务”、“九流”之属“总为物理”，将“器”与“道”称为“一大物理”[⑤]。

这是中国古代的“物理”观，它与近代意义的物理学是极不相同的。然而，正是古代“物理”无所不包的涵义，某些在近代物理意义下的自然知识也就包含在其中了。《淮南子·览冥训》写道：

“夫燧之取火于日，慈石引铁，蟹之败漆，葵之向日，虽有明智弗能然也。故耳目之察，不足以分物理；心意之论，不足以定是非。”

《淮南子》的作者例举这些事例，显然要求人们在“分物理”、“定是非”之时应当注意方法，而不能仅仅根据自己的五官感觉和主观想象。然而，在所例举的诸多“物理”中，至少包括了近代意义下的光学、磁学和生物物理现象。前述几种冠以“物理”为题的著作，亦确实包含了不少自然知识和物理知识。或许，在古人看来，解释这些物理现象比一般事物的道理要高深得多，因此，单靠“耳目之察”的直接观察法，“明智”者也不能知其所以然。

众所周知，在古代文明中，无论是东方还是西方，都没有一本书是题为“物理学”并专门论述物理知识的。诚然，亚里士多德曾著《物理学》一书。但他充其量是创造了西方的“物理学”一词，而其书的内容却与物理学的含义相去甚远。直到牛顿时代，牛顿本人将其物理学的奠基巨著称为《自然哲学的数学原理》，而并非物理学。由是观之，古代中国人的“物理”含义及其包容了一定的物理知识就不足为怪了。

虽然“物理”一词在古代被普遍运用，但它却并未在近代中国成为物理学一词的直接起源。历史是曲折复杂的。

明清之际，西方科学知识开始传入中国。王徵和邓玉函在译《远西奇器图说》时曾指出，西文 Mechinecs（力学）原意为“力艺”，即用力的技艺，其“本专属重，故独私号曰重学”，“重学者，学乃公称，重则私号。盖文学、理学、算学之类，俱以学称，故曰公。”[⑥] 这是近代学科名称译法之肇始。后来，这种定名法就成为翻译西学名称的公众约定或准则。“重学”（即今力学）是中国近代最早定名的西方科学名称。鸦片战争之后，

① 《晋书》卷六《明帝纪》，第一册，第165页。

② 陆游，《老学庵笔记·续笔记》引杜甫诗，第140页。

③，④ 方以智，《物理小识·总论》引潜草言。潜草是方以智父亲方孔炤字号。

⑤ 方以智，《通雅》，卷首之二，《藏书删书类略》。

⑥ 邓玉函、王徵合译，《远西奇器图说》，卷一。

西方科学又一次传入中国。此时，人们并未将 Physics 译为“物理学”，而是将它译为“格物学”或“格致学”。

“格致”或“格物”之词源出于《礼记·大学》：“致知在格物，格物而后知至。”显然，这句话的本意是在于指出认知世界、获取知识的方法。承认需要通过某种方法（格物）才能获得自然界或人世间的知识，这与利用观察、测量、模拟、实验、计算、推理、演绎等方法获得物理学知识有相似之处。虽然，“格”字所取的方法在古代有不同见解，甚而争论[①]，但是，“格致”或“格物”一词加上公称“学”成为清季翻译物理学（时有包括化学在内）的专有名词，也不无道理。

19 世纪 60 年代，日本国的明治维新和中国的洋务运动几乎同时起步。初，日本国曾大量出版译成汉文的西方近代科技书籍。但是，迄 90 年代止，中国却大量翻译出版日文本西方科技著作或教科书。在方以智《物理小识》书名的启发下，亦是在王徵提出的翻译西学名称准则的影响下，日本学者于 19 世纪 70 年代将 Physics 译成“物理学”[②]。1900 年，江南制造局刊行日本饭盛挺造编著的大学教科书《物理学》的中译本。此后，“物理学”一词就得到中国知识界的认同和普遍采用。

二　物理学的典籍

按照近代物理学的定义，除了音乐和乐律著作之外，自然难于从古代典籍中找到一本属于物理学的专门之作。而按照古代的“物理”含义，又几乎所有的古籍都可以看成是“物理”典籍，因为没有一本书不谈论事物的道理。解决这两难的处境，除了写作宗旨之外，只有遵从科技史界的一般惯例了。

近年，国际中国科技史界有些学者提倡写传统中国科技史。除农、医、天、算外，物理学史也要以传统观点来写。这个倡议固然有新意，但是这又势必将上述古代“物理”所涵盖的内容全部撰入其中，这样的书不仅包容了物理学科史，也包容了人类认识史、哲学史、宗教史、甚至于社会史。从这一宗旨出发，不仅“传统物理学史”不伦不类，而且“物理”典籍之多也非同一般了。

遵从科技史界的一般惯例，除农、医、天、算和某些技术领域之外，其他学科少有专门之作。当然，某些书籍所记述的内容偏重于某一学科，或有关于该学科的重要现象和知识的描述，或记叙了该学科的某一重大事件，人们就习惯于将它称为某学科的典籍。按照这一原则汇编的《中国科学技术典籍通汇·物理学卷》收集了近 20 种古书[③]。例如，《墨经》一书，虽以逻辑学知识为多，但在科技史界将它看成物理典籍之一，仍然是恰当的。物理学史界经常征引的《考工记》，东汉王充的《论衡》，宋代沈括的《梦溪笔谈》，

---

① 林文照、郭永芳，格物致知学说及其对中国古代科学发展的影响，自然科学史研究，1988 年第 4 期，第 305～310 页。

② 杨玉，关于中译“物理学”名称的由来，物理，1987 年第 1 期，第 55～57 页。

③ 这 20 种古书包括节录本在内。它们是：《国语·周语下》；《墨子》（节录《墨经》和“墨守”各篇）；《尚书纬·考灵曜》；《淮南万毕术》；《月令章句》；《博物志》；《物理论》；《列子》（节录其《仲尼》和《汤问》两篇）；《乐书要录》（残本）；《羯鼓录》；《乐府杂录》；《化书》；《乐律全书》；《物理小识》；《一斑录》；《镜镜诊痴》；《邹徵君遗书》以及“二十四史”中“乐志”与“律志”等。见《中国科学技术典籍通汇·物理卷》。

曾公亮的《武经总要》、李诫《营造法式》，元初赵友钦的《革象新书》等等不在物理典籍之内，而是分别被列入技术卷、综合卷和天文卷之中。对于治物理学史而言，显然它们是极为重要的典籍。自然，将古籍分学科完全是人为的，也许只是为了记忆和研究使用的方便罢了。

还有大量的典籍，虽然只以极少的文字记述物理现象或物理知识，但其所涉及的内容在物理学史上有极为重要的地位。例如，汉代韩婴的《韩诗外传》，在世界上最早记下了雪花的对称形态；唐代韦绚的《刘宾客嘉话录》，详细记述了唐代乐律家曹绍夔锉磬治病的共振故事；南宋李诫的《营造法式》对横梁高宽比作出了科学规定，它是古代材料力学的光辉成果；宋代何薳的《春渚纪闻》和王明清的《挥麈录》，清楚地记下了喷水鱼洗的起源；宋、明两代，朱彧的《萍洲可谈》、徐兢《宣和奉使高丽图经》、吴自牧《梦粱录》、庄季裕《鸡肋篇》、张邦基《墨庄漫录》、都邛《三余赘笔》等，都有关于电或磁、以及船用指南针的记载。前述《革象新书》，虽然主要是讨论天文问题，但其中“小罅光景”一节却记述了中世纪时期一个最大型的光学实验。即使如《九章算术》这样的数学著作，表面看来与物理学毫无关系，实际上有关运动学的内容集中地反映在该书的“均输”等篇的算题之中。这样的古籍不胜枚举，它们自然是值得我们格外重视的。

古代人将图书分为经、史、子、集四大部。由于天文、算法、医药、术数被列在子部之中，因此，子部图书颇受科技史界的重视。属于子部中的《墨子》、《淮南子》、《论衡》、《梦溪笔谈》、《谭子化书》、《物理小识》等也确实记下了较为深刻的某些物理现象。史部中，如“二十四史”是研究科学史不可或缺的著作。但是，集部中的诗文别集尚未引起人们普遍注意。古代人将物理现象撰入诗词中的情况，不乏其例。从西周时期的民歌大成《诗经》到隋唐时期的《敦煌曲子》、唐诗宋词，都可以从其中读到某些描述物理现象的诗句。值得注意的是，物理学史上一些重大发现却又常常记载于经部图书之中。例如，世界上最早记述弹性定律的是郑玄、贾公彦注疏的《周礼·考工记》，它属于经部礼类；世界上最早记述相对论性现象的是《尚书纬·考灵曜》，它属于经部谶纬类；最早对共鸣作出定义的《春秋繁露》，属于经部春秋类；而有关声学的著作，几乎都在经部乐类之中。对于研究物理学史而言，经部类图书不可不读一二。

不像农、医、天、算等学科，物理学在古代没有一本专门之作，却又可以在古代图书的多类中读到有关物理现象的记述。这种情形极为类似于《周礼·考工记》中关于“粤无镈、燕无函”的论述。它写道：

“粤之无镈也，非无镈也，夫人而能为镈也。燕之无函也，非无函也，夫人而能为函也。”

所谓“粤无镈”，并非是真正的无，而是在粤国，人人能造这种称为“镈”的锄草农具；燕国也不是无函，而是该国人人能造称为“函”的护身铠甲。“中国古代无物理典籍”之说，其含义是否与此雷同呢？然而，这正是尚未分科的古代科学的特征。这种历史情况给物理学史研究者带来一定困难。比起其他学科来，他们需要阅读大量的古籍才能在这个学科中有所建树。

三 传统物理学的特点

从上述“物理”词义和物理典籍看来，中国传统的物理学并未成为一门独立的学科，而是经学、理学和伦理学中的一部分，并且是紧密地与后者相结合在一起的。古代人心目中，尚未有哲学与科学之分，知识作为一个整体包含了人文科学与自然科学的两大内容。同一个智者在研究他那时所经验的一切门类的学科，他们多是百科全书式的学者，而不是个专门的学问家。同一本书所讨论的内容也几乎无所不包。这是中国传统科学研究的特点之一。因此，难以在古代出现一个仅仅在物理学方面、而不在其它方面有所成就的学者。

中国古代，钢铁冶炼与机械制造等方面的手工技术尤为发达。特别是，古代工匠或学者在总结这类技术成果中，极为重视其中的技术因素。这就为传统物理学的丰富内容奠定了基础。然而，有关技术成果的总结性理论，多是为师徒传授服务的，人们似乎从未将此作为一门学问加以探讨。无论是来自技术经验或实验经验的传统物理学，在以文字语言描述其现象、事实或理论、原理之外，人们几乎不曾作过有关的逻辑推演或数学分析。换句话说，中国传统物理学是来自对自然现象的观察和生产经验的总结，而不是来自理性的数学推演的结果。重视经验的陈述，缺少理性和数学的方法。这是中国传统物理学的特点之二。

数学，在中国古代称为“算术”。它有许多居世界一流的成就。在历史上诸多的算术著作中，其最大特色是、重在例题和计算，而不在于演绎或推导某种自然过程的因果。因此，发达的传统数学与物理学是并行发展的，它们之间似乎不曾有过交融与跨越。虽然，在传统算术著作中事实上包含了大量的物理习题，甚而提出了某些物理概念，如刘徽在注《九章算术》中提出了类似加速度的“益疾里”和“减迟里”的概念等，但是，就整体说来，在算术与物理之间谈不上二者的结合：算术可以有繁杂的技巧计算，但从不进行物理现象的推演；同样，陈述某一物理事实或过程又从不考虑数学的方法。这是中国传统物理学的根本弱点。

技术、数学与物理三者的上述关系，导致了中国传统物理学的上述两个特点。此外，亦有某些历史的原因。战国时期，《考工记》与《墨经》二书显然代表了中国古代科学技术的两种不同风格。前者以总结技术经验和事实为主，后者以阐发逻辑和科学的定义、界说为主。但是，随着墨家在秦汉之际的消亡，《墨经》中思辩逻辑之风逐日淡薄，而《考工记》的技术传统一再被发扬光大。进一步追究，可以看到，即使《墨经》的科学风格亦有其固有的弱点：缺少与数学相结合的方法，更没有提供任何一个从数理上推演物理过程的例证、哪怕是一个错误的推演过程的例证。在长达几千年的历史上，人们一直固守在《考工记》的技术经验的藩篱之内。

中国传统的物理学，除度量衡和乐律学之外，虽然大多是经验的、定性的科学，但在公元16世纪之前，中国人对物理现象的描述与记载持续不断。在力、声、光、电磁和热现象等诸多物理知识中，几乎每个朝代都有所发现，有所进步。其中，不仅体现了中国人的智慧与敏锐的观察力，而且还善于抓住问题的本质。这是中国传统物理学的特点之三。

如前所述，传统物理知识大都来自观察和技术经验的总结，因此，相对能较好地抓住物理事件的本质，避免了推理演绎过程中可能产生的离题太远的错误。试想，古希腊“自然害怕虚空”、“虚空产生箭矢飞行运动”，以及抛物体直线上升又垂直下落等等看法，在中国物理学史上决不可能找到类似的观点。古代中国人总是立足于从技术上引伸出相关的物理问题。在他们看来，箭矢飞行显然是由于引弓之力和弓中存在着“势”。他们努力于从各种技术细节保证箭矢中的，而宁可不去讨论其轨道为何的问题。中国传统的物理学正是这种技术-物理学。这使他们作出了远胜过同期西方人的成就。从物理学史家的观点看，古代西方的数学-物理方法，古代中国的技术-物理经验以及“抓住物理本质”的素养，共同影响着近代物理学的兴起与发展。对此，本书将在以下各章中作充分的讨论。

近年，有些人提出，“古代中国有‘术’无‘学’。”也就是只有技术没有科学。这一论调多是物理学工作者提出的，其根据是古代科学、尤其物理学，没有理论、没有方法。后者尤其指逻辑推演与数学方法。乍一听来，似是有理。其实，出于他们的生长环境、获取知识和从事科学工作的近代模式，他们认知自然的过程已形成定格，甚而产生根深蒂固的习惯，因此，很难理解、也很容易混淆古代和近代两个不同阶段所形成的不同的认知水平与方法。如前所述，中国古代科学缺乏阿基米德的数学方法，缺乏亚里士多德和中世纪“冲力说”学派的逻辑推演的表述方式。但是，没有这种接近于近代科学的方法并不等于没有理论、没有科学。应当承认，中国古代人的经验理论也是科学理论，也是科学之一。否则，就很难理解古代中国人所发现并记述的种种自然知识。诸如《尚书纬·考灵曜》记述的类似力学的相对性原理的说法，它是基于人们乘船的经验；《营造法式》涉及的横梁高宽比数，它是基于建筑实践的摸索；汉代郑玄等人关于弓干变形及外力成线性关系的叙述，它是由于人们长期试弓定力的结果；晶体的几何对称及其力学、光学性质的发现，又是基于炼丹和本草药物的辨识需要，等等。就理论的结论而言，人们提不出反对它们是科学、是物理学的理由。如果，非要有数学推导、逻辑演绎方能成为科学，那么不仅要否定人类活动中曾经有过的丰富而宝贵经验的历史阶段，恐怕也要否定近代初期的许多曾经震惊世界的科学理论，诸如哥白尼的《天体运行论》、伽利略的《两大世界体系的对话》、康德关于天体演化理论的代表作《宇宙发展史概论》等等。众所周知，这些划时代的科学巨著至少都没有应用数学推导的方法。

自然，经验及由此而来的理论只能在人类历史长河中的一定阶段、一定认知水平下才能发挥作用。随着历史的前进、人类本身认知水平的提高，经验理论不仅会滞后、甚而会阻碍科学的发展。这也许有助于理解为什么14世纪之后中国的科学未能发生革命而进入近代科学的行列。

就物理学而言，与西方同一时期相比，只有二个分支学科、即力学和光学，缺少数学方法；在电、磁、热方面，东西方的方法基本相同，而中国古代取得的成就远胜于西方；在声学，特别是在乐律学方面，中国古代人应用数学的程度，以及取得的成就 都超过同时期的西方。因此，笼统地说“中国古代物理学是有术无学”，似亦难立论。

本书将给读者展现中国古代科学在物理学方面的概貌，相信读者亦能通过它而找到解答某些流行的、时髦问题的答案。

第一章　历史的概述

古代物理学大致经历了三个发展阶段：从远古到春秋战国时期的萌芽；从秦汉到明末的普遍进展；从明末到清末，传统物理学逐渐走向衰落、西方近代物理学被引入中国。

第一节　物理学知识的萌芽

物理学的萌芽是与生活和生产技术密切相关的。旧石器时代人们打制的石质尖状器或刮削器，表明他们可能领悟到物体的硬度、强度以及锋刃与尖劈的作用。弓箭的发明与应用为后来对弹性材料的理论认识奠定了雄厚的基础。新石器时代制造的各种带有木柄的生活和生产用具，表明杠杆早已在实践中被使用了。原始社会时期，钻木取火的技术成为后来热学理论的依据。在河池旁面水寻影、梳妆打扮，又促进了后来各种镜的发展及其成像知识的诞生。令人惊讶的是，公元前6000年，河南舞阳贾湖村人创制了具有六声或七声音阶的骨笛。它表明中国古代的音乐文化远早于古巴比伦文化。声学知识的起点之高、在贾湖骨笛出土之前是任何人也想像不到的。

夏、商、西周时期，各种工具与机械的制造，使人们积累了大量的物理经验。殷商时期，人们已经制造了镜面微凸的青铜镜。晚商与西周时期，编磬、编钟大发展。公元前10世纪，钟工和乐师通过调音而创制了双音钟，即一个钟壳能发出二个基音。这是人类声学技术的非凡成就。反映了西周典章制度的《周礼·典同》记下了十二种钟的形状及其与音量、音质的定性关系，这是有关壳体振动知识的第一次经验性总结。十二律音调体系亦可能完成于商、周之际。以《考工记》和《墨经》为代表，标志春秋战国时期中国物理学的萌芽。

《考工记》是春秋末年齐国的官书[①]，又一说为战国初年的著作[②]。虽然关于它的成书年代和国别尚有许多不同意见[③]，但它初稿于春秋战国之际，也非一时一人之作，这种看法已为众人所接受。汉河间献王刘德以《周官》阙《冬官》一篇，遂以《考工记》补入。《考工记》成为《周礼》中一篇而得以保存至今。该书虽是一本手工技术的总汇，但它在器物制作及其规范的叙述中释理深刻，包含了丰富的力学知识和声学知识。

《墨经》为《墨子》书中篇章。《墨子》为战国时期墨家著作的总汇，原为71篇，今存53篇。战国时，儒、墨并称“显学”。汉武帝独尊儒术，此后《墨子》遂不为世所重，至宋代已错乱脱讹，不可复读。清代，经毕沅、孙星衍诸儒校勘整理，才稍稍可读。继

---

① 郭沫若，考工记的年代与国别，载其著《天地玄黄》，第605页。

② 闻人军，《考工记导读》，第138页。

③ 刘洪涛，考工记不是齐国的官书，自然科学史研究，1984年第4期；宣兆琦，考工记的国别和成书年代，同前，1993年第4期；刘广定，从钟鼎到鉴燧——六齐与考工记有关问题试探，中国艺术文物讨论会论文集·器物（上），台北故宫博物院，1991，第307页。后者认为《考工记》乃秦汉年间之作。

其后，孙诒让集诸家大成，著《墨子闲诂》，开墨学研究之先河。就内容而言，《墨子》书中“兼爱”、“非攻”、“天志”、“明鬼”、“尚贤”、“尚同”、“非乐”、“非命”、“节葬”、“节用”等篇，代表墨家创始人墨翟的基本思想；“耕柱”以下至“公输”各篇记述了墨子及其弟子们的言行。这是《墨子》书的主要部分。此外，尚有两部分，即“墨经”与“墨守”各篇，则富有科学技术方面的内容。

《墨经》包括“经”文与“说”文两部分共四篇。也有人主张将《墨子》中“大取”、“小取”两篇列其内，统称为《墨辩》。魏晋时，张湛、司马彪引《墨经》文字为《庄子》、《列子》作注，晋鲁胜又为《墨辩》作注。初，《墨经》为单本书。《庄子·天下》载：墨家内各个支派，“俱诵《墨经》”。或许，后人在编辑著作时，将《墨经》纳入《墨子》一书之中。清中叶，考据之学蔚成风气，有关《墨经》的章句疏解之作陆续问世。毕沅校注《墨子》，邹伯奇高呼《墨经》中有物理学，张惠言著《墨子经说解》，范耕研《墨辩疏证》，乃至梁启超《墨经校释》，梓行著作十余种。

《墨经》编排独特。每条直书，条条横排，所谓“旁行句读”。“经说”与“经”条条相对应，并为“经”作解释或补充。每条“说”的首字与相应的“经”文的首字或数字相同，所谓“牒字”。初，《墨经》刻于竹简，汉魏间或隋唐间改写成卷子本。宋代出现《墨子》木刻本。大概此时传抄刻版者未明“读此书旁行”之意，竟将两排的卷子本顺行直下，抄成连文。经过这样反复传抄之后，遂成了上下排奇偶错综、不可复读之情。

如果《墨子》非一人一时之作，那么，其中的《墨经》很可能出于墨家创始人墨翟之手。一说《经》文为墨子手书，《说》文为其弟子们所作的注解。晋鲁胜《墨辩注》叙云：“墨子著书，作《辩经》以立名本。”《辩经》即《墨经》。这大概是指墨子自著《经》文而言。又一说，《墨经》全出于后期墨家之手。此说尚需讨论。

《韩非子·显学》载：墨子卒后，墨家分派，“有相里氏之墨，有相夫氏之墨，有邓陵氏之墨。故墨之后，墨离为三，取舍相反不同而皆自谓真墨。”

《庄子·天下》述及墨家分派，为“相里勤① 之弟子，五侯② 之徒，南方之墨者苦获、已齿、邓陵子③ 之属，俱诵《墨经》，而倍谲不同，相谓别墨”。

尤其要指出，《庄子·天下》总是将墨翟、禽滑釐二人先后同举为墨家。有可能，禽滑釐为墨翟高足，二人可能同处一时代，只是年龄稍有别。上述三派均“以巨子为圣人”④。“巨子”也作“钜子”，指墨家团体的首领。他们除墨翟、禽滑釐之外，相继者为孟胜、田襄子⑤，腹䵍⑥。大概此后就分为三派了。分为三派，标志着墨家进入其兴衰史的后期。这后期的墨家“俱诵《墨经》”，可见《墨经》并非出于他们之手。

因此，有人研究后提出，《墨经》中《经》文上下，是由墨翟、禽滑釐主持定稿，

---

① “相里勤”：姓相里，名勤。相里勤，即《韩非子·显学》称“相里氏”。

② “五侯”：姓五名侯，五也作“伍”。“五侯之徒”与《韩非子·显学》载“相夫氏之墨”可能同属某一地区的墨学派别。至于他们中孰师孰徒，尚待细考。

③ “苦获、已齿、邓陵子”，均为人名，是南方墨派重要人物。“邓陵子”与《韩非子·显学》载“邓陵氏”同。

④ 《庄子·天下》。

⑤ 《吕氏春秋·杂俗览·上德篇》。

⑥ 《吕氏春秋·孟春纪·去私篇》。

《说》文上下是由墨家第三或第四代巨子，如田襄子主持定稿[①]。此说颇有理。

《墨经》内容丰富，文简意赅。全文四篇，计1800余条，5700余字。其中，以逻辑学居多，自然科学次之，尚有些条文属伦理、心理、政法和经济方面的内容。就自然科学言之，属于几何学有10余条，属物理学有20余条。尤其可贵的是，关于几何光学方面的连续8条文字，堪称2千多年前的光学论著。在力学方面，该书记述了时空观念、机械运动、力系平衡、杠杆等简单机械、以及物质分割是否穷尽等问题。

墨家创始人墨子、名翟，生活于公元前5世纪至前4世纪初[②]，鲁国人[③]。以墨子为首的墨家是先秦时期科学成就最大的学派，尤以其中物理学为最。遗憾的是，秦汉起，墨学断绝，而《考工记》的工艺技术传统一再发扬。中国古代传统科学具有很大的实用特点，大概与此不无关系。

除了《考工记》和《墨经》之外，《国语·周语》、《管子·地员》、《韩非子》等等也是先秦时期与物理学较为相关的著作。它们所述及的弦长与音调的定量关系，共振知识，电磁知识和“司南”的制造，材料力学和影戏的起源，等等，都在物理学史上具有重要意义。曾侯乙编钟的制造及其乐律铭文，表明春秋战国之际声学曾达到高度发达的水平。

第二节 传统物理学的发展

汉代以后，我国已完全进入铁器时代。钢铁技术长足进步，从而为科学技术的发展打下了基础。

在此时期，与物理学密切相关的机械制造技术有较大的发展。西汉发明了铁齿轮、滚动轴承，辘轳被广泛用于起重。人们根据杠杆、轮、偏心轮、连杆、绳索或传动带等简单机械的原理创造出各种复杂机械。西汉长安巧工丁缓发明“被中香炉”，毕岚造翻车；西汉末，水碓遍布；东汉初，杜诗造水排，随后，水磨应运而生；东汉张衡创制地动仪；三国马钧造指南车；晋代葛洪发明具有螺旋桨原理的“飞车”；南北朝时期，祖冲之又创制“千里船”。隋唐时期，李皋制造车轮船，使桨式间歇运动变成轮式连续运动。水力运转的浑象具有减速传动装置和棘轮系统。更有现代技术意义的是、唐代杨务廉第一次创制了具有人工合成言语声的机械木偶。[④]

这个时期的物理学发展表现在有更多的著作记述了各方面的物理经验和知识。

在秦王嬴政于公元前221年完成统一之前，由秦相吕不韦（？～前235）组织其门客

① 徐克明，论《墨经》的著作年代，《物理学史》1990年第1期，第9～16页。

② 关于墨子生卒年众说纷云。孙诒让认为，墨子生于周定王（前468～前441年在位）时，卒于周安王（前401～前376年在位）末年（见《墨子闲话》附《墨子传略》）；梁启超以为，生于公元前468～459年间，卒于公元前390～前382年间（见《墨子学案》，载《民国丛书》第4编第5册，上海书店，1992）；钱穆以为，约为公元前479～前394年（见其著《墨子》，1930年商务印书馆《万有文库》本，第13～17页）；方授楚认为，约公元前490～前403年（见其著《墨学源流》第10～14页，1989年上海书店、中华书局《中华文史精刊》复印本）；李树桐认为，生于公元前496～前492年间，卒于公元前407～前403年间（见其文《墨子生卒年月考》，载台北《师大学报》1955年第1期第124页）；徐克明认为，约在公元前468～前385年，享年83岁（同①）；等等。

③ 关于墨子出生地亦说法不一。一说为鲁人；一说为宋人；一说生于宋，长居于鲁；等等。近年多以其为鲁人。同②。

④ 有关此时期的各种机械发明，参见戴念祖《物理与机械志》，上海人民出版社，1998。

编纂的《吕氏春秋》一书，又称《吕览》，集儒、道、名、法、墨、农、阴阳各家之言，保存了大量先秦旧说及古代史料。其中记载了乐律起源的传说和律学计算方法，颇具物理意味的"刻舟取剑"的故事亦出自该书。该书二十六卷，分十二纪、八览、六论。汉高诱对该书的注文亦甚有意义。

由汉代淮南王刘安（前179～前122）及其门客编纂的《淮南子》、《淮南万毕术》二书，统称"淮南王书"，在物理学史上颇具价值。《淮南子》又名《淮南鸿烈》，分内篇、外篇；内篇论道，外篇杂说。今存《淮南子》仅有内篇，大抵阐述道家的天地自然观，对力、声、光、热、磁等诸多物理现象有极好的记述。《淮南万毕术》或称为《万毕术》，原书已佚，现有清人辑本多种。从辑本看，该书为炼丹、幻术、杂记之类的著作，却含有不少有关物理、化学和生物知识的条目。每条字数不多，又都属实验性总结记录。如冰透镜取火、"铜瓮雷鸣"的沸腾现象、磁排斥、以及开管式潜望镜等都是该书首次记载。该书作者多为"方术之士"，熟悉丹家炉火。刘安本人亦常被汉武帝召谈"方技"之事，且"每至昏暮然后罢"。[①] 刘安数千门客中尚有墨家之徒，故而写出了《墨经》之后又一部富有物理知识的著作。汉代高诱的注文对于理解原书的记载帮助甚大。

董仲舒（前180～前115）是汉代伟大的哲学家之一。他的著作《春秋繁露》共17卷，旨在宣扬天人感应之说。他抓住了静电与静磁现象、共振现象，以说明他的关于自然（"天"）与人的有机联系、彼此相通、互为依存的哲学主张，从而最早对共振或"自鸣"作出了符合科学意义的定义。

汉代另一本著作《尚书纬·考灵曜》亦是科学史上重要作品。它是纬书之一，成书于西汉时期，原作者已无考，其主要内容当采自秦汉民间。该书留下了一些假想的天文数据，如天地距离、28宿之外空尺度、周天度数与周长、日月行度、日影长短与地面距离之关系、天空分野、天文仪器"璿玑"，以及盖天说等，足可称它为古代宇宙论之作。尤其是，该书提出"地有四遊"的地动说，并以"人在大舟中闭牖而坐，舟行而人不觉"的生活经验证明"地恒动不止，而人不知"。这恰与近代物理学中所谓的"伽利略相对性原理"的说法完全一致。

东汉王充的《论衡》是一部自然知识丰富的著作。就物理知识而言，它涉及力、声、光、热、电磁方面的许多现象，例如，以水波比喻空气中的声波，提出一个系统的内力对该系统无作用效果的例证等等。王充（27～约97），字仲任，会稽上虞（今属浙江）人，出身"细族孤门"，幼年入洛阳太学，博通诸子百家。官历县、郡功曹，州从事、治中，但"仕数不耦，而徒著书自纪"。[②]《论衡》全书共85篇20余万字。他以自然知识对当时谶纬神学和世俗禁忌作了全面批判。因此，《论衡》曾长期被当作"异书"封锢。

晋张华的《博物志》虽内容庞杂，但其中不少条目在物理学史上颇具价值。它记述了混合液体的递次沸腾现象，摩擦起电的放电火花与声音，以及称为"珠"的凸透镜取火方法，等等。《博物志》中还专有"物性"、"物理"两篇。全书初稿于晋武帝之时、成于晋惠帝之初，十卷。张华（232～300）字茂先，范阳方城（今河北涿州）人。初，官中书令、散骑常侍，助晋武帝定灭吴之计。西晋统一后，官持节、都督幽州。晚年历任

① 《汉书》卷四十四《淮南王传》，第七册，第2145页。

② 王充《论衡·自纪篇》。

侍中、中书监、司空，后为赵王司马伦和孙秀所杀害。

《列子》一书，尤其“仲尼”与“汤问”两篇，在物理学上就力学与光学问题颇有见地，对晦涩的《墨经》中某些科学条文作出了解释。是书，署为周列御寇撰。然，其作者和成书年代迄今尚有异议。《四库全书总目提要》称：是书“可信确为秦以前书”，“非御寇自著”，“决为传其学者所追记”。但近代研究者中，多以为它是伪书，作伪者乃晋人，或即晋代张湛。《汉书·艺文志》载，《列子》八卷。这是经刘向、刘歆父子整理过的《列子》，早已亡佚。今传本《列子》八卷由张湛作注并序。张湛，字处度，东晋高平（今山东巨野、邹县之间）人，生卒年不详，官至中书侍郎、光禄勋。或张湛一时失察，将其前某好事者之伪托《列子》一书当作真本作注，也未可知。

谭峭的《化书》常被当作道家关于科学和自然知识的代表作之一。主张事物变化无穷是该书主题。谭峭将世上千差万别的不同事物归结为“虚”、“神”、“气”、“形”，它们之间的流变生灭而形成万物的消长变化。书中某些论述是今日探讨中世纪生物学、化学和物理学诸科思想的可贵素材。谭峭在书中称：“小人由是知，阴阳可以召，五行可以役，天地可以别构，日月可以我作”①。这是古代时期最光彩照人的科学宣言。是书，涉及光、声、热、静电与静磁、运动学诸多物理现象。谭峭对镜子特别喜好，在其论述“道”时常以镜子和光学现象为据。

谭峭，字景升（一作昇），南唐道士，号紫霄真人，生卒年不详，活跃于10世纪初期。南唐沈汾《续仙传》载其传，言及峭为唐国子司业洙之子，自幼聪敏，颇涉经史，好黄老诸子、列仙神人；游太行、五岳，师嵩山道士十余年，得辟谷养气之术；以酒为乐，周游不定。尔后，居南岳炼丹，复入青城山而不出矣。《新五代史·闽世家·王继鹏传》载，继鹏既立，更名昶，“昶亦好巫，拜道士谭紫霄为正一先生。”此谭紫霄与谭峭或许实乃一人。若此，在王昶于936～939年为十国闽王时，谭峭曾旅居于闽。

除了以上几种著作之外，尚有汉蔡邕（132～192）的《月令章句》，传为唐武则天（624～705）撰的《乐书要录》，南卓（生卒年不详，活跃于9世纪中期）的《羯鼓录》，段安节（生卒年不详，活跃于9世纪下半叶）的《乐府杂录》都与声学极为有关。晋代葛洪（284～364）《抱朴子内篇》是与光学知识有关的早期道家著作之一。五代时期王定保（870～?）的《唐摭言》首次对不倒翁的重心作了描述。相应于这时期的各朝代史书中的“律历志”或“音乐志”都记述了乐律计算方法及有关的创新理论。如晋代荀勖（?～公元289）在造笛的同时还找到了笛的管口校正数，隋唐时期的祖孝孙（生活于6世纪下半叶至7世纪上半叶）从三分损益律出发而创建了近似的十二等程律，等等。

就物理知识而言，在此时期内远不止以上几本著作及其所记载的内容。在力学方面，随着弓箭的制造和测量弓力的长期实践，汉代郑玄（127～200）在《周礼·考工记》注中最早记述了弓的弹性形变规律；汉代人创制的被中香炉是近代回转仪的始祖；浮体与大气压现象有许多记载；人们还知道，月行迟疾、太阳视运动的快慢和它们与地的距离远近有关。在声学方面，人们对振动与共振有了较深刻的认识；晋代张华、唐代曹绍夔（生卒年不详，约七八世纪之间人）相继发现了消除共振的方法。在光学方面，初步探讨了阳燧焦点问题；“透光”镜、雏形幻灯或活动影片是汉代人的创造；对雨虹的成因有了

① 谭峭《化书》卷二《术化·动静》。

较深刻的认识，甚至于还作了人造雨虹的简单实验。在热学方面，从天气变化和生活实例中人们知道物态的三种变化与温度的定性关系；以人体腋下温度作为判别周围环境温度变化的标准亦为人们所熟悉；汉代韩婴（生活于公元前2世纪）观察并记述了雪花晶体的六角对称形态。

第三节　传统物理学的高度发展

继盛唐文化之后，宋迄明季是中国古代物理学和技术发展的高峰期。在农业、手工业、建筑、冶金、武器制造、纺织、陶瓷等方面都有较大进步；火药武器和造纸技术突飞猛进地发展；在机械制造方面不仅继承了前代的成就，而且又有许多新的发明创造。诸如，指南车和记里鼓车的创作和应用，并有了详细的文字记载；具有减速齿轮系和擒纵器计时机械的出现，影响了后世几百年；轮船此时期亦发展到高峰；在水排基础上，产生了一种称为“猛火油柜”的液压泵和活塞风箱。走马灯、管形火枪、火箭、木棉搅车、尖劈榨机、可折叠船、水转大纺车，等等，都是这个时期的重要发明。

本节所涉的时间是从宋代至明季，即从宋太祖赵匡胤于公元960年建立北宋朝起、到1582年耶稣会士利玛窦入华时止。其间虽然只有600余年，而科学成果并不少于从秦汉到五代的1200多年的时间。在宋、辽、金、元各朝彼此兼并的战争中，科技成果和人才都成为战胜国的重要战利品而获得统治者的重视。

此时期，有更多的典籍较集中地记载了物理学知识。沈括的《梦溪笔谈》是其代表作之一。

沈括（1031～1095）①，字存中，钱塘（今杭州）人。曾任沭阳（今属江苏）主簿，于嘉祐年间中进士，其后官馆阁校勘、提举司天监；熙宁年间，参与王安石变法，察访淮南、两浙、河北西路，又官太常丞，翰林学士，权三司使；元丰三年（1080）官鄜延路经略安抚使，因给事中徐禧失陷永乐（今陕西米脂西北）事受牵累，被谪均州（今湖北均县），后徙秀州。晚年居润州（今江苏镇江）。史称沈括“博学善文，于天文、方志、律历、音乐、医药、卜算，无所不通”②。《梦溪笔谈》为其居润州“梦溪园”所著书，完稿于1086年之后几年。该书在光学、静磁学、声学与壳振动等知识方面记前人之所未记，发前人之所未发。

《梦溪笔谈》为笔记体著作，计26卷。另有《补笔谈》3卷，《续笔谈》1卷。全书分为故事、辩证、乐律、象数、人事、官政、权智、艺文、书画、技艺、器用、神奇、异事、谬误、讥谑、杂志、药议共17个篇目，其中含数理化、天地生、医药、工程技术和自然观等科技类条目250余条，物理条目的数量与其它学科相比占第二位之多③。如果将该书所记的度量衡条目，天文、地学、生物学中与物理关系密切的条目（如天体视运动的描述，矿物晶体形状的物理描写等）计入物理学之中，那么，物理条目则占该书份量之最。其中，关于阳燧焦点、通过交点的诸多光线的光路问题（也称“格术”），对透光

① 又一说，其生卒年为1033～1097年。

② 《宋史》卷三百三十一《沈括传》，第30册，第10657页。

③ 王锦光、闻人军，沈括的科学成就与贡献，载杭州大学宋史研究室编《沈括研究》，第64～123页。

镜的机理及其工艺的描述，磁石的指极性、磁偏角的发现、以及磁针的多种悬挂方法，听音器（即共鸣器）、共振演示实验、以及合瓦形编钟的声学特性，等等，都是科学史上颇具价值的记录。

然而、在沈括之前的一些著作还是值得我们注意的。宋初皇甫牧（生卒年不详）的《玉匣记》有关于滤光现象及其在法医学上的应用方面的记载，当是有关问题的最早文献。可惜，《玉匣记》原书已失，仅存《说郛》中几条文字。杨维德（生活于10世纪末期至11世纪上半叶）的《茔原总录》是一本相墓风水书，成书于庆历元年（1041），其中关于指南针及地磁偏角的记载比沈括要早半个世纪①。杨维德年轻时曾参与韩显符（940～1013）制造铜浑仪。韩显符卒后，杨维德将其所知的制造情形撰成《新仪象法要》一书（注意该书名与苏颂的《新仪象法要》同），可惜该书已佚。

与沈括几乎同时的宋僧文莹（约生活于真宗至神宗期间，即生于998～1022年之间，卒于1068～1085年之间）撰有《湘山野录》和《玉壶清话》二书，均为北宋期间见闻杂事的随笔著作。前书曾记述以荧光物质作画“牧牛图”，后者记述了以油盆观察日食等光学现象。文莹，字道温（又说字如晦），钱塘人（一说为吴僧），尝居西湖之菩提寺，晚年隐居于荆州之金銮寺。

在宋代军事技术著作中，曾公亮（999～1078）和丁度（990～1053）共同主编的《武经总要》亦含有大量的物理知识。曾公亮，字明仲，天圣（1023～1032）年间进士，累官吏部侍郎、中书门下平章事，封鲁国公，通晓法令兵事。《武经总要》成书于仁宗庆历四年（1044），分前集、后集，共40卷。前集制度15卷，边防5卷；后集故事15卷，占候5卷。有关物理知识大都在前集之中。其中述及浮体的应用、喷火枪（液压泵）的制造、虹吸管、指南针的制造与地磁倾角的利用，等等，都在科学史上占有重要地位。该书还表明，从古至今军事科学的发展对物理学所起的推动作用。

此外，北宋时期，苏颂（1020～1101）的《新仪象法要》所描绘的水运仪象台，是中世纪期间最大型、最精致的天文钟。从物理技术看，它是均匀分割时间的机械，对力学知识的进展有极大贡献。北宋末，李诫（？～1110）的《营造法式》虽是一本建筑技术之作，但其中关于建筑材料的规范、特别是横梁高宽比例数的规定是材料力学中的伟大成就。

宋朝廷南渡之后，程大昌（1123～1195）的《演繁露》在揭示水的比重、表面现象以及雨露分光方面亦有所贡献。程大昌，字泰之，新安（今安徽休宁）人。宋孝宗（赵昚）时，累官至吏部尚书；光宗（赵惇）时，以龙图阁学士致仕。《演繁露》16卷，续集6卷，成书于淳熙庚子年（1180）。该书每条皆有标目，引书均有出处。在考证名物制度之中，夹叙许多自然知识。

值得指出，宋代的一本类书、即李昉编《太平广记》保存了大量的科技史料。李昉（925～996），字明远，深州饶阳人。五代时仕后汉、后周两朝；入宋后，两任中书侍郎平章事。《太平广记》始编于太平兴国二年（977）、次年成书，六年（981）雕板，全书按题材性质分为92大类，500卷，搜罗甚富，所引野史、传奇小说自汉代以迄宋初，约500余种。中多佚书，惟赖此得保存其中众多科技史料。它与李昉主编的《太平御览》、

① 郭沫若主编，中国史稿，第五册，第620～621页，北京：人民出版社，1983。

《文苑英华》、《册府元龟》合称北宋四大书。《太平广记》卷226述及隋代杜宝，黄亘和黄兖兄弟，唐代马待封等人造欹器和自动机械，无论在力学、还是在音乐机械方面都极有意义。

元代，宋末元初的赵友钦（生活于13世纪）所撰《革象新书》是一部天文著作，含有丰富的光学知识，尤以其卷五“小罅光景”描述了一个大型的光学实验。浙江天台人陈椿（生活于14世纪）于元统甲戌年（1334）撰成《熬波图》一书，以图文形式描述了盐场晒盐、制盐的全过程。全书分上、下两卷，有图47幅（其中5幅脱漏），每图配以诗文。该书记述了制备浮子式比重计并以此测定盐水浓度的方法，将前人的有关发现推向了高峰。书中的绘图是陈椿任下砂场盐司时访寻当地而得的。王祯（生活于13～14世纪之交）《农书》中有关农业机械的图文，无一不饱含了经验力学的知识。陶宗仪（？～约1397）的《辍耕录》（一名《南村辍耕录》）首次记载了晶体衍射现象。陶宗仪，字九成，号南村，浙江黄岩人，博览群书，勤于著述。其所辑前人笔记小说《说郛》亦为保存古代史料作出了贡献。

除此之外，应当注意历代的医药著作对物理学作出的贡献。明代李时珍（1518～1593）的《本草纲目》集医药学之大成，全书52卷、包括水、火、土、金石、草、谷、菜、果、木、服器、虫、鳞、介、禽、兽和人本身共16部类，计药物1897种。其中在水、火、土和金石部之中涉及到流体、比重、热学现象、晶体形态及其光学等诸多内容。李时珍以毕生精力，写作30余年完成此巨著。李时珍卒后，《本草纲目》一书由其子于万历二十四年（1596）刻板问世。

明代朱载堉（1536～1611）的《乐律全书》是世界上最早以数学方法解决等程律问题的音乐与声学杰作。我们在下面有关章节中将详细叙述。

虽然这些著作已勾划出此时期传统物理学高度发展的大致轮廓，但仍然还有许多遗漏。沈括的《浮漏仪》涉及水压与小孔出流的许多力学问题，他的《景表仪》首先注意到光散射对测影的影响，并试图建造无尘灰散射作用的清净房间。元代郭守敬制造了如“阙几”、“仰仪”等应用小孔成像原理的天文仪器。在江西临川宋墓中出土的手持旱罗盘看风水的“张仙人瓷俑”，表明旱罗盘早在12世纪下半叶已经问世。指南针用于航海也是宋代人的创举。宋代人还发明了当今称为表面张力的演示器，以便在市场上检验桐油的质地。喷水的铜质鱼洗亦创制于宋代。张载（1020～1077）在其著作《正蒙》中提出了声音的分类法，影响了后世几百年之久。明代人发明了以去节竹筒探听水下鱼群活动及其方位的方法，这可以看作是现代声呐的始祖。

第四节　物理学从传统走向近代

从明季到清末，中国传统物理学逐渐向近代过渡并最终被近代物理学所取代。这是中国物理学史上的一个特殊时期，一方面，传统物理学仍在缓慢发展；一方面，近代物理学在中国传播：初，传统物理学与传入中国的西方16世纪之前物理学相互交融，促进中国传统物理学的繁荣；然后，近代物理学于19世纪40年代起传入中国，并立即取代了中国的传统科学。

一　明末清初的传统物理学知识

明末清初，传统物理学仍在缓慢发展，如宋应星的《天工开物》、茅元仪的《武备志》和方以智的《物理小识》是这个时期含有物理知识的代表作。

宋应星的《天工开物》共18篇，是一本插图科学技术著作，亦是一本有关农业和手工业的技术总汇，成书于崇祯十年（1637）。该书从传统技术角度记述了某些力学和热学知识，尤其是关于简单机械、火药火器及其爆炸以及有关火候的知识，许多机械插图也颇有价值。宋应星的另一本著作《论气》[①]也颇有意义。《论气》分为“气形”和“气声”两篇：前者，遵照传统元气说，论述有形物与无形气之间的哲学关系；后者九章，专门讨论声音的成因、传播等知识，将音乐和乐器附属其总纲“气声”之下，明显地具有脱离音乐的倾向。这种倾向正是近代声学的肇始。宋应星（1587～约1666），字长庚，江西奉新人，在任几处小官之后，因清兵入关而弃官返乡，并致力于“于功名进取毫不相关”[②]的科技著述之中。

茅元仪（约1570～1637）的《武备志》集历代兵书两千余种，辑成于天启元年（1621），共240卷。其中“军资乘”55卷，涉及军用物资的制造、保养、运输与使用方法。在物理学上尤有意义的是关于各种火箭、地雷和水雷的制造，而其中的发火装置是以重物的下落运动带动钢轮而摩擦起火的，它与现代的手动打火机颇为相似。这项有关力学和热学的技术在当时属于世界前列。

在明末清初传教士进入中国之时，方以智的《物理小识》是这一时期集传统科学之大成的重要著作。

方以智（1611～1671），字密之，号曼公，又自号愚者，浮山愚者，宓山氏等，安庆府桐城县凤仪里（今属安徽枞阳）人。曾随其父方孔炤[③]至四川、福建、京师等地游名山大川。天启七年（1627）从学于桐城出生的江西人王宣[④]。此后，他曾一度好机械、喜制作，又广为交友、砥砺文词；有感于其父病，又潜心学医。崇祯十三年（1640）进士，官翰林简讨。崇祯十七年（1644）明亡，方以智在京为农民军所俘，后乘隙逃脱，弃家南返，流离岭南。南明唐王、桂王皆下召而不就，隐居于广西平乐县平西山。清兵攻陷桂林后，削发为僧，避身禅门，居梧州云盖寺。清顺治十六年（1659），禅游江西，定居庐陵青原山，讲法授徒。是时，袈裟裹身、形容憔悴、鬓发皆白。曾化名吴石公，自称愚道人，极丸老人，取法号弘智、行远、无可、五志等，其字号变更无常。康熙十年（1671），受牵连被捕，在押赴岭南途中病卒于江西万安惶恐滩。

《物理小识》初稿于崇祯辛未年（1631），作序于癸未年（1643）。方以智流离之际，又将其所收治病药方寄其子方中通，中通再加以分编成书，于康熙三年（1664）付梓。全

① 20世纪70年代江西省图书馆发现明崇祯年间宋应星的著作刻本《野议》、《论气》、《谈天》和《思怜诗》四种。这四种著作于1976年由上海人民出版社重新标点出版，题为《宋应星佚著四种》。

② 宋应星《天工开物序》。

③ 方孔炤（1591～1655），字潜夫，潜草，万历进士，官福宁知县、湖广巡抚。《明史》有其传。也见，任道斌《方以智年谱》。

④ 王宣（生卒年不详），字化卿，号虚舟，著《物理所》。其人其书对方以智及《物理小识》成书均有极大影响。

书12卷，是明清之际集自然知识之大成的笔记体著作。是书，广徵博引、兼收并采，推究源委，其中的自然知识涉及天文、地理、物理、生物、医药诸学科，尤以物理中光、声和流体现象的记述最为精到，间有西来知识亦多有感想。该书史料累积甚丰，不仅有明以前历代自然知识的分类记述，更有明代许多发明发现的记载。如，徐有贞水箱放水实验、姚广孝首创隔声建筑等等，都因该书的描写而受到人们的重视。方以智的儿子中德（1632～?）、中通（1634～1698）、中履（1638～?）、中发（又名有怀，1639～?）暨其学生江西广昌人揭暄（生卒年不详）均有注文，亦多有见地。

此外，清初刘献廷的《广阳杂记》也记述了许多物理现象。如，雷电熔化金属而不熔绝缘体的现象，海市蜃景，民间流行的安装类似潜望镜原理的组合平面镜，子弹所以成圆形是要减少空气阻力，从形状到安装位置都类似鸟翼形的船帆。尤其是该书记述了在民间流传的计算琴徽泛音位置的几何方法，刘献廷和他侄子发现的磁屏蔽现象，等等。此外，还记载了民间学会制造西方自鸣钟的一些人士。这些知识绝大多数是中国传统的科学知识。《广阳杂记》是一本笔记体著作。刘献廷（1648～1695），字继庄，别号广阳子，直隶大兴（今北京）人，但长期居于吴。他一生不仕，以著述、教读为事，康熙二十六年（1687）曾一度至京参与纂修《明史》及《一统志》。

二　鸦片战争前中西科学交流以及物理学知识的融合

近代物理学在中国的传播大致可分为两个时期。从明万历十年（1582）意大利耶稣会士利玛窦（1552～1610）入华、到清雍正五年（1727）雍正帝颁布驱逐教士令、乾隆二十二年（1757）乾隆帝颁布闭关令为止，这是中西文化与科学交流的第一个时期。从驱逐教士直到鸦片战争的近百年闭关锁国期间，中国传统物理学与传入中国的点滴西方物理学知识彼此融合，传统物理学、尤其在光学方面得到较大的发展。第二个时期即鸦片战争之后的情形，我们下面再涉及它。

在这个时期传入中国的是某些静力学与光学知识，代表作有《远西奇器图说》、《远镜说》和《灵台仪象志》三部译书。而影响最大的是古希腊和罗马的科学体系，包括被神化的托勒密地心说，阿基米德力学、欧几里得几何学、古希腊四元素说，以及三棱镜、望远镜、钟表等器具。伽利略和牛顿的成就只是由于修订历法的需要才介绍了某些具体的天文数据而已。应当注意到，这一时期恰值伽利略关于落体研究（始于1589年）到牛顿出版《自然哲学的数学原理》（1687）、持续了一个世纪的动力学创建时期，也是以牛顿为代表的经典力学体系初步形成的时期。但是，属于科学革命的整个物理学体系及其宇宙观、科学思想和科学方法并未及时传入中国。虽然如此，传入中国的点滴、零散，甚而有一些是错误的科学知识，尤其是有别于中国传统的科学方法，使中国学者产生了极大兴趣，梓行了如郑光祖的《一斑录》、博明的《西斋偶得》、郑复光的《镜镜诊痴》和邹伯奇的《格术补》等重要著作。

郑光祖（1776～1848）、名梅轩，光祖乃其字，以字行，又自号青玉山房居士，江苏常熟人。其著《一斑录》，又名《醒世一斑录》，是笔记体著作。该书正编5卷，分别题为“天地”、“人事”、“物理”、“方外”、“鬼神”，并附“权量”、“勾股”、“医方”三篇，又附“杂述”8卷。就自然知识而言，是书所记涉及天文、地理、生物、物理、医药、数学诸多领域，从中可了解鸦片战争之前、西方科学知识传入中国之后，中国知识界的自然观和自然知识从传统向近代过渡的变化之情。在该书中，郑光祖对神化的托勒密体系和十二重天的理论提出了尖锐的质疑，并根据中国传统的地动观和《尚书纬·考灵曜》中叙述的相对性原理，提出了宇宙结构的“地心地动”说[①]，这是中西宇宙观的第一次大融合。在该书卷三“物理”中，以“声影皆有微理”条发展了声、光、热等物理知识。《一斑录》初稿于道光二年（1822），又于1828、1835年修饰、增订，至1838年几经刊版。1845年，附编完稿并再次刊刻全书。

博明，满族镶蓝旗人，姓博尔济吉特氏，原名贵明，字希哲，号西斋，生于18世纪30年代，卒于1788～1789年间。虽官宦南北，但并不得志。其著《西斋偶得》为笔记体文，分上、中、下三卷，附录一卷，卷内又有标题名目。全书涉及名物考证，探索源流，读书笔札，博物趣闻等内容，其中述及罗盘、隙积术、日月食、潮汐及光学知识，尤以色觉和色额颃理论为世界之先。《西斋偶得》于乾隆三十八年（1773）自序，载《西斋三种》丛书内。

郑复光（1780～?），字元甫、浣香，安徽歙县人。其著《镜镜诊痴》成书于道光十五年（1835年）前后，全书5卷，附录1篇，分“明原”、“类镜”、“释圆”、“述作”四部分，是我国历史上少有的探讨几何光学和光学器具的专门之作。“明原”旨在阐明几何光学的一些基本概念和定律。“类镜”介绍反射镜和透镜的质地、形状、种类，尤以介绍方形透镜为最。“释圆”为全书重点，论述了凹、凸透镜和组合透镜的成像规律和特点，各参数之间定量关系，绘画了各种透镜成像光路图。尤其是，以传统光学知识为基础，提出了“顺三限”（“顺收限”、“顺展限”和“顺均限”）和“侧三限”（“侧收限”、“侧展限”和“侧均限”）的术语、概念，以此描述透镜的特性及其各参数间定量关系。其中“顺收限”相当于凸透镜的焦距。“述作”部分分别论述了17种光学仪器或器具的制作与原理。该书是在传入有限的西方光学知识、甚而光路图是错误的情况下，中国学者独自撰述的一部重要的光学著作。

继郑复光之后，邹伯奇又对中国光学发展作出了杰出贡献。邹伯奇（1819～1869），字一谔、特夫，号徵君，广东南海人。平生喜经史、名物制度，好钻研科学技术，而淡泊仕途。其著作如《学计一得》、《乘方捷术》、《格术补》、《摄影之器记》等，以及一些存稿，由后人收编，以《邹徵君遗书》为题刊刻于同治十三年（1874）。其中，《格术补》讨论了透镜和透镜组成像公式，并以代数式表述这些公式。今天，我们通过数学转换，很容易将邹伯奇的公式化为透镜成像的高斯公式。在已知两个凸透镜焦距时，邹伯奇还找到了组合透镜的焦距公式。《格术补》还讨论了显微镜、多种折射和反射望远镜的结构、原理、性质，讨论了望远镜的视场、出射光瞳和渐晕等现象。除此之外，邹伯奇还在中国创制照相机、建立摄影业。他的这些成就都是在西方近代有关的光学知识在中国传播之前取得的。或许，他的家乡处于当时中外文化交流的前沿、科技信息相对于内地比较灵通，加之他本人对于沈括、郑复光的传统光学透彻瞭解，因而邹伯奇作出了在传统物理学中许多前所未有的成就。

在中外科技文化交流的这第一个时期，前述宋应星、茅元仪、方以智、刘献廷等人

---

① 郑光祖《一斑录》卷一《天地》。

的著作都记述了某些传入中国的科技知识。王徵在与邓玉函合译《远西奇器图说》之后，又据其所学而独自撰写了《新制诸器图说》，在器具制造中贯通中西知识。比重、重心、流速与声速等概念，不仅为许多经学家所了解，也为康熙帝与乾隆帝所感兴趣。杠杆定律的数学计算，成了数学家一时热门的算题，他们发展了传入中国的有关力学知识，采用代数法求解杠杆力学，其水平已接近于近代静力学解法。中国人随即学会了制造望远镜、钟表等器具。鸦片战争前后，中国人自制的眼镜已超过舶来品。而且诞生了如孙云球（活跃于17世纪30～60年代）、薄珏（生活于17世纪上半叶）、黄履庄（1656～?）、郑复光、邹伯奇等一批光学仪器制造者和光学家。薄珏是最早在实战中使用望远镜的人。随着钟表和单摆知识的传播，不仅在中国产生了一个新兴行业、即钟表的修理、装配行业，而且也诞生了如徐朝俊（生活于18、19世纪之际）等一批钟表师。徐朝俊于嘉庆十四年（1809）撰写的《钟表图说》是中国历史上第一部有关机械钟表的工艺大全。

三 鸦片战争之后近代物理学在中国的传播与引进

鸦片战争之后，从19世纪50年代到清末，是中西科技文化交流的第二个时期，亦是近代物理学在中国传播与引进的高峰时期。在这时期，随着牛顿物理学在中国的广泛传播，传统物理学领地终于让位给近代物理学了。

19世纪50年代，艾约瑟（1823～1905）和张福僖（?～1862）合译《光论》，修正了前一个交流时期汤若望《远镜说》中几何光学的错误，系统地介绍了几何光学知识。李善兰（1811～1882）与伟烈亚力（1815～1887）合译《谈天》，与艾约瑟合译《重学》，与伟烈亚力、傅兰雅（1839～1928）合译《奈端数理》（或称《数理格致》，即牛顿《自然哲学的数学原理》），经典力学的主要内容从此在中国传播开来。此外，还有声学、热学和电磁学等大量著作译成中文出版。直到19世纪末，许多最新物理学成果也及时传入中国。这一时期的中西交流是前一时期所不可比拟的。一则此时来华教士多属基督教新教派，他们在华除译书之外，还创立教会学校、编译教科书、办报办刊、开办出版印刷机构，乃至成立学会；二则，在鸦片战争失败的刺激下，一些人在富国强兵的幻想中，于19世纪60～90年代发起了“洋务运动”。买机器、办工厂、创办各类学堂，翻译西方科技书籍，派送出国留学生，中国人也开始了从手工生产向机器生产方式的历史转变，在各类学堂中萌生近代物理学教育。洋务运动为近代物理学引进中国创造了良好的氛围。

聪明的中华民族在学习、引进西方近代物理学的同时，具有极好的消化吸收能力。李善兰与艾约瑟在译《重学》之后，于1859年将力学与几何学相结合，完成《火器真诀》一书。它将抛物体运动的几个基本公式具体化为12条有关枪炮发射角与射程关系的实用图解法则。它既是我国第一部弹道学著作，又是一本实用的炮兵操作手册。顾观光（1799～1862）和张文虎（1808～1885）合作，曾重新校订李善兰译《重学》一书。在这校订与学习过程中，顾观光又将自己学习心得写成4篇力学文章（《静重学记》、《动重学记》、《流质重学记》和《天重学记》）刊载于其著《九数外录》之中，在此介绍了许多初等力学课题和计算方法，也夹叙一些力学基本概念。这是顾观光吸收、消化西方力学知识的成果。王韬（1828～1897）的《格致课艺汇编》一书，收集了19世纪80～90年代青年学生参加理化考试的优秀答卷，它反映并记录了其时社会上青年人学习西方近代数理化的心得、体会和程度。至于洋务运动所创办的各类学校中，格致考课的考题也在逐年变化和提高。

在科学从传统向近代过渡之中，除时代背景、中西交流的影响之外，从科学内部逻辑而言，表征中国人完成这一过渡而走向近代的是1859年出版的李善兰的《谈天·序》。众所周知，宇宙天体的位置在人们心目中的变更，是近代科学在西方得以产生的一大突破口。在此基础上，伽利略、牛顿等人才能建立起简捷的近代科学的动力学。世世代代生活在盖天说和浑天说体系下的中国人，又几百年受到地心说和十二重天的迷惑。此时，李善兰代表中国先进知识分子向世人发出宣告：日心地动、椭圆轨道和摄力（万有引力）之理，“定论如山，不可移也”。在批判前人及耶稣会传教士的地心说宇宙观、涉及宇宙观和经典物理的建立历史之后，李善兰申称自己“主地动及椭圆之说”；并告诉读者，“此二者之故不明，则此书不能读。”因此，《谈天·序》是中国人从传统宇宙观向经典的科学宇宙观转变的一块历史界标，亦是中国人自觉接受近代科学的重要标志。

从总体上说，科学技术落后的中国唯有向西方学习，才能使中国繁荣。但随着中西交流的深入，中国的传统科学中个别成就也在此时传到西方。英国物理学家廷德耳（John Tyndall，1820～1893）的《声学》于1874年译成中文出版后，中国科学家徐寿（1818～1884）指出该书中关于管乐器末端效应和管口校正说法的错误，并以自己的声学实验证明，两支成八度谐和的同径管不正好是倍半关系，而成4/9的比例。徐寿的见解在英国《自然》杂志发表后，引起欧洲声学家和音乐家的惊讶。在探讨中国古代透光镜所以反射成光斑的物理原因方面，作为《格致汇编》杂志主编的英国教士傅兰雅不能作出恰切回答，并直率承认：“此镜本非出自西国，西国之书不论及之”。这说明，在西方近代科学技术著作中尚未注意到的某些科学问题，而中国的传统科学已有足够的经验知识，这就产生了从传统向近代交流的方向。虽然这些交流是个别的，不影响近代科学的大局，但它毕竟表明交流是双方作出贡献并且得益于双方的人类文明进程。

洋务运动期间开办了各类学校，除京师同文馆有中等水平且较为系统的物理教育外，其它军事、技术学校和地方学校的物理教育绝大多数是随机的、零散的。戊戌（1898年）变法运动之后，随着新式学校的建立、新教育体制的逐步推广，清政府也相应设立负责教育的“学部”这种政府机构。此后，近代物理学在中国知识界逐渐生根、萌芽。

第二章　力　　学

在中国古代典籍中虽有“力学”一词，但并不含科学意义[1]。直到明天启七年(1627)，王徵与邓玉函合译《远西奇器图说》时，才有与近代“力学”含义相同的词。该书称“力学”为“力艺”，并指出“力艺”也就是“重学”。鸦片战争之后，有《重学》专书出版，且将重学分为静重学、动重学、水重学、气重学等，它们分别相当于现在所谓的静力学、动力学、水力学、气体力学。19 世纪最后 30 年间，才有近代含义的“力学”一词。

虽然没有“力学”一词，但并不影响古代人积累其技术经验和力学知识，只是它们没有形成一个理论体系罢了。以下将按其门类分别概述其发展情况。

第一节　简单机械及其原理

古代人创制了许多具有力学意义的简单机械，如杠杆、桔槔、滑轮、辘轳、斜面，等等，对其中的某些机械还作了理论探讨，尤其是战国时期的墨家对杠杆、滑轮和斜面做出了实验性研究和理论总结。在简单机械的基础上，古代人还创造了指南车，记里鼓车，带有擒纵系统的天文钟，鼓风机械即水排，水磨，纺织机和各种自动机械。古代人在传统上重伦理胜于自然理论，因此，有关这些机械原理的文献并不多，但是，缺乏理论文献并不等于他们完全没有理论。《宋史·舆服志》中关于指南车和记里鼓车的文字记载、尤其是关于它们的齿轮的周径、齿距和齿数的详细记述，充分表明古代人完全掌握了齿轮的匹配法则，从而才能使机械可以作为指向器或里程计使用。

本节着重讨论杠杆、滑轮和斜面，其他的简单机械见本丛书机械卷[2]。

一　杠杆和天平

杠杆是最简单的机械。它的起源或许可以追溯到原始人阶段。当人们拾起一根棍棒，并企图用它撬动一块石料时，他们实际上就是在使用杠杆。石器时代的许多工具，如石斧、骨耜等等，其上都有凿孔，以便安装木柄。这表明，那时期的人们已经有意识地在使用杠杆，或者已经在实践中懂得了杠杆的经验法则：装上木柄，延长力臂。宋应星在《天工开物》中描绘了安装盐井架的画面，其中一人手持杠杆、一人拉绳索，共同在撬移和调整井架的架基（图 2-1）。像《天工开物》所描绘的杠杆，在人类生活和生产中可谓司空见惯。

---

① 戴念祖，中国力学史，第 1～2 页。

② 还可参阅，戴念祖，物理学和机械志（中华炎黄文化丛书），上海人民出版社，1998。

图 2-1 《天工开物》绘安装盐井架图

杠杆原理还表现在被人们广泛应用的桔槔、踏舂和衡器上。

桔槔是一种取水机械，古籍上又称为颉皋[①]，欅槔[②]，桥衡[③]，或简称其为槔、桥[④]。据说，商汤时贤臣"伊尹始作桔槔"[⑤]。将一长木支撑于一根立柱上，使其支点的两端长度不等，就造成了简单的桔槔。在汉代画像石中绘有多种桔槔（图 2-2）。图中桔槔的一端系有绳索、吊桶，另一端常捆札一石块、以助人拉举之。这些桔槔图都出现在古人所绘庖厨图中，因为屠宰牲畜、蒸煮食物需要大量用水。这四幅图所表现的桔槔在机械安装和用材方面有所不同：(a)、(b) 中杠杆平直，(c)、(d) 中杠杆略呈弧形。前者用的是木料，后者用的是竹料，或可能长期使用致使材料变形。再者，(c)、(d) 中由于杠杆支点数不同，杠杆变形的弯曲状态也不一样；(a)、(b)、(d) 在杠杆一端用以悬吊水桶的是绳索，画面表现了绳索的弯曲之状；(c) 用以悬吊水桶的是竹条或木条，提起水桶而竹木条略呈倾斜状。这些画像石的作者将其艺术性和科学性表现得淋漓尽致。春秋末年，郑国大夫邓析出游，曾下车教农夫使用桔槔、灌溉田地。汉代刘向《说苑·反质》载：

"卫有五丈夫，俱负缶而入井灌韭，终日一区。邓析过，下车为教之曰：'为机重其后，轻其前，名曰桥。终日灌韭，百区不倦'。"

① 《墨子·备穴》。
② 清·桂馥《札樸》卷四引《通俗文》。
③ 《礼记·曲礼》郑注孔疏。
④ 《淮南子·主术训》；《墨子·备穴》。
⑤ 明 罗颀《物原》。

(a)　(b)　(c)　(d)

图 2-2　汉代桔槔画像石

《庄子·外篇·天地》中记述了一个有关桔槔的故事：

子贡南游于楚，反于晋。过汉阴，见一丈人方将为圃畦，凿隧而入井，抱瓮而出灌。搰搰然用力甚多而见功寡。子贡曰："有械于此，一日浸百畦，用力甚寡而见功多，夫子不欲乎？"为圃者仰而视之曰："奈何？"曰："凿木为机，后重前轻，挈水若抽，数如沃汤，其名曰槔。"为圃者忿然作色而笑曰："吾闻之吾师，有机械者必有机事，有机事者必有机心。机心存于胸中，则纯白不备；纯白不备，则神生不定；神生不定者，道之所不载也。吾非不知，羞而不为也。"

这故事清楚地以力和功效表述人们对机械的定义，也表明桔槔的普及情形。至于这农夫不愿用桔槔的理由实则是该故事编纂者的道德观念而已。

桔槔不仅被用作提水机械，墨家还将它改造为战斗机械。《墨子·备穴》写道：凡遇敌人挖穴（地道）攻城，"穴且遇，与颉皋冲之"。或许墨家是将桔槔长臂端装上刀器，利用桔槔的冲击力将坚土凿松①。这是墨家发明的最早的冲击式凿掘机械。晋代杜弢又推广了桔槔的用途，他曾以桔槔"打官军船舰"②。古代一种攻城用车，叫"木幔车"，"立桔槔于四轮"，可助兵卒越城墙③。在战争中使用的抛石机，实际上也是桔槔的应用④。

① 岑仲勉《墨子城守各篇简注》(第 59 页)，洪震寰，墨经力学综述（《科学史集刊》第 7 期，1964 年，第 38 页）均持此说。

② 《晋书》卷五十八《周访传》，第五册，第 1579 页。

③ 李筌《神机制敌太白阴经》卷四《攻城县篇》。

④ 抛石机的起源见《汉书》卷七十《甘延寿传》引《范蠡兵法》，有关其构造详情见本丛书军事技术卷。

在古代还有许多机械利用了杠杆原理。粮食加工机械中的脚踏碓（图 2-3）、水碓和槽碓（图 2-4）是其中的典型[①]。将杠杆支撑于架上，长臂端装杵，短臂端供人力、水力或机轴驱动，就造成了最简单的碓。其中槽碓是中国人利用自然力作功的典型例子之一。当自然的流水灌满槽勺时，因槽勺端的力矩大于碓杵端的力矩，碓杵端抬起而槽勺端下垂。下垂中槽勺因倾斜而将水倒出，此时槽勺端力矩又小于碓杵端力矩，因此碓杵下落而作功。接着流水又一次灌注于槽勺，使槽碓如此反复作功。

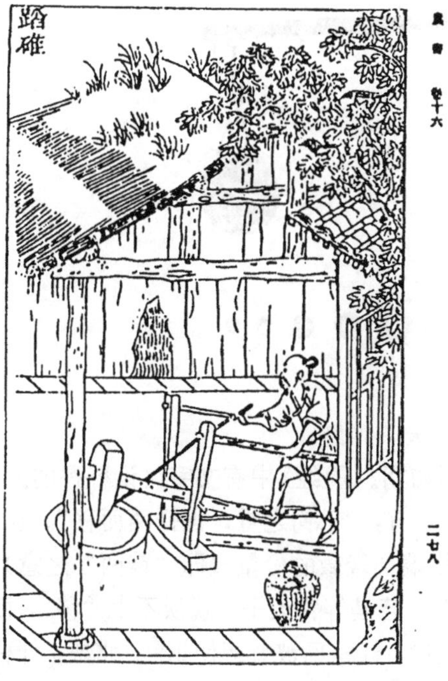

图 2-3　王祯《农书》绘脚踏碓

图 2-4　王祯《农书》绘槽碓

除上述之外，弩机上的拨动机件，即扳刀（或称悬刀），也是杠杆的一种。在织机中，杠杆、连杆和踏板相结合，形成了复杂的连杆机构。雨伞、阳伞中可折叠撑杆是轻巧的滑动杠杆。《汉书·王莽传》描述地皇二年（公元 21 年）王莽令人制造一具大型雨伞，其内有“秘机”。2 世纪评注家服虔在该书注中指出，内有弯曲接头使其伸缩自如，“其杠皆有屈膝，可上下屈伸也”。在以滑动杠杆为基础的创造物中，元代一个名为“王漆匠”的人，还制造了可折叠皮船，可折叠浑天仪。据元代杨瑀《山居新话》卷三十九记载：

“王漆匠，至正间尝以牛皮制一舟，内外饰以漆，解卸作数节。载至上都，游漾滦河中，可容二十人。上都之人未尝识舟，睹者异之。又尝奉旨造浑天仪，可以折叠，便于收藏。”

天平的制造与使用可能是对于产生杠杆原理贡献最大的器物。天平或秤，又称为衡器、衡权。“衡权者，衡、平也，权、重也。衡在于任权而均物平轻重也”[②]。可见，衡就是杠杆、秤杆，权即砝码、秤锤。春秋战国之际，衡器已相当灵敏。《慎子》说：“悬于

① 关于脚踏碓、水碓的起源见戴念祖，物理和机械志。

② 《汉书》卷二十一上《律历志》，第四册第 000 页。

权衡，则毫发辨矣”；“悬于权衡，则厘发之不可差”①。在长沙左家公山发掘出的公元前4～前3世纪楚国天平（图2-5），其砝码中最小的重0.6克②。对于天平中杠杆的平衡人们也有认识。《慎子·逸文》说：“权左轻则右重，右重则左轻”③。《荀子·正名篇》说：“衡不正，则重悬于仰，而人以为轻；轻悬于俯，而人以为重。此人所以惑于轻重也。”战国时期，诸子百家几乎都以衡器作为宣传自己主张的例证④。这与战国时期各种衡器的普遍使用是密切相关的。

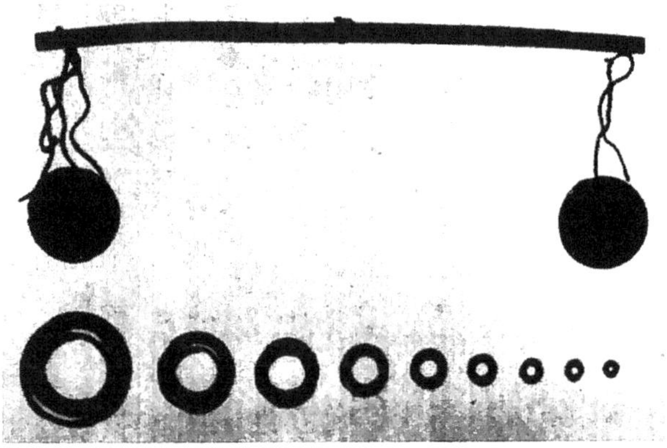

图 2-5　长沙出土楚国天平和砝码

不等臂天平也称为杆秤。它大约产生于战国初期。《墨经》中有文字讨论杆秤的原理，就是一个明证。此外，《史记·仲尼弟子列传》写道：“千钧之重，加铢两而移”。显然，这是指杆秤说的。因为，当衡器平衡后，在重物端加轻微的份量（即“铢两”之意）而要使衡器再平衡、就必须在秤杆上移动权的位置；若是等臂天平，就谈不上“移”，而是在天平的砝码端同时加上“铢两”方可平衡。汉代，杆秤已被普遍使用⑤。北魏，杆秤成为官秤⑥。萧梁朝，张僧繇绘画的二十八宿神像图之一（图2-6）表现了杆秤的画面。尤其值得注意的是，该画所表现的是一支有三个提绳的杆秤。也就是，该秤的杠杆上具有三个可供使用的支点。不需要更换秤、而只要改变支点，该秤就可以称量较重的重物。这是古代中国人的发明之一。它表明古代人在实践中完全掌握了杠杆原理。

还有一种称量轻小物体（如中草药）或贵重物体（如金、银）的杆秤，称为“等子”、“戥子”、“银秤”、“钱秤”。它可能产生于唐宋年间。宋代李廌在其《师友谈记》中写道：

“子之文铢两不差，非秤上称来，乃等子上等来也。”

这种等子多有两个提绳，即两个支点。

---

① 唐马总编《意林》卷二《慎子》(四部备要本)；也见，周慎到撰，清钱熙祚校辑《慎子·逸文》。

② 高至善，湖南楚墓中出土的天平与砝码，《考古》1972年第4期。

③ 同上①。

④ 最著名的例证见《庄子·外篇·胠箧》。它在抨击圣人比大盗更为可恶时指出，圣人“为之权衡以称之，则并与权衡而窃之。”

⑤ 据载，后汉光武皇后之弟家富无比，累金数亿。他家以秤称珠宝。见晋王嘉《拾遗记》卷六《后汉》。

⑥ 《魏书》卷七十八《张普惠传》，第五册，第1736～1737页。

二　《墨经》论杠杆

图 2-6　萧梁朝张僧繇绘二十八宿神像图之一[⑥]

《墨经》最早对秤的杠杆原理作了理论探讨。

《经下》："衡[①] 而必正[②]，说在得。"

《经说下》："衡[③]　加重于其一旁，必捶[④] 权，重相若也。相衡，则本短标长。两加焉，重相若，则标必下，标得权也"[⑤]。

这条文字是叙述秤杆平衡、即杠杆平衡的问题。研究者多持此说。

本条《经》文指出了用衡器（天平或杆秤）称量物体轻重的一般准则。若要知道某物的重量，将某物置于衡器上称量时必需使衡器平衡，也就是"衡而必正，说在得"。"得"者何也？似乎茫然[⑦]。许慎《说文解字》："得，行有所得也"。《康熙字典》引《玉篇》解曰："获也"；引《韵会》解曰："凡有求而获皆曰得"。《经》文意思是，通过衡器秤量之后，确实知道了某物的重量，故曰"说在得"。

《说》文三句话涉及两种衡器。第一句是指天平而言的；后两句是对杆秤而言的。

钱临照文指出："天平之支点在臂干之中点。一臂加重，他臂之砝码必等重方可得平，故曰'衡，加重于其一旁，必捶权，重相若也'。"此说甚是。

---

① "衡"字原本写为"奥"，又脱误其上半部而为"天"。从梁启超、谭戒甫改。

② "必正"，钱临照校改为"不正"。

③ 此"衡"字为标牒字。一般情况下，标牒字与其下面文字不相关。

④ "捶"为"垂"之繁文。钱临照、洪震寰断句为"必垂权"；钱宝琮、徐克明断句为"必垂"，并在一下句中加"不"字，成为"重不相若也"。

⑤ 由于《墨经》文简意赅，又传本误、衍、脱、窜之字甚多。自清末至今，各种《墨经》校勘评注本很难在标点、校字等方面有一致意见。甚至在某些有关条目性的大问题上，也存在根本对立的意见。本书关于《墨经》的参考文献如下：

孙诒让《墨子闲诂》(凡是引书的版本问题，均见本书附录"文献书目"，以下同)，简称孙本。

梁启超《墨经校释》，简称为梁本；

谭戒甫《墨辩发微》，简称谭本；

高亨《墨经校诠》，简称高本；

钱临照，释墨经中光学力学诸条载《李石曾先生 60 岁纪念文集》，1942，昆明版；转载于方励之主编《科学史论集》；也见其文：论墨经中关于形学、力学与光学的知识。《物理通报》第 1 卷（1951）第 3 期。简称钱临照文。

钱宝琮，墨经力学今释。《科学史集刊》第 8 期（1965 年），也见《钱宝琮科学史论文集》。简称钱宝琮文。

洪震寰，墨经力学综述。《科学史集刊》第 7 期，1963 年；墨经中的物理，《物理通报》1958 年第 2 期，简称洪文。

徐克明，墨家的物理学研究，《科技史文集》第 12 辑；墨家物理学成就述评，《物理》1976 年第 1、4 期，简称徐文。

方孝博，《墨经中的数学和物理学》，简称方本。

凡引以上文献，均以人名或简称说明，不再列文献。

⑥ 该图多引自郑振铎《中国历史参考图谱》。由于原图已模糊不清，丘光明女士曾依图摹画，并发表于《文物》1984 年第 10 期（丘光明，我国古代权衡器简论）。图 2-6 转引自丘光明摹绘。

⑦ 钱临照文将"得"释为"贪"，似在商榷之处。

图 2-7　墨家杆秤标识图

《说》文后两句中的“标”与“本”分别指秤杆的尾端与头端[①]。尾端细小，头端粗大。“标”字定义秤纽至秤锤之距离，“本”字定义秤纽至秤钩之距离（图 2-7）。“标”随秤锤移动而改变其与秤纽之长短，“本”的长短距离是固定的。一般地，要称量之重物大于权的重量，因此杆秤称物而平衡时，“则本短标长”；若在秤纽的两端加上相等重物，又由于“本短标长”，而“标必下”垂。至此，本条文字只剩下“标得权”一句尚未明其意。

钱宝琮文认为，先秦时期，“权”字尚未含有秤锤或砝码之意；本条目中两个“权”字均作“权力”解。“权”字本意是秤，引伸义为权力。钱宝琮文说：

> 人们看到用秤称物时，秤锤重力的作用线左右移动可使秤杆俯仰低昂，一个力的效用不仅与它的轻重有关，并且与它的作用线的位置有关，因此产生了权力的概念。

而后，“权力”的概念才推广到社会现象中，并形成了如“权宜”，“权谋”等其他词。这样，钱宝琮解释“标得权”为“秤锤上所加的重力获得了更大的‘权力’。”[②] 鉴于《墨经》在讨论其他机械时曾言及“长重者下，短轻者上”，钱宝琮文继续阐释说：“所谓‘重’、‘轻’是力的大小，‘长’、‘短’是力的作用线到转动中心的距离远近。‘长重’、‘短轻’两个词汇可能是力与距离的乘积。因此，我们认为：《经说》里的‘权重’相当于现代力学里的力矩。”钱宝琮作如是解。由此，他得出“《墨经》的作者在简单机械的研究中已有力矩的概念。”

果真先秦“权”字无秤锤或砝码之意，则钱宝琮的解释是值得重视的。

无论如何，本条内容表明墨家清楚地掌握了杠杆平衡原理。因为他们讨论了秤杆的各种平衡情形：两臂等长的平衡，两臂不等长（本短标长）的各种平衡。唯一不足的是，他们没有应用数学或以数学语言表述这些平衡。墨家创始人墨翟的生活年代比阿基米德早约 2 世纪，本条内容的科学史价值就可想而知了。

在前述各种杠杆实例中，除天平和杆秤之外，似乎都是杠杆原理的经验应用。然而，建于明万历元年（1573）的广西容县真武阁是一座“杠杆结构”式建筑。它的设计者如果对杠杆原理一无所知，则不可能如此大胆地建筑一座巨大的楼阁。

真武阁是一座三层木构建筑（见彩图 2-8）[③]，其二、三层的全部荷重主要由左右两排各 4 根从底到顶的立柱支撑。从图 2-9 的横断面图中还可见二、三层内还有 4 根巨大立柱，每两根柱的顶端之间架设承重梁，通过大梁、二梁支撑阁中央屋顶的全部荷重。然而，在二层楼面上仔细观察这 4 根立柱的底端，它们却悬空不落地，柱脚底距二层楼板尚有 2～3 厘米空隙。一经发现或指出此一事实，每一个想到自己安全的上楼人都会为该楼阁的巧妙设计而感到悚然惊叹！

---

① 毕沅《墨子注》：“标，犹杪，末也”；《广雅·释诂》：“标，末也”。

② 出于这种解释，钱宝琮文才将“必捶权重相若也”标点为“必捶，权重相若也”。在他看来，此“权重”一词亦为权力大小之意。

③ 梁思成，广西容县真武阁的杠杆结构，梁思成文集（四），北京：中国建筑工业出版社，1986，第 208～232 页。

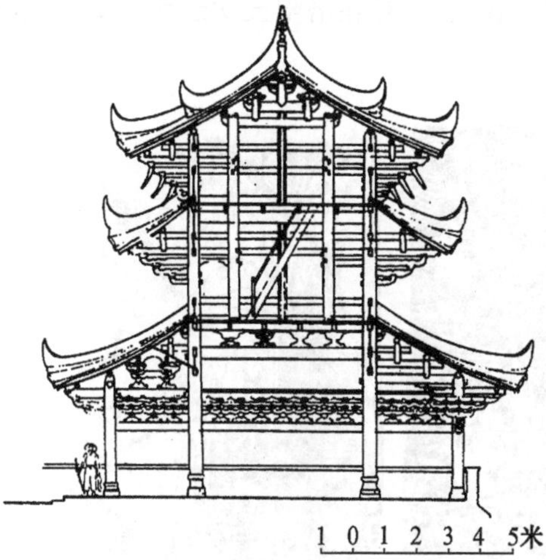

图 2-9 真武阁横断面草图

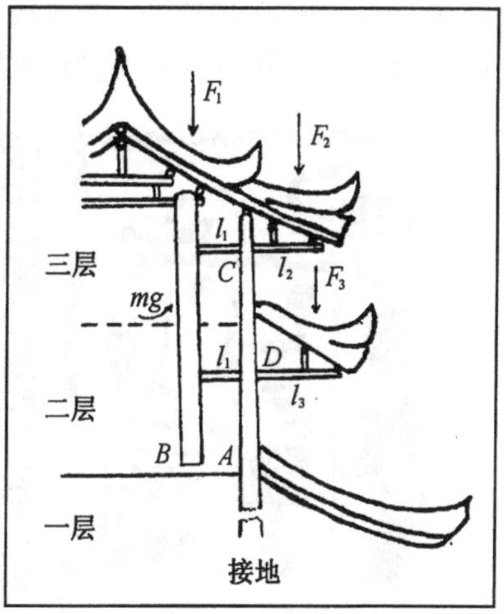

图 2-10 真武阁杠杆结构及其受力示意图

其实，在顶层和二层屋檐下各有枋条三道，枋条一端支撑屋檐，另一端与悬空内柱相接。这三道枋条实为杠杆组，从地到顶的立柱与枋条相接处就是各杠杆的支点。通过这杠杆组的作用，正中屋顶、悬空内柱及其诸构件的力矩和二、三层屋檐及其诸构件的力矩相互平衡。图 2-10 中 A 为接地立柱，B 为二、三层内悬空柱，C、D 为枋条构成的杠杆组支点。F_1 为阁顶中央铺瓦、梁架和斗拱结构的重力；F_2、F_3 为第二、三层屋檐铺瓦、梁架和斗拱结构的重力，设悬空立柱 B 的重量为 mg，则 $(F_1+mg)\ l_1=F_2l_2+F_3l_3$。4 根落地立柱、4 根不落地内柱和作为杠杆组件的枋条又相互联结，从而形成该楼阁互相牵制的大型杠杆结构，使整个木构建筑平稳、牢固地矗立在地面上。那 4 根不落地的内柱实际上负起使杠杆两端平衡的巨大砝码的作用。迄今已历经 400 余年风雨沧桑的真武阁是中国人聪明才智的又一体现。

三 滑轮和辘轳

滑轮，古代称为“滑车”。应用一个定滑轮可以改变力的方向，应用一组加以适当配合的滑轮，可以省力。从春秋战国开始，在作战器械、井中提水和四川盐井中广泛运用了滑轮。传说公输般为季康子葬母创造了转动机关①，为帮助楚国攻宋创制了云梯，其中都使用了滑轮②。墨家在其代表作《墨经》中将其称之为“绳制”，此名称可能包括滑轮以及绕过它以牵引重物的绳索。

以绘画形式表现滑轮者，大约起于汉代。汉代画像砖（图 2-11）和陶井模上都有滑轮装置（图 2-12）③。图 2-11（a）描绘了滑轮上绳索脱手刹那间的情景④；图 2-11（b）为庖厨中带滑轮的井架⑤；图 2-11（c）是四川盐井画像石中汲卤图，井架上安装滑轮，四

① 《礼记正义》卷十《檀弓下》。
② 《墨子·公输》。
③ 文物参考资料，1954 年，第 9 期。
④ 山东省博物馆等编山东汉画像石选集，图 325，齐鲁书社，1982。
⑤ 山东沂南汉画像石墓，文物，1954 年 8 期，图 29。

人正在提拉滑轮两边的绳索，使卤桶一升一降①。图 2-12 是在洛阳五女冢新莽墓发掘的明器陶井模型，及其在井上安置示意图②。

(a) (b) (c)

图 2-11 汉代滑轮画像石

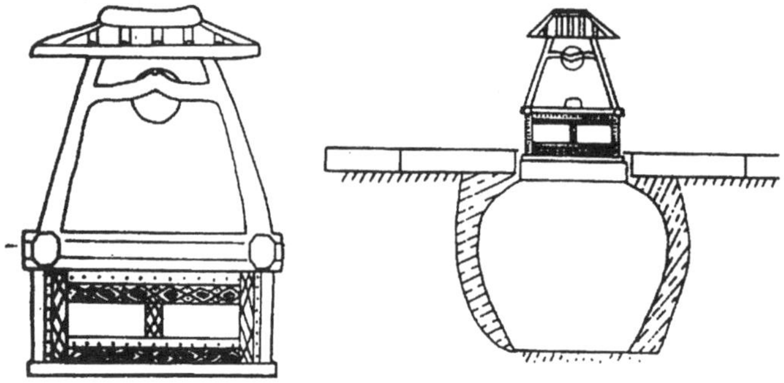

图 2-12 汉代陶井模型上的滑轮装置

山东武梁祠汉画像石之一，描绘了人们从水中打捞铁鼎的画面（图 2-13）：河岸两边各有数人前后拉着绳索，脚蹬河岸斜坡，弯腰使劲；绳子一端通过滑轮（图 2-13（b）显示滑轮所在位置）连结在铁鼎上；上下左右，众人围观。它描述的是秦始皇“泗水取鼎”的故事③。其内容见《史记·秦始皇本纪》。传说，大禹造了九个巨鼎，以便人们识别善恶。九鼎从夏传到商、周，成了最高统治者权力的象征。周赧王十九年（前 296 年），秦昭王从周王室取走九鼎，途中不幸一鼎飞入泗水河。后来，秦始皇往东海觅神仙，路过此地，便命千人入泗水河捞宝鼎。可是，当鼎刚拉出水面，一条龙（在画面的鼎上）冲出，咬断绳索，宝鼎又沉落河底。画面生动地刻划了绳子断裂的刹那拉绳人朝天仰倒的情景。

---

① 重庆市博物馆编，重庆市博物馆藏四川汉画像石选集，图 1，文物出版社，1957。

② 洛阳市第二文物工作队，洛阳五女冢新莽墓发掘简报，文物，1995 年 11 期，第 4～19 页。

③ 吴曾德，汉代画像石，文物出版社，1984，第 143 页。

(a)　　(b)

图 2-13　汉画像石“泗水取鼎”图

唐代刘禹锡在其《机汲记》中描写了滑轮、辘轳和架空索道联合应用的情景。这种机械在山地附近被广泛用于汲水上山、浇灌田地。其中滑轮的形式及其安装方法极为巧妙。刘禹锡写道：

“锻铁为器，外廉如鼎耳，内键如乐鼓，牝牡相函，转于两端，走于索道，且受汲具”①。

这种铁制滑轮如图 2-14。在山下河中和山顶上架索道，索道上安置这种滑轮，轮耳（“鼎耳”）悬吊水桶。另一绳索的一端系于滑轮耳上，另一端绞缚于山上辘轳中。辘轳安装于架空索道旁。这样，转动辘轳就可以将山下河水提上山顶②。在中世纪时期，这种机械及在山间的应用都是极为先进的，难怪刘禹锡为之大加赞美。

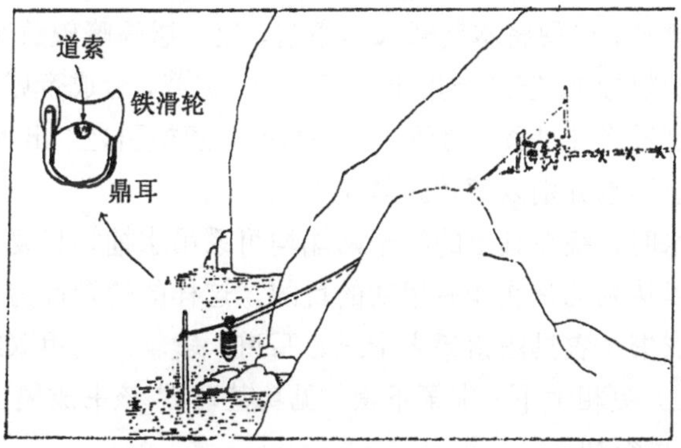

图 2-14　“机汲”示意图

滑轮一端装上曲轴，就成为轮轴，古代称其为辘轳，也写作“鹿卢”、“磨鹿”③、“椟栌”④。它常被用作井中提水工具。其主要部件是一根短圆木，上绕绳索；转动其上曲轴，

① 刘禹锡《机汲记》。见《刘宾客文集》卷九；或《全唐文》卷六六六。

② 详见戴念祖《中国力学史》，第 209～210 页，该书“机汲图”未画精确。李崇洲先生最早解释刘禹锡《机汲记》中的文字，并画了图 2-14 草图，见《农业考古》1983 年第 1 期，第 142～143 页，李宗洲文“中国古代各类灌溉机械的发明和发展”。

③ 《墨子·备高临》。

④ 释玄应（又作元应）撰《一切经音义》卷十五引秦李斯《苍颉篇》。

圆木可绕其固定轴转动（图 2-15）。

(a)

(b)

图 2-15　辘轳
（a）汉代辘轳画像石　（b）金墓壁画

辘轳可能产生于商末周初。明代罗颀《物原》载："史佚始作辘轳"。宋代曾公亮《武经总要》云："周武王以飞桥、辘轳，越沟堑，飞江天"①。春秋时期，在一种军用巢车或八轮车上装有辘轳，以便将木制载人巢举起，让人居高瞭望敌城②。战国迄汉，辘轳常被用作入葬下棺的机械③。它还被用于打捞器物。据载，晋成帝咸康二年（336 年），一巨钟掉落河中，打捞者将钟"系于竹絙，用牛百头，鹿栌引之"出水④。更巧妙的是，伎人走绳表演时，绳索两端分别以辘轳张紧拉直⑤。

当辘轳用于提水时，绕在其上的绳子两端均可系吊水桶，只要两股绳逆顺交转于轳筒上。这样，它可以达到总是在作有用功的目的。这样的辘轳称为双辘轳、花辘轳、或复式辘辘。王祯《农书·农具图谱集之十三》写道：辘轳"或用双绠而逆顺交转所悬之器，虚者下，盈者上，更相上下，次第不辍，见功甚速。"该书成稿于 1313 年。可见，双辘轳至晚产生于 14 世纪初。

四　《墨经》论滑轮

《墨经》有条文字写道：

---

① 曾公亮《武经总要前集》卷十一。《水攻·济水府》。
② 见《左传·成公十六年》；也见唐李筌《神机制敌太白阴经》卷四；唐·杜佑《通典》卷一百六十。
③ 见《礼记·丧大礼》；汉·刘熙《释名·释典艺》。
④ 司马光等《资治通鉴》卷九十五。
⑤ 王谠《唐语林》卷五。

《经下》:“挈与收仮[①],说在薄。”

《经说下》:“挈”[②] 挈,有力也。引,无力也。绳制挈之也,若以锥刺之。挈,长重者下,短轻者上。上者愈得[③],下者愈亡;绳直,权重相若,则正[④] 矣。不正[⑤],所挈之止于施[⑥] 也[⑦]。收,上者愈丧,下者愈得。上者权重尽,则遂。”

本条在校勘、标点、乃至内容理解方面真是仁者见仁、智者见智。治墨学难矣。文字训诂家在治墨学中为我们提供了极好的校注文字的意见和方法,但对经文内容的阐释往往欠当。而对后者,出身数理研究家的意见似较妥贴。然,对该条内容的看法也众说纷纭。钱临照认为,《说》可释为平衡之杠杆,全条文字似释为“施用两方向相背之力,所得之结果亦相背”。钱临照文所论之方向极是。洪震寰认为,本条乃“借助杠杆与滑车等简单机械改‘挈’为‘收’的具体方法及原理”,《说》文前半部讨论桔槔升重,后半部讨论滑车升重。钱宝琮认为,本条“阐明桔槔的机械作用”。徐克明将《说》文看作杠杆而加以讨论。方孝博以为此条文字是以滑轮升重之法。此外,还有其他的解释[⑧]。本书倾向于方文之见,在文句标点方面、吸取钱宝琮之说。

本条是说明一个定滑轮两边的绳子受力和运动的实验。

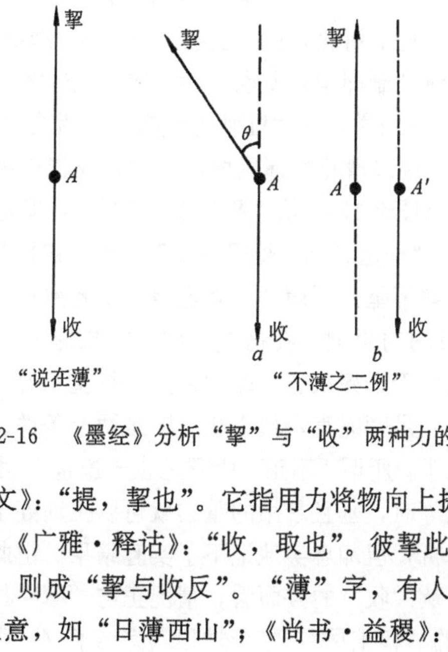

图 2-16 《墨经》分析“挈”与“收”两种力的作用

“挈”是提挈,《说文》:“提,挈也”。它指用力将物向上提升。故《经说下》:“挈,有力也”。“收”是收取,《广雅·释诂》:“收,取也”。彼挈此收,同时背向、直线地作用于同一处(图 2-16),则成“挈与收反”。“薄”字,有人断为“权”之误。非也。“薄”字乃逼近、靠近之意,如“日薄西山”;《尚书·益稷》:“外薄四海,咸建五长”。

---

① 此四字旧作“契与枝板”,形近而误。今依孙诒让、钱临照等校改。“仮”与“反”通。

② 此“挈”为标谍字,原脱,今补。

③ 原文“得”字后衍一“下”字,今删。从张惠言、高亨等说。

④,⑤ 两个“正”字,原讹为“心”字,从孙诒让、钱临照校。

⑥ “施”,斜之意。“施”、“杝”、“栬”并通,训为“斜”。

⑦ “不正,所挈之止于施也”一句,原窜入“引,无力也”之后,“绳制挈之也”之前。今依文意改动其句序,从钱宝琮说。

⑧ 魏西河认为,本条为讨论滑车与斜面的力学实验(见其文“滑车与斜面的发现与使用以中国为最早”,载《清华大学学报》,卷 7(1962)第 2 期,第 53~61 页)。其说有一定启发作用,只是其释文意太近代化了。洪震寰文曾对其提出质疑,且甚有说服力。

“薄”字又有侵入之意，如《荀子·天论》：“寒暑未薄而疾”。墨家以“薄”字强调指出，挈与收这二种力必需同时彼此背向，并直线地作用于同一点上。如果挈与收彼此不在一直线上，或者二者平行分隔而不共同侵入某一点，则不能说“挈与收反”。当挈与收的作用是通过绕于定滑轮的一根绳索而发生时，这时就完全满足“挈与收反，说在薄”的定义条件。

“引，无力也”作何解释？

假设以丝线吊起一石块，同时搬去支撑该石块的另一石料，手提丝线则为“挈”。如果线断了，则石块自由掉落地面。《墨经·经下》和《经说下》曾对此实验描写说：

“胶丝、去石，挈也。丝绝，引也；未变而名易，收也。”

“丝绝，引也”，以及“引，无力也”，这二句联系看来，似乎在墨家心中已形成了初步的“重力”概念。“引，无力”，意谓不需人为的力作用。“引”与“收”本质相同，而只是名称互异，因此说，“未变而名易”。在今天的“重力”概念下，对于同一石块的挈与收的过程，就容易理解墨家所谓“挈与收反，说在薄”，“挈，有力也。引，无力也”的论述。

由于“挈”需要人的体力，“引”或“收”又并非随意可控。因此，本条《经说》进一步讨论借助滑轮升重的实验。滑轮，在《墨经》中称为“绳制”，是包括滑轮和绳索在内的整个机构。洪震寰文训“制即掣，曳也”，而“曳”与“绳制挈之也”的“挈”字意义重复。故，洪训不可取。《经说》以“锥刺物”的比喻阐述用“绳制”即滑轮的便利。

利用一个定滑轮升重，绕过滑轮的绳索两端分别挂权和重物。《经说》从挈与收的两个角度讨论升重用力情形（图 2-17）。从“挈”这一方看，定滑轮的“长重”一边要下落，“短轻”一边要上升。所谓“长重者下，短轻者上”是也。被提举的重物愈来愈升高，则滑轮另一边的重物就愈来愈下坠。所谓“上者愈得，下者愈亡”。“得”和“亡”都是服从于以定滑轮升重这一目的的用词。在这过程中，如果绳子垂直地面，滑轮两边“权重”相等，那么，滑轮就处于平衡状态，即“绳直，权重相若，则正矣”。“正”意为平衡，也即滑轮不动。如果满足“绳直，权重相若”这两个条件、而滑轮并不平衡，那是被提挈的重物处在斜面上了，所谓“不正，所挈之止于施也”。由今天静力学分析不难证明，当定滑轮两边重物相等时，垂直悬吊的重物就可以拉动处于斜面上的重物。《墨经》虽然没有对此作出数学分析，但却忠实地记下了实验结果。由此也可见，墨家做了滑轮实验，也做了斜面实验。从“收”的方面看，情况正与“挈”相反，是“上者愈丧，下者愈得”。直到“上者”的“权重尽”，整个过程就完结了（“则遂”）。

尚需说明的是，“不正，所挈之止于施也”一句中的“止”字，并非停止、静止之意，而是“趾”的古字。《汉书·刑法志》：“斩左止”。颜师古注：“止，足也”。因此，不能把这句话理解为被提挈的物体停止在斜面上，而应当理解为“处”在斜面上。“处”在斜面上是可以“不正”或运动的。再则，“上者权重尽”句又出现了“权重”一词，钱宝琮曾论及该词类似今力矩的概念，这一说法值得重视。又，本条中因有“长重者下，短轻者上”一句，以致有人断论本条为讨论杠杆或桔槔。若是，而《墨经》却未记载杠杆中“长轻”与“短重”这一更为特殊又更为重要的平衡情况。因此，该断论有待商榷。

《墨经》在世界上最早讨论了滑轮举重的力学现象。唯一不足之处，仍然是缺少数学的应用。

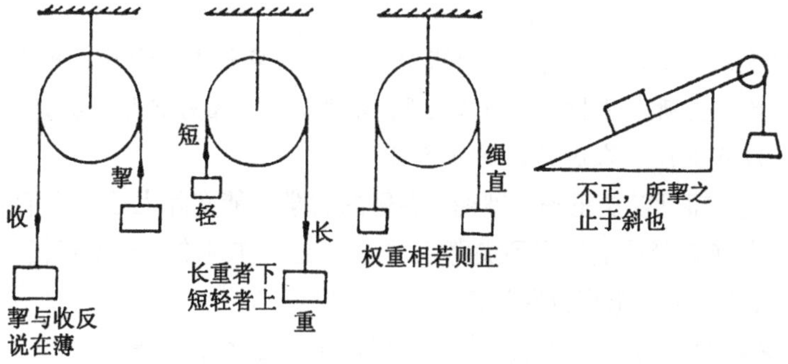

图 2-17 《墨经》讨论滑轮

五 尖劈与斜面

尖劈能以小力发大力、以少力得到大的效果。石器时代的各种石器、如石斧、石刀、石凿、石锥以及各种骨制的针、镞等，都是人们利用尖劈的例子（图 2-18）。从石器时代迄今，人们在生活、生产和兵器制造方面，尖劈原理得到普遍应用。

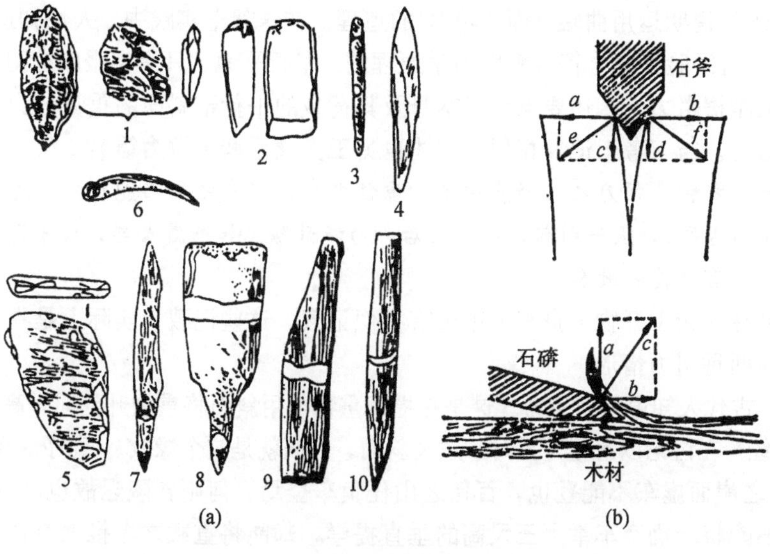

图 2-18 新石器时代石、骨器

（a）石、骨器 （b）尖劈作用力示意图

1. 打制燧石片 2. 石斧 3. 石凿 4. 石镞

5. 石铲 6. 骨针 7. 骨镞 8. 骨钻 9. 骨凿 10. 骨锥

有一种尖劈，俗呼“楔子”，利用它可产生极大压力。古代榨油机被称为“尖劈压机”就是一例①。在古代木构建筑中，通过几个小小的楔子调整其各部分位态，从而改变该建筑物潜在的危险性。这是尖劈的成功应用之一。唐开元至长庆年间（713～824），苏州建重元寺阁。刚建成，发现其柱有所斜倚。一僧人用木楔将其扶正。李肇在《唐国史

① 戴念祖，物理和机械志。

补》中写道：

> 苏州重元寺阁，一角忽垫，计其扶荐之功，当用钱数千贯。有游僧曰：“不足劳力，请一夫斫木为楔，可以正也”。寺主从之。僧每食毕，辄持楔数十，执柯登阁，敲椓其间，未逾月，阁柱悉正。

小小的楔子，却可以扶正楼台殿阁。尖劈的力学性能实际上已被人们娴熟掌握。[①]墨翟为首的墨家也许是较早地认识到尖劈原理，《墨经》在讨论滑轮中曾指出，利用滑轮升重“若以锥刺之”。东汉王充也曾说道：

“针锥所穿，无不畅达；使针锥末方，穿物无一分之深矣”[②]。

古代人对斜面也有一定的理论认识。上述《墨经》讨论滑轮时已涉及墨家对斜面作过力学实验。尤其是，驾驶畜力车的实践使人们对车行平地和上坡的不同用力情况作了经验总结。《考工记·辀人》写道：

> 今夫大车之辕挚，其登又难。既克其登，其覆车也必易。此无故，惟辕直且无挠也。是故大车平地既节轩挚之任，及其登阤[③]，不伏其辕，必缢其牛。此无故，惟辕直且无挠也。故登阤者，倍任者也。犹能以登，及其下阤也，不援其邸，必緧其牛后，此无故，惟辕直且无挠也。

这段文字说明，由于大车的车辕直，驾车人在牲畜拉车上下坡时应注意驾车方法。《考工记》进而说明运用曲辕（即“辀”）的道理。在这驾车实践中，人们知道“登阤者，倍任者也”。这经验是完全符合斜面力学原理的。车行平地，只需克服摩擦阻力；车行斜坡，除克服摩擦阻力外，还要承受车本身及其荷载的平行于斜面的重量分力。因此，上坡要加倍用力。与《考工记》相似的记述也见王充《论衡·效力篇》：

> 长巨之物，强力之人乃能举之。重任之车，强力之牛乃能挽之。是任车上阪（坡的古字），强牛引前，人力推后，乃能升踰。如牛羸人罢，任车退却，还坠坑谷，有破覆之败矣。

宋应星在《天工开物·舟车》中也有类似记载。这些记载，实际上是在比较车行平地和斜坡的两种用力情形。

当然，古代人知道斜面省力。这是在提挈重物与用斜面将重物升到同一高度时比较而言的。《墨经》在讨论以滑轮升重时又述及斜面，大概就是这个缘故。《荀子·宥坐》写道：

“三尺之岸而虚车不能登也，百仞之山任负车登焉，何则？陵迟故也。”

人们不能将一辆空车举上三尺高的垂直提岸，却能将重载之车推上百仞高山，其原因是高山的坡度斜缓（“陵迟”）。这充分表明，古代人知道利用斜面升重可以省力的法则。

将斜面卷起来就成为螺旋。它包括螺栓、螺帽、或圆柱体之螺杆。在众多简单机械中，独此为西方文明的产物。然而，需要指出的是，古代中国人并非对螺旋毫无认识。《九章算术》中有一道算题写道：

“今有木长二丈，围之三尺。葛生其下，缠木七周，上与木齐。问葛长几何？答曰：

---

① 有关应用尖劈的更多实例，可参阅戴念祖《中国力学史》，第216～218页。

② 王充《论衡·状留篇》。

③ “阤”，古斜字。

二丈九尺”①。

这道题的几何形式如图 2-19 所示②。从图中人们立刻会想到，它就是螺旋、螺杆的机械画图。题中所要解答的“葛长”就是螺旋线的长度。由螺旋线长及其旋转周数，古代数学家也会容易地求其螺距，即相邻两圈螺旋线之间的距离。可见，古代中国人虽然没有在技术上发明并应用螺旋，但在理论上他们懂得有关螺旋的力学知识，甚至让他们设计某种螺距的螺旋也并不困难。明末，王徵与传教士邓玉函合译《远西奇器图说》，他将西方的螺旋首次译为“藤线器”③。其意义与《九章算术》题中绕木之葛完全相同。王徵的译法实乃古代中国的传统说法。

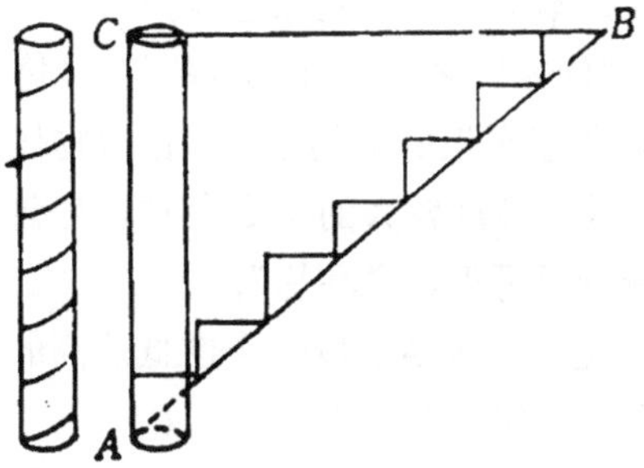

图 2-19 葛藤绕木及其题解图

长期以来，人们反复说：中国古代科学只有技术、没有理论。现在看来，至少螺旋是一个特例：它有理论，而没有相关的技术实践。这个特例是值得科学史家重视和讨论的。自然，有关葛藤绕树的想法与螺旋的设计实践尚有一段距离。若是在古代中国有应用螺旋的生产需要，无疑中国人会将它创造出来。值得我们注意的是，刘徽在该算题注中已经摆脱了天然生长的葛藤，而设想以线绕木，并提出了螺距问题。刘徽注道：

> 据围广、木长，求葛之长，其形葛卷裹袤。以笔管青线宛转，有似葛之缠木，解而观之，则每周之间自有相间成勾股弦。

每周之间的勾长正是螺旋的螺距。若不是古代中国的榫卯接合技术非常娴熟，若不是钢铁制钉及其应用的普遍性，大概至迟刘徽时代，螺旋、螺钉、螺杆、螺帽都会顺应而生的。

六 《墨经》论斜面

《墨经》论滑轮中已述及斜面。墨家知道，通过滑轮的绳索将两个等重物分别垂悬和悬挂于斜面上（见图 2-17），斜面上的物体会被垂悬物体牵动。不仅如此，《墨经》中还有专门的条文讨论斜面的问题，从而教导人们用斜面车可以轻易地将重物提升到高处。

《经下》：“倚者不可正，说在梯④”。

---

① 《九章算术》卷九《勾股》，第 5 问。

② 该图引自白尚恕《九章算术今译》，山东教育出版社，1990，第 432 页。

③ 邓玉函、王徵译《远西奇器图说》卷二。

④ “梯”旧本作“剃”，从孙诒让校改。

《经说下》：

倚① 两轮高，两轮为辎，车梯也。卑② 其前，引③ 其前。载弦其前，载弦其軲④，而悬重于其前。是梯挈，且挈则行。凡重，上弗挈，下弗收，旁弗劫，则下直。扡⑤。或害之也。沇⑥ 梯者不得下⑦ 直也。今也废石⑧ 于平地，重不下，无踦也。若夫绳之引軲⑨也，是犹舟中引横也。倚倍拒坚⑩，邪⑪ 倚焉则不正。

本条校读各有见解。有的以为分属不同的两条，有的以为《经》文已脱。在解释上也各持己见。洪文、钱宝琮文、徐文、方文，虽然都倾向于斜面引重，但有关斜面车及如何引重的解释又互不相同。本书同意钱宝琮之说。

《经》文中的“倚”为“依靠”之意。《说文解字》：“倚，依也”。“倚”又有压迫之意。“梯”是斜面。一物体放置于平坦的他物之上，由两物体的相互作用力大小相等、方向相反而得到平衡。当物体处于坡度较大的斜面上时，它会沿着斜面往下滑动、不得平衡。因此，《经下》云：“倚者不可正，说在梯”。

《经说》百余字，内容丰富。它包括了以一个前低后高的平板车所作的实验记录，以及对自由落体、斜面和平面上物体运动所作的描述。

《经说》中“车梯”，即架在车上的斜面板。《说文解字》中无“輲”字，该字疑为“辁”之异文。《说文解字》曰：“辁，蕃车下庳轮也，一曰无辐也。”“庳轮”谓车的一头有两个低矮的轮，它可能是一种无辐的圆形木而已。《经说》云“两轮高，两轮为輲”，似即指此。“卑其前，引其前”，说明这种前低后高的板车不驾牛马，以绳索牵引而行；也证明“輲”为低矮的轮子。

“载弦其前，载弦其軲，而悬重于其前。是梯挈，且挈则行”一句，其意不甚明瞭。各家对此句的标点和解释，分歧也最大。据高亨说，“载”字借为“再”，古字通用。“弦”字，据钱宝琮说，虽其本意为弓弦之弦，但此处作动词用，有用弦牵引之意。这句话可解释为，在这辆前低后高的板车后端装一个滑轮，绕过滑轮的绳索一端系在后轮轴上，另一端系在车梯低处的重物上（图 2-20）。当用力牵引车前进时，因后轮轴转动而将绳索缠绕于其轴上，重物即被牵引而沿斜面上升。按照这个解释，“载弦其前”的“前”字应为“后”字，“载弦其后”，文句方顺。又，“軲”与今日“车軲辘”之“軲”意义相同，本条文字借其指车轴。但是，本条文字若照此解释，则缺少二个技术细节的描述：绳索绕过车轴，其缠绕方向与车轴转动方向相反；又，绳索绕过滑轮，滑轮需安装于斜面

① “倚”为标牒字，原讹作“挈”，从洪震寰校改。

② “卑”旧讹为“重”，从高亨校改。

③ “引”旧讹为“弦”，据孙诒让校改。

④ 孙诒让、钱宝琮将“軲”字改为“轴”。不必改。

⑤ “扡”，古斜字。

⑥ “沇”，古“流”字，从高亨等说。

⑦ “下”旧作“汻”，后者为前者之繁文，从谭戒甫说。

⑧ “石”旧讹为“尺”，形近而误，从孙诒让改。

⑨ 同④

⑩ “坚”字旧本作“瞖”。孙诒让曰：“瞖当作坚”。从孙说。

⑪ “邪”旧讹作“鼬”，从孙诒让校改。

板顶端。虽然如此，迄今看来，钱宝琮的解释还是比较合理些。

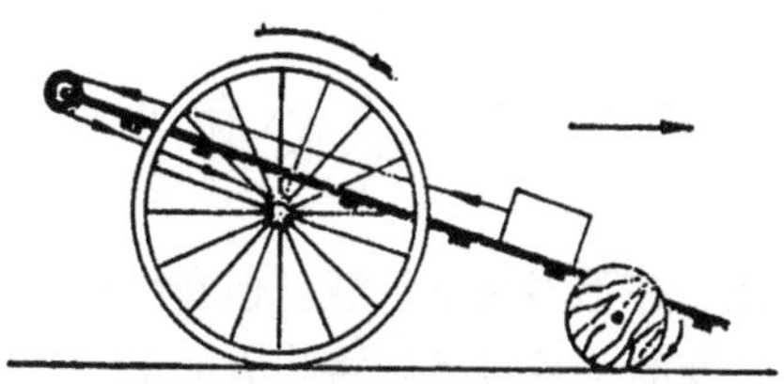

图 2-20　墨家的斜面车及其引重实验

“凡重，上弗挈，下弗收，旁弗劫，则下直。扡，或害之也。沶梯者不得下直也。”第一句描述自由落体的条件：落体或重物在其上下左右都不受到其他力的作用时，“则下直”。第二句说明，落体若沿斜线降落，则必定受到其他的人为作用，故曰“扡，或害之也”（“害”，妨碍之意）。第二句是对第一句的反证。第三句说明物体沿斜面运动的情形，沿斜面下落的物体不能垂直下落，故曰“沶梯者不得下直也”。“沶”作“流”解，此处意为滑动。第三句可以理解为以例证形式为第二句作补充。

“今也废石于平地，重不下，无踦也。”这一句中“废”字即“置”之意。“平地”，比喻平板，或平面支撑物。“踦”，从孙诒让说，为“踦”之误。“踦”，指偏重。《韩非子·亡征》：“其强弱相踦者也”。如果将石块置之平板，虽然石块有重量，但并不垂直下落，因为石块和平板之间无强弱相踦可言。这句话是对斜面上物体所以会滑下，自由落体所以会垂直下落而作的力学方面的进一步说明。也表明墨家已具有作用力与反作用力相等的初步概念。

“若夫绳之引軲也，是犹舟中引横也。”它既是对“废石平地”的受力分析，也是探讨车梯引重的机制。“横”，《说文解字》曰“阑木也”。此处喻为河岸木桩，用以系缆绳。船靠岸时，船夫将缆绳套在岸边木桩上，然后在船中拉绳，船即慢慢靠岸。车梯上牵引重物的绳索，一端系于轴上，车往前运动，重物被拉上斜面高处。这就是“若夫绳之引軲也，是犹舟中引横也”。这进一步表明墨家具有作用力与反作用力相等的初步概念或某种思想认识。

“倚倍拒坚，邪倚焉则不正”。据钱宝琮言，“倚”，压迫也；“拒”，抵抗也；“倍”，加重也。“倚倍拒坚”说明，甲物体对乙物体的压迫加重，乙对甲的抗拒作用也更坚强。两物体相压，如桌面上放石块，一般能保持平衡。但是，当压力方向与反力方向不在同一直线上时，就会失去平衡，斜面是其中一例。所以说“邪倚焉则不正”。墨家在此又强调斜面上物体所以下滑的原因。

本条《经》与《说》以讨论斜面为中心议题，述及斜面车的大概形制，讨论了自由落体的条件、物体在斜面上的下滑运动及其下滑的力学原因，对作用力与反作用力相等的原理也有所认识。整条百余字，却内容丰富，力学含义深刻。

但是，《墨经》在论杠杆、滑轮和斜面中，其力学知识又有很大局限性。例如，在讨论斜面中，没有进一步讨论斜面上的物体对斜面的作用力方向；说明物体自由下落的条件，而且有“引，无力”这样一种重力概念，但是，墨家没有球形大地的观念，因此不可能认识到重力的方向是指向地心；在论及“废石于平地”、“舟中引横”中虽有作用力与反作用力的认识，但缺少数量关系的论述，在讨论杠杆、滑轮，以及“倚倍拒坚”的命题中也缺少定量分析。总之，《墨经》中的力学知识是和数学脱离的。

第二节　重心和平衡

重心问题在中国古代似乎并不多见于记载，但在生产、建筑和生活的实践中，人们很重视重心问题。重心与平衡的关系也受到古代人的极大注意。或许由于受到儒家鼻祖孔子的重视，一种与重心和平衡有关的器物、即“欹器”，在历代不断地被提出讨论和被重新创制。古代人如何找到具有特殊形状的磬的重心问题，亦是一个静力学之谜。

一　《墨经》论力的平衡

《墨经》对建筑砖石的受力平衡问题曾经作了实验性的讨论。它表明古代人很早就关心建筑结构的重心与平衡问题。《墨经》写道：

《经下》：“堆[①] 之必拄[②]，说在废材。”

《经说下》：

> 堆[③]　并[④] 石、垒[⑤] 石，其[⑥] 夹寑[⑦] 者，法[⑧] 也。方石去地尺[⑨]，关石于其下，悬[⑩] 丝于其上，使适至方石。不下，拄也。胶丝去石，挈也。丝绝，引也。未变而名易[⑪]，收也。

《经》意为，堆放物体，必求其下、其旁均有足够的支持力，故曰：“堆之必拄，说在废材”。《说》进一步以建筑砌墙中垒石为例，指出建筑中的一种工程范例或法式（图 2-21）。每层并砌的石料和层层垒砌的石料都是相互夹持着的。“寑”字表示在下面平放以稳定地支持其上的石料。故曰：“并石、垒石，其夹寑者，法也”。

接着，墨家以实验方式演示建筑砖石所受到的各种力。将一块方石置于距地一尺左右的石块上，并将这块方石系上线绳（图 2-22）。实验过程中使墨家得到平衡和各种力的概念：

（1）支撑：方石不落下，是由于受到下面石料的支撑而得以平衡。故曰：“不下，拄也”。

---

① “堆”字原作“推”。形近而误，从洪震寰校改。

② “拄”字原作“往”。形近而误，从徐克明校改。

③ “堆”字原误作“谁”字。

④ “并”字原作“竮”，古文相通。

⑤ “垒”，原作“絫”。絫，垒之繁文。《说文》：“垒，絫坺土为墙壁”。

⑥ “其”，原作“耳”。形近而误。从高亨、钱宝琮校。徐克明以为，“耳”当作“佴”，是按规矩作的意思，似也通。

⑦ “寑”字为“寝”之省文，从钱宝琮说。原意为安息在下。

⑧ “法”为原文。不少人将此字改为“柱”，意为支撑。似不必改。

⑨ “尺”字，原文如此。有人改为“石”，也不必改，从原文可通。

⑩ “悬”原为“县”，古文相通。

⑪ “名易”，原文如此。不少训诂者将其改为“石易”，见洪文，似不妥。徐克明文将此末句改动过多，也似不必。

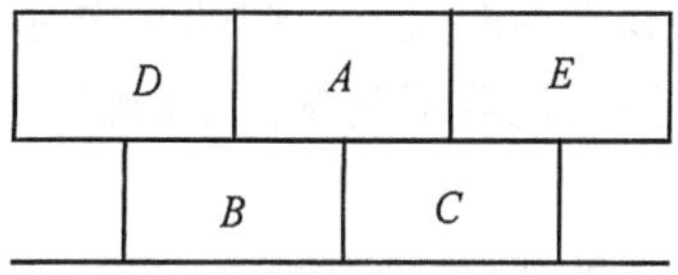

图 2-21　砖石砌墙的法式

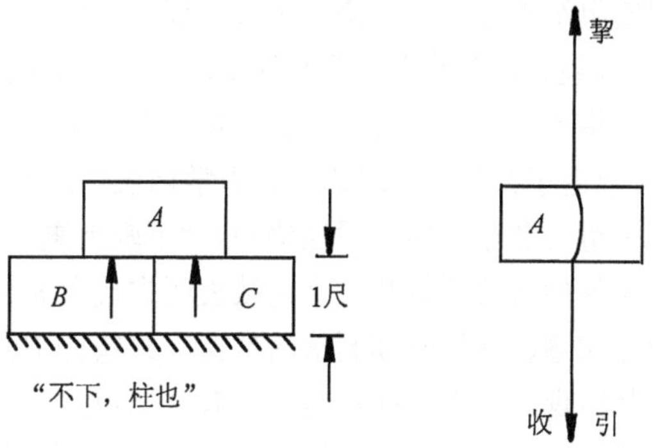

图 2-22　《墨经》对砌墙砖石的受力分析

(2) 挈力：将线绳上提，使方石离开下石而悬于空中。此时方石虽无“拄”力作用，其平衡乃受绳之挈力。故曰：“胶丝去石，挈也”。

(3) “引力”：如果线绳断裂、则方石下落。方石受到“引力”，故曰：“丝绝，引也”。墨家及其同时代人大概知道，重物会掉落地面。因此，重物有牵引线绳、甚至将线绳拉断的一种力。墨家称它为“引”。将这个概念看作是古代“重力”概念的萌芽，或许并不过份。犹有遗憾的是，墨家没有指出这种力的方向。

(4) “收力”：在绳子断裂之前，绳受方石往下拉的作用。这力与“引力”名异实同，故曰“未变而名易，收也”。“收”指往下收拉作用。墨家认为，“收力”与“引力”二者大小和方向均相同。遗憾的是，墨家未进一步指出，“收力”与“挈力”之关系，即其大小相等而方向相反。

砖石受力分析，虽然没有具体数据或几何、数学方法，但是，墨家对于砖石的每一种平衡状态都能找出抵消砖石重力的作用力，对于平衡的破坏也能具体找出外力之所在。这个受力实验及其分析，是战国时期力学的重大成就之一。

东汉王充也对平衡现象有大量记述。但他并未像墨家那样作出具体的受力分析。王充在《论衡·效力篇》中写道：

> 小石附于山，山力能得持之。在沙丘之间，小石轻微，亦能自安。至于大石，沙土不覆，山不能持，处危峭之际，则必崩坠于坑谷矣。

这可以说是在《墨经》对建筑砖石的受力分析之后又一个对自然界中具体平衡现象的描述。此外，王充就方物的稳定平衡和圆球的随遇平衡现象也作了清楚的描写。《论衡·状留篇》写道：

“圆物投之于地，东西南北无之不可，策杖叩动，才微辄停；方物集地，壹投而止，及其移徙，需人动举。”

圆球与方物二者的平衡状态，是力学初级教科书中用以说明随遇平衡和稳定平衡的两个典型例子。王充将此二者同时举出，表明人们对静力学中平衡问题已有相当的认识。

二　对重心的认识及运用

大概从上古开始，人们从生活和生产经验中已认识到平衡与重心的关系。西汉淮南王刘安组织编纂的《淮南子·说山训》写道：

“月望，日夺其光，阴不可以乘阳也。日出星不见，不能与之争光也。故末不可以强以本，指不可以大于臂。下轻上重，其覆必易。”

《淮南子》从光学现象谈到力学现象，指出本末不可倒置，大小不可更位。然后作出了有关重心和平衡的普适性法则：“下轻上重，其覆必易”。

大量的古代器物和文字记载表明古代人充分掌握重心和平衡的关系。仰韶文化时期的尖底陶罐、西周时期制造的欹器、某些特别的建筑物、乃至玩器不倒翁、乐器磬，等等，都体现人们在实践经验中的有关知识。

仰韶文化时期半坡村的陶罐（图 2-23）为距今约 6 千年的遗物。它尖底、腹大、口小，在其腹部中央偏下有两个系绳用的环耳。空罐的质量分布不均匀，双耳稍低于罐的重心。悬吊于空中的空罐呈倾斜状态。根据实验，它们中的大多数在盛水过程中有“虚则欹、中则正、满则覆”的性能①。

图 2-23 半坡尖底陶罐

半坡尖底陶罐是否被半坡古人用于汲水？学术界尚有争议。有主张是②，有主张非是。③ 非是者认为，它是三足器物发明前的一种器物形态，很可能是一种废品。此主张值得商榷。半坡尖底罐不只在西安半坡遗址出土，而是分布在黄河中上游的大片地区。不可能处处都在制造废品。再则，近年在山西垣曲县仰韶文化早期遗址中，不仅发掘出类似半坡尖底罐的小平底罐，而且有后来才称为鬲的三足罐（图 2-24）④。可见，保证重心稳定的三足器物要稍早于半坡尖底罐，而且垣曲的小平底罐的双耳也在其重心下面。可见，在仰韶文化早期人们在实践上已有重心与平衡关系的经验。

对半坡尖底罐的实验研究指出，以数值仿真实验证明，它能自动汲水的说法难以成立；但是，当它在水中，“注入水多时，提起必覆”，“注入水的高度一般小于罐高 2/3 时，提起罐的状态是正立的”⑤。

虽然对半坡尖底罐是否用于汲水有不同意见，但对它的以下物理特性却是众口赞同

① 王大钧，古代文物的力学性质研究，《文物保护与考古科学》，第 5 卷（1993）第 1 期，第 39 页。

② 周衍勋、苗润才，对西安半坡遗址小口尖底瓶的考察，《中国科技史料》1986 年 2 期，第 48～50 页。

③ 潘永祥，仰韶文化“汲水罐”质疑，《物理学史》1990 年 1 期，第 17～19 页。

④ 中国历史博物馆考古部等，山西省垣曲县古城东关遗址Ⅳ区仰韶早期遗存的新发现，《文物》1995 年 7 期，第 40～51 页。

⑤ 王大钧，半坡尖底红陶瓶，力学与实践，12 卷（1990）3 期，第 71～75 页。

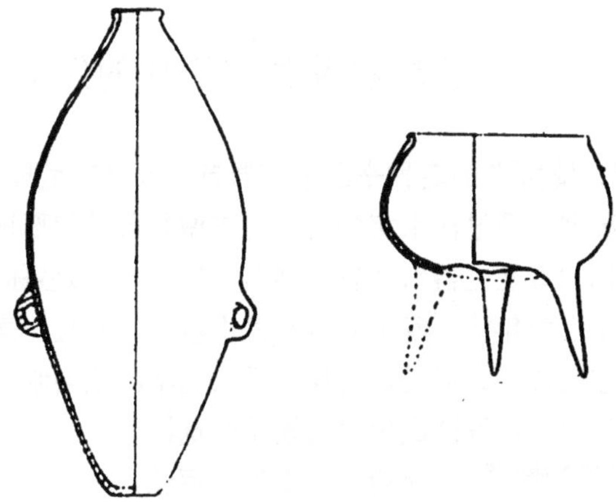

图 2-24 山西垣曲仰韶文化早期的小平底罐和三足罐

的：满水罐会倾覆，装水稍过半罐则能正立。

除半坡陶罐外，在夏、商、周三代文物中，有许多三足陶器和青铜器，其三足一般地都往外斜张，使器物重心落在以三足点为圆周的圆心附近。1968 年在河北满城西汉中山靖王刘胜墓中发现朱雀铜灯一具，朱雀展翅，口衔灯盘，双足立于底座边侧①，其重心垂面显然不与双足重合，而是通过底座中心。1969 年在甘肃武威县发现东汉铜奔马，长 40 厘米，宽约 10 厘米，高 34.5 厘米，三足腾空，一足落地，造型生动，宛如正在奔跑②。(图 2-25) 但因其重心垂面刚好与其落地足的支撑面垂直，即使支撑面很小，表面看来容易倾倒，事实上却是稳定平衡的。在我国大量的文物中，类似情形不乏其例。此外，文字记载的周庙欹器也是颇有趣味的。

图 2-25 体现重心与平衡的古代器物

(a) 湖北黄市下窑嘴商墓出土铜爵 (b) 甘肃武威出土东汉铜奔马

(c) 河北满城汉墓出土朱雀铜灯

① 考古，1972 年 1 期，第 8～18 页：也见《满城汉墓发掘简报》上册，第 263 页，文物出版社，1980。

② 文物，1972 年 2 期，第 10 24 页。

三　周庙欹器及其在历代的发展

“欹”是倾斜之意。“欹器”的名称来源于该器自由放置时呈现的倾斜状态。据载，孔子在鲁桓公之庙见此欹器。通过注水实验后，他告诫其弟子们要谦逊处世。“周庙欹器”由此而得名。欹器又称“宥坐之器”，“右坐器”，“卮器”。其名称均来自劝戒之意。

在春秋末期孔子生活的年代，宥坐之器在宫中盛行，并且一直流传到汉代。大约三国时期，由于战乱，它失传了。但是，自汉以后人们不断地创制了许多新的欹器，而它作为告诫的道德意义消失了，逐渐成为供人娱乐的玩器。

图 2-26　明刻本《孔子家语图》绘孔子“观周欹器”

《荀子·宥坐》写道：

孔子观于鲁桓公之庙，有欹器焉。孔子问于守庙者曰：“此为何器？”守庙者曰：“此盖为宥坐之器。”孔子曰：“吾闻宥坐之器者，虚则欹，中则正，满则覆。”孔子顾谓弟子曰：“注水焉！”弟子挹水而注之。中而正，满而覆，虚而欹。孔子喟然而叹曰：“吁！恶有满而不覆者哉？”子路曰：“敢问持满有道乎？”孔子曰：“聪明圣知，守之以愚；功被天下，守之以让；勇力抚世，守之以怯；富有四海，守之以谦。此所谓挹而损之之道也”①。

从文字记述看，欹器有类似半坡尖底陶罐的特点。欹器空时，器身倾斜；当注入一半水时，由于重心下降到器身下半部位，或在支点以下，因而器身自动正立；当注水满器时，又由于重心上升，器即倾覆。所谓“虚则欹，中则正，满则覆”是也。这是欹器的根本特点。孔子告知其学生子路（姓季名由，又称季路）的一段话，是借此发挥，阐述为人之道而已。

先秦时期的欹器倒底为何种形状，已无从考证。明刻本《孔子家语图》内画孔子“观周欹器”图（图 2-26），摆放在器架上的三个盛水器各有其含义：左为“虚则欹”，中为“中则正”，右为“满则覆”，只能看作是明代人有关欹器的图画。② 但从文字记载看，欹器体现了重心变化的原理是可以肯定的。

据载，晋代杜预③、萧梁朝祖冲之④，都曾制造欹器。西魏文帝大统四年（538 年），魏文帝元宝炬曾造仙人欹器和水芝欹器。据《周书·薛憕传》载：

---

① 类似的记述也见之于《刘子·诫盈》，《文子·守弱》，《孔子家语》，《庄子·寓言》陆德明注，等书。《刘子》记欹器特点为“虚则欹，中则正，满则覆”；陆德明注云此器“满则倾，空则仰，随物而变，非执一守故者也。”

② 在明以前的各朝代中，肯定有不少关于欹器的图画。唐代刘禹锡曾为一帧欹器图作诗（见《刘宾客文集》卷二十《题欹器图》），这就是有关的历史记载之一。

③ 《晋书》卷三十四《杜预传》，第四册，第 1028 页。

④ 《南史》卷七十二《祖冲之传》，第六册，第 1774 页。

魏文帝又造二欹器。一为二仙人共持一钵，同处一盘，钵盖有山，山有香气。一仙人又持金瓶以临器上。以水灌山，则出于瓶而注乎器，烟气通发山中，谓之仙人欹器；一为二荷同处一盘，相去盈尺。中有莲，下垂器。上以水注荷，则出于莲而盈乎器，为凫雁蟾蜍以饰之，谓之水芝欹器。二盘各处一床，钵圆而床方。中有人，三才之象也。皆置清徽殿前。器形似觥而方，满则平，溢则倾①。

这两个欹器的主体结构是一个似觥的圆钵。仙人欹器是由“二仙人共持一钵，同处一盘”，实则在钵腹部偏下处设双环耳，让二木人分列钵两旁并托住环耳，盘是承接漏水用的。这样，钵重心稍高环耳，就可以满足欹器重心变化的条件。水芝欹器以莲荷代替二木人而已。这两种欹器的特点是“满则平，溢则倾”。或许，所谓“满”并非真正地满觥之水，而是过觥容量之大半。如再往觥注水，使其满而溢出，则觥呈倾斜状态。可见，这两种欹器与周庙欹器不尽相同。

据《隋书·经籍志》载，北齐信都芳撰写了《器准图》三卷。其内容为“聚浑天、欹器、地动、铜鸟、漏刻、候风诸巧事，并图画为《器准》”②。显然，这是一本插图科学著作。可惜此后失传了。信都芳很可能研究过欹器。

入隋以后，一个奴隶出身的发明家耿询也制造欹器③。他在科学史上闻名，主要是制造了“马上称漏”。另一位天文历算家临孝恭著《欹器图》三卷④，而“仪同”刘晖著《鲁史欹器图》一卷⑤。这些书都已佚。

唐代，马待封、李皋等人也造欹器。

马待封，生活于8世纪上半叶，东海郡（今江苏连云港地区）人，在唐开元年间发明并制造了许多器械，如指南车，记里鼓车，相风鸟，自动梳桩器，称为“酒山、扑满”的自动娱乐器具，等等。他曾造“欹器二”，“虚则欹，中则正，满则覆。则鲁庙所谓侑坐之器也”⑥。他的欹器是盛酒用的。马待封为皇宫制造了许多巧器，一心想讨个官职，但唐玄宗竟不召见。一气之下，马待封更名改姓，自称道人“吴赐”，以“无可赏赐”之意自我嘲讽，离开皇宫，隐居西河山中。吴赐的道路是封建社会中大多数从事科技工作的儒生的必然之路。

李皋是唐宗室，嗣封曹王。他能文能武，又官又将，且善于机械制造、水利工程，曾在江陵修复古堤、开辟良田五千顷。他还以制造脚踏水轮战舰闻名。李皋是中国古代科学家的典型。他所造欹器，据《新唐书·李皋传》载：

皋尝自创意为欹器，以髹木上出五觚，下锐圆为盂形。所容二斗。少则水

---

①《周书》卷三十八《薛憕传》，第三册，第684页；类似记载，也见《北史》卷三十六《薛憕传》；《太平广记》卷二二五《技巧》。

②《北齐书》卷四十九《信都芳传》，第二册，第675页。

③《隋书》卷十九《天文志》，第二册，529页。耿询（？～618）的身世及其悲惨境遇也见《隋书》卷七十八《耿询传》；戴念祖，奴隶和科学家，自然辩证法报，1986年6月4日第11期第3版。

④《隋书》卷七十八《临孝恭传》，第六册，第1778页。

⑤《隋书》卷三十四《经籍志》，第四册，第1012页。该志将刘晖误为刘徽。后者为三国魏人。三国时无“仪同”官名，而刘晖在隋官仪同。见《隋书·律历志中》。

⑥ 李昉《太平广记》，卷二二六。

弱，多则强，中则水器力均，虽动摇，乃不覆云①。

李皋的欹器是木制的，涂赤黑色漆。“上出五觚”，当指器上口有五棱。颇有意义的是、《新唐书》的作者欧阳修和宋祁等人对李皋欹器的描写与上述各家不同。他们以盛水的多少和“水力强弱”来解释欹器的状态。虽然这个解释并不恰当，但它毕竟更接近物理范畴。

在唐代，还有一种器物，称为“铜樽”，也和重心与平衡原理有关。据《太平广记》载：

“韩王元嘉有一铜樽，背上贮酒而一足倚，满则正之，不满则倾。”②

由于这条文字记载过于简单，很难推断三足酒樽之一足，何如随其盛酒多寡或正或斜。韩王李元嘉是唐高祖第十一子。武则天摄政时，曾试图联合皇宗起兵谋反，因事败而被诛。他“少好学，聚书至万卷，又採碑文古迹，多得异本”③。这铜樽是他採得的前代遗物，也未可知。

宋代，除了燕肃曾制造过欹器外④，据宋僧文莹的记述，江南人徐邈（又作徐逊，生卒年不详）也造欹器。该器呈送宋太宗时，太宗命盛水实验，发现“增损（水）一丝许，器则随欹；合其中，则凝然不摇”⑤。

南宋赵希鹄对古欹器作过极有意义的描述：

婺州马铺岭人家，掘得古铜盆，环乃在腹之下、足之上。此器文字所不载，或以环低者为古欹器⑥。

赵希鹄在仔细考察了这古铜盆之后，清楚地知道构成欹器的一个重要技术环节：支点（环）必需在重心（腹部）偏下处。他对欹器的论述是古代人认识欹器物理原因的一个总结。

从公元前约4000年的半坡陶罐到公元13世纪初年赵希鹄对欹器的论述，可以看出古人对重心、平衡这些静力学问题在实践上的掌握程度。他们总结出“下轻上重，其覆必易”的理论，指出圆球的随遇平衡和方形物体的稳定平衡，《墨经》对砖石受力的平衡条件作了分析。在实践上，人们一直在利用重心的位置变化而设计、制造各种巧妙的欹器。这一切，成为中国古代力学史丰富的一页。据李约瑟讲道，中国的欹器曾引起阿拉伯人的强烈兴趣，伊本·沙比尔（Musa ibn Shabir，803～873）的三公子巴努·穆萨（Banu Musa）在其著作中曾描述这种器物⑦。

四　重心与平衡在建筑中的运用

在建筑中运用重心与平衡的原理能获得奇效。

① 《新唐书》卷八十《李皋传》第十二册，第3583页。

② 李昉《太平广记》卷二二六引《朝野佥载》。

③ 《旧唐书》卷六十四《韩王元嘉传》，第七册，第2427页。

④ 《宋史》卷二百九十八《燕肃传》，第二十八册，第9910页。

⑤ 文莹《玉壶清话》卷一，第1页。

⑥ 赵希鹄《洞天清录集·古钟鼎彝器辩》。

⑦ Joseph Needham，Science and Civilisation in China. Vol. 4，part Ⅰ，p. 35. 巴努·穆萨的书名为The Kitab fil-Hiyal。

三国时魏明帝曹叡曾下令建造陵云台。据《洛阳宫殿簿》载，“陵云台上壁方十三丈，高九尺；楼方四丈，高五丈。栋去地十三丈五尺七寸五分也”[①]。该台是个上宽下窄的木构建筑。其精心设计也见《世说新语·巧艺》的记载：

先称平众木轻重，然后造构，乃无锱铢相负。揭台虽高峻，常随风摇动，而终无倾倒之理。魏明帝登台，惧其势危，别以大木扶持之，楼即颓坏。论者谓轻重力偏故也。

虽然由于记载简单而难于推断此楼台的空间构架，但可以猜想到，楼的重心即使在风力作用下也不偏离它的支持面，因此并不倾倒。在较大的外力作用下，如巨大木材在旁侧的所谓“扶持”作用，却使楼台高层的受力或质量分布不均，楼台重心超出支持面，因而楼台倒塌了。表明古人充分掌握了重心和平衡原理的是，他们知道事先“称平众木轻重”；在胆怯的魏明帝下令加木于旁而倒塌时，他们知道是“轻重力偏”的缘故。

《世说新语》是刘宋朝临川王刘义庆所撰、萧梁朝文学家刘孝标即刘峻作注。该书史料价值极高，它的文风对后代笔记文学颇有影响。

陵云台虽然倒塌了，但明代建筑“燕子窝楼”却留传至今。它的结构可能不与陵云台同，而原理应是一致的。它于明正德辛未年（1511）建于广西金州县石岗村。门楼高12米，宽8米，上四层下三层，底窄上宽。整座门楼由一尺二寸长的弓型木榫衔接而成，四周无墙壁，底座由四根柱子支撑（见彩图2-27)。每当大风吹来，门楼摇动而不倒[②]。

支撑燕子窝楼的四根柱子所构成的平面是整座门楼的重心垂面。弓字型榫向这平面的前后两方展布，不仅木榫本身要求质量均匀，而且架立其上的设施、铺瓦等，也当与陵云台同，必先“称平众木轻重”，才不致于造成“轻重力偏”。门楼的建造与修整，都需要搭置特别的空间架，而不能将木梯等重物直接靠在门楼身上。否则，将有倾倒之危，重犯魏明帝之错误。

宋代建筑师喻皓曾在开封造过斜塔，称为“开宝寺塔”。喻皓在北宋被誉为“国朝以来木工一人而已”[③]。该塔“在京师诸塔中最高，而制度甚精”，“塔初成，望之不正，而势倾西北。人怪而问之。皓曰：‘京师地平无山，而多西北风，吹之不百年当正也’。”[④]喻皓考虑到，在长期风力作用下，该结构的不均匀沉陷效果。因此，他宁可让塔的重心轴（面）与地平面不垂直，让风力作用和地面沉陷的总效果使它恢复垂直状态。这个大胆的设计足于表明喻皓的渊博知识和精湛技艺。可作对照的是，喻皓之后约100年，即1174年，意大利比萨斜塔动工修建。比萨塔倾斜的原因是设计师和建筑师都未曾考虑到地面沉陷的后果。前者是有科学预见，有目的的设计；后者是盲目造成的。这大概是中世纪时期中西科学之差别吧？或许是这种差别，使古代中国的科学技术远胜于欧洲。

五 不倒翁

不倒翁是一种利用重心原理的玩具。在唐代，称它“酒胡子”，原是一种劝酒的玩具。

① 李昉《太平广记》卷二二六《技巧》。
② 戴念祖，中国力学史，第76～77页。
③ 沈括《梦溪笔谈》卷十八。
④ 欧阳修《归田录》卷一，第1页。

清代赵翼的《陔余丛考》写道：

> 儿童嬉戏有不倒翁。糊纸作醉汉状，虚其中而实其底，虽按捺旋转不倒也。吴伟业《集》中有诗。考之《摭言》，则唐人已有此物，名‘酒胡子’，乃劝酒器也①。

吴伟业是清初诗人，字骏公，号梅村，其诗文著述颇丰②。《摭言》即《唐摭言》，为五代时期王定保撰，成书于周世宗显德元年（954 年）之后几年间。赵翼所记述的不倒翁是纸作的，其上半部空虚，下半部填以实物。

王定保的《唐摭言》关于酒胡子有一段很长的描写。他记述了唐代一个名叫卢汪的名门贵族，“晚年失意，因赋酒胡子长歌一篇”。酒胡子的形状是“胡貌类人”，“尔不耕，亦不饥，眼何碧，亦有衣；有眼不曾分黼黻，有口不能明是非；鼻何尖，眼何碧，仪形本非天地力；雕镌匠意若多端，翠帽朱衫巧装饰”。可见，唐代的酒胡子是着意雕刻的木偶，加以点缀装饰。王定保虽未记述酒胡子的体形，但不难从流传至今的不倒翁推想而知。他描述了酒胡子在玉盘中旋转倾倒之状：“盘中觗舭不自定”，“徇俗随时自圆转”，“人心俯仰旋转”，“倾侧不定，缓急由人”③。当它停止旋转和摆动之后，面朝向谁，谁就应当举杯饮酒。

从赵翼和王定保的描述看，不倒翁与酒胡子名异实同，经人拨动之后，旋转并向两边倾斜，但始终不倒下。

历史记载中还有另一种劝酒器，其外形与不倒翁同，只是最后会倒下。宋代张邦基写道：

> 饮酒。刻木为人，而锐其下，置之盘中，左右欹侧，傚傚然如舞之状。久之力尽乃倒。视其传筹所至，酬之以盃，谓之劝酒。或有不作传筹，但倒而指者皆饮。④

所谓“锐其下”，即它的下半部是个半圆形。倒下与不倒下之区别仅在于重心位置（图 2-28）。前者的重心略高于下半圆的中心，后者的重心略低于下半圆的中心。古代人

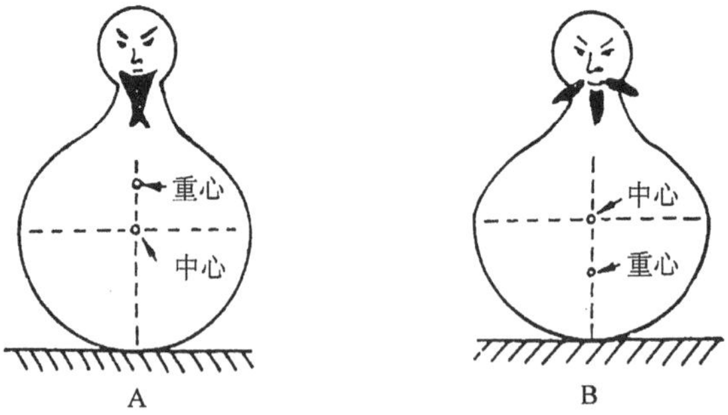

图 2-28　不倒翁

① 赵翼《陔余丛考》卷三十三。

② 各种版本的吴伟业诗文集有：《梅村集》四十卷，《梅村家藏稿》二十卷，《梅村诗钞》三卷，《吴先生诗》七卷，《吴梅村诗》一卷，等等。

③ 王定保《唐摭言》卷十《海叙不遇》。

④ 张邦基《墨庄漫录》卷八。

制作不倒翁时，有意识使它“虚其中而实其底”，表明人们知道它的重心位置是决定它“人心俯仰旋转”的关键。

六 磬的重心

石制的磬是我国古代特有的、最古老的乐器之一。其形状和各部分名称如图 2-29。《考工记》最早记述了磬的形状、规范和调音技术。它写道：“磬氏为磬，倨句一矩有半。其博为一，股为二，鼓为三。参分其股博，去一以为鼓博；参分其鼓博，以其一为之厚。”

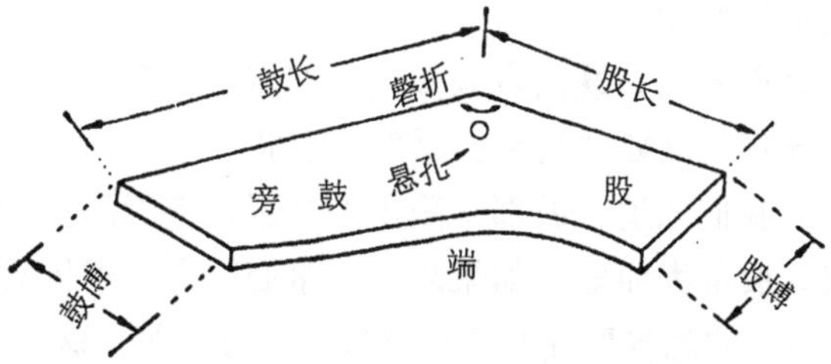

图 2-29 磬的各部分名称

磬是以匀质石板作成的。其尺度是以假定股博（广）为 1 个单位的比例尺寸来衡量的。其它各部比例尺寸为：股长为 2，鼓长为 3，鼓博为 2/3，磬厚度为 2/9。“倨句”是股与鼓之间夹角，即磬的顶角为“一矩有半”，也即 135°①。

由于磬的形状特殊，找到其重心点以使悬挂平衡、便于敲击，是古代磬师、乐师力求解决的一个静力学问题。他们是否将磬的悬孔放在其重心位置？他们是否知道求其重心的方法？这些问题自清代学者程瑶田、邹伯奇等提出后，曾引起人们一度重视②。

在近代，规则的匀质板的重心极容易从几何作图法中获得。磬的形状从春秋末期起开始定型，即使复杂一些，也可以用作图法找其重心。图 2-30，以曾侯乙磬为例求得其重心为 M。BM 为该磬顶点与其重心的连线。我们发现，自春秋末期以来，多数磬的悬孔在 BM 线附近，且偏向股部一侧。这个事实表明，先秦磬师很可能知道匀质平板重心的求取方法。否则，不会有如此规律的悬孔位置。遗憾的是，历代典籍都未曾留下有关的文字记载。

程瑶田认为，磬的“股鼓同积等重，平分处为重心。其妙在博一股二鼓三，参分股博去一以为鼓博。”③ 这就是说，由于磬的股部与鼓部等积同重，它们的重心必落在这二部分的平分线上。古代人很可能利用等积同重法求取磬的重心。

---

① 磬的形制在战国之前并未定型，其顶角变化甚大。135°的顶角可能为战国前的磬制。《考工记·车人》又载，“一柯有半谓之磬折”。“磬折”也即磬的顶角，“一柯有半”约略 150°。这是从春秋后期开始定型化的磬的顶角。参见闻人军《考工记译注》，第 97—98 页。

② 陈文涛，《先秦自然科学概论》第 66～67 页，万有文库本，商务印书馆，1934 年再版。

③ 程瑶田，《考工创物小记》。按《考工记》所载磬的各部分尺寸比例，不难得到股鼓同积等重的结论：

股部体积＝股长×股博×厚＝2×1×2/9＝4/9（单位体积）

鼓部体积＝鼓长×鼓博×厚＝3×2/3×2/9＝4/9（单位体积）

事实上，即使对于如同曾侯乙磬那样规则的磬体，其形状也不是完全由规则的正方形、长方形或圆形等形体组成的。因此，这个计算和由此而得的判断只是大略而已。

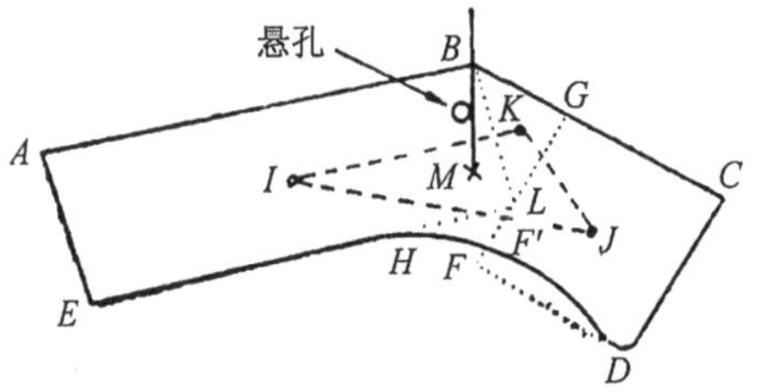

图 2-30　作图法求磬的重心

邹伯奇采用近代科学知识求取磬的重心①。他的方法，包括我们前述作图法，是否为先秦磬师所用，我们不得而知。

乍看起来，令人奇怪的是，既然古人知道磬的重心所在，为什么其悬孔不与重心相合，而要设在重心上方并在 BM 线近旁？原来，这里还有一个演奏实践问题。如何悬挂磬体才便于乐师敲击？我们知道，鼓部是敲击发音区，接近演奏者一边；股部远离演奏者一侧。鼓部长而狭，股部大而短。如果悬孔与重心吻合，磬体成水平悬挂，因无一定倾斜度而不便敲击。磬体的悬挂要使其鼓部略微下斜或上翘，这样，当磬槌击某一磬时，不仅便于演奏，而且不致碰撞其左右的磬。同时，悬孔位置又不能距 BM 线太远，否则，将会影响磬的音质。

第三节　力和运动

对力和运动的认识是古代力学的精华。本节从"力"字造型意义和概念出发，讨论古代人认识的几种类型的力。有趣的是，古代人以一种特殊的例子表述了一个系统的内力无作用效果的思想。本节还将讨论古代人有关运动、静止、时空等概念及其之间关系的认识，讨论一些特殊的运动形式，如平动、转动、滚动和自由落体运动。特别要指出的是，古代人关于相对运动有大量的文字记述；对相对性原理的认识是古代力学中的最高理论成就。至于在工程技术中所体现的应用力学知识，本卷只述及其中一小部分，读者可参阅本丛书机械卷、水利卷等书②。有关天体运动的知识还可参阅天文卷。

一　《墨经》定义力

在殷商甲骨文中，"力"字写作[甲骨文]。它表示像耒那样的尖状起土农具。如此造字的原因，大概是因为用这种工具翻土需要人的体力。甲骨文中"男"字写作[甲骨文]，意思是用力耕田。可见力字的本意是人的体力。东汉许慎《说文解字》写道："力，筋也，象力筋之形"。许慎将力与人体肌肉的运动结合在一起了。恩格斯曾指出，人类关于力的观念"是自然而然产生的"。这个看法无疑是正确的。"因为我们自己身上具有使运动转移的手段，这些手段在某种限度内可以受我们的意志支配而活动起来，特别是臂上的肌肉，我们可以用它来使别的物体发生机械的位置移动，即运动，我们可以用它来举、持、掷、击等

① 邹伯奇《学计一得·求磬重心术》，见《邹徵君遗书》。

② 与物理学较为密切的应用力学知识，也见戴念祖《物理与机械志》。

等，并因此得到一定的效果。”①

最早对力作出定义的是《墨经》。它写道：

《经上》：“力，刑之所以奋也。”

《经说上》：“力 重之谓下。举② 重，奋也。”③

研究者一致认为，这条文字是对力所作的定义。但是，对它物理含义的深浅各家看法不一。《经》文中“刑”字借为“形”，古字通用。“奋”，原指鸟张大翅膀从田野飞起，对它的延伸解释不同，故而异议甚多。

钱临照认为：“形”指物体，“奋”指运动；《经》文谓，力是物体产生运动的原因；按照他的观点，《说》文谓，“物体有重量，是力的表现之一。物体之能下落或被上举，皆重力表现之动作也”。

洪震寰对《经》文的看法与钱临照同，对《说》文作了进一步解释。他认为，“举重”原为“舆重”，不必改，“舆”即给予。因此，《说》之意谓：“力与重量，名异实同，物体有重亦即受力，故必下坠，故曰：‘力：重之谓；下’。如加力于重物，重物因而开始运动，或加速，或上升，故曰：‘舆重，奋也’。”

方孝博不同意将“奋”字解释为“动”。他认为，“奋”的本身含义“就是具有加速度的运动”。因此，他将《经》与《说》中对力的定义看作是“物体运动状态发生变化的原因，也就是物体获得加速度的原因”。“本条用‘奋’字说明力的作用，含义实甚深刻，是不必隐讳的”。

徐克明认为，《经》定义的力是体力，指出“人体所以能克服阻抗的原因”；《说》文以举重作为“克服阻抗的一例”。

数学史家钱宝琮认为，《经》与《说》都是指体力劳动。“刑”、“形”，指人体；“奋”与“举重”，指“人有动必须运用体力”。在他看来，以上解释，均非《墨经》本意。

还有人认为，“奋”字是指状态的改变，如果保守某种状态就谈不上“奋”④。程贞一对这条文字的解释值得注意。他说：

“这真是一个关于力作用的值得赞赏的分析。它已经非常接近加速度的概念，因为在‘奋’的过程中，速度必须改变。这一分析不但认识到‘重’是一种力，而且给出了它的方向性。”⑤

---

① 恩格斯，自然辩证法，人民出版社，1971，第260页。

② “举”字原为“舆。舆借为举。《说文》：“舆，从舁”。舁，两手共举也。

③ 《经说》的标点异议较多。钱临照文：“力，重之谓。下、举、重奋也”。洪文：“力：重之谓；下。举重，奋也”。钱宝琮、方文同，为“力，重之谓。下举重，奋也”。徐文同本书标点。标点不同，其解释也略有异。更多的标点方法及其解释，参阅洪文。标谍字“力”本无意义，有些文章将“力”字作为“说”的正文，似欠妥。

④ 戴念祖，中国力学史，第27～28页。

⑤ 程贞一（美国加州大学物理系教授），中国古代运动物理学的成就，译载《科学史译丛》1988年第2期，第1～5页。

二　对几种力的认识

1. 合力的概念

出于生产劳动或驾车、作战等实践，例如，众人抬木头、几匹马同驾一战车、几头牛同拉一耕犁、戽斗戽水，等等，使得分力与合力的概念很早就被人们认识。《墨经·经下》有一条文字写道：

“合舆一，或复否，说在拒”。

“舆”即“举”；“复”为相反之意；“拒”，孙诒让云，“拒当矩”。规与矩是古代手工生产中两种重要的作图工具。因此，这里的“矩”可作矩形解，也就是平行四边形。这条《经》文是讨论分力与合力的基本法则或原理。虽然墨家没有明确指出力的方向性，但“矩”字的运用，或许表明墨家已有初步的力的平行四边形法则的概念。本条《经》文无说。在《经说下》中，窜乱于他处有一句：“举之则轻，废之则重，非有力也。”它似乎是讨论合力的作用。但是，这文字是否该条《经》文之说，尚待考。从这些文字看，《墨经》中记下了最早的合力概念，是无疑问的。

我们先谈谈晚于墨家的有关合力概念。

汉代淮南王刘安在《淮南子·主术训》中写道：

“积力所举，则无不胜也”。

“力胜其任，则举之者不重也”。

这里的“积力”也就是合力，它包含了各个分力相加的思想，但是缺少《墨经》中“矩形”的概念。然而，仍可以将这二句话作为《墨经》相关条文的解释。据说，刘安门客上千，三教九流者众，或许那时尚有一二个墨家之徒，也未可知。

“合力”一词产生于明代。明茅元仪在其著《武备志》中描述了和《淮南子》几乎相同的力学现象，但较具体，而且提出了“合力”一词。茅元仪写道：

> 合力者积众弱以成强也。今夫百钧之石，数十人举之而不足，数人举之而有余，其石无加损，力有合不合也。故夫堡多而人寡者必并，并则力合，力合则变弱为强矣①。

《武备志》是一本军事著作。茅元仪强调的是，在军事战争中，当人寡而堡多之时务将人力集中在少数几个军事堡垒之中。他以力学现象说明他的军事部署。可惜，在他的论述中缺少对力的方向的清楚的叙述。

我们再回到墨翟所处的战国时代。那时，兵家尤多，在兵家思想中可能有类似茅元仪的合力思想。以墨翟为首的墨家就曾积极参与战争防御的军事工作。此外，主张在国与国之间进行捭阖纵横的纵横家，其联合、分化、瓦解等社会思想也可能与力的某些自然观念相关联。甚至以申不害为代表的术家都说过“智均不能使，力均不能胜”② 的话。申不害在论述社会现象时可能考察了作用在同一点上的相反方向的两种力的情形。如此看来，《墨经》中有关合力与分力、甚而有几种力作用的矩形的思想，并非不可能的事。

---

① 茅元仪《武备志》卷百一十四《军资乘·守五·堡约》。

② 转引自唐代马总辑《意林·申子》卷二。《申子》一书据说主要是记述申不害的思想。

合力的概念起源于战国时期似无疑问。

2. 力的作用点

古代人还注意到力的作用点的重要性。《淮南子·主术训》写道：

故得势之利者，所持甚小，其存甚大；所守甚约，其制甚广。是故十围之木，持千钧之屋；五寸之键，制开阖之门。岂其材巨小足哉，所居要也。

《淮南子》的结论是，只要力的作用点处在关键位置或要害之处，即使支撑物很小，也可以支撑住很重的东西；控制物很短，也可以控制住很大的东西。《淮南子》将此道理称之为“得势之利”、“所居要也”。试想，如果木柱不是支撑在重心位置，木结构的房屋就容易偏斜或倒塌；如果门闩不是放安在门的中间位置，而是在门的上方或下方，那么，不用多大气力就可以把门推开或毁坏。

3. 滚动摩擦力

车轮滚动的摩擦力问题也为古代人所重视。《考工记·轮人》写道：

凡察车之道，必自载于地者始也，是故察车自轮始。凡察车之道，欲其朴实而微至。不朴实，无以为完久也；不微至，无以为戚速也。轮已崇①，则人不能登也。轮已庳②，则于马终古登阤③ 也。

这段文字是要告诉人们检查车子质量好坏的方法。检查车必先从与地面接触的车轮开始。除了车轮结实坚固（“朴实”）之外，它还必须是个真正的圆形物。判断车轮圆与否，就看它的每一处着地面积是否微小（“微至”）。用现在的话说，轮子与地面是否处处都相切于一点。这样才能保证轮圆，其滚动才能疾速。然后，指出轮子的大小要适中。轮太大或太高，也即其半径大，不便于人上下车；轮太矮或太小，即其半径小，拉车的马就会觉得总是在上坡一样。

轮太矮对拉力的影响，无疑是古代人驾马拉车的经验总结。直到近代科学产生之后，人们才知道其中蕴含着深刻的力学道理，也即涉及滚动摩擦力的问题④。《考工记》虽然没有作出具体的受力分析或数学分析，但它记述的经验结论完全符合力学理论。

唐代杜牧在《考工记注》中也写道：“若（轮）太卑，则马高而轮低，虽行平地，终年如登坡阤。”其道理是一样的。

4. 惯性现象和惯性力

惯性现象的最早记载也见之于《考工记》。《考工记·辀人》写道：

“劝登马力，马力既竭，辀犹能一取焉。”

马突然停止用力拉车，车还能继续往前行走一小段距离。这正是惯性现象的一个典型例子。

东汉张衡于阳嘉元年（132年）创制“候风地动仪”。这是一种测定震源方向的仪器。其中的主要部件是一条称为“都柱”的倒立摆。（图 2-31）它的重心高于摆动中心。当地

---

①，②“已”，太之意。“已崇”，太高；“已庳”，太矮。

③ “阤”（zhi）即陂，斜坡。“终古登阤”，经常在爬坡，“终古”古方言，常常、经常之意。

④ 根据滚动摩擦理论，半径为 r、自重和荷载为 W 的轮子，在拉力 F 作用下，其滚动摩擦阻力 Q 为 $Q=F=w\cdot\frac{k}{r}$。式中，k 为滚动摩擦系数。可见，半径 r 越小，阻力 Q 越大；相应地，所需拉力也越大。

震横波出现时，都柱向震源方向倒下①。它的发明，是人类对惯性现象第一次科学、巧妙的应用。

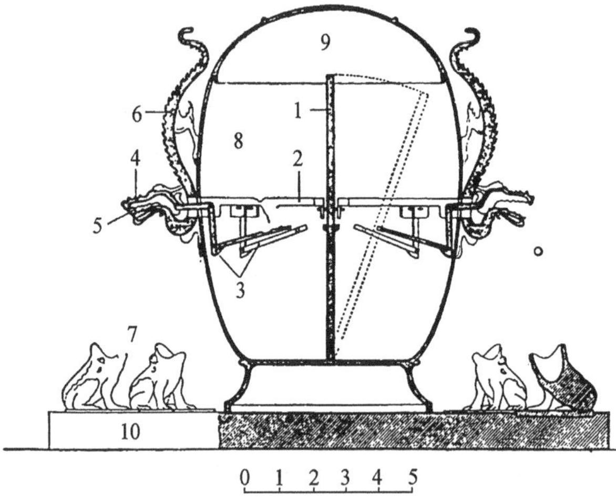

图 2-31　王振铎所作的候风地动仪设计复原图之一

1. 都柱　2. 八道　3. 牙机　4. 龙首　5. 铜丸　6. 龙体　7. 蟾蜍　8. 仪体　9. 仪盖　10. 地盘

宋代燕肃于天圣五年(1027 年)成功地制造了指南车。它是一种指示方向的机械。其关键设计是，如何解决车子转弯时齿轮系中不同部位的齿轮能彼此离合、从而使车上的木偶手指始终指向不变②。有趣的是，燕肃解决这一问题的思想也是来自对惯性现象的顿悟。据载：

"龙图燕学士肃，悟木理，造指南车不成。出，见车驰门动而得其法。"③

当车急速起动或突然加快时，车门向后方摆动。燕肃出门，见此惯性现象，而悟出车辕转弯、其前后摆向相反。由此，他解决了齿轮系在转弯过程中的离合问题④。

明清之际，揭暄对惯性现象及惯性力甚有阐发。他曾以惯性实验来说明天体视运动的逆留现象：在一个光滑圆盘中刻上许多圆槽，各个槽内放置光滑小球，突然使盘左旋，各个小球就右旋。他对这种现象进一步解释说："犹夫舟之触岸，人必反靡；马之骤鞭，身必少却也。"当圆盘突然转动时，"槽中之物不能疑立，圆者必转，直者必仆，小者轻者，不亟移则飞跃。定理如此，特不察耳。"尤为可贵的是，对于在惯性力作用下所产生的这些现象，他都一一以实验证明之。如"直者必仆"，揭暄说："试使人立于平板上，前一人从下忽掣之，有不倒后乎?"⑤

揭暄，字子宣，号半斋，江西广昌人，曾从学于方以智。他对惯性现象及惯性力的

---

① 关于张衡的候风地动仪参见：《后汉书》卷五十九《张衡传》，第七册，第 1909 页；王振铎《科技考古论丛》第 287～344 页；戴念祖《中国力学史》第 39～46 页

② 关于燕肃指南车参见：《宋史》卷百四十九《舆服志》，第十一册，第 3491～3492 页；载念祖《中国力学史》第 230～237 页。

③ 陈师道《后山丛谈》卷一。

④ 由于历史文献未记载解决这个问题的技术细节，因此，本世纪有关指南车的复原设计中对此仁者见仁、智者见智。

⑤ 揭暄《璇玑遗述》卷一《写天总论》。

阐述载其著《璇玑遗述》一书中。该书成稿于康熙己巳年（1689年），又名《写天新语》，“言天地大象、七曜运旋，兼采欧罗巴义，杂以理气之说”①。其实，该书旨在阐述由传教士带入中国的托勒密体系。揭暄以其日常所见的力学现象、甚至一些简单的实验对该体系所观察到天文现象加以解释，多有创见。因其时，在传入中国的西方科学知识中并没有包括惯性现象和惯性力的概念等力学知识。《四库全书总目提要》写道：“方以智尝谓其于‘量’、‘道’有所发明”。可见，揭暄的这些见解是中国传统科学的继承与发展。

除此之外，我们已叙述了《墨经》中讨论滑轮和砖石平衡时曾指出一种不需外加人力的“引”力；前述力的定义中《墨经》也讲到重力及其方向。它大概是古代关于重力概念的萌芽。在《墨经》中讨论斜面时还对作用力与反作用力有所认识。

三　王充论力和一个力学系统的内力

东汉王充在《论衡·效力篇》中集中地对力作了许多有趣的论述。我们顺序摘引几段如下：

> 人有知学，则有力矣。文吏以理事为力，而儒生以学问为力。
>
> 夫壮士力多者，扛鼎揭旂；儒生力多者，博达疏通。故博达疏通，儒生之力也；举重拔坚，壮士之力也。
>
> 夫一石之重，一人挈之；十石以上，二人不能举也。世多挈一石之任，寡有举十石之力。
>
> 力重不能自称，须人乃举。
>
> 古之多力者，身能负荷千钧，手能决角伸钩，使之自举，不能离地。
>
> 是故椎重，一人之迹，不能蹈也②；磕大，一人之掌，不能推也③。
>
> 干将④之刃，人不推顿，苽瓠不能伤；筿簵⑤之箭，机不能动发，鲁缟⑥不能穿。非无干将筿簵之才也，无推顿发动之主。苽瓠鲁缟不穿伤，焉能斩旂穿革之功乎？故引弓之力，不能引强弩。弩力五石，引以三石，筋绝骨折不能举也。
>
> 凿所以入木者，槌叩之也；锸所以能掘地者，跖蹈之也。诸有锋刃之器，所以能断斩割削者，手能把持之也，力能推引之也。

将自然现象作为哲学、伦理观念的实证事例，是《论衡》一书的特点。其“效力篇”是论述人才的篇章。我们摘引的几段仅仅是对自然现象的叙述。其中还有关于斜面和平衡的知识，我们在前面有关章节中已经讨论了。王充充分认识到力与重物之间的关系：当力相当于或大于物重时，该力才能将物举起；即使锋利的刀具，也只有加力于其上才能发挥作用。如果通读《论衡·效力篇》，可以看到王充明确地将力分为知识之力和

① 《四库全书总目》卷一〇七《子部·天文算法类存目》，第912页。

② “椎”指脚踏碓的杵。它太重了，一个人的足力不能把它踩动、使之翘起。

③ “磕”，指磨石。它太重了，一个人的手力不能把它推动，使之运转。

④ “干将”，传说春秋时铸剑师，后转为宝剑名。

⑤ “筿簵”（xiǒ lù），即竹箭。王充所指，似乎是古代善造竹箭的传说人物。

⑥ “鲁缟”，古代鲁国出产的一种白色生绢，其质地酥脆，易破裂。

体力两大类，更细一些，又分为佐史和儒生之力，农夫之力，士卒之力，工匠之力。从力学角度看，虽然按照社会分工区分力的观念并不可取，但王充确实是世界上第一个认识到“知识就是力量”的人。《效力篇》是古代一篇极好的有关力的自然哲学论文。

尤其值得注意的是，王充在这里以一个通俗例子表述了近代动力学中关于质点组（或在一个由相互关联的各个单体组成的力学系统）内诸内力的总和等于零的原理。一个力大无比的人，即使他能身负千钧、折断牛角、拉直铁钩，但他却“不能自举”、使自己离地。“不能自举”，也就是这种作用力等于零。王充显然知道，物体的内力并不对它本身的位置或运动状态起任何作用，要使它改变位置或运动状态必须依靠外力。王充将这原理表述为“力重不能自称，须人乃举”。

事实上，早在西汉初期、韩婴所著《韩诗外传》，战国时期《韩非子》等著作中都有和王充类似的关于一个系统的内力的讨论。《韩诗外传》卷九借孔子之说写道：

“孔子曰：‘……虽有国士之力，不能自举其身。非无力也，势不便也’。”

《韩非子·观行》在指出“力有所不能举”时写道：

“有乌获之劲而不得人助，不能自举”。

“乌获”是秦武王宠爱的大力士。据说，他能举千钧之重。但是，他却不能将自己举离地面。

可见，从战国时期到汉代，关于一个力学系统的内力能否对该系统发生作用的问题曾经引起人们的注意和讨论。从《韩诗外传》和《荀子》等书中引孔子之说看来，或许，“不能自举”之说出自孔子，亦不无可能①。

今天，人们常以这样的谑语嘲弄一个人的能耐：“再有本事，你也不能揪着自己的头发使自己离地三寸”。这句话显然是《韩非子·观行》和《论衡·效力篇》中有关说法的翻版。它们的力学依据正是一个力学系统的内力无作用效果的缘故。

四　时空的物理性质

1.《墨经》论时空

《墨经》中最早对时间和空间的概念作出定义。它写道：

《经上》：“久，弥异时也。宇②，弥异所也。”

《经说上》：“久③　久，古今旦④ 暮⑤。宇，东西家南北。”

墨家将空间称为“宇”，将时间称为“久”。先秦时期，“久”字之本意为“拒”⑥、为“塞”⑦。从抗拒或阻塞的过程中才体现了时间的持续性，具有了时间的概念。墨家因此借

① 老亮持此说。见其著《中国古代材料力学史》，第5～7页。

② “宇”字原文误为“守”字。形近而误。

③ 标谍字，原缺失。

④ “旦”字原误为“且”。形近而误。

⑤ “暮”字原作“莫”。莫为暮之古字，从高亨说。

⑥ “久之本义为歫。歫即今之拒字”。从高亨说。“久”的本意为“拒”，也见许慎《说文解字》。

⑦ 《仪礼·士丧礼》：“幂用疏布久之”。此“久”即“塞”之意。

其表述时间。他们知道，时间是不能被人的五官感知的[①]，而要在观察事物的运动变化过程中推演而得[②]。

《墨经》认为，时间就像古、今、旦、暮一样，是不同时刻的总称；空间，像东、西、家、南、北一样，是不同子空间的总称。《墨经》以“弥”字将异时或异所联系起来，统一起来。“弥”，在古文中有覆盖、含盖、遍及等意思。实际上，《墨经》以“弥”字表述了整个时空连续体。

本条《经说》中的“家”字尤有意义。在时间长河中，以“今”字判定过去与未来；在空间范畴中，以“家”字标识东西南北，具有参照系的意义。汉代成书的《淮南子·齐物训》曾道出空间方位相对性的普适法则：“西家谓之东家，东家谓之西家，虽皋陶之理不能定其处。”这就是说，由于缺少一个参考系“家”而不能确定空间方位的东西南北。当然，这个参考系“家”是可以任意选定的。《经说》对空间的解释实已含有参照系和空间方向的概念。而“家”字的应用也是“坐标概念的一个值得注意的先导”[③]。

《墨经》还定义了一个特定的时间概念，即“始”。它写道：

《经上》：“始，当时也。”

《经说上》：“始[④]　时，或有久，或无久。始当无久。”

在墨家看来，具体的时间可分为两种：或有长时间的间隔（“有久”），或没有间隔（“无久”）。“始”的概念属于后者。它定义的是，一个运动物体的具体时间过程中“开始”这一瞬时。《经说》表述了近代微积分中经常使用的 $\Delta t \to 0$ 的时间过程[⑤]。

《墨经》又将时空与物质的运动联系在一起：

《经下》：“宇域[⑥] 徙，说在长宇久。”

《经说下》：“长宇[⑦]　徙而有处，宇。宇南北，在旦又在暮，宇徙久。”

这条文字所说的是，物体从某空间区域运动到另一空间区域，无论其位移多长，即使从南到北，从早到晚，都有相应足够的空间与时间。这个命题被《墨经》称为“长宇久”。它是“长宇”和“长久”的简称，其意义相当于广延的空间和连续时间，而且含有时空无限性的思想。《说》中的“宇徙久”，进一步强调空间区域的移动需要时间。它表明，墨家的时空概念中时间与空间二者是相关的，时间体现在事物的运动变化之中。

有人以为，“宇南北，在旦又在暮”一句揭示了地球两极的昼夜变化[⑧]。这似乎超越了《墨经》原意。又有人以为，“宇南北”应校改为“宇东西”，因为太阳出没在东与西[⑨]。这种校改也不妥。实际上，墨家在此只是泛例而已，与地球两极或天体运转方向并不相干。惟此泛例，时空与运动的相关性才更有普遍意义。

---

① 《墨经·经下》：“知不以五路，说在久。”“五路”，即五官。

② 例如，《墨经·经说下》：“民行脩必以久也。”走路的过程体现出时间的长短。

③ 程贞一，中国古代运动物理学的成就，《科学史译丛》1988年第2期第1～5页。

④ “始”为标谍字，原文佚。

⑤ 见徐克明文。

⑥ “域”字原作“或”，“或”为古“域”字。

⑦ “长宇”为标谍字，从孙诒让说。

⑧ 方孝博文，第36～37页。

⑨ 谭戒甫，第228～229页。

《墨经》还写道：

《经下》："宇进无近，说在敷。"

《经说下》："宇[①] 伛[②] 不可偏举，宇也。进行者先敷近后敷远。"

"敷"是"布"之意，可作遍布、弥漫解。"宇"是整体空间概念；"伛"是在"宇"概念下的任一小空间或子空间；子空间不等于宇，故"伛不可偏举"。这条文字还在于暗含墨家时空观中时空各向同性和均匀同质的思想。否则，就可以"偏举"出一个特殊的"伛"；位移就会有"近"道可寻、而不必"先敷近后敷远"。在均匀同质的时空连续体中，运动物体（"进行者"）"先敷近后敷远"。对此，《墨经》又进一步阐述道：

《经下》："行脩[③] 以久，说在先后。"

《经说下》："行[④] 行者必先近后远。远近，脩也。先后，久也。民行脩必以久也。久，有穷无穷[⑤]。"

"脩"，通"修"，原意为长，在此借指路程。运动（"行"）物体（"行者"、"民"）在运动中会产生位移（"脩"）、需要一定时间（"久"、"先后"）。在这里，"位移和时间间隔的描述颇为有趣，因为它不用数学术语，大胆地接近了速度的概念"[⑥]。此外，"久，有穷无穷"也体现了墨家在时间问题上的辩证思想。

2. 对时空认识的发展

在以墨翟为首的墨家之前，关于时空的论述并不多。早于《墨子》或《墨经》成书的《老子》[⑦] 中曾涉及空间问题。《老子》将空间比喻为一种鼓风设备，即橐籥。它写道：

"天地之间，其犹橐籥乎？虚而不屈，动而愈出。"[⑧]

在《老子》看来，空间不仅有自己固有的形式，因而才会"虚而不屈"，而且空间是和物质相关的，因此才有"动而愈出"的结论。以橐籥比喻天地之间的空间，很容易让人理解空间的性质、尤其了解其中充满物质的思想；而且还给人一种几何的有边界的空间概念。但这一概念并未被《墨经》所接受。

古代人又以"天"表示空间。《庄子·内篇·逍遥游》写道：

"天之苍苍，其正色邪？其远而无所至极邪？其视下也，亦若是则已矣。"

这意思是，天上深蓝的颜色是空间的本色吗？它是无限高远而没有尽头的吗？往下看也好像是往上看一样的啊。在这里，《庄子》突破了大地给予人的视觉带来的局限，空间在人的头顶上方和脚底下应当都是一样的。

在墨翟之后约一个世纪，尸佼发展了《墨经》中的空间概念。《尸子》写道：

---

① "宇"，标谍字。原误为"伛宇"，窜乱所致。

② "伛"，是"区"的繁文。

③ "脩"字原误为"循"，从张惠言、高亨改。

④ "行"为标谍字，原误为"行者。"

⑤ "久，有穷无穷"句，原窜入他条，今移此。从高亨改。

⑥ 程贞一，同前引。

⑦ 陈鼓应《老子注释及评介》"修订版序"第14页。该书认为，老子即老聃，《老子》书为老聃所作，成书年代不至晚于战国初。

⑧ 同⑦，第78，419，443页。

"上下四方曰宇，往古今来曰宙。"①

四维的连续时空概念在此得到清楚的表述。"宇"所表示的空间是三维空间；《墨经》中表示时间的"久"字被"宙"字代替。此后，"宇"和"宙"二字并用而成"宇宙"，用以表示"天地万物"。

在《尸子》之后，《庄子》一书对"宇"和"宙"作了这样的解释：

"有实而无乎处者宇也，有长而无乎本剽者宙也。"②

这意思是，空间是实实在在的，就是它没有止境、无处可容它罢了；时间是可以计量其长短的，就是它没有起点、没有终点罢了。《庄子》在此强调时间和空间的无限性。这句引文出自《庄子·杂篇》，似非庄周本人之作，而是后世缀入之文，但也不晚于汉代。

宋代朱熹对空间与时间也作过精彩论述。他写道：

> 四方上下曰宇，古往今来曰宙。无一个物似宇样大，四方去无极，上下去无极，是多少大?! 无一个物似宙样长远，亘古亘今，往来不穷。自家心下须常认得这个意思。③

可见，时空的无限性成为古代传统的看法。

有趣的是，明代方以智在解释《管子·宙合》的时空观中提出了时间与空间是彼此关联的观点。《管子·宙合》道：

> 天地，万物之橐也。宙合有橐天地万物，故曰万物之橐。宙合之意，上通于天之上，下泉于地之下，外出于四海之外，合络天地，以为一裹。

在《管子》看来，时间（宙）和天地（宇）万物合络一裹，不可分离，从而指出了时空的相关性及其物质性。其中，"有橐"的空间，即《老子》中"橐籥"，隐含了有边界空间的概念。方以智进一步解释说：

"《管子》曰'宙合'，谓宙合宇也。灼然宙轮于宇，则宇中有宙，宙中有宇。"④

在《管子》和方以智看来，时间和空间是彼此相关的，时间中有空间，空间中有时间。方以智进而发挥"宙轮于宇"，即时间像车轮滚动那样在空间中运动。方以智不用几何图而描述了时间在空间中的正弦波形箭头。方以智的儿子方中通读到此而评注道：

"宙轮宇中，此真破天荒之一决也"。⑤

中国的时空观，虽无近代物理学中的数学式，但在古代已发展到登峰造极地步。它远离牛顿的经典力学时空观，而接近相对论看法。在牛顿看来，时间和空间是彼此独立的、互不相关的流；在狭义相对论中，爱因斯坦提出了时空不可分开的彼此关联的观点，从而，确实打开了物理学史上破天荒的新的一页。

---

① 尸佼撰，清孙星衍辑《尸子》卷下，四部备要本。《文子·自然》曾引述老子说过同样的话，但该书作者与成书时间迄今尚有异议，它可能是伪托春秋末辛钘所作。

② 《庄子·杂篇·庚桑楚》。

③ 《朱子全书》卷四十九《理气一·太极》

④ 方以智《物理小识》卷二《占候类·藏智于物》。

⑤ 方以智《物理小识》卷二《占候类·藏智于物》方中通注文。

五　机械运动

1.《墨经》论运动

《墨经》对机械运动中的“动”和“止”分别作了如下定义和解说。

《经上》:“动，域[1] 徙[2] 也。”

《经说上》:“动　偏祭[3] 徙者，户枢免瑟[4]”。

《经上》:“止，以久也。”

《经说上》:“止　无久之不止，当牛非马，若矢[5] 过楹。有久之不止，当马非马，若人过梁。”

运动必在空间中进行。物体运动，其所在的空间位置随之改变。故曰“动，域徙也”。这个定义惟恐被人误解为只有平动，《经说》又作补充，指出转动的运动情形。例如，门枢转动，其中心枢不动，而其边际发生徙移，故曰“偏祭徙者，户枢免瑟”。“户枢免瑟”和“户枢不蝼”[6]、“户枢不蠹”是同义。

“久”表示时间。物体在某一位置停有一段时间，称为静止。《墨经》因此以“以久”定义静止。墨家又进一步将静止分为“无久之不止”和“有久之不止”。“不止”即运动。如果运动极速，如箭矢飞越柱子（“楹”）旁，人们感觉不到箭矢在柱旁停留，故曰“无久之不止”；人们也不会说它是静止，就像不会指牛为马（“当牛非马”）一样。如果运动缓慢，如人步行过桥梁，一步一顿，前足着地后足未起之刻，似有停留，故曰“有久之不止”。实际上，这种情形是在整个运动中又包含了每一小时间段的静止。它类似“当马非马”，既在运动又不在运动之中，既在静止又不在静止之中。步行过桥，运动是绝对的，其间的静止是相对的。

《墨经》关于“动”与“止”的定义文字，上下连贯、极为对称。以空间区域的变换定义运动，以时间的长短过程定义静止。似乎墨家是在对运动和静止进行分类一样。惟一不足的是，虽然《说》中例举飞矢过楹和人行过桥，可以将“楹”与“梁”作为参考系，但在《经》文定义中毕竟未曾明确地指出参考系问题。因为参考系的不同，“动”与“止”往往会有相反的结论。

有人认为，《墨经》以“久”定义“止”，是用“久”字的原意，即抗拒或阻塞。他们以某种阻抗作用释“止”作为《墨经》本意[7]。这种解释新颖。李约瑟博士提出，《墨经》中关于“止”的论述似乎与牛顿第一运动定律相似，其“久”应释为相应于这定律中的“力”，“如果没有这种力，运动就永远不会停止”[8]。这个推论应当慎待之。

---

① “域”字原为“或”。“或”古“域”字。

② “徙”字原误为“從”。形近而误。

③ “祭”借为“际”。“偏祭”意为除中心枢外的边际。

④ “免瑟”二字无误。高亨、方孝博校改为“瑟兔”，孙诒让等校改为“它蚕”、“蛇蚕”，均欠妥。

⑤ “矢”字原误为“夫”。形近而误。

⑥《吕氏春秋·尽数篇》:“户枢不蝼，动故也。”《意林》引“不蝼”作“不蠹”。

⑦ 参见高亨、徐克明；也见程贞一，同前注。

⑧ Joseph Needham, Science and Cirilisation in China. Vol. 4, part 1, p. 58.

值得注意的是，战国时期由辩者提出的某些关于动静的命题含义深刻。《庄子》引惠施说：

“日方中方睨，物方生方死。”

桓团和公孙龙说：

“飞鸟之影，未尝动也。”

“镞矢之疾而有不行不止之时。”①

这些命题的中心思想是，物体既在运动又不在运动之中，其中包含了时空的均匀性、连续性和各向同性的观念。“镞矢之疾”的命题还含有运动物体的瞬时位置与瞬时速度的概念。因此，有人说，“这可能是不用数学工具将时间间隔取为无限小而描绘飞行物体瞬时运动的最早记载”②。闻名的古希腊“芝诺悖论”中有关于“飞矢不动”一则③。表面看来它与“镞矢之疾”类似；实际上，“飞矢不动”的说法不仅判据是错误的，而且其结论也与“镞矢之疾”有根本区别。倘若将芝诺的“飞矢不动”和公孙龙的“镞矢之疾”、《墨经》定义“动，域徙也”相比较，人们不能不赞叹古代中国人把握运动的物理本质的能力④。

两千多年前的命题一直流传至今，成为中国古代传统的动静观。明末清初，王夫之又一次对运动和静止的关系提出了精辟的见解。他写道：

> 方动即静，方静旋动；静即含动，动不含静。善体天体之化者，未有不如此者也。⑤
>
> 静函动之理，其动也皆静中之所豫，前定而不穷。⑥
>
> 动而无静之体，非善动也。静而无动之理，非善静也。⑦
>
> 动、静，皆动也。由动之静，亦动也。⑧
>
> 动者不借于静。⑨
>
> 与其专言静也，无宁言动。⑩
>
> 天下之不能动者，未有能静者也……。天下之能静者，未有不自动得者也。⑪
>
> 静者静动，非不动也。⑫

---

① 《庄子·杂篇·天下》。

② 程贞一，同前注。

③ 芝诺论证方式是：如果一个物体占据和它本身相等的空间，它就是静止的。飞矢总是占据和它本身相等的空间，因此，飞矢不动。

④ 有关的比较，见戴念祖，试论中西方关于飞矢运动观的差异，《世界科技研究与发展》第17卷（1995）第5期，第12～15页。

⑤ 王夫之《思问录·外篇》，第33页。

⑥ 王夫之《周易内传》卷二《周易上经》。

⑦ 王夫之《周易内传》卷二《周易上经》。

⑧ 王夫之《读四书大全说》卷十《孟子·告子上篇》，第661页。

⑨ 王夫之《周易外传》卷四《震》，第121页。

⑩ 王夫之《诗广传·郑风七论之第三》，第38～39页。

⑪ 王夫之《诗广传·郑风七论之第三》，第38～39页。

⑫ 王夫之《思问录·内篇》，第12页。

由此看来，王夫之主张，运动是绝对的，静止是相对的。在古典物理学中，要么是动，要么是静，动与静二者都是绝对的、彼此不相干的两个概念。

2. 平动、转动和滚动

在前面，我们已涉及某些有关平动、转动和滚动的古代认识。古代许多典籍对此作了论述。《孙子兵法·势篇》写道："方则止，圆则行"。《淮南子·原道训》写道："圆者常转"。《淮南子·主术训》写道："圆者环复转运，终始无端"。《尹文子·大道上》写道：

圆者之转，非能转而转，不得不转也；方者之止，非能止而止，不得不止也。因圆之自转，使不得止。因方之自止，使不得转。

《尹文子》一书相传为战国时尹文所撰。今人尚有不同看法，有人考证，可能为魏晋间人伪托。但是，关于圆球和方物的运动及其之间的根本不同，毫无疑问地已在战国时期为人们所认识。

《墨经》对转动现象作了极好的描述。

《经下》："正而不可擔，说在抟。"

《经说下》："正　丸①，无所处而不中县②，抟也。"

"擔"借为"儋"或"澹"，训为定，安也③。"抟"，同团，指球形。"丸"，即球体。"中县"即"中悬"，指球体中通过球心的铅垂线总是经过球心与平面的接触点。

这条经文，从平衡角度立论，指出平面上球体的运动情形。球在平面上可正立而不可安定。《说文解字》指出，"丸，圜也，倾侧而转者"。它和《墨经》对圆球的运动作出了相同的论述。《墨经》以"中悬"描述球体运动的力学原因，这就道出了圆球随遇平衡的物理机制。

关于滚动问题，《考工记·轮人》中述及车轮滚动"戚速"的条件，也即轮的每一点都与地面接触"微至"，或用现代话说，与地面相切。类似的思想也见《墨经》。《墨经·经上》将滚动着的圆环称为"儇"。"儇"即今"环"。它写道："环俱柢"④。也就是，圆环在滚动过程中，其环边上每一点相继与地面接触。

然而，战国时期公孙龙提出"轮不蹍地"⑤。他的论点可能出于轮之蹍地不过轮之一点，作为整体的轮决不能同时蹍地，否则，轮的滚动就成为平动了。公孙龙的论点显然是针对墨家而发的，但也表明人们对平动与滚动有了较深的认识。

3. 自由落体运动

在生活中，无疑会见到物体自由下落运动的事例。自由落体总是垂直下落，这使古代建筑工人以绳悬重物来判定建筑墙体是否垂直。《墨子·法仪》还将它作为一种技术规范而记载下来。它写道："百工为方以矩，为圆以规，直以绳，正以县。无巧工不巧工，皆以此四者为法"。《考工记》也每每述及"立者中县"。

《墨经》是较早从理论上探讨自由落体的。它在论述斜面时曾将自由落体运动与斜面

---

① "丸"，原文误为"九"，形近而误。

② "县"与"悬"，古文相通。

③ 见洪震寰文。

④ "环俱柢"三字中，除"环"字外，"俱柢"二字原写作"稹秪"，从孙诒让校改。"柢"，原指树根，借为"着地"之意。

⑤ 《庄子·杂篇·天下》。

上物体的运动作了比较：

《经说下》："……凡重，上弗挈，下弗收，旁弗劫，则下直；阤，或害之也。沶梯者不得下直也。"①

《墨经》在此正确地描述了自由落体运动的路径，指出了自由落体的必要条件。虽然，它并未对此作出数学描述，也未曾注意到速度和加速度的问题，但它在物理学史上却是首先讨论自由落体的作品，而且，值得庆幸的是，它也没有产生轻重不同的物体不同时落地的思想观念。

值得注意的是，《墨经》在讨论堆石平衡、滑轮升重物、特别是在讨论悬重之绳的断裂实验中，已经产生了"重力"的概念，并且以不需人为作用的"引"字来描写它。或许，在墨翟的思想中已经萌发了重力产生原因的某种概念，也未可知。

4. 算学题中的运动学知识

古代数学著作普遍地以运动学为内容而拟设了各种算题。它们在时间、路程、速度或加速度值中提出一些已知条件，并作出了解答。以《九章算术》卷六《均输》为例，以下算题的物理学思想是值得重视的。

今有程傳委输，空车日行七十里，重车日行五十里。今载太仓粟输上林，五日三返。问太仓去上林几何？

今有兔先走一百步，犬追之二百五十步，不及三十步而止。问犬不止，复行几何步及之？

今有客马日行三百里，客去忘持衣。日已三分之一，主人乃觉，持衣追及与之而返。至家视日四分之三。问主人马不休，日行几何？

今有凫起南海，七日至北海；雁起北海，九日至南海。今凫雁俱起，问何日相逢？

今有甲发长安，五日至齐；乙发齐，七日至长安。今乙发已先行二日，甲乃发长安。问几何日相逢？

上述五个算题的具体算法并不困难，我们感兴趣的是它们所反映的物理意义。从这些算题中看出，路程、速度和时间这三个匀速运动中的基本物理量得到充分认识，并把它们联系起来了。看来，古代人清楚地知道与匀速运动相关的物理概念。这些算题本身及其答案，体现了古代人关于运动学的知识水平。

下面一道题尤其值得注意和讨论：

今有良马与驽马，发长安至齐。齐去长安三千里。良马初日行一百九十三里，日增十三里。驽马初日行九十七里，日减半里。良马先至齐，复还迎驽马。问几何日相逢及各行几何？

答曰：十五日一百九十一分日之一百三十五而相逢。良马行四千五百三十四里一百九十一分里之四十六，驽马行一千四百六十五里一百九十一分里之一百四十五。②

古代人以"盈不足"术解答此类问题：假令良驽二马于第 15 日相逢，则不足 $337\frac{1}{2}$

① 有关这段引文的文字校勘，见本章第一节"《墨经》论斜面"文。

② 《九章算术》卷七《盈不足术》，第19问。

里；假令这二马于第 16 日相逢，又盈余或多出 140 里。于是，在“盈”与“不足”之间找到一种计算方法。我们试用现代方法求解它①。

鉴于该算题中给出了良驽二马分别“日增十三里”和“日减半里”的数值，不妨将它们看作加速度值，并以现代物理学中路程（s）、时间（t）、加速度（a）和初速度（v）关系式

$$s = vt + \frac{1}{2}at^2$$

求解之。

以物理方法解此题需确定初速值究竟是多少。因为题中给出的 193 和 97 分别是良驽二马第一天的平均速度值，并非初速值。它们的初速值分别为

$$193 - \frac{1}{2}(13) = 186.5 \quad 和 \quad 97 + \frac{1}{2}\left(\frac{1}{2}\right) = 97.25$$

于是，运动路程的方程式为

$$186.5t + \frac{1}{2}(13)t^2 + 97.25t - \frac{1}{2}\left(\frac{1}{2}\right)t^2 = 6000$$

$$6.25t^2 + 283.75t = 6000$$

解得时间 t 值为 15.70950403 日。它与《九章算术》的答案非常接近，仅在小数点下第三位数起有所差异。其原因是，以物理运动方程解题所用的加速度值是瞬时加速度，而《九章算术》是以平均加速度值解题的。

类似的算题在《九章算术》中还有：

今有垣厚五尺，两鼠对穿。大鼠日一尺，小鼠也日一尺。大鼠日自倍，小鼠日自半。问几何日相逢，各穿几何？

今有垣高九尺。瓜生其上，蔓日长七寸；瓠生其下，蔓日长一尺。问几何日相逢，瓜、瓠各长几何？

今有蒲生一日长三尺，莞生一日长一尺。蒲生日自半，莞生日自倍。问几何日而长等？②

在中国古代数学著作中，这类算题不知凡几。需要指出的是，刘徽在注《九章算术》良驽二马算题中，将今日称之为正、负加速度的概念分别命名为“益疾里”和“减迟里”，将其数值统之为“益疾减迟之数”。《九章算术》成书于西汉，魏晋时代刘徽为之作注。可见，至晚在伽利略之前 13 个世纪，中国人已有类似加速度的概念或术语，它是近代科学兴起之前运动学发展的界标。而以算题形式总结运动学知识在中国起源甚早。中国古代数学著作中集中如此之多有关运动学的算题在古代文化中确属罕见。甚至今日，若将它们收编在一起，也是一本颇具特色的初等运动学习题集。

除此之外，有许多算题，不仅给出了速率，而且指出了速度方向：

今有二人同所立。甲行率七，乙行率三。乙东行；甲南行十步而邪东北与乙会。问甲乙行各几何？

今有邑，方十里，各中开门。甲乙俱从邑中央而出。乙东出；甲南出，出

① 其他解法及差异问题的讨论，见戴念祖《中国力学史》，第 104 页。

② 《九章算术》卷七《盈不足》，第 12、10、11 问。

门不知步数，邪向东北磨邑，适与乙会。率甲行五，乙行三。问甲乙各行几何？[①]

所谓甲、乙的“行率”，即二者速度比。速度方向是由他们行走方向确定的。“行率”与方向二者相结合，就是速度矢量。从数学算题中可见，古代人也有初步的速度矢量概念[②]。类似算题在古代数学著作中也非常多，尤其是元代李冶的《测圆海镜》一书，绝大部分有关运动的算题具有方向特色。

5. 角速度概念的萌芽

磨，是古代普通的粮食加工工具。有趣的是，古代人从磨的运转中领悟到角速度的概念。并且还以这种概念解释，为何每日的时间长度总是百刻，而不会随春夏秋冬有所变化。

在古代人假想的天球中，北极星是一个不动的枢极，七曜（日、月、金、木、水、火、土七大星体）绕着枢极转动，古代人把这种运动称为“躔”；日躔与枢极距离的长短决定了春夏秋冬的变化。然而，无论日躔如何，每一天的时间长度总是“百刻”（壶漏的刻度），而不会出现这样的情况：当日近枢极时，一天少于百刻；当日远枢极时，一天大于百刻。何如冬夏日度皆百刻？明代王廷相（字子衡，1474—1544）作了如下解释：

七曜之躔绕极方外，一昼一夜，旋转一周。……或曰，近极昼夜之度宜过短，而远极之度宜过长。似也，何冬夏日度皆百刻？曰：天体虽有远近高低，运行一周，远近举皆一周，管于枢故耳。也见日近极之时，则影移之迟；远极之时，则影移之速，可测矣。如蚁在磨盘，一在边，一在脐，虽有内外远近，皆磨一周而同至。安得刻候不同？[③]

这个解释所含的物理意义是清楚的。王廷相首先观察了磨盘上的二个质点（蚂蚁），一在靠近磨盘转动的中心（脐），一在磨盘边缘。它们随磨转一周（360°）而同时到达它们原来的所在地。然后，王廷相将日常观察运用到广漠的宇宙天体之中。天体距枢极虽有高低远近之不同，但它们在天球上运行一周必定同时到达原来位置。在这里，显然是由于角速度相同的缘故。王廷相虽然没有讲出角速度一词，但从他的论述中可以看出，他知道这样一个事实：一个转动物体上各质点的角速度与这些质点所在位置的半径无关。这是他论证的立足点，因此才有躔度不同而冬夏皆百刻、蚁在磨上的位置不同而磨转一周时必回复原位的结论。

在王廷相的论述中，还可以看到他的思想中暗含了角速度与线速度不同的观念。他知道，角速度虽然相同，但不同位置的质点的线速度是不同的。他说：“日近极之时，则影移之迟；远极之时，则影移之速。可测矣。”王廷相以日影移动的快慢衡量日绕枢旋转线速度的大小。

除了没有角速度、线速度的名词，以及这个假想的天球尚须修正外，王廷相论述中各种速度的物理概念及其结论是正确的。

---

① 《九章算术》卷九《勾股》，第14问，21问。

② 关增建，中国古代物理思想探索，第133页。

③ 王廷相《雅述》，见《快书》本卷十二。

六 相对运动

在有关机械运动的知识中，相对运动是一个重要方面。

船、河岸与水孰动乎？磨与磨上行走的蚂蚁孰动乎？月与云孰动乎？天与地孰动乎？古人关于运动的相对性有许多论述。从水中的船到陆地的磨，从地上物体到天穹中星体，对它们的运动作了认真的观察，提出了富有哲理的思辩，也发生了小小的争论。

战国末期由吕不韦主持编纂的《吕氏春秋》一书中，记述了一个流传至今还脍炙人口的“刻舟取剑”的故事：

“楚人有涉江者，其剑自舟中坠于水，遽契其舟，曰：‘是剑之所从坠’。舟止，从其所契者入水求之。舟已行矣，而剑不行。求剑若此，不亦惑乎？”①

在该故事叙述的环境、条件下，故事编纂者们知道“舟已行矣，而剑不行”，并且笑那个刻舟取剑者为“不亦惑乎”。可见，他们知道应当怎样才能找到掉落江中的剑。从现在的物理角度看，找到这把剑有两种方法：一、记住剑掉落江中的位置或离岸上某标志的方向、距离。这就是说，以河岸作为参考座标；二、在船不改变方向和速度的情形下，在舟中作记号，然后，根据船速和航行时间，剑掉落江中的时间，求出靠岸的舟与剑掉落地点的距离。这就是说，以船作为参考座标。故事编纂者可能知道这两种方法。他们可能清楚，这个事件过程涉及到两个座标系统。

关于河岸、河水和船三者倒底是谁在运动的问题，曾经几乎同时困扰了古代东西方的哲人。亚里士多德在他的《物理学》中讨论了这个问题，并且提出，停泊于河中的船是在运动着的，因为随时有新的水流与该船接触。“不能同时踏进同一条河流”的命题是由此而得的。但是，亚里士多德在确定船的具体运动时又提出了“地位”概念；为了确定船的运动，他将河床作为参考系，把河床称之为“地位”。“刻舟取剑”的故事，虽然没有具体讨论参照系问题，但从整个故事看，古代人显然知道取剑的参考系及其方法。晋代天文学家束皙（261—303）认为，“乘船以涉水，水去而船不徙矣”②。束皙的观点表面看来，类似亚里士多德，实质上他是以船作为参考系的。

船与河岸的关系是人们在地面上最容易发现的、也是最熟悉的相对运动事例。南朝梁元帝萧绎在其诗《早发龙巢》中写道：“不疑行舫动，唯看远树来。”③ 在敦煌曲子中有一首《浪淘沙》词，对此作了更细的描述：

“五里竿头风欲平，张帆举棹觉船行。柔艣不施停却棹，是船行。

满眼风波多陕灼，看山恰似走来迎。子细看山山不动，是船行。”④

这两首诗多么微妙地刻划了船与河岸山林的运动关系，既揭示了河岸、山林的视运动，也逼真地表现了它们之间的相对运动。在整个人类的文化史或科学史上，船与河岸、山林的运动关系，成为论述运动的一个传统例子，在今天也不失它的科学意义。

---

① 《吕氏春秋》卷十五《慎大览·贵因篇》。

② 《隋书》卷十九《天文志》，第二册，第513页。

③ 丁福保编，全汉三国晋南北朝诗，下册《全梁诗》卷下，第957页。

④ 王重民辑，敦煌曲子词集(修订本)，商务印书馆，1956年，第31页。

类似的现象是容易被人们观察到的，其观察结果也容易为人们所接受。当人们把视线移向夜空时，又会发现类似的奇妙现象。束皙写道："仰游云以观，日月常动而云不移。"① 晋代葛洪写道："见游云西行，而谓月之东驰"②。在这里，任何人也不会否定，急速飘动着的是云，而不是月球。但从视运动角度看，人们得到的结论正相反。这相反的结论，恰恰是相对运动的光辉例证。

南唐道家谭峭在其《化书》中指出了另一种相对运动的例子："作环舞者，宫室皆转"。③ 这是因为旋舞者以他自己作为参照系的缘故。

在以上古人述及的各个例子中，决定谁在运动的关键，是把参考座标取在何处？正如空间位置一样，只因为确定了某一个参照点，东西南北才有意义。《墨经·经说上》："宇，东西家南北"。"家"，正是决定东、西、南、北的参照点。否则，就会有"西家谓之东家，东家谓之西家，虽皋陶之理，不能定其处"④ 的状况，可见，空间地位是相对的，运动也是相对的。

特别值得注意的是，古代人充分地以相对运动来论证地动的观点。《尸子》说："天左舒而起牵牛，地右辟而起毕昂。" 成书于秦汉之际的《黄帝内经》写道："歧伯曰：'上者左行，下者右行。左右周天，余而复会也。'"⑤ 该书中述及的黄帝和古代大医生歧伯是伪托的。汉代成书的《春秋纬·元命苞》写道："天左旋，地右动"。这些记载都是以观察天体的视运动得到的，以天上星体的东升西落（左旋）运动来证明地的某种运动（右旋）。从相对运动的观念出发，以天的左旋来证明地的右动，大概也是古代最早的朴素的地动说。

古人以相对运动解释天体运动的同时，还得到了相对速度的初步概念。王充在《论衡·说日篇》中写道：

> 儒者论曰："天左旋。日月之行，不系于天，各自旋转。"难之曰：使日月自行，不系于天，日行一度，月行十三度。当日月出时，当进而东旋，何还始西转？系于天，随天四时转也。其喻若蚁行于硙上，日月行迟天行速，天持日月转，故日月实东行，而反西旋也。
>
> 日月附天所行，若人附地而圆行，其取喻若蚁行于硙上焉。

从这段记载看来，儒者所说的"日月之行，不系于天，各自旋转"，本是正确的。但王充为了解释日月的周日视运动，他假想一个天球的存在。这个天球以人所在的地为中心，恒星都固着在天球上。因此，他所看到的天的运转实际上就是地球本身自转的反映。虽然，这个假想的天球并不存在，但王充却从这里天才地猜测到相对速度的概念。在他看来，天以极大速度运转，固着于它的、缓慢运动的星也就随着它一起运转了。他把这个现象比喻为硙（wèi，即石磨）上行走的蚂蚁，向左转的硙速度快，向右爬行的蚁速度慢，因而，看来蚁是在随硙一起左转。《晋书·天文志》对此作了清楚的解说：

"天旁转如推磨而左行，日月右行，随天左转，故日月实东行，而天牵之以西没。譬

---

① 《隋书》卷十九《天文志》，第二册，第513页。
② 葛洪《抱朴子·内篇·塞难》。
③ 谭峭《化书》卷一《环舞》。
④ 《淮南子·齐物训》。
⑤ 《黄帝内经·素问·五运行大论》。

之蚁行磨石之上，磨左旋而蚁右去，磨疾而蚁迟，故不得不随磨以左回焉。”①

我们暂且撇开天球旋转的观点是否有意义，仅从运动的角度看，古代人的这些论述表明他们知道相对速度，并以此解释天体的视运动。

迄此又引出了一个问题，究竟日月等星体在“天”上是右转还是左转？从前引文看，它们是“右行”的，只是因为“天”向左转得快，它们又附在“天”上，故此好像是“左行”。可是，宋代理学家却说日月是“左行”。为此，明代科学家朱载堉有段饶有趣味的叙述。他在其著《律历融通》卷四《黄钟历议·五纬》中写道：

> 古今历家皆云七曜右行，惟宋儒则云“随天左旋”，信否？答曰：非始于宋儒也。沈约《宋书·天文志》已有是说，其载刘向《五纪》，辨论之详……。曰左右二说，孰是耶？曰：此千载不决之疑也。人步舟中，蚁行磨上、缓速二船、良驽二马之喻，各主一理，似则皆似矣，苟非凌空御气、飞到日月之旁，亲睹其实，孰能辨其左右哉？

天与地、人与舟、蚁与磨、快慢二船、良驽二马，如果在它们之间没有第三者可以作为参考系的话，很难辨别二者之间各自的运动方向、孰动孰静。朱载堉说，这类问题是“千载不决之疑”。这个回答是完全正确的，也符合运动相对性的物理意义。然而，朱载堉不明白，即使飞到日月旁，也不能辨其左右，而只能相对地回答“似则皆似矣”。

以相对运动的观点来解释天体的运动，在古代的东西方都是一致的。当哥白尼把宇宙的中心从地球挪到太阳上时，在宇宙观上掀起了一场伟大的革命，但在他论证日心地动说方面，他并没有超出古代相对运动的观点。他说：

> 为什么不承认天穹的周日旋转只是一种视运动，实际上是地球运动的反映呢？正如维尔吉尔（Virgil）的史诗中艾尼斯（Aeneas）的名言：“我们离港向前航行，陆地和城市后退了。”因为船只静静地驶去，实际上是船动，而船里的人都觉得自己是静止的，船外的东西好像都在动。由此可以想象，地球运动时，地球上的人也似乎觉得整个宇宙在转动。②

哥白尼所引的维尔吉尔的史诗和梁元帝的诗以及敦煌曲子完全相同，只不过前者往后看，后者往前看。因此，前者见到城市和陆地往后退，而后者看到山林“走来迎”。哥白尼自己也是以在船上的感觉和视运动得出地球运动的结论。捍卫哥白尼学说的布鲁诺稍微前进一点，他提出，船的运动不会影响船上物体的运动③，他以此反驳那些反对哥白尼学说的非难④。

至此，人们不难发现，从中国古代的地动说到哥白尼的《天体运行论》，所有基于相对运动概念的有关地动的论证，都因为不存在一个基本的或不动的参考系而使其与地静说的论证等效。因为，从物理学看来，二个彼此作相对运动的物体 A 和 B，既可以看作 A 动 B 不动，也可以看作 B 动 A 不动。这两种看法是等效的。因此，解决地静还是地动问题的很重要的一步，就是要提出令人信服的论证来解释地动的不可觉察性，这才能牢固地确立地动

---

① 《晋书》卷十一《天文志》，中华书局校点本第二册，第279页引《周髀》说。

② N. Copernicus，天体运行论，李启斌译，科学出版社，1973，第22页。

③ Giordano Bruno，La Cena de la ceneri，Ⅲ，Opere Haliane，Lipsiae，1830.

④ 这种非难集中在，如果承认地球的运动，那么向上抛出的物体将落到后面。其实，由于地球自转对落体所产生的影响，落体会稍微偏东。只是该影响很小，加上风和空气阻力的干扰，通常不易察觉罢了。——笔者注。

的观念。完成这任务就意味着须先创立动力学这一门新学科。[1] 可是，古代中国人却从经验事实的理论总结中作出了这一伟大的发现。我们在下面“相对性原理”中再叙述它。

七 回转运动：陀螺与平衡环

我们先谈谈回转运动及有关的发明物。

在古代典籍中关于回转运动的描述并不多。然而，表现回转运动特征的陀螺在中国古代起源甚早。当陀螺处于运动状态时，其重力分量 p_2 会使它的中心轴线更大的倾斜，但回转效应又使它的中轴线向垂直方向（图 2-32 中矢号 v）偏转。因此，一旦陀螺旋转之后，它就不会倒下，而是沿着一锥面运动，称为进动。大概正因为它的运动特性，使孩童们感到奇怪，因此，它在古代作为一种玩具一代代地被传下来了。

1. 陀螺的起源

据明崇祯八年（1635）成书的《帝京景物略》记载，那时京师儿童玩具中有“空钟”、“陀螺”。该书作者刘侗和于奕正写道：

> 空钟者，刳木中空，旁口，荡以沥青，卓地如仰钟，而柄其上之平。别一绳绕其柄，别一竹尺有孔，度其绳而抵格空钟，绳勒右却，竹勒左却。一勒，空钟轰而疾转，大者声钟，小者蛣蜣飞声，一钟声歇时乃已。制径寸至八九寸。其放之，一人至三人。
>
> 陀螺者，木制如小空钟，中实而无柄，绕以鞭之绳而无竹尺。卓于地，急掣其鞭，一掣，陀螺则转，无声也，视其缓而鞭之，转转无复往。转之疾，正如卓立地上，顶光旋旋，影不动也[2]。

那时候，京师童谣唱道：“杨柳儿活，抽陀螺；杨柳儿青，放空钟……。”[3] 清代潘荣陛（生卒不详）撰的《帝京岁时纪胜》（成书于 1758 年）中也有关于空钟，陀螺的记述。[4]

所谓空钟，又称空竹、空筝，俗称地龙、地牛黄，或称扯铃。虽名称各地不一，其形制大体相同，或木制或竹制。在其转动轴（《帝京景物略》称其为“柄”，有些“柄”中间呈凹形，以便缠绕上驱使它转动的绳子）的一端或两端安上转轮（一种木质或竹质圆形空盒，上引文称“刳木中空”），轮边上凿有小孔（“旁口”），以便其转动时发声。先将绳绕轴数圈，迅速地以绳提起空钟，并两手来回地拉抖绳子（“抵格空钟……”），空钟就在绳上旋转不已，并发出嗡嗡声。绳子两端可以分别系在竹片上，或其一端系在竹片上，以便于“抵格空钟”。技巧熟练者可以使旋转的空钟从一个人的绳子中抖出，由另一个人接着继续“抵格”，使之旋转。这样，空钟就在几个人的抖绳中传来传去，而空钟能在绳子约束下不停地旋转而不致掉落地下。这也是杂技中的一个精彩节目。

玩具陀螺和空钟不同之处是“中实而无柄”，有些其外形类似空钟。用鞭子抽打它，就能产生如图 2-32 中的运动情形。陀螺的运动包括自转、进动和章动，《帝京景物略》说

---

① J. D. Bernal，历史上的科学，伍况甫等译，科学出版社，1981，第 239 页。

② 刘侗、于奕正著，《帝京景物略》卷二《春场》，北京古籍出版社，1982，第 67 页。

③ 刘侗、于奕正著，《帝京景物略》卷二《春场》，北京古籍出版社，1982，第 67 页。

④ 潘荣陛《帝京岁时纪胜·正月·岁时杂戏》，北京古籍出版社，1981，第 11 页。

它“转转无复往。转之疾，正如卓立地上，顶光旋旋，影不动也”，这是对陀螺回转运动的极好表述。

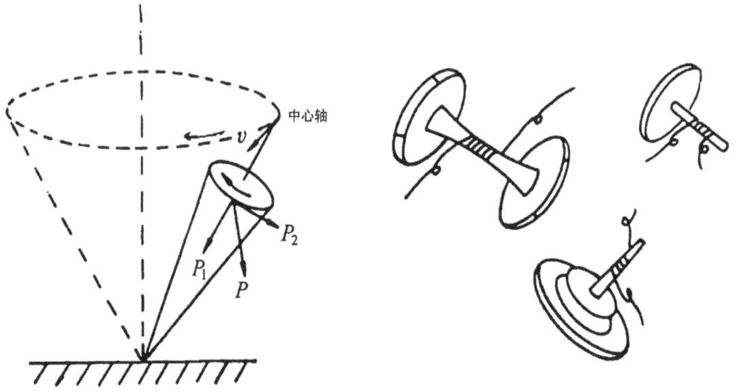

(a) (b)

图 2-32 古代的陀螺

(a) 陀螺及其回转运动 (b) 空钟几种

陀螺在我国古代，究竟起源于何时，无从查考。从《帝京景物略》的记载推之，从我国历代众多的杂伎百戏看，陀螺可能初始于唐宋年间或更早。有人以为新石器时代已有陶制或石制陀螺，这可能是一种误解。人们的确发现了新石器时代有类似陀螺的陶制品，但那是纺纱工具：纺坠。因此，陀螺很可能是从纺坠发展来的，一旦人们发现这种纺坠具有独特有趣的回转运动，它就会被当成一种玩具，并发展出许多不同形状的陀螺。

近代的回转器（又称陀螺仪，gyroscope)，其中央回转轮的运动也即是陀螺的运动，它在工业技术中得到广泛应用。只要将陀螺安置在平衡环中，就成了近代回转器（图 2-33)。而构成回转器的极为重要的平衡环在我国古代发明甚早。古代人称它“被中香炉”。

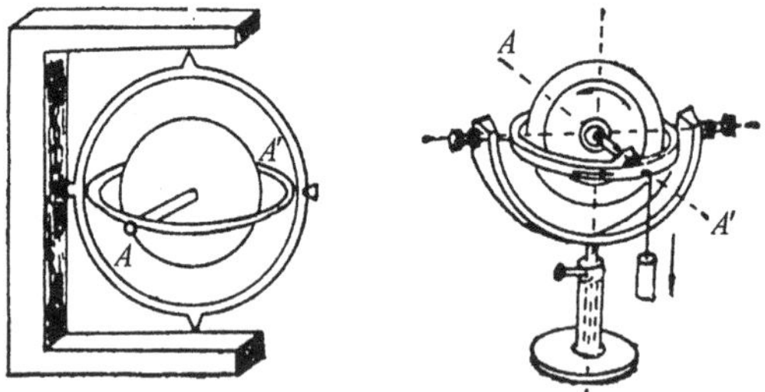

图 2-33 近代两种回转器

2. 被中香炉

中国古代人没有想到将陀螺安放在平衡环上，从而完成近代力学中极为重要的回转器。但他们分别发明了陀螺和平衡环，它们成了回转器的始祖。

在近代力学中，回转器用以研究回转运动的特性。它由几个轴心线互相垂直的金属环构成，有几个金属环就称为有几个自由度。其中央的一个回转轮实则是一个具有较大重量的圆轮，被支于通过其重心而垂直于轮面的轴心线上，如图 2-33 中的 AA' 轴。这个圆轮在外形上类似于空钟。如果在中央轴 AA' 上不是装置陀螺，而是装上盂形或半圆形容器，由于互相垂直的各环转轴彼此制约以及半圆形容器本身的重心影响，致使容器内所置放的任意形态的物质都不会倾倒而出。这就是中国古代人发明的称为“被中香炉”的平衡环。除了“被中香炉”这个名称以外，还有“卧褥炉”、“木火通”、“香球”、“灯球”等，大多属于平衡环一类名词术语。

古代人有焚香除臭、熏烟灭虫的习惯。他们把香草放在一个特制的盒子中燃烧。据文献载，这种习惯始见于西周时期①。汉代长安巧工丁缓（生卒不详）为此目的而发明了“被中香炉”。据《西京杂记》卷一记载：

“长安巧工丁缓者……，又作卧褥香炉，一名被中香炉。本出房风，其法后绝。至缓始更为之。为机环转运四周，而炉体常平，可置之被褥，故以为名。”

《西京杂记》一书，一说是汉代刘歆所撰，一说是晋代葛洪所撰，未详孰是。看来，该书非一时一人之作，初稿成于汉代，后人又有增补，迄止晋代成为定本。关于丁缓其人及其造“被中香炉”事，无疑是在西汉时代。至于丁缓其人生平事略，史籍均无记载，可能他就是汉代宫廷中的一个巧匠。按照历代传统，对于这种“形而下者”是毋需立传的。他所造的“被中香炉”，其力学特性是“为机环转运四周，而炉体常平”，这只有平衡环才能达到此目的。其“机环”，即该支架的轴心线互相垂直的各层金属环，内环轴上悬挂盂形容器，以便放置引燃生烟的香草。

汉代司马相如的《美人赋》一诗可以作为西汉时代已发明平衡环的证明。该诗收录于《古文苑》（编辑者不详）卷三。它写道：“金鉔熏香，黼帐低垂。”宋人章樵（生活于约十二、三世纪之交）注：“鉔音匝，香球，衽席间可旋转者。”可见，古字“鉔”为被中香炉的专用字。西汉时期确有被中香炉，才会引出《美人赋》中的这两句诗。在《西京杂记》之后，有关丁缓发明的文字曾被许多典籍辗转传抄②。

明代屠龙（或作屠隆）描述了一种称为“卧褥炉”的平衡环：

“以铜为之，花纹透露，机环转四周，而炉体常平，可置之被褥。”③

明代田艺蘅也写道：

今镀金香球，如浑天仪然，其中三层关捩，轻重适均，圆转不已，置之被中，而火不复灭，其外花卉玲珑，而篆烟四出④。

从汉到明，不断地有被中香炉的记述，也不断地有人在制造。迄今考古发掘出许多这样的文物（图 2-34）。1963 年在西安东南郊沙坡村发现 4 件唐代银熏球，内径为 4.8 厘米⑤。有 2 个机环即 3 个自由度（镂空外壳事实上也是一个机环，因此是 3 个自由度）。1970 年又在西安南郊何家村发现了内径为 4.5 厘米、盛香料佩戴用的唐代银熏球⑥，其内部机环与沙坡村发现者相同，见图 2-34 (a)。或许，它们是出自同一个银匠或工艺师之手。在中国历史博物馆藏明代铜熏炉一个，内径 12.8 厘米，也为 2 个机环 3 个自由度⑦。

---

① 史树青，古代科技事物四考，文物，1962 年第 3 期，第 50～52 页。

② 唐·徐坚《初学记》卷二十五《器物部·香炉八》；宋·洪刍《香谱》；宋·撰者不详《续博物志》（旧本题晋·李石撰）；宋·赵令畤（又名赵德麟）《侯鲭录》卷一，等。

③ 屠龙《考槃余事》卷四《起居器服笺》。

④ 田艺蘅《留青日札》卷二十二《香球》。

⑤ 西安市文物管理委员会，西安市南郊沙坡村出土一批唐代银器，文物，1964 年 6 期，第 30～32 页。

⑥ 陕西省博物馆等，西安南郊何家村发现唐代窖藏物，文物，1972 年 1 期，第 30～42 页。

⑦ 史树青，古代科技事物四考，文物，1962 年 3 期，第 47～52 页。

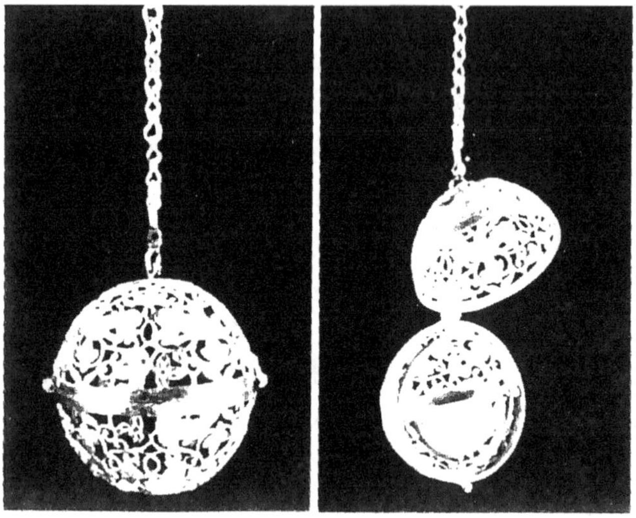

(a)　　(b)

图 2-34　平衡环

(a) 唐代银熏球　(b) 清代西藏铜灯球内部结构

北京文物工作者还收购一个清代乾隆年间铜熏炉，内径 17.5 厘米，有 3 个机环 4 个自由度①。还有许多这样的文物已流散国外。日本奈良正仓院收藏唐代熏球②；在大英博物馆、肯普收藏馆 (Kempe Collection) 也收藏了唐代银熏球，在罗马圣彼得珍藏馆 (St. Peter's Treasury) 藏南宋熏炉。李约瑟博士于 1950 年在巴黎市场上目睹欧洲人出售清代西藏制铜灯球，他因此购买并收藏了其中之一个（图 2-34 (b)）。③ 西藏铜灯球有 5 个机环 6 个自由度，在机环中心装有壶形灯盏，盛上油供寺庙点灯用。

除了香炉、熏炉和灯球之外，历代还制造了其他用途的平衡环。

据宋代李昉编的《太平广记》转引《朝野佥载》写道：

"则天如意中，海州进一匠……，又作木火通，铁盏盛火，辗转不翻。"④

"木火通"即今谓"火笼"，是一种手提的烤火取暖器。以陶钵（或铁钵）盛炭火，装于竹（或木）制的有提柄的笼内，以便提携。"则天如意"为公元 692 年。在平衡环的内环轴上挂铁盂，内盛炭火，可取暖，且不用耽心火炭因故掉落而烧毁衣物。

宋代周密的《武林旧事》、吴自牧的《梦粱录》都是专门记述南宋郊庙宫殿、风俗人情、百工杂戏之事的。在《武林旧事》卷二、卷九中，在《梦粱录》卷一、卷十三、卷十九中，都记述了一种可能是节日舞龙灯用的"灯球"；一种妇女佩挂在身上的小巧的"香球"。舞龙灯的灯球历代相传至今。将平衡环安装在木棍的一端，其内环装上可盛油脂的容器。无论舞灯人如何挥舞他手中的灯球，灯火决不会掉落。"香球"，在内环轴上装上一个雕孔半圆盒，可放香料。这二种器物，大概就是明代王文禄所说的"香球、滚

① 北京文物工作队收购北京韵古斋在山东地区收集的清乾隆铜熏炉，文物，1964 年 8 期，第 58 页。

② 史树青，古代科技事物四考，文物，1962 年 3 期，第 47～52 页。

③ Joseph Needham，同前，Vol. 4，part 2，Fig. 477～480.

④ 李昉《太平广记》卷二百二十六《技巧二》。

灯”。他写道：“香球、滚灯，外虽旋转，而香烛原不动也。”①

特别有意思的是，宋代科学家沈括在其著作《梦溪笔谈》中记述了唐高宗时制造的一种旅行用车，称为“大驾玉辂”。这车久经使用，至沈括时代还基本完好。沈括记载说，这车“乘之安若山岳，以措杯水其上而不摇。”② 可惜，沈括没有详细记述这种车的构造，他只说“其隐利坚久，历世不能窥其法，世传有神物护之。若行诸辂之后，则隐然有声。”③这种能使其上的水面不会幌动的车倒底是什么样装置？是否在车架上装有平衡环，并把车座放在它的内环轴上？因其记载失之过略，不好推测。李约瑟博士在其巨著中叙述到这种车时，不仅将它与卡丹吊环（Cardan suspension）相比，而且认为，沈括记述的这种车可能就是公元1629年布兰卡（Branca）所设计的一种具有卡丹装置的旅行车④。当达官贵人躺在这种旅行车上时，不因道路崎岖不平而感到颠簸。

八 力学的相对性原理

我们在前面讲过，以相对运动的事例并不能成功地说明地球的运动与否。在论证地动的各种说法中，汉代成书的《尚书纬·考灵曜》中的叙述尤有意义。它写道：

“地恒动不止，而人不知。譬如人在大舟中，闭牖而坐，舟行而人不觉也。”⑤

《考灵曜》的这段话，原是要用地球的运动来解释太阳每天在正南方时高度的周年变化，虽然它并不知道地球的自转运动，但是关于“地恒动不止”的断言及其论证，是要我们认真研究的。

今天，人们总是以假想的匀速直线运动的船作为一个惯性系的普通例子。《考灵曜》的记述有两大物理特色：一、“闭牖而坐”，使船舱内的人不能看见船外任何物体及其运动情形。这就等于，用现代话说，这只船构成了一个封闭的作匀速直线运动的惯性系。在这里，虽然只有关窗的一举之功，但它所引起的后果以及人们对这后果的认识，有时要花费几十年、上百年、甚至几百年的时间；二、“舟行而人不觉”。这个“觉”字实含有察觉、发现、知道等几种含义。它表明，船中的人不能察觉船本身的运动，从而论证了地上的人不能察觉地球的运动。《考灵曜》伟大发现的意义正是在于此。

《考灵曜》对地动说的论证如此简洁、明了，也容易为人们所接受和理解。因此，虽然该书迄止隋代已经佚失，但它关于“地恒动不止”的论证被历代许多典籍辗转传抄，⑥并一直留传至今。

在一个惯性系统内不能以任何力学实验来确定该系统是处在静止的还是匀速直线运动的状态。这句话和《考灵曜》中“舟行而人不觉”的物理意义完全相同。在1632年出

---

① 王文禄《海沂子》卷二。

② 沈括《梦溪笔谈》卷十九。

③ 沈括《梦溪笔谈》卷十九。

④ Joseph Needham, Science and Civilisation in China. Vol. 4：2，p229.

⑤ 见孙瑴辑，《古微书》卷一。

⑥ 传抄这段文字的典籍，如：晋代张华《博物志》卷一；唐代李善注《文选》卷十九《张茂先励志诗》注引；唐代瞿昙悉达编《开元占经》卷四；白居易、孔传（宋）《白孔六帖》卷一；宋代（作者不详）《锦绣万花谷》卷五；宋代李昉《太平御览》卷三十六《地部一·地上》；元代陶宗仪《说郛》（宛委山堂本）第五，等等。

版的《两大世界体系的对话》中，作者伽利略曾以“表明所有用来反对地球运动的那些实验全然无效的一个实验”为题，详细叙述了封闭船舱内发生的现象：

把你和一些朋友关在一条大船甲板下的主舱里，再让你带几只苍蝇、蝴蝶和其它小飞虫。然后，挂上一个水瓶，让水一滴一滴地滴到下面一个宽口罐里。船停着不动时，你留神观察，小虫都以等速向各方面飞行，鱼向各个方向随便游动，水滴滴进下面的罐子中。你把任何东西扔给你的朋友时，只要距离相等，你向这一方向不比向另一方向用更多的力。你双脚齐跳，无论向那个方向跳过的距离都相等。当你仔细观察这些事情后（虽然当船停止时，事情无疑一定是这样发生的），再使船以任何速度前进，只要运动是匀速的，也不忽左忽右地摆动。你将发现，所有上述现象丝毫没有变化，你无法从其中任何一个现象来确定，船是运动还是停着不动。……①

伽利略以许多实验和一大段文字想要说明的一个根本思想就是“舟行而人不觉”。不能以任何力学实验判断舟行还是舟止，也不能以同样的力学实验判断地球运动与否。“不能察觉”，一般说来，即在这系统中不能发现力学规律有所改变。伽利略本人并没有立即将自己的发现提到应有的科学地位上，只是在伽利略之后近三个世纪，人们才认识到，提出在封闭船舱中“舟行而人不觉”这一说法的重要意义，并且把它称之为“伽利略相对性原理”。爱因斯坦又把它推广到光学和电动力学的实验也不能发现一个匀速运动的封闭系统是否处在静止的或运动之中，换句话说，在所有惯性参照系里的自然规律都是相同的。爱因斯坦曾把它的这个推广当作狭义相对论的两大支柱之一。

《考灵曜》和伽利略《对话》中的叙述完全是一回事。虽然《考灵曜》缺少对船舱中的各种物体运动状态作出具体的实验性陈述，但是，人们不难想象，《考灵曜》一书的作者或他的同时代人观察或注意到船舱内的苍蝇、水滴等的运动情形。“闭牖而坐”，表明他们是有意识地在作实验前的观察准备，然后才作出了“舟行而人不觉”的结论。《考灵曜》至少比伽利略《对话》早一千七百年，因此，《考灵曜》的这段文字可以作为伽利略相对性原理的最古老的叙述。

李约瑟博士在他的巨著中也征引了《考灵曜》的这段文字，但是未曾就他的科学意义加以讨论，只是在一条注中写道：“在库萨的尼古拉（Nicholas of Cusa）的书中，可以见到同样的思想、同样的譬喻。”② 红衣主教尼古拉（1401～1464）是中世纪最后一位伟大的哲学家，笔者没有看到他的原著。根据李约瑟博士在其书中提供的丰富的文献，我们读了科伊勒（A. Koyré）的著作。③ 可是，在科伊勒摘引的尼古拉的大量的原著中，我们没有读到尼古拉有和《考灵曜》相同的文句或譬喻。不知李约瑟博士有何它据？在科伊勒著作的第17页，有以下一段话：

“如果一个人坐在位于河中央的船里，他不知道河水在流动，也看不见河岸，那么他会怎样理解船在运动呢？”

---

① Galieo Galilei 著，上海外国自然科学哲学著作编译组译，关于托勒密和哥白尼两大世界体系的对话，上海人民出版社，1974，第242～243页。

② Joseph Needham, Science and Civilisation in China. Vol. Ⅲ, p. 224, note (d). Cambridge, 1959.

③ Alexandre Koyré, From the Closed world to the Infinite Universe. The Ionns Hopkins Press, 1957, p. 6～19.

这段文字和《考灵曜》显然不同。它是提问题，而《考灵曜》恰好是对这个问题作出了正确的答案。它也不是科伊勒引用的尼古拉的原著，而是科伊勒自己写下的文字。值得注意的是，科伊勒在这段文字后加了一个注。①该注表明，他是根据哥白尼在其著作中引用的维尔吉尔的有名的诗句提问题的。因此，从物理学论证地动的思想角度看，在伽利略之前，在古代和中古时期的西方，似乎没有人达到了《考灵曜》的水平。

九 动量矩守恒原理的应用

在理论上、古代人并无动量矩守恒的知识。但在实际上他们制造了与此有关的大型的转轮悬阁。在寺庙里称它为“转轮藏”，即保存佛经的书架。佛教借此向虔诚的信徒显示“佛法无边”、“法轮常转”的教义。

转轮藏在中国出现甚早。《水经注·淄水》引《列仙传》说：“请木工斤斧三十人，作转轮、造悬阁，意思横生”②。《列仙传》旧本题汉刘向撰，可能西汉时已有颇大的转轮悬阁。据宋代叶梦得记述，自东汉永平以来传入中国的佛书日增，到南朝萧梁普通年间，

> 复有异人为之转轮以运之，其致意深矣。吾少时，四方为转轮藏者无几。比年以来，所至大都邑，下至穷山深谷，号为兰若，十而六七。吹蠡伐鼓，音声相闻，襁负金帛，踵蹑户外，可谓极盛③。

宋高宗绍兴初年，叶梦得官“江东安抚大使兼知建康府”④，建康府（今南京）保宁寺开始建造转轮藏。从叶梦得记载看，转轮藏在南北宋之际盛行于寺庙。

在河北正定隆兴寺遗存一个北宋期间建造的转轮藏殿⑤。它是三间正方形木构建筑，分上下两层。下层安置了径约7米的转轮；沿后楼梯可达上层，上层陈列佛像、佛经。转轮的结构主体是一根粗大而直立的中心轮轴，其上端安装在该殿第二层楼板间，下端置于地面圆池之中。轮轴为木质，下端呈尖形，包裹着铁料。支撑轮轴下端的是一个特制的生铁轴托，埋于圆池之中。藏身为八角形，由八根内柱、八根外檐柱，以及众多横坊及斜木构成；在地面以下圆池中那一段木轴，安装着众多木质斜撑，以此支撑整个轮架的转动台面。藏的外观为重檐的亭子形，下檐八角形，上檐为圆形，殿下层中央为转轮藏（图2-35）。

北宋末，将作监李诫编修《营造法式》一书。书中留下了极其细密的转轮藏外形图样（图2-36），并对它的制作规范作了记述。其中，就转轮部分，他写道：

> 转轮高八尺，径九尺。当心用立轴，长一丈八尺，径一尺五寸，上用铁锏钏，下用铁鹅台桶子。其轮七格，上下各扎辐挂辋，每格用八辋，安十六辐，盛经匣十六枚。⑥

---

① Alexandre Koyré, From the Closed world to the Infinite Universe. The Ionns Hopkins Press, 1957, p. 279, notes 18.

② 郦道元《水经注》，王国维校本，卷二十六，上海人民出版社，1984，第849页；又，文学古籍刊行社据永乐大典影印本，为卷十一，1955，第489页。

③ 叶梦得《石林居士建康集》卷四《建康府保宁寺转轮藏记》。

④《宋史》卷四百四十五《叶梦得传》，第三十七册，第13132页。

⑤ 梁思成，正定调查记略，《梁思成文集》（一），中国建筑工业出版社，1982，第183～188页。

⑥ 李诫《营造法式》卷十一

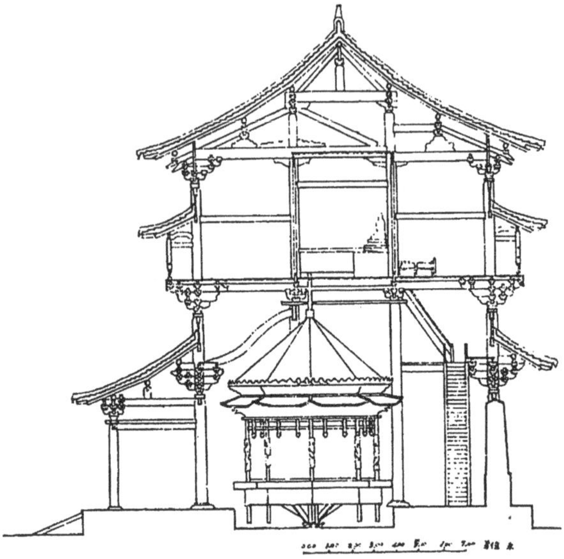

图 2-35　隆兴寺转轮藏殿剖面图

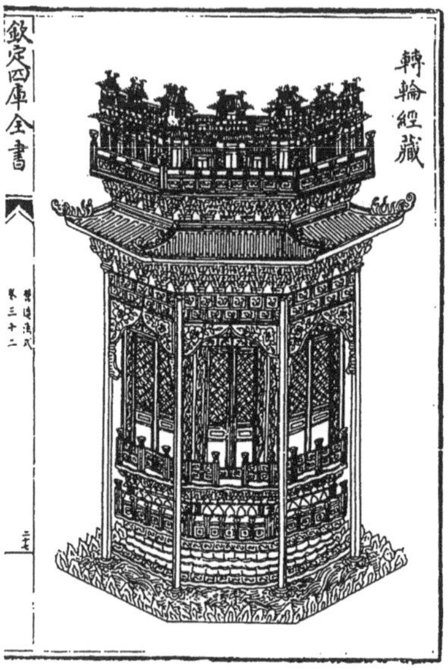

图2-36　《营造法式》绘转轮藏外观图

这个记述和隆兴寺转轮完全相同，只是其直径比隆兴寺小一半多。

我们感兴趣的是以什么力量驱使转轮转动？在历史上，甚至在今天，许多寺庙的转轮是以人力、畜力或水力转动的。转轮附近都有特殊的驱动设备和地道。但是，隆兴寺转轮藏殿的地下既无牵动转轮的设施，也无地道供人通往地下圆池。由于轮台直径为 7 米，可以想像用人力推动它是极为费劲的。可是，只要人在台上绕轴转着走动，轮藏就会慢慢地反方向转动起来（图 2-37）。显然，这是动量矩守恒原理所起的作用。站在台上

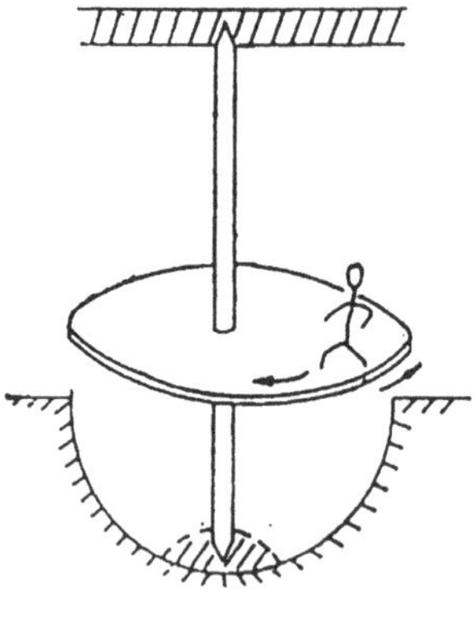

图 2-37　人与转轮运动方向示意图

的人和转轮构架共同组成一个刚体系统。人绕轴顺时针方向的转动，必然要引起转轮反时针方向的转动，以维持该系统动量矩守恒。由于转轮周边装饰严密，人们看不见藏轮内有人走动，因此就显得神奇，并被看作是“佛法无边”、“法轮常转”了。

隆兴寺转轮藏是古代人充分应用动量矩守恒原理的历史佐证。

十 动力学的思想萌芽

前面述及的某些内容，如算学题中的平均加速度概念、力学的相对性原理、动量矩守恒等，是属于动力学的范畴。但从历史角度看，动力学在古代是极为薄弱的，尤其是尚未形成瞬时加速度的概念，更没有将力与加速度联系在一起。以下所述，仅仅是古代的动力学思想而已。从思想上而言，多少有些关于动力学知识的记载。

《淮南子·主术训》写道：

“夫举重鼎者，力少而不能胜也，及至其移徙之，不待其多力者。”

就现在所知，举起一个物体所需的力和该物体的重力相等，而推动一个物体所需的力只要稍大于该物体的静摩擦阻力即可。无论在任何接触面上、摩擦系数都小于1，因此，一个重物的静摩擦力小于该物的重力。一旦该物体滑动或“移徙”之后，这时的摩擦成为滑动摩擦。滑动摩擦力又小于静摩擦力。因此，当物体处在移徙过程中，人们为保持其滑动移徙所付出的力可以更小些。这就是《淮南子》中这句话的物理意义。虽然，它没有以摩擦力解释举重和移动过程，但它关于在这二种物理过程中所需力的不同及其大小的论述是完全正确的。

王充在《论衡·状留篇》中的某些论述也颇有意思。他写道：

针锥所穿，无不畅达。使针锥末方，穿物无一分之深矣。

是故湍濑之流，沙石转而大石不移。何者？大石重而沙石轻也。

是故金铁在地，飙风不能动，毛芥在其间飞扬千里。

且圆物投之于地，东西南北，无之不可；策杖叩动，才微辄停。方物集地，壹投而止；及其移徙，须人动举。

枯而轻者易举，湿而重者难移。

是故车行于陆，船行于沟，其满而重者行迟，空而轻者行疾。……任重，其取进疾速，难矣！

以上叙述都是人们的经验的记载。将这些经验上升到文字总结，表现了王充丰富的自然科学知识。如果我们考虑到这些记述的物理条件，对比王充所作的文字结论，就不能不承认汉代人所具有的粗浅的但又是可贵的动力学知识。值得指出的是，这些知识都是正确的。王充在这里分别论述了尖劈、一定的作用力和运动物体的不同“重量”之间的关系，圆球和方块的运动等情形。特别是最后一段叙述，表明王充认识到，在相同外力作用下，“重量”较大的物体、开始运动和改变运动的状态就较困难，也即“其取进疾速，难矣”。在这里，多少隐含着瞬时加速度的思想萌芽。

古代人在制订历法、观察天体运动中也有许多重要发现。他们根据观察，记下了大量有关行星视运动的逆、留、迟、退现象；发现了月球在其轨道上运转一周时其速度的快慢变化规律①。唐代僧一行（683～727）对太阳视运动在一年四季中的快慢变化作了这样的记述：

日南至，其行最急，急而渐慢，至春分及中而后退。迨日北至，其行最舒，

① 戴念祖，中国力学史，第354～360页。

而渐益之，以至秋分又及中而后益急[①]。

“日南至”即冬至，“日北至”即夏至。僧一行的描述，实际上是地球在一年中绕日作椭圆轨道运动快慢变化的反映。一行正确地记下了这种运动变化的规律。五代王朴(905或915～959)可能是历史上第一个抓住了这种规律实质的人，他指出了行星运动快慢的变化与其距日远近的关系：

“星之行也，近日而疾，远日而迟，去日极远，势尽而留。”[②]

五星视运动迟疾及其与日距离远近关系的发现，其物理意义远远超出了古代中国人的认识水平。在近代科学兴起的初期，发现行星运动有快慢的规律，为动力学的建立提供了极有力的观测数据，大大地加快了动力学的建立过程。根据第谷·布拉埃（Tycho Brahe，1546～1601）30年的天文观测，在哥白尼学说的指导下，开普勒于1609年发表了他的行星运动三定律之一，即等面积定律，指出连结太阳和行星的矢径在相等的时间内扫过相等的面积。以等面积定律很容易解释古代中国人有关的观测数据及结论。牛顿是在开普勒的基础上，创建了动力学三大定律和万有引力定律的。王朴是在开普勒之前600余年所作出的观察结论。他已经定性地表述了等面积定律中两个物理因素的关系，即行星绕日运动的速度及其与日的距离之关系。自然，王朴所作的仅是观察结论，它与开普勒所作的等面积定律在理性程度上尚存本质之差。然而，人们仍然感到惊讶的是，王朴先于开普勒之前600余年走到了等面积定律的边缘。

十一 功与能的古代观念

在物理学中，功与能和速度、加速度、力、动量这几个概念都是最基本的概念。在近代物理学史上，这两个概念、特别是能的概念，曾引起许多争论。起初，人们曾以“活力”（vis viva）一词表示能量。19世纪中期，亥姆霍兹（Hermann von Helmholtz，1821～1894）才引入“动能”和“势能”这两个概念。应当说，在我国古代，科学的功和能这两个概念并不存在。以下所谈的，只能看作是表现在我国的这两个概念的历史渊源。追溯一下近代物理概念在我国古代的面貌，是极有趣味的。

“功”字的本意是用力作工。和它搭配使用的常用词，如功力、功夫、功用、功臣、功利、功效、功能、功勋、功绩、功德，等等，这些词既适用于表述体力劳动，也适用于智力劳动；既适于科学技术的范畴，也适于意识形态，甚至包括伦理道德的范畴。我们决不能草率地将古代词汇“功力”、“功效”、“功能”看作是含有物理意义的功与力、功与效率或功与能的。

但是，《唐六典》曾指出，“凡役有轻重，功有长短。”这里的“役”指劳力，“功”同“工”；“长短”既指时间，也指距离。宋代李诫在其《营造法式·序》中，曾遵照这句话确定营造工作量的规范。《营造法式》第十六卷至第二十五卷，又以“功”字作为各种工匠制作的工作量单位。这里的“功”当然也等同于“工”。如“一张书桌要用三个工”，即一个工人用三天；三个工人一天可以作完一张书桌。有意思的是，在李诫规定“功”这

① 《新唐书》卷二十七下《历志三下》，第二册，第621页。
② 《旧五代史》卷一百四十《历志》，第六册，第1866页。

一单位工作量时，诸如规定“搬运功”时，他写道：

诸舟船般（搬）载物（装卸在内）依下项：

一去六十步外般物装船每一百五十担①（如粗重物一件及一百五十斤以上者减半）；

一去三十步外取掘土兼般运装船者每一百担（一去一十五步外者加五十担）；

溯流拽船每六十担；

顺流驾放每一百五十担；

右各一功。

在这里，李诫规定一个“功”时，不仅规定了距离，而且规定了负荷重量。当荷重增加一倍或距离缩短一半时，相应的距离减少一半或荷重增加一倍，才保持一个单位“功”不变。虽然李诫在这里规定的单位工作量“功”和近代物理学的单位“功”不尽相同。但是，他的单位中含有“功”这一物理概念的二个基本因素，即力和距离。

具有能量的某种运动或位置情形，古人一般地称之为“势”。“势”这一字，古作“埶”。它的原义包括权力、威力、形势、态势等。在历代军事著作中常提到“势”一字，因为兵家重视“势力”或实力之故，正如法家特别注重“权势”一样。在古代还有“势位”一词，《韩非子·功名》写道：“明君之所以立功成名者四：一曰天时；二曰人心；三曰技能；四曰势位。”《战国策·秦一》写道：“人生世上，势位富厚，盖可以忽乎哉？”这里的“势位”都是指权势地位。我国近代物理学中常用的“势位”一词，大概是从权势地位的含义中转借的。古代的“能”字丝毫不含有近代物理学中的能量概念。应当指出，近代物理学中许多专有名词是从西文中翻译过来的，有不少是强之为译。因此，要探讨它们在中文古籍中的渊源并不恰当。

然而，关于动能或势能的概念，在我国古代确实形成了。《孙子兵法》卷五《势篇》写道：

“激水之疾，至于漂石者，势也。”（孟氏注曰：“势峻则巨石虽重不能止。”）

“势如彍张，节如发机”。（杜佑注曰：“彍，张也，言形势之彍如弩之张，奔击之易如机之发也。”）

“故善战人之势，如转圆石于千仞之山者，势也。”

在其卷末《遗说》中写道：

“力虽甚劲者，非节量短近而适其宜，则不能害物。鲁缟之脆也，强弩之末不能穿；毫末之轻也，冲风之衰不能起。”

从这些引文中可见，“势”是中国古代人用于归纳物质及其运动所具有的能量的概念。

《孙子兵法》是春秋时期齐国人孙武的著作。孙武大约与孔子同时，他将该书献给吴国，吴王命他为将。他以三万军队打败楚国二十万而闻名。《孙子兵法》一书，现流传本为《孙子十家注》，作注的十家中包括创立魏国的曹操，他大概是最早为此书作注的人。在《孙子兵法》及其历代注中，我们看到“势”一字所暗含的能量概念。它包括了如“激水之疾”的动能，如“张弓发机”的势能（弹性势能），以及如“转圆石于千仞之

① “担”，古代量词，一担为50公斤。

山”的势能。上引文中的“鲁缟”，指古代鲁国出产的一种白色生绢，其质地酥脆，易破裂。“强弩之末”和“冲风之衰”都表示弩箭与风毫无能量了，因此，它们分别不能穿透鲁缟、不能吹动羽毛。

和《孙子兵法》关于势的相同思想，见诸历代典籍。如《汉书·韩安国传》写道：“强弩之末，力不能入鲁缟。”《淮南子·说山训》：“矢之十步贯兕甲，于三百步不能入鲁缟。”《淮南子·兵略训》：“加巨斧于桐薪之上而无人力之举，虽顺招摇挟刑德而弗能破者，以其无势也。故水激则悍，矢激则远。”

在元代王祯的《农书·农器图谱集之十四》述及水碓时，对于水的势能及其利用作了极好的描述。他写道：

“凡在流水岸傍，俱可设置（水碓），须度水势高下为之。”

“度水势高下”，即计量水位落差，实则计算流水势能。根据测量的结果，设置不同的水碓或加高水位。王祯继续写道：

> 如水下岸浅，当用坡栅；或平流，当用板木障水，俱使傍流急注。贴岸置轮，高可丈余，自下冲转，名曰‘撩车碓’；若水高岸深，则为轮减小而阔，以板为级，上用木槽，引之直下，射转轮板，名曰‘斗碓’，又曰‘鼓碓’。此随地所制，各趋其巧便也。

如此精心度量水势、设计水轮，与近代栏河筑坝、设计水轮机以发电的情形相似。

十二　箭矢飞行及相关观念的东西方之差异

我们以箭矢的飞行及其轨道问题作为上述力学史问题的结束，通过有关的叙述对东西方的静力学、运动学或动力学知识作比较性的考察。

古代人尤其重视弓箭的制造。《考工记》以“弓人”和“矢人”两篇文字叙述它，可见一斑。弓箭制造的所有技术问题始终围绕着一个目的：保证弓有足够的弹力和箭射中目标。暂且不涉及弓的制造，古代人对箭矢制造的技术要求就包括矢与箭干的长度比、箭羽的多寡及其所在的位置、箭干材料的选择及其强度与刚度的检验，等等。只有达到一定的技术要求，箭才能在空中有稳定的中的轨道。对于箭干各部分不同强度与刚度所引致飞行偏差，《考工记·矢人》写道：

“前弱则俯，后弱则翔；中弱则纡，中强则扬；羽丰则迟，羽杀则趮。”

唐代杜牧在《考工记注》中对前四句作出这样的解释：

“前弱则矢行而低，后弱则矢行而旋；中弱则矢行而曲，中强则矢行而起。”

这里的“强”、“弱”是指箭干的强度和刚度而言的。《考工记》和杜牧的注都是从箭干本身结构不善而论述其飞行轨道出偏差。从今日有关箭干受力而发挠的实验中可以知道箭离弦后的运动状态[①]，以此可以证明《考工记》的有关记述是正确的[②]。这些记述的一个显著特点是，从技术-物理学的角度讨论问题。

有趣的是，在指出箭矢的飞行状态中，无论《考工记》的作者还是唐代杜牧，都不

① 中国射箭协会编写并出版，射箭运动教材，1987年（内部出版），第75～76页。

② 闻人军，考工记中的流体力学知识，自然科学史研究，第3卷（1984）第1期，第5～7页。

涉及正常飞行的路径问题。这是出于射箭的实际需要、只指出其中的错误技术问题所造成的飞行偏差，抑或他们都知道正常轨道应当是什么？

同古代中国人从工艺技术角度讨论箭矢飞行相反，古代西方人将注意力集中在箭矢飞行的所谓"正常轨道"上。

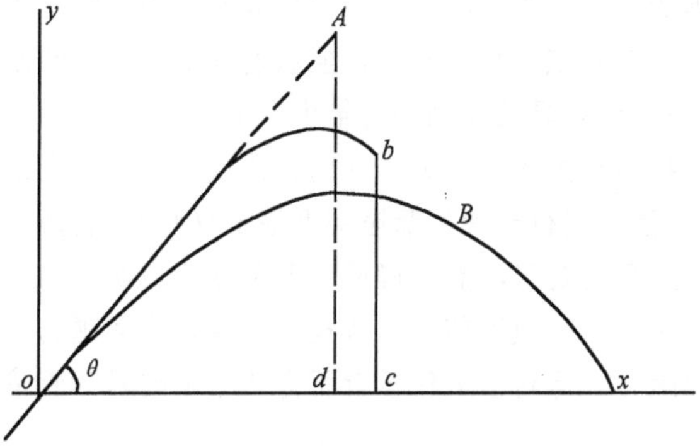

图 2-38　箭矢飞行轨道的古今看法图

如果箭以 θ 角射出，亚里士多德说它沿着 oAd 路径运动（图 2-38）：先沿 oA 直线上升，然后在顶点 A 垂直下落。这个观点一直统治到 16 世纪初期。文艺复兴时期的达芬奇（Leonardo Da Vinci，1452～1519）对亚里士多德的箭矢轨道稍稍作了修正。他认为，箭矢先沿 oa 作直线运动，然后是沿 ab 作曲线运动，最后是沿 bc 垂直下落①。甚至于意大利数学家，曾经对建立自由落体定律作出开拓性工作的塔尔塔利亚（Nicolò Fontana Tartaglia，1499～1557）在初期也持同样的观点②。近代力学的创始人伽利略对此才作出了正确的结论：箭矢沿 oBx 的抛物线路径飞行。显然，从技术上讲，《考工记》成书时代的"弓人"会毫不犹豫地将亚里士多德和达芬奇的箭判为劣质箭。中西文化的差异在此表现得一清二楚。西方学者即使完全不合实际也要把意见表述出来；中国学者只按实际说话，甚至做而不说。由此，我们以为，认定古代中国人不知道箭矢的飞行轨道是不恰当的。就箭的飞行轨道而论，古代东西方都只知道问题的一半：西方人知道的一半是错误的，中国人知道的一半却指出了这种错误。

就动力学而言，亚里士多德和中世纪欧洲学者的以下观点显然是错误的：

箭矢所以飞行，是因为其尾部产生了真空。自然界害怕真空，因此，箭周围的空气涌向箭尾推动箭继续前进③。

古代中国学者对飞矢动力学持何种看法？

前述王充论力中，王充曾言及"篆簵之箭，机不能动发，鲁缟不能穿"，并且指出，"机"（即弓）是由于"引弓之力"而张弛。在前述功与能的观念中，引《孙子兵法》说，人力张弓，弓所以将箭射出，是由于"张弓之势"。用现代话说，张弓具有弹性势能。在箭矢被弓射出之后，中国古代学者认为：

---

① Stephen F. Mason（梅森）著，上海外国自然科学哲学著作编译组译，自然科学史，第 139 页，上海人民出版社，1977。

② 关洪，物理学史选讲，第 58 页，高等教育出版社（北京），1994。

③ 亚里士多德的这种物理观点在不同著作中文字不甚相同。参见戴念祖，试论中西方关于飞矢运动观的差异，《世界科技研究与发展》，Vol. 17（1995），No. 5，pp. 12～14。

"矢行，风必束之。（矢）前必欲锐，欲破风以为疾也。"

这里的"风必束之"是指风（空气）在箭镞前端束缚箭的前进飞行，空气成为箭飞行的阻力。因此箭镞要尖锐。这句文字出于明代吕坤《救命书》卷下引郭宗昌《二戎记》。《救命书》成书于明万历丁未年（1607），虽其成书时间较晚，但有关如此这般的飞矢动力学观点是中国历代的传统看法。吕坤（1536～1613）的生年比伽利略早约30年，郭宗昌（具体生卒年不详）或与吕坤同时；但从前者引后者语而论，当比吕坤年长，至少早20年。这就是说，郭宗昌约比伽利略早半个世纪。

关于空气是飞行物的动力还是阻力的问题，让我们再看看先秦时期《考工记》的记载。《考工记》在述及箭矢飞行时说到箭尾部羽毛多寡对箭飞行的影响，即"羽丰则迟，羽杀则趮"。这是说，羽毛太多，箭飞得慢；羽毛太少（羽杀），箭飞行时会旁落掉地（"趮"）而不会沿着正常飞行轨道前进。从技术角度讨论问题的《考工记》虽然未曾明言空气对箭飞行产生阻力，但对于近代学者而言"羽丰则迟"所暗含的物理意义却是明确的。

17世纪中期，也即明代吕坤《救命书》成书后几十年，刘献廷在其著《广阳杂记》中就子弹、飞箭与空气阻力问题写道：

> 姜子发云：'曾闻朱未孩言，火炮中子弹必于沙中磨之极圆，出炮门后，空中之气不能阻碍，其去必远。捣蚯蚓成浆，以箭括淬之，其锋之铦利过于磨错。'此二语余所未闻者，拜教多矣。①

姜子发与朱未孩二人，不知其详，其活动年代当不比刘献廷晚。朱未孩言及二件事：一是子弹要圆；一是箭矢要锋利。无论其所言是以什么样的技巧来保证它们的圆或锋利，其中关于"空中之气不能阻碍"一语却清楚表明空气是飞行体运动的阻力。从以上诸多文献看，中国人的有关看法不仅是中国的传统见解，而且与亚里士多德的观点完全对立。虽然亚里士多德论述问题有一套逻辑推理方式，但他的错误结论是显而易见的。而他的观点能在西方流行十几个世纪，在中国人看来简直是难于想像。

在古代中国，有大量的关于弓弩制造及其射法的书籍，仅据《汉书·艺文志》载，就有《逢门射法》、《阴通成射法》、《望远连弩射法具》等十几种之多。可惜，它们都已亡佚。否则，有关动力学的历史知识可以了解得更多。

比较东西方古代关于飞矢动力学的观点，不难发现，古代中国人和亚里士多德正好持相反看法。前者直觉而敏锐地抓住物理问题的本质，从未陷进所谓"自然界害怕真空"等错误学说之中；后者提出物理问题的立足点是错误的，但有一套论证物理问题的表述方式。

根据亚里士多德的运动观，必然得出"真空"（即空虚的空间，古代尚无近代物理学所谓真空的概念）不可能存在。因为，存在真空，箭就失去了持续的推动力，箭则不能飞行。公元6世纪，希腊基督教哲学家和神学家菲洛波努斯（John Philoponus，活动于6世纪，出生于埃及亚历山大城）在评注亚里士多德著作时才首次发展了亚氏力学原理。他认为，如果亚氏理论正确，飞矢就不需要弓箭的弹射了。他设想，原动力给于物体一种"神力"才使物体运动，运动物体的速度与原动力和阻力之差（后来人们称此差值为

---

① 刘献廷《广阳杂记》卷三，中华书局标点本，1985，第121页。

"冲力")成正比。出于这种和亚氏不同的理论，他还主张飞矢能穿越真空。

菲洛波努斯的观点并未在当时引起人们的注意。直到13、14世纪时，才有更多的人怀疑亚里士多德运动观的错误，并提出了"冲力说"。其中，英国哲学家威廉（William of Ockham，约1285～1349），巴黎大学校长比里当（Jean Buridan，1300～1358），纳瓦拉学院院长奥里斯姆（Nicolas Oresme，1320～1382），以及继比里当之后任巴黎大学校长的阿尔贝（Albert of Saxony，约1316～1390）等，都是持冲力说的学者。他们反对亚里士多德的自然界害怕真空以及相关的箭矢飞行的动力观，对运动学原理的发展作出了一定贡献。例如，阿尔贝将运动分为三类：具有恒定速度的均匀运动，速度有规则变化的不均匀运动，以及不符合前两种定义的不规则运动。奥里斯姆创立了用图解表示速度的方法。他们中许多人还得到地球自转的概念，认为地球每日周转是由于创世主给予的原始冲力，等等[①]。

迄16世纪，冲力说衰落了。这主要是因其本身理论含混、概念不清的缘故。但它所含有的合理成分对近代物理学的兴起产生了极大影响。近代物理学一方面吸取了以阿基米德为代表的将数学引入物理学的模式，一方面参照亚里士多德和持冲力说者在论证物理问题中的表述方法。

在冲力说衰落的16世纪，亚里士多德的物理学仍然占据大学讲坛。人们正在探索以一种更有理智和实际可能的方法促使科学前进，近代科学正处在诞生前夜。此时，西班牙人文主义者比维斯（Juan Luis Vives，1492～1540）出于冲力说提出了"一大堆立说和矛盾的定理"而对它作出了"束缚人类知识"的评价。这个评价有所偏颇。但他同时赞赏由工艺传统积累的知识，却是道出了科学史上的一方真情。他说：

> 那些人从最有经验的人那里收集了有关每一种工艺的各种题材，并写成文字，他们给人类带来多少智慧财富啊……，通过对生活各个方面的这类观察，实践的真知几乎增长到令人难以置信的程度。[②]

这一评价适用于东方古代科学技术发展的历史面貌。就力学而论，古代中国人从经验和实践出发，获得了不少成就。但是，几乎从中国科学史的初始阶段起，力学和物理学就缺少数学方法；而在中国古代经典数学著作中，虽然有许多力学和物理学算题，但这些算题仅仅是算题而已，它们又缺少力学和物理学的理论模式。在中国古代科学史上，数学与物理学是脱节的、彼此不相干的学科。这就是古代东西方科学之差异。中国传统物理学留给近代科学的财富是，以丰富的技术-物理成就作为近代物理学产生的雄厚基础，同时"抓住物理本质"的传统成为近代物理学家必备的素养。

---

① 关于冲力说的主要内容及评价，可参阅：

［英］Stephen F. Mason（梅森）著，自然科学史，中译本，上海人民出版社，1977，第109～114页；

［日］広重徹著，祁关泉等译，物理学史，上海教育出版社，1986，第52～54页；

［荷］R. J. Forbes（弗伯斯）著，齐琚琚等 译，科学技术史，求实出版社，1985，第97～99页；

［美］M. Kline（克莱因）著，张理京等译，古今数学思想，第一册，上海科学技术出版社，1979，第243～244页；

关洪，物理学史选讲，高等教育出版社，1994，第55～58页；以及《简明不列颠百科全书》中译本有关人名词条。

② ［英］Stephen F. Mason（梅森），自然科学史，中译本第113页，上海人民出版社，1977。

就科学的方法论而言，人们大多赞赏这样的看法："学者与工匠以不同的方式促进了近代科学的诞生"①。西方的学者模式与东方的工艺传统都对近代科学的兴起作出了自己的贡献。

第四节 流体力学

我们将古代人有关液体和气体的物理学知识放在本节叙述。液体中浮力的应用和浮体规律的探讨，气体中气压概念的产生，都被认为是古代科学中的重要成就之一。中国古代人关于流体力学的知识远不止这些。他们在测定液体的比重、浓度，发现其表面现象并创制有关演示仪器，发现层流运动的水流断面上中心流速大于边缘流速，在漩涡实验中发现了其径向流速与漩涡中心距离的定性关系；在水箱放水实验中得出了完全正确的结论；建造了符合静水压强原理的堤坝；在气体力学中，虹吸管、风箱的发明与应用，等等，都在科学史上留下了光辉的篇章。在工程技术上，如秦始皇开始修建的灵渠，在唐代开始加筑"斗门"，即类似今日的船闸，充分利用了浮力原理以使船只越过高地；在漏壶一类的计时仪器中，为保证流水的稳定性和计时准确性所作的一系列改进技术，也饱含流体力学知识。本卷着重叙述与物理理论联系较为密切的历史事件，更多的工程技术知识可参阅本书其他各卷。

一 液体的浮力

1. 浮力的应用

沉浸在液体中的物体都受到浮力作用，这个现象在中国古代得到了充分应用。

上古时代，人们"见窾木浮而知为舟"②。古代中国人制造了各种式样、用途不一、大小不同的船舶，还知道利用各种浮于水面的物体而渡江，如"浮罂"、"浮囊"等。前者"以木缚瓮为栰"，后者"以浑脱羊皮，吹气令满，紧缚其孔，系于胁下，可以渡之"③。浮桥也是中国古代的创造之一。它以舟作桥柱，舟与舟之间连结木板而成④。古代船坞的建造也充分利用了浮力。沈括曾记述有关船坞的修船过程及方法：将船驶入坞，然后抽出坞内之水，船即落在坞内架上。修船毕，放水入坞，船浮而驶出坞⑤。

在江河中置船闸，利用浮力作用可使行舟"循崖而上、建瓴而下"。这是人们熟知的现代水运交通工程。但在7～8世纪或其之前，中国人已作出了这样的成就。

公元前3世纪末，秦始皇为统一岭南，令史禄在今广西兴安县修筑灵渠，以沟通湘、漓二水，联系长江与珠江两大水系。此后历代屡疏浚改建。灵渠历兴安县境，北水南流，舟、水均需踰过高地。因此，灵渠中设有水斗闸门。唐代时筑斗门18座；宋代筑斗门36座。所谓斗门也就是水闸。顺次启闭斗门，壅高水位，既使船只可跨越高地，又利于灌

① ［英］Stephen F. Mason（梅森）著，自然科学史，中译本第113页，上海人民出版社，1977。
② 《淮南子》卷十六《说山训》。
③ 见李筌《神机制敌太白阴经》卷四《济水具篇》；曾公亮《武经总要前集》卷十一《水攻·济水府》。
④ 戴念祖，中国力学史，第379～381页。
⑤ 沈括《梦溪笔谈·补笔谈》卷二。

溉。宋代周去非在《岭外代答》中写道：

> 渠水绕迤兴安县，民田赖之，深不数尺，广可二丈，足泛千斛之舟。渠内置斗门三十有六。每舟入一斗门，则复闸之。俟水积而舟以渐进，故能循崖而上，建瓴而下，以通南北之舟楫①。

灵渠的斗门为船闸先导，也是世界上最早的船闸通航工程②。利用闸门启闭，可升高水位，闸内之舟即可籍此翻山越岭。这充分显示古代人利用浮力的聪明才智。

在工艺技术中应用浮力现象也是古代人的一项创举。他们用水浮法检验竹、木器物的结构是否均匀。《考工记·轮人》在述及车轮制造时写道："揉辐必齐，平沉必均"，"水之，以视其平沉之均也"。所谓"揉辐"，即用火烤木质辐条；所谓"平沉"，郑众注云："平沉，谓浮之水上无轻重。"也就是，将整个木质车轮放在水上，验其浮沉均平，则可知车轮的质量分布是否均匀。通过这种水浮检验法，可以保证车轮结构匀齐，当它转动时不因其自身不均而发生偏斜等现象。《考工人·矢人》在述及箭矢制造时，也以同样方法检验竹、木的质地。

在农业生产中也有用浮力的许多例子。北魏贾思勰在其著《齐民要术》中记载了以水浮法检验稻种：饱实的好种子沉入水底，浮之水面的是草籽，"浮者不去，秋则生稗"③。清代杨屾述及果农以水浮法收取枣仁：捣破枣核，将其置水中，核壳沉底，而枣仁则浮于水面④。

在古代计时器壶漏中，指示时刻的箭也是浮力的利用。随着受水壶中水位的升高，置于其内的浮箭也随之升高。然而，东晋僧人惠远所造莲花漏，是随着其莲花形铜器沉入水中的深浅计量时间的，实际上也是浮力的应用。据载，其莲花漏是，"取铜叶制器，状如莲花，置盆水之上。底孔漏水，半之则沉。每一昼夜十二沉，为行道之节。冬夏短长，云阴月晦，一无所差。"⑤

水通过莲形器皿的底孔逐渐浸入器皿中，器皿逐渐下沉。从开始浮在水面到它浸入一半水时而沉落盆底，所经历的时间过程作为时间的量度。

借浮力起重，是古代力学中一大成就。始建于宋皇祐五年（1053 年）的福建泉州洛阳桥（又名万安桥），其石梁每根重达 20～30 吨。古代人利用浮力、极为巧妙地将如此巨重之石装置于桥墩上。先，利用上涨潮水将载巨石之木排送至桥墩间；待潮落，木排下降，巨石落于桥墩上⑥。这是现代浮运架桥法的肇始。

宋僧怀丙打捞铁牛，是浮力起重的典型事件。

横跨黄河、连结秦晋的蒲津桥是一座浮桥。唐开元十二年（724 年）大修，特增设 8

---

① 周去非《岭外代答》卷一《地理门·灵渠》。

② 郑连第，灵渠工程史述略，北京：水利电力出版社，1986；武汉水利电力学院水利水电科学研究院编著，中国水利史稿上册，北京：水利电力出版社，1979，第 166～171 页。

③ 贾思勰《齐民要术》卷二《水稻第十一》，第 100 页。

④ 杨屾《豳风广义》卷三。

⑤ 王谠《唐语林》卷五《补遗》；也见李昉《太平广记》卷四百九十七。

⑥ 罗英，中国桥梁史料，第 254 页。上海科学技术出版社，1959；金秋鹏，蔡襄及其科学贡献，自然科学史研究，8 卷（1989）3 期，第 284～292 页。该文指出，万安桥为蔡襄（1012～1067 年）主持修建，建造时间在1053～1060 年间。《宋史·蔡襄传》曾记述该桥建成后，蔡襄倡导"种蛎于础以为固"，即在桥础间养殖牡蛎，利用牡蛎的石灰质外壳及其体内粘液将整个桥础胶结成一个整体。这是现代生物力学的肇始。

头铁牛以维系浮桥巨缆[①]。300多年后，即宋庆历年间（1041～1048），该桥又被洪水冲毁，数万斤的铁斗被卷入河中（见彩图2-39）。又20余年，即宋英宗时（1064—1067年在位），真定（今河北正定）僧人怀丙倡议打捞铁牛、重新修桥。关于怀丙打捞铁牛的方法，《宋史·僧怀丙传》写道：

河中府浮梁用铁牛八维之，一牛且数万斤。后水暴涨绝梁，牵牛没于河，募能出之者。怀丙以二大舟实土，夹牛维之，用大木为权衡状钩牛，徐去其土，舟浮牛出。

宋人吴曾对蒲津桥成毁过程作了记述。其中，关于怀丙打捞铁牛事，他写道：

英宗时，有真定僧怀丙，请于水浅时以絙系牛于水底，上以大木为桔槔状，系巨舰于其后。俟水涨，以土石压之，（牛）稍稍出水，引置于岸。[②]

就技术而言，这两条文字的记载稍有不同。前者用二舟，其中有"大木为权衡状钩牛"；后者用一大舟，"上以大木为桔槔状"吊牛。或许，怀丙用了这两种方法。

《宋史·僧怀丙传》述及怀丙平生三大事。除打捞铁牛外，另二件是：修理真定十三层浮图，"不闻斧凿声"而巧妙地更换了该塔中层一根已坏木柱；修理赵州桥，"不役众工"而将其倾斜的桥身扶正[③]。从这些事实看来，怀丙是古代伟大的工程力学家。他创造的浮力起重法，曾于16世纪在欧洲由意大利数学家和工程师卡丹（H. Cardan，1501～1576）所重复设计并使用。在今天，怀丙的方法已成为机械打捞船的实用方法。

2. 探讨浮体的规律

古代人在广泛应用浮力的同时，也普遍地探讨浮体的规律。

《庄子·内篇·逍遥游》写道：

夫水之积也不厚，则其负大舟也无力。覆杯水于坳堂之上，则芥为之舟；置杯焉则胶，水浅而舟大也。

"坳堂之上"，指厅堂中的洼地。"芥"，指小草。"胶"指粘着地。这段文字表明，人们知道液体要有一定的深度，才能使相应的物体浮在它上面。

古代人以自己的理论解释物体浮在水面的原因。物浮于水，是因为"有势"或"自然之势"。且看下面种种说法：

燕鼎之重乎千钧，乘于吴舟，则可以济。所托者，浮道也。[④]

韩子曰：千钧得舡则浮，锱铢失舡则沉，非千钧轻而锱铢重，有势之与无势也。[⑤]

圆者常转，窾者主浮，自然之势也。[⑥]

夫竹之性浮，残以为牒，束而投之则沉，失其体也；金之性沉，托之舟则

---

① 关于蒲津桥，见陆敬严，蒲津大浮桥考。载《自然科学史研究》，第4卷（1985）1期，第35～41页。

② 吴曾《能改斋漫录》卷三《河中府浮桥》。关于怀丙打捞铁牛事，也见费衮《梁谿漫志》卷八《称象出牛之智》；李贽《初潭集》卷十四《师友四·二艺术》；方以智《物理小识》卷八《器用类·起重法》。

③ 《宋史》卷四百六十二《僧怀丙传》，第三十九册，第13519～13520页。

④ 《慎子·逸文》；也见《太平御览》卷七百六十八。

⑤ 欧阳询《艺文类聚》卷七十一《舟车部·舟》引《韩子》。

⑥ 刘安《淮南子·原道训》。

浮，势有所支也。①

鸿毛一羽，在水而没者，无势也；黄金万钧，在舟而浮者，托舟之势。②

缀羽于金铁，置之于江湖，必也沈溺、陷于泥沙，非羽质重而性沈，所托沈也；载石于舟，置之江湖，则披风截波，汛飏长涧，非石质轻而性浮，所托浮也。……是以观之，附得其所，则重石可浮……，附失其所，则轻羽沦溺……。③

水能浮千钧之舟，而不能浮锱铢之金，非千钧轻而锱铢重也，势也。④

以上七段文字来自不同文献，仅第四段尚需作些说明。竹的比重轻于水，因此，无论其整体的空心竹或被刀锯斫削成的小片，再把小片捆扎成堆，都会浮在水面。只不过空心竹筒在水中下沉少（排水线浅），而成捆的竹片下沉得多（排水线高）。这样，第四段文字记载的“沉”字。若指沉没水中，那就不正确了。

虽然古人对物体所以浮在水面的原因有许多论述，但是，“势”的概念在这里仍然是含混不清的。所以浮可谓之“势”，沉也可谓之“势”。对浮体规律作出较早而有较为恰切解释的还是以墨翟为首的墨家。

《经下》：“形⑤ 之大、其沉浅也，说在衡⑥。”

《经说下》：“形　沉形之衡也，则沉浅非形浅也，若易五之一。”

这条文字以洪震寰、徐克明解释为好。前者较好地注释了《经》文，后者较好地注释了《说》文。综合他们对这条文字的校注之后，其物理意义不难明白。这显然是一条描述并解释物体在水中浮沉的文字：一个形体大的物，在水中沉没较浅（排水线低），下沉水中的部分（应当说沉入水中的部分所排开的水）与物体平衡。就像市场上以五件甲种商品和一件乙种商品等价交换一样。因此，《经》曰“说在衡”。墨家企图表述浮体定律，然而，或者因文字简略未曾表述清楚；或者没有看出、浮体沉入水中部分的体积正是它所排开的液体的体积，因此在“沉形之衡”一句中表述不确切，也不科学。《说》文强调“则沉浅非形浅也”，这意思又似乎告诉人们，墨家不是将沉入水中的那部分物体看作是形体；而“易五之一”的比喻，又表明墨家似乎懂得沉入水中那部分体积就是排开水的体积，是被排开的水的重量与整个浮体平衡，这才谈得上“易五之一”的等价交换。如果这样理解“沉形之衡”而不失墨家原意，那么《墨经》还是清楚后来以阿基米德名字命名的浮体定律。

迄止东汉末年，人们的确清楚地知道浮体所排开的水的重量等于浮体的重量。早卒的神童曹冲（公元196～208）提出“以舟量物”的方法就是个证明。

据《三国志·邓哀王冲传》载：

邓哀王冲，字仓舒。少聪敏岐嶷，生五六岁，智意所及，有若成人之智。时孙权曾致巨象，太祖欲知其斤重，访之群下，咸莫能出其理。冲曰：“置象大船

① 刘安《淮南子·齐俗训》。

② 唐代马总《意林》卷五（四部备要本）引晋代杨泉《物理论》。

③ 刘昼《刘子》卷四《托附第二十一》。

④ 庄元臣《叔苴子内编》卷三。

⑤ “形”字原误为“荆”，形近而误，从洪震寰说。

⑥ “衡”字原写为“贝”或“具”，为“貞”字之误。“貞”即衡。从徐克明说。

之上，而刻其水痕所致，称物以载之，则校可知矣。”太祖大悦，即施行焉。①

这个故事被后来各种典籍辗转传抄。②《艺文类聚》曾两次述及曹冲称象一事，其中一处文献引自《江表传》③。上引文中，“称物以载之，则校可知矣”，意思是先牵象至舟中，刻下舟的排水线；然后称物至舟中，直至该物使舟也沉没至同一排水线上，此时物重即象重。故此，吴曾将此方法命名为“以舟量物。”（图 2-40）

图 2-40　曹冲称象绘图

有可能的是，曹冲并非我国历史上第一个发现以舟量物的人。据史籍载，更早的同类发现在东周燕昭王（公元前 311～279 年在位）时期。在南北宋之际成书的《能改斋漫录》引《符子》写道：

> 予按《符子》曰：朔又献燕昭王以大豕，曰养奚若，使曰豕也。……王乃命豕宰养之，十五年大如沙坟，足不胜其体。王异之，令衡官桥（即杠杆）而量之，折十桥，豕不量。命水官浮舟而量之，其重千钧。……乃知以舟量物，此燕昭王时已有此法矣，不始于邓哀王也。④

《符子》一书已佚。《丛书综录》载《符子》一书，汉代符某撰，明代归有光辑评。《玉函山房辑佚书》载《符子》一卷。该书编辑人马国翰认为，《符子》为晋代苻朗撰。苻朗是前秦帝苻坚（338～385）的从兄之子。《晋书·苻朗传》称其著《苻子》数十篇行于世。马国翰在校辑《苻子》序中说，该书“多春秋遗事，足资考证。”“诸书多引作《符子》，符、苻，形近而误。”⑤

《符子》一书倘若记载属实，那么，“以舟量物”的方法当发现于公元前四至前三世纪期间，这与《墨经》作者总结出“沉形之衡”的理论基本同时。

---

① 陈寿撰《三国志》卷二十《魏书二十·邓哀王冲传》。第二册，第 580 页。

② 欧阳询《艺文类聚》卷七十一《舟车部·舟》；卷九十五《兽部下·象》引《江表传》。又见费衮《梁谿漫志》卷八《称象出牛之智》（成书于公元 1133 年）。也见吴曾《能改斋漫录》卷二《以舟量物》。

③《江表传》为晋代虞溥撰，今已佚，后人辑本载《玉函山房辑佚书·补编》。

④ 吴曾《能改斋漫录》卷二《以舟量物》。

⑤《玉函山房辑佚书》卷七十一《苻子》。

二 液体的比重及其测定法

1. 水的比重

对水的比重的认识与测定、起初是与校准度量衡相关联的。从先秦迄汉代，各朝大都规定在一年中某一天要校验度量衡是否准确。西汉以前，这一天定在二分日。人们从天、地、人三者有机而和谐的观念出发，认为这二天既是“日夜分”，那么“同度量、平权衡、正钧石角斗甬”① 也是最好的时候。东汉起，这一天选在冬至日。人们认为“夏至阴气始动，冬至阳气始萌”②，这一天校验度量衡符合天道阳气或正气上升的景象。总之，选择一年中某一天进行校验度量衡的工作，为校验时的环境温度提供了自然背景。《后汉书·礼仪志》留下了较早的有关测定值，它写道：

“日冬至……，权水轻重，水一升冬重十三两”。③

计时器在南北朝的发展也促进了测定水的比重的工作。北魏道士李兰创制秤漏，他严格规定：“漏水一升，称重一斤，时经一刻”。④ 李兰很可能以水的比重作为计时器准确与否的标准之一。此后，在用水、饮茶、酿酒和医药等生活实践中，历代对水的比重尤为重视。

唐代杜牧说：“幽、并二州程其水土与河南等常重十二。”⑤ 当然，这些地方水的比重差别是对于同一体积而言的。宋代程大昌在《演繁露》中有专门的《水土斤两轻重》一文，指出各地水质之别，并说：“世传水之好者，比他水升斗同而铢两多”⑥。

李时珍在《本草纲目》中集药用水 43 种。上则雨露霜雪、下则海河泉井，一一加以论述。其中也有些涉及比重问题。就“乳穴水”，李时珍引唐代陈藏器的《本草拾遗》说：

> 近乳穴处流出之泉也。人多取水作饮、酿酒，大有益。其水浓者，称之重于他水。煎之，上有盐花，此真乳液也。⑦

好泉水在相同容积下重于他水，因其含有矿物质的缘故。与李时珍同时代的田艺蘅也曾指出：

> 凤凰山泉较阿姥墩百花泉便不及五钱，可见仙源之胜矣。⑧

宋彦也记下了北京西山昆明湖水和西山井水区别：

> 西湖水每合计重三两，山间井水每合重二两八钱五分。湖水淡微甘，山间水则甘而洌耳。⑨

根据前人所测水的比重，方以智总结道：

---

① 《礼记正义·月令篇》，见《十三经注疏》本。

② 班固《白虎通》。

③ 《后汉书·礼仪志中》，第十一册，第 3125 页。

④ 徐坚《初学记》卷二十五《器物部·漏刻》。

⑤ 程大昌《演繁露》卷七《水土斤两轻重》，并引杜牧《罪言》语。

⑥ 程大昌《演繁露》卷七《水土斤两轻重》，并引杜牧《罪言》语。

⑦ 李时珍《本草纲目》卷五《水部》，第 402 页。

⑧ 田艺蘅《煮泉小品·源泉》。

⑨ 宋彦《山行杂记》。

"北水重于南水，泉水重于江河水。"①

于清康熙晚年任蒙养斋汇编官的梅珏成曾经测定了一系列物质的比重，其中测得水为"方寸重九钱三分"，油"方寸重八钱三分"。他将这些测定值称为"御制数理精蕴轻重率，即蒙养斋较准之率"②。清乾隆帝也曾经测量了许多地区的泉水比重。为了比较各地名泉水质，他特制一"银斗"，巡行一地，即命内侍测该地泉水。其测定的部分结果载于《御制玉泉山天下第一泉记》③之中。一个有趣的结果是，无任何环境污染的雪水最轻。

有意思的是，晋代人知道酒与水的"比重"经验。《晋书·孔严传》载，孔严（？～370）祖父"奕，全椒令，明察过人。时有遗其酒者，始提入门，奕遥呵之曰：'人饷吾两罂酒，其一何故非也'？检视之，一罂果是水。或问奕何以知之？笑曰：'酒轻水重，提酒者手有轻重之异故耳'。"④ 据此，人们又撰下"酒令"，说："孔奕颇明察，两罂一乃水。何为遂知之，轻重有异耳"。并说，"此客得令，主人密命仆斟水、酒各一壶，以器盖之。任取一壶饮，遇水吃水，遇酒吃酒，不得辞。"⑤ 在这些故事刺激下，有人测检过水和酒各自的比重，也未可知。

2. 盐水的浓度和比重计

盐水的浓度是与盐业生产直接相关的。至晚从宋代起，人们极为重视对它的测定，甚至有专职盐场官员，以监督测定工作。历史上也留下了许多有关的典籍：北魏贾思勰《齐民要术》，唐代段成式《酉阳杂俎》，题为宋代苏轼撰《物类相感志》，宋代乐史《太平寰宇记》、姚宽《西溪丛语》、江鄰几《嘉祐杂志》、吴曾《能改斋漫录》、吴仁杰《离骚草木疏》，元代陈椿《熬波图》，明代陆容《菽园杂记》、方以智《物理小识》等，这些典籍也是我们祖先认识液体比重或浓度的标竿。

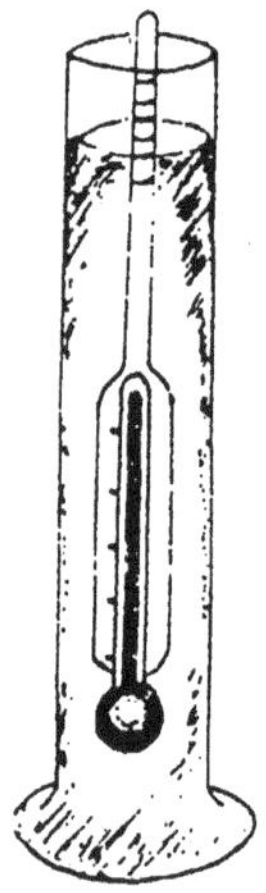

图 2-41　近代液体比重计之一

古代人测定盐水浓度的方法简单而又科学。将预先准备好的莲子、桃仁、鸡蛋置于溶液中，视其浮沉状态，则可经验地或定性地知道盐水浓度。贾思勰在述及盐水腌鸭蛋时写道：水"咸彻则卵浮"⑥。这表明人们对液体浓度已有了经验认识。段成式就莲子在水中浮沉状态写道："莲石（一作"实"），莲入水必沉。唯煎盐、咸卤能浮之"⑦。由此可见，莲子比重大于水，而小于一定浓度的盐水。苏轼撰写的《物类相感志·杂著》中写道："盐卤好者，以石莲投之则浮。饭（粒）亦可"。该书"果子篇"还述及，腌杨梅果时，试验盐水浓度的方法也用石莲。

因为某种特定物体的比重是固定的，以该物体在溶液中的浮沉状态来确定液体浓度，这种方法正是现代液体比重计的雏型。现代液体比重计之一是一根密封的、刻有标度的玻璃管，管底呈球形，内置水银或铅

① 方以智《物理小识》卷二《地类·烹水法》。

② 梅珏成《增删算法统宗》卷一。载《御制数理精蕴》卷三十。

③ 刘岳云《格物中法》卷二《水》引；也见王燮山，《自然科学史研究》1985 年，4 期，第 305 页引，二者所引文略有差别。

④ 《晋书》卷七十八《孔严传》，第 7 册，第 2059 页。

⑤ 曹绍《安雅堂酒令·孔奕水酒》。见《说郛》卷五十六（商务印书馆本）。

⑥ 贾思勰《齐民要术》卷六《养鹅鸭第六十》。

⑦ 段成式《酉阳杂俎前集》卷十九《草篇》。

丸。将其插入液体中，则其直立浮起。液体浓度越大，它浮得越高（见图 2-41）。而早期的浮子式比重计还要简单，将已知的不同比重的小球放入待测液体中，由这些小球的浮沉状态来判断液体的浓度。

乐史（930～1007）记述了以十个莲子来测定盐水浓度的方法：

“取石籧（莲）十枚，尝其厚薄，全浮者全收盐，半浮者半收盐，三籧以下浮者则卤未堪”。①

“全浮者全收盐”，相当于该盐水浓度为100%；那么，“半浮者半收盐”，即其浓度为50%。浮三莲以下，盐水浓度太淡，不可用此盐水煎盐。注意乐史说的“尝其厚薄”一句，即对这十个莲子要有选择。

姚宽（1105～1162）记述了他自己测试盐卤的方法，他写道：

> 予监台州（今浙江临海等县）杜渎盐场，日以莲子试卤。择莲子重者用之，卤浮三莲、四莲味重，五莲尤重。莲子取其浮而直；若二莲直或一直一横，即味差薄；若卤更薄，则莲沉于底，而煎盐不成。闽中之法，以鸡子（鸡蛋）、桃仁试之，卤味重则正浮在上；卤淡相半，则二物俱沉。与此相类。②

乍看起来，这二段引文有不可理解之处：莲子（或鸡蛋、桃仁）要么全浮，要么全沉，怎么会浮几莲沉几莲呢？又怎么会有竖浮、横浮之别呢？值得注意的是“尝其厚薄”和“择莲子重者用之”二句，即莲子是有选择性的。笔者曾以莲子置淡水和盐水中试验，确有沉者、有浮者。北魏贾思勰曾注意到莲子两端重量差异，他在“种莲子法”中指出：将莲子“抛于池中，重头沉下，自然周正。”③ 据种莲藕人告知，即使在同一莲蓬中，由于成熟程度、灌浆（吸收养分）程度不同，各个莲子轻重也有别。有的莲子、心小肉厚，有的莲子、心大肉薄。鸡蛋的差异是、有的黄大白少，有的黄小白多，更因其壳内气泡大小的不同，致使鸡蛋也有浮者、有沉者。莲子、鸡蛋等是古代人选取不同比重而又同一类物质的理想的东西。假定在选择莲子中，择其大小相当而重量不同者，则较重者比重大、较轻者比重小。将它们放入盐水中，浮沉状况就不一样了（图 2-42）。如果将十个或五个这样的莲子依次放入各种浓度的盐水中，古代人按统计方法计算其浮沉数，就可以知道各种盐水的大致浓度。浮起的莲子数越多，该液体的浓度就越大。这种以鸡蛋、莲子、桃仁测试液体浓度（或比重）的方法，正是近代浮子式比重计的始祖。莲子、鸡蛋、桃仁的外形都不是正圆形，当它们的比重与待测液体的比重相近时，它们在水中呈直立悬浮状态；当它们的比重比液体小，甚至小很多时，它们几乎全浮在液面上，又因其形状与重心的关系，使它们在液面上取横躺形式；当它们的比重比液体大时，它们就沉没在容器底。因此，如果某个莲子（或鸡蛋、桃仁）在液体中呈现浮而直立状态，就表明该液体的比重与该莲子相接近。这就是姚宽要求“莲子取其浮而直”的道理。

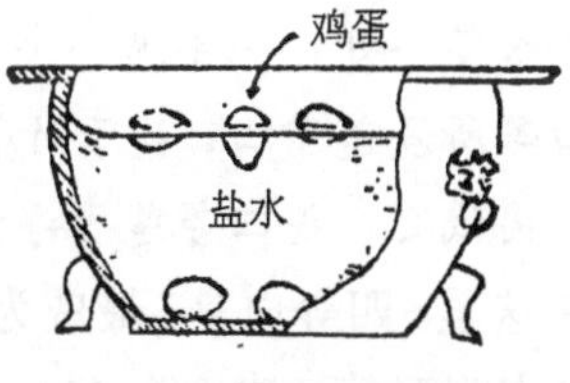

图 2-42 以鸡蛋测试盐水浓度

① 乐史《太平寰宇记》卷一百三十《淮南道八·海陵盐·刺土成盐法》。
② 姚宽《西溪丛语》卷上。
③ 贾思勰《齐民要术》卷六《养鱼第六十一》。

从乐史和姚宽的记载看，这种测定液体浓度的方法在十、十一世纪可能得到普遍应用。姚宽还记述了元丰年间（1078～1085）浙江、江苏地区曾将各盐场“水势”（即水的浓度）分为等级的情况。他写道：

元丰初，卢秉① 提点两浙刑狱，会朝廷议盐法。秉谓自钱塘县杨村场、上流接睦、歙等州，与越州钱清场等水势稍淡，以六分为额；杨村下接仁和县汤村，为七分；盐官场为八分；并海而东、为越州余姚县石堰场、明州慈谿县鸣鹤场，皆九分；至岱山、昌国、又东南为温州双穟、南天富、北天富十分，著为定数。盖自岱山及二天富、皆取海水炼盐，所谓熬波也；自鸣鹤西南及汤村，则刮碱以淋卤，以分计之，十得六七……。后来法虽小变，公私所便，大抵不易卢法。②

从上述文字可推知，可能前人利用莲子对各地盐场盐水浓度作过大量测量。从这些测量数据中可以得出，如果岱山和二天富等地的海水比重为1（或浓度为100%），那么，杨村等地盐场的盐水比重为0.6（浓度为60%），汤村为0.7（浓度为70%），盐官场为0.8（80%），石堰场与鸣鹤场为0.9（90%）。

吴曾在其著作中引述了姚宽和江隣几的测量方法。他写道：

予按江隣几《嘉祐杂志》云：吴春卿③ 任临安、召铺户志验盐法，云煮盐用莲子为候。十莲者官盐也；五莲以下卤水漓，私盐也。……考此则，仁宗时（1023～1063）以五莲为漓，十莲为重；今以五莲为重，乃知今之盐味不逮仁宗时远矣。④

吴曾不分具体情况的历史比较（例如，莲子质地的不同），其结论不敢贸然信之。元代陈椿所记述的测盐水浓度的方法，极类似于近代浮子式比重计。他写道：

要知卤之咸淡，必要莲管⑤ 秤试。如四莲俱起，其卤为上。……莲管之法，采石莲，先于淤泥内浸过，用四等卤分浸四处。最咸勳卤浸一处，三分卤浸一分水浸一处；一半水一半卤浸一处；一分卤浸二分水浸一处。后用一竹管盛此四等所浸莲子四，放于竹管内，上用竹丝隔定竹管口，不令莲子漾出。以莲管⑥ 汲卤试之，视四等莲子浮沉，以别卤咸淡之等。⑦

在这里，四等卤是：最咸为一等，浓度为100%；三分卤一分水为二等，浓度为75%；半卤半水为三等，浓度为50%；一分卤二分水为四等，浓度为33%。将莲子分浸于此四等卤中，也即让莲子逐渐地具有相应的咸度。这样，就为测定其他溶液的浓度制备好了“浮子”。将装有这些浮子的竹筒注入待测溶液，看它们的浮沉状态，溶液浓度就被相应

---

① 卢秉（生年不详，卒于1086～1094年间），他在提点两浙刑狱的同时，又官提举盐事。此后又作为大将抗夏有功。事见《宋史》卷三百三十一《卢秉传》，第30册，第10670～10671页。

② 姚宽《西溪丛语》卷上。

③ 吴春卿，即吴育（1004～1058）。春卿为其字。曾官三司盐铁。事见《宋史》卷二百九十一《吴育传》。第28册，第9727～9732页。

④ 吴曾《能改斋漫录》卷十五《论盐》。

⑤ “莲管”，此谓盛待测液体和莲子的竹筒。

⑥ 此处“莲管”，指莲藕植物的茎，其中空，可作虹吸管用。

⑦ 陈椿《熬波图》卷下。

地测出来了。(图 2-43) 这个方法比前人进步之处是，浮子是事先制备的定量化的东西，因此，它所测定的溶液浓度也就比较精确了。

明代陆容结合了陈椿与姚宽的方法，充分利用莲子本身的形状特点，简单地测定盐水的浓度。他写道：

以重三分莲子试之。先将小竹筒装卤，入莲子于中。若浮而横倒者，则卤极咸，乃可煎烧；若立浮于面上者，稍淡；若沉而不起者，全淡，俱弃不用，此盖海有新泥及遇雨水之故也。①

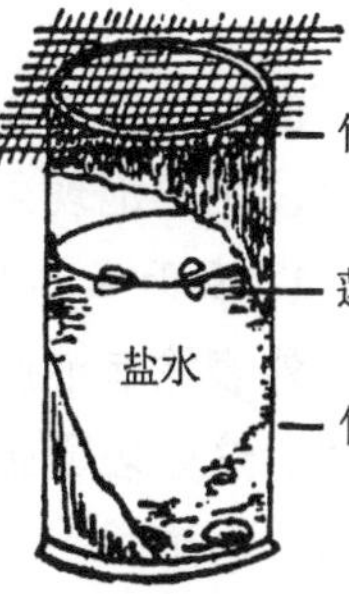

图 2-43　莲筒

3. 异重液体的分层现象

明代方以智在其著《物理小识》中记载了异重液体的分层叠置现象。他写道："泉水坏，汲江河水搅而洗之，久澄。泉重自归下，江河水自浮上。先依原水高下窍瓮，至此泄之，所存水，倍甘于初。"②

这个道理并不难明白，实际上它是异重液体的逐层堆叠现象。"先依原高下窍瓮"，即依照比重较大的液体的容水线在瓮壁上开一小窍，届时打开窍，以便让其液面上比重较小的液体流走。这自然是古代人的发现之一。但是，《物理小识》的作者忘了很重要的一点，若将几种液体混合在一起，这几种液体必须是不可相混的液体，如水银、水和油。倘若几种可混合的液体，如泉水和江河水、或盐水和水，混合在一起搅拌时，它们就互相混合了，或者说，原来浓度较大的液体扩散了。因此就再也不能把它们分开。或许，在方以智之前，的确有人表演过类似近代课堂上所作的不同密度的液体分层现象的演示实验，而方以智在写成文字时不分液体的性质如何而犯了小小的错误。当然，方以智的记述还可以看作是无压流分层流动的最早实验。

对异重液体分层叠置现象的认识可能起源于古代冶金生产、本草和炼丹术。方以智在《物理小识》中曾多次记述了冶铸金属过程中不同金属熔液的分层现象。例如，金与银同入钳锅熔化，"金在底；银则黑，浮于面"③；同样，"银中杂铜者，熔时投以锡，则铜如在水上作冰片，取出"④；"本草言，金银铜铁置汞上则浮。此非也。铜铁则浮，金银则沉"⑤。这是因为金、银与汞发生化学作用的结果。类似现象在《物理小识》卷七的"煎矿"、"铜矿"条中都有所记载⑥。正是根据这些经验，方以智将熔炼炉中的金属分层现象总结道：

"重者在下，浮土在上，以次分焉。"⑦

① 陆容《菽园杂记》卷十二《两浙盐运司》。
② 方以智《物理小识》卷二《地类·贮水洗水法》。
③ 方以智《物理小识》卷七《金石类·金中出银法》。
④ 方以智《物理小识》卷七《金石类·锡能分银中铜》。
⑤ 方以智《物理小识》卷七《金石类·制汞法》。
⑥ 丁光涛，物理小识中的流体力学，载《物理学史》1991 年第 1、2 合期，第 23～27 页。
⑦ 方以智《物理小识》卷七《金石类·分金炉》。

三　液体的表面现象

由于液体的表面张力，液体往往呈现出一些有趣的表面现象，如球形液滴、毛细管现象、肥皂泡现象、表面薄膜等等。古代人对此都有所观察和认识。

1. 表面张力及其演示器

外表涂有油脂的一根金属针，仔细地放在水面上，虽其比重大于水，但它仍会浮于水面。这是表面张力的实验性证明。早在汉代，人们就作了这样的实验。刘安《淮南万毕术》写道：

首泽浮针。注云：取头中垢以涂塞其孔，置水即浮。

因头上污垢常带油脂，将绣花针在头上摩擦数次，针表面就被涂上一层油垢。这个针浮水面的实验，在历代一直被流传着，以致《淮南万毕术》的这段文字也被历代典籍辗转传抄。

迄明代，妇女们以阴历七月七日（古代神话，这天的晚上为牛郎织女在天河相会的日子）向织女星乞求智巧，也谓"乞巧"。她们相聚在一起，表演"丢巧针"或"丢针儿"。这种表演或许是《淮南万毕术》所载针浮水面实验的普及化而已。明末成书的《帝京景物略》写道：

> 七月七日之午，丢巧针。妇女曝盎水日中，顷之，水膜生面，绣针投之则浮。则看水底针影，有成云物、花头、鸟兽影者，有成鞋及箭刀，水茹影者，谓乞得巧。其粗影如槌，细如丝，直如轴蜡，此拙征矣。妇或叹，女有泣者。①

"水膜生面"，即日光照射一定时候的水，其表面出现了许多气泡薄膜。仔细地将针放在水面上而不下沉，正是这些气泡膜的表面张力支撑着针的缘故。至于水底针影的各种形状，与水面气泡、光线方向和天空背景等因素有关，是纯粹偶然的。在公元 1758 年成书的《帝京岁时纪胜》和 1906 年成书的《燕京岁时记》上也都有相似的记载。② 利用表面张力的"丢针"成为中国历代妇女在七夕日的传统娱乐活动之一。

人们不仅发现了以上的表面张力演示实验，解释了针浮水面的原因，而且，宋代人还发明了表面张力演示器，用以检验油漆或桐油的质地。宋代张世南在《游宦纪闻》中写道：

> 验漆之美恶，有概括为韵语者云：'好漆清如镜，悬丝似钩钓；撼动虎斑色，打著有浮沤。' 验真桐油之法，以细篾一头作圈子，入油蘸。若真者，则如鼓面鞔圈子上。渗有假，则不著圈上矣。③

好漆能挂起一条丝，搅动它时其表面呈浮泡；上等桐油能在竹篾圈上形成一层薄膜，这都是纯净液体的表面张力所起的作用。我们知道，杂质会使液体的表面张力减小。当桐油含杂质多而成次品时，由于其表面张力减小了，就不能在竹篾圈上形成一薄层鼓面。《游宦纪闻》所述，表明古代人掌握有关表面张力的经验知识。这根竹篾圈也一定在宋代、

---

① 刘侗、于奕正《帝京景物略》卷二《春场》，第 69 页。

② 潘荣陛《帝京岁时纪胜·七月·七夕》；富察敦崇（满族）《燕京岁时记·七月·丢针》，第 27、74 页。

③ 张世南《游宦纪闻》卷二。

甚至宋以前被定性地引用了许多世纪。可以想象，当时油漆贸易市场上，买卖双方大概都手持一根竹篾圈，它是现代给学生演示表面张力的常用仪器的祖先。

张世南生活于 12、13 世纪之间，表面张力演示器诞生于南宋、或更早的北宋时期。在题为《物类相感志》一书中有类似记载，其演示器取材更为简单、方便。市上购买桐油者，随地摘取一草茎，将其一端圈成圆圈，即可代替张世南所描述的竹篾圈。《物类相感志》写道：

“看桐油法，以草圈蘸之，中有膜在草上者；谓之上秤。”[1]

“上秤”似为今日“上乘”之意。草圈上这层油膜，正是桐油表面张力所致。

《物类相感志》一书题为宋代苏轼（1036～1101）著。有人认为它是五代至北宋初僧赞宁（919～1001）所撰[2]；还有人认为它是伪书，“属假托无疑”[3]。查《中国丛书综录》，有《感应类丛志》一书，题宋释赞宁撰，或题晋张华撰。大概有人将该书与《物类相感志》混淆了。言其为“伪书”者，意在该书言“格物亦太疏”。此理由似不宜作为古代成书的判决标准。我们仍从苏轼著《物类相感志》说。苏轼诗文飘逸奔放，但不妨碍他检集并朴实地书写日常格物事例。他生前曾撰写论医药杂说一书，后人将其与沈括论医药之作合编为《苏沈良方》。此可作为苏轼格物之例证。从验桐油质地的仪具看，先有苏轼记述的草茎，后有张世南记述的竹篾圈。张世南晚于苏轼约一世纪，这完全符合科学史、特别是仪具史的发展规律。

有趣的是，生活于明代隆庆（1567～1572）、万历（1573～1620）年间的周履靖（16 世纪人）、在其所辑《群物奇制·杂著》中几乎重抄《物类相感志·杂著》篇中的文字。周履靖在明代“号为隐士”，且熟悉掌故。他大概是太喜好《物类相感志·杂著》中所记述的格物事例，以致他全部抄录方罢笔为乐。

2. 对种种表面现象的观察和记载

宋代程大昌曾描述了雨露的圆球形状：“凡雨之初霁或露之未晞，其余点缀于草木枝叶之末，欲坠不坠，则皆聚为圆点，光莹可喜。”[4]

将雨露描述为“聚为圆点”、“欲坠不坠”，完全符合表面张力的作用。可见程大昌的观察是极为仔细的。明代人又将这种知识应用于提制硝水的工艺中。

明代大量生产火器，在制备火药、配制硝的过程中，煎熬硝水是一项独到的工艺。为去硝垢，以鸡蛋清加入其中。“然后发火煎熬。以大木匙常川搅匀，俟大滚数沸，垢沫漂浮，用细密竹笊篱捞去。再搅再煎，不可太老，亦不可太嫩。以草棍蘸硝水，滴于指甲之上，即成突起圆珠，便是火候。”[5] 在这里，人们已用纯净液体的球形液滴这一表面现象作为提制硝水纯度的标准。

据载，明熹宗帝朱由校（1621～1627 年在位）玩过肥皂泡。当时人称其为“水圈戏”。方以智写道：“浓碱水入秋香末，蘸小篾圈挥之，大小成球飞去。刘若愚言，熹宗

---

① 苏轼撰《物类相感志·杂著》。

② 清李调元等人持此说。见李调元编《全五代诗附补遗》卷七十四《吴越·赞宁》。

③ 见丛书集成初编《物类相感志》清范桴德机跋。

④ 程大昌《演繁露》卷九《菩萨石》。

⑤ 焦勖、汤若望《火攻挈要》卷中《提硝提磺用炭诸法》。

能戏，以水抛空中成团。”①

此外，人们还发现了油脂薄膜或“单分子膜”的现象。宋代周密在《齐东野语》中写道：“熊胆善辟尘。试之之法，以净水一器，尘幂其上，投胆一粒许，则凝尘豁然而开。以之治目障，医极验。每以少许净水略调开，尽去筋膜尘土……时以铜箸点之，绝奇。”②

“熊胆”可能是一种油脂，一旦它溶于水，立刻在水面展开成一薄膜。这膜的表面张力将水面尘埃推开。中医以此治眼疾，也是利用它能清洗眼球表层染上的尘埃。“以铜箸点之”，即以细铜筷子蘸上熊胆液滴点眼睛。

极有意思的是，明代揭暄发现了弯曲液面、或称弯月面的现象。液体在细管内呈现弯月面：对润湿物体，液面向下弯曲；对不润湿物体，液面向上弯曲。

明代金幼孜于永乐八年（公元1410年）随驾北征阿鲁台，记下了所历山川古迹及见闻。当他抵阔滦海子（又名阔海湾）时，他写道：“望之者无畔岸。遥望水高如山，但见白浪隐隐自高而下。天下之物，莫平如水，尝经江湖间，望水无不平者，独此水远见如山之高，近处若极下。此理极不可晓。”③ 揭暄在《物理小识》注中以盆碗内液面的弯月面现象予以解释，他说：“地形圜，水附于地者亦当圜。凡江湖以及盆盎之水，无不中高，特人不觉耳。”④

这段文字表明，至少在十六七世纪期间，人们已发现了碗盆和其他器皿（不润湿水的器皿）中的弯月面，水在碗中高于碗边。“盎”（àng），是古代一种腹大口小的器皿。由于其口小，就更易察觉其弯曲液面的现象。金幼孜的《北征录》所记，可能是高纬度地区天空背景造成的视幻觉，也未可知。揭暄把“盆盎”中的弯月面推广到江河湖泊、甚至海湾，虽不正确，但表明他试图以一种已知自然现象来解释另一种未知自然现象的用意。

四　静水和流水的力学知识

1. 静水压强分布与堤坝设计理论

修筑拦河坝、堤堰等，都要考虑水深和静水压强。根据静水压强的分布，堤坝下底要宽；从其纵剖面看，它像一个梯形、等腰梯形或近似直角梯形等图形，如图 2-44。

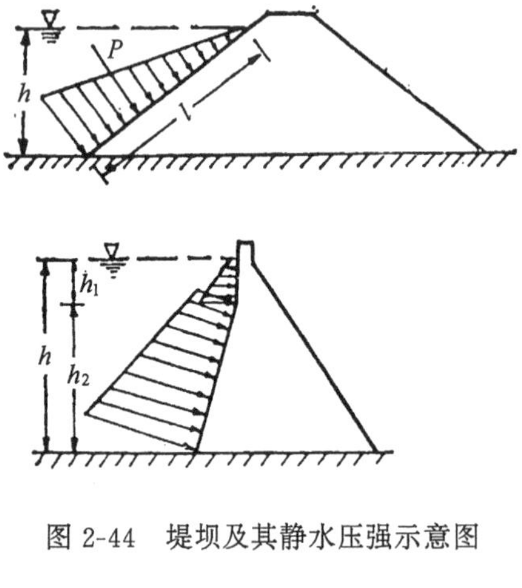

图 2-44　堤坝及其静水压强示意图

古代人在筑堤治水的实践中，对于静水压强及其与深度的关系已有所了解。成书于战国时期的《管子·度地》指出，作堤必“大其下，小其上”，也就

---

① 方以智《物理小识》卷十二《鬼神方术类·水圜戏》。

② 周密《齐东野语》卷四《经验方》。

③ 金幼孜《北征录》（永乐八年六月初二日记事）。金幼孜（生活于十四世纪下半叶至十五世纪上半叶间）的《北征录》又名《北征记》，一卷；他还有《后北征录》一卷。二书均以日记体裁记事，前者自永乐八年（1410年）二月至七月；后者自永乐十二年（1414年）三月至八月。

④ 方以智《物理小识》卷二《地类·水圜》揭暄注。

是类似梯形的纵断面。《考工记·匠人》写道：

“凡为防，广与崇方①，其閷② 参分去一；大防外閷”。

这意思是，堤防的底宽与高大致相同；从堤底至顶逐渐收缩，使顶宽为底宽的 2/3。从堤底到堤顶形成一个自然斜面，称为“閷”。这样的堤坝设计是对小型堤而言的，其“閷”势当在堤与水接触的一面，也可称为“内閷”。而较大的堤坝，其外面也要有“閷势。这是春秋战国时期堤坝设计的总结，也是古代水力学中最早的一个定量理论。战国时，秦国蜀郡太守李冰在修筑都江堰时曾采用此方法，在都江堰二郎庙碑文中，尚留有堤坝设计的章法：“宽砌底，斜结石”。也就是，堤底要拓宽，从底至顶要形成一个斜面。

在大量的经验基础上，中国古代数学著作反映了某些定量的堤坝静水力学知识。这些著作中的算题，其本身就是生产技能和生活过程的数量经验，也有些是经过数学家提炼而可以用于劳动者实施计算的指南。最早对堤坝设计提供数据的是《九章算术》，它写道：“今有堤，下广二丈，上广八尺，高四尺”③。

从这道算题中可知，水堤横断面下大上小，下与上的横断面厚度比为 2.5∶1 或5∶2。这可能反映了汉代人筑小堤的经验。魏晋时期成书的《孙子算经》有一道完全类似的算题：“今有堤，下广五丈，上广三丈，高二丈”④。但该题下与上的厚度比为 5∶3。显然，它比《九章算术》中例题的堤坝厚度要大。初看起来，这些算题是随意列举数字。其实不然。厚度比是与水深相关的。水越深，水压越大，堤坝的厚度比就要有所增加。《孙子算经》中堤岸“高二丈”，远大于《九章算术》“高四尺”之堤。这就表明，古人至少在经验上知道静水压随水深增大的基本事实。

应当说，堤坝下上厚度比是与修筑堤坝的材料和技术相关的。随着材料与技术的进步，厚度比是会改变的。鉴于古代的水平，5∶3 这一比数可能在很长的历史时间中被人们所采用。直到宋代，还是这比数。秦九韶在其著《数书九章》卷十三《计造石坝》中的设计如下：

砌石一座，长三十丈，水深四丈二尺。令面阔三丈。石板每片长五尺，阔二尺，厚五寸，用灰一十斤。每层高二尺，差阔一尺。

所谓“面阔三丈”，即坝顶厚度；每层“差阔一尺”，即每层的厚度比其上一层阔一尺。这样，由上顶到底，推算得到该“坝下阔五丈”。可见，坝的下上厚度比为 5∶3。

堤坝下宽上窄的制度及其水力学原因，在清初被水利专家陈潢一语道破。他说：“堤防之制，其基必倍广于顶，则水不能倾之”⑤。中国古代人虽然未曾明言“静水压强”，但他们在筑堤坝的实践中完全掌握了有关的经验知识。

2. 喷泉高度

在对水流运动的观察和认识中，明代旅行家徐霞客对喷泉喷水的高度与泉源高度相同的认识是很有意义的。徐霞客于崇祯十一年（1638）底至十二年（1639）间，旅行至云南鸡足山，驻足于悉檀寺，仔细观察了该寺锡管喷泉，他在其日记中写道：

---

① “崇方”，据郑玄注：“崇，高也。方，犹等也。”故此，“广与崇方”，即底宽与高相等。

② “閷”，读 shài，通“杀”，减杀，削减之意。郑玄注：“閷者，薄其上。”

③ 《九章算术》卷五《商功》，第 4 问。

④ 《孙子算经》卷中，第 17 问。

⑤ 靳浦《治河方略》卷九《河防述言·堤防》引陈潢语。

即疑虽管植沼中，必与沼水无涉，况既能倒射三丈，何以不出三丈外？此必别有一水，其高与此并。彼之下，从此坠；故此上，从此止。其伏机当在沼底，非沼之所能为也。至此问之，果轩左有崖高三丈余，水从崖坠，以锡管承之，承处高三丈，故倒射而出亦如之。①

徐霞客记述的锡管类似今日自来水管或虹吸管。他的结论"此别有一水，其高与此并"的说法，也就是源泉高度与锡管喷水高度相同。这个说法正是自然界中能量守恒原理的例子及其表述方式之一。

在徐霞客之后，明末方以智又一次就"过山龙"（即虹吸管）入水口与出水口高度指出："其来处何高，则所激之高可与之比"②。

在西方，1641年托里拆利（E. Torricelli，1608～1647）发表《重力运动论》一书，除讨论抛物体运动外，还讨论了液体通过小孔的流动。其中曾指出，通过流管的水流可以上升到与水源的水面几乎相当的高度③。此后，伯努利（D. Bernoulli，1700～1782）在他1738年发表的《流体动力学》书中，将这种现象作为其说明运动流体的总机械能保持恒定的一个例子④。对此作出实验论证的托里拆利比徐霞客的发现晚几年，而与方以智约略同时。

3. 层流流速分布

方以智的学生揭暄在《物理小识》注中有一段非常精彩的关于水流运动的观察总结。他写道：

物空浮疾，水涌水迟。故外浮者恒倍于内，中流者恒迅于边；流行之水力于停贮之水，湍激之水力于流行之水。⑤

这段文字包含了丰富的内容。空心物体置于水中必浮在水面；即使用力将它压在水底，它又会随外力撤消而立即浮于水面。这就是"物空浮疾"。地下泉水向地面涌出，其流动速度总是缓慢的，这叫"水涌水迟"。浮在水面上的物体比沉浸在水中的同样物体运动得较快，也就是"外浮者恒倍于内"。今天我们知道这种现象的原因，是物体在水中和水面上运动时所受的阻力极不相同。"中流者恒迅于边"，是指河流中央流动的水比其岸边的水流速度要快得多。我们知道，当河流中流水无涡流，可以将它看作是平稳层流的流动时，这个结论是完全正确的。至于最后二句，指出流动的水、其作用力比静止的水大，湍急水流的作用力又比通常水流大。这显然是对水流流速及其动能关系的观察论述。这种论述在中国古代典籍中屡见不鲜。战国时期，《管子·度地》写道："夫水之性，以高走下，则疾至于漂石。"

《孙子兵法·势篇》写道："激水之疾，至于漂石者，势也。"

王充在《论衡·状留篇》中写道：

"是故湍濑之流，沙石转而大石不移。何者？大石重而沙石轻也。"

王充还以此告戒人们，在有所行动之前要度量自己的力量大小。"度力不能举，则不

---

① 徐弘祖《徐霞客遊记》卷七上《滇遊日记六》，第841～842页。

② 方以智《物理小识》卷八《器用类·转水法》。

③ [美] 马吉（W. F. Magie）编，蔡宾牟译，物理学原著选读，第124～126页。

④ 简明不列颠百科全书第2册，第26页，中国大百科全书出版社，1985。

⑤ 方以智《物理小识》卷二《地类·水行洊势》揭暄注。

敢动”。

揭暄关于“中流者恒迅于边”的论述尤其值得我们注意。1839年德国水利工程师哈根(G. H. L. Hagen，1797～1884)、1840～1841年法国生理学家泊肃叶(Jean-Louis-Marie Poiseulle，1799～1869)各自独立地从实验中归纳出圆管的层流速度分布公式。这公式所包括的内容之一就是“中流者恒迅于边”。揭暄是从观察明槽流或河道平缓定常流动中得到的定性总结，他的观察结论和150余年之后泊肃叶等人的数学分析与实验结果有相同之处，不能不说明中国古代人观察的细致。

4. 波浪、涌波与漩涡

水面波浪在上古时代已为人们所注意。在仰韶文化的陶器纹饰中，画有水击水面波①。《管子·君臣下》描写了水流中的波浪：

“夫水波而上，尽其摇而复下，其势固然也。”

有意思的是，元代学者沙克什（又名赡思）在其著《河防通议》中专列“浪名”一节，将波浪分为近20种，对每一种浪几乎都定性地指出其深浅和浪峰高低。例如，河两岸山土弯曲，“岸下两流相系”，则形成“深旋”的“纳漕浪”或“截河浪”②。

河流属无压流。其中某些现象，如水跃、水跌、涌波等，古代屡有观察记载③。《孟子·告子上》曾描写水流经过河床大石块时激涌而上：“今夫水，博而跃之，可使过颡；激而行之，可使在山”。“颡（sǎng）是河床中大石。十国时期前蜀韦庄著《峡程记》中指出，“急流有濆，有漩”④。

涌波是水流流经障碍物时产生的水位壅高或下降现象。潮涌是最壮观的一种涌波。在其发生时，后面波高大于前面波高，后面波速大于前面波速，从而形成陡峭波额、翻滚前进活动的水跃。钱塘江潮涌成为中国人喜爱观赏的奇景，史籍留下了大量的有关描述，就其形成的原因也作了不少探讨。东汉王充认为，大海涨潮，海水进入浅狭江面，形成潮涌，又河底沙石产生了内河的涌波⑤。宋代燕肃抓住了潮涌力学本质，认为钱塘江底“沙渖”（即沙坎）南北亘连，成为潮流障碍，因而形成潮涌⑥。为了证实燕肃的理论，南宋学者福建同安人朱中有不仅往来钱塘50年进行考察，而且还做了模拟实验。他在其著《潮赜》中写道：

> 今子欲详之乎，尝试与子于一沟之内观之。引水满沟，则其水必平进。于沟之半，累碎石以为龃龉，从上流倾水，势必经龃龉，而陡泻于下，水之激涌无怪也。⑦

这就是，先以人工挖一水沟，在水沟一半处用碎石堆一横坎，所谓“龃龉”是也。然后在该渠上游灌水，水沿沟陡泻而下。若无碎石横坎，水径直下流；因有碎石横坎，水

---

① 戴念祖，中国力学史，第447～448页。

② 沙克什《河防通议》卷上《浪名》（成书于约1321年）。

③ 戴念祖，中国力学史，第442～445页。

④ 韦庄《峡程记》，见《说郛》（宛委山堂本）第六十五。

⑤ 王充《论衡》卷四《书虚篇》。

⑥ 燕肃《海潮论》，见姚宽《西溪丛语》卷上引会稽石碑丈；也见王明清《挥麈录·前录》卷四。

⑦ 南宋宝庆年版《会稽续志》卷七，也见，中国古代潮汐史料整理研究组编《中国古代潮汐论著选译》，第123～149页。

过此则激涌而起。这是关于涌波成因的最早的水力学实验。

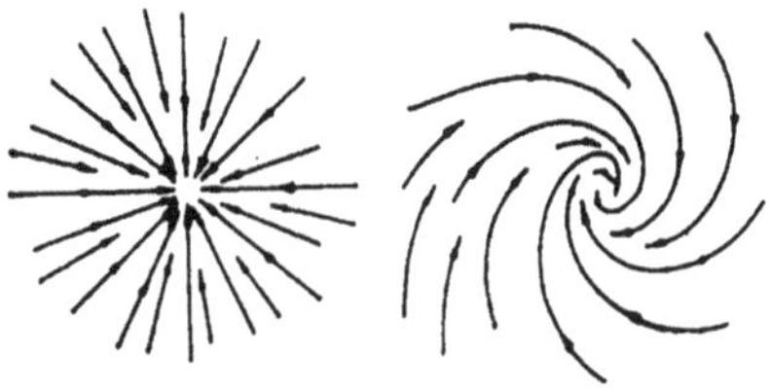

图 2-45 尾闾

漩涡，在古代也有许多描写。古籍所谓“海水归墟”，可能指海中漩涡的汇流①，《庄子》称它为“尾闾”（图 2-45）。《庄子·外篇·秋水》写道：

“天下之水，莫大于海，万川归之，不知何时止而不盈；尾闾泄之，不知何时已而不虚。”

历代注释家说：“尾闾者，泄海水之所也”。

清人郭庆藩按《文选》嵇叔夜（名康）《养生论》引司马（彪）云：

“尾者，在百川之下，故称尾。闾者，聚也，水聚族之处，故称闾也。”②

“尾闾”是中国古代最早定名的一种漩涡名称。

值得注意的是，明末揭暄仔细观察了通过容器的孔洞放水而形成的漩涡，并对漩涡水流运动描述道：

“譬如泄水，旋转入涡，远缓近急，而于近涡处，其急剧状有莫可名言者。海水归墟亦然。”③

揭暄通过这个观察发现漩涡径向流速各点不同，越近漩涡中心流速越大，而至涡心处，“其急剧状有莫可名言者”。用现代话说，涡心即点涡处，其流速可以视为无限大。揭暄的观察结果与现代流体动力学结论完全一致。对漩涡流速分布情况，揭暄还进一步解释说：

“近之者为其所掣，势迫而急，愈近则愈急。”④

他在漩涡流中放一漂浮物体，又观察到该物体因漩涡运动而不随水流下，却逆流向上。他说：

“以回水观之，水势流下，旁置一物，则反逆上。”⑤

揭暄的漩涡实验及其观察结论在流体动力学史上是有价值的。他还以此现象解释天象观察中所见的逆留现象。

5. *水箱放水实验*

两个完全相同的水箱，盛满同质同量的水。一个水箱底开一大孔；一个水箱底开数小孔，所有小孔的孔面积之和等于大孔面积。如此作放水实验，哪个水箱的水先放完？这是 19 世纪期间重要的水力学实验之一。法国数学家和工程师彭赛列（Jean-Victor Poncelet，1788～1867）和洛斯布罗斯（Losbros）于 1827～1835 年，史密斯（Hamilton Smith）于1885 年等都先后作了这样的实验。当小孔为锐缘方孔时，水箱中的水通过小孔的流量为

$$Q = CA\sqrt{2gh} = 0.61A\sqrt{2gh}$$

---

① 见《中国大百科全书·力学》第 214，564 页。

② 郭庆藩辑《庄子集释》，第 565～566 页。

③ 揭暄《璇玑遗述》卷一《写天总论》。

④ 揭暄《璇玑遗述》卷一《写天总论》。

⑤ 揭暄《璇玑遗述》卷一《写天总论》。

式中 C 或 0.61 为流速系数，它是从开孔面积与理想流速中计算而得的放水量和实际放水量之比；A 是小孔面积，h 为水箱内水高。实验还发现，当孔的直径小于 1 英寸时，流速系数 C 会随孔径的减小而稍有增加[①]。因此，在孔面积相同时，多个小孔的水箱比单个大孔的水箱放水要快。当 h 与 A 相同时，孔口形状与孔缘锐度也会影响流速系数，流速系数随以下几种孔口形状而依次增大：圆形、正方形、三角形、矩形[②]。这就是说，矩形小孔的流速系数最大，当先将水箱内的水放完。

大约比欧洲的这个实验早 400 年，明代水利专家徐有贞作了水箱放水实验，并得到类似的实验结论。徐有贞于景泰三年（1452）官左佥都御史，赴山东治理黄河，在今阳谷县张秋镇"相度水势，条上三策：一置水门，一开支河，一浚运河"[③]。为了决断以哪一种方法治河为宜时，他作了水箱放水实验。据载，实验结果以开支河为上。方以智对此记述道：

> 徐有贞张秋治水，或谓当浚一大沟，或谓多开支河。乃以一瓮窍方寸者一，又以一瓮窍方分者十，并实水发窍，窍十者先竭。[④]

这里的瓮也就是水箱。从记载看，似乎并未指明两瓮开孔窍的面积是否相等的问题。其实不然。按照中国文化传统，比较事物轻重、大小、多少等问题时，必需要以等积、等量、等距为前提。《孟子·告子下》云：

"金重于羽者，岂谓一钩金与一舆羽之谓哉？"

因此，方以智记载的两个瓮，一个开一大孔一方寸；另一个开十小孔，以方分为单位，其总面积理所当然地也为一方寸。这样才能谈上比较此二瓮的水哪个先放完。方以智在此记述两瓮开孔面积时遵循中国传统文化的表述方式。

从方以智记载看，开方寸的大孔似以正方形最简便；开方分的十个小孔，从理论上看其边长为 $\sqrt{10}$ 分，这一数值对于开孔而言不易精确。其小孔很可能是面积为 10 平方分（2 分×5 分或 1 分×10 分）的矩形孔。假设，两瓮均为内半径 1 尺的圆柱形容器，起始水高均为 2 尺，取大、小孔的流速系数分别为 0.61 和 0.63，则按照上述公式计算，开 10 小孔的瓮比开 1 大孔的瓮早约 6 秒钟将水放完[⑤]。由此可见，徐有贞的水箱放水实验本质上与彭赛列等人完全相同。从实验要求的小孔尺寸[⑥] 到实验结果也都基本一致。徐有贞是世界上最早做这种水箱放水实验的人。

关于徐有贞做水箱放水实验事，明代李东阳（1447～1516）在其《宿州符离桥月河记》中也写道：

> 国朝凡四决，后为张秋都御史徐公治之。有挠其议者曰：'不能塞河而顾开之邪？'使者至，徐出示二壶。一窍、五窍者各一，注而泻之，则五窍者先涸。

---

① E. W. Schoder and F. M. Dawson, Hydraulics. Mc. Graw-Hill Book Company, Inc., 1934, pp. 129～132.

② Henry T. Bovey, A Treatise on Hydraulics. New York: John Wiley 8c Sons, Inc., 1906, p. 40.

③ 《明史》卷一百七十一《徐有贞传》，第 15 册，第 4561 页。

④ 方以智《物理小识》卷二《地类·治水开支河》。

⑤ 张旭敏，徐有贞及其水箱放水实验。1998 年自然科学史所硕士生毕业论文。

⑥ 明代 1 寸与今日 1 寸略同，相当于 1.3 英寸；1 分相当于 0.13 英寸。因此，小孔的孔径满足小于 1 英寸的要求，而且都是矩形孔。在这种条件下，小孔流速系数即使定为 0.65 也是可行的。

使归而议决。此白公之所亲闻也。[1]

“徐公”即徐有贞，“白公”是白昂（1435～1503）。徐有贞于景泰三年（1452）上疏治河方略，此时白昂18岁。因此，白昂有可能耳闻目睹徐有贞的水箱放水实验。在李东阳的记述中，两个壶的孔窍数虽不同，但其面积应当相等，在古人看来这大概是理所当然的前提。因此李东阳也未多加笔墨、予以明言。至于李东阳记述的孔窍数与方以智记述的有不同，其原因有二：一是从李东阳到方以智的百余年间传误；二是徐有贞曾经以开有不同小孔数量的瓮做了多次实验。看来，属于第二个原因的可能性更大。

徐有贞（1407～1472），字元玉，吴（今苏州地区）人。初名珵，宣德八年（1433）进士，景泰元年（1450）改名有贞。史称其“为人短小精悍，多智数，喜功名。凡天官、地理、兵法、水利、阴阳方术之书，无不谙究”。他著有《武功集》五卷传于世。在水箱放水实验基础上，他决定以多开支渠、建闸门修治黄河。三个月内完成了起于张秋，接通黄河、沁河的“广济渠”、“通源闸”等多条渠道。景泰七年（1456），“山东大水，河堤多坏，惟有贞所筑如故”[2]。

事实上，水箱的小孔出流与多开河道支渠毫不相关，因二者物理原理完全不同。令人感兴趣的是，徐有贞以此实验说服了皇朝近臣，使他们同意他以多开分水河治理河道的主张。他的治河成功与水箱放水实验都是科学史上值得重视的事件[3]。

五　大气压

古代中国人很早就知道，在人活动的周围有空气的存在，传统的“元气说”就是在此基础上提出来的。汉代人应用虹吸管吸水，传统中医“拔火罐”是真空技术在医疗上的应用，唐代人发明了大气密封法。至于在生产技术中，中国人发明了唧筒（水泵），水排、风箱（空气泵），猛火油柜（即喷火枪，也即油泵）等[4]，都利用了大气压力。然而，人们真正认识到大气有压力，却是很晚时候的事。

1. 空气的概念和流体动力学的思想萌芽

人活动的周围存在空气，没有它生物会死亡。先秦时期人们对此已有一定的认识。元气说就是人们对空气的各种感性认识的哲理思辨[5]。

《老子·道经》曾将天地之间的空间比喻为充满空气的“橐籥”，即皮革制风箱。指出它“虚而不屈，动而愈出”。由于空气的存在，所以才会“虚而不屈”；又由于空气的存在，橐籥的启闭推动才形成风。《庄子·内篇·齐物论》也说：“夫大块噫气，其名为风。”风就是大地呼出之气。

在哲学上持元气本体论的东汉王充对空气的认识比前人沏底。他指出：

诸生息之物，气绝则死。

食气者必谓吹呴呼吸，吐故纳新也。

---

① 陈子龙等辑《明经世文编》卷五十四《李东阳：宿州符离桥月河记》。

② 《明史》卷一七一《徐有贞传》，第十五册，第4561～4564页。

③ 载念祖、张旭敏，明代徐有贞的水箱放水实验。力学与实践，1999年第3期，第74～76页。

④ 在生产技术中与大气压有关的发明，见戴念祖，物理与机械志。

⑤ 戴念祖，中国力学史，第467～473页。

致生息之物密器之中，覆盖其口，漆涂其隙，中外气隔，息不得泄，有顷死也。①

可见，王充知道，“气”是动物、植物所必需的东西；他将人的呼吸、“吐故纳新”称为“食气”；甚至于他曾经作过密闭动物致死的实验。可以说，古代中国人对空气、甚至大气的概念至汉代已是一清二楚，只是他们以“气”表达这一物质的存在罢了。

刚才述及《庄子》书中将空间大气的流动称为“风”。更有意义的是，《庄子·逍遥游》首先表述了大气动力学的思想。它写道：

风之积也不厚，则其负大翼也无力。故九万里，则风斯在下矣，而后乃今培风②；背负青天而莫之夭阏者③，而后乃今将图南。

这意思是说，大气没有足够的厚度，那么它承载巨大的翅膀就没有力量。所以大鹏展翅九万里，那是它下有大气的支托，后有快速流动的或旋转的风；因此，它背负青天飞行而没有阻碍，然后才能飞往南海④。

《庄子》中的这段文字是对空气动力学的最早的科学猜想。其中包括了“翼”飞行体、大气及其阻力、大风或旋风的推举。这种猜想直到近代科学诞生以后、甚至到19～20世纪之际才逐渐地、缓慢地得到科学证实。17世纪后期，惠更斯首先估算了物体在空气中运动的阻力；18世纪时牛顿将这种阻力表述为数学式。此后，随着流体力学的发展和形成，20世纪初航空技术的发展，人们才提出飞行机翼或翼型、飞行器所需的举力、减小飞行阻力和提高速度等问题。证实《庄子》的猜想几乎经历了迄今为止的人类文明进程，这就不能不令人感到惊叹了。

2. 虹吸管、铜水滴和大气压

地下水管的应用在中国起于殷商时期⑤。虹吸现象的发现可能与此相关。较早的有关虹吸管记载见之于西汉汝阴侯夏侯灶（？～前165）墓中出土的竹简。其中之一写道：“泄并以半□⑥ 母动，□管之水将自汲也”⑦。

由井中自汲之管可能是一种虹吸管。如果这竹简记载尚有脱字而存疑，那么，据载、后汉宦官张让（？～189）曾使其“掖庭令”毕岚造“噶乌”即虹吸管是完全可靠的。《后汉书·张让传》载：

又使掖庭令毕岚……铸天禄暇蟆，吐水于平门外桥东，转水入宫；又作翻车、噶乌，施于桥西，用洒南北郊路，以省百姓洒道之费⑧。

唐代李贤注云：“翻车，设机车以引水。噶乌，为曲筒，以令引水上也”。

由此看来，毕岚所造“噶乌”，是一种弯曲的空心筒。它可以将路边沟渠之水“引”至路上。这种情况只有虹吸管才能实现。汉代人使用了虹吸管是毫无疑问的了。

---

① 王充《论衡·道虚篇》。
② “培风”，或称为“冯风”，即快速的风，大风或旋风。
③ “莫之夭阏者”，无所窒碍之意。
④ 这段解释性文字，参见陈鼓应《庄子今注今释》第5～7页。
⑤ 殷墟出土的陶水管和石磬，《考古》，1976年第1期，第61页。
⑥ 方框，表示此处原字脱落。下同。
⑦ 见：阜阳汉简简介，《文物》1983年第2期；阜阳双古堆西汉汝阴侯墓发掘简报，《文物》1978年第8期。
⑧ 《后汉书》卷七十八《张让传》，第九册，第2537页。

在毕岚之后200余年，北魏道士李兰创制的秤漏中使用了虹吸管。据载，李兰“以铜为喝乌，状如钩曲，以引器中水”①。在这里，喝乌将漏壶中上壶的水引至下壶。迄今，留下的最早虹吸图画是唐代吕才所制的五级漏壶中的喝乌②（图2-46）。图中所示两壶之间的弧形管即虹吸管。

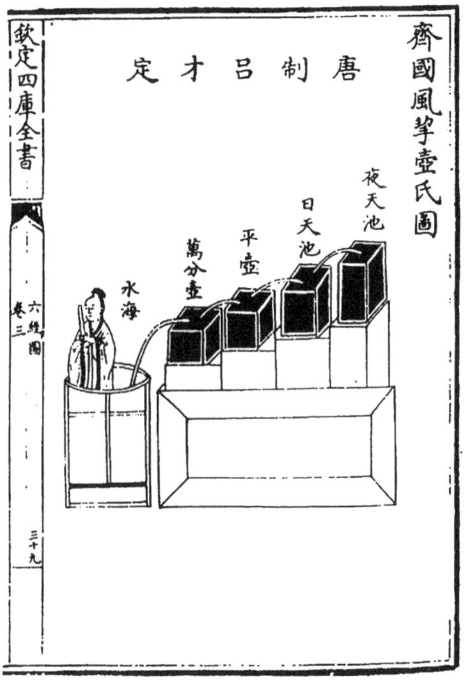

图2-46 宋杨甲《六经图考》绘唐吕才刻漏图

唐代杜佑在其《通典》中曾专门叙述了“喝乌隔山取水”的方法。他写道：

> 以大竹筒雌雄相接，勿令泄漏，以麻漆封裹，推过山外，就水置筒，入水五尺。即于筒尾取松桦干草，当筒放火，火气潜通水所，即应而上。③

杜佑记述了制造虹吸管的材料、方法，以及如何造成该管局部真空。所谓“以火气潜通水所”，用现代话说，是加热虹吸管内空气，使其膨胀而造成局部真空。其中，历史文献未曾述及的一点小诀窍是，在加热喝乌内空气之后，要在出水端用干草烂泥封固。过一二个时辰之后，即喝乌内空气冷却之后，拔开干草烂泥，水即流出④。古代人还注意到喝乌引水过山的条件，“必上水高于下水，则可为之，至平则止”，在流水中“必需上流高于下流”⑤。当然，古代人还没有发现，“上水”、“上流”处（即虹吸管入水处）与虹吸管弯曲顶端的垂直高度差不得超过一个大气压所容许的高度，即在大气温度0℃时不得

① 徐坚《初学记》卷二十五《器物部·漏刻》。

② 该图见宋代杨甲撰《六经图考·毛诗·齐国风挈壶氏图》，并见清代编《古今图书集成·历法典》卷九十九《漏刻部》。

③ 杜佑《通典》卷一百五十七《喝乌隔山取水》。类似记载也见曾公亮《武经总要前集》卷六《寻水泉法》。王祯在其《农书·农器图谱集之十三》中描述的引水“连筒”也是虹吸管之一种。

④ 笔者1958年曾目睹农民以此法使虹吸管通水。

⑤ 徐光启《农政全书》卷十七《灌溉图谱》，上册第425页。

超过10.33米。

类似杜佑描述的能隔山取水的喝乌，在古代也称为“过山龙”[①]。此外，还有“碧筒杯”[②]、“吸盏”[③]、“吸筒”[④] 一类名称，也多属于虹吸管。西南地区一些少数民族有以鼻饮酒的技巧，饮酒时插在鼻子里吸饮的管也是虹吸管[⑤]。

医学上的“杯疗法”，中国古代称为“角法”、“拔火罐”[⑥]，是古代人局部真空技术的应用。在这个技术方面，东西方人几乎同时作出了相同的发现，甚至古希腊人更早些[⑦]。

在现代中学物理课堂上往往以滴定管（或称吸量管）演示大气压的存在。它是一根两端开口的玻璃管。管子吸入水后，手指闭其上管口，液体就可以保留在管内，甚至可以提起玻管，将液体从一处移送到它处。如此演示大气压的存在，在南北朝时期成书的《关尹子》中已有记载。它写道：

“瓶存二窍，以水实之，倒泻；闭一则水不下”[⑧]。

唐代王冰在《素问》注中也写道：

“虚管溉满，捻上悬之，水固不泄”[⑨]。

宋代俞琰在例举了种种有关大气压和真空的器具之外，又曾说：“即如铜水滴，捻其窍则水不滴，放之则滴”[⑩]。

可见，至晚在南北朝时期人们已发现了滴定管及其吸水功能。到宋代时期，类似滴定管被称之为“铜水滴”。实际上，它就是小铜管，在文房四宝中被用作滴水到墨砚上的小工具。唐宋时期常称其为“研滴”。至晚从唐代起，穷书生书桌上的一根小竹管是极为普通的滴定管了。

3. 大气密封法的发现

我们先读一点文献记载。唐代南卓于大中二年（848年）完成《羯鼓录》一书的“前录”，其中叙述了曹王李皋在二棬之中注油的密封实验。南卓写道：

嗣曹王皋精晓器用，为荆南节度使。有羁旅士人，怀二棬欲求通谒。先启于宾府，观者讶之曰：“岂足尚耶？”士曰：“但启之尚书，当解矣。”及皋见棬，捧而叹曰：“不意今日，获逢至宝！”因指其刚匀之状，宾佐唯唯，或腹非之。皋曰：“诸公必未信。”命取食柈，自选其极平者，遂置二棬于柈心，以油注之棬中，棬满而油不浸漏。盖相契无际也。皋曰：“此必开元天宝中供御棬，不然，

---

① 方以智《物理小识》卷八《器用类·转水法》。

② 段成式《酉阳杂俎·前集》卷七《酒食》，第67页。

③ 陶谷《清异录》卷下《神通盏》。

④ 段成式《酉阳杂俎·前集》卷二十《肉攫部》，第197页。

⑤ 陆游《老学庵笔记》卷四；周去非《岭外代答》卷十《蛮俗门·鼻饮》。

⑥ 拔火罐的罐子有牛角、竹筒、陶瓷器皿。最先以牛角，故称为“角法”，大概起于晋代。见戴念祖《中国力学史》第618页。

⑦ 据说，希腊医生希波克拉底（Hippocrates，约前460～前375）已经知道杯疗法。见J. Needham，Science and Civilisation in China，Vol. 4，part1，p. 38.

⑧ 《关尹子·九药篇》，该书成书时间尚有争论，一般认为非战国时代作品。

⑨ 王冰注《黄帝内经·素问》卷二十《六微旨大论第六十八》，第400页。

⑩ 俞琰《席上腐谈》卷上。

无以至此。"问其所自，答曰："某先人在黔中，得于高力士之家。"众方深伏[1]。

唐代，尤其唐玄宗李隆基喜羯鼓。"棬"是紧固鼓皮于鼓框的钢铁圆环，要求其表面光滑、边缘均齐、刚柔得当。"柈"即盘。将二棬相套，置于平整的瓷盘或漆盘中，在二棬间注油，油却不会从盘中渗出。由于二棬"相契无际"，以致大气压可以使其间的油不泄漏。这种使液体在二棬之间的隙缝中不渗漏而出的现象及其发现、是近代大气密封方法的滥觞。

类似记载也见之于宋代王谠的《唐语林》，李昉的《太平广记》。王谠记为"以二棬重重安盘中，灌水其中，曾无泄漏"[2]。李昉记为"以油注棬中，棬满而油无涓滴渗漏"[3]。王谠还记述李龟年兄弟三人因才学盛名而得唐明皇赐一杖羯鼓棬，用此棬以漆盘作实验，"漆盘，底泻水，棬中竟不散，以其至平故也"[4]。

4. 关于大气压现象的理论探讨

古代中国在技术上发明并应用虹吸管、滴定管、唧筒、风箱和拔火罐，在理论上有关大气压的探讨却是以不同近代科学的形式进行的。以滴定管为例，古代的讨论诸如以下各种典籍所载。

《关尹子·九药篇》写道：

> 瓶存二窍，以水实之，倒泻；闭一则水不下。盖（气）不升则（水）不降。井虽千仞，汲之水上，盖（气）不降则（水）不升。

《素问》根据这种现象总结出"是以升降出入，无器不有"的结论。而唐代王冰在此注中更详细地阐述道：

> 虚管溉满，捻上悬之，水固不泄，为无升气而不能降也。空瓶小口，顿溉不入，为气不出而不能入也。由是观之，升无所不降，降无所不升，无出则不入，无入则不出也[5]。

可见，古代人认为，滴定管所以能吸水而入，是由于其中空气出尽或被排斥的结果；而一旦空气进入管中，水就会被排斥出去。水与空气在管中彼出此进，互相交换 其存在的空间。从而形成了诸如虹吸管、滴定管的吸水现象。这在经验事实上不无道理。但是，古代人从未将管内升水与外界大气压的存在这二者貌似分开的现象统一起来，因此，他们始终没有从这些技术发明和经验事实中获得存在大气压的理性认识。直到明代，庄元臣还写道：

"注水于瓶，闭一窍而水不得出，气守之也；置水于盎，覆匏而水不得入，气拒之也。"[6]

庄元臣仍然将瓶外之气与匏内之气分得清清楚楚，而未将瓶（或匏）内外现象联系起来考虑问题。

以上诸多经验现象并未导致人们提出大气压的概念。但是，在超过一个大气压的气

---

① 南卓《羯鼓录》，第8页。也见《说郛》卷六十五（商务印书馆本）。

② 王谠《唐语林》卷五引张敦素《夷坚录》。

③ 李昉《太平广记》卷231"曹王皋"条，类似记载也见该书卷205。

④ 王谠《唐语林》卷六《补遗》。

⑤ 《黄帝内经·素问》卷二十《六微旨大论第六十八》。

⑥ 庄元臣《叔苴子·内篇》卷三。

体容器中，气体有巨大压力的现象被明代揭暄所发现。揭暄在《物理小识》注中以实验性叙述写道：

“万斛之石不能压一气球，必气出尽而后合。”①

“气球”是中国传统的制作物。以气球协助军人渡水作战，称为“浮囊”，自唐宋以来为历代兵书所记。至少汉代时已有气球或浮囊。据载，东汉大将邓训（40～90年）在西北与羌作战时，曾“以缝革置筏”②而战胜羌胡军。所谓“缝革”也就是制造气球。揭暄写下的文字，表明他可能演示过巨石压气球实验。但他并没有像盖里克（Otto von Guericke，1602～1686）那样，以金属球演示大气压力的存在。

第五节　材料力学

材料力学是力学的一个分支学科，也属固体力学之一。古代人不可能像近代科学那样对材料进行精密的实验和定量的数理分析，但他们在长期利用材料中对各种材料都有些深浅不同的经验知识。其中某些定量的经验发现，不仅反映了古人对材料物理性能掌握的深刻程度，而且也是近代材料力学的肇始。与同时期的世界上其他民族相比，古代中国人关于材料力学的知识尤其丰富。特别是、在检验材料强度的经验方法、弹性定律的发现和对横梁截面的高宽比例数的认识等方面，是古代人类的科学财富之一。

一　对材料性质的认识

材料在工匠看来是须臾不离之物。《考工记》说：“审曲面势，以饬五材，以办民器，谓之百工。”“五材”，即金、木、水、火、土五种物质材料。其中的金、木是本节主要述及对象。《考工记》的记述，表明“百工”的职责是要审察材料的曲直、各面形势及阴阳，以便利用这些材料制作各种安全、耐用的器具。可见，材料力学是在工匠的经验中逐渐形成的。

《韩非子·外储说》曾记载“虞庆为室”的故事。虞庆又名高阳应，或高阳魋（tuí）③，据说是宋国大夫。他要求工匠用生湿木材做新屋，而且要在木材上涂漆。工匠觉得事有蹊跷，便对虞庆说：“夫材生则桡，涂濡则重。以桡任重，今虽成，久必坏。”虞庆却说：“材干则直，涂干则轻。今诚得干，日以轻直，虽久必不坏。”工匠不善辞令，以生材作之。不久，屋果坏。

材料力学就是在总结工匠的这些经验中发展起来的。

古代人不仅利用单一材料，而且很早就知道利用复合材料。约公元前3000年，西安半坡人用草泥盖房。泥中加草，干而不裂。草泥具有比单一泥土强得多的抵抗拉伸能力。将几种材料人为地镶嵌、包裹、粘连在一起，是古代制造复合材料最普遍的一种方法。《考工记·弓人》描述了利用六种材料制作弓。它们是：竹或木，牛角，筋，胶，丝、漆。

---

① 方以智《物理小识》卷一《天类·气论》揭暄注。

② 曾公亮《武经总要前集》卷十一《水攻·济水府》。

③ 见《吕氏春秋·别类篇》或《淮南子·人间训》。

由几种材料组成的复合弓，成为中国的传统技术之一。中国古代的篾索，具有特别的抗拉能力。史载其制作方法："中用细竹为心，外裹以篾丝"，"索用三股合为一股"[①]。这样的绳索编织得越紧，抗拉力越大。最为奇妙的是，至晚宋代人已经知道，在沿海架桥中，在桥的石础上种软体动物牡蛎，利用蛎的分泌液以固桥础巨石[②]。

合理利用材料也是古人所追求的目的之一。汉代人提出，材料"各用之于其所适，施之于其所宜"，"大材不可小用，小材不可大用"[③]。

值得指出的是，古代人在运用材料、制造器物中获得了某些材料力学的基本概念，或发现了与这些概念密切相关的现象。

《韩非子·解老》将材料的大小、方圆、坚脆等属性归为天下万物之"理"中。它写道：

> 凡物之有形者，易裁也，易割也。何以论之？有形则有短长，有短长则有小大，有小大则有方圆，有方圆则有坚脆，有坚脆则有轻重，有轻重则有白黑。短长、大小、方圆、坚脆、轻重、白黑之谓理。

它又写道："凡理者，方圆、短长、粗靡、坚脆之分也。"

坚，即坚固。用力学语言说，是强度高。脆，即脆弱，指容易破坏或断裂，区别材料的坚脆，在今天就是研究材料的强度问题[④]。古代人还以"刚强"、"刚坚"、"强劲"等词表示材料的力学特性。王充的《论衡·言毒篇》说："木刚强故多力也"。《论衡·状留篇》以比较桐、檀二树生长快慢而寻找其不同强度的原因，指出檀木"其材强劲"。《吕氏春秋·杂俗览·举难》就"金"（即铜）与木的性能写道："金之与木，金虽柔犹坚于木"。《论衡·儒增篇》还比较了木、铜、钢铁三者的强度，说"铜虽不若（钢铁）匕首坚刚"，而"铜之坚"也胜"木表之刚"。

材料的弹性、弹性材料的变形甚至与其外力的定量关系，我们将在以下详细叙述。锻压金属、使其成形，是古代人对金属塑性的利用。竹木的塑性和蠕变在弓箭、车轮制造过程中也早已被发现。使它产生蠕变的方法之一是用火薰烤，古代称为"煣"、或作"揉"、"鞣"。《考工记》记载了以此法制造车轮、弓干，如揉牙、揉辐、揉輈、揉弓、揉干等。《荀子·劝学》写道："木直中绳，鞣以为轮，其曲中规。虽有槁暴、不复挺者，鞣使之然也。"它清楚地记下了以煣的方法使竹木产生塑性变形的问题。在以火煣的过程中，古代人还利用了一种矫形、定形的工具，称为"檃栝"[⑤]、"隐栝"[⑥]，或"排檠"[⑦]、"榜檠"[⑧]、"辅檠"[⑨]等。《荀子·大略篇》说："乘舆之轮，太山之木也。示[⑩]诸檃栝，三月

① 《古今图书集成·方舆汇编·职方典》卷五百八十七《成都府部》。

② 《宋史》卷三百二十《蔡襄传》，第 30 册，10397 页；也见，同①卷一千四十八《泉州府部》。

③ 《淮南子·齐俗训》及高诱注云。

④ 老亮《中国古代材料力学史》第 3 页。

⑤ 《荀子·大略篇》。

⑥ 《韩非子·难势》；《盐铁论·申韩》。

⑦ 《荀子·性恶篇》；《管子·轻重甲》。

⑧ 《韩非子·外储说右下》。

⑨ 《盐铁论·申韩》。

⑩ "示"古"置"字。

五月为帱菜[①]，敝[②]而不反其常。”这些记载表明古代人在经验中充分地认识并利用了材料的蠕变性质。古代人还知道某些防止材料蠕变的方法。例如，长期不用的弓，务将其弦松开。否则，弓体在其弦的长期拉力作用下，将发生变形，从而影响弓的性能。《诗经·小雅·彤弓》写道：“彤弓弨[③]兮，受言藏之”；“彤弓弨兮，受言櫜[④]之”。这意思是，朱红色的弓不用了，要将其弦松开，藏放于弓袋之中。

古代人还非常重视构件的断裂问题。我们知道，构件的承载能力是有限的。超过这个限度，构件有被折断之可能。《周易·系辞下》释鼎卦凶象，指出“鼎折足，覆公餗[⑤]，其形渥”，是由于鼎足“力少而任重”，“不胜其任”所致。《抱朴子·外篇·知止》说，“辕弱折于载重”。其道理相同。北齐刘昼在其著《刘子·均任》中述及的器物或材料及其任重之关系是颇有意义的。他写道：

> 器有宽隘，量有巨细，材有大小，则任其轻重所处之分，未可乘也。是以万硕之鼎，不可满以盂水；一钧之钟，不可容于泉流；十圍之木，不可盖以茅茨；榛棘之柱，不可负于广厦。何者？小非大之量，大非小之器，重非轻之任，轻非重之制也。以大量小，必有枉分之失；以小容大，则致倾溢之患；以重处轻，必有伤折之过；以轻载重，则致压覆之害。

在这里，刘昼有理地指出了以“榛棘”作柱造成“伤折”、“压覆”即断裂的危险。

很有趣的是，在人们注意到材料断裂的同时，他们又利用了这种断裂现象。早在商代，专职占卜的巫师曾有丰富的烧灼甲骨致裂的经验[⑥]。它被一些力学史家看作近代断裂力学的肇始。战国时李冰开凿都江堰[⑦]，东汉虞诩打通西汉水（嘉陵江上游）航运河道[⑧]，都曾用火烧水漓巨石使之断裂易凿的方法。这种方法可能源于原始社会[⑨]，明代人称它为“烧石易凿法”、“烧爆法”[⑩]。这些也表明古代人对热应力的认识和利用。

在材料和结构力学中，古代人知道，增加约束可以提高结构的强度和刚度。宋代沈括在《梦溪笔谈》中记下了这样一段文字：

> 钱氏[⑪]据两浙时，于杭州梵天寺建一木塔。方两三级，钱帅[⑪]登之，患其塔动。匠师云：“未布瓦，上轻，故如此”。乃以瓦布之，而动如初。无可奈何，密使其妻见喻皓[⑫]之妻，赂以金钗，问塔动之因。皓笑曰：“此易耳。但逐层布板

---

① “帱菜”，即轮牙，轮毂、辐条等车轮构件。

② “敝”，坏、散之意。

③ “弨”，松弛之意。也即将弦松开。

④ “櫜”（gāo）；收藏弓矢的器具。

⑤ “餗”（Sù），“实”、“满”之意。“覆公餗”，意为倒出鼎内盛满的食物。

⑥ 王宇信《甲骨学通论》第113～114页。

⑦ 《华阳国志·蜀志》。

⑧ 《后汉书》卷五十八《虞诩传》，第7册，第1865～1873页。

⑨ 老亮《中国古代材料力学史》第139～140页。

⑩ 方以智《物理小识》卷七《金石类》。

⑪ “钱氏”，吴越国第五代国王钱俶（929～988），因其在五代汉、周及北宋初官天下兵马大元帅，故又称其为“钱帅”。

⑫ “喻皓”，五代末北宋初建筑师，著有《木经》三卷，今已佚。史载其名或预浩、预皓、喻浩。又号“预都料”。北宋初在汴京建开宝寺塔。

讫，便实钉之，则不动矣”。匠师如其言，塔遂定。盖钉板上下弥束，六幕[①]相联如胠箧[②]。人履其板，六幕相持，自不能动。人皆伏其精练[③]。

喻皓所言“布板”、“实钉”，沈括评述中所谓“盖钉板上下弥束，六幕相联如胠箧”，表明人们认识到增加结构各部分的相互约束可以提高其强度和刚度。所谓“弥束”，今“约束”是也。“约束”一词及其物理意义是中国人最早提出来的。在西方，荷兰工程师斯特芬（Simon Stevin，1548～1620）于1608年在研究滑轮系统时，初次萌生了约束的概念。18世纪末，法国数学家傅里叶（Joseph Fourier，1768～1830）才将约束概念引进分析力学之中。

北宋文学家欧阳修在其著《归田录》中记述了喻浩建造开宝寺塔事，我们已在前面第二节中有所叙述。欧阳修还写道：

世传浩惟一女，年十余岁，每卧则交手于胸成结构状。如此踰年，撰成《木经》三卷。今行于世者是也[④]。

“交手于胸”包括了桁架的三个机件：柱杆、接点和支点。手臂相当于柱杆，交叉点相当于接点，支点乃肩也。或许，喻浩在察其爱女睡觉姿势中悟出了房屋、桥梁的桁架结构所以承重的必要机件及其道理，因而写成《木经》一书。可惜该书已佚。否则，当可窥其有关材料力学和结构力学之见解也。

二　材料强度的经验检验法及其联接问题

古代人有许多检验材料强度的经验方法，在选用和拼接材料方面也有不少经验知识。我们简单叙述以下。

1. 试庐

“庐”是戈、戟等一类长兵器的木柄。“试庐”就是检查木柄强度的弯曲试验。《考工记·庐人》写道：

“凡试庐事：置而摇之，以眡[⑤]其蜎[⑥]也；炙[⑦]诸墙，以眡其桡之均也；横而摇之，以眡其劲也。”

这里叙述了木杆的三种弯曲试验方法。第一，将木杆插立地上，用手横向摇动它，观察木杆的摇摆与弯曲状态是否均匀；第二，将木杆撑在两堵墙之间，检查其弯曲变形是否均匀；第三（同第二），从横向用力摇动它，察其能经受多大的力[⑧]。通过这三种试验，可以经验地知道木杆的弯曲变形情况，甚至是否断裂、或者在“多大”（定性意义上）的

---

① “六幕”，指空间中上下、左右、前后六面。

② “胠箧（qū qiè），被撬开的箱子。“胠”，从旁撬开；“箧”，箱子。在此比喻每层塔的空间形状，它除了一个门出入外，其它各面都钉成一个整体，如同一个从旁打开的小箱。

③ 沈括《梦溪笔谈》卷十八《技艺》。

④ 欧阳修《归田录》卷一，第1页。

⑤ “眡”，古视字。

⑥ “蜎”（yuān），原指虫豸之属的蠕动状态，这里借以形容木杆的摇棹。

⑦ “炙”，此当柱、撑解。

⑧ 关于《考工记》的这段文字注释，历代的训诂（如郑司农、郑玄、杜牧，贾公彦等）大同小异。见老亮《中国古代材料力学史》第103～104页。

力作用下而断裂。

《考工记·矢人》还叙述了以弯曲变形方法检查箭杆的强弱是否均匀。它写道："桡之，以眡其鸿杀之称也"。按贾公彦疏，所谓"鸿杀"即指强弱，所谓"称"即是均匀与否。

在材料问题上，古代人极重视"桡"的问题。"桡"，或作"挠"，也即弯曲变形。前述虞庆为室的故事中，述及"以桡任重，今虽成，久必坏"，表明人们认识到弯曲变形的材料不能重载。《周易·大过》多次述及房屋大梁（即"栋"）的弯曲变形问题，并以此解释某些卦象的吉凶，这是颇有趣的事。它写道："大过，栋挠"。栋挠的原因是"本末弱也"。然后，又将栋挠分为向下挠（称为"挠"）和向上挠（称为"隆"）两种情况，指出"栋挠，凶"；"栋隆，吉"，"栋隆之吉，不挠乎下也。"房屋大梁往下挠，不能承重，确有危险。如若它往上挠，则房屋不致倒塌，因而平安大吉。《周易》所言栋挠的原因也甚有道理。所谓梁木"本末弱"，也即是其两端的强度或刚度弱，或者诸如两端细中间粗的不匀之状。据近代弯曲理论，变截面梁（两端截面比中央截面小）比等截面梁的弯曲变形要大。《周易》的作者们可能了解许多匠人的建筑经验，才写下了旨在说明卦象而又符合材料力学道理的文字。

2. 验革

皮革在古代除生活需要外，战士的甲胄尤不可缺。因此，检验皮革质量成为"百工"中重要工作之一。《考工记》中《函人》和《鲍人》两篇对此作了极好描写。《考工记·鲍人》就皮革断裂问题写道：

> （革）引而信①之，欲其直也。信之而直，则取材正也。信之而枉②，则是一方缓一方急也。若苟一方缓一方急，则及其用之也，必自急者先裂。若苟自急者先裂，则是以博为帴③也。

将皮革伸开，平整舒展为佳。若其广狭不等、翘曲不平，用力拉伸之后必有"缓急"之状，或松紧不一的现象。这样的皮革，用久之后，在其"急"或紧的地方会先断裂。用现在的话说，这种皮革吃力不均，或应力不匀。应力集中在紧急之处，因而断裂于此。《考工记·鲍人》表明古代人知道皮革断裂的道理。

3. 发绳与应力

类似《考工记·鲍人》所述及的应力集中的现象。在古代史籍中不乏其例。《墨经》中有条文字述及发绳结构与应力关系，它在历史上引起了许多人的关注。《墨经》写道：

《经下》："均之绝不，说在所均。"

《经说下》："均　发均县轻而发绝，不均也。均，其绝也莫绝。"

《经说》中所言之"发"，应当是发辫或发绳；或者，如同《说苑》所言，为"一缕"之发④，而并非是一根毛发。

---

① "信"，同伸。

② "枉"，同弯。

③ "以博为帴"："博"，宽广之意；"帴"，狭小之意。"以博为帴"，意为广狭不等。

④ 汉代刘向《说苑·正谏》："以一缕之任，系千钧之重，上悬之无极之高，下垂之不测之渊，虽甚愚之人，且犹之哀其将绝也。"几乎相同的文字，也见《孔丛子·嘉言》。这些文字可能是针对《墨经》和战国时期公孙龙提出的"发引千钧"而提出的。

《经》文是一种普适性定义。它论述的对象是包括发绳在内的所有材料。其意思是，材料本身的结构是否均匀，决定了该材料在受力作用时是否断裂。而《说》文以发绳为例，进一步阐明《经》文的普适性定义。其意思是，作为整体的发绳，因承载轻物而断绝，那么发绳的结构就是不均匀的；如果是均匀的，它就不会断绝。

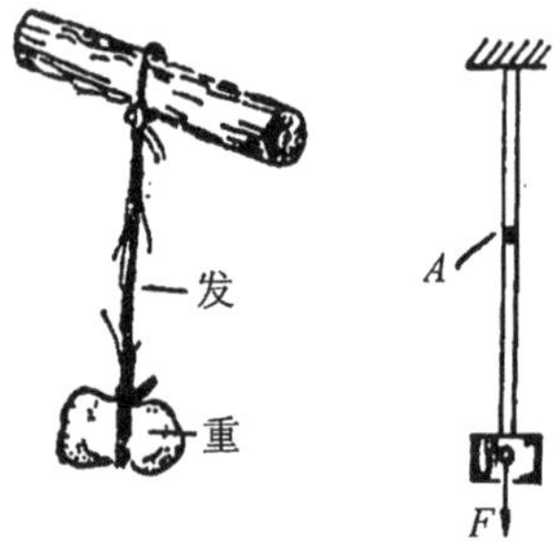

图 2-47　发绳应力实验及简单拉伸示意图

《墨经》所以用发绳为例。大概因为其内部结构的均匀状况是可以显示给人看清的。发绳的另一个优点是，如果有众多毛发断裂或接连不牢，就容易产生应力集中，发“悬轻而发绝”的现象也易为人所理解。事实上，现代科学对于拉杆应力的计算已经把它看作是一股均匀的发绳，而且假设它是平均悬重的(图 2-47)。

大约魏晋时期成书的《列子·汤问篇》在阐述其主张”均，天下之至理”时，曾引用了《墨经》中的这条文字。这不仅将《说》文中的标课字“均”抄入其正文内，致使后人难解其意，而且在“发均悬轻”后又衍一“重”字[①]。虽然如此，历代学者对本条经文的解释却基本相同。晋人张湛在《列子》注中写道：

“发甚微脆而至不绝者，至均故也。今所以绝者，犹轻重相倾，有不均处也。”

“犹轻重相倾”一句特别有意义。它道出了不均之发在受外力作用时产生“应力集中”的现代科学观念。

战国时期公孙龙或许根据墨家以发引重并“其绝也莫绝”的思想，提出“发引千钧”之说[②]。这当然是一种夸张的说法。公子牟又对公孙龙的话进一步作解释，他说：“发引千钧，势至等也。”[③] 张湛又对这两句话注释说：

夫物之所以断绝者，必有不均之处。处处皆均，则不可断。故发虽细而得秤重物者，势至均故也。

以其至等之故，故不绝。绝则由于不等。故《墨子》亦有此说也。

古人在此所谓的“势”相当于今日的“应力”概念；“势至等”或“势至均”类似今日的应力均匀分布之意。当毛发不均匀时，这样的“势”就集中在某一些或某几根、甚至一根头发上了，因而出现了“势不等”，也即所谓“应力集中”。因此，发断裂了。

在此需要指出的是，任何材料都有一定的抗弯曲极限或抗拉伸的极限，其粗细程度或内部组织的均匀只能增加一定的极限量，或保证在这极限内的安全。超出这个极限，材料被破坏，或断裂。因此，“一发千钧”是不可能的。古人对于这种极限性未予以讨论。或许，还是墨家注意到了这一点。

4.《墨经》论梁木与绳索

《墨经》中有条文字对梁木和绳索的受力、变形作了分析记述。

---

① 杨伯峻《列子集释》(《新编诸子集成》本)未看出这两点错误，并将《列子》所引《墨经》中该条经说误点为“均发均县，轻重而发绝，发不均也。”

② 后来，唐代韩愈以“一发引千钧”比喻情势之危急(见《昌黎先生集·与孟尚书书》)。“一发千钧”的成语由此而出。

③ 《列子·仲尼篇》。

《经下》："负① 而不挠，说在胜。"

《经说下》："负　衡② 木加③ 重焉而不挠，极胜重也。右④ 校⑤ 交⑥ 绳，无加焉而挠，极不胜重也。

这条文字，或被视为杠杆、桔槔，或被视为衡器，甚至《经》文本身也被视为与衡器相连而不分列条目。可见，《墨经》在历史流传中错乱之情形。事实上，这是一条试图说明梁木与绳索具有不同力学性质的文字。《经说》以横木（即梁木）和绳索为例，比较了他们的不同性能：梁木加重而不挠，而交接在两根立柱之间的绳索，不加任何负载也会发生挠曲。加重而不挠的梁木，是因为它能胜任负载。所以《经下》说"负而不挠，说在胜"（图 2-48）。

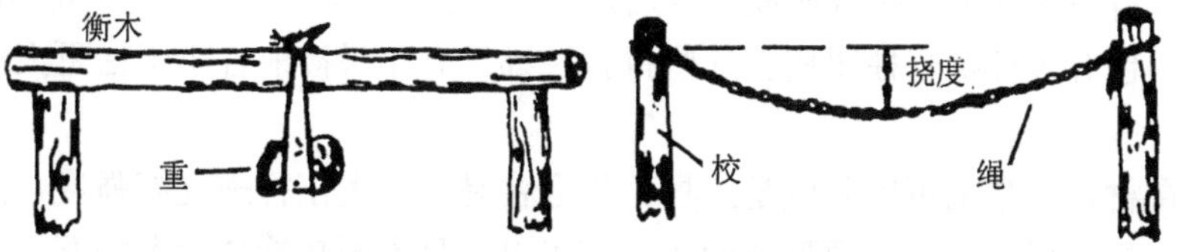

图 2-48　墨家讨论梁与绳的力学特性

以现在的科学说法，梁木具有抵抗弯曲的能力；而绳索只能抵抗拉伸，不能抵抗弯曲。绳索具有柔性，平衡悬挂后会发生弛垂、有一定的弛垂度；梁木在其许用应力内可以抵抗载重力矩的作用，故不下垂，也无弛垂度。看来，墨家将材料抵抗弯曲的程度，或者，是否有弛垂和可见的弛垂度，称为"极"。

钱临照在 40 年代就本条经文内容含义写道：

> 本条论材料力学；按今材料力学中试验一梁木之强弱，首先注意者，为加重荷后木中部之 Sag，即此间所谓"极"之胜与否也。

钱临照的论述是正确的。

5. 材料的拼用与接合问题

在工程技术中，往往将小材拼接成大材料使用。而选用材料及拼接方法是否得当，将对材料强度具有极大影响。《考工记·舆人》述及造车和车厢时，大、小材拼用以致小材先被破坏的情形。它写道：

"凡居材，大与小无并。大倚小则摧⑦，引之则绝。"

"凡居材"，即拼用与装接材料。郑玄注云："并，偏邪相就也。用力之时，其大并于小者，小者强不堪，则摧也。其小并于大者，小者力不堪，则绝也"。郑玄从材料强弱程

① "负"，原误为"贞"字。从《经说》改。

② "衡"，古字与"横"通。"衡木"即"横木"。

③ "加"，原误为"如"，形近而误。

④ "右"，疑为"若"之误。钱临照训"右"为"又"，亦通顺也。

⑤ "校"，古文通"杈"，立木为柱之意，从高亨说。

⑥ "交"，犹"接"也。从高亨说。因此，"右校交绳"一句，可释为，在两根木柱之间联接绳索。

⑦ "推"，同摧。

度、承受力之大小方面解释大小材“偏邪相就”、拼合使用，而导致小材先被破坏的道理。

明代庄元臣的《叔苴子·内篇》从结构整体上探讨了相同的问题。它写道：

> 譬之作室然，材木大小各异。小与小相得，斗室亦坚；大与大相配，广厦尤壮。若合抱之梁，拱把[①]之柱，则岌岌乎不支，不均故也。故造室有工拙，则有坚脆成毁之殊[②]。

由此看来，大材与小材不相称（“不均”），如梁大柱小，受力不均，容易导致房屋破坏。小柱不能支大栋梁。因此说，“屋大柱小，可为寒心”[③]。

为了解决材料来源问题，古代人创造了“拼合柱”，即将几根小木柱拼接成大柱。建于北宋大中祥符年间（1008～1016）的宁波保国寺，内有4根柱子是拼合柱。它们是分别由8支木料和9支木料拼合而成的八瓣形柱[④]。北宋元符三年（1100）成书的李诫《营造法式》中也有多种拼合柱图例。这些拼合柱都具有比拼接前各小木柱更大的强度与刚度。

屋柱在材料力学上可以看成是压杆，拼合柱是以增大压杆来提高强度与刚度。长兵器的木柄也是压杆，选用不同形状的木柄既可以满足不同功能的兵器需要，也可以增加其强度与刚度。《考工记·庐人》指出：“凡兵，句兵欲无弹，刺兵欲无蜎，是故句兵椑，刺兵抟。”郑玄注：“句兵，戈戟属。刺兵，矛属。”戈、戟用于钩击，不宜转动，因此“椑”形（扁圆形，类似椭圆截面）便于掌握方向，防止偏转，又可获得较大抗弯截面系数和轴转矩。矛类直刺，不宜弯，圆形截面使其各方向横向约束相同，强度与刚度也相等[⑤]。

在材料接合成构架时，古代人也有许多经验。春秋战国之际，制造车轮的工人总结了辐条与车毂的接合尺寸比例。《考工记·轮人》写道：

> 凡辐，量其凿深以为辐广。辐广而凿浅，则是以大杌，虽有良工，莫之能固。凿深而辐小，则是固有余而强不足也。

这就是说，车轮若要坚固、强度足够，则辐条的宽度应以其插入车毂内的深度相等（图2-49），$b=h$。

《考工记·轮人》进而指出，这二者不相等时对于构架造成的危险，引文中所谓“杌”（wū），即危险不安。

根据这段文字叙述，设辐宽为 b，毂的凿深为 h，那么，当 $h<b$ 时，车轮摇摆不定，车载重有危险；当 $h>b$ 时，车轮坚固，当毂的强度受到破坏；只有当 $h=b$ 时，车既载重而不摇，毂又不致断裂。这个数量关系是古代人在制造木质车轮的工艺水平上、总结获得的材料和结构力学知识。

---

① “拱把”：两手合持为拱；“拱把”，相当于一人两手能将物体周边包围起来。这样的柱子比起“合抱”之梁显然小得多。

② 庄元臣《叔苴子·内编》卷五。

③《汉书》卷七十五《李寻传》，第10册，第3185页。

④ 老亮，中国古代材料力学史，第145～148页。

⑤ 老亮，中国古代材料力学史，第145～148页。

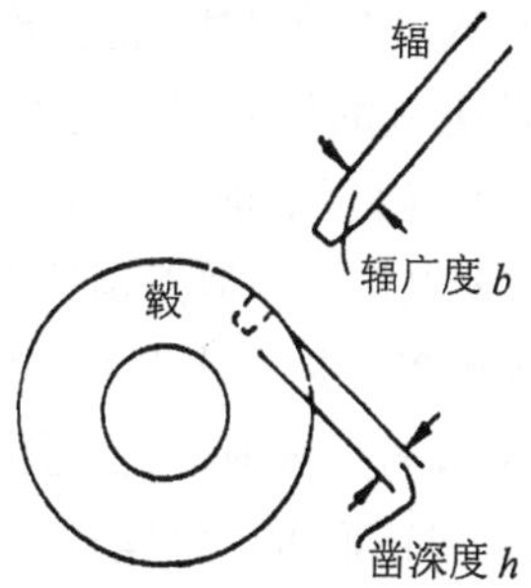

图 2-49　辐条与车毂接合尺寸比例

三　弹性变形和弹性定律

1. 关于弹性和弹性变形的记载

根据考古发现，距今约 30 000 年左右，在山西朔县峙峪村附近的旧石器文化晚期遗址里，曾发掘一枚石镞[①]。可见，中国人使用弓箭的年代相当久远。西周后期，弓的弹性变形情况以文字形式载入诗歌之中。《诗经·小雅·角弓》写道：

“骍骍[②] 角弓，翩[③] 其反矣。”

这意思是，称为“角弓”的弓调好之后，试以拉力，使其变形，但弓干总要以反作用力的方向极力恢复原初的形态。历代注释家对这句诗的释意不尽相同，但基本意思如此。这大概是最早对物体弹性变形的记载。

中国是毛竹的故乡。竹片所具有的弹性和弹性变形曾被历代中国人广泛应用。除用它制作射鸟的弹弓和弓弩的干之外，还用作弹棉、碎石、甚至于织机上的弹弓，古代锥井机和捕鼠器也有利用竹片的弹性形变性能的[④]。

金属的弹性和弹性变形随着冶炼技术的提高而增大。沈括曾描述一种剑的弹性变形是颇为令人赞叹的。他写道：

> 钱塘有闻人绍者，尝宝一剑。以十大钉陷柱中，挥剑一削，十钉皆截，隐如秤衡，而剑锋无纤迹。用力屈之如钩，纵之铿然有声，复直如弦。关中种谔[⑤]亦畜一剑，可以屈置盒中，纵之复直。张景阳[⑥]《七命》论剑曰：‘若其灵宝[⑦]，则舒屈无方’。盖自古有此一类，非常铁能为也[⑧]。

---

① 贾兰坡等，山西峙峪旧石器时代遗址发掘报告，《考古学报》1972 年第 1 期。

② “骍骍”（xīn）；形容弓的调和状态。《毛诗正义》：“骍骍，调利也”。

③ “翩”，朱熹《诗经集传》曰：“翩，反貌。弓之为物，张之则内向而来，弛之则外反而去。”

④ 戴念祖，中国力学史，第 226 页。

⑤ 种谔，宋时洛阳人，字子正。种世衡之子。沈括任鄜延路经略使时，种谔为其副使。

⑥ 张景阳，又名张协，景阳乃其字，西晋文学家。其著《七命》八首载于梁朝萧统编、唐代李善注《文选》卷三十五。

⑦ “灵宝”，据传是魏文帝曹丕的宝剑名。

⑧ 沈括《梦溪笔谈》卷二十一《异事》。

闻人绍和种谔可能都是沈括同时代人，或稍早些。他们珍藏的宝剑可以屈伸自如，犹如今日以弹簧钢制成的卷尺。沈括将此类剑的发明年代追溯到三国时期。那时，魏文帝曹丕的“灵宝”剑能“舒屈无方”。其后，西晋刘琨曾在其诗中描述“百炼钢”的弹性变形，说“何意百炼钢，化为绕指柔”[①]。宋以后，类似刀剑仍在不断制造[②]，并成为中国传统的冶炼工艺之一[③]。可见，金属的弹性变形是古代人所熟悉的事例。

此外，古代人还发现了蚕丝的拉伸弹性。宋应星在记述丝绸工人连接断丝时写道：“接连断丝，一扯即长数寸。打结之后，依还原度。此丝本质自具之妙也”[④]。宋应星将蚕丝的拉伸弹性归之为“此丝本质自具之妙”，是相当合理的。

古代人以“缕悬法”悬吊指南针，实则利用了蚕丝的扭转弹性。沈括在其著《梦溪笔谈》中对此记述颇详[⑤]。18 世纪 80 年代初，米切尔（John Michell，1724～1793）和库仑（C. A. de Coulomb，1736～1806）各自独立地发明了以毛发、蚕丝和金属丝悬吊的扭秤（torsion balance）[⑥]。中国古代的“缕悬法”可以看作是近代扭秤一类科学仪器的悬挂方法之肇始。它们都利用了某些物质所具有的扭转弹性。

在讨论材料的弹性及弹性变形时，常常涉及“弹力”即弹性力的概念。“弹力”一词初见于唐代段成式著《酉阳杂俎》。他写道：

“张芬曾为韦南康親随行军，曲艺过人，力举七尺碑，定双轮水硙。常于福感寺趯鞠，高及半塔，弹力五斗。”[⑦]

“弹力五斗”[⑧] 一语，计算力的单位也极明确。古代人如何测量弹力呢？

2. 弹簧的创制和利用

在涉及材料的弹性和弹性变形时，弹簧受到人们的格外注意。

众所周知，古代中国人发明了称为“锁簧”或“捌子”一类片状弹簧。考古界发现了历代各种铜质锁或铁质锁，它们都是以片状弹簧为其启闭机制。诸如在安徽亳县曹操宗族墓葬中出土汉魏间铜锁[⑨]，唐代鎏金铜锁[⑩] 等等。这种锁及其锁簧确实成了中国传统技术之一。北宋燕肃曾在鼓环内装入锁簧，使鼓环与鼓牢固地联结在一起[⑪]。古代暗器之一即袖箭，在箭筒内装“弹簧”[⑫]。可惜记载过于简略，不明其形制如何。明代茅元仪《武备志·火器图说三》中描述了一种火器上用的弹簧，它是折叠式金属簧，又称“捌子”。

近 20 年的考古发现表明，中国人早在春秋战国时期，甚至更早时候，已创制了金属螺旋弹簧和盘簧。

---

① 梁代萧统编、唐代李善注《文选》卷二十五“重赠卢谌一首”。

② 如清·徐寿基《续广博物志》卷八《制造类·炼铁法》载：“苗人炼铁成刀，屈之可缠于腰际，引之则直。”

③ 何堂坤，百炼钢及其工艺，载《科技史文集》第 13 辑第 122～130 页，上海科技出版社，1985。

④ 宋应星《天工开物·乃服·穿经》。

⑤ 沈括《梦溪笔谈》卷二十四《杂志一》。也见本书第五章“电和磁”。

⑥ [美] 卡约里著，戴念祖译，物理学史，第 133 页。

⑦ 段成式《酉阳杂俎·前集》卷五《诡习》、方南生点校本，中华书局，1981，第 52 页。

⑧ 唐代一斗约合今日 9.5～10 公斤，五斗约为 47.5～50 公斤。

⑨ 文物，1978 年 8 期，第 36 页。

⑩ 文物，1966 年 3 期，第 15 页。

⑪ 欧阳修《归田录》卷二。

⑫ 《元史》卷三十九《顺帝纪二》载禁用袖箭事。茅元仪《武备志》卷百〇二《杂箭》中也述及袖箭。

据湖北随县曾侯乙墓发掘报道，在该墓中出土了数以千计的金属螺旋弹簧，迄今仍可拉伸。其制作材料或为金丝，或为铅锡合金。金丝直径0.5毫米，簧长1.6厘米；铅锡合金丝直径1毫米，簧长21厘米。这些弹簧用丝线穿过，且缠绕在一个个木团上①。类似的弹簧还在湖北襄阳②、当阳③两地，安徽六合县④等春秋战国墓葬中均有发现。这些螺旋弹簧大多属于拉簧。

盘簧的出土见之于河北新乐县中同村⑤、山西原平县刘庄⑥等地战国墓中。它们是以黄金丝制成的。据报道，它们多是耳环装饰物。

令人奇怪的是，虽然出土了大量的螺旋弹簧，但古代人如何应用它们却仍然是个谜。至少可以说，先秦时期人们并未将它们用于手工业或有关机械之中。最近有人研究后指出，它们是古代弋射用器之一⑦。古代人在射猎游乐活动中，不仅希望射取猎物，还要收回箭矢。因此，他们特地制作了一种称为“磻”的绕线轮：穿过并系着弹簧的线绳绕于木心轴上，其轴心可以自由转动；线绳一端系牢于轴上，另一端则系于待发的箭上。当弋者射中猎物，如鸟，即可将箭矢与鸟同时获取。这种用具自然不能太重，以免阻碍箭矢飞行；又不能太轻，以免尚未射死的鸟带着它们飞奔而去。古代人找到并发明了能够与线绳同时缠绕于木轴的弹簧器。在曾侯乙墓中，随葬衣箱上绘有弋射图（图2-50）。从图中可见，被箭矢射中的鸟正在挣扎飞翔，绳的垂地端挂有以横线标绘的弹簧。

图2-50 曾侯乙墓衣箱上绘弋射图

将弹簧用于弋射，可谓古代人独具匠心的创造。然而，这种应用似乎很难走向发现弹性定律的道路。事实上也是如此。古代中国人是在弓箭制作过程中发现弹性定律的。

3. 弓干弹力的测量及其规律的发现

先秦时期，制造弓弩的技术被列为“百工”之一。《考工记·弓人》在详细记述弓箭制造中指出：“量其力，有三均”。测量弓弩的弹力大小此后一直成为宫廷作坊规定的制度之一。先秦典籍留下了许多弓弩弹力的具体数据，如《左传·定公八年》：“颜高之弓六钧”；《管子·轻重甲》：“十钧之弩”；《荀子·议兵》记魏氏武卒“操十二石之弩”⑧，等等。由此也可见，当时已有测量弓弩弹力的器具与方法。秦汉时代，人们更加注重测弓

① 湖北随县曾侯乙墓发掘简报，文物，1979年7期，第12页。
② 襄阳蔡坡12号墓出土吴王夫差剑等文物，文物，1976年11期，第68页。
③ 湖北当阳金家山两座战国楚墓，文物，1982年4期，第47页。
④ 安徽六合县城西窑厂2号楚墓，考古，1995年2期，第139页。
⑤ 河北新乐中同村发现战国墓，文物，1985年6期，第16页。
⑥ 原平县刘庄塔岗梁东周墓，文物，1986年11期，第22页。
⑦ 谭白明，曾侯乙墓弋射用器初探，文物，1993年6期，第83～88页。
⑧ 古代计量单位1钧=30斤，1石=120斤。先秦时期度量衡制混乱，大约1斤=230克。

弩弹力的大小，不仅如《论衡》等典籍记下了多种以单位“石”表示的弓弩弹力数值，[1]而且许多出土弩机上也标明它的弹力大小。如河南灵宝张湾东汉墓出土弩机，上刻“永元六年考工所造八石钒”等字样[2]。令人惊讶的是，在今内蒙古额济纳河岸汉代烽燧遗址出土的屯戍文书、即“居延汉简”中，据初步统计，内载弓弩弹力数者达 94 处之多[3]。它不仅记下了“一石弩”直至“九十石弩”而准确到“石”的数据，还记下了准确到“斤”、“两”的弹力数值。如“今力三石廿九斤射百八十步辟木郭”，“夷胡隧七石具弩……今力三石卌六斤六两”[4]。这些数值充分证明，汉代的弩，不仅在制造作坊要测量其弹力并将数值标示于弩身上，而且在边远屯戍所在地还要复核它的实际数值。直到明代，宋应星的《天工开物·佳兵·弧矢》还记下了这样的文字：

凡造弓，视人力强弱为轻重。上者挽一百二十斤，过此则为虎力，亦不数出；中力减十之二三；下力及其半。

可见，测量弓的弹力是中国弓箭制造技术中不可或缺的生产环节之一。

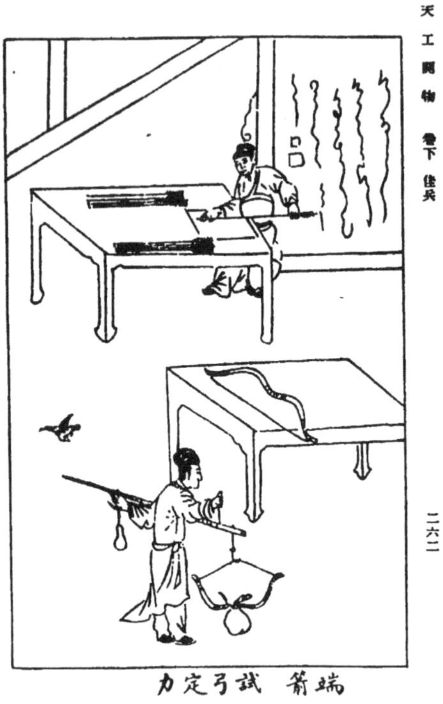

图 2-51　《天工开物》绘“试弓定力”图

古代人如何测量弓弩的弹力？宋应星在《天工开物》中说：

“凡试弓力，以足踏弦就地，秤钩搭挂弓腰，弦满之时，推移秤锤所压，则知多少。”[5]

宋应星将此过程称为“试弓定力”，并图画示之（图 2-51）。宋应星的画图与文字说明是古代测量弓弹力的方法之一。只是图画中尚未画出“以足踏弦”的情景。或许，汉代以前，有更简单的测量方法。

东汉郑玄在注解《考工记·弓人》中“量其力，有三均”时写道：

参、均者，谓若干胜一石，加角而胜二石，被筋而胜三石，引之中三尺。假令弓力胜三石，引之中三尺，弛其弦，以绳缓擐之，每加物一石，则张一尺，故书“胜”。

唐代贾公彦又对郑玄注语疏解道：

此言谓弓未成时、干未有角，称之胜一石；后又安角，胜二石；后更被筋，称之即胜三石。“引之中三尺”者，此据干、角、筋三者具总，称物三石，得三尺。若据初空干时，称物一石，亦三尺；更加角，称物二石，亦三尺；又被筋，称物三石，亦三尺。郑又云“假令弓力胜三石，引

---

① 王充《论衡·儒增》：“车张十石之弩”；《论衡·效力》：“弩力五石”，等。

② 灵宝张湾汉墓，文物，1995 年 11 期，第 81 页。

③ 老亮，中国古代材料力学史，第 24～25 页。

④ 中国社会科学院考古研究所《居延汉简甲乙编》，中华书局，1980。

⑤ 宋应星《天工开物·佳兵·弧矢》。

之中三尺”者，此即三石力弓也。必知弓力三石者，当“弛其弦，以绳缓擐之”者，谓不张之，别以一条绳系两箫，乃加物一石张一尺；二石张二尺，三石张三尺。

这两段引文中，所谓“以绳缓擐（huàn）”就是以松弛的绳系在弓的两箫，引文中内容蕴含了古代人有关材料力学的多种知识。其一、古代的弓干是由复合材料制成的，其中主要是竹或木、牛角、筋三种。此外尚有胶、丝、漆（图 2-52）。郑玄和贾公彦的注文，都指出这些材料各自的刚性，以及由它们复合而成的材料的刚性。单是竹（或木）的弓干，在 1 石重的作用力下形变，变形距离为 3 尺（从弓干中点到弓弦中点之距离）；又由竹和角组合的复合干，就要有 2 石重的作用力才使其变形 3 尺，此时复合弓干的刚度比前者增加了 1 倍；再由竹、角、筋三者组成的复合弓干，要有 3 石重的作用力才使其变形 3 尺，这比单由竹做成的干的刚度增加了 2 倍。其二，贾公彦谓“三石力弓”，也即郑玄称假令弓力胜三石，引之中三尺。由此推及前述古文献记载的“六钧之弓”、“十二石之弩”的物理含义所在。在弓弩名前加上重力或作用力数量，表示该弓弩刚度数值，只有如此大的力才能将该弓张满，此时该弓发射的箭才有足够的动能；同时也意味该弓的强度，如若过多地超出此作用力数值，使弓干形变量更大，弓干就可能被折断。所以“三石力弓”或“弓力胜三石”可以看作该弓的刚度和强度，而“引之中三尺”是标示该弓的形变极限。它们是反映弓弩性能的重要指标。标示这一数值也便于不同等级的射手使用。其三，指出了测定这种弓弩弹力的方法：先将弓弦松开，以另一绳平缓地系弓两箫（大概是不致影响弓干的初始变形），然后在绳中央挂砝码或秤砣。或者如同图 2-51 宋应星所绘。除此三者之外，更重要的是，郑玄和贾公彦道出了胡克定律的基本内容。

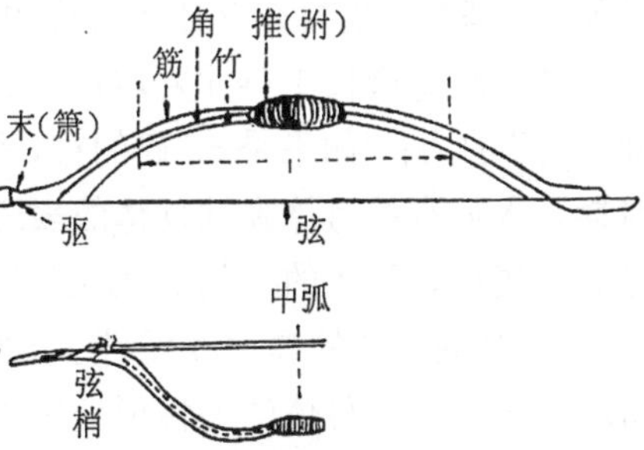

图 2-52　弓干各部分名称及其构成材料

胡克定律说的是、弹性体的形变量与其外力成线性比例。郑玄述及测量弓干刚度时“每加物一石，则张一尺”；贾公彦更清楚地表述为“加物一石张一尺，二石张二尺，三石张三尺”，这些说法所表达的物理意义正是弓干形变量与其外力成线性比例，也就是平常所说的胡克定律。老亮先生在研究有关历史记载后指出，可以将胡克定律称之为“郑玄-胡克定律”①。

英国科学家胡克（Robert Hooke，1635～1703）从 1660 年起实验了螺旋弹簧、盘簧、金属丝等弹性体，发现了其中弹性规律，他写道：

如果一个单位重量的重体把螺旋丝拉伸了某一个长度单位，那么二个重量单位的重体就能将它拉伸二个长度单位，三个重量单位的重体就能将它拉伸三个长度单位，如此类推②。

胡克不仅在其实验材料中作“如此类推”，而且还将这规律推广到“所有带弹性的其

---

① 老亮，中国古代材料力学史，第 29 页。

② ［美］马吉编，蔡宾牟译，物理学原著选读，商务印书馆，1986 年，第 104～106 页；也见 S.P. 铁木生可著，常振檝译，材料力学史，上海科技出版社，1961，第 16～17 页。

他物体之中，诸如金属、木料、石块、干土、毛发、兽角、蚕丝、骨骼、肌肉、玻璃等等”。他的发现从而被后人命名为“胡克定律”。胡克将他从弹簧中所得的实验规律推广到所有弹性体之中，其弹性规律的表述形式和内容却比郑玄晚了近1500年。

有人提出，郑玄和贾公彦叙述中所及的弓干变形量未曾扣除原有的弓高数值（从弓弦到弓干中央的距离）[①]，由此弓干形变与其外力成线性比例则不成立。这在理论上虽说得通，但在实际上，迄今人们在计算弓的形变与其外力关系时，并不考虑原有的弓高。现在体育射箭队在训练中实际计算弓的变形是以箭的长度衡量的。搭箭拉弓，从箭栝到箭镞尖端的长度为形变量。这样，他们不仅把原有的弓高、而且将镞长都计入形变量之中。据说，这是体育科学界一种标准的计算方法。颇有趣的是，在射箭体育训练教材中述及弓箭性能时，基本上仍持郑玄或贾公彦的说法。例如，女运动员使用42磅的弓、28英寸[②]的箭，则“一般每增长1英寸要增加1.5磅”的力；男运动员用45磅弓，“增长1英寸要增加2磅”的力；“如果是55磅的弓，每增长1英寸要增加2.5磅”的力[③]。由此看来，汉唐时期，人们有关弓体弹性规律的表述一般地是正确的。

还有人提出，弓体的几何非线性问题，“试弓定力”测量方法本身的非线性影响问题[④]，等等。这些问题的提出敦促科学史家必需考虑问题的方方面面。从理论上，或从精密的材料力学而言，弓体的弹性形变确实只有初始的一小段位移方符合弹性定律。弹性定律对于绝大多数弹性体都只能是有限适用。胡克当年未说明这种有限性，此后曾引起莱布尼兹（F. von Leibniz，1646～1716）的怀疑。今天，人们既不苛求胡克，也不非议射箭队的基础理论教师，自然就不应当苛求古代中国人。

另有一种意见是，郑玄、贾公彦的注疏只不过是一种“随文衍义，非实验所得”。然而，如若考虑到，从《考工记》成书到郑玄注《考工记》的六、七百年间，测量弓弩的弹力已成为一种作坊制度或社会的工艺风尚，那么“随文衍义”就不是主观臆测，而是确有其据。

郑玄（127～200），字康成，北海高密（今属山东）人，东汉著名经学家。幼时入太学，“日夜寻诵，未尝怠倦”。后游学十余年。归里后，聚徒讲学，弟子多达千人。他“博稽六艺”，“质于辞训”，又精通历算。因党锢事被禁，遂潜心著述。史称郑玄注解《周礼》是“囊括大典，网罗众家”[⑤]。因此，关于弓的弹性规律乃郑玄之前的发现、甚而是春秋战国之际“百工”中“弓人”所为，也未可知。当然，郑玄也完全有条件发现它。至少可以说，他记下了他的同时代人的有关发现。总之，从《考工记》成书时代起，中国人对弹性定律并不陌生。

贾公彦（生卒年不详，生活于7世纪），洺州永年（今河北永年县境）人。贞观间（627～649年）为弘文馆直学士；唐高宗永徽（650～655年）中，官至太学博士，数次

---

① 闻人军《考工记译注》，第109页。

② 1英寸=0.0254米，1磅=0.45公斤。

③ 美国射箭专家布罗斯卡来访讲学。引自国家体委北京射击场编，射击射箭参考资料，1985年第3～4期（合刊），第8～24页。

④ 老亮，再谈郑玄最早记载弹性定律，力学与实践，1994年第4期。

⑤《后汉书》卷三十五《郑玄传》，第五册，第1207～1213页。

受高宗召见，与方士、浮屠讲说[①]。撰《周礼义疏》、《仪礼义疏》等书，原书已佚，其部分见解保存在今《十三经注疏》本《周礼注疏》等书中。在《周礼注疏》中，他再一次肯定了郑玄记述的弓体弹性规律的说法。

4. 弓弩的改造与弹性定律的应用

由郑玄首次记述的弓弩弹性规律是否曾被后代应用于改造弓弩、增强刚度，从而增加射程？这个有趣的问题，在中国古籍中确实可以找到答案[②]。宋代初年，大将杨承信（921～964）和弓箭制作使魏丕（919～999）曾以此方法改造弓弩。据载：

魏丕作场使。旧制床子弩止七百步，上令丕增至千步。（丕）求规于（杨承）信。信令悬弩于架，以重坠其两端。弩势圆，取所坠之物较之，但以二分中增一分，以坠新弩，则自可千步矣。如其制造，果至千步，虽百试不差[③]。

由此记载看，旧弩射 700 步远，要求改造后新弩射 1000 步。射程增加了约 0.5 倍。射程增加，就要求弩的弹性势能相应地增加，也即要求其弩干的刚度增加。杨承信提出，旧弩若坠 2 分重而弹性位移为某量，新弩当坠 3 分重而弹性位移与旧弩同。这样，新弩比旧弩刚度增加了 0.5 倍，或者说，新弩的弹性势能比旧弩增加了 0.5 倍。如此改造旧弩，就能达到皇上命令之所求，也因而“果至千步”。这是自郑玄之后较早记载的有意识应用弹性定律的实例。不过，关增建曾撰文指出，以刚度和射程关系改造旧弩，其射程需要以仰射为准，而不是以平射或俯射作计算[④]。

值得注意的是，这条史料记述的数据是留有余地的：射程的增加实际上不足 0.5 倍，而刚度的增加是准确的 0.5 倍。这就是，即使计及空气阻力和其他影响，新弩可以射至千步的原因。

这条史料还透露出古代人测试弓力的新方法。我们先了解“床子弩”的构造。

所谓“床子弩”，即床弩。唐代称其为绞车弩，因为发射该弩时要用绞车张弓拉弦（图 2-53 (a)，(b)）。床弩上常设多张弩弓，以增加弩的发射威力。曾公亮《武经总要》就以弩弓多少命名它，如“三弓弩”，即具有三张弓的床弩。张弩时，转动弩床后的绞车，收紧钩在主弦上的牵引绳。然后，以弩牙扣住弓弦，解下牵引绳，此时装箭待发[⑤]。杨承信提出测试弓力的方法：“悬弩于架，以重坠其两端”。这就是，将弩干插入弩床后，弩床直立，在弩干的两箫分别悬挂重锤（图 2-53 (c)）。弩干的形变位移与外力即可测知。这种方法的合理之处，是避免了弓弦的非线性影响，其位移测量值更符合弓干的变形实际。这种测试弓力的方法当在郑玄时代已被弓弩制作场所采用，也未可知。

---

① 《旧唐书》卷一八九上《贾公彦传》，第十五册，第 4950 页；以及《新唐书》卷一九八《贾公彦传》，第十八册，第 5649 页。

② 石云里，关于弓体刚性测量的一条宋代史料，物理学史，1991 年 1～2 期（合刊），第 18 页。

③ 江少虞《事实类苑》卷十四《德量智识》引《魏王别录》，四库全书本。魏丕与杨承信改造床弩的类似记载，也见《宋史》卷二七〇《魏丕传》，第 26 册，第 9276 页。

④ 关增建，略谈中国历史上的弓体弹力测试，自然辩证法通讯，1994 年第 6 期，第 50～54 页。

⑤ 孙机，床弩考略，《文物》1985 年第 5 期。

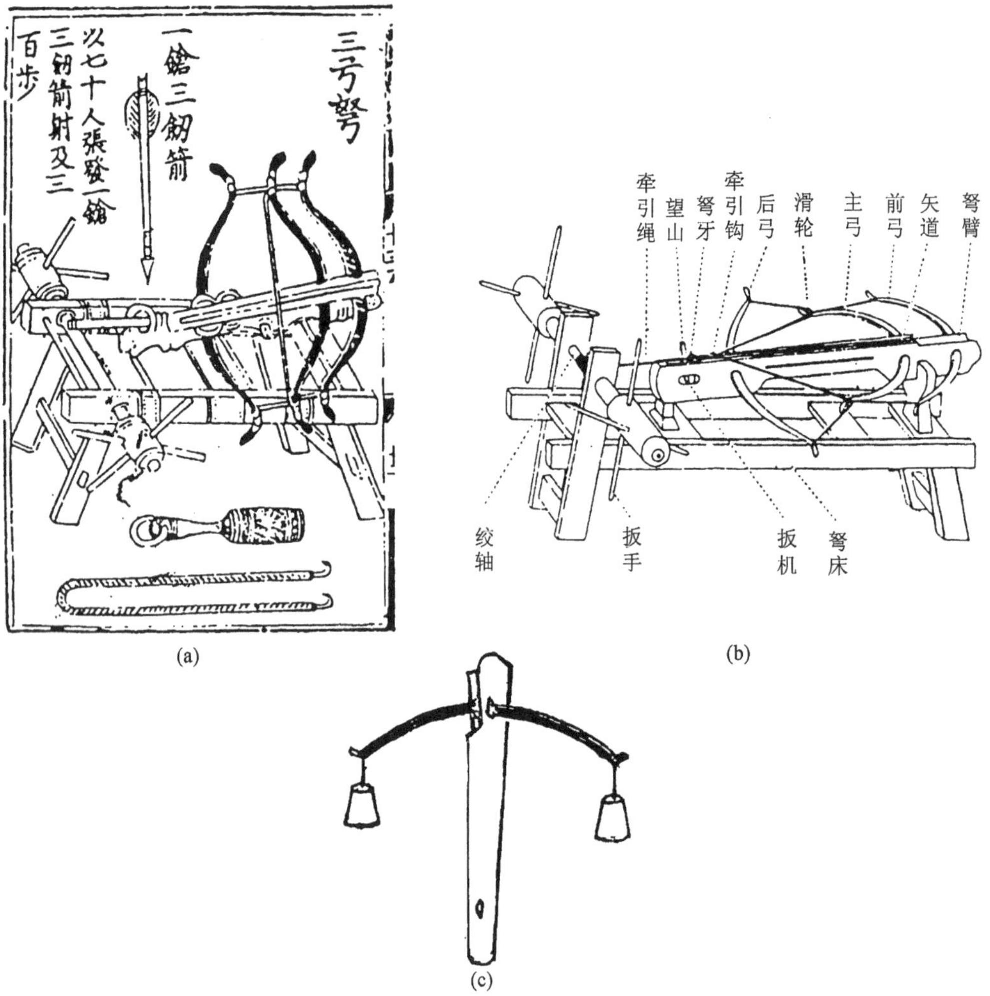

(a)　(b)　(c)

图 2-53　床子弩

(a) 为曾公亮《武经总要》绘　(b) 各部分名称

(c)　测试弩弓弹力的新方法

四　梁木断面的高宽比

屋栋柱梁承受巨大载荷，自然要有足够的强度。选择合理截面的梁木，就能增加强度。截面模量越大的材料，强度越大。方形梁的截面模量大于同样参数的圆形梁①，如果希望这两种梁承受同样载荷，方形梁就可以小些。

在人类文明史中，起初人们以为，原形的圆木比加工成其他形状的梁木更坚固。后来发现事实并非如此。于是，将圆木加工成方木或矩形木作为屋梁。在应用矩形梁时，如

① 一个直径为 d、截面为 A 的圆梁木，其截面模量 $S=\frac{1}{8}Ad=0.125Ad$；同样参数的正方形梁的截面模量 $S=0.147Ad$。

果依据梁木在地面上的自然稳定位置，将其截面长边 a 作宽度、短边 b 作高度架于屋上，容易招致梁断屋塌的后果。这种教训或许使人们懂得，架梁时必需将其自然位置倒过来，以其长边 a 作高度（图 2-54），从而安全度大大加强。

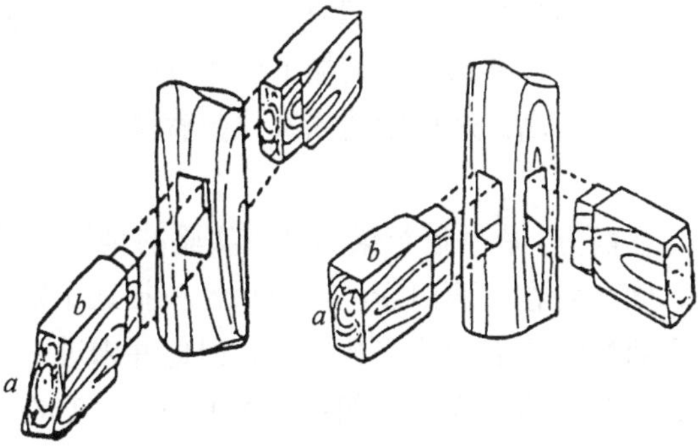

图 2-54 河姆渡遗址矩形梁

令人惊讶的是，古代中国人早在公元前 5000 年就开始采用矩形梁。浙江河姆渡遗址中有断面为 32×10 厘米、26.5×11 厘米、13×9 厘米的矩形木梁和木枋①。尤其是，几十根梁头榫的断面，其高×宽为 22.5×5.5 厘米²②，高宽比近似于 4∶1。这个经验截面高宽比数在远古时代是难得的材料力学成就。

据《国语·鲁语》载，鲁成公十六年（公元前 575 年），鲁大夫公孙婴齐（又写作子叔声伯）曾说过："吾闻之，'不厚其栋，不能任重'③。"此说极有道理。"厚"字可以理解为矩形梁的高，"厚其栋"就是要加大梁的高度④。它表明，春秋时期的建筑师已经验地知道增大梁木断面的高度对于承重的重要性。

有趣的是，《九章算术》中有一道算题涉及从圆木中截取矩形木的具体数据。它写道："今有圆材，径二尺五寸。欲为方板，令厚七寸，问广几何？答曰：二尺四寸⑤。"刘徽注云："此以圆径二尺五寸⑥ 为弦，板厚七寸为句，所求广为股也。"

这道题告诉我们，如何将直径为 2.5 尺的圆木截成厚×广＝0.7×2.4 尺的矩形木。加工如此巨大的木料，虽算题中未告知其用途，但不难想到，它是为横梁设计的。或许，算题本身可能就是来源于营匠的实践经验。将截取的矩形木摆放在屋架上作梁，以其截面长边为高，短边为宽，那么，这矩形梁的高宽比就是 3.43∶1。这比河姆渡遗址的梁枋要进步多了。它可能是汉代前后木构建筑中梁枋的匠作制度，并在历史上被人们运用了很长的时间。甚至于在宋代，蒲田玄妙观三清殿（建于 1009 年）中还有高宽比（为 3.05∶1）极其近似的梁木⑦。只不过唐宋起，这样比数的梁木越来越少，而逐渐趋于更为合理的比数而已。

迄止宋代，建筑师已作出矩形梁高宽比例的科学的定量结论。北宋晚期，官将作监并主持京城和皇宫建筑的李诫曾编修《营造法式》一书，总结了他那个时代和宋代以前的营建经验。他写道：

① 祁英涛，中国早期木结构建筑的时代特征，文物，1983 年第 4 期，第 62～63 页。

② 河姆渡遗址第一期发掘简报，《考古学报》，1978 年第 1 期，第 39～93 页。

③ 《国语》卷四《鲁语上》，上册，第 180 页。

④ 汉代成书的《淮南子·泰族训》将"厚"字改成"大"字，书引为"国语曰：'不大其栋，不能任重'。"三国吴时韦昭在注《国语》时，也将"厚"字译为"大"。改动一个字，科学认识的历史价值就消失怠尽。秦火之后，文人不解先秦典籍者，不乏其例。

⑤ 《九章算术》卷九《句股》，第 4 问。

⑥ 1 尺＝0.3 米，1 寸＝0.03 米。

⑦ 老亮，中国古代材料力学史，第 115 页。

"凡梁之大小，各随其广分为三分，以二分为其厚①。"

广三分，厚二分，是加工梁木时的数据。"分"是材分，即比率。放置梁木时，却是将其长边为高。这种梁的高宽比数就是 3∶2。这个比数，是古代中国重大的力学成就之一。

在西方，最早进行梁木承重实验的是达·芬奇，但他没有认识到高宽比的重要性。后来，伽利略在《两门新科学对话》中描述了矩形梁竖放和平放的承重实验，才得到竖放梁木的抗断裂能力比平放时大，但他并未进一步得出一个合理的比例数据。1702 年，法国数学家和物理学家帕朗特（A. Parent，1666～1716）讨论了从圆木中截取具有最大强度矩形梁的方法，其结论为，梁截面的高宽比应是$\sqrt{2}$∶1。又过了一个多世纪，英国物理学家托马斯·杨（Thomas Young，1773～1829）在 1807 年证实，刚性最大的梁，其高宽比为$\sqrt{3}$∶1，相当于 3.46∶2；强度最大的梁，其高宽比为$\sqrt{2}$∶1，也即 2.8∶2②。《营造法式》的比例数为 3∶2，恰好在杨实验的两个比例数之间，或许该书作者李诫既考虑了材料的刚度，又考虑了它的强度，才作出了这样的选择。

对现存一些古建筑的梁、枋、栿等木构件的实测表明，唐宋时期建筑中梁类木料的高宽比与《营造法式》的规定颇为接近。据统计，唐和五代三座建筑物 19 件梁类构件的高宽比在$\sqrt{2}$∶1 以上者 10 件，占 52.6%；宋代 31 座建筑物 102 件梁类构件的高宽比在$\sqrt{2}$∶1 以上者 79 件，占 77.5%③。建于 979～984 年的山西晋祠圣母殿，其横梁高宽比大多近于 3∶2④。这是在《营造法式》成书之前约 100 年的营建经验。李诫总结这一经验是顺理成章的事。

李诫（？～1110），字明仲，郑州管城（今河南新郑）人。元丰八年（1085）官郊社斋郎，曹州济阴县尉。从元祐七年（1092）至其卒止，曾两度入将作监任职。他所编修的《营造法式》于绍圣年间（1094～1098）开始纂稿，成书于元符三年（1100），崇宁二年（1103）刻版印刷。史称其为《营造法式》绍圣本或崇宁本。全书分"看样"、"目录"、"总释"、"总例"、"诸作制度"、"等第"、"诸作图样"等 36 卷。该书对后世营建工程颇具影响。

第六节　固　　体

本节着重叙述古代人对固体、尤其是晶体特性的认识。固体中绝大部分是晶体。晶体的几何形态、光学和热学特性、晶体生长等内容又是固体物理学中的内容之一。在中国传统的本草医药学中，宝石、矿物都被当作药物使用。几千年来，随着本草医药学的发展，人们就逐渐深入地掌握了晶体物理学中某些知识。

本节作为力学内容之一，仅讨论古代人有关晶体特性、几何形态和对称性等知识，而

① 李诫《营造法式》卷五《大木作制度》。

② S. P. 铁木生可著，常振檝译，材料力学史，第 5、12、38、81 页；郭黛姮，从近现代科学技术发展看中国古代木构建筑技术的成就，自然科学史研究，第 2 卷第 4 期（1983），第 370～376 页。

③ 老亮，中国古代材料力学史，第 113～118 页。

④ 彭海，晋祠圣母殿勘测收获，文物，1996 年第 1 期，第 66～79 页。

晶体的光学和热学特性将分别在以下相应的章节中讨论。我国晶体物理学家陆学善(1905～1981)晚年曾撰写《中国晶体学史料掇拾》一文[①]，其中包括了霜雪、玉石、药用晶体、陶瓷、琉璃的物理化学特性，有关晶体的古代概念、鉴别方法、晶体的光学、化学、生长和赝形性，以及古人提出的鉴别晶体的方法，等等，可以说包容了古代晶体学知识的几乎全部内容，也澄清了古代悬而未决或今日仍有争论的一些晶体历史知识，为今天的有关研究奠定了基础。

一 固体的比重

1. 固体比重的测定法

在本章第四节流体力学中，我们已述及古代测定液体比重的知识。在这里，要进一步讨论固体的比重问题。

在中国，比重的概念起源甚早。《孟子·告子下》写道：

“金重于羽者，岂谓一钩金与一舆羽之谓哉？”

这意思是，孰重的问题应当是对相同体积而言。《孟子》为战国时孟轲（约前372～前289）及其弟子所撰。可见，在中国比重概念的形成时间比阿基米德早。据《汉书·食货志》载，西周初期已有单位体积物质重量的说法；

“太公为周立九府[②] 圜法[③]：黄金方寸，而重一斤[④]。”

“太公”，是周初太师吕尚，俗称姜太公。此记载若是，比重的概念起源于公元前10世纪[⑤]。或许，“黄金方寸，而重一斤”是汉代人的测定值；而周初吕尚曾有过类似测量或测量思想，汉代人便假吕尚之名以推行黄金比重值之实。换句话说，是推广度量衡制。

虽然比重的概念起源甚早，然而，古代人如何测定固体物质的比重却长期来有异议。《考工记·栗氏为量》写道：

> 栗氏为量，以煎金锡则不耗。不耗然后权之，权之然后准之，准之然后量之，量之以为鬴。

这意思是，在制造标准量器“鬴”的过程中，先需将青铜合金（“金锡”）提炼至精，以致其成分不再耗损；然后对这合金进行“权”、“准”、“量”三道计量程序。在历史上，对后二者的计量方法有两种不同意见。

东汉杜子春在注《周礼·考工记》这段文字时，提出：“从故书，准作水”，“准之”就是“以水齐器”。他的意思是，大概以水量合金的大小。清代江永进一步推测道：

> 或是先以方器贮水令满，定其重，乃入金锡于水。水溢，取出金锡再权其水，视所减之斤两与分寸，可得金锡大小之比例。后人算金、银之法如此，疑古人亦用此法。先权，以知轻重，准以知大小，然后可量金锡之多寡，入模范

---

① 陆学善，科技史文集，第12辑，上海科学技术出版社，1984年，第1～34页。

② “九府”，颜师古注：“周官太府、玉府、内府、外府、泉府、天府、职内、职金、职币，皆掌财币之官，故云九府。”

③ “圜法”：指金钱布帛等货币的均匀规则。

④ 《汉书》卷二十四下《食货志》，第四册，1149页。

⑤ 王燮山，我国古代测定的固体比重及其量测方法，物理通报，1983，第6期，第47页。

使其成，适合一钧也①。

在江永依据西方测比重方法的推测下，后来戴震②、孙诒让③ 等均持此说，认为“准之”以测合金体积，又据称得的合金之重即可算其比重。此种“权”、“准”、“量”之方法，实则为阿基米德原理的运用。《考工记》成书年代比阿基米德早400余年。虽然不少人同意江永的上述解释④，但似乎实难断论。这是因为杜子春的解释太简单，而清代学者之说又太晚了。我们还是等待发掘更多的文献或文物证明。

东汉郑玄对“准”、“量”作出另一种解释。他不从杜子春，认为“此金仍未铸器，何得已有器以盛水也”。因此，他说：“准，击平正也，又当齐大小”；更细地说：“准为平前经已称之轻重，然后更击锻金，令平正之，齐其金之大小也⑤。”显然，其意思是，先将金属锤击平正，使之成一定大小尺寸，以此便于计算其体积。其后，即可据已“权”得的重量和“准”、“量”而得的体积，计算其比重了。魏、晋间人刘徽在注《九章算术》中持相同的观点，他在引用“栗氏为量”的有关文字后写道：

“言炼金使极精，而后分之，则可以为率也⑥。”

所谓“而后分之”，大概是将提炼极精的金属分成长、宽、高各为1寸的小立方块。这种小块就成为“可以为率”的标准块了。此后，也不少人持此说⑦。或许，郑玄、刘徽之说接近中国文化传统，比较可信。

2. 比重的测定值

固体比重的测定值，除前述《汉书·食货志》所载黄金比重值之外，大多数测定值均见之于古代数学著作之中。

刘徽在注《九章算术·少广》第24问中曾写道：

“黄金方寸重十六两，金丸径寸重九两。率生于此，未曾验也。”

第24问这道算题要求，根据已知的黄金比重值和任一体积，而解答该体积下金丸的直径为几何。刘徽注就是给出具体的已知条件。由此可见，黄金比重值在刘徽和《九章算术》成书前已为人们所测定。其方寸重与《汉书·食货志》所载相同，至晚汉代人已测定了黄金比重。刘徽并未重新测定，故他说：“率生于此，未曾验也。”

此外，《九章算术》还记下了玉、石的比重，并要求人们据此推算混合玉石体中玉与石各自的重量。它写道：

今有玉，方一寸重七两；石，方一寸重六两。今有石立方三寸，中有玉，并重十一斤。问玉、石各重几何？答曰：玉，一十四寸，重六斤二两；石，一十

---

① 江永《周礼疑义举要》卷六《考工记》。

② 戴震《考工记图·栗氏》。

③ 孙诒让《周礼正义·考工记·栗氏》。

④ Joseph Needham, Science and Civilisation in China. Vol. 4, part 1, pp. 39～42；王燮山，《物理通报》，1983年，第6期，第49页。

⑤ 郑玄注《周礼考工记》，见《十三经注疏本》。

⑥ 刘徽注《九章算术》卷四《少广》，第24问。

⑦ 如宋代林希逸（《鬳斋考工记解》），明代徐昭庆（《考工记通》）、朱载堉（《律吕阐微》，《律吕精义内篇》卷十《嘉量第二》）等。

三寸，重四斤十四两①。

魏晋时期，《孙子算经》中留下了七种物质比重的测定值。它们是：

黄金方寸重一斤。

白银方寸重一十四两。

玉方寸重一十二两。

铜方寸重七两半。

铅方寸重九两半。

铁方寸重六两。

石方寸重三两②。

在这七种比重值中，黄金、玉、石是以前测量过的。玉、石的比重值不同于《九章算术》所载的数值，大概是因其中成分不同所致。令人奇怪的是，虽然历代度量衡大小并不全同，而黄金比重值却并未变易③。除这三种物质之外，其余四种物质的比重是首次载于历史文献的测定值。《孙子算经》的测定值在历史上具有重大影响。直到明代，程大位还照搬照用这些数值④。

成书于公元466～485年间的《张邱建算经》⑤，有一算题表明，当时可能有人重新分别测定黄金与白银的比重：

今有金方七、银方九，秤之适相当。交易其一，金轻七两。问金、银各重几何？答曰：金方重十五两十八铢；银方重十二两六铢⑥。

这道算题可能是根据当时的测定结果，甚至是包括测定方法而拟设的。其黄金与白银的比重值都较《孙子算经》小。然而，黄金"方一寸、重一斤"的说法仍被某些人采用。直到元代，朱世杰在《四元玉鉴》的一道算题中采用了折衷方案。他写道：

金方一寸重一十五两一十八铢，银方一寸重一十二两六铢（原注：金银方寸之重皆按张邱建术）；玉方一寸重七两（原注：按黄帝九章法）⑦。

在同一道算题中采用两种不同时代的比重测定值，大概不只是为了使答数完美，其中当有朱世杰的思虑之处。他可能想过，张邱建的数值总比《九章算术》、甚而西周初、或黄帝时代的测定值更新近一些时代。

明末起，受西方科学的影响，人们测定了大量的物质的比重值⑧。本书不一一例举了。值得一提的是，古代一些涉及测定物质比重的著作，如祖暅的《权衡经》、《称物重率术》等⑨，都已亡佚。否则，当可了解历史上更多的有关知识。

---

① 《九章算术》卷七《盈不足》，第16问。解此题当注意："石立方三寸"，即正方体石的每边长3寸，其体积则为27立方寸；答题中所谓"一十四寸"和"一十三寸"是指立方体积。

② 《孙子算经》卷上。

③ 唐代成书的《夏侯阳算经》卷下第18问，仍然采用"金方一寸，重一斤"的说法。

④ 程大位《算法统宗》卷一《诸物轻重率》。

⑤ 钱宝琮点校《算经十书》卷下《张邱建算经提要》，科学出版社，1963，第325页。

⑥ 《张邱建算经》卷上，第29问。

⑦ 朱世杰《四元玉鉴》卷中《如意混和》，第1问。

⑧ 王燮山，中国古代所测定的物质比重，自然科学史研究，4（1985），307～311页，其中，有关比重值的古今换算以及比重的测定在历史上越来越精确的结论，尚可商榷。

⑨ 《隋书》卷三十四《经籍志》，第四册，1039页。

大量的文字记载表明，测定固体比重的工作是中国的文化传统之一。传说阿基米德测定了黄金白银的比重，但他并未留下具体的数值。阿拉伯人阿勒·哈齐尼（Al-Khazini）于1137年写成《智慧秤的故事》，测定了金、铜、铅等五种物质的比重，还创造了“比重”一词①，但他是在《孙子算经》成书后约800年所作的工作。可见，中国人对比重的测定在人类科学文化史上的价值。

二　晶　　体

固体中绝大部分是晶体，包括单晶和多晶两大类。有趣的是，古代中国的晶体学知识是由两种不同追求的学者共同发展起来的。炼丹家企求在矿物中找到长生不老药，从战国时期开始的炼丹术积累了不少矿物晶体的知识；本草药物学家又将玉石矿物采作医疗药物，并对这些药物一一加以收集、辨认、分类和记载，他们不仅将炼丹家的矿物晶体知识收编在本草学专著之中，而且将本草学、医药学、矿物学和晶体学融为一体，形成了中国独具特色的本草药物学。本节的物理学知识大多出自本草学专著，其原因在于此。

1. 历史文献中的玉石与药用晶体

中国古代人所记述的晶体之多，从历代本草著作中即可见一斑。最早的本草著作是已佚的《神农本草经》，它大约成书于西汉末年，即公元前一世纪左右②。据后人辑本，《神农本草经》记载药物365种，内土部2种，金石部41种。此后约6个世纪，萧梁朝陶弘景的《本草集注》（又名《名医别录》）共收载药物730种，其中增加了土部3种，金石部32种。唐显庆四年（659），唐朝廷根据苏恭等人的修编，颁行《唐新修本草》，这是世界上由政府颁布的第一部药典。该书共收载药物844种，其中土部8种，金石部87种。11世纪末，由唐慎微修订的《证类本草》又将药物品种增加到1746种。明万历六年（1578），李时珍征引历代诸家本草41种、277家医家书籍，完成《本草纲目》巨著，记载药物1892种，其中土部61种，金石部134种。

这是历史文献所反映出来的人类认识晶体的一个大致发展轮廓。土部与金石部（或称玉石部）种类的增多，表明人们认识到的晶体在逐渐增加。所谓“土部”，如白垩（明代称之为白善土、白土粉或画粉）、自然灰（一种碱性物质）、土墼（明代称为“煤赭”，乃“烧石灰窑中流结土渣也，轻虚而色赭③。”）、冬灰（明代称藜灰，即今碳酸钾及碳酸钠）、石碱（明代又称为灰碱、花碱，今称泡碱，即今所谓含水碳酸钠），以及陶瓷类等等。金石部或玉石部包括金类、玉类、石类和卤石类。人类认识和利用这些固体过程正是晶体学的历史发展进程。李时珍的《本草纲目》为此提供了古代人有关晶体的最完备、最集中的知识。

今将《本草纲目》金石类中部分药物名称及其相应的现代化学或矿物学名称、成分

① ［美］卡约里著，戴念祖译，物理学史，内蒙古人民出版社，1981，第23，27页。

② 《神农本草经》一书，不见《汉书·艺文志》的记载，但在公元前一世纪已有“方术本草”之名及著作。事见《汉书》卷十二《平帝纪》（第一册，第359页）和《汉书》卷九十二《楼护传》（第十一册，第3706页）。

③ 李时珍《本草纲目》卷七《土部·土墼》，第443页。

列表 2-1 之中。这部分药物是我们迄今已知可与现代通用名称作对比的物质，它们包括了金属元素、非金属元素、氧化物、硫化物、氯化物、硝酸盐类、硫酸盐类、碳酸盐类和硅酸盐类等晶体物质①。

表 2-1 古籍记载的晶体古今名称对应表

品名	别称	相应的化学名词或矿物学名词	成分
金	黄芽，太真	金	Au
银	白金，鋈	银	Ag
赤铜	红铜，赤金	铜	Cu
铅	青金，黑锡	铅	Pb
锡	白镴，�，贺	锡	Sn
铁	黑金，乌金	铁	Fe
水银	汞，姹女	汞（在常温下为液体）	Hg
石硫黄	硫黄	硫	S
金刚石	金刚钻	金刚石（diamond）	C
黑石脂	石涅	石墨（graphite）	C
石炭	乌金石	煤	C
石灰	石垩，垩灰	石灰（limestone）	CaO
密陀僧	没多僧	密陀僧（litharge）	PbO
鈆丹、铅丹	朱粉	红铅	Pb_3O_4
（砒石）	砒霜	砷华（asenolite）	As_2O_3
水精	水玉，水晶	石英（quartz）	SiO_2
慈石	玄石，熁铁石	磁铁矿（magnetite）	Fe_3O_4
代赭石	须丸，血师	赤铁矿（hematite）	Fe_2O_3
禹余粮	太一余粮	褐铁矿（limonite）	$2Fe_2O_3 \cdot 3H_2O$
无名异	土子	软锰矿（pyrolusite）	MnO_2
无名子	碗青，回青	钴土矿（asbolite）	Co（Fe，Cu）$O+xH_2O$
丹砂	朱砂	辰砂（cinnabar）	HgS
金牙石	黄芽石	黄铁矿（pyrite）	FeS_2
自然铜	石髓铅	黄铜矿（chalcopyrite）	$CuFeS_2$
礞石	青礞石	辉铜矿（chalcocite）	Cu_2S
礜石	白礜	砷黄铁矿（arsenopyrite）	FeAsS
锡恡脂	悉蔺脂	辉锑矿（stibnite）	Sb_2S_3
雄黄	黄金石，石黄	雄黄（realgar）	As_2S_2
雌黄		雌黄（orpiment）	As_2S_3
（砒石）	信石	红砷镍矿（niccolite）	NiAs
食盐	鹾	石盐（halite）	NaCl
银屑		氯化银	AgCl
硇砂	狄盐，北庭砂	硇砂（sal ammoniac）	NH_4Cl
绿盐	石绿	氯铜矿（atacamite）	$CuCl_2 \cdot 3Cu(OH)_2$
水银粉	轻粉，峭粉	甘汞（calomel）	Hg_2Cl_2
粉霜	白降	氯化亚汞	$HgCl_2$

① 该对比表和本节文字多引自陆学善，中国晶体学史料缀拾，科技史文集，第 12 辑，上海科学技术出版社，1984，第 1～34 页。

续表 2-1

品 名	别 称	相应的化学名词或矿物学名词	成 分
消石	苦消，地消	硝石（nitre）	KNO_3
朴消	盐消，皮硝	芒硝（mirabilite）	$Na_2SO_4 \cdot 10H_2O$
石膏	寒水石	石膏（gypsum）	$CaSO_4 \cdot 2H_2O$
石胆	胆矾	胆矾（chalcanthite）	$CuSO_4 \cdot 5H_2O$
矾石	白矾	钾明矾（potash alum）	$KAl(SO_4)_2 \cdot 12H_2O$
绿矾	皂矾	绿矾（green vitriol）	$FeSO_4 \cdot 7H_2O$
黄矾		硫酸铁	$Fe_2(SO_4)_3$
方解石	黄石	方解石（calcite）	$CaCO_3$
珊瑚		碳酸钙	$CaCO_3$
石钟乳		碳酸钙	$CaCO_3$
石碱	灰碱	泡碱（natron）	$Na_2CO_3 \cdot 10H_2O$
炉甘石	炉先生	菱锌矿（smithsonite）	$ZnCO_3$
花乳石	花蕊石	白云石（dolomite）	(Cu，Mg) CO_3
冬灰	藜灰	碳酸钾及碳酸钠	$K_2CO_3+Na_2CO_3$
空青，曾青，扁青	杨梅青，大青，碧清，鱼目青，白青	石青（azurite）	$2CuCO_3 \cdot Cu(OH)_2$
绿青	石绿，大绿	孔雀石（malachite）	$CuCO_3 \cdot Cu(OH)_2$
粉锡	胡粉，铅粉	碱性碳酸铅	$2PbCO_3 \cdot Pb(OH)_2$
玉		软玉（nephelite） 硬玉（jadeite）	(Na，K) $AlSiO_4$ $NaAl(SiO_3)_2$
阳起石	羊起石	阳起石（actinolite）	$Ca_2(Mg,Fe^{2+})_5 \cdot Si_8O_{22}(OH)_2$
不灰木	无灰木	纤蛇纹石（chrysotilite） 石棉（asbestos）	$Mg_3Si_2O_5(OH)_4$
云母		云母（mica）	$R^+M^{3+}(AlSi_3O_{10})(OH)_2$
滑石	画石，冷石	滑石（talc）	$Mg_3(Si_4O_{10})(OH)_2$
铜青	铜绿	碱性醋酸铜	$Cu(C_2H_3O_2)_2 \cdot Cu(OH)_2$
蓬砂	鹏砂	硼砂（borax）	$Na_2B_4O_7 \cdot 10H_2O$

除表中所列之外，玉石是最引人注目的晶体。从 50 万年前"北京人"开始，玉石类的石英已被人们选作武器或生产工具的原料。公元前 6000 年浙江河姆渡遗址中已有玉器①，在新石器时代晚期，甘肃齐家文化、江苏良渚文化中已有加工极精致的玉器，如玉珠、玉轮、玉环、玉璧、玉琮等物②。自秦汉起，受中西文化交流的影响，玉石的种类与名称繁多，以致整理、辨识古代记录都有相当困难。根据章鸿钊在其著《石雅》中的考证和陆学善的研究，历史文献中记载的玉石种类大致如下。

璆琳，俗称"天球"，相当于现在的青金石，属立方晶系，成分相当于 $NaAlSiO_4 \cdot Na_2S$。

琅玕，可能是现在称为尖晶石一类玉石，属立方晶系，成分为 $MgAl_2O_4$。琅玕与璆

① 河姆渡遗址第一期发掘简报，考古学报，1978 年第 1 期，第 39～93 页。

② 1982 年江苏常州武进寺墩遗址的发掘。考古 1984 年第 2 期；江苏吴县张陵山东山遗址。文物，1986 年第 10 期；安徽含山凌家滩新石器时代墓地发掘简报。文物 1989 年第 4 期；萧县金寨村发现一批新石器时代玉器。文物，1989 年第 4 期，等。

琳，在典籍中往往并称。它们有可能从秦汉时代起由阿拉伯传入中国。又一说，先秦时期玻璃的名称。

琼瑰，或马脑，即近代所谓玛瑙。玛瑙是由梵语 asmagarbha 意译过来的。因其带有斑纹，故《本草纲目》称其为“文石”。

水玉，别称水晶、水精、石英、菩萨石。属六角晶系，主要成分为 SiO_2。因含杂质不同而有不同颜色。其晶棱对日光有分光作用，历史文献中对此多有记载。陶弘景《名医别录》按其颜色将它分类，“其黄端白棱，名黄石英；赤端白棱，名赤石英；青端赤棱，名青石英；黑泽有光，名黑石英①。”这种分类法如同近代将石英分为白石英（quartz）、紫晶（amethyst）、黄晶（citrine）、烟晶（smoky quartz）和蔷薇石英（rose quartz）一样。

玫瑰、又称火齐、火齐珠，也就是云母。它是由 Si-O 四面体组成的一系列层状结构。陶弘景征引《仙经》、将云母分为八种：

色青白多黑者，名云母；色黄白多青者，名云英；色青黄多赤者，名云珠；如水露乍黄乍白，名云砂；黄白皛皛，名云液；皎然纯白明沏，名磷石；……黯黯纯黑有文斑如铁者，名云胆；色杂黑而强肥者，名地涿②。

按现代矿物学知识，这八种云母中，云母就是白云母（muscovite），云珠是锂云母（lepidolite），云液是金云母（phlogopite），云胆是黑云母（biotite）。

瑟瑟，相当于蓝宝石，是带浅蓝色的氧化铝单晶。

靺鞨，原为北方少数民族，其地产宝石，故而为名。《本草纲目》说：“碧者，唐人谓之瑟瑟；红者，宋人谓之靺鞨。今通称为宝石③。”靺鞨为红宝石。它与瑟瑟同为 Al_2O_3 的结晶，仅红宝石中杂含铬离子而已。红宝石在宋以后又称为红刺。红刺石、或红㻬、照殿红。

避者达，这是阿拉伯语的音译名，也就是现在的石榴石（garnet），立方晶系，因其常以菱形十二面体形态出现，故俗名八角石。

金刚，即金刚石。属立方晶系，是碳的同素异形体。

猫睛，又称猫儿眼。其中最名贵者称为金绿宝石（chrysoberyl）、或波光石（cymophane），色微绿，它是铝酸铍（$BeAl_2O_4$）的单晶，属正交晶系。

祖母绿，又称助木刺。祖母绿是从波斯语（Zumurud）转借来的，今称纯绿宝石（emerald），是绿柱石（beryl）的一种，其成分为 $Be_3Al_2Si_6O_{18}$。在祖母绿中，一部分 Al 离子为 Cr 离子所代替，有时杂含微量的 V 和 Fe。

玉，以于阗所产最为闻名。一般所谓玉，均属闪石类，白颜色者和透闪石（tremolite）相近，绿色者和阳起石（actinolite）相近。均属单斜晶系。其成分见前表。在矿物学上分两类：软玉和硬玉。硬玉中的翡翠（理想成分为 $NaAlSi_2O_6$）颇受古人青睐。

碧瑌，又称碧霞玺，碧霞玭，碧洗，或碧霞希。这些名称均为异域译音。它是电气石（tourmaline）类晶体，是一种含硼、铝的复杂硅酸盐。

甸子，或称碧甸子、碧靛子，现在称之为绿松石。元代起才有甸子名称，陶宗仪

① 李时珍《本草纲目》卷八《金石部·白石英》引《别录》，第 510 页。

② 唐慎微《证类本草》卷三《玉石部·云母》引陶弘景语。

③ 李时珍《本草纲目》卷八《金石部·宝石》，第 505 页。

《辍耕录》称甸子有三："一曰你舍卜的，即回回甸子；二曰乞里马泥，即河西甸子；三即襄阳甸子。"

鸦琥，又作亚姑、雅姑，大概是阿拉伯语 yakut 的音译。因其色黄，时有称黄鸦琥，今称黄宝石或金色宝石，是黄色氧化铝单晶。

除此之外，还有酒黄宝石（今称黄精、黄晶、或黄玉，属正交晶系）；窟没蓝（今称蓝晶，疑是海蓝宝石 aquamarine 的译音）；屋朴尔蓝（今称白宝石，矿物学名蛋白石 opal。屋朴尔就是蛋白石的译音，其成分为含水的 SiO_2），璧硫璃（今称绿柱石，属六角晶系）等等。

以上 21 种宝石，有些原产本土，有些为国外传入。中国和西亚、欧洲的文化交流，从宝石的传播中也可窥见一二。

古代中国人对玉石的偏爱或迷信往往达到如痴如狂的程度。整部《红楼梦》故事以贾宝玉佩带的玉石为引子即可见一斑。在 8 世纪中期，曾有这样一件事。唐肃宗李亨将近驾崩之前，传"楚州寺尼真如者，恍惚上升，见天帝。帝授于十三宝，曰：'中国有灾，宜以第二宝镇之'[①]。"楚州刺史崔侁在获得这些宝石后，立即上表以献。表文中描述了这些宝石的物理形态。据《旧唐书·肃宗纪》载：

> 楚州刺史崔侁献定国宝玉十三枚：一曰玄黄天府，如笏，长八寸，阔三寸，上圆下方，近圆有孔，黄玉也；二曰玉鸡，毛文悉备，白玉也；三曰谷璧，白玉也，径可五六寸，其文粟粒无雕镌之迹[②]，四曰西王母白环，二枚，白玉也，径六七寸；五曰碧色宝，圆而有光；六曰如意宝珠，形圆如鸡卵，光如月；七曰红靺鞨，大如巨栗，赤如樱桃；八曰琅玕珠，二枚，长一寸二分；九曰玉玦，形如玉环，四分缺一；十曰玉印，大如半手，斜长，理如鹿形，陷入印中，以印物则鹿形著焉；十一曰皇后采桑钩，长五六寸，细如箸，屈其末，似真金，又似银；十二曰雷公石斧，长四寸，阔二寸，无孔，细致如青玉，十三宝[③]置于日中，皆白气连天[④]。

据前述各种宝石名称，确有黄玉、白玉、红靺鞨、琅玕、青玉等玉石晶体，所描述的外形特征也是正确的。暂且不论天帝献玉，作为尼姑真如献出自己珍藏玉石、并请刺史崔侁献于皇上，大概实有其事。而在历史文献中，除本草著作外，一次简练地记下了如此之多的玉石及其形态特征，就不能不令人感到惊讶了。

2. 晶体的形态结构

有规则的几何外形、对称性的结构，是晶体的物理特征。它首先引起古代本草学家和炼丹家的注意。在述及古代人对晶体的描述之前，我们先简单介绍古代人用以描述晶体结构和形态的常用词。

"棱"，用以描写两个自然晶面的交线。例如，菩萨石"其质六棱"。[⑤]

---

① 《旧唐书》卷十《肃宗纪》，第一册，第 263 页，段成式《酉阳杂俎·前集》卷一《忠志》有关记载与此稍有不同，该书记述宝石十二枚，并称"天帝言下方有灾，令此宝镇之。"

② 《酉阳杂俎》记为"如粟粒，无雕镌之迹"。

③ "十三宝"、"十三枚"，数字误。按记载，应为十二宝，共十四枚。

④ 《旧唐书·肃宗记》，第一册，第 262～263 页。

⑤ 李时珍《本草纲目》卷八《金石部·菩萨石》，514 页。

“牙”、“齿”，用以描写单晶。天然生成金单晶称“黄牙”①；形如紫石英的丹砂，称“马齿砂”②；黄铁矿在萧梁代称“金牙石”，明代称“黄牙石”③；类似的单晶，有时也称为“笋”④，或称为“针”⑤。

用以描写单晶体形如须发的用词“须”、“芒”，或“草根”。如生银，“又谓之‘老翁须’，亦取像而言之耳”⑥。苏颂说，生银“在土石中渗漏成条，若丝发状，土人谓之‘老翁须’。”“信州出一种如乱铜丝状，……亦若生银‘老翁须’之类”⑦。方以智说：“矿红乱丝曰‘老翁须’，丹房所贵银笋也。有白如草根，有衔黑石者”⑧。李时珍说：“自然铜……状如寒林草根”⑨。

“墙壁”用于描写自然晶面或解理面，而“解理”又常以“拆”或“析”表示之。李时珍说，“墙壁光明者，名方解石也”⑩；又说，自然铜之“一种青黄而有墙壁，成文如束针”⑪。苏颂《图经本草》丹砂条说：“砂生石上，其大块者如鸡子，小者如石榴子，状若芙蓉头、箭镞，连床者紫黯若铁色，而光明莹沏，碎之崭岩作墙壁，又似云母可拆者，真辰砂也⑫。”又说，云母“作片成层可拆”⑬。李时珍说，“雌黄一块重四两，拆得千重、软如烂金者佳⑭。”陶弘景说，丹砂“光色如云母可拆者良”⑮。

方解石和方解一词，首见于萧梁朝陶弘景的《名医别录》。中国人最早命名“方解石”并使用了“方解”一词，我们在下面还要述及。

前述宝石中，谈及云母的物理性质。对它的结构形态，《梁书·中天竺国传》写道：

“火齐状如云母，色如紫金，有光耀，别之则薄如蝉翼，积之则如纱縠之重沓也⑯。”

对云母的形态表述极为细致，可以劈裂成像蝉翼那样的薄片，将此薄片堆积起来就像折叠在一起的一匹细纱。

消可以分为两大类。一是朴消，即硫酸钠 $Na_2SO_4 \cdot 10H_2O$。凡本草药物中芒消、马牙消、英消、皮消、盆消等属此；二是消石，即硝酸钾 KNO_3，本草中硝石、焰消、火消、苦消、生消等属此。这两类消均有芒消、牙消之名。“芒”与“牙”是描述单晶体形态的用词，晶芒也即现代所谓晶须(whisker)。古代人往往将这两种硝混为一谈。直到李时珍，才把这种混乱之误改正过来。他说。

---

① 李时珍《本草纲目》《金石部·砂金》引《镜源》，459 页。
② 李时珍《本草纲目》《马齿砂》引陶弘景，第 517 页。
③ 李时珍《本草纲目》卷十《石部·金牙石》，第 614 页
④ 方以智《物理小识》卷七《金石类·银》。
⑤ 李时珍《本草纲目》卷九《石部，石灰木》，第 553 页。
⑥ 寇宗奭《本草衍义》卷五《银屑》。
⑦ 李时珍《本草纲目》卷八《金石部·银》引苏颂《图经本草》，第 461～462 页。
⑧ 方以智《物理小识》卷七《金石类·银》。
⑨ 李时珍《本草纲目》卷八《金石部·自然铜》引《宝藏论》，第 466 页。
⑩ 李时珍《本草纲目》卷九《石部·石膏》，第 544 页。
⑪ 李时珍《本草纲目》卷八《金石部·自然铜》引苏颂语。第 467 页。
⑫ 李时珍《本草纲目》卷九《石部·丹砂》引苏颂语，第 518 页。
⑬ 李时珍《本草纲目》卷九《石部·丹砂》引苏颂语，508 页。
⑭ 李时珍《本草纲目》卷九《石部·丹砂》引苏颂语，541 页。
⑮ 李时珍《本草纲目》卷九《石部·丹砂》引苏颂语，517 页。
⑯《梁书》卷五十四《中天竺国传》，第三册，第 797～798 页。

诸消自晋唐以来，诸家皆执名而猜，都无定见。惟马志《开宝本草》以消石为地霜炼成，而芒消、马牙消是朴消炼出者，一言足破诸家之惑矣。……《神农》所列朴消，即水消也，有二种：煎炼结出细芒者，为芒消；结出马牙者，为牙消；其凝底成块者，通为朴消。其气味皆咸而寒。《神农》所列消石，即火消也，亦有二种：煎炼结出细芒者亦名芒消，结出马牙者亦名牙消，又名生消；其凝底成块者，通为消石。其气味皆辛苦而大温。二消皆有芒消，牙消之称，故古方有相代之说。自唐宋以下所用芒消、牙消，皆是水消也①。

李时珍不为这二种消类似的物理形态所迷惑，而从其中一者溶于水，一者易起火加以鉴别。李时珍澄清了上千年的疑案。

关于晶体的须芒形态，除上述之外，唐慎微引《宝藏论》说："银坑内石缝间有生银，迸出如布线，土人曰'老翁须'，是正生银也"②。寇宗奭也写道："其生银即是不自矿中出，而特然自生者，又谓之'老翁须'，亦取像而言之耳。"③ 生银，又称银屑，即今氯化银 AgCl。其结晶形态状如布线，或称"老翁须"。

大约在公元 7 世纪成书的《黄帝九鼎神丹经诀》中描写了朴消（Na_2SO_4）和硝石（KNO_3）的化学作用、从而产生硫酸钾（K_2SO_4）的结晶过程，并将硫酸钾结晶描写为"状如白英，大小皆有楞角起"。后来，寇宗奭描写了同样的化学结晶过程，指出硫酸钾"结芒，有廉棱者"④。硫酸钾属单斜晶系，"楞角"、"廉棱"或晶"芒"正是描述该晶体的形态特征。

古代人对于石膏的结晶也作了许多描写，但往往与方解石相混。石膏的成分是硫酸钙，但分为二种：软石膏含水（$CaSO_4 \cdot 2H_2O$），属单斜晶系；硬石膏不含水，属正交晶系。本草学中"寒水石"、"凝水石"均属于软石膏，古代人对此也往往与硬石膏相混同。陶弘景《名医别录》说，石膏"皆在地中，雨后时时自出，取之如棋子，白沏最佳"⑤。李时珍说它"成块，击之块块方解"⑥。如棋子，或击之成方块解理者，为正交晶系，即是硬石膏。寇宗奭说，石膏"细理白泽者良"⑦。李时珍说，软石膏"作层如压扁米糕形，每层厚数寸"，"白者洁净，细纹短密如针束，正如凝成白蜡状，松软易碎，烧之即白烂如粉"⑧。这些正是单斜晶系软石膏的形态特征。

苏恭《唐本草》说，凝水石"有两种，有纵理、横理，色清明者为佳。或云纵理为寒水石，横理为凝水石⑨。"唐慎微说："凝水石一名白水石，一名寒水者，一名凌水石，

① 李时珍《本草纲目》卷十一《石部·消石》，第 652 页。
② 唐慎微《证类本草》卷四《银屑》。
③ 寇宗奭《本草衍义》卷五《银屑》。
④ 寇宗奭《本草衍义》卷四《芒硝》。
⑤ 李时珍《本草纲目》卷九《石部·石膏》引陶弘景语，第 543 页。
⑥ 李时珍《本草纲目》卷九《石部·石膏》引陶弘景语，第 544 页。
⑦ 李时珍《本草纲目》卷九《石部·石膏》引陶弘景语，第 543 页。
⑧ 李时珍《本草纲目》卷九《石部·石膏》引陶弘景语，第 544 页。
⑨ 唐慎微《证类本草》卷十四《凝水石》引《唐本草》；李时珍，同《本草纲目》卷十一《石部·凝水石》引苏恭语，第 639 页。

色如云母可拆者良盐之精也[①]。”苏颂也持类似看法[②]。同是软石膏有纵理横理之别，正如章鸿钊在《石雅》中所言，“古人不知石膏结晶，或长或短，而文理常著。长则理纵，短则理横。此在易位而观之则然耳[③]。”

硬石膏与长石在某些本草著作中也有混同现象。长石“一名方石，一名土石，一名直石，理如马齿”[④]，而苏恭以为，长石“状如石膏而厚大，纵理而长，文似马齿”[⑤]，李时珍以为长石“与硬石膏乃一类二种”[⑥]。说长石“纵理而长”、“理如马齿”是对的，但长石是硅酸盐类，属单斜晶系或三斜晶系。它与硬石膏虽有相似的结晶形态，但却是完全不同的二种晶体。然而，即使在近代，除非对这些晶体进行化学分析，否则难于作出根本的或完全正确的辨别结论，更何况有许多晶体具有共生环境，如石膏、芒硝等常生长在一起，且又都属单斜晶系。古代人的可贵之处、是在于他们总是企图按照结晶形态将晶体分类。

软石膏又称玄精石、阴精石或太阴玄精。唐慎微和苏恭都将它描写为“其色青白、龟背者佳”[⑦]。对此作出最详细描写的是沈括。他说：

> 太阴玄精，生解州（今山西运城地区中部）盐泽大卤中，沟渠土内得之。大者如杏叶，小者如鱼鳞，悉皆六角，端正如龟甲。其裙襴小椭、其前则下剡，其后则上剡，正如穿山甲相掩之处全是龟甲，更无异也。色绿而莹沏，叩之则直理而折，莹明如鉴，折处亦六角如柳叶。火烧过则悉解析，薄如柳叶，片片相离，白如霜雪，平洁可爱。此乃禀积阴气之凝结，故皆六角。今天下所用玄精，乃绛州（今山西运城地区北部）山中所出绛石耳，非玄精也。楚州（今江苏淮安县）盐城（今属江苏）古盐仓下土中，亦有一物，六棱如马牙消，清莹如水晶，润泽可爱，彼方亦名太阴玄精，然喜暴润，如盐碱之类。唯解州所出者为正[⑧]。

沈括在此对软石膏的结构形态、解理过程及其单晶的描述极为清楚。指出这种晶体如龟甲形状的六角对称。由于它是单斜晶系“每两两穿透为双晶（孪晶），略成斜十字形，锥面（111）相向，而坡面（$\bar{1}03$）适相背”[⑨]，因而形成“片状如龟背”[⑩] 的单晶。沈括以“裙襴小椭”形容晶面交接及晶面的六边形状，“裙襴”原指上下衣相连的服装，“小椭”为长方形去四角而形成的六边形。并且指出晶面前端微削向下，后端微削向上，与龟甲类似。当它解理时，“直理而折”，片片皆成六角。由于卤水中含食盐（NaCl）、钾盐（KCl）、镁盐（$MgCl_2$）、镁硫酸盐（$MgSO_4$）和石膏（$CaSO_4$）等物质，而石膏溶解度最

① 唐慎微《证类本草》卷十四《凝水石》引《唐本草》；李时珍，《本草纲目》卷十一《石部·凝水石》引苏恭语，第639页。

② 李时珍《本草纲目》卷九《石部·石膏》引陶弘景语，第544页。

③ 章鸿钊《石雅》卷六《药石·石膏》，见《民国丛书》第二编88册，第233页，上海书店影印本。

④ 唐慎微《证类本草》卷十四《凝水石》并引苏恭《唐本草》。

⑤ 唐慎微《证类本草》卷十四《凝水石》并引苏恭《唐本草》。

⑥ 李时珍《本草纲目》卷九《石部·石膏》，第544页。

⑦ 唐慎微《证类本草》卷四《太阴玄精》并引苏颂语。

⑧ 沈括《梦溪笔谈》卷二十六《药议》。

⑨ 章鸿钊《石雅》卷六《药石·玄精石》，上海书店《民国丛书》本，第237～238页。

⑩ 李时珍《本草纲目》卷十一《石部·玄精石》，第640页。

低，因而先凝结。故此，盐池卤水中常含有石膏。

方解石是碳酸钙，属菱形晶系。其最大特点是解理性。因此，苏恭说：方解石“破之方解”[①]；马志说：“敲破块块方解，故以为名”[②]；唐慎微说：方解石“得之，敲破皆方解，故以为名”[③]。李时珍说：“击之块块方解，墙壁光明者，名方解石也，烧之则烢（zhái，裂之意）散亦不烂”[④]。事实上，早在6世纪初，陶弘景《本草经集注》（成书约在萧梁武帝在位期间，即502～549年）中已有“方解石”一名。人们肯定先知道它的解理特性，而后才命名它为方解石。

马志的《开宝本草》成书于宋太祖开宝六年（974）。按其“敲破皆方解”之说，不断敲击或劈裂下去，最后的组成单元也必定是“方”的了。这里的“方”可理解为菱面体的总称。这是对晶体解理的极为细致的观察。李时珍述及将方解石“烧之”，即使全部散裂“亦不烂”。“亦不烂”就是说明方解石具有最小的组成单元，在西方，1784年，奥义（R. J. Haüy）在劈裂方解石过程中才观察到，各种外形的方解石都可以劈裂成 $\alpha = 101°55'$ 的菱面体。因此，他认为，这样一直劈下去，最后当可得到一个菱面体的终极单元。由此而产生了“晶胞”概念[⑤]。马志的记载比奥义的观察要早800余年，而陶弘景的《本草经集注》比奥义早约1200年。

顺此要指出，关于晶体的形态结构，古代中国人不仅有许多文字记载，而且还有图画。我们现在所能读到的，至少从宋代开始的本草著作对每种晶体都绘有草图。图2-56引自唐慎微《证类本草》，它分别描绘了云母、石英和太阴玄精（软石膏）的形状、大致结构。从这些图中可见云母的层状结构及其中可解理的痕线，也可见石英的六重对称性（六棱）、软石膏的六角形状。图中所绘云母显然是指整个晶体，而石英与太阴玄精似乎是单个晶胞。其后，明代李时珍的《本草纲目》、王圻《三才图会》[⑥] 等书都有类似图画。

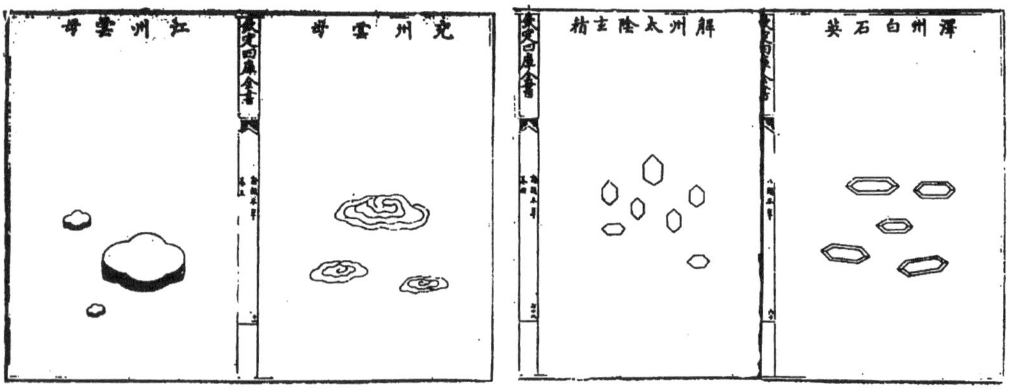

图2-56　宋代唐慎微绘晶体图

① 李时珍《本草纲目》卷九《石部·方解石》引苏恭语，第549页。
② 李时珍《本草纲目》卷九《石部·方解石》引马志《开宝本草》。
③ 唐慎微《证类本草》卷五《方解石》。
④ 李时珍《本草纲目》卷九《石部·方解石》引马志《开宝本草》，第544页。
⑤ 陆学善，科技史文集第12辑，上海科学技术出版社，1984年，第32页。
⑥ 王圻《三才图会·珍宝》画有大约60种晶体图。

有趣的是，迄今我们已发现了许多古代的药用晶体。它们被极好地保存在死者的坟墓中。在第三章光学中图 3-44 是从西安唐代墓葬中出土的紫石英和白石英。它们与本草著作中的绘画两相辉映；后者正是根据前者草图而成，也未可知。

3. 晶体的几何对称性

在对晶体的感性认识中，人们最早概括出它的几何对称性。在晶体中，除上下、左右、前后的二重对称外，还有三重、四重和六重对称，但没有五重对称。

宋代陆佃《埤雅》写道，“雹三出而成实”①。“三出”即三重对称之意。雹可能是单晶，其外形为三重对称是完全可能的。

“金牙石”，今称黄铁矿，属立方晶系。陶弘景《名医别录》说，金牙石“今出蜀汉，似粗金，大如棋子而方”②。食盐古称光明盐、石盐、圣石、水晶盐，也属立方晶系。苏恭说：“光明盐生盐州五原盐池下，凿取之，大者如升，皆正方光彻”③。所谓“如棋子而方”或“正方”，都是四重对称的例子。

石英是六角晶系，因其内含杂质不同，故有各种颜色，古代称其为水玉、水精、菩萨石，或亦称为石英。寇宗奭说，菩萨石“六棱，白色若水精”④；杜绾《云林石谱》说，菩萨石“映日射之，有五色圆光。其质六棱，或大如枣栗，则光彩微茫；间亦有小如樱珠，五色粲然可喜。”⑤；唐慎微说：白石英“大如指，长二三寸，六面如削，白沏有光”⑥。这些描写又都是指出石英的六重对称性。

六重对称的典型是雪花晶体（图 2-57），中国人最早对它作出仔细观察。汉代韩婴著《韩诗外传》写道：

“凡草木花多五出，雪花独六出⑦。”

韩婴为韩信之后，汉文帝时为博士，景帝时官至常山大傅，武帝时曾与董仲舒辩难。其著《韩诗外传》约成书于汉武帝建元（前 140～前 135）年间，在历代流传之中，当有脱简植误。今本《韩诗外传》十卷不见“雪花六出”句，遂有人怀疑原本为《韩诗内传》之文⑧。由于“雪花六出”的独到精见，历代典籍每有引述之⑨。清代学者在辑补《韩诗外传》中将此条列入《补遗》之中。

历代典籍中有许多关于雪花的记载。《宋书·符瑞志》写道：“大明五年（461 年）正月戊午元日，花雪降殿庭。……草木花多五出，花雪独六出⑩。”北周诗人庾信（号子山，513～581）《郊行值雪》诗中写道：

---

① 陆佃《埤雅》卷十九《释天·雹》。

② 李时珍《本草纲目》卷十《石部·金牙石》引陶弘景，第 614 页。

③ 李时珍《本草纲目》卷十一《石部·光明盐》引苏恭，第 637 页。

④ 李时珍《本草纲目》卷八《金石部·白石英》引寇宗奭，第 510 页。

⑤ 杜绾《云林石谱》中卷《菩萨石》。

⑥ 唐慎微《证类本草》卷三《白石英》。

⑦ 清·赵怀玉校辑并补遗《韩诗外传·补遗》。

⑧《四库全书总目·韩诗外传》。

⑨ 转引《韩诗外传》该文字记载的有：宋·李昉等撰《太平御览》卷十二；宋·陈元靓《岁时广记》卷四《色云》；宋·陆佃《埤雅》卷十九《释天·雪》，等等。

⑩《宋书》卷二十九《符瑞志》，第三册，第 873 页。

图 2-57　近代绘雪花图

“风云俱惨惨，原野共茫茫。雪花开六出，冰珠映九光[①]。”

迄宋代止，陆佃《埤雅》再次指出雪花六重对称性，他说：“霰形，今似半珠，其粒皆三出。盖雪六出而成华，霰三出而成实，此阴阳之辨也[②]。”他企图以阴阳说解释雪与霰不同对称形式的原因。宋代理学大师朱熹还试图直接解释其对称性的物理原因。他说：

雪花所以必六出者，盖只是霰下被猛风拍开，故成六出。如人掷一团烂泥于地，泥必濽开成棱瓣也。又六者，阴数。太阴玄精石，亦六棱。盖天地自然之数[③]。

“霰”是空中降落的球形或圆锥形小冰粒。它是由过冷水滴碰撞在冰晶（或雪花）上冻结所致。它的出现往往在降雪前或之中，并伴有较强对流云或风暴。生活在南方（江西、福建）的朱熹根据这种气象现象，将雪花的六角形看作是猛风拍打霰的结果。这个解释虽不正确，但他毕竟是从自然现象及其联系中寻找雪花晶体对称的原因，也是最早对晶体对称性作出的哲学猜测。

明代，关于雪花的对称性仍不绝于记载。谢肇淛在评论“雪花五出”说时写道：

至后雪花五出，此相沿之言。然余每冬春之交，取雪花视之，皆六出，其五出者十不一二也。乃知古语亦不尽然[④]。

谢肇淛字在杭，万历三十年（1602）进士，历任湖州推官、工部郎中，广西右布政使等职。他的记载是在韩婴之后 1700 余年，在西方近代科学诞生之初的又一次仔细的观察。在谢肇淛之后约二三十年，方以智又对雪花对称性作出解释，他说：

“雪花六出者，圜一围六，同体相依，直辏即离，平辏即合。此亦空中旋气使然也[⑤]。”

---

① 《庾子山集》卷四《诗·郊行值雪》，四库全书本。

② 陆佃《埤雅》卷十九《释天·霰》。

③ 《朱子语类》卷二《理气·天地下》。

④ 谢肇淛《五杂俎》卷二《天部二》。类似记载也见，王逵《蠡海集》，李时珍《本草纲目》卷五《水部·腊雪》，方以智《物理小识》卷一《天类·水》，等等。

⑤ 方以智《物理小识》卷二《风雷雨旸类·霜雪》。

"辏"，原指车辐插入于车毂之中，通常用以形容聚集。方以智无疑仔细地观察到任一雪花是由许多更细小的雪花聚集而成的六角枝蔓结构，因此说它"圜一围六，同体相依"。当小雪花（此时可视为一晶胞）的任一对称角插入母雪花时，则它容易分离而出；而当它与母雪花的结合是平行叠置，以致晶胞与母体的对称角都平行一致时，则它们彼此结合牢固。因此称为"直辏即离，平辏即合"。方以智将这种由许多雪花晶胞聚簇成的雪花解释为"空中旋气使然"。虽然下雪时，上空未必有"旋气"（旋风），然而，他部分地说明了雪花的聚簇生长现象。应当指出，在原子物理学诞生之前，要正确地解释晶体对称性的原因是相当困难的。

在欧洲，公元1260年，A. 马格纳斯（Albertus Magnus）才说雪花是星芒状的，并认为这整齐的形态只出现在二三月。1555年，斯堪的纳维亚主教O. 马格纳斯（Olauo Magnus）发表了一幅粗糙的木刻画，描绘了23种雪花形态，其中只有一种是完整的星芒形。这位主教极为欣赏雪花形态的多样性，却未曾注意到它们之间的同一性、即六重对称。第一个述及雪花六重对称性的是波兰天文学家开普勒。他于1611年元旦时写了一篇即兴贺词送给他的保护人瓦根费尔斯（Wackher von Wackenfels），其标题为"六角形的雪"。开普勒在这文中不仅描述了雪的六重对称，而且还想像到它是由许多球体紧密地堆积而成的①。可见，欧洲第一个观察到雪花六重对称性是在1610年冬，比韩婴的记载迟1700多年。

4. 晶体的识别方法及其餍形性

"和氏之璧"的故事表明古人有鉴别玉的方法。该故事述及西周时楚国一个叫卞和的人向厉王献璞玉。厉王不识，以其狂妄欺君之名而削其左足。厉王卒，武王继，卞和又献，又获削其右足之罪。文王即位，卞和抱璞痛哭，泪尽而流血。人问其故，其答悲切：非痛失其两足，乃痛失宝玉被误为石，贞士被误为狂徒耳。文王即命玉人解理其璞，从而获世上稀珍②。卞和冒死献玉自有其根据。故事表明他有识别玉的方法。在识别晶体方面，古代人掌握了不少物理知识。

辨色　颜色是人们接触物体的第一个感性知识。辨色成为古人识别晶体的重要手段之一。明初曹昭撰《格古要论》，其描述黄金时写道：

> 其性柔而重，色赤足者佳，面有椒花、凤尾及紫霞。如和银者性柔，石试色青，火烧不黑；和乞子（即红铜，又名张公，又名身子）者，石试有声而落屑，色赤而性硬，火烧黑色。古云，金怕石头银怕火，其色七青、八黄、九紫、十赤，以赤色为足色金也③。

其中的"石"即试金石。该书卷下专有"试金石"一节，言及它"出蜀中江水内，纯黑色细润者佳"④。《格古要论》成书于明洪武二十年（1387），在这书里，可能最早出现"试金石"一词。据章鸿钊考证，《一切经音义》引汉代服虔《通俗文》中有"砯礰"一词，"细石谓之砯礰"，"砯礰治金"。这里的"砯礰"就是试金石⑤。看来，试金的方法在

---

① 陆学善，科技史文集，第12辑，第2页；M. V. 劳厄《物理学史》，中译本，第109页，商务印书馆，1978。
② 该故事见《韩非子·和氏》。卞和三次献玉，一说为先后分别献给武王、文王、成王。
③ 曹昭《格古要论》卷中《金铁论·金》。也见李时珍《本草纲目》卷八，《金石类·金》，第460页。
④ 曹昭《格古要论》，卷下《试金石》。
⑤ 章鸿钊《石雅》卷五《制用·砥砺》，第179页。

中国古已有之。以试金石在黄金上划痕，从其痕颜色即可辨别金的成分。有人说，这个方法是近代比色法的蘖矢①。

辨声　声音常被当作鉴别玉石真伪与好坏的标准。许慎《说文解字》在解玉字中说，玉“其声舒扬，专以远闻”。宋代张邦基在其著作中引唐代李淳风语写道：“李淳风辩论真玉云，其色温润如肥物所染，敲之其声清引，若金磬之余响，绝而复起，残声远沉，徐徐方尽，此真玉也②。”苏颂《图经本草》曾以辨声法判定仪州出栗玉非真玉，言其“少润泽，声不清越③。

前述黄金渗铜，“石试有声而落屑”。这也是以声辨别黄金真假及其成分的方法。类似例子不胜枚举。

辨味　这是鉴别可溶性晶体的一种辅助方法。传说神农尝百草，就是以辨味识草药属性，后来成为中国传统的本草鉴别法之一。李时珍《本草纲目》中对每一品药均列有“气味”一节，将气味分为酸、咸、甘、苦、辛五种，称为“五味”。这和近代矿物学将“味”分为涩、甘涩、咸、碱、凉、苦、酸七味是类似的。唐代苏恭在鉴别石胆（今称胆矾、即含水硫酸铜）时说其“味极酸苦”就是一例④。

硬度　比较硬度是识别晶体的常用方法之一。宋代欧阳修曾记述“翡翠屑金”一事：

> 翡翠屑金，人气粉犀，此二物则世人未知者。余家有一玉罂，形制甚古而精巧。始得之，梅圣俞⑤以为碧玉。在颍州时，尝以示僚属，坐有兵马钤辖邓保吉者，真宗朝老内臣也，识之曰：‘此宝器也，谓之翡翠。’云‘禁中宝物皆藏宜圣库，库中有翡翠盏一只，所以识也’。其后予偶以金环于罂腹信手磨之，金屑纷纷而落，如砚中磨墨，始知翡翠之能屑金也⑥。

由于邓保吉，人们方知翡翠为一矿物晶体；由于欧阳修的这一记载，“翡翠屑金”一事得以在其后广泛流传。翡翠今属辉石类（pyroxene group），其理想成分为 $NaAlSi_2O_6$，属单斜晶系。由此记载看，至晚从宋代起，人们知道它的硬度比黄金高。

金刚石可以刻玉，古代也早有记载。葛洪《抱朴子》说：“扶南出金刚，……可以刻玉。人没水取之，虽铁椎击之也不能伤”⑦。由此可推之，金刚石的硬度比玉、铁的大。

宋代陈承《本草别说》曾以比较硬度的方法否定栗玉是玉。他说“玉坚而有理，火刃不可伤。此石（栗玉）小刀便可雕刻，与阶州白石同体而异色尔。”他的结论是栗玉“非玉也”。⑧

宋代典籍记载另一种晶体矿石，即解玉砂。《宋史·地理志》说：“信德府土贡解玉砂”。《元丰九域志》说，忻州定襄郡“土贡解玉砂五十斤⑨”。解玉砂并非金刚石，它分

---

① 陆学善，科技史文集，第 12 辑，第 16 页。

② 张邦基《墨庄漫录》卷九。

③ 李时珍《本草纲目》卷八《金石类·玉》引苏颂语，第 498 页。

④ 李时珍《本草纲目》卷十《石部·石胆》引苏恭语，第 600 页。

⑤ 梅圣俞，即梅尧臣（1002～1060），圣俞乃其字，安徽宣城人，与欧阳修为诗友。事见《宋史·梅尧臣传》，三十七册，第 13091 页。

⑥ 欧阳修《归田录》卷二，第 33～34 页。

⑦ 李时珍《本草纲目》卷十《石部·金刚石》引葛洪语，第 616 页。

⑧ 李时珍《本草纲目》卷八《金石部·玉》引陈承语，第 498—499 页。

⑨ 宋·王存等撰《元丰九域志》卷四《河东路·忻州》。

两类：一为红砂，即石榴石，或前述“避者达”；二为紫砂或紫口砂，即刚玉(corundum)。按照莫氏硬度标，金刚石的硬度为10，刚玉为9，翡翠为7，石榴石也为7，玉为6.5，铁约为5.5（钢为6～7），金为2.5～3。因此，金刚石和刚玉可以切玉，翡翠可以屑金。铁的硬度比玉小，故铁不能伤玉。

热条痕 倘若晶体熔点较低，则可以炽热物体在其面上划出一道热条痕，以此检验晶体真伪与优劣。《本草纲目》引独孤滔《丹房鉴源》，指出检验雌黄之法：“试法，但于甲上磨之，上色者好。又烧熨斗底，以雌黄划之，如赤黄线一道者好①。”又如，检验矾石，《本草纲目》说：“其状如紫石英，火引之成金线，画刀上即紫赤色者为波斯紫矾②。”波斯紫矾可能是锰明矾（apjohnite，$MnSO_4 \cdot Al_2(SO_4)_3 \cdot 22H_2O$）。

化学鉴定 利用化学反应鉴定晶体种类，是古代炼丹家和本草家的传统。《淮南万毕术》说：“白青得铁则化为铜”。“白青”即硫酸铜，蓝色结晶，在空气中部分风化而成白色，故称白青。苏恭就石胆写道：“此物出铜处有之，形似曾青，青绿相间，味极酸苦，磨铁作铜色，此是真者③。”“石胆”即胆矾，为含水硫酸铜（$CuSO_4 \cdot 5H_2O$），这二则记载都是以铜取代铁的反应来鉴定晶体的例子，其反应式为：

$$CuSO_4 + Fe \longrightarrow FeSO_4 + Cu$$

缺陷观察 有些晶体、特别是人造晶体常有缺陷，如玻璃、冰，制造不得法，则其内含气眼。李时珍说：玻璃“莹沏与水精相似，碾开有雨点花者为真。外丹家用之药烧者有气眼而轻④。”这是用观察缺陷方法辨识玻璃优劣。近代宝石学常以此法区别人造宝石与天然宝石。中国人在16世纪就已经应用这种方法。

此外，尚有其他种种识别晶体的方法，如观察火焰的颜色、荧光现象，等。我们在热学和光学中再分别述及它们。

顺此要特别指出，古代人对晶体赝形性的认识和记载。所谓赝形性，是指晶体的外形与其内部化学成分及结构不一致，因而晶面对称性与光学性质也不一致。从其外形或晶面看是一种晶体，而从其光学性质看却是另一种晶体。具有这种赝形性的晶体叫赝形体。

黄铁矿（FeS_2，古称金牙石）久经渗蚀后变成褐铁矿（$2Fe_2O_3 \cdot 3H_2O$，古称铜牙）是赝形性例子之一。这种褐铁矿外表为立方晶系（黄铁矿晶体特征），而内核却是黑褐色的褐铁矿。后者应是非晶质的胶体矿物，无规则的固体外形。所以褐铁矿是赝形体。古代人对此早有观察记载。陶弘景说：

金牙石出蜀汉，似粗金，大如棋子而方。又有铜牙亦相似，但外黑，内色小浅⑤。

苏恭说：

金牙离本处入水土中，久皆黑色，不可谓之铜牙也。此出汉中金牙湍，湍

① 李时珍《本草纲目》卷九《石部·雌黄》引，第541页。
② 李时珍《本草纲目》卷十一《石部·矾石》，第670页。
③ 李时珍《本草纲目》卷十《石部·石胆》引苏恭语，第600页。
④ 李时珍《本草纲目》卷八《金石部·玻璃》，第506页。
⑤ 李时珍《本草纲目》卷十《石部·金牙石》引陶弘景语，第614页。

两岸石间打出者，内即金色。岸颓入水，久者皆黑[①]。

陶弘景描述了它们二者之异同，苏恭指出它们在转变过程中所处的环境条件及渗蚀情况。

石绿转变为石青是又一个赝形性例子。石绿又名空青、曾青、绿青，即孔雀石，其色绿，成分为 $CuCO_3 \cdot Cu(OH)_2$。石青又名扁青、大青，即蓝铜矿，其色蓝，成分为 $2CuCO_3 \cdot Cu(OH)_2$。石青中又有白青一种。苏恭说：白青“即陶氏（弘景）所云空青，圆实如铁珠、色白而腹不空者是也。研之色如碧，亦谓之碧青”[②]。这是说，白青外表很像空青，颜色偏白、里面却不空，将其研成粉，就显出蓝色了。这段记载正是描述石绿（空青）受水渗蚀而向石青转变的结果。

从陶弘景和苏恭的记述看，中国人早在约公元500年已发现了晶体的赝形性，非但观察精细，而且解释正确。

三 垛积术与密堆积概念

中国古代数学著作中有堆积坛、瓮、果子的“垛积”概念及计算垛积总和的“垛积术”；在晶体物理学发展初期有推想晶体结构的“密堆积”(close packing) 概念。垛积术是密堆积概念的嚆矢。

陶瓷厂生产的瓮、缸、坛，往往堆成长方形锥台。垛积术由此产生。垛积术又称隙积术，是沈括最早提出来的。沈括写道：

> 算术求积之法，如刍萌、刍童、方池、冥谷、堑堵、鳖臑、圆锥、阳马[③]之类，物形备矣，独未有隙积一术。……隙积者，谓积之有隙者，如累棋、层坛及酒家积罂之类。虽似覆斗，四面皆杀，缘有刻缺及虚隙之处。用刍童法求之，常失于数少。予思而得之。用刍童法为上行、下行，别列下广，以上广减之，余者以高乘之，六而一，併入上行。假令积罂，最上行纵广各二罂，最下行各十二罂，行行相次。先以上二次相次，率至十二，当十一行也。以刍童法求之，倍上行长得四，併入下行长得十六，以上广乘之，得三十二；又倍下长得二十四，併入上长得二十六，以下广乘之，得三百一十二。併二位，得三百四十四，以高乘之，得三千七百八十四。重列下广十二，以上广减之，余十，以高乘之，得一百一十，并入上行，得三千八百九十四。六而一，得六百四十九。此为罂数也[④]。

将陶罂堆垛成刍童形即四棱锥台，若其上下两台面的上与宽分别相等，则此台为正方四棱锥台。设其下台每边堆放 A 个罂，依次往上一层堆放，每层的长与宽均比其下一层各减少一个罂，上台每边为 a 个罂，一共有 n 层。则，由沈括所提供的计算方法，其总

---

① 李时珍《本草纲目》卷十《石部·金牙石》引苏恭语，第614～615页。

② 李时珍《本草纲目》卷十《石部·白青》，第599页。

③ “刍萌……阳马”，形容物体形状的用词。“刍萌”，四棱楔形；“刍童”，四棱锥台；“方池”，长方体；“冥谷”，倒棱台；“堑堵”，有一面与底面垂直的四棱楔；“鳖臑”，一种特殊的三棱锥；“阳马”，四棱锥。参见郭书春汇校《九章算术》，辽宁教育出版社，1990，第11～15页。

④ 沈括《梦溪笔谈》卷十八《技艺》。

罂数为 S_n：

$$S_n = \frac{n}{6}[a(2a + A) + A(2A + a) + (A - a)]$$

已知，$a=2$，$A=12$，$n=11$，可得 $S_n=649$。

此后，南宋杨辉和元代朱世杰对垛积术作了进一步发展。

杨辉于景定二年（1261）撰《详解九章算法》。在该书中，他提出并解答了将果子堆垛成“方亭”（正四棱锥台）、刍童、方锥、阳马、鳖臑、堑堵和“刍甍”（同沈括所谓“刍萌”）等体形的数学问题。就是说，他除了将果子堆成下大上小的四棱锥台之外，又在台顶面上继续往上堆垛，使其顶尖成为只有一个果子的棱锥；或者，顶端成一排果子，堆垛的外形类似木楔。他将方锥、阳马这类四棱锥垛称为“四隅垛”；将鳖臑这类三棱锥垛称为“三角垛”；又将堑堵、刍甍这类楔形垛称为“屋盖垛”，因为这种垛的体形类似屋顶，其最上一排果子类似屋脊①。

朱世杰在其著《算学启蒙》（刊于1299年）和《四元玉鉴》（刊于1303年）中不仅简明地表述了求解四隅垛、三角垛的方法②，而且还拟设并计算了圆锥垛、三角台垛、以及它们的混合垛等数学问题③。

堆垛酒罂、果子等物体的堆垛术，在数学上就是高阶等差级数求和的问题④。朱世杰将此方法“推向前所未有的完备境界”⑤。垛积的概念和垛积术的计算，为早期晶体物理学的发展在某些方面铺平了道路。

1912年，德国物理学家劳厄以X射线穿过晶体的衍射实验证明晶体原子的周期排列。在这一划时代的实验之前，都可看作晶体物理学的早期发展过程。在欧洲，从开普勒时代起，人们曾设想，晶体内原子或原子团类似炮弹的有次序堆积，或类似积木块。19世纪期间，矿物学家、数学家和物理学家都参与了探讨晶体内原子的可能排列。

然而，直到1883年，晶体物理学家巴罗（William Barlow，1845～1934）在他的论文“晶体可能的内部对称性”中才明确了原子或原子团在晶体内“密堆积”排列的概念。在该文中，巴罗将原子看成单个球体，设想了晶体内原子的六种排列方式（图2-58）⑥。其中的1—4早为中国古代数学家所知晓，并分别计算出它们各自的总果子数；杨辉和朱世杰称其图3为屋盖垛，朱世杰称其中的图4a为三角台垛。与这些排列相当的晶体结构在今天分别被称为简单立方、体心立方、面心立方（立方最密堆积）、六角体心（六角最密堆积）和双六角结构（非最密堆积）⑦。可以说，巴罗从对称性和密堆积考虑出发，最早对某些晶体结构作出了精巧的推测⑧。就其设想的堆积形式而言，有些图极为类似中国古代数学中的垛积术。

---

① 杨辉《详解九章算法》第70、72、74、75、76、78、79问等。

② 朱世杰《算学启蒙》卷下《堆积还原门》。

③ 朱世杰《四元玉鉴》卷中《茭草形段》、《如像招数》；卷下《果垛叠藏》。

④ 钱宝琮，中国数学史，科学出版社，1981，第187页。

⑤ 杜石然、朱世杰研究，宋元数学史论文集，科学出版社，1966，第185～196页。

⑥ W. Barlow，Nature，29（1883），186，205，404.

⑦ Dictionary of Scientific Biography，Charles Scribner's Sons Publishers，1970，Vol. 1，p. 460.

⑧ C. Kittl，Introduction to Solid State Physics. 5th ed，1976，p. l. note 2.（中译本，固体物理导论，杨顺华等译，科学出版社，1979，第1页。）

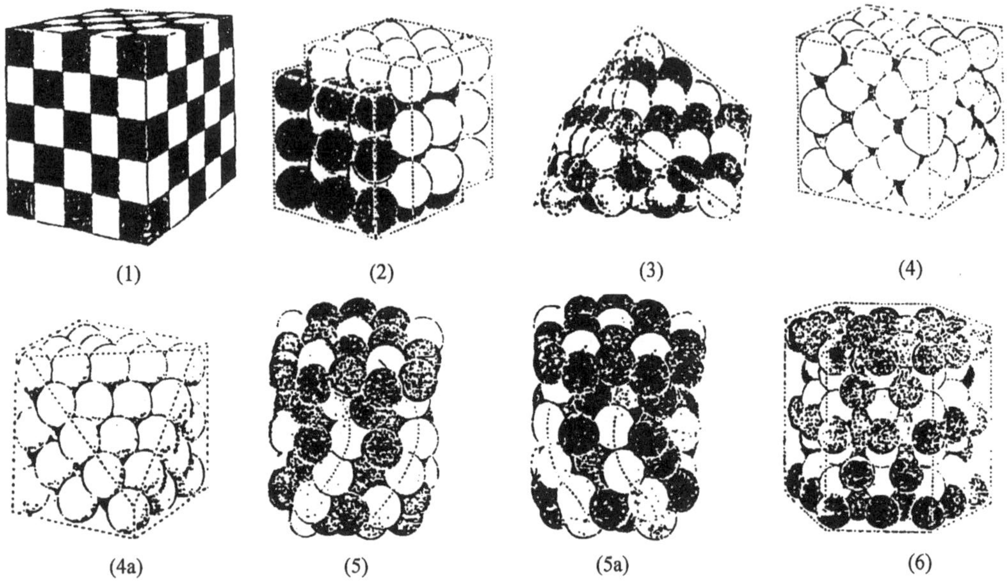

图 2-58　巴罗设想的密堆积

在设想晶体的结构中，将原子球紧密地排在一平面上，称为密排面；将密排面堆叠在一起形成的晶格，就造成最密堆积。为了最密堆积，需将某层的原子心对准其下一层的虚隙（沈括因之称其为“隙积术”）。这样堆积方式在密排六方晶格中有两种：B 层（从下往上数第 2 层）对准 A 层（最下一层）间隙，第 3 层重复 A 层，第 4 层重复 B 层，如此类推，从而成为 ABAB…的堆积排列。这称之为六角密堆积；如果 A 层上堆以 B 层，C 层（第 3 层）堆在 B 层尚未堵盖的间隙上，此间隙同时也是 B 层的间隙，第 4、5、6 层重复 A、B、C 层的排列，如此类推，则成为 ABCABC…的堆积排列。这称之为立方密堆积或面心立方密堆积①。在中国古代垛积果子技巧中，这两种堆积排列都是可能的。

在沈括、杨辉、朱世杰的各种堆垛中，他们自然不可能设想到晶体内原子的密堆积，但是，他们堆罂或果子的方式及其计算其总数的方法，可以看作是晶体物理学中原子密堆积概念的最早起源。而且，沈括的密堆积结构比巴罗的有关设想要早约 800 年②。

第七节　基 本 计 量

力学，作为一门研究空间与时间中物体运动和变化的实验科学，离不开计量及其单位。在古代的贸易交换、天文历法、器械制作和工程兴建中，也离不开具有某种度量制度的计算。古代人还有一套独特的时制。本章将叙述古代时间、长度以及质量方面基本计量制度的演化与进步，析释墨家对于度量的见解，同时介绍中国古代人为追求度量的自然基准所作出的努力与探索。需要指出，早在先秦，最迟至西汉年间，作为力学中的

---

① 有关的堆积排列示意图，参见黄昆著固体物理学，人民教育出版社，1979 年版，第 2～3 页；芶清泉著固体物理学简明教程，人民教育出版社，1978，第 19～21 页。

② 陆学善，科技史文集，第 12 辑，第 32～33 页。

基本物理量时间和长度的单位，已成为古人描述与计量运动的重要组成部分。古人不只是用“徙”、“留”、“久”等名词定性地去描述运动物体的快慢，也不只是建立了“钧”、“石”、“斗”等作为度量弹力和重力大小的基本单位，还将“日……里”、“方寸重……两”这样的复合计量单位用于运动与比 重的计算之中。《九章算术》中记述的大量面积、体积、匀速和变速运动的习题足以说明计量在古代力学体系中得到了充分地实际运用与发展。这些成就在中国古代力学史及计量学发展史上应该占有光辉的一页。

一 时间的计量

力学计量包括时间、长度、质量三个基本范畴，它们是彼此相互独立并且线性无关的三个物理量。任何民族在任何时代只要是建立与力学度量有关的基本量度单位，就必然以该民族的独有形式去涉及这三个范畴中的问题。我们先谈谈古人对时间的计量方法。

1．干支纪日与数字记日

古代常用的计时单位是年、月、日、时、刻，其中日和时为最基本的时间单元。时为时辰，刻为漏壶刻箭的分度。应该说，准确的日长度是由具有天文学意义的回归年长度值及朔望月长度值来确定的，太阳接连两次通过春分点所需要的时间相当 365 日 5 小时 48 分 45.6 秒。月球接连两次合朔或两次望的间隔时间相当 29 日 12 小时 44 分 2.8 秒。两种数值求其倒数可以定义一日的实际长度，历史上也同样如此。中国古代天文学中回归年又称岁实，朔望月又叫朔策。岁实和朔策的数值都是天文历法中的基本常数，根据历代有关回归年和朔望月长度对日数的换算资料（见表 2-2），可以看出，伴随着古代天文学的发展，以日为基本单位的回归年长度值及朔望月长度值是日益精确的。

表 2-2 历代回归年，朔望月长度对日数的换算①

历名	修成年代	历家	回归年（岁实）长度值（日）	朔望月（朔策）长度值（日）
现代值			365.2421987	29.5305882
古六历	前 5～3 世纪		365.25	29.5308511
太初历	前 104 年	邓平等	365.2501624	29.5308642
乾象历	179～184 年间	刘洪	365.2461800	29.5305422
元嘉历	443 年	何承天	365.2467105	29.5305851
大明历	463 年	祖冲之	365.2428148	29.5305915
大衍历	727 年	僧一行	365.2440789	29.5305921
统天历	1199 年	杨忠辅	365.2425000	29.5305942
圣寿万年历	1595 年之前几年	朱载堉	365.2420200	29.5305930
	1608 年	邢云路	365.2421900	

①参阅高均《中国诸历岁实朔实表》；朱文鑫《历法通志·各历岁实朔策表》；本书转引自陈遵妫《中国天文学史》第三册，第 1408～1415 页，本表略有增改。其中“古六历”指黄帝历、颛顼历，以及夏、殷、周、鲁历。

日，不但是古代时制的基本单位，也是人类最早认识的第一个计时单元。早在上古时代我们的祖先就创立了干支纪日和数字记日的方法。干支是古人计时的代号，也是表述时间变化的循环周期。干支纪日法的最早文字见于殷商时期的甲骨文。传说中的干支纪日始于黄帝时代，黄帝之师大挠：

> 探五行之情，占斗纲所建，于是始作甲乙以名日，谓之幹（幹同干，十干为十日）；又作子丑以名月，谓之枝（枝同支，十二支为十二辰），幹枝相配，以成六旬[①]。

由于十干与十二支的最小公倍数是60，用干支逐一搭配遂可求得六十甲子的记时顺序，如表2-3。

表2-3　六十干支表

甲子	乙丑	丙寅	丁卯	戊辰	己巳	庚午	辛未
壬申	癸酉	甲戌	乙亥	丙子	丁丑	戊寅	己卯
庚辰	辛巳	壬午	癸未	甲申	乙酉	丙戌	丁亥
戊子	己丑	庚寅	辛卯	壬辰	癸巳	甲午	乙未
丙申	丁酉	戊戌	己亥	庚子	辛丑	壬寅	癸卯
甲辰	乙巳	丙午	丁未	戊申	己酉	庚戌	辛亥
壬子	癸丑	甲寅	乙卯	丙辰	丁巳	戊午	己未
庚申	辛酉	壬戌	癸亥				

干支纪日在古代历法中占有重要位置。我国采用干支纪日已有2600年的历史，自《春秋》中记载的第一次日食发生时间——鲁隐公三年二月己巳日算起，直到清宣统三年（1911）我国保存了世界上最长也最完整的记日资料。

干支不仅用来纪日，我国古代历法中还用它来纪年、纪月、纪时，统称为干支纪法。干支纪法虽应用广泛，历史悠久，但同样存在着不少缺点，比如使用起来若没有专门的朔闰表对照查检，是非常容易发生混乱的。因此，除了干支纪法外，日常生活中还同时使用着另外一种数字计时的方法。目前发现最早的数字记日是1972年山东临沂银雀山出土的西汉竹简历谱。该历谱共32简，简长69厘米，宽1厘米，竹简上端刻有相当日序的数字，下端附有与各月日序对照的干支日名，历谱的制成年代大约在公元前134年左右[②]。

2. 百刻制与最小时间单位

百刻制又称漏壶计时制，即采用漏壶测定昼夜昏旦，将一昼夜的时间流逝以均分为一百等分的刻箭的浮沉运动表示之，也就是将一昼夜平分为100刻。百刻制是我国独创的一种计时方法，它可能起源于殷商时期[③]。早期的日晷也采用百分制，如传1932年洛阳金村出土汉代日晷，晷面平分为100等分以表示昼夜100刻。其中68刻示白昼；32刻示黑夜。因黑夜无日影，故晷面上不予分度刻明[④]。在内蒙古呼和浩特市郊曾出土汉代石质日晷面[⑤]（图2-59），其上69条刻线示白昼，刻度与洛阳金村日晷相同。百刻制一直沿用到清中期，为我国最长时间使用的计时法。

① 《后汉书·律历志上》注引《吕氏春秋》和《月令章句》，第十一册，第2999页。
② 陈久金、陈美东，临沂出土汉初古历初探，《文物》1974年第3期。
③ 阎林山、全和钧，论我国的百刻计时制，科技史文集，第6辑，第1～6页。
④ 刘复，西汉时代的日晷。《国学季刊》三卷（1934）四号，第1～38页。
⑤ 中国社会科学院考古研究所编著，中国古代天文文物图集，第43页，118页，图四一，文物出版社，1980。

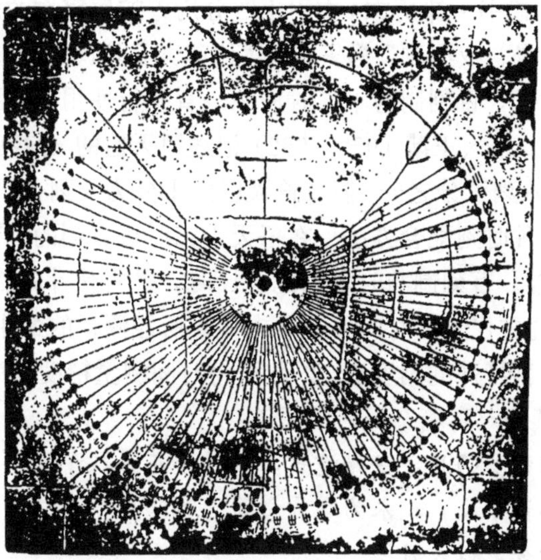

图 2-59 内蒙古呼和浩特市南托克托出土汉代石质日晷面

“刻”是漏壶上的基本计时单位。一般使用竹或木制的箭在相当于一昼夜沉浮的长度上刻划出一百个等分，每一等分定为“一刻”。郑玄为《周礼·挈壶氏》作注，记述的是汉代漏壶记时制度。郑玄曰：“分以日夜者，异昼夜漏也。漏之箭，昼夜共百刻，冬夏之间有长短焉，太史立成法有四十八箭[①]。”可见一般的漏壶都分昼漏、夜漏两种，昼漏记载日出至日落之间的时刻，夜漏等于百刻减昼漏刻。每次当达到漏刻起点时必须重新上水，换上相应的箭。那么为什么一年要用四十八支箭呢？这是太阳赤纬的周年变化导致一年四季昼夜长短不等的缘故。为了反映这种变化，漏刻的计时标尺（漏箭）在一年四季中昼夜的刻度数都不完全一样。汉初以春分、夏至、秋分、冬至为界，“日永昼漏六十刻，夜漏四十刻；日短则昼漏四十刻，夜漏六十刻；日中宵中则昼夜各五十刻[②]。”至迟到东汉中期，古人已准备了一整套分度各差一刻的漏箭，按季节每九日更换一次。九日加减一刻的方法并非十分准确，《后汉书·律历中》记载这种方法比实际昼夜交替的天象尚有二刻半的误差。误差产生的原因在今天看来可能是晨昏曚影所致，由于地球外大气层的折射与漫反射，日落后与日出前的一段时间仍有部分阳光照射到地球上。为使百刻时制与天象统一，古人作出过种种努力，比如明确规定旦与昏的时刻。大体在秦汉之前以日出前三刻为旦，日没后三刻为昏，东汉改历后，又改三刻为二刻半，于是有“冬至昼漏刻四十五”，“夏至昼漏刻六十五”，“春分昼漏刻五十五又八分”，“秋分昼漏刻五十五又二分”的记载[③]。东汉永元十四年（102）侍诏太史霍融提出昼夜长短与太阳的去极度有关，对刻漏制的计时方法进行改革。他指出：“今官漏率九日移一刻，不随日进退。夏历漏（刻）随日南北为长短，密近于官漏，分明可施行。”建议“漏刻以日长短为数，率日南北二度四分而增减一刻[④]。”

---

① （汉）郑玄注、（唐）贾公彦疏《周礼·夏官·挈壶氏》。

② （魏）王肃《尚书王氏注》卷七，引自《玉函山房辑佚书》本。

③ 《后汉书·律历志下》。第十一册，第3077～3079页。

④ 《后汉书·律历志中》。第十一册，第3032～3033页。

我们注意到,《后汉书·律历志》中引用四分历曾按照霍融的观点计算了二十四气各天的“日所在”及“昼、夜漏刻”数[①],显然比起九日增减一刻要精确多了。

两汉至南北朝时代,百刻制与十二时辰制一直并行使用,直到隋唐以后文献中才出现了两者配合的迹象。宋人王溥(922~982)记述司天监的《漏刻经》曰:“昼夜一百刻,分为十二时,每时有八刻三分之一,假令符天以六十分为一刻,一时有八刻二十分[②]。”这是当时普遍使用的一种时刻配合方法。在每天十二时辰百刻的计时制中,平均地一刻相当于今天的14.4分钟。百刻制与时辰制配合计时,是古代计时制中的又一进步。

相当于14.4分的古代一刻时间并非是古代人所能测得的最小时间单位。宋代燕肃的莲花漏中刻箭用了一种特殊的刻度法,以此可将时间测量精度提高到14.4秒。宋代吴处厚(11世纪人)在其著《青箱杂记》中写道:

> 龙图燕公肃雅多巧思,任梓潼日,尝作莲花漏献于阙下,……其制为四分之壶,参差置水器于上,刻木为四方之箭,箭四觚,面二十五刻,刻六十,四面百刻,总六千分,以效日[③]。

这段文字说明燕肃对过去的刻箭形式作了重大改进。其箭有四棱(觚)四面,类似一柱形,在其每面上分25刻,相邻两刻间又分为60等分。刻箭在箭壶中每天上浮四次,每次时经25刻。这样就把传统的百刻一箭换成了25刻一箭,使刻箭的有效长度增加了4倍,从而提高了浮箭的灵敏度和读数精度。再则,分一刻为60等份,又使读数精确到原来的1/60刻,即相当于今日的14.4秒。据宋代的杨甲(12世纪人)《六经图》载,燕肃刻箭“长四尺,经六分,重四两有半。刻莲花为饰。上一尺六寸刻节候;中一尺五寸分二十五刻,每刻六分;下九分安在莲心[④]。”由此可见燕肃要在间隔“六分”(约今日1.5厘米)的距离中再划分60等份,这并不是一件容易的事。而吴处厚所记恰恰说明了燕肃解决这一问题的方法,即在柱形箭的四面相错刻划,每面一刻时段中只要划15等分(相当于间距是1毫米)就可以了[⑤]。燕肃因此使时间的测量精度提高了60倍。

赵友钦极大地提高了时间测量精度,据赵友钦《革象新书》载,他所设计的“箭分一百四十六画半,一昼夜之间,其箭沉浮各五十次。……天运一度,则箭之浮沉移四十画[⑥]。”由此推算,其刻箭的表面读数精度可达6秒左右。

古代秤漏也大大地提高了测时精度。李兰秤漏为“漏水一升,称重一斤,时经一刻[⑦]。”杨甲在记述燕肃秤漏水法时写道:燕肃秤漏“每刻六十分,计水二斤八两。”以细水管的流水重量作为时间的量度是伽利略作落体实验时计时的基本原理。在古代,这种测时的精度就随着秤的精度而增加。从李兰秤漏推算,流水一两重为54秒,一钱重为5.4秒;从燕肃秤漏推算,流水一两重为21.6秒,一钱重2.16秒。在无钟表记时的年代,它对

---

① 《后汉书·律历志下》。同上。

② 王溥《五代会要》卷十《漏刻》。

③ 吴处厚《青箱杂记》卷九,第99页,校点本中该段文字标点有误。

④ 杨甲《六经图》卷三。

⑤ 陈美东最早发现了古代人提高测量时间精度的方法,其论文载《自然科学史研究》1卷(1982)第1期,第23~33页。

⑥ 赵友钦《革象新书》卷四《经星定躔》。

⑦ 徐坚《初学记》卷二十五。

于观测天象（如日、月蚀）发生的时间，或对于近代科学实验检测时间都有极大的方便。

3. 十二时辰计时法

有的研究者认为，十二时辰是由太阳在天空中的十二个方位演化而来的[1]。中国古代的地平坐标自汉以后常用十二支来表示方位（如子代表北方，午代表南方，见图 2-60）。《周髀算经》卷下有“日加卯之时”，“日加酉之时”；《汉书·翼奉传》载“日加申”。所谓“卯”、“酉”、“申”即太阳所在的天空方位，也表示了太阳运动到这些方位的时刻。古文“加”字可以训为“指”[2]。后来，这种方位的计时法，就简化成“卯时”、“酉时”、“申时”等等日常的时间标记。

图 2-60 地平方位图

十二辰计时法规定得十分明确，我们不难找出它与世界通用的 24 小时制的对应关系（见表 2-4）。

表 2-4 十二时辰与今日 24 小时计时法的对应关系

子时 23～1 时	卯时 5～7 时	午时 11～13 时	酉时 17～19 时
丑时 1～3 时	辰时 7～9 时	未时 13～15 时	戌时 19～21 时
寅时 3～5 时	巳时 9～11 时	申时 15～17 时	亥时 21～23 时

大约从东汉开始，将一个时辰加入少、半、太三个时标[3]。从唐代开始至北宋中期，社会上又普遍采用一时辰内加“初、正”的记时方法，如“子初”为下午 11 时，“子正”为上午 0 时，“丑初”为上午 1 时，“丑正”为上午 2 时。这样的记时法与今日二十四小时纪日法已无本质差别。

早在唐代之前，《晋书》中还明确记述过一种比“初、正”划分更精细的“加时”方式，这种方法将一辰分为 12 个分单位。该书记载魏尚书郎杨伟建景初历，有关“推加时”的方法如下：

推加时：以十二乘定小余，满日法得一辰，数从子起，算外，则朔望加时

① 陈久金，中国古代时制研究及其换算，自然科学史研究第 2 卷第 2 期，1983。

② 刘复，西汉时代的日晷，国学季刊三卷四号（1934），第 37 页。

③ 《后汉书·律历志下》，第十一册，第 3076 页。

所在辰也。有余不尽者四之，如日法而一为少，二为半，三为太。又有余者三之，如日法而一为强，半法以上排成之，不满半法废弃之。以强并少为少强，并半为半强，并太为太强，得二强者为少弱，以之并少为半弱，以之并半为太弱，以之并太为一辰弱。以所在辰命之，则各得其少、太、半及强、弱也①。

此种加时法的十二个分单位依次关系可用表 2-5 示知。

表 2-5　将一辰分为 12 个分单位的加时制

强	少弱	少	少强	半弱	半
1/12	2/12	3/12	4/12	5/12	6/12
半强	太弱	太	太强	弱	一辰
7/12	8/12	9/12	10/12	11/12	12/12

十二分单位的这种表述方式不仅用于时制测量，在古代长度制与角度制中也常见使用。

由此可知，以十二时辰计日，每个时辰相当于今日两个小时；将一个时辰分为十二分单位，则每一单位相当于今日 10 分钟。

十二时辰计时起源于何时？或说，“到隋唐时（7 世纪后），才完全以十二时辰计时”②。清代赵翼（1727～1814）《陔余丛考》卷三十四说：“一日十二时始于汉”；晋杜预注《左传》“卜楚丘十时”语曰：春秋时“虽不立十二支之目，亦分十二时”③。刘复说：“时辰之法起于何时，尚有待考。我们所知道的是：西汉时代还没有。”但刘复最后还作“这样一个揣测：我以为当时（指西汉）昼夜分为百刻，同时亦分为十二时③”。但是，近年的一些研究认为，十二时辰制起源于西周时期④。据考古发现，在湖北云梦县睡虎地 11 号秦墓中出土简册《日书》乙种，其中有十二辰计时的文字：

鸡鸣丑，清旦寅，日出卯，食时辰，暮食巳，日中午，昃未，下市申，舂日酉，牛羊入戌，黄昏亥，人定子。

这是迄今为止以十二时辰计时的最早记载。这批竹简的成文年代早至商鞅变法时期，晚至秦始皇三十年（前 217 年）。可见，十二辰计时至迟也始于春秋战国时期。⑤ 李约瑟认为，周汉之间的这种十二时制是“非常先进的”，他称赞说：“欧洲古时钟点的长短随白昼的长度而改变，这种古制直到十四世纪机械钟出现时才被废除。中国则至迟在公元前四世纪便已建立了一种不变的时制，自午后十一时起等分一昼夜为十二时辰⑥。”

总之，十二时辰制在中国历史亦非常悠久。这种计时方法在中国人心目中如此牢固、平常，以致明末清初西方传教士将自鸣钟带入中国时，也只好将其显时盘上计时方法改

① 《晋书》卷十八《律历下》，第二册，第 548～549 页。

② 陆燕贞，故宫藏清宫钟表概述，《清宫钟表珍藏》，第 17～31 页。

③ 刘复，西汉时代的日晷，国学季刊三卷四号，1934，第 35，37～38 页。

④ 中国天文学史，同书名研究组编著，第 117 页；也见陈遵妫《中国天文学史》第三册，第 1343 页。

⑤ 于豪亮，秦简《日书》记时记月诸问题，载中华书局编辑部编，《云梦秦简研究》，中华书局，1981，第 351～357 页。

⑥ Joseph Needham, Science and Civilisation in China. vol. Ⅲ, p. 313.

为以汉字表示的十二时辰。直至今日，婚丧礼庆还讲究时辰。

以下几张图（图 2-61、2-62、2-63、2-64、2-65）绘出了古代计时器和近代钟表的十二时辰计时法。

图 2-61 元代王祯《农书》绘田漏

（其下壶标有十二辰的白昼时辰）

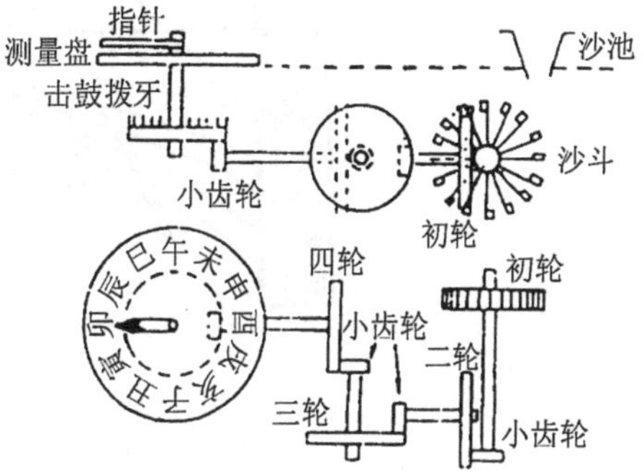

图 2-62 刘仙洲复原明代詹希元五轮沙漏

（其上测景盘即今钟表上显时盘，它以十二辰计时）

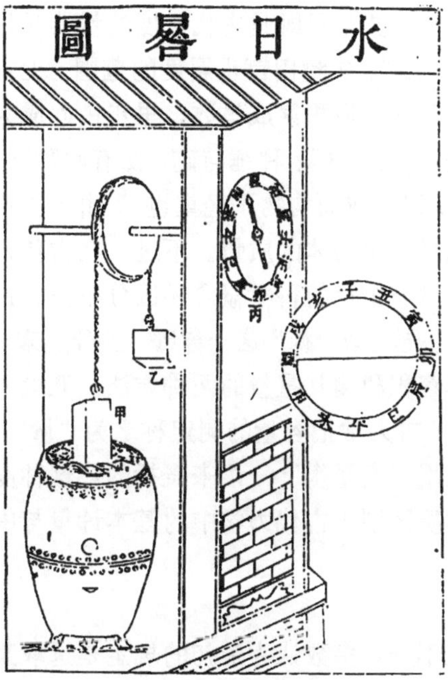

图 2-63 明末从欧洲传入中国的水钟

（其钟盘面上已改为中国传统的十二时辰计时法）

图 2-64 徐朝俊设计制造的闹钟盘

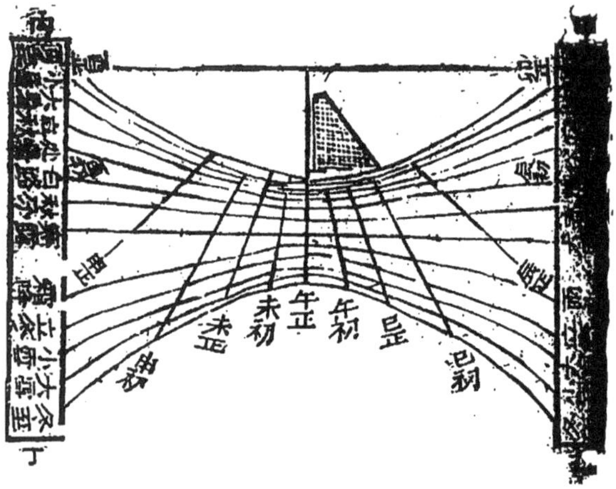

图 2-65　清中叶钟表师徐朝俊设计的新式日晷

（晷面上标识十二时辰计时法的白昼时辰）

二　长度、容量和质量单位

《孔子家语》载黄帝“治五气，设五量”①。后人注释“五量”是“权衡、斗斛、尺丈、里步、十百。”

古人计量物体的长短、面积和体积要用尺和丈。丈与尺既是古代长度的量器又是测长的基本单位，而凡涉及长度的测量古人统称为“度”。丈量田亩也属度的范围。上古时代丈量方法比较简单，测量地积使用步量，故一定的步数积累成里数，里步由此成为长度与地积的双重单位。五量中的权衡泛指古代天平上的砝码、秤锤与砣。衡有两种含义，一为平衡；一为衡竿。故《汉书·律历志》：“衡所以任权而均物平轻重也。”由于古代尚无弹簧秤，以天平、杆秤计量物体的轻重实则也是测定物体的质量。不过，在古代，真正的物理学上的质量定义并没建立，人们对于质量与重量的科学概念还区分不清。古人总是习惯性地将称得的质量认为是物体的重量，并冠之以“衡”这一称呼。细分起来，大多数民族在标度物体中所含物质多少时都有量其容积和测其重量的两种方法。五量中的斗斛是一种容量单位，同时也是古代的一种量器，古人常把容量的测定称之为“量”。总之，中国古代的长度、容积与重量的测定是可以用“度量衡”一语来概括的，这种度量衡制与今天力学测量中的长度、质量单位并无本质区别，古代力学中的基本计量与中国度量衡制的建立与发展有密切关系。

1. 早期度量单位的产生

在史学家中，关于早期度量单位的形成其说不一，多数认为最初的规定是选取某些自然物品，如人体、丝毛、农产品等为衡量基准。《史记》载，大禹时期以“身为度，称以出②。”《孔子家语》载：“布指知寸，布手知尺，舒肘为寻，斯不远之则也”③。由于人

① 王肃注《孔子家语》卷五《五帝德篇》。

② 《史记》卷二《夏本纪》，第一册第 51 页。

③ 《孔子家语》卷一《王言解》；也见《大戴礼·王言》。

体各部分长度无法整齐划一，因此早期的度量单位名称也显得杂乱重复。举“寻”和“仞”为例，古人测量宽度的单位叫寻，测量深度的单位叫仞，寻和仞都表示伸直两臂后两手间的距离，但实际长度不等。由于测宽窄是两手在水平方向上平举，结果略长，一寻相当八尺。而测量深度时两手向上下垂直分开，结果略短，一仞等于七尺；虽然如此，以人自身或其某一部分作为量度单位，在古代确也是一种“斯不远之则”。按照统计平均规律，或就一般言之，手指两骨节间相当“一寸”；伸开姆指和中指的距离为“一尺”，“尺”亦指人体下臂骨之长；“寻”与“仞”，无论怎么伸开两臂，在古代都看成八尺。此外，在日常生活中，还有一“拃”宽，两“指”厚，合“抱”粗，十“步”远，等等“以身为度”的例子。度量单位的起源，东西方都有类似之处。英语 foot（英尺），既指脚，又指长度单位；古埃及的长度单位“肘尺”（cubit）指肘尖到中指端长度，约 0.5 米；英制“码”（yard）相传为英王亨利一世鼻尖到大姆指端的长度①。

汉代人还发明以“累黍法”确定度量衡单位的方法。以 90 粒黍排成的长度为一尺；以 1200 粒黍的容量为一龠，以其总重为十二铢。因此，大小适中或统计平均的黍粒之长成为长度基准。这种“黍粒基准”与“身体基准”（以身为度）当然不能满足社会进步与度量精确和准确的需要。它们只是说明计量单位的原始起源而已。在西方，类似的有英国衡制最小单位“grain”（等于 1/7000 磅），原意是麦粒；又如衡量宝石重量的“carat”（等于 1/5 克）是来源于一种长豆角种籽的阿拉伯语。

殷商至战国的出土文物反映了这一历史时期度量衡发展概貌。传河南安阳殷墟出土牙尺，其长合今日约 15.8 厘米，其一尺分十寸，一寸分十分②。中国历史博物馆藏春秋齐国“右伯君铜权”，重 198.4 克，可能是当时一斤权；旅顺博物馆藏春秋郏国半圆鼻纽铜权，重 212.6 克，也可能是当时一斤权（图 2-66）。同是一斤权，其重量随异国而又差别。传安徽寿县出土战国楚的“王铜衡杆”，杆上刻有十等分分度。据推测，它可能从等臂天平向杆秤过渡的量器，其分度线是权与物放在不同部位的悬挂标记③。在湖南长沙左家公山战国楚墓出土一完整天平（见图 2-5），衡杆木质，铜盘，九个环形权中最小的一个为 0.6 克④。在量器中，较早的如商鞅铜方升，是战国秦颁行全国统一的标准量器（见彩图 2-67），据其上铭文载，它以 16.2 立方寸为 1 升，1 升合今日 202.15 立方厘米⑤。由此可

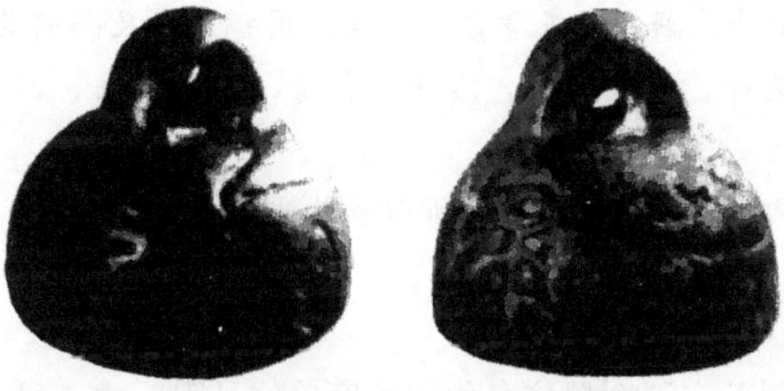

图 2-66　春秋“左伯君铜权”（左）和郏国铜权（右）

① 关洪，物理学史选讲，北京高等教育出版社，1994，第 1～3 页。

② 国家计量总局主编，中国古代度量衡图集，单色图版第 9 页；说明文字第 1 页。

③ 刘东瑞，谈战国时期的不等臂秤“王”铜衡杆，文物，1979 年，第 4 期。

④ 高至善，湖南楚墓中出土的天平与砝码，考古，1972 年第 4 期。

⑤ 国家计量总局主编，中国古代度量衡图集，彩图七，说明文字第 12 页，八一。

见，早在公元前一千多年我国度量衡制及其器具已开始形成。

十进制引入度量单位中是古代一件大事。它与历代统一度量衡工作有密切关系。

据《虞书·舜典》载，可能在氏族部落社会中有过一次较大规模的统一工作。该书写道："岁二月，东巡守，至于岱宗……协时月正日，同律度量衡"①。这意思是某年二月舜帝东巡守抵达泰山，在祭祀山川之外还修正月日，使各地遵循同一的时间，统一了音高标准和度量衡。在这里，"协"与"同"作划一、统一解。"同"，颜师古注《汉书》曰："同谓齐等②"，也即统一。这里"律"，并非指法律的律，而是音律，即音高标准。没有统一的音高标准，歌声各行其调；没有统一的度量衡标准，尺寸各行其是。因此"同律度量衡"对正在扩大的部落、交流往来及社会进步都有极其重要的意义。可惜，史籍中未有留下舜帝"同律度量衡"的具体方案。

纵观度量衡发展史，秦汉是一次重要转折。春秋战国年间的度量衡制十分混乱，秦始皇统一中国后，在商鞅变法的基础上推行统一度量衡的措施："一法度衡石丈尺，车同轨，书同文字③。"秦始皇统一度量衡对后世有深刻影响，汉承秦制四百多年量值是基本统一的，唐宋至明清虽不断有补充和完善，但再没有发生根本上的变化。

度量的十进制度最早见于《汉书》记载。西汉末年刘歆撰写《汉书·律历志》，在审度、嘉量、衡权三篇中详细记录了先秦以来度量衡的单位量值，还有进位关系，标准器的形制等等。这是我国第一篇有关度量衡的完整论述。其中，有关长度、容量、重量各种单位名数及换算问题，该书写道④：

关于"审度"：

> 度者，分、寸、尺、丈、引也，所以度长短也。本起黄钟之长。以子谷秬黍中者，一黍之广，度之九十分，黄钟之长。一为一分，十分为寸，十寸为尺，十尺为丈，十丈为引，而五度审矣。其法用铜，高一寸，广二寸，长一丈，而分、寸、尺、丈存焉；用竹为引，高一分，广六分，长十丈。

关于"嘉量"：

> 量者，龠、合、升、斗、斛也，所以量多少也。本起黄钟之龠，用度数审其容。以子谷秬黍中者，千有二百实其龠，以井水准其槩。合龠为合，十合为升，十升为斗，十斗为斛，而五量嘉矣。其法用铜，方尺而圜其外，旁有庣焉。其上为斛，其下为斗，左耳为升，右耳为合龠，其状似爵，以縻爵禄。

关于"权衡"：

> 权者，铢、两、斤、钧、石也，所以称物平施，知轻重也。本起黄钟之重，一龠容千二百黍，重十二铢，两之为两，二十四铢为两，十六两为斤，三十斤为钧，四钧为石。

书中记载度量衡制各有五个单位名称。长度单位是引、丈、尺、寸、分，采用十进制：

---

① 《尚书正义》卷三，载《十三经注疏》。

② 《汉书》卷二十一上《律历志》，第四册第955页。

③ 《史记》卷六《秦始皇本纪》，第一册第239页。

④ 《汉书》卷二十一上《律历志》，第四册第966～969页。

1引=10丈，　1丈=10尺，　1尺=10寸，　1寸=10分。

容量单位是斛、斗、升、合、龠，基本采用十进制：

1斛=10斗，　1斗=10升，　1升=10合，　1合=2龠。

重量单位是石、钧、斤、两、铢，采用非十进制：

1石=4钧，　1钧=30斤，　1斤=16两，　1两=24铢。

显然，秦汉时期的度量衡已经制度化，标准器也趋于定型。特别需要强调的是其长度与容量单位基本采用了十进制，还没有一个国家能像中国这样，早在公元前后就将先进的十进制进位数字方法引入度量衡的换算之中。李约瑟对此曾给予高度评价。他说："在各文明古国当中，中国人在这方面是独一无二的。就其把十进制引进到度量衡中而言，他们尤其先进。因为正如萨顿所说，欧洲一直等到法国大革命的时候才开始这样作①。"古人在度量制度上的这一进步，显然与古代数学十进记数法的悠久传统有关，这个传统可以上溯至公元前14世纪。早在远古时代我们的祖先就已突破了其它民族最大数字为5的认识；奴隶社会中又创造了一整套的十进位甲骨方块数字；大约在春秋时代或者更早，古人已学会使用算筹，1975年湖北江陵发掘的西汉墓中，这种十进制的计算工具居然和天平，砝码同放在一个竹笥之中②。不可否认，这种先进的十进制进位法决定了中国古代计算数学与计量学的突出成就。

十进制度量系统在以后的历史年代里仍有补充。三国或晋时成书的《孙子算经》记述了比汉代更细微的度量衡单位名称，《隋书·律历志》引《孙子算经》作了类似记述③，大致如下：

长度单位：

10忽=1秒，10秒=1毫，10毫=1厘，10厘=1分。

容量单位：

6黍=1圭，10圭=1抄，10抄=1撮，10撮=1勺，10勺=1合。

重量单位：

10黍=1絫，10絫=1铢。

《孙子算经》中记述的重量十进单位并未得到普遍应用。在唐、宋之前二进、四进、十二进的重量小单位制始终并行使用。宋太宗淳化三年（992）宋丞相刘承珪对衡量的小单位进行彻底改革。他沿袭唐制中一两分为十钱的命名，又借长度制中的毫、厘等小单位用到重量制中，"以分而推忽，为定数之端④。"从此，才将"两"以下的小重量单位的以十进制在度量衡中正式规定下来，其名称及数量关系如下：

1两=10钱，1钱=10分，1分=10厘，1厘=10毫，1毫=10丝，1丝=10忽。

2. 力学度量的导出单位

古代人在确定时间、长度、质量（重量）的三种基本度量单位及其进位的过程中，也

---

① Joseph Needham, *Sciencl and Civilisation in China*, Vol. Ⅲ, pp, 89～90.

② 夏鼐，考古学和科技史，第3页。

③ 《隋书》卷十六《律历上》。第二册第402，409，411页。其中"蚕所生吐丝为忽，十忽为秒，十秒为毫，十毫为厘，十厘为分"与今传本《孙子算经》卷上记述的度量单位不合。钱宝琮认为，传本所记与唐代田曹、仓曹制相似，应为后人增窜之笔。参阅《钱宝琮科学史论文选集》第139～140页。

④ 《宋史》卷六十八《律历志》，第五册，第1496～1497页。

使用了由它们构成的某些属于力学度量系统中的导出单位。

比重的单位：

单位名称——方寸重……斤，方寸重……两，升重……两。

例：

“黄金方寸而重一斤”。(《汉书·食货志第四下》)

“水一升冬重十三两。”(《后汉书·礼仪志》)

在本书第七章关于固体比重的测定值中有许多这样的例子。

速度的单位：

单位名称——日……里，日……尺。

例：

“今有良马与驽马发长安至齐。齐去长安三千里。良马初日行一百九十三里，日增十三里。驽马初日行九十七里，日减半里。良马先至齐，复还迎驽马。问几何日相逢及各行几何？”(《九章算术·盈不足》)

力的单位：

单位名称——石、钧、两、铢、锱。

例：

“发引千钧”。(《列子·仲尼》)

“世多挈一石之任，寡有举十石之力……身能负荷千钧……使之自举，不能离地。”(《论衡·效力篇》)

“车张十石之弩。”(《论衡·儒增篇》)

值得指出，古代人关于重量的单位与力的单位完全一致。由于古代人以天平或杆秤测量物体重量，实际上的重量单位也就是质量单位。

另外，面积、体积的单位名称为尺、寸、分、忽，另有适用于容积和体积的单位龠、合、升、斗、斛，以及地积的单位名称为里、步、分、亩、顷等等。在这里需要说明的是在面积与体积的单位中，古代人没有平方尺或立方尺的词意及概念，他们常以“幂”或“方”表示“平方”，以“积”表示“立方”。

三 单位量值的演变与标准器的制定

计量学要求基本的度量单位必须保证高度的准确性与重现性，其单位量值当然也应该恒定不变。可是由于社会的种种原因，我国度量衡的发展历史却表现出另外一种特点，即自秦汉至清的两千多年中基本单位量值并非一成不变，而是经历了逐渐地由小增大的变化。

尺度演变的倾向古人早有所查觉。晋武帝泰始九年(273)荀勖校正律尺、调整声韵时，发现自己的用尺“长于古四分有余”。荀勖尺后人又称晋前尺，据说与新莽铜斛尺等长。唐初李淳风修《隋书·律历志》时曾以荀勖尺作基准，比较了二十五种古尺，发现自汉到东魏尺度增长了五寸零八毫。南北朝后常用尺和天文尺、律尺逐渐分化成两个系统，唐代的度量衡也分成大小二制。小尺限于“调钟律测晷影，合汤药及冠冕之制”，大尺为官民日常使用，长度计量也常用大尺度量。唐大尺沿袭隋“开皇官尺”，尺长相当晋前尺 1.281 尺，唐小尺为“梁表尺”，尺长相当晋前尺 1.022 尺，较前都又有增长。宋虽继承唐制，但规定的标准尺度为三司布帛尺，“周尺当三司布帛尺七寸五分弱”，宋太府布帛尺较晋前尺又长三寸五分。朱载堉指出“宋太府尺之八寸一分，为今明营造尺，即唐大尺之八寸。”可见宋尺比唐尺略大，明尺比宋尺又略大。如以新莽尺 23.1 厘米为准，宋布帛尺约 31 厘米弱，明清的营造尺最长，约 32 厘米左右。

历代单位尺的演变情况如表 2-6。

表 2-6 历代常用尺度表*

历史朝代	秦汉	魏、西晋	东晋	刘宋	萧梁	北魏			东魏、北齐
						早期	中期	晚期	
1尺长度（厘米）	23.1	24.2	24.2～24.5	24.7～25.0	24.7	25.6	27.9	29.6	30.0

历史朝代	北周、隋	唐		宋	元	明			清
		大尺	小尺			营造尺	量地尺	裁衣尺	
1尺长度（厘米）	29.6	30.6～31	24.60	31.2～31.6	35	32	32.6～34	34.0～35.5	32

* 表 2-6 数据由丘光明教授提供，特此致谢。

由表 2-5 可见，自秦汉至清，常用尺度具有增大倾向。除常用尺外，乐律尺也有增大变化的倾向。虽然如此，中国的天文尺度却是基本不变的。自南北朝起，天文尺与常用尺自成系统，南朝太史令钱乐之更铸张衡浑天仪，所用尺合今 24.5 厘米有余，此后唐朝僧一行主持测子午线用尺，宋朝司天监的景表尺，元朝郭守敬设计登封观象台用天文尺以及明代的铜圭表尺都沿用了同一尺度，确保在 1200 年中天文测量数值的准确性。至于容量和重量的基本量值，在度量衡发展历史上变迁更大，量器由秦至清从每升相当于 200 毫升增长至 1000 毫升，约增加四倍，衡器从每斤相当 250 克增长至 600 克左右，也增加了一倍以上①。由于量、衡制度比较混乱，不仅各代存在差别，就是同一时期各地的情况也不一样，在此就不过多叙述了。

有鉴以上，标准器的制造并立法颁行就显得尤为重要。

度量衡标准器的制造反映出同时代科学技术的发展水平。成书于春秋末年的《考工记·栗氏》记述了古人制造标准量器的基本过程：

> 栗氏为量，改煎金锡则不耗；不耗，然后权之；权之，然后准之；准之，然后量之；量之，以为鬴。深尺，内方尺而圜其外，其实一鬴；其臀一寸，其实一豆；其耳三寸，其实一升；重一钧，其声中黄钟之宫，槩而不悦。其铭曰：‘时文思索，允臻其极，嘉量既成，以观四国，永启厥后，兹器维则’。

周代标准器多用青铜制造，“改煎金锡”就是取一定量的铜、锡，熔为合金，铸成容器。关于对这段文字的理解方面，有人认为，金属精炼之后要先确定其比重。此解当否，尚待探讨。由以上《考工记》的文字看，周代标准量器的构成极为合理。鬴、斗、升三个容量单位集中在一个器具上，鬴是主体，斗是踊下，升为两耳。“内方尺而圆其外”，即

① 国家计量总局主编，中国古代度量衡图集，第 5 页。

以“径一周三”的圆周率来确定蒲的圆周长。由嘉量的铭文可知，它是当时量器的标准。

战国和秦汉时代制作了多种标准器，体现了当时科学技术的成就。秦始皇诏用商鞅铜方升，秦时较量战国安邑下官铜钟与秦骊山圆铜钟都采用了“以度审容”的方法。今人用现代的度量器具对这些容器进行重测与计算，与铭刻记载相对照，发现单位量值的误差不到百分之一。可见，有了标准器，就可以减少单位量值的不确定性。

西汉末，王莽篡政，建立新朝。虽其为政时间短暂，但他曾下令制作标准器、推行度量衡统一工作。今存台北故宫博物院的新莽铜嘉量（图 2-68）就是当时制作的标准量器。仿《考工记·栗氏为量》的量器形状，新莽嘉量“上为斛，下为斗，左耳为升，右耳为合、龠”，与《汉书·律历志》记载相符。（图 2-69）将五种不同大小的量具集中在一个标准器之中，自《考工记》记载以来成为中国的传统。这是度量衡史上的一个创造。

图 2-68　新莽铜嘉量

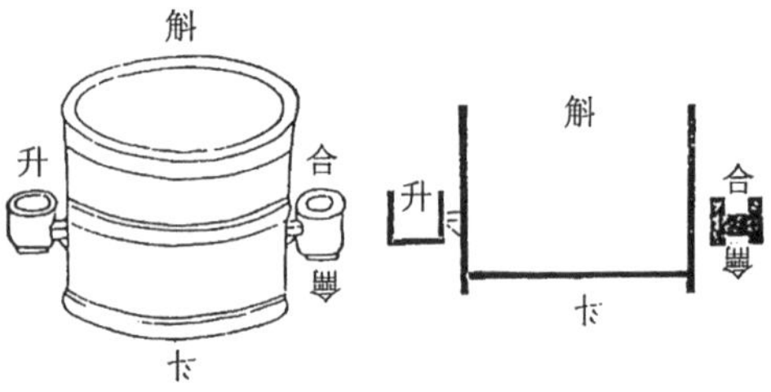

图 2-69　新莽嘉量上各种量具示意图

有人据《考工记·栗氏》载，以为敲击这种量器而发出“黄钟之宫”声。这可能是一种误解。据新莽铜嘉量上铭文：“律嘉量龠，方寸而圜其外，庣旁九毫，冥百六十二分，深五分，积八百一十分，容如黄钟①。”这就是说，嘉量龠的容积恰如黄钟宫音律管的容积相同。容积相同，不一定发出同一音高。振动体发声受振动体本身许多因素的影响。从新莽嘉量的铭文可见，古代人已用尺度计算量器的容积、面积。根据它的设计可推想其 $\pi=3.1547$②，显然比《周髀算经》的“径一而周三”精确得多。

公元 9 年制造的新莽铜卡尺又是度量衡史上的一项发明。它的外形与用法类似于近代在工程技术上使用的普通卡尺（图 2-70，71，72，73）③，它表明，汉代测量工具的精密程度、测量结果的准确与可靠程度。该尺今藏北京中国历史博物馆。

历代有些统治者不仅掌管标准器的制作与发放，而且十分重视度量衡器的校验与管理（见彩图 2-74）。他们曾将同律度量衡视为立民信、制法度的大事，如《汉书·律历志》说：“《虞书》曰：‘乃同律度量衡’，所以齐远近、立民信也”。故“度长短者，不失毫厘；量多少者，不失圭撮；权轻重者，不失黍絫。”传说在少昊氏时代，古人就设立了名为“五雉”的“九工正”官职，专门负责制造和检定度量衡器。《周礼·明堂位》中有周公“朝诸侯于明堂，制礼作乐，颁度量，而天下大服”的记述。当时设立的“内

① 中国古代度量衡图集，第 19 页，一二六。
② 刘复，新嘉量之校量及推算，《辅仁学志》第一卷第一期，1928，第 1～29 页。
③ 刘东瑞，世界上最早的游标量具——新莽铜卡尺，《中国历史博物馆馆刊》1979 年第 1 期，第 94～97 页。

宰”、“大行人”、“质人”等官职都与管理度量衡有关。秦始皇统一度量衡之后，又建立起严格的度量衡器检验制度。秦简《工律》记载官方一年校正度量衡器一次，《效律》中还详细规定了衡器与量器的允许误差范围，如超过误差，则要对度量衡的主管人进行实物处罚。

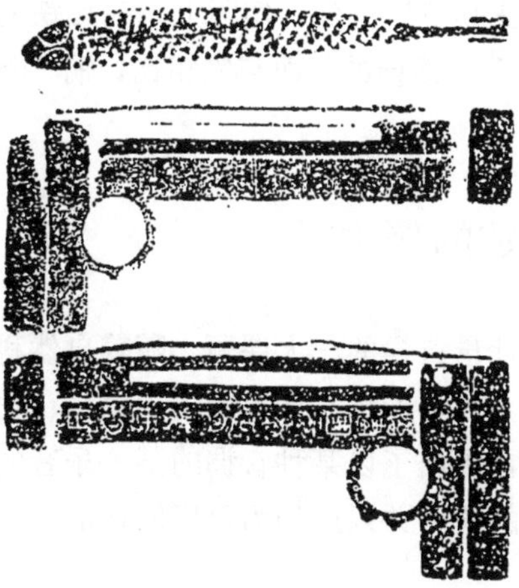

图 2-70 新莽铜卡尺的鱼背，正面及背面拓本

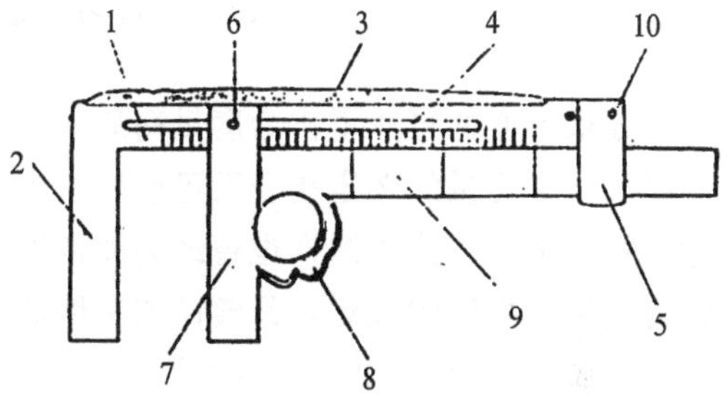

图 2-71 新莽铜卡尺结构图

1. 固定尺 2. 固定卡爪 3. 鱼形柄 4. 导槽 5. 组合套 6. 导销 7. 活动卡爪 8. 拉手 9. 活动尺 10. 铆钉

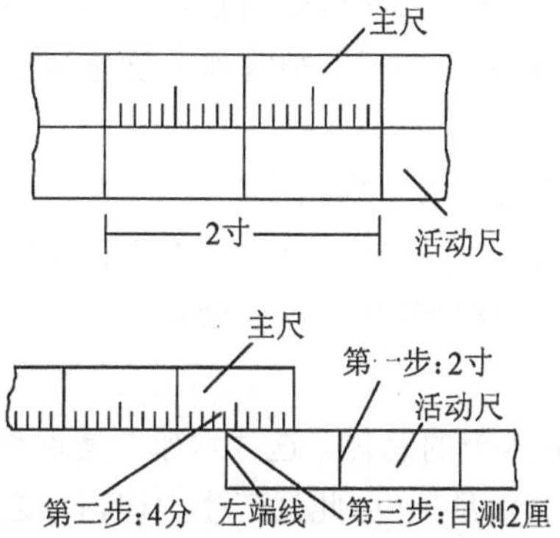

图 2-72 新莽铜卡尺刻线原理（上）和读法示意图（下）

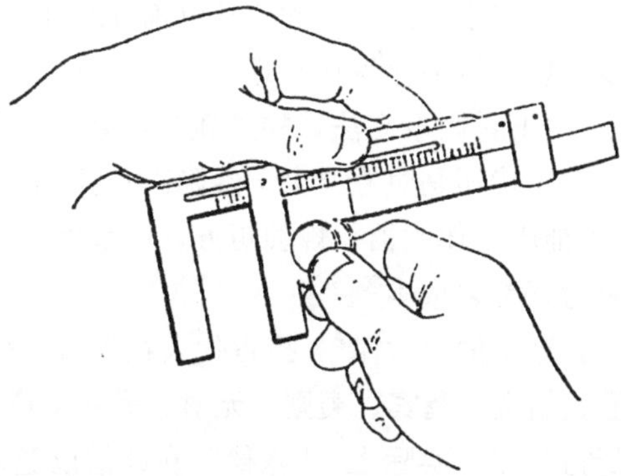

图 2-73 新莽铜卡尺使用示意图

在掌握度量衡器的制作与校验技术上，人们对于自然规律的认识越来越深入。历代检定度量衡器具都注意到季节变化的影响，一般选择在春分或秋分时节进行。《礼记·月令》说：“（仲春之月）……日夜分则同度量，钧衡石，齐斗甬，正权概①。”可见我们的祖先很早就注意到温度、湿度对校验度量衡器的影响。这里的“日夜分”指春分，把校验度量衡器的时间安排在某个特定的时日，正是为了保证校验器具时外界条件的稳定，使

① 《吕氏春秋》卷二《仲春记》作：“日夜分，则同度量，钧衡石，角斗桶，正权概。”陈奇猷校释本，学林出版社。

各种外界影响趋于恒定。

古代的度量衡器多为铜质。早在汉代，人们对其原因作过理论上的探讨。《汉书·律历志》写道："铜为物之至精，不为燥湿寒暑变其节，不为风雨暴露改其形，介然有常，有似于士君子之行，是以用铜也。"这个说法正误各半，因为古代人没有测定物质膨胀系数的仪器，因此他们难于检测出铜与铁孰"寒暑变其节"更烈。实际上，铜比铁的膨胀系数大，说它是"物之至精"、不为"寒暑变其节"是错误的；而与铁相比，铜"不为风雨暴露改其形"这一点是正确的。

四 寻求自然常数的努力

寻求不变的自然量作为度量衡的基准是近代计量科学的一大课题。随着自然科学的发展，这个恒量的选定在今天已取得了重大成就，但人们仍在探寻着更为精密、恒定的标准物理量。古代中国人也曾经为此作出过努力，提出了以某种音调的某一乐音的声波作为度量衡标准的设想，又尝试测定地球子午线的长度并以此作为尺度的标准。

1. 以声波作为度量衡标准的设想

从汉代开始，有人提出，某种特制的律管可以作为度量衡的标准。

律管，亦即管式音高标准器。它一端为吹口，另一端为开口，中间无音孔。据载，黄钟宫音管规定为长 9 寸，内径 3 分①。古代人曾设想用它的长度、及其管内所容纳某种物体的容量以及在这容量下的该物体的重量作为度量衡的标准。在他们看来，聪耳人对于音高的感觉灵敏，律管一经定下，其度量衡也随之不易。因此可以用它作为标准器。

完成于汉武帝征和二年（前 91）的《史记》一书中记述了以律管作为度量标准的初步思想。该书作者司马迁（前 145～?）写道：

"王者制事立法，物度轨则，壹禀于六律。六律为万事根本焉②。"

唐代司马贞在《史记索隐》中引《汉书·律历志》对这句话解释说："《律历志》云：'夫推历生律制器，规圜矩方，权重衡平，准绳嘉量，探赜索隐，钩深致远，莫不用焉。'是为万事之根本③。"

这里的"六律"，指古代人在十二个律名中取出六个的总称。这"六律"是黄钟、太簇、姑洗、蕤宾、夷则、无射。另六个律名总称为"六吕"。由此又产生"律吕"之名以泛指音律。实际上，"六律"在此借以泛指律管。"物度轨则，壹禀于六律"，"六律为万事根本"，这正是以律管作为度量标准的思想萌芽。

《汉书·律历志》发展了司马迁的思想，对于这个标准器问题作了较为详细的叙述。它写道：

> 度者，分、寸、尺、丈、引也，所以度长短也，本起黄钟之长。……量者，龠、合、升、斗、斛也，所以量多少也，本起黄钟之龠。……权者，铢、两、钧、石也，所以称物平施、知轻重也。本起黄钟之重④。

---

① 有关律管，可阅本书声学章。

②，③ 《史记》卷二十五《律书》，第四册，第 1239 页。

④ 《汉书》卷二十一上《律历志》，第四册，第 966～969 页。

度、量、衡三者，原来都是起源于黄钟律管的长度、容量及其所容黍之重量。一旦黄钟律管确定了，度量衡三者的基本单位就随之而定。《汉书·律历志》还对它们之间的数量关系作了如下规定：

以子谷秬黍中者，一黍之广，度之九十分，黄钟之长；……用度数审其容，以子谷秬黍中者千有二百实其龠，以井水实其槩，一龠容千二百黍，重十二铢，两之为两①。

这就是说，选定某种谷或黍，将它们一粒粒排成直线，当它们成排的长度与黄钟律管长相齐时，为之“九十分”。这样，长度的“分”标准即已确定。在黄钟律管内装上1200粒这样的谷或黍，该律管内空间被填满，于是得到容量单位“龠”；称量这1200粒谷或黍的重量，为“十二铢”，两个十二铢即二十四铢就是“两”。于是，重量的标准单位也被确定。因为，黄钟律管所发音高是固定的，倘若管长有变化，必定引起音高的变化，而音调的高低凭聪敏的耳朵可以觉察出来，因此，古代人以律管作为度量衡标准的设想可以看作是人类史上第一次提出了以声波作为度量标准的理论，它是近代以光波作为度量标准的思想发端②。

近代某些作者把这种设想追溯到汉代以前；甚至认为，《虞书·舜典》记“同律度量衡”即是以律“同”度量衡。这是一种文字理解的错误。

《尚书·虞书·舜典》载：“岁二月，东巡守，至于岱宗，……协时月正日，同律度量衡。”

这是说，上古时代的舜帝于二月到东方巡视守土的诸侯或部落首领，到了泰山，除祭祀山川之外，又定季节，月份，修正时日，使各地遵循同一个历法，还对乐律高低和度量衡作了统一工作或颁布了统一的法令。这里的“协”、“正”、“同”都是动词。唐代颜师古在《汉书·律历志》注中说：“同谓齐等”。据此可译为“同一”或“统一”。由此可见，早在传说的舜帝时代，曾经有过一次大规模的统一历法、统一音高标准和统一度量衡的工作。在这里，决不是以律同度量衡。

根据《汉书·律历志》前言的叙述，该篇文字是在刘歆（？～公元23年）论律历基础上“删其伪辞，取正义，著于篇。”因此，以律管作为度量衡标准的思想应是刘歆提出来的，是他提出了“律生度量衡”的设想。

但是，我们要指出，以黄钟律管作为度量衡的标准器虽在理论上似乎可以成立，在实际上问题很多。首先，律管不像音叉那样发出单一频率的波，而是总有某些谐波存在。否则，作为乐器用的律管就会刺耳、难听。再则，律管超吹，往往可产生比其基音高五度或八度的音，如不规定吹气强弱或气压值，律管本身就是不标准的。因此，以律管作为度量衡标准器，在古代科学水平下具有很多困难。更要紧的是，古代人以黍粒确定律管的长度、容量和重量，相当于以更粗糙、原始的方式来确定标准器的量值。试想，在律管旁排黍的方法在实际操作中有许多问题，即某些不确定因素或误差，甚至会有“不可重复”操作的危险。正因为有这些困难，才引起了历代学者关于累黍定黄钟、或以黄

---

① 《汉书》卷二十一上《律历志》第四册，第966～969页。

② 1893年开始用镉红线的波长（λ_R）校对米原器，1927年在第7次国际度量衡常会上决定采用镉红线波长表示米长度，其数值为$\lambda_R=6438.4696\times10^{-10}$米。

钟累黍定长度的长久争论。

大概经过了几百年在黄钟管旁累黍定长度的实践，隋唐时代，人们终于提出了这种方法的许多误差因素。《隋书·律历志》的作者唐代魏征对其之前的度量衡史作了评论。他指出，上古“以身为度”或“以物为度”，唯《汉书·律历志》提出以黍粒排列法确定长度单位：在黄钟管长下排列 90 粒黍，以一黍为一分，十分为一寸。魏征继续说：“后之作者，又凭此说，以律度量衡，并因秬黍，散为诸法。其率可通故也[①]。”这就是说，以黄钟定长度的方法，或者“以律度（此“度”为动词——本书注）量衡”，只是大概可行而已。这是因为“黍有大小之差，年有丰耗之异，前代量校，每有不同，又俗传讹替，渐致增损[②]。”

由于排黍或累黍的方法没有明确的规范，由于黍粒的大小不能精确规定，因此在宋仁宗（1023～1063 年在位）、宋神宗（1068～1085 年在位）时期发生了一场关于律与度量衡之间关系的激烈的学术争论。参与此学术之争的有邓保信、阮逸、胡瑗、丁度、李照、房庶、范镇、司马光、杨杰、刘几以及《新唐书》的作者之一宋祁等几十人。争论的焦点与大概过程记述于《宋史》卷七十一《律历志》和《宋史》卷八十一《律历志》之中。

这场学术之争在三个方面展开：选用什么样的黍粒，确定什么样的排黍方法，到底是度量衡起于律还是律起于度量衡。

邓保信“用上党秬黍圆者”，即用圆黍粒，阮逸、胡瑗用“上党秬黍中者[③]”，即大小适当的黍粒。由于二者黍粒不同，累成尺后的长度差是显然的。即使同一个人的同一种黍粒，以黍广或黍长累尺，其结果也不相同。为了凑数，后来阮逸又用“大黍累尺，小黍实龠”[④]，即以大黍粒定长度，以小黍粒定量与衡。在排黍方法上，李照“以纵黍累尺”；胡瑗“以横黍累尺”；而房庶的方法是，“实千二百黍以管，以为黄钟之长，就取三分以为空径”[⑤]。李如篪评论房庶的方法是“律起于量”[⑥]。由于他们的结果都不相同，学者们偏颇喜爱，各持一说，争论不休，最后皇帝只好“诏悉罢之”，弃而不用”。

司马光与范镇关于律与度量衡的因果之争是这场学术争论的重要方面。以范镇为代表的一派主张“度由律起”，而以司马光为代表的一派主张“律由度起”，他们的根据又都是《汉书·律历志》的有关文字记述，因此，谁也不能断其争论是非。如李如篪先说“镇之说是，而光之说非”；接着又说“光之说亦不得谓其非是也”[⑦]。为了这个学术问题，“光、镇争论往复，前后三十年不决”[⑧]。这在中国科学史上也是罕见的长时期学术争论。

夹杂于这场争论中的污泥浊水是方士魏汉津的主张：“破先儒累黍之非，用夏禹以身为度之文，以帝指为律度”[⑨]。魏汉津提倡以仁宗帝手指长度作为尺和律的标准器[⑩]。争论到神宗时代，最后导致神宗帝赵顼（xū）采用魏汉津的主张，以他自己的手指长度作为

①，②　《隋书》卷十六《律历志》，第二册，第 402 页。

③《宋史》卷七十一《律历志》，第五册，1607 页。

④《宋史》卷七十一《律历志》，第五册，1607 页。

⑤《宋史》卷七十一《律历志》，第五册，第 1611 页。

⑥《宋史》卷八十一《律历志》，第六册，第 1918 页。

⑦，⑧　《宋史》卷八十一《律历志》第六册，第 1917～1919 页。

⑨《宋史》卷一百二十六《乐志》，第九册，第 2938 页。

⑩《宋史》卷一百二十八《乐志》，第九册，第 2997～2999 页。

律与度的标准①。

宋代这场学术之争虽然已成历史，但它对明代学者的影响是不可低估的。明代的天才何塘在论度量衡与律的关系时写道：

> 古之度量权衡皆出于黄钟之律……。殊不知黄钟之长，固非人能所为，至于九其寸而为律，十其寸而为尺，则人所为也。《汉志》不知出此，乃欲加黄钟一寸为尺，谬矣。至于准黄钟之律为量为权，则不可径致，故必用容黍之法。黄钟容千二百黍，亦当时偶然之数耳。使止容千黍，则准千黍为量为权亦可也。论乐者，求黄钟于度量权衡，固已疏矣；论度量权衡者不求于黄钟，又反求于累黍，岂不疏之甚哉②。

何塘又一次指出累黍定容量与重量的不确定性。他的言论促使其孙女婿朱载堉作出认真的排黍实验。而朱载堉在有所发现之时，又不能不同时告诫人们，在排黍实验之时，需要注意许多误差因素。

朱载堉在一张纸上涂上浆糊，然后将黍粒排列于预先画好的一尺长的直线上。在这一尺长度的纸上，他纵排黍粒 81 粒，横排黍粒 100 粒，斜排黍粒 90 粒，从而他得到纵黍尺、横黍尺和斜黍尺的三种尺度③，见图 2-75。其纵黍尺为九进制尺，每寸九分，含九

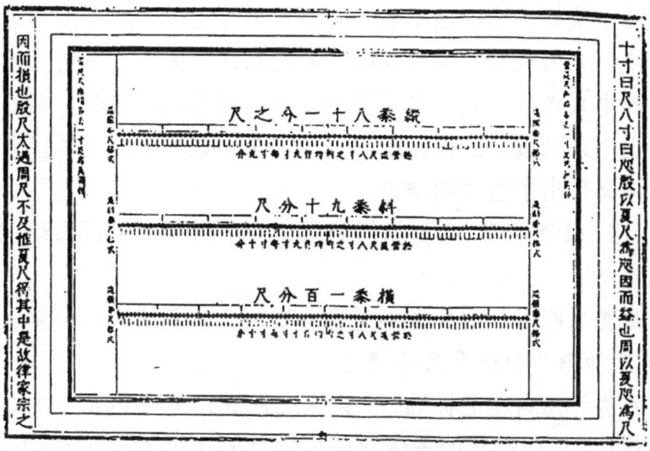

图 2-75 朱载堉的三种黍尺

粒黍，又称为律尺，其横黍尺为十进制尺，每寸十分，含十粒黍，又称为度尺；其斜黍尺是混合进位尺，每尺九寸，每寸十分。通过排黍实验，朱载堉发现了这三种尺度而兴奋异常。他说："若不累黍亲验，亦不信有如此之妙"④。他以为，自汉以来，累黍定尺之争，皆因累黍方法不当，选黍不合适之故⑤。朱载堉还制造了一种称为"律龠"的新量器（见图 2-76）。律龠内圆外方，圆径与黄钟管径同，律尺标刻于前，度尺标刻于后，内容

① 《宋史》卷一百二十六《乐志》，第九册，第 2938 页。由于皇帝指长是不可告人的，因此，据说，这一说法并不确切。

② 何塘《乐律管见》"论度量权衡"，引自《古今图书集成·经济汇编·乐律典》卷六十七《律吕部》。

③ 朱载堉《律吕精义内篇》卷五《新旧律实验第七》。

④ 朱载堉《律学新说》卷四《嘉量篇第二·总论律度量衡四者贵平得中》。

⑤ 朱载堉《律学新说》卷四《喜量篇第二·总论律度量衡四者贵乎得中》。

黍 1200 粒，其重十二铢①。

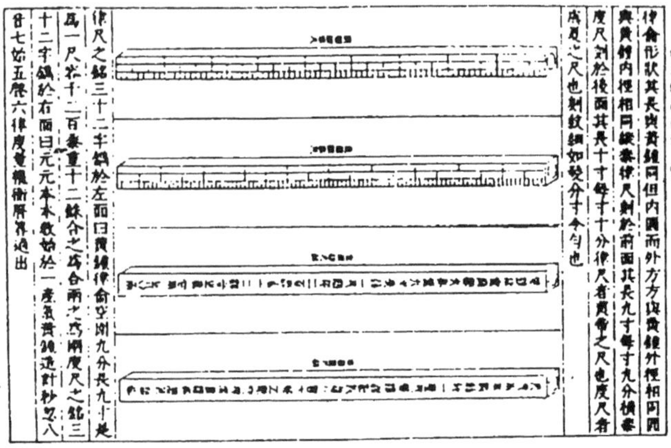

图 2-76　朱载堉的律龠

然而，从同样的一尺长度上可以排 81 粒黍、100 粒黍和 90 粒黍看，累黍定尺确实受到排黍方法和黍粒大小的影响，也即这样的律尺和律龠受许多不确定因素的影响。朱载堉自己在兴奋之后也忧心忡忡，他不能不一而再地指出其中的许多不确定因素。他说：

累黍之法，名为最密，实为最疏。苟无格式、大小、几何，惟云中式，尤非定论。欲选中式之黍，须将格式予先议定。有格式、法程，而后可选也②。

朱载堉在给出一系列繁杂的操作定义之后，虽然成功了以黄钟律管作为度量衡标准的实验，但同时他又作出了这样的结论：

“古人以度定法，以量定权，必参相得而后黄钟之律可求。然则律与度量衡相须为用，非度量衡生于律也”③。

在判定古人是否可能以声波作为度量衡标准时，朱载堉的这个看法是辩证的④。

2. 子午线长度的测量和标准尺的确定

以天地常数作为计量科学的标准，一般地认为是 18 世纪的事。1790 年法国科学院的一个特别委员会建议：通过巴黎的子午线全长的四千万分之一定义为长度“米”。1799 年据此长度制成一根铂棒，作为标准米的长度。1872 年在巴黎召开的第二次国际度量衡会议上，决定用 90％的铂和 10％的铱合金制成国际米原器。

由此可见，寻求天地常数是与测量子午线密切相关的。在中国古代曾经有过几次这样的测量，经过长期的努力，在世界上最早确定以地球子午线作为长度的标准。

古代中国人测量地球子午线的直接动机是为了验证历代传说的“日影一寸，地差千里”的看法。对此提出质疑的隋代刘焯曾主张进行实地测量。唐僧一行与南宫说等人于开元十二年（724）开始实地大规模的纬度测量，其实测范围北至北纬 51°，南至北纬 17° 的广大地域的十三个地点。尤其是南宫说亲自测定的滑州白马（今河南滑县）、汴州浚义

① 朱载堉《律吕精义内篇》卷十《审度第十一·嘉量第二》。

② 朱载堉《律学新说》卷二《审度篇第一之上》“尺图说文”。

③ 朱载堉《律学新说》卷二《审度篇第一让》“尺图说文”。；也见《律吕精义·内篇》卷十。

④ 详见戴念祖，朱载堉——明代的科学艺术巨星，第 205～208 页。

太岳台（今河南开封市西北）、许州扶沟（今河南扶沟县）、豫州上蔡武津（今河南上蔡县）四个地点的北极高度、日影长短，以及它们之间的地面距离，其结果是：从白马到上蔡“大率五百二十六里二百七十步而北极差一度半”，或者“三百五十一里八十步而极差一度”①。唐一步五尺，三百步为一里，设唐1尺=25厘米②；又唐代一周天为365.25°，而今日一周天为360°；由此推算，其测量结果相当今日值为：

子午线每1°长约131.815公里。

从白马到上蔡纬度为35.3°～33.8°之间，现今测得的纬度34°～35°的子午线一度弧长为110.6公里。可见一行等人的测量与今值有较大误差。虽然如此，它却是世界上最早对地球子午线作出的实际测量，也是计量科学上第一次将人为规定的日常用尺和另一个自然的恒定数值作比较的尝试③。

沿着僧一行的足迹，元代郭守敬④、明代徐光启⑤都曾作过同样的测量工作。清康熙、乾隆年间，即从康熙四十七年（1708）到五十七年（1718）、乾隆二十一年（1756）到二十四年（1759），进行了范围更大的经纬度测量。康熙年间共测定641个经纬点（未列入西藏测量地点），乾隆年间又测定了90余个经纬点（不完全统计）⑥。这些测量工作不仅为我国地图绘制工作打下了基础，并发现每度经线的弧长随纬度高下而有差异。这个发现为地球的椭球形状提供了实证。同时，在计量科学上第一次创立并实施了以天地的常数作为长度的标准。

康熙帝在这次测量过程中规定：200里合经线弧长一度，每里为180丈。也就是说，每尺合经线弧度的百分之一秒。将长度单位与北极星高度或地理经线弧长相联系，是计量史上的一项伟大成就。康熙帝的规定可能是在康熙四十一年（1702）到四十六年（1707）在北京附近试测时作出的，它比前述法国科学院于1790年所作的有关规定要早80余年。

五 《墨经》论度量

《墨经》中至少有两条文字涉及度量问题。其一，指出度量的比较需在同类、同“量”中进行，否则不能比较。这个概念是物理量纲的思想肇始。例如，一只马不能和一只牛并论为二，一达因的力不能与一安培电流相加。其二，指出量度必要有一个标准或标准件。《墨经》中的这两条文字，我们分别讨论如下。

---

① 《新唐书》卷三十一《天文志》。第三册，第812～814页。

② 唐尺分两种：唐大尺、唐小尺。唐大尺1尺=30.6厘米，唐小尺1尺=24.60厘米。大尺为民间用尺，小尺为黍尺、宫廷尺。故此断其所用为唐小尺。

③ 有关这次测量的文献见：《新唐书》卷三十一《天文志》；《旧唐书》卷三十五《天文志》（数据有误）；《唐会要》卷四十二；以及梁宗巨，僧一行发起的子午线实测，《科学史集刊》第2期（1959）；陕西天文台天文史整理研究组，我国历史上第一次天文大地测量及其意义——关于张遂（僧一行）的子午线测量，《天文学报》第17卷（1976），第2期。

④ 《元史》卷一百六十四《郭守敬传》，第十三册，第3848页。

⑤ 《明史》卷二十五《天文志》，第二册，第363页。

⑥ 翁文灏，清初测绘地图考，地学杂志，第3期（1930年）；王庸，中国地图史纲，三联书店，1958，第90～96页；中国古代地理学史，科学出版社，1984，第321～324页。

《经下》："异类不吡，说在量。"

《经说下》："异[1]　木与夜孰长？智与粟孰多？爵、亲、行、贾，四者孰贵？麋与霍孰高？麋与霍孰霍？蚓与瑟孰瑟？"

"吡"，同仳，即比之繁文，从孙诒让说。在各家的校注中，对《说》的分歧较大。

孙诒让 、梁启超、高亨认为，"麋与霍孰霍"为衍文；而谭戒甫认为，"麋与霍孰高"为衍文。孙、梁二家将"麋与霍"的霍字校改为"虎"，谭、高二家将此"霍"字校为"鹤"，通鹤。谭既认为"麋与霍孰霍"为原文，故此"孰霍"的"霍"字又校为通"皬"，即鹤，引申为白之意。

关于"蚓与瑟孰瑟"一句，孙将"蚓"校为"蚯蚓"的"蚓"；第一个"瑟"字校为鼍；第二个"瑟"字校为长。梁基本上同意孙说，只是认为第二个"瑟"字不敢断定为何。谭认为，"蚓"为乐器"壎"或"埙"的假借字；第一个"瑟"字无误；第二个"瑟"字指声音，类似"促"，音促也。高亨认为，"蚓"字疑"蜩"字，音义俱同，蜩即蝉也；第二个"瑟"字较为悲，形近而误。

笔者认为，从《说》文后三句的文字结构看，"麋与霍孰高"为衍文，谭说为是。"麋与霍孰霍"句，麋、鹿类，即"四不像"；第一个"霍"字，从谭校，通鹤；第二个"霍"字，毋需校改或引申，指颜色。麋的毛色淡褐，鹤的毛色多为灰，故称灰鹤。属兽类的麋与属禽类的鹤，谁的毛色好，是无法比较的，这就是"麋与霍孰霍"一句的墨家原意。"蚓与瑟孰瑟"句，"蚓"从高亨校，为蜩或蝉；第一个"瑟"字为乐器；第二个"瑟"字也不必校改，指声音。蝉的声音与瑟的声音也是不能相比的，故言"蚓与瑟孰瑟"。我们在本书第四章"运动和静止"一节中述及有关转动概念时，讲到《墨经》以门户为例，指出"偏祭徙者，户枢免瑟"，这个"瑟"字也是指声音。

在清楚了以上难字、难句的解读之后，这条经文就容易理解了。《经》指出，在度量事物时，异类不能相比。《说》例举了五种不能相比的异类：一、长短不能相比的异类，如木头长还是夜长？二、数量多少不能相比的异类，如智慧多还是粟子多？三、贵贱不能相比之类，如爵位高低、宗族亲疏、品行优劣与物价，四者不能相比。四、不同类的颜色不能相比，如麋与鹤谁的颜色好？五、不同类的声音不能相比，如蝉与瑟谁的声音好听？两物相比，必取同类；不同类不相比，是因其"量"不同也。故曰："异类不比，说在量。"

《墨经》所谓"量"，与近代物理学的"量纲"概念极为接近。方孝博在解释本条文字时曾正确地指出这一点[2]。物理学有一条不言而喻的规定：性质不同、量纲不同的物理量不能相加减或相等论。例如，长度与时间、质量与速度、温度与热量等，都是性质不同、量纲不同的物理量；功与力矩、电容与长度、角速度与频率，虽然量纲可以相同，但性质迥异，也不能相加减或等同论之。从《经说》的举例中可知其"量"也包含了这二层意思：一、事物的基本属性。如：麋属兽，霍属禽；蚓为昆虫，瑟为乐器；爵位、父母兄弟、品行与商品价值，都是不同范畴的概念。二、量度的本纲。如：时间单位与长度单位，智商系数与物体的数量。

---

① "异"为标牒字，一般地不与下句相读。

② 方孝博，墨经中的数学和物理学，第47页。

关于度量的标准问题，《墨经》写道：

《经下》："物甚不甚，说在若是。"

《经说下》："物　甚长、甚短，莫长于是，莫短于是。是之是也，非是也者莫甚于是。"

本经文也无讹文脱字。虽然个别字的校释和标点各家不尽相同，但都认为，这是一条涉及度量标准的文字。

谭戒甫说得好："此言物非绝对，以比较而定，而比较须循标准也。""甚"在此含极、至之意，"是"在此作标准解。"若是"，即顺乎标准。当物体A被确认为标准后，我们说B甚长、C甚短，就是将B、C与A相比较而言之。以众物比较标准物，故有"物甚不甚，说在若是。"在众物之中，莫长于此物，则此物甚长；莫短于此物，则此物甚短，故《说》曰："甚长、甚短，莫长于是，莫短于是。"《说》的最后二句是对其前几句的进一步解释。所谓甚长、甚短，都是在一个标准件下衡量的，标准件一经确认，就要作为标准使用，即它就是标准，所谓"是之是也"；而非标准一类物件，就不能作为标准使用；那怕它与标准件质地类似，设欲齐一，也不能认为非标准的东西是标准。这就是"非是也者莫甚于是"之意。

墨家多以手工劳动为营。墨翟本人据说是车工出身。他们对于度量及其标准问题既有亲身实践，又有理论上的体认。这条文字，表明墨家对于度量衡标准的极端重视。在尚无度量标准的战国纷争时期，这理论对统一度量衡无疑有相当积极的意义。

第三章　光　　学

光学，在中国古代被公认为发展比较好的学科之一。战国初期墨翟、东汉王充、宋代沈括、元代赵友钦等都在光学上做出了重要成就。阳燧的制造、冷光的发现、磷光或荧光物质的利用远早于世界其他国家。典籍中有许多关于组合平面镜、椭圆镜、不等曲率镜、复合透镜等成像知识的记载，在雨虹成因、晶体分光、大气光象等方面也有许多重要发现。

由于古代玻璃制造业不发达，几何知识缺乏，因此，光反射定律和折射知识甚为薄弱。在数量上，也从未讨论过入射角与反射角关系的问题。但是，由于炼丹家、本草药物学家和道家对玻璃与晶体极感兴趣，他们不仅积累了透镜方面的一些经验知识，而且有关晶体分光和颜色的知识则走在世界前列。

第一节　光　　源

光和镜是古代光学实验的物质基础。它们的进步导致了古代人在光学上的诸多成就。本节内容包括人们对太阳光的认识和利用，各种灯具的制造、燃料的演变和热光源效率的提高，各种冷光源的发现和利用。至于镜，我们将在以下几节中分别讨论。

一　热　光　源

1. 太阳光

太阳光是人类最重要的自然光源，也是古代人进行光学实验或光学表演的重要光源之一。人类的生活离不开太阳，远古人已产生太阳崇拜的观念。

从迄今所知的文物看，早在公元前6000年的河姆渡遗址中，太阳被刻画在陶器、玉器和象牙上。图3-1中（a）、（b）为河姆渡遗址出土的陶片，（c）为该遗址的象牙雕刻。陶片a上所绘是以两个同心圆代表两个太阳。在两个太阳上的双线圆弧示意山峰，太阳光在山峰顶上喷薄而出。太阳滋润万物是由画面两边的植物作意景表示的。又一说，以双圆弧表示的是两个连续的下弦月的象征，太阳在山的西边将要落下，而山的东边月亮升起。陶片a有可能是远古时代人们所观察到的一种特殊大气光象的记录。图（b）是以圆加黑点表示太阳；（c）以多个同心圆或弧线表示太阳。（b）与（c）都画有飞翔着的鸟。这二个画面令人想到战国以后在许多陶器或绢帛上绘画的太阳，总是在太阳内画上一只三足鸟。现在的研究者中大多将它们看作是太阳表面黑子的示意图。

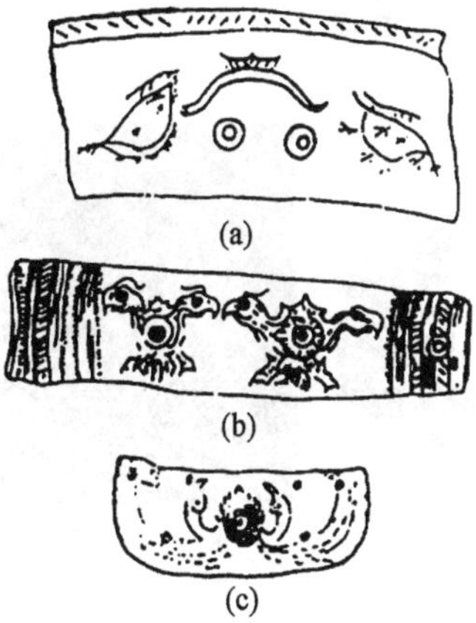

图 3-1 公元前 6000 年河姆渡遗址中太阳图画

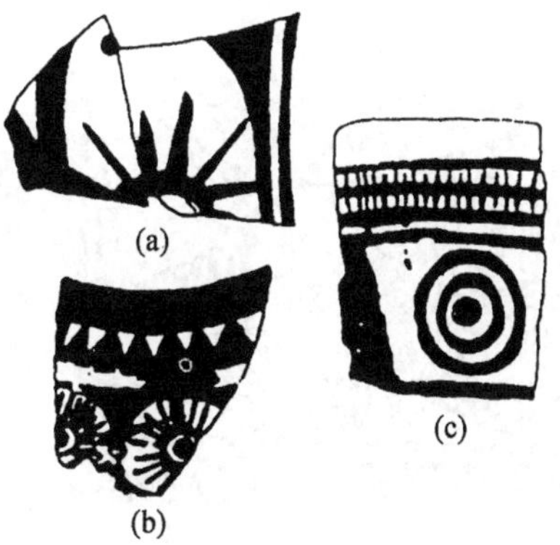

图 3-2 公元前约 5000 年郑州大河村遗址陶器上的太阳图画

图 3-2 是郑州大河村遗址陶器上太阳图。它以实心圆外加双环表示太阳，或画出太阳的光芒纹。图 3-3 (a)，是大汶口文化陶器，(b) 是其上的绘画，b 已被许多学者看作是人类早期的抽象符号或原始的文字，它在天文学史和科学史上具有极高价值①。图 3-3 (c)，是浙江余杭、安溪出土的良渚文化玉璧，璧心的绘画外形颇似一座祭坛，内部为一太阳的形象符号，上端作冠冕状，两侧似有翅膀。这是神化了的太阳。图 3-3 (d)，是良渚文化玉器上常见的神人兽面像，神人头部的羽冠实为太阳光芒的象征。该画意思是，兽面神具有太阳般的威力，或太阳神使兽含有神的意义②。

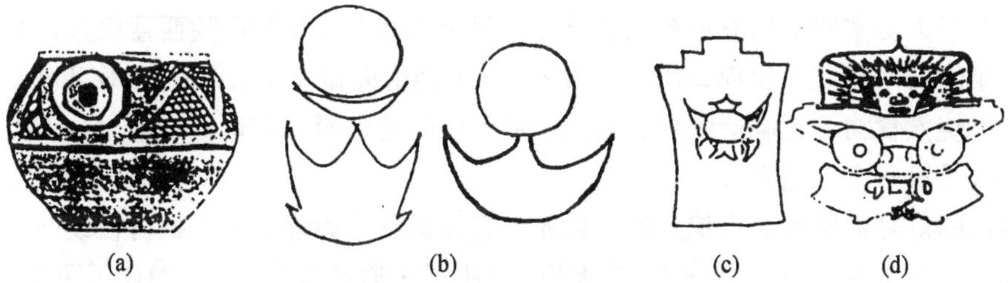

图 3-3 远古时期的表意性太阳图

(a) 山东莒县大汶口文化陶器 (b) 大汶口陶器上的抽象符号

(c) 余杭安溪良渚文化玉璧 (d) 反山 12 号墓良渚文化玉琮

几千年之后，太阳又在汉代画像石中被表现和描绘。图 3-4 (a) 是山东曲阜县旧县村出土的太阳画像石，它以带八角的圆环表示太阳。图 3-4 (b) 和 (c)，都是曲阜画像石，(b) 绘有下弦月和满月，满月内绘蟾蜍；(c) 绘出树林中升起的太阳。

在人类生活的地球上，日与月是明亮的象征，“明”字就是由它们二者构成的，甲骨文中写为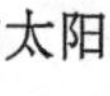或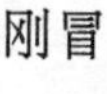。《易·系辞》说“悬象著明，莫大乎日月”。“旦”字，甲骨文作，，犹如太阳刚冒出山顶或地平面。“莫”即“暮”字，写作，表示太阳落入林莽之中。这

① Chen Cheng-Yih, Early Chinese Work in Natural Science. Hong Kong University Press, 1996, pp. 173～175.

② 牟永抗等，水稻、蚕丝和玉器，考古，1993 年第 6 期，第 543～553 页

些文字的造形反映人们已认识到大地的光照与太阳的关系。

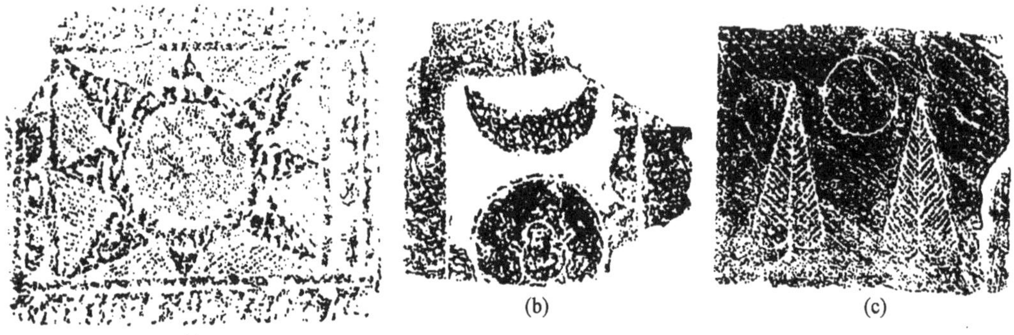
(a)　(b)　(c)

图 3-4　汉代日月画像石

从光学意义上利用太阳光也是很早的事。且不说原始社会时期人们面水寻影的情形，至少在青铜时代铸造青铜平面镜开始，人们就已经意识到阳光的反射了。西周初期，阳燧的铸造与利用，是人类利用阳光点火的伟大发明之一。当太阳刚升起之时，从地平线射进屋宇的一缕阳光可以看作是平行光。据《韩非子·外储说左上》载，战国时期某画家在一片豆荚内膜上作精细图画，然后“筑十板之墙，凿八尺（分）之牖，而以日出之时，加之其上而观”。可见，古代人掌握了利用日光进行光学实验的方法。对此，我们在下面还要继续讨论。

2. 人造光源

在 19 世纪电灯的发明和利用之前，一切人造光源实质上几乎都是一把火。火的创造与利用对于人类文明史具有革命性的意义。距今八九十万年的前陕西蓝田人，距今约五六十万年的云南元谋人和周口店北京猿人，都学会用火和保存火①。先民使用火，既御寒避兽，也烧煮食物，还制造陶器，当然，最重要的是照明。在这种意义上，人类的第一堆篝火就是第一个人造光源。

古代的灯是最原始的火焰光源。最先，它大概就是燃烧着的一根树枝或一束植物的根茎而已。古人称它为“爝火”，即火炬。《庄子·逍遥游》说：“尧让天下于许由曰：‘日月出矣，而爝火不息，其于光也，不亦难乎’。”这种火炬，发光不稳定，燃烧速度太快，要使其不息灭、并总是发光，的确是一件不容易的事。或许在此前后，人们发现，燃烧松枝条是较好的灯。因为它内含松脂，可以延长照明时间。考古发掘，六盘山余脉有几处新石器时代的窑洞。其中之一，洞壁上有 50 多处火苗状烧土。经模拟实验。证明这些烧土就是古人用灯的遗迹。其灯具很可能就是油松木条②。在一个窑洞内同时点燃 50 多支油松灯，其明亮与壮观程度当可想见。甲骨文中“光”字的造型“从火，在人上”③，是人高举火炬之意。可见，“光”字与早期火焰光源是一致的。至于古人如何以物理方法取得火种、取火方法有哪些进步，这些问题我们留待热学一章中再讨论。

---

① 中国社会科学院考古研究所编，新中国的考古发现和研究，文物出版社，1984，第 2～13 页。

② 陈斌，灯具的鼻祖、四千年前窑洞的壁灯，文物天地，1989 年第 2 期，第 20 页。

③ 许慎《说文解字》，中华书局 1963 年影印本，第 210 页。

图 3-5 汉代端灯侍女画像石

古代有所谓“神农作油，轩辕作灯，唐尧作灯檠、成汤作蜡烛”的记载①。在这里，有关发明者的说法不一定正确，但它多少反映了上古时代人造光源的发展历程。在传说中的唐尧、成汤时代，即大约新石器时代晚期，所谓“灯檠”、“蜡烛”，充其量是一把松枝条而已。西周时期，像松枝一类火炬称为“庭燎”，又称“烛”。《诗经·小雅·庭燎》写道：“夜如何其？夜未尽。庭燎之光。”意思是：夜为何这么黑？夜还未尽天未亮，庭燎照得屋内亮堂堂。《周礼·秋官·司烜氏》载，“凡邦之大事，共贲烛庭燎。”据考，“贲烛”是麻烛，庭燎是大烛。它们分别以松、苇、竹或麻等材料作芯，外束以纤维，更有甚者，再浸于松油或动物油脂，或在其内灌蜜蜡。许慎《说文解字·烛》作如是解之。郑司农注、贾公彦疏《周礼·秋官·司烜氏》：“以苇为中心，以布缠之，饴蜜灌之，若今之蜡烛。”这样的烛，燃烧既明亮、持久，又能随意移动。战国、秦、汉时期，油灯上灯芯多如此制作。为与此灯芯相适应，此时期的灯具上常有一灯盘，盘心有一个或几个尖锥状支钉，硬质灯芯插于支钉上。汉代端灯侍女画像石描绘的正是这种灯具和灯芯（图 3-5）。它近似于后来的烛台与蜡烛，适用于实验光源。墨家的光学实验与此光源有关，也未可知。

“灯”字，初写为“镫”、“锭”、“登”。诗人屈原的《楚辞·招魂》云：“兰膏明烛，华镫错些”②。《尔雅·释器》云：“瓦豆谓之登”。这些灯，也就是陶豆、铜豆。火旁的“灯”字，晚至汉代才出现。汉时不仅灯具有了很大发展，引火灯芯也有所进步，除上述硬质材料灯芯外，也有灯草一类软质材料。但棉纱灯芯的使用大约是汉以后的事。

除前述脂蜜之外，灯油在后来也有发展。先秦时期，人们将动物油脂、蜜蜡、虫蜡融化于灯具中作油脂使用③。《淮南子·原道训》和《西京杂记》称这类灯为“膏灯”，大概是因为它们的灯油在常温下易凝结稠状的缘故。随着各种植物油的提制与食用，诸如麻籽油、菜籽油、乌桕油、桐油等也逐渐地用作灯光燃料④。值得指出的是，中国是最早使用石油作为发光燃料的国家。

真正的蜡烛起源于汉代。那时称其为“膏烛”、“蜜烛”。《淮南子·原道训》说：“膏烛之类”，“火愈燃而消愈极”；《西京杂记》说：“闽越王献高帝石蜜五斗，蜜烛二百枚”⑤。

---

① 罗颀《物原·器原第十七》。

② 见王大之《楚辞通释》卷九《招魂》，第 148 页。“华镫错些”意为华美的灯具上镶嵌着黄金。

③ 例如，《史记·秦始皇本纪》载始皇入葬“以鱼膏为灯”；《淮南万毕术》载“取蚖脂为灯”，等等。在河北《满城汉墓发掘报告》（文物出版社，1980，第 69～71 页）上曾指出，该墓“羊尊灯”残存油质燃料的沉淀物，“卮灯”残存与牛油相同的动物脂。

④ 宋·王质《绍陶录》卷上《烛灯》载“宜用乌桕油、紵子油、菜子油、梧桐油”，“以明沏为良”。更早时期，后魏贾思勰《齐民要术》卷二“种麻子”和“胡麻”二节中指出，黑麻子“可捣治作烛”，白胡麻油多，可点灯。此后，《王祯农书·百穀谱集之二》述及胡麻、麻子“于人有油灯之用，皆不可阙也”。宋应星《天工开物·乃粒》也有类似记述。

⑤ 汉刘歆（一说葛洪）撰《西京杂记》卷四。

1983年广州象岗西汉南越王墓出土几件铜烛台，上有直筒状插座[①]。蜡烛的产生与灯具的问世正相吻合[②]。自魏晋起，蜡烛逐渐普及。唐代产生了许多吟咏蜡烛的诗作，温庭筠的“玉炉香、红蜡泪”，李商隐的“春蚕到死丝方尽、蜡炬成灰泪始干”等，都是传世佳句。向宫廷进贡蜡烛也是地方政府的常事[③]。这些蜡烛大多是植物蜡、虫蜡、蜜蜡。宋代开始使用矿物蜡，称该蜡烛为“石烛”，也就是从石油中提取的蜡制成之烛。陆游曾记述道：

> 宋白“石烛诗”云：“但喜明如烛，何嫌色似鷖”。烛出延安。予在南郑数见之，其坚如石，席极明。亦有泪如蜡，而烟浓，能薰污帷幕衣服，故西人亦不贵之[④]。

宋白（936～1012），字太素，大名（今属河北）人[⑤]。“西人”或指波斯、阿拉伯商人。玉门出石油，含蜡成分高，自然渗透而沉淀黑蜡，为当地人粗制烛所用。这种蜡烛燃烧时会产生浓烟，但光亮如它烛。陆游的记述，透露东西方关于蜡烛传播的事实：蜡烛是从中国通过阿拉伯商人而传到西方的。虽然当时“西人”不太看重“石烛”，但它也有可能和其他质料的蜡烛一起传到西方。此前，西方人所用的烛如同先秦火炬，直到10至11世纪期间，他们才有蜡烛。

中国古代灯具种类繁多。至晚从战国起，灯具日益发展、精巧和艺术[⑥]。令我们感兴趣的是，西汉长安巧工丁缓发明“常满灯”[⑦]，据说，它能自动添油。在河北满城二号汉墓发掘的西汉“长信宫灯”，具有可装卸的活动灯座、灯盘和灯罩。灯盘可以转动，灯罩可以开合，从而达到随意调节灯光的照射角度和方向（见彩图3-6）[⑧]。宋代流行省油灯，也称“夹灯盏”[⑨]。我们在热学中再讨论它。

尚需指出古代灯具中蕴含的某些科学道理。在一个灯柱上设多个灯台，即多光源灯具的出现，大大提高了照明度。例如，战国时期“人擎双灯”；河北平山战国中山王墓出土的“十五连枝铜灯”，15个灯盘同构于一支柱上。各种灯台的高度分别与古人生活方式（如跪坐、书案高度）相适应。唐代文学家韩愈在其《短灯檠歌》中说：“长檠八尺空自长，短檠二尺便且光”[⑩]。这其中道理是，当光源与被照物的水平距离一定时，被照物的亮度与光源高度有关。适当的灯具高度才能得到最亮的照明。灯檠太长，案几亮度不足；灯檠太短，灯光眩目[⑪]。具有消除烟尘的设备，是中国传统灯具的又一特点。如河北满城汉墓出土的鼎形灯，长信宫灯；湖南长沙西汉墓和江苏邗江甘泉等地东汉墓出土的牛形灯；山西朔县城西照什八庄出土的西汉雁鱼灯；广西合浦县望牛岭出土的汉代凤鸟铜灯

---

① 西汉南越王墓发掘初步报告，考古，1983年第3期，第222页。

② 高丰、孙建君，中国灯具简史，第10页。

③ 宋·王存等撰《元丰九域志》卷三《秦凤路·下成州》：下成州“土贡蜡烛一百条”；凤州河池县“土贡蜜蜡各三十斤，蜡烛一百对。”

④ 陆游《老学庵笔记》卷五，第64页。

⑤《宋史》卷四三九《宋白传》，第37册，第12998页。

⑥ 高丰、孙建君，中国灯具简史，全书对灯具作了许多描述。

⑦ 刘歆《西京杂记》卷一。

⑧ 满城汉墓发掘简报，文物出版社，1980，第69～75页。

⑨ 陆游《老学庵笔记》卷十，也见《陆放翁集·斋居纪事》。

⑩《全唐诗》卷三四〇，中华书局，1960，第10册，第3820页。

⑪ 直到清代，郑复光《镜镜诊痴》卷四《地镫》中还述及烛台“低于人，则正对处射扰人目”的缺点。

（图 3-7），从其形看有（b）雁鱼灯、（a）鼎形灯和（c）凤鸟灯。灯上都装有弯曲中空的导烟管，灯烟被热气流送到贮水的灯体内①。具有挡风调光作用的灯罩，也是其特点之一。这些灯罩或如长信宫灯，或是镂孔的屏板②，既挡风又散热。南朝起，出现灯笼，其灯罩以竹篾、铁丝作架，外糊以透明薄纱、葛麻或纸。唐宋起，有以“明角”、动物器官加工的薄膜、水晶、玻璃，乃至薄胎白瓷作成的灯罩。

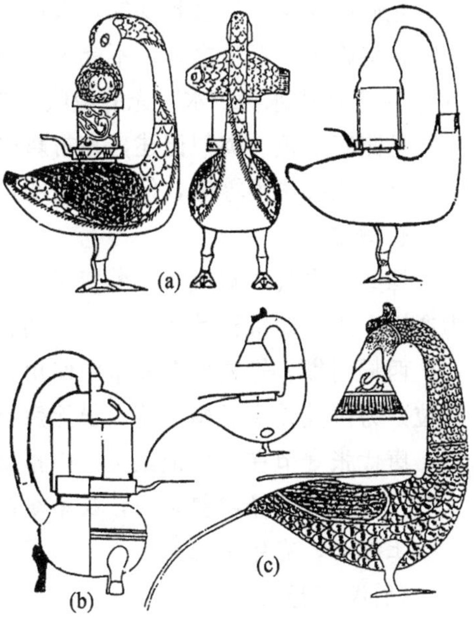

图 3-7　汉代凤鸟铜灯

古代人以灯光捕鱼是常见的事③。以灯烛作光学实验的记载也屡见不鲜。汉代方士齐少翁为解除武帝思念已故李夫人之忧，“夜张灯烛，设帷帐”，以影戏形式重现李夫人容貌④。元初赵友钦作小孔成像光学实验，其光源是上千支蜡烛⑤。

3．光照

在长期使用光源的实践中，人们对于采光与照度已有一些经验认识。

《淮南子·说林训》云：“十牖之开不如一户之明”。《淮南子·说山训》云：“受光于隙照一隅，受光于牖照北壁，受光于户照室中无遗物”。这反映了秦汉时期人们对于建筑采光的认识。采光面积越大，室内越明亮。

《淮南子·说林训》又说：“百星之明不如一月之光”。《淮南子·说山训》：“日出星不见，不能与之争光矣”。《论衡·说日篇》也说：“昼日星不见者，光耀灭之也。夜无光耀，星乃见”。这里的“光耀”是指日光。这些是对日、月、星三者发光强度不同作出的认识。虽然，某些恒星比太阳更明亮，但因其与地距离远，才致使其显得不如太阳。而同一光源在比之强大得多的光源背景下会有失去其存在的视觉感。

《淮南子·说林训》说：“明月之光可以远望，而不可以细书；甚雾之朝可以细书而不可以远望寻常之外”。现在的解释是，月光的照度不足于使人看清细小文字的图书，雾粒的散射作用使人不能远望于寻常之外。虽然古代人对此现象未作出解释。但发现并总结这些现象是颇具光学意味的。

《论衡·说日篇》写道：“试使一人把大炬火，夜行于道，平易无险，去人十里，火光灭矣。非灭也，远也。”这个现象涉及照度与距离的关系，实际上与视角颇为相关。

东汉王符《潜夫论·释难》说：“偶烛之施明于幽室也，前烛即尽照之矣，后烛入而益明。此非前烛昧而后烛彰也，乃二者相因而成大光”。

---

① 高丰、孙建君，中国灯具简史，第 20，23～27 页。

② 如，宫衍兴在“山东微山县马陵山出土一批汉代文物”（《文物》，1985，第 5 期，94 页），纪仲庄在“江苏邗江甘泉二号汉墓”（《文物》，1981，第 11 期，5 页）上都报道了有关的灯罩。

③ 如宋代曾敏行《独醒杂志》卷九载：“是夕行于溪上，见渔者炬火捕鱼”。

④《汉书》卷九十七上《外戚传》，第 12 册，第 3952 页。

⑤ 赵友钦《革象新书》卷五《小罅光景》。

王符的论述表明，两个光源的照度叠加现象已为汉代人所知。

光通过物质后的吸收现象，人们也有所观察和记载。《淮南子·原道训》说："离朱之明，察箴末于百步之外，不能见渊中之鱼。"汉高诱注"离朱"曰："黄帝臣，明目人也"。由于渊中水深，水对光的吸收，加之水中杂质微粒对光的散射作用，致使明眼人不能看见渊底之鱼。类似记述，在古籍中并不少见。

以上记载虽很零散，但它们表明，秦汉时期的光学知识有了较大的进步。

4. 烽燧

烽燧是古代边疆戍兵报警使用的信号，它利用燃烧物的发光和不全燃烧物的烟雾作为通讯手段。通常称其为"白日放烟、夜放火"①。友军见烽燧烟火，即赶赴救援。

西周时期，烽燧已在战争中使用。《史记·周本纪》载，周幽王（前781～前770年在位）为讨其爱妾褒姒一笑，虽无寇至而举烽火。其后，真寇至，而诸侯不信，遂成祸害。唐代张守节在《史记正义》中指出：

> 昼日燃烽以望火烟，夜举燧以望火光也。烽、土鲁也；燧，炬火也。皆山上安之，有寇举之②。

《后汉书音义》也说：

> 边方备警急，作高土台，台上作桔皋。桔皋头有兜零③，以薪草置其中，常低之，有寇即燃火举之，以相告，曰烽。又多积薪，寇至即燔之，望其烟，曰燧。昼则燔燧，夜乃举烽④。

由此可见，以烟火的颜色或亮光作为军事通讯的手段，有长远的历史了。

战国时期，烽燧已为军事家所熟悉，《墨子·号令》、《孙子·军争篇》均言及烽燧。战国天文家甘德在其《天文占》中也述及以桔槔举烽火燧烟之事⑤。如以三十里筑一烽火台，遇急情则举烽燧，边防或都城战事就可以极快地通报天下。汉代起，它成为皇朝的军事大事，"筑亭候，修烽燧"⑥ 决不可怠慢。

汉以后，所有军事著作都将烽燧作为其重要的一篇。宋代曾公亮《武经总要》说："烽燧，军之耳目……，唐法，凡边城候望，每三十里置一烽⑦。"

《武经总要》详细地叙述了烽火台的构筑、设备、人员部署及注意事项。考古界在北部、西北部地区曾先后多次发现汉代烽燧遗址，包括土墩高台、火灶、柴草以及有关制度的木简文书等。⑧ 达至下一站台。

烽燧通讯方式，可以说是古代人发明并在历史上袭用了几千年的无光缆发光通讯。

5. 舞台灯光

---

① 曾公亮《武经总要》卷五《烽火篇》。

② 《史记》卷四《周本纪》，第一册，第149页。

③ "兜零"，盛放柴草的笼。

④ 《后汉书》卷一《光武帝纪》李贤注，第一册，第60页。

⑤ 欧阳询《艺文类聚》卷八十《火部·烽燧》引《甘氏天文占》。

⑥ 同④。

⑦ 曾公亮《武经总要》卷五《烽火篇》。

⑧ 居延汉代遗址的发掘和新出土的简册文物，《文物》1978年第1期；敦煌马圈湾汉代烽燧遗址发掘简报，《文物》1981年第10期。

将前述各种灯烛，或者发明一些更适宜的灯具，将它们应用到舞台艺术上以为舞台增光添彩，这是光源的应用方面之一，也是人类文化生活的追求。

我国的戏剧是融歌舞说唱于一台的艺术。宋代之“杂剧”、“南戏”表征它达到相当的发展高度。元代，关汉卿的《窦娥冤》、《拜月亭》，王实甫的《西厢记》等是那时期的艺术杰作。明清时期，“昆腔”发展成“昆曲”，汤显祖（1550～1616）的《四梦传奇》[①]至今还脍炙人口。昆曲与弋阳腔、梆子、皮黄等曾在明代盛行，后三者在清代又发展成京剧。戏剧艺术的发达及众多的戏剧形式，又促进了舞台灯光的发展。

据明代张岱（1597～1689）《陶庵梦忆》记载，明代演出《唐明皇游月宫》的舞台灯光真令人惊叹。他写道：

> 场上一时黑魆（xū）地暗，手起剑落。霹雳一声，黑幔忽收，露出一月，其圆如规。四下以羊角染五色云气，中坐常仪（娥），桂树吴刚，白兔捣药，轻纱幔之，内燃赛月明数株，火焰青藜，色如初曙，撒布成梁。遂蹑月窟，境界神奇，忘其为戏也。其他如舞灯，十数人手携一灯，忽隐忽现，怪幻百出。匪夷所思。
>
> 令唐明皇见之，亦必目睁口开，谓氍（qú）毹（shū）场中，那得如许光怪耶[②]？

这里记述的舞台布景与灯光，在电灯发明之前是相当高超的水平。可惜，未详述其中的灯具、灯源和艺术装饰等问题。如明月、“羊毛染五色云气”都要有灯光衬托出艺术效果；“赛月明”这种可燃火焰的名称，也不知为何种光源。

郑复光曾言及演剧用的“地镫镜”。他说：

> 地镫镜即含光凹也。旧法：锡为烛台，高三尺余，后作凹形镜各四只，或六只、八只。演剧用之，亦颇助光。间有铜者，当较胜锡[③]。

所谓“旧法”，或许表明，元明时期舞台演戏曾用这种“地镫镜”。郑复光还写道：“活安烛后，使（镜）可斜迤向下，则下烛如日，故当佳耳”；“于黑暗室中以烛细微，置之镫旁，可以显大镫光于帷幕之中”[④]。实际上，地镫镜即凹面反光镜，而中国人制造凹面镜已有几千年的历史了。在凹面镜中心点烛光或灯光反射至舞台，帷幕光亮非常。凹面反光镜用于舞台上，起于何时，在明代张岱之前的历史记载尚待发掘。

二 冷 光

冷光或称低温发光，其发光物质在发射可见光时温度并不升高。例如磷光、荧光。磷光是磷光物质在空气中氧化时的发光；磷化氢（P_2H_2）的自燃发光，俗称鬼火。人畜尸体腐烂后，其中的生物蛋白分解出磷化氢。荧光，一种是荧光物质（例如硫化锌）受辐射激发后的发光；一种称为萤光，它是活的生物有机体（例如萤火虫）发出的光。它们身上具有发光器，当其呼吸时使发光器上称为“荧光素”的发光物质氧化所致。许多微

① “四梦”即《紫钗记》、《牡丹亭》、《南柯记》、《邯郸记》。

② 张岱《陶庵梦忆》卷五《刘晖吉女戏》。

③，④ 郑复光《镜镜诊痴》卷四《作地镫镜》。

生物或菌类的发光也是这种萤光，不过，它们需附着在腐烂潮湿的植物或动物身上才能生存。某些化学物质或化学反应也发出荧光，如泡制中药秦皮液时，秦皮所含的秦皮甲素（aesculin，乳蓝色）、秦皮乙素（aesculetin，淡蓝色）、秦皮甙（fraxin，黄绿色）、秦皮素（fraxitin，淡绿色）等多种香豆精类化学物质，都能发出各自颜色的荧光。而秦皮水浸液又发出紫色、浅黄色等荧光，它是秦皮内多种化学物质共同作用的结果，可称它为化学发光。海洋和池沼湖泊发出的荧光是由水生生物（如夜光虫、放射虫、甲藻等）发出的。还有摩擦物体的静电发光，也是冷光。后者我们留待电学中讨论。

古代人发现了各种冷光现象，并将它们称为“火”，“火异”或“异事”，“阴火”。他们不可能有现代的分类，而是在这些名称下往往将它们集中在一起记述之。我们按照发光物质分别予以叙述。

1. 磷光

磷光的最早记载见之于汉代《淮南子·氾论训》：“老槐生火，久血为磷，人弗怪也”。东汉高诱在注中写道：“血精在地，暴露百日则为磷，遥望炯炯若燃火也。”东汉王充在《论衡·论死篇》中也说：“人之兵死也，世言其血为磷”，“磷，死人之血也。”晋代张华《博物志》作了更细致的描述：

> 战斗死亡之处，其人马血积千年化为磷。磷著地及草木如露，略不可见。行人或有触者，著人体便有光，拂拭便分散无数，愈甚有细咤声如炒豆，唯静住良久乃灭①

人或动物的尸骨、脑髓和血液腐烂后分离出磷元素。因此，埋葬死人、死马之处年久后有磷光出现。张华的看法基本上是正确的，而且它还影响了宋僧赞宁、文莹等人②。后来，人们索性将野外磷光称之为“鬼火”、“鬼磷”，“乡人尝言野见鬼火”③。同时，人们又将在寺庙山凹间所见磷火称为“圣灯”、“神火”、“佛灯”。宋代范成大《吴船录》在述及其游四川青城山上清宫时写道：

> 夜有灯出西山，以千百数，谓之圣灯。所至多有。说者不能坚决。或云古人所藏丹药之光，或谓草木之灵者有光，或又以为龙神山鬼所作，其深信者则以为仙圣之所设化也④。

诚然，“圣灯”、“神火”之说是佛教使然。又由于青城山乃道教之盛地，故说法如范成大所记述一样，真是应有尽有。似乎磷光也非要与其深信的宗教相连挂方能透彻悟性之真谛。后来，人们就不能不小心地将“鬼火”与“神火”加以区别，说“鬼火色青荧，不动；神火色红，多飞越聚散不常”⑤。这种区别，硬是将热光源的“不动”与“色红”渗入其中，并将其分属于神、鬼而已。显然，由于宗教迷信，这个解释比张华退步了、混乱了。

---

① 张华《博物志》卷九《杂说上》，第106页。

② 文莹《湘山野录》卷二：“柳仲涂开因曰：‘余顷守维扬，郡堂后菜圃方阴雨则青焰夕起，触近则散，何耶？’赞宁曰：‘此磷火也。兵战血或牛马血，著土则凝结为此气，虽千载不散。’柳遽释之曰：‘掘之’。果皆断枪折镞，乃古战地也。”

③ 陆容《菽园杂记》卷十五，第188页。

④ 范成大《吴船录》卷上。

⑤ 陆容《菽园杂记》卷十五。

本草药物学家李时珍将石油火光、江湖河海中微生物发光和磷光并称为“阴火”，而将钻木、击石、戛金三种热运动生的火，称为“阳火”。大概他是出于医家以阴阳辨证论治的传统而区分它们的。对于磷光，他写道：

“野外之鬼磷，其火色青，其状如炬，或聚或散，俗乎鬼火。或云，诸血之磷光也①。”

这个描写是正确的，其解释也继承了传统的说法。从传统的元气说出发对磷光作出较好解释的是熊明遇和方以智。方以智在他的《物理小识》中写道：

《格致草》载，西言火在地上，丽物则明。春秋之夜多野火，人称为鬼磷，而从深山大谷见者曰佛灯、圣灯云。夫野血化为磷，腐草化为萤，具以气质渗漉土上、为风雨日露所滋照，其质虽化，其气尚在，故或为萤，或为燐。春夏间地气上升，火随地出。然得风日疏散，使其上归晶宇，下归地中，则不作光怪。惟久雨乍晴，上下皆有冷气，致火不能散去，横鹜地上，偶逢膏腻之气，则燃而成光。或牛马人畜血溅之处，膏腻稍重，光遂转大。一等鬼火，焰幽，数点联珠，人逐之则退，人去又复依人者，理亦腻气所致。体质轻微，人行衣衫动处皆有微风逐之，则风嘘故退，反则风吸，故复依人。一等在坟墓上出入，又或在荒坛冷庙，递相传走。盖坟墓有尸气之膏腻，坛庙有灯烛牲血之膏腻也②。

《格致草》是方以智同时代人熊明遇著作，内中多载西人的自然知识。上述文字表明方以智对磷光的解释融合了中西之见。在利玛窦入中国之后，西方人以为磷光是“鬼火”、“圣灯”之说也同时传入中国。方以智的创见在于他仅闻西方言“火在地上”一句，结合着中国传统元气说中关于“天气上升、地气下降”，元气有阴阳、燥湿、热冷之分，从而赋于人畜血“膏腻之气”的各种特性。正如灯光来自油脂，而这“鬼火”便是“膏腻之气”的发光。这个解释顺理成章，而且是当时中西方最好的关于“鬼火”发光的理论。它虽没有达到科学解释磷光的程度，但也没有落入唯心主义的泥潭。

我们再回头看看宋代沈括曾记述一种磷光现象，它可能是液态磷化氢的发光。沈括写道：

卢中甫家吴中③，尝未明而起，墙柱之下有光熠然，就视之似水而动，急以油纸扇挹之，其物在扇中滉样，正如水银，而光艳烂然。以火烛之，则了无一物。又魏国大主④家亦尝见此物，李团练评⑤尝言：“予与中甫所见无少异”。不知何异也⑥？

沈括的记述极为类似一则关于磷光的观察报道，真实可信。

此外，唐代刘恂记述了一种发磷光的鱼。他说：

黄腊鱼即江湖之横鱼，头嘴长而鳞皆金色，南人脔为炙，虽美而毒，或煎炒或乾。夜中有光如烛。北人有寓南海者，市此鱼食之，弃其头于粪筐中，夜后忽有光明。近视之，益恐惧，以烛照之但鱼头耳。去烛复明。以为不祥。及

---

① 李时珍《本草纲目》卷六《火部·阳火阴火》，第415页。

② 方以智《物理小识》卷二《风雨雷旸类·野火塔光》。

③ 卢中甫，即卢秉，湖南德清人，《宋史》卷三三一有其传。其父晚年居于“吴”，故记为“家吴中”。

④ “魏国大主”，宋英宗次女，神宗时封为蜀国公主，嫁于王某。

⑤ “李团练评”，即李评，字持正，上党（山西长治）人。

⑥ 沈括《梦溪笔谈》卷二十一《异事》。

取食迄，窥其余脔，亦如萤光达明。遍询土人，乃此鱼之常也。忧疑顿释①。

这个鱼发磷光的故事也写得生动有趣。类似记载不乏其例。明代陆容说："鱼鳞积地及积盐，夜有发光，但不发焰"②。李时珍记述了"石首鱼""夜视有光"③，等等。

虾和鱼一样，也有磷光。宋代俞琰写道：

"予尝夜坐水亭，雨初霁，见草间有光，遂起而拾之，乃一湿虾壳④。"

古代人还记载了某些蛇蜕、蝉蜕发磷光的现象。宋代何薳写道：

横海清池县尉张泽，居于郓州东城，夜自庄舍还，而月色昏暗，殆不分道。行遇道旁木枝，煜然有光，因折以烛路。至家插壁间，醉不复省也。晨起怪而取视，则枝间一龙蜕，才大如新蝉之壳，头角爪尾皆具，中空而坚，扣之有声如玉，且光莹夺目，遇暗则光烛于室，遂宝之于家，传玩好事⑤。

历史上有关磷光现象的记载，我们不一一列举了。直到清代晚期，这样的记载仍不绝于史籍之中。

2. 萤和荧光

萤，即萤火虫，古称"萤火"。唐代欧阳询《艺文类聚》引《吕氏本草》，指出6种萤火名称：夜照、熠耀、救火、景天、据火、挟火；加之《尔雅》称其为"即炤"，共7种异名⑥。《广雅》还说："萤火，鳞也"⑦，其意思大概是虫发出的磷光。后唐马缟在《中华古今注》中列出荧火8种异名：辉夜、景天、熠耀、燐、丹鸟、夜光、宵烛、丹良⑧。值得注意的是，《广雅》中的"鳞"字在唐代却写成"燐"了。而在现代，"燐"是"磷"的异体字。李时珍在《本草纲目》中列出了明代还保存的10种异名，并将"燐光"作为荧的异名勾除了⑨。这可能表明，明代人对磷光与荧光的区别已有所认识。

西周时期民歌《诗经·豳风·东山》对萤火作了最早的记载："熠燿宵行"。但李时珍认为"'宵行'乃虫名，'熠燿'其光也。诗注及本草，皆误以为'熠燿'萤名矣"⑩。迄今，断其孰是孰非，难矣。

《礼记·月令·季夏之月》对萤火成因作了推测："腐草为萤"。这是根据萤的生活习性、昼伏草丛夜流飞而推断的。此后，"腐草皆有光"⑩、"腐草生萤"⑪之说成为古代人的定论。

萧梁朝陶弘景认为，萤是"腐草及烂竹根所化。初时如涌，腹下已有光，数日变而

---

① 刘恂《岭表录异》卷上。

② 陆容《菽园杂记》卷十五。

③ 李时珍释曰，石首鱼有名石头鱼、鮸鱼、江鱼、黄花鱼。"头中有石如棋子"而得名。见《本草纲目》卷四十四《介部·石首鱼》，第2434页。

④ 俞琰《席上腐谈》卷上。

⑤ 何薳《春渚纪闻》卷二。

⑥ 欧阳询《艺文类聚》卷九十七《虫豸部·萤火》，第1684页。

⑦ 同①引。

⑧ 马缟《中华古今注》，见涵芬楼本《说郛》卷九十九。

⑨，⑩ 李时珍《本草纲目》卷四十一《虫部·荧火》，第2317页。

⑩ 王闢之《渑水燕谈录》卷一《谠论》，第5页。

⑪ 陆容《菽园杂记》卷十五，第188页。

能飞"①。他的观察记载是极为仔细的。然而，李时珍又将其细分为三类。他写道：

萤有三种：一种小而宵飞，腹下光明，乃茅根所化也，《吕氏月令》② 所谓'腐草化为萤'者是也；一种长如蛆蠋，尾后有光，无翼，不飞，乃竹根所化也，一名蠲，俗名黄蛆，《明堂月令》③ 所谓'腐草化为蠲'者是也，其名宵行，茅竹之根，夜视有光，复感湿热之气，遂变化成形尔；一种水萤，居水中，唐李子卿《水萤赋》所谓'彼何为而化草，此何为而居泉'是也④。

李时珍所述，前二者是萤虫发光，后者是水中微生物发荧光。他对萤光的区分表明了古代科学的进步。

沈括曾记述了鸭蛋腐烂而发萤光的现象：

予昔年在海州曾夜煮鸭卵。其间一卵，烂然通明如玉，荧荧然屋中尽明。置之器中十余日，臭腐几尽，愈明不已。苏州钱僧孺⑤ 家煮一鸭卵，亦如是。物有相似者，必自是一类⑥。

鸭卵腐烂后发光与萤光机理同。只是其中的三磷酸腺甙能使氧化了的荧光素还原，从而再次氧化而又发光⑦。因此，十余日之后，"臭腐几尽，愈明不已"。

一些枯朽潮湿的竹、木及叶能发荧光。它们可能是寄生其上的微生物或菌类所发出的萤光。《宋书·五行志》写道：

宋明帝泰始二年（公元 466 年）五月丙午，南琅邪临沂黄城山道士盛道度堂屋一柱自燃，夜光照室内。此木失其性也，或云木腐自光⑧。

宋代俞琰记述了极为有趣的两件此类萤光现象。他说：

吾家旧有老仆素不信鬼，随先人往无锡青阳汇收租，夜见鬼火无数，腾腾而来。众惊走，独老仆乘醉趋前扑之，乃石楠叶之湿者。

叶玉岩云，常在五台山，夜见湿木松皮有光，呼从者拾满一布囊。盖将持归，遗江南亲戚故旧，以示希有。数日后视之，则干而无光矣。笑而弃之⑨。

大约成书于五代吴越国、署名为颍川陈某人所纂的《葆光录》书中也写道：

龙明子尝闻外舅说，顷岁庄墙间，荧荧光尺余。时兼兄弟中有不宁者，众谓之怪，忧之。数夕炀然如初，外舅情不甘，乃就拔之，得一物。回灯下看，乃枯竹根耳。其光遂灭，病者无咎⑩。

类似记载，诸如"夜见火光者，亦久枯木也"⑪；"石首鱼、仙人杖、白茅根、桃膠，

---

① 李时珍《本草纲目》卷四十一《虫部·萤火》引弘景曰，第 2317 页。
② 《吕氏月令》即《吕氏春秋》中"十二纪"的"季夏纪"；也见《礼记·月令·季夏》。
③ 《明堂月令》即《明堂月令论》，汉蔡邕撰。原书已佚，今有清代王谟辑本和黄奭辑本。
④ 同上注①，第 2318 页。
⑤ "钱僧孺"，僧人钱孺，时任苏州长洲主薄。
⑥ 沈括《梦溪笔谈》卷二十一《异事》。
⑦ 王锦光、洪震寰《中国光学史》，第 76 页。
⑧ 《宋书》卷三十《五行志》，第三册，第 882 页。
⑨ 俞琰《席上腐谈》卷上。
⑩ 颍川陈□纂《葆光录》卷二（又署为"龙明子"纂）。
⑪ 梁孝元帝（萧绎）《金楼子》卷五《志怪篇》。

皆夜或放光”；“峨眉、五台佛灯，偶飞近人，手搏之皆树叶”①，等等。

关于江海池沼中荧光现象，在历史典籍中也屡见不鲜。《晋书·五行志》载穆帝升平三年（359），“凉州城东池中有火”；次年“姑臧泽水中也有火”②。海洋发光，又海浪涛涛，其惊险之情更使古代航海者惊惧不已。宋代庞元英《文昌杂录》载：

鸿胪陈大卿言，昔使高丽，行大海中，水深碧色……，夜见海中如火龙无数，不知涯际。甚可怖也③。

徐兢在北宋末出使高丽途中有同样的经历。当他过“黑山洋”时，“遇夜，则波间熠熠，其明如火”④。宋元以来，往来于吕宋（今菲律宾群岛）的船客都知道，“夜以淡水茶泼海，则见火起。小西洋一处，海火夜盛，持器汲起，满器皆火光，滴入掌中，光亦莹然可玩。”⑤ 直到 1830 年，近代科学家才对此作出海洋微生物发光的解释。

泡制中药秦皮，是化学物质及化学反应发荧光。其最早记载见之于《淮南子·俶真训》：“夫梣木色翳”。高诱注曰：“梣木，苦枥木名也，生于山，剥取其皮，以水浸之，正青。用洗眼，愈人目中肤翳。”所谓“梣木”即今秦木⑥。其皮泡浸水中呈“青”色，正是其内各种秦皮素发出的荧光。

自此之后，关于秦皮浸出液的荧光现象在本草著作中屡有记载。唐代苏恭以其是否有荧光作为判别真伪的标准，他说：

“取皮渍水便碧色，书纸看之皆青色者是真”⑦。

这也是世界上有关荧光分析的最早利用和记载。

除了治眼等疾症外，陶弘景发现、秦皮液“和墨，书色不脱，微青”⑧。方以智指出，以“秦皮配色”画花，花色更鲜艳⑨。

泡制秦皮的方法及其荧光的利用，曾传播到日本和高丽。《淮南子》的有关记载，比 1575 年莫纳德斯（Monardes）从愈疮木切片的水溶液中观察到荧光现象要早约 1800 年⑩。

此外，有些玉含荧光现象。中国人最早发现宝石或玉的荧光，并据此辨别璞中是否含玉。李时珍在《本草纲目》中引《别宝经》书语写道：

“凡石韫玉，但将石映灯看之，内有红光，明如初出日，便知有玉也⑪。”

《别宝经》一书似已佚。它的成书时间当在李时珍生活的年代或之前。古代的本草与

---

① 方以智《物理小识》卷二《风雨雷旸类·野火塔光》引其师王宣《物理所》语。其中，石首鱼在磷光中已叙述；仙人杖，在李时珍《本草纲目》卷二十七《菜部》有专条叙述，同物异名或异物同名者甚多，已难考究；桃胶，也不知其为何物。

② 《晋书》卷二十九《五行志》，第三册，第 883 页。

③ 庞元英《文昌杂录》卷三。

④ 徐兢《宣和奉使高丽图经》卷三十四《黑山洋》。

⑤ 方以智《物理小识》卷二《风雨雷旸类·阴火潜热》。

⑥，⑦，⑧ 在李时珍《本草纲目》卷三十五《木部·秦皮》中例有“梣皮、桪木、石檀、盆桂、芳树、苦枥、樊槻”诸多名称，第 2011 页。

⑨ 方以智《物理小识》卷八《器用类·画色》。

⑩ 邬家林，我国古代秦皮浸出液荧光的发现和应用，中国科技史料第 5 卷（1984）第 3 期，第 7 页。

⑪ 李时珍《本草纲目》卷八《金石部·石》引《别宝经》，第 498 页。

炼丹家常以宝石荧光从璞中辨玉，其发现当比《别宝经》的记载早得多①。

宋代朱彧述及蕃人所带宝石中，“最上者号猫儿眼睛，乃玉石也。光焰动灼，正如活着”②。元初陶宗仪在讲述“回回玉石”时，在“猫睛”下特别注出“中含活光一缕”③。而宋代杜绾还发现石绿“向明视之，颇光灿闪色”④。可见，至晚从宋代起，人们已知玉石的荧光现象。宋代王闢之还记载了这样一件事：“华阳杨褒，好古博物，家虽贫，尤好书画奇玩充实中橐”。一次外出，杨褒拾得一块玉石，发现其荧光现象，“夜阑灯灭，于暗中见光煜然”，他判断其中必有玉。于是，他请玉工“剖之，得玉，径数寸”⑤。这是以玉石荧光现象从璞中辨玉的典型事例。迄明代，不仅有李时珍引《别宝经》的记载，方以智也有类似陶宗仪的记述⑥。宋应星还写道，如玉在璞，“白昼晴明，檐下看有光一线，闪烁不定”⑦。

最后要特别指出，古代人虽然将磷光、荧光等各种冷光现象列为“火”、“异火”，但他们完全认识到它与普通火（热光源的光）有着根本不同。沈括在《清夜录》中说它们“有火之用，无火之热”⑧，俞琰说：“燐火，俗谓之鬼火，兵死及牛马之血曰燐。萤火也曰燐。其明皆如火，而非火也”⑨，陆容说它们“夜有火光，但不发焰”⑩。这些说法，充分表明了冷光与热光的区别。尤有意思的是，梁元帝萧绎的《咏萤火诗》将萤光的物理性质都描述到了。他写道：

“著人疑不热，集草讶无烟，到来灯下暗，翻住雨中燃⑪。”

萤光“不热”、“无烟”、在热光源下无亮光（“灯下暗”)、在黑夜雨中却可发光（“雨中燃”)。萧绎的诗是世界上最早、最全面对萤光物理性质的总结。

3. 冷光的应用

在前面叙述中，我们已涉及一些有关冷光的应用问题。无论冷光本身，还是冷光材料，在古代都曾有过一些极为趣味的应用。

五代时期的《谭子化书》中曾述及“古人以萤囊为灯”⑫。《淮南万毕术》中有“萤火却马”的记载，高诱注云：“取萤火裹以羊皮”。这意思是，将萤火虫置于透明的薄羊皮容器内，就成了“萤囊”。古人用它于夜间作照路灯烛之用。《北史·隋炀帝纪》载：

“上于景华宫征求萤火，得数斛，盛以大囊，夜出游山放之，光遍岩谷”⑬。

沈括也曾记述道：

---

① 陆学善，科技史文集，第12辑，第17页。
② 朱彧《萍洲可谈》卷二。
③ 陶宗仪《辍耕录》卷七《回四石头》。
④ 杜绾《云林石谱》卷下《石缘》。
⑤ 王闢之《渑水燕谈录》卷八《事志》。
⑥ 方以智《物理小识》卷七《金石类·宝石不一》。
⑦ 宋应星《天工开物》卷下《珠玉·珠》。
⑧ 程大昌《演繁露》卷八《萤囊》引沈存中《清夜录》。
⑨ 俞琰《席上腐谈》卷上。
⑩ 陆容《菽园杂记》卷十五。
⑪ 欧阳询《艺文类聚》卷九十七《虫豸部·萤火》引梁元帝《咏萤诗》，第1685页。
⑫ 谭峭《化书》卷二《海鱼》。
⑬ 《北史》卷十二《隋炀帝纪》，第二册，第467页。

丁朱崖败，有司籍，其家有绛纱笼数十。大率如烛笼而无跋无炧，不知何用。其家曰："聚萤囊也"。有火之用，无火之热，亦已巧矣。然，隋炀帝已尝为之曰，'火为之囊，照跃山谷也'。丁氏之囊盖其具体而微者耳[①]。

穷苦书生聚萤为灯，发奋攻读而功名成就的故事，在古代也举不胜举[②]。此外，萤囊也是夜间诱捕鱼群的好工具。明代郎瑛曾记述道：

每见渔人贮萤火于猪胞，缚其窍而置之网间；或以小灯笼置网上，夜以取鱼，必多得也。以鱼向明而来之故[③]。

清代期间，此类记载仍不绝于典籍[④]。这些记载表明古代人对冷光源的巧妙应用。更有甚者，古代人以不同的荧光材料作画，昼夜不同的画景呈现于画面上。这样，荧光材料在艺术品上产生了奇特效果。

最早用荧光物质作画的记载见于唐代段成式的《酉阳杂俎》：

近佛画中有天藏菩萨、地藏菩萨，近明谛观之，规彩铄目，若放光也。或言以曾青和壁鱼设色，则近目有光。又往往壁画僧及神鬼，目随人转，点眸子极正则尔[⑤]。

寺庙壁画中菩萨、僧或神鬼的眼睛光彩夺目，近视有光，甚而会随人转动，原来是用"曾青和壁鱼"作颜料画成的。曾青，又名空青、扁青、大青、碧青、白青、鱼目青等等，矿物学上称为石青（azurite），成分为 $2CuCO_3 \cdot Cu(OH)_2$。李时珍《本草纲目》给予分名论述，并指出它们为"多充画色"，"绘画家用之"[⑥]。其实是利用它的青绿、碧青的颜色。而"壁鱼"，尚不知其何物？也许是某种鱼，它的身上含有某种液态磷光物质。因而，它可以同碾成粉末并带碧青色的曾青和色作画，也未可知。前述某些鱼和虾均有磷光，并早已被人们所发现，便是旁证。

宋僧文莹于熙宁（1068～1077）中所撰《湘山野录》中也描述了一轴有趣的牧牛图：

江南徐知谔为润州节度使温之少子也。美姿度，喜畜奇玩。蛮商得一凤头，乃飞禽之枯骨也，彩翠夺目，朱冠绀毛，金嘴如生，正类大雄鸡，广五寸，其脑平正，可为枕，谔赏钱五十万。又得画牛一轴，昼则啮草栏外，夜则归卧栏中，谔献后主煜[⑦]，煜持贡阙下。太宗、张后苑以示群臣，俱无知者。惟僧录赞宁曰："南倭海水或减，则滩碛微露，倭人拾方诸、蚌胎，中有余泪数滴者，得之和色著物，则昼隐而夜显。沃焦山时或风挠飘击，忽有石落海岸，得之，滴水磨色染物，则昼显而夜晦。"诸学士皆以为无稽，宁曰："见张骞《海外异记》"。后杜镐检《三馆书目》，果见于六朝旧本书中载之[⑧]。

---

① 程大昌《演繁露》卷八《萤囊》引沈括《清夜录》。

② 如，《晋书》卷八十三《车胤传》（第七册，第2177页）载，晋国子博士"胤恭勤不倦，博学多通"，年幼时，"家贫不常得油，夏月则练囊，盛数十萤火以照书，以夜继日焉。"

③ 郎瑛《七修类稿》卷四十《事物类·捕鱼法》，第578页。

④ 如，墨磨主人《古今秘苑》卷三，有类似记载。

⑤ 段成式《酉阳杂俎》前集卷十一《广知》，第109页。

⑥ 李时珍《本草纲目》卷十《石部》"空青"、"曾青"、"绿青"、"扁青"等目，第593～598页。

⑦ 五代时南唐国主李煜（937～978），字重光，号钟隐，也称李后主。公元975年降宋。次年宋太祖赵匡胤卒，宋太宗赵光义即位。

⑧ 文莹《湘山野录》卷下《徐知谔喜畜奇玩》，第57页。

该牧牛图之事，在文莹之后又被高文虎[①]、周煇[②]、康与之[③]等人再次记述，方以智在《物理小识》中又一次转述了高文虎的记载[④]。可见，牧牛图在中国科学文化史上所曾有过的影响。

这轴牧牛图的趣味性就在于，画面主体牛“昼则啮草栏外，夜则归卧栏中”。宋初高僧赞宁认为它是用两种颜料画成的：一是“方诸”、“蚌胎”中的“泪滴”；一是“沃焦山”上的石块。所谓“方诸”即大蛤，“蚌胎”即珍珠，而其中的“余泪数滴”，很可能含有液态磷光物质。用它调颜色作画，则可“夜显”。英国李约瑟博士曾作如是推测[⑤]。又有人认为，“沃焦山”石含有荧光物质，用它调色作画则可“昼显”[⑥]。或许，“昼显而夜晦”的物质，普通墨就可以了。沃焦山石很可能是“石墨”、即石炭、煤炭[⑦]。用墨画牛在栏外吃草；再用含磷的物质和色作画，在同一画面上画牛卧栏内。这样就可产生昼夜不同画面的效果。

赞宁还指出，他关于牧牛图成画原因的解释“见张骞《海外异记》”。杜镐在当时“三馆”（昭文馆、史馆和集贤馆）库藏书中还找到了这本属于六朝的旧本书。此书今恐佚亡，其作者与汉武帝时通西域的张骞同名，或系六朝某好事者之伪托。因不见原书，《海外异记》的“海外”是指那方地域，也不敢妄论之。

在文莹之后，以磷光或荧光物质作画者继起有之。宋代周煇写道：

> 元晖尤工临写。在涟水时，客鬻戴松牛图。元晖借留数日，以模本易之，而不能辨。后客持图，乞还真本。元晖怪而问之曰：“何以别之”。客曰：“牛目中有牧童影，此则无也”[⑧]。

卖画客在其松牛图的牛眼中画有牧童影子，因此，画家元晖（即米友仁）以其摹本换取真本的伎俩被卖画客识破了，周煇在述及此事时又引述了上述徐知谔买得的牧牛图，并评论说：“牧童影岂亦类此而秘其说”。当这种画技被人们普遍知晓时，便有人作“野人腾壁、美女下墙”等“术画”[⑨]。

迄明代，方以智曾记述当时有人“取萤画渔火”，而且宫廷内“用枭精、萤尾、乳金（作画），则夜有光。想各方别有法耳。”[⑩]

从上可见，古代中国人从六朝起、或至晚从唐代起，就知道以荧光或磷光物质作画。诸如牧牛图，真是融光学、艺术和化学知识于一帧图画之中。在欧洲，类似的图画是由

---

① 高文虎《蓼花洲闲录》。高文虎活跃于南宋宁宗年间（1195～1227），见《宋史》卷三十四《高文虎传》。

② 周煇《清波杂志》卷五。

③ 康与之《昨梦录》（一名《退轩笔录》）。

④ 方以智《物理小识》卷八《器用类·异色》。

⑤ Joseph Needham, Science and Civilisation in China. Vol. 4, part I, p. 77.

⑥ 王锦光、洪震寰，中国光学史，第76页。

⑦ 李时珍《本草纲目》卷九《石部·石炭》载：石炭，因“上古以书字，谓之石墨，今俗呼为煤炭”；又引宋·洪迈《夷坚志》云：“宜阳县有石墨山，汧阳县有石墨洞。燕之西山，楚之荆州、兴国州，江西之庐山、袁州、丰城、赣州，皆产石炭”。沃焦山石若与此类似，则“滴水磨色”成墨，墨色在黑夜，自然看不见。

⑧ 周煇《清波杂志》卷五。

⑨ 宋·郭若虚《图画见闻录》卷六《术画》。

⑩ 方以智《物理小识》卷八《器用类·异色》。“枭精”为何物，是否有“枭”（也称鸺鹠）这种鸟的某部位器官提制而成，尚未考实；“萤尾”，即萤虫尾部发光部分；“乳金”，常绿乔木“乳香”的树脂，也未可知。

英国约翰·坎顿（John Canton，1718～1772）在1768年发明的，他采用煅烧蠔壳和硫磺的混合物作画；1825年，德国奥辛（G. W. Osann）又描述了在上述混合物中加入硫化砷、硫化汞等，使其发蓝色或绿色的磷光①。

第二节　影　　论

有光、形，就有影，因为影和形总是相伴存在。成语“形影不离”由此而来。在光、形与影三者之中，传统中国文化抓住了影与形的关系。除了“形影不离”外，又有“形单影只”、“形影相吊”等成语，用以形容孤独。《庄子·天下》还以“形与影竞走”形容惠施的辩才放荡而无所得。《列子·说符》假壶丘子林之名教导说，要持后而不争先则处先的哲理，其教导之事例就是观影：“形枉则影曲，形直则影正，然则曲直随形而不在影”；“身长则影长，身短则影短”。在传统的中国科学中，影又是最早被用以制造科学仪器即圭表的依据。在文化与科学的两方面都促使人们去探讨影的成因。随后，又发展出影戏艺术。文化、科学和艺术就这样结合在一起，这是古代光学史中极为有趣的一节。

一　圭表和影

太阳东升西落，而影从朝西转向朝东。影的方向与长度都随时间而逐渐变化。太阳下物影的规律，可能很早就被人们认识了。因此，古代人立木竿或石柱于地面，以其影来测定方向和时间。这种仪器称为“表”，古籍上记为竿、槷、臬、髀等，它是人类历史上最早的科学仪器之一。

据考，甲骨文中的“中”字或“立中”二字，其象形意义就是以竿侧影②，也说明“表”这种科学仪器早在商代已被人们所创制、利用。西周民歌《诗经·大雅·公刘》，据说是歌颂周文王第十二世祖公刘的作品，其中有“既景乃冈，相其阴阳”之句。“景”即古“影”字。东汉郑玄解释说：“以日影定其径界于山之脊”。这首民歌所唱的年代与甲骨文“中”字造形年代相当。然而，这只能说明人们利用影而立表定向的下限年代。

春秋末，《考工记·匠人》载：“匠人建国，水地以县，置槷以县，视以景”。这是叙述匠人在盖房建城之前，如何使地面平整，如何立表竿（槷），再视表影定方向。“置槷以县”，表明表竿要与地面垂直。自殷商迄春秋，人们已认识到，竿影的长短不仅和光源位置有关，而且也和竿的斜度有关。后来，也即战国时代，以墨翟为首的墨家所以探讨竿影长短粗细的变化规律与此不无相关。

测量影长的工具称为土圭。圭是礼仪类玉器。《考工记·玉人》载：“土圭，尺有五寸。以致日，以土地。”“致日”就是测量日中表影的长度；“土地”即度地，度量地之长短。后来，土圭与表合成一种仪器，称为圭表。它的诞生不晚于秦汉之际。江苏仪征县

---

① Joseph Needham，同上。

② 甲骨文“中”字写为： 等等。其意义是将一根系有二、四或六条带状物的竿竖立于水平的圆形地面中心。当竿周围的带状物全都附靠在竿上时，表明竿是直立的，即“立中”。该文字造形暗含了表的起源。见肖良琼，卜辞中的“立中”与商代的圭表测景。《科技史文集》第10辑，上海科学技术出版社，1983年，第27页。

石碑村曾出土一具东汉小型铜质圭表（图 3-8），圭面长 34.5 厘米，上刻有尺度。表与圭以轴连接。表竖立后，自圭面至表顶高 19cm。这是缩小了十倍的圭表。不用时，按下表，即以圭合成一尺子①。

在古代，还有一种以日影定时刻的仪器，称为日晷②。其表盘中央，插立一根金属针，表盘圆周上，刻有分度（图 3-9），金属针影在盘面上的移动就反映了太阳每日的相对转动。因此，可用其测定每日白昼的时刻。

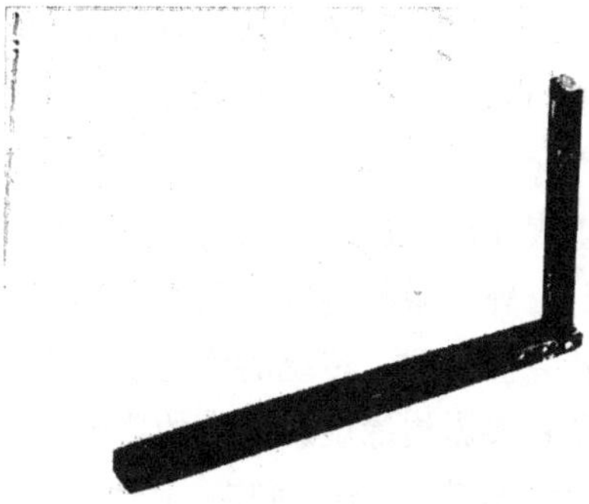

图 3-8 东汉铜圭表

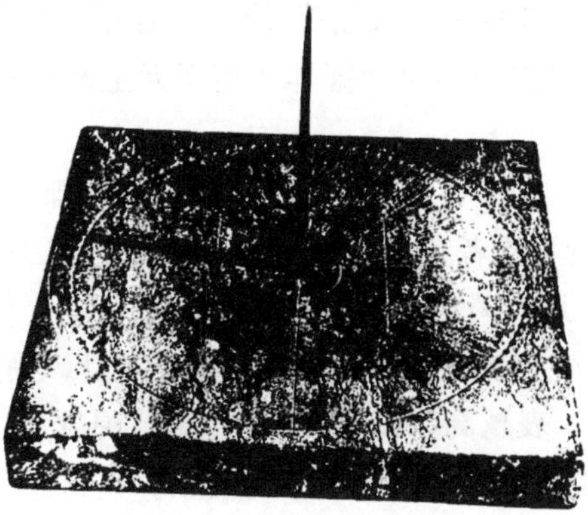

图 3-9 洛阳金村出土汉代日晷

然而，这些以日影测定方位和时刻的仪器都有一个重大缺点：由于日光散射和漫反射的影响，影子边缘并非一条清晰、笔直的线段，而是模糊不清。这就影响了测量的精度。

鉴于圭表的这种缺点，沈括于熙宁七年（1074）在他的《景表议》中首次提出对它的改进方法。他虽然不知道日光散射③，但他指出了表影模糊的原因，也即造成日光散射的原因。这是人类关于自然观察和物理认识的重大进步。沈括指出，由于“浊氛相杂”、“人间烟气尘坌变作不常”，因此，“景之短长未能得其极数”④。所谓“浊氛”、“烟气尘坌”，就是今天所谓的大气中各种灰尘粒子。所谓“极数”，就是精确的表影长度数值。由此，他提出的两项改进办法也颇具物理意义。其一，将圭表置于清洁的密室内。在室顶开一道缝，以便阳光射入室中。这实质上就是企图减少散射对测影精度的影响。这一改进为明清两代所采纳。其二，增加一个高 4 寸的副表，观测时将副表置于景表的阴影中，使两表的影端重合。沈括说：“凡景表，景薄不可辨，即以小表副之，则景墨而易度”⑤。

---

① 中国社会科学院考古研究所编著，中国古代天文文物图集，第 44、45、118 页；又见：南京博物院，东汉铜圭表。考古，1977 年第 6 期，第 407 页。

② 中国古代天文文物图集，第 42、117 页；也见：李鉴澄，晷仪——现存我国最古老的天文仪器之一。《科技史文集》第 1 辑，上海科学技术出版社，1978。

③ 关于散射的科学观察是从 19 世纪中叶开始的。1869 年，英国廷德耳（J. Tyndall）对此所作的出色工作而称之廷德耳效应。此后，瑞利（Lord Rayleigh）于 1871 年假设物质中存在着远小于波长的微粒而导出散射现象的规律，称为瑞利散射。

④ 《宋史》卷四十八《天文志》引沈括《景表议》，第四册，964 页。

⑤ 《宋史》卷四十八《天文志》引沈括《景表议》，第四册，946 页。

这就是，企图以副表增大表影的浓度，促使测量精度提高。

沈括的改进方法只能对测量精度小有提高，而不能完全消除表影边缘的模糊性，因为当时没有近代各种除尘器，以彻底消除室内尘灰粒子。增加副表在操作上也有不确定性①。因此，“朝廷用其说，令改造法物、历书”之后，经过一段实践，朝廷曾奖励沈括的另二项（即浑仪、浮漏）的创制，而对其“景表”的改造，是否得到奖励，史籍却没有记载②。在今天看来，宋朝廷的实用主义，而不顾及沈括在改进圭表中的理论成果，从而在沈括的三大创议（浑仪、浮漏、景表）中独此项未得奖励，犹有遗憾。直到 1869 年，英国物理学家廷德耳才实现无尘灰颗粒的洁净房间，以此发现了后来称为的廷德耳现象③。

出于和沈括相同的理由，元代郭守敬又一次对圭表作出改进。他认为，过去的圭表“所不便者景虚而淡，难得实影”④。因而创立“高表”。郭守敬将传统 8 尺的表高增加到 36 尺，又在表顶假二龙抬一直径为 3 寸的横梁。这样，测量时，传统的确定表影端的位置变为确定梁影中心的位置。但是，确定后者仍然受到梁影边缘虚影大小的影响，更何况，表越高，影越长，则虚影范围越大。因此，事实上，郭守敬仍然面临在其“高表”的“虚景之中考求真实”的困难。直到他发明“景符”，即以小孔成像原理为根据的另一种测量仪器时，才真正解决了“表高景虚、罔象非真”⑤ 的问题。关于“景符”的细节，我们将在下面叙述。

方以智或许知道沈括设“景表”的苦衷，也了解郭守敬创“高表”的疑惑，因此，他对沈括的“烟尘气坌”和郭守敬的“罔象非真”一类问题作出了颇有见地而且合乎科学的见解。他说：

> 晦夜昏黑，地虽遮日，空自有光。人卧暗室，忽然开目，目自有光。何讶虎枭猫鼠之夜视耶？气凝为形，发为光声，犹有未凝形之空气与之摩盪嘘吸。故形之用，止于其分，而光声之用常溢于其余。气无空隙，互相转应也⑥。

在方以智看来，因为“空自有光”，故“目自有光”，昏黑之夜，尚能见物。其更深刻的道理就在于，有形之物可以发出光与声，而无形的“气”或“空气”与光、声摩擦、振盪或吸引，使得声与光在“气”中“互相转应”，因此，光与声就可以漫溢到其余之处。这段论述，立即使人们联想光的散射、声的反射与折射。方以智又说道：“物为形碍，其影易尽。声与光，常溢于物之数。声不可见矣。光可见，测而测不准也⑦。”

这是说，物体的影子是有穷尽的。但由于前述的光与声常漫溢出物之范围，因此，声音看不见，光可见但测不准。换句话说，影也可见而测不准也。

---

① 副表可以增加圭表的阴影浓度，但如何操作副表才能使其影端与正表（即圭表）的影端重合，这个操作本身是不确定的，因此，测量数值也是不确定的。

② 《宋史》卷八十《律历志》（第六册，第 1905 页）载：“至是，浑仪、浮漏成，故赏之”。

③ 廷德耳在无尘灰颗粒的洁净室内发现，只有迎着光束进室的方向才能看见光亮，而在侧面看不见正在传播中的光束。于是，他作出灰尘或烟雾微粒引起日光散射的结论。

④ 《元史》卷四十八《天文志》，第四册，第 996 页。

⑤ 《元史》卷一百六十四《郭守敬传》，第十三册，3847 页。

⑥ 方以智《物理小识》卷一《天类·光论》。

⑦ 方以智《历类·光肥影瘦之论》。

由此，或许人们会猜想，前一段话是对沈括的《景表议》作出的一种更具物理意义的解释；后一段话便是对郭守敬“高表”能否在“虚景之中考求真实”作出的具体回答。即使并非由于前人工作的影响，方以智的以上论述也可以看作是沈括和郭守敬之后关于成影现象的一种新的理论探讨。就光学而论，他的类似于今日散射的观点即“互相转应”的观点[①]，以及光与物影是测不准的看法，是很有见地的思想。

二 《墨经》论影

《墨经》中的光学是先秦时期最重要的光学成就，它以八条文字连续地记载了光学问题，前后连贯、内容丰富，实为古代科学史上罕见的光学文献。

由于汉代以后，墨学衰微，加之《墨经》中文字脱、衍、窜、误甚多，不便阅读。因此，有关科学条文“辞古理奥，千载而下，索解无人”[②]。晚清起，考据实学之风蔚然，《墨经》中光学、形学、力学逐引起学者们的注意。如陈澧、邹伯奇等，虽仅一鳞半爪，而荜路蓝缕之功殊不可歿。至20世纪30年代，训诂或释注《墨经》光学者硕果累累。梁启超的《墨经校释》是近代首次将《墨经》独立而出的力作。1932年，栾调甫对这光学八条作出解释[③]；1933年，谭戒甫发表“墨经光学”文[④]，他以其治先秦诸子之功力对《墨经》八条光学文字的阐释，长达半个世纪几无阙疑，自信之笃、自持之坚，令人佩服[⑤]。然而，鉴于当时我国学情，明训诂者不知格物、而明格物者又欠训诂之修养，对于《墨经》自然科学的阐发，其中正误之情当可想像。1941年物理学家钱临照以其深厚的国学根底撰写了“释墨经中光学力学诸条”[⑥]，开创了训诂与格物并举的新局面，也奠定了研究《墨经》的科学基础。50年代起，《墨经》中物理学研究渐成风气。迄今，成绩斐然[⑦]。甚而国外学者也参与研究《墨经》光学[⑧]。

《墨经》八条光学文字中有四条论影。

《经下》：“景不徙[⑨]，说在改为。”

《经说下》：“景 光至，景亡；若在，尽古息。”

《墨经》光学中“景”字有三义：一训为光；二是物蔽光所成之阴影；三为光反射所

---

① 揭暄在注《物理小识》卷一《天类·光论》中，将此散射解说为“辗转互映而递减者也”。揭暄的解释也是值得我们注意的。

② 范耕研《墨辩疏证》，商务印书馆，1935。

③ 栾调甫《墨子研究论文集》，人民出版社，1957。

④ 谭戒甫，见《东方杂志》第30卷13号。

⑤ 直至1981年，谭戒甫出版《墨经分类译注》（中华书局，1981），其对《墨经》科学的研究几近半个世纪。鉴于《墨经》条文的文句、标点、字释，尤是其性质、内容和科学阐释尚存大量分歧，因此，《墨经分类译注》虽体现作者之自信，却免不了有草率之嫌。

⑥ 钱临照，见《李石曾先生六十岁纪念论文集》，1942年昆明版；又见，方励之主编《科学史论集》，1～36页，中国科学技术大学出版社，1987。

⑦ 对《墨经》的校勘并对其科学问题研究的重要参考文献见本书第二章。关于《墨经》光学的研究文章，还有：洪震寰，《墨经》光学八条厘说。《科学史集刊》第4期，1962；陈奇猷，《墨子》的科学——力学与光学。《中华文史论丛》，第4辑，1963。

⑧ 如，A. G. Graham and N. Sivin, A Systematic Approach to the Mozist Optics, Chinese Science, 1970。

⑨ “徙”，旧本作“從”、从王引之改。

成之像。本条“景”字均训为第二义。“改为”是墨家特指的一种物理概念。《墨经》作者从观察表影的过程中认识到，影是物体阻隔光源射来的光线而形成的，如有光线照于影处，则影消失。故而《墨经》说“光至，影亡”。若影存在，则必因光源与障碍物各自的位置始终没有变动，故曰“若在，尽古息”。如果光源不动，障碍物移动，看来影也随之移动，但实际上只是原影不断消失、新影不断生成的连续的物理过程。墨家称此为“改为”。它是不同于所谓物体位置的移动、物体运动等概念的。因此，《经》文说：“景不徙，说在改为”。

关于影的生成理论，先秦时期尚有一些学派与墨家持相同看法。《庄子·天下篇》载惠施之言曰：“飞鸟之影未尝动也”。《列子·仲尼》引公孙龙之言曰：“有影不移”；又引公子牟曰：“影不移者，说在改也”。看来，物体移动或运动，而其影“改为”的概念，在先秦时期已被许多学者所认同。

《经下》：“景二，说在重。”

《经说下》：“景　二光夹一光；一光者，景也。”

墨学研究者几乎都认为，本条文字是讨论本影与半影的生成问题。但在文句的标点与解释上各有见解。

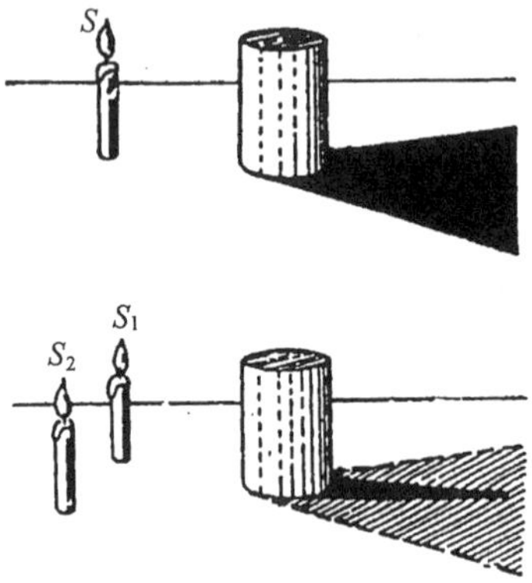

图 3-10　重影

当两个光源（它们不应与物体同在一直线上）同时照耀一个物体时，必生成两个影，如图 3-10，这两个影重叠在一起，且一浓一淡。现在分别称它们为本影与半影。洪震寰认为，《经》和《说》的文字包含了两层意思：在两个光源照射下，物体的影子重复出现或重叠出现。因此，“说在重”的“重”字也有这二层含义。《说》文中“夹”字就是具体指出影子重叠出现的情况。

对于《说》的标点与解释，洪震寰如前所引。他认为，“二”与“一”对举，应指全部与局部而言。全亮区是全部光照，本影区是全部光线全照不到，半影区是部分光线照到。三者相衬则区分清楚，“二光夹一光”意义才明瞭。只有部分光线照到的区域，也就是影，故曰“一光者，景也”。

徐克明的标点与解说如下：

《经说下》：“景　二光，夹；一光，一。光者（堵），景也。”

在校字方面，徐克明认为“者”借为“堵”，“堵”，遮挡之意。这样标点时，对《说》文的解释是，两个光源照射一个物体，就有两个半影夹持一个本影（图 3-10）；一个光源照射一个物体，则只有一个本影；最后一句是普适定义；光被物遮挡，则形成影。

早年，钱临照对《说》文的标点和解释如下：

《经说下》：“景二，光夹。一，光一。光者，景也。”

影何如有二，光夹故也。夹者兼也。因光源之有重故。影一，光则唯一。末句“光者景也”，此“景”字训为前述三义之第三义[①]。

---

① 钱临照，见方励之主编《科学史论集》，第 8 页。

钱、洪、徐三家，各申其义，各圆其说。孰是孰非，待后人评论。然有一点大差异，钱将“二”、“一”之数定为影之多寡；洪、徐将这些数字定为光源之单双。墨家本意究竟是指影还是指光源？在钱的标点中，缺少标谍字；若以“景二”为标谍字，则它通常并不能与正文通解直下①。

虽然对《墨经》标点、解释有些歧义，但在这两条文字中，影子生成的道理，光源、物体与影三者之关系的论述，是为大家所认同的。

继而《墨经》讨论了反射光成影现象：

《经下》：“景迎日，说在抟。”

《经说下》：“景　日之光反烛人，则景在日与人之间。”

“抟”或作“转”。当光源直射人体时，光源与人影分别在人的左右两侧。倘若光线经过平面镜反射之后，再投射于人，则所成人影的位置与光源同在一侧（图 3-11），即“景在日与人之间”，也即“景迎日”。造成人影“迎日”的原因，是由于“日之光反烛人”的结果，日光的射线方向被平面镜反转了，故曰“说在转”。

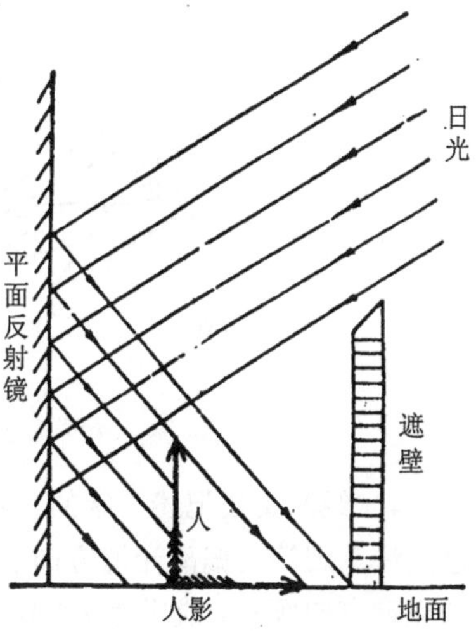

图 3-11　反射光成影

这条文字说明墨家曾作过光线反射的演示实验。“反烛”，以今日言之，也就是反射。可惜，墨翟为首的墨家在此对反射定律竟无任何反映。

关于影的最后一条，墨家纵论影的粗细长短变化规律。

《经下》：“景之小大，说在柂② 正远近。”

《经说下》：“景　木柂，景短大；木正，景长小。火③ 小于木，则景大于木；非独小也，远近。”

二百多年前，毕阮在《墨子注》中说此条文字是“以表言”，即讨论圭表。邹伯奇在《学计一得》中指此条为“测影之理”。现在的研究者大都无异议，只是对个别文字的诠释小有出入。

这条文字是记述表竿之影的粗细长短变化规律，但光源不是太阳，而是“炬火”、“庭燎”一类的火把。《墨经》中前述三条，将光源写为“光”，意指日光或其光线；本条写为“火”。《墨经》中文字表述了它们之间的光源不同。再则，若以太阳为光源，相对于“木”就没有光源形体大小的问题，也无远近问题之存在。

洪震寰以图 3-12 对本条文字诠释如下。他首先指出，本条所谓“大”、“小”是影的横向宽度；所谓“长”、“短”是影的纵向长度。在图 3-12 (a) 中，当竿正立如 $ABCD$ 时，在“火”(S) 光照下成影 $ABGH$；竿倾斜成 $ABEF$ 时，成影为 $ABMN$。两相比较，影

① 钱、洪、徐三家另有些分歧看法是：洪以为徐标点太散，使文势不畅；而钱早年曾指出类似洪读“二光夹一光”句，“其义转滋晦涩”。

② “柂”，原作“地”。从孙诒让《墨子闲诂》校。《说》“木柂”，也可为证。柂，训为斜。

③ “火”，原作“大”。从曹耀湘《墨子笺》校。

ABGH 大于 *ABMN*。如果"火"（*S*）距竿近，如图 3-12（b），成影为 *ABEF*；而"火"（*S'*）距竿较远时，成影为 *ABGH*。相比之下，影 *ABEF* 为大，*ABGH* 为小。这就是《经》云"景之小大，说在杝正远近"之意。

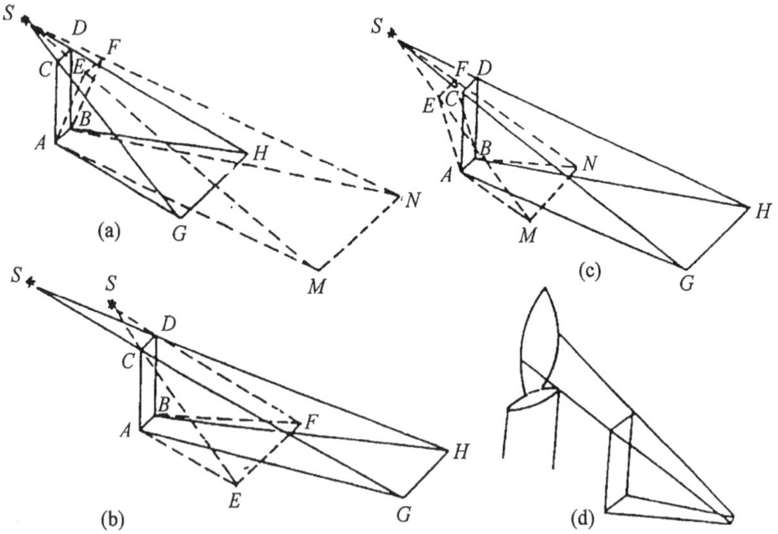

图 3-12　竿影之一

显然，《经》文仅记述了竿的斜正及其与光源距离的远近所成影的大小情形。而且，看来也只注意到竿向偏离光源方向的倾斜。《说》补充了《经》之未备。如图 3-12（c），当竿向光源方向倾斜，成影为 *ABMN*；竿正立时成影为 *ABGH*。前者短而大，后者长而小。也即是《说》所言，"木杝，景短大；木正，景长小"。《说》还进一步指出，当光源形体小于木竿时，竿影必大于木竿，故曰"火小于木，则影大于木"。反之，则影小于木竿（图 3-12（d））。这是不言自明的。《说》也就不必具体记述了。但是，除上述诸因素外，影之大小还与竿与光源的远近有关，所以又说"非独小也，远近"。可见，《经说》注意到成影的各种因素：影的大小与长短，光源形体与物的相对大小，光源与物的远近距离，物本身的倾斜及倾斜方向。《经》与《说》论影互为补充，趋于完备。

尚需指出，竿的倾斜角度不宜太大，否则成影关系将与《经说》所述不符。有人怀疑上述解释是否成立，正是基于此理①。本条文字是圭表投影的模拟实验，在实用表时，表总是垂直于地面；偶有倾斜，倾角也不大。不了解这一特定情形，必然导致上述解释或《墨经》记述有误之可能②。

洪震寰基本上阐述了《经》与《说》的文字。但是，在本条《说》中的后一句"火小于木，则景大于木"，其"大"、"小"的含义并非完全指"横向宽度"。钱临照的解释是，《经》文"景之小大"言影之短长，《说》文"短大"与"长小"的"大""小"言影色之深浅，本影色深、半影色浅之别。在光源方面，钱临照认为：《经》用平行光源，如日光；《说》用了扩散光束（如普通灯火）与收敛光束（利用凹或凸透镜）。因为只有收

---

① A. C. Graham and N. Sivin，Chinese Science，1970.

② 洪震寰，科学史集刊，第 4 期（1962），第 17～22 页。

敛光束才能作“光大于木”的实验。钱认为，因当时无透镜，故“光大于木”与“光小于目”的实验结果不易辨识，《墨经》的文字记录也采用简单方便的写法而已。

在具体解释本条文字的物理内容时，钱临照指出，如图 3-13，S 为日光，AP 为竿，AB 为竿影。因为

$$AB=\frac{AP}{\sin\theta}\sin(\theta-\alpha)$$

其中 θ 为平行光束与地平面夹角，α 为木竿与地面夹角。当 $\theta-\alpha=\frac{\pi}{2}$ 时，即竿 AP 在 AQ 位置，则 AQ 与 AS 正交，“木正”如此，此时影 ABm 最长。竿在其余位置，均为与 AS 斜交或平行（AP 与 AS 重叠），其影长都小于 ABm。钱还进而解释影的浓淡与竿正斜之关系①。

另一些解释如图 3-14，这可以说明竿正斜与其影长短之关系②。然而，有些人的解释明显是错误的③。

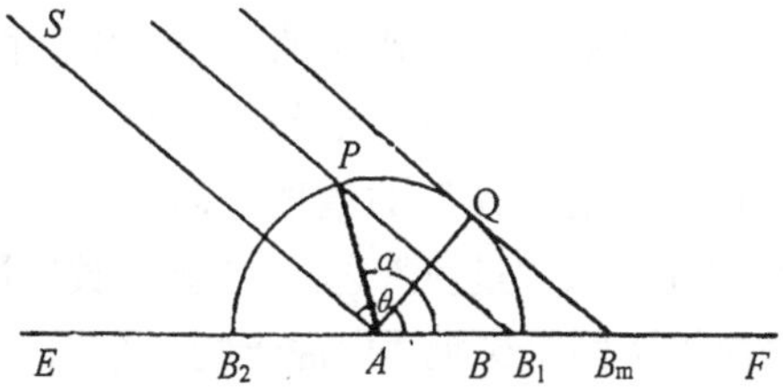

图 3-13 竿影之二

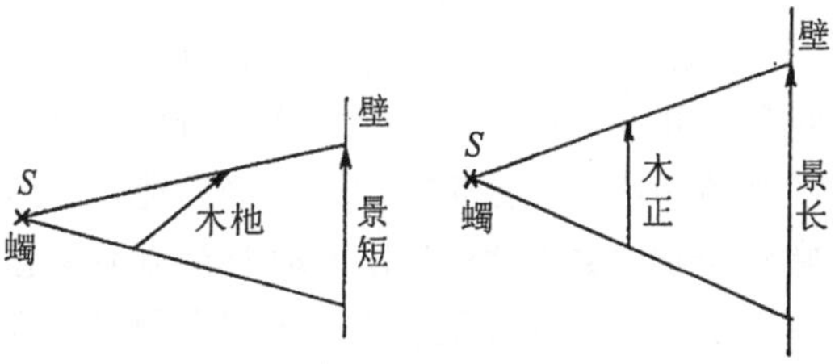

图 3-14 竿影之三

上述四条文字，首论影的生成，次论本影、半影以及光与影的关系，继而论反射光所成之影，最后讨论决定影大小的各种因素。可以说，几何光学中影论的内容基本上都涉及了。稍有憾者，乃《墨经》文字过于简奥，在其实验记录或圭表测影仪器之实用中，未曾留下丝毫的定量记载，如竿倾斜角度，反射光与入射光之角度关系。

三 方以智的“光肥影瘦”说

由于光传播过程中的反射与漫反射，成影现象中的本影总是要小于以几何光学作图法得到的影子。或许因此，方以智在其著《物理小识》中提出了“光肥影瘦”说，其意思是，在成影现象中，光亮区偏大，深黑的阴影区偏小。并且写下了题为“光肥影瘦之论可以破日大于地百六十余倍之疑”④一节颇长文字。方以智的儿子中通、中履和他的学生揭暄又分别写了注文。方以智的“光肥影瘦”论的起因是，自利玛窦来中国后，入华耶稣会士们介绍了西方当时的一些天文测量数据，其中有：太阳直径大于地球直径 165 倍还多，日地距离为 1600 多万里，而地球圆周长为 90000 里。若依此计算，则太阳直径将近有日地距离的三分之一。这显然是错误的。方以智在《物理小识》中对此产生疑问，并

① 钱临照，见方励之主编《科学史论集》，第 11～15 页。
② 方孝博，墨经中的数学和物理学，第 85 页。
③ 谭戒甫，《墨经分类译注》，第 70～74 页，也见其《墨辩发微》，谭将此条译为光度与照度。
④ 方以智《物理小识》卷一《历类》。

指出这种错误。他说：由此见“西法测日轮乃倍于离地之空处，则地上焦灼何堪哉?”他还以为西方测太阳直径偏大的结果是由于望远镜放大作用所致。因此，方以智提出一种设想，人眼或望远镜所见的太阳发光面比实际的太阳大，这就是所谓的“光肥影瘦之论”。方以智在提出这一论说过程中，包容了成影知识等诸多光学思想，从而引起研究者的注意。

方以智在辩驳西学测日径数之后写道：

> 皆因西学不一家，各以术取捷算。于理尚膜，讵可据乎？细考则以圭角长直线夹地于中、而取日影之尽处，故日大如此耳。不知日光常肥、地影自瘦，不可以圭角直线取也。何也？物为形碍，其影易尽。声与光常溢于物之数：声不可见矣；光可见，测而测不准也。屋漏小隙，日影如盘。尝以纸征之，刺一小孔，使日穿照一石，适如其分也。手渐移而高，光渐大于石矣。刺四五穴，就地照之，四五各为光影也。手渐移而高，光合为一，而四五穴之影不可复得矣。光常肥而影瘦也。

这段文字包含了三个内容：其一，不能以几何作图法获得物体影子的大小，实际的物影比几何作图法的影小。由此推知日地关系中，地的影子偏小（“地影自瘦”），太阳的光照区或光亮区偏大（“日光常肥”）。其二，说明“光肥影瘦”的道理，即“声与光常溢于物之数”。“溢”作为动词有两种意思：“满而外流”或“过渡”之意。“物之数”是指物所占的空间界限。关闭于房中的说话声，邻居尚可听闻。这是“声溢于物之数”；在方以智看来，光也会溢流到物体影子所在的空间，因而造成“光肥影瘦”。今天我们知道，方以智的所谓“溢”流，对于声而言，是由于声衍射的结果；对于光而言，是由于光的反射和漫反射产生的。方以智还认为，光可以看见，但听不见，“测不准”。这一方面是基于中国历代以圭影测定时间的经验，一方面也是针对西学中以望远镜测日地之数而言的。三、进一步提出一个“测不准”实验，即小孔成像实验，以证其“光肥影瘦”之说。这个实验颇有意义。

我们下一章将要述及，小孔成像实验在中国有着悠久的历史，一代一代的学者在重复“塔影倒垂”的小孔成像实验。方以智的试验叙述中，“屋漏小隙，日影如盘”，就属于小孔成像之一。方以智的高明之处在于他以小孔所作的光学实验是衍射实验，即其观察衍射图像的屏与小孔之距为有限远。他在窗户纸上“刺一小孔”，以阳光作光源，以手举白纸作为像屏，在小孔与像屏相距某处得到一个大小如同石块那样的光斑；然后，像屏往高举，即往小孔方向举起，同时观察光斑大小的变化。接着，在窗户纸上“刺四五穴”，即造成相邻的四、五个小孔，同前一实验一样观察像屏由纸往高移动时屏上光斑的大小变化。方以智的观察结果是，对于一个小孔而言，“手渐移而高，光（在像屏上由小孔产生的光源之像）渐大于石”；对于四五个小孔而言，“手渐移而高，光合为一，而四、五穴之影不可复得”。我们知道，在小孔成像实验中，当小孔与像屏距离远时，像屏上的光斑（或像）与物相同；当孔与像屏距离甚近，近到某一距离时就出现了小孔衍射现象。这时，单个小孔的衍射光斑要大于小孔；多个小孔的衍射结果，使在这一距离上的各个小孔的像消失，而形成一个远大于几个小孔面积之和的衍射光斑。方以智在这个实验描述中，仅仅缺少了这样一个过程：“手渐移而高”，先见光斑逐渐小于起始点“石”的大小（图 3-15)。然后，在小孔与屏距离达到出现衍射时，也即手高到与小孔某一距离时，出现了“光（即衍射光斑）大于石”的现象。而对于四五个小孔而言，方以智的描述可以看作是完全正确的：手举屏越高，越接近小孔并达到某一距离时，原本是四五个小孔各自独立的光斑“合为一，而四、五穴之影不可复得”。因为此时，发生了多孔衍射现象。人们看到的是由明暗相间的光环组成的一个大衍射光斑。可惜的是，方以智虽然看到这光斑的大小甚至大于石块的面积，却没有仔细观察并记下那明暗相间的光环，或许，他真的是用手掌作为光屏以致未曾看清的缘故。

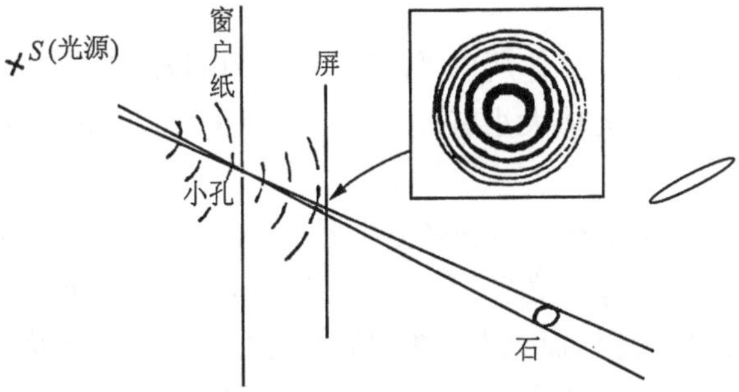

图 3-15 方以智的小孔衍射实验

纵使有些不足，但是方以智在小孔实验中确实观察到衍射光斑。否则，就不会有光影大于石的结论。他的实验是最早的小孔衍射实验。记载这个实验的《物理小识》初稿成于明崇祯辛未年（崇祯四年，即 1631 年）。在近代光学初期，发现这同一现象的是波洛尼亚（Bologna）耶稣大学的数学教授格里马耳迪（Francesco Maria Grimaldi，1618～1663），他在其 1666 年的著作《光的物理数学》中描述了这个现象[①]。

我们再回头看看方以智这段论述中的前二个意思。他所谓的“日光常肥、地影自瘦”的物理依据是什么？“声与光常溢于物之数”是一幅什么样的物理图景？方以智说：

气凝为形，发为光声，犹有未凝形之空气与之摩荡嘘吸，故形之用，止于其分，而光声之用，常溢于其余。气无空隙，互相转应也[②]。

在这里，方以智又一次涉及光与声的作用常常漫流或过渡到它所占的空间以外的思想。它与有形物体是不同的，有形物体的功用只在其本身，即“止于其分”。造成这种现象的原因，在方以智看来，是因为，光与声是由于物质性的无形的“气”在凝聚成有形物质的过程中产生的。在这一过程中，空气与光发生“摩荡嘘吸”的彼此运动、相互作用。“摩荡”可看作是摩擦、振动一类机械的或非机械的运动，“嘘吸”可看作是吸引、排斥一类的力作用。正是这“摩荡嘘吸”，加之“气无空隙”而可以连续的而非超距的传播这种作用，因此，光与声在其间“互相转应”，造成光声“常溢于其余”或“常溢于物之数”。也正是光与声的这种“溢”出，才产生了“光肥影瘦”、或“日光常肥、地影自瘦”的结论。

方中通在《光肥影瘦》条注文道：

所谓取影者，以地影碍日而蚀月，而火、木、土星并二十八宿不蚀者，必地影之穷也。假日轮小于地，则地影且无尽矣。故从月、天，以两直线夹地取

① ［美］卡约里著，戴念祖译，范岱年校，物理学史，内蒙古人民出版社，1981，第 95 页。
② 方以智《物理小识》卷一《天类·光论》。

日轮耳。今日之光尝用其余，光包地而交冲于月，则日之大定以半度为准，明矣。光肥影瘦之说，通尝测之，高四百倍于其物之径而影绝焉。

这是方中通补充论述以望远镜测不准日之直径，并涉及到影子长度与物体直径的可能数量关系。方中履又在注语中写道：

阳能令星月生光照物，亦能令虚空之气生光照物。地影之易穷，皆由于虚空之气有余映，非日体之大也。……但光大于物，则影瘦；光小于物，则影仍肥耳。

方中履以传统知识解释日体所以“大”、地影所以瘦的看法。并从几何成影方法中指出，影子的肥瘦仍然与发光体大小有关。方中履似乎以较严谨的论述而解释西方成影知识的错误。

揭暄的注文，在理论依据上似乎受方中履的“余映”说之启发，作了进一步阐述。他认为，光分为三种：“本体之光”、“对照之光”和“互映之光”。诸如太阳，太阳光即“本体之光”；“日影所射近体而热者”为“对照之光”；“日影不及，如屋宇之下、密云之内，朝霞暮霭，展转相映者”是“互映之光”。这里，“日影”之“影”是指光。他还指出，“日之为光者，火也。火气恒散”，“满空之气，层层相射”。从这些理论中，他得到结论：“光肥影瘦。固然光小于物、光亦肥，仍不可以直线取也。”这显然是对方中履注解的进一步阐发和补充。他们二人中的所谓“余映”、“互映”或“展转相映”，以及“火气恒散”、“层层相射”之说，与今日光学中的反射、散射、漫散射或加上折射的意义极为相近。然而，在揭暄的注释中还说出了一段惊人骇俗之语：

日之为光者，火也。火气恒散。天圆体，散之不得，则必循天而转，以合于对极，中亦抱地转，以合于前冲，若水流包砥而后合也。余尝于日没时观其影射气中，自西徂东抱地若环桥。始知其影非直行，能随物曲附，不可以直线取也。

在这段论述中的“影”字是指光。在揭暄看来，光线会随闭合的圆形天穹旋转，也会如同绕过石块的水流一样抱着地而转，无论这个“地”是球形还是方形的。揭暄从日常中观察到日落余辉映红西山顶之状而渐论阳光“自西徂东抱地若环桥”。从他的理论和经验事实出发，为了他老师的关于成影知识中“不可以圭角直线取”一说，他作出近似光行曲线的理论：这就是“其影非直行，能随物曲附”。揭暄的丰富想象和大胆推理，不仅超出了其时人们的常规，也大大地超出了科学发现的时间进程。当他作出阳光“抱地而转”的幻想时，他亦不顾自己是否每天有几乎一半的时间生活于黑夜之中。他的忠守师训和科学想象的精神，令人钦佩！

李志超和关增建先发现方以智的“光肥影瘦”说的科学价值，指出其中的衍射和“光线可以循曲线传播”的思想[①]。他们的学术眼光极为敏锐。然而，他们的立足点在于阐明方以智提出“气光波动说和波信息弥散原理”；以为前述的“摩荡嘘吸”、“气无空隙、互相转应”等方以智的文字乃“气光波动说”之精髓所在；并以为方以智等人从此出发，“领悟到了波的独立传播现象”等。这些看法都颇有启发性，也似有商讨之处。

---

① 李志超，天人古义，河南教育出版社，1995，第342～348页；关增建，中国古代物理思想探索，湖南教育出版社，1991，第168～176页。

为了历史素材的完整性，本节所述已超出“影论”的范畴。以下我们再回到古代人关于成影知识的应用等方面的历史事件中。

四 影 戏

根据成影原理而发明的影戏是中国古代独具风采的戏曲艺术。透过此也反映了古代中国人充分掌握了光学上成影的知识。

早在战国时期，《韩非子·外储说左上》曾记述类似今日幻灯的情景：

> 客有为周君画荚者，三年而成。君观之，与髹荚同状。周君大怒。画荚者曰：“筑十版之墙，凿八尺[①]之牖，而以日始出时加之其上而观”。周君为之，望见其状尽成龙蛇禽兽车马，万物之状毕具。周君大悦。此（画）荚之功非不微难也，然其用与素髹荚同。

榆荚、豆荚多有一透明丝网内膜，易于透光，故可在其上作画。初，周君见该荚膜与漆荚类似，所画不辨黑白，故而大怒。后经画客指点，方知清晨置此荚于板窗孔洞上，在窗户对面的屋内白墙上龙蛇车马历历可见。在这个光学演示中，有光源——早晨太阳光，可视其为平行光束，且屋内尚黑，屋内外尚有一定光度差；有底片——画荚，有屏幕——墙壁。这不是一种科学幻想，而是早期的光学实验。其中的“荚”正类似今日之幻灯片。

表演画荚这类幻灯片，虽可看作影戏，但不是活动的影戏。因其影并不能活动。有活动感的影戏可能起源于汉代初期。汉武帝因思念其已故李夫人，方士齐少翁为其设法表演李夫人活动容貌。史载：

> 上思念李夫人不已，方士齐少翁言能致其神。乃夜张灯烛，设帷帐，陈酒肉[②]，而令上居他帐，遥望见好女如李夫人之貌，还幄坐而步。又不得就视。上愈益相思悲感，为作诗曰：“是邪，非邪！立而望之，偏何姗姗其来迟！”令乐府诸音家弦歌之。上又自为作赋，以伤悼夫人[③]。

在这段记载中，有光源即“张灯烛”，有屏即“设帷帐”，唯造成影像的物体未有明载，大概是方士保密的缘故。观者汉武帝是坐在屏对面遥望，他看到“李夫人”“幄坐而步”，又令乐府为其外配音乐。真可谓有声有色的影戏。

影戏中李夫人形象是如何作成的呢？晋王嘉曾考证说：以轻质色青之石，“刻之为人像，神悟不异真人”。武帝得此石，“即命工人依先图刻作夫人形。刻成，置轻纱幙里，宛若生时”。自然，这石像只能由雕塑家抓住李夫人容貌特征，刻出一个大概轮廓，因而只“宜远望，不可逼（近）也”[④]。由此看来，方士齐少翁可以看作是活动影戏的创始人。他

① “八尺”似为“八寸”或“八分”之误。

② “陈酒肉”当是供奉已故李夫人所用。齐少翁在遵循传统悼亡人习俗之中亦故弄玄虚也。

③ 《汉书》卷九十七《外戚传》，第十二册，第3952页。《史记》卷二十八《封禅书》（第四册，1387页）有简略的类似记载，但卒者为“王夫人”，而非“李夫人”。为此，成书于庆元元年（1195）至嘉泰二年（1202）间的王楙《野客丛书》卷十一《少翁致神》对历代各种说法作了辩证，但亦无结果。

④ 王嘉《拾遗记》卷五《前汉书》，第116～117页。

理应得到汉武帝嘉奖[①]。

隋代，产生了一种称为“幻术”的影戏，即在镜面上图画，将其反射光于墙上，因此“见壁上尽为兽形”，迅速换一镜又“转人形”[②]。宋代，称此为“移景之法”：“乃隐像于镜，设灯于旁，灯镜交辉，传影于纸。此术近多施之[③]。”

唐宋年间，影戏大发展。成影的人或物，起先不过是剪纸，其后“以素纸雕簇”而成，继而又发展为以羊皮雕刻形体，以彩色装饰，又发展为缝制皮革，使其四肢、头颈皆可活动[④]，屏幕上因而出现了栩栩如生的影子。后者，成为中国传统的、经久不衰的皮影戏。宋仁宗时（1023～1063），以此表演三国故事，边演边唱，青年男女极为喜爱[⑤]。每当演至斩关羽时，还有人为之哭泣[⑥]，而“儿童喧呼，终夕不绝。此类不可遽数也[⑦]。”周密《武林旧事》在追述南宋京城临安（今杭州）往事时，记载了“诸色伎艺人”中有专门从事影戏业的人或组织。其中著名的有22家。除男子之外，还有“女流王润卿”等也从业影戏[⑧]。

明清时代，皮影戏在民间广为普及和发展。彩图3-16为清乾隆五年（1740）由金昆、陈枚等绘《庆丰图》，图中描绘了皮影戏演出情景。表演时，“以纸糊大方窗为戏台，剧中人以皮片剪成，染以各色，以人举之舞[⑨]。”

诞生于中国的影戏，传遍东南亚各国，而且早在元代传到波斯、埃及和土耳其。曾于1767年来华传教的法国神父居阿罗德（Father Du Holde）在回国后在巴黎和马赛公开表演影戏。1776年又传到英国。影戏成为世界性的科学文化和艺术财富。据悉，德国文豪歌德酷爱影戏，他曾两次主持以德国民间故事为内容的影戏演出，为使影戏风靡欧洲而鼓动宣传[⑩]。

第三节　像　　论

我们进入到中国古代光学的精华领域。各种镜子的发明创造，以及关于这些镜的成像现象的记载，是中国传统光学的重要成就。经验与实验观察使古代人作出了这些发现。

---

① 《史记》卷二十八《封禅书》载：“于是乃拜少翁为文成将军，赏赐甚多，以客礼之。”据载，在唐代，有一隐士陈休復曾为尚书李当召其爱女之亡魂，陈休復的方法与齐少翁同。李当夫人看影戏后也失声痛哭。此后，被人视为妖诞的陈休復受到人们的尊敬。参见宋代孙光宪《北梦琐言》卷八《李当尚书亡女魂》。

② 唐无名氏撰《广古今五行纪》述隋大业九年（613）事。

③ 储泳《祛疑说·移景法》。

④ 吴自牧《梦粱录》卷二十《百戏伎艺》，第194页；又见孟元老撰、邓之诚注《东京梦华录注》卷五《京瓦伎艺》，第132，139页；耐得翁《都城纪胜·瓦舍众伎》。

⑤ 高承《事物纪原》卷九《博弈嬉戏部·影戏》，第495页。

⑥ 张耒《明道杂志》。

⑦ 周密《武林旧事》卷二《元夕》，第31页。

⑧ 周密《武林旧事》卷六《诸色伎艺人》，第107页。顺此指出，李约瑟在其著作中所掌握的影戏史料极少，因此，他以为影戏还可能起源于宋代走马灯。此事值得商榷。见 Joseph Needham, Science and Civilisation in China. Vol. 4, part 1. p. 123.

⑨ 崇彝撰《道咸以来朝野杂记》，转引自刘东升等编《中国音乐史图鉴》，人民音乐出版社，1988年，第167页。

⑩ 周贻白《中国戏曲史》，上海中华书局，1953；也见王锦光、洪震寰，《中国光学史》，第139页；殷志强，情景交融的皮影艺术，《文物天地》，1989年第1期，第45页。

稍有憾者，在诸多文字记载中乃缺少定量的理性分析。能体现定量规律的理性科学尚待近代科学从欧洲引入中国之后才得以产生，这已是19世纪下半叶的事了。

一 小孔成像

历代许多学者注意并观察到小孔成像的现象，如“塔影倒”；通过小孔观察交食。特别是以墨翟为首的墨家、沈括、赵友钦和郑复光等人都作过小孔成像实验。这使他们不仅掌握了有关知识，而且懂得了光的直线行进的性质。

1.《墨经》小孔成像实验

《经下》：景到，在午有端与景长，说在端。

《经说下》：景 光之人煦若射。下者之人也高，高者之人也下。足蔽下光，故成景于上；首蔽上光，故成景于下。在远近有端与于光，故景库内也。

清末以来，多数研究者以为，这条文字描述的是针孔暗匣实验。但某些句子的标点，字、词的释义各不相同。

《经》文“到”字即“倒”。“午”原意为“一纵一横”，形容交错着的光线。“端”即点：方孝博认为是暗匣小孔；钱临照认为是光线经小孔后所成之光束；或有人认为是以小孔为顶点的光锥。《说》文中三个“之”字，均作“至”解。三个“人”字，多数学者认为无误；有人以为应改为“入”，形近而误。“煦”即照。“景库内”的“库”字，为“倒”之意。《墨经·经上》：“库，易也”；《墨经·经下》述及凹面镜成像“一小而易”的“易”就训为“倒”。以《经》解《经》，训“库”为“倒”。

《经》文大意是，在小孔暗匣里所成的像是倒像。光线相交午而过小孔；小孔与匣内屏的距离，小孔与物（或人）的距离是与像的大小变化相关的，而且孔愈小，像愈晰，如图3-17。故云“景到，在午有端与景长，说在端。”

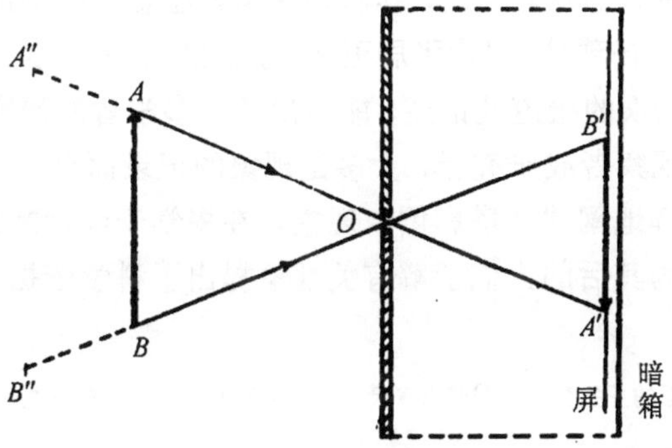

图3-17 小孔成像

《说》文作了进一步解释和补充。光线照人就像射箭一样笔直飞快，所谓“光之人煦若射”。光发自下B者，经孔O而向高处，成OB'；发自上A者之光，经孔O而向低处，成OA'。故云“下者之人也高，高者之人也下。”人或物AB在匣内成倒像，即B'A'，故云“景库内”。

徐克明标点《经》文为“景到，在午有端与，景长（读Zang），说在端”。他认为，“与”是“给出”之意，在光线相交处有个交点给出；“景长”是说像的长短变化。对

《说》文最后一句标点为“在远近，有端与于光，故景库内也”，其解释与《经》类同。《说》文中的三个“之”字是“出”之意，“光之人”，乃光从人身上射出，也就是来自图3-17中AB右边的光，射到人身上，人身的反射光进入暗匣。所以屏上出现的是明亮的像。

李志超认为，此条《墨经》的“景”是“影”。当光从AB的背后A″B″射入暗匣，暗匣内B′A′是AB的影①。

实际上，成像、成影皆可通。方孝博、洪震寰都持此说。《说》文“足蔽下光，故成景于上；首蔽上光，故成景于下”，对成影说似乎更为顺理。

需要指出，本条《墨经》文字不仅描述了小孔成像的情形，而且指出了光线的直线行进性质。将光线行进喻为“若射”箭，而战国时期“飞矢之疾”在人们心目中是极快的速度。因此，钱临照以为，这其中还包含光速的概念。

2. 释“塔影倒垂”

自从《墨经》讨论小孔成像之后，有关现象为许多学者所知。萧梁朝沈约在其《咏月诗》中曾描写月影透过窗上小隙而入的情形。他写道：

“月华临静夜，夜静灭氛埃。方晖竟户入，圆影隙中来②。”

他的诗表明，透过门户或窗户进入屋内的是月光“方晖”。“方晖”意为光亮形状与门窗同。而透过小孔进入屋内的是“圆影”。它正是月球本身的像。可惜，沈约未曾在其诗中继续说明此点。但他将大孔洞与小隙的成像状况却用诗句表达了。

然而，唐代段成式的一段记载却引出了后人的许多争论。他写道：

“谘议朱景玄见鲍容说，陈司徒在扬州时，东市塔影忽倒。老人言，海影翻则如此③。”

“塔影倒”正是前述小孔成影的结果。段成式是个文儒，并无多少自然知识。他便以听闻的“老人言”而释之。所谓“老人言”，大概是缺乏自然知识的民间传说。人们不知“海影翻”为何意，其后，转抄这段文字者往往将它写为“海翻”或“海眼翻”了。这个记述显然有悖常理、令人惊讶，因此，其后许多学者注意观察塔影现象。诸如宋代沈括、陆游④，元代陶宗仪⑤、杨瑀⑥，明代张居正⑦、方以智⑧，清代虞兆隆⑨、郑复光⑩等，对此都有所论述。一则错误的报道性记述，能引出这么多学者的研究，不能不功归段成式。

然而，这诸多的观察者或研究者，大多是现象的记录而已，或申述“未明其理”。沈括继《墨经》之后精辟地阐述“塔影倒”现象，在墨学于汉代断绝之后又一次奠定了成像的光学知识基础，为其后的人们了解有关现象提出了科学依据。

---

① 李志超，库——图形的虚实变换，载其著《天人古义》第169页。该文将“库”训为“窟”，随意性太大。不可取。

② 欧阳询《艺文类聚》卷一《天部·月》引，第8页。

③ 段成式《酉阳杂俎前集》卷四《物革》，第51页。

④ 陆游《老学庵笔记》卷八，第105页。

⑤ 陶宗仪《辍耕录》卷十五《塔影入屋》。

⑥ 杨瑀《山居新话》卷三。

⑦ 《张文忠公全集·文集第十一》。

⑧ 方以智《物理小识》卷八《器用类》。

⑨ 虞兆隆《天香楼偶得》；刘岳云《格物中法》卷三《火部》引。

⑩ 郑复光《镜镜诊痴》卷一《原线》第八、十条。

沈括在其著《梦溪笔谈》中写道：

若鸢飞空中，其影随鸢而移，或中间为窗隙所束，则影遂与鸢相违，鸢东则影西，鸢西则影东。又如窗隙中楼塔之影，中间为窗所束，亦皆倒垂，与阳燧一也。

《酉阳杂俎》谓海翻则塔影倒。此妄说也。影入窗隙则倒，乃其常理①。

沈括在此将静物通过小孔成像与运动物体通过小孔成像联系在一起，又将小孔成像与阳燧照物归属同一类。他认为，光线直进以及过小孔或阳燧焦点的光线“本末相格”，因而造成倒像。他的解释得到杨瑀、张居正、郑复光等人的称赞或认可。

值得指出的是，许多古代学者在观察到小孔成像事例后，往往还能动手实验以验证之。杨瑀在《山居新话》里指出，他遊平江虎丘寺见塔影倒，遂与“阁僧以纸屏照之，则一寺殿宇廊庑悉备，见于屏上，其影皆倒”②。明末清初虞兆隆详细记述了遊真如寺所见塔影。他将当时光照方向、小孔、屏墙位置作了清楚记述，然后写道：

余自见塔影后，归家坐定，思有以模肖之。夜取灯火置长桌上。灯南二三尺许桌上植一小儿所弄小木塔，长可六七寸；塔南二尺许桌上树一小板屏，屏北不及尺许桌上横一大木板，尽障南首灯光。板中微开一窦，长二三寸，正与塔影相激射。然后从旁视之，则灯南桌上灯光已从窦中吸入，照于板屏上，而木塔之影亦宛然倒于屏上矣③。

虽然虞兆隆在解释塔影倒立的光学理论上并不怎么高明，然而，古代光学成就与此实验精神不无关系。

至此，我们必需涉及郑复光关于小孔成像的见解。当他在1835年完成《镜镜诊痴》初稿时，只有汤若望的《远镜说》一书介绍点滴的几何光学知识。然而，其中的光路图全是错的。郑复光在这包含错误的点滴知识的启发下，仿效《几何原本》的一些概念，并总结前人诸如沈括的光学知识，从而清楚地解释了小孔成像的光学问题。

郑复光从几何学上定义平行线、广行线得到启发，定义了光学上的“侈行线”（两线交角自狭而阔）、“约行线”（两线交角自阔而狭）、“交角线”（约行线交合为一角）。当约行线经过小孔时，“必交旁，交而过，则此之上边必反射彼下边，此之左边必反射彼右边者，势也，能无成倒景乎？塔景倒垂，此其理也。④”郑复光绘“塔影倒”光路图如图3-18。他不仅作了合乎几何光学的解释，而且在小孔成像实验中有所发现：

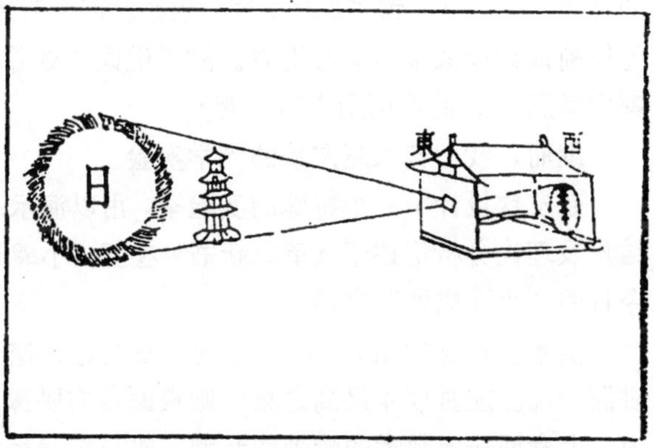

图3-18　郑复光绘“塔影倒垂”光路图

① 沈括《梦溪笔谈》卷三《辩证一》。

② 杨瑀《山居新话》卷三。

③ 虞兆隆《天香楼偶得·倒塔影》。

④ 郑复光《镜镜诊痴》卷　《原线》第二、八条。

在图 3-18 中，将屏移东墙小孔左边，成正影；反之，成倒影。影的浓淡与屏距孔之远近有关。特别是，他指出，将屏移至小孔光线“当交处，则孔景模糊”；“物近孔则不倒，若贴孔则无景”。这是前人所未曾注意到的。郑复光对此还作出了正确的解释。

3. 赵友钦的实验

赵友钦，宋室汉王或商王的第十二世孙，也即宋太宗赵光义的十三世孙，生活于元代，比郭守敬稍晚，又名敬，字子恭，自号缘督，人称缘督先生或缘督子，鄱阳（今属江西）人（一说江西德兴人）。宋亡，“隐遁自晦”①，居德兴，后迁龙游（今浙江），游东海（今江苏）、衢（今浙江衢州）婺（今江西婺源）等地。曾注《周易》而得时人之称赞。又于龙游鸡鸣山察天观象，著述甚丰。明代王祎称“其学长于律法、算数，而天官星家之术尤精”②。卒后葬于鸡鸣山③。

宋濂在《革象新书·序》中指出，赵友钦所注《易》“已亡于兵烬，所著兵家书暨神仙方技之言亦不存，其所存者仅”《革象新书》而已。遊鸡鸣山时，赵友钦将此书授于从遊者龙游人朱晖。晖卒，其后裔又梓刻成册，并请宋濂为之序。《革象新书》由是存于世。有趣的是，明代王祎以为该书“为言涉于芜冗、鄙陋”，将其删略、润色再版，书题为《重修革象新书》。明清间流传本乃此祎本。清乾隆间修《四库全书》，发现《永乐大典》中原本《革象新书》尚存，编修官遂将原本与祎本同入《四库全书》之中。这一举措及当时编修官的议论可谓科技史文献典籍中所罕见者也。编修官在驳王祎谓原本文字“芜冗鄙陋”时写道：

> 然术数之家主予测算，未可以文章工拙相绳。又祎于天文星气虽亦究心，而儒者之兼通终不及专门之本业，故二本所载亦互有短长。并录存之，亦足以资参考④。

如此态度对待科技文献乃是中国历史上之首次。此前二千余年，“文胜质”之论几乎扼杀了科学技术本身的传播、继承与发展。此外，编修官还对《革象新书》作出了公正的评价，指出赵友钦“覃思推究，颇亦发前人所未发。于今法为疎，于古法则为已密，在元以前谈天诸家犹为有心得者。故于讹误之处并以今法加案驳正，而仍存其说，以备一家之学焉”⑤。此可谓历史辩证观矣。

继而，我们转入赵友钦的光学实验。

赵友钦设计了一个特殊的实验室，用以演示小孔成像实验。实验室布置、实验步骤、结论及理论分析记述于《革象新书》卷五《小罅光景》之中。所谓“小罅光景”，也就是今日的“小孔成像”之语。

实验室布置如图 3-19。在屋内左右两边各挖一地下阱。阱径 4 尺余。左阱深 8 尺，右阱深 4 尺。左阱放 4 尺高之桌，则桌面与右阱深度同。两块径约 4 尺圆板分置左、右阱内，上密插一定数量的蜡烛作光源。阱口覆盖径 5 尺圆板，板心开方孔。

在叙述赵友钦实验之前，需要对其光源即烛炬数量作出辩证。赵友钦放在阱内的圆

---

① 宋濂《革象新书·序》。

② 王祎《革象新书·序》。

③《龙游县志》（万历、康熙、民国本）及《民国龙游县志稿》，同治《德兴县志》等。均有“赵友钦传”。

④《四库全书总目·革象新书提要》。

⑤《四库全书总目·革象新书提要》。

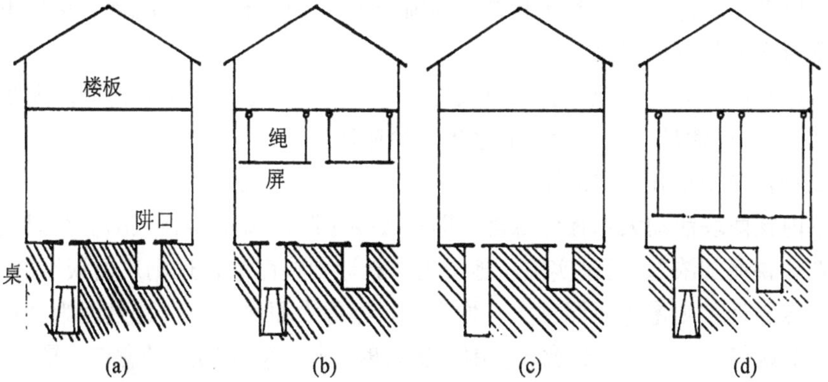

图 3-19　赵友钦实验室

桌面直径 4 尺，设宋元之际 1 尺＝32 厘米，因此桌面的面积约为 1.286 米^2。《革象新书》述及实验用烛数为 1000 支、500 支、20～30 支等。以 1000 支蜡烛计，每支烛约占 12.86 厘米^2 的桌面。如果赵友钦的实验蜡烛直径为 3 厘米（这样的蜡烛已足够大了），其横断面不过 8 厘米^2 左右。毋庸置疑，赵友钦的实验桌面完全可以插入千支烛。宋元之际制造蜡烛的原料已多种多样，虽然制作这样的实验用蜡烛并不困难，但是，一旦千支蜡烛全部点燃，也要有一定安全措施，至少阱要足够宽大，空气要流通。在保证安全之下，赵友钦的千支烛炬实验是可行的。其所以要用千支烛，是为了使光源成为一个真正的发光面，以便和只有少量烛炬形成的发光点作实验比较。

实验分以下步骤进行。

第一步，仅是小孔的大小有所区别。

左板开孔，其孔边 1 寸；右板孔边 1.5 寸。其它条件如上所述，均不变。像屏为楼板（图 3-19（a））。实验目的是要证明，小孔虽方，其像“必圆”；像的照度为孔“宽者浓而窄者淡”，二个小孔的“周径所较不多，却有一浓一淡之别”。赵友钦解释说：就其中一支烛光而言，“千烛自有千景，其景皆随小窍点点而方”。从光的直进性质考虑，

烛在阱心者，方景直射在楼板之中；烛在南边者，方景斜射在楼板之北；烛在北边者，方景斜射在楼板之南，至若东西亦然。其四旁之景，斜射而不直者，缘四旁直上之光障碍而不得出。从旁达中之光，惟有斜穿出窍而已。阱内既已斜穿窍外，止得偏射。偏中之景，千数交错，周遍叠砌，则总成一景而圆。

在此值得注意的是，赵友钦的叙述具有浓重的几何意义，人们不难据其所述而绘出光路图。再则，一支烛光与孔尺寸相许，不能成像，而是“随小窍点点而方”。但千支烛光，窍相对于光源尺度竟成小孔，于是小孔成倒像。至于所谓像的浓淡，即照度（单位面积的光通量）的大小，正暗含了光的叠加原理。他作出如下解释：

两处皆千景叠砌，圆径若无广狭之分，但见其窍宽者所容之光较多，乃千景皆广而叠砌稠厚，所以浓。窍窄者所容之光较少，乃千景皆狭而叠砌稀薄，所以淡。

第二步，变更光源大小与强度，观察像的变化。

将右阱烛光减为 500 支，并让其集中在某半边。结果是其“景随日月亏食之理”。

左阱烛光为 20～30 支，排列疏密得当。楼板上的像为不相连的点点“方景”，而像

"愈淡"。所谓"愈淡"是将此实验结果与前一步比较而言之，即隐含着距离不变。楼板上的照度与光源强度成正比。

最后，左阱减为一支烛光。此时仅见一"方景"。"缘为窍小，而光形尤小，窍内可以尽容其光"，也就是"大景随空罅之象"的道理。

第三步，改变小孔至屏的距离，即今日所谓改变像距。

在屋内挂两块活动大木板作像屏，即可改变像距，如图 3-19 (b)。结果是"此景较于楼板者敛狭而加浓"。通过实验，他得出"景近则狭而浓，远则广而淡"的一般结论。就是说，像距近，则像小而照度大；像距远，则像大而照度小。这是因为"烛火斜射愈远，则所至愈偏，则距中之数愈多。围旁皆斜射，所以愈偏则周径愈广。景之周径虽广，烛之光焰不增，如是则个景展开而重叠者薄。所以愈广则愈淡，亦如水多则味减也。"赵友钦对像距、像大小、照度大小的解释不仅正确，而且又一次表现出语言解释中的几何味。这个解释所暗示的照度随像距增大而减小的定性规律，在其后 400 年，才有德国科学家朗伯 (J. Lambert，1728～1777) 实验发现照度与距离平方成反比的定量定律。

第四步，改变光源与小孔的距离，即改变物距。

撤去左阱之桌，物距增加一倍 (图 3-19 (c))。结果是，"窍既远于烛，景则敛而狭。"原因是，"窍与烛相远，则斜射之光敛而稍直。光皆敛直，则景不得不狭。"照度的情况是，"景狭则色当浓，烛远则光必薄，是以难于加浓也。"

在完成上述的四步之后，赵友钦作了一简单小结：

> 景之远近在窍外，烛之远近在窍内。凡景近窍者狭，景远窍者广；烛远窍者景亦狭，烛近窍者景亦广。景广则淡，景狭则浓。烛虽近而光衰者景亦淡；烛虽远而光盛者景亦浓。由是察之，烛也、光也、窍也、景也，四者消长胜负，皆所当论者也。

小结中头一句，今称之为像距、物距。赵友钦除了未曾归纳出这些物理名词之外，他的关于小孔成像的实验结论是完全正确的。由此可见，在 13 世纪期间中国的几何光学理论所达到的成就。

实验的第五步，改变孔的大小与形状。目的是观察大孔成像情形。

撤去覆盖左右两阱带有小孔的圆板。令以两块圆板以绳索吊挂楼板之下，可随意改变其位置，左板开以边长为 5 寸的三角孔，右板开以边长为 4 寸的方孔 (图 3-19 (d))。此时，楼板成为像屏。

在这实验中，赵友钦首先指出，孔的大小与物距的相对远近有关："今喻为大罅者，盖阱于板窍较远，远则虽大犹小"。像的明亮度或照度又与像距大小相关，因此，"窍于楼板较近，近则虽小犹大。方尖窍内可以尽容烛光之形也。"在拉动吊圆板的绳索、即改变物距与像距，"仰观楼板之景"，赵友钦的结论是：

> 由此观之，大 (窍) 则总是一阱之景，似无千烛之分；小 (窍) 则不睹一阱之全，碎砌千烛之景。是故小景随光之形，大景随空之象。断乎无可疑者。

这就是说，大孔成像 (亮光) 和大孔形状同，小孔成像与光源形状同。这一结论也是正确的。

4. 运用小孔成像原理的天文仪器

在前面影论一节中，我们曾述及元代郭守敬发明的"高表"。为了解决表高影虚、测量不精的缺点，他又发明了以小孔成像原理为依据的“景符”，以此测量表影的长度可以获得极高的精度。

景符的主要部件是一倾角可调控的薄铜片（图 3-20（a）），铜片中心为一小孔。将铜

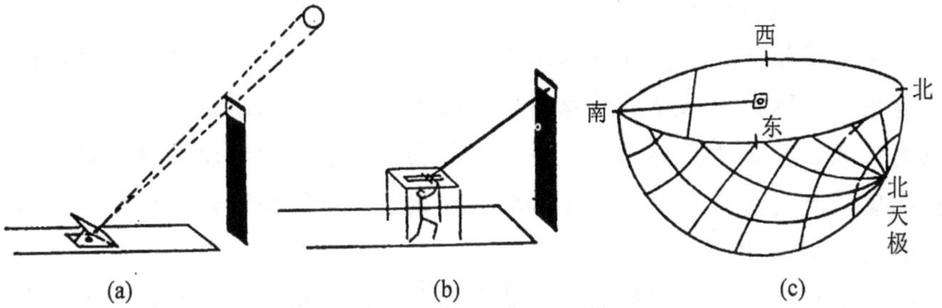

图 3-20　郭守敬的景符（a）、阙几（b）和仰仪（c）示意图

片移至其高表的圭面上，移动铜片令其与太阳、高表上横梁、铜片小孔三者适成一直线。此时，圭面上可见太阳的像，像中间有一条清晰而细的梁影。稍稍移动铜片，可调节梁影恰位于太阳像的中间。此时读出圭面上梁影的位置，也就获得了对应于日面中心的高表之影长。景符的发明，解决了几千年来以圭表测影所造成的“虚景之中考求真实”的困难，测量精度也有了极大提高①。

所谓“阙几”，实是一张桌子。其长 6 尺、高 4 尺、宽 2 尺。在桌面中心开一狭缝，其长 4 尺，宽 2 寸。狭缝中衔两根细小的界尺，称为“阙限”。狭缝外刻有尺度读数。该仪器主要用以测定照度极弱的行星或月球的“影长”。当它们在子午线位置时，调节两根阙限，使其分别与行星的南北两端，并与高表横梁成一直线，两阙限位置时平均数就是行星影长②。

郭守敬创制的仰仪，也是以小孔成像原理为据的。它是一个直径为 1.2 丈的中空铜半球（图 3-20（c）），周沿刻方位，内球面刻赤道座标网。半球一端放置一个十字竿。其中一竿伸向球心，竿端装一方板，板心开一小孔。小孔位置与球心合。太阳通过小孔在球面上成像，由此可直接读出某时刻太阳在天球上的位置。尤其是，以此仪器可以清楚地观测日食的全过程。

还有一个更巧妙的利用小孔成像原理观察日食的方法。元代王恽写道：

“凡日食，于窗隙间穿纸如钱许，取影视之，可见食之多寡，东缺则西见，两缺则东见。”

若仅是定性的观察日食的有无，这个方法既简单又方便，且不伤害人的眼睛。

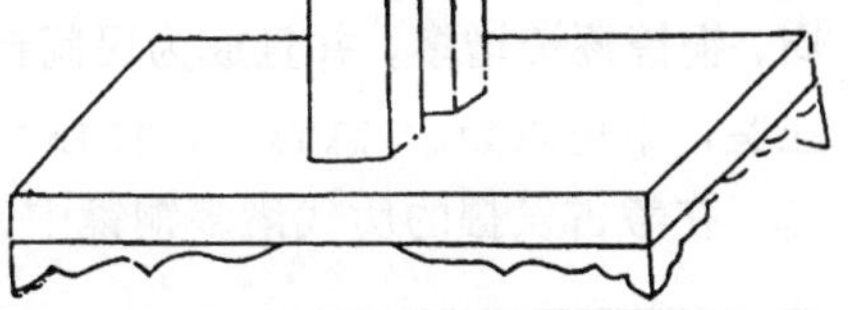

图 3-21　李诫《营造法式》绘望筒

除此之外，《周髀》记述的“管窥”，李诫在《营造法式》中述及的“望筒”，都利用了光的直进性质。

① 《元史》卷四十八《天文志》，第四册，第 997，993 页。中国天文学史整理研究小组，中国天文学史，第 179～180 页。

② 同①，中国天文学史，第 180，193 页。

管窥的构造与用途是，“取竹空径一寸，长八尺，捕影而视之。空正掩日，而日应空之孔。由此观之，率八十寸而得径一寸。”《周髀》以此记述告知人们利用“管窥”可测得太阳直径。其方法虽正确，但因假定的比率“八十寸”误差太大，因此，结果也不准确。至于李诫的望筒，他写道：

施望筒于其上，望日景以正四方。望筒长一尺八寸，方三寸（用板合造）。两鬠头开圆眼，径五分。筒身当中两壁用轴，安于两立颊之内。其立颊自轴至地高三尺，广三寸，厚二寸。昼望以筒指南，令日景透北。夜望以筒指北，于筒南望。令前后两窍内正见北辰极星。然后各重绳坠下，记望筒两窍心于地以为南北，则四方正①。

借助光的直进性，利用望筒可以确定南北方向。可以说，它是一种光学方向测量器（图 3-21）。

二　反射镜成像

1. 铜镜的起源与发展

传统的中国镜是铜镜，以圆形居多，方形镜较少。镜面平整光滑，镜背有反映中国文化特色的纹饰图案、文字，并铸有纽，以便悬挂或插植。纽镜不仅是中国、而且是整个东方文化的传统，它区别于古埃及、欧洲等地的柄镜。大约从公元前 2000 余年的齐家文化开始，一直到清代晚期，铜镜在中国使用了 4000 余年之久。

镜史上最原始的“镜”，当为池沼湖泊的平静水面。从原始社会起，美的观念曾促使人们面水寻影、梳妆打扮。陶器出现之后，就有了“水监”。只要在陶盆里盛水，它就成为一面相当好的水镜。甲骨文中的“监”字造型，就是一个人对盆水寻影，它是最早的“镜”字。在较多地使用铜镜之后，“镜”字的造型也随之变化。西周金文中有了带金字旁的“鑑”或“鉴”字。而“镜”字可能出现于战国后期。当然，在铜镜发明并使用之后很长一段时间，“水监”还被使用。“贫家女无以为镜，每以瓦盆之水而镜之”②。人们清楚，只有静止的水面才能当镜使用。“水静则平，平则清，清则见物之形弗能匿也。”“人莫鑑于沫雨，而鑑于澄水者，以其休止不荡也”③。

铜镜的出现比铜器时代的到来要早得多。迄今已发掘出属于齐家文化时期的铜镜 3 枚，其背面或无纹饰（称为“素镜”）④，或有七角星纹⑤，多角星纹⑥，均带钮。商与西周，铜镜逐渐增多，并且成为民间诗歌中描写的对象之一。《诗经·邶风·柏舟》：“我心匪鉴，不可以茹。”意思是，我心不比青铜镜，是好是歹都留影⑦。

在考古发掘的历代诸多铜镜中，凸面镜与凹面镜是值得我们感兴趣的。然而，有关

① 李诫《营造法式》卷三《壕寨制度·取正》。
② 宋·佚名撰《观时集》，见《说郛》（商务印书馆本）卷六十五。
③《淮南子·说林训》，也见该书《俶真训》等篇；以及北齐刘昼《刘子》卷一。
④ 甘肃省博物馆，甘肃省文物考古工作三十年，文物考古工作三十年，文物出版社，1979。
⑤ 青海省文物管理处考古队，青海省文物考古工作三十年，同④。
⑥ 石志廉，齐家文化铜镜，文物报，1987 年 7 月 10 日，总第 51 期。
⑦ 余冠英《诗经选译》，人民文学出版社，1963，第 17 页

图 3-22　河南偃师杏园北魏铜镜
（上：镜背面正视图　下，侧视图）

的文物报道，只是在近几年才同时注意镜背的花纹和镜面凹凸情形。中国社会科学院考古研究所河南二队在报道河南偃师县杏园村北魏墓葬中发现的一枚铜镜（图 3-22）中就作了这两方面的临摹绘制①，不仅让人一目了然，而且在科学和文化艺术两方面铜镜的价值也跃然于图画之中。

在已发掘的从齐家文化到商周之际早期铜镜中，至少有 4 枚镜，其镜面微凸：前述齐家文化时期的 1 枚素镜，是 1975 年在甘肃广河齐家坪出土的；1934 年在安阳侯家庄出土扇形纹平行纹镜② 和 1976 年在殷墟妇好墓出土的弦纹辐射纹镜③，属于殷商时期；以及 1979 年在山西凤翔发现的商周之际素镜④。其中，曲率最大的是殷商时期的扇形纹平行纹镜，该镜中心与镜边缘比较，凸起 3.5 毫米，从镜边至中心形成一个平滑弧面。经计算，曲率半径为 0.162 米。相应的，镜背面略微凹。据历史的粗略统计，在西汉初至东汉中期，凸面镜数量增加，曲率也稍增大。在东汉晚期至六朝，凸面镜数和曲率值明显增大。隋唐五代，平面镜多，而凸面镜曲率也稍降低。宋代及其后，凸面镜数量及曲率值又趋回升状态⑤。

图3-23是在浙江龙游县东华山西汉至东汉中期墓葬中发现的 8 枚铜镜⑥。图 3-23(a)，称“云雷纹镜”，直径 14.2 厘米，镜面微凸；3-23(b)，称“方格规矩镜”，直径 16.8 厘米，镜面微凸，主纹为规矩纹，间以青龙、白虎、朱雀、玄武四神，鸟兽图案和八乳钉纹。方格内铭“子丑寅卯辰巳午未申酉戌亥”十二地支，外环带上也有铭文。这种带地支铭文的铜镜与罗盘方位的起源极有关系。图 3-23(c)，为“昭明镜”，直径 10.8 厘米，铭文环书“内清昭以日月光以章”，镜面微凸。3-23(d)，也称昭明镜，直径 8.6 厘米，镜面略微凸。3-23(e)，称蟠螭纹镜，直径 10.4 厘米，镜面平。3-23(f)，昭明镜，直径 7.8 厘米，镜面略微凸。3-23(g)，日光镜，直径 7.1 厘米，铭文环书“见日之光，天下大明”，镜面略微凸。3-23(h)日光镜，其铭文与(g)同，直径 8.6 厘米，镜面微凸。这 8 枚铜镜，绝大多数是凸面镜，只有 1 枚是直正的平面镜。它是汉代铸镜工艺中对镜面设计的一个典型例子。

凸面镜的优点是，以较小的镜面反射出较大的空间或实物的像。这不仅铸镜省料，且便于携带。古代中国人从齐家文化时期起，已对此有所认识。照镜观容，此后成为人们日常生活的必需（见彩图3-24）。光学知识、光的物理性质便因此有了物质基础。

与凸面镜相反的是凹面镜，古代称之为“阳燧”、“夫隧”、“金燧”。利用它可以对日

① 中国社会科学院考古研究所河南二队，河南偃师县杏园村的四座北魏墓，考古，1991 年 9 期，第 818～831 页。

② 高去寻，殷代的一面铜镜及其相关之问题，中央研究院历史语言研究所集刊，第 29 本，1958 年，第 689 页。

③ 中国社会科学院考古研究所，殷墟妇好墓，文物出版社，1980，第 103 页。

④ 王光永、曹明檀，宝鸡市郊区和凤翔发现西周早期铜镜等文物，文物，1979 年第 12 期，第 90 页。

⑤ 何堂坤，中国古代铜镜技术研究，第 258 页。

⑥ 朱土生，浙江龙游县东华山汉墓，考古，1993 年 4 期，第 330～343 页。

取火。迄今，考古发现的早期阳燧有6枚。属西周时期4枚，战国时期2枚。它们都是由青铜铸造的。其中，年代最早的一枚属于西周初期，是1995年在陕西扶风地区出土的。其直径8.8厘米，厚0.19厘米，曲率半径约20厘米，为一标准球面镜，形同今日圆形太阳灶①。1972年，曾在该地区出土一枚属西周中晚期的阳燧，其径为8.0厘米，弓形钮②。1975年，在北京昌平地区西周木椁墓中出土2枚，其一，直径为9.9厘米，曲率半径为30.8厘米；其二，直径为9.5厘米③。战国时期的2枚阳燧，其一出土于浙江绍兴，为战国初期的物品，直径为3.6厘米④；其二出土于丹东地区，为战国中晚期物品，直径为12.3厘米⑤。从汉代起，考古发掘的阳燧实物逐渐增多。

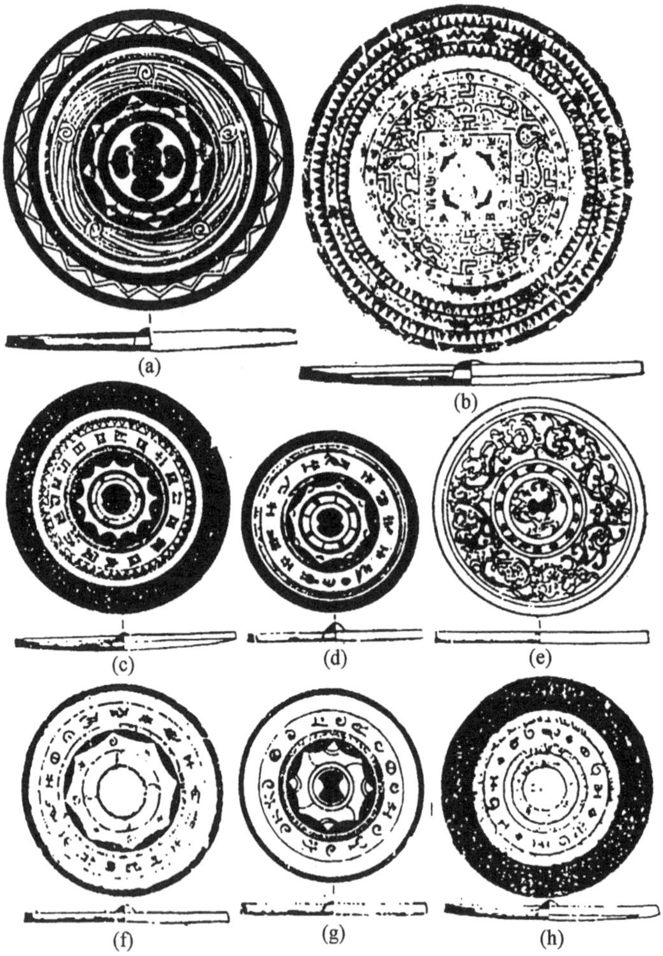

图3-23　浙江龙游县东华山汉代铜镜

① 罗芳贤，古代的取火用具——阳燧，中国文物报，1996年12月29日第3版。

② 罗西章，扶风出土商周青铜器，考古与文物，1986年第4期。

③ 北京市文物管理处，北京地区又一重要考古收获——昌平白浮西周木椁墓的启示，《考古》1976年第4期。此后，何堂坤经实测考察，定其为凹面镜，见中国古代铜镜技术研究，第274页注10。

④ 浙江省文物管理委员会，绍兴306号战国墓发掘报告，文物，1984年第1期，第7页。

⑤ 许玉林，王连春，丹东地区出土青铜短剑，考古，1984年第8期。

大概春秋战国时期，阳燧已相当普遍被用于取火。《周礼·秋官·司烜氏》载：“掌以夫燧取明火于日”。郑玄注曰：“遂，阳燧也”。贾公彦疏曰：“取火于日，故名阳遂；取火于木为木遂者也。”《礼记·内则》载，“左佩……金燧，右佩……木燧”。金燧即阳燧，日光下取火用；木燧，钻木取火，阴天和夜间用。人们身上佩挂这两种燧，不愁无火种矣。平面镜和阳燧的使用，促使以墨翟为首的墨家作了各种镜面成像的实验。

在历史上，除了上述青铜铸造的各种镜外，还有铁镜。铁镜可能起源于西汉①，盛于东汉中晚期、西晋朝②。宋代王黼《博古图录》中载有20余枚铁镜，大多为隋唐之物。

值得指出的是，古代人发现了多种凹面反射镜。《淮南子·天文训》载，无缘青铜杯，摩令光滑，“日中时以当日下，以艾承之则燃得火”。王充发现，“刀剑之钩月，摩拭朗白，仰以向日，亦得火焉”③。更有物理意义的是，从汉代起，人们不断地发现，球形或抛物线形平面镜及其成像情形，我们将在下面叙述。明代屠龙记述了一种“轩辕镜”，也就是球形面镜。“其形如球”，挂于卧榻前避邪。因其使物像变形，以致山精鬼怪“其形在镜，则销亡退走”④。这当然是一种迷信之说。

自从平面镜被广泛使用之后，汉代起产生了各种组合平面镜。《庄子集释·天下》在“今日适越而昔来”句下载《释文》云：“形智往来，相为逆旅也。鉴以鉴影，而鉴亦有影，两鉴相鉴，则重影无穷。”《释文》为唐初陆德明《经典释文》，该书多採自汉魏六朝诸儒之说。汉代成书的《淮南万毕术》载有组合平面镜，其形制极为类似今日开管式潜望镜。此外，另一种称为“透光镜”的平面反射镜起于战国时期⑤，汉代尤多。

除了以上各种平面镜的制造之外，历代都曾出现一些描述镜的图书。据《隋书》卷三十四《经籍志》载：

“《乾坤镜》二卷。梁（朝）《天镜》、《地镜》、《日月镜》、《四规镜经》各一卷、《地镜图》六卷，亡。”

《旧唐书》卷四十七《经籍志》载，李淳风撰《悬镜》十卷。此书列在兵书类，不知是讲兵法还是镜形制、特点、制造及使用等相关书籍。《宋史·艺文志》载：黄石公《地镜诀》一卷，一名《照宝历》，题东方朔进；陶弘景《握镜图》一卷（又《握鑑方》三卷）；作者佚名的《三镜篇》一卷（或又名《三镜》）⑥。可惜，这些书都已佚亡。其中一些书，我们今日仅憑书名而难断定其孰镜类著作、图画与否。

关于铸造铜镜的合金成分，《考工记·栗氏》载：“金有六齐……，金锡半谓之鉴燧之齐”。这里的“金”是指“铜”。这表明，春秋战国之际，铸镜工已规定了镜的大致合

① 河北省文物管理委员会，河北石家庄市赵陵铺镇古墓清理简报，考古，1959年第7期，据该文报道，1955年在古墓中出土一枚素面铁镜，断代为西汉中晚期。

② 河北省文化局文物队，河北定县北庄汉墓发掘简报，考古学报，1964年第4期；文物，1964年第12期。该文报道，出土东汉铁镜5枚。

③ 王充《论衡·率性篇》及该书《乱龙篇》、《定贤篇》。

④ 屠龙《考槃余事》卷四《起居器服笺·镜》。

⑤ 贺鸿武等，湖南攸县发现一件古代透光铜镜，文物，1989年第3期，第75页。该文报道，此铜镜为战国时期遗物，直径21.8厘米，厚约0.2厘米。

⑥《宋史》卷一百五十九《艺文志》，第十五册，第5254，5255，5256，5262，和5264页。

金比例、即铜一份锡半份①。迄今，对先秦、汉唐遗存的铜镜化学分析，其结果与此比例略有偏差。冶金史和化学史界对此已有种种讨论②。关于铸镜的工艺程序大概是，先选料、配料。配料中涉及合金成分比例，除铜、锡外，还渗有少量铅。其次是熔炼、铸造，包括预先制作镜模。然后是热处理、刮削、研磨；最后是所谓“开镜”，即外镀并打光。经过这些工艺的青铜镜，“鬓眉微毫可得而察”③。其中的“磨镜”，在宋代京城是遍城均见的“小经纪”之一④。

与西方相比，古埃及的铜镜产生于约公元前3000年左右，然其制作技术不佳，镜面粗糙。青铜镜相对少，而玻璃镜得以发展。在古希腊，约公元前424年已有玻璃阳燧。《圣经・出埃及记》述及青铜镜的铜锡比为38∶8，而《圣经・约伯》则记为37∶18。后者与《考工记》记述类似。传说，当罗马人包围叙拉古（Syracuse）城时，阿基米德曾以凹面镜烧毁敌人的船队。“这可能是一个虚构的故事”⑤。

2. 平面镜成像

现在我们知道，光线在两种介质的平滑界面上会发生反射，反射光线与入射光线方向相反，反射角等于入射角。本书所述铜镜，无论其平面或球面，都遵循这个反射定律。就反射光线的光路而言，古代人对此已有所认识。前述影子生成中，《墨经》描述的“景迎日”现象，指出“景迎日，说在转”，一个“转”字表现墨家知道反射光的光路发生了方向性改变。在宋代以“移景法”造成影戏的过程中，人们知道“灯镜交辉，传影于纸”。一个“交”字表现了入射光和反射光的光线方向，也暗含了光线传播的独立性。明代方以智将各种反射光现象归纳性地称为“转光”⑥，大概是继承了《墨经》的传统。然而，古代中国人始终未曾发现反射角等于入射角。他们从未去测量过这二个角度。在古希腊，比墨翟稍晚的柏拉图学派却已知道这一光学事实。

但是，古代中国人对各种镜面成像现象作了许多探讨，取得了古代西方人所未及的成就。《墨经》光学中有三条文字分别叙述了平面镜、凹面镜和凸面镜的成像。

《墨经》中就平面镜成像的文字、钱临照标点和解释如下：

《墨经・经下》：“临鉴而立，景倒⑦。多而若少，说在寡区。”

> 《墨经・经说下》：临　正鉴，景寡，貌态⑧、黑白、远近、杝正、异于光。鉴景，就⑨当俱，去亦⑩当俱，俱用北。鉴者之臭，于鉴无所不鉴，景之臭无数，而必过正，故其同处其体，俱然鉴分。

40年代初，钱临照认为，“可断言其所述者为关于平面镜之语”。但是，“讹脱疑多，

---

① “铜一锡半”说，为张子高所解。见其作“六齐别解”，清华大学学报，4卷2期（1958)。该说比“铜一锡一”解更接近文物实测结果。

② 何堂坤，中国古代铜镜技术研究，第62～75页。

③ 《淮南子・脩务训》。

④ 周密《武林旧事》卷六《小经纪》。

⑤ ［美］卡约里著，戴念祖、范岱年译，物理学史，第9～10页。

⑥ 方以智《物理小识》卷一《天类》。

⑦ “倒”，旧作“到”。

⑧ “态”的繁体“態”，旧本作“能”。

⑨ “就”字旧在“当俱”二字下。钱临照移此。

⑩ “亦”，旧本作“尒”。

不能强释”，“可读者半，不可释者亦半。”其中，“临鉴”的“鉴”是指以静水为镜；或将镜子平置地面，犹如照水镜，故“景倒”。《说》中的“正鉴”指平面镜；“异于光”的“光”是指阴影，而不是平面镜的虚像。平面镜成像时，鉴者近镜，像亦近镜；鉴者远镜，像也远镜，故曰：“鉴景，就当俱，去亦当俱。”可见，墨家最早提出镜面对称的物理认识。钱临照的解释，奠定了本条的科学基础[①]。50年代初，钱临照补标点《说》文后半部分，并对前半部分解释说：

这是说，平面镜只有一个不变的像。这像的形状、颜色、远近、斜直程度都跟阴影不一样。人走近镜子，像也走近；人离开镜子，像也离开：人与像的方向老是相反[②]。

虽然多数人认为，本条叙述平面镜成像，但在标点、训字与释义上却异议较大，洪震寰标点、解释如下：

《经下》：“临鉴而立，景倒。多而若少，说在寡区。”

《经说下》：

临　正鉴，景寡。貌能、白黑、远近、杝正，异[③]于光。鉴：景当俱；就、去，亦当俱。俱用北。鉴者之臬[④]，于鉴无所不鉴，臬之景[⑤]无数，而必过正。故同处其体俱，然鉴分。

《说》中“就”、“去”二字如今日“来、去”二字同。“北”，即“背”，古义为“北”，形容方向相反。洪认为《经》文与《说》文前半部，均指单个平面镜成像；《说》后半部，是两个以上的平面镜即复面镜（或组合平面镜）成像[⑥]。照水镜时，有“临鉴而立，景倒”之情。因平面镜成像不同于凹面镜与凸面镜有多种像。即使复镜成像，虽有多个像，但像都是全同的，无区别的，故《经》云：“多而若少，说在寡区”。“寡区”即无区别。

《说》的前半部解释与钱临照基本同。仅是“异于光”被校为“冀于光”。即像的状态（静止或运动）都来源于光线照耀。这与钱临照认为“异于光（影）”却完全不同。至于后半部，因是复镜的描述，“臬”（短木）与其像在两面镜中反复成像，构成了无数个像，故云“鉴者之臬，于鉴无所不鉴。”而这些像与物或前一级像相比较，都是倒立的，故云“臬之景无数，而必过正”。“过正”即倒立。最后一句“故同处其体俱，然鉴分”，是指前述现象的根源，在于每面镜子都按照对称规律成像，且由两面镜分立的结果。

徐克明认为这条文字的标点、解释如下：

《经下》：“临鉴而立，景到（倒）；多而若少，说在寡区。”

《经说下》：

---

① 方孝博将本条文字解为各种球面镜；谭戒甫对《经》、《说》的前半部训诂，释义也是从水镜或平面镜出发，但以为《说》后半部分是指“角镜”。这些解释值得商榷。

② 钱临照，论墨经中关于形学、力学与光学知识。物理通报，第1卷（1950）第3期。

③ “异”，繁体为“異”，是“冀”之省文。从谭戒甫说。

④ “臬”字旧本作“臭”，依谭戒甫改。“臬”，古代测日影的标竿，此作为平面镜前之物。

⑤ “臬之景”，旧本作“景之臭”。“臭”依前改为“臬”，臬景二字对调。

⑥ 高亨《墨经校诠》也作复镜解。

临　正鉴景寡，貌能（态）、白黑、远近、杝（迆）正，异（映）[①] 于光。鉴（者）[②]、景当俱就；去亦当俱，俱用北（背）。鉴者之臭（糗）[③]，于鉴无所不鉴；景之臭（糗）[④]无数，而必过正[⑤]，故（估）[⑥] 同处。其体俱然[⑦]。

徐克明并不认为这条文字反映了复面镜的情况。《经》文“多而若少，说在寡区”句，指平面镜成像所反映的物体甚多，观察者只能视觉集中在部分区域才能看清楚其中某些像。《说》文“异（映）于光”，指像的形态等都由光线映出。《说》的后来部分，意思是，物体的各个点无一不被镜所照，因物点无数，所以像点也无数，而像点必在镜面另一侧。所谓“鉴之糗于鉴无所不鉴；景之糗无数，而必过正”是也。最后一句是，估计每个像点和相应的物点都同镜面等距（“估同处”），像的每个部分与物的相应部分其关系也都是如此（“其体俱然”）。

还有一些其他的解释，我们不一一列举。以上三家之说，虽各有不尽人意之处，但基本点相同。由此看来，《墨经》记述，不仅描写了平面镜成像情形，而且对于镜面对称性刻划得非常清楚；至于其中是否有复镜、是否在理论上有物点、像点的认识，诸多见解、尚待再研究。

《墨经》之后，镜面对称成为中国传统文化观点之一。萧梁朝王孝礼在其《咏镜诗》中写道：

“分眉一等翠，对面两边红。转身先见动，含笑逆相同[⑧]”。

朱唇翠眉的左右、从左或右的转身运动，甚而哭笑的左右情态，分立于镜两边的人与像正好成镜面反射对称。王孝礼在诗中恰到好处地以“逆相同”三字加以描述。这种镜面对称和日常中的左右对称一样，后来成为近代物理学不证自明的公理，并称它为宇称守恒。而在微观领域、打破这一公理并建立宇称不守恒定律的，又是受到这种传统文化薰陶的美籍中国物理学家杨振宁和李政道[⑨]。这真是人文科学史上的一则佳话。

平面镜多用以照人脸容，整肃衣冠。然而，从齐家文化时期起，平面镜往往铸成微凸形状，尤小镜如是。对此，沈括作了极好的解释。他说：

古人铸鉴，鉴大则平，鉴小则凸。凡鉴洼，则照人面大，凸则照人面小。小鉴不能全纳人面，故令微凸，收人面令小，则鉴虽小而能全纳人面。仍复量鉴之小大，增损高下，常令人面与鉴大小相若。此工之巧智，后人不能造。比得古鉴，皆刮磨令平，此师旷所以伤知音也[⑩]。

沈括在此比较了平面镜、凹面镜和凸面镜三者成像情形，并依此指出，平面镜微凸

---

① 训“异”为“映”，从高亨校。高亨云：“異”旧本作“昦”，即今“映”字，形近而误。

② “者”字脱，徐克明补。理由据下有“鉴者”二字。

③，④　“臭”，徐克明校改为“糗”，旧本“臭”借为“糗”。糗，原以为米、麦捣之为粉的粉粒，此处引申为“点”。故此，“鉴者之糗”即物上任意一点，“景之糗”为像上与物相对称的点。

⑤ “过正”原为矫枉过正，此引申为镜面另一侧。

⑥ “故”借为“估”。

⑦ “其体俱然鉴分”，徐克明认为“鉴分”二字应属下条《经说》文字。

⑧ 欧阳询《艺文类聚》卷七十《镜》引王孝礼诗，第1127页

⑨ 杨振宁和李政道提出，在弱相互作用中宇称不守恒。因这一工作，他们于1957年获得诺贝尔物理学奖。关于宇称及其守恒问题，参阅杨振宁，基本粒子发展简史，上海科学技术出版社，1963，1979，第50～62页。

⑩ 沈括《梦溪笔谈》卷十九《器用》。

则能“全纳人面”，镜子也可做得小些。他进而指出，在镜的粗胚制成后，复量镜之小大，在镜面上“增损高下”，即改变其曲率半径，从而可“令人面与鉴大小相若”。这是极为符合光学原理的。因为球面镜的像距 U、放大率 M、曲率半径 R 有关系式：$M=RU/(2U-R)$。当像距一定时，则 $M=f(R)$。改变曲率半径就可以增加放大率，从而使小镜“全纳人面”。

与沈括同时的苏轼对此也有论述。他说：“元丰中，余自齐安过黄州，获一镜……，照人微小，古镜皆然，此道家聚形之法也”[①]。

相比之下，沈括确有中世纪伟大科学家的风范。

此外，在古代平面镜中还有一种“夹镜”，因以手循扣之，“当其中心则摘然如灼龟之声”。也就是，如同古代占卜烧裂龟甲之声。镜甚薄，非铸造所成，又无焊接痕跡。沈括不知其故，“历访镜工，皆罔然不测[②]”。今日，冶金史专家正在探讨其中的铸造奥秘[③]。

3. 组合平面镜

虽然不能肯定《墨经》是否讨论过复镜或组合平面镜，但至晚从汉代开始，人们对组合平面镜已有相当的认识，而且作出了独特的创造。

前述唐代陆德明在其《经典释文》中述及复镜成像情形，实则早在汉代人们已创造了开管式潜望镜。西汉初期，淮南王刘安所撰《淮南万毕术》写道：

“高悬大镜，坐见四邻。”

高诱注曰：“取大镜高悬，置水盆于其下，则见四邻矣”[④]。

这是由一枚铜镜、一为水镜组成的开管式潜望镜(图 3-25)，它是近代潜望镜的始祖。虽然，由于水镜的反射率太低，经铜镜一次成像后未必能看清楚水镜中的像。但是，这条记载表明，汉代人在追求一种纯物理实验的理想，其科学史价值是不言而喻的[⑤]。从技术角度讲，“大镜高悬”即可窥视四邻，但此时要仰着脖子看。下置另一镜，变仰视为俯视。视角一变，人的生理状态与心理状态也随之改变。这正是近代科技革命的一项目的。宋代博物学家、僧赞宁对《淮南万毕术》这条记载的重复叙述，是令人思索的。他写道：

图 3-25 开管式潜望镜

“以大镜长竿上悬之，向下便照耀四邻。当镜下以盆水，坐见四邻出入也[⑥]。”

赞宁并不在乎盆水是否能看清四邻，然其心中，隐含着加盆水之后给这一发明带来

① 苏轼《仇池笔记》卷上《古镜》。

② 沈括《梦溪笔谈》卷二十一《异事》，姚宽《西溪丛语》卷上，有类似记载。

③ 何堂坤《中国古代铜镜技术研究》，第 117～119 页。

④ 唐·马总《意林》卷六《淮南万毕术》；也见，银河，我国古代发明的潜望镜，物理通报，1957 年，第 7 期。图 3-23 引自“银河”文。

⑤ 李志超，淮南万毕术的物理学史价值，天人古义，第 327 页。

⑥ 赞宁《感应类从志》，见《说郛》(宛委山堂本) 卷一〇九。

的技术变革，当无疑义。

自《淮南万毕术》记载之后，南北朝时代也有人装置这种潜望镜类型的平面组合镜。北周诗人庾信在其《咏镜诗》中写道："试挂淮南竹，堪能见四邻①。"庾信亲自按照《淮南万毕术》记载，装置这类镜子，也不无可能。

值得注意的是，《淮南万毕术》所记载的开管式潜望镜的安装方法在中国一直流传着。直到17世纪，还有人安装此类镜，以窥见活跃于桅竿上端杆斗内的鸟雀之动态。清初刘献廷曾写道：

王子秀言，昔闻薄子珏曾制一镜，能返照桅竿斗中鸟雀，历历可数。凡物之在高在深，非有盖覆者，皆可照见。

"王子秀"或称为"王秀"。"薄子珏"即是17世纪光学仪器制造家薄珏，曾制造望远镜并最早将它用于实战之中。刘献廷猜想，薄珏的装置"必于一处摄光返照"，这正是《淮南万毕术》所描述的潜望镜。

淮南王刘安编著淮南王书，集门客甚众。其中不少人是方术之士。组合平面镜与道家方术极为相关。道家在晋代的代表人物葛洪曾这样描写组合平面镜：

明镜或用一，或用二，谓之日月镜；或用四，谓之四规镜。四规者，照之时前后左右各施一也。用四规所见，来神甚多②。

他又说：

师言守一，兼修明镜。其镜道成则能分形为数十人，衣服面貌各如一也。抱朴子曰：师言欲长生，勤服大药；欲得通神，当金水分形。身分则自见其身中之三魂七魄。而天灵地祇，皆可接见；山川之神，皆可使役也③。

追求自然真谛的道家，继承了淮南王刘安门客中的道术传统，亲手拿起多面镜子，果然"分形为数十人"，即镜中之像有数十个，"衣服面貌皆如一"。道家"分形术"，大抵如此。"当金水分形"，也就是利用铜镜或水镜。葛洪以组合平面镜的实验成功而想像过富。在他看来，由此即可役使山川之神，可接见天灵地祇。大概有了一定科学知识，掌握了一定的科学法则，就没有办不到的事。这就是道家对科学技术感兴趣的原因。

从葛洪的叙述中，可知"日月镜"、"四规镜"就是组合平面镜。另一个闻名的道家、南唐谭峭也对此极感兴趣。他说：

以一镜照形，以余镜照影。镜镜相照，影影相传。不变冠剑之状，不夺黼黻之色。是形也，与影无殊；是影也，与形无异。乃知形之非实，影之非虚，无实无虚，可以道俱④。

在组合平面镜中，一物之影无数。这与道家主张、其道为一而变化无穷的思想恰好吻合。故谭峭云"又与道俱"。或许，这是道家乐于在修炼密室之中从事光学实验的原因。

宋代道藏的修校人张君房（生活于11世纪）在其辑著的《云笈七签》中亦描述了组合平面镜。他写道：

---

① 欧阳询《艺文类聚》卷七十《镜》。

② 葛洪《抱朴子内篇·杂应》。

③ 葛洪《抱朴子内篇·地真》。

④ 谭峭《化书》卷一《形影》。

“以九寸镜各一枚，挟其左右，名日月镜①。”

张君房还叙述了平面镜的摆放位置与人体位置，从而组合平面镜可以让“一”物而造成“万”个镜像。他进而写道：“金水内景，以阴发阳，能为此道，分身散形，以一为万”。

由此看来，组合平面镜成像实验大概就是后来道家所谓“分身术”的根据。

佛家也对组合平面镜感兴趣。前述宋僧赞宁关于潜望镜的记述就是一例。赞宁（919～1001）是五代至宋初著名高僧，原姓高，德清（今属浙江）人，出家杭州龙兴寺。吴越王钱镠（852～932）署其为两浙僧统。入宋后，诏改法号曰通惠，并于太平兴国七年（982）宋太宗诏其修高僧传。咸平（998～1004）中，加右街僧录，卒谥圆明大师。他在其主持编撰的《宋高僧传》中的“僧法藏传”内讲了这样一件事：僧法藏“利智绝伦②”，曾为武则天讲《新华严经》，则天茫然不知。因以殿前金狮子为喻，则天遂开悟性。还有比武则天更难开窍的，法藏就为他们设计了以下实验，以便理解佛意。学经者在实验启发下，“涉入无尽法义”。赞宁因之称颂法藏“善巧化诱”。法藏的实验如下：

> 取鉴十面，八方安排，上下各一，相去一丈余，面面相对。中安一佛像，燃一炬以照之，互影交光③。

“八方”指房间内八个方向，即东南西北，以及东北、东南、西北、西南，加“上下各一”面镜，共十面镜。将十面大镜，如此组合，屋中佛像与炬火便“互影交光”，层出不穷之像。如此说明佛家虚幻境界、佛法无边。

此外，佛家还有以“轩辕镜”避邪之说。方以智写道：“悬轩辕镜，硃砂涂系，围四镜相照，能辟邪。智谓楞严坛十六镜，上下摄照，即此意也④。”

所谓“轩辕镜”如同前述明代屠龙所记者，“其形如球”，是个球面镜。通过方以智记述，我们知道它的大致组合情形。“围四镜”即东西南北各一镜；而“楞严坛十六镜”，是在四面八方布镜之外，又在上下两方布镜。如果镜为纯球面，则是凸面镜成像，是缩小的正像；如若球面曲率不匀，或椭圆或抛物面，则成像情形如今之“哈哈镜”同。经多面如此球面镜反复成像，的确会令人倒生寒毛，退避三舍。方以智在清兵入关之后，削发为僧，避身禅门，因此，有关轩辕镜避邪之说，当耳染目睹。

清代，大概受西洋传入“万花筒”、“多宝镜”的启发，孙云球造“万花镜”、“多面镜”、黄履庄造“多物镜”、“灯衢”⑤，以及郑复光描述的“罗汉堂”⑥ 等，都是依据组合平面镜原理制成的玩具或娱乐布景。组合平面镜，即使从汉代初期算起，也已有2千余年的历史了。

4. 阳燧与球面镜成像

正如前面所述，根据考古发掘，阳燧起源于西周时期，在物理学上称它为凹面镜。凸面镜的起源比凹面镜要早约2千年。

关于阳燧以及球面镜的文字记载要比实物的出现晚得多。《周礼·秋官司寇》说：

---

① 张君房《云笈七签》卷四十八《祕要诀法·老君明照法叙事》。

② 僧法藏，字贤首，姓康，康居人氏。据《宋高僧传》，约活跃于7世纪下半叶。

③ 赞宁《宋高僧传》卷五《周洛京佛授记寺法藏传》。

④ 方以智《物理小识》卷八《器用类·镜光》。

⑤ 王锦光、洪震寰，中国光学史，第98，168～169页。

⑥ 郑复光《镜镜诊痴》卷五《作万花筒镜》第三、四条。

“司烜氏掌以夫遂取明火于日”。大概西周时期已有专门掌管阳燧取火的官员，称为“司烜氏”。《周礼·考工记》在述及“鉴燧”时记述了它们铜锡合金比例。汉初，《淮南子》中多篇记述到阳燧①，其中的《天文训》说：“物类相动，本标相应。故阳燧见日则燃而为火，方诸见月则津而为水。”

这里所谓“方诸”，又名“阴燧”，即大蛤的壳。因其内面光滑，易冷，夜间温差变化时能在壳内形成水气。汉代高诱在这引文的“阳燧”中注云：“阳燧，金也。取金杯无缘者，熟摩令热，日中时以当日下，以艾承之，则燃得火也。”

类似记载也见王充《论衡》中“率性篇”、“乱龙篇”和“定贤篇”。王充指出经磨光的刀剑偃月钩也能当阳燧使用。这是因其有光亮的凹形面所致②。

然而，对阳燧一类凹面镜最早作出光学上探讨的是《墨经》：

《经下》：“鉴洼③，景④ 一小而易，一大而正，说在中之外、内。”

《经说下》：

> 鉴　中之内：鉴者近中，则所鉴大，景亦大；远中，则所鉴小，景亦小——而必正，起于中缘正而长其直也。中之外：鉴者近中，则所鉴大，景亦大；远中，则所鉴小，景亦小——而必易，合于中而长其直也。

《经》文“鉴洼”，即凹面镜，“洼”者凹也。这条文字经钱临照解释之后，研究者对其中成像部分的意见较为一致。而对《说》中个别文句存有异议，或尚有疑窦。

凹面镜成像有三种情形：物体在球心之外，则像比物体小而倒立，是实像；物体在球心与焦点之间时，则像比物体大而倒立，也是实像；物体在焦点以内时，则像比物体大而正立，是虚像。然而，钱临照解释说，“中”字是球心与焦点之间的通称。实验者是以自身作物，以自己眼睛作屏，并从远处向着凹面镜走近的过程中而观察自身的成像情形。这样，当人在球心外向球心走近时，观察到自己的缩小倒像（实像）迎面而来；越接近球心，像逐渐模糊以至不辨。因为此时，眼睛所见之像与眼睛越来越近，当其距离接近并小于人的视距 25 厘米界限之时，像变得模糊，乃至不可辨。当人走过球心并在球心与焦点之间时，成像在人脑后，故无所见。当人走过焦点并继续前进时，又看见镜背后放大的正立虚像。《经》文就是如此忠实地记下了凹面镜成像情形：“景一小而易，一大而正，说在中之外，内。”见图 3-26。(a) F 为焦点；O 为镜面球心；OF，墨家称为“中”；A、B 分别为人或物在“中之外”的不同位置；A' 和 B' 为其在相应位置的像。《墨经》记此实验结果为“中之外”；“景一小而易”；“鉴者近中，则所鉴大，景亦大；远中，则所鉴小，景亦小，——而必易。”(b) 当 A 是人，按墨家实验从“中”之外走到正“中”，此时 A 的像在 A'，即在人的脑后，故 A 不见本人的像。因而，《墨经》对此无成像记载。若此时，A 是物或人的手指，那么，当屏置 A' 处即可见像 A'。墨家是以人身为物，以眼睛为屏作此实验的。(c) 当物 A 在焦点 F 以内近凹面镜位置，成像 A' 为正立虚像，且恒比物大。《墨经》写道：“中之内”，“景一大而正”；“鉴者近中，则所鉴大，景

---

① 《淮南子·天文训》，《淮南子·览冥训》，《淮南子·说林训》等。

② 其他书籍记载，如晋代崔豹《古今注》卷下，干宝《搜神记》卷十三，王嘉《拾遗记》卷八；唐代苏鹗《苏氏演义》卷下；宋代吴曾《能改斋漫录》卷三《阳燧》等等。

③ “洼”字，旧本作“位”，形近而误，从钱临照校。

④ “景”字，旧本作“量”，形近而误”。

亦大；远中，则所鉴小，景亦小，——而必正。”

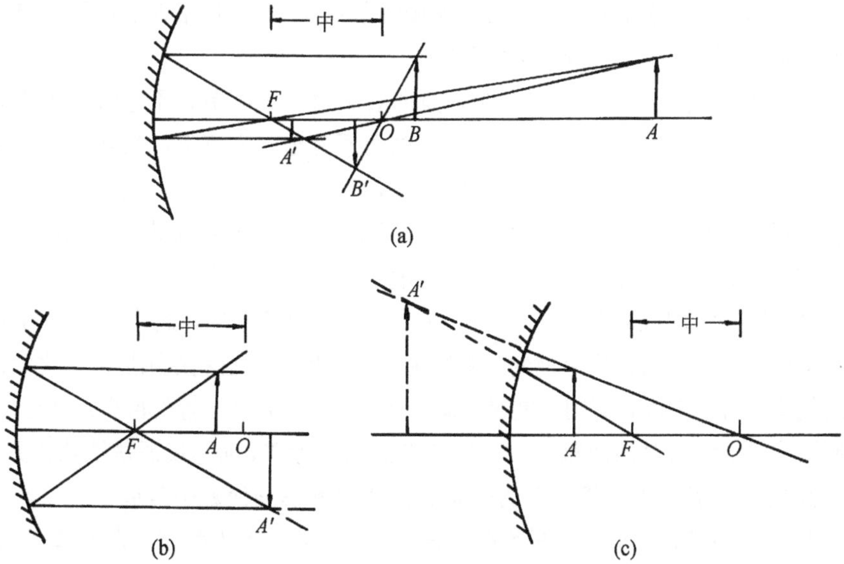

图 3-26　凹面镜成像

《说》文分两种情形（“中之内”，“中之外”）更具体讨论之。“中之内”图 3-26 (c)：近焦点（“近中”），成像大而正（“景亦大”）；远离焦点即接近镜面（“远中”），成像比前者小而正（“景亦小，而必正”）。“中之外”图 3-26 (a)：近球心（“近中”），成像大而倒（“景亦大”）；远球心（“远中”），成像比前者小而倒（“景亦小”，“而必易”）。“而必正”、“而必易”是统括“中之内”和“中之外”的成像状况的，因此标点中加上了破折号。从图 3-26 中不难断定其描述的正确性。然而，《说》文中四个“所鉴”指什么？“起于中缘正而长其直”、“合于中而长其直”又当何解？

洪震寰说，“所鉴”指放大率，因为四个“所鉴者”均与其像成正比例；在难懂的两句中，其“中”字不同于前所解，而是指球面镜的镜面中心，即镜的顶点；“缘正”为“沿着正轴”，“直”与“值”通，作相当，相值解。因此，这二句话意思是，计量像距与物距时的操作方法、必需沿正轴计量。

徐克明提出另一种解答。他认为，《经》文的“中”是球心。《说》文将成像分为“球心之内、外”两种情况，而“中缘”应为“中燧”，“中燧”即焦点，意为发火的那一点，以区别“中”字表示的球心。这样，《说》就比《经》发展了一步，描写了焦点①。他解释那二句难懂的句子为：“直”字，古文借为“置”，物体是从焦点开始（“起于中燧”）正立着向镜面方向移动的（“正而长其置也”）；物体在球心同自己像重合（“合于中”）之后背离镜面而移动位置（“而长其置也”）。又，几个“所鉴”二字，意指在球心的观察者所看见的物体的视角。

撇开那些我们尚未理解的词、句，毋庸置疑，《墨经》对于以人本身为物体和像屏的

---

① 李志超认为，《说》文的“中”是焦点。并将难懂的二句分别解释为：“起于中”就是以“中”为起点，向物连直线，延伸至镜面即得像的大小。“合于中”是由物出发，通过“中”连直线，延伸至镜面即得像的大小。整句说的是成像大小的几何操作法。见《天人古义》第 339 页。

凹面镜成像作了完全正确的描述。

汉代，《淮南子·说林训》已道出了模糊的焦点概念："凡用人之道若以燧取火，疏之则弗得，数之则弗中，正在疏数之间。"

汉代高诱解"疏"、"数"为迟、疾，意即着火时间要有节，不宜快，也不宜慢。有人解"疏""数"为"远"与"近"，意即离球面不宜远，不宜近，当在焦点之中①。

《艺文类聚》引前述《淮南子》"阳燧见日，则燃而火"中有一注释。该注与东汉高诱注稍有不同。它明确地指出了焦距的大小。引注写道："阳燧金也。取金樯无缘者，执日高三、四丈时以向，持燥艾承之寸馀，有顷焦之，吹之则燃得火②。"

《艺文类聚》为唐代欧阳询（557～641）所撰，成书于唐初，武德（618～626）年间。这注释当是东汉高诱之后、唐之前的学者所为。在实践上，自利用阳燧点火之日起，其焦点已为人们所掌握。然而，有明确文字记载，在阳燧镜面前"寸馀"得火，这还是第一次。

继墨翟之后，沈括对凹面镜又一次作了较深入的考察，他不仅清楚地认识到焦点，而且结合小孔成像还提出了"格术"的概念。他在《梦溪笔谈》中写道：

> 阳燧照物皆倒，中间有碍故也，算家谓之格术。如人摇橹，臬为之碍故也。若鸢飞空中，其影随鸢而移。或中间为窗隙所束，则影与鸢遂相违：鸢东则影西，鸢西则影东。又如窗隙中楼塔之影，中间为窗所束，亦皆倒垂，与阳燧一也。阳燧面洼，以一指迫而照之则正，渐远则无所见，过此遂倒。其无所见处，正如窗隙、橹臬、腰鼓碍之，本末相格，遂成摇橹之势。故举手则影愈下，下手则影愈上，此其可见（阳燧面洼，向日照之，光皆聚向内。离镜一、二寸，光聚为一点，大如麻菽，著物则火生，此则腰鼓最细处也）③。"

沈括和墨家一样，以实验研究凹镜成像。手指从镜面外移，先见正立虚像；近焦点时，像无所见④；过焦点再向外移，则见倒立实像。他明确区分了凹面镜在焦点内外的成像情形。比起《墨经》来，这是一大进步。不仅如此，他进一步描写了焦距长度与焦点大小情形："离镜一、二寸，光聚为一点，大如麻菽"。这大概是中世纪期间对凹面镜所作的最清晰的物理叙述。

然而，更重要一点是他提出了"格术"概念。显然，这个概念是仿效算家的"垛积术"、"招差术"等用词而提出的。"格术"究意是什么？从沈括文中所述，看来是理解或掌握光线通过小孔和焦点时方向不变的一种方法。这个"小孔"或焦点，如同摇橹中支承橹竿的木桩（称其为"臬"），使橹竿"本末相格"。沈括称这小孔或焦点为"碍"。沈括以此描述光线直进性质，解释小孔与阳燧成倒影的原因，故谓之"格术"⑤。

---

① 王锦光、洪震寰，中国光学史，第40页。

② 欧阳询《艺文类聚》卷八十《火》，第1363页。

③ 沈括《梦溪笔谈》卷三《辩证一》。

④ 虞兆隆《天香楼偶得·阳燧倒》写道："余家蓄一阳燧，以之照物，迫近则正，稍远则闪烁不定，再远之则皆倒矣，但所照甚为模糊，不若近照之明显。"他记下了在焦点附近"闪烁不定"的像。他的观察更为仔细，但其解释阳燧成像原理并不高明。

⑤《辞海》释"格术"为"以光线通过焦点（碍）来研究成像问题的一种方法。"这一解释是基本正确，也符合沈括原意；有人认为"格术"就是"数学物理方法"，并赋予它许多现代物理学的特性与功能。这似乎不合沈括原意，也不与宋代水平相合。参见李志超，中国古代光学的格术，《天人古义》，第335页。

提出“格术”一词并以此总结有关光学现象，是沈括科学精神和理性的概念思维的结晶。它在后世产生了极大影响。明代方以智极为赞赏地抄录了沈括的原文①；清代光学家邹伯奇撰写《格术补》②；《格物中法》的作者刘岳云也写下《墨子格术解》文③；郑复光在其“约行线”概念下解释“塔影倒垂”时，又一次借用了“格术”概念④。

我们再看看人们对于凸面镜成像的认识。《墨经》有关的文字写道：

《经下》：“鉴团，景一。”

《经说下》：“鉴　鉴者近，则所鉴大，景亦大；其⑤远，所鉴小，景亦小，——而必正。景过正故招。”

所谓“鉴团”就是指凸面镜。凸面镜成像总是正立、缩小的虚像（图 3-27）。故《经》文说：“鉴团，景一”。《说》对距离凸面镜远近不同的物体所成像情形，作了更详细的讨论，指出物体距镜面近时所成像大，距镜面远时所成像小，且像都是正立虚像。从图 3-27 中不难判断《说》的描述是正确的。如同上一条所述，这里的“所鉴”、“景过正故招”，也是难解之句，或解释者各持己见。

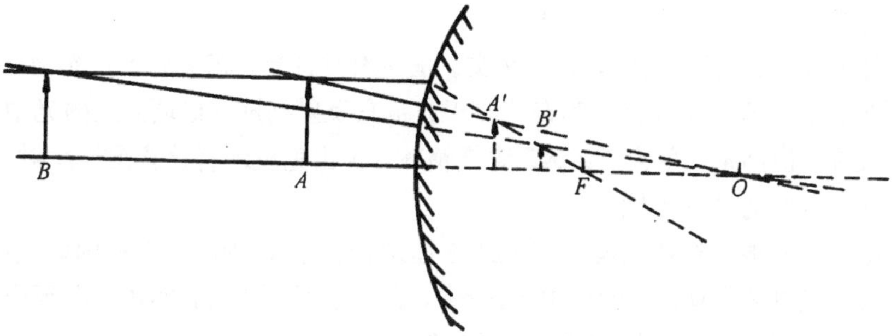

图 3-27　凸面镜成像图

F 为焦点，*O* 为镜面球心；*A*、*B* 为人或物在镜面外的不同位置，*A*′、*B*′ 为相应位置的像

沈括也清楚凸面镜成像情形，他在解释小镜“全纳人面”中就指出小镜面凸的功用。

除了凹面镜和凸面镜之外，古代人还发现了柱面镜的成像。《淮南子·齐俗训》写道：“窥面于盘水则圆，于杯则隋。面形不变，其故有所圆有所隋者，所自窥之异也。”

元代以前，中国无椭圆形的“椭”字。“椭”与“隋”，古文相同。宋代沈括首先将“椭”字写为“撱⑥。在柱面镜成像中，圆形脸面被拉长而成为椭圆面像。北齐刘昼在《刘子》中更清楚地描写了柱面镜成像：“镜形如杯，以照西施。镜纵则面长，镜横则面广。非西施貌易，所照变也⑦。”

---

① 方以智《物理小识》卷八《器用类·阳燧倒影》。

② 见《邹征君遗书》。

③ 见《食旧德斋集·杂著》

④ 郑复光《镜镜詅痴》卷一《原线》。

⑤ “其”，旧本作“亓”，形近而误。

⑥ 沈括《梦溪笔谈》卷二十六《药议》，“太阴玄精”条。

⑦ 刘昼《刘子》卷十《正賞》。

光滑青铜杯，可以照见人影，其外杯层正是一种纵柱面镜。圆面在平静水镜中成像当然为圆形，而在柱面镜中成像却变了。刘昼进一步指出，柱面镜有两种类型：纵柱面镜与横柱面镜。纵柱面镜的成像，像脸面拉长了；横柱面镜的像却在纵方上缩短、在横方向加大（图 3-28）。在这样的镜前照像，即使美丽的“西施”也会变得其丑无比。这些镜形，如同我们今天所见的某些“哈哈镜”。

图 3-28　“镜形如杯”的柱面镜成像

5. “透光镜”及其“透光”机理

清代郑复光说：“独有古镜，背具花文。正面斜对日光，花文见于发光壁上，名透光镜①。”可见，它是青铜平面镜。其奇特在于，被它反射到屏（或墙）上的光中呈现出该镜背面的纹饰，仿佛是入射光“穿透”青铜镜体，神出鬼没地将镜背图纹反射到屏上了。因此，古代人称它为“透光镜”。

据湖南攸县发掘一枚透光镜，直径 21.8 厘米，厚约 0.2 厘米，属战国时期遗物②。可推断，透光镜在中国具有长远的历史。据考③，有文字可查④或有实物遗存至今的汉代透光镜约 20 枚。其中，上海博物馆藏西汉透光镜 4 枚⑤，尤以背铭“见日之光天下大明”的透光镜著称于世（见彩图 3-29）。隋唐间，可查考的透光镜也不少。自宋以降，民间收藏者明显增加。直至清代，郑复光在驳古人视透光镜如宝时说：“透光镜，人争宝焉。不知湖州所铸双喜镜，乃日用常品，往往有之，非宝也。”

由此看来，透光镜在中国，至少明清时代已是很平常的事。

虽然，透光镜的制造在西汉时期已获得成功。但是，科学的历史总是曲折的。我们迄今尚未发现，在公元 6 世纪之前有关透光镜“透光”现象的文字记载。直到北周或隋唐之际，才有文字记述它。北周庾信（513～581）在《镜赋》中曾描述道：“临水则池中月出，照日则壁上菱生⑥”。此“菱”字可能指镜背花纹⑦。隋唐之际，王度在其《古镜记》中叙述其师临终前赠以古镜，他以此镜“承日照之，则背上文画墨（尽）入影内，纤

① 郑复光《镜镜诊痴》卷五《透光·作透光镜》。

② 贺鸿武，湖南攸县发现一件古代透光铜镜，文物，1989 年第 3 期，第 75 页。

③ 何堂坤，中国古代铜镜技术研究，第 276 页。

④ 如，清乾隆十四年敕撰《西清古鉴》卷三十九。

⑤ 阮崇武、毛增滇，中国“透光”古铜镜的奥秘，第 2 页。本节图 3-29、3-30，采自该书，特此申明，不敢掠美。

⑥ 欧阳询《艺文类聚》卷七十《镜》引庾信赋，第 1227 页。

⑦ 郑复光持此观点，见其著《镜镜诊痴》卷五《透光镜》；也见徐康《前尘梦影录》卷下。

毫无失①”。这就是说，大约从6世纪下半叶起，人们才发现了透光镜的“透光”现象。此后，透光镜的制造就是有意识的了。据载，一个唐代八卦镜，其背纹上铭曰“透光宝镜，仙传炼成，八卦阳生，欺邪主正”。这是较早出现的“透光镜”三字。经后人对该镜检验，它确实是“迎日照之，八卦太极、光映素壁②”。这证明，该镜铸造者是下意识制造透光镜的。因为镜背铭文是匠师铸就的，而非后来补刻或补铸③。此后，沈括的贡献是在于，他第一次果敢地断论了“透光”现象的本质。同时，他也是第一个指出了造成光滑的镜面会有与其背纹相似痕跡的铸造方法。自沈括之后，关于透光镜的铸法问题为历代学者所注意。可以说，近代学者所能想到的制造方法都被中国古代人提出过。郑复光于1835年之前几年成书的《镜镜诊痴》，不仅总结和评述了在他之前的各种有关透光镜制法的言论，而且也是在中国历史上最清楚、正确而在世界上最早地论述了“透光”现象的光学原因。他的论述比英国物理学家布喇格（W. H. Bragg）在1932的有关论述早约100年。

我们再看看透光镜“透光”的原因。

即使镜体极薄，可见光决不能穿透青铜合金板。那么，镜面反射光何如会出现镜背纹饰？由于透光镜的镜体一般地都比较薄，除了镜边缘和镜背纹饰凸起部分外，仅有0.5～0.9毫米之厚。在某种铸造法或机械加工下，镜面呈现出与镜背纹饰相似的图案，只是这种镜面图案人眼察觉不到，而在其反射光时就现出来了。因此，透光镜实则是镜面各处曲率不同的凸面镜。在有铭文的厚处曲率较小，无铭文的薄处曲率较大。当平行光照射镜面时，曲率大的地方反射光比较分散，在屏上的投影光就比较暗；曲率小的地方反射光比较集中，投影光就比较亮，如图3-30所示。由于这种明暗不同，由透光镜反射到屏上的光就产生了同镜背一样的明暗花纹。这就是“透光”的秘密。

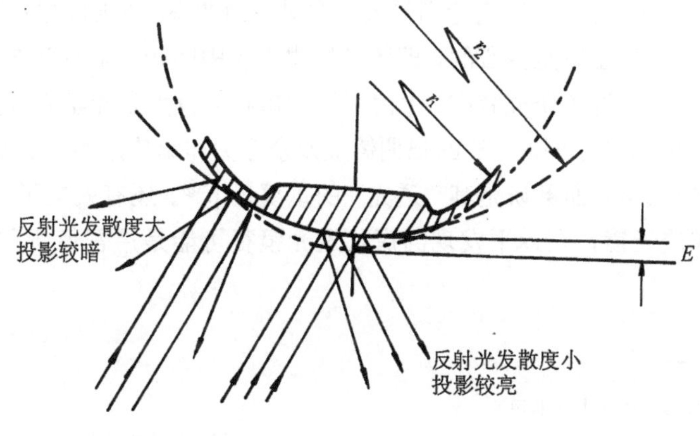

图3-30　不等曲率镜面的反射

古代人如何制造这种透光镜、使其镜面曲率不相等呢？沈括说：

人有原其理，以谓：铸时薄处先冷，唯背纹上差厚，后冷而铜缩多，文虽在背，而鉴面隐然有迹，所以于光中现。予观之，理诚如是。然予家有三镜，又

① 王度《古镜记》。见《说郛》（宛委山堂本）卷114。其中的“墨”似为繁体“尽”字之误。

② 清·冯云鹏，冯云鹓辑《金石索》卷六《金索》。

③ 何堂坤，中国古代铜镜技术研究，第278页。

见他家所藏，皆是一样，文画铭字无纤异者，形制甚古，唯此一样透光。其他镜虽至薄者，皆莫能透，意古人别自有术①。

沈括所言，也就是：铸镜冷却过程中，厚薄不同，收缩率差异，从而导致镜面微小的凹凸不平或曲率不同。但是，沈括在比较了完全相同的镜之后，以为这种解释并不具有普遍性，因此推想"古人别自有术"。沈括的解释，在今日被称为"铸造说"。在历史上，明代郎瑛（1487～约 1566）持类似说法②。郑复光在一定程度上支持沈括的解释，但自宋以降，沈括之说存有异议③。

第二种意见以元代吾衍为代表。他说：

假如镜背铸作盘龙，亦于镜面窍刻作龙如背所状，复以稍浊之铜填补铸入，削平镜面，加铅其上，向日射影，光随其铜之清浊分明暗也。④。

这种意见称之为"镶嵌说"。由于镜面上镶嵌或填铸了与其背面纹饰相同的"稍浊之铜"或又加铅，因而，镜面反射光中有明暗纹饰或文字。这一解释在历史上得到许多人赞赏⑤。然郑复光持异议。而且，近年的一些研究者也持有异议。

第三种意见是由郑复光提出来的。他说：

铸镜时铜热必伸。镜有花纹，则有厚薄。薄处先冷，其质既定，背文差厚，犹热而伸，故镜面隐隐隆起。"

这一观点，实质上是赞赏沈括之说。然而郑复光进而补充论证。在镜胚成形之后，还要经过"括"与"磨"的工序。他说：

夫刮力在手，随镜凸凹而生轻重，故终有凸凹之迹。

虽工作刮磨，而刮多磨少，终不能极平，故光中有异也⑥。

这种意见被称为"刮磨说"。它特别强调刮磨对镜面曲率的影响。但近年的研究表明，刮磨法造成的"透光"图像是空心的，即图像的边缘亮中间暗；而西汉透光镜是实心的，即整个图像皆为明亮。近年研究者中，上海市博物馆和复旦大学光学系采用淬火法⑦；上海交通大学采用铸磨法⑧。同时，有的强调铸造残余应力和结构应力的影响，认为这是铜镜"透光"的基本因素，而磨研是其"透光"的重要环节⑨。还有人主张，历史上的三种说法都可以制成透光镜，在遂平发现的唐代透光镜很可能是用吾衍所称的镶嵌法制成

---

① 沈括《梦溪笔谈》卷十九《器用》。

② 郎瑛《续七修类稿》卷七《透光镜》："予意此必铸时或异，而用铜用药非常者。"

③ 宋元之际，周密认为，沈括"其说亦穿凿"（《癸亥杂识续集》卷下《透光镜》）；郑复光则批评周密"所引《笔谈》实未举其精要"（《镜镜诊痴》卷五《透光镜》）。

④ 吾衍《闲居录》。

⑤ 如明代方以智（《物理小识》卷八《器用类》），何孟春（《馀冬叙录》）；清代徐元润（《铜仙传》），湖州人"伏虎道场行者"（署名）（《野语》），徐康（《前尘梦影录》卷下）等。郑复光在《镜镜诊痴》卷五《透光镜》中引《馀冬叙录》、《野语》等书。

⑥ 郑复光《镜镜诊痴》卷五《透光镜》。

⑦ 上海博物馆、复旦大学光学系，解开西汉古镜透光之谜，复旦学报（自然科学版）1975 年，第 3 期。

⑧ 上海交通大学西汉古铜镜研究组，西汉"透光"古铜镜研究，金属学报，1976 年，第 1 期。

⑨ 阮崇武、毛增滇，中国"透光"古铜镜的奥秘，第 19～25 页。

的[①]；而且，可能不止以上述及的种种方法。

我们再回头看看古代人对透光镜反射的解释。

正如前面所述，沈括是第一个对透光镜作出解释的。他说：

世有透光鉴，鉴皆有铭文，凡二十字。字极古，莫能读。以鉴承日光，则背文及二十字皆透在屋壁上，了了分明。人有原其理，以为铸时薄处先冷，唯背文上差厚，后冷而铜缩多。文虽在背，而鉴面隐然有迹。所以于光中现。予观之，理诚如是[②]

沈括和他的同时代人，大概知道，透光镜是反射镜，只是其镜面“隐然”存有与镜背相似的痕迹。虽然沈括关于透光镜的铸造方法并不为其后一些学者所赞同，但他提出的“透光”机理却得到其后学者们几乎一致的称许。

郑复光发展了沈括的见解，作出了与近代西方科学家们几乎相同的解释。他将沈括提出的镜面“隐然有迹”的“迹”，一语点破为“凸凹之迹”。因为是凸凹，在阳光下“平处[③] 发为大光；其小有不平处[④]、光或他向，遂成异光[⑤]，故见为花纹也[⑥]”。对照图3-30，郑复光的解释就不能不令人叹服了。不止如此，他还将水面反射与透光镜反射作了类比。他说：“水静则平如砥，发光在壁，其光莹然动，则光中生纹，起伏不平故也。铜镜及含光玻璃，其发光亦应莹然如止水。”

他又说：“铜镜磨工不足，故多起伏不平，照人不觉，发光必见。”“由于（镜面）凸凹，故能视镜无迹，而发光显著也。”

郑复光所谓“发光”，即今日称镜面反射光。他在水面和青铜镜面之间所作的类比说明，在约100年后为西方光学家解释透光镜现象所采用。他的“镜面凹凸”、“起伏不平”之说，也为当代光学所采用。而他的关于玻璃会产生类似现象的论述，成为当代精密光学仪器制造家的警世之言。

在1835年《镜镜诊痴》成书之后，1877年英国教士傅兰雅在上海主编科学杂志《格致汇编》，遂有山东烟台人寻问透光镜之原理。傅兰雅回答：“考光学中并无此理”，并以类似元代吾衍的“镶嵌法”阐述之[⑦]。次月，又有广东人再问，并推想：将带有和镜背相同花纹的铁范以强力压于镜面，就可造成透光镜。傅兰雅不能回答，并直率地承认自己前所回答“为随意说出，非必为其实在之故”。在肯定此人设想“似乎有理”的同时，又说：“此镜本非出自西国，西国之书不论及之。莫怪本馆不能迳答也[⑧]。这个回答也表现出傅兰雅的学者风范。

透光镜在世界各地的传播引起现代科学家的关注与研究，这个过程也是极为有趣的。

---

① 何堂坤，中国古代铜镜技术研究，第201—202页；陈佩芬，西汉透光镜及其模拟实验，文物，1976年第2期，第91页。

② 沈括《梦溪笔谈》卷十九《器用》。

③ “平处”，指稍凹之处。

④ “不平处”，指凸起之处。

⑤ “异光”，也即今日谓之“发散光”。

⑥ 郑复光《镜镜诊痴》卷五《透光》。

⑦ 《格致汇编》第二年（1877年）第8卷，第15页正面“相互问答”。

⑧ 同上，第9卷，第13页正面“相互问答”。

早在汉代，中国铜镜已流传到高丽和日本。曹魏明帝景初二年（238），一次送给日本使臣的铜镜足有百枚①。日本在奈良时期（710～794），相当于我国唐代中期，已从中国学到了铸镜技术。在江户时代（1606～1687），日本人学会了制造透光镜，并称它为“魔镜”。明治初期（相当于我国清朝后期），日本民间收藏大量魔镜；19 世纪 90 年代，遂有研究论文发表②，其光学观点与郑复光相差无几。

当郑复光发表他的有关透光镜专论之前三年，欧洲人才知道透光镜。1832 年旅居印度的普林赛普（J. Prinsep）在加尔各答偶然见到一枚透光镜，他便撰写了题为“论中国魔镜”的文章发表于《亚洲学会会志》上③。接着，英国物理学家布儒斯特（David Brewster，1781～1868）就对透光镜进行检验，认为其特性是由于密度差异引起的④。他的观点和元代吾衍不谋而合。1844 年，法国天文学家和光学家阿拉哥（D. F. J. Arago，1786～1853）将一枚透光镜赠送给法国科学院，从而引起了一连串的讨论文章。居伦（Stanisslas Julien）在文章中最早引述了周密与吾衍的有关文字，并认为，在磨制光滑镜面时其凸面曲率有微细差异⑤。大多数物理学家同意他的说法。在讨论中，多数人认为镜子是铸造而成的，但个别人认为是压模而成的。此时，旅居日本的艾尔顿（W. E. Ayrton）和佩尔里（J. Perry）经过察访日本铸镜工匠，以实验证实镜是铸成的而不是压成的⑥；10 年之后，他们又指出了在镜子铸成后，以压磨法产生“透光”效果的原因⑦。尤为有趣的是，1877 年，英国《自然》（Nature）周刊开展了关于透光镜“透光”成因的讨论。讨论中多数人以为，镜面凹凸现象是从镜背压击而成的⑧。几乎同时，在意大利和法国的科学界也有人在进行透光镜实验，除了在镜背加极高压力之外，有一种意见与沈括几乎相同，主张是加热而得的“透光”效果⑨，并且提醒天文学家在制造天文反射镜时要注意控制温度，以避免“透光”效应的发生。1932 年，曾因晶体结构的研究于 1915 年获诺贝尔物理学奖的 W. H. 布喇格（Bragg，1862～1942）以“论中国的‘魔镜’”为题，写了一篇有光透光镜及其“透光”机理的总结性文章⑩，从而结束了在西方长达百年的争论。后来，这个老布喇格（他的儿子称小布喇格（W. L. Bragg），父子一同获诺贝尔奖）又将其文章内容编入科普作品《光的世界》一书中。他的主要论点是，铜镜铸成后要经过刮磨，在刮磨受压时，微向下凹，“镜子较薄部分，比起背后凸起的较厚部分，向下凹得多一些，因而对于刮磨器而言，就退让得后一些。这样，较薄部分，多少避免了刮磨器作用，而在压力过去时，它们又恢复原状，但是比镜面的平均地位，却微微凸起一些。”从而，镜面形成

---

① 《三国志》卷三十《魏书·倭》，第三册，第 857 页。

② Hanichi Muraoka MDGNVO，1884，no. 31；ANP，1884，**22**，246；1885，**25**，138；1886；**29**，471。也见渡辺正雄《文化史におけゐ近代科学》，未來社，1963，第 89～109 頁；石野亨《鋳造技術の源流と歷史》，株式会社産業技術センタ一，1977，第 184～194 页；何堂坤《中国古代铜镜技术研究》，284～287 页。

③ J. Prinsep，On a Chinese ‘Magic Mirror’. JRAS/B，1832，**1**，242.

④ D. Brewster，PMG，1832，**1**，438.

⑤ St. Julien，CRAS，1847，**24**，999.

⑥ W. E. Ayrton & J. Perry，PRS，1878，**28**，127；ACP，1882，**20**，110.

⑦ W. E. Ayrton & J. Perry，PMG，1886，**22**，327.

⑧ 见 Nature，1877，**16**，22，132，142，163，227，等。

⑨ M. Govi，ACP，1880，**20**，99，106.

⑩ W. H. Bragg，On Chinese ‘Magic Mirrors’，ILN，1932，**181**，706.

与镜背一致的凹凸状，“当光线从镜面被反射时，反射光的聚散与镜背花纹相应”。为了人们了解镜面及其反射情形，他例举了类似在他之前100年郑复光所作的水面比喻①。

为了了解二千多年前中国汉代人的发明（这是保守的说法），透光镜的成因问题却使近代欧洲科学家忙碌了整一个世纪②。20世纪70年代中期，日本和中国的学者又曾为推进该项目的研究而分别作了许多工作。

6. 低反射率镜和眼罩

前述各种镜子，都要经过抛光、甚而镀之以锡汞合金，以增大其表面反射率，从而成像才能清晰。中国古代有许多日食的观察记录，这是通过盆水而观察太阳的虚像、看出其日食的状态及食分的多寡。盆水在此成了低反射率镜。通过它观察日食就可以避免直接观察太阳而烧伤肉眼。早在汉代起，中国人就发现了以盆水观察的方法。《开元占经》卷九引汉代京房的《日蚀占》曰：“日之将蚀……，置盆水庭中，平旦至暮视之。”宋代僧文莹《玉壶清话》卷一还述及“以油盆俯窥”太阳③，油的反射率比水更低。古代人以此方法观察日蚀、日晕和诸如日珥等现象。

在强烈的阳光刺激下，古代人常常戴眼罩。眼罩的发明与应用与眼镜具有相同意义。中国人最早使用眼罩。李约瑟对此也曾讲道：青藏高原的牧民以牦牛毛制的眼罩，遮挡过强的阳光；蒙古族则用角罩或骨罩；至迟6世纪时中国人用金属制的眼罩，而法官们常配戴茶晶眼罩，以掩盖他们在法庭上对争讼人的反应④。其实，眼罩的使用在中国至迟起于汉代。在西汉中山靖王刘胜墓中发掘出一对青玉制的眼罩，作圆角长方形，表面微鼓，缘周有3小孔，偏中1小孔；长4、宽3、厚0.4厘米，孔径0.1～0.2厘米⑤。在陕西长安县一座东汉桓帝建和元年（147）的墓葬中也发掘出一对玉质椭圆形眼罩，罩底平滑，罩面正中有棱脊⑥。这些眼罩可能都是墓主人生前用于保护眼睛的物品。

7. 对月光和日月食的解释

月光和日食、月食现象，从光学上看，就是光反射和影子的生成。当日、月、地三者成一直线，其中、月（或地）挡住了日光，就称为日食（或月食）。古代人对这现象有一些颇有趣的看法。

战国末或秦汉之际，据《周髀算经》载，人们对月光的成因曾有正确的看法：“日兆月，月光乃出，故成明月”。

“兆”字与今日“照”字同。月光是由太阳照射的结果。汉代人在注解《周髀算经》时写道：

> 日者阳之精，譬犹火光。月者阴之精，譬犹水光。月含影，故月光生于日之所照，魄生于日之所蔽。当日则光盈，就日则光尽。月禀日光而成形兆，故云“日兆月”。

在这个注解中，人们以阴、阳、水、火解释日发光、月反光。将月比喻为阴、水，就

① 布拉格，光的世界，中译本第43～44页，陈岳生译，商务印书馆，1947年版。

② 有关文字，多引自 Joseph Needham，Science and Civilisation in China. Vol. 4，part 1，pp. 94～97。

③ 类似记载也见程大昌《演繁露》卷一《日圆与日说通》。

④ J. Needham。同上，Vol. 4，part 1，p. 107. 李约瑟在此未提供有关的古代文献典籍。

⑤ 中国社会科学院考古研究所，满城汉墓发掘简报，文物出版社，1980，第139页。

⑥ 陕西省文管会，长安县三里村东汉墓葬发掘简报，文物参考资料，1958年第7期，第62页。

为后来的解释提供了发挥的余地。一盆水或镜可以反射阳光到墙上，这与月球反射而成明月之理同，因此，东汉京房说：“月与星至阴也，有形无光，日照之乃光，如以镜照日而有景见。”①

“景”字在此当“光”解。镜和静水都能反射阳光。以此解释月光成因，无疑是正确的。然而，“星”之中，有行星和恒星之别。凡恒星皆其本身发光，而非反射太阳光。京房对此尚未有认识。

京房又说：“先师以为，日似弹丸，月似镜体，或以为月似弹丸。日照处则明，不照处则暗②。”

月光乃日之所照，已为古人所知。但月面何如有暗影，这又引起古代人的关注与讨论。

镜与静水，除了反射阳光外，还能照物成虚像。“月含影”这一看法的物理依据在此。人们推想，大地对着月，就如同大地在照镜。月面上暗影被称为蟾桂，是地上高山之影；月面上光亮处是地面上的水影。桂树、吴刚之传说由此而生。段成式认为，这种观点起于佛家，他说：“释氏书言，须弥山南面有阎扶树，月过，树影入月中；或言，月中蟾桂，地影也；空处，水影也。此语差近③。”段成式完全不同意月面上暗影是蟾、兔、或地影、水影之说。但是，唐宋时期“地影”之说极盛。王安石强调说：“月中仿佛有物乃山河影也”④；苏轼以其诗作来批评有关蟾、兔传说的错误。他写道：“正如大圆镜，写此山河影，妄言桂兔蟆，俗说皆可摒”③。实际上，将月面暗影看作树木、人物或大地的像影，这些观点都是错误的。宋代何薳曾反问王安石和苏轼二人：

以二先生穷理尽性，固当无可议者，然尚有未尽解处。今以半镜悬照物像，则全而见之；月未满，则月中物像亦只半见。何也？④

虽然何薳未就此问题具体作答，但他的反问却包含了深刻的光学意义。

事实上，唐代段成式在望远镜发明并用以观察月球之前800余年，就道出了月面上暗影的本质，段成式说：“月势如丸，其影，日烁其凸处也。”⑤

阳光照射于月面凸处，反射光就发散了，地面上的人看它就显得稍暗。这道理如同前述透光镜的反射机理。段成式的猜想远远地走在科学发现的前列。

正如早在战国或秦汉时期民间传说月中有蟾兔一样，关于日食、月食早先也有不少传说与猜想。对日月食较早的科学解释大概起于汉代。东汉张衡在其《灵宪》中写道：

夫日譬犹火，月譬犹水，火则外光，水则含景。故月光生于日之所照，魄生于日之所蔽，当日则光盈，就日则光尽也。众星被耀，因水转光。当日之冲、光常不合者，蔽于地也，是谓暗虚。在星星微，月过则食⑥。

在张衡看来，月食是由于地遮蔽了太阳光。被地所遮蔽阳光的那部分空间称为“暗虚”。月过暗虚时就成月食。月食发生时，众星还发光，那是由于地上海洋湖泊水面的反

① 杨泉《物理论》引京房语，见欧阳询《艺文类聚》卷一《天部·月》，上海古籍出版社，1982，第8页。

② 《礼记·月令》孔颖达疏解引京房语。

③ 段成式《酉阳杂俎前集》卷一《天咫》，中华书局，1981，第9页。

④ 何薳《春渚纪闻》卷七《诗词事略·辨月中影》，中华书局，1983，第112页。

⑤ 段成式，同上，第11页。

⑥ 《后汉书·天文志》刘昭注引张衡《灵宪》，第11册，第3215～3217页。

射光照在星体上的缘故。张衡的解释奠定了古代人认识月食成因的物理基础。

王充在《论衡·说日篇》中记述了当时流行的有关日食的看法：

或说，日食者，月掩之也。日在上，月在下，障于（月）之形也。日月合相袭，月在上日在下者，不能掩日。日在上，月在日下，障于（月），月掩日光，故谓之食也。障于月也，若阴云蔽，日月不见矣。其端合者，相食是也。其合相当如袭（璧）者，日既是也。

由于《论衡》曾一度作为禁书而失传，上引文中有个别字在流传中抄误或刻误。括号中“月”字原误为“日”，“璧”字又写为“辟”。在秦汉时代孔孟儒学中流行的这种日食观，基本上是正确的。它与张衡《灵宪》相为补充，从而解释了日月食现象。但是，王充自己出于全面批判儒家之目的，而使自己持一种错误的日食观。王充写道：

日食，月掩日光，非也。何如验之？使日月合，月掩日光，其初食崖当与旦复时易处。假令日在东、月在西，月之行疾，东及日、掩日崖，须臾过日而东。西崖初掩之处光当复，东崖未掩者当复食。今察日之食，西崖光缺；其复也，西崖光复。过掩东崖复西崖，谓之合袭相掩障，如何？

在此，王充以处在同一水平面上的两物体的相对平行运动解释日食过程，忘却了日、月运行的黄道与白道之间有约5°的夹角，实际的地球与月球的运行轨道根本不在同一水平面上。因此，王充的日食观是错误的。

沈括在前人有关日、月如弹丸思想的影响下，在历史上首次演示了月相变化和月食的实验。他说：

日月之形如丸。何以知之？以月盈亏可验也。月本无光，犹银丸，日耀之乃光耳。光之初生，日在其旁，故光侧而所见才如钩；日渐远，则斜照，而光稍满。如一弹丸，以粉涂其半，侧视之，则粉处如钩；对视之，则正圜[①]。

沈括对日月交会，月相变化和日月食作了详细记述[②]，尤其是他的演示实验对后人科学地认识日食现象起了重要影响[③]，而且还启发了宋元之际的赵友钦更为仔细地作了类似演示实验。赵友钦写道：

以黑漆球于檐下映日，则其球必有光可以转射暗壁。太阴圆体，即黑漆球也，得日映处则有光，常是一边光而一边暗。若遇望夜，则日月躔度相对，一边光处全向于地，普照人间；一边暗处全向于天，人所不见。以后渐相近而侧相映，则向地之边光渐少矣。至于晦朔则日月同经，为真日与天相近，月与天相远，故一边光处全向于天，一边暗处却向于地。以后渐相远，而侧相映，则向地之边光渐多矣。由是观之，月体本无圆缺，乃是月体之光暗、半轮旋转，人目不能尽察，故言其圆缺耳[④]。

这个黑漆球是沈括的涂粉弹丸的重演，也极为生动的说明了月相的变化。赵友钦的发展是在于他将一赤球比日、一黑球比月，同悬一索而演示日食现象。赵友钦写道：

---

①，② 沈括《梦溪笔谈》卷七《象数一》。

③ 程大昌在比较扬雄和沈括的月食理论后，指出“沈括之语能发越其状，使闻者豁然也”；又说“沈氏耀圜之说又能发扬其状也”。见《演繁露》卷八《日受月光》。

④ 赵友钦《革象新书》卷三《月体半明》。

> 日月如大小二球，……日食非体失明，但因黑月障人所示，所以云食也。……若将“赤球比日、黑球比月[1]，大小相同，共悬一索，日上月下，相去稍远。人在其下正望之，则黑球遮尽赤球，比若食既；傍视而分远近之差，即食数有多寡也[2]。

赵友钦第一次演示了日食现象。至此，可以说，中国古代人对月光成因、月相变化和日食、月食都作出了较好的物理解释。但是，由于古代人信奉盖天说或浑天说，对于球形大地的观念甚为淡薄，因此，他们较难以想像月望及其前后几天日在地下的运动情景，由地档住日光而形成“暗虚”的概念似乎较难接受。所以，从汉代起，有些人误信月食是由于日“夺月光”之缘故[3]。或者说，是日光太强烈，遮夺了月光，因而形成月食。或者认为，“日有暗气”，当月经过暗气所在时发生月食[4]。”宋代朱熹干脆将这“暗气”说成是太阳中心火焰不完全燃烧的黑焰，月“到望时，恰当著其中暗处，故月食”[5]。这些解释月食成因之说，虽然都具有浓重的物理意味，但却都是错误的。

在沈括、赵友钦以球体演示月相和月食的影响下，又在月食成因的上述各种错误影响下，明代朱载堉以球体演示并解释日月食现象，其中一半是对的，一半是错的。朱载堉写道：

> 尝作泥丸，中穿一索，外以粉涂之，悬于暗室中。以灯照其侧，则半明半暗；照其前，则全明；照其后，则全暗。此弦望晦朔之象也。方照其后，时若少偏，则虽不见粉丸之光，而犹见灯光；若不偏，则灯光反为粉丸所掩。此日食之象也。方照其前，时若少偏，则背灯而视之，全见粉丸之光。若不偏，则其光反为灯景所蔽，此月食之象也[6]。

在朱载堉的这一演示实验中，“泥丸”是月，“灯光”即太阳。当灯光正在泥丸之后，泥丸挡住灯光，这象征日食。这一步实验及其结论、以及以泥丸演示月光成因、月相变化方面，是正确的。但是，当灯光在泥丸之前，人眼正对灯光时不见泥丸。朱载堉以为此即月食之象，并认为，泥丸的反射光“反为灯景所蔽”，这里的“灯景”即灯光。显然，将灯光（或太阳光）遮蔽了泥丸（或月）的反射光解释为月食，是错误的。月食发生在日、月、地三者成一直线、月在地之阴影内而形成的。在张衡之后，古代人似乎少有理解他的“蔽于地”时、“月过暗虚”而产生月食的真正原因。从物理观点或从光学上阴影形成的观点看，这不能不令人感到稍有遗憾，也不能不注意到浑天说和盖天说的某些错误影响。

直到明代，方以智才又持汉代张衡的月食成因之说。方以智说：“月质以日映为光，合朔日食，月质掩日也。望有月食，地球之影隔日也[7]。”

---

① “赤球比日、黑球比月”句，原稿误为“赤球比月、大小相同”，原稿有脱漏。明代王祎刊订《重修革象新书》中此句为“日如大赤丸，月如小黑丸”。

② 赵友钦《革象新书》卷三《日月薄食》；也见王祎《重修革象新书》卷上《日月薄食》。

③ 《淮南子·说山训》及东汉高诱注文。

④ 《论衡·说日篇》；《南齐书》卷十二《天文志》。

⑤ 《朱子语类》卷二《理气·天地下》。

⑥ 朱载堉《律歷融通》卷四《黄鐘歷議下·交會篇》。

⑦ 方以智《物理小识》卷一《历类·日月食》。

地球之影隔日的"隔"，非"隔开"之意，古人往往"隔"、"格"相训，"格"又译为"碍"。沈括为解释阳燧成倒像而提出"本末相格"①；郑复光解释说："格者，隔也"②。沈括和郑复光都以"格"、"隔"释注阳燧的焦点、即他们称之为"碍"的位置。因此，"地球之影隔日"一句，其意实为地球"碍"日而形成阴影。此时，月进入此阴影处，即产生月食。方以智的说法是正确的。

可以说，月食成因的正确与错误说法在古代同时存在，并行不悖。这当然受到古代认识水平的限制。

三　透镜成像

1. 水晶与玻璃

水晶与玻璃都具有极好的透光性能，它们是古代光学发展的基础。水晶与玻璃在生活中的长期应用，为人们积累了有关光的传播、分光作用等知识，水晶珠或玻璃珠又给人们了解聚焦点火、光路变化的知识提供了条件。

水晶，古代亦称为"水精"、"水玉"、"石英"，或称为"菩萨石"③。李时珍说：水晶"莹沏晶光，如水之精英，会意也"，并将它与玻璃归属同一类④。北魏张揖撰《广雅》，其卷九《释地》称水晶为"石英"，这正是现代化学和矿物学名称，其成分为SiO_2，属六角晶系。"菩萨石"一名是据其六角对称性和分光作用的效果"如佛顶圆光"而得名的⑤。

考古证明，在新石器时代天然水晶就受到人们的注意，并将它加工制作成装饰品。在距今五六千年以前的浙江吴兴丘城遗址、安徽含山县凌家滩遗址等地，都曾发现水晶粒或水晶球⑥。在殷商、西周和春秋战国墓葬中，由水晶加工成的装饰品更多，例如在绍兴306号仅一座战国墓中出土多达13颗紫色水晶，剖面为椭圆或菱形，据断代，它们是公元前473年之前的文物⑦。在西汉初期中山靖王刘胜（？～前113年）的墓葬中，除发现水晶珠外，还有水晶印⑧。

在考古发掘的水晶文物中，值得我们注意的是如下几处的发现。在山东诸诚臧家庄与葛布口村战国墓中，水晶呈偏圆形，大者直径达2.2厘米，厚7毫米⑨。这是否为古代人试图制造的水晶凸透镜，曾否用它于聚焦点火，尚未可知。

据《嘉峪关壁画墓发掘报告》称，在属于西晋时期的嘉峪关古墓群中出土了二件水晶珠："白色透明，圆形或椭圆形，底面平，背面隆起成寰顶"。其中圆形水晶"直径1.7

---

① 沈括《梦溪笔谈》卷三《辩证一》。

② 郑复光《镜镜诊痴》卷一《原线》。

③ 陆学善，科技史文集，第12辑，第3页。

④ 李时珍《本草纲目》卷八《金石部·水精》，第506页。

⑤ 宋·寇宗奭《本草衍义》卷四《菩萨石》。

⑥ 钟遐，绍兴306号墓小考，文物，1984年第1期，第36页；凌家滩墓葬玉器测试研究，文物，1989年第4期，第10页。

⑦ 绍兴306号战国墓发掘简报，文物，1984年第1期，第20页。

⑧ 考古研究所，满城汉墓发掘报告，文物出版社，1980，第298页。

⑨ 山东诸城臧家庄与葛布口村战国墓，文物1987年12期，第51页。

厘米，隆高 0.4 厘米”；椭圆水晶“长径 1.3 厘米，短径 1.1 厘米，宽 1.2 厘米”①。事实上，这就是二件平凸水晶透镜。嘉峪关在甘肃河西走廊。是通往西域的战略重地。这二件水晶平凸透镜，可以作为战时对日取火之用。与此水晶透镜几乎同时的西晋张华在《博物志》中曾称，取火法“如用珠取火”，指的就是以这种水晶珠取火。或许，这种取火法在当时尚属军事秘密，故而博学的张华也称这种取火方式“多有说法，此未试”。继西晋之后，又在南京北郊郭家山东晋墓葬中出土了水晶凸透镜，直径 2 厘米②。

尤其值得注意的是，在河北正定县天宁寺凌霄塔地宫石函内，发现多枚水晶珠和所谓“水晶饼”一枚。“水晶饼”直径 5.3 厘米，中厚 2.5 厘米，呈中部鼓起的圆饼形；水晶珠 4 枚，直径分别为 3.4～6.5 厘米；直径为 3.4 厘米的茶晶珠 1 枚③。它们是宋徽宗崇宁二年（1103）之前的文物。所谓“水晶饼”，正是今日的双凸水晶透镜，它和同一石函内藏放的 4 枚水晶珠都可以作为取火用具。在同一地点发现 5 枚较大的水晶透镜，在文物发掘史上并不多见。它们和嘉峪关的平凸透镜一起，证明古代中国有取火透镜，亦为历史上有关典籍和光学记载作证，同时结束了长期来中国古代有否会聚透镜的争论。

中国古代的玻璃自成体系，它是一种铅钡玻璃，或含高铅成分，或是钾基玻璃（以 K_2O-SiO_2）为主），它起源于金属冶炼；西方的玻璃是钠钙玻璃，起源于制陶业④。或许由于瓷器的发达，中国古代玻璃未曾得到充分发展和运用。而与玻璃同类的琉璃有相当的发展。琉璃是晶体熔化后仍保持液态结构的固体，或是保留在过冷态的液体。瓷器上的釉就是琉璃。完全透明的琉璃就是玻璃。但在古代文献中，记为“琉璃”的东西很可能是指玻璃。

在我国，玻璃大约出现于西周时期，在西周墓葬中发现有玻璃珠⑤。在战国初年曾侯乙墓中，发现了成串的多至 200 余颗的料珠和玻璃珠⑥。从汉代起，已发掘的玻璃珠或玻璃器皿逐渐增多⑦。尤其是，在河北满城刘胜墓中发掘我国自产的玻璃盘、玻璃耳杯，经化验，其主要的化学成分为硅、铅、钠和钡⑧。在安徽亳县曹操宗族墓葬中出土“聚光玻璃器”五件，或扁圆形，或扁桃形，“明亮度与水晶相同。在放大镜下可以看到内含微泡，硬度同玻璃一样”，凸高为 0.5～0.6 厘米之间⑨，可以断定其为凸透镜⑩。随着中西交流的发展，各种玻璃器件或饰物，此后屡有出土，其中多为舶来品。

先秦时期，我国文献记载中尚未有专门的玻璃名称。一说战国时期称玻璃为“璆琳⑪。

---

① 甘肃省文物队，嘉峪关壁画墓发掘报告，文物出版社，1985，第 37～38 页。

② 南京北郊郭家山东晋墓葬发掘简报，文物，1981 年 12 期，第 5 页。

③ 刘友恒、樊子林，河北正定天宁寺凌霄塔地宫出土文物，文物，1991 年 6 期，第 28～37 页。

④ 赵匡华，周嘉华，中国科学技术史·化学卷，科学出版社，1988，55～66 页。

⑤ 陕西省宝鸡市茹家庄西周墓发掘简报，文物，1976 年第 4 期，第 34 页。

⑥ 湖北省博物馆编，曾侯乙墓，第 408、423～425 页。

⑦ 广西合浦县凸思岭清理两座汉墓，考古，1986 年第 9 期，第 797 页；青海民和县东垣村发现东汉墓葬，考古，1986 年第 9 期，第 857 页。

⑧ 满城汉墓发掘报告，文物出版社，1980，第 212 页。

⑨ 亳县曹操宗族墓葬，文物，1978 年第 8 期，第 32，34 页。

⑩ 王燮山；我国古代的透镜，物理，1982 年第 10 期，第 632 页；亳县曹操宗族墓葬中出土透镜的初步研究，自然科学史研究，1987 年第 1 期，第 28 页。

⑪ 赵匡华，化学通史，高等教育出版社，1990，第 8 页。

从汉代起，有“璧流離”、瑠璃”、“流离”、“琉璃”等用以称呼玻璃的名称。《汉书·西域传》载，“罽宾国[①]……出珊瑚、虎魄、璧流离”；《汉书·地理志》载，武帝令人“入海，市明珠、璧琉离、奇石、异物”。东汉许慎《说文解字》中有“珋”字，并释其意曰：“石之有光，璧珋也”。唐释玄应的《一切经音义》中玻璃或流离的梵文译音甚多，大概不是一人所译，读音不同所致。北朝时期，已有文献记为“颇黎”[②]。唐代，“颇黎”、“玻瓈”之名见于史籍[③]。此后，才有如今所用的“玻璃”一词。有人认为，汉唐间，琉离一词译自梵语“吠努离耶”（Vainūrya），而唐代“玻瓈”一词译自梵语“塞颇胝迦”(spaktita)[④]。又有人认为，汉代“璧琉璃”、“璧珋”是古罗马 vitrum（后来转变为 glass）的音译；“塞颇胝迦”见于唐代佛经字书《一切经音义》，为后出之译[⑤]

有趣的是，根据对 1950～1980 年间考古发掘的历代自产玻璃的分析统计，我国的玻璃制造曾经有过几次发展[⑥]。相应的每次发展之后，有关透镜知识也有所进步。

据统计，在河北满城一处墓葬中发现汉代玻璃杯、盘共 3 件；在河北定县一处墓葬中发现北魏玻璃钵、瓶、葫芦瓶等共 8 件；在陕西耀县、西安三处发现隋代玻璃杯、瓶、盒、罐、蛋形器及管形器 13 件，其中有“蛋形器”即卵形空心玻璃；在陕西三原、西安，湖北郧县，甘肃泾川，黑龙江宁安五处发现唐代玻璃瓶、矮颈瓶与舍利瓶计 10 件；在河北定县，河南密县，甘肃灵台，江苏镇江、连云港、浙江瑞安，安徽寿县等八处发现宋辽时期的玻璃瓶、碗、杯 100 余件，其中小型玻璃器 50 余个[⑦]。对于这几个发展时期，历史文献也有相应的记载。

汉代的玻璃制造是西周以来发展、积累的结果。虽然先秦之前，玻璃的名称尚难确定，但是，《穆天子传》的隐约记述[⑧]、王充《论衡·率性篇》、甚至张华《博物志》关于取火珠的记载都是这一时期玻璃制造发展在光学上的反映。北魏太武帝（424～452 年在位）时，在大月氏国商贩的帮助下，“能铸五色瑠璃”，其“光泽美于西方来者”，“自此，国中瑠璃遂贱，人不复珍之”[⑨]。这大概是引进西方技术后第一次结合本土制玻璃经验而有所发展的阶段。遗憾的是，不久之后，这一制作技术失传了。

隋代仅有 37 年的历史，但考古发掘此期间的三处出土 13 件玻璃器皿。值得注意的是，此时的御府监丞何稠曾经创制“绿瓷”。据载，“时中国久绝琉璃作，匠人无敢措意，稠以绿瓷为之，与真不异[⑩]。”出土隋代玻璃几乎都是绿色，可以为何稠创制的“绿瓷”即玻璃作证明。何稠不仅自己有许多技术发明，而且对于隋代的科学技术发展也是个重要

---

① “罽宾国”，《大唐西域记》（卷三、四）译为“迦湿弥罗国”，今作“克什米尔”，在印度北境。

② 见《北史》卷九十七《波斯传》第 10 册，3222 页；萧梁朝沈约（一说唐代张说）撰《梁四公记》中也记有“颇黎”。

③ 《旧唐书》卷一百九十八《泥婆罗国传·波斯国传·拂菻国传》，第 16 册，第 5289，5312，5314 页。

④ 章鸿钊《石雅》上编第一卷《水玉》，第 44 页。

⑤ 李志超，天人古义，第 180 页。

⑥ 安家瑶，中国早期玻璃器皿，《考古学报》，1984 年第 4 期，第 413～448 页。

⑦ 同⑥。

⑧ 《穆天子传》卷四：“天子东征，……有采石之山，……凡好石之器于是出。五日丁酉，天子升于采石之山，于是取采石焉，使重䢴之民铸以成器于黑水之上。”

⑨ 《北史》卷九十七《大月氏传》，第十册，第 3226～3227 页。

⑩ 《北史·何稠传》，第九册，第 2985 页。

人物。他曾三次力保奴隶出身、并将处于极刑的耿询，就是历史上一则保护有创造发明的知识分子的佳话①。

唐代，我国玻璃业又一次兴起，这可能与道家的活动极为有关。出土的唐代矮颈瓶与舍利瓶不单是与佛教有关，而更多的是与道家有关。很可能是道士创制，而释僧使用之。其中的绿色玻璃也是何稠技术的遗风。因为，此时的炼丹著作《金华玉液大丹》中有“琉璃药方”，以黄丹、硝石和硼砂为原料②。由此表明中国人最早使用硼砂制造玻璃。可惜，也许由于炼丹道士的保密，此方法未及推广。而硼砂从它的出产地西藏输入阿拉伯世界，致使西方生产出优质玻璃。另一本道家著作、生活于唐末及南唐的谭峭《化书》记述了“四镜”，“四镜”即四种玻璃透镜，无疑是这一时期道家炼制玻璃的反映。

宋辽时期，遍布各地的玻璃制造表明它从神秘的道士手中走向民间。大概许多人知道它的配料和熔铸方法。因此，苏轼在其《作药玉盏诗》中写道：“镕铅煮白石，作玉真自欺”③。这两句诗表述了中国铅钡玻璃的特点。程大昌精练地比较了中西玻璃的异同，他说：

> 然中国所铸有与西域异者，铸之中国则色甚光鲜而轻脆，沃以热酒，随手破裂。至其来自海舶者，制差朴纯，而色亦微暗，其可异者，虽百沸汤煮之，与银瓷无异，了不损动，是名番琉璃也④。

赵汝适的《诸蕃志》也写道：

> 琉璃出大食，诸国烧炼之法与中国同，其法用铅硝、石膏烧成，大食则添入南鹏砂，故滋润不烈，最耐寒暑，宿水不坏，以此贵于中国⑤。

“鹏砂”，即前述西藏硼砂。宋辽期间，零散各地的民间玻璃制造，遂使儒生文人有以上的记载、比较与鉴别。

元明之际，玻璃制造又曾一度兴起。在山东淄博市发现了那时期的玻璃作坊遗址。所生产的玻璃已不是秦汉时期的铅钡玻璃，但也不如地中海沿岸玻璃中氧化钠的含量高⑥。宋应星在《天工开物》书末“附玛瑙、水晶、琉璃”中言及中国人学西域之法，能生产琉璃瓦、琉璃碗、琉璃灯、琉璃瓶等，并简述了其中的一些配料药方。

除了自产玻璃外，中国古代玻璃多为舶来品。据考古报道，在公元前10～前7世纪的新疆轮台县群巴克墓中出土了玻璃珠，在中原春秋战国墓地和南方楚墓中也出土玻璃珠，它们是从陆路或海路输入中国的西方玻璃制品。⑦。秦汉始，西域玻璃制品通过丝绸之路更多地输入中国。《汉书·西域传》载，罽宾国出产“珠玑、珊瑚、虎魄、璧琉璃”；《汉书·地理志》载，武帝时都卢国和黄支国人“入海，市明珠、璧琉璃”。许慎《说文解字》：“璧珋，出西胡中”。隋唐时期，西域商旅、使臣不仅携玻璃入中国，还向朝廷进贡“火珠”、“火齐珠”一类专用于对日点火的凸透镜。

对于玻璃的透光性质，人们有较清楚的了解，且历史上有许多应用实例。

---

① 戴念祖，奴隶和科学家，自然辩证法报，1986年第11期（1986.6.4）第3版。

② 赵匡华，化学通史，第8页。

③ 程大昌《演繁露》卷三《流璃》。

④ 程大昌《演繁露》卷三《琉璃》

⑤ 赵汝适《诸蕃志》卷下。

⑥ 淄博元末明初玻璃作坊遗址，考古，1985年第6期，第530页。

⑦ 徐苹芳，丝绸之路的考古学研究，中国历史考古学论丛，台北允晨文化实业股份有限公司，1995，第383页。

元鼎元年（前 116 年）汉武帝于甘泉宫内造招仙阁，以“青瑠璃为扇”①。《西京杂记》卷一曾描述汉宫昭阳殿富丽堂皇，“窗扉多绿琉璃，亦皆达照，毛发不得藏焉。”东吴孙亮（252～258 在位）继位后，“作琉璃屏风，甚薄而莹沏，每于月下清夜舒之”，“使四人坐屏风内，而外望之，如无隔，惟香气不通于外”②。这些记载虽都写为“琉璃”，但从其“毛发不得藏”、“无隔，惟香气不通于外”的描述看，乃非玻璃莫属。

晋代王嘉曾记述这样一件事：

> 有韩房者，自渠胥国来，献玉骆驼高五尺；虎魄凤凰高六尺；火齐镜广三尺，闇中视物如昼，向镜语，则镜中影应声而答。③

所谓“火齐镜”，实乃平光玻璃板。将它置于其背后亮度比正面暗的空间环境中，玻板就成为玻璃镜，就可以产生“向镜语”的情状。而且，玻璃板两面的光亮度差越大，则照镜越清楚。这就是所谓“闇中视物如昼”之意。这大概是中国人利用未曾镀银的玻板作玻璃镜的较早记载。

《魏书·西域传》言及大月氏国人商贩京师，“铸石为五色琉璃”，铸成后，“乃诏为行殿，容百余人，光色映彻。观者见之，莫不惊骇，以为神明所作。”④ 题为梁沈约撰的《梁四公记》述及“扶南大舶，从西天竺国来，卖碧玻璃镜”，“内外皎结，置五色物于其上，向明视之，不见其质”⑤。《太平御览》卷八〇八引刘宋朝刘义庆《世说新语》道：

> （晋时）蒲奋畏风。在晋帝坐北窗作琉璃扉，实密似疏。奋有寒色。帝笑。奋答：“臣犹吴牛见月而喘”。

此外，唐代时，一个来自汝南的名商有一笔砚，“以颇黎为匣”⑥；还有用水晶作鸟笼的。据载，魏明帝曹叡（227～240 在位）即位二年，在他的“灵禽之园”中作鸟笼，名“辟塞台”，“皆用水晶为户牖，使内外通光”⑦。

以上记载，虽多出自小说故事，但它们表明人们清楚知道玻璃的透光性；亦有助于我们了解古代中国有关透镜的知识。

2. 点火透镜和冰透镜

鉴于古代有关玻璃名称混乱，又有火齐与火齐珠混淆⑧，因此，点火透镜的发现及发明迄今尚有不同意见。火齐珠，或简称火珠，用于点火，当是玻璃珠或水晶珠。显然，蚌珠或俗称珍珠是不能用以点火的。

较早地涉及点火透镜的可能是《管子·侈靡》中的记载。它说：“珠者阴之阳也，故胜火”。唐代房玄龄或尹知章作注说：“珠生于水而有光鉴，故为阴之阳，以向日则火烽，故胜火。”注释者的“珠生于水”的“珠”非蚌珠，而是产于山岸流水之中的水晶珠。或许，也指地下融岩（如火山爆发）中冷却凝结成的玻璃珠。汉代王充在《论衡》中的一

---

① 汉·郭宪《洞冥记》卷一，四库全书本。
② 晋·王嘉《拾遗记》卷八《吴》，第 190 页。
③ 王嘉《拾遗记》卷三《周灵王》，中华书局点校本，1981，页 75。
④ 《魏书》卷一〇二《西域传·大月氏国》，第六册，2275 页。
⑤ 沈约（一题为唐张说）《梁四公记》。《说郛》（宛委山堂本）卷一一三。
⑥ 唐·谷神子（或郑还古）《博异志·许汉阳》，第 5 页。
⑦ 晋·王嘉《拾遗记》卷七《魏》，第 168 页。
⑧ 章鸿钊认为，“火齐”即云母，“火齐珠”是玻璃珠或水晶珠。见《石雅》上编卷一《火齐珠》、《玫瑰》。

段有关道德的评论，可能说明人们已有意识地铸造玻璃珠，也即玻璃凸透镜。《论衡·率性篇》写道：

天道有真伪，真者固自与天相应，伪者人加知巧，亦与真者无以异也。何以验知？《禹贡》曰："璆琳琅玕"者，此则土地所生真玉珠也。然而道人消烁五石，作五色之玉，比之真玉，光不殊别，兼鱼蚌之珠与《禹贡》璆琳，皆真玉珠也。然而隋侯以药作珠，精耀如真，道士之教至，知巧之意加也。阳燧取火于天，五月丙午日中之时，消炼五石，铸以为器，磨砺生光，仰以向日，则火来至，此真取火之道也。今妄以刀剑之钩月，摩拭朗白，仰以向日，亦得火焉。夫钩月非阳燧也，所以耐取火者，摩拭之所致也。今夫性恶之人，使与性善者同类乎？可率勉之，令其为善；使之异类乎？亦可令与道人之所铸、王隋侯之所作珠，人之所摩刀剑钩月焉，教导以学，渐渍以德，亦将日有仁义之操。

这长段文字包括三层意思：其一，从璆琳琅玕"之名称、"道人消烁五石"到"隋侯以药作珠"都是讲制造玻璃珠一事。前面提到，"璆琳"为战国时期玻璃名称。在王充看来，"璆琳琅玕"是"真玉珠"，即今天所说的真玻璃珠；而"道人消烁五石"和"隋侯以药作珠"虽不是"真玉珠"，却亦能与真者相比美，不次于真者。不过，王充在此误将"蚌珠"也当作与玻璃珠同属一类性质的"真玉"。其二，包括"阳燧取火"、"刀剑之钩月"是讲凹面镜取火事。在王充看来，阳燧是真取火之道，而"刀剑钩月"即刀剑弯曲凹面取火是由于摩擦光亮所致。其三，从器物引伸到人品，人有善恶，但"可率勉之，令其为善"。这就如同"道人消烁五石"、"隋侯以药作珠"、"刀剑之钩月"一样，经加工制造也可以和"璆琳"、阳燧一样，可以用以点火。

在这段引文中，首先引起我们注意的是所谓"隋侯以药作珠"一句。《墨子·耕柱》也述及"隋侯之珠"，"此诸侯之所谓良宝也"。《战国策·楚策四》云："宝珍隋珠不知佩兮"。汉高诱在《淮南子·览冥训》注"隋侯之珠"曰："隋侯，汉东之国，姬姓诸侯也。"湖北随县曾侯乙墓发掘后，有人认为，曾侯即隋侯，曾国即隋国，一国二名也①。它是与周代王室同为姬姓的诸侯。因此，曾候乙墓中出土的大量料珠与玻璃珠或许就是所谓的"隋侯珠"。由此看来，王充记述的"道人消烁五石，作五色之玉"，以及"隋侯以药作珠"，这二者当指玻璃珠。

关于点火透镜的早期文字记载，尚需与出土文物并行讨论。前述水晶与玻璃中，有类似点火透镜的文物；在安徽亳县曹操宗族墓葬中出土了五枚玻璃质或水晶质凸透镜②。加之，还有西域输入中国的玻璃，以及中国人发明的冰透镜，因此，汉晋时期，中国人已有透镜折射知识，发现了透镜聚焦点火的功能，当无疑问。西晋张华在《博物志》中写道：

"取火法，如用珠取火，多有说者，此未试。"③

晋王嘉在其著《拾遗记》中记述了一件趣事：三国时蜀国糜竺府内"货财如山，不可算计，内以方诸盆瓶、设大珠如卵，散满于庭，谓之'宝庭'，而外不得窥"。某日有

---

① 湖北省博物馆，曾侯乙墓，第470页。

② 王燮山，亳县曹操宗族墓葬出土透镜的初步研究，自然科学史研究，1987年第1期，第28～31页。

③ 张华《博物志》卷四《戏术》，中华书局校点本，1980，第50页。

青衣童子来告，要糜竺当心宝庭火灾。于是，“竺乃掘沟渠周绕其库”。谁料“旬日，火从库内起，烧其珠玉十分之一”。时人以为“皆是阳燧”导致起火[1]。其实，是那些散满于庭的如卵之大珠（即双凸透镜）聚焦阳光而起的火灾。误将火珠为阳燧，不仅《拾遗记》此例，唐代王焘《外台秘要》中有类似记述。《外台秘要》在述及炙火“用阳燧之火”中说：“阳燧是以火珠向日下，以艾于下承之，便得火也”[2]。可见，汉唐时期有将“火珠”称之为“阳燧”的，大概起因于它们都能聚焦起火的缘故。但是，从这些记载中可知，“阳燧”是其名，“火珠”乃其实。至晚，点火用玻璃透镜在三国时期为人们所知晓。

汉唐之际，西域各国商旅和使臣所贡点火透镜也一概称为“火珠”、“火齐珠”。《梁书·诸夷传》载：天监十八年（519）扶南国遣使“献火齐珠、郁金、苏合等香”；中大通二年（530），丹丹国王遣使“献火齐珠、古贝、杂香药等”[3]。入唐以来，西域各国贡玻璃、火珠者尤多。武德二年（619），罽宾国遣使“贡颇黎状若酸枣”[4]。这大概是唐初最早从西域来的玻璃双凸透镜，说它“状若酸枣”富有含义，它可以为史志读者了解“火珠”形状提供一个恰切的形象。或许，唐代商旅使臣所贡“火珠”大多如此形状。同年，劫者国也遣使献“宝带、玻璃、水精杯”[5]。据《旧唐书》载，贞观四年（630），林邑国王“范头黎遣使献火珠，大如鸡卵，圆白皎洁，光照数尺，状如水精，正午向日，以艾承之，即火燃”；随同林邑使来唐的还有婆利国使者，并献“方物”[6]。《新唐书》则记为，林邑国“贞观时，王头黎献驯象、镠锁、五色带、朝霞布、火珠”等物；婆利国“多火珠，大者如鸡卵，圆白，照数尺，日中以艾藉珠，辄火出”[7]。

此外，贞观十五年（641），“中天竺王尸罗逸多遣使献火珠及郁金香、菩提树”[8]。贞观二十三年（649），堕和罗国“又遣使献象牙、火珠”[4]。史志还记载了泥婆罗国、康国、波斯国、拂菻国出产玻璃、火精和火珠[5]，以及南天竺[9]，咀蜜国、吐火国、箇失密国也均有出产或献火珠等物，以及天宝（742～756年）初，师子国王尸罗迷迦“再遣使献火珠”[10]等等。

当然，这些记载中的火珠多为皇家或王公贵族所有，但有关的知识却可以传遍民间。生活于唐末和南唐的谭峭，曾自豪地言及“小人常有四镜”，即四种不同形状的透镜，大概就是针对唐代的透镜舶来品中只有一种“火珠”、即双凸透镜或平凸透镜而言的。我们下面再详述他的四种透镜：

宋代，苏颂和沈括在《苏沈良方》中述及炙火时说：

黄帝曰、松柏、柿桑、枣、榆、柳、竹等，依火用炙，必害肌血，慎不可

---

① 王嘉《拾遗记》卷八《蜀》，中华书局，1981，第193页。

② 王焘《外台秘要》卷十九《脚气下》，北京：人民卫生出版社，1959，第533页。

③ 《梁书》卷五十四《诸夷传》，中华书局，1973，第三册，第790，794，797～798页。

④ 《新唐书》卷二二一上《西域上》，第二十册，第6241页。

⑤ 同②，卷二二一下《西域下》，第6253页。

⑥ 《旧唐书》卷一九七《南蛮西南蛮传》，第十六册，第5270～5271页。

⑦ 《新唐书》卷二二二下《南蛮下》，第二十册，第6298～6299页。

⑧ 《旧唐书》卷一九八《西戎传》，第十六册，第6238，5273，5289，5311，5312，5313～5314页。

⑨ 《新唐书》卷二二一上《西域上》，第二十册，第6236页。

⑩ 《新唐书》卷二二一下《西域下》，第二十册，第6248～6249，6253，[illegible]，[illegible]。

用。凡取火者，宜敲石取火，或水晶镜子于日得者太阳火为妙。天阴，则以槐木取火亦良[①]。

所谓“水晶镜子”，就是水晶凸透镜。

迄明代，人们清楚阳燧与火珠是不同光学性质的两类取火工具，而且指出了火珠的光路。李时珍在《本草纲目》中说：“凡灸艾火者，宜用阳燧、火珠，承日取太阳真火”。进而，他又指出：“阳燧，火镜也。以铜铸成，其面凹，摩热向日，以艾承之，则得火。《周礼·司恒氏》以火燧取明火于日，是矣。火珠，见石部水精下”[②]。而对火珠，他写道：

火珠，《说文》谓之火齐珠。《汉书》谓之玫瑰。《唐书》云：东南海中有罗刹国，出火齐珠，大者如鸡卵，状类水精，圆白，照数尺。日中以艾承之则得火，用灸艾炷不伤人。今占城国有之，名朝霞大火珠。又《续汉书》云，哀牢夷出火精、琉璃，则火齐乃火精之讹，正与水精对”[③]。

从李时珍的这段考释文字看，汉代人知道用以点火的火珠，它可能是水精质、也可能是玻璃质。但是，李时珍在“琉璃”考释中，认为：“火齐，与火珠同名”，并引《集韵》云：“琉璃，火齐珠也”[④]。这些看法并不对。“火齐”，一般地判断为云母。云母有解理性，不能加工成“珠”，也不能用于点火。琉璃，虽可制成珠状，但其透明度比玻璃差，琉璃珠也不能用于对日取火。

除李时珍外，明代谢肇淛也写道：

至于阳燧、火珠，向日承之，皆可得火[⑤]。

田艺蘅《留青日札》又写道：

以水精大珠，向日对照，以草纸承其下一点，透明，纸焦烟起，即得火燃[⑥]。

田艺蘅的记述中，“以草纸承其下一点”，是说明在火珠不远处之焦点所在。“透明”是透过火珠可见之意。

除用透镜点火外，有关透镜成像及其光路的知识我们下面还要述及它。但总的说来，它不如反射镜成像知识丰富。明代、方以智在其著《物理小识》中引用其座师杨用宾所言，指出透镜光路变化：“凹者光交在前，凸者光交在后。”[⑦] 凹透镜是发散透镜，因而光线相交于镜前，其相交处即是虚焦点；凸透镜是会聚透镜，因而光线相交于镜后，其相交处为焦点，在此可以点火引燃。(图 3-31) 这知识可能是受西来传教士的启发后、杨用宾自己悟彻的道理。因为，此前德国耶稣会士汤若望的《远镜说》中所绘光路图全是错的，又无任何“光线相交”或“焦点”的概念。

有趣的是，早在汉代，人们就发明了冰透镜并用它点火。这是中国独特的光学成就之一。《淮南万毕术》写道：

“削冷令圆，举以向日，以艾承其影，则火生。”

---

① 《苏沈良方拾遗》卷上，丛书集成初编本。

② 李时珍《本草纲目》卷六《火部·艾火》，人民卫生出版社，1982，第 419～420 页。

③ 同②，卷八《金石部·水精》，第 506 页。

④ 李时珍，同上，第 507 页。

⑤ 谢肇淛《五杂俎》卷二《天部二》，中华书局，1959，第 54 页。

⑥ 刘岳云《格物中法》卷三《火部》引《留青日札》，光绪二十五年刻本。

⑦ 方以智《物理小识》卷二《风雷雨旸类·室中取火》。

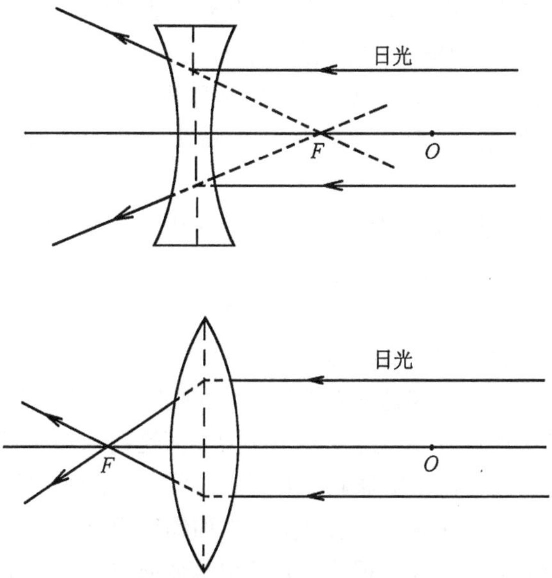

图 3-31　透镜光路图

后来，张华《博物志》[1]、苏轼《格物粗谈》[2] 都曾抄录《淮南万毕术》的这段文字。

如何制造冰透镜？除了必需选用无气眼的冰块之外，清代郑复光在对其进行实验研究之后，特别指出了一种简易、巧妙的方法：将盛有热水的金属水壶底置冰块上旋转几回，冰透镜立即制成[3]。因为水壶外底往往是凹形的，则受热而化开的冰块就成凸形了。在西方，直到 17 世纪，英国物理学家胡克才制造出冰透镜。李约瑟博士在这个问题上不太相信中国人的成就，他以为，这些记载很可能是西方玻璃透传到中国的证据[4]。实际上，是李约瑟判断有误。

顺此，辨析一则有关"火珠"的历史文献也是很有必要的。

据《旧唐书·礼仪志》载，垂拱三年（687），武则天下令毁东都（洛阳）乾元殿，就地建明堂。然而，明堂"始起建构，为大风振倒"；后又重建，未毕又于证圣元年（695）被火烧毁；随即，"则天寻令依旧制重造明堂，凡高二百九十四尺，东西南北广三百尺。上施宝凤，俄以火珠代之。"明堂造成，号为通天宫[5]。对于这个"火珠"的安装情况，司马光在《资治通鉴》中还写道：

> 证圣元年夏四月，天枢成，高一百五尺，径十二尺，八面各径五尺。下为铁山，周百七十尺，以铜为蟠龙、麒麟萦绕之；上为腾云承露盘，径三丈，四龙人立捧火珠，高一丈。工人毛婆罗造模，武三思为文，刻百官及四夷酋长名，太后自书其榜曰：大周万国颂德天枢[6]。

从这些记载可见，武则天下令所建明堂，其特殊之处，就在于设计者毛婆罗（可能

① 张华《博物志》卷四《戏术》，四库全书本；中华书局 1980 年版范宁点校本，有误。

② 苏轼《格物粗谈》卷二《天时》。

③ 郑复光《镜镜詅痴》卷四《取火第十一条》。

④ Joseph Needham, Vol. 4, part 1, pp. 113～114.

⑤ 《旧唐书》卷二十二《礼仪志》，第三册，第 867 页。

⑥ 司马光《资治通鉴》卷二〇五，中华书局，1956，第 6502～6503 页。

是一个来自西域的外国人）在殿堂屋顶建筑中仿造了古塔中塔刹结构。屋顶正中矗立一根铁竿，称为“天枢”。其周围由八根铁条斜拉固定它，称为“八面”。天枢周围饰以铜制蟠龙、麒麟，顶上置一“承露盘”（在塔刹中常称其为“仰莲”），并有四个铜制龙人立捧一铜制大“火珠”。所谓“火珠”实则为一打磨光亮的铜球。这“火珠”在塔刹中称为“宝珠”①。

明堂建成后43年，即开元二十六年（738），于当年及进士的崔曙写了一首“奉试明堂火珠”诗而闻名。该诗写道：

> 正位开重屋，凌空出火珠。夜来双月满，曙后一星孤。天净光难灭，云生望欲无。遥知太平代，国宝在名都②。

该诗也表明，此“火珠”实乃一光亮铜球。在夜晚，圆月当空，月光下的铜球也似一月亮，故云“夜来双月满”；天亮了，星月不见，而这铜球却在阳光下闪闪发亮，仿似整个天空只有一孤星存在。由于铜球靠反射而令人可见，故而，阴云天“望欲无”。从光学上看，这个“火珠”充其量是一个有反射功能的铜球而已。

我们在前面涉及大量“火珠”记载，它们都是玻璃珠或火晶珠，是可以折射光线而聚焦点火的凸透镜。它与“明堂火珠”或“塔刹宝珠”是毫不相干的两回事。由此一例，足见认真辨析历史文献所载名同实异之物是极为重要的事。有人误将这“明堂火珠”断为“阳燧”③，大概是从未见过中国古塔的塔刹装饰所致。

3. 谭峭的四种镜

谭峭，字景升，南唐道士，号紫霄真人，其著作《化书》或《谭子化书》被当作道家关于自然和科学的代表作之一。

《化书》卷一《四镜》中写道：

> 小人常有四镜：一名圭，一名珠，一名砥，一名盂。圭，视者大；珠，视者小；砥，视者正；盂，视者倒。观彼之器，察我之形；由是无大小、无短长、无妍丑、无美恶。

这是四种什么镜？学术界意见分歧甚大。李约瑟首先将此四镜释为透射镜类④；王锦光继其后认为是反射镜类⑤；徐克明又主张是透镜，但形状与李约瑟稍有不同⑥。因《化书》中未明言四镜的属性，故而仁者见仁，智者见智。

持反射镜说者认为：“圭”如图3-32，是凹面柱状反射镜。人在凹面的焦点之内，可见其放大的虚像，故云“圭，视者大”；“珠”是指球形凸面镜的一部分或整个球面，人在任何位置都可见其缩小的虚像，故云“珠，视者小”；“砥”原意为磨刀石，此借喻为

---

① 陈明达《应县木塔》，文物出版社，1980，第49页。

② 《全唐诗》卷一五五，中华书局，1960，第五册，第1600页。

③ ［美］谢弗著，吴玉贵译，《唐代的外来文明》，北京：中国社会科学出版社，1995，512～514页。该书原名为：The Golden Peaches of Samarkand, A Study of Tang Exotics, pp. 238～239。由于该书中译本无版权页，原作者“谢弗”的拼写法暂缺。

④ J. Needham, Vol. 4, part 1, pp. 117.

⑤ 王锦光，谭子化书中的光学知识，载方励之主编，科学史论集，第213页；也见王锦光、洪震寰，中国光学史，第100～102页。

⑥ 徐克明等，从论衡和谭子化书探讨我国古透镜自先秦至五代的进展，自然科学史研究，1989年第1期，第53～55页。

平面镜，故云“砥，视者正”；“盂”是圆形容器，其内底呈凹面形，以其内底照像，人总是处在它的球心之外，故成倒像。因而说“盂，视者倒”。

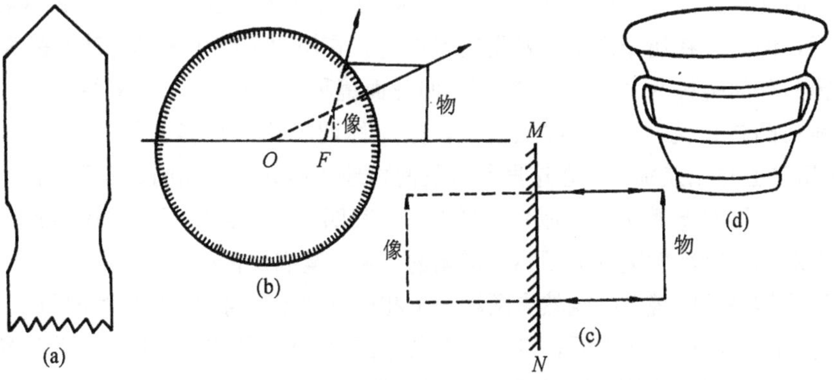

图 3-32 反射“四镜”说

(a) 圭 (b) 珠 (c) 砥 (d) 盂

“四镜”为反射镜的看法，在成像的大小与正倒上都可与谭峭的原文相符。然，“四镜”的形制是否恰切，似亦值得再探讨。

李约瑟博士提出透镜说，认为：“圭”是双凹透镜，“珠”是双凸透镜，“砥”是平凹透镜，“盂”是平凸透镜。由于双凹透镜的成像恒小于或等于原物，因此，在李约瑟的解释中，对“圭”的看法有误，因为谭峭的“圭”镜“视者大”。其他三类镜完全可以说通。

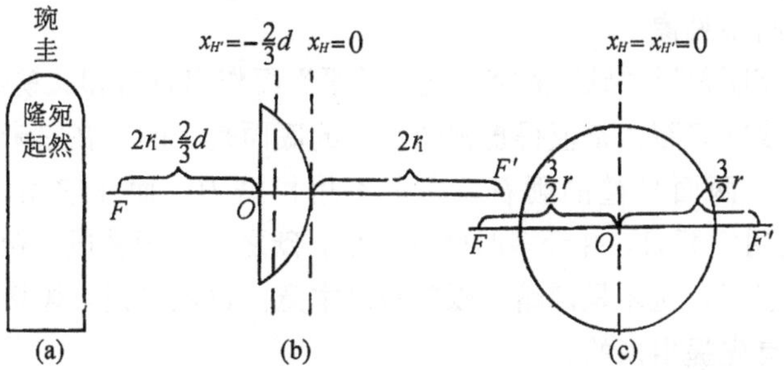

图 3-33 透射“四镜”说

(a) 圭 (b) 圭顶表现的平凸透镜 (c) 珠，即双凸透镜

徐克明的透镜说比李约瑟前进了一步。他认为，“圭”是平凸透镜，是以圭的上端为比喻（图 3-33）。当物距小于 $2t'=4r_1$ 或 $4r_1-\frac{2}{3}d$ 时，（t' 为焦距，r_1 为球面半径，d 为镜厚）平凸透镜的像均比原物为大。这就是谭峭所云“圭，视者大”。“珠”即前述“火珠”，是双凸透镜，只要物距大于 $2r_1$，就形成缩小的像。故云“珠，视者小”。“砥”是两面平行的透明板，俗称平光镜，故云“砥，视者正”。“盂”是圆形容器，镜类似盂底，一面凹一面凸，故为凹凸透镜。只要物距大于焦距，像则倒立，故云：“盂、视者倒”。

以上各种观点都是仅仅从成像状况讨论“四镜”分属何等镜型，并未作出严格考释。实际上，欲确定谭峭“四镜”类型，必需阐明三方面问题。其一，玻璃或水晶在谭峭前后的社会存在及其相关的光学知识背景；其二，语言文字惯例与四镜名称的含义是否相合；其三，任何一种考释或分析结论需与谭峭四镜成像状况完全符合。

我们先看看反射镜说。首先，反射镜说将“圭”镜释为图 3-32 (a) 中圭的侧凹弧面，并认为它是“凹面柱状反射镜”。如我们在前面所述一样，柱面反射镜无论是凹柱面还是凸柱面，都是畸像，它与谭峭的“圭、视者大”成像情形不合。其次反射镜说将“珠”释为球面镜，但是，在唐宋之前，甚至明代以前，在历史文献中未见称球面镜为“珠”的惯例：圆凸球面镜称为“团”或“球”，凹球面镜称为“洼”，从《墨经》始一直如是称谓；而称圆凸透镜为“珠”，如上所言，如此称谓者比比皆是。虽然，“团”、“球”、“珠”在几何上并无差别，但在这里所涉及的物理实质却大不相同。其三，将“砥”释为平面反射镜，这对谭峭而言，似乎太平常了。其四，将“盂”释为古代器皿的内底，思路方向是对的。但反射镜说为了弥合谭峭的“盂”镜成像情况，将“盂”释为凹形内底。这一方面使谭峭“四镜”中既然有两种镜形相同（“盂”与“圭”均为凹面），从而失去了“四镜”的价值；另一方面，凹形内底也与古代器皿“盂”不相合。“盂”多为外凹内凸之底。郑复光以壶底制成冰凸透镜就是明证。

将谭峭的“四镜”释为透镜似较合理。如前所述，透镜中的“珠”或“火珠”在中国古代有悠久的历史。称透镜为“镜”，不仅谭峭如此，沈括亦如此。唐代人的光学知识比《墨经》时代无疑有所进步，况且，在唐代，我国玻璃制造也有所进步。以硼砂作为其原料之一，正是在谭峭之前的道家所为。道士们在深山修炼，而有所发现是毋庸置疑的。因此，谭峭的“四镜”理应和其时人们熟悉的青铜反射镜不同。

但是，在透镜说中，李约瑟“圭”解不能与谭峭的成像原意相合，徐克明将“砥”释为平面玻璃板也有所勉强。因为，玻璃板成像受空间环境的限制，若镜后空间比其前光亮或一样明亮，则不见像。

王锦光和徐克明都以“砥”的字义之一“平”而作出各自相关镜类的解释。“砥”的另一字义即砺石或磨刀石，是值得重视的。砥的底面是平的，在它未被用于磨刀之前其上一面也是平的。两面平整的砺石，亦可不用作磨刀，而作它用，则又未必称它为“砥”不可。一旦用它磨刀，并经多时磨砺之后，砥之上一面就成了微凹状。随着磨砺时间越久，其凹面越深。这才是谭峭“砥”镜之本意。也就是说，谭峭的“砥”是平凹透镜。这是李约瑟首先提出来的。

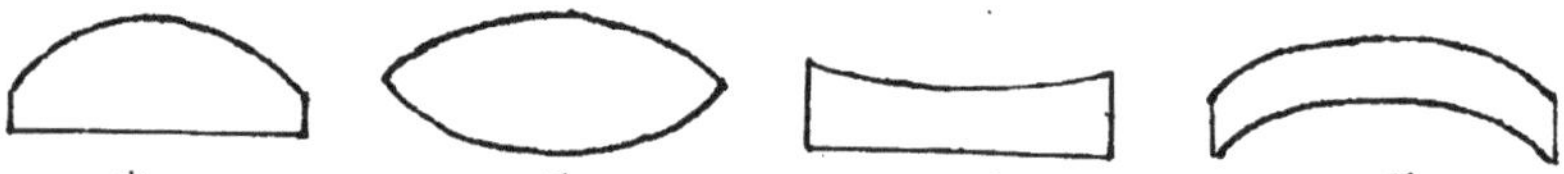

图 3-34　谭峭的“四镜

综合透镜说，对谭峭的“四镜”可作如下结论：“圭”是以琬圭顶命名的平凸透镜；“珠”是双凸透镜，其形状或如酸枣之椭圆形，如同唐初西域使臣所贡者，或如樱桃之圆球形，似杜绾《云林石谱·菩萨石》中描述的“樱珠”式水晶；“砥”是类似曾用磨刀的砺石那般形状的平凹透镜；“盂”是盂底命名的凹凸透镜。它们的形状分别如图 3-34。

今天我们知道，属于折射类透镜有平光、平凸、平凹、双凸、双凹、凹凸、凸凹透镜和棱镜，共八种。而具有弧面的透镜只有其中的六种。又，凹凸透镜与凸凹透镜只是其弧面的相对曲率不同而已，故可视其为一种形状。这样，在弧面透镜的五种主要类型中谭峭就有其中的四种，仅少一种双凹透镜。即使如此，谭峭的四镜仍然是中世纪文明史上值得夸耀的珍宝。在他生活的唐末、五代及其前，人们只知有“火珠”这种双凸透镜和平凸透镜，而不知道其他两种类型的透镜。西方也是如此。在希腊剧作家阿里斯托劳（Aristophanes，前 384～前 322）于公元前 424 年撰写喜剧《云》的第二幕中，有一段关于人们“用透明度极好的石头点火”的对话①，表明火珠已被使用。在此之后，一直到 1593 年意大利人波尔塔（G·della Porta，1536～1605）出版《论折射》（De Refractione）书之前，没有一本如同谭峭那样有系统的阐述透镜类型及其光学特性的著作②。

这四种透镜是否与谭峭记述的成像情况相合呢？试分析如下：

设透镜焦距为 f，物距为 u，M 为物，M' 为像，那么：

在平凸透镜“圭”中，当 $f<u<2f$ 时，则 $M'>M$（图 3-35）。M' 为实像。这就是“圭视者大”；

在双凸透镜“珠”中，当 $u>2f$ 时，则 $M'<M$（图 3-36）。M' 也为实像。这就是“珠视者小”；

在平凹透镜“砥”中，当 $u<f$ 时，则 M' 是正立的虚像（图 3-37）。这又是“砥视者正”；

在凹凸透镜“盂”中，设凸透面焦距为 f_1，凹透面焦距为 f_2，只要 $u>f_1$（令 $f_1>f_2$）或 $u>f_2$（令 $f_2>f_1$），则像 M' 是倒立的虚像（图 3-38）。这又是“盂视者倒”。

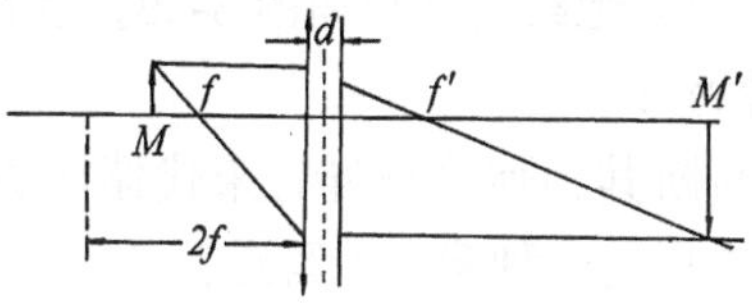

图 3-35 圭视者大

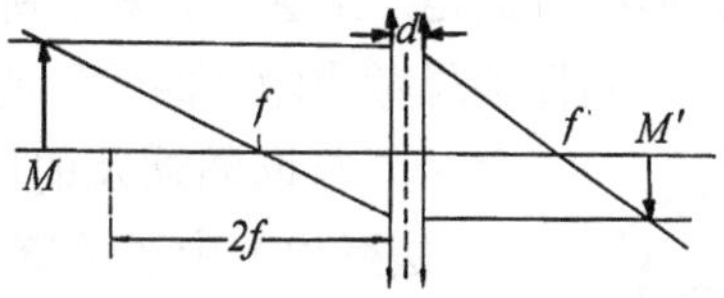

图 3-36 珠视者小

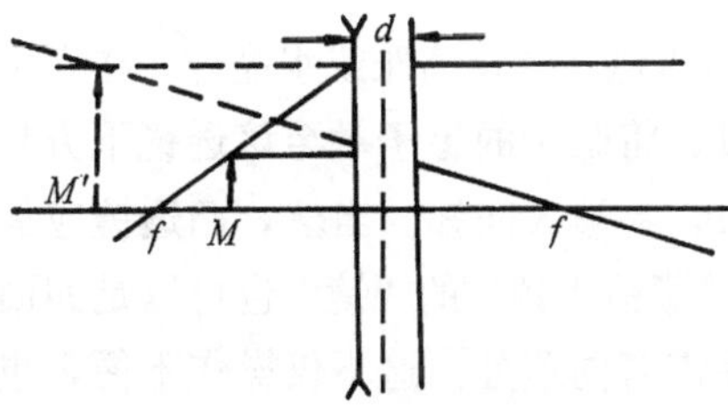

图 3-37 砥视者正

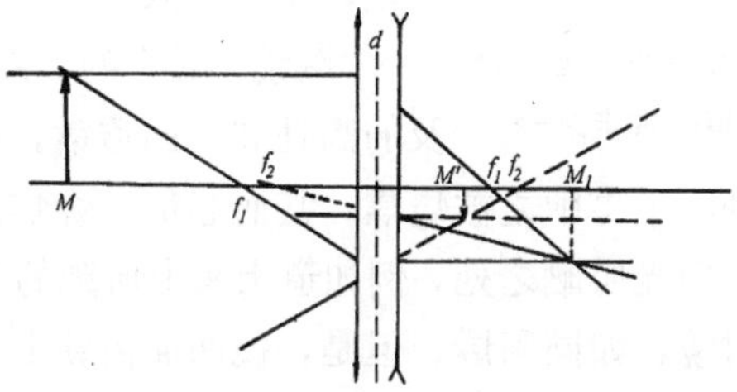

图 3-38 盂视者倒

谭峭记述“四镜”，不仅在文字上朗读押韵，而且其成像似有规律。前二镜，即圭与珠，皆成实像，并且，像与物分处于镜之两侧；后二镜，即砥与盂，皆成虚像：砥的像与物同处一侧，盂的像与物分处两侧。有关透镜成像的基本状况都涉及了。尚需指出的是，凡实像需用像屏才能看见，凡虚像需在与像相对的镜方才能看见。在谭峭“四镜”中，

① ［美］卡约里著，物理学史，1981，第 9 页。

② Joseph Needham，同上，Vol. 4，part 1，pp. 113～114.

前二者手持像屏，后二者无需像屏。这或许正是谭峭安排的一种几何光学实验次序。在仅凭视觉观察的实验中，观察砥的像，人需站在与物相对的一方；观察盂的像，人又要站在与物相同的一方。乍听起来，似很复杂。其实，这是初学几何光学的实验者必需培训的探索精神。谭峭本人，无疑也是经过种种摸索过程，才在世界上最早有系统地发现并记下了他的“四镜”及其成像状况。

谭峭在其“四镜”成像的叙述中，还写道：“观彼之器，察我之形”。《说文解字》曰：“形，象形也”。可见，形是指有形的东西：既可以是物体，也可以是人本身或身体某部分，诸如人的脸面或一个手指头。谭峭在其实验中，前二者，即对“圭”与“珠”的实验观察，显然以别的有形体作“物”，以便他本人手举像屏在镜的另一侧作观察；后二者，即对“砥”与“盂”的实验观察，既可以是别的物体（如“砥”的实验），也可以是自己的脸面或指头（如“盂”的实验）。在这些实验中，对于“四镜”中任一镜而言，当物距（u）变化时，成像状况自然也会发生改变。谭峭对此未多加文字描述，他只记述了其中一种成像状况。对此，我们是不能苛求古人的。

由上分析可见，谭峭的四种镜应当属于透镜，谭峭关于它们成像现象的记述亦是正确的。需要再指出的是，古代“圭”确有多种形式，一如王锦光所绘的尖顶形圭，一如徐克明所绘球冠形圭。球冠形和底边的平面形才构成了平凸透镜的形状。当然，在谭峭这样的道家手中可能还有其他形状的圭。宋元之际，周密曾记下一道士收集到的一种古圭，其形状特征是“上甚锐，其下所执处隆起二分”[①]。他绘制其形如图 3-39。由此，足以引起我们仔细思考谭峭“四镜”的形制及其成像特征。

图 3-39　道士收集的古圭之一

与谭峭述及的四种镜令人不易断其为何物一样，宋代储泳在其著《祛疑说》中述及道术之士在符咒中用的一种镜。他写道：

> 旧闻咒枣而烟起，或咒而枣焦者，心虽知其为术，不知其所以为术也。后因叩之道师，乃知枣之焦者藏镜于顶，感召阳精，举枣就顶，顷之自焦[②]。

“藏镜于顶”的“镜”应当是凸透镜：或玻璃珠或水晶珠。在人手可及的高处装一凸透镜，在晴朗之日，将晒干的枣子举至该透镜下方焦点处，干枣顷之被烧焦，甚而起烟。烧焦的枣味极浓，易被人闻知。当然，凸透镜应放在受阳光照晒之处，例如道士头上所戴的斗笠边缘。“藏镜于顶”的“镜”也可以是凹面反射镜，如同阳燧。但是，镜凹面需朝上，举枣的手需弯向顶处。这不仅操作不便，也易让人觉察。因此，凹面反射镜的可能性不大。我们在前面曾述及道家以组合平面镜表演所谓“分身术”或“分形术”，这里又看到道士以凸透镜作咒法。道家、道士们对科学的兴趣并以此宣扬道法。可见一斑。

4. 放大镜

放大镜，实质上就是一个凸透镜。当物体放在凸透镜的焦点之内时，就可以看到一个放大的正立的虚像。前述南唐谭峭、宋代沈括等人曾述及水晶或玻璃凸透镜；水晶珠或玻璃珠在中国亦早已有之。宋代杜绾在《云林石谱》卷上《英石》中曾发现天然石英

① 周密《云烟过眼录》卷四，四库全书本。

② 储泳《祛疑说》（一卷），四库全书本。

“面面有光可鉴物”。正是在此时，人们发现了放大镜的制造与使用方法。北宋晚期刘跂（？～1117）在《暇日记》中写道：

杜二丈和叔说，往年史沆都下鞠狱，取水精数十种以入，初不喻，既出乃知案牍故，暗者以水精承日照之则见①。

《暇日记》全书已佚，今仅存载于《说郛》中的数条。当今研究者在引用这条文字时，标点也不尽相同。“杜二丈和叔”应是杜和叔，“二丈”为其字或号，他应当是刘跂的同时代人。提刑官史沆，有人误写为“史沅”，因“往年”二字可断其生活年代稍早于杜和叔和刘跂。“都下鞠狱”也就是在京城审讯囚犯。在他审讯前，查阅案牍时，往往身带数十种“水精”。它们中肯定有平凸透镜或凸透镜。初阅案牍时，有些案牍看不明白或者看不清，而后，他就知道内中缘由，关键在于“暗者以水精承日照之”。这个“暗者”应是指案牍中不清楚的页码，或其中关键词句有意写得小，或写得模糊不清，而不是指史沆审阅案牍的房间太黑。由于对这段文字标点、理解不确，有人误认为，这是“用适当形状的水精把日光聚焦起来投到观察点，以增加照度”②。又有人将“水精承日”误为“水晶承目”，一字之差而错断为“眼镜”，并推而论之，“中国人最早发明眼镜”，从而在科学史界有过一段时间的错误影响③。李约瑟最先断定，这是“用以鉴读不清晰文件的放大镜”④。或许，由于这段无标点的古文，较难标点读通，他一反常规，而未征引原文。但他的学术目光极为敏锐。

现在我们知道，只要将小小一片水晶凸透镜放在极靠近案牍文件之处，将文件置阳光下或光线稍好的地方，就可以鉴别不清晰的文字。一般的凸透镜可放大4倍或几倍，最大的不超过三四十倍。对于史沆这样的刑讯官足够用了。史沆所用的放大镜正是欧洲人于13～14世纪期间发明眼镜的前身。

可以为刘跂的放大镜记述作证的是，常见古代微雕工艺品上刻写图画、诗词，甚至整卷的佛经经文。如无放大镜的使用，这种工艺品是不可想像的。宋代郭若虚在其著《图画见闻志》中写道：

唐德州刺史王倚家有笔一管，稍粗于常用笔管，两头各出半寸已来，中间刻从军行一铺，人马毛发、亭台远水，无不精绝。每一事刻从军行诗两句，若‘庭前琪树已堪攀、塞外征人殊未还’是也。似非人功，其画迹若粉描，向明方可辨之。云用鼠牙雕刻。故崔铤郎中文集有“王氏笔管记”⑤。

郭若虚生平里籍不详，仅知其在宋熙宁年间（1068～1077）曾为朝官，他为其著作序于元丰（1078～1085）中。可见他生活于11世纪，或比刘跂稍长、或与刘跂同年。刘跂记述的史沆断案，郭若虚描写的微雕工艺，其时相若，表明放大镜至晚在11世纪已被广为使用。唐代王倚笔管，是放大镜在微雕工艺中的运用；宋代史沆断案，表明放大镜已用于鉴读文书档案。

其后，微雕工艺不绝，放大镜也当未曾失传。据元初陶宗仪《辍耕录》载，宋高宗

---

① 见《说郛》（商务印书馆本）卷四《暇日记》。

② 王锦光、洪震寰，中国光学史，第158页。

③ 聶崇侯，中国眼镜史考，中华眼科杂志，1958年第4期，第233页。

④ J. Needham, Science and Civilisation in China. Vol. 4, part 1, p. 107.

⑤ 郭若虚《图画见闻志》卷五《卢氏宅》，丛书集成初编本。

朝（1127～1162），巧匠詹成“雕刻精绝”，他在制鸟笼的竹片上“刻成宫室人物、山水花木禽鸟，其细若缕”[①]；元代杨瑀在《山居新话》中记述他亲见某人的玉箭杆环上刻《心经》一卷，某人在细小的竹龟碑牌上刻《孝经》一卷。他认为，此“二物尤难于（王倚）笔管多矣，人皆以为鬼工”[②]。直到清代，这种传统工艺似乎更为精致而不可思议[③]。此时，儒生们从西方的眼镜中才蓦然悟出，历代微雕工艺师手中必定持有一种“助目明亮”的放大镜。

5. 复合透镜的发明

宋代何薳曾记述一种奇异的鲫鱼杯：

徐州护戎陈皋供奉，行田间，遇开墓者，得玛瑙盂，圆净无雕镂纹，盂中容二合许，疑古酒卮也。陈用以贮水注砚，因闲视之，中有一鲫，长寸许，游泳可爱。意为偶汲池水得之，不以为异也。后或疑之，取置缶中，尽出余水验之，鱼不复见。复酌水满中，须臾一鱼泛然而起。以手取之，终无形体可拘，复不可知为何宝也。余视之数也。时水曹赵子立被旨开凿吕梁之险，辟陈督促，目睹斯异[④]。

杯内鲫鱼因水满而泛然出现，水尽则无。这种杯令当时人惊异，以致何薳“视之数”次，水曹张子立也目睹其异。从墓中发掘此杯、到徐州护戎陈皋发现此杯的奇特性，文字描述也令人惊叹。

类似记载也见宋代一位佚名者所撰的《真率笔记》：

关关赠俞本明以青华酒杯，酌酒辄有异香在内，或有桂花或梅或兰，视之宛然，取之若影。酒干亦不见矣。俞宝之[⑤]。

根据何薳的记述，我们称它为“鲫鱼杯”；而《真率笔记》称其为“青华酒杯”。类似的杯产生于宋代是毫无疑问的了。明代郎瑛在读了这些记载后，初不敢相信，“后杭医朱某家造坟，得土中二磁碗，偶注酒于中，则顷刻有绿苔浮满酒中。意其不洁所致，及滌净复注亦然，饮之又未尝有物也”[⑥]。直到清代，还有类似记载[⑦]。

实际上，这是一个在杯内底装有凸透镜的酒杯[⑧]。在制造此酒杯时，于凸透镜下嵌一细小的鱼形或花形物。当杯内不盛酒水时，鱼、花成像是在人眼一侧的实像，人眼不易看清；盛酒水后，透明的白酒或水与凸透镜组成一个凹凸相接的复合透镜，鱼、花等物在这复合透镜的焦点之内，成像为杯底一侧放大的虚像（图3-40，41）。于是，见“一鲫长寸许，游泳可爱”；当酒水倒尽，“鱼不复见”。这些记载表明，古代人在实践中已了解透镜成像的知识。

---

① 陶宗仪《辍耕录》卷五《雕刻精绝》。

② 杨瑀《山居新话》卷三。

③ 清·张潮辑《虞初新志》卷十《核舟记》，卷十六《记核桃念珠》，河北人民出版社，1985，第180，297页。

④ 何薳《春渚纪闻》卷九《纪研》。

⑤《真率笔记》，见《说郛》（宛委山堂本）卷三十一。

⑥ 郎瑛《七修类稿》卷五十《奇谑类·异宝》，第741页。

⑦ 王士祯《香祖笔记》卷八。

⑧ 类似玛瑙盂、玛瑙杯在历代屡有制作，明代沈德符在《飞凫语略》书中述及玛瑙时说，其下品“制为酒杯、书镇之属。”

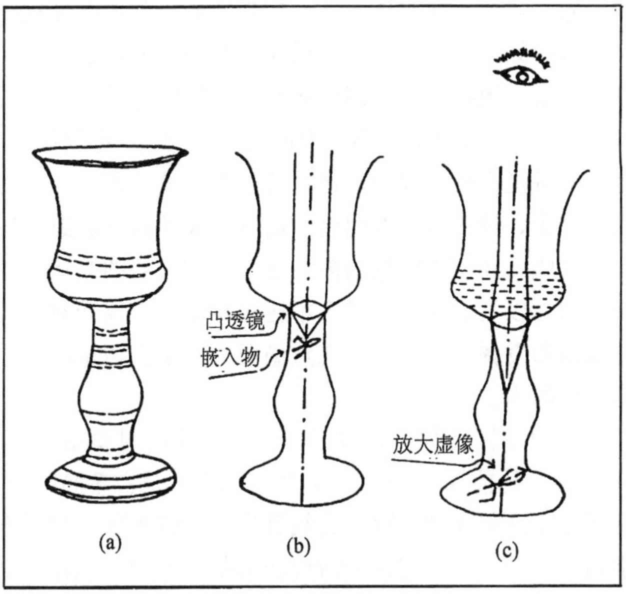

图 3-40 青华酒杯及其成像图

图 3-40 中青华酒杯的形制，(a)酒杯模型；(b)空杯剖面图及凸透镜光路。(c)盛酒或水后见杯底放大的虚像，取自山东安丘县景芝镇出土龙山文化时期陶制高脚杯①。当然，宋代问世的青华酒杯的形状究竟如何，尚待再考。

在近代，传统剧目中有《蝴蝶杯》一剧，在京戏、河北梆子、蒲戏、秦腔中演出，故事描述明代男女主角因传家宝“蝴蝶杯”而发生的爱情曲折之情②。“蝴蝶杯”与鲫鱼杯、青华酒杯同属一类。科学与文艺的结合，既增添艺术的跌宕起伏，又表明人们对科学知识的深刻理解。

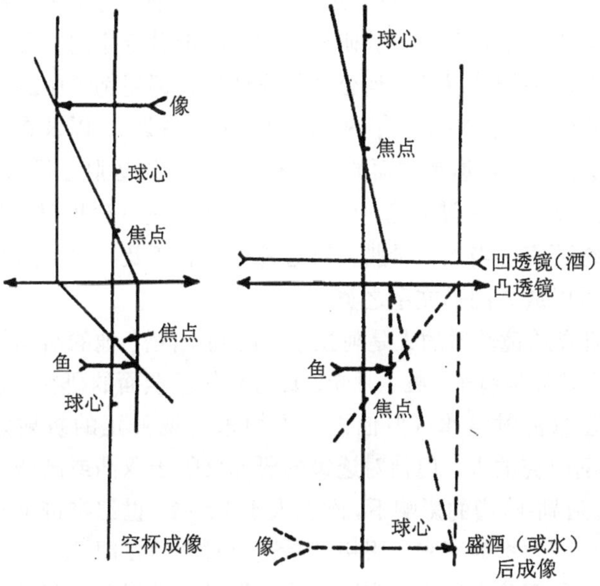

图 3-41 青华酒杯成像光路图

在继续往下叙述之前，我们应当对东西方的光学在平行历史时期作一简单的比较。

古代光学大致包括：①影与反射镜学；②西方所谓屈光学，即包括透射、折射与光线角度的测量术；③视觉与颜色理论；④透视法；⑤分光技术与色散知识。以上所述的光学内容都在前两个范围内；第③至⑤，我们将在下面继续讨论。第④项，透视法，中国古代几乎未涉及，这大概是因为中国古代的绘画自成体系的缘故。第⑤项，在近代科学兴起之前的西方也基本上未曾涉及。

中国古代光学，未能达到阿拉伯的阿勒-哈增（al-Hazen，或写为 Ibn al-Haitham，965？～1038）的水平，但至少同希腊光学一样早。以墨翟为首的墨家举起烛炬与镜进行光学实验的时间是在公元前 5 至前 4 世纪之间。在整个汉代，即公元前 206 年至公元 220 年的 400 余年

① 新中国的考古收获，图版十五之四，北京：文物出版社，1961。

② 王锦光、洪震寰，中国光学史，第 54 页。

间，光学得到一次发展，人们初步掌握了某些凸透镜的知识，参与研究者除以淮南王刘安为首的知识群之外，还有王充、张衡等人。晋代张华是汉代光学知识的继承者。入唐以后，由于道家对玻璃制造的研究，致使谭峭等道士成为古代世界中涉猎最多透镜的学者。沈括是宋代推进光学发展的代表人物，他不仅研究过各种镜、影和光的色散问题，而且是尝试提出光学理论即格术的学者。从汉到宋，参与光学领域的还有一批不知名的镜匠和道士，透光镜的发明属于前者，玻璃珠的制造多属于后者。元代，有赵友钦的大型光学实验，还有郭守敬的多种光学天文仪器的制造。明清时代，传统光学趋于衰落。但是，如方以智、郑复光等人不应被忘记。方以智对传统光学以笔记和分类叙述的形式作了总结和发挥，郑复光是在点滴西方光学知识影响下，以传统的研究方式对光学作出全面探讨的人。

纵观中国光学史，对于各类镜成像的讨论给人留有深刻印象。在西方，欧几里得(Euclid，约前330～前275）的《光学》是古希腊唯一传至今日的著作，其中58条公理基于4个几何光学原理：光线直进；光锥形状；视觉来源于光线；物体可见的大小与光锥角度相关。他还建立了透视法的基本原理。但他没有涉及镜的问题。镜的反射是亚历山大港的希龙（Heron）在约公元100年左右成书的《论镜》中最早涉及的，它讨论了平面、凹、凸面镜及入射角等于反射角的证明。除了这最后一个问题中国人吃亏于缺少几何学之外，希龙的《论镜》比《墨经》晚了近5个世纪之久。在希龙之后，与张衡的生活年代几乎同时的托勒密（Ptolemg）于公元2世纪初期完成《论光》一书，讨论了圆柱面镜、折射及其角度测量等问题，其中关于折射的实验研究和约略的折射定律的发现是古代最卓越的光学成就，其论述问题的系统性以及几何公理的论证方式都超越了中国历代任何文献。当然，关于圆柱面镜早在他之前约300年的《淮南子·齐俗训》、以及在他之后约400年《刘子》，均有所论述。然而，在透镜方面的文献和讨论，中国远胜于欧洲。直到1593年（明万历21年），意大利人德拉·波尔塔（G. della Porta）的《论折射》书中方对透镜的各种基本特性作出系统研究。当然，希腊人对透镜也偶有所及，诸如透明的石头可以点火，盛满水的玻璃球可以放大图书文字之类。

在西方科学史界，认为第一个研究透镜性质的人是阿拉伯的阿勒-哈增。他的活动年代相当于北宋初期，比谭峭稍晚。他对各类镜子、虹、月光、日月食作了全面的研究、完善了反射定律并发展了托勒密的近似折射定律（但他们二人均未发现真正的折射定律）①，而且他是第一个对眼睛作解剖研究的人。但他对透镜的研究仅限于双凸或圆珠取火镜，比谭峭所述的镜子种类少。在阿勒-哈增的影响下，欧洲人于13～14世纪推进了对透镜的研究，并列出了空气、水和玻璃的折射率表，眼镜就是这个时期的发明②。

由上可见，在古代光学的第①、②部分内容中，中国人除了折射和光线角度测量术未有研究之外，而在其他方面前与希腊、后与阿拉伯基本上是平行发展的。缺乏几何学及其在光学中的应用，是中国光学史上的一大不足。

---

① 关于阿勒-哈增的光学成就可参阅：徐启平，伊本·海赛木的光学及其与中国宋元光学之比较。载方励之主编，科学史论集，第315～341页。

② 中西光学比较，可参阅J. Needham，Science and Civilisation in China. Vol. 4，part 1，pp. 78、85～86、117～118。某些西方的光学成就也可阅：[美] 卡约里著，戴念祖译，物理学史，内蒙古人民出版社，1981。

第四节　视觉、颜色和色散

本节所述的内容是中国古代光学的独特成就。引起视觉的原因，颜色学的基本形式与发现，对色散和衍射现象的观察、解释，关于雨露和晶体分光的发现，滤光及其应用等，在古代或中世纪的欧洲都是比较薄弱的。类似地，在欧洲的相同历史时期，透视学得到很好发展，而在中国却几乎是空白。

一　视觉与透视

眼睛何如见物？在古希腊，毕达哥拉斯、德谟克里特等人主张微粒发射说，物体射出的微粒进入人眼的缘故。而恩培多克勒、柏拉图主义者和欧几里得又主张奇怪的眼睛发射说，眼睛发射某种东西与物体发射的东西相遇，便产生视觉①。在中国，墨家是最早讨论相关问题的学派。《墨经·经说下》指出。"以目见，而目以火见"。所谓"火"就是"光"。可见，墨家认为，人依靠眼睛见物，而眼睛又依靠光见物。战国时公孙龙亦有类似观点。他认为："犹白，以目、以火见，而火不见"②。在公孙龙看来，唯有眼与光二者存在，才能见物及其属性、如白之类。《礼记·仲尼燕语》说："譬如终夜有求于幽室之中，非烛何见？"东汉王符在其《潜夫论·赞学篇》中更明确地写道：

> 道之于心也，犹火之于人目也。中阱深室，幽黑无见，及设盛烛，则百物彰矣。此则火之耀也，非目之光也，而目假之则为明矣。

由此可见，在中国古代人看来，产生视觉的原因是由于光、"火"或光照。这成为中国传统的视觉观。

在视觉的经验实践中，《荀子·解蔽》记下了"厌目"现象："厌目而视者，视一以为两"。也就是，以手按眼睛，改变眼球或其中玻璃体的形状，因此一个物体就变成了二个。另一种现象也被《荀子·劝学》所描述："目不能两视而明"。两只眼睛可以同时清楚看见一个物体，却不能看清两个物体。

在透视学方面，古代人所描述的现象极少。人们只知道同一物体在远近不同距离所视之大小不同。《荀子·解蔽》说：

> 从山上望牛者若羊，而求羊者不下牵也。远蔽其大也。从山下望木者，十仞之木若箸，而求箸者不上折也。高蔽其长也。

类似思想也见《淮南子·齐俗训》、《淮南子·说山训》，《论衡·书虚篇》，《刘子·正赏》，直到明代庄元臣的《叔苴子内篇》卷二还是重弹老调。在透视学中，这类现象仅以视锥角大小即可给出满意的解释。同一物体，远者则视角小，近者则视角大，故而有大小之别。古代人反复地观察到这一现象，但始终没有与视角相联系，这不能不归之于缺乏几何学的结果。从战国以来，直到明清间西洋透视学传入之前，尚有可提及者大概是晋代束晳的一段话。《隋书·天文志》引束晳语写道："且夫置器广庭，则函牛之鼎如

---

① ［美］卡约里著，戴念祖译，物理学史，第10页。

② 《公孙龙子·坚白论》。

釜；堂崇十仞，则八尺之人犹短。物有陵之，非形异也。”

在透视学中，环境与人物必成比例，方有真实感。束皙可能知道这一法则，但他毕竟没有在其所描述的现象中点出透视学真谛。即使在绘画口诀中，例如陶宗仪《辍耕录》卷八“写山水诀”共33条，却难于找到与透视学基本原理相关的内容。

二　颜色与色觉

现代色度学中称为基色的概念，古代人称为“正色”；又有二种或二种以上的基色而产生的色称为混合色，中国古代人称为“间色”。《礼记·玉藻》：“衣正色，裳间色”。正色包括的颜色名称及其排列次序，在古代一直认为是“青、赤、黄、白、黑、五方正色也”，又简称为“五色”。“五方”是指东、南、中、西、北。《尚书·益稷》：“以五彩彰施于五色。作服、汝明。”可见，“五色”之名古已有之。《周礼·春官宗伯·大宗伯》写道：“以苍璧礼天。以黄琮礼地，以青圭礼东方，以赤璋礼南方，以白琥礼西方，以玄璜礼北方。”

祭祀中，规定不同颜色的礼器在不同方向的礼仪制度，大概是中国颜色学产生的一个原因。根据汉代郑玄的注释，“苍”即青，“璧”是一块圆形玉。“琮”是八角形的玉，“地”代表中央。“圭”也是礼仪玉器。“璋”是半圭；“琥”同“虎”；“璜”是半璧，“玄”是黑色。由此可知，各种颜色的礼器与方向的对应关系：

青——东；赤——南；黄——中；白——西；黑——北。

以五方、五色、五行相对应，对正色及其所产生间色作出解释，这成为古代颜色学或色觉理论的传统。南朝皇甫侃在疏解《礼记·玉藻》“衣正色”中写道：

> 正谓青、赤、黄、白、黑，五方正色也。不正，谓五方间色也，绿、红、碧、紫、骊黄是也。青是东方正，绿是东方间。东为木，木色青，木刻（克）土，土黄，并以所刻为间或绿色，青黄也。朱是南方正，红是南方间。南为火、火赤刻金，金白，故红色赤白也。白是西方正，碧是西方间，西为金，金白刻木，故碧色青白也。黑是北方正，紫是北方间。北方水，水色黑。水刻火，火赤，故紫色赤黑也。黄是中央正，骊黄是中央间。中央为土，土刻水，水黑，故骊黄之色黄黑也。

照此，五方、五行与五正色对应如下：

五方	东	南	中	西	北
五行	木	火	土	金	水
五色	青（蓝）	赤（朱，红）	黄	白	黑

而产生间色是：青与黄成绿（青黄）；朱与白成红（赤白）；白与青成碧（青白）；黑与黄成骊黄（黄黑）；赤与黑成紫（赤黑）。

皇甫侃的疏解是否有理？举其青与黄成绿言之。古人言“青”，时有指“蓝”。蓝光与黄光混合成白光。但这里所讲的，并非色光的混合，而是指染衣裳的染料的混合。蓝颜料与黄颜料混合是产生绿色颜料的。这是因为，某种颜料会吸收某些色光，反射另一些色光。蓝颜料吸收红光、黄光、反射绿光、蓝光和紫光；黄颜料吸收蓝光、紫光，反射红光、黄光和绿光。两种颜料混和，不仅吸收各自原来吸收的成分，而且还吸收对方反射色光中可吸收的部分。只有绿光是两种色都反射而无法吸收的光。故此，在白光照耀下，蓝颜料和黄颜料的混合就成为绿色了①。皇甫侃关于两种颜色混合后而产生的新色，是符合科学的颜色学的。他的结论无疑是织染经验的总结。

近代颜色学认为，只要有三种基色加上白与黑就可以产生一切颜色。这三种基色分别是：加色法认为红、绿、蓝；减色法认为青、品红、黄。中国古代的五色中前三色与减色法本质上相同，加之白与黑而成的“五色”体系，大概是世界上最早认定的颜色学中基色体系。在西方，各种颜色是由几种基色混合而成的问题，直到牛顿时代仍悬而未决。1802年，托马斯·杨提出红黄蓝三基色体系。1866年，亥姆霍兹厘订为红、绿、蓝三色，被称为杨-亥姆霍兹的三色理论。皇甫侃提出的间色即混合色与现代色度学中色混合定律也相吻合。

古代颜色学的起源可能有多种因素，除了前述与礼仪制度有关外，首先可能是与天文学相关，观察天象、仰望宇空，可见各种颜色。传说“女娲拣五色石补天”，这“五色石”的“五色”就是“青天”、“赤日”、“黄昏”、“白昼”与“黑夜”的五种颜色。魏晋天文家以“青饥、赤兵、黄熟、白青、黑忧”占卜天象人事②。后来，这种占卜观念及其中五色的看法就成为中国的文化传统之一。五色的观念还与织染紧密相关。《考工记·画缋之事》写道：

> 画缋之事，染五色。东方谓之青，南方谓之赤，西方谓之白，北方谓之黑，天谓之玄，地谓之黄。青与白相次也，赤与黑相次也，玄与黄相次也。青与赤谓之文，赤与白谓之章，白与黑谓之黼，黑与青谓之黻，五采备谓之绣。

这段话表明，在染色、刺绣选彩线中，人们已经知道，相近之色并列，则色混而不显；相远之色并列，则色愈显而可观。从而认识到五色及其相次之法则。

当然，古代人关于颜色的认识还与陶瓷生产和金属冶炼有关。陶瓷烧制中，从窑口观看火色，从烟道出烟观察煙色，所谓“五色煙”；冶铸金属中，如同《考工记》所述，也要观察火候，即观察挥发蒸汽的颜色。礼仪制度是中国传统文化的特点。天文学、织染刺绣、陶瓷与冶金，在古代中国的发展是任何一个民族所不能比拟的，因此，颜色科学的发展就可想而知了。

有人对《诗经》和古希腊《伊利亚特》长诗作了统计比较，如以诗歌行数与所用表色字数的比例而言，前者的比例数远高于后者③。春秋时期齐国人孙武的著作《孙子兵法·势篇》写道：“色不过五，五色之变，不可胜观也。”这里，道明了基色及其无数混合色的看法。

正常的眼睛可以分辨颜色，反之称为色盲。色盲是对颜色无感觉的综合病症，惟有特殊检测才能被诊断。故而，在西方，最早发现色盲现象的人是图伯维勒(D. Tuberville)，他于1684年发表的著作中提到一个女孩，因后天性色盲，色觉被限制

① 雷仕湛，应兴国，光的世界，科学普及出版社，1980，第29页。
② 《晋书》卷十二《天文志》，第二册，第330页。
③ 董太和等，中国古籍中有关基本颜色科学的最早记载，中国科技史料，1990年第2期，第6页。

在黑白范围之内[①]。而在中国，在《春秋左传·僖公二十四年》（约公元前634年）中就对色盲作出了定义：

“耳不听五声之和为聋，目不别五色之章为昧。”

可见，“色盲”在古代称为“昧”。在中医里，称此病为“视赤如白症”。明代王肯堂（1549～1613）在其于万历三十年（1602）完成的《证治准绳》中描述其症状如下：

视赤如白症谓视物却非本色也，因物着之病与视瞻有色、空中气色不同，或观太阳若冰轮，或睹灯火反粉色，或视粉墙如红如碧，或看黄纸似蓝似绿等”[②]。

王肯堂对色盲症的描述比图伯维勒早80年。

1878年，为弥补三色说解释色盲的不足，德国生理学家黑林（Ewald Hering，1834～1918）提出一种新的色觉理论。他认为，视网膜上存在三对颜色相互颉颃的视锥细胞，即红-绿对，黄-蓝对和白-黑对，这三对细胞的活动引起色觉和各种色的混合现象[③]。早于黑林100余年，清代的画家博明在其1773年完成的《西斋偶得》卷三《五色》内写道：

五色相宣之理，以相反而相成，如白之与黑，朱之与绿，黄之与蓝，乃天地间自然之对。待深则俱深，浅则俱浅，相杂而间色生矣。

博明提出的三色对与黑林的颉颃理论中三色对是一致的。博明以仔细的观察，还准确地记述了所谓负后象现象，即先后颜色对比而对视觉产生影响的现象。博明写道：

今试注目于白，久之目光为白所眩，则转目而成黑晕，注朱而成绿晕，注黄则成蓝晕，错而愈彰，黼黻文章之所由成。

这种现象是由于视觉暂留现象造成眼中两种或多种颜色相混合，它在很大程度上与人的心理因素相关，故而难于为人们所发觉[④]。

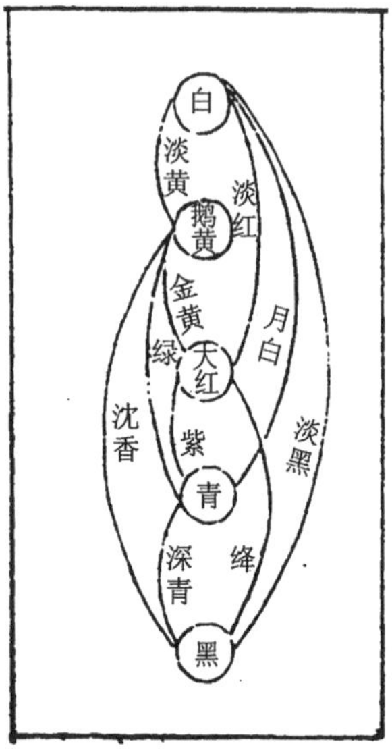

图3-42 郑复光绘色度图

郑复光在其《镜镜诊痴》卷一《原色》中还画了一张独具一格的色度图（图3-42）。他将五色由上至下排列为白、鹅黄、大红、青、黑，以连线表示二种基色及其混合的结果。整个图表示了15种颜色，其中10种为混合色。

三 色 散

关于色散现象的观察记载，其丰富的内容达到同一历史时期的欧洲远不能与之相比的程度。我们分几部分叙述如下。

1. 虹

① R. Flefcher and J. Voke, Defective Colour Vision. Adam Hilger Ltd., Bristol, 1985. P. 134.

② 王肯堂《证治准绳》第一科《杂病》第七册《七窃门·目·视赤如白证》。

③ 中国大百科全书·物理卷（1987年版）第918页“色觉”。

④ 王锦光，博明和他的光学知识，自然科学史研究，1987年第4期，第377～378页。

美丽的彩虹自古以来吸引了人们的注意。古代人称它为蝃蝀、虹霓或美人。甲骨文中已有“虹”字，其象形类似于由双道弧线构成的彩虹，又类似于曲身爬行的虫。殷人以为它是能饮水于河的雨龙，故霓字又作蜺，从虫旁，霓字部首又从雨。在汉代画像石刻中可见虹的绘画（图 3-43）[①]。汉代人将它画成两头的龙（右龙头残），独角，瞪目张口，正在吸饮雨水。画面表现了自殷代以来关于虹是雨龙的看法。

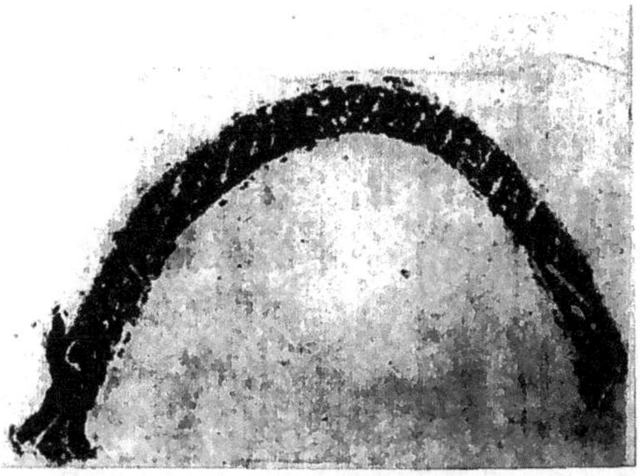

图 3-43 汉代雨虹画像石

秦汉时代，人们将虹的出现看作是“阴阳不和，婚姻失序”的征兆[②]；又称其为“美人”，这是因为“阴阳不和，婚姻错乱，淫风流行，男美于女，女美于男，恒相奔随于人之时，则此气盛，故以其盛时名之也[③]。”这些观点显然是由于彩虹的美所引起的，与其说它是关于虹的科学哲学，倒不如说它是部分儒生们一种扭曲了的爱情观。或许，从颜色学和性别的观念出发，古人将虹霓解释为：“雌曰虹，雄曰霓。旧说虹常双见，鲜盛者雄，其暗者雌也。一曰赤白色谓之虹，青白色谓之霓，故虹红也[④]。”

然而，对虹的科学观察从西周时起就开始了。《诗经·国风·鄘·蝃蝀》写道：

蝃蝀在东，莫之敢指[⑤]，……

朝隮于西，崇朝其雨。……

这意思是说，太阳东升时，光照于西，乃在西方见虹。此时，西边空中雨滴满布，故谓“崇朝其雨”。大概唐代之前。人们对虹的描述多集中于其产生的物理条件。蔡邕《月令章句》说：

虹见有青赤之色。常依阴云，而昼见于日冲，无云不见，太阴也不见。见辄与日相互率，以日西、见于东方。

这里所谓“云”，是雨云。萧梁朝江淹（444～505）作《赤虹赋序》写道：“正逢岩崖相照，雨云烂色，俄而雄虹赫然，晕光曜水，偃蹇山顶……。迫而察之，实曰阴阳之气[⑥]”。他也着重描写了雨云和日照二者相对并存的必要条件。

唐宋时期，对虹的色散认识有了极大提高。孔颖达在《礼记·月令·季春之月》“虹

① 闪修山等编，《南阳汉代画像石刻》第 36 图，上海人民美术出版社，1985。

② 蔡邕《月令章句》。

③ 刘熙《释名》卷一《释天》。

④ 陆佃《埤雅》卷二十《释天·虹》。

⑤ 直至今日，民间还有传说云：“指虹者将会驼背。大概这是莫敢指的原因。

⑥ 徐坚《初学记》卷二《天部下·虹蜺》引江淹《赤虹赋序》，第 39 页。

始见”下疏解说：“若云薄漏日，日照雨滴则虹生。”

与从前的“雨云”记述相比，“雨滴”之说不仅观察细致得多，而且已接近虹产生的科学见解。从现在科学眼光看，阳光被成片的点点水滴折射而产生彩虹。孔颖达的观点影响了其后的历史时代。在他之后，人们便以喷水实验实现了人造虹，并以此证明孔颖达观点的正确性。张志和在其着《玄真子·涛之灵》中写道：“雨色映日而成虹。背日喷水成霓虹之状，而不可为直者，齐乎影也。”

这是关于日光散射实验的最早记载，它证实了自然界虹的成因之说，也破除了有关虹的种种误解。“不可直者，齐手影也”，可能是指观察虹的位置与虹所在位置的相关性，也许是指虹本身弧形特性。

类似的人造虹实验有许多记载。苏鹗在《杜阳杂编》卷下写道：“大中（唐宣宗年号，847～860）末，京城小儿叠布蘸水，向日张之，谓捩晕。”

《唐语林》有类似记载，称其为“晕出入”①。可见，长安儿童兴趣于造虹实验。宋代陆佃（1042～1102）也写道：

> 先儒以为云薄漏日，日照雨滴则虹生。今以水噀日，自侧视之则晕为虹蜺。然则，虹虽天地淫气，不晕于日不成矣。故今雨气成虹，朝阳射之则在西，夕阳射之则在东②。

在这里，陆佃记录了“以水噀日”的造虹实验，而且明确地指出了观察虹的方向，虹与太阳二者之间的位置所在。

朱熹关于虹的看法是值得一提的。他一方面相信虹“有形，能吸水吸酒，人家有此，或为妖，或为祥”；另方面又指出：“虹非能止雨也，而雨气至是已薄，亦是日色射散雨气了”。“蝃蝀，本只是薄雨为日所照成影”③。

朱熹的“日色射散雨气”之说颇有物理意味，这句话与今日所谓虹是雨滴对太阳光的散射和折射所成，在语法上，恰成倒装句。

在此，我们尚需仔细地读读沈括关于虹的记载。他在《梦溪笔谈》卷二十一《异事》中写道：

> 世传虹能入溪涧饮水，信然。熙宁中。予使契丹，至其极北黑水境永安山下卓帐。是时新雨霁，见虹下帐前涧中。予与同职扣涧观之，虹两头皆垂涧中。使人过涧，隔虹对立，相去数丈，中间如隔绡縠。自西望东则见（盖夕虹也——沈括原注）；立涧之东西望，则为日所铄，都无所睹。久之稍稍正东，逾山而去。次日行一程，又复见之。（孙彦先云：虹乃雨中日影也，日照雨则有之。——沈括原注）

沈括的这段文字，从总体上说，表明他对虹的产生及其与太阳位置的关系作出了认真的考察和科学记录。但是，他开章明义地指出，“虹能入溪涧饮水”，而且对此民间传说深信不疑，甚至于以他实地考察来证实这种错误传说。这不能不说是沈括科学观或自

---

① 宋·王谠《唐语林》卷七《补遗》。

② 陆佃《埤雅》卷二十《释天·虹》。其说被南宋蔡卞《毛诗名物解》所引。类似记载还见明代郎瑛《七修类稿》卷七《补遗》。

③ 《朱子语类》卷二《理气·天地下》。

然观中的一个小小缺憾。在一些科学史著作或文章中，还有人以为，沈括引用其同时代人孙思恭（字彦先）的见解是表明他同意后者之说①。看来也未必如此。沈括的谨慎落笔只不过指出孙思恭的见解而供读者参考而已，而沈括自己将虹载入他的著作“异事”类第一条。这表明，至少在沈括看来，虹及其溪涧饮水之事是一种怪异现象。南宋大学者朱熹认为虹“能吸水吸酒”，“或为妖，或为祥”的看法，似曾受到其前人沈括的影响，也未可知。

孙思恭关于虹的见解是正确的，他继承了前人关于虹的科学认识。孙思恭（生活于11世纪下半叶）是沈括同时代科学家，据《宋史·孙思恭传》载，他精通历法，著《尧年至熙宁长历》，曾修理天文院浑仪②。

美丽的彩虹曾分别引起东西方人的注意。在欧洲，亚里士多德曾认为虹是反射的结果。这显然不正确。直到13世纪，罗吉尔·培根（Roger Bacon，1214？～1294）才提出与上述唐代人相似看法，认为虹是日照雨滴所致。约1270年，图林根（Thuringian）的修道士威特洛（Witelo，或称为Vitellio，1230～1275）才改正亚里士多德说法，认为虹是反射和折射造成的。

2. 冰珠和雨露分光

太阳光是白光，将太阳光分成色光的现象称为分光。前述虹，无论是天然的还是人造的，都是雨滴分光。当太阳光通过冰珠或雨露时，也会产生分光现象。北周庾信（513～581）曾对此有所描述，他在其诗《郊行值雪》中写道：“风云俱惨惨，原野共茫茫。雪花开六出，冰珠映九光③。”

太阳光透过“冰珠”后，被折射而成色光。庾信虽不知其理，但最早记下了冰珠分光的现象。

宋代程大昌在《演繁露》中记述的露珠分光是格外仔细的。他写道：

> 凡雨初霁或露之未晞，其余点缀于草木树叶之末，欲坠不坠，则皆聚为圆点，光莹可喜。日光入之，五色俱足，闪烁不定，是乃日之光品著色于水，而非雨露有此五色也④。

程大昌记述圆形露珠的形成，含有表面张力的思想。当日光射入露珠，见各种色光闪烁不定。这正是雨露的分光作用。程大昌在此还指出，非雨露本身有各种色光，而是日光的“品性”所致。换句话说，日光本身应有各种色光。程大昌的分光观察及其结论几近500多年之后牛顿通过三棱镜所作的分光实验及其太阳光是由七色光组成的结论。

由程大昌的描述就可以理解在其前、唐初孔德绍的二句诗。孔德绍《登白马山护明寺》中写道：

“露花疑濯锦，泉月似沉珠”⑤。“疑”与“拟”通。这二句诗可译为：

---

① 王锦光、洪震寰，我国古代对虹的色散本质的研究，自然科学史研究，1982年第3期，第215～219页。

② 《宋史》第30册，卷三二二，第10446页。

③ 《庾子山集》卷四《诗·郊行值雪》，四库全书本。有些版本或近代出版的《光学史》将“冰珠”误为“水珠”。

④ 程大昌《演繁露》卷九《菩萨石》。

⑤ 《全唐诗》卷七百三十三，第21册，第8380页。孔德昭，会稽人，有清才，事窦建德（573～621）。建德败，唐太宗诛之，故其卒于约620年。

花儿带露，就像刚刚濯洗过的彩锦；月儿印泉，如同沉浸在水中的珍珠。

正由于花瓣上的露珠，在朝阳照耀下将太阳光分成七色光，才会有彩锦的感觉。可见，露珠分光现象在程大昌之前已被人们所注意和观察。

3. 晶体分光及其变彩、变色现象

当透明晶体举以向日，也能分光并产生色散现象。葛洪在《抱朴子》中写道：

> 又云母有五种，人多不能分别也。法当举以向日，看其色、详占视之，乃可知耳。正尔于阴地，视之不见其杂色也。五色并具而多青者，名云英……；五色并具而多赤者，名云珠……；五色并具而多白者，名云液……；五色并具而多黑者，名云母……；但有青黄二色者，名云沙……①。

云母是由 Si-O 四面体组成的一系列层状结构，白云母属单斜晶系，可解理成云母片。葛洪在此指出，人多不能辨云母之种类，实则缺少方法。将云母放置于阴暗无阳光处，“不见其杂色”，仅当将它“举以向日”，透过它的白色光就因它的折射而发生色散现象。葛洪就是通过云母的分光现象并根据其色散情形将其分类的。这是晶体分光现象的较早记载。在《梁书・中天竺国传》中也有类似记载，不过此处记为“火齐”，实则是云母。该书写道：“火齐状如云母，色如紫金，有光耀。”

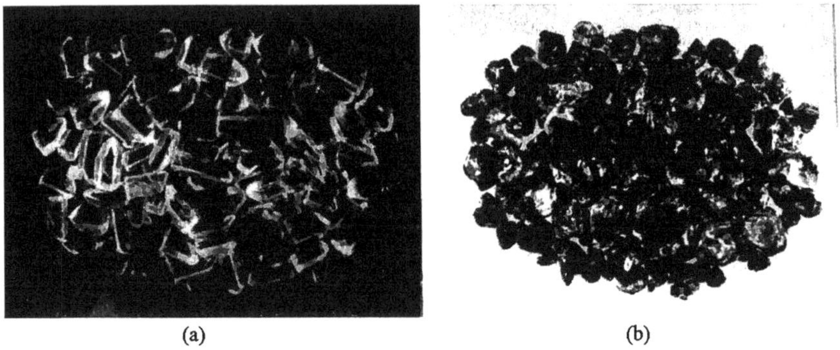

图 3-44　西安唐墓出土的白石英和紫石英

(a) 白石英　　(b) 紫石英

古代称之为水晶、水玉、菩萨石者，实则就是天然石英。我们在前面力学那一章中已对它有所叙述。其中的白石英和紫石英都普遍受到人们的喜爱，炼丹家和本草药物学家尤其珍惜之。图 3-44 是从西安南郊何家村唐墓中发掘出来的白石英和紫石英。它们是墓主人生前将其作为药物使用的。据说是安禄山叛乱时王公贵族在仓皇逃难中埋以地下的珍宝之一②。天然白石英具有极好的透光性能，由于它天然具有棱，因此，它像三棱镜一样对日光有分光作用。

天然石英的分光现象、也即太阳光透过它后发生色散的现象，在历史上早被中国人所发现。寇宗奭《本草衍义》写道：

> 嘉州、峨眉山出菩萨石，形六棱而锐首，色莹白明沏，若泰山、狼牙、上饶水晶之类。日隙照之，有五色，如佛顶圆光。俗谓菩萨光明所感，今亦称放

① 葛洪《抱朴子内篇》卷二《仙药第十一》。

② 文化大革命期间出土文物第一辑，文物出版社，1972 年，第 66 页；也见陕西省博物馆等，西安南郊何家村发现了唐代窑藏文物，文物。1972 年 1 期，第 30～42 页。

光石①。

其后不久，杜绾《云林石谱》也写道：

嘉州、峨眉石正与五台山石相似，出岩窦中，名菩萨石，其色莹洁，状如太山、狼牙、信州、永昌之类。映日射之，有五色圆光。其质六棱。或大如枣栗，则光彩微芒。间有小如樱珠，则五色灿然可喜②。

《本草衍义》成书于政和六年（1116），《云林石谱》成书于绍兴三年（1133）。这两条有关菩萨石分光现象为大家所熟悉。然而，早于他们100余年的《杨文公谈苑》已述及这种现象：

嘉州峨眉山有菩萨石，人多採得之，色莹白，若太山狼牙石，上饶州水晶之类。日光射之，有五色，如佛顶圆光③。

杨文公即杨亿，字大年，在北宋真宗（998～1022年在位）朝掌内外制，有重名，为天下学者所伏④。其著《杨文公谈苑》十五卷，已散佚，今存于《说郛》中的《谈苑》为宋代黄鉴纂集的部分条目。该书很可能初稿于杨亿掌内外制期间。牛顿以三棱镜发现分光现象是在公元1666年。虽然杨亿、寇宗奭、杜绾等人不知分光本质，即光波在晶体中因波长不同而折射率各不相同的道理，但分光现象本身，杨亿要比牛顿早650年左右。

明代方以智根据前人的有关记载总结道：

凡宝石面凸，则光成一条，有数棱则必有一面五色。如峨眉放光石六面也，水晶压纸三面也，烧料三面。水晶亦五色；峡日射飞泉成五色；人于回墙间向日喷水，亦成五色。故知虹蜺之彩、星光之晕、五色之云，皆同此理⑤。

由折射而引起的色散现象还有晶体类宝石的变彩（play of colours）和变色（change of colours）现象。宝石历来受人们的青睐，与此现象的发现不无关系。一般地说，这种现象是由于晶体内杂质反射光的干涉所产生的，转动晶体位置就变更干涉光的颜色。凡有变色现象的晶体，其内某一特殊颜色占有一定范围，因此，从不同方向看它就有不同的颜色。唐末、五代杜光庭《录异记》说：

岁星之精，坠于荆山，化而为玉。侧而视之色碧，正而视之色白。卞和得之，献楚王。后入赵，献秦。始皇一统天下，琢为受命玺⑥。

关于岁星化玉的说法当然是穿凿附会。但其中，“侧而视之色碧，正而视之色白”的描述，是值得注意的。宋代顾文荐在其《负暄录》中描述了各种马脑及其颜色。就夹胎马脑，他写道：“有夹胎马脑，正视莹白，侧视则若凝血，一物二色也⑦。”

从杜光庭和顾文荐的描述看，它们与近代晶体光学中的变色现象相近。杜光庭（850

① 寇宗奭《本草衍义》卷四《菩萨石》；也见李时珍《本草纲目》卷八《金石部·菩萨石》引。

② 杜绾《云林石谱》卷下《菩萨石》。

③ 唐慎微《证类本草》卷三《菩萨石》引《杨文公谈苑》。类似文字也见程大昌《演繁露》卷九《菩萨石》引《杨文公谈苑》。

④ 黄鉴纂集《杨文公谈苑》、见《说郛》（商务印书馆本）卷二十一；宛委山堂本卷十六。

⑤ 方以智《物理小识》卷八《器用类·阳燧倒影》。

⑥ 杜光庭《录异记》卷七《异石》（道藏本）。

⑦ 李时珍《本草纲目》卷八《金石部·石之二》引《负暄录》，第504～505页；顾文荐《负暄杂录》，见《说郛》（商务印书馆本）卷十八。

～933），字圣宾，处州人。从杜光庭算起，中国人发现这种现象已有千余年的历史了。

宋应星也有类似的描写："惟西洋琐里有异玉，平时白色，晴日下看映出红色，阴雨时又为青色，此可谓之玉妖。尚方有之①。"

《明史·外国传》有西洋"琐里"（Sola）之名，在今印度科罗曼德尔（Coromandel）沿岸②。"尚方"原指供应帝王御用器物之官称，此借指为内宫。宋应星的描述，指出这种"异玉"在不同光亮背景下显出不同颜色，这近似于变彩现象。《天工开物》成书于1637年，变彩现象被中国人记录的历史也已有350余年了。

四　衍　射

光的衍射现象在日常生活中不太容易被发现。继方以智之后，意大利物理学家格里马耳迪（F. M. Grimaldi，1618～1663）被认为是近代最早观察并精确描述衍射现象的人。其后150年，法国物理学家菲涅尔（A. J. Fresnel，1788～1827）最早阐明了这一现象。在古代中国，方以智之前，各种衍射色彩和光环多次被人们所观察记载。晋代张华曾记录了虫、鸟羽毛的衍射，他写道：

> 交州南有虫，或长一寸，大小如指，有廉棱，形似白石英，不知其名，视之无定色。在阴地色多湘绿，出日光中变易，或青或绿，或丹或黄，或红或赤，女人取以为首饰。宗岱每深以为物无定色，引云霞以为喻，故托此以助成其说。今孔雀毛，也随光色变易，或黄或赤，但不能如此虫耳③。

张华对此虫和孔雀毛的衍射色彩作了极好的描述。当然，那时尚未知有衍射这一概念。

据《新唐书·五行志》载，武则天在位时，"安乐公主使尚方合百鸟毛织二裙，正视为一色，傍视为一色，日中为一色，影中为一色。"这种"百鸟裙"的色彩变化也是衍射产生的。自从羽毛衍射现象被发现以后，羽毛在古代为人所重，以致清朝官吏的顶戴花翎，也曾一时以视其衍射色彩的有无和多寡而分等级。清代王士祯《分甘馀话》卷二写道：

> 本朝侍卫，皆于冠上带孔雀翎，以目晕之多寡为品之等级。武臣提督及总兵官，亦有赐者。后文臣督抚也或蒙赐，得之者以为荣。

所谓"目晕多寡"也就是衍射色彩的多少。

沈括在《梦溪笔谈》中记述了这样一件事：

> 熙宁中，予察访过咸平，是时刘定子先知县事，同过一佛寺。子先谓予曰："此有一佛牙甚异。"予乃斋洁取视之，其牙忽生舍利，如人身之汗，飒然涌出，莫知其数，或飞空中，或坠地。人以手承之，即透过，著床榻，摘然有声透下，光明莹彻，灿然满目。予到京师盛传于公卿间。后有人迎至京师，执政官取入

---

① 宋应星《天工开物》卷下《珠玉·玉》。

② 潘吉星，天工开物校注及研究，第545，551页。

③ 张华《博物志·逸文》，引文中"宗岱"其人，或张华同时代，或稍早于张华，未知其详。

东府，以次流布士大夫之家，神异之迹，不可悉数①。

被沈括载于“神奇”中的这件异事，实则并不奇。佛牙藏之年久，有机质发生化学变化，其内流出的“如汗”之液体或则碱性、或则含油脂，如同今日之肥皂泡、或洒落于柏油路上的汽油，产生了薄膜干涉而形成的衍射色彩，故而“光明莹沏，灿然满目”。沈括的仔细观察及精心记录，留下了光学史上的一笔珍贵史料。

由于油膜干涉而形成的衍射色彩，其后被人们用以判断油漆之优劣。苏轼在《物类相感志·杂著》中写道：

漆中多油，煎朴消为假点上纸上，少时无油渗者佳。或于沸汤中滴之不散而无晕者妙，见风便变色者次之②。

油漆之中含大多油质，漆稀而不可用。朴消即硫酸钠结晶体（$Na_2SO_4 \cdot 10H_2O$）。煎朴消成液体，并将朴消与漆同时滴在纸上。漆中之油与朴消中之水游离而出并渗入纸面，以此可验油漆中含油量。后一种方法就是以油面衍射为据。漆滴入沸水中不溶开，而油飘浮水面，油膜在水面产生干涉色。风吹油膜。干涉色即变幻之。与此相反，“滴之不散而无晕者”为好漆。这里的“晕”借以形容衍射光环。

如同在力学章表面张力中所述及的一样，《物类相感志》为苏轼所著。可见，利用油膜的干涉衍射光环鉴定油漆质地的方法已在900年前为中国人所掌握。

令人惊奇的是，古代人还发现了晶体的衍射现象。陶宗仪在《辍耕录》卷七中记录了一批所谓“回回石头”，即来自阿拉伯或波斯地区的宝石。其中有一种称为“屋朴尔蓝”，或写为“屋朴你蓝”③，或写为“乌帕尼勒朗”④。陶宗仪对此石写道：“下等，如水样带石，浑青色”。这种石头的名称都是Opal的译名，今称白宝石，矿物学称蛋白石，是一种近乎无定形的矿石，其成分为$SiO_2 \cdot nH_2O$，“n”表示不定数。蛋白石的一个特征是，其内存有液体，在阳光下这种液体会产生干涉带那样的衍射光环。陶宗仪称其为“如水样带”即指此衍射环。《辍耕录》（又称《南村辍耕录》），成书于元至正二十六年(1366)。其后500余年，即1933年，莱温和奥特（L. Lerin and Ott）才报告了很多蛋白石存在着相当敏锐的干涉条纹⑤。

五 滤光及其应用

有色玻璃、彩色胶片、盛有彩色溶液的玻璃器皿都对太阳光（白光）的不同波段具有选择吸收的能力。如红色玻璃只能透过红光，其余色光均被其吸收。这种现象称为滤光。古代带彩的油纸伞、绢绸等，也都能起滤光作用。

在五代、宋初，人们发现了红色油纸伞的滤光作用，侦刑官员将它用以检验尸体伤痕。宋初皇甫牧的《玉匣记》写道：

太常博士李处厚知庐州梁县，尝有殴人死者，处厚往验伤，以糟或灰汤之

① 沈括《梦溪笔谈》卷二十《神奇》。

② 明·周履靖《群物奇制·杂著》中亦辑录了这段文字。

③ 陶宗仪《辍耕录》卷七《回回石头》，丛书集成初编本。

④ 四库全书本。

⑤ L. Levin and Ott, Zeits. Krist, **85** (1933), 305. 也见陆学善，科技史文集第12辑，第7页。

类薄之，都无伤迹。有一老父求见，乃邑之老书吏也。曰："知验伤不见迹，此易辨也。以新赤油繖（伞）日中覆之，以水沃尸，其迹必见"。处厚如其言，伤迹宛然。自此江淮之间，官司往往用此法。

殴打伤痕，因皮下瘀血而现青紫色。新赤油伞滤取红光，在其照耀下，反衬度增大。伤痕即可见。宋初太常博士为喜庆祭奠礼仪官，属太常寺，宋初设太常博士四人，四至七品不定，其上有太常监、太常丞。宋初礼仪尚少，博士无定，常被派出外地作官。因京官名声大，故而如李处厚已成知县，然而在其名前还冠以"太常博士"。"书吏"乃地方衙门书记官，实则为不上官阶的衙门当差。在衙门当差时间长了，丰富的经验使老书吏发现了红油雨伞的滤光效果，可惜未留其姓名。此后，经李处厚、皇甫牧等传播与报告，这一发现就为众人所知。沈括①和郑克②对此都有相同的记载。《玉匣记》成书当在公元978年之前，因该年成书的李昉《太平广记》已引用了《玉匣记》的某些文字③。

南宋时，著名的法医学家宋慈（1186～1249）曾任广东、江西、湖南等地提点刑狱。他根据多年的断案经验，撰写了《洗冤集录》一书。其中也写道：

验尸并骨伤损处，痕迹未见，用糟醋泼罨尸首，于露天以新油绢或明油雨伞覆欲见处，迎日隔伞看，痕即见。若阴雨以热炭隔照。此良法也④。

将红油雨伞遮尸骨验，若骨上有被打处，即有红色路，微荫；骨断处，其接续两头各有血晕色。再以有痕骨照日看，红活，乃是生前被打分明。骨上若无血荫，纵有损折，乃死后痕⑤。

宋慈发展了前人的有关发现，他不仅用红油雨伞，而且用红油绢滤取红光；当无太阳光或阴天时，他又以炭火隔照，因为炽热的木炭火光多是红光。同时，他还具体地指出了观察伤痕的方向："迎日隔伞看"。在法医学上，宋慈以此方法还可判断死者是生前被打伤还是死后被伤害。这一方法被许多人称为"红光验尸"。

在上述各种记载中，都言及以糟、灰汤或糟醋之类泼洗伤痕。"糟"或许是"糟醋"简称，"灰汤"是淋灰水，即碱水。用它们泼洗伤痕，既有消毒、又有擦去伤处污垢、以便看清伤痕之功用。

第五节　大气光象

古代人对大气光象作了许多观察与记录，前述雨虹是其中之一。在占卜思想指导下，历代王朝都设有观象台，以观察天象和光象，并据观察而预告朝政和人事的吉凶。历代都有一些有关天象和光象的著作。如汉代佚书《常从日月星气》、《汉日旁气行事占验》⑥，马王堆汉墓帛书《天文气象杂占》⑦，唐代李淳风的《乙巳占》和瞿昙悉达的《唐开元占

① 沈括《梦溪笔谈》卷十一《官政》。
② 郑克《折狱龟鉴》卷六《证慝·李处厚》。
③ 王锦光，洪震寰《中国光学史》，第95页。
④ 宋慈《洗冤集录》卷二《验尸》，第22～23页。
⑤ 宋慈《洗冤集录》卷三《论沿身骨脉及要害去处》，第37页。
⑥《汉书》卷三十《艺文志》，第六册，第1763页。
⑦ 顾铁符，马王堆帛书《天文气象杂占》，《文物》，1978年第2期。

经》，二十四史中的《天文志》或《五行志》（尤以《晋书·天文志》为最），以及遊记类著作，等等，对于日珥、日冕、虹、华、晕、海市蜃楼、北极光、峨眉宝光和其他各种大气光象都有所记载。编撰于明洪熙元年（1425）的《天元玉历祥异赋》（作者佚名）绘画了大量的天象或光象图。这些著作虽然都含有一些荒诞的内容，但是，没有第二个国家能如同中国一样，对这些现象作出如此长期而连续不断的观察记录。

早在殷商时期，虹、霓、晕已被人们所注意。西周时，已设有专门观察云气、占卜吉凶的官员，称为"眂祲"。《周礼·春官》载"眂祲掌十煇之法，以观妖祥、辨吉凶"。所谓"十煇"是："一曰祲，二曰象，三曰镌，四曰监，五曰暗，六曰瞢，七曰弥，八曰叙，九曰隮，十曰想。"《晋书·天文志中》对"十煇"作解释，例如，认为"祲"是"抱珥背璚之属"。现代的研究者中，有人认为"祲"可能是"华"，"暗"可能是雨层云，"瞢"可能是"霾"，"弥"或是"日环"，"隮"当是虹，"想"大概是可供人推想的五色云、海市蜃楼或北极光。然也众说纷纭、莫衷一是①。但是，对于晕的定义以及观察记录是相当确切的②。《晋书·天文志》说："日旁有气，圆而周帀（匝），内赤外青，名曰晕。"同时，它还列出了晕的其余 17 种名称，描述了晕的各种形态、各种不完整的晕环。而在欧洲，大约 17 世纪初才有关于日晕、幻日的记述③。

鉴于天文学史、气象学史对其中某些现象有所论述，本书以下将简略地介绍"小儿辩日"、海市蜃楼和峨眉宝光④。

一 "小儿辩日"

"小儿辩日"叙述两个儿童争论太阳究竟在早晨还是在中午距地面近的命题。这个有趣的光学故事在中国流传了几千年。故事出自《列子·汤问》：

> 孔子东游，见两小儿辩斗，问其故，一儿曰："我以日始出时去人近，而日中时远也"。一儿曰："我以日初出远，而日中时近也"。一儿曰："日初出大如车盖，及日中则如盘盂。此不为远者小而近者大乎?"一儿曰："日初出沧沧凉凉，及其日中如探汤。此不为近者热而远者凉乎?"孔子不能决也。两小儿笑曰："孰为汝多知乎"?

《列子》传为战国列御寇作。也有人认为是魏晋人伪托。但其取材多为周秦之事。小儿辩日是一个复杂的光学问题，它涉及光的折射、吸收，视幻觉与视差等方面知识，孔子不能断其是非，乃理所当然。

---

① J. Needham, Science and Civilisation in China. V. 3 (1959), pp. 473～476; Ho Ping-Yü, Astronomy in the Chin Shu and the Sui Shu. Inaug. Diss., Singapore, 1955；王鹏飞，中国古代气象学上的主要成就，《南京气象学院学报》，1978 年第 1 期；张德二，我国古代对大气光象的一些认识，气象，1978 年第 8 期；薄忠信，十煇辨证，《锦州师院学报》，1984 年第 1、2 期；王锦光，洪震寰，中国光学史，第 114～117 页。

② 王锦光、张子文，中国古代对晕的认识，自然科学史研究，1990 年第 1 期，第 62 页。

③ J. Needham，同①。

④ 有关北极光的历史观察及其现代应用可参阅：戴念祖、陈美东，关于中、朝、日历史上北极光记载的几点看法；历史上的北极光与太阳活动，科技史文集，第 6 辑；也见陈美东，古历新探，辽宁教育出版社，1995 年，第 567～610 页。

用照相机拍照的太阳照片，早晨与中午一样大，而眼睛所以会有晨大午小的感觉，主要原因是：①背景衬托。早晨地平线远处的树木、房屋小得看不清；红日升起，与之相比则显其大；中午太阳在高空，无可比之物，遂觉其小。②光渗现象。清晨，大地与其周围空间尚黑，中午明亮。背景越黑而物体越亮，视网膜上像的轮廓就越大。这称为光渗现象。早晨在海平面见又红又大的太阳就是这个原因。③早晨，平视太阳，人眼位置正常；中午要仰视太阳，眼球凸鼓。在鼓凸的眼球内视像比正常眼球小。④早晨与中午相比，阳光通过大气中较厚的空气层，由于空气吸收与消光作用，视觉较模糊，因而造成早晨太阳大的视错觉。⑤视觉中的天穹并非一个圆，而是扁球。在头顶天空高远，四周天空仿佛低近。远物投影小，近物投影大。这是视幻觉带来的投影结果。至于另一个儿童提出太阳晨凉午热，那是因为，中午太阳在天顶，阳光直射地面，穿过大气层薄，因而辐射热大部分为地面吸收，气温升高①。

我们再看看历史上的种种答案。汉代桓谭在《新论》中说：

> 汉长水校尉关子阳，以为日之去人、上方远而四旁近。何以知之？星宿昏时出东方，其间甚疏，相离丈余。及夜半在上方，视之其数，相离一二尺。以准度座之，逾益明白，故知天上之远于旁也。日为天阳，火为地阳。地阳上升，天阳下降。今置火于地，从旁与上，诊其热。远近殊不同焉。日中正在上，覆盖人，人当天阳之冲，故热于始出时。又新从太阳中来，故复凉于其西在桑榆间也。

桓谭实际上是以视角的大小判定“天上之远于旁”，即中午太阳离人远。他同时又断定中午太阳热，因为此时太阳在人头顶，热气直冲而下。然而，他主张热与远近有关的看法与其判定太阳中午距人远的观点相矛盾。大概他未曾推敲自己看法的矛盾。他同意两小儿的看法，满足了两小儿的愿望，却忘了两小儿论题本身是相悖的。与桓谭几乎同时的王充，在《论衡·说日》中以斜边大于直角边的几何论证，认为“日中近而日出入远”。王充与桓谭观点相牴牾。但王充关于视象大小的看法与光渗现象相吻合，他说：“日中光明，故小；其出入时光暗，故大。犹昼日察火光小，夜察之火光大也。”稍后，张衡的解释与王充的光渗观点也几乎相同。张衡说：“日之薄地，暗其明也。内暗视明，明无所屈，是以望之若大。方其中，天地同明，明还自夺，故望之若小。”②

晋代束晳较准确地回答了这个问题。他认为，太阳晨时与午时一样大，距离也相等，并以视幻觉、眼球状况、物体亮度与颜色、背景衬托等方面作了全面的解释。他说：

> 以为旁上与上方等。旁视则天体存于侧，故日出时视日大也。日无小大，而所存者有伸厌：厌而形小，伸而体大，盖其理也。又日始出时色白者，虽大不甚；始出时色赤者，其大则甚，此终以人目之惑，无远近也。且夫置器广庭，则函牛之鼎如釜；堂崇十仞，则八尺之人犹短，物有陵之，非形异也。夫物有惑之，形有乱目，诚非断疑定理之主③。

---

① 刘世楷，关于太阳视象的形状和大小及由距日远近所引起的问题，物理通报，1954年第5期；戴文赛，中午太阳是否比早晨离我们近，光明日报1955年8月15日“科学副刊”，转载于杨伯峻《列子集释》，第169～171页。

② 张衡《灵宪注》，《说郛》（宛委山堂本）第六十卷。

③ 《隋书》卷十九《天文志》，第二册，第513页。

"所存者"指人眼，"伸厌"即眼球的平常状态与鼓凸状态。束晳的解释，无疑是大气光学中的一个重要成就。

此后，后秦的姜岌又发展了束晳的观点，提出"地有游气"之说，即大气及其中尘灰微粒对光线传播的影响。他说：

> 参伐初出，在旁则其间疏，在上则其间数，以浑难之，度则均也。旁之与上，理无有殊也。夫日者纯阳之精也，光明外曜，以眩人目，故人视日如小。及其初出，地有游气以厌日光，不眩人目，即日赤而大也。无游气则色白，大不甚矣。地气不及天，故一日之中，晨夕日色赤，而中时日色白。地气上升，蒙蒙四合，与天连者，虽中时亦赤矣。[①]。

在姜岌看来，日出赤色使视日感觉变大，赤色的原因是由于"地有游气"，"以厌日光"。反之，"无游气则色白，大不甚矣"。为了证实他的观点，他指出，当风沙天"蒙蒙四合"而沙气弥漫时，即使日在中天"亦赤矣"。他的解释符合瑞利（Lord Rayleigh）的微粒散射说，是极为科学的。

按照瑞利散射定律，波长越短的光受大气散射越烈。天空中处处是被散射的蓝光，故而地面上的人见天空是蔚蓝色。同样的理由，日出时阳光穿过的大气厚度大于正午时穿过的厚度，因此，被大气散射的短波蓝光要比红光多，相对地，长波红光较容易穿透大气层，因此，我们看到早晚的太阳是红色的。风沙天看见头顶的太阳为红色，也是这个道理。如果大气中毫无尘灰颗粒和空气分子，那么，我们所见的天空是漆黑的，太阳不过是漆黑背景下的一块圆白斑而已。这就是姜岌所谓的"无游气则（太阳）色白，大不甚矣"。姜岌生活于后秦，即活跃于公元384～417年间，而瑞利是在公元1871年作出散射的定量发现，并以此科学地解释了天空的蓝色和太阳升落时的红色。从姜岌到瑞利，其间约1500年。人们对于姜岌的解释不能不感到惊讶！

南朝时，祖暅又一次强调眼睛的仰视与平视之差别。他说：

> 视日在旁而大，居上而小者，仰瞩为难，平视为易也。由视有夷险，非远近之效也。今悬珠于百仞之上，或置之于百仞之前，从而观之，则大小殊矣[②]。

有趣的是，"小儿辩日"的故事在历代引起许多学者的关注，或参与讨论之。明末清初，揭暄曾对此作出一个较为全面、且正确的回答。揭暄说：

> 日初出，大而不热者，地气横映，故大；气厚、隔远，故不热也。日午热而不大者，地上气浅，故不大；气浅易透，故热也。又日初出，光切地圜之界，力轻，故不热；日午，光直射地平，力重，故热。日初出，人目力横视远，故大；日午，人目力上视短，故小[③]。

揭暄抓住了早晨与中午太阳穿过大气层厚度的不同、眼睛平视（"横视"）与仰视（"上视"）之差别，解释了"小儿辩日"中的问题。他的解释与近代科学的解释几乎一致。

如果将20世纪时人们以科学知识多次在科普刊物对"小儿辩日"作解答亦计及在内，

---

① 同上页注③，第515页。

② 同上页注③。

③ 方以智《物理小识》卷一《天类·气映差》揭暄注文。

可以说，它受到人们关注的时间之长，是科学史上罕见的事例。

二 海市蜃楼

海市蜃楼，简称海市，也称蜃景。当光线穿过密度不同的大气层而发生折射、甚至全反射时，远处景物就在空中或地面形成虚像，从而造成奇异幻景。如果大气条件也满足声音的折射或全反射时，还能听到声响。这种现象常发生在海边或沙漠地带。发生在海边的为上现蜃景，即在空中形成正立的幻景；发生在沙漠地带为下现蜃景，即在地面形成倒立的幻景；此时旅行者往往错以为远处有水，故而又称水影。高空微风气流，时刻改变大气层疏密程度，造成蜃景漂浮不定、变幻莫测，或立即消失。

在我国历史上关于海市的记载屡见不鲜①。大概从先秦迄明清时期西方科学传入中国之前，其观察记录也持续了几千年。在很长的时期里，人们想像一种神物“蜃”（一说其为蛟龙，一说其为大蛤②）吐气的结果。《史记·天官书》和《汉书·天文志》载：“海旁蜃气象楼台，广野气成宫阙然”。沈括《梦溪笔谈》述及“登州海市。时有云气如宫室、台观、城堞、人物、车马、冠盖、历历可见”。沈括以欧阳修在内地见海市为证，不同意海市乃“蛟蜃之气所为”的说法③。或许，沈括以为蛟蜃必在海中。但他对于那种以为“夜有鬼神自空过”的说法并未有异议。

在历代有关海市的诸多记述中，以南宋林景熙在其《霁山文集》④、元代杨瑀《观海市记》⑤的描述较为贴切、生动，尤以后者为最。他们都曾目睹海市奇景。杨瑀指出海市与季节、风的关系：“春夏见，秋冬少见。大雾之后，天晴见，天阴不见。微风见，无风不见，大风不见。风微急，其见也速而巧。风微缓，其见也迟而拙”。微风使大气疏密度发生变化，不仅容易产生折射或全反射，而且使蜃景飘浮不定。杨瑀在描述其目睹的海市全过程之后，又对其特征作了简洁的总结：

> 诸海市似云而不飞扬，似雾而不阴晦，似烟似气、则凝而不散，动而有常，其体则大小、方圆、长短、广狭之殊，其用则有屈伸、往来、起伏、升沉、离合之异，其变化则有久暂、迟速、死活、浓淡、巧拙之等。

虽然在元代之前对蜃景有大量的精彩的描述，但对其成因的解说、直到明代才现端倪。郎瑛在《七修类稿》中提出，海市“或新结气空中，遇天地缊，则随气以见”⑥。所谓“天地缊”，在传统的元气说中，是指天地之气的动摇振荡。在郎瑛看来，是空中“新结气”与天地之气振荡相遇，故而成海市。陈霆在《两山墨谈》卷十一中认为，海市是

---

① 王锦光、洪震寰，中国光学史，第122～125页；王赛时，中国古代对海市蜃楼的记载与探索，中国科技史料，1988年第4期，第64页；刘昭民，我国古代对蜃景现象的认识，中国科技史料，1990年第2期，第11页。

② 李时珍《本草纲目》卷四十三《鳞部·蛟龙》：“蛟之属有蜃”，“能吁气成楼台城郭之状，将雨即见，名蜃楼，亦名海市”。该书卷四十六《介部·车鳌》又言：“蜃与蛟蜃之蜃，同名异物”，“蜃似为大蛤之通称”。

③ 沈括《梦溪笔谈》卷二十一《异事》。

④ 林景熙《霁山文集》卷四《蜃说》。

⑤ 杨瑀《观海市记》，载《古今游记丛抄》第一册卷五；明代徐应秋《玉芝堂谈荟》卷二十三《海市》引《观海市记》，文字错误甚多，且徐应秋将《观海市记》作者误为明代慎蒙（1510～1581）。

⑥ 郎瑛《七修类稿》卷四十一《事物类·海市》，第603～604页。

“阳焰与地气蒸郁、偶尔变幻而见者”。陈霆所谓“阳焰”是指大面积湖水的蒸汽。他们都否定蜃龙或大蛤吐气成海市之说。而陆容在《菽园杂记》卷九中提出的解释比较有物理意义。陆容说：

“所谓楼台，所谓海市，大抵皆山川之气掩映日光而成，固非蜃气，亦非神物。”

这个解释不仅道出了海市形成的二个必要条件：空气和阳光，同时也猜想了它们之间的作用即“掩映”。如果将“掩映”理解为“遮掩”和“反射”日光，那么，陆容的解释已在向近代科学的解释靠近。而且，陆容的解释影响了方以智、揭暄等人。

关于物质发光与光传播问题，方以智持有一种特定看法。他说：

气凝为形，发为光、声，犹有未凝形之空气与之摩荡嘘吸。故形之用、止于其分，而光、声之用，常溢于其余。气无空隙，互相转应也①。

这是说，在无形的气凝聚为有形物时会发出光和声，其发光声的机制如同气与有形物的摩擦、振荡、相互吸引所造成的一样。有形物的使用，只能尽其大小而已；应用光与声，却常常会超出所用场所。这大概是因为，空间充满了气，气与气是紧密接触而无间隙的，光与声就会在它们之间“互相转应”。

“光、声之用，常溢于其余”的观点较易理解。一室燃炬，与它相对之室也见光；室内言语，他室听闻之。这是光声“常溢于其余”的日常经验。值得注意的是，方以智对这种经验提出了“气无空隙、互相转应”的思辨科学的解释，他以“转应”二字包容了近代光学、声学中有关反射、折射、衍射，以及光学中散射和漫散射的概念。

根据方以智记载，人们曾将海市蜃楼或称之为“水影”、“地镜”、“旱浪”，这都是内陆见到的下现蜃景；或称之“山市”、“海市”，这是上现蜃景。方以智对诸如此类历史记载② 解释道：

实则凡光生焰，焰自属阳。凡光似镜，镜能吸影，光与光吸，常见他处之影于此处。云分衢路，日射回薄，其气平者为阳焰、旱浪，其气厚者为山市、海市矣③。

在方以智看来，光本身就像镜一样，能照物成影。加之，“云分衢路”，而太阳光在这些类似街道的通路来回照射，于是，某处大地楼阁之影或成于空中，或成于远处地面，从而造成海市蜃景。

方以智的学生揭暄接过了老师的“气无空隙、互相转应”之说，具体地解释海市蜃景。揭暄说：“气映而物见。雾气白涌、即水气上升也。水能照物，故其气清明上升者亦能照物。气变幻，则所照之形亦变幻④。”

在“气能照物”观念支配下，揭暄更提出，“空中一大镜”的想法，认为“地上人物，空中无时不有，特气聚则显耳。故不论山、海、都、地，悉得见之④。”

方以智的儿子方中通也对海市蜃景解释说：“空气接地者属水，故能摄物，其影亦倒。

① 方以智《物理小识》卷一《天类·光论》。

② 其中还有“阳焰”。但从方以智的记述和解释看，它可能是春夏间在日出前后江河湖泊的水蒸汽形成的光学景象。

③ 方以智《物理小识》卷二《地类·阳焰水影旱浪》。

④ 方以智《物理小识》卷二《地类·海市山市》揭暄注文。

地上有一物，空中有一影，空中皆气故也①。”

实际上，这些解释只能破除海市蜃景的神秘感。无论镜还是水，照物成影说与海市蜃景的成因终有极大差别。惟方以智的气形发光与其互相转应的看法，含有较多的物理意义。

1853年，由艾约瑟（Joseph Edkins，1823～1905）和张福僖合译的《光论》出版，大气折射和蜃景成因的光学知识方为中国人所知晓。

三 峨眉宝光

“峨眉宝光”、“峨眉佛光”或“金顶祥光”都是指在高山顶上见到的光学景象。我国以四川峨眉山所见居多，故而如是称之。在西方，称它为对华、彩光环、布罗肯光环（Brocken bow）或山地宝光。布罗肯光环是以德国哈尔兹山脉（Harz Mountains）的最高峰布罗肯命名的，其海拔为1142米。四川峨眉山主峰万佛顶的海拔为3099米。在许多高山上都能见此奇景，只要满足二个物理条件：一是有太阳光，二是在观察者自身的脚下有云雾。所谓“宝光”、“佛光”的实质就是射进云雾表层的太阳光的衍射光环。

当山顶或观察者头部的影子落在与其距离较近的下方云层或雾带上，而且这影子恰好落在衍射光环的中心时，这奇观就称为“摄身光环”。

对这种宝光，古代人早有观察并记录。较早的文字记载见于宋初嘉州（今四川乐山，峨眉等地）通判王衮（生活于10世纪）在太平兴国七年（982）的奏疏。他写道：

“往峨眉山提点白水寺，忽见光相，寺西南瓦屋山上皆变金色，有丈六金身。次日，有罗汉二尊空中行坐，入紫色云中。②”

自然，峨眉山上方丈、和尚对峨眉宝光早已司空见惯，但如此郑重而神秘地奏报朝廷，似以王衮为最早。后来，宋代范成大于1177年在峨眉僧人陪同下遊峨眉山时曾作了详细观察报道，全文记载于其著《吴船录》卷上。其中，他写道：

某日，登山至光明岩，“忽云出岩下旁谷中”，“云行勃勃如队仗”，刚到岩石处稍留片刻之时，“云头现大圆光，杂色之晕数重，倚立相对，中有水墨影，若仙圣跨象者。碗茶倾，光没，而其旁忽现一光如前。有顷亦没。云中复有金光两道，横射岩腹。”日暮，云物皆散，山野静寂。次日，又登岩。上及一山顶，忽大雨倾注。僧人说：“洗岩雨也，佛将大现”。雨毕，云雾复布岩下，“纷郁而上，将至岩数丈辄止，云平如玉地。时雨点犹余飞，俯视岩腹，有大圆光，偃卧平云之上，外晕三重，每重有青黄红绿之色光。至正中，虚明凝湛”。此时，每一个观察者都见到自己身体的影子，“现于虚明之处，毫厘无隐，一如对镜。举手动作，影皆随形，而不见旁人，僧云此乃‘摄身光也’。凡佛光欲现，必先布云。”

以上引述的一小部分，足以表明范成大正确地记下了峨眉宝光所以形成的二个必要的物理条件，其衍射光环及色彩变化也描写得清清楚楚。“至正中，虚明凝湛”，是指衍射光环中心的暗影，现于其中的“摄身光”是观察者本人在衍射环心的投影。在这篇记

① 方以智《物理小识》卷八《阳燧倒影》方中通注文。

② 文莹《湘山野录》卷上，中华书局，1984，第12页。

述中，只差衍射二字及其光学道理未曾明言。然而，这是不能苛求古人的。这个记录，表明古代中国人最早观察到所谓布罗肯光环，而且观察的仔细、记述之详尽也是令人惊叹的。

范成大之后，还有许多观察记载。如明代陆深在其《蜀都杂抄》中说："峨眉古今之胜景也。山中光怪若虹蜺然，每见于云日映射之际，俗所谓佛光者是已。"

陆深将佛光出现的条件概括为"云日映射之际"，真是简洁明了。

除了峨眉山之外，据载，在云南大理白云峰、鸡足山等处也有人见过"佛光"。其中之一称为"放光谷"的地方，"四围皆有佛光，或长或圆，五色互异"①。

① 明·徐应秋《玉芝堂谈荟》卷二十三《放光谷》，笔记小说大观本。

第四章　声　　学

声学是物理学史中最为发展、内容最为丰富、理论最为完备的学科之一。我们将从广义角度探讨中国声学的发展史。

言语的产生和发展，音乐的萌芽与繁荣，乐器的制造及其种类的增多，都是声学这门学科得以产生的重要源泉。中国古代声学不仅仅在乐律与音阶的知识积累，还包括语言、建筑、机械制造等各个方面的声学知识。

第一节　导　　言

一　声音的古代定义

声与音，在古代人看来是有区别的。

《说文解字》云："聲、从耳"。凡是耳朵听见的皆为声。先秦时，另有一声字，写成"謦"，从"言"①，似乎声音与语言或口有关。或许"謦"字只表示了言语，而不能描述所有声响，故而秦汉以后不为人所用。现在所知，人耳的听觉阈值在16～20000赫兹之间，低于16赫兹的称为次声，高于20000赫兹的称为超声。次声与超声是人耳所听不见的，实际上，单一个汉字"聲"是不能描述所有聲音的。

繁体"響"从音，意思是有声音就有响，古代人称为"响之应声"②。如不涉及人耳听觉，仅从物理效果看，这一观点是正确的。

对于噪声或噪音，古代人也有定义。古文噪、谍相通。《玉篇》解释说："谍，郑玄曰：'谍，讙也，方言諠音也'；《说文》：'扰也'；《广雅》：'鸣也'；《声类》：'群呼烦扰耳也'③。"《玉篇》是一本字书，萧梁朝大同九年（543）顾野王（519～586）撰。该书将前人对噪声的定义都集中在一起了。宋代《重修玉篇》，在众多解释中只留下"谍，群呼烦扰也"一释④。可见，古人对噪声的定义是极为正确的。那种乱喊乱叫、刺耳声、令人心烦的声音，就是噪声。许慎的《说文解字》中表示噪声的另一个字写为"譈"（duí），"从言魋（fuí）声"。"魋"是一种类似小熊的野兽⑤，将它的声音列为噪声，可见噪声在古人看来也是可厌可恶的。

---

① 李斯《仓颉篇》，孙星衍辑本。

② 《管子》卷十五《任法》；《史记》卷二十四《乐书》，第4册，第1235页。

③ 《原本玉篇零卷》。《说文》即东汉许慎《说文解字》；《广雅》曹魏时张揖撰；《声类》曹魏时李登撰，已佚，有清马国翰、黄奭等辑本。

④ 《重修玉篇》卷九《言部第九十》，唐上元元年（674），孙强（生卒年不详）增写；宋大中祥符六年(1013) 陈彭年（961～1017）等重修。

⑤ 见《尔雅·释兽》.

那么，乐音又如何定义呢?《礼记·乐记》就音乐产生的心理过程写道：

音之起，由人心生也。人心之动，物使之然也。感于物而动，故形于声；声相应，故生变；变成方，谓之音。

凡音生，生人心者也。情动于中，故形于声，声成文，谓之音。

司马迁的《史记·乐书》也有这段文字。唐代孔颖达在注疏《乐记》中解释说：

人心既感外物，而动口于宣其心，心形见于声。……“声相应故生变”者，既有哀乐之声，自然一高一下，或清或浊而相应不同，故云生变；变谓不恒一声，变动清浊也。“变成方谓之音”者，方谓文章，声既变转，和合次序，成就文章，谓之音也①。

由此可见，声与乐音是不同的。声是一般概念，常与响相并；而“音”不是高低恒一的声，它有“清浊”（即高低）变化、有一定节奏和规律可循。这个“音”实则指乐音或音乐。

汉代郑玄对声与音从音乐角度作了简捷的定义。他说：“宫、商、角、徵、羽，杂比曰音，单出曰声②。”

南北朝皇侃（488～545）补充说：“单声不足，故杂变五音，使交错成文，乃谓为音也。③”

这是说，当人们仅仅说歌曲中的宫、商、角、徵、羽五个字时，这属于声；而将这五个字反复变化、交错成文唱出来时，就成音。实际上，“杂比”、“杂变”的概念中包含了某种产生乐音的数学关系。

许慎在释“音”字时这样写道：

音，声也。生于必有节于外谓之音。宫、商、角、徵、羽，声也；丝、竹、金、石、匏、土、革、木，音也④。

显然，许慎认为，音是声之一，声的概念比音广，音有清浊、节奏、强度等变化。单说宫、商五声字，是声；而以八种乐器之一演奏它们时，是音乐。

值得注意的是，宋代陈旸在其著《乐书》中对声音的定义。他说：“凡物动而有声，声变而有音。”⑤

这个定义富有物理意义。在他看来，声是物体运动产生的，而乐音是声的清浊与节奏等变化的结果。在这里，虽然缺少更确切的“振动”一词，但将声音的产生与物体的运动联系起来，毕竟物理概念清晰多了。

由上可见古代人关于声与音的区分。由于物体的运动、或者人们为了表达某种情感、思想而发出的都是声；在这些声中，凡舒疾快慢、高低变化、强度大小有一定规律和节奏，彼此有一定数理关系的，才是音，或叫乐音。

“声学”一词，产生于北宋时代。沈括在《梦溪笔谈》中述及物质材料的传声性能和音调的千变万化时说：“此乃声学至要妙处也。今人不知此理，故不能极天地至和之声⑥。”

---

① 《礼记·乐记》，第1527页。

②，③《史记·乐书》，第4册，第1179～1181页。

④ 许慎《说文解字》。

⑤ 陈旸《乐书》卷一〇六《声乐通论》。

⑥ 沈括《梦溪笔谈》卷六《乐律二》。

查《梦溪笔谈》版本，其中弘治本、稗海本、汲古阁本及津逮祕书本、学津讨原本、玉海堂本、四库全书本、丛书集成初编本等，在这段引文中均作“声学”二字；崇祯本始将“学”字误为“乐”，后、爰庐本等部分版本从之。胡道静《梦溪笔谈校证》本据此正确地将“乐”改为“学”字。《梦溪笔谈》最古版本为宋乾道二年（1166）扬州州学刊本，但已佚。20世纪70年代发现元刊《梦溪笔谈》，此乃大德九年（1305）陈仁子（字同俌，号古迂）东山书院刻本，序后附乾道二年扬州州学教授汤脩年跋语，说明元刊本源于乾道二年扬州本[①]。元刊本1966年北京图书馆珍藏，1975年文物出版社曾影印出版。元刊本的上述引文亦为“声学”，而非“声乐”。由此可见，沈括确实使用“声学”二字。

在西方，“声学”一词由法国物理学家索维尔（Joseph Sauveur，1653～1716）在18世纪初提出的。他不管自己著作的音乐基础，而建议发展一门新学科，并称它为acoustigue（声学）。他希望这门学科涉及普通的声音，而不仅是音乐中的乐音[②]。他的建议表明，音乐是古代声学的重要内容之一，近代所谓“声学”正是在它的基础上发展的。

二　声学与文化背景

中国古代声学的发展有其独特的文化背景，我们对此作一扼要评述。

1. 丰富的音乐实践奠定了声学发展的基础

在某种意义上讲，古代的声学就是音乐学。

无论是异性求爱，还是劳动节奏，抑或语言低昂、模仿自然或巫术萌起，有许多原因使远古时代产生了音乐。“昔葛天氏之乐，三人操牛尾，投足以歌《八阕》[③]。”这文字记述生动地反映了原始社会氏族部落的歌舞情景。

乐器与音乐几乎同时产生。原始部落歌舞时，随地拾起石块或采摘几支芦苇以为伴奏。相传，舜帝令其乐官夔率领青年男女歌舞，夔同时“击石拊石”[④]。后来，石块与芦苇分别发展为磬和籥。令人谅讶的是，公元前5000年，河南舞阳贾湖村人已制成类似今日洞箫一般的骨笛[⑤]，准确的音程令人难于猜测他们如何计算各个音孔的位置所在。进入铜器时代之后，铜质乐器问世。尤其编钟的发展，人们不仅创制了双音钟，而且掌握了振动壳体与其发声高低的规律。“振动”一词及其概念就是在演奏编钟的过程中最早得到的科学认识。由于音乐与乐器不断丰富和发展，殷末周初人们已形成十二律音高的概念。

从西周到春秋战国，宫廷雅乐大发展，民间音乐如郑卫之音也蓬勃兴起。记载于《诗经》的歌谣300余首，乐器近30种。相继涌现出许多音乐家、演奏家，关于他们的许多动听的故事迄今流传。更有甚者，相传齐国临淄“其民无不吹竽鼓瑟、击筑弹琴”[⑥]。1978年在湖北随县出土的曾侯乙墓中，发现了埋葬于公元前433年的地下乐器库。除了众所周知的大型、系列的编钟、编磬外，还有十弦琴、二十五弦琴、五弦琴，笙，篪，笛，

---

① 《元刊梦溪笔谈》，北京：文物出版社，1975。

② 参见“J. Sauveur” in Dictionary of Scientific Biography. Charles Scribner's Sons，New York，1975.

③ 《吕氏春秋·仲夏纪·古乐》。

④ 《尚书·尧典》。

⑤ 河南舞阳贾湖新石器时代遗址第二至六次发掘简报，文物，1989年第1期，1～14页。

⑥ 《战国策·齐一》。

排箫与鼓，等等，总共百余件。音调的数学法则就是在弦线调音基础上总结出的第一个成功的自然规律，确定音程大小的三分损益律在春秋中叶或管子（？～前645年）生活的年代已经问世。

秦汉时代，北方民间流行各种歌曲，人们统称其为“相和歌”。它的影响波及南北朝。汉代国家音乐机构“乐府”，采集民歌、创作歌曲，填写歌词，编配乐器，讨论律吕，甚而“典领倡优伎乐盖有千人之多”[①]。它对后世也产生了深远的影响。隋唐时期，燕乐风靡，产生了如《霓裳羽衣曲》、琴曲《阳关三叠》等传世名曲。宋元时期，流行杂剧、南戏和说唱音乐。在乐器方面，汉兴琵琶，魏晋迄唐崇尚琴与箜篌，宋元又长拉弦乐器。这一切又促使汉至宋千余年间三分损益律从简演繁、又由繁化简的不断发展。而琴的长期演奏实践，促成纯律理论的问世。

明清时期，盛行民歌小曲，兴起戏曲声腔。尤其是，丰富多彩的民间艺术进入城市，器乐合奏对旋宫转调产生了迫切要求，终于在1580年之前几年诞生了十二等程律的数学理论。中国古代的声学达到了经典物理学诞生以前的最高峰。而此时，西方的“古典音乐”还要约2个世纪之后才得以产生，人们还过着单调乏味的“宗教音乐”文化生活。

2. 音乐文化的交流促进了声学的发展

音乐文化的交流是交流史上最为灿烂的一页。试想战国时期、南北朝时期，各地区和各民族在兼并战争中音乐文化大融合的情形，即可见一斑。例如，为了兼并他国的需要，公元前623年，秦缪公送给戎族统治者戎王十六个女乐伎[②]；由于兼并的结果，战国时期白狄族流入华、夏各族聚居地，靠歌舞谋求生活[③]。公元4～6世纪的北魏、北齐和北周时期，西北方少数民族，如鲜卑、龟兹、疏勒、西凉、高昌、康国等民族的音乐流行于中原地区。这些民族音乐中有一些曾长期受到外国音乐的影响[④]。经过这几百年与汉族音乐的融合，中国的音乐与乐律学在这时期都有了大发展。

在文化交流中，有趣的是，据传公元前10世纪、周穆王（前947～前928年在位）曾率领一个巨大的乐队到遥远的西方游历，在阿富汗东北附近一个山下、在与里海相连的黑湖(karakul)畔分别举行了盛大的演奏会[⑤]；同时将一个会表演傀儡戏的外国艺人带回中国[⑥]。若是，中外音乐文化的交流确实具有悠久的历史。但是，关于中国与古巴比伦或古埃及的确切的音乐文化的交流事实，尚待深入研究和历史文物的佐证。

从春秋战国开始，东西文化交流已有迹可寻。随着丝绸之路的逐渐开拓，文化交流也逐渐展开。中国的琵琶与箜篌于公元前2世纪到前1世纪之际多次传入西方。汉武帝曾二次以宗室女为公主嫁乌孙国王。乌孙民族于公元前161年左右西迁至伊犁河和伊塞克湖畔（今哈萨克共和国东南部）。惟恐公主“行道思慕”，故随行携带了乐队和琴、筝、筑、箜篌和琵琶等乐器多种。所以称之“琵琶”，“取其易传乎外国也”[⑦]。与此同时，中

① 桓谭《新论》。

② 《史记》卷五《秦本纪》，第一册，第193页。

③ 《史记》卷一百二十九《货殖列传》，第十册，第3263页。

④ 参阅杨荫浏《中国古代音乐史稿》上册，第78～80，160～162页。

⑤ 《穆天子传》卷二。

⑥ 《列子·汤问》。

⑦ 《全上古秦汉三国六朝文·全晋文》卷四十五（傅玄）《琵琶赋·序》，第1716页。

国也接受了外国的一些新乐器、新知识。起源于西亚的胡箜篌在公元2世纪通过印度传入中国，西亚与印度的曲项琵琶、五弦琵琶、凤首箜篌又于公元4世纪传入中国。经过各地区、各个国家之间的频繁交流，尤其是那些不见记载的边界地区人们之间的往来，使得中国的乐器品种大为增加。在西方音乐家和声学家看来，胡箜篌（又称竖箜篌）是巴比伦音乐文化的象征并有可能直接产生律学理论。在它传到中国后，中国人欣赏它的音色，发挥演奏它的技巧。但在律学理论方面，事实上并未对中国有所影响，因为它来到中国的时间太晚了，中国人已经有了自己的成体系的乐律理论。

中日两国的音乐文化交流起于春秋战国，盛于隋唐。日本下关市曾发现中国春秋战国时期的陶埙。隋唐燕乐对日本影响尤大。奈良正仓院至今还珍藏有唐代诸多乐器，如琴、琵琶、阮、箜篌等。两国学者在唐代往来甚多，有的分别在客居国任政府官员，教授音乐。武则天撰《乐书要录》（十卷）一书是当时传到日本的著作之一。唐以后该书在中国失传。后来日本学者以活字版重印，但仅存第五、六、七共三卷，明清之际该书活字残本又传回中国。

中朝两国文化交流也历史悠久。当胡箜篌于公元2世纪传入中国时，朝鲜人创作的曲子《箜篌引》传入中国，促成了中国人对胡箜篌的喜好①。隋唐时期，朝鲜也派遣大批学者入唐学习，他们仿制并改造了中国的琴、筝、琵琶诸多乐器，将其本国的音乐分为“唐乐”与“乡乐”。

唐宋之后，蒙古军的铁骑扫荡欧洲，中西文化随之广泛交流。13世纪，西方管风琴经阿拉伯国家传入中国。经过中国音乐家和乐器师的修理、改造，它被称为“兴隆笙”而流传到元帝国灭亡时才消失。中国的笙也可能在历史上多次传入西亚和欧洲各地。不过，我们今天知道的确切传播的事实是18世纪的事了。那时，笙被传教士、探险家多次带回欧洲，并被称之中国风琴。笙内的活簧装置引起欧洲音乐家、乐器制造师和物理学家的广泛兴趣，从而导致了欧洲音乐界一场簧管乐器的革命。

明代朱载堉的等程律理论传播到欧洲也是一件有趣的事件。我们留待有关章节中再叙述它。

3. *乐律为国家行政和法定教育的一部分*

在国家政体中设有音乐机构，将音乐作为一门教育课程，通过考试选拔音乐机构的官员，这在古代世界史上独有中国如此。这种体制和传统在盛唐时期曾影响东方一些国家，它对中国音乐和声学的发展是不可忽视的因素之一。

相传远古的黄帝时代就设有乐官。黄帝的乐官称为“伶”，黄帝曾命其乐官“伶伦”去大夏之西伐竹造律。以“伶”作为乐官名一直保持到周朝。周景王的乐官称为“伶州鸠”。此后，时有将技艺高超、有影响的乐人称为“伶人”。

在原始社会时期，充当沟通天、地、神、人的人称为“巫”。夏商时期，巫是乐舞管理者。巫在商代是一种高级官员，行使神权，执掌筮法，参与军国大事，医治疾病，也是以歌舞事神的主管人。

周朝王家音乐机构内乐官之长称为“大司乐”。他执掌乐律、乐教和大合乐，参与各种典礼活动。据《周礼·春官宗伯·大司乐》所载，大司乐下各级官员有130人之多，其

① 杨荫浏《中国古代音乐史稿》上册，第123～129页。

分工分管也极为细致。其中“大师”，掌管乐律调音等事；“典同”，掌管乐器；还有“磬师”、“钟师”、“笙师”、“镈师”、“韎师”（掌管东夷之乐）、“籥师”等等。这是一个庞大的有关音乐的官僚机构。在周朝，就是盲人中高级乐师也尊称为“瞽”，普通的从事音乐的盲人是不能得到这等荣誉的。

秦汉起，主管礼乐的最高行政机构称为“奉常”、“太常”或“太常寺”。《隋书·百官志》载：“太常，掌陵庙群祀、礼乐仪制、天文术数、衣冠之属”①。太常的主管官员为“太常卿”，其下属中与音乐关系密切的有：太常博士，协律都尉（或校尉），太乐署的令、丞。汉以后建置的还有鼓吹署（或部）的令、丞；清商署（或部）的令、丞，等。兼及乐与乐律计算的官员，视地位高低分别为协律都尉、协律中郎将、协律郎、钟律令、钟律郎等。各朝代太常所主管的音乐部类不全相同，其下属各署、局、部的分并也不全一样。元朝时，设太常礼仪院外，又在礼部仪凤司下设“云和署”，“掌乐工调音律”② 等事。一般地，太常卿为三至五品不等，其下属各署丞为五至六品，其他的、如协律都尉在六品至九品之间。协律都尉、协律郎等官是专“掌律吕以和阴阳之声”③。

虽有如此之多的各级官员，但是，大凡遇上乐律重大问题或有根本性改革动议，“则集侍从官、秘书省长贰或百官，议定以闻④。”集众部门主管官员共议乐律制度损益得失，就是今天也没有那个国家的政府会这么作。

从唐代开始，宫廷内还设有“教坊”、“梨园”的音乐机构，它们相当于宫廷音乐学校。相应的设立“教坊司”，委派“教坊使”。元朝廷“教坊司”下设十四种官员，其中有协律大夫、司律郎、调音郎、司乐郎、和声郎等，官阶从三品直至八品。唐玄宗时梨园人数多达千人。在这些培养和选拔音乐人才的基层机构中，确实产生了许多闻名的乐工、艺人和声学家。

担任政府或宫廷内音乐机构的各级官员、应当说绝大多数是通过科举考试选拔出来的。据《旧唐书·职官志》载，在考课选才之中有“二十七最”，“其五曰音律克谐，不失节奏，为乐官之最⑤。”通过考试选出的人才能否充任乐官必需以此标准衡量之。

就教授音乐的专门机构而言，并非起于唐代。西周时期，设立了四座学宫，其中之一称为“西学”的，就是以教授礼、乐为主。所谓“西学”，是指殷人的歌舞学问。“西学”执掌者是最高级乐师，他死后列为乐祖，祭于瞽宗。但是，周朝更为重要的教育内容是“六艺”。据《周礼·地官司徒·保氏》载，周时“养国子之道，乃教之于六艺”。所谓六艺，即礼、乐、射、御（驭）、书、数。可见，音乐和数学在周朝是国家教育中规定的内容。三分损益律的数学法则诞生于公元前6世纪，和这种教育也不无关系。后来，孔子订“六经”，倡导《礼》、《乐》、《书》、《诗》、《易》、《春秋》为其弟子必读课程，而孔子自己就是一个有实践经验，会弹唱吹拉的音乐家。由于儒家对音乐的重视，这就影响了中国几千年的传统。

除了以上所述的背景情形外，还值得我们注意的是：首先，中国历史上有许多喜好

---

① 《隋书》卷二十七《百官志》，第三册，第755页。

② 《元史》卷八十五《百官志》，第七册，第2138页。

③ 《宋史》卷百六十四《职官志》，第十二册，第3884页。

④ 《宋史》卷百六十四《职官志》，第十二册，第3851页。

⑤ 《旧唐书》卷四十三《职官志》，第六册，第1823页。

音乐、通晓乐律的皇帝，就其对音乐与调音定律的重视而言他们是历史上罕见的国君。例如，战国时赵王烈侯（公元前409～前400年在位）给二个善歌者，每人赐田“万亩”①。唐玄宗李隆基（682～762）是在唐太宗“贞观之治”以后开创“开元盛世”的皇帝，他尤知音律善音乐，“于听政之暇，教太常乐工子弟三百人为丝竹之戏，音响齐发，有一声误，玄宗必觉而正之”②。唐玄宗堪称一位杰出的音乐指挥。人们称他为“皇帝弟子”、“梨园弟子”。这样的例子，举不胜举。其次，中国乐律家对于调音定律具有执着与认真的精神。他们对钟磬、管弦等诸多乐器的调音，使他们发现了双音钟，发现了磬板的各种泛音，也使他们得到应得的奖赏和晋升。宋代司马光与范镇为律与度量衡关系问题一直争论了30年而不决。这也是科学史上罕见的学术之争。自然，那些敷衍塞责、滥竽充数的乐律家或音乐家终将受到人们的耻笑并在历史上留下骂名。第三，历代历史学家孜孜不倦地将其前代的音乐和乐律素材撰写成鸿篇巨著，使音乐史或乐律史成为历史著作中的必要一篇。

4. 思想观念的影响

在中国古代人看来，乐、礼、政、刑四者是治国安邦的纲领。“礼节民心，乐和民声，政以行之，刑以防之。礼乐政刑，四达而不悖，则王道备矣③。”在这种治国纲领指导下，就少有不重视音乐的国君。音乐不仅作为“通伦理”的重要工具之一，使君臣父子、尊卑贵贱各各有序，而且它也是移风易俗、疏通政治、“助流政教”④ 的一个重要手段。乐对于统治者和贵族权势可以“极口腹耳目之欲”，对于平民百姓则又可以“教民平好恶而反人道之正”⑤，即教民去恶归善，反归“人之正道”。古代人对音乐的社会功能有充分的认识，因而才设置庞大的太常机构，重视音乐与乐律的发展。

我们试剖析“共振”一例，也许更有助于了解这种思想观念对中国声学发展的影响。

历代典籍中有关共振现象的记载连续不断，这不仅表明古代人的观察能力之强，也证明他们的有关知识之丰富。古代的贤哲以共振现象说明他们的哲学主张，音乐家以此表明自己洞晓音律的程度，小说家以这种现象编纂一些动听的或离奇的故事，甚至历史学家也将它们作为灾祥征兆而记入正史“五行志”之中。正如古代中国人重视乐器和音色一样，他们对自然界中的共振现象也格外注意。

古代中国人丰富的共振知识，首先是和乐器调音密切相关的。西周以前，可能没有调校音高的标准器，人们只能凭借自己的耳朵来判断音调与音高的准确与否，史籍称这个时期为“以耳齐其声”⑥。先秦时期，人们发明了一种称为“均钟木”⑦ 的弦线式音高标准器，还有一种称为律管的管式音高标准器，又称它们为定律器，用它们考音定律，譬如调校编钟的音律。其调校方法无非二种。一是同时敲钟，拨弦或吹律，听它们音高是否一致或谐和；一是仅仅弹拨弦声或吹律，观察钟是否振动或听其音响。这些考音定律

① 《史记》卷四十三《赵世家》，第六册，第1797页。

② 《旧唐书》卷二十八《音乐志》，第四册，第1051页。

③ 《礼记·乐记》。

④ 《史记》卷二十四《乐书》，第四册，第1175页。

⑤ 同④，第1184、1186页注。

⑥ 汉蔡邕《月令章句》。

⑦ 《国语》卷三《周语下》，第一册，第132页注［3］，第124页注［12］。

的方法，虽然在先秦时无文字记载，但是在西晋时乐律学家荀勖曾以律管调钟声，钟不叩而应的事实可以为之佐证①。

可以说，共振现象的发现是乐器和音乐的发展、特别是中国古代所独具的定律调音方法的必然结果。

有趣的是，中国古代的乐律学家和古希腊、罗马的音乐家所受的待遇几乎截然不同。后者，重视理论上的数字和谐，而那些有声学经验的实验家往往受人轻视。如果一个音乐家专心于调谐音的些微差别，高贵的哲学家们就会嘲弄他们“在浪费时间”，“荒谬之至”，甚至蔑视地说：“他们将自己的耳朵贴到乐器上，就像在设法窃听邻居的讲话。”对于实验家的争论，哲学家也持嘲笑态度：“一个说，他能测到中间的一个音，其音程小到不能更小的程度，应当把它作为测量的单位；另一个则坚持说，现在的两音之间并无区别。这两个人笃信他们的耳朵胜过于相信他们的智慧②。”然而，在中国古代，情形恰恰相反。

古代典籍中记下的许多历史事实证明，那些调音准确、有实践经验的音乐家往往被推举到宫廷中任职，享有地位和荣誉，受到人们的尊敬。由《周礼》所反映的西周制度中可见，从周朝开始，几乎历代朝廷中都设有“协律郎”或“太乐郎”的官职，专门司职于乐律和音乐，参与朝政。他们的功过也一一载入于历史书中。例如，汉代末，雅乐郎中杜夔和铸钟工柴玉之间发生一次关于钟音是否准确的争论。杜夔说柴玉铸钟“清浊多不如法”；柴玉说杜夔“清浊任意”。后来官司直至魏武王曹操。曹操将钟“杂错（铧）更试”之后，判决杜夔精确，降罪于柴玉③。北宋政和（1111～1118）年间，平民朱维“善音律，而尤工吹笛”，受到宫廷教坊乐工的推崇。皇帝得知后，召他进宫。在宫内当众试吹之后，升任他为典乐官④。还有一些演奏技巧极高的艺术家也被人们所传颂。沈括在《梦溪笔谈》中记下了这样一个例子：北宋熙宁（1068～1077）年间，宫廷教坊乐工徐衎，在一次演奏嵇琴时，忽然两弦中断了一弦，可他并不改换乐器，而以一弦演奏完乐曲。从此之后，嵇琴的一弦演奏技巧就被公认为其演奏方法之一⑤。徐衎也因此受到人们格外尊敬。在中国古代不乏此例。古代声学家，特别是有实践经验的音乐家所受到的特殊待遇和社会地位，使他们能专心于音律的调谐与发展事业，共振现象的发现与有关知识的丰富积累就成为理所当然。

然而，古代人信奉“天人感应”的思想或许是更为重要的原因。只有在某种思想观念的支配下，才会有上至天子、下至平民百姓都重视一种自然现象。这种思想认为，自然界（“天”）与人是相通的。发生在自然界的各种现象都是对活动在地面的人与其所为

① 刘义庆撰，刘孝标注《世说新语》卷下之上《术解第二十》。

② 转引自 Joseph Needham, Science and Civilisation in China. Vol. 4, part I, p. 184. Cambridge, 1962.

③《晋书》卷十六《律历志》，第二册，第480页。

④ 宋叶梦得《避暑录话》卷上：“政和间，郎官有朱维者，亦善音律，而尤工吹笛，虽教坊亦推之。流传入禁中，蔡鲁公尝同执政奏事，将退，上皇曰：‘亦闻朱维吹笛乎？’皆曰不闻。乃喻旨召维试之，使教坊善工在旁按其声。鲁公与执政会尚书省大厅，遣人呼维甚急，维不知所以。既至，命坐于执政之末，尤皇恐不敢就位，乃喻上语，维再三辞。郑枢密达夫在座，正色曰：‘公不吹当违制’。维不得已，以朝服勉为一曲。教坊乐工皆称善。遂除维为曲乐，维为京西提刑。”

⑤ 沈括《梦溪笔谈·补笔谈》卷一《乐律》：“熙宁中宫宴，教坊伶人徐衎奏嵇琴。方进酒，而一弦绝。衎更不易琴，只用一弦终其曲。自此始为‘一弦嵇琴格’。”

的警告、规劝或是褒贬的一种暗示。即使远离地面的高空现象，如日蚀、五星会合等等也是如此。在古代人看来，能够证明这种“感应”思想的最好的科学根据就是共振现象了。某乐器上一根弦的振动，既然能“超距地”作用在另一乐器上，那么，天上的任何现象也可以对人起类似的作用。汉代董仲舒是阐述这一思想的最有才华的学者，我们听听他的论述。他在其著《春秋繁露》中写道：

> 气同则会，声比则应，其验皦（jiǎo）然也。试调琴瑟而错之，鼓其宫则他宫应之，鼓其商则他商应之。五音比而自鸣，非有神，其数然也。美事召美事，恶事召恶事，类之相应而起也，如马鸣则马应也。帝王之将兴也，其美祥亦先见；其将亡也，妖孽也先见。物故以类相召也。……阴阳之气因可以类相损益也。天有阴阳，人亦有阴阳，天地之阴气起，而人之阴气应之而起。……故琴瑟报弹其宫，他宫自鸣而应之。此物之以类相动者也。其动以声而无形，人不见其动之形，则谓之自鸣也。又相动无形则谓之自然。其实非自然也，有使之然者矣①。

在董仲舒的笔下，美恶之召，帝王兴衰，阴阳感应都是自然界这个大一统中互相关联的东西。而阐述这一论点的根据就是人们能够感知的共振现象。他的这一长段论文的起始与结尾也确实在谈论共振。董仲舒的论述使先秦时期零散点滴的天人感应思想达到登峰造极的地步。后代的学者，甚至平民百姓之所以尤其注意共振现象，无疑受到这种思想的支配。这就是中国典籍与西方不同，而有大量共振现象的文字论述的重要原因之一。

第二节 音调的数学计算

从数学上确定乐音的音高、音程关系和音阶结构，是古代声学的一个重要分支学科。中国古代称它为律学。

“律”字的意义是什么？在中国古代，使用“律”字，看其上下文情况有多种含义。一、表示音乐中的音。典籍中常称“高一律”或“低一律”，即高一个律音或低一个律音；在十二等程律中就是高半音或低半音。二、表示音高标准器，尤指律管。朱载堉《律吕精义·内篇》卷八：“管即律，律即管，一物而二名也”。三、表示与尺度相关的音高标准。历代律尺长度不同，作为宫调中的起始音“黄钟律”的音高也随之变化。四、产生乐音的有关法则或规律，有生律法或律制之意。不同生律法产生不同的律制。如“三分损益律”或五度相生律；自然律或纯律；“新法密律”即十二等程律，等等。五、狭义的律，即律吕中的“六律”。

所谓“律吕”，是十二律的别称。因为十二律的数学计算及其理论是律学的核心，故古人又称“律学”为“律吕”或“律吕之学”。十二律的名称见表 4-1，其中奇数的六个律称为“六律”、“阳律”；偶数的六个律称为“六吕”、“阴吕”。“六律”简称“律”，“六吕”简称“吕”，十二律就称为“律吕”。

在中国历史上，没有“音阶”一词，但有明确的音阶概念。五声音阶和七声音阶分

① 董仲舒《春秋繁露》卷十三《同类相动》。

别称为“五声”、“七声”。各个音级名称及其在C调正声音阶（又称雅乐音阶或古音阶）①中的位置如表4-1。

表4-1 十二律与五声、七声

律名	黄钟	大吕	太簇	夹钟	姑洗	仲吕	蕤宾	林钟	夷则	南吕	无射	应钟	清黄钟
相当今日音名	C	#C	D	#D	E	F	#F	G	#G	A	#A	B	C
五声音阶	宫		商		角			徵		羽			清宫
七声音阶	宫		商		角		变徵	徵		羽		变宫	清宫

表4-1中七声音阶的第四、第七级称为“变声”。它们所在的律位之不同，就出现了不同的音阶。古代人称音阶的首音为“宫”，音乐家也特别重视“宫”及其在音律计算中的地位。从宫音起算，通过某种计算方法、计算的结果又能回复到宫音或高八度宫音。古代人称之为“返宫”。它成为推动中国律学发展的一个内在动因。在一种音阶形式确定之后，不仅黄钟可以为宫，其他各律也可以轮流为宫，古代称此为“旋宫”。同时，音阶中的各音也可以轮流为主音，从而构成各种调式，以宫音为主称为宫调式，以徵音为主称为徵调式，等等。这样，十二律与五声或七声就可以组成六十调或八十四调。

现在我们称为“乐律学”的内容，在古代往往分别称为“律学”和“乐学”。前者是从发声体振动规律出发，研究乐音的数理关系，甚而包括与历法和度量衡的关系；后者是从音乐实践出发，探讨乐音与其音感的关系，包括宫调、记谱、读谱与配器法等内容。先秦时期已有“律学”专门著作或专篇，如《吕氏春秋》中《音律》篇。司马迁作《史记》，有《乐书》与《律书》各一卷。此后，“乐”与“律”常连用。北周沈重撰《乐律义》；沈括《梦溪笔谈》中有“乐律”卷。明代朱载堉又将乐律分为“乐”与“律”两种，他分别撰写了《乐学新说》和《律学新说》，而将他的著作统称为《乐律全书》。本书虽然亦称“乐律”，但侧重于律学内容②。

一 乐律的起源

1. 西周之前的乐律知识

从考古发掘的文物中考察西周及其之前、甚而远古的乐律知识是可信的。鉴于近年考古发掘的增多，以及人们对音乐文物的测音研究，早期的乐律知识已有所了解。埋葬于地下的丝、竹、木乐器容易腐烂，发掘的早期有关文物极少见。然而，中国特有的骨质、石质和陶质乐器为我们留下了上古时代的音响资料；进入青铜时代后，铜质乐器（如铜制编钟）又给我们增加了古代的许多乐律信息。将它们与古代神话、传说和文字记载作比较性的关联考察，就为探讨中国乐律的起源提供了充分论证。迄今，音乐史和乐

① 本书称为“正声音阶”、“下徵调音阶”和“俗乐调音阶”在音乐院校教科书中常分别称为雅乐音阶、清乐音阶和燕乐音阶；“五四”以来的流行称谓又为古音阶、新音阶和俗乐音阶（或清商音阶）。参见，黄翔鹏，“宫调”，《中国大百科全书·音乐舞蹈卷》第221～224页；及其著《传统是一条河流》内“宫调浅说”一文。

② 使用“乐律”一词而不用或少用“音律”一词，另有一个原因是：古代语言学中的音韵学亦常称为“音律”。为了避免混同，采用“乐律”以示区别语言声学中的声律。

律史家已在这些方面作了不少工作①。本书在他们工作的基础上对此作些简要的概述。

在浙江余姚河姆渡遗址发现了上百支用鸟禽肢骨作成的骨笛，它们是公元前 5000 年的文化遗存。其中一支，两端开口，中间部分有两个椭圆形开孔，长 5.85 厘米；另一支形制相同，长 8.7 厘米，开孔在两端②。这些骨笛可能上古代人用以诱捕禽兽的狩猎用器。其两端都可以作吹口；若闭其一端，成为闭管，较容易吹响。经测音，前一支管可约略发出$^{\#}F_6$、D_7、$^{\#}A_7$ 三音，后一支管约略发 B_5、D_6、F_8 三音。虽然三个音不很规整，但有一定调式倾向，二支管具有二个约略相同的音③。

令人惊讶的是，在河南舞阳贾湖村发现了公元前 5～6 千年期间的 7 孔骨笛（图 4-2）。它是由猛禽腿骨截去两端关节后再钻圆孔而成。16 支骨笛中，有的先刻好等分符号，然后钻孔。其中保存最好的一支，在第 7 孔近处钻有一小孔。估计是该骨笛制造者先钻此小孔，后发现其音不对，才又在近旁另钻一圆孔④。该骨笛全长 22.2 厘米，类似于现在的洞箫（见彩图 4-1 在河南舞阳县贾湖村发掘的公元前 60 世纪的骨笛）。测音结果如表 4-2⑤。

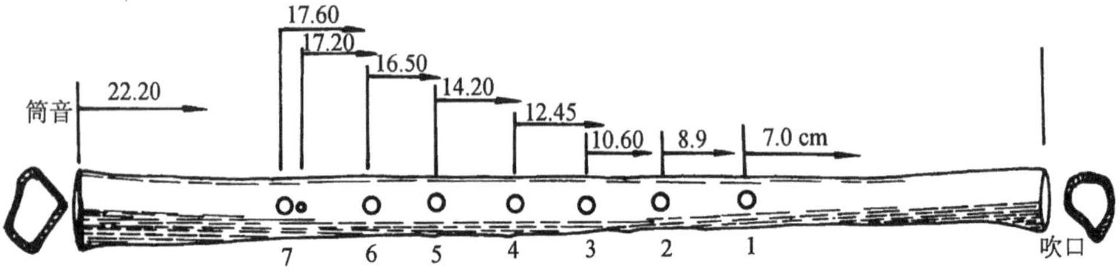

图 4-2　贾湖骨笛各音孔与吹口的距离

表 4-2　贾湖骨笛测音结果*

开孔	筒音	7	6	5	4	3	2	1	结论
音高	$^{\#}F_5+16$ 或 G_5+28	A_5+9	B_5-49	C_6-37	D_6-51	E_6-44	$^{\#}F_6+3$	A_6-26	
音阶	角	徵	羽	闰（变宫）	宫	商	角	徵	清商六声
	宫	商	角	和（变徵）	徵	羽	变宫	商	下徵调七声

* 表 4-2 中，第 7 音孔为大、小两孔同时开孔；音阶中的“闰”与“和”音级名称分别见之于隋唐俗乐和曾侯乙钟铭。在古代音乐史著作中，“闰”常称之为“变宫”，“和”称为“变徵”。但在音高上，一般地前者不与后者完全相同。

由表 4-2 可见，这支骨笛可发 6 至 7 声，其音阶结构或者是清商六声音阶，或者是下徵调七声音阶（即新音阶），后者成为此后中国传统的音阶之一。贾湖骨笛诞生的时间之

① 黄翔鹏，新石器和青铜时代已知音响资料与我国音阶发展史问题，载其著《溯流探源——中国传统音乐研究》第 1～58 页，人民音乐出版社，1993；李纯一，先秦音乐史，人民音乐出版社，1994。以下凡引此二著，只注页码。

② 河姆渡遗址第一期发掘简报，考古学报 1978 年第 1 期。

③ 李纯一，第 26 页。

④ 河南舞阳贾湖新石器时代遗址第二至六次发掘简报，文物，1989 年第 1 期，第 1 页。

⑤ 黄翔鹏，贾湖骨笛的测音研究，《文物》，1989 年第 1 期，第 15 页。

早、音阶结构的复杂性都是令人难以想像的。宋代王灼说："古人初不定声律，因所感发为歌，而声律从之。唐虞禅代以来是也①。"贾湖骨笛却比传说的唐虞之代还要早。杜佑《通典》说："自殷以前，但有五声②。"贾湖骨笛却有六声、甚而七声。《尹文子·大道上》说：五声"自然存焉天地之间而不期为人用"。贾湖骨笛证明人们已用了六声音阶。

埙是陶土制作的吹奏乐器。随着音孔不断增多，埙成为可以吹奏曲调的旋律乐器。西安半坡遗址出土一音孔埙，开闭该音孔，可发出小三度的二个音。在对后来的陶埙、磬、钟的测音表明，小三度在夏、商、周的乐器中普遍存在。夏、商初，埙发展到三孔，由三声音列发展到四声、五声。在甘肃玉门火烧沟出土的20余件三音孔的埙中，有9件保存完好，它们是新石器时代晚期或夏代初期遗物③。对它们的测音表明，开闭不同音孔可发出四个乐音，构成宫、角、徵、羽四声音列。个别的埙还能发出宫、角、清角、徵、羽的五声音列④。"清角"是比角音高半音的音。

埙发展到殷商时期，特别值得我们注意的两例是：河南辉县琉璃阁出土的五音孔陶埙⑤；安阳小屯殷墓出土武丁（约前1238～前1180）时五音孔陶埙⑥。对它们的测音结果⑦如谱例4-1，4-2。

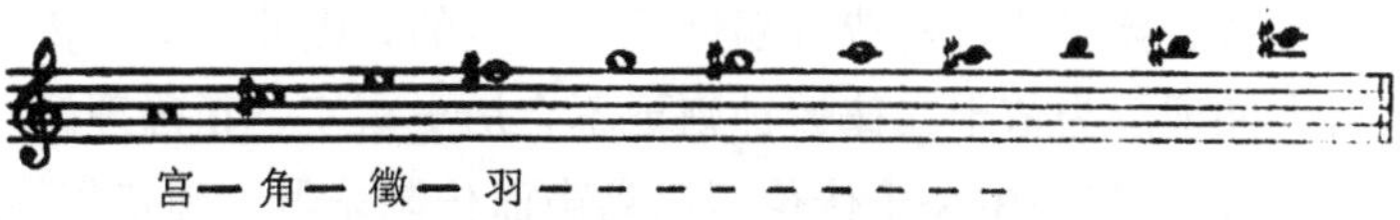

谱例4-1　琉璃阁殷墓五音孔陶埙

谱例4-2　小屯殷墓五音孔陶埙

琉璃阁殷墓五音孔陶埙二个，一大一小，却都能发出十一个高度不同的音，而且发音一致。这表明在大约公元前13世纪，半音与绝对音高或标准音高的观念已经建立起来了。而且，它继承了前述火烧沟出土的埙的发音传统，其音列的前四个音是宫、角、徵、羽。

小屯殷墓五音孔陶埙更有意义。它已具有五声（宫、商、角、徵、羽）二变（变徵、变宫）的完整的七声音阶，而且还有清商、清角、清徵和闰四个变化音。它在十一个音（谱例2中有二个羽音，成八度关系）之间构成了半音关系，只差一个音就具备"十二律"了。这一事实证明，中国人建立七声音阶的时间至少是在公元前13至前12世纪之

① 王灼《碧鸡漫志》卷一，第51页。
② 《通典》卷一百四十三《乐三》"五声十二律旋相为宫"注文。
③ 甘肃省文物考古工作三十年，载《文物考古工作三十年》，文物出版社，1979年。
④ 黄翔鹏，10～11页；李纯一，第30～31页。
⑤ 辉县发掘报告，科学出版社，1956，第23页。
⑥ 殷墟妇好墓，文物出版社，1980，第219页。
⑦ 李纯一，56～57页；也见其著《中国古代音乐史稿》（第一分册，增订版），人民音乐出版社，1984，第40页；黄翔鹏，第12～15页。

间，变徵与清角的出现，预示了后来发展出的所谓“新”、“旧”两种不同的音阶；同时还表明，虽然尚未知此时期中国是否有数学计算乐律的知识，但中国的乐律体系是独自发展起来的，而奠定这一体系基础的时期正是在商代晚期。

有了大量的考古测音资料，就可以了解远古神话传说中的某些事实成分。

《尚书·虞书·舜典》载，舜帝到东方巡视守土诸侯或部落首领，下令“协时月正日，同律度量衡”。这里，“协”、“正”、“同”都是动词。“同谓齐等”①。在有货币贸易交换之前，度量衡未必存在。但是，关于一年中月份日数和乐音的名称及其音高、在舜帝时曾下令进行过一次全国的统一举措，当是可能的。在曾侯乙钟铭中记述同一律音在各国的不同名称，由此可以想到，“同律”的重要性。在舜帝时，这个“律”未必指准确的律音，而是音阶用音或其规律。在这同一文献中，舜帝还训导其乐官夔，述及“诗言志、歌永言、声依永，律和声”。将这里的“律”也理解为音阶用音，并联系到贾湖骨笛、玉门火烧沟陶埙，这些传说就有了相当的事实基础，何况玉门火烧沟陶埙与传说的舜帝几乎同一时代。

《吕氏春秋·仲夏纪·古乐》载“昔黄帝令伶伦作律”，“又令伶伦与荣将铸十二钟”。传说的黄帝乃处于新石器时代，铸造青铜钟是不可能的，因此，这个传说的后半部分是没有根据的，后人又理解为依十二律铸钟则更不合历史事实。正确理解“伶伦作律”的“律”的含义之时，这一传说中关于伶伦听凤鸟声而仿制乐器、确定乐律的音高的说法，却完全是事实。因为河姆渡骨笛与半坡遗址的陶埙，当初都是模仿鸟鸣的狩猎用器，就是这一传说的物证。

《韩非子·十过》又载师旷与晋平公问答，言及当时流传的神话：“昔者黄帝合鬼神于泰山之上，……作为《清角》。”甘肃玉门火烧沟陶埙中有“清角”音。原本音阶名在神话中成了曲名。这样的例子在商、周之际不乏其例②。

在一些科学史家看来，在乐律学产生之中，弦乐器起着决定性的作用。弦线的分段振动才能为准确的律音和音阶知识奠定必需的物质基础。由于殷商之前，年代久远，木与弦线均易腐烂，迄今尚未有任何有关的实物出土。然，甲骨文中乐字作，似张于案几上之弦③。至少，商代有琴一类弦乐器，似乎是可能的。然而，即使有弦乐器，有一点也是值得注意的。在以弦乐器定律音时，此时期尚无弦线式音高标准器，乐师“以耳齐其声”④。古代号称为“瞽”的乐师，都有一双极其灵敏的耳朵。今天训练有素的音乐家，能分辨20几个音分、甚至10几个音分之差的律音，是古代“以耳齐其声”的佐证。

2. 侯马编钟、曾侯乙钟和乐律学的形成

据考古发掘的西周乐器有石质的磬，青铜制的钟类乐器（包括镛、镈、铎、甬钟和钮钟，本书统称它们为钟）和陶土制的埙等⑤。然而，据《诗经》的记载，有29种之多⑥。

① 《汉书》卷二十一上《律历志》颜师古注，第四册，第955页。

② 黄翔鹏，第15页。

③ 对乐字作此解的有罗振玉、郭沫若等人，见罗振玉《殷虚书契考释》（增订本，卷中），第40页；郭沫若《甲骨文研究·释言》。

④ 蔡邕《月令章句》：“古之为钟律者，以耳齐其声。后人不能，则假数以正其度，度数正则音亦正矣。”

⑤ 李纯一，第67～83页。

⑥ 杨荫浏，中国古代音乐史稿，第41页。

除打击乐器鼓、钟、磬、缶、柷等之外，还有吹奏乐器箫、管、籥、埙、篪、笙，以及弹弦乐器琴、瑟。

殷商时期三件一组的编磬、编钟，到西周中晚期发展到八件一组。殷钟、周编钟都继承了远古陶埙的小二度音程，其音列基本上符合自然泛音列，且具有宫、角、徵、羽四声。在陕西扶风出土的西周中晚期八件一组的“中义”钟①，其侧鼓音与中鼓音的音程已统一倾向于纯律小三度②。如果中鼓音为“角”音，则其侧鼓音就是“徵”音；中鼓音为“羽”音，则其侧鼓音为“宫”音。“角—徵—羽—宫”的编钟音列结构、以及据三度谐和关系由它们再产生其他音级，从而形成各种音阶结构。

春秋时期，编钟制造技术大发展。出现了 9 件、10 余件、甚至于几十件的大型编钟列。山西侯马出土的晋国编钟（图 4-3）9 件，是春秋中叶（至迟在约前 572～前 542 年间制成）的文化遗物③。对其测音的结果（见谱例 4-3）④，发现该编钟是以基音 g^1（403.48 赫兹）为标准，成六声音阶：g^2，a^2，c^3，d^3，e^3，f^3。而这六声中的前五声正好是《管子·地员》记载“徵、羽、宫、商、角”五声⑤。将侯马编钟的前五声的测音结果与《管子·地员》的理论计算作一比较（见表 4-3），其中音分差最大者为 38 音分。然而，由于理论计算中晚周尺度数值与弦上波动传播速度值存有不确定因素，聪耳者调音时起始音 g^2 不能有 25 音分的误差，因此，若假定 g^2 的理论与实测值无差别的话，则实测值与修正理论值之最大音分差不超过 13 音分。

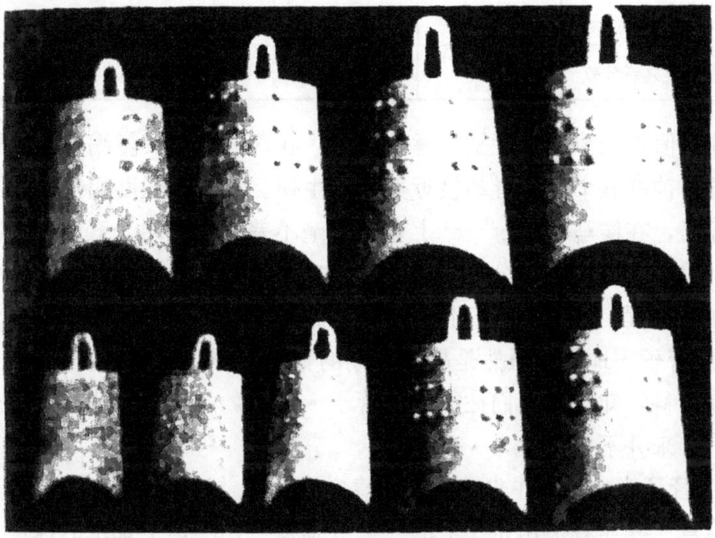

图 4-3　山西侯马出土春秋中叶晋国编钟

① 陕西省博物馆等，扶风齐家村青铜器群，文物出版社，1963。

② 黄翔鹏，第 24～27 页。

③ 山西侯马上马村东周墓葬，考古，1963 年第 5 期，第 242，245 页；有关侯马钟的断代参见：张颔、张可钟，庚儿鼎解，同前第 270～272 页。

④ 黄翔鹏，第 40～42 页。

⑤ 根据弦振动公式：振动频率 $f_n=\frac{nc}{2l}$，l 为弦长，c 为波动在弦上的传播速度，n 是谐波级次；又据晚周 1 尺 ＝23.08 厘米，9 寸弦长约 20.77 厘米。取振动频率公式 $n=1$（基频），$c=340$ 米/秒，则 9 寸弦长的振动基频为 818.48 赫兹，约为 $^{\#}g^2+25$ 音分。

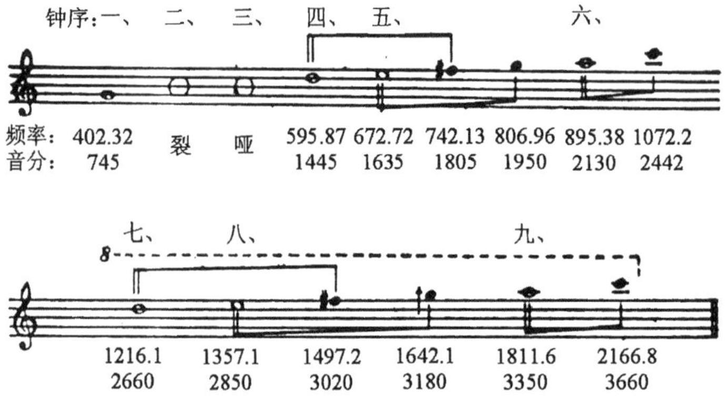

谱例 4-3　侯马编钟的测音

（符号┌┐为同一钟的中鼓音与侧鼓者）

表 4-3　侯马钟实测频率与《管子·地员》理论计算比较

五声序列	g^2	a^2	c^3	d^3	e^3
实测钟频率（Hz）	806.96	895.38	1072.2	1216.1	1357.1
理论计算（Hz）	818.48	920.79	1091.31	1227.72	1381.19
实测与理论之音分差	−25	−38	−31	−16	−30
实测值与修正理论值之音分差	0	−13	−6	+9	−5

侯马编钟是值得乐律学史特别注意的典型。在这之前的大量编钟、编磬一般地倾向于纯律，而侯马钟的五个基干音却接近五度相生律。特别是五度相生中大三度为 408 音分这一特征音程，在侯马钟的 c^3～e^3 上竟然丝毫不差。这证明，五度相生律和三分损益的计算方法在铸造侯马编钟的公元前 572～前 542 年间已经是完全成熟的科学成果。考虑到事物成熟的过程，说这成果产生于公元前 7 世纪管仲（？～前 645）生活的年代不是没有根据的。《管子·地员》虽然是战国时期的作品①。但其所载的三分损益法却是管仲生活年代已有的科学知识。人们往往以《管子·地员》的成书年代推断三分损益法产生于战国时期，看来并不正确。

事实上，《管子·地员》并非是讨论乐律学三分损益法的专门之作，而是讨论土壤与植物关系的篇章。其作者借用乐律上的"三分损益"比喻地下泉水的深度与地面植物分布的关系。照惯例，人们总是以一种熟悉的事物比喻另一种尚处生疏或未被理解的事物。可见，《管子·地员》的写作年代人们对三分损益法已是很熟悉了。那时，乐律计算的三分损益法已有几百年的历史，当无疑义。

在河南淅川下寺一号楚墓出土的一套编钟与侯马钟形制相同，也是九件②，也被称为"敬事天王"钟。经测定，该编钟音高从 D_5 到 $^{\#}F_7$，音域跨二个半八度。其中鼓音组成徵、

① 夏纬英，管子地员篇校释，第 99 页。不少学者认为，《管子·地员》是战国时期的作品，但像夏纬英那样作出严格考证者并不多。

② 河南省博物馆等，河南淅川下寺一号墓发掘简报，考古，1981 年第 2 期。

羽、宫、商、角五声音阶，加上侧鼓音可组成七声音阶。该编钟不仅属于五声徵调式，而且属于三分损益律。它的铸造时间为楚成王初年，即公元前 671～656 年间，与管子的活跃年代相同①。可见，公元前 7 世纪中期，三分损益法至少在南方的楚国已被实际应用。

比侯马编钟晚约 100 年，大型编钟列曾侯乙钟问世，它是湖北随县曾侯乙墓出土的。该编钟为楚惠王五十六年（公元前 433 年）所作，共 65 件，分上中下三层悬挂。上层 19 件钮钟，中下层共 45 件甬钟，尚有一镈钟（见彩图 4-4）。其上铭文 2800 字。除去重复的律名和阶名之外，铭文中律名 28 个，阶名及其变化音名 37 个。音域从 A_1 至 C^4，达五个八度以上。它以姑洗（C）为宫，在约占三个八度的中音区，十二半音俱全，可以旋宫转调，并演奏五声、六声或七声的乐曲②。

曾侯乙钟铭中 28 个律名只有 8 律（黄钟、大矣即太簇、姑洗、妥宾即蕤宾、无铎即无射、宣钟即夹钟或圜钟、应钟、夷则）与传统律名一致，但其律位与传统记载不完全相符。传统中往往以“清、浊”二字表示高、低八度，而在曾侯乙钟铭中用以表示高一律或低一律。律名产生于西周时期，西周一些钟铭中已有“林钟”、“无射”、“大吕”、“姑洗”之名。《国语·周语》载，周景王二十三年（前 522 年）周景王问律于伶州鸠，伶州鸠历说了十二律名称。在曾侯乙钟铸造时代，各诸侯国并未完全采用周王室律名，周的管辖地也还有一些异律名，如“应音”，“刺音”。曾侯乙钟铭 28 个律名分属于曾、楚、晋、齐、申各国和周王室。由于曾属楚国，因此，楚国律名记述最详细。

曾侯乙钟、磬铭文中表述了五个八度组的音阶名称，它们也与传统阶名有异。正声组为其核心，其阶名不加前后缀语，如“徵”、“宫”。比正声组高八度者（或称之为“少声组”），乃加前缀“少”或后缀“反”，如“少徵”、“徵反”；或另取单字阶名，如“终”。比正声组高二个八度者（或称为“少之反组”），为少声组阶名加后缀“反”或“之反”，如“少徵之反”，“终反”。比正声组低八度者（或称为“太声组”）加前缀“大”，如“大徵”。比正声组低二个八度者（或称为“濇声组”）加前缀“濇”或“珈”，如“濇徵”、“珈徵”。在传统上，却是以“清、浊”或“半、倍”表示高低八度的音阶。

在传统上，正声组音阶名只有两个变音：变徵、变宫。在曾侯乙钟铭中，却增加了变羽、变商两个级名。曾侯乙钟的四个变音就是徵、羽、宫、商的降半音。在曾侯乙钟铭中，有四个“颟”音（徵颟、羽颟、宫颟、商颟）和四个“角”音（徵角、羽角、宫角、商角），实际上它们是同音不同名，它们都是其前一个字表示的音级上方纯律大三度，如“徵颟”、“徵角”是徵上方纯律大三度。还有四个“曾”音（宫曾、商曾、徵曾、羽曾），它们是其前一个字表示的音级上方增五度，也就是其前一个字表示的音级下方纯律大三度。所以，曾侯乙钟的“颟-曾”关系也就是“上-下”纯律大三度关系。整个曾侯乙钟的音阶是以徵、羽、宫、商以及它们的“颟-曾”关系而形成的（图 4-5）。其中，“羽曾”音级的单称“和”恰好对称地处于音阶正中间位置。

① 赵世纲，曾侯乙钟与楚钟，载《曾侯乙编钟研究》，第 70～85 页；也见李纯一，第 114～115 页。

② 关于曾侯乙钟及其乐律问题，可参阅：文物，1979 年 7 期，第 1～39 页，上刊载“发掘简报”等三篇文章；音乐研究，1981 年 1 期，曾侯乙墓出土音乐文物专辑，上载 8 篇有关研究文章；湖北省博物馆等编，曾侯乙编钟研究，湖北人民出版社，1992（或者该书英文本，由程贞一等主编，新加坡世界科学出版公司，1994 年版）。

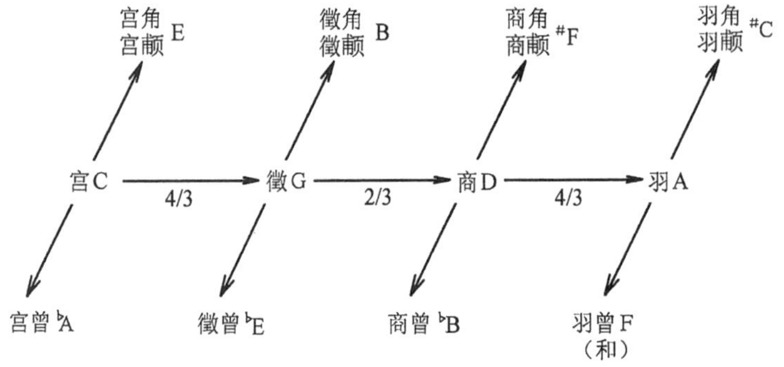

图 4-5 曾侯乙钟的十二律半音音阶
（宫、徵、商、羽为基干音，以三分损益法产生；
基干音上方与下方各音，均由“颠-曾”关系产生）

从曾侯乙编钟铭文和测音结果看，它既能演奏七声古音阶，也能演奏七声新音阶（见表 4-4）。所谓古与新两种音阶的根本区别就在于第四与第五级之间的音程究竟有多大：相距半音的是古音阶，相距一个全音的是新音阶。这充分证明，先秦时期中国音乐家已充分掌握并运用了多种音阶形式①。

表4-4 曾侯乙编钟的音阶*

音 名	C	#C	D	♭E	E	F	#F	G	♭A	A	♭B	B
古音阶（正声音阶）	宫		商		角（宫角）		变徵（商角）	徵		羽		变宫
新音阶（下徵调音阶）	宫		商		角（宫角）	和（羽曾，清角）		徵		羽		变宫

* 括号内音级名是同级异名。

对曾侯乙钟的中鼓音与侧鼓音的实际测定② 并统计分析③，在其中层三组的 33 个钟中，中-侧鼓音程接近于纯律大小三度者与接近于五度律大小三度者几乎相等。此外，它还有等程律音程。从曾侯乙钟的音程关系看，它是一种复合律制④。古代人称此为“钟律”。

应当说，曾侯乙编钟是春秋战国之际我国乐律学高度发达并自成体系的物证。曾侯乙钟的钟律是来自琴律。黄翔鹏曾对此作了深刻的阐述⑤。同曾侯乙钟出土的五弦琴是迄今所发现的最早的定律调音用的弦准，称为“均钟木”，历史上又称为“均准”、“弦准”。它的五根弦可以调出《管子·地员》记载的“徵、羽、宫、商、角”五个空弦散音。这五音之外的音，可以从弦上各个振动节点（即琴弦徽位）上获得。例如，若以“按音”取

① 对此，音乐界产生了一个有趣的争论。黄翔鹏认为，曾侯乙钟为七声新音阶。理由是，全部甬钟的正、侧鼓音中，羽曾（即和）出现了 11 次，商角（即变徵）只出现 3 次（见黄翔鹏，第 66 页）；李纯一认为，曾侯乙钟为七声旧音阶。理由是，全部甬钟的正鼓音中，商角出现 3 次，而羽曾一次未出现（见李纯一，第 189 页）。

② 对曾侯乙编钟曾经进行了三次音频测定工作，这三次实测结果载于：冯光生、谭维四，曾侯乙编钟的发现与研究，见《曾侯乙编钟研究》第 55～57 页；也见该论文集英文本第 40～45 页。

③ 潘建明，曾侯乙编钟音律的研究，上海博物馆集刊，上海古籍出版社，1982，第 93～115 页。

④ 黄翔鹏，第 59～69 页。

⑤ 黄翔鹏，均钟考，黄钟（武汉音乐学院学报），1989 年第 1、2 期。

音，则在各弦 11 徽（空弦长度的 4/5）可得空弦上方大三度音；在各弦 12 徽（空弦长的 5/6）上可得 7 徽（空弦音的高八度音）的下方大三度音①。曾侯乙钟上所有乐律钟铭，就是通过这种弦准或“均钟木”的调音而获得的。揭示出这一点，不仅证明钟律与弦律的相关性，也由曾侯乙钟的铭文证明弦准在春秋战国时期的存在与实用情形。

曾侯乙钟的律名、阶名表现了战国初年我国乐律体系的严密性与精确性。就目前中西方乐律史料看，它比古希腊和巴比伦的乐律知识要多得多。除以五度相生的基干音之外，又在基干音的上下方取纯律大三度以确定其它各音。这一特点表明，中国的音阶结构是完全独立于西方而产生和发展的。

二　三分损益法和三分损益律

在中国律学史上，三分损益法是什么时代创建的？它是起源于管律还是弦律？十二律律名始于何时？三分损益计算方法是否受古希腊或巴比伦的影响？等等问题长期来存有异议。对于这些问题，在前面有关音乐文物及其测音资料的分析中已作出一些叙述。这里，我们结合文物再作一些文献上的论证。

1.《管子·地员》和《吕氏春秋》的记载

所谓“三分损益法”就是在起始音的弦长上加上或减去其 1/3 的数学方法，以此确定各律的相对音高或音程关系。由这种数学方法所计算而得的各律音，称为“三分损益律”。

在使用三分损益法之前，先需要有半音的概念及其相应的十二律名称。在我国，前述小屯殷墓五音孔陶埙已有十一个半音。西周时，在一些钟铭上有“林钟”、“大吕”、“姑洗”、“无射”等律名，看来，西周已产生十二律名称②。公元前 8 世纪，周幽王太史史伯在阐述五行观念及“和实生物”的思想时，曾言及“和六律以聪耳”③。“六律”是十二律中的奇数律的统称，有时也代表十二律。可见，此时十二律已经问世。时至周景王二十三年（前 522），伶州鸠已向周景王具体历数了十二律的名称及其命名的依据。伶州鸠还说：

> 律，所以立均出度也。古之神瞽考中声而量之以制，度律均钟，百官轨仪。纪之以三，平之以六，成于十二，天之道也④。

在此，“立均”与“均钟”的“均”，读 yūn，是古代一种弦线式音高标准器（弦式定律器），亦称为“均钟木”或“均钟器”。在下面我们还要详细叙述它。值得注意的是，伶州鸠称之为自然法则（“天之道”）的“三”、“六”、“十二”三个数字，实质上表述的就是律学规律而不是其他⑤。“纪之以三”，也就是将均钟木的弦线分为三等份。换句话说，

① 崔宪，曾侯乙编钟钟铭校释及其律学研究，第 11 页等，人民音乐出版社，1997。

② 李纯一，第 77～78 页。

③《左传·隐公五年》。

④《国语·周语下》。

⑤ 秦汉以来，经学家将“六”释为“六律”，“十二”释为“十二律”，却将“三”释为“天、地、人”。参见戴念祖《中国声学史》，河北教育出版社，1994，第 190～191 页；王光祈认为，“三”指三度生律法，以十二律比附十二月。见王光祈《中国音乐史》上册，第 24 页；也见李纯一，第 134 页，191 页。

就是三分损益法。"平之于六，成于十二"是"用六律来平准，完成于十二律吕①"。伶州鸠在阐述声学仪器"均"的同时，进一步说明它的使用方法，这是完全合乎逻辑的文字记述。前述公元前7世纪中期浙川下寺一号楚墓编钟，公元前6世纪中期侯马编钟都是依照弦线的三分损益法调音的结果，因此公元前6世纪末伶州鸠的表述正是三分损益法的最早文字记载。

在伶州鸠讲述以上言论之后一年，即周景王二十四年、昭公二十年（前521），齐国宰相晏婴（前580？～前500）在述及琴瑟和音乐时，将"五声、六律、七音"和"清浊、小大、短长、疾徐、哀乐、刚柔、迟速、高下"等相并列②。前者是指音阶、十二律吕；后者可能是琴瑟或均钟木的音高（"清浊"、"高下"），弦线（"小大"、"短长"），演奏速度或节奏（"疾徐"、"迟速"）等③。弦乐器以及弦线式定律器大概都是音乐家或宫廷乐师所必需的、且常用的物品。

三分损益法更详细的文字记载，见之于《管子·地员》。它写道：

凡将起五音，凡首，先主一而三之，四开以合九九，以是生黄钟小素之首，以成宫。三分而益之以一，为百有八，为徵；不无有三分而去其乘，适足以是生商；有三分而复于其所，以是成羽；有三分去其乘，适足以是成角。

这段文字所表述的数学方法如下：

$$(1\times3)^4=9\times9=81\cdots\cdots\text{宫}$$

$$81\times\frac{4}{3}=108\cdots\cdots\cdots\cdots\cdots\text{徵}\qquad 108\times\frac{2}{3}=72\cdots\cdots\cdots\cdots\cdots\text{商}$$

$$72\times\frac{4}{3}=96\cdots\cdots\cdots\cdots\cdots\text{羽}\qquad 96\times\frac{2}{3}=64\cdots\cdots\cdots\cdots\cdots\text{角}$$

按照弦线长度从长到短排列，即得到一个以徵音为起始音的五声音阶。若再计算下去，就可以得到十二律和一个以徵为始音的七声新音阶。五声徵调式和新音阶在春秋时期广为流行。

值得注意的是，《管子·地员》记述中关于"黄钟小素"中"小素"的意义。"素"即"索"，古字相通。"小素"即细小的绳索，也即弦线。《清史稿》的作者们曾如此考证"小素"二字的本意④。在曾侯乙钟铭中，有"符于素商"、"符于素宫"之句。金文"符"与"附"通。钟铭之意是某钟的发音与弦线上某音相同。《管子·地员》的记载与曾侯乙钟铭，都表明当时的调律实验是在弦线上进行的。

《吕氏春秋·季夏纪·音律》记述了三分损益十二律的计算方法：

黄钟生林钟，林钟生太簇，太簇生南吕，南吕生姑洗，姑洗生应钟，应钟生蕤宾，蕤宾生大吕，大吕生夷则，夷则生夹钟，夹钟生无射，无射生仲吕。三分所生，益之一分以上生；三分所生，去其一分以下生。黄钟、大吕、太簇、夹钟、姑洗、仲吕，蕤宾为上；林钟、夷则、南吕、无射、应钟为下。

---

① 吉联抗《春秋战国音乐史料》，第47～48页。

② 《左传·昭公二十年》。

③ 这些名词的含义在音乐史界尚有些不同看法，见李纯一，第139页。

④ 《清史稿》卷九十五《乐志二》："小素云者，索、白练，乃熟丝，即小弦之谓"，中华书局校点本，第11册，第2778页。

这段文字的意思如图 4-6。

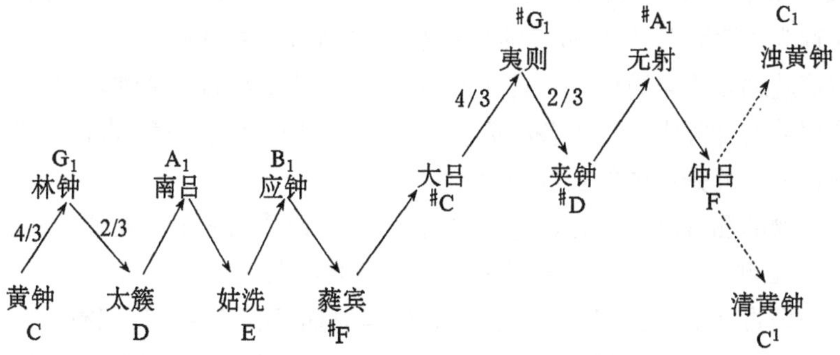

图 4-6　《吕氏春秋》相生法

如图 4-6，《吕氏春秋》生律结果是，林钟、南吕、应钟、夷则、无射五个律低于正律组相应律一个八度。因此，要将它们移至正律组。将它们的数值结果乘以 2 就移到正律组了。

此后，《淮南子 · 天文训》也记述了十二律相生①。其相生的次序及结果如图 4-7。

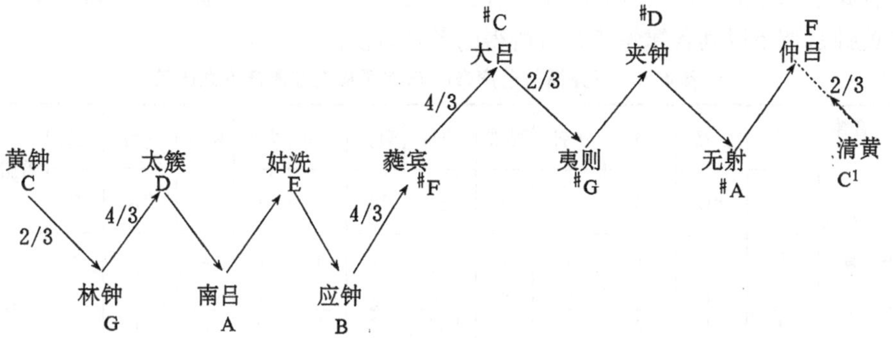

律数：	1	2/3	8/9	16/27	64/81	128/243	512/729	2048/2187	4076/6561	16384/19683	32768/59049	131072/177147	1/2
律长：	9	6	8	5.33	7.11	4.74	6.32	8.42	5.62	7.49	4.99	6.66	(4.44)
音阶：	宫	徵	商	羽	角	变宫	变徵						(变徵)
						(古音阶)							(新音阶)

图 4-7　《淮南子 · 天文训》生律法

《淮南子 · 天文训》的生律次序是，以黄钟为起始律，先下后上，蕤宾重上。这样所得到的十二律全在一个八度组内。这是简捷而正确的生律法。"黄钟之律，九寸而宫音调"，界定黄钟律弦长 9 寸，就是确定它的绝对音高。依照三分损益法计算所得各律的弦

① 《淮南子》卷三《天文训》："黄钟之律，九寸而宫音调。因而九之，九九八十一，故黄钟之数立焉。…黄钟为宫，…其数八十一，…下生林钟，林钟之数五十四，…上生太簇，太簇之数七十二，下生南吕，南吕之数四十八，…上生姑洗，姑洗之数六十四，…下生应钟，应钟之数四十二，…上生蕤宾，…上生大吕…，下生夷则，…上生夹钟，…下生无射，…上生仲吕，…"。这里删略了律与历的对应叙述及部分数字；其七声音阶的阶名，称变宫为"和"，称变徵为"缪"。

长值，称之为“律长”。如果将黄钟律长 9 寸化为 1（如《史记·律书·生钟分》），或化为 81（如《淮南子·天文训》），由此计算而得各律与起始律（主律）的比例数值，这些数值在古代称为“律数”。如果将黄钟律数取作 177147，由图 4-6 的“律数”行可得，其余各律的数值就都化为整数值了。古代人称 177147 这个数为“黄钟之实”。可见，古代人在作三分损益的计算中探讨了各种简便的方法①。值得注意的是，古代人尚无频率的概念，三分损益的计算是以弦的长度表示的！

从考古文物的测音结果可知，三分损益律的文字记载远迟于它在音乐实践中的运用。

2. 三分损益律和五度律的比较及东西方乐律传播问题

我们从中国古代的“旋宫”谈起。早在先秦时期已有“族宫”记载。《礼记·礼运》说：“五声六律十二管，旋相为宫”。《周礼·春官·大司乐》分别例举了“圜钟（夹钟）为宫”、“函钟（林钟）为宫”和“黄钟为宫”的三种调式。其实，古代音乐家将十二律与十二月相比，同时指出随月相而变换宫的理论，就是旋宫。曾侯乙编钟可以旋宫转调也是个佐证。汉代，《淮南子·天文训》对五声十二律的旋宫总结说：“一律而生五音，十二律而为六十调②。”

根据前述三分损益法中先下后上、蕤宾重上的方法，使生成的十二个律都在八度内。我们将此十二律的七声音阶与纯律音阶、毕达哥拉斯的五度律音阶比较如表 4-5。表 4-5 是在黄钟宫调下以其各律轮流为宫所得的各种音阶。

表 4-5　三分损益七声音阶与纯律和五度律音阶之比较

音律＼音程	黄钟	大吕	太簇	夹钟	姑洗	仲吕	蕤宾	林钟	夷则	南吕	无射	应钟	希腊	纯律
	C	♯C	D	♯D	E	F	♯F	G	♯G	A	♯A	B		
基　音	1	1	1	1	1	1	1	1	1	1	1	1	1	1
大二度	$\frac{8}{9}$	$\frac{8}{9}$	$\frac{8}{9}$	$\frac{8}{9}$	$\frac{8}{9}$	$\frac{59049}{65536}$	$\frac{8}{9}$	$\frac{8}{9}$	$\frac{8}{9}$	$\frac{8}{9}$	$\frac{59049}{65536}$	$\frac{8}{9}$	$\frac{8}{9}$	$\frac{8}{9}$
大三度	$\frac{64}{81}$	$\frac{64}{81}$	$\frac{64}{81}$	$\frac{6561}{8192}$	$\frac{64}{81}$	$\frac{6561}{8192}$	$\frac{64}{81}$	$\frac{64}{81}$	$\frac{6561}{8192}$	$\frac{64}{81}$	$\frac{6561}{8192}$	$\frac{64}{81}$	$\frac{64}{81}$	$\frac{4}{5}$
纯四度	$\frac{131072}{177147}$	$\frac{3}{4}$	$\frac{3}{4}$	$\frac{3}{4}$	$\frac{3}{4}$	$\frac{3}{4}$	$\frac{3}{4}$	$\frac{3}{4}$	$\frac{3}{4}$	$\frac{3}{4}$	$\frac{3}{4}$	$\frac{3}{4}$	$\frac{3}{4}$	$\frac{3}{4}$
纯五度	$\frac{2}{3}$	$\frac{2}{3}$	$\frac{2}{3}$	$\frac{2}{3}$	$\frac{2}{3}$	$\frac{177147}{262144}$	$\frac{2}{3}$	$\frac{2}{3}$	$\frac{2}{3}$	$\frac{2}{3}$	$\frac{2}{3}$	$\frac{2}{3}$	$\frac{2}{3}$	$\frac{2}{3}$
大六度	$\frac{16}{27}$	$\frac{16}{27}$	$\frac{16}{27}$	$\frac{19683}{32768}$	$\frac{16}{27}$	$\frac{19683}{32768}$	$\frac{16}{27}$	$\frac{16}{27}$	$\frac{16}{27}$	$\frac{16}{27}$	$\frac{19683}{32768}$	$\frac{16}{27}$	$\frac{16}{27}$	$\frac{3}{5}$
大七度	$\frac{128}{243}$	$\frac{128}{243}$	$\frac{128}{243}$	$\frac{2187}{4096}$	$\frac{128}{243}$	$\frac{2187}{4096}$	$\frac{128}{243}$	$\frac{128}{243}$	$\frac{2187}{4096}$	$\frac{128}{243}$	$\frac{2187}{4096}$	$\frac{128}{243}$	$\frac{128}{243}$	$\frac{8}{15}$
八　度	$\frac{1}{2}$	$\frac{1}{2}$	$\frac{1}{2}$	$\frac{1}{2}$	$\frac{1}{2}$	$\frac{1}{2}$	$\frac{1}{2}$	$\frac{1}{2}$	$\frac{1}{2}$	$\frac{1}{2}$	$\frac{1}{2}$	$\frac{1}{2}$	$\frac{1}{2}$	$\frac{1}{2}$

由表 4-5 可见，在三分损益律中除黄钟宫调外，其他十一调的四度均为纯四度；除仲吕宫调外，其他十一调的五度均为纯五度。其中，有七个调的音阶与希腊毕达哥拉斯音阶相同，中国的徵调式（♯F）新音阶与毕氏音阶也完全一样。若与纯律相比较，中国的

① 戴念祖，中国声学史，第 162～172 页。

② 关于旋宫转调，可参阅戴念祖《中国声学史》，第 143～144，第 174～179 页。

三分损益律更接近纯律①。

暂时假定毕达哥拉斯音阶是毕达哥拉斯（前 570～前 496）时代创建的。而中国的新音阶可以追溯到贾湖骨笛的下徵调七声音阶，甘肃陶埙的“宫—角—清角—徵—羽”五声音列。因为前者的“和—徵”、后者的“清角—徵”都相距为一个全音音程。它们远早于毕达哥拉斯音阶形式。中国的“古音阶”不古，“新音阶”不新，就是这个道理②。到公元前 5 世纪中期，曾侯乙钟能演奏两种音阶，这充分表明中国乐律学的进步与发达。

然而，有人提出，三分损益法从不计算到第十三律，因此，中国古代没有八度概念③。

程贞一教授曾对此观点提出异议④。他指出，以三分损益不同的上下相生法，经常出现高低八度的二个律，这证明中国古代有八度概念。尚需作补充的是，如前所述，古代中国人早有“旋相为宫”或“返宫”的概念。所谓“返宫”，就是通过三分损益计算，要求回到纯八度弦线位置上。然而，由于 2/3 是除不尽的，当三分损益算到第十二次（即第 13 律清黄钟），误差总是存在⑤。既然不能以计算方法“返宫”，在古人看来，第 13 律就不必计算了。第 13 律及其高低八度的其它各律，都可以按照弦长的倍半关系加以确定。由此可见，古代中国人的纯八度概念非常明确。他们不计算第 13 律并不奇怪。奇怪的是，同时期的古希腊人却为何没有提出由五度律计算而得的 C^1 与 C 之间的音差？

我们不妨再举一些例子证明古代中国人的纯八度概念。曾侯乙钟铭，不仅以“大”、“少”、“反”等字加在律名的前后，以区别八度音高，而且还以“俈”字表示古代音差。秦汉起，原先表示律音高低的“清浊”的概念成为八度概念，而且还有以弦线“倍半”关系表示八度概念。唐代成书的《乐书要录》说：“夫声折半及加倍，只是一声，但清浊异耳⑥。”五代王朴制作的“律准”，有十三弦：第一弦的弦长为九尺，为黄钟之宫；“第十三弦四尺五寸，设柱为黄钟之清声⑦。”宋代沈括曾指出：“所谓清浊之数者，黄钟长九寸为正声，一尺八寸为黄钟浊宫，四寸五分为黄钟清宫。倍而长为浊宫，半而短为清宫⑧。”毋庸置疑，古代中国人有极为明确的纯八度概念。古希腊人虽然知道七声音阶的结构，大概他们从来没有像古代中国人那样作过一次五度（2/3）相生的认真的计算，他们也没有给出一个如同三分损益法那样计算音阶的系统步骤。

至于东西方的乐律传播问题，李约瑟假说中国的乐律是从巴比伦传进的⑨。他的理由之一是，据《吕氏春秋·仲夏纪·古乐篇》载，黄帝曾派其大臣伶伦西行定乐律。然而，李约瑟又指出，“巴比伦的音乐我们知道得很少”。且不说迄止目前，中国古代丰富的乐律知识为许多文物所证实，单是伶伦西行的“传说”即使属于史实，也存在两种可能：一

① 程贞一，曾侯乙编钟在声学史中的意义，《曾侯乙编钟研究》，中文本，第 333～334 页，英文本，pp. 197～199。

② 《管子·地员》记载的五声，若计算下去，也是个七声新音阶。见黄翔鹏，第 34 页。

③ Wilmer T. Bartholomews, Acoustics of Music. Prentice Hall, New York, 1952, pp. 163～164；也见 J. Needham, Science and Civilisation in China. Vol. 4, part 1, p. 172.

④ 程贞一，同注①，第 325～331 页；英文本，pp. 177～179。

⑤ 如果起始律黄钟为 9 寸，则第 13 律并非 4.5 寸，而是 4.4394 寸。

⑥ 《乐书要录》卷五《论相生类别》（该书据传为武则天撰）。

⑦ 《旧五代史》卷一百四十五《乐志》，第六册，第 1937～1939 页。

⑧ 沈括《梦溪笔谈·补笔谈》卷二《象数》。

⑨ Joseph Needham, Vol. 4, part 1, pp. 176～183.

是伶伦向西方学习音乐；二是伶伦将中国的音乐输送给西方。在无充分的判决事实之前，这两种“假说”都是等价的。持之其一，必落入主观片面之窠臼。他的理由之二是，《考工记》中“六齐”比数恰好是音阶比数，伶伦从西方学来的乐律知识被错误地移植到铜锡合金比例数上了。这个说法太离奇了。一则迄今根本无从知道巴比伦是否有乐律比数；二则在科学胚胎期，人们在探讨不同的自然现象中会得到相同比数的事看来也不止是乐律与“六齐”二者①。如此断言包括乐律在内的科学知识的传播方向，恐怕连“假说”都难以成立。

巴比伦文明，确实起源甚早。据考古发现，两河流域的文明始于公元前4000年。古巴比伦王国建于公元前19世纪，公元前11世纪开始衰落。它的盛兴期相当于中国的夏、商两代。但是，就其音乐科学而言，迄今人们只知道，在乌尔王朝皇陵和夏巴德(shubad）王后墓出土的约公元前2700年的乐器石雕②，其中有里拉琴和四弦弓形竖琴。至于所谓巴比伦音乐理论大多是近世纪人们的推测罢了。如果将古巴比伦的乐器石雕与近年中国的考古发现（如河姆渡骨笛，甘肃玉门火烧沟陶埙等）相比较，看来并非简单地由西向东单向传播可以解释清楚的。

事实上，无论古代中国人、古希腊人或巴比伦人，也无论是黄种人、白种人或黑人、人类都具有共同的生理与心理机制，耳朵的构造及其功能都是相同的。人类的耳朵（除了有生理缺陷或疾病）对于八度（2/1)、五度（3/2）都会感觉悦耳且敏感。因此，与其说在公元前6至前5世纪、乃至上古时代，东西方有过什么音乐文化交流，倒不如说，作为人类共同的耳朵使得东西方人各自独立地作出了发现。

三　三分损益律的发展

三分损益法的计算不能返宫，也就是说，从起始音黄钟出发，经过7次上生、5次下生而得到的清黄钟与黄钟不是准确的倍半关系。令黄钟9寸，计算所得的清黄钟却是4.4394寸。理论出了误差。按照音分值计算，其差数为：

$$3896.3137\times\log\left[\left(\frac{3}{2}\right)^{5}\left(\frac{3}{4}\right)^{7}\right]-1200=23.46\ (\text{音分})$$

这个值称为古代音差或最大音差。为了消除这个差数，企求理论上返宫，从汉代开始，许多乐律学家为此作了大量探索，取得了许多积极成果。

增加律的个数，使最大音差缩小。沿着这条路线作研究的有京房、钱乐之和沈重等人，他们将八度内12律增加到60律、甚至360律。他们的纯理论计算虽然没有实用价值，但对律学的发展起了重大影响。保持12律，而在各律之间作相应的调整，使之达到旋宫转调的要求。沿着这条路线努力的有荀勖、祖孝孙、何承天、王朴等人。可以说，为了解决旋宫转调的问题，在三分损益的理论计算中，古代人作了所能想到的一切尝试，充满了成功与失败的种种经验教训。

---

① 例如，《考工记》记载的编钟设计的比例数，《营造法式》所载的横梁高宽比数，都有与各种音程比数相同的数值。

② Sir James Jeans，Science and Music. Dover. 1937.

1. 60律和360律

为了消除最大音差，人们所作的最先尝试是增加律的个数。人们以三分损益法产生了12律之后，又在生得的第13律基础上，继续按三分损益法计算下去。超出起初的12律之外的律称为"变律"。汉代京房一直计算到60律。

《后汉书·律历志》写道：

元帝时，郎中京房知五声之音，六律之数。……六十律相生之法：以上生下，皆三生二；以下生上，皆三生四。阳下生阴，阴上生阳，终于中吕，而十二律毕矣。中吕上生执始，执始下生去灭，上下相生，终于南事，六十律毕矣。

由此可见，京房的60律属三分损益律。《后汉书·律历志》详细记述京房60律的名称，列出了以177147作黄钟律数、以9寸作黄钟律长、以9尺作京房"准"黄钟弦长的三种计算数据①。

当京房算到第54律即"色育"律时，其音分值与清黄钟只有3.61音分之差。这个数值，称为京房音差。

京房（前77～前37），字君明，东郡顿丘（今河南清丰西南）人。本姓李，推律自定为京氏，曾随梁人焦延寿（生卒年不明）学《易》。焦延寿，字赣，曾任小黄县（今河南陈留县东北）令，以《易》占卜而传为神奇②。京房学《易》，"用之尤精"，由是汉《易》学中有京房之学③。

京房"好钟律，知音声"④，其六十律上承先秦、下启魏晋南北朝，对于秦汉间三分损益十二正律的传统是一个重大突破，也启迪后世律家作出多方探索。就理论上而言，京房音差使古代音差大为缩小，人耳难于辨别京房音差的二个音。这是一大进步。

显然，就乐器制造与演奏实践而言，六十律是困难的。六十律本来就不具有实用价值。因此，在京房之后，"无晓六十律以准调音者"⑤。何承天说："依案古典及今音乐家用六十律者，无施于乐"⑥。这都表明，京房六十律并非实践应用，而是一种理论上的音律探讨。

京房的错误就在于他醉迷于灾变说，他因此将五十四律推演六十律，以期律、历对应，将六十律与一年三百六十天硬联系在一起。

刘宋元嘉年间（424～453），太史钱乐之（生卒年不详）在京房六十律基础上又推演到三百六十律，从而将三分损益律的个数推向一个高峰。《隋书·律历志》写道：

宋元嘉中，太史钱乐之因京房南事之余，引而伸之，更为三百律，终于安运，长四寸四分有奇。总合归为三百六十律。日当一管。宫徵旋韵，各依次从⑦。

"四寸四分有奇"与黄钟九寸已很接近倍半关系了。大概钱乐之的理论探讨在刘宋朝未受重视。在他之后，梁朝博士沈重（500～583）又重复计算了三百六十律。《隋书·律

① 有关的计算结果参见戴念祖《中国声学史》，第206～219页。
② 《汉书》卷八十八《儒林传·京房》，第十一册，第3601～3602页。
③ 《汉书》卷七十五《京房传》第十册，第3160～3167页。
④，⑤《后汉书·律历志》，第十一册，第3005页。
⑥ 《宋书》卷十一《律历志》，第一册，第215页。
⑦ 《隋书》卷十六《律历志》第二册，第380页。

历志》载："沈重乃依《淮南》本数，用京房之术求之，得三百六十律[①]"。

沈重的计算方法是：

> 自黄钟终于壮进，一百五十律，皆以三分损一以下生。自依行终于亿兆，二百九律，皆三分益一以上生。唯安运一律为终，不生。其数皆取黄钟之实十七万七千一百四十七为本，以九三为法，各除其实，得寸分及小分，余皆委之，即各其律之长也。修其律部，则上生下生宫徵之次也[②]

这样算得的第 360 律即"安运"律的音分值是多少呢？由"下生"150 次、"上生"209 次可知：

$$3986.3137\log\left[\left(\frac{3}{2}\right)^{150}\left(\frac{3}{4}\right)^{209}\right]=1201.83\ (\text{音分})$$

这就是说，安运比清黄钟（1200 音分）只多出 1.83 音分。这个音差称为钱氏音差或沈氏音差。它近似于最大音差的 1/13。人耳对于 2 音分以下的音差是绝对听不出来的。因此，360 律在理论上已返宫。

但在实际上，音差还是存在。即使往下计算更多的律，音差还是不能绝对消除，而只能相对地缩小。虽然如此，360 律的内部结构已很精细，它为后来的律学家探索新律提供了极好的理论成果。

钱乐之、沈重犯有同京房一样的错误。事实上，他们也不必算至 360 律，而只要算到 313 律（第 29 周的"亿兆"律）即可。因为，亿兆与清黄钟的音分值差仅为 1.78 音分。

沈重在《周书》[③]、《北史》[④] 中均有传。沈重，字德厚，吴兴武康（今浙江德清）人。他是南北朝儒学大师，著述多种。梁元帝在位时（552～555），官至尚书。南梁末，约公元 555 年被北周以重金聘用。北周（557～581）时曾受诏讨论《五经》，校定钟律。他推算 360 律当在此时期。北周天和年间（566～572）为骠骑大将军、开府仪同三司等职。后因年高，奏表还梁。此时，南梁已灭，后梁明帝肖岿见沈重回，又授他散骑常侍，太常卿。沈重卒于隋开皇三年（583），年八十四。

2. 万宝常和祖孝孙的律制

万宝常、祖孝孙采纳钱乐之、沈重的理论成果，使三分损益律在隋唐时期发展到令人始未预料的高峰。

万宝常（6 世纪人）是个奴隶出身的音乐家。其"父大通，从梁将王琳归于齐，后谋还江南，事泄伏诛。由是宝常被配为乐户，因而妙达钟律，遍工八音。"他从小被宫廷收养为伶人，历北齐、北周和隋代，虽精通音律，然终未改变其奴隶身份。晚年"贫而无子，其妻因其卧疾，遂窃其资物而逃，宝常竟饿死[⑤]。"死前，将其著付之一炬。

万宝常精通音乐。"与人方食，论及声调，时无乐器，宝常因取前食器及杂物，以箸

---

① 同上页⑦第 386 页。

② 同上页⑦第 397 页。

③《周书》卷四十五《沈重传》，第三册，第 808～811 页。

④《北史》卷八十二《沈重传》，第九册，第 2741～2742 页。

⑤《北史》卷九十《万宝常传》，第九册，第 2982～2983 页。也见《隋书》卷七十八《万宝常传》，第六册，第 1783～1785 页。

扣之，品其高下。宫商毕俱，谐于丝竹，大为时人所赏。”“开皇（581～600）中，郑译、何妥、卢贲、苏夔、肖吉并讨论坟籍，撰乐书，皆为当时所用。至于天然识乐，不及宝常远矣。”

隋开皇初，宝常以伶人奉召定乐，撰《乐谱》六十四卷。“论八音旋相为宫法，改弦移柱之变，为八十四调，一百四十四律，变化终于一千八百声。”重要的是，这144律能达到旋宫要求。《北史·万宝常传》载，“时以《周礼》有旋宫之义，自汉以来，知音莫能通。见宝常特创其事，皆哂之。至是，试令为之，应手成曲，无所疑滞，见者莫不嗟异①。”

宝常卒前将其《乐谱》焚毁，史书未述其144律之详。郭沫若曾认为，“万宝常把十二律更细分成十二倍，故为一百四十四律”，并以为万宝常是取自钱乐之的360律②。很可能，他的144律是凭其敏锐的听觉从360律中选出的。他选取了哪些律，今天我们不得而知，但他在360律中化繁为简，并终于达到旋宫要求，这是三分损益律在理论上的一次成功尝试。

但是，144律毕竟大多了。进一步将律的个数化繁为简，并终于创造了既能旋宫，又能实用的十二律是祖孝孙的功劳。

祖孝孙（生活于6世纪下半叶至7世纪上半叶），幽州范阳（今河北永清、霸县、保定地区）人，在隋任协律郎，入唐后任著作郎，历吏部郎、太常少卿等职③。其祖父莹（6世纪上半叶人），字元珍，北魏音乐家④，永熙二年（533）与尚书长孙稚造《大成乐》⑤。其伯父珽，字孝征，北齐音乐家⑥，于文宣帝（550～559年在位）初年修定《广成乐》⑦。其父崇儒，在北齐武平（570～576）末为司州别驾、通直常侍，北周（557～581）时为容昌郡太守，隋开皇初宕州长史⑧。值得注意的是，祖孝孙与南齐著名数学家祖冲之（429～500）、祖暅父子同为范阳祖氏家族⑨，祖冲之可能为祖孝孙的曾祖辈。祖孝孙乃是范阳祖氏家族中数学、音乐的传人之一。在祖氏家族学风的影响下，祖孝孙创立了能返宫的十二律，使三分损益的发展达到历史上最高峰。

祖孝孙曾精心研究京房和沈重的360律。《旧唐书·祖孝孙传》写道：

> 初，开皇中，钟律多缺，虽何妥、郑译、苏夔、万宝常等亟共讨研，纷然不定。及平江左，得陈乐官蔡子元、于普明等，因置清商署。时牛弘为太常卿，引孝孙为协律郎，与子元、普明参定雅乐。时又得陈阳山太守毛爽，妙知京房律法，布琯飞灰，顺月皆验。爽时年老，弘恐失其传，于是奏孝孙从其受律。孝

---

① 同上页注⑤

② 郭沫若，隋代大音乐家万宝常，郭沫若文集，第四卷，人民出版社，1982，第153～159页。

③ 《旧唐书》卷七十九《祖孝孙传》，第八册，第2709～2710页。也见《魏书》卷八《祖莹传》，第五册，第1798～1800页。

④ 《北史》卷四十七《祖莹传》，第六册，第1734～1736页。

⑤ 《魏书》卷一百九《乐志》，第八册，第2836～2842页。

⑥ 《北齐书》卷三十九《祖珽传》，第二册，第513～522页；也见《北史》卷四十七《祖珽传》，第六册，第1736～1745页。

⑦ 《隋书》卷十四《音乐志》，第二册，第314页。

⑧ 同⑥《北齐书》第522页，《北史》第1745页。

⑨ 《南齐书》卷五十二《祖冲之传》，第三册，第903～906页。

> 孙得爽之法，一律而生五音，十二律而为六十音，因而六之，故有三百六十音，以当一岁之日。又祖述沈重。依《淮南》本数，用京房旧术求之，得三百六十律，各因其月律为一部[①]。

隋礼部尚书、太常卿牛弘（555～610）于开皇九年（589）[②]推举祖孝孙为协律郎，又令其与毛爽学京房旋宫法，可谓知人善任。祖孝孙在独自钻研了沈重360律基础上，又“依京房旧法，推五音十二律为六十音，又六之，有三百六十音，旋相为宫，因定庙乐”。后因“诸儒论难，竟不施用[③]。”大概又经多年探讨，祖孝孙放弃了360律。《新唐书·礼乐志》载：

> 孝孙又以十二月旋相为六十声，八十四调。其法，因五音生二变，因变徵为正徵，因变宫为清宫。七音起黄钟，终南吕，迭为纲纪。黄钟之律，管长九寸，王于中宫土；半之，四寸五分，与清宫合，五音之首也。加以二变，循环无间[④]。

这记载表明，祖孝孙在360律中选出能满足旋宫转调要求的十二律，作到完全八度相和。《旧唐书·祖孝孙传》还写道：

> 武德七年（624），始命孝孙及秘书窦琎修定雅乐。孝孙以陈、梁旧乐杂用吴、楚之音，周、齐旧乐多涉胡戎之伎，于是斟酌南北，考以古音，作《大唐雅乐》。以十二月各顺其律，旋相为宫，制十二乐，合三十二曲，八十四调。[⑤]。

因“月”与“律”相对应，“十二月”也即十二律。可见，祖孝孙用的是十二律。其黄钟律长9寸，清黄钟律长4.5寸。祖孝孙计算到第13律，并使黄钟与清黄钟构成完全八度。这在中国历史上是第一次有关清黄钟律长的明确记载。在此之前，律家一般只算到第12律，因为第13律不能返宫，故此即使作了计算，也不载于文字，只是在实践中以倍半关系演奏而已。尤为重要的是，祖孝孙的十二律虽是三分损益律，但又不同于以前的三分损益的十二律，因为它能旋宫转调。据此，只有在360律中选出与十二等程律近似的十二个律才有可能。挑选的十二个律愈接近等程律，其旋宫转调的效果愈好。我们从360律中选出十二个律[⑥]，如表4-6，它们可能或者接近祖孝孙的十二律。

表4-6　祖孝孙律与三分损益律、等程律之比较

三分损益十二律	律　名	黄钟	大吕	太簇	夹钟	姑洗	仲吕	蕤宾	林钟	夷则	南吕	无　射	应　钟	清　黄
	音分值	0	113.69	203.91	317.60	407.82	521.51	611.73	701.96	815.64	905.87	1019.55	1109.76	1223.46
祖孝孙十二律	律　名	黄钟	遁建	善述	辨秩	生遂	壮进	荒落	其煌	景口	金惟	夷　汗	野　色	安　运
	音分值	0	101.07	198.52	301.36	398.83	499.86	599.11	700.19	799.40	900.48	999.71	1100.78	1200
等程律音分值		0	100	200	300	400	500	600	700	800	900	1000	1100	1200
祖孝孙律与等程律之差		0	+1.07	−1.48	+1.36	−1.17	−0.14	−0.89	+0.19	−0.6	+0.48	−0.29	+0.78	0

① 《旧唐书》卷七十九《祖孝孙传》，第八册，第2709页。

② 《隋书》卷四十九《牛弘传》，第五册，第1297～1309页。

③ 《旧唐书》卷二十八《音乐志》，第四册，第1040页。

④ 《新唐书》卷二十一《礼乐志》，第二册，第460～461页。

⑤ 《旧唐书·祖孝孙传》记此事为武德七年，而《新唐书·礼乐志》（第二册，第460页）记为“武德九年”（626年），孰是孰否，无从考证。

⑥ 见戴念祖，中国声学史，第206，212～219，223页。

祖孝孙也许并不需要更换律名，而只要将其选取的十二个律置于传统的十二律上即可。假定“安运”律为祖孝孙的清宫，即 4.5 寸，故其音分值为 1200 音分。由表 4-6 可见，祖孝孙的十二律与十二等程律的音差甚小，其中最大的音分值差为 1.48 音分。人耳根本无法判别这两种律制的差异。

祖孝孙的十二律在当时立即得到应用。据史籍记载：

> 初，隋用黄钟一宫，惟击七钟，其五钟设而不击，谓之哑钟。唐协律郎张文收乃依古断竹为十二律，高祖命与孝孙吹调五钟，叩之而应，由是十二钟皆用。孝孙又以十二月旋相为六十声，八十四调[①]。

由于祖孝孙十二律的应用，隋代留传的十二钟可以完全被用上而不致虚设。协律郎张文收（？～670）还依照祖孝孙十二律作《豫和》、《顺和》、《永和》等曲，“复采《三礼》增损乐章，然因孝孙之本音[②]”。祖孝孙的十二律在隋唐年间及其之后曾有过重大影响。《新唐书》作者、宋代欧阳修（1007～1072）、宋祁（996～1061）等人写道：“唐为国而作乐之制尤简，高祖、太宗即用隋乐与孝孙、文收所定而已。其后世所更者，乐章舞典[③]。”

所谓“尤简”是对前代京房、钱乐之的繁冗律法而言的。祖孝孙奠定了从隋至宋近 400 年的乐律学理论基础。就旋宫而言，虽然前代典籍不乏记载，如《周礼》、《礼记》、蔡邕《月令章句》，但由于三分损益律制的关系，旋宫竟然成为一种理想而已。直到祖孝孙、张文收，才使旋宫真正成为可能并实用化。《旧唐书》作者后晋（936～946）刘昫（887～946）等人在《祖孝孙传》中写道：“旋宫之义，亡绝已久，世莫能知，一朝复古，自孝孙始也[④]。”

综上所述，汉代京房开辟了扩展三分损益十二律的道路，南北朝钱乐之、沈重将三分损益律推演到极端。惟有此极端的理论探索，才有后来祖孝孙的三分损益律高度发展。祖孝孙的十二律可以旋宫转调，已达到目前国际间采用的“标准调音体系”即十二等程律的效果。这是在明代朱载堉真正从数学上创建十二等程律理论之前的重大成就。

过去，不少音乐史家、乐律学家对京房、钱乐之的评价太低。刘复（1891～1934）认为，360 律“只是吃饱饭没事作的人的玩意，于乐律上半点用处没有”[⑤]。缪天瑞认为，360 律“走到律学的反科学歧途上了”[⑥]。杨荫浏（1899～1984）认为，60 律和 360 律都是“神秘主义作祟”的结果[⑦]。《新格罗夫音乐和音乐家辞典》评论说，京房和钱乐之的理论“对于后世的律学理论发展毫无影响”[⑧]。惟有黄翔鹏对京房，钱乐之等人的工作作了公正的历史性评判。他说，历史上“更多的律学家接受了京房律法的合理核心，从他的创造中得到启发，在中国

---

① 《新唐书》卷二十一《礼乐志》，第二册，第 460 页。

② 《旧唐书》卷七十九《祖孝孙传》，第八册，第 2709～2710 页；张文收其人见《旧唐书》第九册第 85 卷，第 2817 页，或《新唐书》第 13 册，第 113 卷，第 4188 页。他于贞观十四年（640）作《景云河清乐》，名曰“燕乐”。

③ 《新唐书》卷二十一，《礼乐志》，第二册，第 462 页。

④ 《旧唐书》卷七十九《祖孝孙传》，第八册，第 2710 页。

⑤ 刘复，从五音六律说到三百六十律，《辅仁学志》1930 年第 2 期，第 1～53 页。

⑥ 缪天瑞《律学》，第 121 页。

⑦ 杨荫浏，中国古代音乐史稿，上册，第 131～132，164～165 页。

⑧ The New Grove Dictionary of Music and Musicians. Ed. by S. Stadie, McMillan, 1980, Vol. 3, p. 261.

历史上引起了多方探索”，或者“直接间接地都有京房的重大影响[1]。”

顺此，我们对中西之间律学发展作一简略比较。

五度相生律也不能返宫，其间音差称为毕达哥拉斯音差，也为 23.46 音分。

在欧洲，类似京房的 53 律是由比利时数学家、地理学家麦卡托（Geradus Mercator，1512～1594）提出的。1876 年，英国物理学家博赞克特（R. H. M. Bosanquet）把它应用于键盘乐器，因而称为博氏 53 律[2]。它也是一种无法付诸实用的理论成果。

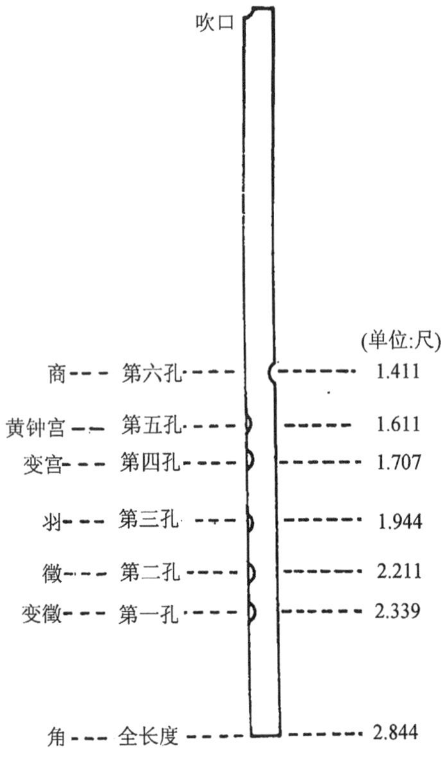

图 4-8 荀勖黄钟笛比例示意图

近代科学的创始人伽利略（G. Galileo，1564～1642）的父亲伽利莱（Vincenzo Galilei，约 1520 年代后期～1591）曾提出一种接近十二等程律的律制，其相邻两律之比为 18∶17，相当于 99 音分[3]。这种等程律当然不是相邻两律的音程为 100 音分的十二等程律，而是和祖孝孙十二律相似的律制。在祖孝孙的十二律中，有 5 律与十二等程律音分差在 1～1.5 音分之间，有 6 律在 1 音分以下。可见，祖孝孙的十二律比伽利莱的十二律更接近十二等程律，而祖孝孙创建的十二律比伽利莱要早 1000 年。

3. 荀勖笛律

荀勖（？～289），字公曾，颍川颍阴（今河南许昌）人。曹魏时任安阳令、从事中郎、中书监等职。入晋后，掌管乐事[4]。晋泰始十年（274），荀勖依照三分损益法制造了十二支笛，其重要贡献是发现了管口校正数。

荀勖笛类似今日洞箫，竖吹，有六孔：前五孔，后一孔。每支笛可吹三调：正声调、下徵调和清角之调[5]。例如，黄钟笛吹正声调，前五孔中最上一孔发黄钟宫音，诸孔全闭即笛筒音为黄钟角音，如图 4-8。《晋书·律历志》详尽记述了他如何确定笛体全长、各音孔距离、音律相生方法，以及如何在笛上吹出三种调式。其中还有注释，对我们今天解读它有许多方便[6]。根据记载，列出表 4-7，表中“律长”一栏是传统上以黄钟 9 寸为宫的十二弦律的律长。当确定了正声调笛体全长和各音孔位置之后，下徵调和清角之调仅仅在演奏时将七声孔位变换而已。

荀勖如何计算各音孔在笛上位置？以黄钟笛为例。首先，他“以四角之长为黄钟之

---

① 黄翔鹏，“京房”，中国大百科全书·音乐舞蹈，1989 年版，第 318～319 页。

② H. von Helmholtz，On the Sensations. Trans. by A. J. Ellis，4th ed.，1912，pp. 328，436，496，433.

③ 戴念祖，朱载堉——明代的科学和艺术巨星，第 128 页。

④《晋书》卷三十九《荀勖传》，第 4 册，第 1152～1157 页。

⑤ 所谓“三调”，亦即三种音阶形式。这是我国古代最早见之于文字记载的音阶命名法。其中，正声调即古音阶或雅乐音阶，下徵调即新音阶或清乐音阶。“三调”的音阶意义，见王子初《荀勖笛律研究》，第 97 页。

⑥ 参见戴念祖，中国声学史，第 227～235 页。

笛”的全长。见表 4-7，正声调角音在姑洗律，其长为 7.11111 寸，其 4 倍为 28.44444 寸，这就是图 4-8 的笛全长。

表 4-7 荀勖笛上三宫位置及传统十二律律长

律名	黄	大	太	夹	姑	仲	蕤	林	夷
律长	9	8.42798	8	7.49154	7.11111	6.65914	6.32098	6	5.61865
正声调	宫		商		角		变徵	徵	
下徵调								宫	
清角之调					宫		商	角	

律名	南	无	应	清黄	清大	清太	清夹	清姑	清仲	清蕤	清林
律长	5.33333	4.99436	4.74074	4.43943							
正声调	羽		变宫	宫							
下徵调	商		角	变徵		徵		羽		变宫	宫
清角之调	变徵		徵	羽		变宫		宫			

宫音孔位为黄钟律长加上姑洗律长，即 9+7.11111=16.11111 寸。

这是从吹口往下数的距离。

徵音孔位在宫音孔下 6 寸（林钟律长），因而也是距吹口

16.11111+6=22.11111 寸。

商音孔位在徵孔上 8 寸（太簇律长），因而距吹口为

22.11111−8=14.11111 寸。

羽音孔位在商孔下 5.33333 寸（南吕律），因而距吹口为

14.11111+5.33333=19.44444 寸。

角音孔位在羽音孔上 7.11111 寸（姑洗律），因而距吹口为

19.44444−7.11111=12.33333 寸。

然而，这个孔所在位置，吹笛者左手所不及，故改为全笛筒位，即 4 倍姑洗律。

变宫音孔是在角孔下 4.74074 寸（应钟律），因而距吹口为

12.33333+4.74074=17.07404 寸。

变徵音孔是变宫音孔下 6.32098 寸（蕤宾律），因而距吹口为

17.07404+6.32098=23.39502 寸。

将以上各音孔距吹口距离以尺为单位，取小数下三位，即得图 4-8 中各音孔数值。由各音孔位置可见，黄钟笛正声调从吹口越往下，声音越低，即荀勖所说“孔转下转浊”。

以上是《晋书·律历志》所载的荀勖黄钟笛全长及各音孔开口位置的计算方法。其它十一支笛可由此类推。那么，荀勖的这种计算法是否合理？我们不妨再作一次推算。

表 4-7 中十二律长度值是以弦线为标准的。若要将它们移到管上，必需作管口校正。类似荀勖笛的校正是很复杂的，迄今也只有经验公式和经验校正法。而荀勖找到了它的校正公式及校正数。

前述黄钟笛宫音孔距吹口为 16.11111 寸，它发出的是传统上定黄钟 9 寸的低八度音。即

它与弦 9×2=18 寸的宫音相合。因此，荀勖黄钟笛宫音与弦线宫音在长度上之差为：

$$18-16.11111\cong 1.89\text{（寸）}$$

这就是荀勖黄钟笛的管口校正数。在前述求宫音孔与吹口距离时用的数据是：黄钟律+姑洗律。而这个管口校正数恰好又是：黄钟律-姑洗律，即 9-7.11111≅1.89 寸。姑洗比黄钟高四律。因此，荀勖得到的黄钟笛管口校正数 K 为：

$K_{\text{黄钟笛}}$=黄钟律长-比黄钟高四律的律长

以此类推，其它十一支笛的管口校正数为：

$K_{\text{大吕笛}}$=大吕律长-比大吕高四律的仲吕律长=8.42798-6.65914=1.77（寸）

$K_{\text{大簇笛}}$=大簇律长-比大簇高四律的蕤宾律长=8-6.32098=1.68（寸）

如此等等。十二支笛任一笛的管口校正数可总结为

K=该笛命名律的律长-比命名律高四律的律长

由表 4-7 就很容易确定荀勖十二支笛任一笛的校正数。有了这个校正数，再作验证推算就不困难了。以黄钟笛正声调为例，已知：

$$\begin{cases}\text{黄钟在管内空气柱长度（即弦长）为 18 寸}\\ \text{黄钟宫音孔为 16.11111 寸}\end{cases}$$

则徵音孔为

$$\begin{cases}\text{徵音气柱长}=18\times\frac{2}{3}\times 2=24\text{（寸）}^{①}\\ \text{徵音孔位}=\text{徵音气柱长}-\text{校正数}=24-1.89=22.11\text{（寸）}\end{cases}$$

该数据与图 4-8 徵孔相合。同理，

$$\begin{cases}\text{商音气柱长}=\text{徵音气柱长}\times 2/3=16\text{（寸）}\\ \text{商音孔位}=\text{商音气柱长}-\text{校正数}=16-1.89=14.11\text{（寸）}\end{cases}$$

$$\begin{cases}\text{羽音气柱长}=\text{商音气柱长}\times 4/3=16\times 4/3=21.3333\text{（寸）}\\ \text{羽音孔位}=\text{羽音气柱长}-\text{校正数}=21.3333-1.89=19.44\text{（寸）}\end{cases}$$

以此推类，可求得变宫、变徵的气柱长和孔位，其结果基本上与图 4-8 一致。可见，三分损益法加上管口校正数就可算得荀勖笛上各音孔位置。其它各笛，仿此可作同样推算。

在正声调黄钟笛上还可以以林钟为宫而吹出下徵调，以姑洗为宫而吹出清角之调。只是个别音孔需要超吹："哨吹令清。"吹下徵调变徵声时还需一点小诀窍。

关于黄钟笛管内径问题，荀勖指出，"笛竹率上大下小，不能均齐，必不得已，取其声均合。"天然竹笛的"上大下小"，其管内径本是个复杂数据。本书不详述了②。在此要指出，荀勖在推算角孔长时未加入校正数，故有误差。但此误差可以超吹补偿。

4. 何承天、刘焯和王朴定律法

何承天（370～447）为刘宋朝一代名臣，东海郯（今山东郯城西南）人，历官衡阳内史、尚书祠部郎，尚书左丞、御史中丞等，世称何衡阳。"博见古今，为一时所重。"但个性极强。"性刚愎，不能屈意朝右，颇以所长侮同列"。因此，在他出任衡阳内史时，为当地地方官所纠而下狱。有一次他与皇帝讨论大事，竟厉声对天子曰："天何言哉，四时

---

① 徵音在林钟律，林钟=黄钟×2/3。因为该徵音为下徵音，故还要乘以 2。

② 杨荫浏对荀勖笛管内径作了推算并复原。见杨荫浏，中国音乐史纲，上海万叶书店，1952 年，第 160 页。

行焉，百物生焉。”宋文帝刘义隆（424～453年在位）对其近臣说：“善候何颜色，如其不悦，无需多陈”①。在天文学上，何承天以定元嘉历而闻名；在音乐学方面，他善弹筝，创制“新律”。

何承天曾奉诏纂《宋书》，编写其中《天文志》和《律历志》，未果而卒。沈约（441～513）等编纂的《宋书·律历志》中存有十二律弦长数据，它就是何承天在元嘉（424～453）年间计算的“新律”②。今将其列于表4-8之中。

表4-8　何承天新律

律　名	旧律度（寸）	新律度（寸）	旧律分	新律分	新旧律差数（寸）
黄　钟	9	9	177147	177147	0
林　钟	6	6.01	118098	118296 25/36	0.01
太　簇	8	8.02	157446	157861 14/36	0.02
南　吕	5.33	5.36	104976	105572 3/36	0.03
姑　洗	7.11	7.15	139968	140762 28/36	0.04
应　钟	4.74	4.79	93312	94305 17/36	0.05
蕤　宾	6.32	6.38	124416	125608 6/36	0.06
大　吕	8.42	8.49	165888	167278 31/36	0.07
夷　则	5.62	5.7	110592	112181 20/36	0.08
夹　钟	7.49	7.58	147456	149244 9/36	0.09
无　射	4.99	5.09	98304	100293 34/36	0.10
中　吕	6.66	6.77	131072	133259 25/36	0.11
黄　钟	8.88	9	174762	177147	0.12

表4-8中，所谓“律度”，即振动弦线的实际长度；所谓“律分”，同《史记》中的“律数”，即将黄钟长度9寸化作177147，从而扩大了19683倍，其它各律也照此比数扩大。“新律度”与“新律分”即何承天新律数值，“旧律分”、“旧律度”就是传统的三分损益律数据。表中略去小数点下第三位数。《隋书·律历志》关于何承天新律也写道：

承天更设新率，则从仲吕还得黄钟，十二旋宫，声韵无失。黄钟长九寸，太簇长八寸二厘，林钟长六寸一厘，应钟长四寸七分九厘强。其中吕上生所益之分，还得十七万七千一百四十七，复十二辰参之数③。

何承天如何算出新律？由表4-8列出的“新旧律差数”可知，他的新律，实际上是将三分损益的古代音差（0.1212寸）平均分为十二份，然后将这平均数（0.0101）累加到各律的旧律度上，照此，他经过三分损益十二次计算之后，使第十三律黄钟和起始律的黄钟同长。从而，“十二旋宫，声韵无失”。其效果很接近十二等程律，一般人的耳朵几乎不能辨别其间的差别（见表4-9）。

---

① 《宋书》卷六十四《何承天传》，第六册，第1701～1711页；也见《南史》卷三十三《何承天传》，第三册，第868～870页。

② 《宋书》卷十一《律历志》，第一册，第210～211页。

③ 《隋书》卷十六《律历志》，第二册，第389页。

表 4-9 何承天新律与等程律比较

律名	黄钟	大吕	太簇	夹钟	姑洗	仲吕	蕤宾	林钟	夷则	南吕	无射	应钟	清黄
新律长	9	8.49	8.02	7.58	7.15	6.77	6.38	6.01	5.70	5.36	5.09	4.79	4.50
新律音分值	0	99.2	199.5	296.7	398.0	492.9	595.2	699.0	790.9	896.1	984.9	1091.4	1200
新律与等程律音分值之差	0	0.8	0.5	3.3	2.0	7.1	4.8	1.0	9.1	3.9	15.1	8.6	0

隋代名儒刘焯（544～610）曾提出一种定律法，其十二律称刘焯律。刘焯，字士元，信都昌亭（今河北冀县）人。此人聪敏沈深，才学过人，通经学、历算与乐律，但长相古怪，不修边幅，好辩论发难。他生平不曾为大官，隋炀帝时方升为太学博士①。刘焯定律法，据《隋书·律历志》载：

> 仁寿四年（604），刘焯上启于东宫，……其黄钟管六十三为实，以次每律减三分，以七为法，约之，得黄钟长九寸，太簇长八寸一分四厘，林钟长六寸，应钟长四寸二分八厘七分之四。其年，高祖崩，炀帝初登，未遑改作，事遂寝废，其书亦亡②。

按此记载，刘焯以等式

$$l_n=\frac{63-3n}{7}=9-\frac{3}{7}n \qquad (n=0,\ 1,\ 2,\ \cdots,\ 11)$$

求十二律的管长，式中 l 为管长度，n 相应于黄钟，大吕，太簇，……应钟。这样，刘焯可谓打破了三分损益的律学传统，以公差 $\frac{3}{7}n$ 构成各律管的等差数列，企图以此达到旋宫目的。这种计算，虽然获得相邻两律间的长度差均为 $\frac{3}{7}$ 寸，但是，不仅不能旋宫，而且十二律音高也被弄混了（见表 4-10）。

表 4-10 刘焯律

律名	黄钟	大吕	太簇	夹钟	姑洗	仲吕	蕤宾	林钟	夷则	南吕	无射	应钟	清黄
律长	9	8.57	8.14	7.71	7.28	6.85	6.42	6	5.57	5.14	4.71	4.28	3.85
音分值	0	79.8	163.7	251.7	344.5	442.5	546.4	656.9	775.1	901.8	1038.5	1186.9	1349.4
与等程律音分值差	0	−20.2	−46.3	−48.3	−55.5	−57.5	−53.6	−43.1	−24.9	+1.8	+38.5	+86.9	+149.4

由表 4-10 可见，刘焯律与等程律相差太大了。其原因是，一则他未作管口校正，管与弦等同看待；二则他误将“长度等差”看作近代所谓的“音程等比”。虽然如此，他大胆地违背三分损益法却是个创举，他为后人创建等程律提供了一个可贵的失败例子：以长度上等差数列定律决不能旋宫转调。

五代时（907～960）王朴在周世宗显德六年（959）提出的律制是值得我们注意的。

王朴（生于 906 或 915 年，卒于 959 年），字文伯，东平（今山东东平）人。《旧五代史·王朴传》记他卒年四十五，《新五代史·王朴传》记他卒年五十四。孰是孰非，今难断论。王朴在五代周时官开封府推官，开封知府，户部侍郎，枢密使等。他精通律历，于显德二年

① 《北史》卷八十二《刘焯传》，第九册，第 2762～2763 页；《隋书》卷七十五《刘焯传》，第六册，第 1718～1719 页。

② 《隋书》卷十六《律历志》，第二册，第 392 页。

(955）作钦天历，六年考正雅乐，推定律吕。其人“性敏锐”，“善高谈”，“笔述之外，多所该综，至如星纬声律，莫不毕殚其妙，所撰《大周钦天历》及《律准》显行于世①。”

根据《旧五代史·乐志》载，王朴于显德六年奏疏制乐，提出十二律旋相为宫之法，并制造声学仪器“律准”。王朴说：“黄帝吹九寸之管，得黄钟之声，为乐之端也。半之，清声也。倍之，缓声也。”同时提出，“众管互吹，用声不便”，需将管改为弦，因而他制造了称为律准的弦线式音高标准器，以此仪器计算乐律并旋宫之可能。王朴是以弦线的倍、正、半关系作为他定律法的基本出发点，即以完全八度作为他的律学计算基础。《旧五代史·乐志》写道：

> 以为众管互吹，用声不便，乃作律准。十三弦宣声，长九尺张弦，各为黄钟之声。以第八弦六尺，设柱为林钟；第三弦八尺，设柱为太簇；第十弦五尺三寸四分，设柱为南吕；第五弦七尺一寸三分，设柱为姑洗；第十二弦四尺七寸五分，设柱为应钟；第七弦六尺三寸三分，设柱为蕤宾；第二弦八尺四寸四分，设柱为大吕；第九弦五尺六寸三分，设柱为夷则；第四弦七尺五寸一分，设柱为夹钟；第十一弦五尺一分，设柱为无射；第六弦六尺六寸八分，设柱为中吕；第十三弦四尺五寸，设柱为黄钟之清声。十二律中，旋用七声为均。为均之主者宫也，徵、商、羽、角，变宫、变徵次焉。发其均主之声，归乎本音之律，七声迭应而不乱，乃成其调②。

为方便考察，将上述数据列于表 4-11 之中。

表 4-11　王朴律

律　名	黄钟	大吕	太簇	夹钟	姑洗	仲吕	蕤宾	林钟	夷则	南吕	无射	应钟	清黄
三分损益律	9	8.43	8	7.49	7.11	6.66	6.32	6	5.62	5.33	4.99	4.74	4.44
王朴律	9	8.44	8.07	7.51	7.13	6.68	6.33	6	5.63	5.34	5.01	4.75	4.50
王朴律与三分损益律弦长差	0	0.01	0.07	0.02	0.02	0.02	0.01	0	0.01	0.01	0.02	0.01	0.06
王朴律音分值	0	111	204	313	403	516	609	702	812	904	1014	1106	1200
王朴律与等程律音分值差	0	11	4	13	3	16	9	2	12	4	14	6	0

由表 4-11 可见，王朴律与传统三分损益律相差甚微。除清黄钟一律外，差数最大者为太簇律，其差数为 0.07。其余的差数在 0.01～0.02 之间。清黄钟律数相差较大，是因为王朴要达到旋宫要求必需使其清黄与黄钟成为完全八度的必然结果。从这些差数看，王朴只是在三分损益律的基础上适当地调整他的十二律数值罢了。其结果是，从音分值看，王朴的细微改动就使其律制与十二等程律极为近似。王朴律与十二等程律最大音分值差仅为 16 音分，在一个古代音差之内。可见王朴律完全可以旋宫转调。尤其是王朴认识到管不便定律，而改用弦，这是他的律制获得准确性的一个基本原因。

从《旧五代史·乐志》看，王朴是在十二律中轮流构成各种七音调式，他可能是有

① 《旧五代史》卷百二十八《王朴传》，第五册，第 1679～1682 页。也见《新五代史》卷三十一《王朴传》，第一册，第 341～344 页。

② 《旧五代史》卷一百四十五《乐志》，第六册，第 1930～1939 页。

意识地在探索十二等程律。他的成就在律学史上具有重大影响。

值得指出的是，王朴律及其律准受到京房律和京房律准的影响。《新五代史·王朴传》写道：

（显德）六年。又诏朴考正雅乐。朴以为十二律管互吹，难得其真，乃依京房为律准，以九尺之弦十三，依律长短寸分设柱，用七声为均，乐成而和。

在兵部尚书张昭（894～972）于显德六年正月关于乐律改制的奏疏中也曾写道：

枢密使王朴，采京房之准法，练梁武之通音，考郑译、宝常之七均，校孝孙、文收之九变，积黍累以审其度，听声诗以测其情，依权衡嘉量之前事，得备数和声之大旨，施于钟虡，足洽箫韶。臣等今月十九日于太常寺集，命太乐令贾峻奏王朴新法黄钟调七均，音律和谐，不相凌越①。

可见，在京房律准基础上创立的王朴律准和王朴律经受住了音乐实践的检验。周世宗（954～959 在位）也曾下诏表彰王朴改律工作：

枢密使王朴，博识古今，悬通律吕，讨寻旧典，撰集新声，定六代之正音，成一朝之盛事。其王朴所奏旋宫之法，宜依张昭等议状行。仍令有司，依调制曲，其间或有凝滞，更委王朴裁酌施行②。

王朴律在后世产生重大影响。据宋代《新五代史》作者欧阳修等人在《王朴传》中说："其（王朴）所作乐，至今用之不可变。"③《新五代史》修于 1036～1053 年之间。元代脱脱（1314～1355）等人在其修撰的《宋史·乐志》中也写道：

有宋之乐，自建隆（960～963，宋太祖年号）迄崇宁（1102～1106，宋徽宗年号），凡六改作。始，太祖以雅乐声高，不合中和，乃诏和岘（字晦仁，933～988）以王朴律准较洛阳铜臬石尺为新度，以定律吕，故建隆以来有和砚乐。仁宗（1023～1063 年在位）留意音律，判太常燕肃（宋龙图阁学士）言器久不谐，复以朴准考正④。

王朴影响，实乃波及宋、元、明各代。

南宋，蔡元定（1135～1193）提出 18 律⑤。实质上，它是京房 60 律中的前 18 律。在律制和计算上并无创新之意。蔡元定是利用了正律之外的六个变律，以解决旋宫问题⑥。

南宋之后，虽经元、明、清三代，但在三分损益法和三分损益律方面并未有超越前人的成就。清代出了不少乐律学家，如邢云路（生活于 16、17 世纪之间）、江永（1681～1762）、陈澧（1810～1882）、应㧑谦（1615～1683）等等，也有颇多讨论乐律的著作，尤其是大部头的康熙御制《律吕正义》、乾隆御制《律吕正义后编》等，但都错误颇多，不足为取。可以一提的是，江永曾以公差$\frac{9-4.5}{12}=0.375$而构成一种等差弦律⑦，但它与刘焯的

①，②《旧五代史》卷一百四十五《乐志》，第六册，第 1941～1942 页。

③《新五代史》卷三十一《王朴传》，第一册，第 343 页。

④《宋史》卷一百二十六《乐志》，第九册，第 2937 页；也见《宋史·燕肃传》，第二十八册，第 9910 页。

⑤《宋史》卷四百三十四《蔡元定传》，第三十七册，第 12875～12876 页。

⑥ 关于蔡元定十八律旋宫，参见杨荫浏《中国音乐史纲》，第 294～296 页；或其著《中国古代音乐史稿》上册，第 441～442 页。

⑦ 江永《律吕新论》卷下《论诸弦布律法》。

等差管律一样，不仅不能旋宫，而且音程混乱。邹伯奇（1819～1869）曾提出一种等比管律，但未加管口校正①。康熙御制《律吕正义》创十四律体系，虽其弦律是正确的三分损益律，但其管律与钟律（康熙御制北京天坛十六个一套的编钟）又是错误的，因为他将三分损益用于同径管而无管口校正②。这个时期，三分损益律无任何进展，可能与明代朱载堉成功地在理论上创建了十二等程律、彻底地解决了旋宫转调等诸多乐律学问题有关。

四　纯律的应用和理论

纯律，又称自然律。它和三分损益律一样，乃非等程律。

纯律的生律法是在三分损益法的基础上再增加一个纯律大三度（5/4）、或纯律小三度（6/5）作为生律要素。这样，纯律生律法的比例因子不仅有 3/2、4/3，还有5/4，6/5，它们是除了 2/1 以外的最简单的分数比。由纯律生律法得到的大三度（5/4）、小三度（6/5）、小六度（8/5）、大六度（5/3）、小七度（9/5），都比三分损益法得到的大三度（81/64）、小三度（32/27）、小六度（128/81）、大六度（27/16）、小七度（16/9）要简单得多。这样，纯律能给人比三分损益律更为悦耳、纯正的音感。

古代中国没有“纯律”一词，但在音乐实践中已运用了某些纯律音程。尤其是，古琴是便于应用纯律的唯一的乐器，它的各个徽位泛音正是纯律音阶的音级。确定古琴徽位的折叠法以及明代朱载堉提出的计算方法，是最简便而绝顶聪明的纯律计算法。由此可见，纯律在中国具有悠久的历史。

纯律在中国有实践，有计算理论。但在西方，虽然在公元前 3、4 世纪人们已发现纯律大、小三度，但从公元前后到公元 13、14 世纪，从理论到实践纯律未有任何进展。此后，虽有许多纯律的理论，但少有纯律的实践。

1. *纯律的物理基础*

两端固定的空弦振动，除基音外，尚有至少以下五个自然泛音（图 4-9）：

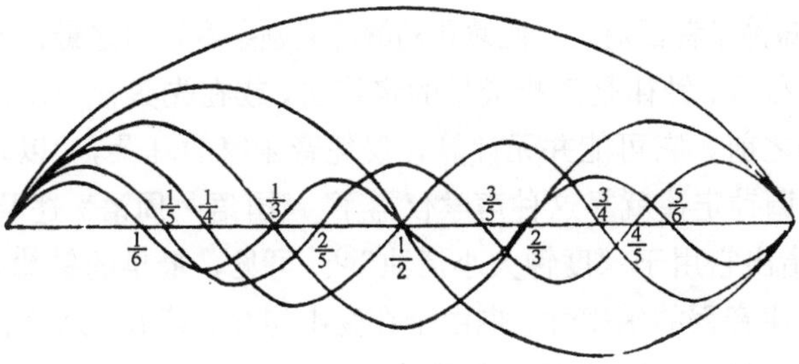

图 4-9　两端固定的弦振动

第二分音，在弦长的 1/2 位置；

第三分音，在弦长的 1/3、2/3 位置；

第四分音，在弦长的 1/4、3/4 位置；

第五分音，在弦长的 1/5、2/5、3/5、4/5 位置；

---

① 邹伯奇，律数说，见《邹徵君遗书·存稿》。

② 参见杨荫浏，中国音乐史纲，第 310～316 页。及其《中国古代音乐史稿》下册，第 1012～1014 页。

第六分音，在弦长的 1/6、5/6 位置；

第二、三、四分音是三分损益律的物理基础。第二分音为空弦振动的八度音，第四分音为第二分音的八度音，第三分音即空弦的五度音。第五、六分音就是纯律的物理基础。第五分音与基音的频率比有两种：5/4，5/3。它们分别称为纯律大三度和纯律大六度。音程值分别为 386 音分和 884 音分。第六分音与基音的频率比为 6/5，316 音分，称为纯律小三度音。在实践中取得这些泛音的方法很简单。演奏者弹动空弦发基音之后，立即将手指虚按某一泛音位，迫使弦线分段振动，就可以得到某种泛音。

所谓纯律就是以上述物理振动为基础的一种律制，它的定律法是，除二、三、四分音外，再加入第五或第六分音。加入第五分音构成纯律大音阶；加入第六分音就构成纯律小音阶（见表 4-12)。纯律小音阶又称为自然小音阶。

表 4-12　五度律音阶与纯律大小音阶

阶　名	c	d	e	f	g	a	b	c^1
五度律	1	$\frac{9}{8}$	$\frac{81}{64}$	$\frac{4}{3}$	$\frac{3}{2}$	$\frac{27}{16}$	$\frac{243}{128}$	$\frac{2}{1}$
纯律大音阶	1	$\frac{9}{8}$	$\frac{5}{4}$	$\frac{4}{3}$	$\frac{3}{2}$	$\frac{5}{3}$	$\frac{15}{8}$	$\frac{2}{1}$
纯律小音阶	1	$\frac{9}{8}$	$\frac{6}{5}$	$\frac{4}{3}$	$\frac{3}{2}$	$\frac{8}{5}$	$\frac{9}{5}$	$\frac{2}{1}$

由表 4-12 可知，纯律大、小音阶与五度律音阶之差别仅在第三、六和七这三个音级上。纯律大音阶的这三个音级比五度律音阶中相同的音级要低 22 音分，而纯律小音阶的这三个音级又比五度律音阶中相同的音级高 22 音分。这个音分差就称为普通音差。

中国古代有否纯律？古代人是否运用了纯律大小三度的音程？

2. 先秦钟律

钟律是什么？

《史记·律书》说："钟律调自上古[①]。"蔡邕《月令章句》："古之为钟律者，以耳齐其声[②]。"《汉书·律历志》："汉兴，北平侯张苍首律历事，孝武帝时乐官考正。至元始中王莽秉政，欲燿名义，征天下通知钟律者百余人，使羲和刘歆等典领条奏，言之最详[③]。"

从上述一些记载看，钟律是泛指最早的定律法，或在先秦曾一度用于编钟的定律法。在尚无音高标准器之前，它可能并无计算，仅凭音乐家的耳朵，"以耳齐其声"。在均钟木发明之后，大概调钟定律就靠这种声学仪器了。《国语·周语》述及均钟木作用为"度律均钟"，韦昭也指出它用于"度钟大小清浊"[④]。可见，最早的钟律是依弦律而定的。

由于人耳对纯律音程的敏感性；也由于在弦上定律、第五、六分音的存在，因此，据古乐器的测音表明，先秦钟律确有纯律音程。

公元前 4000 年的半坡一音孔陶埙，开音孔音高为 f^3+42，即 1431.2 赫兹或 2942 音分，闭音孔音高为 a^3-17，即 1742.8 赫兹，或 3283 音分。开闭音孔的音程为 341 音分，很接近于纯律小三度（316 音分)。这是迄今已知的最早的一个纯律小三度音程。

① 《史记》卷二十五《律书》，第四册，第 1253 页。

② 转引自《后汉书·律历志》，第十一册，第 3017 页注。

③ 《汉书》卷二十一上《律历志》，第四册，第 955 页。

④ 《国语》卷三《周语下》。

在故宫博物院藏的三个一组的殷编钟中，第一、二两钟的音高分别为：562.2 赫兹（1324 音分），688.4 赫兹（1675 音分）。两钟的音程为 351 音分，为纯律大、小三度之间。

安阳大司空村殷墓编铙三个一组（图 4-10）①，其第一钟的中鼓音与侧鼓音分别为 569.62 赫兹（1347 音分）和 678.57 赫兹（1650 音分）。它们的音程为 303 音分，也很接近纯律小三度②。

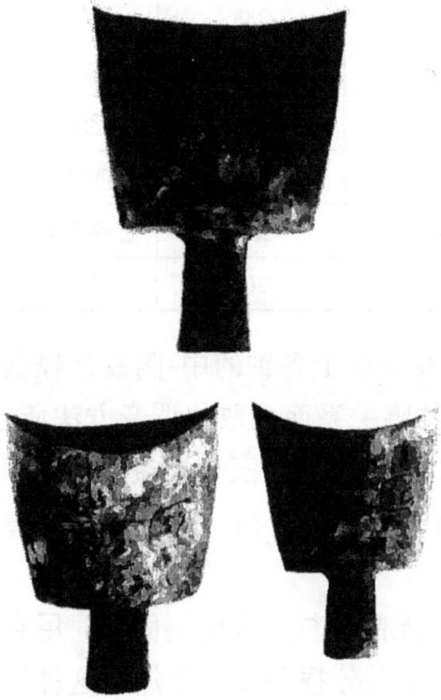

图 4-10 安阳大司空村殷铙

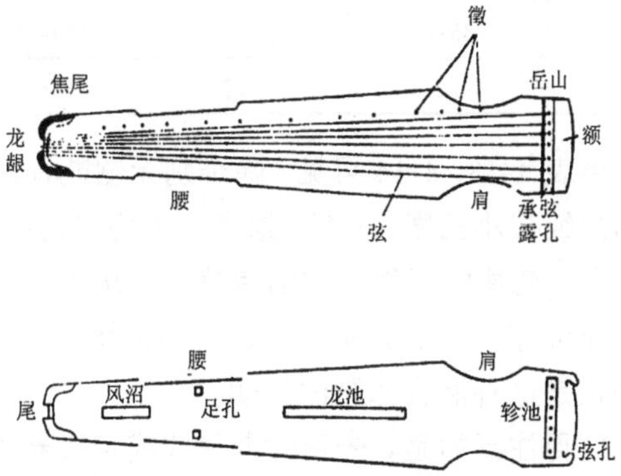

图 4-11 琴的构造

由此可见，西周之前，确有纯律音程存在，大概人们只凭听觉调音而没有着意选择罢了。但是，迄止西周时期，钟律之中鼓音与侧鼓音的音程却比较一致地趋于纯律小三度。举西周中期“中义”钟③ 和西周中晚期“柞钟”④ 为例，其音程关系如表 4-13、4-14 所示。

表 4-13 中义钟的中鼓-侧鼓音程

编号	中鼓音		侧鼓音		中-侧鼓音程（音分）	度数
	频率（Hz）	音分值	频率（Hz）	音分值		
1	250.27	−420	无			
2	246.94	−100	无			
3	304.90	265	366.8	585	320	纯小三度
4	403.25	749	491.61	1092	343	近纯小三
5	618.67	1490	742.99	1807	317	纯 小 三
6	827.26	1993	1010.9	2340	347	近纯小三
7	1244.5	2700	1488.6	3010	310	纯 小 三
8	1646.9	3185	1961.9	3488	303	近纯小三

① 1969～1977 年殷墟西区墓葬发掘简报，考古学报，1979 年第 1 期。

② 黄翔鹏，第 7～8，18，31 页。

③ 陕西省博物馆等，扶风齐家村青铜器群，文物出版社，1963。

④ 梁星彭等，陕西长安扶风出土西周铜器，考古，1963 年第 8 期。

表 4-14　柞钟的中鼓-侧鼓音程

编号	中鼓音		侧鼓音		中-侧鼓音程（音分）	度数
	频率（Hz）	音分值	频率（Hz）	音分值		
1	215.72	−334	无			
2	256.24	−36	322.84	364	400	等程律大三度
3	321.54	357	389.74	690	333	近纯小三
4	431.69	867	517.84	1182	315	纯小三
5	647.93	1570	789.44	1912	342	近纯小三
6	889.71	2119	1052.6	2410	291	五度律小三度
7	1357.1	2850	1554.5	3085	235	近纯律增二度
8	1776.3	3316	2123.4	3625	309	纯小三

由表 4-13、4-14 可见，除个别无侧鼓音外，第三钟及其以上各钟的中-侧鼓音程基本上倾向纯律小三度。显然，这是古人为保持钟内谐和的共鸣关系而采取的调音方法所致。它说明，纯律的应用在中国有悠久的历史。公元前 8～9 世纪期间，三分损益律、纯律和等程律都在钟律上有所体现。所谓钟律，实际上就是这样一种混合律制。战国初年曾侯乙钟正是这种混合律制的证明。

值得注意的是，先秦时期弦线或定律器“均钟木”，无品无柱，线两端固定，用它调音定律，无疑会在实践中发现第五、六分音的存在，并在三分损益律制中加进这种悦耳的音程。

3. 古琴与纯律

古琴是中国古代传统的弹拨弦乐器。现在称为古琴、七弦琴，古代人简称为琴，亦称瑶琴、玉琴。在古代文化生活中它占有重要位置：“八音以丝为君，丝以琴为君。众器之中，琴德最优①。”孔子（前 551～前 479）、司马相如（前 179～前 117）、蔡邕（132～192）、嵇康（223～262）都以弹琴著称。历代琴师辈出，琴谱著作甚丰。除了宫廷专设“琴坊”以作琴外，民间制作也颇风行。

古琴全身为长方形共鸣箱，长约 130 厘米，厚约 5 厘米，宽约 20 厘米。一般地，琴面为桐木，底板为梓木。琴身外侧有十三个徽，称“琴徽”，镶以贝壳、玉石等物，以便演奏者识别之。相邻两徽之间分为十等份，每份为“一分”，“徽”与“分”二者合称为“徽分”。上承七根弦，由外侧靠徽的第 1 弦至内侧第 7 弦，弦线由粗而细（图 4-11）。

古琴定弦主要有三种：第一，从外弦到内弦分别为 C、D、F、G、A、c、d；第二是 C、D、F、G、^{b}B、c、d；第三是 C、D、E、G、A、c、d。第一种定弦法称为正调，七根弦依次为徵、羽、宫、商、角、少徵、少羽。琴的音域为 C-d^3，4 个八度。演奏时，琴置于桌几上，演奏者坐于琴内侧正对四、五徽之间。右手指在岳山与一徽之间拨弦，左手指“按弦”。不同按弦法可得到散音、按音、泛音三种音。散音，是空弦发音；按音是左手指按弦发音；移动手指可改变音高，奏出各种滑音、颤音或其它装饰音；泛音就是左手指虚触徽位所发出的音。宋代陈旸说：“左（手）微按弦，右手击弦，泠泠然轻清是

① 《宋史》卷一百四十二《乐志》，第 10 册，第 3341 页。

泛声也①。”

“琴律”一词最早见于朱熹的《琴律说》②。琴上徽位是决定琴律的律制的关键。十三徽在弦上的位置如表 4-15。

表 4-15　十三徽在琴上的位置

徽　位	13	12	11	10	9	8	7	6	5	4	3	2	1
弦长比	$\frac{7}{8}$	$\frac{5}{6}$	$\frac{4}{5}$	$\frac{3}{4}$	$\frac{2}{3}$	$\frac{3}{5}$	$\frac{1}{2}$	$\frac{2}{5}$	$\frac{1}{3}$	$\frac{1}{4}$	$\frac{1}{5}$	$\frac{1}{6}$	$\frac{1}{8}$

由表 4-15 可见，在五分弦处（弦长比为 1/5 或其倍数）的第三、六、八、十一徽，在六分弦处（弦长比为 1/6 和 5/6）的第二、十二徽，正是前述第五分音和第六分音的位置，在其上弹奏泛音必然是纯律。在三分弦处的第五、九徽，是三分损益律的位置。而六分弦处的按音又是五度律的高八度、即空弦散音的第十二度；二分弦处、四分和八分弦处分别为空弦散音的高八度、二个八度和三个八度。可见，除五分弦处唯纯律所有，其余各徽位为纯律、三分损益律所共有。除了在徽位上取音外，还在恰当的徽分上演奏三分损益律的音。因此，琴律就是三分损益律和纯律兼有的一种复合律制。

至迟西周时期琴已被广泛运用。《诗·小雅·鹿鸣》：“我有嘉宾，鼓瑟鼓琴。”不过，我们还不清楚那时候的琴的形制。曾侯乙墓出土有十弦琴，从其形制看，它很适宜弹空弦散音、泛音和小滑音。经过历代不断改制，汉代的琴的形制已和近代琴相同。考古工作者曾经发现汉代弹琴俑，长沙马王堆三号汉墓出土七弦琴。

关于琴徽的最早记载见之于《淮南子·脩务训》：“今夫盲者，目不能别昼夜、分黑白，然而搏琴抚弦，参弹复徽，攫援摽拂，手若蔑蒙，不失一弦③。”南京西善桥古墓出土的南朝竹林七贤画像砖中，有嵇康、荣启期弹琴图。琴面上的琴徽清晰可见（图 4-12）。嵇康《琴赋》指出“徽以钟山之玉”④。

不仅在琴徽上表明泛音与纯律的应用，古代流传至今的大量琴谱也表明，古代音乐家确曾应用纯律。如萧梁朝丘明（494～590）所传《碣石调幽兰谱》、在七弦十三徽上都用了泛音⑤。由古琴的制造、演奏技术和琴谱都证明，古代中国人应用纯律已有二千余年之久。

关于琴律的计算，聪明的古代人有个绝顶聪明的方法。十二等程律的创建者朱载堉说：

> 琴家自岳山至龙龈二者间用纸一条，作为四折，以定四徽、七徽、十徽；作为五折，以定三徽、六徽、八徽、十一徽；作为六折，以定二徽、五徽、七徽、九徽、十二徽；首末两徽，乃四徽折半也。此法最为简易。若以算法定之，则置琴长若干为实，四归得四徽，一倍即七徽，二倍即十徽也；五归得三徽，一倍即六徽，二倍即八徽，三倍即十一徽也；六归得二徽，一倍即五徽，二倍即

---

① 陈旸《琴声经纬》，转引自《古今图书集成·经济汇编·乐律典》卷 104《琴瑟部汇考二》。

② 朱熹《琴律说》，同上《古今图书集成》；也见《宋史》卷 142《乐志》，第 10 册，第 3311～3345 页。

③《淮南子》卷十九《脩务训》。

④ 嵇康《琴赋》，见吉联抗译注《嵇康：声无哀乐论》，第 57 页。

⑤ 杨荫浏，中国古代音乐史稿下册，第 1015 页。

七徽，三倍即九徽，四倍即十二徽也；八归得一徽，七因之即十三徽也[①]。

图 4-12　荣启期弹琴

（南朝竹林七贤画像砖）

图 4-14　阮咸弹阮

（南朝竹林七贤画像砖）

朱载堉不仅详细地记述了古代留传的折叠法，而且对琴律徽位作了数学计算。他的计算方法和结果正是表 4-15 所列的“弦长比”。确定或计算弦长徽位，也就是确定或计算了两端固定的弦线振动的各个自然泛音的位置和相对音高。

由于琴在古代文化生活中的重要性，因此，关于泛音和琴律问题在古代也是广为人知的。宋代姜夔（1155～1221）、朱熹，明代朱载堉都对此深有研究。朱载堉说：“琴中有徽”，“徽间有律”，“当徽之处，泛音则鸣，否则不鸣”[②]。绝大多数儒生也都清楚：“琴之十三徽，犹十二经络之穴也。以泛音观之，乃天地自然之妙，非人力所能为也。张一弦于弓，鼓之作泛音，与琴之十三徽无异[③]。”值得注意的是，琴徽的应用表明人们已发现并运用了纯律大三度、小三度和大六度各音程的弦长比值。在这个基础上，古代音乐家通过调音，是可以获得纯律大音阶和纯律小音阶的[④]。由宋人临摹晋顾恺之《斲琴图》（图 4-13，彩图），其右上方所示弦线调音实验，正好说明了这一点。

纵观古琴史，古代中国人在纯律上不仅有独到的理论，也有丰富的实践。西周中期，甚而之前，在音乐实践中运用了纯律大小三度，建立了纯律四音音列。在西方，毕达哥拉斯的第二代信徒阿契塔（Archytas，约前 400～前 350）最早发现纯律大三度音程比5/4，地理学家埃拉托色尼（Eratosthenes，约前 276～前 196）发现纯律小三度比值 6/5，天文学家托勒密（Ptolemy，约 90～160）等人发现纯律四声音列。但是，此后，无论在理论上或实践中纯律在西方均未有发展。直到公元 13、14 世纪复音音乐兴起之后，西班牙音乐家拉莫斯（Bartolomeo Ramos，即 Ramis，1441～约 1491）建成含纯律音程的七声音

① 朱载堉《律学新说》卷一《论准徽与琴徽不同第十》。

② 同①

③ 刘献廷《广阳杂记》卷三，第 160 页。

④ 戴念祖，中国声学史，第 331 页。

阶；意大利音乐理论家札利诺（G. Zarlino，约 1517～1590）在确定大小三和音原理之后才奠定纯律的理论基础。而札利诺的协和原理，基本上是中国琴律的重复。他发现，弦长的1/2，1/3，1/4，1/5，1/6的各分音振动为全弦基音的 2，3，4，5，6 倍，发出高八度、五度、三度等音，他的更多或更细的论述无非是类似于将中国琴律往弦二端继续推算下去。然而，应当指出，即使西方音乐家在 13、14 世纪之后有许多纯律理论，却没在实践中作出任何运用，更不像中国人在古琴上谱写了许多乐章。

五　朱载堉及其等程律

我们将讨论古代中国在声学史上最伟大的成就之一，明代王子朱载堉在世界上首创十二等程律的理论①。

出于演奏实践的需要，等程律在中国有悠久的历史。早在春秋战国之际，曾侯乙编钟已有等程律因素。秦汉时期诞生的乐器弦鼗、卧箜篌（又名箜篌瑟，是一种带品柱的弹弦乐器）、汉代出现的直项琵琶，魏晋时期诞生的阮咸（简称阮，图 4-13）、以及月琴、双清、秦琴、柳琴等弹拨弦乐器都运用了等程律。这些乐器的特点是，具有节制振动弦长的品柱，每一品又都同时节制几根弦。而且品形平直、不弯曲。这样，品柱就使发不同音的几种弦的长度相等，从而使不同弦线的本应不同音程的音趋于一种等程倾向。

等程律的实践与应用，也促使人们去探讨它的数理法则。要突破三分损益律、达到旋宫转调的要求，并倾向等程律，势必要：①要选定准确的八度音程比值，即 1∶2；②在十二律内相邻两律的音程都必需相等。迈出这两步之一都有利于等程律的建树。如果同时完成这两步，并作出数学上的理论概括，且这个概括又符合科学创造的简单性法制，那就意味着完成了十二等程律。在中国律学史上，有不少人为迈出这两步作出了努力。如前所述，祖孝孙、张文收、何承天、王朴等人，都有意无意地在探讨等程律，并取得了极为近似的效果。

十二等程律是数理调音体系之一。它的定律法是精确规定八度的比例，并把八度音程分为十二个半音，使任意相邻的两个半音音程为 2 的 12 次方根，即 $\sqrt[12]{2}$ 。这种定律法当然是人为的，但是它的误差不会使习惯于该体系的耳朵感到不悦；而它的优点是能够旋宫转调，特别是在琴键乐器中，可以根据需要任意使用所有的键。今天，十二等程律很普遍地被看作“标准调音”、“标准的西方音阶”，但它的数理首创之功是属于朱载堉的。

就现在来看，十二等程律甚为简单：将八度 2 开 12 次方，使八度内十二律成为一个以公比 $\sqrt[12]{2}$ 的等比数列就完了。其各参数见表 4-16。

由表 4-16，当假定起始律黄钟频率为 1 个单位时，其它各律的频率倍数就是“产生法”栏中各个相应幂的数值；从“音分值”栏可见，“相邻两律间的音程”都是 100 音分，这是十二等程律的表征性特点。各律都相当于半音，八度内十二个律就是十二个半音。在这种律制下，以黄钟为宫还是以其它任一律为宫，除了调高变化外，声音效果是相同的。

① 关于朱载堉及其等程律，详见戴念祖，朱载堉——明代的科学和艺术巨星；陈万鼐，朱载堉研究，1992 年。

因为人耳不能辨别其音高距离相等的发声。因此，它可以随意旋宫转调。正是这个缘故，十二等程律自诞生以来，就越来越普遍地被人们所采用。

表 4-16　十二等程律各参数

序　号	1	2	3	4	5	6	7	8	9	10	11	12	13
中国古代律名	黄钟	大吕	太簇	夹钟	姑洗	仲吕	蕤宾	林钟	夷则	南吕	无射	应钟	清黄钟
今日音名	c	#c	d	#d	e	f	#f	g	#g	a	#a	b	c^1
产生法	1	$2^{1/12}$	$2^{2/12}$	$2^{3/12}$	$2^{4/12}$	$2^{5/12}$	$2^{6/12}$	$2^{7/12}$	$2^{8/12}$	$2^{9/12}$	$2^{10/12}$	$2^{11/12}$	2
频率倍数	1	1.05946	1.12246	1.18920	1.25992	1.33483	1.41421	1.49830	1.58740	1.68179	1.78179	1.88774	2
与主音的频率比	1	$\frac{89}{84}$	$\frac{449}{440}$	$\frac{44}{37}$	$\frac{63}{50}$	$\frac{303}{227}$	$\frac{140}{90}$	$\frac{433}{289}$	$\frac{100}{63}$	$\frac{37}{22}$	$\frac{98}{55}$	$\frac{168}{89}$	$\frac{2}{1}$
音分值	0	100	200	300	400	500	600	700	800	900	1000	1100	1200
相邻两律间音程		100	100	100	100	100	100	100	100	100	100	100	100
频率	261.63	277.18	293.66	311.13	329.63	349.23	369.99	392.00	415.30	440.00	466.16	493.88	523.26

1. 朱载堉的生平和著作

朱载堉是明仁宗朱高炽（1378～1425）的第六代孙，也即明朝开国皇帝朱元璋（1328～1398）的第九代孙。朱载堉于嘉靖十五年（1536）生于郑王封地怀庆府（今河南沁阳市），字伯勤，号句曲山人。他 11 岁（嘉靖二十五年，即 1546 年）被册封为“世子”，成为人们通常所说的王子（见图 4-15）。

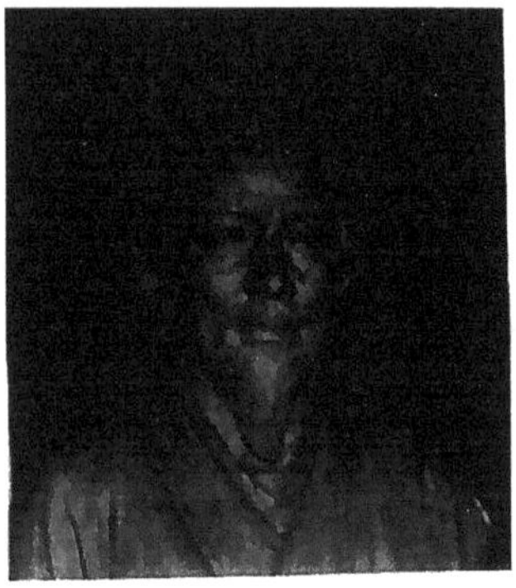

图 4-15　朱载堉

据《河南通志》载，“载堉儿时即悟先天学。稍长，无师授，辄能累黍定黄钟，演为象法、算经、审律、制器、音协节和，妙有神解①。”他从小喜欢音乐、数学，聪明过人。他自述道：“余少嗜音律，长而益得其趣，是以乐学之说颇异于众②。”

嘉靖二十九年（1550），因朱载堉父亲朱厚烷（1518～1591）上书规谏好道教、奢侈至极的世宗帝，语词恳切、直率，世宗帝为此恼怒异常。同时，朱厚烷的伯父祐橏夺爵心切，竟诬告厚烷有四十条叛逆罪。朱厚烷因此被削爵，并被禁锢于祖籍安徽凤阳。是年，朱载堉刚十五岁，他“痛父非罪见系，筑土室宫门外，席藁独处者十九年③。”在这些年月，朱载堉布衣蔬食，发奋攻读，写下了大量的著作。嘉靖三十九年（1560），他在音乐学上的大型处女作《瑟谱》一书写成，并在“庚申季夏十有三日”（1560 年 7 月 6 日）为该书作序。在《瑟谱小序》中，他自称“狂生”，署名为“山阳酒狂仙客”。

世宗朱厚熜卒后，穆宗朱载垕嗣位。在新皇登基、大赦天下之时，朱厚烷得以平反，朱载堉也于隆庆二年（公元 1568 年）结束了“席藁独处”的生活，重入王府。

---

① （清·顺治）《河南通志》卷五十八《人物》。

② 朱载堉《瑟谱》卷二。

③ 《明史》卷一百一十九《诸王列传》，第十二册，第 3627～3628 页。

朱厚烷复爵后不足四个月，载堉恢复了世子名义。《明穆宗实录》载："隆庆元年四月壬子（1567年6月5日），复郑世子载堉冠带，以郑王复爵也①。"此时载堉32岁。

厚烷复爵还国后，他们父子合作撰写了《操缦》、《旋宫》等谱，刊载于《乐律全书》中的《操缦古乐谱》一书之中。

有许多迹象表明，自1560年《瑟谱》成书迄止1581年整20年间，朱载堉已经写成了《律历融通》、《律学新说》、《律吕精义》的初稿。这些书的序只是后来整理旧稿时而作的。他为《律历融通》作序在万历九年（1581），为《律学新说》作序在万历十二年（1584）。《律吕融通》的附录《音义》中已述及《律学新说》中有关计算十二等程律的内容，并指出，若知其详，则"见诸《律吕精义》"。朱载堉自述"壮年以来"对于音律、历法"志之所好、乐而忘倦②。"这大概就是指他自己从25岁到45岁期间的情形。

万历十九年（1591），朱厚烷卒。朱载堉理当嗣父王位，但他累疏恳辞、执意让爵。从他父亲卒年起，直到万历三十四年（1606），经十五年七疏之后，神宗帝才予以允准。在他父亲被诬告受害五十六年之后，朱载堉终于将爵位让给了当年诬告他父亲的祐橚之孙载玺。这件事，真是非同小可。为此事，他又受到他的三代内的兄弟载墩之孙常滓的谩骂。常滓上疏，执意不肯让爵，还"诋载堉为大奸"③。让出国爵，意味着每年要少收入一笔可观的赋税财产。载堉不仅将郑王所有全部让与载玺，而且将其郡王所有全部让与常滓。为此，神宗帝表彰"载堉恳辞王爵，让国高风，千古罕见"④，并敕建玉音坊。一个封建时代的王子，仅凭这点精神，即使没有学术贡献，也令后人敬佩。

万历二十三年六月十九日（1595年7月25日），朱载堉上《进历书奏疏》暨《上进表文》。万历二十四年正月朔日（1596年1月29日）在删润旧稿的基础上，为《律吕精义》一书作序。从万历二十三年（1595）迄止三十四年（1606）的11年间，朱载堉全力从事于雕版、印刷、装订自己的著作。其间，万历三十一年八月初三日（1603年9月7日）刻完《算学新说》一书，直到三十四年七月初九日（1606年8月12日）止，雕版印书工作全部完成，同时撰写了《进律书奏疏》，并差长史送京城。这些雕版书，即现在我们还能看到的《乐律全书》。朱载堉上进五部《乐律全书》，于同年八月初四日（1606年9月5日）由其长史送抵鸿胪寺，初九日（9月10日）"奉圣旨：览奏具见，留心乐律，深可嘉尚"。

在朱载堉让爵的岁月中，大概因为是非过多，加上他雕版、印书劳累，使他"宿疾举发，连年未瘳"⑤。让爵后，他自称道人，迁居怀庆府城外，安度晚年，并务益著书。他与朋友"面讲古今历事，夜深忘倦"，"散步中庭，仰窥玄象"⑥，过着纯粹学者式生活。

朱载堉一生著作甚丰，《乐律全书》是他的代表作。该书包括《律历融通》附《音义》，《圣寿万年历》，《万年历备考》（以上统称为《历书》或《历学新说》）；《律学新说》；《算学新说》；《乐学新说》；《律吕精义》"内篇"十卷、"外篇"十卷，内外篇又统称为《律书》；以及乐谱和舞谱共七部。未曾列入《乐律全书》的有《瑟谱》，《律吕正

① 《明穆宗实录》卷七。
② 朱载堉《进历书奏疏》。
③ 《明神宗实录》卷四百二十一。
④ 《明神宗实录》卷四百二十一。
⑤ 朱载堉《进律书奏疏》。
⑥ 朱载堉为邢云路《古今律历考》作"序"，也见朱载堉《律吕正论·自序》。

论》,《律吕质疑辨惑》,《嘉量算经》,《圜方句股图解》,以及文学著作《醒世词》。这些著作涉及音律学、音乐学、历法、数学和珠算、计量学、乐器制造、乐谱和舞谱、物理学、文学和绘画等丰富的内容。

朱载堉卒于万历三十九年四月初七日,即1611年5月18日①。

2. 创建十二等程律

朱载堉称十二等程律为"新法密率"。"新法"是对旧法即三分损益法而言:"密率"是朱载堉所指的"应钟律数",即 $\sqrt[12]{2}$ 。"应钟律数"就是十二等程律的公比数,也是十二等程律的半音比例数。朱载堉这样定义他的新法密率:

> 创立新法:置一尺为实,以密率除之,凡十二遍②。

> 这个最简单的方法是要为半音选择一个正确的比例,然后把它运用十二次。

前者是朱载堉对十二等程律计算方法作出的概括;后者是在一本被称为当代研究音律史的"透彻的专论"中作出的概括,这个概括也被闻名的《新格罗夫音乐和音乐家辞典》所采用③。

> 等程律的半音音阶在一个八度中有十三个音,任何相邻两音之间的音程是 $\sqrt[12]{2}$ ④。

> 盖十二律黄钟为始,应钟为终,终而复始,循环无端。……是故各律皆以黄钟……为实,皆以应钟倍数1.059463为法除之,即得其次律也⑤。

前者是一本人们常用的《物理学辞典》写下的定义;后者是朱载堉在400多年前写下的定义。前者在一个八度中从黄钟算到清黄钟,故为十三个音;后者从黄钟算到应钟,故为十二律。

400多年前朱载堉的定义和现在的观点何其相似乃尔!

朱载堉如何找到 $\sqrt[12]{2}$,又怎样计算等程律十二律的数值?朱载堉在《律吕精义》中写道:

> 度本起于黄钟之长,即度法一尺。命平方一尺为黄钟之率。东西十寸为句,自乘得百寸为句幂;南北十寸为股,自乘得百寸为股幂;相并共得二百寸为弦幂。乃置弦幂为实,开平方法除之,得弦一尺四寸一分四厘二毫一丝三忽五微六纤二三七三〇九五〇四八八〇一六八九⑥,为方之斜,即圆之径,亦即蕤宾倍律之率;以句十寸乘之,得平方积一百四十一寸四十二分一十三厘五十六毫……为实,开平方法除之,得一尺一寸八分九厘二毫〇七忽一微……,即南吕倍律之率;仍以句十寸乘之,又以股十寸乘之,得立方积一千一百八十九寸二百〇

---

① 戴念祖,朱载堉卒日考,自然科学史研究第6卷第3期(1987),第203～205页。

② 朱载堉《律学新说》卷一《密率律度相求第三》。

③ The New Grove Dictionary of Music and Musician, Ed. by S. Sadie. MacMillan, 1980, Vol. 16, p. 218;详见戴念祖,朱载堉——明代的科学和艺术巨星,第73～74页。

④ A New Dictionary of Physics, Edited by H. J. Gray and A. Isaacs, Longman, 1975. p. 190.

⑤ 朱载堉《律吕精义·内篇》卷一《不用三分损益第三》。笔者在此未按原文的数字汉字照抄,也删略了单位,目的是为了便于比较,因为 $\sqrt[12]{2}=1.059463$。

⑥ 朱载堉对所有的数学计算在本书中都运算到二十五位数字;现在的普通电子计算器也只有十位数字。本文以下一律将它们删略为七位,也不作四舍五入法。

七分一百一十五厘〇〇二毫……为实，开立方法除之，得一尺〇五分九厘四毫六丝三忽〇九纤……，即应钟倍律之率。盖十二律黄钟为始，应钟为终、终而复始，循环无端。此自然真理，犹贞后元生、坤尽复来也。是故各律皆以黄钟正数十寸乘之为实，皆以应钟倍数十寸〇五分九厘四毫六丝三忽〇九纤……为法除之，即得其次律也。安有往而不返之理哉①。

在这一长段的文字叙述中，我们要注意以下几点才能更好地理解它。

第一、朱载堉是以弦线长度的比例确定八度音高的数值。他“命平方一尺为黄钟之率”即1^2，可见他以1尺长的弦为黄钟，略去单位尺，则黄钟为1；他第一次作开方运算，是分别将句十寸、股十寸的平方数相加，换句话说，是将句1尺、股1尺的平方数相加、而其开方的结果为“蕤宾倍律”。可见句1尺股1尺之和即2尺是为倍黄钟，即倍黄钟为2。因此，朱载堉在这段文字的开始几句中，实已交待了构成完全八度的弦长比值2∶1。

第二、朱载堉以弦长作为开方计算对象。通过一系列计算之后，弦线从2变到1，它的长度越来越短；而发音从倍黄钟变为正黄钟，它的音调越来越高。这是因为弦长与其发音频率成倒数关系的缘故。

第三、朱载堉在作开方运算过程中，不是采用现代形式，直接将数值2开平方或开立方。而是在开平方之前先将2乘以10，在开立方之前先将某数两次乘以10，然后再作开平方或开立方运算。这种具体的演算过程是以当时的算学观念相关的。那时认为，对某数开平方运算须要先将某数变成为平方积，对某数开立方运算须要先将某数变成为立方积。朱载堉虽然在作文字总结时这么写，但是，实际上，在他具体演算中、特别是他在用算盘运算的过程中，这种乘以10或乘以100，是无关紧要的，只要不弄错算盘的档数（位数）就可以了。

第四、鉴于千余年来三分损益律不能达到旋宫要求，朱载堉才“潜思有年、用力既久、豁然不用三分损益之法”②。他称三分损益为“旧法”，“旧法往而不返者。盖由三分损益算术不精之所致也，是故新法不用三分损益，别造密率③。”为了能旋宫、非用十二等程律不可。因此，朱载堉是在追求旋宫的基础上发明了十二等程律。

第五、在这段引文前面还有一句话：“新法算律与方圆皆用句股术。其法本诸《周礼·栗氏为量》‘内方尺而圆其外’。内方尺而圆其外，则圆径与方斜同，知方斜则知圆之径矣④。”《周礼》是一本记载西周典章制度的著作，历代封建统治者都把它看作自己制定礼仪法规的根据。朱载堉在自己的“新法密率”计算中首先遇到了一个$\sqrt{2}$，于是在《周礼》中找来了这个根据，只是指望他自己的新理论能更好更快地为人接受罢了。

在清楚了以上几点之后，我们就要从数学上来理解这一长段文字的意义，朱载堉将表示八度音程的弦长比2开平方、又开平方、再开立方，得到了2的12次方根的数值

$$\sqrt[12]{2}=1.059\ 463\ 094\ 359\ 295\ 264\ 561\ 825$$

这个值就是通常所说的半音，我国传统说法为之应钟律数。然后，朱载堉将八度值2连续除以应钟值，累除十二次，就得到了相应的等程律中八度内十二个音的音高。因为朱

① 朱载堉《律吕精义·内篇》卷一《不用三分损益第三》。

② 朱载堉《进律书奏疏》。

③，④ 朱载堉《律吕精义·内篇》卷一《不用三分损益第三》。

载堉将八度值 2 累除以 $\sqrt[12]{2}$（应钟值），因此，这个等程律实际上就是以 $\sqrt[12]{2}$ 为公比数的等比数列。

朱载堉还计算了倍、正、半三十六律的数据①。我们仅取其前 7 位数将他的结果列于表 4-17 之中。

表 4-17　朱载堉计算的倍、正、半三十六律的数据

律名	倍律		正律		半律	
	弦长（尺）	相当今日音名	弦长（尺）	相当今日音名	弦长（尺）	相当今日音名
黄钟	2	C	1	c	0.5	c^1
大吕	1.887 748	#C	0.943 874	#c	0.471 937	#c^1
太簇	1.781 797	D	0.890 898	d	0.445 449	d^1
夹钟	1.681 792	#D	0.840 896	#d	0.420 448	#d^1
姑洗	1.587 401	E	0.793 700	e	0.396 850	e^1
仲吕	1.498 307	F	0.749 153	f	0.374 576	f^1
蕤宾	1.414 213	#F	0.707 106	#f	0.353 553	#f^1
林钟	1.334 839	G	0.667 419	g	0.333 709	g^1
夷则	1.259 921	#G	0.629 960	#g	0.314 980	#g^1
南吕	1.189 207	A	0.594 603	a	0.297 301	a^1
无射	1.122 462	#A	0.561 231	#a	0.280 615	#a^1
应钟	1.059 463	B	0.529 731	b	0.264 865	b^1
清黄	1	C	0.5	c^1	0.25	c^2

朱载堉不仅以求公比数解答了十二等程律，而且他还以求解等比数列的普遍公式解答了十二等程律。所谓普遍公式，即在数学上已知一个等比数列的首项、末项和它的项数，要求以数学公式解出这个等比数列。朱载堉在世界上首创十二等程律，也首创这样的等比数列求解方法②。

我们知道，在一个八度音程的 13 项（13 律）中，首项黄钟为 2，末项清黄钟为 1。在解这样的一个等比数列中，朱载堉以历法中的“二至点”和“二分点”作为“比列中项”的概念。参见表 4-18，他首先求出比例中项“蕤宾”为 $\sqrt{2}$。这在《律吕精义·内篇》和《算学新说》“第二问”中写得很清楚。关键是其他各项如何解？

表 4-18　朱载堉关于等比数列各项计算公式

序号	1	2	3	4	5	6	7	8	9	10	11	12	13
律名	倍黄	大吕	太簇	夹钟	姑洗	仲吕	蕤宾	林钟	夷则	南吕	无射	应钟	正黄
计算值	2	$\sqrt[3]{\sqrt{2\times\sqrt{2}}\times 2^2}$		$\sqrt{2\times\sqrt{2}}$			$\sqrt{2}$			$\sqrt{1\times\sqrt{2}}$		$\sqrt[3]{\sqrt{1\times\sqrt{2}}\times 1^2}$	1

《算学新说》“第四问”写道：“以黄钟正律乘蕤宾正律得平方积……，开平方所得，

① 朱载堉《律吕精义·内篇》卷二《不取围径皆同第五之上，先求三十六律通长真数》。

② 戴念祖，朱载堉的数学工作，自然科学史研究，第 5 卷第 2 期（1986），第 113～115 页。

即夹钟正律。”这条定律性文字表述了求取黄钟与蕤宾的比例中项（即夹钟）的方法。如果将这条文字的正律改为倍律，其意义是相同的。按照这个说法，在倍律中，

$$倍夹钟=\sqrt{倍黄钟\times倍蕤宾}=\sqrt{2\times\sqrt{2}}$$

《算学新说》“第五问”写道：“以黄钟正律乘蕤宾倍律得平方积……，开平方所得，即南吕倍律。”这也是一条定律性文字，它表述了求取蕤宾倍律与黄钟正律之间的等比中项（即倍南吕）的方法，这就是：

$$倍南吕=\sqrt{正黄钟\times倍蕤宾}=\sqrt{1\times\sqrt{2}}$$

关于第2项即大吕的求法，《算学新说》“第六问”写道：“置夹钟正律以黄钟再乘，得立方积……，开立方所得，即大吕正律也。”这里的“再乘”，即乘二次。所以，

$$大吕正律=\sqrt[3]{正夹钟\times黄钟\times黄钟}=\sqrt[3]{正夹钟\times（黄钟）^2}$$

朱载堉当然清楚，由此可推知倍大吕，即：

$$倍大吕=\sqrt[3]{倍夹钟\times（倍黄）^2}=\sqrt[3]{\sqrt{2\times\sqrt{2}}\times2^2}=2^{11/12}$$

关于第12项应钟的求法，《算学新说》“第七问”写道：“置南吕倍律以黄钟再乘，得立方积……，开立方所得，即应钟倍律也。”“再乘”即乘二次，所以，

$$倍应钟=\sqrt[3]{南吕倍律\times（黄钟）^2}=\sqrt[3]{\sqrt{1\times\sqrt{2}}\times1^2}=2^{1/12}$$

在这13项组成的等比数列中，朱载堉列举了以上几项的求法，其它各项可以依此类推。朱载堉所求解的这几项，是求解等比数列的典型例子。它们表明，除了求解等比中项（表4-18序号中的第7、4、10三号）外，还有，在由四项构成的等比数列中，已知首项、末项，求第二、三项的方法（表4-18中序号为第2、12两号）。《算学新说》“第六问”求大吕值是叙述求第二项的方法，“第七问”求应钟值是叙述求第三项的方法。朱载堉虽然没有将十二等程律的各个律数一一列举求出，但从求解等比数列的任意一项的方法而言，他举的这些例子实际上已经完备无遗了。再举其他律的求法是多余的。

我们注意到，由于某些国外学者或者没有读完《乐律全书》中所有的书，或者没有完全理解《算学新说》的内容，或者更有可能是语言文字的关系，因此怀疑朱载堉以数学、特别是以等比数列的方法解决十二等程律的能力，甚至于对朱载堉创建十二等程律也抱怀疑态度，这是令人遗憾的①。

朱载堉非常重视数学，他把它看作是完成新理论的“羽翼”②，即一种有力的辅助工具。几百年前，朱载堉曾指着他那几十卷本的《乐律全书》说：“是以新法不用三分损益，不拘隔八相生，然而相生有序，循环无端，十二律吕一以贯之。此盖二千余年之所未有，自我圣朝始也。学者宜尽心焉③。”今天的研究家们不应辜负他的期望。

3. 创建等程律的年代

朱载堉的新法密率到底创建于何时？这是国内外音乐史家和科学史家们极为关注的

---

① F. A. Kuttner, Prince Chu Tsai-Yu's Life and Work. Ethnomusicology. Vol. XIX, No. 2, 1975, pp. 163～205.

② 朱载堉《算学新说·前言》。

③ 朱载堉《律吕精义·内篇》卷一《不拘隔八相生第四》。

问题。近几十年来，一般地都把这个年代定在朱载堉为《律学新说》作序的 1584 年。1980 年李纯一先生发表了《朱载堉十二等程律发明年代辨证》一文，以事实断言，十二等程律当创建于 1581 年之前①。笔者赞赏李先生的观点。

如前所述，自 1560 年《瑟谱》成书迄止 1580 年整二十年间，朱载堉已完成了《律历融通》、《律学新说》和《律吕精义》的初稿。这里，我们要稍加详细讨论。

《律学新说》作序于 1584 年，并不等于成书于 1584 年。在《律学新说》书末有一《附录》，它原是为《律学四物谱》一书作的序。《律学四物谱·序》写道：

尝撰《黍谱》、《度谱》、《量谱》、《权谱》，各卷帙不等，总若干万言，今摘其要合为一书，名曰《律学新说》，而以所问所答冠其篇云。《四物谱》原藁文烦而考据详密，后乃删烦摘要，更名曰《律学新说》，成书以进。校其原藁，特十分之一耳。兹因暇日重校原藁，见此序文，不忍弃去，是故续刊附于简末，使览者知作者初意。

读完此段文字，令人顿觉开朗。朱载堉似乎先已预测到，后世要为十二等程律的优先权发生一场世界性争论，故特地留下了《律学四物谱序》和以上文字。原来，《律学新说》是早已成书的《律学四物谱》一书的精炼、压缩本。在《律学新说》中朱载堉还留下了许多关于《律学四物谱》的文字，甚至二书的篇章卷次也完全相同。

还可以把十二等程律的创建时间定得更确切些。《律历融通》一书的作序时间是在万历九年正月吉日，即公元 1581 年 2 月 6 日，该书末的附录《音义》一卷中写道：

先置黄钟长十寸在位。下生者五亿乘之为实，七亿四千九百一十五万三千五百三十八为法，除之，得林钟；就置所得全数在位，上生者十亿乘之为实，仍以前法除之，得太簇；余律放（仿）此，乘除十二遍，则返本还元。此系新法，与古不同。

朱载堉称之为“新法”的这个生律法，实际上就是他的“新法密率。”“下生”的两个数据是表 4-17 中正律栏的清黄钟和仲吕。由此可见，十二等程律至迟创建于 1581 年 2 月 6 日。

还值得我们注意的是，朱载堉在《音义》中还写道：

大抵不用三分损益，而用句股之术及开立方之法求之所得也。是以隔八隔六、循环无端，上下相生，首尾一贯，以证往而不返之说为非。是盖二千余年所未有，实自我朝始耳。恐后世儒者疑，故略释之，其详则见诸《律吕精义》云。

《律吕精义》一书曾详细阐述了新法密率，该书作序于万历丙申正月朔日，即公元 1596 年 1 月 29 日。既然朱载堉在《律历融通》中已指出：新法密率之内容详见《律吕精义》一书。可见，《律吕精义》一书也应在 1581 年 2 月 6 日之前已成书。成书在前，作序在后，而雕版印刷又其后。这大概是迄今为止中国人著书的基本时间表。这个时间表是不能用现代技术眼光来衡量的。现代印刷水平，尤其是印刷西方文字书籍，尽可以写好一章印一章，写成书和出版书可以基本同步。因此，衡量中国古代人发明创造的时间应以写成书的时间为准。

如果把 1596 年《律吕精义》作序的时间列为成书时间，就很难理解该书“序”中以

---

① 音乐研究，1980 年第 3 期，第 33～34、98 页。

下一段话：

> 兹奉明诏征取律书，谨将旧藁删润以献，愚见浅陋，理有未然，伏候圣裁，不胜幸甚。万历丙申正月朔日、郑世子、臣载堉稽首顿首谨序。

在这里，明白指出《律吕精义》是“将旧藁删润”而成。引文中“奉明诏征取律书”一事，发生在万历二十三年八月（即 1595 年 9 月 4 日到 10 月 2 日）。当皇帝关于要开书局、纂修明朝历史的指令性文件，通过都察院巡按河南 6691 号文抵达朱载堉时，朱载堉立即拿出自己书柜中的《律书》，经过校对，于 1596 年 1 月 29 日作序。《律书》是朱载堉《律吕精义》一书的另一名称。可见，《律吕精义》不知在他柜中放了多久了。既然在《律历融通》附录中已提及《律吕精义》，由此推知，该书已完成了至少有 15 年时间（1581～1596）。

这里，要特别强调，以上的时间是指朱载堉完成十二等程律的数理原理及计算方法的时间；如果仅仅说提出十二等程律，那这个功劳应归之于朱厚烷，因为是他给朱载堉讲道：“仲吕顺生黄钟，返本还元；黄钟逆生仲吕，循环无端。”朱厚烷的十二等程律的思想可能产生于在他被禁锢高墙的时期，即 1550～1567 年。在此时期，朱厚烷“惩艾之余、琴书自适”，并著《操谩谱藁》一书①。朱厚烷给了朱载堉十二等程律的思想，朱载堉完成了十二等程律的数理方法及全部理论。因此，朱载堉在《律吕精义·序》中开宗明义地说：“《律吕精义》乃臣父遗志，而臣愚所述也。”

朱载堉的著作是在 1595～1606 年间雕版成刊本。因此，某些外国学者以为他的书只能在此期间或以后才能为世人所知。在这里，我们要强调指出，这个看法是不符合中国古代书籍流通情形的。在 1595 年之前，朱载堉的书虽未有刊本，但它们都以写本形式在民间各地流传。在中国古代，书籍的传播不仅有刊本，而且有更多的写本、即手稿本或手抄本。朱载堉的《历学新说》，就曾经先以写本形式在各地流传，因而发生了这样一件有趣的事：河北灵寿县有一个叫朱仲福（生卒年不详）的隐士，是朱载堉的同时代人，著《折中历法》一书，其实它是朱载堉《历学新说》的传抄删节本。1690 年（清康熙二十九年），灵寿知县陆陇其（字稼书，平湖人，1630～1692）将其搜集所得的《折中历法》请数学家梅文鼎（1633～1721）校订，并说：“念仲福农家子，好学力行，自甘隐约……思有以表章之，求得是书，录而藏诸箧桁，将为雕版流通。”梅文鼎阅后，说：“摘录郑端清世子朱载堉书也。……当正其名《历学新说钞》”。梅文鼎的根据是，此书“所言历法，一字未尝增易，其所刊落，皆兼言律吕中语。”此书仅将朱载堉的“臣谨按”全改为“余以为”罢了。但梅文鼎也很想表彰朱仲福，认为决不是他要剽窃载堉的书，而是“其时郑书初出，而仲福能博涉摘录以自怡，如中郎之宝《论衡》，其后人不察，遂以为仲福所撰②。”可见，朱载堉的书在未有刊本之前已流传于世。

至于朱载堉有关十二等程律的理论及思想，或许早在未成写本之前已为某些人所知，并有可能通过这些人再传播出去。朱载堉自己在《进律书奏疏》中写道：当他将自己有关十二等程律的发现告知世人时，“闻臣此言而不以臣为大谬者，盖亦几希。是以臣愚虽得之以心，而缄之于口，韫藏有年，不敢形于纸笔。”可见，关于十二等程律的理论内容

---

① 朱载堉《进律书奏疏》。

② 梅文鼎《积学堂文钞》卷二、卷五。

在朱载堉写书之前的不知多少年月里，已经在人间传播开了。

4. 创建等程律的思想来源

朱载堉创建“新法密律”，有什么内在因素？受到什么思想启发？

首先，我们注意到，明朝后期城市经济稍有发展。分散的农村艺术进入城市、交汇融合于城市，对旋宫转调产生了空前迫切的要求，促使十二等程律诞生。

朱载堉本人是律学史上的一个革新者，他能批判地继承前人的成果。他对前人的评论或批评，除了对三分损益法本身有所偏执外，其他的几乎完全正确。他指出京房、钱乐之、蔡元定等人在十二律之外增加律的个数的错误；又批评何承天、刘焯的“返宫”定律法是“强使还元”、“不能取信于人”，但“似亦有见矣”①。他认清了律学的发展路线，深知后者的见解有利于他创建一种全新的律制。当然，朱载堉不纯粹是一个文字考证家或口头辩论学者，他具有近代科学实验精神，有亲自动手的决心和行动，有敢于走出王宫殿堂、下到俚舍求真知的态度。

此外，朱载堉所以能创建等程律，另有二个因素：一是我国律学发展本身的内部逻辑；一是他独有的环境影响。

我们知道，纯律只在古琴中得到较好的应用。西方的情形恰好相反。在西方有各种述及纯律的理论，但基本上没有纯律的实践②。可以说，从纯律迈向十二等程律比从三分损益律迈向十二等程律在计算上所遇的困难要大得多。朱载堉所处时代仍然是一个无纯律理论的时代，此时的音乐仍然是传统的以三分损益律为基础的单音音乐。而在同时期的西方，是处于和声初期阶段的复音音乐，纯律开始被应用到多声部的结合上③。从纯律转向等程律要抛弃令人感兴趣的和声效果；而且复音音乐的曲调既有横向的又有纵向的联系，构成这些音程的纯律在转调方面具有比三分损益律更复杂的矛盾。以三分损益律为基础的单音音乐只有横向联系。如果将三分损益律、纯律、十二等程律这三种律制的音阶作比较，我们发现，纯律与十二等程律的差距比三分损益律与十二等程律的差距为大。这样，从三分损益律转向十二等程律就要比从纯律转向十二等程律容易些。因此，朱载堉没有纯律带给他的麻烦，也没有纯律的各种观念束缚，在创建等程律过程中，他只要从三分损益律出发，达到旋宫转调的要求就心满意足了。这种律学发展本身的内部逻辑及其在东西方之间的不同，可以解释为什么中国人比西方较早地完成了十二等程律的理论建树。

颇有趣的是，朱载堉在创建新法密率过程中又明白地告诉我们，他的思想来源于具有纯律音程的古琴。他写道：

> 臣尝宗朱熹之说，依古三分损益之法以求琴之律位。见律位与琴音不相协而疑之，昼夜思索，穷究此理。一旦豁然有悟，始知古四种律皆近似之音耳。此乃二千年间言律学者之所未觉。惟琴家按徽，其法四折去一，三折去一，俗工口传，莫知从来。疑必古人遗法如此，特记载于文字耳④。

---

① 朱载堉《律学新说》卷一《立均第九》。

② 杨荫浏，三律考，音乐研究，1982 年第 1 期，第 32～36 页。

③ 缪天瑞《律学》，第 157～174 页。

④ 朱载堉《律学新说》卷一《密率相求第三》。

古琴上十三个徽位是以弦长的三折、四折、五折、六折和八折而得到的。朱载堉明知如此，却只提及其中的四折和三折。原来，古代数学家在进行开方运算过程中说的也是“折”。《九章算术·少广章》写道：“开方术曰：置积为实。……其复除，折法而下。……复除，折法如前。”“开立方术曰：置积为实。……复除，折而下。……复除，折法如前。”在经过昼夜思索之后，朱载堉突然灵感来临，他悟出琴家的“折去”当理解为开方运算。于是，把正律与倍律的弦长比 2 作被开方数，将 3 和 4 作根指数并进行连续两次开方运算，开 4 次方之后再开 3 次方，也就是“四折去一，三折去一”。悟性使伟大的发现终于迈出了关键的一步，新法密率就这样成功了。

最后我们要谈谈朱载堉所处的环境影响。科学史和文化史都很注意作为创造背景的特有的方面，即创造者的环境条件。在这方面，朱载堉得天独厚。他的父亲朱厚烷是一个精通乐律学的亲王，他获得了朱厚烷的指导。他的外舅祖何瑭又是一个在乐律学上富有创见的人，他受到了何瑭遗著的启发。

朱厚烷不仅指导朱载堉撰写《琴》、《瑟》、《操缦》、《旋宫》等谱，甚至于如载堉所说：“《律吕精义》乃臣父遗志，而臣愚所述也①。”这里，更值得我们注意的是朱厚烷这句话的份量：“仲吕顺生黄钟，返本还元；黄钟逆生仲吕，循环无端。”其中，“仲吕顺生黄钟”并不困难，以三分损益法或隔八相生法就可以办到，但是这种方法不能返本还元；而“黄钟逆生仲吕”，三分损益法或隔八相生法根本不能办到，这种方法只能是黄钟逆生林钟，何况它也不能循环无端。朱厚烷这句话的律学意义正是属于十二等程律范畴的定律方法。这就表明，朱厚烷已经初步找到了可以达到旋宫的调律法，已经有了十二等程律的某种表示式，只不过未曾加以简洁的数学表述罢了。因此，朱载堉才把《律吕精义》一书的写作归之为完成“臣父遗志”。朱载堉听完其父上述教诲之后写道：“臣闻此语，潜思有年，用力既久，豁然遂悟不用三分损益之法，其义益精。律历皆赖臣父所诲，岂敢忘父之志而不为芹暴之献乎②。”

除了他的父亲朱厚烷的教诲之外，他的外舅祖（妻子的祖父）何瑭的著作也给他启发和力量。何瑭（1474～1543）是明代大儒之一，曾任浙江提学，南京太常少卿，工、户、礼三部侍郎，南京都察院右都御史等职，著有《乐律管见》等书。何瑭卒时朱载堉七岁。朱载堉为自己年幼而未亲聆何瑭之教而以为至憾，他说：“慨生之既晚，不获与前辈同游，虽有一得之愚，无凭质问③。”历代乐律家宗守黄钟 9 寸而不敢越雷池半步，又在 10 进制或 9 进制上纠缠不休，而何瑭认为，“度本起于黄钟之长，则黄钟之长即是一尺。所谓长九寸、长八寸十分一之类，盖算家之立率耳④。”这段话对朱载堉寻找历代黄钟标准律的尺寸、推算历代度量衡制的演变，甚至于作出数学上的一个大发现、即发现不同进位制的小数换算方法，都起着极为重要的作用。据此，朱载堉抛弃历代宗守的黄钟尺寸，选取他所认为的最合适的起始音弦长的数值，就有了数理方面的理论根据。因此，朱载堉对何瑭的这段话予以高度的评价。

冲破历代宗守的黄钟尺寸，是创造“新法密率”的第一道思想难关。几千年来被视

---

①，② 朱载堉《律吕精义·序》。

③ 朱载堉《律学新说》卷一前言。

④ 朱载堉《律学新说》卷一《律吕本源第一》。

为法典的黄钟尺度原来不过是“算家立率”而已！新法密率和三分损益律应当同样是算家笔下的自由创造之神。这些，为朱载堉带来了创造的冲击力，经过他“潜思多年、用力既久”之后，终于，一种划时代的新的定律法诞生了。

5．*在国内外的影响*

为了达到旋宫转调的愿望，中国的乐律学家一代一代地为此奋斗了千余年。朱载堉创建的新法密率完成了人们长达十几个世纪的宿愿，这是一件多么伟大的功绩！然而，它在中国的遭遇并不平凡。

朱载堉将他的诸多著作呈进朝廷之后，竟被打入冷宫。《明史》载：“神宗时，郑世子载堉著《律吕精义》、《律学新说》、《乐舞全谱》，共若干卷，具表进献。……宣付史馆，以备稽考，未及实行①。”“以备稽考”是假，“未及实行”是真。前者是后者的借口罢了。

在世界史上，没有任何一个民族像中华民族一样重视乐律、并把它看作是国家兴亡的象征。历代的正史，无一不将乐律作为其中的一篇。从西周的“大司乐”到明代的“太常寺”，也都是在皇宫内设立的一个掌管乐律的机构。可是，在如此重视乐律的王宫里，朱载堉的新法密率却偏偏无人问津。这颗科学和音乐艺术的明珠，就这样被埋没在知识荒漠的王宫殿堂里。

一个半世纪之后，新法密律召致清高宗乾隆帝的攻击。乾隆十一年（1746），敕撰《律吕正义后编》。其中，历数了新法密律“十大罪状”，并将其统统斥之为“臆说”②。在乾隆三十六年（1771）开始编纂的《四库全书》中，又将朱载堉的《乐律全书》斥之为“文饰其词”、“不知算术”等等③。在他们的影响下，19世纪期间极少人敢说十二等程律的好处。近代乐律家之一陈澧（1810～1882）虽然知道朱载堉新法密律之精密所在，但他却说，“古无连比例算法”，因此，三分损益“古法诚不必改也④。”

虽然十二等程律未曾在中国被采用，而朱载堉的影响却是深刻的。清康熙、乾隆二帝，在激烈反对等程律的同时，又在《律吕正义》中抄袭朱载堉关于纵横尺度的实验数据、关于同径管倍半不相协的实验结果以及有关度量衡的考证。《四库全书总目提要》还无意泄露了他们的抄袭行径：“圣祖仁皇帝（即康熙）备采其说。”

陈澧在朱载堉《算学新说》的启发下，对等比数列的计算方法作出了极好的总结。

早在17世纪初，因译西书而颇有名气的李之藻（字振之，1565～1630）试图遵循朱载堉的方法确定乐律⑤；18世纪，钱塘（1735～1790）在其乐律著作中应用朱载堉有关尺度考的结论⑥。而乐律家江永是唯一一个全面赞佩朱载堉的人。

江永（1681～1762），字慎修，婺源（今属江西）人。他毕生从事乐律学研究，并且不轻易盲从古人之说。从他“而立”之年开始，他逐渐怀疑宋代蔡元定的《律吕新书》。在他“不惑”之年，又主张音律实践不必拘泥于三分损益、隔八相生。在他“知天命”之后，他就大胆地摒弃了历代“候气说”而著《律吕新义》。但他一生对音律研究的许多疑

① 《明史》卷六十一《乐志》，第五册，第1516页。

② 《御制律吕正义后编》卷一百十八《乐问二》。

③ 《四库全书总目提要·乐律全书提要》。

④ 陈澧《声律通考》卷二。

⑤ 应拗谦《古乐书》卷下。

⑥ 钱塘《律吕古谊·序》及其卷一。

问，直到他77岁（1757）第一次读到《乐律全书》时，才“悚然惊、跃然喜”，“是以一见而屈服也[①]。”

在江永读到《乐律全书》以后不到一年的时间里，他就完成了《律吕阐微》一书。针对《律吕正义后编》的论调，他认为“载堉之书，后人多未得其意，或妄加评隙。”他第一次为朱载堉的新法密率鸣冤。反驳乾隆帝等人对新法密律的攻击，修正、补充朱载堉《乐律全书》中不完备之处。江永真是朱载堉的知己知音。

19世纪期间，中国近代科学的开创人之一邹伯奇也完全接受了朱载堉的新法密律[②]。

20世纪上半叶，中国语言学家刘复撰写了《十二等律的发明者朱载堉》[③]一文，他以现代科学的形式对朱载堉的十二等程律理论作了深刻的阐述。他对朱载堉的评价引起欧美学者的极大反响。他说：在中国的众多发明中，“惟有明朝末年，朱载堉先生所发明的十二等律，却是一个一做就做到登峰造极的大发明。他把一协分为十二个相等的半度，是个唯一无二的方法。直到现在，谁也不能推翻它；他所用的算法，直到现在还是照样的做；他算出来的数目字，直到现在还是直抄了用，不必我们自己费心。”“这种发明恐怕至少也可以比得上贝尔的电话和爱迪生的留声机”。

从此以后，朱载堉的音律理论逐渐地恢复了它在科学史、文化史和音乐史中应有的地位。中外学者也逐渐怀疑，欧洲的十二等程律究竟是独立创建的呢还是受到朱载堉的影响。

首先指出，朱载堉的十二等程律于17世纪末传播到日本。1692年，日本中根璋（1662～1733）撰《律原发挥》一书，将朱载堉《律吕精义》一书的主要内容介绍到日本，其中包括：九进尺和十进尺的小数换算，十二等程律的理论和计算方法，三种黍尺以及历代尺度考的方法，等等。近年，日本学者山口庄司先生对《律吕精义》和《律原发挥》二书作了比较研究[④]。

本书要着重说明，朱载堉的等程律如何传播到欧洲？起了什么影响？事情的经过本来很简单。当朱载堉的音乐理论传到欧洲时，起初，人们感到惊讶和赞赏，成为欧洲音乐家、数学家仿造等程律理论和制造等程律乐器的智慧启迪。后来，欧洲人对十二等程律习以为常，以为它是“想当然”的东西，对于它在欧洲的起源问题谁也不去认真过问。到20世纪30年代，当刘复撰文指出十二等程律是朱载堉发明并有可能传到欧洲之后，他们中的一些学者又开始与中国人争优先权了。在他们看来，钢琴既然是西方的发明，它的理论怎么可能是中国人首创的呢？至今还有一些人认为这是不可思议的事。

从现有文献看来，在西方最早对十二等程律进行数学精练的有：荷兰的数学家和工程师斯特芬（Simon Stevir，1548～1620）；法国的数学家、哲学家默森（Marin Mersenne，1588～1648）等人。

斯特芬的等程律也有不凡的遭遇。斯特芬将他的有关十二等程律的论文写完后，就把它寄给了他的一位朋友，希望听到一位有实践经验的音乐家的意见。但是，这个朋友

① 江永《律吕阐微》卷二。

② 邹伯奇，律数说，见《邹徵君遗书·存稿》。

③ 见《庆祝蔡元培先生六十五岁论文集》上册，北平，1933年，第279～310页。

④ 山口莊司《律吕精義と律原発揮》，1984年，東京，音楽株式会社。

随便浏览一遍后就把它搁置一旁，从此再不过问它了。而斯特芬自己对此论文也不十分关心。看来，这个伟大发现的发现者本人和第一个读者都可能认为这篇论文并没有多少真正的科学价值。斯特芬的手稿直到1884年被人重新发现后才得以发表；但是，到此时，可以说，它对西方音乐艺术的影响却为时太晚了。

由于斯特芬手稿的以上经历，加之手稿上又没有注明写作时间，因此，近半个多世纪，人们曾在斯特芬和朱载堉之间为优先权发生了小小争论。有人推测，斯特芬是在1605～1608年间或1600年创立的十二等程律的数学表示式①；有人认为，他完成于1595～1596年间；最后有人推测，他可能是在1585年或稍晚时候完成的②，只比朱载堉晚一年（《律学新说》作序时间1584年）。现在我们强调指出，根据前述朱载堉创建等程律的年代考证，朱载堉至迟在1581年2月6日已完成了十二等程律的全部理论。朱载堉创建十二等程律律学理论的时间当在1567～1581年之间。朱载堉创建等程律的时间比人们认为的斯特芬的最早的时间也要早4至18年。

继斯特芬之后，默森于1636年在他的著作《和谐宇宙》(Harmonie Universelle）一书中，作出和朱载堉完全一样的数学表示式③，他使十二个半音中每相邻二个半音的频率比为1.05946，即$\sqrt[12]{2}$。与朱载堉相比，晚了55年。

李约瑟博士在其巨著中作了这样的推测：16世纪末17世纪初，欧洲人对中国音乐发生兴趣；许多来华传教士纷纷致信回国，报告在中国的发现。在这种背景下，斯特芬曾仿制中国的带帆车，从而使他的名声在当时欧洲大为震动。由此联想到，他可能获得了来自中国的有关朱载堉的等程律理论的信息④。李约瑟博士的学术意见是很值得我们注意的。

令人怀疑的是，在大批来华传教士中，金尼阁曾于1613～1617年返回欧洲。此前他在中国期间，又曾进入河南传教三四个月，其后又不断往来河南、山西、陕西三省。而朱载堉居住在郑王封地怀庆府，恰好是金尼阁旅行传教的必经之地。金尼阁在河南旅途中、在河南布教或与士大夫们辩论教旨的同时，很可能得到了朱载堉的乐律著作，也会听到有关朱载堉的新法密率可以达到旋宫转调的知识信息。在这过程中，是否有一本朱载堉的乐律著作被寄送到欧洲呢？至少有关十二等程律的信息会以书讯形式告知欧洲学术界吧！

另一个很值得怀疑的线索，是《崇祯历书》的编纂。从崇祯二年（1629）到崇祯七年（1634）间，在徐光启（1562～1633）主持下设立历局，修订历法。这个明朝皇家天文机构先后聘请了龙华民、邓玉函、汤若望、罗雅谷等耶稣会士参与工作。在中国，历法与乐律相结合已有悠久的历史。因此，那些传教士在修订历法、查阅历史文献的过程中，不能不接触到中国的乐律学问题。值得指出，1629年7月26日，徐光启上书有关修历急要事宜，共四款三十三条，其中包括历法修正、人事安排、仪象制作、度数旁通等内容，特别指出参与编纂历书的中西人员必须通晓数学和音乐等科目。恰巧，正是朱载

①，④ J. Needham, Science and Civilisation in China. Vol. 4, part 1, pp. 224～228.

② Fritz A. Kuttner, Prince Chu Tsai-Yu's Life and Work. Ethnomusicology, 1975, Vol. XIX, No. 2, pp. 163～201.

③ J. Jeans, Science and Music. Dover, 1968, p. 175.

堉本人，早在这次改历的酝酿过程中，于1595年就曾上书改历，并呈上了他自己的历法、即《圣寿万年历》、《万年历备考》和《律历融通》；1606年又上进了《乐律全书》的雕版印刷本五部。这样，传教士们就不能不知道、甚至要精心研究朱载堉的乐律理论。

正是在中国重修历法、传教士们遍阅中国律历著作的时候，也即16世纪末17世纪初，欧洲人如斯特芬、默森等人也在从数学上探讨等程律的问题。因此，这时候如果传教士将朱载堉的理论介绍到了欧洲，犹如干柴下一点火星，立刻会得到欧洲学者的共鸣，在欧洲长期来未曾解决的等程律的数学方法也会得到相应的解决。李约瑟博士说得好：朱载堉为了描述他的十二等程律用了十几年的时间，写了几本书，而“为传播这伟大思想所需要的、不是一册书，只要一句话就够了。”的确，传播者只要说：“我知道中国人以极高的准确性调谐他们的琴。他们只要将第一音的弦长除以$\sqrt[12]{2}$，就得到了第二音的弦长，然后再除以$\sqrt[12]{2}$就得到了第三音的弦长，依此类推用十三次，就得到了一个完全八度。”这样的一句话就能使十二等程律的全部问题在欧洲得到解决。在一大批传教士争先恐后地向欧洲报道有关中国文化的通讯中，朱载堉的理论一旦在欧洲广为传播之后，就谁也不再去理睬这个伟大创举的真实来源了。中国的发明发现传到西方，类似的遭遇是不乏前例的。

有鉴于此，李约瑟博士公正地讲道：

> 平心而论，在过去的三百年间，欧洲及近代音乐确实有可能曾受到中国的一篇数学杰作的有力影响，但是还没有得到传播的证据。与这个发明相比较，发明者的名字是次要的。毫无疑问，朱载堉本人是第一个愿将荣誉归于另一个研究者的人，也是为要求优先权而最后与人争吵的人。第一个使等程律数学上公式化的荣誉确实应当归之于中国①。

朱载堉的十二等程律理论传播到欧洲后，为欧洲学术界所惊讶和赞叹。亥姆霍茨说：

> 在中国人中，据说有一个王子叫载堉的，他在旧派音乐家的大反对中，倡导七声音阶。把八度分成十二个半音以及变调的方法，也是这个有天才和技巧的国家发明的②。

埃利斯写道：

钱德明报告了早在毕达哥拉斯之前中国人发明的等程律③。

黎曼在他编著的音乐辞典中写道：

> 中国在很早的时候就有了宫商角徵羽五声，到耶稣降生前一千五百年的时候，载堉倡导半律的用法，从此五度相生律中的十二律就完成了④

这里要稍加说明的是，说朱载堉把八度分成完全相等的十二律或十二个半音，发明了十二等程律，这是对的；但把朱载堉说成是毕达哥拉斯之前的人物，甚至是耶稣降生前一千五百年的人物，却又是错误的。同时，把毕达哥拉斯时代中国已有的七声音阶又说成是朱载堉的发明，这也是错的。这种真假相渗、正讹相混的传说正是从明末传教士

---

① J. Needham, Science and Civilisation in China. Vol. IV, part 1, p. 228.

② H. von Helmholtz, *On the Sensation of Tone*. Trans. by A. J. Ellis, 4th ed., 1912, p. 258.

③ 同②p. 548。

④ Hugo Riemann, Dict. de Mus, p. 191. 本书转引自《庆祝蔡元培先生六十五岁论文集》，第801页。

发回信息时起到钱德明的著作在19世纪被注意的几百年间，朱载堉及其创立的十二等程律在欧洲的传播过程中发生的一种典型的社会事件。

六　音高标准器与管口校正

除了纯律与古琴相关外，三分损益律和朱载堉的等程律，是否有可度量的音高标准器，是决定其律制存在的关键。只有标准音高，至少是黄钟宫音的标准音高，才能确立其它各律的数学计算是否成立，才能确定某种律制的律音。

为了以可度量的仪器确定标准音高，古代人创制了多种音高标准器，又称其为定律器。《诗经·商颂·那》：“鞉鼓渊渊，嘒嘒管声。既和且平，依我磬声。”或许在殷商及其之前音乐家曾将发音准确的磬作为音高标准器。大家熟悉的律管是一种管式音高标准器。此外，尚有各种弦线式音高标准器。如“均钟木”，“准”，荀勖的十二笛，梁武帝萧衍的“四通”和十二笛。特别是，朱载堉创制的“新制准器”和“新制律管”，在科学史上曾有过重大影响。

为了使管式音高标准器发音准确，古代人还对管口校正作了大量探讨，取得了许多成就。

无论管式或弦式音高标准器，实质上都是古代的声学仪器。

1. 先秦“均钟木”

在调音定律中，首先会产生弦线式音高标准器的设想。在宋人摹晋顾恺之的绘画《斲琴图》中，一人正在一手拨动两端固定的弦线，全神贯注地听其发音（见彩图4-15）。这是古代调律实验的生动绘画，也是弦式定律器的由来。先秦“均钟木”就是这种弦式定律器。

据《国语·周语》载，周景王二十三年（前522）伶州鸠答周景王问中曾言及“律，所以立均出度”和“度律均钟”等语。由汉初学者缀辑周、秦诸书旧文，递相增益而成的一本解释词义的专著《尔雅》，将“律”字作为器物名而放在该书“释器”篇之中。大概，早先的“律”是一种具有固定标准音高的器物。三国吴时韦昭注释伶州鸠语中写道：“均者，均钟木，长七尺，有弦系之，以均钟者，度钟大小清浊也。汉大予乐官有之[①]。”

“均”读Yūn，不读jūn。“神瞽”，传说中的古代盲人音乐家。从韦昭注中可知，“均”、“均钟木”，是一种七尺长的弦线式音高标准器。伶州鸠把它的创制归之为古代神瞽。韦昭说它用以“度钟大小清浊”，也就是用以调律、定律、作律学实验用的器具；古代的钟是据它调校发音的。均钟木，在后来又称为“均钟器”[②]。

我们不清楚的是，均钟木有几根弦？虽然汉代宫廷中“大予乐官”还保存它，但典籍对此记载不明。近年，黄翔鹏对曾侯乙墓出土的五弦器作出考证，认为它是先秦均钟木[③]。

---

① 《国语》卷三《国语下》，上册，第132页。

② 《隋书》卷十六《律历志》，称为“均钟器”，（第二册，第393页）；明代方以智《物理小识》卷一《天类·乐节》称它“均钟木”。

③ 黄翔鹏，均钟考——曾侯乙墓五弦器研究，武汉音乐学院学报，黄钟，1989年第1期，第38～51页；第2期，第83～93页；也见《曾侯乙编钟研究》，第548页，英文本pp. 245～293。

曾侯乙墓出土均钟木，有人称其为五弦器，又有人称“五弦琴”，是木制的，全长 115 厘米；头宽 7 厘米，高 4 厘米；尾宽 5.5 厘米，高 1.4 厘米；头部为狭长形音箱，长 52 厘米。器面平直。头部有一个弦柱，其底空槽中有五个弦孔，但未见琴轸和施轸的痕迹。由于该器弦距窄（约为 1 厘米），当不宜于用指弹奏（图 4-16）。它是曾侯乙编钟的定律器，亦是世界上最古老的声学仪器之一。

图 4-16　曾侯乙墓出土的均钟木

欧洲用于定律调音的弦线式音高标准器称为一弦器（monochord）。它是在毕达哥拉斯之后发明的，具体发明时间不详。一弦器与中国古代弦线式定律器相比较，其差别在于：一弦器一般为一弦，少有二弦，更无多弦的情形，而中国古代定律器都是多弦；一弦器只作定律调音用，而中国古代定律器还可用以演奏，有些这样的定律器，如下面将要谈到的陈仲儒准，王朴律准等，甚至在设计制造时就考虑到演奏的需要。由于东、西方二者的定律器之差异悬殊，它们可能是各自独立发展的。

2. 汉至五代的律准

汉代京房创制了称为“准”的定律器。《后汉书·律历志》写道：

> 房又曰：‘竹声不可以度调’，故作准以定数。准之状如瑟，长丈而十三弦，隐间九尺，以应黄钟之律九寸。中央一弦，下有画分寸，以为六十律清浊之节①。

为了与后人的“准”相区别，京房创制的准称为“京房准”。它的形状、弦长、弦数，都记载得比较清楚。宋代陈旸在其著《乐书》中还画有“东汉京房乐准图”（图 4-17），大概陈旸是根据这些文字记载而绘画的。京房制准的目的，一是他发现律管作为音高标准器并不标准，因为当时（特别是汉代）还不清楚如何校正管口发音，因此、京房提出“竹声不可以度调”，从而创制了他的律准；二是为了将他创建的六十律理论能在弦线上标识出来，并演示给众人观赏。

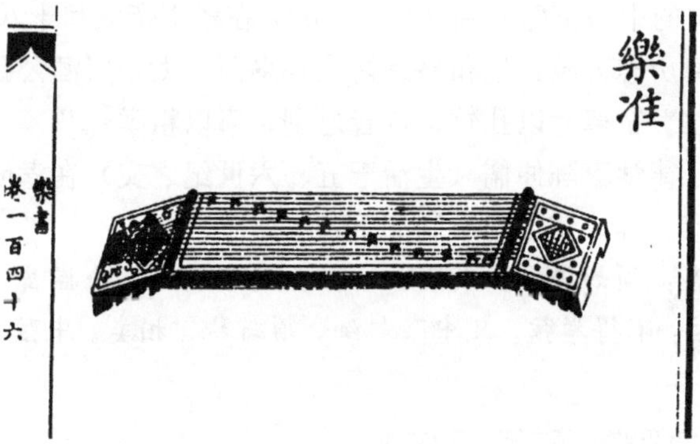

图 4-17　宋代陈旸绘京房准

① 《后汉书·律历志》第十一册，第 3000 页。

遗憾的是，京房未将他的准的调音方法、即一些相关的物理因素告示后人，以致百年之后他的准无人通晓。汉代之后，京房准也失传了。但是，京房所提出的未经管口校正的“竹声不可以度调”，他创制的准包括名称在内却在中国历史上留下深远的影响。

南北朝时期，梁武帝萧衍（464～549）也是一位有才干的律学家。他“素善钟律，详悉旧事，遂自制定礼乐”[①]，且著《钟律纬》一书[②]。他于天监元年（502）创制了一种称为“通”的弦线式音高标准器。据《隋书·音乐志》载：他“立为四器，名之为通。通受声广九寸，宣声长九尺，临岳高一寸二分。每通皆施三弦。”看来，梁武帝的“通”是京房准的发展。其四器的命名、弦长、弦线密度（以组成弦的同质、同大小的线的多寡衡量），据记载如下：

第一器，玄英通，置应钟（142 丝，长 4.74 尺）、黄钟（270 丝，长 9 尺）、大吕（252 丝，长 8.43 尺）三弦；

第二器，青阳通，置太簇（240 丝，长 8 尺）、夹钟（224 丝，长 7.5 尺）、姑洗（214 丝，长 7.11 尺）三弦；

第三器，朱明通，置仲吕（199 丝，长 6.66 尺）、蕤宾（189 丝，长 6.32 尺）、林钟（180 丝，长 6 尺）三弦；

第四器，白藏通，置夷则（168 丝，15.62 尺）、南吕（160 丝，5.32 尺）、无射（149 丝，4.99 尺）三弦[③]。

从以上四器的各律弦长看，梁武帝的通是严格按照以黄钟为起始律的三分损益律而制造的。《隋书·律历志》载：“黄钟之弦 270 丝，长 9 尺，以次三分损益其一，以生十二律之弦丝数及弦长[④]。”各弦丝数均为其弦长数值的 30 倍，并取整数而得。这实际上，梁武帝已注意到，弦线音调的高低与其线密度的关系；丝数越多，弦越粗，即线密度越大，音调越低。为了避免这种弦线式定律器受调弦张力的影响，梁武帝制造了十二支笛，“用笛以写通声”，即以笛声校准通的弦声，然后才在弦上确定律位[⑤]。

梁武帝的十二支笛实则为管式音高标准器。十二支笛的详情，以及为什么有了通又需要笛，我们留待以下叙述。事实上，作为音高标准器并不需要四通十二支笛。只要含黄钟弦的一通、有一支黄钟笛即可。

北魏，落笔成文的中书侍郎高闾（425～502）在孝文帝太和十八年（494）曾依京房造准。据《魏书·律历志》载：他和皇宗博士孙惠蔚、太乐祭酒公孙崇“案京房法作准以定律，吹律以调丝。案律寸以孔竹，八音之别，事以粗举[⑥]。”

继高闾之后，乐律学家陈仲儒（生活于五、六世纪之交）在孝明帝神龟二年（519）又一次依京房法造准。陈仲儒准的形制如下：

其准面平直，须如停水；其中柱一弦，高下须与二头临岳一等，移柱上下之时，不使离弦，不得举弦。又中弦粗细，须与琴宫相类。中弦须施轸如琴，以

① 《隋书》卷十三《音乐志》，第二册，第 289 页。
② 《隋书》卷十六《律历志》，第二册，第 389 页。
③ 《隋书》卷十三《音乐志》，第二册，第 289 页。
④ 《隋书》卷十六《律历志》，第二册，第 390 页。
⑤ 同③
⑥ 《魏书》卷一百七上《律历志》，第七册，第 2657～2658 页。

轸调声，令与黄钟一管相合。中弦下依数尽出六十律清浊之节。其余十二弦，须施柱如筝。又凡弦皆须预张，使临时不动，即于中弦案尽一周之声，度著十二弦上。然后依相生之法，以次运行，取十二律之商徵。商徵既定，又依琴五调调声之法，以均乐器[①]。

陈仲儒准比京房准发展的是，他严格规定了中弦粗细和张力，这个规定虽是按调音技术立论，但其中所含物理意义是清楚的。中弦音高一定，其余十二弦自可随它而定音高。

《魏书》称颂陈仲儒造准之认真及艰难："自上代来消息调准之方并史文所略，出仲儒所思。若事有乖此，声则不和。仲儒寻准之分数，精微如彼，定弦缓急，艰难若此[②]。"

日本学者林谦三在对比地研究京房准与陈仲儒准之后说："陈仲儒准乃是吸取京房准之意，而加之以个人私见，造出拟作古准的乐器，……并且，陈仲儒还试图根据琴调定弦，树立起可以用准来演奏各种曲调的规范[③]。"

五代时期王朴于周世宗显德六年（959）制造律准。他的准，张十三弦，弦长9尺为黄钟。值得注意的是，在王朴准中，黄钟弦9尺，无柱；以三分损益法算得十二律弦长之后，其弦长数值略有增减，并且确定清黄钟弦长4.5尺，使黄钟与清黄钟的音程为完全八度。这是王朴的一大创造。王朴准十三弦的弦长计算法，见前述王朴律。

3. 律管

管式音高标准器，古代称为律管，简称管。汉蔡邕在《月令章句》中说："律，率也，清浊之管也"；又说："律者，清浊之率法也，声之清浊，以管之长短为度[④]。"《大戴礼·曾子·天圆篇》也说："圣人截十二管，以宗八音上下清浊，谓之律。"从汉代起，人们只知"律"是管，不知"律"的先秦含义了。明代朱载堉从道与器的关系立论，他说："管即律，律即管，一物二名也"，律者其道也，管者其器也"[⑤]。

律管，由十二支竹管或铜管组成，其一端为吹口，另一端为开口，中间无音孔。十二支中最长的一支发黄钟音，命名为黄钟管。以黄钟管长为起始音，按三分损益法确定其余十一支律管的管长。显然，这样的一套律管若未经管口校正，陈黄钟一管外，其余十一支管的音高都是不准的。因此，京房才断论："竹声不可以度调"[⑥]。迄今，我们所见的古代律管有江陵雨台山21号战国楚墓出土的竹律，它是以刮去表皮的无节、异径细竹管组成，残损严重[⑦]；另有长沙马王堆一号汉墓中发掘的一套竹质律管，十二支律管插于绣花袋内。最长的一支17.65厘米，最短的一支10.2厘米，孔径约0.65厘米[⑧]（见彩图4-18）。但是，马王堆汉代律管的长度与内径杂乱无序，管长不遵从三分损益律，管内径

① 《魏书》卷一百九《乐志》，第八册，第2835～2836页。

② 《魏书》卷一百九《乐志》，第八册，第2836页。

③ 林谦三《东亚乐器考》，第114～116页，音乐出版社，1962。

④ 《后汉书·律历志上》注引，第十一册，第3001页。

⑤ 朱载堉《律吕精义·内篇》卷八《乐器图样·管》。

⑥ 《后汉书·律历志》，第十一册，第3000页。

⑦ 湖北江陵雨台山21号战国楚墓，文物，1988年第5期第35页；李纯一，雨台山21号战国楚墓竹律复原探索，考古，1990年第9期，第855页。

⑧ 长沙马王堆一号汉墓发掘简报，文物出版社，1972。

也无任何校正之迹象，显然，这套律管是非实用的明器。其价值在于，它提供了古代律管概貌，证明古代律管是开口管。在上海博物馆藏有一支新莽无射律管，可惜是一支残管。要根据一支残管复原制作相关的定律器，从物理学观点看，主观因素太多而不敢信之①。

律管产生于何时?《吕氏春秋·仲夏纪·古乐》写道：

> 昔黄帝令伶伦作律。伶伦自大夏之西，乃之阮隃之阴，取竹于嶰谿之谷，以生空窍厚钧者，断两节间，其长三寸九分，而吹之以为黄钟之宫。吹曰舍少。次制十二筒。以之阮隃之下，听凤皇之鸣，以别十二律。其雄鸣为六，雌鸣亦六，以比黄钟之宫适合。

由此记述看来，律管制作于传说中的黄帝时代，至少也是在公元前第20世纪以前。当我们想到河南舞阳贾湖骨笛是公元前第60世纪以前的文物时，可以说，制作这样的律管是可能的。相比之下，律管的制作要简单得多。但毕竟论据不足。

东汉蔡邕《月令章句》写道：

> 律，率也，声之管也。上古圣人本阴阳，别风声，审清浊，而不可以文载口传也。于是，始铸金作钟，以主十二月之声，然后以效升降之气。钟难分别，乃截竹为管，谓之律。律者，清浊之率法也。声之清浊，以律长短为制。
>
> 古之为钟律者，以耳齐其声。后不能，则假数以正其度，度数正则音也正矣。钟以斤两尺寸中所容受升斗之数为法，律亦以寸分长短为度。故曰黄钟之管长九寸，径三分，围九分，其余皆渐短，〔惟〕大小围数无增减。以度量者可以文载口传，以众共知，然不如耳决之明也。

前一段引文是蔡邕对律定义，后一段引文在指出黄钟管参数（长度、孔径、圆周）外，尤其提出了律管的起源和发展的思维脉络。在无律管之前，音乐家“以耳齐其声”。后来，为了便于传授，产生了有度量可寻的律管。在蔡邕看来，律管产生的具体原因是，为了校正编钟的音高。我国的铜制编钟出现于殷商时期（公元前13～11世纪）。由此可推断，律管起源当不会晚于殷末周初。

《史记·律书》写道：“武王伐纣，吹律听声。”

可以吹的“律”当指律管。武王伐纣约公元前1066年。可见，公元前11世纪作为律管问世的下限时间是可信的。至少可以说，一支发音精确的黄钟管或几支管（而不一定是十二支管）用以校正钟钟磬之音，在公元前第11世纪已经产生了。

律管的起源很可能与原始管乐器苇籥、龠、龢等编管乐器有关。这些乐器出现于远古至夏商时代。一般地，先有演奏乐器，后有考律定音的声学仪器。因此，作为音高标准器的管很可能由它们演变发展而成。春秋战国时期，律管成为普遍使用的定律器。《礼记·礼运》：“五声、六律、十二管，还相为宫”。

制作律管的材料在历代有所不同。唐代司马贞在《史记·律书》索引中说：“古律用竹，又用玉，汉末以铜为之。”

古代人“以弦定律，以管定音”，所以既有弦线式又有管式定律器。高likely说“作准以定律，吹律以调丝”，就是这个意思。“定律”的“律”是某种律制的各个音高，“吹律”

---

① 马承源、潘建明，新莽无射律管对黄钟十二律研究的启示，上海博物馆馆刊，第1期，上海人民出版社，1981。

的“律”是指某种律管。有些人总以为中国古代“以管定律”，大概是不了解情况所致。

管是其内空气柱振动，受天气影响不太大。弦有风雨燥湿之变，会随天气变化而改变音高。鉴于管与弦各自特点，在调弦定律时，以一支发音准确的管先校正某弦音高，再依据调好的该弦去调校其它诸弦，就可以获得准确的音位或律位。朱载堉曾说：“然弦以缓急为清浊，非管无以定[①]。”其道理就在于此。

以弦定律，以管定音，古代有许多有关记载。除以上述及之外，三国魏时音乐家嵇康说：“吹律鸣管校其音”[②]。沈括在述及定弦时曾讲道，他在金陵丞相王安石府中读过唐代著名琵琶演奏家贺怀智的《琵琶谱》，该书《序》中说：“琵琶八十四调，由黄钟、太簇、林钟宫声（指琵琶四弦中靠外三弦的宫、商、徵三个散音——本书注），弦中弹不出，需管色（即管乐器筚篥——本书注）定弦，其余八十一调皆以此三调为准，更不用管色定弦”。沈括因此方明白，“今之调弦，需先用管色‘合’字定宫弦，乃以宫弦下生徵，徵弦上生商，上下相生，终于少商[③]。”在这里，沈括清楚地讲述了以管定音，以弦定律的方法和道理。

这样，我们就容易理解，为什么梁武帝萧衍在制造了“通”之后，又要造十二支笛的道理。他的十二支笛的长度数据如下：

黄钟笛 3.8 尺，大吕笛 3.6 尺，太簇笛 3.4 尺，夹钟笛 3.2 尺，姑洗笛 3.1 尺，中吕笛 2.9 尺，蕤宾笛 2.8 尺，林钟笛 2.7 尺，夷则笛 2.6 尺，南吕笛 2.5 尺，无射笛 2.4 尺，应钟笛 2.3 尺[④]。

梁武帝“用笛以写通声”，显然否定以管定律，肯定以弦定律。只是由于关于他的十二支笛的历史记载过于简略，笛中是否开孔？内径多大？有否校正数？没有这些数据之一二，很难推断其笛声是否正确。作为音高标准器，事实上，只要黄钟笛一支即可。

4. 管口校正

在古代，确有一部分人崇尚律管。尤其汉代人是如此。于是，如何保证律管准确，成为历代学者孜孜不倦地探索着的一大课题。

无论依照什么律制，严格说来，弦律和管律是不能等同的。将弦律长度放在管上，必有误差。反之亦然。因此，凡造管乐器，必加管口校正。只有经校正的管，才能正确地依某种律制发音，管音才能与弦音一致。

管口校正方法无非两种。一是缩短管长；一是缩小管径。中国古代音乐家与声学家，对这两种方法都作了许多尝试。

《吕氏春秋·仲夏纪·古乐》记述了上古时代音乐家伶伦造律管，其管“长三寸九分，而吹之，以为黄钟之宫”。伶伦或《吕氏春秋》作者只确定了管长。这当然很不够。汉代人认识前进了一步。蔡邕《月令章句》说：“黄钟之管长九寸，孔径三分，围九分”。这表明，人们已清楚管的音调与管长、管内径有关。古代的“径三分，围九分”是按“周三径一”的圆周率公式确定的。

但是，汉代大学问家刘歆（？～32）、班固（32～92）、郑玄（127～200）等人有个

---

① 朱载堉《律学新说》卷一《立均第九》。

② 嵇康《声无哀乐论》，吉联抗译注，第 32 页。

③ 沈括《梦溪笔谈》卷六《乐律》。

④ 《隋书》卷十三《音乐志》，第二册，第 289 页。

错误认识。他们以为，律管长度符合三分损益律之后，十二支管的内径是不变的，所谓“惟大小围数无增减”。历代部分经学家和音乐著作家，将此当作金科玉律。例如孔颖达（574～648）在疏解《礼记·月令》中说：“凡律空围九分者，以黄钟为诸律之首。诸律虽长短有差，其围皆以九分为限①。”

在这种错误观念支配音乐界之时，东汉京房才发出“竹声不可以度调”的呼吁，并且最早恢复先秦时期已有的弦线式音高标准器，创制了律准。足见他的眼光与魄力了。

西晋孟康（3世纪人）是第一次发现十二支律管的内径不应完全相同的学者。他在注《汉书·律历志》中指出，黄钟九寸，“孔径三分、围九分”；“林钟长六寸，围六分”，“太簇长8寸，围八分”②。围数即圆周长，它的减少也就是管内径的缩小。他试图以缩小管内径的方法校正律管。可惜，史书没有留下他的全部数据。后魏安丰王延明（？～约530）在孟康的影响下，又一次强调孟康的管径数。但是，当时无人理睬。《隋书》作者唐代魏征（580～643）依然相信班固、郑玄之说，以为“皆空围九分，乃与均钟器合”③。这些经学家、历史学家或宦官大臣都没有作过律管，也未将管与弦作比较或调校，错误是自然的了。

直到宋代，继孟康、延明之后，经学家和音律学家阮逸和胡瑗在宋仁宗景祐（1034～1038）初年制作了十二支律管，详细列出了它们的管径数值，表明他们曾以缩小管径方法校正管口。他们在合著的《皇祐新乐图记》中写道：“今以古今律数制成中声律十有二管，清声律四管”④。其具体数据如表4-19。

表4-19　阮逸、胡瑗律管数据

律　名	长度（寸）	内径（分）	律　名	长度（寸）	内径（分）
黄　钟	9	3.46	夷　则	5.62	3
大　吕	8.425	3.46	南　吕	5.33	3
太　簇	8	3.46	无　射	4.99	2.8
夹　钟	7.49	3.46	应　钟	4.74	2.65
姑　洗	7.11	3.46	清　黄	4.5	2.5
仲　吕	6.666	3.46	清　大	4.21	2.5
蕤　宾	6.32	3.46	清　太	4	2.5
林　钟	6	3.46	清　夹	3.745	2.5

由表4-19，阮、胡二人的律管是三分损益律，但他们采用了完全的倍半关系的八度值，并且第一次突破了传统的“径三分”之说，定前八律管内径为3.46分，后五律的内径从3分逐渐缩小到2.5分。高低相差八度的管长成半倍关系。显然，这组管径数值可能经过其实践或实验而确定的。它们能否与弦律一致，尚待复原研究。他们的著作中还画了这样的一套律管图。这是中国历史上第一次详尽记述的不同管径的全套律器。

阮逸，生卒年不详，当与胡瑗同时人。胡瑗（993～1059），字翼之，泰州海陵人。他是宋代有名经学家。然而，阮逸、胡瑗的管数据在当时未被理解和接受。工部侍郎、枢

① 《礼记·月令》孔颖达疏，第1354页。
② 孟康注《汉书·律历志》，第四册，第964页。
③ 《隋书》卷十六《律历志》，第二册，第392～393页。
④ 阮逸、胡瑗《皇祐新乐图记》卷上《皇祐律吕图第二》。

密副使、《武经总要》作者之一丁度等人“以为非古制，罢之”①。这个理由是封建社会中扼杀一切创造发明的最好的托辞。蔡元定责怪他们的管径数值“无条理”②。可是，他们的校正方法却极大地影响了明代朱载堉。

不应当忘记，在管口校正方面，中国历史上第一个成功者当为晋代荀勖。他创建了笛律，并且第一次以缩短管长的方法正确而成功地校正了他的复杂的笛。他的成功是中国声学史上的一大成就，有关内容见前述荀勖笛律。

5. 朱载堉的新制准器和律管

前述各种弦线式音高标准器，无论其形制如何，都有一个根本的共同点：建立在三分损益基础上，为三分损益定律调音用。朱载堉在创建十二等程律之后，又认真地总结了先秦时期的均钟木、京房准、陈仲儒准和王朴准的各自特点，“折衷四家之法，取其简要”，从而创制了“新制准器”，又称“均准”。朱载堉“犹恐后世不能取信，是故斟酌古法，更制均准之器，刻划分寸，考核声音，则算术之疏密，律吕之真伪，自可见矣③。”朱载堉的新制准器是建立在十二等程律基础上的，也是为等程律定律调音用的声学仪器。

朱载堉详细记述了他的均准的形制、大小和发音情形（图 4-19）。

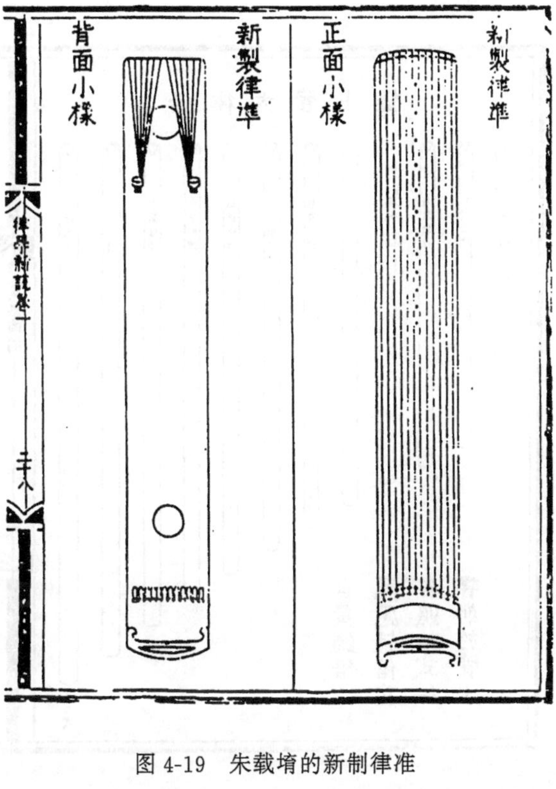

图 4-19　朱载堉的新制律准

新制准器，斲桐为之，其状似琴非琴，似瑟非瑟，而兼琴瑟二器之制。有岳、有龈、有轸、有足，则类琴；无项、无肩、无腰、无尾，却不类琴。首尾

① 《宋史》卷四百三十二《胡瑗传》，第三十七册，第 12837 页。

② 蔡元定《律吕新书》卷一《律吕本原第一》。

③ 朱载堉《律学新说》卷一《立均第九》。

方直，底有二越，则类瑟；尾不下垂，弦不用柱，又不类瑟。故名曰均准，而非琴瑟也①。

朱载堉的“均准”，以它的横黍度长为准，通长 55 寸，龈岳间 50 寸，首尾皆广 8 寸，两端厚 1.5 寸，通足高 3 寸，两旁厚 0.6 寸。龈高 6 厘，岳高 6 分，龈岳皆广 5 分，长 8 寸。背面左右开二洞、即“二越”，圆径 3 寸，左洞至尾 5 寸，右洞至首 1 尺。底木与面木各厚 4 分，可藏律管于底内。该准施十二弦，列十二徽。

在朱载堉时代，十二等程律并不为人们所普遍接受。他制造均准目的之一，是要以此证明十二等程律的合理性。他详细叙述了均准的形制特点之外，还在它的两侧分别标刻新旧二率的律数，以便人们作比较。关于该准的新律徽位，朱载堉在《律学新说》中写道：“准以琴第七徽之位为第一徽，自此之右无徽，自此之左十二律吕之位皆有徽矣。此二者大不同②。”他在该书《立均》篇中详细列出了十二徽位在十二弦上的空弦散音与按音，实际上，它不仅是定律器，而且是世界上第一件建立在十二等程律的理论基础上的弦乐器③。

朱载堉还制作了一套含三个八度的 36 支律管，它们的发音也是准确的十二等程律（图 4-20）。

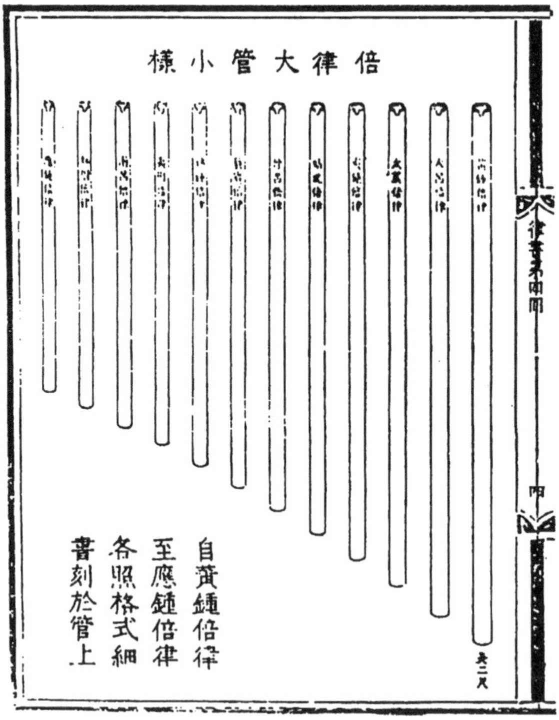

图 4-20　朱载堉的异径律管

朱载堉主张，以铜造律管为上，因为它便于加工制作；而竹质律管的内腔不易均匀。

① 朱载堉《律学新说》卷一《立均第九》。

② 同①卷一《论琴徽与准徽不同第十》。

③ 王允红，中国历史上弦准的发展，自然科学史研究，1991 年第 4 期，第 336～341 页。

他制造了 36 支铜律管，其长度、内径与外径数值见表 4-20。36 支律管的吹口端开有豁口，大小相同，其“纵横皆广一分七厘六毫，乃黄钟正律内径之半也①。”若将这些律管“编联而吹”，就成为十二等程律管乐器。

表 4-20　朱载堉 36 支律管数据

律　名	长度（尺）	内径（分）	外径（分）
倍　黄 C_1	2	5	7.07
大 $^{\#}C_1$	1.8877	4.85	6.86
太 D_1	1.7817	4.71	6.67
夹 $^{\#}D_1$	1.6817	4.58	6.48
姑 E_1	1.5874	4.45	6.29
仲 F_1	1.4983	4.32	6.12
蕤 $^{\#}F_1$	1.4142	4.20	5.94
林 G_1	1.3348	4.08	5.77
夷 $^{\#}G_1$	1.2599	3.96	5.61
南 A_1	1.1892	3.85	5.45
无 $^{\#}A_1$	1.1224	3.74	5.29
应 B_1	1.0594	3.63	5.14
正　黄 C	1	3.53	5　与倍律内径同
大 $^{\#}C$	0.9438	3.43	
太 D	0.8908	3.33	
夹 $^{\#}D$	0.8408	3.24	
姑 E	0.7937	3.14	
仲 F	0.7491	3.06	
蕤 $^{\#}F$	0.7071	2.97	
林 G	0.6674	2.88	
夷 $^{\#}G$	0.6299	2.80	
南 A	0.5946	2.72	
无 $^{\#}A$	0.5612	2.64	
应 B	0.5297	2.57	
半　黄 C^1	0.5	2.50	与正律内径同
大 $^{\#}C^1$	0.4719	2.42	
太 D^1	0.4454	2.35	
夹 $^{\#}D^1$	0.4204	2.29	
姑 E^1	0.3968	2.22	
仲 F^1	0.3745	2.16	
蕤 $^{\#}F^1$	0.3535	2.10	
林 G^1	0.3337	2.04	
夷 $^{\#}G^1$	0.3149	1.98	
南 A^1	0.2973	1.92	
无 $^{\#}A^1$	0.2806	1.87	
应 B^1	0.2648	1.81	

朱载堉所创制的等程律律管，如何计算各管内径值？又如何校正管口？

① 朱载堉《律吕精义·内篇》卷八《乐器图样第十六上·管》。

朱载堉作了各种律管实验，最后决定以缩小管内径的方法校正管口。

起初，朱载堉对于倍半长度的同径管并不相和感到疑惑。他写道：

命工依彼围径皆同之说制管吹之，以审其音。林钟当与黄钟、太簇相和而不相和；南吕当与太簇、姑洗相和亦不相和；黄钟正半二音全不相应，而甚疑焉。或至终夜不寝，以思其故①。

他选择实验作为判决。他说：

琴瑟不独徽位之有远近，而弦亦有巨细焉；笙竽不独管孔之有高低，而簧亦有厚薄矣。弦之巨细若一，但以徽柱远近之可别也；簧之厚薄若一，但以管孔高低别之不可也。譬诸律管，虽有修短之不齐，亦有广狭之不等。先儒以为长短虽异，围径皆同，此未达之论也。今若不信，以竹或笔管制黄钟之律一样两枚，截其一枚分作两段，全律、半律各令一人吹之，声必不相合矣，此昭然可验也。又制大吕之律一样两枚，周径与黄钟同，截其一枚分作两段，全律、半律各令一人吹之，则亦不相合。而大吕半律乃与黄钟全律相合，略差不远。是知所谓半律皆下全律一律矣②。

他的实验结论是：

是以黄钟折半之音不能复与黄钟相应，而下黄钟一律也，他律亦然③。

这就是说，半黄钟管不与黄钟管相和，而与倍应钟管相和。倍应钟是黄钟的“下一律”或低一律。根据上一段实验叙述，也可以说，黄钟管不与半黄钟管相和，而与半大吕管相和。半大吕是半黄钟的“下一律”或高一律。这两种说法是一样的，只是针对何管或以什么管为基准而论相和的管。参见表 4-20 中的律名次序就一目了然。

这是历史上有关管口校正的破天荒的实验结论。管律与弦律相同的说法被朱载堉以实验证伪。按照朱载堉的实验结论，换句话说，倍半之管不正好是八度，而是约略大七度。

根据朱载堉的实验，由表 4-20 还可作进一步推算。1 尺长的正黄钟管与 0.4719 尺长的同径半大吕管相和，2 尺长的倍黄钟管与 0.9438 尺长的正大吕管相和，可见，同径的八度相和管的长度比为 0.4719。这个比例数实际上就是朱载堉的第一种管口校正数。朱载堉只是指出相和管的律名罢了。因为他的精力集中在以缩小管径校正管口的方法上。

朱载堉制造的十二等程律律管是异径律管。倍、正、半 36 支管的长度与等程律弦长一致。他先定黄钟倍律管通长 2 尺，内径 5 分（为通长的 1/40）；定其外周为通长的1/9，再由外周求得外径值为 7.07 分。然后，相邻两支律管的内径（或外径）之比为

$$\sqrt[24]{2}=1.029302236$$

也就是说，36 支律管的内径是以公比数$\sqrt[24]{2}$构成的一列等比数列④，即

$$\frac{d_n}{\sqrt[24]{2}}=d_{n+1}\text{ 或 }\frac{d_n}{d_{n+1}}=\sqrt[24]{2}$$

①，③ 朱载堉《律学新说》卷一《密率求周径第六》。

② 朱载堉《律吕精义·内篇》卷二《不取围径皆同第五之上》。

④ 朱载堉《律吕精义·内篇》卷二；也见戴念祖，朱载堉——明代的科学和艺术巨星，第 98～111 页；或《中国声学史》，第 361～364 页。

d_n 为已知的某律管内径值，d_{n+1}是比它高一律的管内径。36 支律管外径的求法与此相同。内外径数值见表 4-20。

朱载堉按照$\sqrt[12]{2}$和$\sqrt[24]{2}$的比例来确定相邻两支律管的长度和内径数值。尚需注意，朱载堉的律管是两端开口的管，且吹口处有豁口，豁口长与宽均为 1.76 分，即 0.0176 尺（参见图 4-20）。根据现代管口校正公式

$$F=\frac{V}{2\ (L+0.612D)}$$

不难验证他的律管性质。式中，F 为开口管基音频率；V 为管内声速值，取约 1℃时的声波速度 340 米/秒；L 为管长；D 为管内径，$0.612D$ 为管口校正数。设管吹口端豁口长为 H，则有效管长应为（$L-H/2$）。又，朱载堉的尺度是“横黍尺”，也即“夏尺”。明代 1 营造尺＝32 厘米，“营造尺乃夏尺十二寸半”①，因此，1 夏尺＝25.6 厘米。由这些数据，即可计算朱载堉 36 支律管的基音振动频率，再将频率值换算成音分值，即可得到朱载堉 36 支律管中任何相邻两支律管的音程为 100 音分②。它们是准确的十二等程律的律管。有些人所做的相关的复原实验或理论计算，因忽略豁口影响，其否定或修正朱载堉律管内径比数的结论，均不可靠。

朱载堉的成就远远走在这个学科的前列。19 世纪期间，在他的思想启发下，徐寿又一次实验了律管，并发现管口校正数③。徐寿认为，两支八度相和的同径管、其长度比为 4/9。当他的实验成果发表于英国《自然》（Nature）周刊时，中国的声学真令人刮目相看④。

还有一点值得指出的是，虽然汉代京房曾经申述“竹声不可度调”，即未加管口校正的律管不能作为定律器，但是，先秦时期有些律管可能是经过校正管口、消除了末端效应的。在《史记·律书·律数》中有“黄钟长八寸七分一，宫”的一组数据，就是经过校正管口的律管长度数据⑤。根据徐寿的两支成八度关系的同径管长之比为 4/9，可知清黄钟管长为 3.9 寸。这个数据正是《吕氏春秋·仲夏纪·古乐》中所载“昔黄帝令伶伦作律”的黄钟宫音管。这大概并非是历史的偶然巧合，抑或司马迁与吕不韦都曾见过载有伶伦律数的残简断牍，或听闻有关的旧俗风谣。

第三节　声音的特性、传播和应用

前面几章集中叙述乐律问题，实际上，仅仅涉及与振动体的频率相关的问题。本节开始叙述声音的其他物理因素，声音的传播和应用等问题。中国古代人在这些方面所具

① 朱载堉《律学新说》卷二。

② 徐飞，朱载堉十二等程律管的理论验证，科学技术与辩证法，1996 年第 4 期，第 31～38 页。国内外对朱载堉律管所作的理论与实验验证工作，参见戴念祖《中国声学史》，第 363～364 页。

③ 徐寿，考证律吕说，《格致汇编》第三年·秋（1880 年）。

④ Nature，Vol. 23（1880.11～1881.4），pp.448～449；也见戴念祖，中国声学史，第 365～371 页，或《中国科技史料》1992 年第 4 期，第 6～13 页；黄钟（武汉音乐学院学报）1992 年第 4 期，第 1 页。

⑤ 戴念祖，中国声学史，第 371～380 页；或自然科学史研究，1994 年第 1 期，第 41～49 页；音乐探索（四川音乐学院学报）1993 年第 2 期，第 8～16 页。

有的知识也是先进而丰富的。

一　声音的特性

1. 声音的分类

早在西周时期，由于乐器的发展，人们已开始产生了将声音分类的思想。当时，按照发声物质的材料，将乐器分为八类，称为"八音"。《周礼・春官・大师》写道："播之以八音：金、石、土、革、丝、木、匏、竹。"这八种物质材料的乐器大致如下：

金类：钟、镈、镛、钲、铎、铙、铃、錞于，均为青铜铸造。

石类：磬，由石块制成。

土类：埙、缶，为泥土烧制的陶器。

革类：为各式各样的皮革制成的鼓。

丝类：琴、瑟、筝、筑，均为弦线振动发音。

木类：柷、敔，为木制。

匏类：簧、笙、竽、和，因其风腔最初均由植物果实匏制成。

竹类：箫、言、管、籥、篪或笛，由竹管制成。

由于各种物质材料都独具音色特点，因此按材料分类的乐器暗含强烈的音色概念。从音色的角度看，这种分类有其合理性。

另一种分类是与声音的产生方式相提并论的。产生声音的不同物理方法也就包含了声音的分类，这种思想颇具物理意义。宋代张载对此作了较系统的叙述。他说：

> 声音，形气相轧而成。两气者，谷响、雷声之类；两形者，桴鼓叩击之类；形轧气，羽扇、敲矢之类；气轧形，人声、笙簧之类。是皆物感之良能，人皆习之而不察尔①。

在对声音何如产生的总定义"形气相轧"之下，张载将声音分为四类。从这里可以看出，古代人对物体振动产生声音（如"桴鼓叩击"）和气流冲击物体而产生声音（如"人声、笙簧"之声）都有深刻的认识。由物体的运动造成气流（如"羽扇、敲矢"）以及气流之间相互摩擦也都能产生声音。张载的这些认识，在明代又有宋应星等人加以发展。

宋应星在其著《论气・气声》中写道：

> 气本浑沦之物，分寸之间，亦具生声之理。然而不能自生。是故听其静满，群籁息焉②。

"气"可以产生声音，但不能无故自生。怎么生声呢？宋应星接着写道：

> 两气相轧而成声者，风是也。人气轧气而成声者，笙簧是也③。

张载的"两气者，谷响、雷声之类"就被宋应星以更明确的"风"声代替了。张载和宋应星的"轧"是什么意思？王夫之在《张子正蒙注》将此字释为"触而相迫"④。张

---

① 张载《正蒙》卷三《动物篇》，也见王夫之《张子正蒙注》。

②，③ 宋应星《论气・气声》，见《宋应星佚著四种：野议、论气、谈天、思怜诗》，第66～67页。

④ 王夫之《张子正蒙注》卷三《动物篇》。

载认为笙簧属于“气轧形”的一种，他看到的是来自口中的气流冲击笙簧的簧片；而宋应星认为笙簧属于“气轧气”，是“人气轧气”，他看到的是来自人口中的气流首先冲击了笙斗（即风腔）中的空气。各执己见，皆成其理。从张载和宋应星的举例中，又可以知道王夫之对“轧”的解释实则含有气压的概念。

宋应星还进一步将物体运动产生声音分为五类：

及夫冲之有声焉，飞矢是也；界之有声焉，跃鞭是也；振之有声焉，弹弦是也；辟之有声焉，裂缯是也；合之有声焉，鼓掌是也①。

“冲”、“界”、“振”、“辟”、“合”五类产生声音的运动方式，与现代声学教科书的某些说法基本相同。宋应星的分类法取得了声学史的先进地位。古希腊和罗马的声音分类法，是将乐器分为吹奏乐器，弦线乐器，和打击乐器三种。这实际上是既按物质材料（如弦）又按声音产生方式（如吹、击）两种标准进行分类的。直到近代，更为科学的五种分类法是打击乐器、膜鸣器、弦鸣器、气鸣器和电声器。它们虽然取代了古代的分类法，但其产生声音的标准仍然是双重的。相比之下，宋应星的分类仍有其合理与先进的因素。

从宋应星的《论气·气声》中，我们还可以看到，声音的产生方式除了气轧气、物击物之外，张载的“形轧气”和“气轧形”被宋应星合二而一：“形破气”。就“形破气”问题，宋应星写道：

凡以形破气而为声也，急则成，缓则否；劲则成，懦则否。

盖浑沦之气，其偶逢逼轧，而旋复静满之位，曾不移刻。故急冲急破，归措无方，而其声方起。若矢以轻掷，鞭以慢划，弦以松系，帛以寸裁，掌以雍容而合，椎以安顿而亲，则所破所冲之隙，一霅（sà，散开之意）优扬还满，究竟寂然而已。

这两段文字无论从内容还是从科学上看都是正确的。尤其是，宋应星对于“形破气”产生声音必需“急”、“劲”的解释充满了物理意义。当有形体逼轧空气时，原来静止充满（空间）的气突然产生运动和湍流，“而旋复静满之位，曾不移刻”。这种急速运动又急速恢复原位态的结果，才产生了声音。否则，若是在形破气时，动作缓慢，以致物体周围空气慢慢地散开，又悠悠缓缓地恢复其原位态，那就什么声音也不会有，“究竟寂然而已”。

宋应星以他的《天工开物》一书誉满欧洲。但是，西方世界几乎无人知道他的声学专著《论气·气声》。否则，李约瑟博士就不会在他的巨著《中国科学技术史》第4卷第一分册《物理学·声学》中作出许多错误的断言。从《论气·气声》中我们可以看到中国人在明末清初的声学理论水平，也可以看到传统观念和初始的近代观念相糅合在一起的有趣情形。

宋应星的声学观念在稍后又得到揭暄、方中通等人的进一步发展②。

2. 音品与响度

凡是声音都具有音调、音品和响度三种属性。音调是由声音的频率决定的；响度是

① 宋应星《论气·气声》，见《宋应星佚著四种》。

② 见方以智《物理小识》卷一《天类·声论》揭暄和方中通注文，也见戴念祖《中国声学史》，第64～65页。

指声音的强弱，客观上的响度称为声强，它是单位时间内通过垂直于声波传播方向的单位面积的能量决定的。古代人关于响度的认识大都是主观感觉的结果，如敲锣或打鼓，是重敲或轻敲，主观感觉其声“大”还是“小”。一般地，古代人以“声大”或“声小”表示响度，这个主观感觉常有偏差。音品，也称音色，是用以区别具有同样响度和音调的两个声音所以不同的特性。不同物质材料所发音的音品不同，同一物质材料所发不同音的音品也不同，因此，人们可以根据音品辨别不同的音和不同发声物质。音品在物理学上与发声的频谱、波形和振幅有关。古代人凭自己感觉对音品有许多记述。

宫、商、角、徵、羽是古代的乐音音名或阶名，《管子・地员》对这几个音的音品作了这样的描写：

凡听徵，如负猪觉而骇；凡听羽，如鸣马在野；凡听宫，如牛鸣窌中；凡听商，如离群羊；凡听角，如雉登木以鸣，音疾以清。

《管子・地员》以禽兽之声比拟五音的音品，为他书所罕见。

战国后期赵国人荀子（约前313～前238；名况，又名孙卿）在其著《荀子・乐论》中写道：

声乐之象：鼓大丽，钟统实，磬廉制，竽、笙箫和，筦、籥发猛，埙、篪翁博，瑟易良，琴妇好，歌清尽，舞意天道兼。

荀况描述的是各种不同乐器的音品。在他看来，乐器的声音都有象征意义，鼓声大而远（“丽”，读离，即远），钟声宏大而充实（“统”，当充实讲），磬声干脆有节（“廉”，意为不贪、廉洁，此处作发声无过长的延长音；“制”，当节制讲），竽和笙的声音肃穆和谐（“箫”，此处非乐器，当“肃”讲），编管乐器的声音发猛（“筦”，同管。“管龠”指编管乐器），埙（xūn，读勋）与篪（chí，读迟）的声音低沉发闷，瑟声中和平易，琴声柔婉动听。

《礼记・乐记》叙述了金、石、丝、竹、革五种物质材料做成的乐器的音品：“钟声铿”，“石声磬”，“丝声哀”，“竹声滥”，“鼓鼙之声讙”。

孔颖达《礼记》疏中指出，“铿者言金钟之声铿铿然矣。”“磬”，郑玄（127～200）注曰：“磬当为罄字之误”，“取声音罄罄然”。孔颖达说：“磬，轻清响也，叩其磬则其声之罄罄然也。”孔颖达疏注“哀”字说：“哀谓哀怨也，谓声音之体婉妙，故哀怨也。”竹声指笙竽箫管之声，孔颖达说：“滥，犹揽（lǎn）也，言竹声揽然，有积聚之意。”“鼙”（pí）是一种军用小鼓，“击鼓鼙”用于比喻战争。“讙”（huān），喧哗之意；孔颖达说，“讙，嚣也，其声讙杂矣①。”

战国末，秦相吕不韦集合门客共同编写的《吕氏春秋》中也记述了有关音品的知识。该书写道：“为木革之声则若雷，为金石之声则若霆，为丝竹歌舞之声则若噪②。”

“木革之声”若“雷”，当指普通的雷声或缓缓的雷声。“金石之声”若“霆”，当指疾雷、迅雷之声。雷与霆二者在程度上稍有区别。“噪”（zào），此处应指鸟叫，也为婉转动听之声，以此形容弦乐器与管乐器的音品。

以上所述各种音品的文献记载，大多是依据主观感觉而定的，并无褒贬之意，也不

① 《礼记・乐记》，第1514页。

② 《吕氏春秋》卷五《仲夏纪・侈乐》。

乏忠实记录。但是，宋代杨杰（约 1021～1090）在述及“八音”音品时，还指出它们各自的不足之处。据《宋史·乐志》载：

元丰三年（1080），……杨杰言大乐七失：……金声舂容，失之则重；石声温润，失之则轻；土声函胡，失之则下；竹声清越，失之则高；丝声纤微，失之则细；革声隆隆，失之则洪；匏声丛聚，失之则长；木声无余，失之则短[①]。

杨杰的意思是，像钟一类青铜制的乐器，其撞击（“舂”）声宏亮，但太大声；石制的磬，发声清润，但太轻；陶土制的埙，发声含糊（“函胡”），声音太低；篪笛一类竹管的发声清越，但声音太高；琴瑟一类丝弦乐器发声低微，声音太弱；皮革制的鼓声隆隆，发声太响；带有匏斗一类的笙声是复音（“丛聚”），但声音太长；木制的柷（chù）敔（yǔ）一类打击乐器没有一点延长音，发声太短。杨杰对八种不同物质材料的音品的论述是容易被众人所接受的，他以“丛聚”形容笙一类乐器的复音也颇具特色。

历史典籍中有关音品的记载相当丰富。我们再简单地谈谈有关响度的记载。

早在战国末期成书的《吕氏春秋·仲夏纪·适音》中讨论了“中声”，即相当于现代钢琴中央区的发音问题。它认为“夫音亦有适”，并指出了四种不适的情况：“太钜、太小、太清、太浊”，这四种音“皆非适也”。只有高、低、大、小适中（衷）的音才谓“中声”。在这里，“太钜”、“太小”是响度的概念；“太清”、“太浊”是音调的概念。可见，古代中国人定义“中声”是用响度与音调二种因素来界定的。

在隋代虞世南（558～638）编纂的《北堂书钞》中记述了几种钟声的响度。他写道：“汉旧仪云，（汉）高祖庙有钟十枚，受十石，撞之声闻于百里”；“华氏《洛阳记》云：端门内有大钟，尽遍撞之，声闻二十里也[②]。”《北堂书钞》成书于隋大业中，约公元 610 年左右，是我国现存最早的一部类书。前一记述出自汉代《三辅黄图》卷五，该书撰者不详。“华氏《洛阳记》”已佚，今有晋代陆机（261～303）的《洛阳记》一卷。响度，原指听觉判断声音强弱的属性，古代人常以声音传播的远近来衡量它。宋应星也有类似的说法，他写道：“凡钟为金乐之首，其声一宣，大者闻十里，小者亦及里之余[③]。”甚至他还知道各种声音的响度差别是不可计数的：“凡逼气而成声者，差等有亿万焉[④]。”

在《淮南子·说山训》中还有这样的记述：

“钟之与磬也，近之则钟音充，远之则磬音章。物固有近不若远，远不若近者。”

“充”作大或亮解；“章”作显著解。这段文字表明，在同时敲击不同材料和形制的乐器时，在不同的距离内听觉有不同的感受。钟与磬同击，钟声低沉洪大，磬声清远嘹亮；近听则闻钟声，远听则闻磬声。古代人可能多次作了这样的听音实验。

3. 风速与音调

当急风吹过地面时，物体随之摇动并发出声响，其音调随风速变化而升降。古希腊和中国，都曾对此有所论述。《庄子·内篇·齐物论》写道：

夫大块噫气，其名为风。是唯无作，作则万窍怒号（háo，读豪）。而独不

---

① 《宋史》卷百二十八《乐志三》。第九册，第 2981 页。

② 虞世南《北堂书钞》卷一百八《钟》。该书摘录于中央音乐学院中国音乐研究所编《中国古代音乐史料辑要》第一辑，中华书局（北京），1962 年影印本。

③ 宋应星《天工开物》卷八《冶铸篇·钟》。

④ 宋应星《论气·气声》，第 76 页。

闻之翏翏（liáo，读僚）乎？山陵之畏隹（cuī，读崔），大木百围之窍穴，似鼻、似口、似耳、似枅（jī，读机）、似圈、似臼、似洼者；似污者、激者、謞（xiào，读效）者、叱者、吸者、叫者、譹者、宎（yǎo）者、咬者。前者唱于而随者唱喁（yóng）。冷风则小和，飘风则大和，厉风济则众窍为虚。而独不见之调调之刁刁乎？

这段文字可译为如下：

大地发出来的气，叫做风。这风不发作则已，一发作则万种不同的窍孔都怒号起来。你没有听过长风呼啸的声音吗？山陵中高下盘回的地方，百围大树上的窍穴，有的像鼻子，有的像嘴，有的像耳，有的像梁上的方孔，有的像杯圈，有的像舂臼，有的像深池，有的像浅洼；（这些窍穴中发生的声音）有的像湍水冲击的声音，有的像羽箭发射的声音，有的像叱咄的声音，有的像呼吸的声音，有的像叫喊的声音，有的像号哭的声音，有的像深谷发出的声音，有的像哀切感叹的声音。前面的风声呜呜地唱着，后面的风声呼呼地和着。小风则相和的声音小，大风则相和的声音大。大风吹过去了，则所有的窍孔都空寂无声。你不见草木还在摇摇曳曳的摆动吗？①

《庄子·内篇》为战国时期思想家庄子（约前369～前286）所作。庄子，名周，宋国蒙（今河南商丘县东北）人，曾任蒙地方的漆园吏。他的文章汪洋恣肆，想象丰富，且多寓言故事。上引文淋漓尽致地描写了各种风声及其与窍穴的关系。特别是他提出风速与音调有关，得到“小风则相和的声音小，大风则相和的声音大”的结论。古希腊的科学家、哲学家塔伦图的阿契塔（Archytas of Tarentum，活动时期约公元前400～前350）有类似的说法，他也对风声作过描述，并且认为：风力、风速与声调有关；我们听不见某些声音，部分是因为风力太弱②。阿契塔是毕达哥拉斯的第二代信徒，他的声望与成就主要在几何学、声学和音乐理论方面。

在《庄子》之后，中国人还有许多有意义的论述。

唐代经学家孔颖达在注疏《礼记·月令》时写道：“音由气成，以其音气相须。”这意思是，声音要由空气的传播才能听见，而空气要有声音来鉴别它的存在，所以，音和气二者相须。

唐代成书的《乐书要录》也有一段极有意义的论述：

形动气彻，声所由出也。然则形气者，声之源也。声有高下，分而为调（diào）。高下虽殊，不越十二。假使天地之气噫而为风，速则声上，徐则声下，调（tiáo）则声中。虽复众调（diào）烦多，其率不过十二。然则声不虚立，因器乃见，故制律吕以纪名③。

这段文字的内容太丰富了。它是在该书“辨音声、审声源”的卷目下记述的。可见，“声源”二字早见于唐代。在该书作者看来，“形气者，声之源也”。也就是，有形的物与无形的气都可以为声源。该书又指出了声音产生的原因：“形动气彻”。“彻”字有贯通、

① 引自陈鼓应《庄子今注今译》，第33页。

② M. R. Cohen and I. E. Drabkin, A Source Book in GREEK Science: Acoustics and Musical Theory. Harvard Univ. Press, 1958, pp. 28.

③ 《乐书要录》卷五《辨音声审声源》。

深透、遵循等意。这就是说，声音的产生同时需要二个条件：有形物的运动或振动；空气随之因循这种运动。这个见解在古代是极为高明的。如果只有“形动”，而无“气彻”，这就相当于现代所谓的真空不能传声了。然后，该书又述及音调问题，指出风速则其音调高，风缓则其音调低，不速不缓则音调适中。

以上所述，涉及不同风速会产生不同声调的声音。战国时期荀况却注意到风速对声音传播的影响。《荀子·劝学》写道：“顺风而呼，声非加疾也，而闻者彰。”

顺风方向传播的声音借风速而使声压加大，听者耳膜的刺激量增大，于是声音变得更加明亮有力。这也是一个富有物理意义的观测记录。

二 声音的传播

1. 水波与声波

在科学史上，波的概念并非容易建立起来。在日常生活中，水波和绳子波是常见的现象。但是，空气中的声波，大地和固体物质的振动波是人眼不能看见的。只有在大量积累生活经验的基础上，由于想象、思考和推测，才能将经验上升为理论，才能将水波或绳子波推及空气中不可见的声波。

上古时代的人们，在渔猎生产中无疑每天见到水波翩翩，而水面上的木条、浮萍却并不随浪前进；在纺绳织网中，弹动绳子，波浪从一头传到另一头，而绳子上的线头也不随波流过。大概经过多少人的思索后，这种大自然的美终于在新石器时代被匠师以艺术的形式描绘在各种陶土工艺上。仰韶文化时期的陶器上划有许多精彩的水波，石击水面波，以及弹动绳线产生的波。从上古一直到西周时期，类似的图案在陶器、青铜器上屡见不鲜。

《管子·侈靡篇》写道：“荡若流水，使人思之”。经过长期对水波的观察思考，公元1世纪时，思想家王充终于提出了空气波与水波相同的看法。王充在其著《论衡》卷四《变虚篇》中写道：

> 天之去人，高数万里，使耳附天，听数万里之语，弗能闻也。入坐楼台之上，察地之蝼蚁，尚不见其体，安能闻其声。何则？蝼蚁之体细，不若人形大，声音孔气不能达也。今，天之崇高，非直楼台；人体比于天，非若蝼蚁于人也。谓天闻人言，随善恶为吉凶，误矣。四夷入诸夏，因译而通。同形均气，语不相晓。虽五帝三王，不能去译，独晓四夷，况天与人异体、音与人殊乎？人不晓天所为，天安能知人所行。使天体乎，耳高不能闻人言；使天气乎，气若云烟，安能听人辞？说灾变之家曰：“人在天地之间，犹鱼在水中矣。其能以行动天地，犹鱼鼓而振水也，鱼动而水荡气变。”此非实事也。假使真然，不能至天。鱼长一尺，动于水中，振旁侧之水，不过数尺，大若不过与人同，所振荡者不过百步，而一里之外淡然澄静，离之远也。今人操行变气，远近宜与鱼等；气应而变，宜与水均。以七尺之细形，形中之微气，不过以一鼎之蒸火同。从下地上变皇天，何其高也！

从王充的言论中，我们看出，他对于声波传播的距离和声强都有一定的认识；而且第一次在可见的水波和不可见的声波中作了类比，提出了“今人操行变气，远近宜与鱼等；气应而变，宜与水均”的见解。

但是，关于声波的思想并非起自王充。王充的论述只是充分肯定了一定强度的波只能在某个距离内传播。关于声波的思想起源于在他之前的灾变家。所谓灾变家是专以自然现象占卜人事吉凶的流派。王充在批判灾变家夸大声波或水波的强度时曾引述他们的言论：“人在天地之间，犹鱼在水中矣。其能以行动天地，犹鱼鼓而振水也，鱼动而水荡气变。”鱼动于水中，水波荡漾而开；由人声引起的空气波的传播也发生类似变化，所以人的言行感动天地，如鱼之振水。对水波和声波有所认识的灾变家出自西汉时期，公元前 2 世纪的董仲舒（前 180～前 115）是其代表人物之一，他的著作《春秋繁露》是天人感应或灾变说的代表作①。而在他著作思想的影响下，西汉、东汉都出了不少的持灾变说之徒。王充所言的灾变家及其所征引的声波思想，当属于在公元前 2 世纪到公元 1 世纪之间的学术流派。

在水波与声波比拟问题上，将汉代与罗马帝国相比较是有趣的。公元前 1 世纪，罗马的建筑师和工程专家维特鲁维乌斯·波利奥（Vitruvius Pollio，约公元前 85～前 26）曾提出类似的看法②。而波利奥所处的时代恰好在董仲舒之后 1 世纪、王充之前 1 世纪。或者说，他和中国灾变家同时提出了声波与水波的比拟问题。

李约瑟博士肯定不知道王充的以上论述，因而他在他的《中国科学技术史》巨著中作出了错误的判断。他认为，“中国人由观察液体媒介物中的波浪，从譬喻的观点想到声音，在公元第 8 世纪以前却少有清晰的比拟叙述”③。他所以说是“8 世纪以前”，是因为此后南唐谭峭提出了清楚的振动的概念。在这一点上，他又弄错了。“振动”的概念在春秋末叶，中国人从钟的发声中也已经知道了④。

王充之后，明末宋应星又一次提出了声波与水波的相似性。宋应星在《论气·气声》中写道：

> 物之冲气也，如其激水然。气与水，同一易动之物。以石投水，水面迎石之位，一拳而止，而其文浪以次展开，至纵横寻丈而犹未歇。其荡气也亦犹是焉，特微渺而不得闻耳⑤。

在这里，除了以水波比喻声波外，我们又一次看到，人们对于声强和传播距离的关系的认识。值得注意的是，水波不仅给古人带来对声波的认识，也加深了近代科学诞生时期人们对于光波的理解⑥。

有意思的是，宋应星在述及炮声和爆炸声时，已有朦胧的冲击波的概念。他说，炮膛内炮弹“当其出时，弩机发矢不足喻其劲与疾，虚空静气冲逼而开，至无容身地，故其响至此极也⑦。”当炮弹爆炸时，他也说道：“其时虚空静气受冲而开，逢窍则入，逼及

---

① 董仲舒从有机自然观出发，确实论述了“投水相动”，水波“摇荡”“而愈远”的思想。见其著《春秋繁露》卷十七《天地阴阳第八十一》。

②，③ Joseph Needham，Science and Civilisation in China．Vol．4，Part．I，p．202．Cambridge．1962．

④ 见《考工记·凫氏》。

⑤ 宋应星《论气·气声七》见《宋应星佚著四种》，第 75 页。

⑥ 戴念祖，中国古代关于振动与波的应用及其思想渊源，科技史文集，第 12 辑，上海科学技术出版社，1984，第 92 页。

⑦ 同上页⑤，第 76 页。

耳根之气骤入于内，覆胆隳（huī，读麾，毁坏之意）肝，故绝命不少待也[①]。”

比宋应星稍早时候，郑若曾在其《筹海图编》（嘉靖四十年、即1561年成书）中也述及冲击波。他在描述一种西洋火炮“铜发贡”时说，其炮发“墙过之即透，屋遇之即摧……，火药一热之后，其气能毒杀乎人，其风能煽杀乎人，其声能震杀乎人[②]。”最后两句描述，都近似现代所谓冲击波的概念。

更早时候，元代周密描述了冲击波。至元庚辰年（1340），维扬（今江苏扬州）炮库发生爆炸事件，周密对此作了记述。爆炸后验视现场，“守兵百人皆糜碎无余，楹栋悉寸裂，或为炮风煽至十余里外”[③]。

或许，更有意义的是、古代中国人从水波中猜想到波具有能量，观察到水波力偶的作用。

战国时期尸佼（约前390～前330）在其著《尸子》中说：“海水三岁一周流。波相薄，故地动[④]。”

在尸佼看来，波浪造成“地动”。这个“地动”，不是今日理解的地球的自转或公转，而是根据太阳视高度在一年四季的变化所确定的大地的相对位置的移动。由此看来，尸佼或许猜测到波具有能量并在波动中可以相互传递。

另一个有意思的记载，见之于唐代诗人韦应物（737～790）的“滁（chú）州西涧”一诗。该诗写道：

独怜幽草涧边生，上有黄鹂深树鸣。

春潮带雨晚来急，野渡无人舟自横[⑤]。

滁州，今安徽省滁县。西涧（jiàn），在滁州城西，俗名上马河。韦应物在这里不仅描述小城郊外清静优美的景致和诗人的情感，而且细致地观察到河边渡舟在波浪的力偶作用下横置于水流方向。这首诗的声学意义，它的原理和“瑞利声盘”一致。可见，诗人韦应物的观察能力是相当仔细的。

瑞利声盘是一种绝对测量声场强度的装置。它是由声学家瑞利（Lord Rayleigh，原名John William Strust，1842～1919）于1882年首先提出来的。将一小圆盘用纽绳悬于声场内，该盘在声波力偶的作用下将发生回转，测其回转角即可求出声场粒子的速度。实际应用瑞利声盘时，要将盘放在管内以防止气流及其它的影响。盘面转动的方向与波的传播方向成直角[⑥]。

由瑞利声盘可以想到“野渡无人舟自横”的道理了。舟在水波的作用下（也当略去水流、空气流和其它的影响），船体两端受到与波的传播方向成直角的力偶作用，因而绕其船体重心（一般地，该重心与其中心相吻合）旋转。韦应物当然不知道如此深刻的道理。但他的观察能力是令人敬佩的，他所观察到的现象在他千余年之后成为科学，更令

① 同上页⑤，第78页。

② 郑若曾《筹海图编》卷十三《经略·兵器》。

③ 周密《癸辛杂识前集·炮祸》。

④ 孙星衍校集《尸子》卷下。

⑤《全唐诗》卷一百九十三《韦应物·八》，第1995页。

⑥［日］伊藤毅著，马智远等译，声工原理，第275～276页，科学出版社，1963；也见徐唯义，“瑞利盘”，《中国大百科全书·物理学》第898～899页，1987年版。

人惊叹。

2. 声波的反射、折射和衍射现象

声波反射最显著的现象是回声。关于回声的记载在历史上非常丰富。山谷回声的现象甚至于在一本蒙学课本《千字文》① 中写为“空谷传声”，从而被历代儿童诵读。有趣的是，早在战国初期，回声与“形影相吊”同被用以嘲笑放荡无获、死不回头的人。《庄子·天下篇》就以这种文字评述战国哲学家、名家的代表人物之一惠施（约前 370～前 310）。该书写道：“惠施之才，骀荡而不得，逐万物而不反，是穷响于声，形与影竞走也。”

“穷响于声”也就是以声音追回声。由于在相同的物理和地理环境下，声速是一定的，因此，前后相距一定时间的两个声音，后者绝不能追上前者。庄子或其门徒以此嘲笑惠施善辩之才，可能在他们的思想中对于声速已有初步的认识。

方以智在《物理小识》中甚为有趣地记述了三个声音反射现象的例子。他写道：

太姥有空谷传声处，每呼一名，凡七声和之。老父以问坛石熊公。公曰：“峡石七曲也”；

人在雪洞，其声即有余响；

若作夹墙连开小牖，则一声亦有数声之应②。

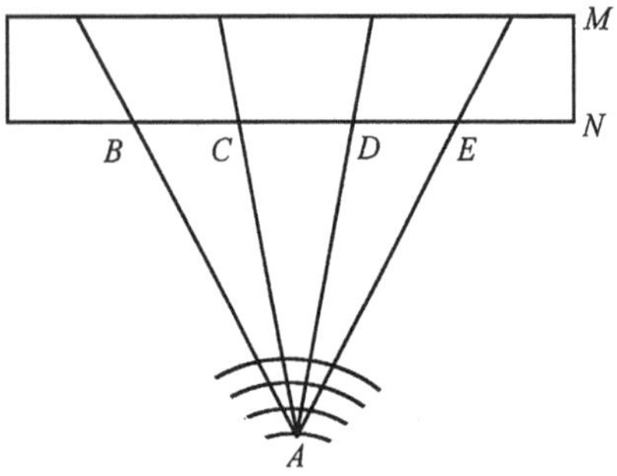

图 4-21　夹墙声波反射示意图

第一个例子，“空谷传声”，即声音通过山谷峡壁的反射现象，因太姥山峡谷有七道弯，故有七声回响。“太姥”山在福建省福宁境内，即今福鼎县内名胜古迹之一。第二个例子，是声音及其反射声在一个称为“雪洞”的洞内形成交混回响的现象。雪洞也是太姥山的奇景之一，该洞或许因其洞壁洁白明亮而得名。雪洞壁吸声性能甚微，也即反射性能好，故混响明亮。第三个例子，可能是有意设计的一种声音反射实验。如图 4-21（A 为声源；M、N 为夹墙；B、C、D、E 为夹墙 N 上的各个小窗），在夹墙的某一墙上连开几个稍有距离的小窗，墙外人对着夹墙说话，就可以听到多次回声。

方以智记述的这三个声音反射现象是极为有意义的。

还值得我们注意的是，清代郑光祖关于声音反射现象的记述。他在其著《一斑录》中写道：

气有所震而成声。前有墙一曲，声为勒转必相应。若墙外有圈洞，则愈甚。故山多之处，应声百出其变也。

空旷之地，壁立数寻巨石。人贴石而立，则隔石发火枪而不闻，声不到也。不知者谓为聋石，愚矣。然此须一无遮碍。若巨石外另有屋宇、树林、或远近

① 《千字文》原书名为《次韵王羲之书千字》（见《梁书》卷四十九《周兴嗣传》，中华书局校点本第三册，第 698 页），它是撷取东晋书法家王羲之（321～379，或 303～361）遗书中不同的字一千个，编为四言韵语而成，叙述了有关自然、社会、历史、伦理、教育等方面的知识。该书编撰者为梁代周兴嗣（？～521），书成于 502～510 年之间。是书隋代开始流行，有多种读本和改编本。

② 方以智《物理小识》卷一《天类·异声》。

山阜，将声抑迫，即不能竟不闻也[①]。

在郑光祖所述的这二例中，前一个相似于方以智记述的开小窗的夹墙，郑光祖以此解释了多次回声的现象；后一个所谓“聋石”，是明末来华传教士叙述的西方名胜典故。据方以智《物理小识》载，“《外纪》云：谙厄利亚有怪石，长七尺，高二丈，隔石发火铳，人寂不闻。故名聋石[②]。”《外纪》即《职方外纪》，为明末入华的传教士艾儒略所撰的地理著作。“谙厄利亚”即今译英国。初读这记载，真不知其为何物何现象。或许传播此事的传教士本人也未见此“聋石”，或未明其理，来到中国后也随便说说。而好学的中国学者却将它记录下来了。入清以来，郑光祖对此记述当有所领悟，他才评论性地写下了有关“聋石”的一段文字。他不仅清楚地记述了这一声音现象，而且他还具体地指出了发生这种现象所需的环境条件，即“须一无遮碍”的空旷之地。否则，声波被周围树林、屋宇等物反射回来，巨石下的人就不能不听到声响。

郑光祖在其著《一斑录》中还描述了凹面反射声波的现象。他说：“人家堂中行声，偶有上应梁宇。必屋宇上覆高邃，而地下空虚，故相应也。”

刘岳云（1848～1917）在其著《格物中法》中转引郑光祖的这段文字如下：“人家堂屋中行步声，有上应梁宇者，必其屋上覆、高大且深，而地下砖又铺空，故声相应也[③]。”

刘岳云转录此段文字后评论道：

声之回响与光之回影同理。此处之光射至镜面，回光所射必有聚光点，令光易为声，则聚光点即聚声点。……屋形高覆，一一回声至屋之正中，故声自下而上，复自上而下，皆凹形之理也[④]。

众所周知，当自由声波（未经反射影响的声波）射向一个比其波长大得多的均匀面时，声波的反射就类似于光的反射。按照几何学法则，求取凹面镜反射成像的位置，就可以找到回声聚焦位置。从郑光祖、刘岳云的记述中，表明他们已有较深刻的声学知识。

穹形屋顶不是中国传统文化的建筑。它是由明清时期入华传教士传进中国的。自明季利玛窦来华之后，曾建造有穹形屋顶的小教堂。佛教寺庙中的穹形屋顶与西方建筑不同，前者为木结构，后者为砖石结构。郑光祖将穹形屋顶的声学现象记入其著《一斑录》之中。1870年刘岳云的《格物中法》成书，又将其声反射现象与凹面镜反光相比拟。此时距傅兰雅和徐建寅翻译丁铎尔的《声学》一书尚有四年。因此，刘岳云的解释很可能是综合了传教士和他自己的两方面的见解。他的《格物中法》一书，尽量搜集中国历代的科技成就，甚而牵强附会地认为，所有西方发明均为中国古已有之。他是存心要与西方比一高下的。因此，他不可能将西方的科技发明与发现记入他自己的著作之中。

方以智又记述了三个折射现象的例子，它们是由风速梯度或温度梯度对声音传播产生的影响。他写道：

① 郑光祖《一斑录》卷三《物理·声影皆有微理》。

② 方以智《物理小识》卷七《金石类·阻声石》。

③、④ 刘岳云《格物中法》卷一《气部》。

若高山日暮，闻城市之喧声，以日气敛而人静听也。

愚尝江上晡出三山峡，即闻鲁港、鸠兹之人声。

风顺夜静，则山头闻百里，不为奇矣①。

第一个例子为傍晚、夕阳西照，地面附近温度高，上空温度低。气温随高度增加而降低，因而声波的波阵面法线偏折向上。加之环境安静，因而在高山上听见山下城市之喧闹声。

第二个例子的环境条件是，夏天，长江江面，约下午3～5时（“晡”即申时，太阳落山前一个时辰）。三山峡在今安徽繁昌县境内，鸠兹即今芜湖市，鲁港为芜湖市郊一集镇。三山峡与鲁港同在长江一侧，相距不超过3000米的宽阔水面，鲁港与鸠兹也在5000米之内。方以智在长江上乘船旅行，日晡时出三山峡，听到鲁港人声；过了鲁港，又听到鸠兹人声。由环境条件可知，大气温度随高度增加而增加，而水面温度较低，因而声波波阵面法线偏折向下，甚至很可能在水面与上层热空气之间发生声波全反射，因而使普通的声音能传播到较远的距离。

第三个例子的环境是“风顺夜静”，山下与山顶之间有一定的风速梯度，风速随高度而增加，加上寂静的夜晚，因此，山头上听见较远距离的山下村庄里的声音。

除此之外，宋代曾三异在其著《因话录》中指出，声音可以绕过墙垣。他说：“声者气之精华也。一纸之隔而气不能达，墙垣之间，声得可闻。声之感通者若神。”

曾三异，生卒年不详。墙之所以不能隔断声音，正是声波衍射造成的。但曾三异不明其中道理，他只能以“声之感通者若神”作为他的认识结论。

古代人虽不能观察到声波衍射，但类似水波衍射，如水面波在两根木棒中间空隙的衍射，无疑是他们所熟悉的。

3. 关于声速问题

古代中国人曾试图测定声速与否？我们先看看有关的材料。

清季刘岳云在《格物中法》中引《东方朔别传》文字如下：

汉武帝忽见一坑，深不知几丈，以朔多智，使往视之。朔对曰：“坑深百二十丈”。何以知之？朔曰：“臣到，以大石投之坑中，倾耳而听，久久乃到，僇僇有声，九九八十一，六六三十六，臣以此知之”②。

东方朔（前154～前93），西汉文学家，平原厌次（今山东惠民）人，字曼倩。汉武帝时，为太中大夫。善辞赋。性诙谐滑稽。后来关于他的传说很多。《汉书·艺文志》载《东方朔》二十篇，今已佚。《东方朔别传》是谁之作，属那一代传说，均不明。就刘岳云的引述看，东方朔以投石入坑，辨声静听，加以计算，知道坑声120丈。但是，这里涉及石块落坑的初速度、落体加速度、时间等物理因素较为复杂的问题，还必需先知道声速。在古代科学水平下，东方朔绝不能以声速测定坑深。充其量他是一种经验判断。迄今，笔者尚未发现古代有关声速测定的文字记述。

虽然没有明确的关于声速的记载，但是，有文献表明，古人曾利用经验的声速测距离，并应用于工程技术之中。这是值得我们注意的事。

① 方以智《物理小识》卷一《天类·声异》。

② 刘岳云《格物中法》卷一《气部》引《东方朔别传》。

据北魏郦道元（？～527）《水经注》卷三十四《江水》写道：

江陵城地东南倾，故缘以金堤，自灵溪始。桓温令陈遵造，遵善于方功。使人打鼓，远听之，知地势高下。依傍创筑，略无差矣①。

江陵在湖北省中南部、长江沿岸，荆州古城属此。其地势东南倾斜，为江水所犯。桓温（312～373），字元子，谯龙亢（今安徽怀远西北）人。东晋成帝（326～342年在位）时，都督荆、梁四州，安西将军，荆州刺史等职。永和二年（346年），率军西征，得胜后，还江陵。永和五年（349），欲北征，并上疏朝廷，议水陆之宜。② 故此，桓温令陈遵修筑江陵金堤，拟为340～350年之间事。陈遵（生卒不明）当为此时期江陵闻名的土建专家。说他“善于方功”，即擅长计算土方、筑堤防水等事。此陈遵为东晋时期一普通工人，史无传，断其为汉代京兆史陈遵者，乃误③。

令人兴趣的是，郦道元记下了陈遵以击鼓听声来测量地势高下远近的事实。记述虽不详，大概可推之如下：如图4-22，要测定O点与A，B，C等处的距离，让人在O点击鼓，鼓槌当色泽鲜艳或系于红绸类布料，以便在A、B、C等处看清鼓槌下击的动作。如果声速已知，而从鼓槌下落到听见鼓声的时间可以测知，那么，OA，OB，OC各斜坡距离即可求出。因此，《水经注》说陈遵依此法，“知地势高下。依傍创筑，略无差矣”。一般说，这并不违背科学原理。问题在于，当时并无精密的测时仪器，除非陈遵以滴漏流水量来计量时间，否则，时间的确定只能是经验性的估计值；再则，声速问题，在当时也只能是陈遵凭主观感觉的估计值。如果，时间和声速二个因素都属经验性的估计，那么距离的测定值就很难说是“略无差矣。”鉴于文献记载过于简略，这个猜测未必恰当。很可能，陈遵依此法先测定了约略的声速值，又以滴漏流水量测时间，那么，“地势高下”或距离的测定，便较为可靠。

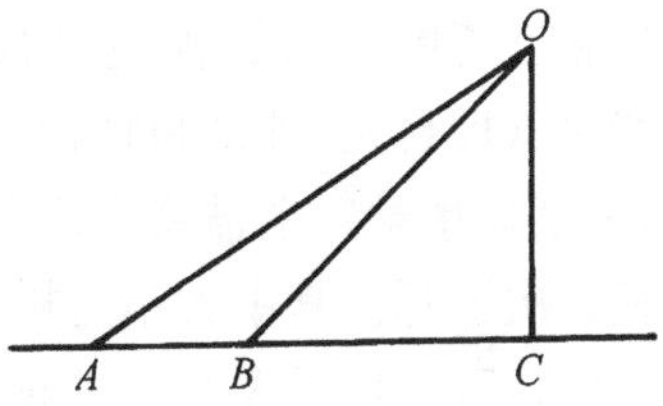

图4-22　推测陈遵测距离示意图

三　建筑与声音

由于建筑的需要，促使了近代声学的诞生。由于电声的出现，近代建筑声学特别注意消除厅堂内混响，研究屋内语言和乐声具有最佳音质等问题。而如何使广场或厅堂的人们清楚听见有限强度的语言和乐声（无电声情况），是古代人关注的问题。无论东方或西方，似乎古代人都努力于让人声和乐声传播得更远。

1. 戏院舞台建筑与声响

中国人注意到厅堂的声音问题，大概在南北朝时期。萧梁朝周兴嗣（？～521）在其撰《千字文》中有“空谷传声、虚堂习听”一句。它表明古代人已将空旷深谷的回声和高堂大厦的混响看作是一回事。

① 王国维《水经注校》，第1083页。

② 《晋书》卷九十八《桓温传》，第八册，第2568～2580页。

③ 王锦光、洪震寰，中国古代物理学史略，第114页；汉京兆史陈遵可参见《汉书·陈遵传》，第11册，第92卷，第3709页。

中国古代的戏院和舞台建筑的历史也是悠久且有特点的。

从先秦迄隋唐，音乐和艺术表演场地大约有二类：一在宫廷室内演出，这种演出规模不大，听众也不会太多；一是民间演出，多在空旷之地或广场上进行。汉代文学家和天文学家张衡在其著《西京赋》中，曾描写皇帝出游观看长安民间歌舞百戏的盛况："临回望之广场，程角觝之妙戏……，女娥坐而长歌，声清畅而委蛇。"值得注意的是，在这广场里，表演者处于观众中间，且多在观众之下，观众从上往下看和听；或者有意选择在坡凹之地，以便观众站在山坡上观看。这种演出多在盛夏傍晚或夜晚，其场地的选择与当时的气候条件，有利于远处观者的听闻。隋唐时代，广场演出，观众已有"看棚"，而且仍是高于演出者，也有利于观众的听闻。

宋元时期盛行勾栏瓦舍。这是当时大城市中商业集中点和娱乐场所。其中以栏杆和巨幕围隔成的固定场所，称为勾栏或游棚，以表演乐舞百戏。勾栏内有戏台、戏房（后台）、神楼和腰棚（即看席）。宋代孟元老（生活于 11、12 世纪之间）在其著《东京梦华录》中描写了北宋首都汴梁东角楼街巷的瓦子："街南桑家瓦子，近北则中瓦，次里瓦。其中大小勾栏五十余座。内中瓦子莲花棚、牡丹棚，里瓦子夜叉棚，象棚最大，可容数千人①。"这种最大的、可容数千人的象棚，是以表演场地为中心的简易台阶式看棚。

关于戏台或舞台建筑，早在秦汉或先秦时期已经出现。不过那时的戏台或舞台都很简单罢了②。汉代还有一种"露台"，即露天之台，是祭神与娱乐合而用之③。南朝梁武帝创制一种木构舞台，称"熊罴案"④，它有栏杆、台阶，不用即可撤去，实为一种活动舞台。"舞台"一词始于唐代。唐杜牧（803～852 年）《寄远》诗曰："向无罗袖薄，谁念舞台风"⑤。宋代露台极普遍。露台与前述看棚形成"棚帘夹道多夭柔"⑥ 的热闹场面。宋代创建木石结构的永久性乐舞场所，宋代人称其为"舞厅"、"舞楼"、"乐厅"等，它们的意义与近代专用于文艺演出的场所相同。

值得注意的是，宋元舞台或戏台大有进步。木石结构的舞厅、乐厅已由四面观变成三面观、或一面扇形观，如彩图 4-23，是留存至今、在山西南部的宋元舞台建筑，它除屋顶之外，还具有后墙和两面侧墙。这对于露天场地的较远的听众无疑具有较为清晰的听闻情况。

明清时期，屋内歌舞厅增加。建于明代、重修于清乾隆五年（1740）皇宫内漱芳斋戏台（见彩图 4-24），台面积为 10 平方米，高约 3 米，适宜演出小型歌舞说唱，声音效果极佳。从一些绘画中还可以窥见清代戏院的设计情况。清光绪年间绘的北京"茶园"演戏图（见彩图 4-25）中，有舞台，台前平地可容观众外，还有厅（台对面，画面上未画

---

① 孟元老撰，邓之诚注《东京梦华录注》卷二《东角楼街巷》，第 66 页。

② 刘熙《释名》卷五，释"台"字"筑土坚高"；《尔雅注疏》卷四《释宫》，宋邢昺疏："积土四方而高者名台"。

③ 《汉书》卷四《文帝纪》："尝欲作露台，召匠计之，直百金。"第一册，第 134 页。

④ 陈旸《乐书》卷一百五十《俗部·八音之属》。

⑤ 《全唐诗》卷五百二十三，第 16 册。

⑥ 梅尧臣（1002～1060）《宛陵集》卷五十一《莫登楼》："露台鼓吹声不休，腰鼓百面红臂韝（gōu，即胳膊），先打六么后梁州，棚帘夹道多夭柔。"

出），有楼，可从画面上看出观众上下楼的情景。清包世臣（1775～1855）《都剧赋·序》写道："其开座卖剧者名'茶园'。……其地度中建台，台前平地名'池'，对台为厅，三面皆环以楼"①。

2. 增加建筑混响的方法

增加混响，大概是古人想到的使厅堂或广场内演唱声传播得更远的方法。为此，他们提出了一些特殊音乐房的设计思想。例如，古琴发声低微，什么样的琴室或琴厅才能使较远处有清晰的听闻？宋代赵希鹄（生活于13世纪）写道：

> 前辈或埋瓮于地上鸣琴，此说恐妄传。盖弹琴之室，宜实不宜虚，最宜重楼之下。盖上有楼板，则声不散；其下空旷清幽，则声透彻。若高堂大厦，则声散；小阁密室，则声不达；园囿亭榭，尤非所宜。若幽人逸士，于高林大木或岩洞石室之下，地幽境寂，更有泉石之胜，则琴声愈清，与广寒殿何异也②。

赵希鹄认为，最好的琴室是"重楼之下"，即二层小楼下，或取自然景区，如岩洞石室和高林大木之中。今天我们可以想到，"重楼"对声的反射及其混响，其下又"空旷清幽"，这就成了一个自然的扩音喇叭，使琴声往听众方向传播。而岩洞石室和高林大木又都能很好的反射声音，增加混响，低微的琴声可以由它们放大。这种琴室的设计符合古琴声微的特点。赵希鹄认为不良的琴室或弹琴之地，如高堂大厦、园囿亭榭等，都因周围太空旷，琴声传不到反射体就已经消失了。

然而，在琴室地下埋瓮，以共鸣增加琴声音响，这个方法却被赵希鹄认为"妄传"。其实，在古代的东西方都有这方面的实践经验。公元前1世纪，罗马建筑师波利奥在戏院的墙壁或座位旁造壁龛，将一些青铜器皿置其内，让听众坐于壁龛之上。而在公元前4～5世纪墨子生活年代，墨翟及其弟子在地下挖地道、埋空瓮，以监听地面声源的方位。东西方人都以瓮或瓶之类增大混响。

或许受到墨翟埋陶瓮的启发，从唐宋起，在舞台下埋瓮的建筑逐渐增多，后来竟成为中国舞台传统，一直流传到最近几十年间的民间舞台建筑中。而在西方，除波利奥的记述之外，似乎在整个中世纪都无人问津。

在五代十国时期（907～979），宋昭宣帝天祐二年（905），吴国太祖武皇帝杨行密卒，其子杨渥（886～908）嗣位。杨渥见父丧，却在家中"掘地为室，以按音乐"③。这在中国传统中是无情无义的事。但这条记载可能是较早披露了在地下挖洞、埋陶瓮以演奏乐器一事。赵希鹄认为"妄传"之事，其实也只是杨渥将传统琴室继承下来而已。虽然赵希鹄认为"妄传"，而明代屠隆（1542～1605）却肯定此事。屠隆写道：

> 琴室，宜实不宜虚，最宜重楼之下。盖上有楼板，则声不散；其下空旷，则声透彻。若高堂大厦，则声散漫；斗室小轩，则声不达。如平屋中，则于地下

① 包世臣《管情三义·都剧赋》，见包世臣《安吴四种》丛书。

② 赵希鹄《洞天清禄集》"古琴辩"条。

③ 陈彭年（961～1017年）《江南别录》，见《说郛》卷五十八，商务印书馆本。由于原书佚亡，《说郛》本错误较多。据《新五代史·杨渥传》（卷六十一，中华校点本第三册第752～753页），杨渥谥曰景帝，其弟杨隆演（897～920）谥曰宣帝。《说郛》本《江南别录》却以杨渥为"宣帝"。因此，"掘地为室，以按音乐"一事有可能是杨隆演所为。

埋一大缸，缸中置一铜钟，上用板铺也可[①]。

其后，文震亨（1585～1645）又一次写道："古人有以平屋中埋一缸，缸中置铜钟，以发琴声音[②]。"

屠隆和文震亨的记述和古罗马波利奥的方法完全相同。令人怀疑其间有过文化交流之可能。但仔细追溯中国的文化历史传统，又不能不令人相信，琴室埋缸，增大混响的方法是东西方各自独立创造的。

在山西省南部和西南部地区，留有大量的宋元戏台和舞楼，称之为"舞厅"、"乐厅"[③]。这是现代歌舞音乐厅的词义之祖。据最近考察，这些历史留存的戏台下几乎都有坑洞，内有陶瓮。图 4-26 是考察中拍下的 20 世纪 50～60 年代间建的舞台。从图中可见台下深坑和置陶瓮的情形。由此可窥见几百年前乃至上千年前中国传统琴室中的建筑与装置。

图 4-26　山西南部当代舞台建筑中的深坑和陶瓮

与琴室和舞台挖洞置瓮的思想相同的是，古代钟鼓楼也有独特的设计与建筑。宋代王明清《挥麈录》写道：

佛宇挂钟之阁多虚其中，盖欲声之透彻也。孝宗潜跃，在幼岁时偶至秀州郡城外真如寺，登城楼游戏，而僧徒先以蘧蒢（以苇或竹编成的粗席——本书笔注）覆空处，上误履其上，遂并坠焉。旁观之人失色无措，亟往视之，乃屹然立于席上，略无惊怖之状。此与夫国史所载，太祖皇帝（即赵匡胤）少年日，人马俱坠于汴都城楼者若合一契焉[④]。

孝宗赵昚（1127～1194）1163～1189 年在位，幼时曾跌入钟楼下共鸣腔（即挂钟之地下洞穴）中。古人以为钟下有洞穴，则"声透彻"。这正是琴室置陶瓮，钟楼设共鸣腔的古代物理认识。现在北京大钟寺正对大钟的地面就掘有深池，通过大钟与深池间的一

① 屠隆《考槃余事》卷二。

② 文震亨《长物志》卷一。

③ 廖奔《宋元戏曲文物与民俗》，文化艺术出版社，1989，第 111～134，237～244 页。

④ 王明清《挥麈三录》卷一。

段空气而形成钟与深池的共振混响系统①。

3. 隔声建筑

中国古代人至迟在明代还建造了隔声建筑。方以智写道："私铸者匿于湖中，人犹闻其锯锉之声，乃以瓮为甃，累而墙之，其口向内，则外过者不闻其声。何也？声为瓮所收也②。"

以瓮累墙，使其口朝向室内，再在各个瓮之间实以泥土，就筑成了最古老的隔声墙。这样建造的隔声房间极为近似于近代以亥姆霍茨共鸣器建造的隔声墙或隔声房间。

清代郑光祖对隔声建筑也作过类似记述："人家墙壁以空瓮横砌而成，使口尽向（屋）内，则室中所作之声皆收入瓮，不达于外，贴邻不克闻也③。"

到郑光祖于1822年完成其著《一斑录》的初稿时，中国人对于隔音墙和隔声建筑可能是众所周知了。

方以智的学生揭暄在《物理小识》注中指出"广孝用此法造器械"。广孝"即姚广孝（1335～1418），长洲（今苏州）人，14岁入寺为僧，僧名道衍。他曾大力协助明成祖朱棣举兵反惠帝朱允炆。因事成有功，永乐二年（1404）复其姓，赐名广孝。他发明的隔声建筑是在他与明成祖密谋夺取皇位的酝酿期间。当时，明成祖居北京旧元朝宫内，广孝于后苑练兵、造器械。据《明史》载，为防泄露天机，广孝"穴地作重屋，缭以厚垣，密甃瓴甋瓶缶，日夜铸军器，畜鹅鸭乱其声④。"大概这一发明，此后为许多人所知晓并加以利用，故而才有明末方以智的记述。

据传，10世纪左右在瑞典教堂建筑中用过陶瓮砌墙，只是陶瓮大小不均，吸声效果也无记载。亥姆霍茨于1860年建立共鸣器理论，而将这种共鸣器用于建筑墙体上，是20世纪的事。40年代丹麦阿尔胡斯（Aarhus）大学大礼堂采用它作吸声砖墙⑤。可见，西方真正成功的隔声建筑是20世纪的事。隔声的肇始应是姚广孝的功劳。

4. 天坛与莺莺塔

位于北京的天坛是明清两代帝王祭天、祈祷丰年的建筑。初建于明永乐十八年（1420）。其中，祈年殿、皇穹宇、圜丘三座宏伟建筑座落在南北纵轴线上。皇穹宇和圜丘建于明嘉靖九年（1530）。（见彩图4-27）皇穹宇围以高约6米，半径约32.5米的围墙。这个围墙，就是闻名的回音壁。圜丘为圆形的三层汉白玉石坛，最高层平台离地面约5米，半径约11.4米，每层平台边均砌有青石栏杆。回音壁与圜丘都有奇特的声反射现象。

回音壁的围墙以砖石砌成，墙壁面整齐、光滑，是一个优良的声音反射体。围墙内三座建筑，座落北面最大的圆形建筑就是皇穹宇。东西两边对称地各有一个长方形配殿。圆形围墙与声音在凹面的反射密切相关，当图4-28中人A对凹墙面低语，声波沿着凹面$ABCDE$"爬行"。人E可以听见来自墙面D的A的声音。从皇穹宇到回音壁的大门有一白石路，从皇穹宇往南数第一、二石处拍掌可以分别听到一次和二次回声；在第三石处

① 陈通，中国民族乐器的声学，物理学进展，第16卷（1996），3～4期（合）第566～575页。

② 方以智《物理小识》卷一《天类・隔声》。

③ 郑光祖《一斑录》卷三《物理・声影皆有微理》。

④ 《明史》卷一百四十五《姚广孝传》，第13册，第4079页；也见田艺蘅《留青日札摘抄》卷三《姚广孝》。

⑤ 戴念祖，中国声学史，第457页。

拍掌可以听到三次回声，人称此石为“三音石”。三音石的第一次回声是由东西两个配殿的墙基和墙面反射的，第二、三次回声是由回音壁反射而成的。从皇穹宇往南数的第 18 块石处（G_1）和东配殿的东北角（G_2）或西配殿的西北角（G'_2）之间，虽然距离甚远，但此二处可以小声对话。这第 18 块石（G_1）被称为“对话石”①。通过数学分析凹圆柱面内声波的传播可对此现象作出解释②。“对话石”现象是由于凹面反射声有焦散现象，在焦散面上的声场可以得到加强。声源 G_1 的声波经回音壁凹面反射而达到 G_2 或 G'_2 点，G_2 或 G'_2 正好落在声反射面的焦散点上，在焦散点的反射声压值比 G_1G_2 或 $G_1G'_2$ 直达声大。

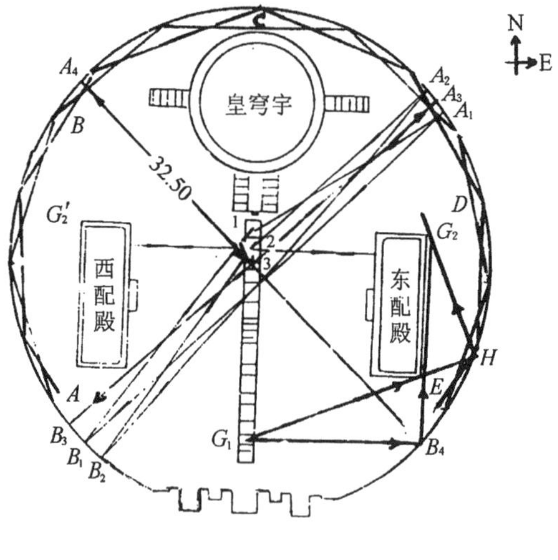

图 4-28　回音壁声波反射示意图

圜丘的声音效果是，人站在台中心叫一声，其本人可以听到来自脚底地面的回声。这个声波反射过程是这样：圜丘的平台在中心略高并向周围略有倾斜，因此平台栏杆与台面夹角略小于 90°。人的声波从台中心传到栏杆，被栏杆反射到台面，再由台面射到人耳。或者，声波先传到平台面，反射到栏杆，再反射回平台中心③。

莺莺塔原名为普救寺舍利塔，位于山西永济县普救寺内。由于《西厢记》主人公张生与崔莺莺冲破封建礼教的爱情故事发生在普救寺内，故而命其为莺莺塔。普救寺初建于隋唐年间，塔为 7 层。明嘉靖三十四年（1555）因地震而毁坏。今存莺莺塔重建于嘉靖四十三年（1564），共 13 层 36.76 米高（不计及塔刹）。

莺莺塔是四方形砖塔，塔内为方形空筒状。全塔与塔檐都由砖石砌成。各层塔檐成半穹窿形。该塔最为明显的声学效果是：在塔外的一定距离内击石、拍掌，可以听到蛙鸣声；距塔2.5 千米村庄的锣鼓声、歌声，在塔下却能听见，且似乎来自塔内；远处村民的说话声也会被塔聚焦放大。诸如此类奇特的声学效应，皆出于塔本身的结构与形状。中空的塔内腔起了谐振腔作用，可以将外来声音放大；半穹窿状塔檐不仅可以将声波反射回地面，而且还有会聚声波的作用。不同高度的 13 层塔檐的声反射脉冲会聚于人耳，相邻两层塔檐的反射声时间间隔合适，约 10 毫秒，因此形成蛙鸣之感（图 4-29）④。

① 俞文光、吕厚均等，天坛皇穹宇声学现象的新发现，《自然科学史研究》1995 年 4 期，第 359～365 页；也见该刊 1996 年 1 期，第 72～79 页。

② 陈通，凹圆柱面内的波和回音壁，声学学报，第 22 卷（1997），1 期，第 33～41 页。

③ 俞文光、吕厚均等，同①。

④ 丁士章、吴寿锽等，世界奇塔莺莺塔之谜，丁士章等，普救寺塔檐声的声学机制，《自然科学史研究》第 7 卷第 2 期（1988），142～151 页；陈通等，普救寺莺莺塔回声现象分析，《声学学报》第 13 卷（1988）第 6 期，第 462～466 页。

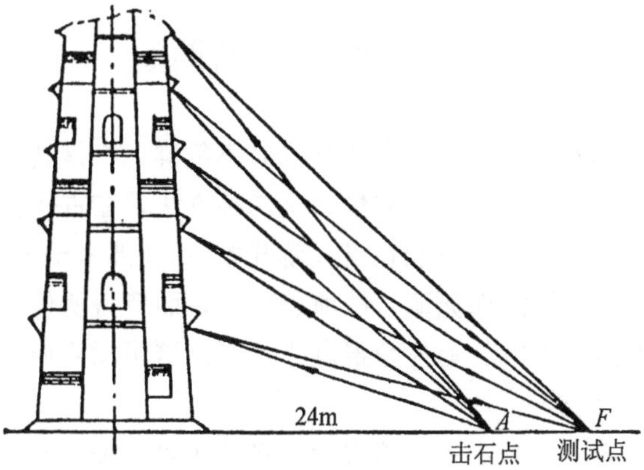

图 4-29　莺莺塔塔檐声波反射示意图

四　器物破裂及其内杂质的声音鉴定法

陶器、瓷器、青铜器皿等，如有破裂，敲之则声音嘶哑；无破裂者则声音清脆。今日买卖陶瓷、青铜器，尚以此法鉴定其是否破裂。这种方法早为中国古代人所掌握。击瓯、缶之风，起于战国，盛于唐。如瓯、缶声音嘶哑，就不可能用它作为乐器。清代朱琰（生活于18世纪）的《陶说》一书是据历代典籍编写而成的，其中就陶瓷的声音鉴定法写道："瓯取质紧而声清，此（指击瓯）非如点茶佐酒。其窑法佳否，上手立验①。"这意思就是未破裂的好瓷器，用手指弹敲，其声清远；如烧窑时已有破裂，"上手立验"，亦即其声哑，立刻可以判断之。

有趣的是，早在商代，占卜者以声音判断龟甲是否破裂。商代以龟甲占卜成风，占卜者将龟甲先以钻、凿。钻之，其正面易横裂；凿之，其正面易直裂。再以火灼其钻凿处，闻其爆裂声，即有纵横之裂纹，并停止火灼。根据纵横裂纹占卜问事者之吉凶②。

铸造青铜器，若其内有杂质，亦可以声鉴定。刘宋时，廷尉张永（？～474）曾以此鉴别编钟内杂质。据《南史·张永传》载：

> 永晓音律。太极殿前钟声嘶，孝武尝以问永。永答："钟有铜滓"。乃扣钟求其处，凿而去之，声遂清越③。

颇有意思的是，几近100年之后，张永曾凿去杂质的铜钟仍然存在。萧梁武帝（502～549在位）时，大乐丞斯宣达发现该钟凿去的铜太多，以致声调下降。《隋书·律历志》载，斯宣达"借访旧事，乃是宋泰始中，使张永凿之，去铜既多，故其调啴下④。"

声音和声学现象在古代被广泛运用的事例，不胜枚举。

---

① 朱琰《陶说》卷五《说器》。

② 董作宾，商代龟卜之推测，《安阳发掘报告》第1期，1929年；也见王宇信《甲骨学通论》，中国社会科学出版社，1989，第107～113页。

③ 《南史》卷三十一《张永传》，第三册，第805页。

④ 《隋书》卷十八《律历志》，第二册，第390页。

五　利用声响捕鱼

声响捕鱼包括二个方面：一是以人造声响逼集鱼群；二是利用鱼群的活动或其本身的声音，以某种器具探测它的方位和数量。这二种方法，在古代都有许多记载。

以人造声响逼集鱼群的方法可能在汉代就开始了。《淮南子·齐俗训》写道："击舟水中，鸟闻之而高翔，鱼闻之而渊藏，故所趋各异，而皆得所便。"

打击舟船本身发出的声响，逼使鱼群藏之深渊。这可能启迪后人以此方法去捕捞更多的鱼。唐代段成式写道：

> 兴州（今陕西略阳）有一处名雷穴，水常半穴。每雷震，鱼随流而出。百姓每候雷声，绕树布网，获鱼无限。非雷声，渔子聚鼓于穴口，鱼亦辄出，所获半于雷声①。

这是以敲鼓声迫使鱼跳出水穴。宋马永卿（生卒年不详）《嬾真子》（成书于绍兴六年，即1136年）述及以锣鼓声"振动"使鱼惊出水面的现象：

> 鄱阳湖水连南康、军江一带，至冬湖水落，鱼尽入深潭中。土人集船数百艘，以竹竿搅潭中，以金鼓振动之，候鱼惊出，即入大网中，多不能脱②。

《淮南子》所述"击舟水中"，在唐代发展为"鸣桹"（也作"鸣榔"）。清代施润章（1618～1683）解释说：

> 榔，盖船后横木之近舵者。渔人择水深鱼潜处，引舟环聚，各以二椎击榔，声如击鼓，节奏相应，鱼闻皆伏而不动，以器取之，如俯而拾诸地。饶州东湖有之。吾乡泰州湖内，或击木片，长尺许，虚其前后，以足蹴之，低昂成声，鱼惊窜水草中，然后罩取。亦鸣榔之义③。

可见，鸣桹是敲击船舷或木棍、以声响惊鱼入网的方法。它在唐宋时代盛极一时，以致诗人每每以此为咏。皮日休（？～883）的"奉和鲁望渔具十五咏·鸣桹"写道："尽日平湖上，鸣桹乃动桨。丁丁入波心，澄澈和清响。鹭听独寂寞，鱼惊昧来往。尽水无所逃，川中有钓党④。"

陆龟蒙（？～881）的"渔具诗·鸣桹"也写道："水浅荇藻涩，钩罩无所及。铿如木铎声，势若金钲急。敺之就深处，用以资俯拾。搜罗尔甚微，遁去将何入⑤。"

宋代苏舜钦（1008～1048）的"松江观鱼诗"有"鸣榔莫触蛟龙睡，举网时闻鱼鳖腥"的句子⑥。

历代典籍累有有关记载，甚至沿海地方志中也不乏记录。清代修《宁德县志》描写捕捞黄花鱼的情况："石首来时竟鸣榔，歌声四起，杳无际波涵，灯光攒星光，投纶举网

---

① 段成式《酉阳杂俎·续集》卷二。第210页。

② 马永卿《嬾真子》卷四。

③ 施润章《矩斋杂记》"鸣榔条"。

④ 《全唐诗》卷六百一十一，第18册，第7136页。

⑤ 《全唐诗》卷六百二十，第18册，第7644页。

⑥ 吴曾《能改斋漫录》卷三"韵略不收笭箸字"条引。

不计数，合围俨在水中央。见者往往疑海市[①]。”

“石首”鱼即黄花鱼。由于这种捕捞方法会使鱼种灭绝，因此，20 世纪 50 年代，我国已采取措施，明令禁止以此方法捕鱼[②]。

亚洲籍的希腊人、古希腊历史学家希罗多德（Herodotus，约前 484～前 430 或 420）曾说过，有人试图以笛声吸引鱼类，但是没有成功。荷马（Homer）史诗里也记载古希腊人用声响诱集鲶鱼[③]。可见古代东西方人都在这方面有所发现。

然而，值得注意的是，中国古代人发明了以去节竹筒探听水下鱼群的方法，其功能类似现代的“声呐”。

竹是中国的特产，中国人利用它作出了诸多发现。埋入地中的竹筒，成为探听远处地面声源的地听器。这里将要叙述的是，插入水底的去节竹筒，可以探听水下鱼群的活动方位，并从其声音中猜测鱼群数量的多寡。

明代田汝成（生活于 16 世纪，于嘉靖五年即 1526 年进士）写道：

> 杭人最重江鱼。鱼首有白石二枚，又名石首鱼。每岁孟夏，来自海洋，绵亘数里，其声如雷，若有神物驱押之者。渔人每以竹筒探深水底，闻其声，乃下网截流之[④]。

这是指黄花鱼鱼汛到来之时的情形。在水面上看不到听不到的情景，以竹筒插入水底，就可闻其“如雷”之声。这种声音，可能鱼汛中数量巨大的渔群活动声，或许是鱼的叫声，也未可知。明代李时珍也曾写道：“勒鱼出东南海中，以四月至，渔人设网候，听水中有声，则鱼至矣[⑤]”。

“勒鱼”也可能是石首鱼的一种地方名称。李时珍所谓“听水中有声”，也是以竹筒插入深水底听之。

明代王士性（1546～1598）亦说：

> （石首鱼）宁、台、温人相率以巨舰捕之，其鱼发于苏州之洋山，以下子故浮水面。每岁三水，每水有期。每期鱼如山排列而至，皆有声。渔师皆以篙筒下水听之。鱼声向上则下网……有得鱼多反惧投溺而割网以出之者[⑥]。

清代郭柏苍（生活于清末）同样写道：“或以洋山鱼能鸣，网师以长竹筒插水听之，闻其鸣，则下网[⑦]。”

从上述记载可见，以竹筒听水下鱼声的发现，至晚始于明代，并一直被沿海地区渔民袭用至今。

---

① （清乾隆）卢建其等重纂《宁德县志·海道篇》；也见：林光纪，古籍中关于福建大黄鱼记载浅析，《福建渔业史研究》1985 年第 3 期，第 2～6 页。

② 李振宗，敲舫作业兴衰史，福建渔业史研究，1985 年第 3 期，第 18～22 页。

③ 郭永芳，我国古代的几种物理捕鱼法，自然科学史研究，第 5 卷第 4 期（1986），第 317～320 页。

④ 田汝成《西湖游览志余》卷二十四。

⑤ 李时珍《本草纲目》卷四十四《鳞部·勒鱼》。

⑥ 王士性《广志绎》卷四。

⑦ 郭柏苍《海错百一录》卷一“黄花鱼”注文。

六　音乐与语言机械的制造

几乎每个历史朝代都有能工巧匠创制出各种机械，其中大多装杠杆、曲柄、绳索一类简单机械。在这些机械中，有一些是按一定的设计程序能产生某种特定的乐声，它们类似于近代欧洲发明的“八音盒”（musical box）。

据《西京杂记》载：

汉高祖初入咸阳宫……，复铸铜人十二枚，坐皆高三尺，列在一筵上，琴筑笙竽各有所执，皆缀花采，俨若生人。筵下有二铜管，上口高数尺。出筵后，其一管空，一管内有绳、大如指。使一人吹空管，一人扭绳，则众乐皆作，与真乐不异焉①。

汉高祖刘邦于公元前206年入咸阳宫，“复铸铜人”事可能在公元前202年汉朝统一中国之后。据此记载可推知，这是木偶组成的机械式管弦乐队。一人吹管以造成气流，另一人扭绳，可能绳子还带动杠杆、齿轮、或拨子一类驱动装置。这可能是最古老的“八音盒”的记载。

《西京杂记》所载为人力牵引机械而演奏发声。三国时，以制造指南车闻名的马钧曾制作歌舞水机，即以水力发动能歌能舞的机械，历史上又称“水转百戏”。刘宋朝裴松之（372～451）注《三国志》写道：

时有扶风马钧，巧思绝世。……人有上百戏者，能设而不能动也。（明）帝以问先生：“可动否?”（马钧）对曰：“可动。”帝曰：“其巧可益否?”对曰：“可益”。受诏作之。以大木雕构，使其形若轮，平地施之，潜以水发焉。设为女乐舞像，至令木人击鼓吹笙；作山岳，使木人跳丸掷剑，缘絙倒立，出入自走，百官行署，舂磨斗鸡，变巧百端②。

马钧以水力带动如轮一样主机，通过各种简单机械又由主机牵动各种可活动木偶，使木女舞蹈，木人击鼓吹笙。当然，这种发声机械只能按预先设计的机械程序演奏预定的歌舞。

隋炀帝大业年间（605～617）人们设计并制造了更为壮观的水转百戏。其机械也以水力转动，可连续表演72种历史故事中最精彩的场面，称为“七十二势”。宋代李昉等人撰的《太平广记》对这72势留下了简略记载：

皆刻木为之。或乘舟，或乘山，或乘平洲，或乘盘石，或乘宫殿。木人长二尺许，衣以绮罗，装以金碧，及作杂禽兽鱼鸟，皆能运动如生，随曲水而行……。木人奏音声，击磬撞钟，弹筝鼓瑟，皆得成曲。及为百戏，跳剑舞轮，升竿掷绳，皆如生无异。其妓航水饰，亦雕装奇妙，周旋曲池。用以水机使之。奇幻之异，出于意表③。

据《太平广记》载，隋炀帝令学士杜宝（隋唐年间人，生活于6世纪下半叶到7世

---

① 葛洪《西京杂记》卷三。

② 《三国志》卷二十九《魏书·杜夔传》裴注，第三册，第807页。

③ 李昉等编《太平广记》卷二百二十六《水饰图经》。第五册，第1735～1737页。

纪上半叶）撰《水饰图经》十五卷①。他还带领群臣观看了水饰表演。这一套机械是一个“巧思绝人”的工匠黄衮（生活于6、7世纪之间）设计制造的。关于黄衮生平业绩，史书留下了极少文字记载；他与其兄黄亘“不知何许人”，“炀帝每令其兄弟直少府将作”，“当时工人皆称其善，莫能有所损益。亘官至朝散大夫，衮官至散骑侍郎②。”上引《太平广记》那段文字原是通过其他书从杜宝的《水饰图经》中摘引出来的。杜宝写道：“如斯之妙，皆出自黄衮之思。宝时奉敕撰《水饰图经》，及检校良工图画，既成奏进。敕遣宝共黄衮相知，于苑内造此水饰，故得委悉见之。衮之巧性，今古罕俦③（chóu）。”

唐代张鷟（zhuó，生活于7世纪末到8世纪期间）的《朝野佥载》记述了他的同时代人殷文亮制作歌舞木人之事：

洛州殷文亮曾为县令，性巧好酒。刻木为人，衣以缯彩，酌酒行觞，皆有次第。又作妓人，唱歌吹笙，皆能应节，饮不尽，则木小儿不肯把（罢）；饮未竟，则木妓女歌管连摧④。

历史上还有许多较为简单的发声器具，如唐朝韩王李元嘉（约618～687）藏有一“铜鸠”，“毡上摩之，热则鸣，如真鸠之声⑤。”宋太平兴国年间（976～984），“京师儿童以木雕盒子，中有窍，藏腋下有声，号云‘腋底闹’⑥。”响箭，从战国起就有人制造，宋应星说：“响箭则以寸木空中锥眼为窍，矢过招风而飞鸣，即《庄子》所谓‘嚆矢’也⑦。”

就现在的科学眼光来看，在这种歌舞机械中，最有科学价值也最引人注目的是，唐代将作大匠杨务廉（约7世纪人）在科学史上第一次成功地人工合成言语声。据载：

将作大匠杨务廉甚有巧思。尝于沁州市内，刻木为僧，手执一碗，自能行乞。碗中钱满，关键忽发，自然作声云“布施”。市人竞观，欲其作声，施者日盈数千矣⑧。

可惜，杨务廉史无传。从这条记载看，行乞木人“手持一碗”，当“碗中钱满”，则“关键忽发”，木人的手臂当是一杠杆无疑。这杠杆又如何带动别的器件并发“布施”二字声；因记载太简单，就不好推测了。

顺此，尚需指出，东汉张衡于顺帝阳嘉元年（公元132）创制的“候风地动仪”⑨，其实就是最古老的振动检测仪。在张衡之后，北齐信都芳、隋代临孝恭等人也有过类似的制造，或撰写有关的著作⑩。

---

① 该书已佚，有清人马国翰辑本《水饰》一卷，见《玉函山房辑佚书》子编小说家类；还有鲁迅辑本，见鲁迅编《古小说钩沈》。

② 《隋书》卷六十八《黄亘兄弟传》，第六册，第1598～1599页；也见《北史》卷九十，第九册，第2988页。

③ 李昉等编《太平广记》卷二百二十六《水饰图经》，第五册，第1735～1737页。

④ 张鷟《朝野佥载》卷六。

⑤ 同④。

⑥ 《宋史》卷六十六《五行志》，第五册，第1449页。

⑦ 宋应星《天工开物》卷十五《佳兵篇》。

⑧ 张鷟《朝野佥载》卷六。

⑨ 《后汉书》卷五十九《张衡传》，第七册，第1909页。

⑩ 戴念祖，中国声学史，第472～474页。

七　喷水鱼洗

喷水鱼洗是古代一种特制的铜盆，盆边有对称的两耳，盆底铸刻鱼纹或龙纹。铸鱼纹者称鱼洗，铸龙纹者称龙洗（图 4-30）。注水于洗内，以双手摩擦洗的两耳，水柱喷射高达二尺以上，水面现出驻波纹。

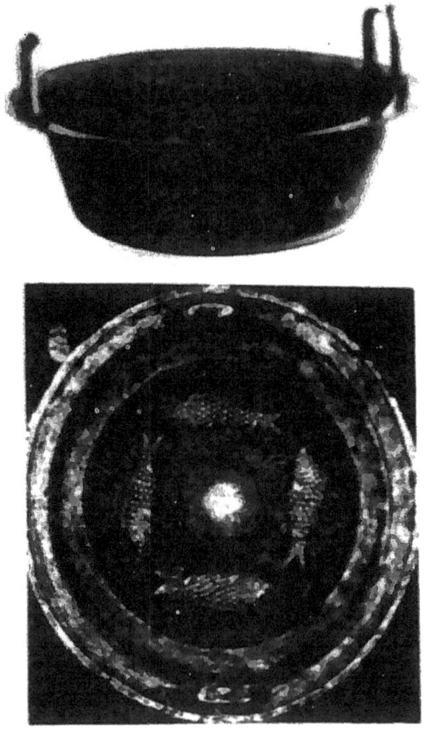

图 4-30　喷水鱼洗及其内底鱼纹拓片

先秦时期，洗是一种极普通的用具。有木制、铜制或铁制的洗，用以洗手、洗脸、洗衣物。在周朝礼仪制度中，洗是按主人的身份分等级使用的。然而，迄今未有确凿的文字记载或实物表明秦汉或其之前人们已发明了喷水鱼洗，或发现了洗的喷水现象。值得注意的是，在已发现的大量的“汉洗”或“周洗”中，其洗的边缘都没有可供摩擦的双耳部件。有的两耳在洗的腰部，这纯属为提挈而设置；有的洗底有足，可见它不适宜摩擦[①]。

真正能喷水的铜质鱼洗发明于北宋后期，即公元 11 世纪下半叶到 12 世纪上半叶之间。《挥麈录·前录》写道：

> 韩似夫与先子言，顷使金国，见虏主所系犀带：倒透，中正透，如圆镜状，光彩绚目。似夫注视久之。虏主曰：此石晋少主归耶律氏者，唐氏所宝日月带也。又命取磁盆一枚示似夫，云：此亦石主所献，有画双鲤存焉，水满则跳跃如生，覆之无它矣。二物诚绝代之珍也。盆盖见之范蜀公记事矣[②]。

《挥麈录》关于这段文字的背景是，12 世纪初年，宋、金议和并商定攻取辽国。韩似夫、范蜀公可能曾作为宋使赴金。“虏主”指金朝皇帝。石晋少主即晋出帝石重贵（942～946 年在位）。石重贵于 946 年向辽太宗耶律德光（927～947 年在位）投降，日月带和瓷盆或许是他投降时的贡品。公元 1115 年，金太祖建立金朝后，立即向辽朝进攻，大败辽军，掳掠而回。日月带和瓷盆又落到金朝手中。由此可断定，瓷盆当是 946 年之前的作品。它的重要特点：盆底画有双鲤，装满水后双鲤“跳跃如生”。我们知道，在两手摩擦鱼洗的双耳中，洗内的水会因洗周壁的振动而喷射，恰似洗内的水被鱼搅得水花飞溅一般。因此，这段引文虽未述及瓷盆形状与结构，但人们可以认定它是有喷水性能的盆。

瓷盆与铜洗是否相关？宋代何薳（生活于 11 世纪下半叶到 12 世纪上半叶之间）在

---

① 戴念祖，喷水鱼洗起源初探，自然科学史研究，第 2 卷第 1 期（1983），第 16～23 页。

② 王明前《挥麈录·前录》卷三。

其著《春渚纪闻》中写道：

> 余又记《虏庭杂记》所载，晋出帝既迁黄龙府，虏主新立，召与相见，帝因以金碗、鱼盆为献。金碗半犹是磁，云是唐明皇令道士叶法静冶化金药，成，点磁盆试之者。鱼盆则一木素盆也。方圆二尺，中有木纹，成二鱼状，鳞鬣毕具，长五寸许。若贮水用，则双鱼隐然涌起，顷之，遂成真鱼；覆水，则宛然木纹之鱼也。至今句容人铸铜为洗，名双鱼者，用其遗制也①。

上引文中最后一句，明确道出了喷水铜洗的起源。在何薳生活的年代，即北宋后期，在今江苏西南部即南京、句容县一带地区，已有人能制造喷水的铜质鱼洗，而它的祖先正是晋出帝的瓷鱼盆。它的名称最初称为盆，而后才曰铜洗或双鱼铜洗。起初洗底铸刻二条鱼，四条鱼的洗当为晚些时候所出。从双鱼到四鱼的变化过程，表明人们对洗的壳体振动的认识加深了。因为鱼洗壳体的基频振动为四个波腹或四条节线，以四鱼的口沟配四个波腹，既符合构思技巧，又使其艺术美的形式更加完整。

鱼洗的振动是一种壳振动，而且是规则的类似圆柱形壳的振动。它的底部与支撑面接触，不发生振动；整个洗只有其周壁发生横向振动，即平行洗内水平面的振动。手掌和其两耳的摩擦就是洗振动的激励源，通过摩擦，赋予洗周壁振动的能量。又因手掌和两耳接触，使两耳总是处在振动波节位置。耳的长度比洗的周长短很多，理论上可以将耳的中心垂线当成波节线位置。由于洗的对称性，它的振动只能是偶数节线的振动（图 4-31）。即使单手摩其耳，其振动情形也是如此。

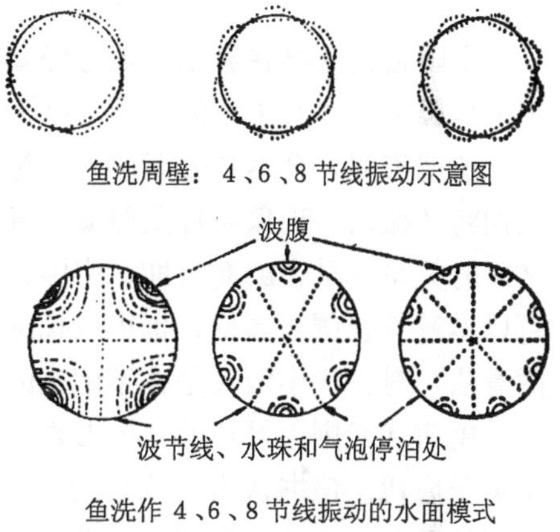

图 4-31　鱼洗周壁振动节线及其相应的水面驻波

在洗周面振动的拍击下，洗内的水发生相应的谐和振动，在某些情况下会产生次谐波。在洗振动波腹处，水的振动也最强烈，甚至产生喷注，水面形成驻波；在洗振动波节处，水也不发生振动，因此，浪花、水面气泡和水珠也停泊在不振动的水面径线上。这样，通过水珠和气泡的停泊线，就可以看出水面不振动的节线。由水面节线又可以推测洗周面振动的节线位置。喷水鱼洗就使圆柱形壳体的振动成为可见的了②。

表明古代人掌握了鱼洗壳体振动的波节与波腹位置的是，他们在铸造鱼洗时有意识地将四条鱼的口须对准四节线（即基频振动）振动的波腹位置，并将它的两耳放在波节线上。古代人的才智不仅完全符合壳体振动的原理，又在实际效果上能使人产生一种错觉，以为洗底的鱼（或龙）搅动水浪之故，从而使一个小小的铜盆可供人们欣赏娱乐和奔驰自己的想象。

---

① 何薳《春渚纪闻》卷九“纪研”。

② 王大钧等曾对鱼洗振动作出极好的数学分析，见，Wang Dajun、Liu Xijun and Chen Yushu, Self-Excited Vibration of the Shell-Liquid Coupled System Induced by Dry Friction. Acta Mechanica Sinica. Vol. 11 (1995), No. 4, pp. 373-382.

近代“声学之父”、德国克拉尼（E. F. F. Chladni，1756～1827）在研究金属板振动时，在板上撒一薄层细砂，他据此画下了至今闻名的“克拉尼砂图”。可惜，他未见过中国的喷水鱼洗表演。否则，兴许他还会以此画下壳体振动的“水图”。

第四节　乐器与声学知识

古代人创制了大量的乐器，有属于弦振动的琴、瑟和各种拉弦乐器，有属于管内空气柱与簧片振动的笛、箫、笙，有属于膜振动的鼓，有属于板振动的磬、铜鼓，还有属于壳振动的编钟、錞于、缶和柷敔，等等。古代人在制造和使用这些乐器中积累了丰富的力学和声学知识。本节就此作一简单介绍。

一　振动与声音

中国古代人早在春秋末期已经知道声音的来源及音调的高低是由振动决定的。《考工记·凫氏》在述及钟体的设计与制造时，曾写道：“薄厚之所振动，清浊之所由出”。

这就表明，至迟在公元前6世纪下半叶到公元前5世纪初已有“振动”一词，而且人们将“振动”现象与钟壁厚薄、音调的高低相联系起来了，还正确地认识到它们三者之间的关系。早在殷商时期，中国人就已制造了精美巨大的乐钟。人们在敲钟时，不仅可以耳辨其音调之高低，也可以抚摩其钟壁而感觉到振动之强烈。因此，振动产生声音的看法，对古代中国人是并不陌生的。

由唐代武则天撰述的《乐书要录》中有“辨音声、审声源”的章目。“声源”二字也早见于唐代。该书认为，“形气者，声之源”；“形动气彻，声所由出”。有形的物与无形的气都可以是声源；声源的运动或振动便产生了声音。特别是古代人还注意到“气彻”，即物体的振动要有空气传播，才能为人耳所听见。

比《乐书要录》成书时间稍晚，南唐（937～975）的谭峭在其著《化书》中写道：“气由声也，声由气也；气动则声发，声发则气振，气振则风行，而万物变化也①。”

这段引文的第一句似乎在今天看来是较难理解的了。实际上，在谭峭看来，由于声音而人们知道气的存在，声音由于空气而使人们能听到它。“气振”一词表明中国人确实熟知声音与振动的关系。纵观“气动”、“气振”与“声发”、“风行”之间的关系，谭峭的“风行”也就是有关声音在空气中传播的概念。无论如何，谭峭的这些见解是对古代声学的一大贡献。

谭峭的另一段话也很有意思。他写道：

> 虚化神，神化气，气化形，形气相乘而成声。耳非听声也，而声自投之；谷非应响也，而响自满之。耳小窍也，谷大窍也。山泽小谷也，天地大谷也。一窍鸣，万窍皆鸣；一谷闻万谷皆闻。声导气，气导神，神导虚，虚含神，神含气，气含声，相导相含，虽秋蚊之翾翾（xuān），苍蝇之营营，无所不至也②。

---

① 谭峭《化书》卷二《声气》。

② 谭峭《化书》卷一《太含》。

谭峭是个道家，道家的科学言论是较难读懂的。从今天的观念看，他的这些话确实难理解。但从这段文字中，可以看出几点：(1) 声音的产生与“形”（有形的物体）、“气”或即空气二者相关；(2) 声音是不依赖于听觉而独立存在的，所谓“非耳听声，而声自投之”是也；(3) 声音可以放大，如山谷回声之类。从这段文字中还可以看出，谭峭的注意力集中在由声音引起的空气的物理扰动上，而对听觉神经的作用却似乎并不在意。因此，他又提出“小窍”、“大窍”、“小谷”、“大谷”之说。就空气的物理扰动而言，如果忽略各种阻力的话，任何一个小窍、或小谷的扰动都可以引起其他任何窍、或谷的空气扰动，也许这就是“相导相含”的意思，从而使得各处的窍或谷都可以作响。因此，虽微小的秋蚊、苍蝇之声也“无所不至”。李约瑟博士评价谭峭的声学言论、说“在公元第 10 世纪时，他的见识是非凡的①。”

谭峭的思想在唐以后有相当影响。明代庄元臣（生卒不详）在其著《叔苴子》中曾转述了他的名言：“气与声相应，故声发则气振，气振则风行②。”

我们从明末清初方以智的《物理小识》中找到一点有关谭峭和庄元臣思想的根据，声音之所以和风相关，不仅是因为风有声，而且还因为“考钟伐鼓，窗棂之纸皆动”③。在古人看来，风吹与敲钟击鼓使窗户纸的振动是一致的。

二　弦与管乐器

1. 弦乐器

从文字记载看，西周时期已有弹拨弦乐器琴与瑟。迄今，考古发现最早的琴为湖北随县出土战国初期的曾侯乙十弦琴④，其次是长沙五里牌战国晚期楚墓出土的琴⑤。在长沙马王堆三号汉墓出土西汉早期七弦琴⑥，已接近后来成为传统的古琴。与琴相比，出土瑟要多得多。据统计，迄今发掘出春秋战国时期的瑟约 27 件⑦。其中，时代较早的是湖北当阳县曹家岗楚墓出土春秋晚期的 2 件瑟⑧。

战国时期，还流行筝、筑等弦乐器。筝也是弹拨弦乐器，筑是击弦乐器。近年，考古界在“西汉长沙王室墓”中首次发现了三件筑⑨。

随着丝绸之路的逐渐开拓和各个国家、各个民族文化交流的开展，乐器有了很大发展。起源于西亚的胡箜篌或竖箜篌在公元 2 世纪通过印度传入中国；中国的箜篌瑟，阮、

---

① Joseph Needham, Science and Civilisation in China. Vol. 4, part 1, p. 208. Cambridge Univ. Press, 1962.

② 庄元臣《叔苴子·内篇》卷四。

③ 方以智《物理小识》卷一《天类·气论》。

④ 文物，1979 年 7 期，第 1～39 页；或《随县曾侯乙墓》，文物出版社，1980。

⑤ 长沙市五里牌战国木椁墓，湖南考古辑刊，第 1 集，岳麓书社，1982。

⑥ 长沙马王堆二、三号汉墓发掘简报，文物，1974 年 7 期，第 39～48 页。

⑦ 李纯一，中国古代出土乐器综论，文物出版社，1996，载春秋战国瑟 25 件；近年在湖南慈利县石板村战国墓中出土 2 件，见《考古学报》1995 年 2 期，第 173 页。

⑧ 考古学报，1988 年 4 期，第 455～499 页。

⑨ 黄翔鹏，秦汉相和乐器“筑”的首次发现及其意义，考古，1994 年 8 期，第 722～726 页。

也即琵琶又传到边疆和国外[①]。西亚和印度的琵琶[②]、凤首箜篌又于东晋初传入中国。经过这样频繁的交流之后，又经过古代人的仿制与改进，迄公元 7 至 9 世纪的唐代止，中国的弦、管乐器等已有 300 余种。

以上所述均为弹拨弦乐器。拉弦乐器，如胡琴类乐器，起于唐代。当时有用竹片擦弦发声的轧筝，奚琴。它们均为后来胡琴的前身。宋代，西北地区流行“马尾胡琴”[③]，以马尾作为擦弦发音的工具。元、明、清三代，拉弦乐器有很大发展，品种与形式多样化。其中，二胡曾享誉世界。马可波罗（Marco Polo，1254～1324）在其《游记》中曾向西方介绍中国的胡琴，说它的声音“极其好听”[④]。

然而，古代人并无频率的概率。他们以弦长确定音调的高低。我们知道，音调与频率成正比，即与弦长成反比。正如前面几章所述，对于弦长与音调的关系，古代人作了广泛的探索，有许多定量的成就与发现。至于许多定性的认识，如瑟“前其柱则清，却其柱则浊”[⑤] 等，就不再重复了。

乐器演奏家通过调弦、定调的演奏实践，对于弦线张力与音调的关系也极为熟悉。首先，人们发现天气变化对琴弦张力的影响，从而影响音调。《淮南子·本经训》：“风雨之变，可以知音律”；《论衡·变动篇》：“琴弦缓”，“天且雨”。正因如此，汉代人还发明了弦线式湿度计。在调弦定调时，粗弦对应于低音，细弦对应于高音，《淮南子·缪称训》说：“治国譬如张瑟，大弦组则小弦绝也[⑥]。”如果同一乐器中，粗大的低音弦调音太高，弦绷得过紧（“组”），要符合某种调式，细小的弦就会因张力过紧而绷断。蔡邕说：“凡弦急则清，慢则浊”[⑦]。宋代何薳《春渚纪闻》说：“缓其商弦，与宫同音”[⑧]。改变弦的张力就可以改变其音。古代文献中大量的有关记载，表明古人在演奏实践与在理论中都认识到张力与音调的比例关系（正确地说，音调与张力平方根成正比）。

古代人将弦的粗细当作线密度看待，这在概念上是说得通的。重要的是，古人作出了一系列规定，以组成弦线的丝数保证其粗细有序。

早在战国时期，人们以文字记下了音调与线密度的比例关系（正确地说，音调与线密度平方根成反比）。《韩非子·外储说左下》：“瑟以小弦为大声，以大弦为小声”。这里的“大声”与“小声”对应于音调的高与低。《史记·乐书》：宫、商、角、徵、羽“五

---

① 汉武帝（前 140～前 87 年在位）时，曾二次以宗室女为公主嫁乌孙国王。乌孙民族于公元前 161 年左右西迁至伊犁河和伊塞克湖（今在哈萨克共和国东南部）。傅玄（217～278）《琵琶赋·序》写道：“闻之故老云：汉遣乌孙公主嫁昆弥，念其行道思慕，故使工人知音者裁琴、筝、筑、箜篌之属，作马上之乐。观其器，中虚外实，天地之象也；盘圆柄直，阴阳之叙也；柱十有二，配律吕也；四弦，法四时也；以方语目之，故云琵琶，取其易传乎外国也。”见《全上古三代秦汉三国六朝文·全晋文》卷四十五，第 1716 页下。

② 汉代，“琵琶”一词为多种弦乐器的总称，包括琵琶、阮、三弦、月琴等。阮，唐代称阮咸，即乌孙公主传到国外的琵琶。

③ 沈括《梦溪笔谈》卷五《乐律》：“马尾胡琴随汉车，曲声犹自怨单于”。这是沈括给守卫边疆的战士写的五首歌词之一。

④ 张星烺译《马哥孛罗游记》，1936 年商务版。杨荫浏，《中国古代音乐史稿》下册，第 731 页引。

⑤ 蔡邕《月令章句》。

⑥ 类似记载也见《淮南子》书中《诠言训》、《天文训》、《泰族训》各篇。以及汉代韩婴《韩诗外传》卷一、七；刘向《说苑》卷七《政理》等书。

⑦ 蔡邕《月令章句》。类似地，也见嵇康《琴赋》。

⑧ 何薳《春渚纪闻》卷八《杂书琴事》。

者不乱，则无沾滞之音矣”。唐代司马贞在“索引”中指出，“宫弦最大，用八十一丝”；商弦“用七十二丝”；角弦“用六十四丝”；徵弦“用五十四丝”；羽弦“用四十八丝”[①]。司马贞的记述是古代传统定弦粗细的方法，各音所在弦的丝数与其三分损相生的长度值相同。根据古人对琴弦的要求，弦以“白色柘丝为上，秋蚕次之”[②]。可见，所谓“丝”即蚕丝。梁武帝萧衍在其创制的四个弦线式音高标准器“通”上，采用以下方法保证各弦线密度均差有序：以三分损益法算得各弦长度值之后，组成各弦的丝数为其弦长的 30 倍[③]。

除以丝数不同作为区分线密度之外，古人还以“缠弦”法解决线密度问题。沈括曾指出：“琴中宫、商、角皆用缠弦，至徵则改用平弦”，“琴虽增少宫、少商，然其用丝各半本律”[④]。所谓缠弦，指在弦线外再用线缠绕之；所谓平弦，是不再外加缠弦的弦。弦乐器的低音用缠弦，这个方法被今天的钢琴等弦乐器所普遍采用。

2. 管乐器与簧片

同弦乐器一样，古代管乐器也很丰富。

河南舞阳贾湖骨笛是公元前 6000 年以前的文化遗物。原始社会时期，更多管乐器是以芦苇制成的，称为苇籥，或龠，或言。将多支芦苇按其长短或音调高低编排，就是西周时期箫的前身。曾侯乙墓出土的箫由十三支一端闭口的管组成。唐宋时期，单管竖吹多音孔的箫流行，而称古代编管的箫为排箫。显然，排箫可能是传统定律器律管的直接起源，它们的不同只是律管为两端开口而已。曾侯乙墓还出土两支竹笛，它们既是贾湖骨笛的发展，又是中国传统笛的佐证。其中之一称为“笛”，除吹孔外，有五个音孔，一端开口，一端闭口；另一支称为“篪”（或写为“篪”、“篪”，读音均为 chí），是两端为闭孔的管乐器。随着秦汉及其之后文化交流的发展，笛与箫都发展成形式与大小均有不同的诸多种类。

由于管乐器的使用与演奏，才使古人发现了音调与管长的定量关系，作出了种种管口校正数的定量计算方法。蔡邕说：“箫长则浊，短则清。以蜡密实其底而增减之，则和管而成音[⑤]。”《晋书·律历志》载：“歌声浊者用长笛长律，歌声清者用短笛短律。”《乐书要录》说：“凡管长则声浊，短则清”[⑥]。这些记载与前面有关管口校正的叙述，充分说明古人对管内空气柱振动的认识，虽然他们尚未有振动着的空气柱的概念。

管的音调与吹气的气压很有关系。当超吹任一管时，虽是同一支管，却可以发出比常吹高八度的音。古人对此也甚清楚。汉代刘熙曾以吹气定义所有的管，他说：“竹曰吹。吹，推也，以气推发其声也[⑦]。”以气推发，当含有今日气压的意思。沈括说：吹管“用气有轻重”[⑧]。朱载堉在他的律管实验中特别强调“吹律人勿用老弱者，气与少壮不同，必

① 《史记》卷二十四《乐书》，第四册，第 1181～1183 页。
② 屠隆《考槃余事》卷二《古琴材》。
③ 《隋书》卷十三《音乐志》，第二册，第 289 页。
④ 沈括《梦溪笔谈·补笔谈》卷一《乐律》。
⑤ 蔡邕《月令章句》。
⑥ 《乐书要录》卷五。
⑦ 刘熙《释名》卷七《释乐器》。
⑧ 沈括《梦溪笔谈·补笔谈》卷一《乐律》。

不相协，然非律不相协也[1]。”

在这里，我们要特别指出，簧管乐器在中国的发展以及簧的安装方式对欧洲音乐文化的影响。

在管的吹口端装哨子的乐器有唢呐，觱篥（bìlì）。唢呐，又名喇叭，公元三四世纪期间流行于新疆地区。在新疆拜城克孜尔石窟寺第三十八窟壁画中的唢呐演奏图就是这个时期的壁画作品。觱篥，又名筚篥或管，约公元 384 年随西北地区《龟兹乐》传入内地，盛行于隋代。[2] 历史更为悠久的中国传统簧管乐器是笙、竽。笙、竽之别仅是大小和管的数量多少而已。古代笙斗（即笙的风腔）常以匏、葫芦制成，故又称匏笙、匏竹，在少数民族地区称为葫芦笙或芦笙。

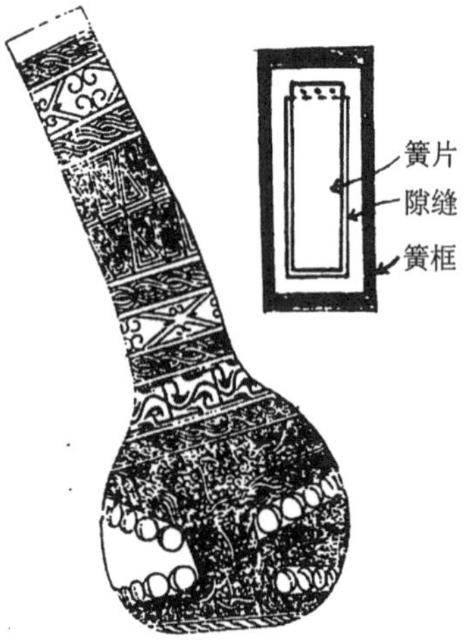

图 4-32　曾侯乙笙匏及簧片

殷商甲骨文中的“龢”字写为，意为编联在一起的吹管；“龢”即“和”，表示它可以演奏和声的复音乐器。它可能是后来小笙的前身。《诗·小雅·鹿鸣》中有“吹笙鼓簧”一句，它表明西周时期已有笙，笙管内装有簧。

1984 年湖北当阳曹家岗春秋晚期楚墓中出土残笙斗 2 件[3]。这是迄今考古发掘最早的笙。在随县曾侯乙墓出土匏笙 6 件，有 12 管、14 管和 18 管三种[4]。虽都残损散乱，但还可看出，笙管为通节竹管，上有气孔、音孔，管底端有长方形笙槽，以便在其上装簧片。簧片竹制、长方形，其一端固定于空槽的一端，空槽的其余三边与簧片间有发丝般缝隙，簧片可以自由振动（图 4-32）。许多簧片的一端还残存调音点笙用白色物质。

长沙马王堆 1 号汉墓出土明器竽，22 管，竽嘴由圆形独木制成[5]。这是保存良好的汉初遗物。在该地 3 号汉墓又出土了 26 管实用残笙和簧片。簧片的形状结构与曾侯乙笙同，其上也有白色小珠，大概为点笙的蜡质混合物[6]。也有报道说，在 3 号汉墓出土金属簧片 23 枚[7]，这报道若确实，金属簧片的使用时间则大大提前，然尚需进一步证实。

笙的结构如图 4-33。以匏瓜或葫芦制成笙斗，就是风腔。笙嘴即吹气口，类似风琴的鼓风管。在笙斗上插植众多竹制笙管。管内侧开长方形孔，为出气孔；其外侧开圆形孔，为音孔。表观上管的长短，取其对称地参差之别，为美观所设置，古人称其为“凤翼”。每管底端削成斜面，以便装簧片。故而又称簧管。笙管的音调与管上音孔位置、簧片长与厚、簧上点蜡（或锡）的多寡有关，而与笙管的表观长度无关。笙有 24 管、19 管、

---

① 朱载堉《律吕精义内篇》卷五《新旧律实验第七》。

② 杨荫浏《中国古代音乐史稿》上册，第 163 页。

③ 当阳曹家岗 5 号楚墓，考古学报，1988 年 4 期，第 455～500 页。

④ 《曾侯乙墓》，文物出版社，1989，第 166～172 页。

⑤ 《长沙马王堆一号汉墓发掘简报》，文物出版社，1972，第 11 页。

⑥ 长沙马王堆二、三号汉墓发掘简报，文物，1974 年 7 期。

⑦ 柳羽，时过十余载，在长沙马王堆汉墓出土文物中发现金属簧片，乐器，1986 年第 5 期。

17管或13管组成，其中有许多同音管。按孔吹笙时，每两、三管相和成声，或八度或五度相和。因此，我国的笙是复音乐器。西方人称它为口吹管风琴（mouth organ）。

由于簧片的厚度远小于其长度，故簧片的振动实质上是一端固定、一端自由的棒的弯曲振动。在其上点蜡或点锡，实质上是改变簧片的回转半径，借以控制其振动频率。在笙管上装簧片，总是让其一端固定，一端自由。簧片总是稍小于管端斜面。这样，当簧受气流冲击时能在管内作自由地往复振动。这是中国笙史上传统的装簧方法。大概自有笙以来，古人就这么装簧片。当中国的传统方法传到欧洲时，欧洲音乐家大为惊讶！它为欧洲人改进他们的簧管乐器起了重要作用。在欧洲，传统的装簧方式是，簧片总是大于管端斜面，因此簧片的振动不是自由往复式，而是在管的一侧拍击着管壁。欧洲的簧就称为拍击簧或死簧。用物理的语言说，这种簧片的振动只有半波，另一半被人为地削去了。由此可以想到，欧洲的簧管乐器，其声音的不悦情形了。

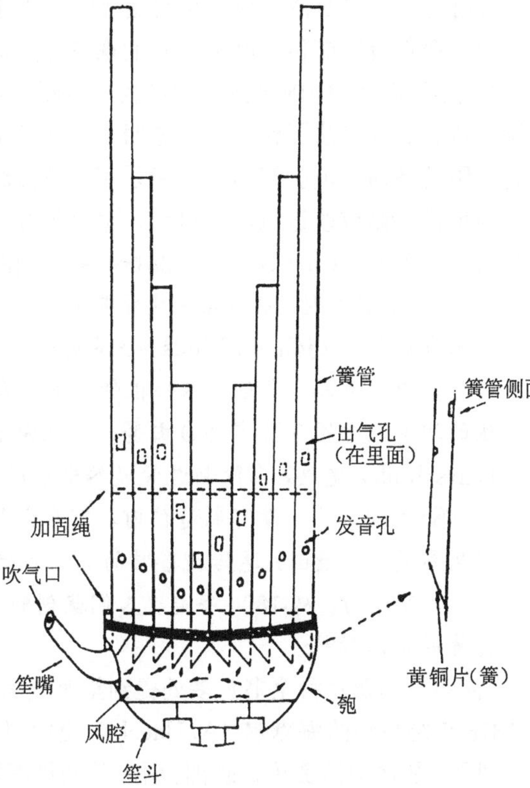

图4-33　笙结构示意图

我们再看看有关簧管乐器的东西交流。

西方的管风琴在元代第一次传入中国，当时中国人称它为“兴隆笙”，“中统（1260～1263）间，回回国所进”。可见，它是经过阿拉伯国家传入中国的。据《元史·礼乐志》载①，其形体大致为，楠木制风腔（“虚柜”），风腔上插90支紫竹管，以竹片为簧；由风腔向外伸出15个雏型键，每键由一个“小橛”，“上竖小管、管端实以铜杏叶”；有两个皮“风口”由风腔通出，有两个“面如琵琶”而“有柄”的“风囊”系在风口上。演奏时，“一人授小管，一人鼓风囊，则簧自随调而鸣。”90支管却只有15个键，可见，每键启动6管，表明该风琴管是六个和弦管同时发声。

兴隆笙初入中国时，“有声而无律”，即音律不合。后来，经“玉宸乐院判官郑秀乃考音律，分定清浊，增改”之后，才音律相合。经过改进的兴隆笙在元朝使用了50余年，延祐（1314～1320）年间，宫廷内又增制了10个这样的笙。可见，西方管风琴传入中国后经过中国人的改进，而且中国人又仿制了西方的管风琴。可以想到，其中的簧在改制中当然按照中国传统安装了。但是，从14世纪下半叶起，兴隆笙不复存在。很可能它是随着元朝的灭亡而消亡的。西方管风琴再次传入中国是在19世纪晚期随传教士、圣经和教堂一起来的。这已经大约是经过改进了的自由簧了。

① 《元史》卷七十　《礼乐志》。第六册，第1771　1772页。

如同西方管风琴传入中国一样，中国的笙在历史上也可能多次传入西亚、欧洲各地。汉武帝在公元前138年派张骞（？～前144）通西域、公元前133年开始发动西征讨伐战争，盛唐时期的中西使节往来与文化交流，13世纪蒙古军铁骑扫过欧洲，在这些历史大事件中，笙都有可能传入欧洲。我们现在确实知道的传播事实是18世纪的事了。

18世纪期间，中国笙被西方传教士和商人多次带回他们的国土，成为受西方欢迎的中国管风琴。入华法国传教士钱德明（J. M. Amiot，1718～1793）于1777年回国述职，曾将中国笙带回欧洲。笙为西方音乐家、乐器制造家改进他们的簧片起了积极作用，从而也为他们创制或改进风琴、口琴、手风琴等新的簧管乐器作出了贡献。美国籍的德国音乐研究家沙赫（Curt Sachs，1881～1959）在他的《乐器史》中写道：

> 在18世纪时，笙不止一次被带到西方。闻名的敲击琴（nail violin）发明人、音乐家怀尔兹（Johann Wilds）在圣彼得堡买了一个笙，并且学习演奏这种具有魅力的中国风琴。来自哥本哈根的物理学家克拉特森斯廷（Kratzenstein）听过他的演奏，考察了其中的自由簧，并且向圣彼得堡的管风琴制造家基尔希尼克（Kirschnik）建议，在他制造管风琴中采用自由簧。可是，基尔希尼克除了制造一具管式钢琴外，没有制造任何具有自由簧的管风琴。第一个具有自由簧片的管风琴是由（德国）达姆施塔特的知名的福格勒（A. G. Joseph Vogler，1749～1814）制造的。从1800年起，人们就创制了诸如口琴、手风琴、簧风琴一类的大量的簧乐器[①]。

《简明不列颠百科全书》多处提到笙对欧洲簧乐器的影响。“最早的簧风琴类管乐器是1818年维也纳的海克尔（A. Haeckl）受中国笙的启发而创造的。18世纪70年代笙被带到俄国，从而把活簧传到欧洲，引起某些物理学家和音乐家的兴趣[②]。”“中国笙于18世纪传入欧洲，为口琴提供了活簧口吹乐器的原理[③]。”在英文本《不列颠百科全书》的“簧风琴”（harmonium）条、“口琴（harmonica）条有更详细的叙述。《新格罗夫音乐和音乐家辞典》(The New Grove Dictionary of Music and Musician，1980年版）的“手风琴”（accordion）条，以及各种外国出版的音乐辞典都有有关的记述。李约瑟博士写道：

> 笙是口琴或自由簧一类（簧风琴、六角手风琴、手风琴等）乐器的祖先，并且有具体的证据表明，它是在18世纪经由俄罗斯传播到欧洲的[④]。

英国物理学家廷德耳在其《声学》一书中就西方簧管及安簧方法作了如下总结：

> 旧法之簧，大于板孔，故动时每次击孔边而生音浊；继加软皮于孔边以受簧击，生音稍清；近时作板孔稍大于簧，使动时不相击，则所生之音甚佳矣[⑤]。

廷德耳所谓“旧法”，就是欧洲传统的拍击簧或死簧，其改进大概是16、17世纪的事。改进方法是，在孔边贴于柔软皮革，使簧片不直接拍击管筒。所谓“近时”，也就是18世纪中国笙传入欧洲后，欧洲人所作的改革。迄止廷德耳写《声学》书时，欧洲人使用自由簧不足百年矣。

---

① Curt Sachs, The History of Musical Instruments. London: J. M. Dent & Sons LTD, 1942, pp. 182～184.

②，③ 简明不列颠百科全书，第四册第70页“簧风琴”、第四册第820页“口琴”等辞条，中国大百科全书出版社，1985。

④ Joseph Needham, Science and Civilisation in China. Vol. 4, part 1, p. 211.

⑤ John Tyndall 等著，徐建寅译，声学，江南制造局编译馆，1874年线装刻印本。

三　打击乐器

1. 鼓膜

据考古发现，鼓起源于公元前三四千年以前。当时人们在陶土器皿上蒙以皮革，称为“土鼓”。古代木鼓，多因年代久远，木腔体和皮革多腐烂无存。在湖南崇阳出土的商代晚期铜质腔体皮革鼓，殷商时期的双鸟饕餮纹铜质腔体鼓，其鼓面都是皮革，或蛇蟒之皮，或牛羊之皮。考古界多次发现战国时期的鼓。古代音乐演奏中，鼓常用以控制节奏、起曲与终曲的作用，通常称它为定音鼓。《史记·乐书》记述子夏（前507～?）答魏文侯（? ～前396）道：“今夫古乐，进旅而退旅，和正以广，弦匏笙簧，合守拊鼓”[①]。

“合守”或写为“会守”。“合守拊鼓”就是舞蹈、歌唱与乐器演奏都听从“拊鼓”的指挥。可见，定音鼓在公元前6世纪已经诞生。

《考工记·䩚人》是最早记述制鼓技术的篇章。尤其是，它对于鼓膜与鼓腔（共鸣腔）的复合音响效果有极好的论述。它写道：

“鼓大而短，则其声疾而短闻；鼓小而长，则其声舒而远闻。”

“鼓大”、“鼓小”是同时对鼓腔和鼓膜而言的。这里，自然暗含了鼓膜大小与其振动频率的低高之关系。但是，《考工记》这段文字，决不是对此作出描述。近年一些作者喜欢将“声疾而短闻”与“声舒而远闻”的文字和频率相附会是不对的[②]。它是关于鼓的形制与人耳声感关系的描述。鼓面虽大，而其共鸣腔短浅，它的发声就很短促。“声疾”与“短闻”指声音衰减快，可闻时间短。而鼓面虽小，共鸣腔却深长，如腰鼓、云南傣族地区象脚鼓等，它们的发声都悠扬而长。“声舒”与“远闻”指拖音长，可闻时间久。这样的声感效果是由鼓面与共鸣腔混响作用导致的。

生活于晚唐时期的南卓在其著《羯鼓录》中描述了鼓面张力对羯鼓发声的影响。羯鼓源出于西域，南北朝时期传入中国，盛于唐开元、天宝年间（713～756）。其形制“如漆桶，下以小方床承之，击用两杖”，又名“两杖鼓”。它的两端蒙皮，腰部细小。在制作中，用铁棬紧固皮革以共鸣腔上。因此，对铁棬要求甚高。《羯鼓录》写道：“棬用钢铁，铁当精炼，棬当至匀。若不刚，即应絛（tāo，今绦字）高下，掐（chōu）捩（liè）不停；不匀，即鼓面缓急，若琴徽之顽病矣。”

显然，铁棬不匀不刚，造成鼓面拉力不匀，这时鼓声所受的影响就像琴的徽不恰好是在泛音音位上一样，这种“顽病”就很难修治了。

2. 板振动式乐器

与板振动有关的古代乐器也甚丰富，属于自由板振动的，如编磬、锣、钹；属于周边固定或有几个支点的板振动，如铜鼓、方响、云锣，等等。从板的形状而言，有圆形（铜鼓、锣等），方形（方响）和其它形状（磬）。

迄今，考古发掘最早的磬是在山西襄汾陶寺墓地出土、属龙山文化早期遗物[③]，大约

① 《史记》卷二十四《乐书》，第四册，第1221～1222页。

② 程贞一，曾侯乙编钟在声学史中的意义，曾侯乙编钟研究，第316～317页。

③ 1978-1980年山西襄汾陶寺墓地发掘简报，考古，1983年1期，第30-42页。

是公元前 3000～前 2500 年间制造的实用乐器。在青海乐都县柳湾村齐家文化早期墓葬中也发现了石磬[①]，约为公元前 2800～前 2500 年的遗物。属夏、商时期的磬也多被发现。晚商时期，磬为三件、五件一组，成为编磬。从西周到春秋战国，编磬制作技术有大发展，它与编钟一起成为歌舞必备之乐器，编磬数量从三件发展到八件、十几件、几十件一组。曾侯乙编磬多达 32 件（见彩图 4-34），总音域达五个八度，其中间的三个八度音域包括了所有的半音[②]。编磬的形状也基本固定。春秋战国之际，有关制磬的技术和磨锉调音的方法已被文字记载下来。秦汉时代起，编钟、编磬都成为古代传统乐器之一，在宫廷音乐中受到极大推崇。

我们已在“力学”章“重心”节中谈及磬的形状规范，在这里要补充叙述古代人关于磬的调音方法。《考工记 · 磬氏》写道：“已上，则摩其旁；已下，则摩其端”。

所谓“已上”、“已下”，是指磬发音太高、太低。这个磨锉调音技术是否符合板振动原理呢？

近年，陈通和他的合作者曾研究磬的声学特性[③]，得到磬的基频 f_1 振动公式为

$$f_1=\frac{G}{4\pi\sqrt{3}}[b-a\cos(k\theta+\varphi)]\sqrt{\frac{E}{\rho}}\frac{t}{(L_1+L_2)^2}$$

式中，G、b、a、k、φ 为常数，θ 和磬的“倨句”互为补角，E 和 ρ 为磬板物质的弹性和密度，t 为板厚，L_1 和 L_2 分别为鼓长和股长。对于已经制成而需要调音的磬而言，其

$$f_1\propto\frac{t}{(L_1+L_2)^2}$$

因此，当磬发音太高（“已上”），古代磬师就磨锉其“旁”（指磬板的板面），也就是使其厚度 t 减小。其结果，自然是 f_1 下降，音调就正常或符合设计要求了。当磬发音太低（“已下”），古代磬师就磨锉其“端”（指磬板的两端），也就是使 L_1 和 L_2 分别缩短，其结果是 f_1 升高，从而达到设计要求。由此可见，古代人在实践经验中已经掌握了磬板的振动原理。

沈括在《梦溪笔谈》中也记述了他对磬板的研究。他强调指出，其“声在短长厚薄之间”[④]。也许更为重要的是，他还发现了磬板的泛音及其与弦线泛音的共振现象。他说：

> 弦之有十三泛韵（即“泛音”），此十二律自然之节……不独弦如此，金石亦然。《考工》为磬之法，已上则磨其旁，已下则磨其端，磨之至于击而有韵处即与徽应，过之则复无应；又磨之至于有韵处，复应以一徽。石无大小，有韵处也不过十三，犹弦之有十三泛声也。此天地至理，人不能以毫厘损益其间[⑤]。

这段文字的重要性是，不仅表明人们熟练地掌握了板振动与弦线振动的共振关系，而且证明，以弦线式定律器或如琴一类弦乐器可以在钟磬一类乐器中调出纯律音程。中国古代的钟磬具有纯律音程或等程律音程，其原因就在于此。如此调音、并且调好的编磬，

---

① 青海省文物管理处考古队等，青海柳湾，文物出版社，1984，第 233，248 页。

② 高鸿祥，曾侯乙钟磬编配技术研究，黄钟（武汉音乐学院学报），1988 年第 4 期，第 85～95 页。

③ Chen Tong and Wang Zhongyan, Acoustical Properties of Qing. Chinese J. of Acoustics, Vol. 8 (1989), No. 4, pp. 289～294.

④ 沈括《梦溪笔谈》卷五《乐律》。

⑤ 沈括《梦溪笔谈 · 补笔谈》卷一《乐律》。

也就可以作为定律器使用。《诗·商颂·那》言“依我磬声”的道理也在于此。

方响是由若干长方形铁片或玉石片组成的具有固定音高的打击乐器，可以用它演奏曲调。它产生于北周时期（557～581），隋唐时代的敦煌壁画中描绘有包括方响在内的乐队。由于它被广泛应用，我们将在下面叙述有关它的许多共振故事。方响完全类似磬板，磨锉调音的方法亦相同。沈括曾讲道，方响“时加磨莹，铁愈薄而声愈下”[①]。很清楚，人们知道方响铁板或玉石板的音调高低与其厚度的关系。

铜鼓属于板振动、不属于膜振动。它的鼓面多为青铜合金圆形板，鼓腔也为青铜铸成（图4-35）。据测定，最早的铜鼓为云南楚雄万家坝23号墓出土的约公元前690年的制品[②]。西南少数民族地区铜鼓尤多，曾传播到东南亚各地[③]。

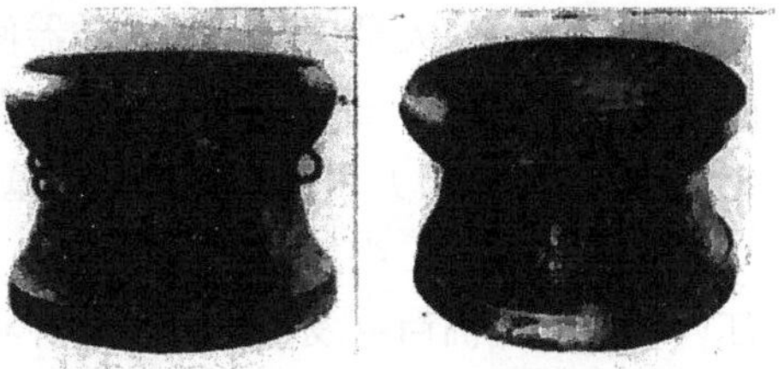

图4-35　铜鼓

铜鼓铸成后，需经过刮削加工、即调音，鼓声方能浑厚雄亮。现代发掘的许多古代铜鼓背面留下了令人惊讶的刮削痕迹。这些痕迹一般地具有共同规律：（1）刮痕以鼓中心成对称扇形；（2）成同心圆形状；（3）同心圆与对称扇形相结合（图4-36）。这些刮痕与圆形板振动节线极为相似（图4-37）[④]。虽然铜鼓是一种无固定音高的打击乐器，但这种刮痕方式无疑有利于铜鼓的音色。

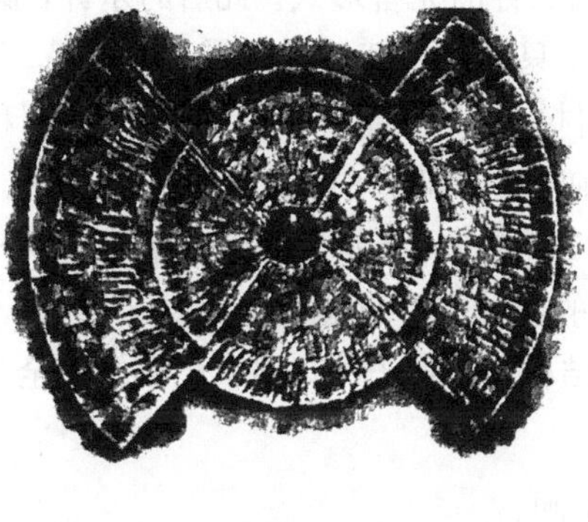

图4-36　古代铜鼓的加工刮痕之一

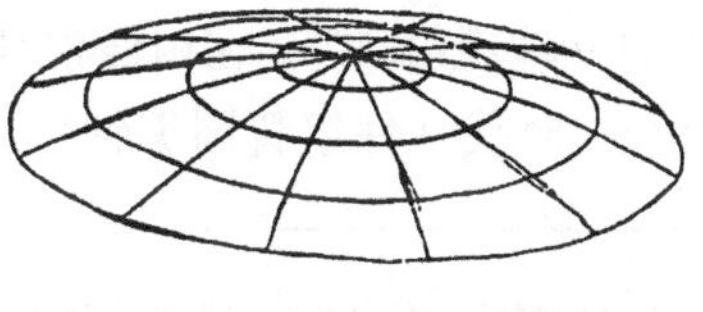

图4-37　圆形板振动的纵、横节线

四　编钟和壳式乐器

1. 编钟发展史

把构成一定音阶关系的几个、十几个甚至几十个钟挂在一起，包括敲钟装置，统称为编钟。

---

① 沈括《梦溪笔谈·补笔谈》卷一《乐律》。

② 云南楚雄古墓群发掘简报，文物，1978年第10期，第1～16页。

③ 关于铜鼓的历史文献及今人研究甚多。详见古代铜鼓学术讨论会论文集，文物出版社，1982；蒋廷瑜著铜鼓史话（文物出版社，1982）附有“铜鼓文献简目”；又有姚舜安、万辅彬等《北流型铜鼓探秘》，广西人民出版社，1990年版；吴坤仪、孙淑云等，中国古代铜鼓制作技术，自然科学史研究，第4卷（1985），第1期，第42～53页。

④ 李世红、万辅彬等，古代铜鼓调音问题初探，自然科学史研究，第8卷（1989）第4期，第333～340页。

中国的钟起源于原始社会时期。史籍记载说法不一，或说炎帝①、或说黄帝②、或说帝尧③ 时所造。从考古发掘的实物看，我国的钟起源于公元前 3000 年的龙山文化时期。在河南汤阴白营遗址出土了这个时期的陶铃，其横截面为椭圆形，铃的肩部是平的④。这个铃是后来青铜编钟椭圆截面、舞部平面的肇始。山西襄汾陶寺龙山文化晚期遗址中曾出土一件铜铃，其外形与上述陶铃类似⑤。商代，铜铃极为普遍，除各种动物挂铃外，有乐铃、玩具铃、军铃和装饰铃。

随着铜铃的大量铸造，作为乐器使用的铜钟应运而生。迄今所发现的铜钟多为殷墟时期所铸造，大多三件一组。如安阳殷墟出土、在钟口内铸器主名“专”字铭记的三件组编钟⑥，在安阳大司空村 312 号殷墓出土的三件组编钟⑦。尤其是，在安阳小屯村殷墟妇好墓出土五件一组的编钟，为武丁（约公元前 1238～前 1180）前后的遗物⑧。近年在江西新干大洋洲商墓发掘三件组编钟和一件镈，可准确地定为公元前 1160 年遗存⑨。迄今所发现商代铜钟，最大的一件达 109 公斤，铸造精致⑩。可以说，这个时期的钟，在钟体、钟柄结构、钟口形状、明显的钲部与鼓部位置，都是基本定型的中国传统编钟的前身。它们都是具有一定音阶调式的旋律乐器。

西周时期，铸钟技术大发展。1980 年陕西宝鸡市竹园沟出土了三件组甬钟，横截面近似椭圆，钟体上有枚乳 36 个，甬上有旋，钟口曲于，钟舞为椭圆平面，比例匀称，外形美观。它是西周初期康王（约公元前 1004～前 967 年在位）、昭王（约公元前 966～前 948 年在位）之际的遗物⑪，也是我国古代铜制乐钟的完备形式。此后的乐钟，除了钟柄是甬或钮之区别外，其它形制结构都与此一致，只是成组编钟的数量多寡而已。例如，陕西扶风齐家村出土“柞钟”39 件⑫，该县庄白村出土“瘐钟”14 件⑬，均为西周穆王（约公元前 947～前 928 年在位）、恭王（约公元前 928～前 908 年在位）时期遗存。在乐律上尤有意义的是，铸于楚成王初年（公元前 671～前 656 年间）的河南淅川下寺一号楚墓出土的 9 件组编钟⑭，在山西侯马上马村发现的春秋中叶鲁襄公（约公元前 572～前 542 年在位）时代 9 件组晋国编钟⑮。它们的音阶结构与《管子・地员》记载的完全相同。最

① 《山海经・海内经》：“炎帝之孙伯歧生鼓延，是始为钟”。

② 《吕氏春秋》卷五《仲夏纪・古乐》。

③ 《礼记・明堂位》：“垂之和钟”（垂为传说中尧之钟工）。

④ 河南省安阳地区文物管理委员会，汤阴白营河南龙山文化村落遗址发掘报告，考古学集刊，第 3 期，1983 年；考古，1980 年第 3 期。

⑤ 山西襄汾陶寺遗址首次发现铜器，考古，1982 年 12 期，第 1069～1071 页。

⑥ 李纯一，中国上古出土乐器综论，文物出版社，1996，第 109 页。

⑦ 1958 年春河南安阳大司空村殷代墓葬发掘简报，考古，1958 年 10 期。

⑧ 殷墟妇好墓，文物出版社，1985，第 100 页。

⑨ 江西新干大洋洲商墓发掘简报，文物，1991 年 10 期，第 1～23 页。

⑩ 杜乃强等，文物，1978 年 6 期，第 30～31 页。

⑪ 卢连成．胡智生，宝鸡強国墓地，文物出版社，1988，第 96～97 页；也见文物，1983 年第 2 期。

⑫ 考古，1963 年 8 期，第 413～415 页。

⑬ 文物，1978 年 3 期，第 1～18 页。

⑭ 河南淅川下寺一号墓发掘简报，考古，1981 年 2 期。也见赵世纲，《曾侯乙编钟研究》第 70～85 页。

⑮ 山西侯马上马村东周墓葬，考古，1963 年 5 期，第 229～245 页；也见黄翔鹏，音乐论丛第 3 辑，人民音乐出版社，1980，第 141～145 页。

令人惊讶的是曾侯乙钟的发现，它标志着中国古代编钟发展的高峰。

秦汉以后，铸钟技术时起时落、时兴时衰，甚而曾经多次失传。它的衰落，也是音乐艺术不断发展的必然结果。自秦汉时代以来，各民族、各地区、各国之间音乐艺术的相互交流与发展，也包括诸多乐器的相互传播与促进，原来笨重的编钟自然被淘汰。编钟的制造，耗资甚巨，调音困难，而且不易搬动。除宫廷之外，民间既无金钱铸造，又无演奏场地。随着民间音乐艺术的日益发展，宫廷音乐及其演奏乐器就不能不吸取民间艺术的精华，编钟逐弃之一旁而无人问津了。历代皇帝之所以还不断铸造它，而仅仅是作为一种礼仪装饰和权位象征罢了。

古代，除椭圆截面的编钟外，也有圆形钟。由于圆形钟不能作为乐器使用，先秦人就不重视它了。秦之后，随着佛教传入中国，梵钟、教堂钟甚而朝钟，均是圆形钟。也可以说，先秦时期的圆形钟在秦汉之后找到了它们的合适用途，才得以发展。这“用途”正是外域传入的宗教观念。后来，中国人制造圆形钟的技术极为发达，宋应星“天工开物”对此记述颇详①。现存北京大钟寺的“万钧钟”是梵钟之一，它约 42 吨，铸于明永乐（1403～1424）年间，也是世界上现存的最古老的大钟。

2. 编钟的形状结构及其发声特点

编钟各部分名称如图 4-38 所示。它和圆形钟有很大不同（图 4-39）。

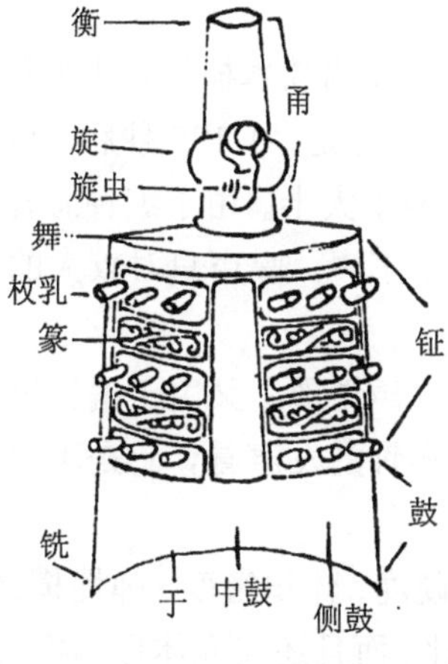

图 4-38　编钟各部分名称

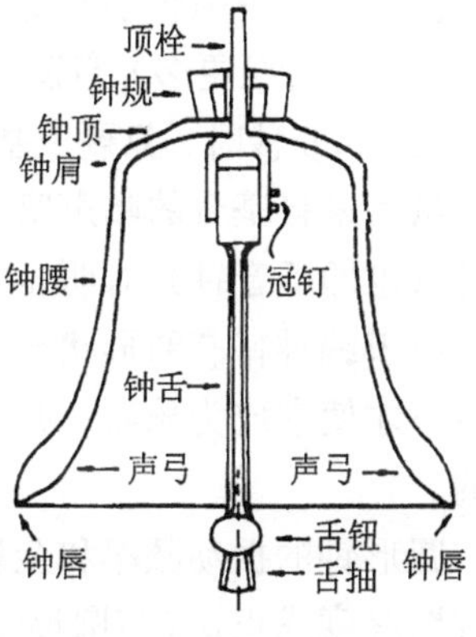

图 4-39　欧洲圆形钟

中国编钟，俗称“扁钟”，“古乐钟皆扁如合瓦”②。椭圆形壳体（横截面近似椭圆）是编钟的最大特点。钟体的上半部分称为钲，其外表有花纹和类似浮雕般的外突圆乳，称为钟枚或钟乳。钟体下半部，称为鼓，是敲击发音区。钟口（古称“于”）弧形弯曲，称为“曲于”（镈钟钟口为平于）。钟内壁不平齐，有许多磨锉调音痕迹，甚至不少钟的内壁有深沟槽。沿着钟的纵剖面看，内壁不同于欧洲钟那样整齐划一的声弓结构，而是显出一道道条形声弓（图 4-40）。除此之外，编钟与圆形钟差异还有：前者钟肩（古称“舞”）是近似的椭圆平面，后者钟肩是半圆球；前者悬挂牢固，从不晃动，后者着意让

① 宋应星《天工开物》卷中《冶铸第八》。

② 沈括《梦溪笔谈・补笔谈》卷一《乐律》。

它摇晃。

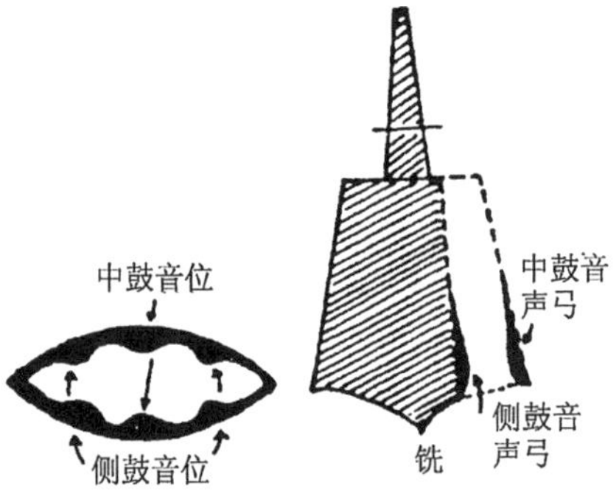

图 4-40　编钟钟口及其纵、横剖面

由于以上形状结构的不同，编钟与圆形钟的声音有极大差别。敲击梵钟、教堂钟、朝钟一类圆形钟，声音悠扬长久，各种谐波分音很难衰减，其嗡音更不易消失。人们听听教堂钟就有这种感觉：当钟舌打在声弓时，有一个响亮而刺耳的铿锵声，立即产生各种谐波分音的混合声；几秒钟后，高次谐波的分音消失，留下了深沉而模糊的嗡声。如果敲击时钟身摆动，又产生一种丁丁声，它和钟的各种声音叠加在一起。直到钟不摆动了，嗡声和丁丁声还在不断地刺激着人耳①。

根据近年中国科学家对编钟的实验研究②，例如，当软木槌打在中鼓位置时，立即产生六七个（甚至更多）高谐波分音与基音的混合声；但是，0.135 秒后，高谐波分音大部分消失；0.5 秒时，只剩下基音，1 秒时基音也衰减了大半。由于编钟悬挂牢固，从不晃动，虽然来自基音的嗡声感不可避免，但并没有丁丁声。嗡声只对较大的和内壁较厚的编钟（也即低音钟）有明显的影响。

由于编钟特有的形状与结构，造成它独特的发声情形。又由于编钟发声的上述物理特性，才使它成为乐器、并可供演奏之用。从圆形钟的发声看，它是不可能作为乐器使用的。

圆形钟的振动频率和金属合金的各种参数（硬度、体积密度、弹性模量）有关外，还与钟壁厚度成正比，与圆形壳体半径及长度成反比，而且还与壳体振动模式相关甚密。振动模式越复杂，钟壳振动频率越大③。对于中国编钟的振动研究，近年也取得了许多成就。陈通、郑大瑞将编钟当作近似的椭圆截锥壳体，分析了编钟的弯曲振动，从而得到了中国编钟壳体振动的陈通、郑大瑞公式④。据他们的研究，编钟的振动除了和圆形钟相似的情形之外，其振动频率与钟壁厚度成正比，与椭圆长轴的平方成反比。尤其值得注意的是，编钟的振动与钟口的弯曲形状（即平于还是曲于）甚有关系，还和敲击位置（在中鼓区还是在侧鼓区敲击）关系密切。同一大小、厚度的钟，不同的钟口曲线或不同敲击

---

① 戴念祖，中国编钟的过去和现在的研究，中国科技史料，第 5 卷（1984）第 1 期，第 39～50 页；中国的钟及其在文化史上的意义，亚洲文明论丛，第 101～120 页，四川人民出版社，1986。

② 陈通、郑大瑞，古编钟的声学特性，声学学报，1980 年第 3 期，第 161～171 页。

③ Lord Rayleigh，Theory of Sound. Vol. I，pp. 391，464～465，Dover Pub.，1929；也见 John Tyndall，Sound，3rd Ed.，1875，pp. 190～198.

④ 陈通、郑大瑞，椭圆截锥的弯曲振动和编钟，声学学报第 8 卷（1993）第 3 期，第 129～134 页。

区，其频率大有不同。陈通、郑大瑞最早揭开了中国双音钟的科学之谜。

钟口形状对编钟声音的影响是颇有意义的。例如，镈钟是平于，其中鼓音与侧鼓音一般地成大二度关系；而编钟是曲于，其中鼓音与侧鼓音一般地成三度关系。可见，曲于将这二个音的音程拉开了。

编钟表面的许多枚乳，由于是对称排列，故可纠正铸造不均匀性，使振动节线更为整齐。再则，它可以起振动负载作用，使其较快衰减。

3. 双音钟

在同一个钟壳的不同部位能够敲出高度不同的二个基音，这就称为双音钟。

双音钟的二个音，一个在鼓部正中位置，称为中鼓音；一个在鼓部旁侧位置，称为旁鼓音或侧鼓音。一个钟的两面，就有二个中鼓音位，四个侧鼓音位。但是，中鼓音位音高相同，侧鼓音位音高相同，而中鼓音与侧鼓音成大小三度谐和关系。

双音钟可能起源于公元前 13、14 世纪。根据测音，商代晚期的钟多有双音，如安阳小屯妇好墓出土的五件组编钟。但是，早期双音钟的 2 个基音音程大小不定，侧鼓音位无任何标志。这说明，早期双音钟可能并非人为有意制造使然，很可能是因为“扁钟”形状及其曲于产生的结果。人们有意铸造的真正双音钟大概产生于公元前 10 世纪左右。

所谓有意识铸造双音钟，是指在钟体的侧鼓音位有纹饰或文字标志，表示在此处敲钟可以发出另一个基音。湖北江陵江北农场曾出土西周穆王时期甬钟 2 件，其一正鼓部为简单云纹，右侧鼓部为一单线鹿纹①。陕西扶风庄白村出土 14 件痰钟，一些钟的右侧鼓饰小鸟纹，其内壁呈 4 道或 6 道对称条形声弓。扶风齐家村出土西周“中义”编钟 8 件②，陕西蓝田县出土的西周“应侯”钟③，它们的右侧鼓也饰有小鸟纹。这些钟为穆王、恭王时期遗存。其后，如西周厉王时期（公元前 857～前 842 年）的“士父钟”④、宣王时期（公元前 827～前 782 年）“南宫乎”钟⑤、山西曲沃县曲村镇出土晋侯（前 812～前 785 年）编钟⑥，等等，在侧鼓部饰凤鸟或夔纹（图 4-41）。这些右侧鼓纹饰是乐工或钟工着意铸刻的，是有意识造双音钟的证明。战国初，曾侯乙钟的中鼓与侧鼓音位各有铭文一二个字，标明该二处发音的阶名。65 件曾侯乙钟，除 1 件镈钟外，42 件为小三度双音钟，22 件为大三度双音钟。

秦汉起，双音钟现象就不为人所知了。直到唐代，太常博士杨收（活跃于 9 世纪中期）从一古乐钟里知道其栾（铣）部（即今所谓左右鼓部位）有铭文。《新唐书·杨收传》载：“涔阳耕得古钟，高尺余，收扣之，曰：‘此姑洗角也’。既劀拭，有刻在两栾，果然⑦。”

“涔阳”在今常德以北、江陵之南，即春秋时楚国腹地。此钟可能是楚钟。这记载表明，唐代人偶然知道双音钟现象，但并未因此引起时人之警觉与探讨。

---

① 何驽，湖北江陵江北农场出土商周青铜器，文物 1994 年 9 期，第 86～91 页。

② 陕西省博物馆等，扶风齐家村青铜器群，文物出版社，1963；也见考古，1963 年 8 期，第 413～415 页。

③ 韧松，樊维岳，文物，1975 年 10 期，第 68～69 页

④ 高至善，文物，1991 年 5 期，第 86～87 页。

⑤ 陕西出土商周青铜器，文物出版社，1980，图版 140。

⑥ 北京大学考古系等，文物，1994 年 1 期，第 4～28 页。

⑦《新唐书》卷一八四《杨收传》，第十七册，第 5392～5395 页，类似记载也见《玉海》卷一〇九。

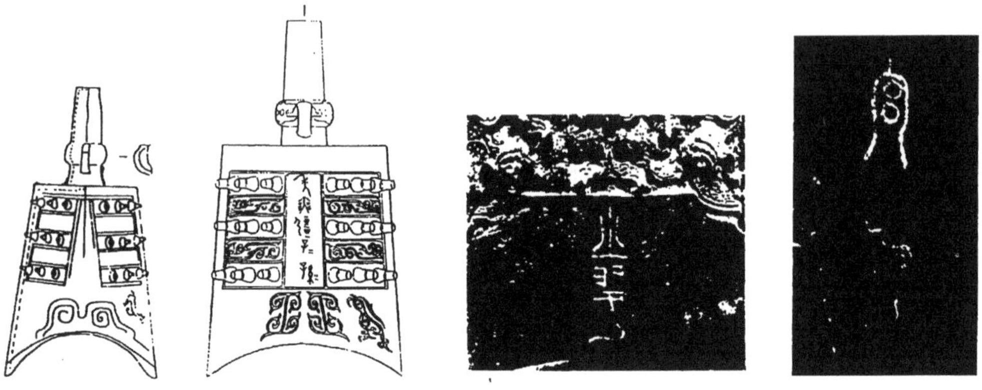

(a)　(b)　(c)　(d)

图 4-41　双音钟右鼓标志

(a) 湖北江陵江北农场出土周穆王时期的编钟　(b) 山西曲沃县曲村镇出土晋侯编钟

(c) 为曾侯乙编钟中层一组四号钟的中鼓与侧鼓音铭文“少羽”　(d) 铭文“宫反”

看看编钟的振动模式（图 4-42）①，就知道为何有一钟双音的现象。圆形钟，无论敲击其任一部分，其基频振动模式都是相同的 4 节线；由于其圆形对称性，其基频振动与敲击点无关。虽然编钟也具有对称性特点，振动模式是对称的，径向节线均为偶数，但是，在其中鼓音位与侧鼓音位二个不同的敲击点上，振动模式与振动节线位置并不相同。试看在这二个音位上的基音振动模式如图 4-42 中的 (a)，虽然它们都是 4 节线，但是，中鼓音的节线位置恰好为侧鼓音的腹线位置，反之亦然。这就相当于中鼓音与侧鼓音的振动波相位相差 90°。用通俗的话说，这两个音的节线位置恰好错开了。在中鼓音位敲钟，这个位置为侧鼓音节线所在，侧鼓音不被激发；在侧鼓音位敲钟，这个位置为中鼓音节线所在，中鼓音不被激发。在钟壳的某音节线位置不能激发起该音，这就是产生一种双音的物理机制。

4. 《周礼》关于编钟设计的记载

《周礼》也称《周官》，是儒家经典之一，书中记述了周王室官制和战国时代各国制度，成书多认为于春秋战国之际。全书分为《天官冢宰》、《地官司徒》、《春官宗伯》、《夏官司马》、《秋官司寇》、《冬官司空》六篇。《冬官司空》篇早佚，汉时以《考工记》补入，因而又称《冬官考工记》。《考工记》实为一单本著书，它论述了木、金、皮、色、刮摩、搏埴六类 30 个工种的技术问题，是先秦时期手工技术规范的汇集。实际内容远超出一般技术或规范，对许多重要技术环节作了科学阐述。因此，《考工记》堪称为古代一部技术、科学和艺术的百科词典。

《周礼·春官宗伯·典同》篇集中地记述了各种形状的钟（也包括圆形钟）及其音响效果。它写道：

> 以为乐器，凡声，高声硍（gǔn），正声缓，下声肆，陂声散，险声敛，达声赢，微声韽（yīn）（通“瘖”），回声衍，侈声筰（zuò）（通“柞”），弇声郁，

---

① 有关编钟的振动模式问题及图 4-42，均见陈通、郑大瑞，古编钟的声学特性，声学学报，1980 年第 3 期，第 161～171 页。

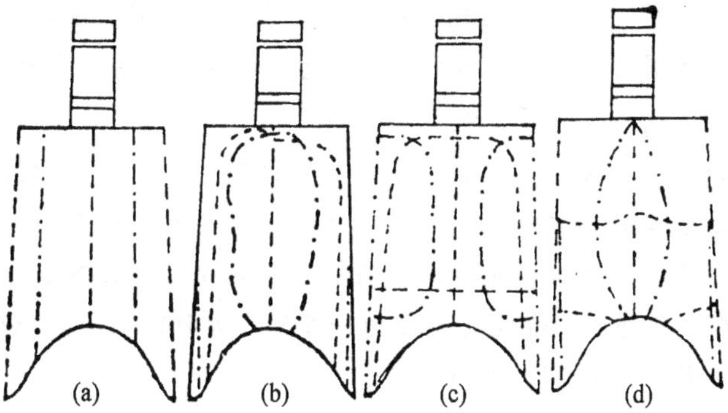

图 4-42　实验测绘的编钟节线图例
（点实线为中鼓音节线，虚线为侧鼓音节线）
（a）为两个基音的节线，（b）、（c）、（d）分别为两个音位的
第一、二、三分音的节线

薄声振，厚声石。

这意思是，以钟为乐器，大凡钟形与其声音有以下十二种情形[①]：

“高声硍”：钟的上部口径太大，声音在钟里回旋不出。

“正声缓”：钟的上下口径相当，声音缓慢地荡漾而出。

“下声肆”：钟的下部口径太大，声音很快放出，无荡漾余音。

“陂声散”：钟的一边往外偏斜，声音离散不正。

“险声敛”：钟的一边往内偏斜，声音不外扬。

“达声赢”：钟体大，声音宏亮。

“微声韽”：钟体小，声音发哑。

“回声衍”：钟体圆，声音延展，延长音多。

“侈声筰”：钟口偏大，声音发咋，有大声喧哗之感。

“弇声郁”：钟口偏小，声音抑郁不出。

“薄声振”：钟壁太薄，声音颤抖发散。

“厚声石”：钟壁太厚，声同击石。

这段文字记载，不仅表明各种不同形状、不同壁厚的钟，给人带来如此不同的声感，而且也是古人寻找最佳形状乐钟的证明。古代人所以将乐钟制成“扁如合瓦”形状。而不取圆形钟，《典同》中的这段文字也揭示得一清二楚 。

正是基于这种经验理论，《考工记》对设计制造编钟的技术作了较为详细的记载。

在《考工记・攻金之工》里规定了钟体金属的合金比例：“六分其金，而锡居一，谓之钟鼎之齐。”这就是说，其合金中或 1/7 的锡、6/7 的铜，或 1/6 的锡、5/6 的铜。从已发掘的先秦钟的一些合金成分数据可知，其含锡量在约 1/7 左右到 1/6 左右之间。可见《考工记》记载基本上是属实的。

为了讨论的方便，我们将《考工记・凫氏》中关于制钟的文字按原文顺序分六段引述如下：

---

① 关于这段文字的字意及注释，参见：戴念祖，中国的钟及其在文化史上的意义，亚洲文明论丛，四川人民出版社，1986，第 113～114 页；或《中国声学史》，第 426～428 页。

（1）凫氏为钟，两栾谓之铣，铣间谓之于，于上谓之鼓，鼓上谓之钲，钲上谓之舞，舞上谓之甬，甬上谓之衡。钟悬谓之旋，旋虫谓之干。钟带谓之篆，篆间谓之枚，枚谓之景。于上之攠谓之隧[①]。

（2）十分其铣，去二以为钲。以其钲谓之铣间，去二分以为鼓间。以其鼓间谓之舞脩，去二分以为舞广。以其钲之长谓之甬长，以其甬长为之围。参分其围，去一以为衡。参分其甬长，二在上，一在下，以设其旋。

（3）薄厚之所振动，清浊之所由出，侈弇之所由兴。有说，钟已厚则石，已薄则播，侈则柞，弇则郁，长甬则震。

（4）是故大钟，十分其鼓间，以其一为之厚；小钟，十分其钲间，以其一为之厚。

（5）钟大而短，则其声疾而短闻；钟小而长，则其声舒而远闻。

（6）为遂[②]，六分其厚，以其一为之深，而圜之。

上引文，第（1）段，描述钟体各部分名称及其位置；第（2）段，指出钟体各部分比例。第（3）、（5）段，言及钟壁厚薄、钟口大小、钟体长短所产生的声学效果；第（4）段，论及钟壁厚与钟体大小的比例；第（6）段，指出调音磨锉的范围大小。其中，第（3）、（5）段文字间插有理。在第（2）段描述钟体各部分比例之后，自然要回答为什么以此比例设计的问题，这就涉及第（3）段声学问题了；在第（3）段述及钟壁厚薄与发声关系之后，当然要进一步交待最可佳的钟壁厚度，这就是第（4）段了。然后，继续描述整个钟的形状大小和音响效果问题。最后，指明调音技术及规范。全文 254 个字，将制钟规范、音响情形都论述到了，而且层次分明，逻辑严谨。这是世界上最早论述制钟技术的文章。

在西方，9 世纪起才有少量的钟组成的编钟乐器，那是一种既有钟舌、又需敲击的圆形钟。11 世纪末至 12 世纪初，欧洲的文献中才有关于制钟的文字[③]。

令人惊讶的是，《考工记》的记载与曾侯乙钟比例尺寸的实测数据基本相同[④]。

《考工记》的上述文字，在战国之后对历代编钟的设计制造起着重大影响和不可估量的作用。一旦有关铸造编钟技术失传，人们就自然地向《考工记》讨教。例如，唐代末期，因乐工失散，无人知晓铸钟其法，太常博士殷盈孙曾据《考工记》设计了一组为 48 个的编钟[⑤]，也足见《考工记》对后人的启发。

5. 关于编钟壳体振动的知识

从殷商编钟的制造和双音钟的出现，表明至迟在公元前 10 世纪人们在经验中知道壳

---

① “攠”，靡之假字，钟内壁为了调音需要磨锉，这磨锉之处称为“隧”。

② “遂”为通道或路。《荀子・大略》：“迷者不问路，溺者不问遂。”杨倞注：“遂为径遂，水中可涉之径也。”《考工记・匠人》：“广二尺，深二尺，谓之遂。”可见，此“遂”应指调音磨锉后而凹陷的弧度，下一句的“深”，即为弧深。

③ Sarton, G., Introduction to the History of Science. Vol. I, p. 76. Washington, 1953.

④ 冯光生、谭维四，曾侯乙编钟的发现与研究　附曾侯乙编钟各钟体主要数据表，见曾侯乙编钟研究，第 51～54 页。

⑤ 《旧唐书》卷二十九《音乐志》，第四册，第 1081～1082 页。《新唐书・礼乐志十一》（第二册，第 462 页）有类似记载。

体大小、厚薄和振动的关系。上述《考工记》中第（3）、（5）段文字也充分证明，人们对壳体振动规律的理解。钟壁太厚，声同击石；钟壁太薄，声音发散；钟口太大，声音作柞，有大声喧哗之感；钟口太小，声音抑郁不出；钟甬太长，钟体振摇而声音发颤。当钟体大小长短不成比例时，《考工记》还指出：钟大而短，发声急促，容易衰减；钟小而长，发声舒缓，钟声悠扬长久。

从考古发掘的许多古钟的磨锉痕迹看，古代人知道壳体振动与敲击点相关的许多经验。双音钟就是靠磨锉调音、改变钟内壁的声弓结构，从而使一个钟壳发出二个音。三国魏初，有这样一个关于磨锉调音的故事：

杜夔，字公良，河南人。……黄初（魏文帝曹丕年号，220～226）中为太乐令、协律都尉。汉铸钟工柴玉巧有意思，形器之中，多所造作，亦为时贵人见知。夔令玉铸铜钟，其声均清浊多不如法，数毁改作。玉甚厌之，谓夔清浊任意，颇拒捍夔。夔、玉更相白于太祖，太祖取所铸钟，杂错更试，然后知夔为精而玉之妄也，于是罪玉及诸子，皆为养马士①。

这段故事表明，在铸成钟后不经过调制工序是很难达到预期效果的。只有在“杂错更试”即磨锉调音之后才能使钟发出准确的音。钟工柴玉铸成钟后、未经调试而责备杜夔，甚而双方状告至太祖曹操（155～220），曹操以柴玉无音律知识为名而将其问罪，并降其为养马人。

经过五代（907～960）离乱之后，也许通晓编钟的人更少了，因此在宋代发生了一场有关编钟形状与悬挂方式的争论。参与这场争论的有李照（生活于10世纪末到11世纪上半叶），他是宋仁宗皇祐（1049～1054）以前的乐律家；胡瑗（993～1059），他是宋代有名的经学家，以及当时的乐工、乐师等。科学家沈括和燕肃也参与了这场争论。这场争论的起源是皇祐年间新铸编钟，乐工们铸造的是“皆不圆而侧垂”的传统扁圆形钟，而胡瑗将其改为“圆其形而下垂”②，由此而起争论。在争论过程中，人们找到了五代末王朴铸的扁圆形编钟，但李照、胡瑗等人并不理会，直到后来又发现了先秦“宝龢”钟之后，才平息了这场争论，钟才铸成扁圆形状。欧阳修（1007～1072）对此事件记述道：“初，王朴作编钟皆不圆，至李照等奉诏修乐，皆以朴钟为非。及得宝龢钟，其状正与朴钟同，乃知朴为有法也③。”沈括在《梦溪笔谈》中也因此作出了“古乐钟皆扁如合瓦”的结论④。

这场学术争论又一次增加了人们对壳体振动规律的认识。

王朴所制“编钟皆不圆而侧垂，自李照、胡瑗之徒，皆以为非及”，而胡瑗改作，“遂圆其形而下垂，叩之揜郁而不扬，其镈钟又长甬而震掉，其声不和”⑤。《宋史·乐志》对此作了几乎相同的记载⑥。由此可见，作为乐钟的形状大概只能是椭圆横截面为最

① 《三国志》卷二十九《魏书·方技传》，第三册，第806页。在《晋书·律历志》（第二册，第480页）中有类似记载。

② 欧阳修《归田录》卷一，第17页。

③ 欧阳修《集古录》卷一《器铭》。

④ 沈括《梦溪笔谈·补笔谈》卷一《乐律》。

⑤ 欧阳修《归田录》卷一。

⑥ 《宋史》卷一百二十七《乐志》，第九册，第2970页。

佳了。钟甬长，悬挂不牢，敲击时由于产生振摇而生“余音”。自然，声音便不谐和了。

作为纯音乐家的李照可能对编钟铸造技术及其形状与音调的关系可能太不熟悉了，因此，李照“斥王朴乐音高，乃作新乐，下其声。”可是，太常乐工发现李照的问题，“病其太浊，歌不成声。私赂铸工，使增（减）[①] 铜齐，而声稍清，歌乃协。然照卒莫之辨”[②]。增加铜齐，钟壁变厚，音调随之升高。钟的音调才与李照的“新乐”相协和。

但是，李照对钟上枚乳的作用有很好的论述。他认为，“枚乳则以为用节余声。盖声无以节，则锽锽成韵而隆杀杂乱”[③]。“余声”指过多过长的拖音。敲击钟后，若余声太长而又无可节制，在连续敲击时会产生声音相互叠加和干扰，也就是“锽锽成韵而隆杀杂乱”。试想敲击圆形钟的情形，李照的这段话就可以得到理解。清代阮元（1764～1849）也认为，钟的枚乳起调节控制余音的作用[④]。用现代话说，就是可以使声音加快衰减。

太常寺燕肃曾提出一种新看法。他认为，旧钟不协是因钟面屡涂漆所致。他说：“旧太常钟磬皆设色，每三岁亲祠，则重饰之。岁既久，所涂积厚，声益不协”[⑤]。在钟与磬的面上设色涂漆，自然改变了钟壁的壁厚，声音随之改变。燕肃的见解也甚为有理。

沈括在研究了古乐钟之后写道：

> 古乐钟皆扁如合瓦，盖钟圆则声长，扁则声短。声短则节；声长则曲，节短处皆相乱，不成音律。后人不知此意，悉为圆[⑥] 钟急叩之多晃晃尔，清浊不复可辨[⑦]。

沈括的这段文字准确地描述了圆形钟和扁圆形钟各自的发音特点，指出圆形钟在快速旋律中会产生声干扰、不成音律，从而确认古代扁圆形钟的优越性。它是对古代两种钟形及音响效果的总结性概括，在科学史上有极高的价值。约 1000 年前的沈括的结论和 19 世纪末瑞利勋爵对圆形钟的研究[⑧]以及近代所有音乐物理教科书中有关圆形钟的说法基本相同。

壳体的振动，即使是传统的中国编钟，多少总有点“余音”。完全无“余音”的乐器也是很难听的。因有“余音”，特别是较大的钟余音较长，因此不能连击。编钟悬挂牢固，不允许其晃动，也是避免其产生余音和声波干扰的方法。宋代太常博士杨杰（约 1021～1090）曾于宋神宗元丰三年（1080）指出当时音乐有“七失”，其中之一就是告诫人们“宜勿连击”[⑨]。王黼（1079～1126）也曾指出：古乐钟不仅是扁的，而且侧悬，“叩之则牢结不动”，后世有人改为圆形，且在其甬内直悬，“其考击则摇曳而生余音，失之远矣[⑩]。”足见古代人对编钟发声的物理特性有了充分的认识。

---

① 原“减”字乃“增”字之刊误，今改。

② 《宋史》卷一百二十七《乐志》，第九册，第 2970 页。

③ 王黼《博古图》卷二十三《辅乳钟二》说文。

④ 阮元《揅经室集》卷一、五、十。

⑤ 《宋史》卷二百九十八《燕肃传》，第二八册，9910 页。

⑥ “圆”字，在留传至今的《梦溪笔谈》中误为“扁”字，今改。

⑦ 沈括《梦溪笔谈·补笔谈》卷一《乐律》。

⑧ Lord Rayleigh, Theory of Sound. Vol. I, pp. 391, 464～465. Dover Pub., 1929.

⑨ 《宋史》卷百二十八《乐志》，第九册，第 2982 页。

⑩ 王黼《重修宣和博古图》卷二十三《周大编钟》说文，四库全书本。

中国的编钟在世界文化史上具有重大意义[1]，古代人对编钟的物理认识也是极为深刻的。

6. 錞于和缶

錞于是古代一种铜制打击乐器，也称金錞（图 4-43）。它出现于春秋时期，军旅中用作号令。《周礼·地官·鼓人》载：“以金錞和鼓”。其形制如圆筒，肩围阔大，腰围收小，平顶，顶中有虎形或马形钮，以供悬挂之用。

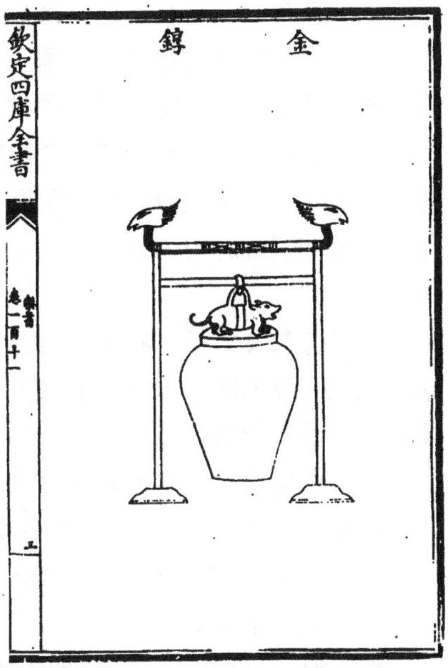

图 4-43　宋代陈旸《乐书》绘錞于

在古代钟类乐器中，关于錞于共振的故事被历代辗转传抄。它的趣味是，利用虹吸管将水导入錞于内，振动虹吸管，因錞于内混响加大而听到轰鸣声。这故事的首次记载见于晋代干宝（约生活于 3、4 世纪之交）的《周礼注》：“（錞于）去地一尺，灌之以水，又以其器盛水于下，以芒当心跪注，以手震芒，其声如雷[2]。”

干宝《周礼注》原书已佚，清人有辑本。《南史·萧鉴传》对此记述较详。萧鉴（？～491）是南朝齐高帝第十子，封始兴简王，曾为益州刺史，在蜀多年，以性清节俭闻名。一个叫段祖（生卒年不详）的人特为之送他一件古錞于，并为他表演錞于共振以娱乐。史载：

> 时有广汉什邡人段祖，以錞于献鉴，古礼器也。高三尺六寸六分，围三尺四寸，圆如筒，铜色黑如漆，甚薄，上有铜马，以绳悬马，令去地尺余，灌之以水，又以器盛水于下，以芒茎当心跪注錞于，以手振芒，则声如雷，清响良久乃绝[3]。

“芒”是一种禾本科植物，其秆直立、粗壮，可作编织材料。“芒茎”即其秆，因其中空，可当虹吸管。将其一端插于水盆之中，另一端插入錞于内，以虹吸法将水引注入錞于。此时，轻轻振动芒茎，可以听到清响如雷之声。北朝斛斯徵（529～584）也曾据干宝的记载表演此共振现象[4]。此后，历代典籍相继传抄这个故事中描述的现象[5]。王黼首次指出其声响的共振原因。他说：水“注以芒而手振之，与水相应，声若雷发[6]。”

缶（fǒu），原意为盛酒瓦器。缶实为瓦盆和陶土容器的总称。将它作为乐器，在我国有悠久的历史。它大概起源于农夫百姓，随手敲击盆碗以为乐。《墨子·三辩》指出：诸

① 戴念祖，中国的钟及其在文化史上的意义，亚洲文明论丛，四川人民出版社，1986，第 101～120 页；也见《中国科技史料》1984 年第 1 期，第 39～50 页。

② 清马国翰辑《周礼干氏注》，《玉函山房辑佚书》经编《周官礼类》。

③ 《南史》卷四十三《始兴简王鉴传》，第 4 册，第 1086～1088 页。

④ 《北史》卷四十九《斛斯徵传》，第六册，第 1788 页。

⑤ 例如，宋代董逌（yóu，古“由”字）《广川书跋》卷三之“虢州古钟铭”说文；陈旸《乐书》卷一百十一《金錞》。

⑥ 王黼《重修宣和博古图》卷二十六《錞总说》。

侯王公以“钟鼓”作乐，士大夫以“竽瑟”作乐，而“农夫春耕夏耘、秋敛冬藏，息于瓴缶之乐”①。《庄子·至乐篇》言及庄子妻死，“鼓盆而歌”。《史记·廉颇蔺相如列传》载秦王与赵王在渑池之会、赵王鼓瑟而秦王击瓴（即缶）之事，是历史上有名的故事②。

缶成为音乐家所重视的乐器大约在隋代。奴隶出身的音乐家万宝常“尝以方食，论及声调。时无乐器，宝常因取前食器及杂物，以箸扣之，品其高下，宫商毕俱，谐于丝竹，大为时人所赏③。”所谓“食器”，即指碗盘碟或酒杯之类。唐末击缶盛行。唐代宗永泰（765～766）初，音乐家司马绍（生卒年不详）进《广平乐》，以八缶组成黄钟均④。更有以茶瓯、酒瓯之类陶瓷器作为乐器者。明清时期，民间以瓷盅代编磬，与三弦、笙等合奏⑤。

特别有意义的是，在击缶为乐之中，人们发现了在缶内加减水量以调谐壳体振动的方法。唐武宗（841～846年在位）时，乐官郭道源（约生活于9世纪）发现了这种方法。段安节《乐府杂录》载：

> 武宗朝，郭道源后为凤翔府天兴县丞，充太常寺调音律官，善击瓯。率以邢瓯、越瓯共十二只，旋加减水于其中，以箸击之，其音妙于方响也。咸通（860～874）中，有吴缤洞晓音律，亦为鼓吹署丞，充调音律官，善于击瓯。击瓯，盖出于击缶⑥。

郭道源、吴缤等人，在瓯内加减水量调谐壳体振动，确属创举。迄明清时，民间“用九瓯盛水击之，调之水盏，合五声四清。其制始于李琬⑦。”水盏，迄今仍在民间流行。

李琬（？～755），是唐玄宗李隆基的第六子。将水盏的发明归之于他，不知何据？但是，水盏起源于唐代，是无疑问的。

第五节　共　　振

在本章导言中的文化背景与思想观念节，我们曾述及董仲舒有关共振的看法。他最早将共振现象定义为“自鸣”，并认为它是“五音比而自鸣，非有神，其数然也⑧”。董仲舒的观点在中国文化中有着几千年的影响，就是因为他抓住了事物本质而道出了一方真理。实际上，他的天人感应说，亦只允许在自然与人之间存在感应关系，其间决不允许第三者、即神灵的介入。由共振和感应关系而建立的这个中国传统哲学在根本上区别于西方古代的哲学。我们再从科学本身探讨历史上有哪些共振现象被发现，并被记录下来。

---

① 《墨子》卷一《三辩第七》，孙贻让《墨子闲诂》本。

② 见《史记》卷八十一，第八册，第2442页。

③ 《隋书》卷七十八《万宝常传》，第六册，第1784页。

④ 《旧唐书》卷二十九《音乐志》，第四册，第1077页。

⑤ 方以智《物理小识》卷一《天类·天地人声》方中通注文。关于缶作为乐器的历史记载，曾详细地收录在宋李昉等撰《太平御览》卷五百八十四《乐部二二·缶》，以及清康熙敕编《渊鉴类函》卷一百九十一《缶》之中。

⑥ 引自中国文学参考资料丛书《乐府杂录》，中华书局1958年版，第36页。四库全书本与此稍有文字出入，如“吴缤”写为“黑缤”。

⑦ 《渊鉴类函》卷一百九十一《缶》。

⑧ 董仲舒《春秋繁露》卷十三《同类相动》。

一 宋代之前共振现象的记述

在历史上第一次记下共振现象的是《庄子》一书。《庄子·杂篇·徐无鬼》写道：

鲁遽曰："是直以阳召阳，以阴召阴，非吾所谓道也。吾示子乎吾道。"于是为之调瑟，废于一堂，废于一室，鼓宫宫动，鼓角角动，音律同矣。夫或改调一弦，于五音无当也，鼓之，二十五弦皆动。

鲁遽其人，据说生活于周初。《庄子》的作者庄周往往借故事寓言来阐述他的哲学主张。将一具瑟放置厅堂，另一具瑟置另一室中。在它们的弦线调音完全一致之后，弹动厅堂的瑟的宫弦，另一室中的瑟的宫弦会发生振动。这种现象被解释为，这两具瑟的"音律同矣"。用现代物理语言说，它们的固有振动频率相同。庄周以共振事例并借鲁遽的口说出世间的事物是相互感应的道理。在古人的观念中，阴与阳原是区分事物属性的用语。在他们看来，阳与阳或阴与阴，皆同类属性，具有相同属性的事物就能互相感应。鲁遽用于"吾示子乎吾道"的根据就是共振。但是，值得我们注意的是，"吾示子乎吾道"这句话正是庄周作了演示共振实验的表白。所以，这段文字不仅是战国时期诸子百家思想论争的反映，也是一段精彩的声学实验记录。

更有趣的是，《庄子》这段文章的最后一句话，有可能表明古代人知道基音与泛音的共振现象。

在中国历史上，人们往往将共振现象描写为"声比则应"，"同声相应"。在古人看来，"同"与"比"可能是有区别的。从文献记载的具体事例看，"同"多指固有频率相等的两个物体的共振；"比"多指固有频率成整数比（除 1∶1 之外）或简单分数比（如 2/3）的两个物体的共振。这些词又往往与阴阳气的感应用词即"同气相求"一词排比使用。"同声相应，同气相求"最早见于《周易》①。

以下按照时间顺序，我们列举一些共振现象的历史记载。

公元前 2 世纪，吕不韦在其组织编纂的《吕氏春秋》中记述了共振现象："类同相召，气同则合，声比则应。鼓宫而宫动，鼓角而角动②。"

汉代高诱（生卒年不详）在《吕氏春秋》注中说："鼓，击也。击大宫而小宫应，击大角而小角和，言类相感也③。"

按照高诱的解释，《吕氏春秋》记述的共振是频率比为 1∶2 的共振现象。"大宫"与"小宫"、"大角"与"小角"，都是指频率比为 1∶2 的相隔八度的两个音。由此可以知道，"声比则应"的"比"字的含义了。

西汉今文诗学的开创者韩婴（公元前 2 世纪人）在其著《韩诗外传》中写道："古者，天子左五钟，将出，则撞黄钟，而右五钟皆应之，……此音乐相和，物类相感，同声相应之义也④。"

---

① 《周易·乾·文言》。

② 《吕氏春秋》卷十三《有始览·应同》，也见该书卷二十《恃君览·召类》。

③ 同②。

④ 韩婴《韩诗外传》卷一。

韩婴叙述的是钟与钟的共振现象。

汉代经学家郑玄也对共振现象有所论述。他在集解《史记》中说："乐之器，弹其宫则众宫应[①]。"这意思是，与宫音同高或高一个、二个，乃至几个八度的宫音的弦线都可以和宫音弦共振。换句话说，固有频率成任意整数比的二弦都可以产生共振。郑玄的这句话又被刘宋时代的裴骃（5 世纪人）引以集解《史记·乐书》中的"声相应，故生变"的"应"字。由此看来，"声相应"一语也包含了共振的含义。

在初步了解了先秦及秦汉时代有关共振的知识之后，我们看看汉代以后各代史书中有关共振的记述。

《晋书·五行志》写道："苏峻在历阳外营，将军鼓自鸣，如人弄鼓者[②]。"

苏峻（？～328）曾为东晋元帝和明帝时的大将军，实则是个野心家[③]。历阳为今安徽和县。

《新唐书》写道："开元二十三年（735）十二月乙巳，龙池圣德颂石自鸣，其音清远，如钟磬。""天宝十年（751）六月乙亥，大同殿前钟自鸣[④]。"

《宋史》写道："咸平四年（1001）十二月，亳州大清宫钟自鸣[⑤]。"

《明史》写道："正德四年（1509）三月甲寅，盖州卫城楼钟自鸣者三[⑥]。"

类似的记载，在史书中真是举不胜举。如果读一读地方志，这样的记载更多。以现代声学术语说，这些现象都属于声致振动。西方人的确很难理解古代中国人要将共振不厌其烦地载入史册的原因。

让我们先放弃许多历史材料，读一点唐代晚期的著作。

9 世纪人南卓在其著《羯鼓录》中记述了一个忠实而又科学的共振故事。该故事的主人公为太常丞宋沇（yǎn）（生卒年不详，约 9 世纪人）：

> 一日早于光宅寺待漏，闻塔上风铎声，倾听久之。朝回复至寺舍，问寺主僧曰："上人塔上铎，皆知所自乎？"曰"不能知。"沇曰："其间有一是古制，某请一登塔循金索，试历扣以辨之，可乎？"僧初难后许。乃扣而辨焉。寺众即言："往往无风自摇，洋洋有闻，非此也耶？"沇曰："是耳，必因祠祭考本悬钟而应也。"固求摘取而观之，曰："此姑洗之编钟耳，请且独缀于僧庭。"归太常，令乐工与僧同临之，约其时彼扣本乐悬，此果应之，遂购而获焉[⑦]。

从南卓的以上文字看，宋沇的耳朵是极为灵敏的。他从塔上风铎的声音中，听出其中有一个铎声非凡。当光宅寺的僧人告诉他，风铎中有一个"往往无风自摇"，也即无风而响时，他立即告诉僧人其中的缘故：因为有人在光宅寺祠祭敲钟，风铎应声而振。为了进一步证实他的说法，在经寺僧允许后，将该风铎从塔上取下；随即他回到当时皇家

---

① 见《史记》卷二十四《乐书第二》，第四册，第 1179 页"集解"。

② 《晋书》卷二十九《五行志》，第三册，第 879 页。

③ 《晋书》卷一百《苏峻传》，第八册，第 2628 页。

④ 《新唐书》卷三十五《五行志》，第三册，第 913～914 页。

⑤ 《宋史》卷六十六《五行志》，第五册，第 1436 页。

⑥ 《明史》卷三十《五行志》，第二册，第 488 页。

⑦ 南卓《羯鼓录》，第 11 页。该故事也见于宋代李昉等编《太平广记》卷二百三《宋沇》条；王谠《唐语林》卷六。各本的文字略有不同。

乐府机构——太常，叫来了许多乐工，并让乐工和寺僧观察他所进行的共振实验。在约好时间之后。一边让人敲击寺钟，一边有人观看该风铎是否应声而鸣。实验证实了他的预言。他便高价买下了这个风铎。

但是，有些根据共振现象编纂的故事却太离奇了，它被夸张到违背常识的地步。唐代段成式在其著《酉阳杂俎》中所描绘的故事[①]，以及他的儿子段安节在《乐府杂录》中讲述的共振故事[②]，就是这样的例子[③]。

其实，共振现象被大量发现是由于中国古代音乐家要求准确、精确地调音的必然结果。南朝时刘孝标（名峻，以字行，462～521）在临川王刘义庆（403～444）撰的《世说新语》注文中，引佚书《晋后略》指出荀勖以律管调钟声的情形："诸郡舍仓库，或有汉时故钟，依律命之，皆不叩而应，声音韵合，又皆俱成[④]。"

《晋书·律历志》和《隋书·律历志》有类似的记载。依律调钟，不叩而应的现象只能是共振。由此可见，中国古代音乐家忠守职责的精神。

二 宋代及其之后演示共振的实验

我们要再探讨从宋代起有关共振知识的发展，尤其是演示共振实验的历史记载。

共振演示实验最容易在弦线上进行。但是弦线共振现象自从《庄子》记载之后似乎鲜有详细记述。到了唐代，李肇在其著《唐国史补》中才有类似的较详记载。李肇写道：

> 张相弘靖，少时夜会名客，观郑宥调二琴至切，各置一榻；动宫则宫应，动商则商应，稍不切，乃不应。宥师董庭兰，尤善汎声、祝声[⑤]。

张弘靖（760～824）是唐德宗朝（780～805年在位）时刑部尚书。董庭兰、郑宥师徒当为8世纪后半叶的唐代琴师。根据张弘靖"少时夜会名客"一语，郑宥在调琴时发现弦线共振现象的时间可能在公元780年左右。

在郑宥之后近300年，沈括终于在世界上第一次作出了弦线共振的演示实验。他写道：

> 琴瑟弦皆有应声：宫弦则应少宫，商弦则应少商，其余皆隔四相应。今曲中有（应）声者，须依此用之。欲知其应者，先调诸弦令声和，乃剪纸人加弦上，鼓其应弦，则纸人跃，他弦即不动。声律高下苟同，虽在他琴鼓之，应弦亦震，此之谓正声[⑥]。

为了了解这段文字，我们先看看琴与瑟的定弦方法。由于调性和曲调的不同，琴与瑟的定弦都有多种。最常见的一种是从外侧的一弦起至内侧的某弦（琴的内侧为第7弦；瑟有50弦，45弦，25弦，15弦等）止，依次定为宫、商、角、徵、羽，如谱4-4所示[⑦]。

---

① 段成式《酉阳杂俎·前集》卷六《乐》，第65页。

② 段安节《乐府杂录·琵琶》，第31页。

③ 戴念祖，中国声学史，第89～90页。

④ 刘义庆《世说新语》卷下之上《术解第二十》。

⑤ 李肇《唐国史补》卷下。

⑥ 沈括《梦溪笔谈·补笔谈》卷一《乐律》。

⑦ 谱中关于沈括对琴的定弦，参见沈括《梦溪笔谈》卷六《乐律》。也见中央民族学院艺术系文艺理论组《梦溪笔谈音乐部分注释》，第73～75页。

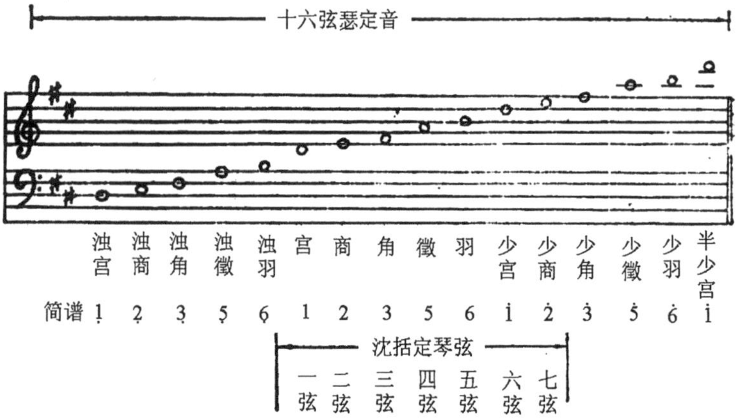

谱例 4-4　琴与瑟的定弦

沈括所谓宫与少宫、商与少商的共振，实质上就是频率比为 1∶2 的共振。“隔四相应”，一些人也理解为频率比为 1∶2 的共振，因为在琴与瑟中，如谱 4-4 所示，相隔四根弦线的两个音都成或高八度或低八度的两个音①。这个解释在共振弦线上是讲得通的。但是，似乎并不合沈括原文的意思，也不合古代“隔四”的习惯算法。所谓“隔四”是自始至终共四根弦，按今日理解，实为“隔二”。因此，沈括所谓的“隔四相应”，基本上是五度（两个音的振动频率比为简单分数，即 3/2）共振。我们所以说是“基本上”，因为从谱例 4-4 中可以看出，浊角与宫、角与少宫等，虽然符合古代意义的“隔四”，但并不相应。这一点，有可能是沈括疏忽了。这个疏忽失误，直到 200 年后，宋末元初的周密才完全将它校正过来。

沈括的重大贡献，是发现并记述了演示共振实验的方法。虽然，在《庄子·徐无鬼》中的鲁遽、在唐代南卓《羯鼓录》中记述的宋沇等等，都曾作过共振实验，但都不如沈括的演示实验清楚、容易辨别。沈括将纸人夹于共振弦线上，弹其应弦，则纸人跳跃，而在其他弦线上夹的纸人并不跳跃，这样，就极为容易让人识别发生共振的那些弦线。沈括用以演示共振的纸人，在西方 17 世纪的声学中称为“纸游码”。牛津的诺布尔（William Noble，生卒年不详）和皮戈特（Thomas Pigott，生卒年不详）在 17 世纪以纸游码演示弦线的基频和谐频的振动情形②。沈括以纸人演示共振的方法对后代有深远的影响，宋末元初的周密、明代方以智等人相继以小纸、羽毛等轻小之物检测共振弦线。

沈括还告诉人们，共振是一种自然规律、是不值得惊异的事。他说：

> 予友人家有一琵琶，置之虚室，以管色奏双调，琵琶弦辄有声应之，奏他调则不应，宝之以为异物，殊不知此乃常理。二十八调但有声同者即应③。

“管色”即筚篥（bì lì），是古代吹奏乐器。琵琶是拨弦乐器。“双调”是燕乐调名。这里所说的，是管与弦的共振。

生活于宋末元初的周密（1232～1308），曾在琴上实验五度共振，即两根线的振动频

---

① 持此说者，有：中央民族学院艺术系文艺理论组，梦溪笔谈音乐部分注释，第 15 页；王锦光、闻人军，沈括的科学成就与贡献，载沈括研究，第 80 页，等等。

② 参见戴念祖译、范岱年校、［美］卡约里著，物理学史，第 103 页。

③ 沈括《梦溪笔谈》卷六《乐律》。

率比为简单分数（3/2）的共振。他说：

> 琴间指以一与四、二与五、六（与四）、四与七为应。今凡动第一弦，则第四弦自然而动。试以羽毛轻纤之物，果然。此气之自然相感动之妙①。

由谱例 4-4，不难看出这些弦线振动频率的关系。

明末，方以智在述及沈括的共振议论之后说道：

> 今和琴瑟者，分门内外，外弹仙翁，则内弦也动。如定三弦子为梅花调，以小纸每弦帖之，旁吹笛中梅花调一字，此弦之纸亦动②。

在这里，第一句的物理意义和以上周密、沈括所述相同。“分门内外”的“内外”二字，指琴瑟的内侧（靠近演奏者人身的一侧）和外侧（远离演奏者人身的一侧）。这段记载涉及了弦线共振、弦与管的共振。为使读者明了这段文字，我们简单地介绍一下“仙翁”、“三弦子”、“梅花调”及其“一字”的意思。

“仙翁”原是一种定弦的方法。琴瑟的弦经初步调定后，弹其散音，听上去像“仙”字；弹其按音，听上去像“翁”字。合起来就称为“仙翁”。用于调定琴弦的“仙翁法”，是以其第五弦为准，定其散音为角（相当于简谱$\underset{\cdot}{3}$），然后按由内至外的顺序从第一弦至第七弦根据仙翁法定各弦散音为“下徵、下羽、宫、商、角、徵、羽”（相当于简谱$\underset{:}{5}\underset{:}{6}\underset{\cdot}{1}$ $\underset{\cdot}{2}$ $\underset{\cdot}{3}$ $\underset{\cdot}{5}$ $\underset{\cdot}{6}$）。由此可知，方以智所说“外弹仙翁，则内弦也动”的道理了。

“三弦子”即“三弦”的俗称。它是一种弹拨弦乐器，因其为三根弦而得名，音箱木质，扁平，近似椭圆圆面，两面蒙皮革，弦杆上无品，按四、五度关系定弦。

“梅花调”是在笛上运用的表示调高标准的七调之一③。它以笛孔次序表示各调工尺字谱的音位，其调名就是以这些音位的相互关系确定的。其中梅花调各笛孔的音高如图 4-44。

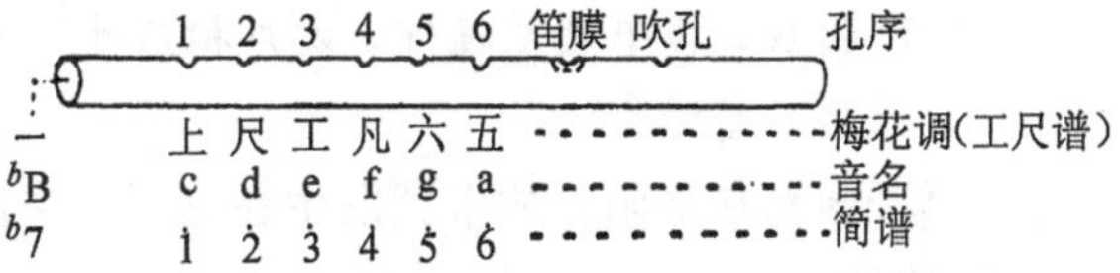

图 4-44 梅花调各笛孔音高图

如果三弦子的三根弦定为^{b}B-e-b^{1}，并在发出^{b}B音的弦上贴以小纸，那么，吹笛的“一”字音（六孔全闭），自然三弦子发“一”字音（^{b}B）的弦上小纸会产生振动。

以上的共振知识表明：从宋代开始，人们对共振的认识产生了一个飞跃。他们清楚地懂得，以纸游码等轻小之物演示共振实验。北宋沈括以“剪纸人加弦上”开创了这一演示实验的方法。接着，宋末元初的周密“以羽毛轻纤之物”演示了五度共振。明末清初方以智又“以小纸贴弦”，演示了管与弦的共振。

三 消除共振

在叙述了大量的共振现象的记载之后，我们转而谈谈消除共振的问题。中国人早在 3 世纪时已经娴熟地掌握了消除共振的方法。

---

① 周密《癸辛杂识续集》卷上，“琴应弦”条。

② 方以智《物理小识》卷一《天类·同声相应之徵》。

③ 缪天瑞等编，中国音乐词典，第 269～270 页“民间工尺七调”条。

我们先谈一个稍晚于 3 世纪的故事。

从西晋朝（265～317 年间）起，中国曾处于一个较长历史时期分裂、动荡的岁月。几乎与东晋朝（317～420）并存的十六国（304～439，共 136 年）时期是中国历史上第一个野蛮的大破坏时期。于 334～349 年为十六国后赵王的石季龙（又名石虎，295～349）就是一个穷凶极恶、性同野兽的君主。大约在 335 年，后赵都河内（今河南沁阳县）地震，季龙此时率军南寇历阳城，途经洛阳。安放在青石板面上的石牛忽生鸣响，令人可畏。石季龙立即派人打落石牛两耳及尾巴，用铁钉钉其四脚，响声就消失了。这件事曾大致记载于《晋书·五行志》中：

石季龙末，洛阳城西北九里，石牛在青石趺（fū）上忽鸣，声闻四十里。季龙遣人打落两耳及尾，铁钉钉四脚。寻而季龙死①。

这个故事的趣味在于“歪打正着”。打落石牛耳、尾，又用铁钉钉其四脚，显然改变了石牛的固有振动频率。残暴的石季龙当然不是出于科学的目的而采取对石牛的野蛮行为，他也根本不知道其后果会使石牛不再鸣响。再则，《晋书》的作者唐代房玄龄（578～648）等人显然受到天人感应思想的严重影响，因此，他们在记述事件的时间上采取了含混的说法。实则上，打铁牛一事和石季龙之死相差十几年。

石季龙粗暴地无意识地消除声致振动的方法，对后世是否有影响，难于断论。但是，比石季龙约早一世纪，晋博物学家张华已发现了科学的消除共振的方法。据刘宋时期刘敬叔（390～470）所著《异苑》写道：

晋中朝有人蓄铜澡盘，晨夕恒鸣如人扣，乃问张华。华曰：“此盘与洛阳钟宫商相应，宫中朝暮撞钟，故声相应耳。可错令轻，则韵乖，鸣自止也。”如其言，后不复鸣②。

西晋国都在洛阳，故事就发生在这里。洛阳皇家宫殿内朝暮撞钟，某人家中悬挂的乐器“铜澡盘”（也即铜盘。今称为钹，是一种板式敲击乐器）就相应地产生共鸣。张华不仅知道共振的原因，而且还知道消除共振的方法：将铜盘稍微锉（“错”与锉，古文通用）去一点点，它就不再和宫内钟声共鸣了。现代人不难理解其中的道理，稍微锉去一点铜盘物质，就改变了它的固有振动频率。该频率一变，它就不再与钟声共鸣了。

如果说，共振的发现需要耐心和仔细的观察，那么，发现消除共振的方法则是智慧的体现。我们再读一些唐代典籍的有关记载。

在唐代韦绚（9 世纪人）所撰的《刘宾客嘉话录》中记述了一个脍炙人口的故事：

袁得师，给事中高之子也。九日出糕（gāo）谓人曰：洛阳有某僧，房中磬子，日夜辄（zhé）自鸣。僧以为怪，惧而成疾。求术士百方禁之，终不能已。曹绍夔（kuí）素以僧善，夔来问候，僧具以告。俄击斋钟，磬复作声。绍夔笑曰：“明日设盛馔（zhuàn），余当为除之”。僧虽不信绍夔言，冀或有效，乃力志馔以待。绍夔食讫，出怀中错，鑢磬数处而去，其声遂绝。僧问其所以，绍夔曰：“此磬与钟律合，故击彼应此。”僧大喜，其疾便愈③。

---

① 《晋书》卷二十九《五行志》，第三册，第 879 页。

② 刘敬叔《异苑》卷二。

③ 韦绚《刘宾客嘉话录》，说库本。四库全书本的文字比此引文稍略。

曹绍夔为僧人治病的故事，被唐代以后的许多典籍辗转传抄，其影响甚为久远。故事以共振和消除共振为主题，无异于一个简短而又生动的科普讲座。

曹绍夔（生卒年不明，约 7、8 世纪之间人），精通乐律，于唐开元（713～741）年间任管理皇家音乐事项的“太乐令”。在宋代王谠（11、12 世纪之间人）撰的《唐语林》中，转述该故事之前写道：“近代言乐，卫道弼为最，天下莫能以声欺者。曹绍夔与卫道弼为乐令，比监郊享，御史有怒于绍夔，欲以乐不和为之罪。杂叩钟磬，使暗别之，无误者。由是反叹其能①。”由此可见他的耳朵之灵敏和对音乐的造诣之深。

《刘宾客嘉话录》的作者韦绚，字文明，京兆（今西安）人。该书是追述唐代文学家和哲学家刘禹锡（772～842）所闻言。刘禹锡曾官太子宾客，故以此书名。上引文中所述袁高、袁得师父子二人，袁得师史无传，其父袁高（727～786）在唐代宗、德宗年间曾任“给事中”、御史中丞②。袁高有可能亲闻曹绍夔锉磬治病之事，袁高将故事传给了其子袁得师，袁得师又传给刘禹锡。亲闻刘禹锡所言的韦绚终于将这故事记述下来了。在宋代，转引这个故事的不仅有王谠，还有李昉（925～996）等人编纂的《太平广记》③。《太平广记》是引自唐代已失撰者姓名的《国史异纂》④。可见这故事不是出自一家，而且有很大的真实性。

消除共振的方法虽然在 3 世纪才受到人们的注意，并在 5 世纪时才被记入典籍之中。但是，消除共振一定在 3 世纪之前，甚至春秋时期有可能已被人们发现。因为中国古代的音乐与乐器环境极为有利于人们同时发现共振和消除共振两件事，何况共振及其消除方法本来就是一对孪生儿。例如，在弦乐器上，两个具有共振弦的瑟，只要将共振弦之一稍微放松一点，即改变其张力，共振就消除了。前引李肇在《唐国史补》中述及乐师董庭兰、郑宥二人调琴情形就是一个证明。当琴弦调到“至切”，则发生共振；“稍不切，乃不应”。由此看来，消除共振的知识和人们认识共振现象应当一样历史悠久。前述张华、曹绍夔消除共振都是在磬板或钟壳体上进行的，而春秋末期的《考工记·磬氏》、《考工记·凫氏》已记载了磬板及钟壳的磨锉调音方法。这既可以调到如刘孝标在注《世说新语》中所言的“不叩而应，声音韵合”，也可以再磨锉它几下，使它完全声韵不合，从而消除共振。这种情况至迟在战国初年大型的曾侯乙编钟和编磬中，乐师、钟师和磬师们一定有所发现。遗憾的是，他们没有将这些知识记载下来⑤。

四　地听器的发明及其应用

共鸣器是可以和外界声源发生共振的中空器物，人们常利用它进行声学测量，如近代亥姆霍茨共鸣器。亥姆霍茨（H. von Helmholtz，1821～1894）首先利用它分析声音

---

① 王谠《唐语林》卷五《补遗》，第 162 页。

② 袁高生平见《旧唐书》卷百五十三《袁高传》，第 4086～4088 页。

③ 李昉等《太平广记》卷二百三《卫道弼曹绍夔条》。

④《国史异纂》，见《说郛》卷六十七，商务印书馆一百卷本。《说郛》只留下《国史异纂》中数条文字，原书拟已佚。

⑤ 关于消除共振的历史上更多记载，见戴念祖，中国声学史，第 98～105 页。

的频率成分。它的原始形式就是一个有细颈或小开口的容器（图 4-45）[1]。中国古代的地听器有多种形式，其中之一与原始的亥姆霍茨共鸣器类似，它是由陶坛或瓦瓮等陶器组成的，将它埋于地下以监听并识别地面声源的方位。古代人称它为地听或瓮听（图 4-46）。另外一些地听器，如空心枕、牛皮箭套、竹筒等日用物品，利用其内部的空虚作为混响腔。因为这种地听器能够将固体物质中传播的声音放大，使原来听不见的声音变得可以听见，因此有人称它为声音放大器；又因为它能够发现声源的方位，又被人称为振动检测器；西方文献称之为“地话器”（geophones）[2]。

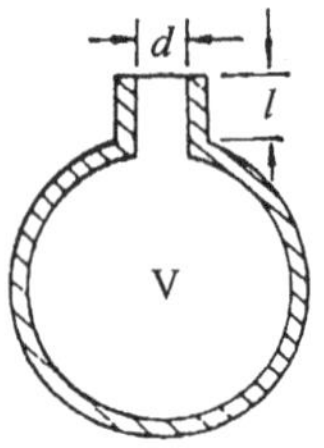

图 4-45　亥姆霍茨共鸣器的形状之一

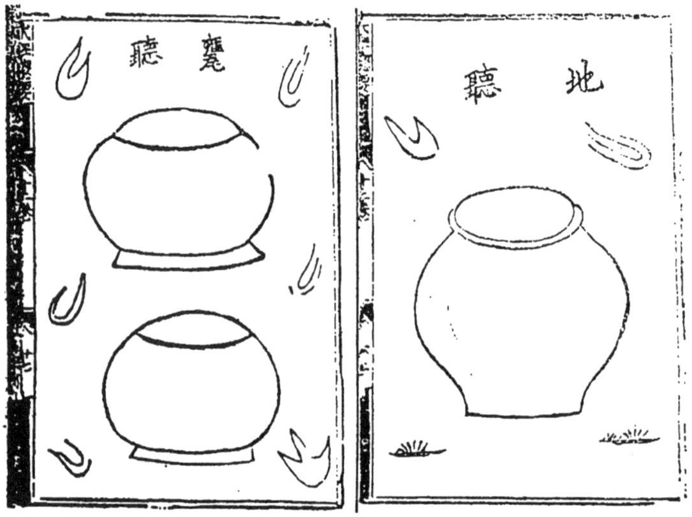

图 4-46《武经总要》绘瓮听和地听

古代中国人创造并发明了多种形式的地听器。春秋战国之际的思想家、政治家墨子及其弟子们最早将地听器用于战争中监听敌情，并且设计了多种识别声源方位的方法。《墨子·备穴》写道：

> 穿井城内，五步一井，傅城足。高地，丈五尺；下地，得泉三尺而止。令陶者为罂（yīng），容四十斗以上，固幂之以薄鞈革，置井中，使聪耳者伏罂而听之，审之穴之所在。凿穴迎之。

“穿井城内”，即在城内挖地洞；“傅城足”即附城足，也就是靠近城墙根之处。“高地”指地势高；“下地”指地势低。在地势低洼处挖地洞，要挖到地下水位之下“三尺”为止，其原因大概是，低洼地常积水，土壤空隙由水充满，则传声性能较好。挖地洞是为了在其内安置陶罂。罂，是腹大口小的坛或瓮。它在形状上与亥姆霍茨共鸣器类似。在罂口上“固幂之薄鞈革”，即紧绷薄生革。其中“鞈”（lè）字，即生革。

墨子在回答其弟子所问，若有人挖地道攻城如何抵御时，讲了以上一段话。埋于地面的陶罂在受声波作用时，小口短颈内空气振动，整个陶罂内空气振动的动能可以看作是集中于小口短颈内，从而迫使小口上所蒙的革面振动，聪耳者谛听革面之声，并判别各个陶罂的响度差，哪个最响即距挖地道的敌人最近。然后，根据最近的方位，在城内

① 中国大百科全书·物理学，大百科全书出版社，1987 年版，第 523 页。

② Joseph Needham，Science and Civilisation in China．Vol．4，part I，pp．209～210．Cambridge，1962．

往外挖地道，以便在地道内迎击敌人。

《墨子·备穴》中述及的第二种识别声源方位的方法是："令陶者为瓦罂，长二尺五寸，大六围。中判之，合而施之穴中，偃一、覆一。"

"偃"，即仰；"覆"，即将口朝地下。"合而施之穴中"，是将这二口瓦罂同放在一个地穴中。让聪耳人判定这二口罂的响度差（"中判之"一句，可能是这种意思），以识别声源所在。仰着的罂，大概同前所述罂相同；覆着的罂，应是大口的瓮，据后来有关典籍的记载，是人进入罂内，即将监听人自己覆于罂内，听其中的混响情况。然后，对这二口罂的响度差作出判断，以确定声源的方位。

第三种方法是："埋两罂，深平城，置板其上，侧板以听。井，五步一。"

这实际上是前两种方法的结合。五步挖一井或一穴，在一穴内同时放置两个罂式地听器。所不同的是，第一种方法中的罂口蒙以生革，而这种方法是在罂口放上木板，人侧耳伏在板上谛听罢了。

上述种种瓮式地听器，在中国历史上有着极为久远的影响。历代封建王朝的军事家在战争中几乎都采用它，甚至直到近几十年在东南亚的某些民族战争中还应用它。

在墨子发明的影响下，唐宋时期地听器有很大发展。唐代学者李筌（生卒不详）在其著《太白阴经》中写道："地听，于城中八方穿井，各深二丈，令人头覆戴新瓮于井中坐听，则城外五百步之内有掘城道者并闻于瓮中，辨方所远近[①]。"

在宋代，曾公亮和丁度主编的《武经总要·前集》中又一次记述了"瓮听"和"地听"，并且还分别画有"瓮听"和"地听"的简易图（见图 4-46）。该书写道：

> 瓮听，用七石瓮，覆于地道内，择耳聪人坐听于瓮下，以防城中凿地道迎我。
>
> 地听，于城内八方穴地如井，各深二丈，勿及泉，令听事聪审者，以新瓮自覆于井中，坐而听之。凡贼至去城数百步内，有穴（yín）城凿地道者，皆声闻瓮中，可以辨方向远近。若审知其处，则凿地迎之[②]。

明代茅元仪（17 世纪人）在其著《武备志》中也记述并绘画了地听和瓮听[③]，其文字内容与上述各书所载大致相同。明代抗倭名将、军事家戚继光（1528～1587）在战争中确曾"以大瓮覆人，听凿地道"[④] 之声。

从以上历代军事著作的记载看来，"地听"和"瓮听"是相同的东西，只是名称不同罢了。墨子和曾公亮的叙述有一点不同的是，墨子认为，掘地埋瓮，在低地要挖到泉水下三尺；而曾公亮认为"勿及泉"。孰是孰非，最好有一次判决实验。或者，他们二者所叙述的瓮听方法有所不同。墨子所述，是在蒙皮革的瓮口谛听，因此该瓮可以部分浸入水中；曾公亮所述，是覆人于瓮内谛听。若是有泉水被覆于瓮内，谛听人就不方便了，即使其内稍有空穴可形成混响，听人也不便出入瓮中。在墨子所述的几种方法中，除了以罂作为地听器使人谛听于瓮口的仰罂之外，又有将人覆于罂内、靠罂内混

---

① 李筌《太白阴经》卷四《守城具篇第三十六》。

② 曾公亮《武经总要·前集》卷十二《守城篇》。

③ 茅元仪《武备志》卷百一十一《军资乘·守·需备》和卷百一十二《军资乘·守四·器式二》。

① 参见方以智《物理小识》卷一《天类·声异》，方中通注文。

响确定声源的方法。但是，从唐宋时代起，文献记载的只有墨子的后一种方法。前一种方法并未失传，只是人们找到了更为方便的地听器可以代替在军中不便携带的笨重的大瓮罢了。

唐代李筌记述了人们所发现的更轻便的地听器，即空心枕。只要是其内空虚的器物，将它当作枕垫、卧地而枕，这个器物就成了可以随身携带的地听器。战士夜间以此物作枕垫，任何一个少睡聪耳者，都可以用它发觉敌军或骑兵的偷袭行径，可以听到远处大队人马的行走声。李筌写道：

选少睡者，令枕空胡鹿（lù）卧。有人马行三十里外，东西南北皆有响见于胡鹿中，名曰‘地听’。可预防奸。野猪皮为胡鹿尤妙[①]。

曾公亮有类似记述：

凡军中至夜，百步着听子二人，每更一替，充杂听伺。如夜闻敌营马嘶，则谋备夜出攻掠之类。其余仿此。如警不虞、犹虑听探之不远，故又选聪耳少睡者，令卧枕空胡鹿，其胡鹿必以野猪皮为之。凡人马行在三十里外东西南北，皆响闻其中。每营置一二所，营中阔者置三四所，若孤镇铺栅亦各置一所。听子须频改易回玄（旋），勿常定处所[②]。

根据固体传声的空穴效应，空心枕形成较强的混响，因此可以听到远处人马声。

沈括的记述尤其值得我们注意。他在其著《梦溪笔谈》中写道：

“古法以牛革为矢服，卧则以为枕。取其中虚，附地枕之，数里内有人马声，则皆闻之。盖虚能纳声也[③]。”

“矢服”即战士用以装箭的筒袋，以牛皮制成，又称“箭靫”（chāi），即箭室。它和李筌、曾公亮所说的“空胡鹿”是形状相同的器物。作为科学家的沈括，比前人高明之处，就在于他对这类器物的听音原理作了探讨，提出了固体传声过程中“虚能纳声”的理论。它与空穴能产生混响的道理是相同的。在沈括之后不久，宋代张耒（1054～1114，字文潜）在其诗《夏日》中还以诗歌的形式描述了空心枕混响的现象：

落落疏簾邀月影，嘈嘈虚枕纳溪声[④]。

诗人在这里以“嘈嘈”二字便将空穴混响描述出来了。“虚枕纳溪声”又是沈括的“虚能纳声”理论的具体体现。虽然诗人没有近代声学知识，但是想必他曾在月夜下于小桥流水人家卧空心枕多少日月，才写下了如此深刻而科学的诗句。由这些例子可见，宋代确实是古代声学发展的一个高峰时期。

到了明代，茅元仪又一次描述了“空胡禄”，并称它为“地听”[⑤]。方以智曾指出，“地以窍穴为声[⑥]。”这与近代所谓的固体传声中的空穴效应近似。揭暄又一次描述了陶瓷

① 李筌《太白阴经》卷五《游奕地听篇第四十八》。

② 曾公亮《武经总要·前集》卷六《警备篇》。

③ 沈括《梦溪笔谈》卷十九《器用》。

④ 清张景星等编，《宋诗别裁集》（原书名《宋诗百一钞》），卷六“七言律·夏日”，第138页。该诗全文：“长夏村墟风日清，檐牙燕雀已生成。蝶衣晒粉花枝干，蛛网添丝屋角晴。落落疏帘邀月影，嘈嘈虚枕纳溪声。久判两鬓如霜雪，直欲樵鱼过此生。”

⑤ 茅元仪《武备志》卷百一十一《军资乘·守·需备》。

⑥ 方以智《物理小识》卷一《天类·声论》以及《隔声》揭暄注文。

质料的地听器即“空瓦枕”，他说：“烧空瓦枕，就地枕之，可闻数十里外军马声①。”

方以智的儿子方中通提出，“地中有穴，地上之声悉藏之②。”他还描述了另一种固体传声的空穴现象：“在高座殿上，以足顿地，而鼓有声。拍掌则鼓不应③。”放在地面上的鼓与地相连，鼓腹成为空穴，以足顿地之声传到鼓内，其内空气振动使鼓面微微颤动有声。由于地面传声比空气传声较少能量损失，所以足顿地，鼓有声；而拍掌则鼓无声。方以智的另一个儿子方中德例举了地面传播声音的一个有趣的例子，他说：“逐虎者以边鼓覆地雷之，其声入地穴而愈震也④。”“边鼓”，原是广西壮族的一种打击乐器，鼓框为木制或竹制，单面蒙牛、羊皮或猪、蛇皮。将该鼓鼓底座于地面，用手或鼓槌拍击鼓面，其声就通过地面固体向四处传播。老虎常藏于虎穴，鼓声在虎穴形成混响，虎受惊吓就离开虎穴，捕虎者则易见虎踪，便于追杀之。在这里，鼓是声源，虎穴成了与陶瓮、空心枕同类的固体空穴。

我们再看看古代典籍记载的另一种地听器，即去节的竹筒。据宋代张邦基（南北宋间人，约生活于12世纪）的《墨庄漫录》记载，至晚从宋代开始，人们已发现，去节竹筒碰撞地面就发出若鼓一般的声音。他写道：

予见淮西村人多作炙手歌。以大长竹数尺，刳去中节，独留其底，筑地逢逢若鼓声。男女把臂成围，抚髀而歌，亦以竹筒筑地为节⑤。

这里所描写的是村民歌舞场面。以竹筒碰地代替击鼓，以控制歌舞节奏。大概由于这个竹筒功效的发现，此后人们便将去节竹筒，直埋于土中，留有一段竹筒出地面。以耳朵对着竹筒谛听，就能听见远处人马声。明将戚继光曾“以竹筒贯地穴而耳之⑥。”清代郑光祖在其著《一斑录》中也写道：“凡平地，数十里外人马大众行声，可探之于地。以四五尺大竹管，通去其节，埋入地，以耳听之即知⑦。”

中国古代人不仅利用去节的竹筒作为地听器，监听地面传播的声音，而且还在湖泊海洋中用它探听鱼群的方位，使它成为现代声纳的始祖。我们已在“利用声响捕鱼”一节中对此作了介绍。

利用日常生活用具或军士所用器具如陶瓮、竹筒、胡鹿枕、空瓦枕、牛皮箭套等，当作地面传声的地听器，这是世界声学史上的伟大成就之一。从春秋战国之际开始，到清代中晚期，在我国典籍中有关记载如此丰富，而且连续不断，这也是世界科学史上罕见的科学技术史现象之一。人们在长期的经验中总结了“虚能纳声”的道理，认识到固体物质传声过程中空穴是放大声音的重要条件。

---

① 方以智《物理小识》卷一《天类·声论》以及《隔声》揭暄注文。

②，③ 同①，并卷一《同声相应之徵》方中通注文。

④ 方以智《物理小识》卷一《天类·声异》，方中德注文。

⑤ 张邦基《墨庄漫录》卷四。

⑥ 同④，方中通注文。

⑦ 郑光祖《一斑录》卷三《物理·声影皆有微理》；刘岳云在其著《格物中法》卷一《气部》引《一斑录》中有关文字要清楚些，他写道：“凡平地，数十里外人马大众行声，可探之于地下。法以四五尺大竹，通去其节，直埋入地，留尺上山，以耳就之，其声亵亵然。”

第五章 电 和 磁

古代中国人关于电和磁的知识及技术成就在世界物理学史中占有极为重要的地位。但是，至今一些西方史学家或物理学家认为，古代人在电和磁方面没有什么成就可言；另一些人又不相信古代中国人会在雷电、静电、静磁学方面的知识以及在罗盘的制造方面会远远地走在欧洲人前面。本章的趣味性就在于此。实际上，古代中国人除了尚未认识到地球是个大磁体，从而只能以他们的传统方式解释磁体极性、磁偏角之外，在其他方面的科学发现和技术成就都是令人惊叹的。它们表明，在1600年吉尔伯特的《论磁》问世之前，人类对于电和磁的物理认识是值得科学史家重视的事件。

第一节 摩 擦 起 电

我国古代人有多少关于电的知识？长期以来绝大多数人认为几乎没有，充其量例举“琥珀拾芥”而已。静电和雷电现象的许多古代知识也都被忽略了①。李约瑟博士在其巨著《中国科学技术史》第4卷第1分册中，虽然用了一节的篇幅谈论中国古代人关于静电的知识，但他也仅限于琥珀及其性质而已。他还说，“直到18世纪表征文艺复兴以后的科学即电学的研究真正开始之前，(中国) 没有较欧洲有更多的实际进展②。”以下就我们所知的史料谈谈古代中国人有关电的知识。

一 琥珀与玳瑁

琥珀是一种透明的树脂化石，属非晶态物质。在古籍中也写作“虎魄”、“虎珀”。玳瑁是一种类似龟的海生爬行动物，其甲壳也叫玳瑁。玳瑁在古籍中也写作“瑇瑁”③、“瑇瑁”④、“毒冒”或“蝳瑁”⑤，汉代王充等人称它为“顿牟”⑥。玳瑁的古文写法虽不尽相同，但其读音都近似。王充是会稽上虞（今属浙江）人，他的家乡方言至今还读“玳

---

① 例如，因曼（F. Inman）和米勒（C. Miller）著，今天的物理学（Contenporary Physics）（中译本，科学出版社，1981，第106页，英文本，MaCmillan，1975，p. 89）说：“从泰利斯时代到1600年吉尔伯特出版他的《磁学》这段时间里，没有记载有关静电现象的重要发现。”美国科学史家卡约里在其《物理学史》专著中也举不出更多例子，甚至于E. Whittaker在其两卷本的A History of the Theories of Aether and Electricity中也只对古代人的电学知识说了一句话。

② Joseph Needham，Science and Cirilisation in China. Vol. 4，part 1，Cambridge，1962，pp. 237～238.

③ 郭璞《山海经图赞·北山经第三》。

④ 郭茂清《乐府诗集》卷十六《汉·饶歌·有所思》。

⑤ 《汉书》卷二十八下《地理志》，第六册，第1670页；以及《尔雅·释鱼》。

⑥ 王充《论衡·乱龙篇》。

瑁”为“顿牟”。王振铎从音韵学考证，“顿牟”即玳瑁[①]。而章鸿钊以“顿牟”为琥珀[②]，李约瑟又据此推测，“此词（“顿牟”）系借用北缅甸掸族语或傣语”[③]。章、李二位的断言有误。

静电现象的最早记载见之于西汉成书的《春秋考异邮》：“玳瑁吸喏”[④]。“喏”即草屑一类轻小绝缘体。

王充在《论衡·乱龙篇》中写道：

> 顿牟掇芥，磁石引针，皆以其真是、不假他类。他类肖似、不能掇取者，何也？气性异殊，不能相感动也。

王充同时指出静电、静磁的吸引现象，并解释他物无此现象的原因：“气性异殊”。

在《三国志·虞翻传》中有这样的记载：

> （虞）翻少好学，有高气。年十二，客有候其兄者，不过翻。翻追与书曰：“仆闻虎珀不取腐芥，磁石不受曲针，过而不存，不亦宜乎。”客得书奇之，由是见称[⑤]。

十二岁的孩童听说了有关静电、静磁现象。一个“闻”字表明这种知识已成为当时的常识。虞翻书写给客人的便条，表明当时人们还懂得，静电并不吸引含水分的腐烂芥草，磁石也不吸引如同金一类软金属物质[⑥]。

东晋郭璞在《山海经图赞》中写道：“磁石吸铁，瑇瑁取芥，气有潜通，数亦宜会，物之相投，出乎意外”[⑦]。

刘宋时期雷敩在《炮炙论》中记载：“琥珀如血色，以布拭热，吸得芥子者真也[⑧]。”

南朝陶弘景在《名医别录》中亦写道：“有煮毈鸡子及青鱼魫作（琥珀）者，并非真；惟以手心摩热拾芥为真[⑨]。”

明代李时珍说：“琥珀拾芥，如草芥，即禾草也。雷氏（即前引雷敩）言拾芥子，误矣[⑩]。”

类似记载，举不胜举[⑪]。需要指出的是，芥子比草芥稍重，只要静电力足够大，干燥的芥子也能被琥珀吸引。因此，雷敩之言并不误。雷敩用布摩擦琥珀可能比用手的静电效果大，因此雷敩发现了吸引比草屑更重的草籽的现象。

从以上种种记载中，我们注意到：(1) 人们根据吸引现象将电和磁并列为同一类，这

---

① 王振铎，司南指南针与罗经盘，科技考古论丛，第72页。

② 章鸿钊《石雅》上编《玉石·第二卷珍异·琥珀》，日本薮内清也据章鸿钊而断“顿牟”为琥珀，见薮内清等著，天工开物研究论文集，中译本，第228页。

③ Joseph Needham，同前注。

④ 见明·孙瑴辑《古微书·春秋纬》。

⑤《三国志》卷五十七《吴书·虞翻传》，第五册，第1317页。

⑥ 类似记载也见南唐谭峭《化书》卷二：“琥珀不能呼腐芥，丹砂不能入燋金，磁石不能取憃铁，元气不能发陶炉。”“憃铁”即充分氧化锈蚀的废铁。

⑦ 郭璞《足本山海经图赞·北山经第三》。

⑧ 李时珍《本草纲目》卷三十七《木部·琥珀》引《炮炙论》。

⑨，⑩ 同注⑧。

⑪ 如，宋代苏轼《物类相感志》：“琥珀拾芥”；宋代寇宗奭《本草衍义》卷十三：琥珀“以手摩热可以拾芥”，等等。

是后来电磁学的思想先导。在西方古代，电和磁是被分别认识的；(2) 人们发现“琥珀拾芥”，又发现琥珀不拾芥，关键在于芥草是否腐烂、含水分。其原因直到近代导电性概念产生之后才得到充分的解释；(3) 用布或手与琥珀摩擦起电的方法，在西方有类似记载。古希腊米利都的泰勒斯（Thales of Miletus，公元前640～前546）可能采用过前一种方法①，而17世纪时盖里克（Otto von Guericke，1602～1686）采用后一种方法，他用手和硫磺球摩擦而造成了雏形起电机②。(4) 古代中国人总是以物质性的“气”解释静电吸引的原因。郭璞所谓“气有潜通”，就是指这种“气”在磁石、玳瑁与被吸引物体之间互相沟通。这种解释和古罗马诗人卢克莱修（Lucretius，约前99～前55年）的说法相似。卢克莱修认为，磁石相吸是因为磁和铁二者的表面有一种“连续不断的流”，这种“流”从一方进到另一方，就像钩和环一样地挂在一起③。但是，他只讲到磁，并未述及静电现象。以“气”和“流”的物质解释电磁现象的观念一直延续到18世纪。

人们发现琥珀和玳瑁的静电现象是有原因的。

据考古发现，在公元前11世纪的殷代，人们已将琥珀、绿松石、玉和骨的制品串连在一根绳线上，当作一种装饰品④。东汉时期，琥珀被雕成动物，以供观赏⑤。琥珀作为中草药之一⑥，也具有悠久的历史。由于琥珀颜色美观，有一定透明度，因此被视为珍宝，价格昂贵。南齐时一只琥珀钏价值百七十万钱⑦。由此可推断，在有“琥珀拾芥”的文字记载之前，人们可能早已发现了这种现象⑧。

发现玳瑁静电现象的原因和琥珀类似。《乐府诗集·汉·饶歌·有所思》中有“遗君双珠瑇瑁簪”的诗句⑨，可见以玳瑁作为装饰物的历史也相当长远⑩。更有甚者。根据《西京杂记》卷六中的记载，汉代“韩嫣以玳瑁为床”。

谈到这里，要指出明代宋应星的有关论述：

> 唯琥珀易假。高者煮化硫磺，低者以殷红汁料煮入牛羊明角，映照红赤隐然，今亦最易辨认。至引灯草，惑人之说。凡物借人气能引拾轻芥也。自来本草陋妄，删去，毋使灾木⑪。

日本薮内清曾据此记述而断定宋应星否定琥珀的静电吸引现象⑫，笔者几年前也曾以为

---

① 米利都的泰勒斯大概知道琥珀的静电知识，但他用什么方法发现它，不同的科学史著作说法并不相同。在泰勒斯之后三个世纪，提奥弗拉斯特（Theophrastus，前370？～前287）在其《论宝石》的著作中叙述了一种摩擦生电的矿物，除了这些之外，西方古代的静电知识就没有什么东西了。见卡约里，物理学史，中译本，第11～12页。

② H. Buckley, A Short History of Physics. New York, 1927, pp. 108～109.

③ Lucretius, On the Nature of Things. 方书春译，物性论，第410～415页.

④ 吴振录，保德县新发现的殷代青铜器，文物，1972年第4期，第62～64页。

⑤ 在河北定县43号汉墓中发现琥珀雕刻的鸟、兽、蛙等动物24件，见文物，1973年第11期，第8～20页。

⑥ 文化革命期间出土文物第一集，文物出版社，1972，第65页。该页载唐代药用琥珀的照片。

⑦《南史·齐本纪第五》：“永元三年，……琥珀钏一只，值百七十万”。

⑧ 戴念祖，我国古代关于电的知识和发现，科技史文集，第12辑，上海科学技术出版社，1984，第78～85页。

⑨ 宋·郭茂清《乐府诗集》卷十六《汉·饶歌·有所思》：“有所思，乃在大海南。何用问？遗君双珠瑇瑁簪，用玉绍缭之。闻君有他心，拉杂摧烧之。摧烧之，当风扬其灰。从今以往，勿复相思。……”。

⑩《晋书》卷二十七《五行志》：“惠帝元康中，妇人之饰有五兵佩，又以金银瑇瑁之属，为斧钺戈戟，以当笄。”第三册，824页。

⑪ 宋应星《天工开物·珠玉》。

⑫ 薮内清，天工开物研究论文集，中译本，第228页。

这是宋应星的一个错误①。仔细考虑，是我们误解了宋应星的思想。在历代本草著作中，大多数有关琥珀的静电现象都简洁地记为“琥珀拾芥”，在这些著作的作者看来，需要摩擦它是不言而喻的事。而严谨的宋应星却认为，这样的记述容易使人误解，他强调，琥珀要“借人气”即要经过人手与之摩擦方能拾芥。正是从这个观点出发，宋应星才偏激地断言：“自来本草陋妄，删去，毋使灾木。”这里的“木”指雕板所用木料。“毋使灾木”句如同今言“勿浪费篇幅”。实际上，通读宋应星的有关论述，是得不出他否定琥珀的静电现象的。相反，他主张“凡物借人气能引拾轻芥”，这似乎道出了所有物体都能以人的皮肤摩擦起电。

二 毛皮、丝绸和其他

除了琥珀、玳瑁之外，古代人还发现了毛皮、丝绸和其他多种物质的静电现象。它们之所以被发现，是由于静电火花和放电声音引起人们的注意。

西晋张华在其著《博物志》中最早记述了静电闪光和放电声。他写道：“今人梳头、脱著衣时，有随梳、解结有光者，亦有咤声②。”

这里描述了两个静电实验。一是用梳子梳头发；二是猛然解脱毛皮或丝绸质料衣服。在这两个实验中都能发现静电闪光和听到放电声。

虽然张华已经发现了静电放电现象，但在当时，这一现象并不为人们所普遍了解。《晋书·五行志》记载了这样一件事：晋永康元年（300），即张华卒年，晋惠帝司马衷纳羊氏为后。羊氏入宫就寝，侍人为其解脱衣服。或许是一时解脱过猛，或许是侍人将其脱下衣服抖一抖，因此，“衣中忽有火，众咸怪之”。这就被当成一件怪事从后宫传出，也被史学家撰史所采纳。

梳理头发和解脱衣服所发生的静电放电现象，直至17世纪时才在西方被发现。波义耳（Robert Boyle，1627～1691）发现某小姐在解开其发髻时，假发丝附着在她脸上或手上。牛顿（Isaac Newton）发现丝绸衣服的静电闪光和爆裂声③。

唐代段成式记载了摩擦猫皮的起电现象。他说：

猫目睛暮圆，及午竖敛如綖。其鼻端常冷，唯夏至一日暖，其毛不容蚤虱，黑者暗中逆循其毛，即若火星④。

用手抚猫，实质是人的皮肤与猫的毛皮摩擦。又，黑猫在暗中，易见火星。其实，白猫也可⑤。在西方，猫皮摩擦起电现象是由盖里克发现的⑥。

宋代张邦基记述了孔雀毛的静电感应现象。他写道：

孔雀毛著龙脑则相缀。禁中以翠羽作帚，每幸诸阁，掷龙脑以辟秽。过则

---

① 戴念祖，科技史文集，第12辑，同前注。

② 张华撰，范宁校证《博物志校证》卷九《杂说上》，第106页。张华《博物志》四库全书本记为：“今人梳头著髻时，有随梳解结有光者，亦有咤声”。根据这个记述，张华只是发现了梳子与头发的摩擦起电现象。本文以范宁校证本为据。

③ E. T. Whittaker，A History of the Theories of Aether and Electricity. Vol. 1，pp，35～38.

④ 段成式《酉阳杂俎》续集卷八《支动》，第277页。

⑤ 类似记载又见明代陆容《菽园杂记》卷十五：“肥猫暗中抹之，则火星迸出。壮夫梳发亦然。”

⑥ E. T. Whiffaker，同前注。

以翠羽扫之，皆聚，无有遗者。亦若磁石引针、琥珀拾芥，物类相感然也①。

“龙脑”与樟脑类似，都属树脂。龙脑产于树根部，能辟虱，虫柱②。孔雀毛作成的掸子在打扫尘埃时能将龙脑粉末吸引在其身上。这是人们发现的又一种摩擦起电、静电吸引的例子。

明代张居正更详细地记述了毛皮和丝绸的摩擦起电现象：

凡貂裘及绮丽之服皆有光。余每于冬月盛寒时，衣上常有火光，振之迸炸有声，如花火之状。人以为皮裘丽服温暖，外为寒气所逼，故搏击而有光。理或当尔③。

“貂裘”、“皮裘”即毛皮制衣服，“绮丽之服”或“丽服”是指绫罗绸缎等丝织品。它们的摩擦起电现象被今日许多人所发现。张居正以人的热气和身外寒气彼此“搏击”来解释静电火花和声音。这也是古代中国人以“元气”说解释自然现象的传统范例。因此，张居正认为这解释“理或当尔”。

几乎与张居正同时，都邛又一次描述了丝绸的摩擦起电现象。他对起电原因的解释也与张居正类似。都邛写道：

吴绫出火。吴绫为裳，暗室中力持曳，以手摩之良久，火星直出。盖吴绫俗呼为油缎子，工家又多以脂发光。人服之，体气蒸郁，宜其致火也④。

中国素称丝绸之国。商周时期，丝绸的纺织技术已达到一定水平⑤。在丝绸织毕、卷成绸轴之前，均需通过整理、磨平或抛光的工艺，使其表面平整光滑、有色感。这个工艺过程大致是，双手拉持绸缎、使其平整之后，一人用肘在其上推压，或用光滑大蚌壳在其上刮磨，或用光滑大石板在其上摩擦。为避免织物发热，需在其上喷洒水珠⑥。然而，在这个工艺之中、在喷水之前，无疑工人们常见其放电发光之情形。只是古代文人对此现象缺少记载，而只记述了脱著丝绸衣料的放电发光情形罢了。

在都邛之后，方以智认为，所有布料都能摩擦起电。他写道：“青布衣，大红西洋布及人身之衣，气盛者皆能出火⑦。”

方以智的论断是完全正确的。他所谓“气盛”是他那时代对摩擦起电的一种流行解释而已。

在西方，古希腊、古罗马直至文艺复兴时期的欧洲，人们只知道琥珀或某种宝石的静电吸引现象。从张华到都邛的静电发现，在西方是在公元1600之后由吉尔伯特(W. Gilbert，1540～1603)、波义耳、盖里克和牛顿等人陆续发现的⑧。有所不同的是，古代中国人以原始物质（如漆木梳、活猫）并在生产（丝绸纺织过程）、生活（穿衣、梳头）中发现了种种静电现象；而近代初期，这些原始物质大多经过了加工（如漆干、猫皮），使之成为有目的性的实验材料。这个进步表明古代电学蒙昧时期的结束。

---

① 张邦基《墨庄漫录》卷一。

② 李时珍《本草纲目》卷三十四《木部·龙脑香》和《樟脑》，第1965，1968页。

③ 《张文忠公全集·文集第十一》。

④ 都邛《三余赘笔》。

⑤，⑥ 陈维稷主编，中国纺织科学技术史，第39～40，283～287页。

⑦ 方以智《物理小识》卷二《风雷雨晹类·火异》。

⑧ 戴念祖，科技史文集，第12辑，同前注。

顺此，我们转录一个鬼神故事。它是南宋初年人郭彖所杜撰的。该故事以静电知识为依据，大胆地反对宗教迷信，在科学文化史上是有积极意义的。郭彖在《睽车志》中写道：

> 刘先生，河朔[①]人，年六十余，居衡岳[②]紫盖峰下。……尝至上封[③]，归路遇雨，视途边一塚有穴，遂入以避。会[④]昏暮，因就寝。夜将半，睡觉[⑤]雨止，月明透穴，照圹中历历可见。甓甃[⑥]甚光洁。北壁唯白骨一具，自顶至足俱全，余无一物。刘方坐起，少近视之，白骨倏然而起，急前抱刘。刘极力奋击，乃零落坠地，不复动也。刘出，每与人谈此异。或曰：此非怪也。刘真气壮盛，足以翕附[⑦]枯骨耳。今儿童拔鸡羽置之怀，以手指上下引之，随应；羽稍折断，即不应，亦此类也[⑧]。

枯骨抱人，是鬼怪小说中流传极广的故事。在当时的历史条件下，故事的作者不可能直接指出该故事的虚假与荒诞，但他将故事最后结归为静电感应现象却令人佩服不已。鸡毛与人的皮肤摩擦会起电，然后因静电吸引，鸡毛随手指上下移动。作者以一种科学现象粉碎了可怖的唯心主义的鬼神之说。该故事也表明，宋代人普遍知道摩擦起电和静电吸引的知识。

第二节 雷 电

一 对雷电的一般认识

在殷商甲骨文中有“雷”和“電”的文字符号[⑨]。它们是由云彩、雨滴、车轮和线状闪电的形象构成的。云彩或雨滴表示在大多数情况下雷电出现的条件，车轮表示轰轰的雷声，线状闪电的象形犹如现代高压电线杆上所警示于人们的危险符号。北宋沈括曾获得一古铜罍，其腹部有纹饰，“皆——◎相间，乃所谓云雷之象也”[⑩]。他指出，“”是

① “河朔”：黄河以北。

② “衡岳”：衡山。

③ “上封”：上封寺，在衡山祝融峰顶。

④ “会”：适值、时当之意。

⑤ “睡觉”：睡醒了。

⑥ “甓甃”：坟墓中砖壁。

⑦ “翕附”：吸引、粘合。

⑧ 郭彖《睽车志》卷六。

⑨ 如：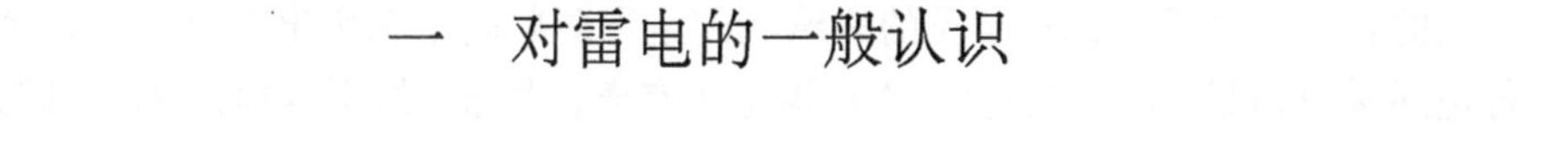等等。稍后有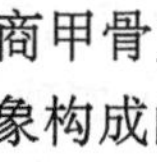，它大概将雨云雷电的符号集于一字之中。见中国科学院考古研究所编辑《甲骨文编》卷十一，第12页。现今通用的繁体“電”字出现于约公元前第10世纪，它写为，见《三代吉金文存·番生簋》。

⑩ 沈括《梦溪笔谈》卷十九《器用》。

古“云”字，“◎”是古“雷”字。后来，人们就明确地写道：“云雨至则雷电击”[①]。雷电出现的气象条件为古代中国人所熟知[②]。

《易经》在叙述某些卦象中还以雷出现方位判吉凶。根据它的记载，先秦时期人们知道“雷在天上”、“山上有雷”、“山下有雷”、“泽上有雷”、“雷出地奋”等等[③]。其中，“雷出地奋”的观察是比较细致的，因为雷云对大地放电时，二者谁正谁负并非是固定的。汉代王充又从阴阳概念出发对一年四季雷电发生的概率作了统计性叙述，指出“正月阳动，故正月始雷；五月阳盛，故五月雷迅；秋月阳衰，故秋月雷潜”[④]。

从古代人分别造“雷”与“电”二字起，他们在一个较长时期里在大多数情况下将雷电看作是两种自然现象[⑤]。《淮南子·墬形训》说：“阴阳相薄为雷，激扬为电”。它以阴阳二气摩擦与碰撞的激烈程度来区分雷电。《春秋纬·元命苞》说：“阴阳合而为雷，阴阳激而为电”[⑥]。然而，早在战国时期，《慎子》一书已具有从声音与光二者区分雷电的思想。《慎子》说：“阴与阳夹持，则磨轧有光而为电”。似乎迄唐宋时止，人们才较普遍地认识到雷与电是同一现象的不同表现。宋代陆佃在《埤雅·释天》中说：“电，阴阳激耀与雷同气发而为光者也”。并进一步指出，阴阳相激，“其光为电，其声为雷”。此后，雷声电光为人们所认同。

在雷电这同一现象中，由于光速远快于声速，因此，人们总是先见电光后闻雷声。古代人对此也作了许多忠实记载。如，《南齐书·五行志》载：“建元元年（479）十月壬午，夜，电光，因雷鸣。十月庚戌，电光，有倾雷鸣，久而止。”

线状闪电大概是人们常见的现象，以致甲骨文和金文中的雷字和电字都画有各种线状闪电的符号。然而，比较罕见的联珠状闪电和球状闪电在历史上也不乏记录。南宋姚宽曾记述某日白昼、两僧人对坐，“忽闻屋瓦有声，火光一线下至地。少顷，遂大如车轮，先燎（其中一）僧之左臂，次及右臂，忽入于背，不见。久之，复为一线飞去，出屋即震雷一声”[⑦]。明代张居正也有类似记载，言及某日，“天微雨，忽有流火如球，其色绿，后有小火点随之，从雨中冉冉腾过予宅，坠于厨房水缸之中，其光如月，厨中人惊视之，遂不见[⑧]。”这些记述都极为真实。

在雷电成因的问题上，古代人在元气说的基础上，以阴阳二气的摩盪、博击解释它。从 先秦到两汉的许多典籍，如《国语》、《慎子》、《庄子》、《淮南子》、《礼记·月令》、《论衡》等等，莫不如此。14 世纪时，明代刘基说：

> 雷者，天气之郁而激而发也。阳气团于阴，必迫，迫极而迸，迸而声为雷，光为电，犹火之出砲也。而物之当之者，柔必穿，刚必碎，非天之主以此物击

---

① 王充《论衡·雷虚篇》。

② “无云而雷”的现象也为古代中国人所知晓，在二十四史的“五行志”中也屡有记载。如《元史》卷五十一《五行志》（第四册，1099 页）记述了多次“无云而雷”。

③ 见《周易》“豫”、“颐”、“大壮”、“归妹”、“小过”等卦象。

④ 王充《论衡·雷虚篇》。

⑤ 《周易》卦象中认为，“震为雷”，“离为电”；“震”卦属男、阳；“离”卦属女、阴。在这种思想影响下，其后出现“雷公电母”之说，并以为“雷出天之阳气”，“电出地之阴气”。明代都邛《三余赘笔》对此也作了论述。

⑥ 明、孙瑴辑《古微书·春秋纬·元命苞》。

⑦ 姚宽《西溪丛语》卷上。

⑧ 《张文忠公全集·文集第十一》。

人，而人之死者适逢之也。不然，雷所震者大率多于木石，岂木石亦有罪而震以威之耶[①]？

14世纪时，火砲已在战场盛行。刘基以火炮比喻雷电，并以阴阳二气的蒸迫、摩盪解释它，没有给天神、上帝留下任何空隙。这种坚持科学、反对迷信的说法可以看作近代大气电学诞生的先导。

雷电到底是什么？汉代王充有精辟见解。他曾论证雷的本质是火。《论衡·雷虚篇》写道：

雷者，火也。以人中雷而死，即询其身，中头则鬚发烧焦，中身则皮肤灼燌，临其尸上闻火气，一验也。道术之家以为雷烧石色赤，投于井中，石焦井寒，激声大鸣，若雷之状，二验也。人伤于寒，寒气入腹，腹中素温，温寒分争，激气雷鸣，三验也。当雷之时，电光时见，大若火之耀，四验也。当雷之击时，或燔人室屋及地草木，五验也。言雷为天怒，无一效验。然则雷为天怒，虚妄之言。

在王充的以上论述中，除第三验为中国特有的中医理论外，其余四验都是实证的、科学的。他的这些验证表明雷电有“火气”，即特殊的气味，有爆裂声，会发光，能杀死动物、烧毁草木屋宇。他从这些方面论证雷电就是火。在王充之后1600余年，美国富兰克林于1737年认为，闪电就是一种有怪味的火；1749年，富兰克林以风筝实验证明地上人工电与天上闪电本质上是一致的，他提出了12种证据，其中4种与王充完全相同[②]。

二 导体与绝缘体概念的滥觞

在各种雷电现象的记载中有一些特别有意义的内容，明代方以智又从中引出某种科学结论。

《南齐书·五行志》记载了公元490年的一次雷电现象：“雷震会稽山阴恒山保林寺，刹上四破，电火烧塔下佛面，而窗户不异也[③]。”在寺庙中，佛面常粉以金属涂料，它容易导电。但是，对于雷电而言是比较复杂的。它释放瞬间能量可以高达10～1000亿瓦特，产生的瞬间高温相当于太阳表面温度的3～5倍[④]。因此，不太容易解释为何佛面被雷击熔化，而寺庙的木质窗户完好无损。一种解释是，这是一种极为狭小的线状闪电，窗户不在闪电通路上。

宋代沈括也记下了一次雷电效应。他说：

内侍李舜举家曾为暴雷所震。其堂之西屋，雷火自窗间出，赫然出檐。人

---

① 刘基《诚意伯文集》卷四《雷说上》。

② 富兰克林于1749年11月7日、即在他的风筝实验之后的一段笔记中写道：“电流与闪电在这些特性方面是一致的：(1)发光；(2)光的颜色；(3)弯曲的方向；(4)快速运动；(5)被金属传导；(6)在爆发时发出霹雳声或噪声；(7)在水中或冰里存在；(8)碎裂了它所通过的物体；(9)杀死动物；(10)熔化金属；(11)使易燃物着火；(12)含硫磺气味。”见卡约里《物理学史》，中译本，第128～129页。

③ 《南齐书·五行志》(第二册，第379页)关于这段文字的标点有误。

④ 叶诠文，人工引雷，中国科学报，1994年11月23日，第4版。

以为堂屋已焚，皆出避之。及雷止，其舍宛然，墙壁窗纸皆黔[①]。有一木格，其中杂贮诸器，其漆器银扣者，银悉熔流在地，漆器曾不焦灼。有一宝刀，极坚钢，就刀室中熔为汁，而室亦俨然。人必谓火当先焚草木，然后流[②] 金石。今乃金石皆铄，而草木无一毁者，非人情所测也[③]。

这个线状闪电熔化了其通道上的所有金属物质，而漆器和皮革制的刀室（即刀鞘）却完好无损。当闪电从窗户缝中而过时，窗户纸都被它烤焦了。对于如此奇特的雷电效应，的确并非古代人“所能测”知的。

南宋庄绰（名季裕，以字行）读了《梦溪笔谈》的这则记载之后，也将自己所见所闻的类似雷电效应记下来了。他写道：

绍兴丙辰（1136年）八月二十四日视事。是日，大雷破树者数处，而福慧寺普贤像亦裂，所乘狮子凡金所饰与像面皆销释，而其余采色如故。与沈括所书盖相符也[④]。

刘献廷在其著《广阳杂记》中将自己听闻记之如下：

浙江学使者张衡，丁艰北归，将至高邮，烧其次子坐船，火光不上燎，船中器具皆无恙，尽橐橐镜子、铜器等皆熔。王金樵《读律佩觿》有云：“雷发徽州典肆，内外扃藏金铁物，皆以类化，而封识如故”。两事颇相似。丁大年云：“雷有阴阳，阳者有声，阴则无声而能化物”。张衡之事，非火也，亦雷之阴阳也[⑤]。

此处所记张衡、王金樵、丁大年均为明末清初人。所涉二事与庄绰、沈括所记相同。这种雷电效应在历史上不乏记录。丁大年以阴阳释之只是继承中国传统的阴阳元气说罢了，事实上并不能解释此类现象。明代方以智却高于他人，他通过论述自然界发生的种种雷电现象，总结了“雷火”特性，他说：“雷火所及，金石销熔，而漆器不坏[⑥]。”

所谓“金石”，也就是金属物质。方以智可能是在对受雷电作用的自然界物质进行分类。由于雷电的高压高能量，导电的金属物质被熔化、烧断，而不导电的漆器尚能保存。方以智的分类思想可以看作近代关于导体和绝缘体概念的滥觞。

三　尖端放电和大气电现象

大约从汉代起，古代人就观察到长兵器尖端在大气电场中的放电现象。

在汉平帝元始年间（公元1～5），为开辟一条通往玉门关的近道，汉王朝与车师后王国发生了一场小小的战争。在那日夜备战的时刻，车师后王姑句的兵士观察到“姑句家

---

① “黔（qián），黑色。

② “流”，此处指熔化之意。

③ 沈括《梦溪笔谈》卷二十《神奇》，该文字记载被李约瑟博士誉之为“简直可以把它看作为《自然》杂志写的专栏文章”。见 Joseph Needham，Science and Civilisation in China. Vol. 3，p. 482.

④ 庄绰《鸡肋编》卷下。

⑤ 刘献廷《广阳杂记》卷一，第14页。

⑥ 方以智《物理小识》卷二《风雷雨旸类·火异》。

矛端生火"①。也即是，姑句的兵士见到长矛尖端的放电发光现象。

晋惠帝永兴元年（304），成都王发动叛乱，攻长沙，陈兵于鄴城，夜里"戈戟锋皆有火光，遥望如悬烛"②。

类似的尖端放电现象在史书中不乏记录。如，"隋炀帝大业十三年（617），兵器夜有火光"③；金太祖收国元年（1115）十二月丁未，"上候辽军还至熟结泺，有光复见于矛端"④；金哀宗天兴元年（1232）七月庚辰，"兵刃有火"⑤；元顺帝至正二十一年（1361）正月癸酉，"石州大风拔木，六畜皆鸣。人持枪矛，忽生火焰，抹之即无，摇之即有"⑥；明洪武十一年（1378）六月丁卯夜，"宁夏卫风雨，兜鍪旂槊皆有火光"，万历二十一年（1593），"山东督抚令旂及刀枪头皆火出，且有声"⑦。

古代人还观察到塔上金属塔刹、屋宇殿堂的脊端吻兽的放电现象。《元史·五行志》写道：

> 至正二十八年（1368）六月甲寅，大都（今北京）大圣寿万安寺（旧名曰白塔寺）灾。是日未时，雷雨中有火自空而下，其殿脊东鳌鱼口火焰出，佛身上亦火起。帝闻之泣下，亟命百官救护⑧。

光绪五年修撰《嘉兴府志》载："万历三十九（1611）六月三十日，夜，东塔放金光，若流星四散⑨。"

类似记载也见山西《河津县志》。该志"寺观"中述及当地觉成寺"每至风雨夜，塔顶辄有光"⑩。

明代方以智在其著中以"野火塔光"一词将磷光和尖端放电归为一类。他写道：

> 军中刀枪火起，其理亦与野血同。又曰塔放光者，地中真火，以上腾为本性，而壅阏和合于土上，故蒸为温气，发育万物，风雷云雨霜电虹蜺，无之而非是者。上腾之性，每依直物而起，偶此塔有蕴腻凝滞之气相触，则附丽发光，与野燐同理。试观乎雷，亦火也，每依墙杆栋楹有披击出声而上者，可触类也⑪。

方以智的解释远在美国富兰克林作尖端放电实验之前，这个唯物的思辨解释也远远胜过同时期西方人归之于神的说法。方以智的观察极其仔细，他闻见雷电"每依墙杆栋楹有披击出声而上"；他将尖端放电解释为雷电之气"上腾之性，每依直物而起"，这个解释也值得我们重视。

---

① 《汉书》卷九十六下《西域传》。第十二册，第3924页。

② 《晋书》卷二十七《五行志》。第三册，第810页；也见干宝《搜神纪》卷七。

③ 道光六年重修《太原县志》卷十五《祥异》。

④ 《金史》卷二十三《五行志》，第二册，第535页。

⑤ 同④，第545页。

⑥ 《元史》卷五十一《五行志》，第四册，第1111页。

⑦ 《明史》卷三十《五行志》，第二册，第488页。

⑧ 《元史》卷五十一《五行志》，第四册，第1101页。

⑨ 光绪五年修《嘉兴府志》卷三十五《祥异》。

⑩ 转引自：高策，关于应县木塔的避雷问题，《自然科学史研究》1992年第4期，第335页。据该文征引，1960年的某个雷雨夜，杭州六和塔塔顶各个尖端持续冒火，当时该塔未装有避雷设备，人们以为电线走火。消防车赶至现场时，火已熄灭。事后检查一切正常。由此可推知，古代的有关记载是真实的。

⑪ 方以智《物理小识》卷二《风雷雨旸类·野火塔光》。

在古代关于大气电的许多记述中，以下两则记载颇为引人注意。《元史·五行志》写道：

至正十八年（1358）三月辛丑夜，大同路有黑气蔽于西方，声如雷然。俄顷，有云如火，交射中天，遍地俱见火光，以物触地，辄有火起。至夜半，空中如有兵戈相击之声①。

《明史·五行志》写道：

正德七年（1512）三月丁卯夜，大风雷电。余干仙居寨有光如箭，坠旂杆上，俄如烛龙，光照四野。士卒撼其旂，飞上竿首，既而其火四散。枪首皆有光如星②。

如此壮观的大气电现象的观察记录，惟中国古籍有之。不仅如此，雍正十年编修的《江西通志》在记述了1512年在余干县仙居寨发生的雷电现象中，还写道："士卒因发铳冲之，其火四散"③。

这大概是历史上以枪铳发射子弹进行人工消雷的最早尝试④。

四　建筑避雷

中国古建筑有否避雷的因素或措施，古代人在建筑高堂大厦、亭阁寺塔中是否知道避雷并有意识采用某些避雷或消雷措施？近三四十年来，这个问题一直引起人们的重视和争论。

中国古代建筑颇具特色。屋顶斜面上弯，直指天空，屋脊和屋角上有各种装饰，尤其是那些吐舌上伸的吻兽，正脊当瓦沟之下垂有一定长度的铁索；在各类塔中都有塔刹构件，称为宝珠、宝顶、火珠等名称。吻兽与塔刹常粉以金属涂料，很多塔刹就是金属物质制成的。根据这些建筑特色，有人提出古建筑的避雷针原理说⑤，有人提出消雷器原理说⑥。

避雷针原理说受到一些人的反对。他们认为，根据古建筑特点看，它们更大可能的是引雷，而不是避雷。否则，难以解释许多古建筑被雷电烧毁的事件⑦。

笼统地言及古建筑有避雷特点的观点，看来并非正确。近年，人们对山西应县木塔长期未遭雷电破坏的原因进行实地考察和高压模拟实验，提出应县木塔绝缘避雷说，这是颇有意义的。

位于山西应县佛宫寺内的应县木塔建于辽清宁二年（1056），是木结构楼阁式建筑，

---

① 《元史》卷五十一《五行志》，第四册，第1102页。

② 《明史》卷二十九《五行志》，第二册，第469页。

③ 雍正十年编修《江西通志》卷一〇七《祥异》。

④ 今天，人们以发射导弹的方法进行人工消雷。让导弹携带一根细长金属线，该金属线的一端接地。导弹穿越雷电云层时，地面雷声大作。参见：叶诠文，人工引雷，中国科学报，1994年11月23日第4版。

⑤ 龙非了，我国古建筑的避雷措施。《建筑学报》，1963年第1期，第28～29页。

⑥ 解广润，消雷器的功能与结构，电力技术，1981年第10期。转引自：高策，关于应县木塔的避雷问题，《自然科学史研究》，1992年第4期，第335页。

⑦ 蒋博光，对"我国古建筑避雷措施"的我见，建筑学报，1963年第9期，第28页。

总高 67 米多；铁制塔刹全长 14.21 米，伸出塔顶长 9.91 米。塔刹铁柱被分别系于各个屋脊端的 8 条铁链所固定。塔基高 4 米余，为两层石砌台基。塔基下及周围 7 米深地面均为严实的夯土层。建筑材料和塔基均处于干燥状态，有较好绝缘性能[①]。对应县木塔的模拟高压实验表明，因塔基的绝缘性能好、塔身形同现代绝缘子，故雷电前锋通道一般不向塔身推进；雷电向高电阻率区域放电的概率小于向低电阻率区域放电的概率。经过对模拟实验进行理论计算的结果也说明，应县木塔受雷概率还小于避雷针能达到的设计标准[②]。因此，就应县木塔而言，其长期未被雷电破坏的原因是“绝缘避雷”的结果。

中国古代建筑的避雷问题是比较复杂的。经实验研究的应县木塔绝缘避雷一说，也尚有不同看法[③]，其主要原因是不能将它推广为普遍情形。大概中国的建筑，其地理环境及地基的修筑是千差万别的。

古代人曾以大青石建造“避雷室”，其原理大概与绝缘避雷说相同。刘宋朝盛弘之《荆州记》载：“湖阳县，春秋蓼国樊重之邑也。重母畏雷，为母立石室以避之，悉以文石为阶砌，至今犹存[④]。”

自然，古代人并不知道绝缘避雷的道理。他们建造石室，仅以为大青石坚固，不易为雷所劈裂罢了。

极为有趣的是，关于中国古代建筑的避雷问题是在 300 多年前由来华传教士、葡萄牙人安文思（Gabriel de Magalhaens，1609～1677）最早记述的。他的记述比美国富兰克林在 1752 年提出用避雷针保护建筑物的建议要早约一个世纪。

安文思，字景明，13 岁进耶酥会，1636 年应其本人之请被耶稣会派往印度果阿，在该地教授哲学。1640 年入华。他精通机械，并与在华的德国耶稣会士汤若望交谊甚厚。他深入中国各地传教，最后定居于四川。他曾受到清顺治帝的赏识，被赐予教堂和传教经费。顺治帝死后，又曾被指控行贿罪并两次受刑。因一次大地震之故，他被赦免。后来，在康熙帝的保护下，他平静地度过晚年。在他死后，康熙帝还为他撰写墓碑碑文，为他举行了隆重葬礼。他在 1668 年前后完成了两本著作：一是《论中国的文字和语言》(Traite des lettres et de la langue Chinoises)；一是《中国的十二大奇迹》(les Douze excellences de la Chine)。后一书于 1688 年分别被译成法文和英文。法文本题为《中国的新关系，关于这个大帝国最优秀成就的描述》(Nouvelle relation de la Chine，contenant le description des particularites les plus remarquables de ce grand empire)（巴黎，1688，4 卷本）；英文本题为《中国新史，包括这个大帝国最重大特色的描述》(A new history of China，containing a description of the most considerable particulars of that vast Empire)（伦敦，1688，4 卷本）。这些书成为欧洲人了解中国的经典著作。直到 1953 年，洛德·罗伊(Claude Roy，生于 1915 年）在共撰著的 La Chine dans un miroir[⑤] 一书中还征引了其中

① 丁士章、吴寿锽等，应县木塔的避雷机制，自然科学史研究，1990 年第 2 期，第 139 页。

② 应县木塔避雷机制研究课题组，应县木塔避雷机制的再探讨。自然科学史研究，1993 年第 2 期，第 146 页；吴寿锽、张秀珍，关于古建筑受雷概率的研究，西安交通大学，科学技术报告，95-039 号。

③ 高策，关于应县木塔的避雷问题，自然科学史研究，1992 年第 4 期，第 333 页。但该文作者也曾主张绝缘避雷说，见其文：中国古建筑的避雷措施，大自然探索，1990 年第 1 期，第 74 页。

④ 盛弘之《荆州记》，《说郛》卷六十一（宛委山堂本）。

⑤ 这本书名的英译为 China in a Mirror，汉译或许为《镜中中国》。

许多内容。

根据洛德·罗伊的征引，在《中国的十二大奇迹》中有一段关于中国建筑避雷的文字描写。它写道：

用琉璃瓦作成的屋顶犹如玻璃镜一样闪亮。屋角以动物头上角鬚的形式直指天空，这些动物是以该帝国中最受尊崇的龙装饰的。屋顶的形状类似于汉代人曾经居住过的帐篷。帐篷固定在一个矛状物上，它们的各个角度是向上弯曲而指向天空。现在以砖瓦砌成的屋顶仍然摹仿汉代人的建筑物。巨兽的舌头指向空中，其腹内穿过金属条，金属条一端插入地里。这样，当闪电落在屋上或皇宫时，闪电就被龙舌引向金属条通路，并且直奔地下而消散，因而不致伤害任何人。人们可以清楚地看到，这个民族极有智慧，他们知道，如何以自己的劳动成果将美和实用结合在一起，如何将聪明睿智寓于精致的工艺之中①。

安文思在中国生活了 37 年，旅行过中国许多地方，与当时中国学者有着广泛来往，也必定亲眼目睹许多宫殿庙宇和寺塔。他的记述不应当有假。尤其是关于吻兽内铁条一直插入地里的记载，虽不可能全部建筑物普遍如此，是否有可能其中的一些是这样作了的②。值得引起注意的是，当时在整个欧洲尚未产生任何避雷或建造避雷针的思想或概念，安文思的记述也不是他本人的想像或创造，尤其是通过那条金属通路，雷电可以被引向地下而消散的观念，无疑是当时中国人的看法。可以说，避雷针的想法和设计思想源渊于中国。

五　东西方对电的认识差异

颇有趣的是，东西方人对电的认识恰好殊途同归。

古代中国人一直认为天空闪电就是电，“电”字就是从雷电现象而来的。但他们从未认识到上述各种摩擦起电现象就是电，而将它们归属于火或光一类。他们认为静电的放电闪光是一种奇异的火光。从而又将火分为“地火”、“真火”、“佛火”等等。张华将其发现的静电闪光与磷光置于同类；方以智将它和磷光、石油火光、微生物发光、雷电之光等统称为“火异”，也即奇特的火光。早于他们的汉代王充还通过日常生活经验论证雷电就是火光。虽然近代科学证实电的本质是光，但在人们未将天上雷电与地上各种人工摩擦起电统一认识之前，这种古代的见解仅仅是表观类比而已。

在西方，与中国恰好相反。各种人工摩擦电被看作是电，而天空闪电在富兰克林实验之前一直不被看作是电。西方的“电”（electricity）一词来自琥珀的希腊文 êlektron（琥珀金）。为了证实这二者的统一，为了得到“闪电也是一种电现象”的认识，美国科学家富兰克林变卖了全部财产于 1748～1752 年冒着生命危险作了风筝实验，而圣彼得堡的里曼（G. W. Richmann，1711～1753）却在这种实验中被雷电打死③。在完成了这步统

① Claude Roy，La Chine dans un miroir. Lausanne，1953，p. 47.

② 有人提出疑问：奇怪的是我们在今天没有发现这样的建筑物。这个疑问并不能肯定当初绝对没有这样的建筑物。试想近 400 年来社会历经多少动乱与贫困、灾难，这些铁条就有被破坏、盗窃的种种可能性。

③ [美] 卡约里著，戴念祖译，物理学史，第 123～129 页。

一之后，经过19世纪电磁学的发展，人们才认识到电磁的本质就是光。这才终于在科学上证实了中国古代人的猜想。

如果近代科学是沿着中国古代的道路走下去，也必定要有一个富兰克林来证明人工摩擦的各种电是与人们已确认的天上闪电的一致性；也必定要经过各种曲折、甚至付出生命的危险才能最终证明王充、张华、方以智等人关于静电和雷电是火、是光的说法。

第三节　磁石及其特性

一　磁石的名称及其分类

磁石，即磁铁矿（Fe_3O_4）。先秦时期，尚无“磁”字，“磁”写为“慈”。战国时期，由于炼铁技术的兴起，人们已发现了磁铁矿与其他矿物的共生关系。《管子·地数》写道：

上有丹砂者，下有黄金。上有慈石者，下有铜金。上有陵石者，下有铅锡赤铜。上有赭者，下有铁。

与“慈石”共生的“铜金”，有人认为是铜硫铁矿，即黄铜矿（$CuFeS_2$）或斑铜矿（Cu_3FeS_3）；有人认为是磁硫铁矿①。现在知道，磁铁矿常与赤铁矿、褐铁矿、钛铁矿等相伴而生。或许，古代记载为某些地区的特殊的伴产关系，也未可知。

《管子·地数》似是管子弟子记录管子的言行。虽成书时间难定，但该篇中有关内容或可作为管子生活年代即公元前第7世纪的认识。

秦汉时期，人们称磁石为“慈石”。《吕氏春秋·季秋纪·精通篇》写道：“慈石召铁，或引之也。”

汉代高诱在其注中说：“石，铁之母也。以有慈石，故能引其子。石之不慈者，亦不能引也。”

这是关于“慈石”得名的最早释义。唐开元中，陈藏器《本草拾遗》写道：“磁石，毛铁之母也。取铁，如母之招子焉②。”

明代李时珍在其著中引陈藏器之说写道：“慈石取铁，如慈母之招子，故名③。”

几千年来，中国人对磁石释义一直持此说法。这表明，他们早在公元前7世纪已经发现了磁石的吸引性质。

大约在唐宋年间，将“慈石”写成“磁石”或“礠石”。慈、礠、磁三字，慈为原文，礠为繁体，磁又为礠的省文。磁石的磁又常假借为陶瓷的瓷，称瓷器为磁器，这是宋代开始的事。古代还有称为“慈州”、“慈山”的地名、山名，皆因此地盛产磁石④。古罗马作家老普林尼（Pling the Elder，23～79）曾说，“无知的人”把天然磁石称为“活铁”；欧洲人称“磁石”为Magnet。按照卢克莱修的说法，magnet（磁铁）一词来源于Magnesia。据说在小亚细亚靠近Magnesia地方发现了磁铁矿的缘故⑤。中西二者，相异其趣也。

---

① 王振铎，司南指南针与罗经盘，科技考古论丛，文物出版社，1989，第63～64页。

② 唐慎微《证类本草》卷四《玉石部·磁石》引陈藏器云，四库全书本。

③ 李时珍《本草纲目》卷十《金石部·慈石》引，第583页。

④ 王振铎，科技考古论丛，第50，51，52～60，220页。

⑤ ［美］卡约里著，物理学史，中译本，内蒙古人民出版社，1981年，第11页。

古代人还根据磁石吸铁能力将磁石分类。刘宋时期雷敩指出：

> 夫欲验者，一斤磁石，四面只吸铁一斤者，此名延年沙；四面只吸铁八两者，号曰续采石；四面只吸铁五两以来者，号曰磁石[①]。

现在我们知道，磁铁的吸铁能力是与其磁感应强度相关的。古代人的这种分类法可以看作现代对磁性材料的分类之肇始。磁石在历代颇受本草药物学家重视，在他们看来，不同吸铁能力的磁石有不同的药性，对他们进行分类是对症下药的必要。在分类中，人们还发现了不具磁吸引力的磁石，并称它为"玄石"。唐代苏恭《唐本草注》说："磁石中有细孔，孔中黄赤色。初破好者能连十针，一斤铁刀亦被回转。其无孔、光泽纯黑者，玄石也，不能悬针[②]。"

因此，苏颂《本草图经》说：

> 磁石生泰山山谷及慈山山阴，有铁处则生其阳。今慈州、徐州及南海傍山中皆有之。慈州者岁贡最佳，能吸铁，虚连十数针或一二斤刀器、回转不落者尤真[③]。

寇宗奭的《本草衍义》又指出：

> 磁石毛轻紫，石上颣澁，可吸连针铁，俗谓之熁铁石，……其玄石即磁石之黑者也，多滑净，其治体大同小异，不可不分而为二也[④]。

在历代各种典籍中，对磁石的分类有各种说法。李时珍在《本草纲目》中"慈石"条下"释名"内有"玄石"、"处石"、"协铁石"、"吸针石"四种名称，玄石又有"玄水石"、"处石"之名[⑤]。磁石具有天赋的吸铁性而最易辨认，但历史文献又加之毛孔、颜色、表面粗糙程度等对其再作分类。这些分类又大多名称不一，且混淆难识，不可究诘矣。

二 磁石特性的发现

磁石的吸引性比较容易被人们所发现。古代人将其称为"慈石"，已暗含了它的吸引性质。明确记载到磁石吸引性质的最早文献是公元前3世纪的《吕氏春秋》。它写道："慈石召铁，或引之也[⑥]。"《鬼谷子·反应篇》记有"慈石之取针"，此处的"针"当为铁针。如前静电中所述，汉代始，磁石吸铁与琥珀拾芥常相提并论。这表明，古代人以吸引现象试图将电和磁二者归为一类。

在磁石吸引现象的诸多记述中，《淮南子·墬形训》将其记为"慈石上飞"，这是与众不同的记载。或许，人们做过了磁石吸引碎铁或铁粉的实验。

正如前述一样，好磁石能吸引一二斤刀器而回转不落。宣扬"清静无为"的道家因此说："磁石无我，能见大力[⑦]。"

---

① 唐慎微《证类本草》卷四《玉石部·磁石》引《雷公炮炙论》。

② 唐慎微《证类本草》，卷四《玄石》引《唐本草注》。

③ 唐慎微《证类本草》，卷四《磁石》引《本草图经》。

④ 唐慎微《证类本草》卷四引《本草衍义》；也见寇宗奭，《本草衍义》卷五。

⑤ 李时珍《本草纲目》卷十《金石类·慈石》，第583页。

⑥ 《吕氏春秋·季秋纪·精通》。

⑦ 《关尹子·六匕篇》。

磁石可以吸铁，但它不能吸引其他某些物质，这一现象也被古代人所发现。《淮南子·览冥训》写道："若以慈石之能连铁也，而求其引瓦则难矣。物固不可以轻重论也。"《淮南子·说山训》又写道："慈石能引铁，及其于铜，则不行也。"

铜是抗磁性物质，它的磁化率为负值，因此不被磁体所吸引。《淮南子》的记述可以看作是抗磁性的最早发现。人们曾以为，抗磁性是布鲁格曼（Anton Brugmans，1732～1789）在1778年发现的，他在这一年观察到铋被磁体排斥的现象[①]。砖瓦的结构成分比较复杂，或许它是磁化率远小于1的弱磁性物质，磁体对它的作用力不足于克服它的重力，因此吸不动它。

在前述摩擦起电中，我们曾述及三国虞翻发现"磁石不受曲针"[②]。这"曲针"可能是软金属（如黄金）制成的针。魏时曹植也说："磁石引铁，于金不连[③]。""于金不连"，也就是不吸引铜或黄金。除此之外，谭峭在《化书》中指出"磁石不取惫铁"[④]，即完全氧化锈蚀的铁也不被磁石所吸引。

比较吸引性质来，磁石的排斥现象并非容易被发现。古代中国人以磁石作成棋子，在斗棋的娱乐活动中发现了它。早在汉武帝元狩二年（前121），胶东方士栾大向武帝献斗棋之术，武帝曾为之所惑。《史记·封禅书》说：

> （栾）大曰："臣师非有求人，人者求之。陛下必欲致之，则贵其使者，令有亲属，以客礼待之，勿卑，使各佩其信印，乃可使通言于神人。神人尚肯邪不邪。致尊其使，然后可致也。"于是上使验小方，斗棊，棊自相触击[⑤]。

"棊"，棋，古今相通。王振铎考，"小方"者为小方形体之棋子；"斗棋"，或为博棋，或为卜棋[⑥]。棋子在棋盘中"自相触击"，也就是自动地相互吸引（触）和排斥（击）。这是人们最早发现的磁体排斥作用。

在汉淮南王刘安编撰的《淮南万毕术》中，以磁石作成的棋子在斗棋中的相互吸引被描写为"慈石提棊"[⑦]，而其相互排斥被描写为"慈石拒棊"[⑧]。至于这些具有磁性的棋子如何制作的问题，我们在下面"人造磁石"中再详细叙述。

磁石的作用可以在相隔一段空间距离内发生，这种现象被晋代人称之为"磁石吸铁，隔阔潜应"[⑨]。这大概是关于电磁超距作用的最早的思想。

《淮南子》曾记述磁铁不吸引铜。然而，磁铁的作用还可以透过铜板而吸引铜板上的铁屑。中国古代人对此虽未有明确记载，但他们发现并提出，"磁石吸铁，隔碍潜通"[⑩]。

---

① ［德］M.v. 劳厄著，物理学史，中译本，商务印书馆，1978，第43页。

② 《三国志》卷五十七《虞翻传》，第五册，第1317页。

③ 《曹子建集》卷五《矫志》。

④ 谭峭《化书》卷二《琥珀》。

⑤ 《史记·封禅书》第四册，第1389～1390页。类似记载也见《汉书》卷二十五上《郊祀志》，第四册，第1222～1223页；《史记》卷十二《孝武本纪》，第二册，第462～463页。

⑥ 王振铎，科技考古论丛，第85页。

⑦ 《淮南万毕术》一书已佚，清有多种辑本，如孙冯翼辑本、茆泮林辑本等。各种辑本的文字稍有不同，但总的意思都基本一致。"慈石提棊"也见李昉《太平御览》卷七百三十六《方术部》引。

⑧ 同⑦；李昉《太平御览》卷九百八十八《药部》引。

⑨ 郑思远《真元妙道要略·证真篇第二》，见《道藏》第956册《洞神部·众术类》。

⑩ 刘献廷《广阳杂记》卷一。

自宋代起，人们已认识到某些物质不能阻碍磁作用的现象。起初，以磁石为外科治疗药方，例如治耳聋，在病耳置磁石，在不病的耳内置铁沙，病者感觉到不病耳内铁沙受到磁石的作用①。自然，这种方法未必能治好耳病，但它却使人们发现了骨肉不能阻隔磁作用。明代蒋一彪在其著《古文参同契集解》卷上引宋代陈显微语："磁石吸铁，阳燧取火，方诸取水，皆阴阳相感，隔碍相通之理。孰能测其端倪哉？"

同书同卷又引俞琰语："神与气合，隔阂相通，犹如磁石之吸铁也。"

究竟什么东西可以隔断磁作用呢？直到清初，人们终于发现了磁屏蔽现象。清代刘献廷写道：

> 磁石吸铁，隔碍潜通。或问余曰："磁石吸铁，何物可以隔之？"犹子阿孺曰："惟铁可以隔耳。"其人去复来。曰："试之果然"。余曰："此何必试，自然之理也。"后见一书曰：蒜可以避磁石之吸铁。尚未之试②。

刘献廷（1648～1695），字继庄，号广阳子，顺天大兴（今北京）人。其著《广阳杂记》在其卒前成稿，后经他人编辑成书。他的侄子阿孺知道，铁可以隔断磁作用。虽未记载如何"隔断"法，但经实验确有其事。我们知道，将铁放进带有厚壳的封闭的铁罩内，其外的磁铁就不能吸引它。这种现象称为磁屏蔽。1786 年，法国物理学家库仑（C. A. de Coulomb，1736～1806）报道了导体对它内部的屏蔽作用。但是，后来人们忘记了他在这方面的工作，竟将磁屏蔽与法拉第（M. Faraday，1791～1867）的名字联系在一起③。事实上，库仑的前辈、包括中国的刘献廷都在磁屏蔽上有所发现，而刘献廷是最早的发现者。

至于磁体的指极性等性质，我们将在述及指南针后再讨论它们。

三　人造磁体

汉方士栾大为汉武帝表演斗棋，其棋子是如何制成的？《史记索引》引《万毕术》云："取鸡血杂磨针铁杵，和磁石棊头，置局上，即自相抵击也④。"

《史记正义》引高诱注《淮南子》⑤ 云："取鸡血与针磨捣之，以和磁石，用涂碁头，曝干之，置局上，即相拒不止也⑥。"

这些记载实出于汉代刘安的《淮南万毕术》。汉高诱为该书作注，写下了以上文字。《淮南万毕术》一书已散佚，《说郛》等辑本仅留有少量几条文字，清代又出现了多种辑录本。以上二条文字由唐代司马贞在《史记索引》和张守节在《史记正义》中注引之。宋

---

① 李时珍《本草纲目》卷十《金石类·慈石》引宋代杨士瀛《直指方》："耳卒聋闭。协铁石半钱，入病耳内。铁沙末入不病耳内，自然通透"。又，该书引宋代严用和《济生方》："肾虚耳聋。真磁石一，豆大，穿山甲烧存性研一字，新绵塞耳内，口含生铁一块，觉耳如风雨声，即通。"

② 刘献廷《广阳杂记》卷一。

③ ［德］M. v. 劳厄著，物理学史，中译本，商务印书馆，1978，第 44 页。

④ 《史记》卷二十八《封禅书》，第四册，第 1390 页。

⑤ 应为《淮南万毕术》，简称《万毕术》。又一说，淮南王刘安的《淮南子》分内、外篇，内篇即今传本《淮南子》，外篇即已佚书《淮南万毕术》，故而，此处也称《淮南子》。

⑥ 《史记》卷十二《孝武本纪》，第二册，第 463 页。

代李昉编撰《太平御览》中也收录了这两条文字[①]。包括清代的各种辑录本在内，这两条文字稍有不同。其中关于“磁石拒棊”的清代辑本文字较清楚，它写道：“取鸡血（与）作针磨铁捣之，以和磁石，日涂棊头，曝干之，置局上，即相拒不休[②]”。

据研究[③]，“作针磨铁”或“磨针铁杵”都是一类事物名词，即磨针所用的铁。由于经常在一个方向磨，该铁就具有磁性。钢锉总附着铁屑，就是钢锉在锉磨中被磁化的结果。高硬度的磨针铁很脆，不用大力即可捣碎。它与现代硬质合金钢不同，否则，捣碎力大，则可能退磁。鸡血是这些粉末的凝固剂和胶合剂。粉末在鸡血中彼此取向会趋于一致，而使磁矩加强，直到鸡血凝固为止。这样多次涂抹而成为一小磁球。另一种看法是将这样的粉末和鸡血涂在方形小棋头上，从而棋子两端形成不同的极性[④]。

这就是中国古代人发明的人造小磁体。由刘安的《淮南万毕术》和栾大斗棋看来，它发明于汉代初期。在这种斗棋活动中，各个棋子均具有两极。异性极相遇，则两棋子相吸；同性极相遇，则两棋子相斥。《淮南万毕术》将相吸的棋子描写为“提棊”，相斥的棋子描写为“拒棊”。汉代高诱注中或说它们“自相抵击”，或说“相拒不休”，这都是指相同极性或不同极性的棋头彼此碰撞的结果。当然，说它们“相拒不休”或“不止”，是不可能的。

明末方以智对此也曾记述道：

> 磁石拒棊者，取鸡骨作针，磨铗[⑤]捣之，以和磁石，日涂其头，曝干之。置局上，即相击不休。《汉书》所谓斗棊，即此术乎[⑥]？

这里，“取鸡骨作针”一句当理解为以鸡骨作为涂抹磁性铁屑的核心。“针”字或许还暗示人们这个“心”是长形的，因此，这种人造磁体也是长方形的可能性为大。

宋代，这种人造磁体的技术有了发展。人们将磁性铁屑以胶粘合在瓢中，从而使浮于水上的各个瓢在相距一二尺左右而彼此触击、跳跃。南宋庄绰在其著《鸡肋篇》中写道：

> 有人自云能使碌[⑦]轴相博，因先敛钱。以二瓢为试，置之，相去一二尺而跳跃，相就上下，宛转不止。人皆竞出钱，欲看石轴相击。遂有告其造妖术惑众，收赴狱中，固以铁锁，灌之猪血。其人诉云：二瓢尚在怀中，乃捣磁石、错铁末，以胶涂瓢中各半边。铁为石气所吸，遂致如此。其云使石者特绐[⑧]众以率钱耳。破之信然，久乃释之[⑨]。

这个故事，极为生动有趣。故事中述及的瓢，或许可以称为人造磁瓢。

---

① 《太平御览》卷七三六载录“磁石提棊”并高诱注语；卷九八八载录“磁石拒棊”并高诱注语。

② 叶德辉辑《淮南万毕术》。见《中国科学技术典籍通汇·物理卷》，第一册，第88页。

③ 李志超，天人古义，第325页。

④ 王振铎，科技考古论丛，第86页。

⑤ “铗”，古铁字，“磨铗”与“磨针铁”同义。

⑥ 方以智《物理小识》卷十二《鬼神方术类·磁吸引术》。

⑦ “碌”（lù），青色石头。

⑧ “绐”（dài），欺，疑之意。

⑨ 庄绰《鸡肋篇》卷中。

四　磁石的应用和磁幻术

磁石在古代医疗、建筑、战争与生产等方面得到广泛应用，这是和中国古代的文化高度发达相关联的。我们分别简述如下。

1. 医疗用磁石

利用磁石为治病药剂，其源甚古。战国初期成书的《周礼·天官·疡医》写道："凡疗疡以五毒攻之。"

东汉郑玄注曰：

五毒，五药之有毒者。今医方有五毒之药作之，合黄堥，[①] 置石胆、丹砂、雄黄、矾石、慈石其中。烧之三日三夜，其烟上箸，以鸡羽掃取之。以注创，恶肉破骨则尽出。

可见，战国至汉代期间，磁石已成为中药成分之一。成书于汉代的《神农本草经》是战国秦汉期间药物知识的总结性著作，它写道："慈石，味辛寒，主周痹风湿，肢节中痛，不可持物，洗洗酸消，除大热烦满及耳聋。"[②]

从中医理论出发，汉代人已总结了磁石的药性及其所能治疗的疾病。本书将不涉及太多中医内容，仅举数例以说明古代许多方法是现代所谓磁疗的始祖。

萧梁朝陶弘景《名医别录》说，磁石"炼水饮之，亦令人有子。"[③]

李时珍《本草纲目》引《养老方》以磁石治疗"老人虚损"、"风湿、腰肢痹痛"写道：

"慈石三十两，白石英二十两，搥碎瓮盛，水二斗浸于露地。每日取水作粥食，经年气力强盛，颜如童子[④]。

《本草纲目》引唐代孙思邈《千金要方》以慈石治疗"阳事不起"写道：

慈石五斤，研，清酒浸二七日。每服三合，日三夜一[⑤]。

上述三个记载相当于磁化水、磁化水作粥、磁化酒。又有以磁石作枕以治疗眼睛的记载：

有磁石者，如无大块，以碎者琢成枕面，下以木镶成枕，最能明目益精，至老可细读书[⑥]。

这个记载中的治疗方法迄今仍在中国流行，或称其为"磁枕"。

还有关于磁粉、磁膏和磁丸的记载，它们中有的现在并不常用了，或被其他药物所代替。如，以磁石粉末，直接附于金疮伤口，以止痛断血；以磁石粉末和其他药物熬制成膏，贴于伤口，治疗诸般肿毒，等等[⑦]。值得指出的是，古代人以磁石和丹砂（含水

① 黄堥（móu）"，药剂名。

② 黄奭辑《神农本草经·中经》，第158页。

③ 唐慎微《证类本草》卷四《玉石部·慈石》引。

④，⑤ 李时珍《本草纲目》卷十《金石类·慈石》引。

⑥ 屠龙《考槃余事》卷四《起居器服笺·枕》。

⑦ 李时珍《本草纲目》卷十《金石类·慈石》引《千金方》和《乾坤秘韫》。

银)、曾青(含铜绿)、雄黄(含砒)等药制成丸药(如“磁珠丸”)①,但并非可以随意服食的。即使将磁石捣成粉末,而它毕竟是“坚顽之物”,“不可久服,渣滓必有大患”②,更何况“五毒”之药中,其他一些药含有毒性。方以智曾指出:磁石入药,“本取镇气养神,孙思邈加神麯为磁珠丸,谁知其理耶?”③

在某些外科手术中利用磁石,显然是出于对磁石吸铁知识的信念,但在实际上,事情远非那么简单。例如,

治小儿误吞针,用磁石如枣核大,磨令光,钻作窍,丝穿令含,针自出④。

疗误吞钱,以磁石枣许大一块,含之立出⑤。

以及前述用磁石治疗耳聋等病,在多数情况下可能是人们对磁石吸铁的想像。当然,那些误吞入口的“针”、“钱”之物应当是铁针、铁钱。

2. 建筑用磁石

据载,秦始皇造阿房宫,最早利用磁石以建筑。作者已佚名的汉代书籍《三辅黄图》写道:

阿房宫亦曰阿城,惠文王造宫未成而亡。始是广其宫规,恢三百余里……。作阿房宫前殿,东西五十步,南北五十丈,上可坐万人,下建五丈旗。以木兰为梁,以磁石为门,怀刃者止之⑥。

汉代桑钦撰,后魏郦道元作注的《水经注》亦写道:

镐水北迳汉灵台西,又迳磁石门西,门在阿房前,悉以磁石为之。故专其目,令四夷朝者,有隐甲怀刃入门而胁之以示神,故亦曰却胡门也⑦。

稍晚成书的《元和郡县志》说:

秦磁石门,在县东南十五里,东南有阁道,即阿房宫之北门也。累磁石为之,著铁甲入者,磁石吸之不得过。羌胡以为神⑧。

将磁石累砌在门基左右,携带刀枪铁甲进门者,其铁制武器会被磁石所吸引。看来,这些磁石具有很强的吸引力,而且,此宫门也不会宽大。否则,磁作用效果就不显著。

3. 磁石与战争

古代人将磁石用于战争之中,其想像中的道理与阿房宫门类似。据载,晋朝大将马隆在泰始(265～274)中与羌戎战于西北地区,马隆曾以磁石累夹道,阻滞羌人进军。《晋书·马隆传》写道:

初,凉州刺史杨欣失羌戎之和,(马)隆陈其必败。俄而欣为虏所没,河西断绝,帝每有西顾之忧……。隆于是西渡温水。虏树机能等以众万计,或乘险以遏隆前,或设伏以截隆后。隆依八阵图作偏箱车,地广则鹿角车营,路狭则

---

① 同上页⑦,引倪微德《厚机启微集》。

② 同上页⑦,引“孤滔云”;也见唐慎微《证类本草》卷四《玉石部·慈石》引《丹房镜源》。

③ 方以智《物理小识》卷七《金石类·石药以坚膏涩燥镇为用》。

④ 唐慎微《证类本草》卷四《玉石部·慈石》引《圣惠方》。

⑤ 同上,引《钱相公箧中方》。

⑥ 撰者不详《三辅黄图》卷一《宫》。

⑦ 王国维《水经注校》卷十九《渭水下》,第601页。

⑧ 李吉甫撰《元和郡县志》卷一《关内道·咸阳县》。

为木屋施于车上，且战且前，弓矢所及，应弦而倒。奇谋间发，出敌不意。或夹道累磁石，贼负铁铠，行不得前，隆卒悉被犀甲，无所留碍，贼以为神。转战千里，杀伤以千数。自隆之西，音问断绝，朝廷忧之，或谓已没。后隆使夜到，帝抚掌欢笑。①

看来，“夹道累磁石”在这场战争中起了重要作用，以致史书突出地将它记载下来了。从这些记载看来，当时中原人习以为常的磁石吸铁的知识而在边疆地区却被视为神奇。

4. 磁石与陶瓷制造

在我国古代彩色斑烂的陶瓷中，白瓷大约起于晋代。烧制白瓷的关键是瓷土、釉料和色料不得含有氧化铁、氧化钛等物质，否则，瓷器中会出现红色和黑色斑点。为此，人们根据磁石吸铁的常识。用上好磁石在釉水缸中旋转，以吸引并除去釉中铁类杂质，从而提高瓷器的洁白度与透明度。清代朱琰在其著《陶说》中写道：

回青搥碎，有珠砂斑者曰上青；有银星者曰中青。每斛可得青三两。敲青后，取奇零琐碎，入注水中，用磁石引杂石。澄定，每斛可得真青五六钱②。

所谓“青”、“回青”，均指瓷器上彩的色料。在这个记述中，含铁的物质粉末被称为“杂石”，因为它有碍于白瓷的洁白颜色。“用磁石引杂石”，也就是利用磁石吸铁的性质，以清除色料中的铁粉。自然，这种方法要远早于清代朱琰的记述。朱琰也曾郑重申明，他的著述乃“杂采诸书、为之条理”而已。

5. 磁游戏与磁幻术

古代所谓“幻术”大多是离奇古怪的东西。其中有一些是有科学根据、或其本身就是科学的应用。只是鉴于当时的科学文化水平，它尚未被人们理解，或事实真相被幻术表演者所隐瞒。如某些以磁石吸铁作为幻术依据的磁幻术，在今天看来实则是磁游戏罢了。前述栾大斗棋，二瓢斗于水中等事，都不过是一种磁游戏。类似例子，在宋代陈元靓的《事林广记》中也有记述。该书写道：

实草雕狗子，以胶水并盐醋调针末搽向狗子上。以好磁石手内引之，即随手走来也。

这一幻术名为“唤狗子走”。实则为先制人造铁模，后以磁铁吸引之。该书又写道：

取一样长葫芦三枚，开阔口些，以木末用胶水调填葫芦内，令及一半、放干。一个以胶水调针沙放向内；一个以胶水调磁石末向内；一个以水银盛向内。先放铁末并磁石者二个相近，其葫芦自然相交。却将盛水银一个放中心，两个自然不相交，收起复聚③。

这个幻术名为“葫芦相打”。实际上，带磁铁的葫芦吸引铁葫芦。当水银葫芦置于二者之中，它们就被分开了。

幻术表演者常有比他人更深刻的科学认识。只当幻术真情揭示之后，他人方晓其理。明代谢在杭曾记述这样一件事：

---

① 《晋书》卷五十七《马隆传》。第五册，第1555页。

② 朱琰《陶说》卷三《造法》，第32～33页。

③ 陈元靓《事林广记》癸集卷十《神仙幻术》，1990年上海古籍出版社影印“和刻本”版（该书元泰定乙丑本名为《新编纂图增类群书类要事林广记》）。

凡幻戏之术，多系伪妄。金陵人有卖药者，车载大士像问病。将药从大士手中过，有留于手不下者，则许人服之。日获千钱。有少年子傍观欲得其术，俟人散后，邀饮酒家。不付酒钱，饮毕竟出，酒家各不见也。如是者三。卖药人扣其法。曰："此小术耳，君许相易幸甚。"卖药曰："我无它，大士手是磁石，药有铁屑则粘矣。"少年曰："我更无它，不过先以钱付酒家，约客到，绝不相问耳。"彼此大笑而罢①。

读了这样的故事，的确让人捧腹大笑。然而，历史上有些幻术是迷信，不能实现的。汉刘安的《淮南万毕术》曾记载这样的荒唐事："磁石悬入井，亡人自归。"

汉高诱对此注释道："取亡人衣带，裹磁石，悬井中，亡人自归。"②

又一说："取亡人衣，裹磁石，悬室中，亡者自归矣③。"

所谓"亡人"、"亡者"，即走失的人，或离家出走的人。有些古籍记为"逃人"④。这显然是对磁石吸铁漫无边际的推广和无端猜想而已。另有些历史记述可能连幻术也算不上，充其量只是荒唐的巫术。例如元代陶宗仪曾述及，某人"获圣铁一块，厚阔仅及二寸，作法，撒沙布地，噙铁于口，刀刃不能伤其身。"⑤ 这里所谓的"作法"即做法术，显然是巫术的一种。

有趣的是，英国物理学家吉尔伯特的《论磁》于1600年问世，从而开创了近代磁学。但是，从那以后，英国人还相信，用大蒜摩擦磁石可以去磁，用山羊血涂抹又可以复磁；磁石可以招魂，等。这些观念与汉代《淮南万毕术》的记载几乎相同。它们是各自独立产生的呢，抑或中西方在磁幻术上或磁的观念上曾经有过交流？

第四节 指南针、磁极性和磁偏角

指南针的发明并将它用于航海，这是世所公认的古代中国的伟大成就之一。英国哲学家弗·培根（Francis Bacon，1561～1626）曾指出，印刷术、火药和指南针"这三种发明已经在世界范围内把事物的全部面貌和情况都改变了"，"并由此又引起难以数计的变化来，竟至任何帝国、任何教派、任何星辰对人类事务的力量和影响都仿佛无过于这些机械性的发现。"⑥ 马克思也曾经将指南针、火药和印刷术称之为"资产阶级发展的必要前提"⑦，"是预告资产阶级社会到来的三大发明"，其中"指南针打开了世界市场并建立了殖民地"⑧。以下将叙述指南针在中国的起源和发展，同时将论述古代中国人有关磁极性、磁偏角和磁倾角的知识。

---

① 谢在杭《五杂俎》卷六。

② 李昉《太平御览》卷九八八引《淮南万毕术》。

③ 同②卷七三六引。两条文字也见清·茆泮林辑（或孙冯翼辑本）《淮南万毕术》，各种辑本的文字稍有出入。

④ 李时珍《本草纲目》卷十《金石类·慈石》引《淮南万毕术》。

⑤ 陶宗仪《南村辍耕录》卷二十三。

⑥ 弗·培根《新工具》，商务印书馆，1984，第103页。

⑦ "1863年1月28日马克思致恩格斯信"，马克思恩格斯全集，人民出版社，1975，第30卷，第318页。

⑧ 马克思，机器·自然力和科学的应用，人民出版社，1978，第67页。

一　司南的创制

司南是指南针问世之前最古老的磁性指向器。东汉王充在其著《论衡·是应篇》中写道："司南之杓，投之于地，其抵指南。"

按王振铎考证与实验，将天然磁石琢成圆底的瓢勺形状，放在栻占用的铜质光滑的地盘上，经旋动而静止时其柄指向南方。《论衡》中所谓的"地"指"地盘"，"抵"指勺柄。其复原模型如图 5-1①。

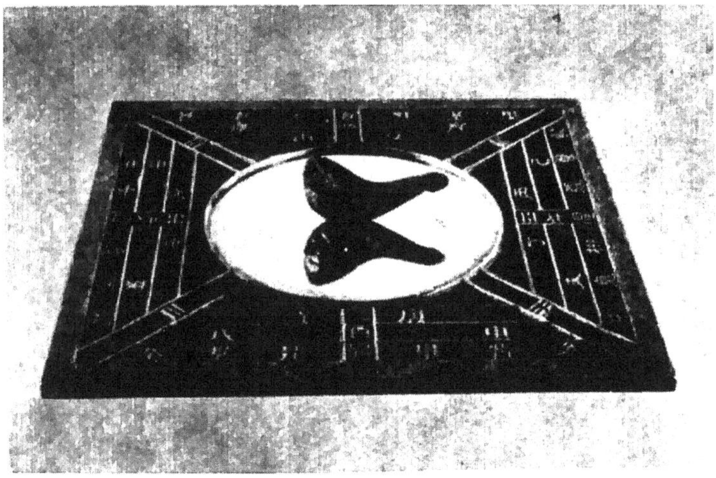

图 5-1　王振铎复原的微型司南模型

在王振铎的复原模型中，有较大的司南模型，也有微型司南模型。近年根据王振铎复原方案所做的司南有越来越大的趋势。这势必增大司南与地盘的摩擦阻力，对司南的转动与指向不利。这种磁性指向器可能极小，类似勺子罢了，其柄亦可能是细长、形小，未必如同真瓷勺一样。

从王充记载看，至晚汉代已有了磁性指向器，人们也同时发现了磁体的指极性。然而，司南的创制可能要早于汉代。战国时期成书的《韩非子·有度》写道：

> 夫人臣之侵其主也，如地形焉，即渐以往，使人主失端，东西易面而不自知。故先王立司南以端朝夕。

从这段文字中，以"地形"作比喻并劝告"人主"要识别"东西"方向来看，很可能战国时期已有磁性司南指向器。所谓"先王"只不过是托古之辞罢了。许多人担心，天然磁石经雕琢搥磨会失去磁性；却很少人考虑到，经过用力不大的雕琢搥磨、原本无磁性或磁性不大的磁石会产生或加强磁性的可能。这种天然磁石极脆，容易琢磨。它不同于现代硬质合金钢，需要猛力搥打。

自从汉代或战国人发明司南之后，直到唐代，人们不断地制造并使用司南。在王充之后约 500 年，梁元帝萧绎在其《玄览赋》中写道："见灵鸟之占巽，观司南之候离。"②

"灵鸟"与"司南"并举，"巽"与"离"是八卦的二个方位。前者为东南方向，后

① 王振铎，科技考古论丛，第 87～140，219～220 页。

② 《全上古三代秦汉三国六朝文·全梁文》卷十五。

者为南方。"司南之候离"一语，也表明这种古老的磁性方向器有指南的特性。《玄览赋》可以看作司南在萧梁朝存在的文字证据。与梁元帝作《玄览赋》几乎同时，南朝陈郡的殷芸[①] 曾致书建安太守到溉[②]，内云："哲人云亡，仪表长谢。元龟何寄？指南谁托？"[③]

在这里，"元龟"与"指南"相对应，应当都是指具体的有形物，而指南针至少在唐代以前尚未发明，此处"指南"当为司南方妥。南北朝时候有人制造并利用司南，当无疑义。

直到唐代，韦肇[④] 在其《瓢赋》中说：

> 挹酒浆，则抑惟北而有别；充玩好，则校司南以为可。有以小为贵，有以约为珍。匏之生莫先于晋壤，杓之类奚取于梓人[⑤]。

王振铎在其巨著《司南指南针与罗经盘》中以唐代文字证明汉代司南之形制近乎瓢勺[⑥]，却忘了指出，这段文字本身确实表明唐代人正忙于"校司南"以"充玩好"。"校"暗含制作在其中，所以司南要"校"，除地磁偏角的因素之外，尚有工艺技术上的诸多问题存矣。"杓之类奚取于梓人"是句双关语。"梓人"指木工。作为植物果实瓢是农民所种，非梓人所为；作为司南这一磁性瓢勺是由金工所为，也非梓人刀削之。

以上文献表明，汉王充之后司南并未失传，而是从汉至唐，历代屡有制造者和使用者。王振铎曾对此列举了更多的文献[⑦]。

近年来，司南是否为磁性指向器尚有学术之争。有人提出，天然磁石难于雕琢成司南[⑧]，司南为天上北斗，并非指向器[⑨]；汉代司南为磁性指向器，而先秦司南为测影木竿[⑩]；司南是磁性指向器，但并非投于地盘上，而是投于水银池中，《论衡》中"投之于地"的"地"字乃"池"字之误[⑪]。对于这些看法，又有不同意见：迄今尚无充足论据以修正王振铎司南观点与复原方案；改"地"字为"池"字的论点缺乏说服力[⑫]。无论如何，学术争鸣有助于中国科学史事业的发展。同意或不同意王振铎的观点都给人们以启发性思维。

二　指南鱼、指南龟和地磁倾角的运用

从以天然磁石制作司南到以磁化方法制作指南针，在科学方法和科学认识上都是一

---

① 殷芸（471～529），字灌蔬，在萧梁朝官至尚书左丞。事见《梁书》卷四十一，第三册，第596页。

② 到溉（477～548），字茂灌，在萧梁朝官至御史中丞。事见《梁书》卷四十，第二册，第568页。

③ 《南史》卷五十九《任昉传》，第五册，第1455页。

④ 韦肇，官至吏部侍郎，卒于大历（766～780）年间。事见《新唐书》卷一六九，第十六册，第5152页。

⑤ 《钦定全唐文》卷四三九。

⑥ 王振铎，科技考古论丛，第99页。

⑦ 王振铎，科技考古论丛，第88～90页。

⑧ 刘秉正，我国古代关于磁现象的发现，物理通报，1956年8月，第458～462页。

⑨ 刘秉正，司南新释。东北师大学报（自然科学版）1988年第1期；以及，司南是磁勺吗？载何丙郁等著《中国科技史论文集》。第153～174页。

⑩ 刘洪涛，指南针是汉代发明，南开学报，1985年第2期。

⑪ 王锦光、闻人军，《论衡》司南新考和复原方案。载未定稿（中国社会科学杂志社）1987年第6期；也见《科技日报》1987年4月2日。

⑫ 林文照，关于司南形制与发明年代，自然科学史研究，1986年第4期；又，天然磁体的定向实验。同前，1987年第4期。

个巨大进步。唐代，大概是由司南向指南针过渡的孕育阶段。或许，唐宋之际完成了这个过渡。因此，入宋以来，有关指南针的文献突然丰富起来。人们不仅制造了各种指南针，而且分别发现了地磁场和磁铁磁化铁针、铁片的方法，也有直接以磁铁制作指南鱼、指南龟的方法。在指南针的应用之中，又发现了地磁偏角。集中于同一个朝代问世的有关文献之多，以及它们之间的时间距离之短，以致我们难于断定各种指南针和相应的磁化方法中哪一个先诞生。

据严敦杰的研究，宋代杨维德的《茔原总录》，是迄今所发现的有关指南针的最早文献。它记述了地磁偏角①，但缺乏对指南针造法的叙述。紧随其后的是曾公亮的《武经总要》，它记述了以地磁场磁化钢铁片（指南鱼）的方法。在《武经总要》之后约半个世纪，沈括的《梦溪笔谈》问世，以磁体磁化钢针的方法在该书中得以详细记载。此外，宋代陈元靓的《事林广记》记述了直接以磁铁造指南针（指南鱼和龟）的方法，但陈元靓生平无考，《事林广记》成书时间也不详。我们先叙述曾公亮和陈元靓的指南鱼、指南龟。

曾公亮《武经总要前集》卷十五就指南鱼的造法写道：

> 若遇天景曀霾，夜色暝黑，又不能辨方向，则当纵老马前行，令识道路，或出指南车及指南鱼，以辨所向。指南车世法不传。鱼法以薄铁叶剪裁，长二寸阔五分，首尾锐如鱼形，置炭火中烧之，候通赤，以铁钤钤鱼首出火。以尾正对子位，蘸水盆中，没尾数分则止，以密器收之。用时置水碗于无风处，平放鱼在水面令浮，其首常南向午也。

曾公亮关于指南鱼的造法记述得很清楚、具体。需要说明的是，以近代磁学知识理解他的有关记载。将“薄铁片”（或许钢片的可能性更大）剪成鱼形片后，令其烧红，当炉温高于居里点（约 700 摄氏度）时，钢铁磁畴排列完全打乱。而当它蘸水即淬火急冷时，磁畴排列又复形成。关键在于其冷却时，其“尾正对子位”，这相当于铁片是按地球子午线方向、即地磁的南北极方向冷却的。因此，在地磁场的影响下，冷却后的铁片磁畴就都顺着地磁场方向排列，从而使铁片产生了磁性。在冷却铁片过程中，将铁片“没尾数分”，也就是将铁片斜插入水盆中淬火，这时恰好利用了地磁倾角，增强了对铁片的磁化程度。在理论上，曾公亮和古代中国人都没有地磁场和地磁倾角的任何概念，然而，在实践中，他们却充分利用了地磁场和地磁倾角以磁化铁片。当铁片完全冷却，其磁畴也就完全按地磁方向排列，则鱼头为北极，鱼尾为南极。将其放入水碗、浮于水面时，自然其头指向南，其尾指向北。

在指南鱼制成后，曾公亮还说，要“以密器收之”。有人对此难予理解或理解错了②。其实，这就是将已磁化好的指南鱼一个个分别地收藏于各个木盒或铜盒之中，以免其受外界磁铁、碰撞或打击等因素影响以致退磁。

曾公亮于 1044 年在磁化钢片时利用了地磁倾角。在西方，磁倾角是由诺曼（Robert Norman）于 1576 年发现的，又一说是哈特曼（George Hartmann）于 1544 年发现的③。

曾公亮的记述是以地磁场磁化法制造指南鱼，而陈元靓的记述却是另一回事。他写

① 郭沫若主编，中国史稿，第五册，第 620～621 页，人民出版社，1983。

② 王振铎，科技考古论丛，第 143 页。

③ ［美］卡约里著，物理学史。中译本，第 51 页。

道：

造指南鱼。以木刻鱼子，如母指大，开腹一窍，陷好磁石一块子，却以臈①填满，用针一半佥从鱼子口中钩入，令没放水中，自然指南，以手拨转，又复如初。

造指南龟。以木刻龟子一个，一如前法制造，但于尾边敲针入去；用小板子，上安以竹钉子，如箸尾大；龟腹下微陷一穴，安钉子上，拨转常指北。须是针尾后②。

显然，这里的指南鱼、指南龟是直接利用了磁体的指极性特点。古代人虽然没有地磁场和地磁极的概念，但自从司南发明并应用以来，对于磁体的指极性特点为常人所知。因此，陈元靓所述的指南鱼、指鱼龟并不一定会比指南针出现更晚。巧妙的是古人将其装入木质鱼或龟腹中，在鱼头、龟尾又插入一根铁针。这是方便观察其指向和“以手拨转”之用。指南鱼所以“没放水中”，大概是木质鱼身和磁体鱼腹的平均比重与水的比重相差无几，因而在水中呈现不沉不浮之状态。

这里，特别要指出的是指南龟的竹钉支托法。它不仅在工艺上要求严格，钉尖所支务必是龟体的重心垂线，而且它成为日后旱罗盘安装法以及近代仪表中所有枢轴承托摆针的始祖。还值得注意的是，前述南朝殷芸致到溉书中曾述及“元龟何寄、指南谁托”一语，指南龟的制造者或方家是否受到它的思想启发并在实际中回答这个问题呢？

图 5-2（薄钢铁片剪成鱼形，经磁化后置水碗内），图 5-3（将条形磁铁置于木质鱼腹，再将木鱼放入水碗内），图 5-4（将条形磁铁置于木质龟腹，以支钉撑于木龟的重心处），为王振铎复原设计的指南鱼和指南龟。

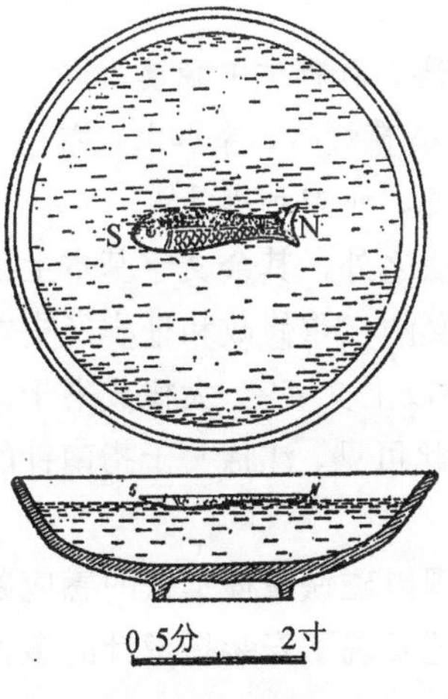

图 5-2 《武经总要》载指南鱼复原图

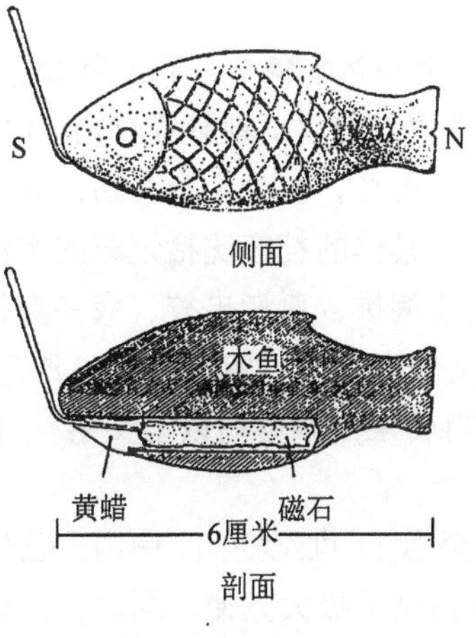

图 5-3 《事林广记》载指南鱼复原图

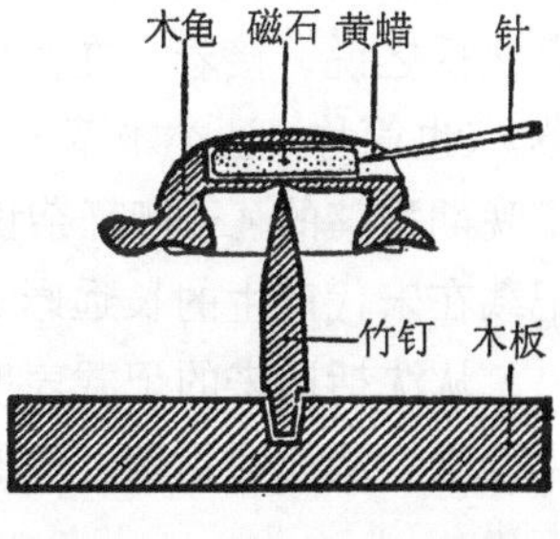

图 5-4 《事林广记》载指南龟复原图

---

① “臈”通“腊”。

② 陈元靓《事林广记》癸集卷十《神仙幻术》，（日本长泽规矩也编《和刻本类书集成》第一辑）上海古籍出版社，1990 年影印本。

三　指南针的制造和安装

指南鱼、指南龟无疑是指南针的一种，它们是以天然磁石制成的。以磁感应方法将铁针磁化，从而制成指南针，这是哪个时代完成的？

如前所述，生活于7世纪的唐代苏恭已发现磁石“能连十针”。由此可知，以磁感应法自觉制造磁化钢针已为期不远。9世纪的段成式（803～867）在《酉阳杂俎续集·寺塔记上》描述了可能是指南针的苗头。他写道：“有松堪系马，遇钵更投针”。“勇带磁针石，危防井丘藤”。

磁石与钢针在此以“磁针石”之名同时出现；将马系于松树旁，找到一钵或一碗以便投下“针”，借之寻找方向。虽然这些文字记载并不明朗；“井丘藤”是什么，亦尚未明其含义。但是，可以推断，唐代大概是司南向指南针过渡的孕育时期。或许，唐宋之际、五代时期已完成了这一过渡①。因此，入宋之后，有关指南针的文献记载突然丰富起来。杨维德《茔原总录》比沈括早半个世纪述及指南针，但沈括记载清楚、明确。沈括写道：

> 方家以磁石磨针锋，则能指南，然常微偏东，不全南也。水浮多荡摇，指爪及盌唇上皆可为之，运转尤速，但坚滑易坠，不若缕悬为最善。其法，取新纩中独蚕缕，以芥子许蜡，缀于针腰，无风处悬之，则针常指南。其中有磨而指北者。予家指南北者皆有之。磁石之指南，犹柏之指西，莫可原其理②。

在沈括之后大约20年，寇宗奭的《本草衍义》一书于政和六年（1116）编成。该书也写道：

> （磁石）磨针锋则能指南，然常偏东，不全南也。其法，取新纩中独缕，以半芥子许蜡，缀于针腰。无风处垂之，则针常指南。以针横贯灯心，浮水上，亦指南，然常偏丙位。盖丙为大火，庚辛金受其制。故如是，物理相感耳③。

寇宗奭的这段文字，除了更具体的补充沈括记载的水浮法之外，其余文字基本上因袭沈括之说。接着，在由唐慎微编撰、曹孝忠校、寇宗奭衍义的《重修政和证类经史本草》（也简称《证类本草》）中又一次抄下了寇宗奭有关磁针的以上文字④。大概成书于南宋晚期程棨的《三柳轩杂识》再转录寇宗奭的以上文字⑤。由此可见，沈括关于指南针的记载在宋代产生的长远影响。

从沈括以来的记载表明，至迟11世纪期间，中国人已发现以磁铁摩擦钢铁的感应磁化方法，从而为指南针的制造提供了极大方便。同时，人们还发现了安装指南针的多种方法：

（1）水浮法。或者将针直接投放水面；或者以几根短小的空心禾草和灯芯草一类比

---

① 据段成式记载，有人断论指南针起源于唐代，见：吕作昕等，中国古代磁性指南器源流与发展史新探。第二届（1994年）中国少数民族科技史国际学术讨论会交流论文。

② 沈括《梦溪笔谈》卷二十四《杂志一》。

③ 寇宗奭《本草衍义》卷五《磁石》。

④ 唐慎微《证类本草》卷四《玉石部·磁石》。

⑤ 程棨《三柳轩杂识》，见《说郛》（宛委山堂本）卷二十四。

重极轻的物体作为钢针的载体，让针自由地浮在水面。前一种方法的力学依据和古人的认识，我们在力学章的液体表面张力部分已作了叙述。后一种方法在宋元时代极为普遍，以致人们还特制一种大瓷碗，以供盛放指南针专用。迄今，在元代磁州窑等多处遗址中发现了这种碗。它的腹内底画有“王”字，以表示穿过灯芯草的磁针，碗底写有“针”字[①]。其“王”字的含义是，三条短粗的横线表示指南针的载体，一条细直的竖线表示指南针(图 5-5)。近年在吉林双辽县辽金墓葬中也出土了“王”字碗，其烧制年代大约为 12 世纪初年[②]。

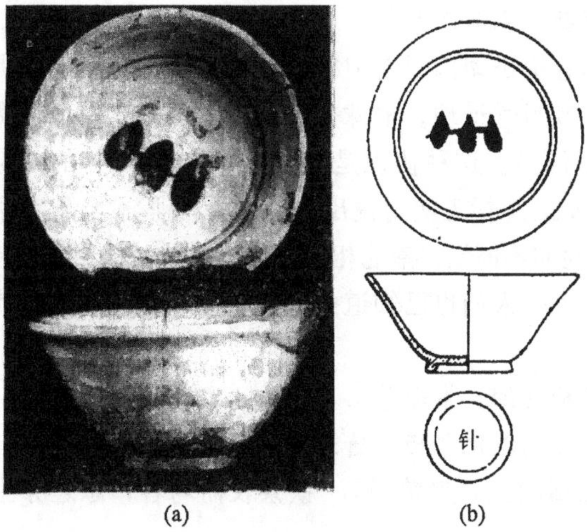

图 5-5 元代“针碗”

(a) 磁县观台窑址出土；(b) 旅大甘井子墓葬出土

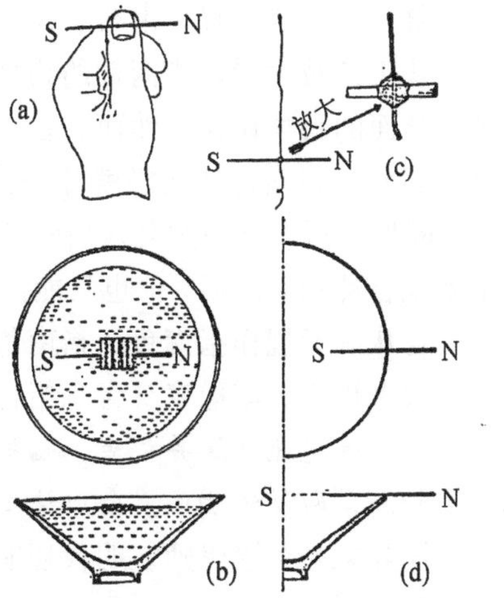

图 5-6 沈括和寇宗奭记述的 4 种指南针安装法

(2) 将指南针放于光滑的指甲或碗唇上。这种安装法“运转尤速，但坚滑易坠”

(3) 以“缕悬为最善”。方法是，以单根蚕丝悬挂磁针，蚕丝与针的连结是用芥子大小一点点蜡将它们粘接在一起。

沈括和寇宗奭描述的这些安装方法如图 5-6((a)指甲法,(b)水浮法,(c)缕悬法,(d)碗唇法)。加上前述陈元靓记述的指南龟钉尖支托法，可以说，所有安装方式都为宋代人所想到和做到。水浮法是水罗盘装针的始祖，钉支法是旱罗盘装针的起源，而缕悬法比库伦在 1777 年因发明这种方法而获得法国科学院的奖赏要早 600 多年。法国科学院曾悬赏征集船用罗盘的最佳设计方案。其时，法国的罗盘是普遍使用的钉尖托针、或称为轴托法。其工作性能极差，除海船颠簸之外，磁暴和极光都会影响它的准确性。库仑以他的《关于制造磁针的最优方法的研究》一文和万·施温登 (J. H. van Swinden) 于 1779 年分享了头等奖。库仑在该文中提出了以丝悬指南针的方法。由于他在这个问题上的研究，导致他在后来发明了扭秤，并以此测量静电和静磁的力[③]。

---

① 王振铎，试论出土元代磁州窑器中所绘磁针。科技考古论丛，第 229～237 页。有关的考古文献也见：李辉炳，磁州窑遗址调查，文物，1964 年第 8 期，第 37～48 页；河北省文化局文物工作队，观台窑址发掘报告。文物，1959 年第 6 期，第 59～61 页；许明纲，旅大市发现金元时期文物。考古，1966 年第 2 期，第 96～99 页；磁县文化馆，河北磁县南开河村元代木船发掘简报。考古，1978 年第 6 期，第 388～399 页。

② 吉林省文物考古研究所等，吉林双辽电厂贮灰场辽金遗址发掘简报，考古，1995 年 4 期，第 325～327 页。

③ 宋德生、李国栋，电磁学发展史，第 76 页；[美] 铁木生可 (S. P. Timoshenko) 著，常振檝译，材料力学史，第 41 页；[美] 沙摩斯 (M. H. Shamos) 著，史耀远等译，物理史上的重要实验，第 77 页。

四 磁体的极性

从发明并使用司南起，可以说人们已发现了磁体的指极性。然而，就文字描述而言，直到沈括时候才作出了详细记载。沈括发现，磁针有指南，也有指北，其情状“犹柏之指西，莫可原其理。”他还写道：

以磁石磨针锋，则锐处常指南，亦有指北者，恐石性亦不同，如夏至鹿角解，冬至麋角解，南北相反，理应有异，未深考耳①。

从工艺技术看，指南针的指极性质是在突破司南只有勺柄这种单端结构之后，才得到的全面的科学认识。然而，古人尚未知其科学道理。地球是个大磁体，具有南、北两极，因此，指南针的两极就分别指向地磁两极。这种认识是在1600年吉尔伯特的《论磁》问世之后才逐渐为公众所知晓的。因此，沈括忠实地说出“莫可原其理”。当他考察了其他自然现象之后，他也只能说“恐石性亦不同”，“南北相反，理应有异，未深考耳。”

自从陈元靓作指南鱼、指南龟以来，大概人们也已知道条形磁铁具有指极性。明代堪舆家多识之。李豫亨《青乌绪言》说：

近遇地师汪弄丸者，始知铁杖不拘巨细，系绳悬之，以手击之旋，旋定必指南，即罗经法也。余取试之良然。可见造化之巧，随处不易如此。

汪弄丸是个堪舆师。明代还有个叫滕揖的人，也曾说：“铁条长而均者，悬之亦指南②。”

但是，有关磁针、条形磁铁指极性的道理，直到崇祯十六年（1643）方以智的《物理小识》初稿完成之时，仍有许多人不清楚。或则以阴阳五行之说释之③，或则以天文家地极高下、“南极垂而北极高”释之④，等等。虽然，其时吉尔伯特的《论磁》问世已有四十余年，但一则《论磁》一书本身正误相渗，一则来华传教士知识浅薄，因此，传至中国关于磁铁指极性的道理极为含糊。热心西学亦与传教士有所接触的方以智在《物理小识》中写道：

磁针指南何也？镜源曰：“磁阳故指南”。愚者曰：“蒂极、脐极、极轴，子午不动，而卯酉旋转。故悬丝以蜡缀针，亦指南”。

“镜源”或许是某人字号，或是书名，今难以考定。但决非清陈元龙《格致镜源》一书的简称⑤。“愚者”是方以智本人。所谓“蒂极、脐极、极轴”是明末入华教士传到中国的地球观念：地球类似圆形瓜果，有瓜蒂，瓜腹或瓜脐。因此，“蒂极”就是地球的南北两极，“脐极”相当于地球的赤道，“极轴”是地球的自转轴。由于地球是大磁体的概念在方以智著作中未曾明言，或者传教士本身也尚不知此事，因此，方以智的解释是模棱两可，含混不清的。难怪在其后，一些中国学者还持传统的五行元气之说解释磁极性。

---

① 沈括《梦溪笔谈·补笔谈》卷三《药议》。

② 方以智《物理小识》卷八《器用类·指南说》引滕揖语。

③ 《管氏地理指蒙·释中》，见《古今图书集成·艺术典·堪舆部》。

④ 同②，揭暄，方中通之注文。

⑤ 陈元龙于康熙乙丑（1685）进士及第，其书《格致镜源》作于康熙丁亥，戊子年间（1707～1708）。而方以智的《物理小识》初稿于1643年，脱稿付梓于1664年。

五　地磁偏角

地磁偏角的最早记载见之于杨维德的《茔原总录》。这是11世纪上半叶的事。该书写道："匡四正以无差，当取丙午针。于其正处，中而格之，取方直之正也①。"

《茔原总录》是一本相墓书，成书于庆历元年（1041）。杨维德在《宋史》中无传，但在《宋史·韩显符传》中述及他。他是至道元年（995）司天官韩显符（940～1013）造铜质浑仪的年轻助手。韩显符卒前三年认为可以授其制法者有"保章正杨维德"②。"保章正"可能是司天台的一个低级官衔。韩显符卒后，杨维德撰有《新仪象法要》一书，以记述其师韩显符造铜浑仪之事。该书被《宋史·艺文志》著录，今已佚。值得注意的是，杨维德的这本著作仅仅以苏颂的天文与机械著作同名而已。它们完全是不同内容不同时期的两本书。由此推知，杨维德生活于10世纪末至11世纪上半叶。《茔原总录》是他的暮年之作。他从年轻时代学天文、观天象，到晚年又习地理、兴趣于相墓看风水。在古代，天、地本是同一学科。

杨维德的上述记载告诉我们，若要无差错地确定四方（"匡四正"）的方位，指南针的方向必取丙午之间（参见图5-7，5-8，5-9）。此时午位是地理正南方。他的记载，不仅道出了11世纪初或10世纪末堪舆家或方家已经发明了指南针，而且在他们的相墓活动中已经发现了地磁偏角，也即指南针的南向与地理南向之间的偏差。杨维德虽然没有直接指出这种偏差，但他是从堪舆的实用角度出发，提出了一种以磁针指向来校正地理方向的方法。这个方法自然是堪舆家多年使用指南针定向的总结。

在杨维德之后半个世纪，沈括将磁针偏角记为"常微偏东，不全南"。以后，寇宗奭又记为"偏东"、"偏丙位"。或者，如同程棨所言，地理的正北、正南连线为"子午"，而磁针所指正南、正北连线为"丙壬"。因此，此磁针定向，"每有子午丙壬之理"③。

在南宋之时，述及地磁偏角的著作还有曾三异的《因话录》。它写道：

> 地螺或子午正针，或用子午丙壬间缝针。天地南北之正，当用子午。或谓江南地偏，难用子午之正，故以丙壬参之。古者测日景于洛阳，以其天地之中正也，然有于其外县阳城之地，地少偏，则难正用，亦自有理④。

地磁偏角的发现是中国古代科学的一大成就。但在1600年之前，即使西方的科学家也不了解它的成因，不明白这是地理南北极与地磁南北极位置之差。因此，寇宗奭以"五行生克"解释它，说"丙"属火，"庚辛"属金，金受火的克制，故而指南针偏丙位。曾三异又以偏离"地中央"的距离解释它。在他看来，洛阳为天地之正中，其余各地与它有偏距，故而，指南针不正指南。在发现地球为一大磁体之前，这些解释多是主观臆测而已。

---

① 杨维德，茔原总录卷一，转引自郭沫若主编，中国史稿，第五册，第620～621页，人民出版社，1983。该书科技史部分由严敦杰撰稿。

② 《宋史》卷四六一《韩显符传》，第三九册，第13501～13502页。

③ 程棨《三柳轩杂识》，见《说郛》（宛委山堂本）卷二十四。

④ 曾三异《因话录》。见《说郛》卷十九（涵芬楼本，商务印书馆本）。曾三异，活动于13世纪初，长于经学，曾师从朱熹，端平（1234～1236）中授承事郎，史无传。然其兄弟曾三聘，曾三復在《宋史》中分别有传。

宋代人发现地磁偏角都是定性的，而缺乏具体数值。明代朱载堉于 1567～1581 年间测得地磁偏角的具体数值，并且指出“八方之地，各有偏向”，即发现地磁偏角随地理位置而变化。朱载堉说：

> 赵友钦曰：“地中有子午卯酉四向，四向既正则轮盘二十四向皆正矣。”然而，八方之地各有偏向。若世所用指南针，要亦可准试，即偏地用之，验其所指者正午欤？偏午欤？使偏地而指偏午，则二十四向皆随偏午而定，一向俱差，余向俱差矣。此不可不辨也。《本草衍义》曰：“磁石磨针锋则能指南，然常微偏东，不全南也。盖丙为大火，庚金受其制，故如此。”尝以正方案之一，规均为百刻，而以日景与指南针相校，果指午正之东一刻零三分刻之一。然世俗多不解，考日景以正方向，而惟凭指南针以为正南，岂不误哉①。

首先引起我们注意的是，朱载堉测定地磁偏角具体数值的方法。他的测量仪器中，所谓“正方案”者，是元代郭守敬发明的。这是一种利用臬影测定南北方向的仪器。臬置于该仪器平板中心，以此中心为圆心可以画出若干同心圆。每个同心圆可按需要刻度，如朱载堉将圆分为百刻，每刻即相当于 3.6°。当南北方向测定后，指南针的方向与南北方向的夹角就是地磁偏角。根据朱载堉的测量，其值为 $1\frac{1}{3}$刻，约合 4°48′②。这个数值是在洛阳（所谓“天地之正中”）或在其封国怀庆府（即今河南沁阳）测定的③。

其次，朱载堉正确地推断地磁偏角随地理区域的不同而不同。用他的话说，“八方之地，各有偏向”。当然，这个结论并非他实测而得，而是他从一地的偏差中推论得知的。

在西方，磁偏角是哥伦布在 1492 年的航海中发现的。他比杨维德的记述要晚 450 年。磁偏角随地域而变化的知识，人们也把它归之于哥伦布，他在航海中发现亚速尔群岛之一的考娃岛（Corvo）附近没有磁偏角。此后，16 世纪中期，意大利人波尔塔（Baptista Porta）认为，磁偏角随地理经度而有规则的变化。朱载堉的看法与波尔塔约略同时。然而，在这些之后，吉尔伯特还认为，磁偏角在任何地方都是相同的，地磁赤道与地理赤道相同，等磁线与地理纬度一致④。看来，在这些方面，近代磁学的开创人吉尔伯特也犯了以思辩臆测代替科学实验和科学测量的错误。磁偏角的地域变化和长期变化的问题，实际上是到 18 世纪初才由天文学家哈雷（Edmund Halley，1656～1742）最终弄清楚的。1698 年，哈雷远航大西洋和太平洋，以考察他所提出的地球有四个磁极说。考察完后，他于 18 世纪初绘制了磁偏角等变化图。磁偏角的长期变化是从不同时间同一地点的测量中作出的结论。人们从 1580 年到 1634 年间不同人不同时候对伦敦磁偏角的测量数值中发现了这一科学问题⑤。

---

① 朱载堉《律历融通》卷四《正方》。

② 戴念祖，朱载堉——明代的科学和艺术巨星，第 220～221 页。

③ 注②等文献，曾错以为是在北京测定的。朱载堉作为明仁宗朱高炽的第六代孙，不得随便出入京城。

④ ［美］卡约里，物理学史，中译本，第 51～52 页。

⑤ 同④，第 100 页。

第五节　罗盘及其在航海中的应用

一　罗盘的起源与发展

将磁针与刻度盘相结合，使之成为一种辨识方向的仪器，称为罗盘。因此，罗盘只有在磁针诞生之后才有可能问世。

然而，刻度盘起源甚古。从战国至秦汉，一种带刻度的栻盘为占卜者所备有。栻盘或称为栻占盘，天地盘，用以占卜天地人事之吉凶成败。此时天文家多从事栻占。《史记·日者[①]传》载：

今夫卜者，必法天地，象四时，顺于仁义，分策定卦，旋式正棊。然后言天地之利益，事之成败。

《史记索引》注云：

按：式即栻也。旋，转也。栻之形，上圆象天，下方法地。用之则转天纲，加地之辰，故云旋式。棊者，筮之状。正棊，盖谓卜以作卦也。

这些记载，表明占卜者所用栻盘的大致结构。它有两部分组成：象征“地”的底盘为方形盘，称为地盘。地盘中心枢接一圆盘，称为天盘。今出土的汉代实物中，有三件六壬栻盘的地盘。一出自乐浪王盱墓[②]，二出自甘肃武威汉墓[③]，三出自安徽阜阳西汉汝阴侯墓[④]。这些栻盘中的天盘都以枢接方式装于地盘之中，因此天盘可以活动旋转。天盘中央画北斗七星；其外二圆环，一书十二月神（微明、魁、从魁、传从、小吉、胜先、大一、天冈、太冲、功曹、大吉、神后）或十二个月；一书二十八宿星名（角、亢、氐、房、心、尾、箕、斗、牛、女、虚、危、室、壁、奎、娄、胃、昴、毕、觜、参、井、鬼、柳、星、张、翼、轸）。地盘的最外层方格内也书二十八宿星名；内层方格内分别书天干中的八干（甲乙丙丁庚辛壬癸。戊己二干从五行说属土，居中央，故而不列于方位圈内）十二地支（子丑寅卯辰巳午未申酉戌亥）。其中，在示意方向上，子为北，午为南，酉为西，卯为东；或者，以八卦中四卦代替这四个方向或与之重合：子为北、坎；午为南、离；酉为西、兑；东为卯、震。在地盘的四角与其中心相联结的四个方位为四个卦位，即东南为巽，东北为艮，西北为乾，西南为坤（图 5-7，5-8）。因此，八干十二支加四卦合为地盘的 24 方位。这是中国古代最早的刻度盘。以一圆周 360°计，则每一方位占 15°。宋以后，罗盘 24 方位定向，其渊源如此。

这些栻盘以其制作材料分为漆木质和铜质两大类。“司南之杓，投之于地”，其中的“地”就是指这种栻盘中的地盘。用于投放司南的地盘为铜质可能性大，因其制作光滑，

① “日者”，古代占候卜筮之通称。

② 王振铎，《科技考古论丛》，第 107、108、120 页。

③ 甘肃省博物馆，武威磨咀子三座汉墓发掘简报，文物，1972 年第 12 期，第 14～15 页。据该文报道，这栻盘为汉王莽时期的漆木盘。

④ 殷涤非，西汉汝阴侯墓出土的占盘和天文仪器，考古，1978 年第 5 期，第 338～341 页。该墓出土一件为公元前 115 年之前所造六壬栻盘，另一件为公元前 173 年之前所造“太乙九宫”栻盘。也见文物，1978 年 8 期，第 12 01 页。

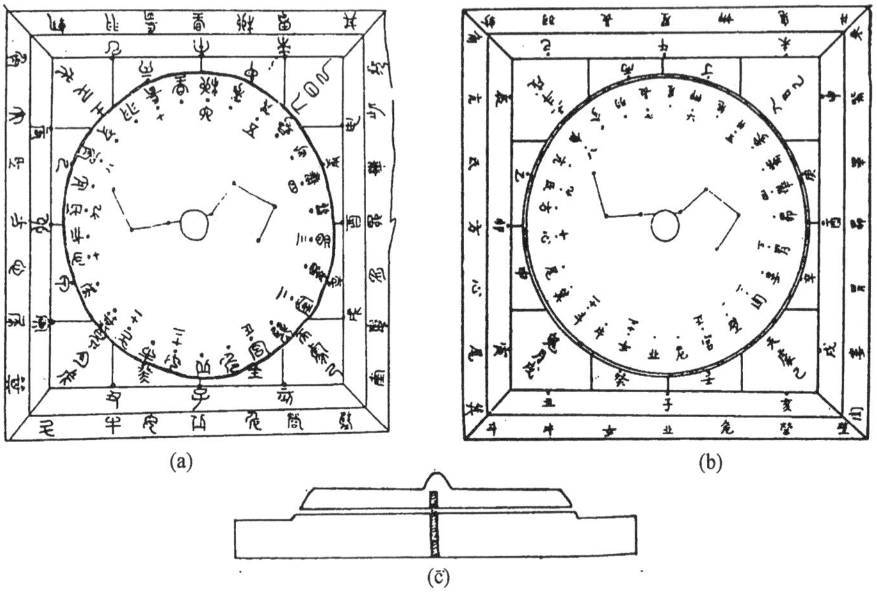

图 5-7　安徽阜阳出土侯栻盘
(a) 西汉汝阴侯栻盘摹本 (b) 示意图 (c) 栻盘横断面

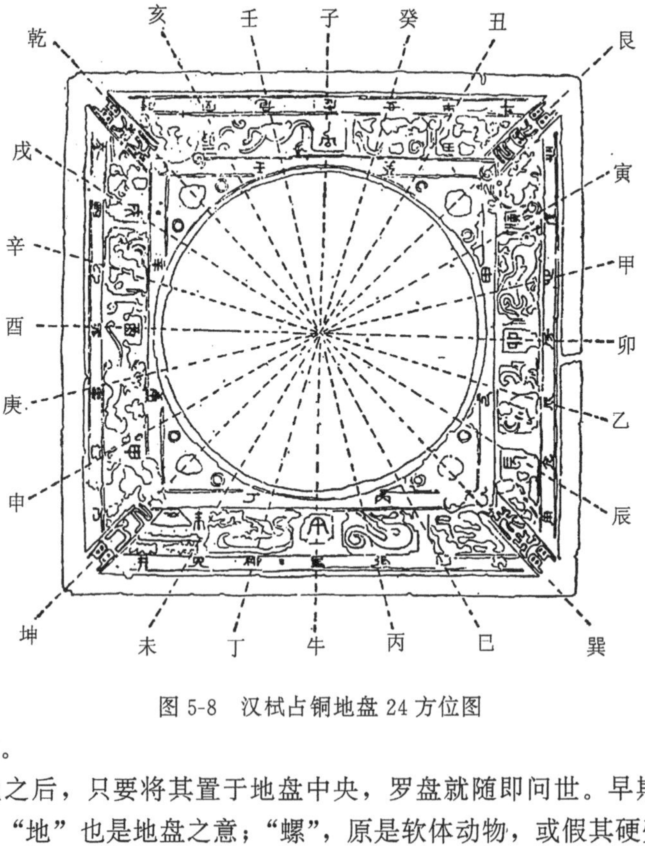

图 5-8　汉栻占铜地盘 24 方位图

司南易转动之故。

指南针诞生之后，只要将其置于地盘中央，罗盘就随即问世。早期人们称罗盘为“地螺”。其中的“地”也是地盘之意；“螺”，原是软体动物，或假其硬壳上旋纹以示磁针之旋动。又，“螺”、“罗”音近，地螺又写成地罗。又借地盘之 24 方位，罗盘有分度列向、以正南北之功用，故云“经”。因此称它为地罗经或罗经盘，简称罗盘。因“经”与“镜”、“星”音近，故而又称其为罗镜、罗星。明代，堪舆之风昌盛，“针盘”之名出，或称定针盘。或以罗盘之功用命名之，称其为子午盘、向盘。或以磁针安装方式命名，称其为旱罗盘、水罗盘；或旱针盘、水针盘；或旱罗经、水罗经，简称为旱盘、水盘。也以制造厂地命名之，称其为徽盘（多制造于安徽新安）、建盘（多制造于福建漳州）。在罗盘问世后不久，为使用和识辨方位的便当，地盘的方形盘面和分层立位便被改成圆形盘面，并将 24 方位列在同一圆环之中。

罗盘发明之后，先被用于堪舆：相墓、相宅、看风水。此前，堪舆家以圭臬测向。自从有了指南针和罗盘之后，地磁偏差引起人们的注意。历史文献中以杨维德的《茔原总录》为代表，最早记下了这种偏差。也由于地磁偏差，引发了堪舆家“三针”之说。所谓三针，即正针、缝针和中针。正针是磁子午方向；缝针是臬影方向，它在壬子丙午两缝之间；中针是地理子午方向。然，堪舆家各执一说，聚讼难断，见图 5-9 三针图①。

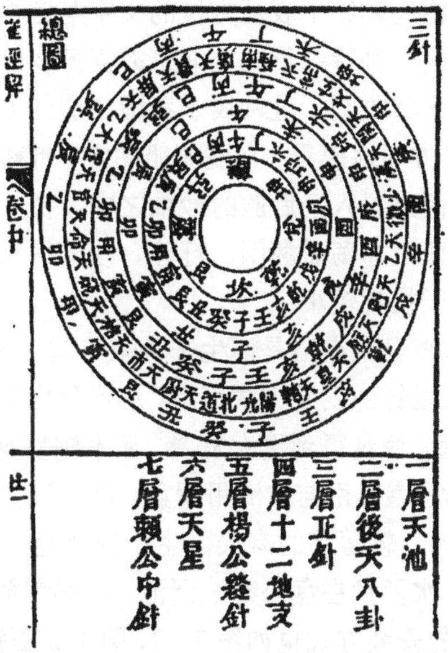

图 5-9　明《罗经解》绘三针图

图 5-10　张仙人瓷俑

罗盘在中国至晚产生于 12 世纪下半叶。在江西临川宋墓中发掘出二个“张仙人瓷俑”（图 5-10）。瓷俑高 22.2 厘米，眼观前方，炯炯有神，束发绾髻，身穿右衽长衫，右手持一罗盘，置于左胸前。底座墨书“张仙人”②。墓主为南宋邵武知军朱济南，卒于庆元三年（1197），葬于庆元四年（1198）。可见，在 1198 年之前，罗盘已在中国问世。它

① 吴望岗《罗经解》，转引自王振铎《科技考古论丛》，第 176～177 页。图 5-9 中，“一层天池”指罗盘中心小圆，是置放磁针之地；“五层杨公缝针”，指传说中的唐代堪舆家杨筠松所定的缝针；“七层赖公中针”，指传说中的唐宋之际堪舆家赖文俊（赖太素、赖布衣）所定中针。正如王振铎所言，堪舆家“附会于杨、赖诸人之事皆不足信。”如堪舆家“《青囊奥语》等书，可能源自李唐，堪舆家代有窜改增补，失去其时代性之价值。”（《科技考古论丛》第 175，179 页等）。有人据此不确的堪舆书籍，将罗盘和地磁偏角的发明推之唐代，并归功于杨筠松等人，立论无据，不可为信。（见《物理通报》1989 年第 10 期载“唐代就有罗盘并发现磁偏角”一文）。

② 陈定荣、徐建昌，江西临川县宋墓，考古，1988 年第 4 期，第 329－334 页。

是堪舆家手中必备的仪器。尤其值得注意的是，从张仙人瓷俑表现出的竖持罗盘，以及其磁针中央塑有转动中心看来，该罗盘是旱罗盘，而不是水罗盘。安装磁针的方式很可能是回旋枢轴。从其磁针看，无尖形针锋（或者因瓷器太小，制作中表现针锋有所困难），极类似条形小磁铁。罗盘的盘面是圆形的，其中的方向刻度也甚为清楚。

作为随葬品的张仙人瓷俑，表明当时人们利用旱罗盘已有很长的一段时间，制造罗盘的技术也相当成熟。从杨维德于 1041 年记载堪舆磁针到朱济南于 1198 年安葬，之间已有近一个半世纪。过去人们以为，旱罗盘是由欧洲或日本传入中国的[①]，现在看来，这种说法必需修正了。还令人惊讶的是，该瓷俑的发现表明，以工艺瓷器的形式表现磁针与罗盘比有关的文字记载还要早。

现在公认曾三异的《因话录》最早记述了罗盘，当时称为“地螺”。假定曾三异是在其授承事郎的端平年间（1234～1236）完稿《因话录》，那么，文献记载的罗盘比迄今所发现的实物的年代晚约 40 年。

在前述宋元时代针碗中，有一种是在碗内底釉绘了表征方位的文字与圆形图案，称为方位针碗或碗式水罗盘，它是古代水罗盘的一种特殊形式。北京故宫博物院藏有明代方位针碗（见彩图 5-11），在印度尼西亚和日本都收藏了这种属于我国制造的方位针碗或盘[②]。这种针碗在民间、在堪舆和航海中都可方便地使用。在航海船舶中，针碗也有其优点。此时它并非被置放于甲板或桌椅面上，而是置入于后舱的沙堆之中，由“火长”专门掌管。碗底又深，水碗在沙堆中不因船的颠簸摇荡而翻倒、打碎，沙堆可减缓碗的移动，而碗内之水总是平的，磁针所受航行的干扰就较小。

图 5-12　明代铜水罗盘构造图

旱罗盘，水罗盘都应当是诞生于南宋年间，至少与张仙人瓷俑同时。从磁针的安装方式而言，水罗盘比旱罗盘更为简单。入明之后，罗盘得到更大发展。漆木制罗盘、铜制罗盘，旱盘、水盘、堪舆用与航海用罗盘，已在许多地方形成作坊以专门生产。较著名的有安徽生产的徽盘和福建生产的建盘。其中，水罗盘在盘心有一圆池，供盛水放针用（图 5-12）；旱罗盘的安装方式也如图 5-13，图中 a 磁针；c 铜顶针；d 铜顶帽；g 玻璃片；i 木盘；m 铜丝准线。

近代将指南针装于迴转陀螺的思想是西方人的发现，并且由传教士引入中国。乾隆三十一年敕撰的《皇朝礼器图式》中，有一图表明当时已将指南针或罗盘装置于陀螺中（图 5-14）。然而，陀螺的最早设计者是汉代长安巧工丁缓，他将他的发明称为“被中香炉”，指南针和罗盘也是中国人发明的。将此二者结合在一起却属西方人的创造。

---

① 王振铎，科技考古论丛，第 199，211，218，225～226 页。

② 韩槐准，谈我国明清时代的外销瓷器，文物，1965 年 9 期，第 59～81 页；也见王振铎《科技考古论丛》第 237 页。

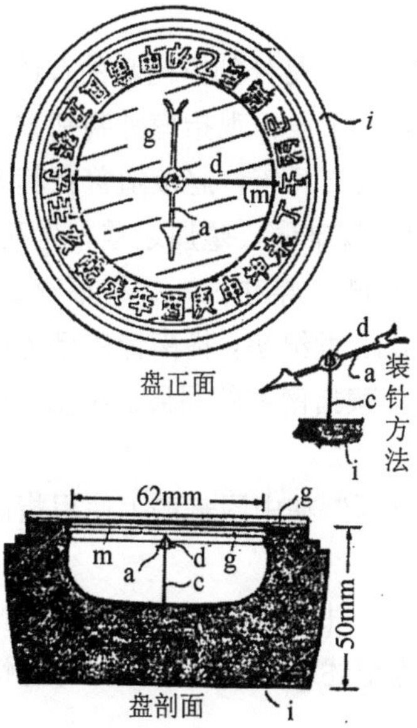

图 5-13　近代温州制航海旱罗盘

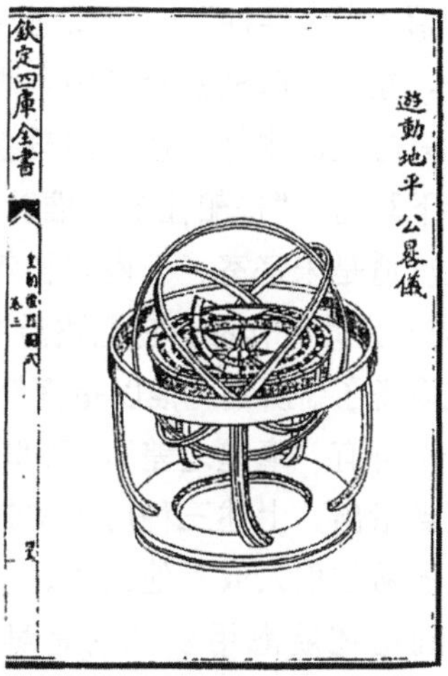

图 5-14　装于陀螺中的罗盘

二　航海用指南针与罗盘

在指南针发明之前，航海者皆以某些特定的恒星位置而识别方向。《淮南子·齐俗训》写道："夫乘舟而惑者，不知东西，见斗极则寤矣。"

指南针发明后，大概先在陆上使用：杨维德《茔原总录》所记，为堪舆用磁针的最早记载；曾公亮《武经总要》所记，为军事战争中使用磁针的最早记载。无疑，陆用指南针不久，航海便用上它了。宋人朱彧的《萍洲可谈》最早记下了航海用指南针。他写道："舟师识地理，夜则观星，昼则观日，阴晦观指南针①。"

《萍洲可谈》成书于北宋宣和元年（1119）。该书是作者朱彧记述其父朱服官广州时见闻。《四库全书提要》写道：

> 朱彧，字无惑，乌程人。父服，元丰（1078～1085）中以直龙图阁历知莱润诸州，绍圣（1094～1098）中尝奉命使辽，后又为广州帅。故彧是书多述其父所见闻，而于广州蕃坊市舶言之尤详。

朱服官广州约在元符二年（1099）至崇宁元年（1102）之间。可见指南针用于航海不会晚于此时间。它距沈括于 1089 年左右在《梦溪笔谈》中记述磁针的四种安装方法之后仅 10 年。

在朱彧之后，北宋末，徐兢于宣和五年（1123）作为宋朝使者赴高丽。他在其著《宣和奉使高丽图经》中也对航海指南针作了记述：

> 舟行过蓬莱山之后，……是夜洋中不可住，维视星斗前迈，若晦冥则用指

① 朱彧《萍洲可谈》卷二。

南浮针，以揆南北①。

所谓“指南浮针”，也即是水罗盘一类指向仪器，也许是外加方向盘的针碗。值得注意的是，在这个时期的航海中，观星识向是主要的导航手段；观指南针判别方向仅在阴天，它只是航海中辅助性导向设备。但是，在徐兢之后不几年，赵汝适曾在其著《诸蕃志》卷下写道：“舟船往来，惟以指南针为则，昼夜守视唯谨，毫厘之差，生死系矣。”

赵汝适是宋宗室，于南宋初年（宋高宗于1127～1162年在位）提举福建路市舶司。《诸蕃志》为此时作品。它记述沿海通商之情。因此，12世纪初，指南针确已为海上专用的导航设备了。所谓“惟以指南针为则”，正是完全依赖指南针的写照。再则，用指南针导航又不可有“毫厘之差”，则非罗盘莫属。

应当指出，上述三种历史文献都是记述中国“舟师”在中国舟船上使用指南针，而不是记述阿拉伯人或其他民族。

明确记述航海用罗盘的是吴自牧的《梦梁录》一书。该书完稿于南宋咸淳十年（1274）。它旨在记述都城临安（今杭州）的盛况，也记述了舟船从浙江出海之情。它写道：

> 风雨晦冥时，惟凭针盘而行，乃火长掌之，毫厘不敢误差，盖一舟人命所系也。愚屡见大商贾人，言此甚详悉。若欲船泛外国买卖，则是泉州便可出洋……。海洋近山礁则水浅，撞礁必坏船。全凭南针，或有少差，即葬鱼腹②。

这里所谓的“针盘”就是罗盘。吴自牧在《梦梁录序》中称该书为“缅怀往事，殆犹梦也，名曰《梦梁录》”。可见，罗盘在航海中的出现至少也是吴自牧写此书之前30至50年前的事。

从北宋末到南宋期间，即12世纪末到13世纪，中国人在航海中以指南针导向已成为公众熟悉的常识，以致生活在13世纪期间的俞琰以“昭然如迷海之针”③一语赞誉魏伯阳的《参同契》一书。“迷海之针”是指南针和罗盘的通称。

经过几百年来罗盘导向的航海实践，人们积累了许多航海知识。在可行的航线上，将各航点的指南针方位连结起来，就成为指导他人航行的“针路”。记载这些针路的航行手册，成为航海者必备的“罗经针簿”。有了罗经针簿与罗盘，就可以自由地驾舟驰骋于茫茫大海之中。元成宗元贞元年（1295），周达观奉命随使赴真腊（今柬埔寨），自温州出海，于次年至该国，居住约一年后还。回国后著《真腊风土记》一书，其中记述了他出海航行时的针路：

> 自温州开洋，行丁未针。历闽、广海外诸州港口，过七洲洋，经交趾洋到占城。又自占城顺风可半月到真蒲，乃其境也。又自真蒲行坤申针，过崑崙洋入港④。

---

① 徐兢《宣和奉使高丽图经》卷三十四《半洋礁》。

② 吴自牧，《梦梁录》，卷十二，《江海船舰》。

③ 明·蒋一彪《古文参同契集解》卷下引俞琰云：“是以魏公作此《参同契》一书，灿然如昏衢之烛，昭然如迷海之针”。与俞琰同时代的民族英雄文天祥（1236～1283）于德祐二年（1276）作《扬子江》诗一首，内中写到“臣心一片磁针石，不指南方不肯休”。同年，文天祥将其诗集名之曰《指南录》。显然，此“指南”也是泛指磁针与罗盘。

④ 周达观著，夏鼐校注《真腊风土记校注》，第15页。

“行丁未针”、“行坤申针”，正是按罗盘指示的航行路线。虽然，这条史料是关于针路的最早记载，但在周达观出使之前，航海针路在民间通商航行中无疑已积累了丰富的知识。周达观记述从温州至真腊航行针路如图 5-15①。

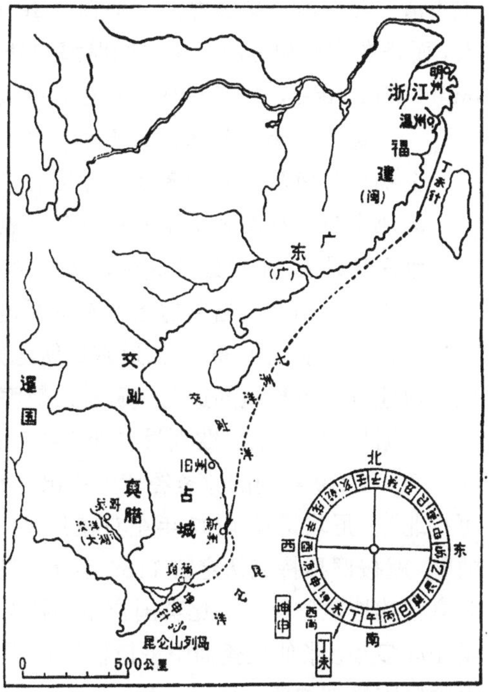

图 5-15 周达观航海路线图

元统一中国后，海运大兴。初平江南，元朝廷曾将原南宋京都临安所藏图籍海运至燕。至元十九年 (1282) 始，每年以大批海船从江南运粮北上②。海运中有关针路记载，如《海道经》述及从江苏刘家港开船，“依针正北望”，“依针正北行”③ 等语，均指罗盘针路定向航行。《大元海运记》更明确指出，“惟凭针路定向行船，仰观天象以卜阴晦”④。

入明以后，诞生了专门叙述航海中罗盘针路的著作，如《顺风相送》、《指南正法》二书。它们记载了从中国各海港到东西洋各地往返航线的针路，指出航海随地理、时间之变，针路亦需变通，强调“通行海道，全在地罗经上二十四位变通使用。”⑤ 由于在罗盘上定针位有所谓“正针”、“缝针”之别，正针指单用某一罗盘方位，缝针是在罗盘两个方位之间，因此，罗盘虽只标出 24 个方向，实质上可利用的方位为 48 向。它比西方 32 向的罗盘更为精确。明万历四十五年 (1617) 张燮《东西洋考》曾指出这一点。他说：航海“独持指南针为导引，或单用，或指两间”⑥。“或指两间”正是利用罗盘 48 向的证明，其每向角距为 7°30′。如果没有罗盘导向，没有航海针路知识，明初航海家郑和从 1405 至 1433 年间七次下西洋、并抵达赤道以南的非洲东海岸几乎是不可能的。郑和的巨大船队，从刘家港出发到苏门答腊以罗盘导向，从苏门答腊以远，以罗盘和牵星术相辅而行⑦。指南针在海上的应用，同时导致哥伦布发现美洲大陆和麦哲仑的环球旅行，从而为打开世界市场、建立殖民地、宣告资产阶级社会的来临奠定了基础。

在英国科学史家李约瑟博士的巨著第四卷第 1 分册《中国科学技术史·物理学卷》出版之前，除了美国科学史家卡约里等少数人之外⑧，多数欧洲学者对磁针和罗盘的起源认

① 该图引自夏鼐《真腊风土记校注》第 24 页所绘之图。

② 元·危素撰《元海运志》。

③ 明·佚名撰，《海道经·海运》。

④ 元·天历中官撰，清·胡敬辑《大元海运记》，转引自王振铎，《科技考古论丛》，第 182 页。

⑤ 向达校注《两种海道针经》：《顺风相送序》，《指南正法序》，第 21，107 页。

⑥ 张燮《东西洋考》卷九《舟师考》。

⑦ 茅元仪《武备志》卷 240《自宝船厂开船从龙江关出水直抵外国诸番图》，该图为郑和航海用海图，图中记述了往返各地的罗盘方向、路程和水深。也见向达整理，《郑和航海图》。

⑧ [美] 卡约里著，物理学史，中译本，第 25～26 页。他指出沈括关于磁针和磁偏角的发现为世界同类发现之最早的一个。

识不清。美国科学史家乔治·萨顿（Georse Sarton）认为，最早“应用磁针的不是中国人，而是在广州和苏门答腊之间航海的外国海员（可能是穆斯林）”①。英国的惠特克（Edmund Whittaker，1873～1956）在其颇具影响的两卷本电磁学史著作中说：

> 关于指南针是在什么地方，什么时间和由什么人发明的问题，都不能有完全确定的回答。直到最近，普遍的意见认为，它来源于中国，经过阿拉伯人传到地中海，从而为十字军知道了。然而，事情并不是这样。中国人知道磁体的方向性是在11世纪末以前，但至少直到13世纪末，没有用于航海②。

在惠特克列举英格兰的圣阿尔本斯地方的修道士尼坎姆（Alexander Neckam，1157～1217）很可能在1186年知道磁针航海知识，他进而说：“西北欧，可能是英国，比其他任何地方都更早地知道它（磁针及航海），这似乎是没有疑问的③。”

根据科学史文献，欧洲最早知道磁针的是法国人戴普鲁万斯（Gyuot de Provins），他在1190～1210年间的咏圣经诗中指出，水手将针和一种难看的石头摩擦后，用草浮水面可指北④。尼坎姆是1207年左右在其《论器具》（De Utensilibus）一书中述及类似问题的⑤。就按照惠特克认定的1186年计，也要比沈括和朱彧的记述晚了90～100年。而曾公亮记述地磁磁化方法比英国吉尔伯特早500多年，杨维德与沈括记述磁偏角比哥伦布早400多年。张仙人瓷俑中手持枢轴式罗盘出现在1197年之前，而号称制造罗盘的法国大师佩雷格林纳斯（Petrus Peregrinus，又名Master Peter de Maricourt，生活于13世纪）设计制造带有刻度的枢轴罗盘是在1269年，他的有关制造罗盘的信件是在1558年出版的⑥以32个星点表示方位的罗盘是在佩雷格林纳斯之后问世的。

无可争议，中国人最早创制并使用磁针和罗盘。现在一般地认为，有关磁、罗盘的知识是由阿拉伯人从中国传播到欧洲的。应当说，一旦指南针上了航船，其传播之快当与航速相同。

---

① G. Sarton，Introduction to the History of Science. p. 764.

②，③ E. Whittaker，A History of the Theories of Aether and Electricity. London，1951，p. 33.

④，⑥［美］卡约里，物理学史，中译本，第25～27页。

⑤ 尼坎姆的说法见H. Buckley，A Short History of physics. New York，1927，p. 105.

第六章　热　　学

热学，在近代物理学史中是最后形成的学科。虽然在17世纪已经发明了温度计，但关于热的本质的争论一直延续到19世纪。伦福德伯爵(Count Rumford，即本杰明·汤普森 Benjamin Thompson，1753～1814)在1798年钻炮眼时发现了“热是一种运动”，但是，除了他本人、戴维(Humphrey Davy，1778～1829)和杨(Thomas Young，1773～1829)等少数科学家改变自己的观点之外，在其后的近半个世纪，绝大多数物理学家和化学家仍然相信热是一种物质①。由此可知，古代热学知识比起力学、声学等分支学科的内容相对少些，就不足为怪了。

即使如此，古代中国人也有许多有价值的观察记录，在技术上还有许多利用热现象的实例。

第一节　火、燃烧与冰

一　对火的认识

古代人将燃烧和发光现象都称为“火”，炽热的太阳亦是“火”。《论衡·感虚篇》云：“日者，火也。”随着人们发现的自然界发光现象的增多，那些不同寻常的光就被人们称为“异火”。明代，方以智将静电发光、雷电闪光和积草生火称为“火异”，亦就是异火；将萤光、海水微生物发光称为“阴火”；而将磷光称为“野火”②。

在中国最古老的自然哲学理论即“五行”学说中，“火”是其中重要的一“行”。这“五行”的排列次序在《尚书·洪范》中为：水、火、木、金、土；在《国语·郑语》中为：土、金、木、水、火；在《春秋繁露·天辩在人》中为：金、木、水、火、土。在《尚书·洪范》看来，火的功能属性是：“火曰炎上”，“炎上作苦”。前者意思是说：火属于发热、燃烧，向上的事物；后者意思不太明了，可能根据那时的中医理论，内脏上火或火气旺的人，口中总含苦味。

比方以智稍早时候的李时珍对火的传统看法总结道：“火者五行之一，有气而无质，造化两间，生杀万物，显仁藏用，神妙无穷，火之用其至矣哉③。”

李时珍又据传统的阴阳观，将火分为“阳火”、“阴火”两大类，又按“天、地、人”三纲细分其为12目。我们将他的分类法列于表6-1之中。另有一些“火”，照他当时的认识，尚不知道应分在哪一类，我们以“未分类火”列于表中。

---

① [美]卡约里著，物理学史，第193～196页。

② 方以智《物理小识》卷二《风雷雨旸类》。

③ 李时珍《本草纲目》卷六《火部》，第415页。

表 6-1　李时珍关于火的分类

纲目\属性	阳　　火	阴　　火
天火	太阳真火 星精飞火	龙火 雷火
地火	钻木之火 击石之火 戛金之火	石油之火 水中之火
人火	丙丁君火	命门相火 三昧之火
未分类火	萧丘之寒火 泽中之阳焰　　樟脑、猾髓之水中发火 野外之鬼磷　　浓酒、积油之自燃 金银之精气	

根据李时珍的论述,对表 6-1 需要作一点说明。所谓"星精飞火",即今日称为流星、陨石的火光。所谓"龙火"、"雷火",实则为雷电闪光。古代人将尖端放电的大气电现象,称为"龙火",将霹雳闪电称为"雷火"。"水中之火"是指江河湖海中的微生物发出的冷光。"人火"中的"阳火"、"阴火"来自中医理论。按照李时珍的解释,"丙丁君火"是在"心、小肠"部位"上火",在八卦中属"离";"命门相火"是在"肝胆、三焦"上火,在八卦中属"坎";"三昧之火"即中医俗称"乾火"、"热火"。这三种"人火"并非完全无据,它反映了人体内热能的产生过程与其肌肉运动所需的热量之平衡关系,预示了人体的新陈代谢与热量耗损的初步分类法。

在"未分类火"栏中,"萧丘之寒火"可能指天然气,中国是世界上最早在工业生产中使用天然气的国家,如用它的燃烧蒸发盐水。"泽中之阳焰"可能属沼气类的燃烧。"野外之鬼磷"即磷光。"金银之精气"是指宝石所含的荧光或磷光物质的发光,李时珍说:"凡金银玉宝,皆夜有火光"。樟脑、猾髓,"皆能水中发火",可能是稀释过程中的化学热①。浓酒、积油,包括李时珍例举的烧酒、醇酒、油纸、油衣、油铁等②,都属于自燃现象,表明李时珍对于闪燃点已有相当的了解。

当我们想起 19 世纪的科学家尚在争论热是物质还是运动形式时,早在 16 世纪李时珍关于火的分类就不是完全没有意义的科学认识。

二　摩 擦 生 火

在原始社会时期,人们学会了利用火,发明了钻木取火的方法。用两条干燥的木片,使其之一的一端与另一条激烈摩擦,在摩擦点附近放上易燃物质。摩擦运动产生高温,甚而拼出火星,易燃物即着火。史籍记载,这个方法是由原始社会燧人氏发明的,故称"燧人氏

①,② 李时珍在《本草纲目》卷 34《木部 · 樟脑》中解说:樟脑,"樟树脂膏也","与焰消同性,水中生火,其焰益炽。今丹炉及烟火家多用之"。他又在其著卷 51《兽部 · 猾》下写道:"此兽之髓,水中生火,与樟脑相同,其功亦当与樟脑相似也。第今无识之者。"

钻木取火”[①]。《管子·轻重戊篇》写道：“燧人作钻燧取火，以熟荤臊”。《韩非子·五蠹篇》说：“钻木取火，以化腥臊”。《礼记·内则》更是指出，人们左佩“金燧”，右佩“木燧”。“金燧”即阳燧，晴天可用它对日取火；“木燧”也就是钻燧，大概阴雨天使用它。身上佩带了这两种取火工具，不论阴晴、昼夜，毋需为火种发愁了。通过钻木取火的实践，人们懂得了一条热学的基本原理：摩擦可以生火。《庄子·外物》写道：“木与木相摩则燃，金与火相守则流。”

《淮南子·原道训》说：“两木相摩而燃，金火相守而流，员者常转，窍者主浮，自然之势也。”

摩擦可以产生热，黄铜（“金”）固体置高温火中会熔化成可流动的液体，这些现象被人们看作是自然而然的事。

钻木取火，亦称“错木作火”[②]。所谓“错木”，“或竹木相戛，如锯竹木然”[③]。明代宋濂（1310～1381）就此取火方法记述道：

> 宋子闲居，见家人夏季改火，不用桑柘，取赤杉二尺，中折之。一剜成小空，空侧开以小隙；一刮（guā）圆，大与空齐，稍锐其两端，上端截竹三寸冒之，下端置空内。以细绹（táo）缠其腰，别藉卉毛于隙下。左手执竹，右手引绹，急旋转之。二杉相轧摩，空木成尘烟，辄起尘自隙流毛上，候其烟蓊（wěng）勃，如虚掌复空郁之，则火焰生矣[④]。

稍晚于宋濂的方以智，记述了摩擦竹片的取火法。他写道：

> 取火于竹，以干竹破之。布纸灰，而竹瓦覆上。竹穿一孔，更以竹刀往来切其孔上。三四回，烟起矣；十余回，火落孔中，纸灰已红[⑤]。

将竹筒破而为二，其半覆于地即似“竹瓦”。“竹刀”，即上下旋转于竹瓦孔中的竹条。

以上宋濂和方以智记载的取火法，在20世纪上半叶还在中国一些偏僻的少数民族地区应用[⑥]。

实际上，在生产中因激烈摩擦而产生火花的现象屡被典籍所记载。例如，隋朝建洛阳乾元殿，“楹栋宏壮，大木非近道所有，多自豫章采来。二千人拽一柱。其下施毂，皆以生铁为之。中间若用木轮，动即火出。”[⑦]

除了摩擦生火之外，激烈碰撞也能生火。《关尹子·二柱篇》说，“石击石即光”。这就是碰撞生火的例证。古代人还制造了“火石镰”、“钢镰”作为碰撞生火的工具。它是以两块不同质地、但极坚硬的石头，或一石一钢铁，互相打击而生火。唐代刘言史与孟郊（751～814）的《煎茶诗》云：“敲石取鲜火，汲泉避腥臊”[⑧]。唐制，武官五品以上者带火石袋[⑨]，随身

---

① 晋阮咸注《古三坟》写道：“燧人氏有巢子也，生而神灵，教人饱食，钻木取火，天下生灵尊事之”。

② 《河图·始开图》。转引自《古今图书集成·历象汇编·乾象典·火部》。

③ 宋·林洪《山家清事》，见《说郛》（宛委山堂本）卷七十四。

④ 宋濂《文宪集》卷二十六《钻燧说》。

⑤ 方以智，《物理小识》卷二《风雨雷暘类·石竹火》。

⑥ 张寿祺，海南岛黎族人民古代的取火工具，文物，1960年第6期。

⑦ 吴兢《贞观政要》卷二《纳谏下》。

⑧ 吴曾《能改斋漫录》卷三《阳燧》引。

⑨ 《旧唐书》卷四十五《舆服志》，第六册，第1953页。

携带火镰、火石，以防军中之急需。方以智记载它的生火方法如下："破石，以钢镰刮之，则火星出，纸煤承之，即燃。"①

明代，这种火石发展为军事武器中的发火装置。茅元仪和宋应星都曾描述地雷、水雷等爆炸物以钢镰、火石镰点火的方法。

茅元仪在《武备志》中称这种发火装置为"钢轮匣"。就其构造原理，他写道：

> 钢轮匣，用榆槐木如式造(见图 6-1)，两头重用藏火线隔板，底凿坠石口，匣盖周围多钻引线眼，内两旁用槽木四枝，上粘紫胶。火石纯钢，照匣大小造。两轮中用铁轴卷绳，从下中孔坠石于底外，匣内两头搁轮。用铁板四个，中开眼。制铁长针，将底外坠石板扶住。搁于地坑，草土覆之。其针鼻拴游线，(线)交横远系钉地。若人马绊绳，针脱轮转，火起贯发通槽火线，砕炮轰发，有神术之妙。屡试验也②。

茅元仪绘 画了"钢轮匣"机械及部件，如图 6-1③。

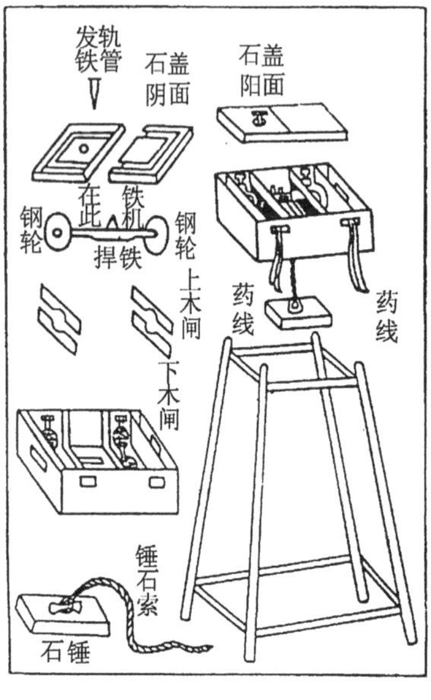

图 6-1　《武备志》绘钢轮匣机件图

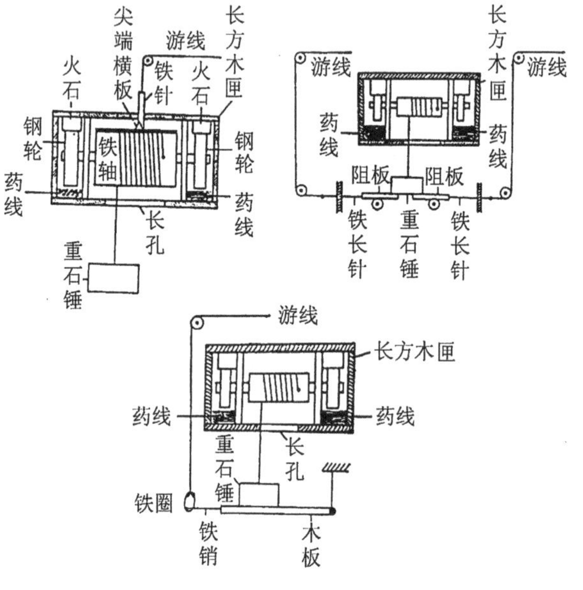

图 6-2　三种钢轮匣的结构复原图

图 6-2 是刘仙洲重绘的《武备志》描述的三种钢轮匣。其重要部件是一对可转动的钢轮，使它与火石摩擦，从而起火星并引燃火线。为使钢轮转动而又能满足军事要求，茅元仪作如此设计：钢轮贯以铁轴，绕绳铁轴之上，绳的一端悬挂重石。当石头急剧下落时，带动铁轴和钢轮转动，钢轮便与火石相摩擦了。平时，以一条铁或木板，托住坠石。若人马踩动拴于坠石板的游线，坠石板失控，重石即下落。可见，这是以坠石下落运动来控制并达到自动发火的目的。这是当时最先进的武器点火装置。现代的手动打火机，其主要部件与此类似，只不过是人以手指推动钢轮与火石摩擦罢了。

① 方以智，《物理小识》，卷二《风雷雨暘类·石竹火》。

② 茅元仪《武备志》卷一百四十三《火器图说十三》。

③ 图 6-1 为刘仙洲重绘图，见：刘仙洲，我国古代慢炮、地雷和水雷的自动发火装置的发明，文物，1973 年第 11 期，第 46～51 页。

焦玉1412年成书的《火龙经》[①]，比茅元仪《武备志》成书稍早时候唐顺之（1507～1560）的《武编》[②]，与《武备志》几乎同时的宋应星《天工开物》[③]，以及抗倭名将戚继光[④]等等，都曾制造过类似的“钢轮匣”。利用重力作用的摩擦生火装置，至少在15世纪初年已被人们所掌握和利用[⑤]。

三 引火柴与活塞式点火器

除了上述各种摩擦生火的器具外，阳燧也是古代人的取火工具之一，我们在光学中已对此作过讨论。下面要述及的引火柴，是近代摩擦式火柴的前身。它是利用燃点较低的硫磺物质在热烬或火中易着火的性质制成的。

1. 引火柴的问世

五代陶谷在其950年成书的《清异录》中对这种原始火柴作了较早的记述。他写道：

> 夜中有急，苦于作灯之缓，有智者批杉条、染硫磺置之待用。一与火遇得焰，穗然既神之，呼“引光奴”。今遂有货者，易名“火寸”[⑥]。

这种火柴，只能“与火遇得焰”，而不能摩擦生火，我们称它为“引火柴”。在古代，除了称它为“引光奴”，“火寸”之外，更多地称它为“发烛”。据宋末元初周密记载，南宋京城临安有专卖“发烛”的小经纪[⑦]。陶宗仪亦写道：

> 杭人削松木为小片，其薄如纸，溶硫磺涂木片顶分许，名曰“发烛”，又曰“焠儿”。盖以发火及灯烛用也[⑧]。

清代，发烛又称为“取灯”[⑨]。今北京城仍有“大取灯胡同”、“小取灯胡同”，是当时专门制作、经营引火柴的地方。

发烛起源于唐末五代时期是较为可信的。其他种种说法尚待进一步研究[⑩]。随着近代化学的兴起，涂有化学药品的摩擦生火的火柴大约诞生于17世纪。英国波义耳在1680年将磷质涂在粗纸上，并在小木棒上蘸硫磺，使二者摩擦而产生了近代火柴。直到19世纪前期才有含白磷、氯酸钾和硫磺，并与玻璃砂纸摩擦的火柴。

法烛，也可以称之为硫磺火柴。根据李约瑟说，欧洲在1530年以前绝没有硫磺火柴[⑪]。自从近代摩擦式火柴在17世纪诞生后，即使今天，硫磺仍作为火柴的成分之一，而

---

① 焦玉《火龙经》卷下《火器图说》。

② 唐顺之《武编》前卷五《火器》。

③ 宋应星《天工开物》卷十五《佳兵·火器》。

④ 戚国祚著《戚少保年谱》卷十二。

⑤ 有关这些发火装置的详细情况，可见戴念祖，中国力学史，第340～347页。

⑥ 陶谷《清异录》，载《说郛》（商务印书馆）卷六十一。

⑦ 周密《武林旧事》卷六《小经纪》。

⑧ 陶宗仪《辍耕录》卷五《发烛》。

⑨ 阮葵生《茶余客话》卷十“取灯法烛”条；也见，季鸿昆，中国引火技术的演变，中国科技史料，1991年第3期，第9～13页。

⑩ 郭正谊，也说发烛，中国科技史料，1992年第1期，第96页；季鸿昆，再谈发烛，中国科技史料，1992年第4期，第96页。

⑪ Joseph Needham, Science and Civilisation in China. Vol. 4, part 1, p. 71.

最先应用它的是 9 世纪的中国。

2. 活塞式点火器

景颇族的祖先发明了一种类似活塞式点火器的器物。以牛角作外套筒，木制推杆(图 6-3)，杆前端粘附艾绒。取火时，一手握住套筒，一手猛推杆入筒，并随即将杆拔出，艾绒即燃。口吹艾绒，立见火苗。

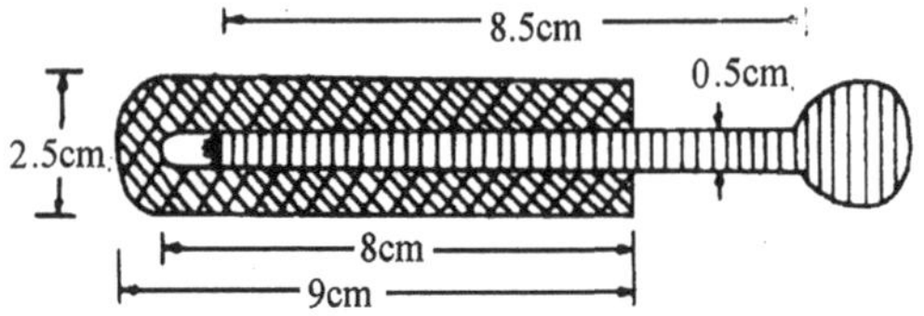

图 6-3 景颇族人发明的取火器

景颇族聚居云南德宏一带地区，其历史悠久。景颇语称这种取火法为 ngarung hpaipok。前一发音为“牛角”之意；后一发音如“迫炮”，为取火时的声音①。中国历史博物馆将此点火器展示于原始社会厅，确切的发明年代已不可考。但最迟不晚于明代。

显然，在 19 世纪之前，任何一个民族都不可能在理论上知道热力学的绝热压缩过程。在这个过程中，某一系统不与外界发生任何热交换。由于急速压缩、体积急剧变小，使该系统的温度急剧升高。景颇族的祖先以他们的聪明才智，在热力学诞生之前很久，就在实践中发明了符合绝热压缩过程的取火器。

景颇族的取火器曾通过东南亚传到欧洲。法国数学家，力学家拉普拉斯(M. de Laplace，1749～1827)以玻璃筒代替牛角，以玻璃杆代替木质推杆，在欧洲最早发现了压缩点火法②。又一说，法国枪炮厂的一个工人曾用空气压缩法使火绒着火。他的实验说明书被送到化学家道尔顿(John Dalton，1766～1844)手里。道尔顿为此于 1800 年宣读过一篇论文：“论以空气的机械压缩和稀疏产生热和冷”③。欧洲人称这样的器物为“活塞式点火器”，并且产生了一系列链式影响。致冷科学的奠基者、德国工程师林德(Carl Linde，1842～1934)，1877 年左右在慕尼黑发表演说，表演一种根据活塞原理制成的香烟点火机。后来狄塞尔(Rudolt Disel，1858～1913)于 1897 年创制柴油发动机(也称压力点燃热机)，狄塞尔事后称，与他的发明最有关系的经验，并促使其发明的是林德香烟点火机④。

可以说，以压缩空气法产生的近代工业点火装置，其共同的祖先正是景颇族的取火器。

四 自燃现象

早在 3 世纪时，中国人已经知道自燃现象，并且发现了某些可能自燃的物质。西晋张华说：“烧白石作白灰，既讫，积著地，经日却冷。遇雨及水浇即更燃，烟焰起⑤。”

① 郭建荣、郭颖，景颇族取火器，中国科技史料，1985 年第 3 期，第 34～35 页。

② [英]田大里(J. Tyndall)著，傅兰雅、徐建寅译，声学，卷一，总论发声传声。

③ [美]卡约里，物理学史，中译本，第 208 页。

④ Joseph Needham, Science and Civilisation in China, Vol. 4, part 2, pp. 135～145.

⑤ 张华《博物志》卷四，第 50 页。

这是生石灰遇水发生化学变化释热的缘故。遇水后，生石灰变成熟石灰。对于石灰生产工人或建筑工人而言，这是他们所熟悉的事。但是，张华记述的以下一件事，却并非是众所皆知的："积油满万石，则自然生火。武帝泰始（265～274年）中，武库火，积油所致[①]。"

如果是轻质汽油，又在油库附近有火星，那么，油库当会爆炸起火。可是，在公元3世纪，不可能有轻质汽油。因此，武库着火的原因，张华记述未明。宋代桂万荣（生活于12～13世纪之际）在其著《棠阴比事原编》（成书于1207年）中有一段记载，可以为我们解开疑问。他写道：

强至祠部为开封府仓曹参军时，禁中露积油幕。一夕火，主守者法皆应死。至预听谳，疑火所起，召幕工讯之。工言：制幕须杂他药，相因既久，得湿则燔。府为上闻，仁宗悟曰：顷者真宗山陵火起油衣中，其事正尔。主守者遂比轻典。昔晋武库火，张华以为积油所致，是也[②]。

"露积布幕"起火发生在宋仁宗朝（1023～1063），"山陵油衣"起火发生在宋真宗朝（998～1022）。大量堆积的油布，可能是军中用作营帐、雨衣等用。油布堆积，遇潮发热，油达到燃点而着火，布纤维又成了充足的燃料，因此，堆积油布是危险、不安全的。何况，据制布工人讲，造油布时还加入化学品。笔者曾见过20世纪四五十年代，造布伞工人在布外层涂桐油和漆，其中含有酚、醛，由于堆积生热和自氧化作用，极易起火。如果在制作油布过程中，又加以生石灰使其成白色，那么，堆积这样的布而起火就成了不可避免的事。在欧洲，从16世纪起亦曾多次发生类似的起火事件。不仅堆积油布、甚至堆积脱脂和漂洗前的毛料，都会发生起火。直到18世纪，遂引起科学家的研究。由此可推断，张华所谓的"积油"，亦是军用仓库中堆积的油布。可见，在3世纪和11世纪时，中国人已发现了堆积油布会引起火灾的事件。这在今天，已成为军队仓库中禁止堆积油布的依据。

有趣的是，作为参军的强至能体察案情，调查真相，因而使本应判处死刑的主守小吏免遭不白之冤。而在他们之前600余年，张华的有关记载对他们也是个启发。

其实，在张华之后200余年，即萧梁朝天监初年（约502），长沙车府库火，欲判守吏刑。御史中丞乐蔼（？～503）得知此案后，以张华记述为鉴，要求查明真相。他说："昔晋武库火，张华以为积油万石必然。今库若有灰，非吏罪也"。"既而验之，果有积灰"[③]。这里的"灰"，当指库火前，油库近处有余热未除的灰烬，其火星或热度刚好足以引发油库或库内堆积的油布着火的闪燃点上。在宋代，与强至侦讯油布着火案的几乎同一时期，三司盐铁判官范纯礼（1031～1106）从张华生石灰遇水而自燃的记述中，推知积湿草可生火。他在审理一件草场起火案中，以"草湿则生火，何足怪"[④] 的道理，免除草场守吏死罪。

根据历代有关的知识和经验，宋代陈师道（1053～1101）总结了一系列可自燃的物体。他写道："油绢纸、石灰、麦糠、马矢粪草，皆能出火。"[⑤]

正如前面所述，李时珍又总结了某些可自燃的物质。明代敖英将其所见记述道：

愚在京师见马草中火发，在陈留县见油篓中火发，在泰州见干蝗堆中火发，

---

① 张华《博物志》卷四，第47页。

② 桂万荣《棠阴比事》原编"强至油幕"条。

③ 《梁书》卷十九《乐蔼传》，第二册，第302～303页。

④ 《宋史》卷三一四《范纯礼传》，第29册，第10277页。

⑤ 陈师道《后山谈丛》卷四。

在剑州见积聚油纸中火发，皆湿热遏蒸于内，不得发越故。郁攸不戒，其来有渐①。

明代庄元臣也在其著《叔苴子内篇》中写道："今夫水其令之上蒸者，火也，故湿薪积而热。"

所谓"湿薪"即湿的麦糠、马矢粪草一类。虽然，他们的解释未曾提出闪燃点一类概念，但他们却是从起火的内部联系中寻找原因，这个方向是合理的。

顺便要指出，古代人对于燃烧现象的观察是极为仔细的。他们在观察烛光火焰和其他燃烧现象中，发现火焰周围是明亮的光，而火焰中心是黑的。朱熹说，"盖火、日外影，其中实暗②。"虽然，某些人以此解释月食成因是错俣的，但对燃烧本身的观察却是令人赞佩。

五　冰

在人类生活中，一方面要火，要高温；另一方面要冰，要降温。高温和低温都是热学所要研究的内容。

1. 人类早期利用冰的历史

西周时期，人们已利用了天然冰。他们挖地窖，在冬天时将采集的天然冰储藏起来，以待来年盛夏使用之。这种藏冰的窖，称为"凌阴"。《诗经·豳风·七月》写道："二之日凿冰冲冲，三之日纳于凌阴，四之日其蚤，献羔祭韭。"

这诗现代译法为：

十二月打冰冲冲响，正月抬冰窖里藏，二月取冰来上祭，献上韭菜和羔羊③。

屈原在《招魂》赋中亦写道："挫糟冻饮，酎清凉些。"

它可以译为：冰冻甜酒，满杯进口真清凉④。

除了冰冻食物之外，《左传》襄公二十一年(前552)还记载了这样一件事：楚康王使薳子冯为令尹(楚国最高军政长官)，子冯请教老大夫申叔豫，叔豫劝其不可受任。于是，为了避免可能降临的灾祸，薳子冯只好在家中装病：

子冯"遂以疾辞。方暑，阙地下冰而床焉。重茧、衣裘，鲜食而寝。楚子使医视之。复曰：'瘠则甚矣，而血气未动'。"

时当盛夏，薳子冯盖上两床丝棉被，身着裘衣，在家中装病。为此，他在其床底下挖一地坑，放入大量冰块，使他自己置于恰似今日的冰柜之中。从而躲过了医生的检查，康王"乃使子南为令尹"。这是一个极为有趣的权变故事。

《左传》昭公四年(前538)记载了藏冰、用冰的时间，地点，如何用冰等一系列过程：

古者日在北陆⑤而藏冰，西陆⑥朝觌而出之。其藏冰也，深山穷谷，固阴冱寒，

---

① 敖英《绿雪亭杂言》，见《说郛续》，也见《五朝小说大观》本。

② 朱熹《朱子语类》卷二，《理气下·天地下》。

③ 余冠英《诗经选译》，第166页。"二之日"指夏历二月，周历十二月；"三之日"指夏历三月，周历正月，如此类推。

④ 郭沫若，屈原赋今译，第51～52页。

⑤ "北陆"，指小寒、大寒季节，约当夏正十二月，周历正月。

⑥ "西陆"，指清明、谷雨季节，约当夏正二月，周历四月。

于是乎取之。其出之也，朝之禄位，宾、客、丧、祭，于是乎用之。其藏之也，黑牡秬黍以享司寒。其出之也，桃弧棘矢以除其灾。其出入也时。食肉之禄，冰皆與焉。大夫命妇，丧浴用冰。祭寒而藏之，献羔而启之，公始用之，火出而毕赋①。自命夫命妇至于老疾，无不受冰。山人取之，县人传之，舆人纳之，隶人藏之。

《周礼》中有类似记载。二者可相参而读。《周礼·天官冢宰·凌人》写道：

凌人掌冰。正岁十有二月②，令斩冰，三其凌③。春始治鉴。凡内外饔之膳羞鉴焉。凡酒浆之酒醴亦如之。祭祀共冰鉴，宾客共冰，大丧共夷槃④冰。夏，颁冰掌事。秋刷。

这些记载大意是，周历十二月开始在深山谷里凿取冰块，正月开始藏冰于凌阴，四、五月可以用冰。深山冰块，不仅因寒冷而冻结得好，而且干净。藏冰和取出冰使用都有一定的季节时间。而且，藏冰时要以"黑牡秬黍"祭祀冬神"司寒"；出冰时亦要以"桃弧棘矢"举行攘灾仪式。在招待宾客，国君用餐，以及丧葬、祭祀时用冰块对膳羞和酒醴进行降温和冰镇。丧葬中，尸体放在冰床上降温，以防腐烂。在西周时，掌管这一切事务的称为"凌人"，每到夏天，由他们"颁冰掌事"，亦即"食肉之禄，冰皆與焉"，"自命夫命妇至于老疾，无不受冰"。让肉食冰冻防腐，让男女老幼残疾者，皆可用冰。入秋后，清扫凌阴，以便下年再度藏之。

《周礼》述及的"冰鉴"，就是"盛冰置食物于其中，以御温气"的特制容器⑤，有木质、陶质或铜质者。宋代王黼《重修宣和博古图》、清乾隆敕撰《西清古鉴》均有著录，还有许多考古发掘的实物。在曾侯乙墓中，发掘出一个类似今日保温瓶形式的"鉴"，我们将在下面再讨论它。

直到秦代，《吕氏春秋·季冬纪》还记述了藏冰之事。它写道：季冬之月"冰方盛，水泽復，命取冰，冰已入"。可以说，在中国古代，利用天然冰的历史十分悠久。据载，宋徽宗赵佶因"食冰太过，病脾疾，国医无效"⑥。此亦乃一忌。

2. 人造冰的历史记录

盛夏之时，可以人工造冰。历史上许多典籍持此说法。《庄子·杂篇·徐无鬼》写道：

庄子曰："然则儒、墨、杨、秉（指公孙龙）四，与夫子（指惠施）为五，果孰是邪？或者若鲁遽者邪？"其弟子曰："吾得夫子之道矣，吾能冬爨鼎而夏造冰矣"。鲁遽曰："是直以阳召阳，以阴召阴，非吾所谓道也。吾示子乎吾道"。

鲁遽，据说周初时人，其弟子夸口能夏日造冰。《关尹子·七釜篇》亦写道："人之力可以夺天地造化者，如冬起雷、夏造冰"。

《列子·周穆王篇》说：老成子学幻于尹文先生，"遂能存亡自在，憣校四时；冬起雷、夏造冰。"⑦

① "火出而毕赋"，指火星出现季节，约当夏历三月，周历五月，此时，各种藏冰、用冰的礼仪均已结束。

② "十有二月"，同《诗·七月》"二之日"，周历为十二月。

③ "三其凌"，意同《诗·七月》"三之日纳于凌阴"，周历正月始藏冰。

④ "夷槃"："夷"指尸體，"槃"为置尸体的床架。

⑤ 《西清古鉴》卷三十一《冰鉴》。

⑥ 李时珍《本草纲目》卷五《水部·夏冰》，第394～395页。

⑦ 杨伯峻撰《列子集释》，第100页(新编诸子集成本)。

《淮南子·览冥训》也写道:“以冬铄胶,以夏造冰”。

上述种种说法,大多出自道家之口。看来造冰不仅仅是他们的豪言壮语。或许,他们发现了夏日造冰的简易方法。

历史上有许多关于造冰的记载,实际上是将凝水石、发冻药或琼脂之类投入热水中,使其冷却后结成胶状体[①]。自然,这不能算作热学中人造冰之列。但是,历史文献中确有符合热学原理的夏造冰的记载。在刘安编纂的《淮南万毕术》中写道:“取沸汤置瓮中,密以新缣,沈(井)中三日成冰[②]。”

在《汉书·五行志》中引刘向所说亦极为类似:“沸汤之在闭器,而湛于寒泉则为冰”[③]。

三国时魏人孟康注《汉书》说:“投汤器中,以沈寒泉而成也。”唐代颜师古(581～645)曰:“湛,读曰沈”。

唐代道士成玄英在疏解上述《庄子·徐无鬼》有关记载中亦写道:“盛夏,以瓦瓶盛水,汤中煮之。悬瓶井中,须臾成冰。”

直到明代,方以智在《物理小识》卷二“作冰法”中指出夏造冰不必用凝水石、水晶等药料,他肯定地指出:“凡瓶水煮之极沸,即坠入井底,则六月亦能成冰。”

上述四例关于造冰的记载,除了结冰时间的长短有别之外:其它均相同。据认为,这种造冰方法有一定热学道理[④]。夏天,井底温度较大地低于地面环境温度。当密封瓶沈入井底时因温度下降而减压,整个过程类似于气体绝热膨胀而降温的焦耳-汤姆逊效应。从记载看,塞紧瓶口的细密丝织品(“缣”)受潮后有一定隔气性。当盛水的细口大腹的瓶经烧煮后,瓶内空气几被水汽代替。当瓶内所剩沸水不多时,急速沉入井底,因温度降低,水汽凝结,瓶内气压降低,甚至接近真空。待瓶温与井底温度近于平衡时,取出瓶,这时因外部气压作用迫使“缣”式瓶塞透气。从而造成瓶内气体减压膨胀而产生吸热过程,瓶温因而下降。模拟实验结果,瓶内温度可下降到5～6℃的水平。“掌握得好,可以得到几丝冰渣”[④]。

淮南王刘安的门客中,可能在进行这项实验方面曾经有过成功的经验。因此,这种“夏造冰”的传说被各种典籍,特别是道家文献所重视。

第二节　热与温度

一　热胀冷缩与物态变化

1. 热胀冷缩

热胀冷缩原理最早被应用开凿河道、粉碎巨石。据载,在秦昭王三十年至秦孝文王之间(前277～前250),蜀守李冰主持开凿都江堰工程。两岸悬崖,巨石坚硬,石斧“不可凿”,

① 例如,宋代陈元靓《岁时广记》卷二《寒筵冰》条,言及夏日造冰事,虽其记述与《淮南万毕术》同,但明言需“用水晶如拳者”,并称这种冰为“寒筵冰”。

② 马总《意林》卷六《淮南万毕术》。

③ 《汉书》卷二十七中之下《五行志》,第五册,第1427页。

④ 李志超,《淮南万毕术》的物理学史价值,《天人古义》,第322～324页。

李冰“乃积薪烧之”[①]。东汉时，成都太守虞诩（？～约137）主持西汉水（嘉陵江上游）航运修整工程，他“使人烧石，以水灌之，石皆拆裂，因镌去石”，“于是水运通利”[②]。这就是说，在巨石上堆柴烧火，使巨石炽热，然后用冷水浇石。一热一冷，石裂而易凿。这种方法在古代曾被广泛用于水利和采矿工程中。明代徐霞客于崇祯十一年（1638）游滇，到晋宁石龙坝，见螳川之水“不能通舟”，皆以峡中石横阻之故，他听闻“昔治水者多燔石凿级”[③]。所言者亦此方法也。方以智将此方法称为“烧石易凿法”。除了柴草之外，他补充了其他燃料，“以桐油、石灰与黑豆末之烧石，则凿之甚易”；“以硫烧之，其石亦易碎”[④]。

据载，古代名门权贵身佩“辘轳剑”。所谓“辘轳”是由两块球形玉相套合而成，外形似“吕”字，“形口中间，似辘轳旋转，无分毫隙缝”。那么，如何将一个球形玉的轴塞进另一个的孔洞之中，元初陶宗仪（？～约1397）对此作过历史性考察，并在实验之中发现了其中的热学原理。他写道：

> 霍青甫[⑤]治书云《考古图》[⑥]载古衣服，今有玉辘轳、玉具剑。古《乐府》曰：“腰间辘轳剑”。此器，以块然之璞既解为环，中腹为转关，而上下之隙仅通丝发，作宛转其间。今之名玉工者，往往叹其所未睹。按，汉隽不疑[⑦]带镭具剑。晋灼[⑧]曰：“古长剑首，以玉作辘轳形，上刻木作山形，如莲花初生未敷时，今大剑末首，其状如此。”前说乃宋李公麟[⑨]之所记也。余昔官游钱塘，因识吴和之者，性慧巧博物，收一辘轳，玉青色，形如吕字，环口中间辘轳旋转，无分毫缝罅，形色极古，人皆以为鬼工。因土渍，用白梅熬水煮之。良久，脱开，详视窍中，有双玉轴在焉。中嵌一物，形若牛筋。意度必是当间煮之胖胀，撑塞双轴，入窍关注，所以宛转无碍。年涂腐败缩瘦，因而煮脱。试用干牛筋槌实，置轴两间，对勘孔窍，以线缚定煮之。少时，双轴果涌入窍中，取曳取出，依前动转不脱。后余亦收一小者，状若旋环，制作大约相似。后因损折，转轴中亦有一物，形似翎桶，想也同一关捩。其玉具剑，自三代有之。今以两汉为始，至于宋朝，且千余年，未有能穷其辘轳底蕴，今偶以煮脱乃得其机轴，亦云奇矣[⑩]。

从陶宗仪记载看，辘轳剑迟则始于西周。这段文字本意，是在记述他所闻见的辘轳轴之机巧。其中包括我们所感兴趣的关于热胀冷缩原理的应用。陶宗仪明确记述道：辘轳“当间煮之胖胀”。“胖胀”即今膨胀。将带孔窍的玉球蒸煮加热，然后将另一球的轴塞入其孔窍之中，从而就有“入窍关注”、“宛转无碍”的效果。其中加入牛筋，其作用类似今日橡皮垫圈。由此可见，古代人充分掌握了热胀冷缩的原理。

---

① 晋·常璩《华阳国志》卷三《蜀志》。

② 《后汉书》卷五十八《虞诩传》，第七册，第1869～1870页。

③ 《徐霞客游记》卷六上《滇游日记》，第773～774页。

④ 方以智《物理小识》卷七《金石类·烧石易凿法》。

⑤ 霍青甫：似是宋人，里籍、字号与生卒年不详。

⑥ 《考古图》，宋吕大临撰。

⑦ 隽不疑：汉勃海人，字曼青，约生活于公元前1世纪，官青州刺史，京兆史。

⑧ 晋灼：河南人，晋尚书郎，生卒年不详。

⑨ 李公麟：字伯时，官至朝奉郎，生活于1049～1106年。

⑩ 陶宗仪《辍耕录》卷二十三《玉辘轳》。

2. 物态变化与露的形成

近代热学为气象学的发展提供了理论基础；而古代，气象观察及其经验曾积累了许多热学知识。有关物态变化、蒸发、汽化和固化的知识，除了生活经验之外，大部分是从天气变化及气象观察中而获得的。王充在《论衡·感虚篇》中写道：

> 夫云气出于丘山，降散则为雨矣。人见其从上而坠，则谓之天雨水也。夏日则雨水，冬日天寒则雨凝为雪，皆由云气发于丘山，不从天上降集于地。

他又在《论衡·说日篇》中写道：

> 云雾，雨之征也。夏则为露，冬则为霜，温则为雨，寒则为雪。雨露冻凝者，皆由地发，不从天降。

汉代刘熙在《释名·释天》中更明确地写道：雪是“水下遇寒气而凝”的结果。从雨水在地面蒸发为云气，云气随大气温度的不同而凝结为雨、露、霜、雪，表明人们观察并认识到水的状态变化与气温的关系。

值得指出的是，人们对于物质状态变化及其变化前后两种状态的温度差异作了认真的观察记录。从气象学而言，人们知道：“冰迎春则释为水，水向冬则凝为冰”①。由此，人们作出了冰与水之间温度变化的一般结论。《荀子·劝学篇》写道：“冰，水为之，而寒于水”。

北齐刘昼的《刘子·精神》写道：“冰生于水而冷于水”。

虽然古代人尚未有温度的精确定义，但他们从“寒、冷”的用词中定性地说明了水在不同物态下温度高低有别。

对于物态变化有所研究的是炼丹家。他们对于汞的状态变化之认识是相当深刻的。例如，葛洪在《抱朴子·内篇·金丹》中说：“丹砂烧之成水银，积变又还丹砂”。王夫之亦曾写道：

“汞见火则飞，不知何往，而究归于地”②。

王夫之还以诸如此类的例子，说明物质的状态虽常有变，而物质总量是守恒的思想。

关于蒸发，不仅有王充对山丘云气的观察，有煮水沸腾过程中的蒸发，更有常温下蒸发现象的记载。明代庄元臣在《叔苴子内篇》卷一中曾指出：“置水于室，弗动弗易，久而水减寸焉”。宋代陆游曾记述砚盒中墨水蒸发、而盒内过饱和蒸汽又凝结为水的现象。他写道：

> 唐彦猷砚录言：青州红丝石砚，覆之以匣，数日墨色不干，经夜即其气上下蒸濡，着于匣中，有如雨露。又云，红丝砚必用银作匣，凡石砚若置银匣中，即未干之。墨气蒸、上腾，其墨乃著盖上，久之，盖上之墨复滴砚中，亦不必经夜也。铜锡皆然，而银尤甚，虽漆匣也时有之，但少耳。彦猷贵重红丝砚，以银为匣，见其蒸润而未尝试他砚也③。

陆游的记述无异与蒸发以及过饱和蒸汽凝结雨滴的实验。文中所谓“蒸濡”、“蒸润”，包括了今日蒸发的概念。虽然他未曾解释其中热学道理，但他对此过程的观察记录是完全正确的。

---

① 马总《意林》卷二《淮南子》。

② 王夫之《张子正蒙注》卷一《太和篇》。

③ 陆游《老学庵笔记》卷八。

在关于物态变化和气象观察中，有些中国学者对露霜的形成条件和形成地点的观察记录及其判断结论都是相当高明的。

许慎《说文解字》指出："露，润泽也"。班固《白虎通》说："露者霜之始，寒则变为霜"①。刘向(前77～前6)《五经通义》亦说："寒风，(露)凝以为霜，从地升也"②。因此，萧梁朝周兴嗣(?～521)的《千字文》将这种现象概述为"云腾致雨，露结成霜"。在这些学者看来，雨从天下，而露是"从地升"起的气的凝结，地上的露因寒冷而凝结成霜。霜露多凝结于草丛之中，对此，三国魏时阮籍(210～263)在其《咏怀诗》中写道："清露被兰皋，凝霜沾野草"③。刘熙《释名》将霜露雾气称为"氛"，并解释说："氛，粉也。润气著草木，因寒冻凝，色白若粉之形也。"④ 在刘熙看来，是由于湿气著草木上，因寒冷凝结而成露，或再冷而成霜。

在西方，人们长期认为露是从天上星体中落下来的，或者至少从高空落下的。直到19世纪初，伦敦的医生韦尔斯(William Charles Wells，1757～1817)于1814年发表《论露》一文，首次科学地研究了露的形成。他认为，在晴夜，草向空中辐射出热，而无热回到草上，草这种不良导体(其下部从地上接受的热极少)因而变冷并使水蒸气在它上面凝结。韦尔斯假定，只有极少的露来自地面的蒸汽或植物上水的蒸发。19世纪90年代初期，韦尔斯的假定才被罗素(R. Russell)、巴杰利(Badgeley)等人以实验证伪。实验表明，水蒸气大量来自下面的土地，而不是来自草上面的空气中⑤。令人惊讶的是，中国人早在汉代就已经观察到霜露不从天降，而且刘向在公元前1世纪已猜测到它是水气"从地升"的结果。

二　沸腾过程

古代人日常生活中极为讲究煮茶或泡茶，因此，至迟在宋代已发现水的递次沸腾现象。

煮茶或泡茶均需沸水。水未沸或过沸，茶之味极为不相同。为此，古代人在煮水中仔细地观察水的沸腾过程。宋代蔡襄(1012～1067)就"候汤"写道："候汤最难，未熟则沫浮，过熟则茶沉。前世谓之蟹眼者，过熟汤也⑥。"

"蟹眼"是指沸腾过程中水泡的大小。可能唐代人已发现水泡的大小对应于沸腾的程度。但"蟹眼"般大的水泡是否意味着过沸状态，却有不同看法。稍晚于蔡襄的庞元英(活跃于宋神宗年间，即1068～1085)说："俗以汤之未滚者为盲汤，初滚曰蟹眼，渐大曰鱼眼。其未滚者无眼，所语盲也"⑦。

这段话无论是否庞元英所记述，而以"盲眼"、"蟹眼"、"鱼眼"描述处于不同温度阶段的热水，肯定为宋代人所发现。与庞元英几乎同时的苏轼(1036～1101)曾为水的递次沸腾作诗，即可为证。苏轼写道："蟹眼已过鱼眼生，飕飕欲作松风声"⑧。

---

① 徐坚《初学记》卷二《天部·露》引，第33页。

② 同①卷二《天部·霜》，第31页。

③ 同①，第34页。

④ 刘熙《释名》卷一《释天》。

⑤ [美]卡约里著，戴念祖译，范岱年校，物理学史，第206～207页。

⑥ 蔡襄《茶录》上篇，见《说郛》(商务印书馆本)卷八十一。

⑦ 庞元英《谈薮》，见《说郛》(商务印书馆本)卷三十一。一说，该书为伪书，非庞元英所作。

⑧ 《王祯农书·百谷谱集之十·茶》引苏东坡诗，第163页。

就现在理解之，"盲眼"之水当在 60℃以下；"蟹眼"约在 60～75℃之间；"鱼眼"约 75～90℃；而听到飕飕风声之热水情景，那已是滚烫的 100℃开水了。

元代王祯的记述无疑是前人有关观察的总结，他写道：

活火谓炭火之有焰者。当使汤无妄沸。始则蟹眼；中则鱼眼，累然如珠；终则泉涌鼓浪。此候汤之法，非活火不能尔①。

正是在以上观察记载之基础上，明代屠隆（1542～1605）将水的沸腾归结为"三沸"。他说："始如鱼目，微微有声为一沸；缘边泉涌连珠为二沸；奔腾溅沫为三沸②。"

李约瑟博士虽未曾充分掌握古代中国人有关递次沸腾知识的文献资料，但他对此极感兴趣，并以现代术语对水的"三沸"作了说明：初始为"核心沸腾"，中沸为"过渡沸腾"，最后为"稳定膜型沸腾"。东方人的饮茶习俗，使他们发现有关现象并非偶然③。

关于沸腾现象的另一个有趣的发现为晋代张华所记载，他写道：

煎麻油，水气尽，无烟，不复沸则还冷。可内手搅之，得水则焰起，散卒而灭。此亦试之有验④。

张华将此现象记在他的著作的"物理"篇中，此亦颇有含义。李约瑟博士对此记述的解释是，当沸腾开始时，水分变成蒸汽逸出油面，而油尚未达到沸点。将沾有水分的湿手指伸入油中，因有一层水气保护而不会与油接触。当油近沸腾时，滴落其间的水滴将发生剧烈热运动，使喷水的油滴引起燃烧。因此，他认为，这个观察记载是完全正确的⑤。

关于煎麻油的记载不止张华一人，宋代晁说之（1059～1129）亦曾写道：

释氏谓水行为变化，性如甘草，遇火则热；油麻入火则冷；甘蔗煎为砂糖则热；水成冰则冷⑥。

这里言及几种物质在状态变化过程中的热现象：水加热达到沸点时，水的温度自然随之升高，而其汽化时水蒸气的温度更高；水结冰时，除在三相点之外，一般地冰的温度比水低。煎甘蔗水成砂糖，所以更热是结晶时释放出热量，煎麻油会有转冷的现象，在方以智引述其师王宣的著作《物理所》中亦写道："煮真香油极沸，沸极忽凝则冷，入手探之不焦。真腊国以此诘盗⑦。"

为什么煎麻油或煮真香油，眼看其沸了则会反冷呢？前述李约瑟的解释只道及过程的一方面。确实，煎麻油或煮真香油过程中，其中的水先沸。这里涉及混合液体的沸腾现象。当见其沸腾状态，便停止加热，而水分子汽化蒸发需要作功，其能量是由麻油分子供给的。也就是说，麻油将热量供给水分子作为汽化热。因此，麻油反而冷却了。此时，以手探麻油不会烧焦手指头；若手上带有水层，就会发生如张华所记述的现象："得水则焰起"。有趣的是，这一热学现象在明代传入真腊国（今柬埔寨），真腊国刑讯官以此审判盗贼，看其是否说真话。在不了解这种热学现象的人眼里，要他用手去探油锅，确实是一件恐怖的事。

---

① 《王祯农书·百谷谱集之十·茶》引苏东坡诗，第 163 页。

② 屠隆《考槃余事》卷三《茶笺·候汤》。

③ Joseph Needham, Science and Civilisation in China. Vol. 4, part 1, pp. 68～69.

④ 张华撰、范宁校证《博物志校证》卷四《物理》，第 46 页。

⑤ 同③.

⑥ 晁说之《晁氏客语》，见《说郛》（商务印书馆本）卷九十三。

⑦ 方以智《物理小识》卷十二《鬼术方术类·入沸法》。

有关沸腾现象的又一件有意义的事例是在温酒(暖酒)过程中发现的。中国人喝传统黄酒有温酒的习惯:在金属壶里装上酒,将壶置于热水中加热。这是热传导过程中的一种有趣的热学现象。方以智曾经记述道:

釜正沸,可以手捧之而行百步。人多讶之。此理耳。盖(釜)上沸而下不热也。凡暖酒,其(热)气从上而下,一釜身口尽热而斟酒犹冷,必釜底热然后酒始热[①]。

这种温酒方式表面看来,釜正沸,实则是热气在釜口表面。因此可以用手捧釜行走。仅当釜底热了,整釜酒才能开始逐渐变热。

在汉代刘安编纂的《淮南万毕术》中,有所谓"铜瓮雷鸣"的现象记载:"铜瓮雷鸣:取沸汤著铜瓶瓮中,塞紧密,内之井中,则雷鸣。闻数十里[②]。"

这条文字记述的现象被多数学者认为是真实的,只是声"闻数十里"有些夸张罢了[③]。

这条记载与其"夏造冰"记载稍有不同。这里的瓶口"塞紧密";而"夏造冰"的瓶口是以"缣"塞之。当铜瓶内沸水置于井底时,由于瓶内液面上气压骤然降低,瓶内之水又呈沸腾状态,并发出沸腾的嗡嗡声。此声在井内产生混响,就像空穴混响一样,可以通过地面这种固体而传播开来。此时,若在十里之内,让聪耳人伏地而听,或如同在声学中述及的地听器,听瓮而听之,当可辨别也。

洪震寰认为,井内瓶水再次沸腾作响,"引起共振,嗡嗡之声犹如雷鸣"[③]。这"共振"概念在此并不确切。李约瑟认为,这声音来自铜瓶沉入井底时的内破裂声。虽有内破裂的可能,但并非必定会破裂。鉴于李约瑟的说法,有人将记载中的"铜瓮"改为"瓦罐",以便"瓦罐碰在井壁上就破"裂而发声。这个改动设想也是不必要的。

前述关于水的递次沸腾现象的发现是由于中国人煮茶需要而导致的结果。顺此,我们再述及,古代人在泡茶中关于溶质分子在溶液里扩散现象的描述,也是这种生活经验的总结。当上好茶叶置入开水之中,带绿色或红色的茶质溶解于水,并在水中形成千奇百怪的扩散现象。对此,五代时陶谷描写道:

茶至唐始盛,近世有下汤运匕、别施妙诀,使汤纹水脉成物象者,禽兽虫鱼花草之属,织巧如画,但须臾即就散灭。此茶之变也。时人谓之茶百戏[④]。

原来,茶叶溶质在水中扩散成花草图案,是由于饮茶者在茶溶解过程中以羹匙类食具搅动所致。然而,要使其成物象,也当有相当之奇巧。故而时人称其为"茶百戏"。

三 热传导与热理论

1. 热传导现象

东汉王充关于热传导现象有许多经验叙述,他说:"夫近水则寒,近火则温,远之渐微。

① 方以智《物理小识》卷十二《鬼术方术类·入沸法》。

② 引自《太平御览》卷七五八。也见:《中国科学技术典籍通汇·物理卷》载《淮南万毕术》卷上,第一册,第86页;《太平御览》卷七三六引《淮南万毕术》文字稍有不同:"取沸汤置瓮中,沈之井里,则鸣数十里。"

③ 洪震寰,淮南万毕术及其物理知识,中国科技史料,1983年第3期,第33页;李志超,《天人古义》,第324~325页;以及 Joseph Needham,同前注。

④ 陶谷《清异录》、《说郛》(商务印书馆本)卷六十[illegible]。

何则？气之所加，远近有差也[1]。”

这个叙述表明热源的冷热程度对周围的影响，而且叙述了热传导与远近距离的关系。无论他所言的“气”是物质性的实体还是平常所指的空气，其叙述都是正确的。他又写道：

> 夫熯一炬火爨一镬水，终日不能热也；倚一尺冰置庖厨中，终夜不能寒也。何则？微小之感不能动大巨也[2]。

> 谍薪燃釜，火猛则汤热，火微则汤冷[3]。

所谓“一炬火”，即一支蜡烛火；“一镬水”是一大锅水。王充的这些叙述表明热量的多少与其发生热传导的外界系统的关系。热量太少，不足于影响或改变巨大的外界系统的温度。他的这些说法是很有科学见地的。

曹魏时嵇康(223—262)有类似的说法：“犹一爝火，虽未能温一室，不宜复增其寒也，夫火非隆寒之物”[4]。

然而，关于热传导的最有趣的古代观察是方以智作的。他写道：

> 以针插地，雪时遍满，而此处独化。试腽肭脐亦然。脐以暖，故雪化。针何暖耶？针滑而下耶[5]。

针插雪地，针周围的雪化了。方以智仔细地观察到这种热传导现象，但他不能正确解释其缘故。“腽肭脐”(wànàqí)是海狗(或海熊)的阴茎和睾丸，中医理论称其内热滋补。他以此试之雪地，但他的试验是否正确，令人生疑。

现在我们知道，插在雪地的金属针是一种良导体，它能吸取其周围的热量，因此其所处之周围雪被融化了。

方以智还写道：“冰在暑时以厚絮裹之，虽置日不化。惟见风始化[6]。”

以几层棉被将冰裹起，这就相当于隔绝了它和外界系统的热交换。因此虽在日光下，它也不融化，或融化极为缓慢。然而一旦风吹，当风透过棉被时，热交换随即产生，冰就融化了。此外，方以智还记述了热传导的又一个例子：

> 凡水不能透碗外，惟盛冰则碗外有细润。金山中冷泉能透锡器，积寒之气也。以热汤置漆案上，其下亦润；以火炉置书册上，其书册干，而书册之贴案者亦有气润津津然，此亦积热之气，可类推也[7]。

方以智观察自然现象是极仔细认真的，然其以“积寒之气”或“积热之气”解释此类现象，虽是中国古代传统，亦未免过于笼统。冰碗外围的湿润或盛冷泉的锡壶外围的湿润，皆因其周围水气分子遇冷凝结之故。同理，汤案与书册下的湿气，是其本身挥散的热水气分子遇冷凝结之故。

2.“省油灯”的发明

在油灯上巧妙地安置一种冷却系统，使灯油不因灯火燃烧而受热蒸发，从而达到省油

---

① 王充《论衡·寒温篇》。

② 王充《论衡·感虚篇》。

③ 王充《论衡·谴告篇》。

④ 嵇康《声无哀乐论》，吉联抗译注本，第45页。

⑤ 方以智《物理小识》卷二《地类·针化雪剖冰》。

⑥ 同上，“作冰法”条。

⑦ 同上，“冰透碗外”条。

的目的。古代人称它为“省油灯”、“夹瓷盏”或“夹灯盏”。它是近代工业中冷却系统的始祖，亦是热传导原理的具体应用之一。

宋代陆游(1125～1209)在《陆放翁集·斋居记事》中写道：“书灯勿用铜盏，惟瓷盎最省油。蜀中有夹瓷盏，注水于盏唇窍中，可省油之半。”

所谓“夹瓷盏”，即灯盏中有夹层装置。夹层中通过窍孔注入冷水，使油不致因灯火影响而发热。陆游在《老学庵笔记》中进一步写道：

> 《宋文安公集》中有“省油灯盏”诗。今汉嘉有之，盖夹灯盏也。一端小窍，注清冷水于其中，每夕一易之。寻常盏为火所灼而燥，故速干。此独不然，其省油几半。邵公济牧汉嘉时，数以遣中朝士大夫。按文安公亦尝为玉津令，则汉嘉出此物几三百年矣[①]。

这段记载中的“宋文安公”即宋白(936～1012)；“汉嘉”为今四川芦山；汉嘉牧邵公济不知其详，或许是陆游同时代人。陆游的记述解释了夹灯盏省油的原因，也揭示了省油灯的起源年代：在陆游之前近300年，即10世纪。

有趣的是，在今四川邛崃县(与芦山为邻县)邛窑遗址曾出土夹灯盏，在湖南岳阳和天津曾出土这样的灯具，重庆市博物馆还藏有完整的精品[②]。其结构如图6-4。从图中可见，它与陆游的记载完全一致。在辽宁辽墓中曾出土一件青瓷盏[③]，其盏腹分隔为两部分，分别盛油和水，这也是一种省油灯(图6-5)。据考证，这种灯称为“摩羯灯”，源自印度或中亚。传入中国后，不仅工艺有改进，而且吸收了邛崃灯省油的结构，使之更加完美[②]。

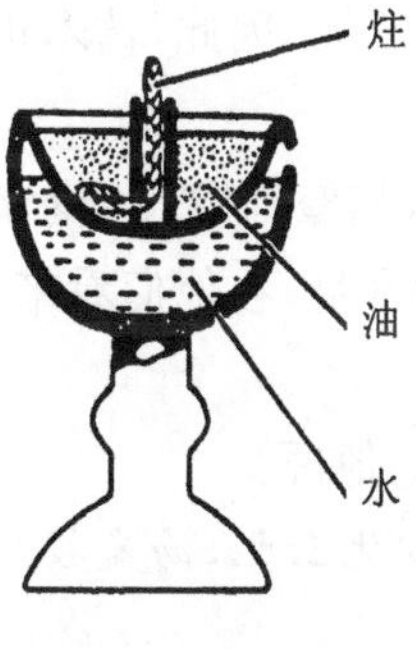

图6-4　四川邛窑出土的省油灯

图6-5　辽宁北票水泉一号辽墓出土省油灯及其剖面图

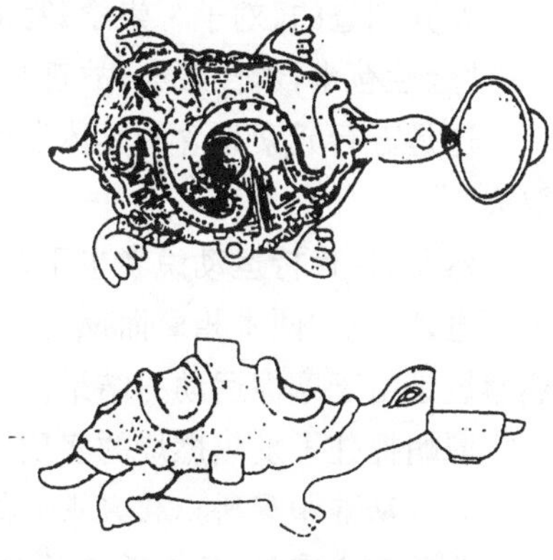
图6-6　铜玄武灯座

对历史上各种灯具的仔细考察研究，或许省油灯的发明要早于10世纪，亦不仅仅限于陶瓷质料的灯盏，铜或其它金属灯盏更具有导热降温性能。例如，在四川大邑马王坟属于晚汉墓葬中[④]，在四川崇庆五道渠刘蜀汉墓中[⑤]，都曾发现“铜玄武灯座”(图6-6)。其高

① 陆游《老学庵笔记》卷十，第130页。
② 孙机，摩羯灯，文物，1986年第12期，第74～78页。
③ 辽宁北票水泉一号辽墓发掘简报，文物，1977年第12期。
④ 四川大邑马王坟汉墓，考古，1980年第3期。
⑤ 四川崇庆县五道渠蜀汉墓，文物，1984年第8期，第46～48页。

5.1 厘米，长 13.9 厘米，龟形座基，龟背盘蛇，龟口衔灯盘，而龟背中部突起一短管，大概是用以灌冷水入中空的龟腹内。可惜，类似的文物报道极为粗简，以致我们难以断论其中的大量灯具文物是否与省油灯有关。从铜玄武灯座看来，省油灯可能起源汉代。

3. 热的理论探讨

火因何而生？热的本质是什么？正如我们在本章前言中所述，直到 19 世纪上半叶，还有许多人相信热是一种物质，或称其为“热质”。在中国古代，阴阳观、五行元素观以及运动观都有人持之。甚至同一个人各种观点亦兼有之。

约成书于周末春秋时期的《尚书·洪范》，已归纳出万物是由“五行”组成的理论。西周末年，史伯又提出“以土与金木水火杂，以成百物”① 的说法。因此，火是组成自然万物的元素之一。这在中国古代有悠久的历史传统。在它的影响下，战国时期墨家也持五行说。《墨经·经说下》在解释“五行毋常胜”中，曾提出“火离木，燃”的说法，他的意思是，燃烧是由于火离开木的缘故。火是物质元素的观点在后来还得到更彻底的解释。

约东晋成书的《关尹子·二柱》写道：

> 寒暑温凉之变，如瓦石之类，置之火则热，置之水即寒，呵之即温，吹之即凉。特因外物有来有去，而彼瓦石实无来去。譬如水中之影有去有来，所谓水者实无去来。

瓦石的寒暑温凉之变，是由于“外物”的来去出入的结果。这种外物观与五行观、热质说基本一致。

北齐刘昼的《刘子·崇学》写道：

“金性苞水，木性藏火，故铄金则水出，钻木而火生。”

这是五行元素观念的具体发挥。在刘昼看来，木中自然藏有火的元素，因此，钻木可以取火。

然而，古代持运动说者也不乏其人。《庄子·外物篇》说：“木与木相摩则燃”。《淮南子·原道训》说：“两木相摩而燃”。这些说法的立足点在于“摩擦”运动本身，在他们看来，发热燃烧是由于摩擦运动的结果。

谭峭抓住了发热燃烧的实质，在《化书》中述及一系列自然现象。他说：

> 动静相摩所以化火也，燥湿相蒸所以化水也，水火相勃所以化云也，汤盎投井所以化雹也，饮水雨日所以化虹蜺也②。

在这里，“燥湿相蒸”是指蒸发遇冷，“水火相勃”是指蒸发，“汤盎投井”即前述夏造冰的过程，“饮水雨日”即在光学中述及的人造虹实验。谭峭以自然过程中矛盾本身说明自然现象，从而正确地解释了钻木取火、摩擦生火的实质，它是由于“动静”相摩即运动的结果。从这些事例出发，作为一个道家和古代科学家的谭峭发出了这样的豪言壮语：“小人由是知，阴阳可以召，五行可以役，天地可以别构，日月可以我作。”

热是运动的思想一直影响到清代，郑光祖（1776～约 1848）在《一斑录》中说：“火因动而生，得木而燃”③。从钻木取火中得到的这些经验结论是科学的，它和伦福德伯爵从钻炮

---

① 《国语·郑语》。
② 谭峭《化书》卷二《动静》。
③ 郑光祖《一斑录》卷三《物理》。

孔中得出的结论完全一致,而这种观念在中国却萌芽于战国时期。

在历史上,也有人认为,古代热运动说还不够,尚需加进传统的阴阳观念。宋代程颐(1033～1107)是这方面的代表人物。他说:"钻木取火,人谓之火生于木。非也。两木相戛,用力极则阳生。今以石相轧、便有火生,非特木也。盖天地间无一物无阴阳①。"在摩擦或碰撞运动中,又加入阴阳之说,在近代科学眼光看来,真有点画蛇添足了。

在有关热的理论中,还有些极有趣的哲学猜测。元代朱震亨(1281～1358)是个以阴阳、八卦和五行阐述中医理论的人,他的关于火的见解被李时珍大段征引其《本草纲目》之中②,又被方以智在《物理小识》中征引。然而,方以智大胆地删略了朱震亨言论中的阴阳八卦,而用他自己的话叙述了其精髓。方以智写道:

> 火,内阴而外阳主动者也。……天恒动,人生亦恒动,皆火之为也。……天非此火不能生物,人非此火不能自生③。

这是万物统一于火,由火而生万物包括人在内的见解。方以智的老师王宣在其著《物理所》中又阐述了天地演化与热的关系的论题。王宣说:"太虚之凝为地,地之散为太虚,莫非因热而散,因冷而凝之理④。"

这种天地演化观显然基于热力学中蒸发与冷凝的一些生活实例,然而将这实例推广到猜想宇宙天地的形成与毁灭亦是由于冷热之故,这不能不说是一种大胆的科学思辩。

4. 升温与降温

自从发明了火,人类对自身环境温度的升降方法似乎亦可随之解决,即增加火堆或减少乃至扑灭火堆而已。在中国古代文献中记载的一些方法实在太巧妙了,我们简略叙述如下。

汉代人是现在温室种菜的发明者。他们在严寒的冬季,改变了室内小环境气温,并使之生长农作物。据《汉书·召信臣传》载:

> 太官園冬种生葱、韭菜、茹,覆以屋庑,昼夜燃蕴火,待温气乃生。信臣以为此皆不时之物,有伤于人,不宜以奉供养,及它非法食物,悉奏罢⑤。

在温室内种蔬菜,这"屋庑"自然很简单。汉代已有玻璃、琉璃、水晶一类透明体,其屋顶很可能具有以此类透明体作成的小天窗。以便阳光射入室中,加之室内"昼夜燃蕴火",使其温度升高到足以让蔬菜生长的条件。召信臣(前1世纪人),字翁卿,"九江寿春"人("九江"今属江西,"寿春"今属安徽;秦汉两代均置九江郡,郡首为寿春、即今安徽寿县),曾官至零陵、南阳和河南太守,汉元帝竟宁(前33)年间"征为少府,列于九卿"。温室种菜事当为公元前1世纪之事。可惜,这位"少府"以"不时之物,有伤于人"为由,将这种改变小环境气温的创造扼杀了。

元代王祯在其著中曾述及炎热夏季以水降低蚕室内的温度。他说:"天气炎热,(蚕

---

① 程颐《河南程氏遗书》卷十八。

② 李时珍《本草纲目》卷六《火部·阳火阴火》,第416页。

③ 方以智《物理小识》卷一《天类·火》。

④ 刘岳云《格物中法》卷三《火部》。

⑤ 《汉书》卷八十九《召信臣撰》,第十一册,第3642～3643页。引文中第一句原文未标点,"冬种"误为"种冬";"茹",古代蔬菜的总称。

室)门口置瓮,旋添新水,以生凉气”[①]。

所谓“旋添新水”,是指经常将瓮内的水换成新鲜凉水。

此外,人们还知道地下洞室的温度是较为恒定的,它具有冬暖夏凉的特点。夏暑,人们便“作地室,隧而入,以避暑”[②]。

另一种有趣的降温方法,是盛夏时以虹吸管引水上屋顶,以屋顶流水造成酷暑时居室内降温。这种方法大概源起于大秦(古罗马)。《旧唐书》却对此作了详细记载:

> 拂菻国,一名大秦,在西海之上,东南与波斯接……。盛暑时节,人厌罽热,乃引水潜流,上徧于屋宇,机制巧密,人莫之知。观者惟屋上泉鸣,俄见四檐飞溜,悬波如瀑,激气成凉风。其巧妙如此[③]。

引水上屋顶的降温方法与冬日温室种菜的升温方法,东西两边,相互辉映。前者于唐代传到中国;后者是否也曾传播到西方,尚待考证。

四　测温、测湿与火候

1. 古代测温方法

不严格地说,温度是指冷热的程度。在温度计发明之前,人们常以自己的体温,例如以手触摸物体来判别物体是冷、是热,冷热程度如何。这种以体温为基础的触摸感觉法,只能判断一定范围内的温差。古代人所谓寒、冷、凉、温、热、烫等术语,都是以体温为标准的一定范围的温差概念,而不是特定的温度概念。以这些术语表示的温差范围,会随人而异,带有极大的主观性。

即使如此,古代人还是找到了一些判别冷热程度的较为客观的标准。《吕氏春秋·慎大览·察今》写道:“见瓶中之冰而知天下之寒”;《淮南子·兵略训》说:“见瓶中之水,而知天下之寒暑”。这是因为水若结冰,说明气温降低,天气冷了;冰若化为水,则气温回升,天气转暖;水蒸发愈速,又说明气温升高,天气较热且干燥。因此,瓶中之水可以作为某几个特定温度变化的标识器。《淮南子·说山训》又写道:“以小明大,见一叶落而知岁之将暮;睹瓶中之冰,而知天下之寒”。其道理亦是相同的。

虽然以体温判别周围物体的冷热程度,会因人而异。然而,体温又是古代最恒定的“温度计”。因为正常人的体温基本相同。古代人又充分地认识并利用了这种特殊的“温度计”。

北魏贾思勰曾指出,牧民作奶酪,使酪的温度“小暖于人体,为合适宜”[③];他又说,作豆豉,“大率常欲令温如腋下为佳”,“以手刺(豆豉)堆中候,看如腋下暖”[②]。人体腋下温度最为稳定,迄今仍为医学界测量人体温度所采用。

宋代陈旉(1076～?)在述及洗蚕种的水温时说:“调温水浴之,水不可冷,亦不可热,但如人体斯可矣”[⑤]。元代王祯也曾述及养蚕的最佳室温,他指出,养蚕人“需著单衣,以为体

---

① 《王祯农书·农桑通诀集之六·蚕缫篇》,第67页。

② 《旧唐书》卷一九八《拂菻国传》,第16册,第5314页。

③,④ 贾思勰《齐民要术·养羊篇》。

⑤ 陈旉《农书》卷下《收蚕种之法篇》,第22页。

测：自觉身寒，则蚕必寒，使添熟火；自觉身热，蚕亦必热，约量去火”①。

不仅作酪、作豉、养蚕需以人体为则，甚而焙制茶叶的温度亦需如此。宋代蔡襄曾说过，茶叶“收藏之家，以蒻叶封裹，入焙中两三日。一次用火常如人体温，温则御湿润，若火多则茶焦不可食”②。

以体温、特别是人体腋下温度作为环境温度或其他物体温度的判别标准，在温度计发明之前无疑是热学温度计量中最佳的方法。

“人气粉犀”是古代人对体温巧妙应用有趣例子。“犀”即犀角，以其角尖入药为上乘。但是，犀角难于碾成粉末，而它的一个物理特点是在35—37℃之间却极易粉碎。宋代欧阳修曾叙述了这一发现过程：

> 诸药中犀最难捣，必先镑屑，乃入众药中捣之。众药筛罗已尽，而犀屑独存。余偶见一医僧元达者，解犀为小块子，方一寸许半（按，一作“半寸许”），以极薄纸裹置于怀中近肉，以人气蒸之。候气薰蒸浃洽，乘热投臼中急捣，应手如粉。因知人气之能粉犀也。然今医工莫有知者③。

看来，犀的这一物理特性是由欧阳修（1007—1072）的同时代人，一个名为元达的医僧所发现的。自从欧阳修披露此事后，“翡翠屑金（见力学中晶体部分）、人气粉犀”就成了人们的口头禅了。然而，明代李时珍曾指出，人气粉犀最早是由唐代李珣发现的。他写道：“李珣曰：凡犀角锯成，当以薄纸裹于怀中蒸燥，乘热捣之，应手如粉。”④

李珣，活跃于唐代肃宗、代宗二朝，即756—779年间。著有《海药本草》六卷⑤。无论如何，犀角的这一物理特性在宋代欧阳修之后才广为人知。清郑光祖将其作为“旧传物理”之事例撰入其著作之中，他说：“犀角、羚羊角，镑薄片怀之，使得人气，乃可碾之成粉。”⑥

2．古代测湿方法

湿度与温度，是热学中两个基本概念。研究蒸发、凝结、汽液两相的变化、多元系的热学平衡等，大都与这两个概念相关。而在农业与气候等生产实践中，湿度尤其受到人们的注意。

在实践中，湿度与温度往往共同对某一系统发生影响；或使物体胀缩变形，挠曲腐烂。古代人对此有相当的认识。例如，他们主张度量衡器具都应当用铜制作，其理由是：

> 铜为物之至精，不为燥湿寒温变其节，不为风雨暴露（一写为“霜露风雨”）改其形。介然有常，有似于士君子之行，是以用铜也⑦。

在这里，人们考虑的正是湿度与温度二者对度量衡器的影响。鉴于古人尚无温度计和计量物体线性膨胀的仪器，因此，他们不能精确知道铜的膨胀系数实则比铁大，以肉眼观察难以识别铜铁二者孰为“寒温变其节”更烈。所以，他们所道出的理由中有一半是错误的。然而，古代人正确地看到，铁比铜更易在潮湿中生锈腐蚀，其锈蚀的危害性要大于其热

---

① 《王祯农书·农桑通诀集之六·蚕缫篇》，第67页。
② 蔡襄《茶录》上篇，《说郛》（商务印书馆本）卷八十一。
③ 欧阳修《归田录》卷二，第34页。
④ 李时珍《本草纲目》卷五十一《兽部·犀》，第2829～2831页。
⑤ 同④，“本草纲目序例”，第5页。
⑥ 郑光祖《一斑录》卷三《旧传物理》。
⑦ 《汉书》卷二十一上《律历志》，第四册，第972页。

胀冷缩的影响，因此，他们宁可用铜而不用铁作为标准度量衡器。直到宋代，沈括才将这错误的半句删掉。沈括说："古人制器用石与铜，取其不为风雨燥湿所移。未尝用铁者，盖有深意焉[①]。"

然而，沈活也不明了铜与铁二者孰膨胀系数大。他误断为"铁性易缩"，故不用铁，盖因无有关的科学仪器，经验往往与科学事实相悖之故。

除了气象上的经验判断之外，古代人发明了一种极好的大气测湿方法。这就是利用吸湿性完全不同的两种物体，在某一特定时候（如冬至日，夏至日）将其置于天平上，使其平衡；然后，因大气湿度的变化，吸湿性大的物体（如炭）会变重或变轻，因此判断大气湿度的情形。这种测湿方法，至晚起源于汉代。刘安的《淮南子·泰族训》写道："夫湿之至也，莫见其形而炭已重矣"。

《淮南子·说山训》说："悬羽与炭，而知燥湿之气"。汉代高诱注曰："燥故炭轻，湿故炭重。"

人们发现了炭的吸湿性大于其他物质，而且，将原是等重的羽毛与炭悬于天平两端，就作成了最简单的测湿器。《淮南子·天文训》以阴阳概念对此解释如下："阳气为火，阴气为水。水胜，故夏至湿；火胜，故冬至燥。燥故炭轻，湿故炭重。"

炭的轻重随大气湿度的变化，在今日看来，就是因其吸湿性所致。古代人发现了这类性质的物体并加以应用，但不能正确地解释其物理原因。这要等待十几个世纪之后，随近代科学的兴起才能揭开炭轻重变化的物理机制。

《汉书·李寻传》有这样的记载："政治感阴阳，犹如铁炭之低仰，见效可信者也[②]。"

三国时孟康在《李寻传》注中写道：

> 《天文志》云"悬土炭"也，以铁易土耳。先冬夏至，悬铁炭于衡各一端，令适停。冬，阳气至，炭仰而铁低。夏，阴气至，炭低而铁仰。以此候二至也[③]。

孟康的注解对古代测湿器作了极为清楚的叙述。他和《李寻传》中记载，都只不过将铁易前人采用的羽毛罢了。古代人在此所谓的"阳气"、"阴气"分别意指干燥与潮湿。

此外，古代人还发现，琴瑟的弦线会随湿度变化而改变其音律。这是因为湿度增减使弦线张力减小或增加，从而影响其发音。《淮南子·本经训》说："风雨之变可以音律知之"。其道理就在于此。王充在《论衡·变动篇》中亦写道："天且雨，蝼蚁徙，丘蚓出，琴弦缓，固疾发，此物为天所动之验也。"

天将雨，大气湿度增加，琴弦张力变小，亦即"琴弦缓"或变松，因此，其音律改变。反之，就可以以琴弦音律的自然变化来发现大气湿度的变化。这正是后来才知道的弦线或肠线的潮湿效应，并以此制成肠线测湿计的肇始。

在欧洲，天平式测湿计是由德国主教尼古拉·德·库萨（Nicolaus de Cusa，1401～1464）在15世纪最早描述的。他说："如果你在大天平的一边悬吊大量的羊毛，在它的另一边挂上一些石头，让它们在干燥的空气中重量相等。然后，你会看到，当空气趋向潮湿时，

---

① 沈括《梦溪笔谈·补笔谈》卷一《乐律》。

② 《汉书》卷七十五《李寻传》，第十册，第3182～3183页。

③ 类似孟康的注，也见宋代赞宁《感应类从志》（《说郛》卷109，宛委山堂本）："秤土炭二物；使轻重等，悬室中，天雨时则炭重，天晴则炭轻。又云：以此验二至不雨之时。夏至一阴生，即炭重；冬至一阳生，即炭轻。二气变也。"

羊毛的重量增加了；当空气趋向干燥时，羊毛的重量减少了。"又一个世纪之后，米佐尔德(Mizauld)才讲过肠线的测湿效应。此后，人们才发明了肠线式测湿计①。但是，这些发现都要比刘安晚了约1600年。

17世纪时，西方的温度计、气压计、测湿器才陆续由传教士介绍到中国。

3. 火候

"火候"一词，在今天常被用于形容事物的环境气氛。它的最初本意是观察发热物体的火焰颜色。在金属冶炼或烧制陶瓷过程中，历代工匠都以火焰颜色来判别炉体内温度的高低。因此，火候实际上是古人创造的一种经验的高温目测技术。虽然，它具有很大的经验性，亦不能标出温高的具体数值，但它却有充分的科学性。

《考工记》最早记述了冶铸青铜的火焰颜色：

> 凡铸金之状，金与锡，黑浊之气竭，黄白次之；黄白之气竭，青气次之；青白之气竭，青气次之。然后可铸也。

这意思是，在熔炉中加入铜矿和锡矿而进行熔铸过程中，首先熔化挥发的是那些不纯杂物，呈现"黑浊"焰色；然后，熔点较低的锡或杂物硫熔化并挥发，呈现"黄白"焰色；随炉温升高，铜(古代写为"金")熔化并挥发，铜与锡成为青铜合金，呈现"青白"颜色，进而炉火纯青，便可开炉铸造。明代朱载堉对《考工记》中这段文字作了如下解释：

> 至于火候、气色，乃铸工之细务，亦必详言之。曰：凡用金为器，必和之以锡。初炼之时，火色黑浊者，秽杂尚多也。炼去秽杂，火色变而黄白，亦未净洁也。熔炼既久，变而青白，稍净而未净也。白色尽去，火色纯青，则其炼之至精，然后可用以铸焉②。

朱载堉的解释是以矿物的污秽、杂质是否去净为其火候立论。其中亦有一定道理。就白炽物体而言，其受热发白炽光的过程大致是：初成暗红色，温度增高，次第成橙色、黄金色，终成白色。当杂质均已挥发之后，铜与锡成白炽状态，发出白炽光。它与高温火焰的青色相为一体时，就只见青色火焰光了。故而常言"炉火纯青"，以形容人的技艺、学问和道德情操所达到的高尚境界。

继《考工记》之后，以墨翟为首的墨家也讨论了火焰颜色与其发热程度即温度的关系，《墨经》有专条对此作了记述：

《经下》："火③ 热，说在炖④"。

《经说下》："火　谓火热也，非以火之热我手⑤，若视日⑥。"⑦

在墨家看来，火的颜色是它热度的表现。说火热，并不以它是否烫手为判据。如同观察太阳，太阳并不烫手，但它是很热的。墨家在此也是从冶炼和陶瓷生产中火候观察总结出这条文字。

---

① [美]卡约里，物理学史，中译本，第53页。

② 朱载堉，《律学新说》卷四，《嘉量篇第二》。

③ "火"，原误写为"必"，据孙诒让改。

④ "炖"，原为"顿"，"顿"，借为炖，指火色，从徐克明校。

⑤ "手"，原为"有"。"有"，借为又。又，手也。从徐克明校。

⑥ "日"，原误为"曰"。形近而误。

⑦ 本条文字的标点、解释，从徐克明说。

火候观察法，不仅被历代工匠沿用，也被炼丹家和药物学家所发展。陶弘景在其《名医别录》中指出，消石与“朴消大同小异”，消石“烧之，紫青焰起”①。消石即硝酸钾，其焰青紫；朴消是硫酸钠，其焰纯黄。近代鉴别钠、钾，还常以其火焰颜色是纯黄还是青紫为判据。唐代苏恭(7世纪人)曾指出多种矾石中有“绛矾，本来绿色，烧之乃赤，故名绛矾”②。唐代陈少微(8世纪初年人)在其著《九还金丹诀》中述及“销汞”(汞硫合金，HgS)烧之“忽有青焰透出”③。直到清代，檀萃(1725～?)在其1799年成书的《滇海虞衡志》中就云南炼铜的火候写道：“绿火、黄火，各如其矿之色。惟红火为上，乃铜之光④。”这些记载，表明火焰颜色确实反映了温度的高低以及炉内气氛等多层意义。在近代物理学中，各种物质的不同特征火焰色及其所对应的温度，成为近代光谱学中鉴别物质的方法之一。

“火候”一词可能形成于唐代。段成式在《酉阳杂俎》中写道：“贞元中，有一将军家出饤食，每说物无不堪喫，唯在火候，善均五味⑤。”

明代，宋应星在其《天工开物·陶埏》中述及的名词有“火力”、“火色”、“火候”、“观火候法”。他详细叙述了陶瓷烧制过程中观察火候的方法以及掌握火候的重要性：

> 凡砖成坯之后，装入窑中。所装百钧则火力一昼夜，二百钧则倍时而足。凡烧砖有柴薪窑，有煤炭窑。用薪者出火成青黑色，用煤者出火成白色。凡柴薪窑巅上偏侧凿三孔，以出烟火。足止薪之候，泥固塞其孔。然后使水转锈。凡火候，少一两则锈色不光；少三两则名嫩火砖，本色杂现，他日经霜冒雪，则立成解散，仍还土质。火候多一两，则砖面有裂纹；多三两，则砖形缩小拆裂、屈曲不伸，击之如碎铁，然不适于用。……凡观火候，从窑门透视内壁，土受火精，形神摇荡，若金银熔化之极然。陶长辨之⑥。

烧柴与煤有不同火焰色，因其燃烧温度不同所致。所谓火候”多一两”或“少一两”之说，自是陶长或炉长们的经验总结。近年有人认为它是用以衡量温度的古代用词；事实上，这个似乎定量的结论是极复杂的，它与燃料性质、燃料多少、是否充分燃烧以及燃烧时间均有关系。即使如此，并且在今天已有许多先进的高温测量术和测温计，但在烧制陶瓷的实践中，工人掌握火候的经验仍然是难以完全替代的目测高温术。

五　冷凝与对冰花的观察

在物态变化的叙述中，我们已述及古代人对汽与水分别冷凝成水与冰的认识。古代人对雨露形成的观察使他们作出了有关人工收取露水的发现，亦就是史载“方诸取水”。

《淮南子·天文训》写道：“方诸见月，则津而为水”。高诱注曰：“方诸，阴燧大蛤也。熟摩令热。月盛时以向月下，则水生。以铜盘受之，下水数滴。先师说然也。”

《淮南万毕术》有类似记载：“方诸取水”。高诱注曰：“方诸形若杯，无耳，以五石合治，

---

① 李时珍《本草纲目》卷十一《石部·消石》引陶弘景语，第650页。

② 同①“石部·矾石”引苏恭语，第669～670页。

③ 张子高，中国化学史稿，第117页。

④ 檀萃，《滇海虞衡志》卷二，《志金石》。

⑤ 段成式，《酉阳杂俎》卷七，《酒食》。

⑥ 宋应星《天工开物》卷七，《陶埏·砖》。

以十二月壬子夜半作之，以承，水即来。"许慎注云："诸，珠也，方石也[1]。"

从这些记载看，所谓方诸，一是大蛤壳；一是以"五石"炼制的"珠"类器物。后者稍有些神秘。说它要在"十二月壬子夜半作之"，大概意味着这种物体在大气下较其他物体导热性好，容易冷却。所谓"月盛时以向月下"，自然指露形成的一个重要气象条件：晴夜。实际上，大蛤或人造杯形珠，在晴夜较周围冷得快，水气遇冷再加上大气尘灰粒子的作用，就在其表面凝结成露。因此，清晨"以铜盘承之，下水数滴"。这种收集露水的方法，可能要早于淮南王书的成书时代。《汉武故事》中述及"上作承露盘，仙人掌擎玉杯，以取云表之露"[2]，与淮南王书的记载实为同一事例。

冷凝使水结冰，而古代人的观察仔细使他们发现了冰花的种种奇特现象，并对其形成原因作出解释。

唐代张鷟说："晋朝末年，汴京壕水冰冻，皆为花鸟人物[3]"。

段成式亦曾记述道："开成末，河阳黄鱼池，冰作花如缬"[4]。"开成"为唐文宗年号，836～840 年。"缬"(xíe)是有花纹的丝织品。壕沟之水或江河水结冰，所成冰花，正如今日玻璃窗上寒风之夜结成冰花相同。

宋代何薳曾记述这样一故事。钱塘人万延之(生卒年不详，为何薳同时代人)曾一度官宣义郎，后置田产发迹，家藏万贯。时值铜禁，他以十余钱买一瓦缶当沃盥之用。"时当凝寒，注汤颒(huì)面，既覆缶之水，而有余水留缶，凝结成冰。视之，桃花一枝也。众人观异之，以为偶然。明日用之，则又成开双头牡丹一枝，次日又成寒林满缶，水村竹屋，断鸣翘鹭，宛如图画远近景者。自后以白金为护，什袭而藏。遇凝寒时，即预约客，张宴以赏之，未尝有一同者，前后不能尽记。余与尝集数矣。"更有甚者，当皇帝登基之日，时又遇大寒，万延之邀客当席，再观冰花。果见缶内结冰成一老人坐于山石之间，侧例龟鹤，宛如寿星之景。于是"观者莫不咨嗟叹异"，"竟莫有能言其理者"[5]。

直到明代，方以智还以"冻成花鸟草木之形"为题，述及他冬日所见屋瓦楼檐的种种奇异冰花之形。最后，他解释说："霜雪雾露之后，微风飘漾，往往成纹耳。"[6]方以智的观察解释完全正确。在结冰过程中，吹过冰层表面的微风，使冰面发生稍稍的熔解与再凝结，这就造成了冰花的奇异形色。由于风吹气流的运动是无规的，因此很难有两次完全相同的冰花。

除了冰花之外，人们还观察并记述了某些晶体在结晶或生长过程中的奇异形状。如苏颂曾指出，"炼白矾时，候其极沸，盘心有溅溢，如物飞出，以铁匕接之，作虫形者，矾蝴蝶也[7]。"这是，铁匕沾上液态矾后，又铁匕离开熔炼锅而冷却，使矾结晶，所谓"虫形者"，正是矾的结晶。诸如此类的结晶现象亦产生于盐、糖、辰砂等的生产过程之中。

---

① 《中国科技典籍通汇·物理卷》载《淮南万毕术》卷上，第一册，第 86 页。

② 徐坚《初学记》卷二，《天部·露》引《汉武故事》。

③ 张鷟《耳目记》，《说郛》(商务印书馆本)卷三十四。

④ 段成式《酉阳杂俎前集》卷四《物革》。

⑤ 何薳《春渚纪闻》卷二，《杂记·瓦缶冰花》。

⑥ 方以智《物理小识》卷二，《风雷雨旸类·冻成花鸟草木之形》。

⑦ 李时珍《本草纲目》卷十[illegible]，《石部·矾石》，引苏颂语，第 009—070 页。

第三节　热现象的技术应用

一　热　气　球

古代不可能有类似今日高空飞行的热气球,却有一种在特殊意义下的所谓"热气球"。《淮南万毕术》写道:"艾火令鸡子飞。"

高诱注曰:"取鸡子去壳,燃艾火内空中,疾风高举,自飞去①。"又一注曰:"取鸡子去其汁,燃艾火纳空卵中,疾风,因举之飞②。"

两条注文虽略有差异,但不难明白,其过程是:抽尽蛋内的液汁,又剥去其外表硬壳,只剩下壳内的软膜;然后,将艾火置于抽汁的孔洞中。在大风下,蛋膜就飞扬升空了。这个过程与今日热气球升空十分相似。无论蛋膜升空实验是否成功,在淮南王刘安的上千门客中,可能有人知道热气球升空的原理。

有人提出实验性的疑问:"将蛋壳浸入稀盐酸,溶去石灰汁硬壳,得到一个完整的壳衣,晾干后坚挺成形,重量为 0.4～0.5 克。但是计算它的比重(其容积为 32 毫升),仍然远大于空气,亦无飞升的可能③。"

另一种看法认为,虽然"软蛋皮的重量有相同体积空气重量的十倍",但"若将它放在艾火上面,还有上升热气流帮忙,倒可以向上动一动"。至少将"软蛋皮用一根丝线吊起来",按上述去作之后,"蛋皮会上下左右摇摆不止。这也可以叫飞。"④

这两种看法似乎都不尽人意。由于《淮南万毕术》一书亡佚,后人辑本或征引的文句又过于简略,因此,或许还有一些技术细节使我们无从知晓,致使我们今天的复原猜测或实验感到为难。但有一点可以肯定,从"艾火令鸡子飞"的记载中表明汉代人知道热气球可以升空。

李约瑟博士对《淮南万毕术》的记载也极感兴趣。他评述道:17 世纪欧洲人,欢度复活节,曾作过蛋壳升空游戏。其方法极简单,但要有点诀窍。吸尽蛋汁,烘干蛋壳,然后由小孔注入少许水,并以蜡封小孔。这样的蛋壳在炎日下逐渐呈不稳定状态,逐渐变轻,并终于飘浮起来。飘浮极短时间后即行落下。这是因为壳内水分蒸发,气体膨胀。待小孔封蜡经日晒融化,小孔成为排气孔,壳内蒸气适足使壳体升空一个短时间。待蒸气排尽,空气再渗入,蛋壳即落下⑤。

从李约瑟的评述看,《淮南万毕术》的记载并不与 17 世纪欧洲人所作的蛋壳升空游戏完全相同。前者为蛋内膜,后者为蛋壳;前者原理属于热气球类,后者原理属于火箭和喷气飞机。因此,可否以 17 世纪欧洲人的游戏来解释《淮南万毕术》的记载,尚存疑窦。

颇有趣的是,这个欧洲人的游戏可能是中国传播过去的。因为,早在其之前 6 个世纪,

---

① 《太平御览》卷七三六《方术部》引《淮南万毕术》。

② 同①卷九二八《羽族部》引《淮南万毕术》。

③ 洪震寰,淮南万毕术及其物理知识,中国科技史料,1983 年第 3 期,第 32 页。

④ 李志超,天人古义,河南教育出版社,1995 年,第 326～327 页。

⑤ Joseph Needham, Science and Civilisation in China. Vol. 4, part Ⅱ, p,596.

中国人就作过类似游戏。在一本题为宋代苏轼撰的《物类相感志》中有这样的记载："鸡子开小窍，去黄白了，入露水，又以油纸糊了，日中晒之，可以自升起，离地三四尺。"

所谓"入露水"，也就是滴入少许水；"以油纸糊"，当是用一小点纸将小孔封闭，并非以大张油纸将整个蛋壳包裹。这些记述也正是李约瑟所说的游戏诀窍。明代，周履靖又将这个游戏转录于其著作《群物奇制》之中[①]。因此，它很可能通过来华商人或传教士介绍到西方[②]。

二　走　马　灯

以加热空气、造成气流，并利用这种气流推动轮轴旋转，古代人按此原理创制了称为"走马灯"的玩具。它是近代燃气轮机的始祖。

清末成书的《燕京岁时纪》写道："走马灯者，剪纸为轮，以烛嘘之，则车驰马骤、团团不休。烛灭则顿止矣[③]。"

它的形状结构如图 6-7。在一个或方或圆的灯笼中，插一根铁丝当作立轴，轴上方装一由剪纸构成的叶轮，轴中央装两根交叉细铁丝，并在铁丝每一端粘贴上人马一类剪纸。当灯笼内点燃灯烛后，热气上升，形成气流，亦即"以烛嘘之"。气流推动叶轮旋转，于是人马形剪纸随轮轴转动。它们的影子投射在灯笼纸罩上。从外面看来，即成"车驰马骤，团团不休"之灯影。灯烛一旦熄灭，无气流流动，转动的轮轴立即停止下来。自然灯影也随之消失。颇有哲理的是，该书作者富察敦崇由此联想到帝王兴衰、朝代更迭。他说："其物虽微，颇具成败兴衰之理。上下千古、二十四史中无非一走马灯也。"

图 6-7　走马灯

走马灯的发明是在《燕京岁时纪》成书之前千余年。宋代的许多著作记述了走马灯或马骑灯，吴自牧《梦粱录》在述及南宋京城临安（今杭州）夜市时说："杭城大街，买卖昼夜不绝"，其"春冬，扑卖玉栅小球灯，……走马灯……等物[④]。"《武林旧事》一书是周密在元朝统治下回忆南宋京城旧事而作，其中述及"灯品"时曾说："若沙戏影灯，马骑人物、旋转如飞"[⑤]。在《乾淳岁时记》（宋孝宗乾道、淳熙二个年号，1165～1189）上载有关于灯品的相同文字[⑥]。可见，走马灯在南宋时期极为盛行。

不少诗作亦以走马灯为描写对象。范成大（1126～1193）以"转影骑纵横"的诗句赞美它[⑦]。姜夔写道："纷纷铁骑小回旋，幻出曹公大战年。若使英雄知底事，不教儿女戏

① 周履靖辑录，《群物奇制·杂著》。

② 张旭敏，亦谈"艾火令鸡子飞"，中国科技史料，1997 年第 2 期，第 70～73 页。

③ 富察敦崇，《燕京岁时纪·走马灯》（光绪 32 年，即 1906 年刊），第 86 页；也见乾隆二十三年（1758）刊、潘荣陛《帝京岁时纪胜·正月·岁时杂戏》，以及明代刘侗《帝京景物略》卷二《城东内外·灯市》（1635 年刊行）。

④ 吴自牧《梦粱录》卷十三《夜市》，第 119 页。

⑤ 周密《武林旧事》卷二《灯品》，第 34 页。

⑥ 也见（雍正十二年序）《西湖志》卷四十七《外纪一》。

⑦ 范成大《石湖居士诗集》卷二十三《上元纪吴中节物俳谐体三十二韵》。

灯前①。”

宋代金盈之的《醉翁谈录》一书备载北宋京都汴京（今开封）风物繁华之盛况，凡所见闻，皆有搜记。其中述及汴京在上元月东华门灯市上的各种灯，有“镜灯、字灯、马骑灯、凤灯、水灯……”②。“马骑灯”即走马灯，可见，北宋时期已有走马灯。

在北宋之前，虽然迄今尚未发现有关走马灯的记载，但以下关于“仙音烛”、“青玉灯”的记载是值得注意的，因为它们的原理与走马灯相同。

五代陶谷描写道，仙音烛“其状如高层露台，杂宝为之，花鸟皆玲珑。台上安烛。烛既燃矣，则玲珑皆动，丁当清妙。烛尽绝响，莫测其妙③。”

可以推知，仙音烛的烛台内具有与走马灯相似的轮轴、铁丝。烛火燃烧，气流上升，轮轴转动，因而附于轴上的铁杆拨动或敲击着玲珑之物，发出清脆的响声。烛火灭，轮轴不转，音响因此止。仙音烛与走马灯的不同仅是前者表现为音响，后者表现为光影。

《西京杂记》关于青玉灯写道：

汉高祖初入咸阳宫，周行库府，金玉珍宝不可称言。其尤惊异者有青玉五枝灯，高七尺五寸，作蟠螭以口衔灯。灯燃鳞甲皆动，焕炳若列星④。

显然，青玉灯是利用了空气流动的结果。灯燃烧时造成的气流，推动了作为灯台的蟠螭上的鳞甲，晃动着的五彩鳞甲在灯光下闪闪发亮，因此称为“焕炳若列星”。或许，青玉灯内亦装有以驱动鳞甲之轮轴具械，因文献记载过略，不敢武断。

三 保 温 瓶

早在公元前 433 年之前。曾侯乙使用了一种特殊的青铜制保温器。据 1978 年随县曾侯乙墓考古发掘，这种保温器里外两层，外为一方鉴，内装一方壶。方鉴的盖中有方孔，刚好套在内方壶口上（见彩图 6-8）⑤。盛夏之时，方鉴盛冰，内方壶即可盛食物，或冰冻酒水。因外方鉴容积大，热容量也大，盛冰时方壶不易升温，保持食物新鲜而不致腐败。它或许就是西周时期所谓冰鉴，也未可知。当方鉴盛热水时，方壶内酒水或食物可以保温，以便冬日使用。这种夹层的保温装置，是热传导原理的巧妙应用。或许正是它，启发人们创制利用热辐射原理的保温瓶。宋代洪迈（1123～1202）写道：

张虞卿者，文定公齐贤裔孙，居西京伊阳县小水镇，得古瓦瓶于土中。色甚黑，颇爱之。置书室养花。方冬极寒，一夕忘去水，意为冻裂。明日视之，凡他物有水者皆冻，独此瓶不然。异之。试之以汤，终日不冷，张或与客出郊，置瓶于箧，倾水瀹茗，皆如新沸者。自是始知秘。惜后为醉仆触碎。视其中，与常陶器等，但夹底厚二寸，有鬼执火以燎，刻画甚精。无人能识其为何物也⑥。

张虞卿是宋代谏议大夫、刑部尚书张齐贤（943～1014）后裔，可能与洪迈为同时代

① 姜夔《白石道人诗集》卷下《观灯口号十首之七》；也见上页⑥。

② 金盈之《醉翁谈录》卷三。

③ 陶谷《清异录》卷下。

④ 刘歆（一说葛洪）《西京杂记》卷三。

⑤ 湖北随县曾侯乙墓发掘简报，文物，1979 年第 7 期。

⑥ 洪迈，《夷坚甲志》卷十五，《伊阳古瓶》，四库全书本。

人。他所获的古瓶称为“伊阳古瓶”。宋代“西京”为洛阳，伊阳县为其管辖之镇。可见这古瓶可能是洛阳陶瓷工人特意烧造。它不仅有夹层，且夹底厚二寸，底刻画有执火之鬼图。图画表明，陶瓷工在制造此瓦瓶前是有意设计并预先知道它能保温。该瓶碰碎后，方知其夹层结构。烧陶工人在制造此瓶泥胎时，是否曾用唧筒将夹层空气抽出，我们不得而知。宋代唧筒曾被用作抽水、盐井中提卤。即使未曾抽去夹层内空气，烧制过程中，因热，夹层内空气可能会稀薄些。这样，该瓶保温效果会更好。从记载看，它至少能保温数小时。因为，张虞卿外出郊游曾携带它，内装沸水，在郊外泡茶时，其水“如新沸”。从这些看来，“伊阳古瓶”是今日热水瓶、保温瓶的始祖。据《宋史·洪迈传》载，洪迈尤通宋代掌故。他的记载当有所据。

令人惊讶的是，根据洪迈在《夷坚志·丁志》中关于“琉璃瓶”的描述，宋代人已发现了制造类似今日保温瓶的方法①亦未可知，这个方法就是将金箔贴于琉璃瓶夹层的内面，又通过夹缝灌入少许水银。洪迈描写道：

> 徽宗尝以紫流离胆瓶十，付小珰，使命匠范金托其里。珰持示苑匠，皆束手曰：“置金于中，当用铁篦熨烙之，乃妥贴，而是器颈窄不能容，又脆薄不堪手触，必治之，且破碎，宁获罪，不敢为也。”珰知不可强，漫贮箧中。他日，行廛间，见锡工扣陶器甚精，试以一授之曰：“为我托里。”工不复拟议，但约明日来取。至则已毕。珰曰：“吾观汝伎能，绝出禁苑诸人右，顾屈居此，得非以贫累乎?”因以实谂之。答曰：“易事耳”。珰即与俱入，而奏其事。
>
> 上亦欲亲阅视，为之幸后苑，悉呼众金工列庭下，一一询之，皆如昨说。锡工者独前，取金锻冶，薄如纸，举而裹瓶外。众咄曰：“若然，谁不能?固知汝俗工，何足办此”。其人笑不应，俄剥所裹者押于银箸上，插瓶中，稍稍实以汞，掩瓶口，左右澒洞之。良久，金附著满中，了无罅隙，徐以爪甲匀其上而已。众始愕然相视。其人奏曰：“琉璃为器，岂复容坚物振触，独水银柔而重，徐入而不伤，虽其性必蚀金，然非目所睹处，无害也。”上大喜，厚赉赐遣之②。

故事描述得极为生动有趣。锡工既然在夹层玻璃瓶内，通过其夹缝而轻易地贴进金箔，又通过夹缝灌入水银。封闭其夹缝后，夹层内壁就相当于镀上了一薄层汞化物。由此可产生防止热辐射并保温的效果。从张虞卿发现的伊阳古瓶，到宋徽宗派人私访锡工而在琉璃瓶夹层镀汞化物技术的成功，表明保温瓶在宋代产生并非不无可能。直到南宋时期，宫中已有“暖水釜”，并以此赐赠内宫有妊之妃妾③。“暖水壶”一词由此产生。至于这些暖水壶的情状，尚待考古发掘。

洪迈的《夷坚志》虽是一部“异怪小说”。不乏荒诞成分。然，其述及的科技内容，不可忽视，更不能归于荒诞之列。从上述记载看，中国人确实在实践上发明了最早的陶瓷质地或琉璃质地的保温瓶。即使古代发明者对于热辐射、热传导的物理概念尚无所知，而这些技术成就却是非凡的。

此外，我们顺便述及古人对石棉隔火特性的认识。石棉，又称石绒，古称石麻、不

---

① 伊永文，中国最早的暖水瓶，《中国科技史料》1995年第1期，第79～83页。

② 洪迈《夷坚志·丁志》卷十七《琉璃瓶》，丛书集成初编本。

③ 周密《武林旧事》卷八《宫中诞育仪例略》，浙江人民出版社，1984，第120页。

灰木、火烷布。苏颂说道："不灰木出上党，今泽、潞山中皆有之，盖石类也。其色白，烧之不燃，以此得名①。"

"烧之不燃"，是世界上最早对石棉不燃特性的科学记录。李时珍还曾描述它的结晶特性："形如针，文全若木，烧之无烟"②。明代屠龙还特地指出其"隔火"功能③。但是，石棉最初来自西域。《后汉书·西域传》载，"大秦国能作黄金涂火烷布"。

古代中国人对热现象的技术应用中还有许多发明、发现，如火药的发明，各种固体和液体燃料（如煤、石油）的使用，活塞风箱的创制，冶炼金属中的淬火，冷锻，冷抽钢丝等加工方法。我们不再一一列举和讨论了。

①，② 李时珍《本草纲目》卷九《石部·不灰木》引苏颂语，第553页。

③ 屠龙《考槃馀事》卷三《香笺·隔火》。

第七章　近代物理学知识在中国的传播

明清时期是中国科学技术发展的一个特殊时期。在此期间，由于封建社会逐渐走向衰败没落，资本主义商品经济的萌芽遭受严重摧残，政治经济文化等各方面的政策严重阻碍自然科学的发展，中国传统的科学技术发展缓慢甚至停滞不前。在物理学领域，某些方面(如朱载堉创建十二等程律、具有声学特性的建筑、关于光学理论及器具的研究等)有一定的成就，但总的说来，传统的物理学知识也如同传统的其他学科的知识一样，发展极其缓慢。从世界范围来看，西方的近代科学迅速兴起。明末以后，随着西方传教士陆续来到中国，包括物理学知识在内的近代科学技术知识开始传入中国。

西学东渐之始，可以耶稣会士、意大利人利玛窦(Matteo Ricci，1552～1610)于明末来华(1582年)为标志。此后直至清末，西方近代科学技术知识在中国的传播，始终与传教士们以学术助传教的活动紧密联系在一起。具体地说，传播科技知识的来华西方人士，18世纪初以前主要是来自欧洲的天主教耶稣会士，19世纪以后主要是来自欧美的基督教新教传教士。传教士先后携带来华的大批书籍之中，包括相当数量的科技著作。而且，来华西士中具备良好科学素养者不乏其人。他们与中国学者合作，进行了多种科学活动，译述了许多科技书籍，把欧洲近代知识介绍到中国。西学传入中国的情况，就时期而言，大致可以鸦片战争为界分为两个阶段：明末至鸦片战争前(或更确切地，应为16世纪末至18世纪初，即明代万历年间至清代康熙年间大约100多年的时间)为第一阶段；鸦片战争后至清末(19世纪中叶至20世纪初，即清代道光至宣统年间约70年的时间)为第二阶段。也就是，可以分为明末清初与晚清两个阶段。

西方物理学知识的传入，亦可相应地分为明末清初和晚清两个阶段。在前一阶段，传入有关力学、光学及热学等方面的一些知识，但相当零散和不成系统，有些被融合和纳入中国传统的知识体系之中。在后一阶段，物理学基础知识逐渐得到比较系统的介绍，这些知识在被引进和移植的过程中，逐渐取代了传统的知识体系。

第一节　明末清初西方物理学知识的传入及影响

一　中国和欧洲的社会与科技发展的状况

1. 明末清初的中国社会

中国明代已进入封建社会的晚期。明王朝在政治上实行中央集权统治，封建专制统治空前强化。明代初期，曾制定一系列政策鼓励发展经济，如农业方面，奖励垦荒、实行屯田，奖励栽桑和种植棉麻，兴修河渠堤防等水利工程，减轻田赋和徭役；工商业方面，鼓励手工业生产，减轻商税，有限度地进行通商和对外贸易，等等。这些措施曾使农业、手工业、以及交通运输、商业贸易等有较大的发展。明代中期之后，在经济比较发达的东南沿海地区，在一些主要的手工业，如纺织、制瓷等行业中，逐渐出现了资本主义生产关系的萌芽。但是，中国社会的经济结构仍然是牢固的自给自足的封建经济体系，小农经济占压倒优势，资本主义经济的萌芽在整个经济中只占很小的比例和很次要的地位。另外，又由于倭寇侵扰，海禁常行，无法与海外进行通商贸易。因此，资本主义商品经济萌芽的发展极为缓慢。到了明末，内忧外患，加上自然灾害，更促使明王朝走向灭亡。同时，明代封建统治者为了加强对人民思想的控制，规定科举考试专以四书五经命题，且必须用"八股"文体应试。这种以八股取士的做法严重束缚知识分子的思想，使得学术空气沉闷守旧。腐朽的文化教育政策严重阻碍了科学的发展。

清王朝建立之后，基本上沿袭了明代的各种制度，并且通过镇压反清势力，强化中央集权，巩固以满族上层贵族为核心的封建统治。清统治者人主中原后，对商品经济较发达的东南沿海地区残酷镇压，大肆屠杀，严重摧残了这些地区的资本主义经济的萌芽。清代初期，虽然采取了重视农业生产、稳定封建经济的政策，使得生产和经济在一定程度上得到恢复和发展，但是整个经济恢复的速度很慢，一些手工业如纺织、制瓷、采矿等的发展亦很迟缓。另外，严行海禁、闭关锁国的政策，极为严重地影响了商品经济和科学技术的发展。清代继续推行明代的八股取士制度，把大部分知识分子束缚在科举考试之中。更为严重的是，清王朝在康熙、雍正、乾隆年间曾屡次大兴文字狱，加强思想统治。这种在意识形态领域实行的残酷的镇压政策，严重地禁锢了知识分子的思想。在明代晚期，特别是整个清代，以文献考证为主要内容的学术风气，导致学术研究脱离实际，也使得自然科学的发展受阻。

2. 中国传统科技发展趋于停顿

明末清初时期，从总体上说，中国传统科学技术继续在其自身体系内缓慢发展。中国有先进的造船和航海技术，在 15 世纪上半叶之前堪称世界一流；在冶金、纺织、制瓷、园林建筑等方面，也一直处于领先地位；在建筑技术、水利工程、商业数学、医学和药物学等方面，均有新的发展。然而，相对一些技术科学普遍发展的情况，基础科学则多半停滞不前。甚至连中国古代成就辉煌的传统天文学和数学，在这一时期也处于停顿状态。形成这种状况的确与封建统治者的政策极其有关，因为明代朝廷不但一直不加修改地沿用大统历，而且还严禁民间研习历法。在日趋腐朽的封建统治下，各种政策措施严重阻碍科学技术的发展。尽管在这一时期，一些领域或多或少各有成就，但是这些成就不可能突破传统的科技体系的框架。事实上，传统科学技术的发展已接近尾声。由于种种因素的制约——社会进步和生产发展的迟缓则是根本原因，导致了中国科学技术的落后。封闭自守的社会体系，完善巩固的封建政治，自给自足的小农经济与低水平的小手工业生产，保守僵化的学术氛围，不需要也不可能产生近代科学技术。中国科学技术向近代迈进，必须而且不得不依靠外来的力量。

3. 近代科学在欧洲的产生和发展

伴随着资本主义生产的发展，16 世纪下半叶和 17 世纪，近代科学在欧洲产生和兴起。所谓近代科学，虽则是在古代科学基础上的继承和发展，但是两者却有本质的不同。古代科学以经验为主，基本上处于对现象的描述、经验性的总结以及猜测性的思辨阶段；近代科学则以理性为主，在大量观察和实验的基础上，经过分析综合、归纳演绎，从而形成了系统的科学理论和量化的科学定律。在近代科学建立的这一时期，无论在科学知识本身、还是在研究方法或学术思想等各方面，均与以往有很大的不同。

由于欧洲各国的政治、经济、思想、文化、以及学术基础等各种因素的影响，近代科学在各个时期、各个国家、和各个学科领域的发展不尽均衡。在最早出现资本主义萌芽和文艺复兴运动的意大利，最先兴起了近代科学，并且出现了近代科学实验的奠基者伽利略(Galileo Galilei，1564～1642)。17 世纪，资本主义经济在英国已有相当的发展，科学活动又得到新兴资产阶级的支持和赞助，英国科学迅速发展，成为近代科学新的中心，涌现出一批著名的科学家。牛顿(I. Newton，1642～1727)则是近代科学的代表人物，他在科学方面的卓越贡献对近代科技的发展影响深远。

这一时期，已开始出现研究自然科学的团体，科学开始逐渐成为一种职业。在意大利最早出现了科学学社，如罗马的“猞猁学社”(Accademia dei Lincei，1603～1630)，佛罗伦萨的“实验学社”(Accademia del Cimento，1657～1667)。这类科学团体的活动主要依赖于赞助者的存亡及其经济状况。后来，英国皇家学会(1662)、法国科学院(1666)等相继成立，这些机构集中了当时最优秀的科学人才，对于促进科学的研究、应用、交流和普及起到了不可估量的作用。

从学科领域来看，15 世纪末 16 世纪初的地理大发现开拓了人们的视野，丰富了人们的知识，推动了天文学、数学、造船、机械、精密仪器等科学技术各领域的发展。16 世纪中叶，哥白尼(N. Copernicus，1473～1543)的著作《天体运行论》出版(1543)。哥白尼日心说的创立，标志着自然科学摆脱神学的束缚而进入近代。在近代科学兴起的初期，和古代一样，天文学仍是最有影响和最受重视的学科。第谷(T. Brahe，1546～1601)曾长期进行了大量的天文观测，开普勒(J. Kepler，1571～1630)则在第谷精密观测的基础上，发现了行星运动三定律。哥白尼日心说和开普勒三定律奠定了近代天文学的基础。到伽利略时代，力学开始显现出与天文学同等的重要性。伽利略在天文学和物理学方面都作出了重要贡献。他开创了新的科学方法，使实验与数学相结合，形成了崭新的数学化科学。17 世纪，数学也有重大进展，笛卡尔(R. Descartes，1596～1650)创立了解析几何学，莱布尼兹(G. W. Leibniz，1646～1716)和牛顿各自独立建立了变量数学——微积分。牛顿在力学方面的伟大发现，使完整的力学理论体系因此而得以建立。牛顿力学不但是经典物理学和天文学的基础，也是机械、建筑等工程技术的理论基础。近代化学也已萌芽，波义耳(R. Boyle，1627～1691)明确地提出了元素的概念，他还设计和进行了许多化学分析实验。作为一门重要学科的医学，由于维萨留斯(A. Vesalius，1514～1564)《人体构造》的出版(1543)，特别是哈维(W. Harvey，1578～1657)发现并最早论述了血液循环(1628)，表明医学发展进入了新阶段。总之，16、17 世纪是伟大的科学革命时代，自然科学进入近代阶段，在天文学、数学、化学、医学等各个学科都有了不同程度的甚至巨大的发展。

4. 物理学的发展

这一时期，物理学的发展也十分辉煌。力学方面，伽利略首先作出了许多重要贡献：发现自由落体运动定律、物体运动的惯性定律、抛射体运动定律，发现运动的相对性原理。他的力学方面的研究总结在著作《关于两门新科学的对话》(1638)之中。伽利略的成就使他成为经典力学和实验物理学的先驱。在伽利略、开普勒、笛卡尔等人工作的基础上，牛顿发现了万有引力定律，总结出物体运动的三个基本定律。1687 年牛顿名著《自然哲学的数学原理》出版。经典力学从此成为完整、严密和系统的学科。热学方面，伽利略等人发明了温度计，温度计很快得到了广泛的应用。光学方面，斯涅尔(W. van R. Snell，1591～1626)从实验中发现了光的折射定律(1621)。笛卡尔也进行光学研究，并最先以正弦形式表示折射定律(1637)。牛顿也致力于光学研究，他发现了白光的色散现象，建立了光的微粒说。胡克(R. Hooke，1635～1703)和惠更斯(C. Huygens，1629～1695)提出和建立了光的波动说。此外，这一时期对物理仪器的制作和研究也极为关注。伽利略制作了最早的空气温度计，他还发现摆振动的等时性。惠更斯对摆的运动规律以及对各种摆进行了深入研究，并发明了摆钟。伽利略最早利用望远镜观测天体并得到一系列的新发现，之后，惠更斯曾改进过望远镜的设计，牛顿和卡塞格林(N. Cassegrain)则分别发明了反射望远镜(1671 和 1672 年)。而胡克最早制成格雷戈里(J. Gregory，1638～1675)式反射望远镜，发明复式显微镜并用于观察，发明轮式气压计，制成真空泵，他还根据弹簧试验的结果，发现了弹性定律。

二　天主教耶稣会士来华与西方物理学知识的传入

1. 传教士来华的背景和目的

16 世纪是基督教发展史上的一个重要时期。在这个世纪，最重要的历史事件是宗教改革运动。宗教改革运动的结果，是陆续产生了代表欧洲新兴资产阶级利益，脱离罗马公教的基督教新教各宗派。宗教改革运动后，天主教在一部分国家丧失了统治地位，主要分布在南欧各国，如意大利、法国、西班牙、葡萄牙等国家，而新教则在英国、德国、北欧各国等国家取得了优势地位。

耶稣会是天主教修会之一，其成员称耶稣会士。耶稣会创立于 1534 年，它的宗旨是重振罗马教会。该会通过打入宫廷和上层社会，加强罗马教皇的政治势力；又通过开办学校和学院，进行宗教和文化教育，扩大其影响。由于宗教改革之后，天主教在欧洲失去了一些地区和势力，于是通过加紧派遣各修会布道团到欧洲以外的世界各地活动，来作为补偿，其中以耶稣会士最为活跃。因此，教会的传教活动与西方殖民政治、经济掠夺、文化侵略等有着一致的利益。

16 世纪末至 18 世纪初，罗马教皇派遣来中国的传教士主要是耶稣会士。传教士来华的根本目的，自然是传播宗教。然而，中国封建政治力量颇强，经济上有相当实力，又具有悠久的历史和文化传统，并且宗教感情普遍不很强烈，要在这样的国家传播和移植一种完全外来的宗教，则不能不借重于一些方法和手段。传教士的科学活动就是他们主要的方法和手段之一。

2. 明末清初在华传教士的科学活动

利玛窦受耶稣会派遣来华(1582)后，他采用灵活的作法，顺应中国的文化习俗，通过与上层官僚和知识阶层的接触交往，赢得了士大夫们的尊敬和信任。他一面传播天主教，一面与中国学者合作进行译述，介绍一些西方自然科学知识。明末清初，朝廷出于修治历法的需要，召请来华传教士参与修历改历工作。而自利玛窦始，传教士们曾多次建议罗马教廷派遣懂得天文学的传教士到中国帮助改历，认为这样做必将极大地有利于传教活动。受罗马教皇派遣来华的传教士之中，不少是颇具学识的自然科学家。他们来华时携带了大量书籍，最有名的一次是在17世纪初，当金尼阁(N. Trigault，1577～1628)向教廷汇报后再度来华时，携来图书七千余部，其中包括相当数量的科技著作。正是由于这样的背景，传教士们在试图实现其宗教目的的过程中，也把欧洲近代科学技术知识带到了中国。传教士与中国学者合作，进行了多种科学活动，译述了许多科技书籍。他们所介绍的各学科知识，以天文、历法和数学为主要内容，此外还包括物理、地理、测绘、生物、动物、植物、医学、水利、建筑、矿冶、机械、工程、兵器、炮术等等许多方面。

3. 物理学知识传入中国概观

在自然科学的各个领域之中，天文历算知识在中国历来要比其他学科的知识更加受到重视。明末清初，以天主教耶稣会士为主的传教士来华，参与了当时朝廷的重要活动，即修历改历工作。在修治历法的过程中，他们传播了以天文学、历学和数学为主要内容的科技知识。至于其他学科的知识，相比较来说，均在其次。物理学知识是随天文历算知识而附带传入的。

无论在世界范围还是在中国，直到近代，与天文学和数学等具有传统优势的学科相比，物理学一直相当薄弱。16世纪末和17世纪初，即耶稣会士抵达中国之时，物理学在欧洲正处于逐渐形成的阶段，尚未形成完整的独立的学科，知识正在积累和发展之中。经过伽利略、牛顿等一大批科学家先后百余年的努力，才逐渐建立起经典物理学体系的基础。因此，早期来华的传教士介绍的物理学知识不可能很系统。

作为知识传播的中介者——来华耶稣会士，虽然他们之中的不少人科学素养较高，但毕竟大多数人不是科学家，更不是物理学家。何况，他们来华之后，由于交通和通讯联系等各方面的困难，难以及时了解包括物理学知识在内的欧洲科学技术的新发展。更不用说他们来华的根本目的是传教，介绍科学知识只是帮助传教的一种手段。从知识的载体——书籍来看，传教士来华后，他们与中国学者译述的科学书籍也以天文历算类书籍为最多，物理学方面的书籍极少。这与中国古代的情况极为相似，中国古代在天文学、数学方面有许多专著，而专门论述物理学知识的著作却没有。明末清初，传入的物理学知识大体上集中在为数甚少的几部著作中。从内容上看，包括有关力学、光学及热学方面的一些知识，但比较零散而未形成系统，同时也包含了西方早期一些不科学的和错误的认识。

三　物理学知识集中的几种书籍

1.《远镜说》一卷

《远镜说》是中国最早专门论述望远镜的著作，汤若望(J. A. Schall von Bell，1592～1666)译著，首刊于明天启六年(1626)。

汤若望，字道未，生于德国科隆，天主教耶稣会士。他具备良好的科学素养，是著名的罗马灵采研究院(Accademia dei Lincei)院士。来华后，参与明末由徐光启(1562～1633)、李天经(1579～1659)领导的修治历法和编纂《崇祯历书》的工作，做出了很大贡献。清初，他将137卷《崇祯历书》改编为103卷《西洋新法历书》。他曾任钦天监监正职凡二十年。汤若望对中国科学很有贡献，他把西方天文学、光学、火器及矿冶等方面的知识介绍到中国，是明末清初最有影响的来华传教士之一。

《远镜说》是汤若望参与治理历法之前的译著。全书约四千五百字，有包括整架望远镜

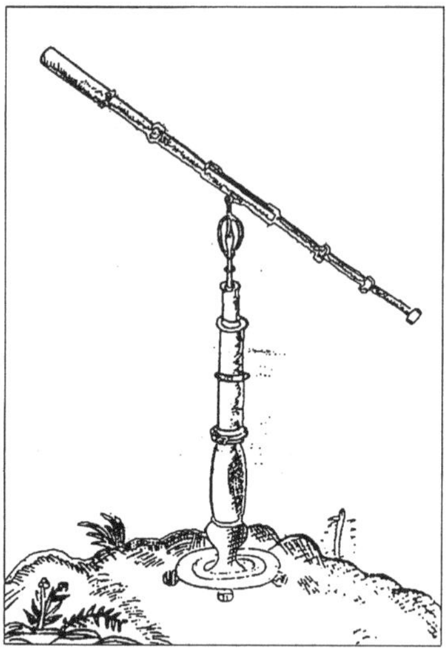

图 7-1　《远镜说》绘望远镜

外形图(见图 7-1)在内的附图共 16 幅。该书除作者"自序"之外,分为四个部分。"利用"部分列举用望远镜观察天空、地面、海上和室内诸远物的情形,说明其功用;"附分用之利"部分叙述眼镜即凸透镜和凹透镜的功用,指出用这两种透镜组合成的望远镜视物更为有益;"原由"部分描述并定性解释光的折射现象,说明凸透镜和凹透镜的组合使用可"彼此相济,视物至大而且明也";"造法用法"部分叙述望远镜的结构,及其使用、安置和保养的方法与注意事项。

该书内容虽然甚为简略,但具有相当的学术价值。它介绍了伽利略借助于望远镜而获得的天文学上的新发现,并从功用、原理、结构、制造和使用等方面介绍了伽利略望远镜。该书对我国明代末年以后望远镜与其他光学器具的研制、以及光学知识的研究,都有一定的影响。

《远镜说》在清代初年被收入《西洋新法历书》,作为其中之一卷;乾隆年间被收入《四库全书》;乾嘉年间被收入吴省兰辑《艺海珠尘·木集(辛集)》;又于 1936 年收入上海商务印书馆的《丛书集成初编·自然科学类》。

2.《远西奇器图说录最》三卷

《远西奇器图说录最》是我国第一部介绍西方力学和机械知识的著作,邓玉函(J. Terrenz,1576～1630)口授,王徵(1571～1644)译绘,明天启七年(1627)刊行。

邓玉函,字涵璞,生于德国康斯坦茨(今属瑞士),天主教耶稣会士。他与伽利略、以及一起来华的罗雅谷(G. Rho,1593～1638)和汤若望都是著名的罗马灵采研究院院士。邓玉函学识渊博,来华之前曾以科学家身份协助金尼阁募集图书。他在明末参与修历和《崇祯历书》的编纂工作,并最早将西方的生理、解剖、力学、机械学等方面的知识介绍到中国。

王徵,字良甫,号葵心,又号了一道人,陕西泾阳人,明天启年间进士。他在著书务农之余,喜欢钻研制造各种机械。与来华传教士相识之后,对他们著作中的奇人奇事、尤其"奇器"即西方的机械极感兴趣。在邓玉函的指导下,王徵就传教士携带来华的关于机械知识的书籍之中,选择力学和机械学的基本知识,以及有关民生日用、国家急需、简便精妙的机械装置,编译成《远西奇器图说录最》三卷。该书与王徵撰著的《新制诸器图说》一卷一起于 1627 年刊印。王徵还著有《额辣济亚牖造诸器图说》(1640)以及许多其他著述。

《远西奇器图说录最》一书三卷。书的开始有王徵的序;又有凡例九则,说明研究力学与机械工程所必须旁通的学问、译书时所用的 18 种参考书、必备的绘图仪器和工具、图中说明所用的拉丁字母及其读音、机械所用的零部件名称、机械所用的动力、机械的作用、机械的效益、以及图说的名称等。第一卷"重解",共 61 款,叙述重力、重心、比重、浮力等力学基本知识与原理;第二卷"器解",共 92 款,叙述各种简单机械——杠杆、滑轮、斜面、螺旋等的原理与计算;第三卷为图说,共有 54 幅图,介绍各种实用机械的构造和应用。

《远西奇器图说录最》与《新制诸器图说》(共有 11 幅图说)是 17 世纪初在中国有较大影响的书籍。清代被收入《古今图书集成·经济汇编·考工典》;修《四库全书》时,被收入

"子部谱录类";民国年间,又被收入商务印书馆辑《丛书集成初编·应用科学类》。

3.《验气图说》

《验气图说》又名《验气说》,它是南怀仁(F. Verbiest,1623～1688)著述的关于温度计制法、用法及原理的一本小册子,附"验气图"一幅,刊行于1671年。该书是在中国最早介绍欧洲早期定量温度计的著作。

作者南怀仁,字勋卿,又字敦伯,比利时人,天主教耶稣会士。清初来华,不久即协助治历,成为汤若望的重要助手。他受命推算历法,奏请改造观象台仪器,并绘图立说,介绍西方天文历法知识。南怀仁还撰著了关于铳炮,地图等方面的著作。

《验气图说》包括"作法"、"用法"、"测天气"、"测地气"、"测人物气"、"测太阴金木等星之情气"、"升降之所以然"等节。事实上,该书后来稍经修改和补充,被收入南怀仁的《新制灵台仪象志》(1674)第四卷,成为"验气说"和"测气寒热之分"两节①。

4.《新制灵台仪象志》十六卷

《新制灵台仪象志》系南怀仁纂著,清钦天监官员刘蕴德、孙有本、徐瑚等多人笔受而成。

该书的其中两卷,即《灵台仪器图》,共有117幅图,南怀仁绘制,完成于1664年。之后,南怀仁初掌钦天监,改造了观象台仪器,1673年建成黄道经纬仪、赤道经纬仪、地平经仪、地平纬仪、纪限仪和天体仪。他著书立说,1674年撰成《新制灵台仪象志》十四卷。书中详细描述了上述六种天文仪器的制造原理、安装和使用方法,还有占据大量篇幅的天文测量数据即全天星表。于是,《灵台仪器图》实际上成为《新制灵台仪象志》的附图。

《新制灵台仪象志》虽然是一部天文学书籍,但它的前四卷也较多地涉及西方近代早期的物理学知识。其中包括材料强度、物质比重、重心与稳定、简单机械、单摆等力学方面的知识;折射和色散等光学方面的知识;以及温度计和湿度计等热学和气象学方面的知识。该书最早在中国介绍了单摆、定量的湿度计等。书中所述物理学知识,大多取材于17世纪初期以前欧洲著名科学家的著作内容,有些甚至来源于西方古代学说和科学思想,因此也包含了一些错误的和不科学的认识。

《新制灵台仪象志》被收入《钦定仪象考成》(1752);后又被收入《古今图书集成·历象汇编·历法典·仪象部》,但有图并说,无表。

四　力学与简单机械知识的传入

1. 力学基础知识

明末清初,称力学为"力艺"和"重学"。之所以如此定名,是因为"其术能以小力运大重,故名曰重,又谓之力艺。大旨谓天地生物有数、有度、有重。数为算法,度为测量,重则即此力艺之学,皆相资而成②。"

这一时期来华传教士介绍的力学基础知识,主要反映在《远西奇器图说录最》(以下简称《奇器图说》)和《新制灵台仪象志》(以下简称《灵台仪象志》)两部书中。包括关于重力、

① 以下论述,多以《新制灵台仪象志》一书内容为准。又,《新制灵台仪象志》内"验气说"一节包含了"测气寒热之分"的内容,但据该书目录后者似应单独成一节。

② 见《四库全书总目提要·子部·谱录类》。

重量、重心、比重、浮力、材料强度、单摆等知识。

地球对其附近物体的吸引力又称为重力，物体所受重力的大小即是它的重量。这些概念在明代末年传入我国。《奇器图说》卷一第4款说到，“盖重性就下，而地心乃其本所，故耳譬如磁石吸铁，…重物有二，一本性就下，一体有斤两。”

物体各部分所受重力的合力的作用点，称为重心。在《奇器图说》卷一第8款中说到，各个重物均有其重心，“于此两边重相等”。而在《灵台仪象志》卷二的“新仪之重心向地之中心”一节中，则有更明确的定义，“凡有重体之论，必以其重心为主。所谓重心者，即重物内之一点，而其上下左右两重彼此相等也。”该书卷一中又说，“平衡之梁，其心在中。”在《奇器图说》卷一中，第12至22款讨论了求各种几何形体(三角形、矩形、正多边形、圆、椭圆、四边形、正棱柱等)的重心的方法。

《灵台仪象志》卷二的“诸仪座架之法”一节，谈到重心与稳定的关系：

凡座架以重径线为平稳之则。夫重径者，过重心之垂线也，其周围铢两轻重相均。……凡物之重径，在其直座架内，则其物必托载平稳而无倾仆也。…凡重径在直座之外，则重物未有不倾仆者。……于重体或左右加减，或那(挪)移铢两，则其重心必那(挪)而改移。重心一移，则重径必随之而移。…架座愈宽，则其所托之重物愈稳。……

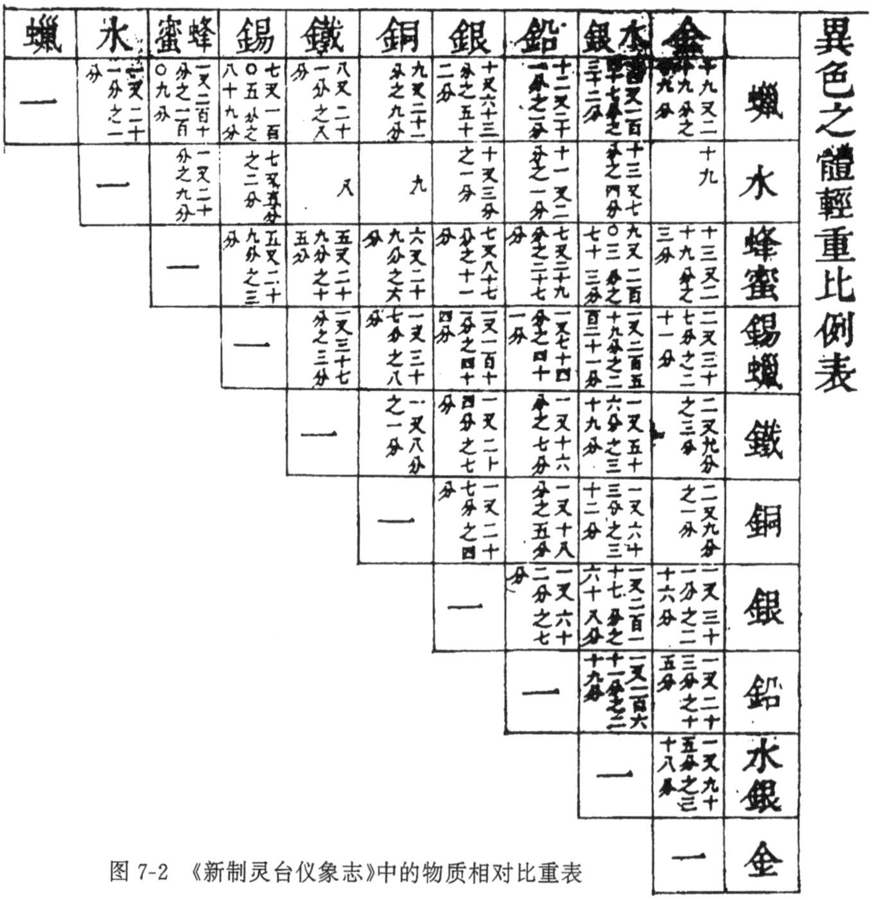

图7-2 《新制灵台仪象志》中的物质相对比重表

物体的重量与其体积之比，即为比重。《奇器图说》中称比重为“物之本重”，该书卷一第5款说道：“本重者，如金重于银、银重于铁之类是也。盖金与银体段一样而金重银轻，是金之质原本重于银也，非以一两金与十两银相较之重，故曰本重云。”《灵台仪象志》卷二的“新仪轻重比例之法”一节说道：“夫仪之轻重与其大小，必有一定之比例。因其轻重可推而知其大小，又因其大小可推而知其轻重。”并指出，凡不同材质的物体，只有体积相同时才能比较其轻重，否则“无相比之定理”。这些叙述实际上涉及到了物体重量与其体积的关系，即比重的概念。《灵台仪象志》一书中列出了蜡、水、蜂蜜、锡、铁、铜、银、铅、水银和金等10种物质的相对比重表，称“异色之体轻重比例表”①，(见图7-2)，据该表“纵横两行相遇之方位所得之数，即两同类异色之体轻重之比例”，说明对于不同的材质，该表可用于求等体积物体的重量之比或等重量物体的体积之比。

关于浮力，《奇器图说》卷一中讨论了物体在水中的情形。该卷第40款说：“有定体，其本重与水重等，则其在水不浮不沉，上端与水面准。”第41款说：“有定体，其本重轻于水，则其在水不全沉，一在水面之上，一在水面之下。”第42款说：“有定体，其本重重于水，则其在水必沉至底而后止。”研究指出②，这几款的内容取材于伽利略的著作《论水中物体的性质》(Discorso... intorno alle cose, che stanno in su lacqua, 1612)。

第43款则进一步明确叙述：“有定体，本轻于水，其全体之重与本体在水之内者所容水同重。”此款实为浮力定律，即阿基米德(Archimedes，公元前287～前212)定律。

有关材料强度的知识，在《灵台仪象志》卷二的“新仪坚固之理”一节中有较多的介绍。该节中说到：

> 今更取五金所以坚固之理以明之。夫五金等材坚固之力，必从人之所推移而见，又必从压之以重物而始见之。姑借方圆柱所承之力以类推焉。凡形之长者，必有纵径有横径，其纵径之力与横径不同。...今先论纵径之力，以定横径所承之力。西士嘉理勒之法曰：观于金、银、铜、铁等垂线，系起若干斤重，渐次加分两，至本线不能当而断。如金及银之垂线，其横径一厘，试加斤两至二十三斤而断；又同径之铜铁线，试加斤两至十八斤而断。

这里的嘉理勒，即伽利略。此处所述，即引自伽利略著作《关于两门新科学(力学和弹性学)的对话和数学证明》(Discorsi e dimostrazioni matematiche introrno a due nuove scienze attenenti alla mecanica & i movimenti locali, 1638)；而关于金、银、铜、铁各数据，实出自梅塞纳(M. Mersenne, 1588～1648)的《宇宙和谐》(Harmonie Universella, 1636)。在“新仪坚固之理”这节中还说到，“盖凡两柱大小之比例，为其两横径再加之比例，而其坚固之比例，必与之相同”；“有两柱...其长短等，其粗细不等。其粗柱之坚固与细柱之坚固，有...(两者)横径三加之比例”(这里，“大小”指柱的截面积，“再加”与“三加”分别指平方与立方)；以及举例说明的数据、计算方法和结果等等，亦可从伽利略的上述著作中找到相应的论述③。

① 关于该表的构成，参阅王冰：西方物质比重知识在明末清初的传入及影响，中国科技史料，1997，**18**(4)：11～19。

② 参阅严敦杰：伽利略的工作早期在中国的传布，科学史集刊，1964，(7)：8～27。

③ 参阅严敦杰：伽利略的工作早期在中国的传布，科学史集刊，1964，(7)：8～27；Charles Singer et al ed., A History of Technology (Oxford, Clarendon Press, 1979), Vol. Ⅲ, p. 38.

关于单摆的知识，是在清代康熙年间传入中国的。《灵台仪象志》卷四中有"垂线球仪"一节，比较详细介绍了利用单摆测定时刻与测量时间、单摆的性质以及制作等。这节一开始就说，"垂线球何昉乎？盖近今数十年以来远西之历学名家，特创新意而曲尽其测验之法者也。"这里的"远西历学名家"，即指伽利略。书中又以单摆计时为例，述及自由落体运动，

凡重物陨坠所行之丈尺，并求其所须时刻之分秒，有再加之比例。其比例以不平分之数而明之，如一、三、五、七、九、十一等。假如有重物于此，自高坠下，若第一秒内下行一丈，则第二秒内行三丈，第三秒内行五丈，第四秒内行七丈。后行前行相并，如第一秒之行一丈，第二秒之行三丈则并之为四丈，又第三秒之行五丈并于第二秒之行四丈则共得九丈。

这一段叙述说明物体下落的距离与时间的平方成正比。书中还简介了抛射体运动。关于单摆的性质，书中说到；

凡垂球一来一往之单行，其相应之时刻分秒皆相等；又凡垂球往来之双行，其相应之时刻分秒亦相等……夫观垂球往来之数，必观其大弧之往来与小弧之往来，论时刻之分秒皆相等也。又大弧之往来疾，小弧之往来迟，迟疾不同，而其所历时刻之秒，大弧小弧皆相同也。

这一叙述说明了单摆的等时性，它的振动周期与振幅无关。又说到，"有两垂线球，除垂线长短不等，其余相等。其短者之尺寸与长者之尺寸，如长者往来之方数比短者于相等时刻往来之方数。"这又说明了摆长与振动频率的平方成反比，亦即摆长与振动周期的平方成正比。研究表明，《灵台仪象志》所介绍的关于自由落体运动和单摆性质等内容，亦取材于伽利略的著作《关于两门新科学的对话和数学证明》①。

2. 简单机械的原理与应用

17 世纪初，在来华耶稣会士的第一部科技译著——利玛窦和徐光启译述的《几何原本》(1607)之中，已经提及机械的功用。利玛窦在"译几何原本引"中说道，"...制机巧，用小力转大重，升高致远，以运刍粮，以便泄注，干水地，水干地，以上下舫舶。如是诸等机器，或借风气，或依水流，或用转盘，或设关捩，或恃空虚也。"此后不久，熊三拔(S. de Ursis，1575～1620)和徐光启译述的《泰西水法》(1612)最早涉及具体机械，"是书皆记取水蓄水之法"②。书中述及龙尾车、玉衡车、恒升车等取水机械。艾儒略(J. Aleni，1582～1649)的《职方外纪》(1623)中也谈及西方的一些"奇器"。然而明末清初，西方来华传教士传播的欧洲有关机械学方面的一些知识，主要集中在《远西奇器图说录最》和《新制灵台仪象志》这两部书中。

邓玉函和王徵译述的《远西奇器图说录最》首次比较系统地介绍西方机械知识。王徵在序中写道，明末传教士携带来华数千部书籍，"阅其图绘，精工无比"，

第专属奇器之图之说者不下千百种。其器多用小力转大重，或使升高，或令行远，或资修筑，或运刍饷，或便泄注，或上下舫舶，或预防灾祲，或潜御物害，或

① 参阅严敦杰，伽利略的工作早期在中国的传布，科学史集刊，1964，(7)：8～27；William Francis Magie：A Source Book in Physics (Harvard Univ. Press，Cambridge，Massachusetts，1965)，pp. 8～10，17～19.

② 见《四库全书总目提要·子部·农家类》。

自舂自解，或生响生风，诸奇妙器无不具备。有用人力物力者，有用风力水力者，有用轮盘，有用关捩，有用空虚，有即用重为力者。

该书第一卷之始“表性言”中说：

有一大人名亚希默得，新造龙尾车、小螺丝转等器，又能记万器之所以然，今时巧人之最能明万器所以然之理者，一名未多，一名西门。又有绘图刻传者，一名耕田，一名剌墨里。此皆力艺学中传授之人也。

可以说，该书汇总了自阿基米德至当时的西方力学和机械学方面的知识。

《远西奇器图说录最》第二卷“器解”(共 92 款)叙述了简单机械及其原理。如第 2 款指出，“器之用有三：一、用小力运大重；二、凡一切人所难用力者，用器为便；三、用物力、水力、风力以代人力。”第 8 款指出，“器之总类有六：一、天平；二、等子；三、杠杆；四、滑车；五、圆轮；六、藤线。”书中以相当篇幅详细讨论了天平。第 19 款所述实为杠杆原理：“此款乃重学之根本也，诸法皆取用于此。有两系重是准等者，其大重与小重之比例就为等梁长节与短节之比例，又为互相比例。”第 35 款讨论了杠杆的三种形式，即重点、力点和支点在不同位置时的情况。又有，第 50 款指出，“滑车亦天平之类，所以能力与重相等。”第 58 款指出，“轮即等子类，如滑车即天平之类。”第 75 款指出，“前诸器皆有妙用，而此器(藤线)之用更大更妙。”“所以亚希默得常常多用此器，盖取其奇耳。”该卷中还有诸如对静滑轮和动滑论的受力分析、关于功能原理的论述等内容，以上所述及其附图，有些可在伽利略的著作《力学》(Le Mecaniche，1600)中找到其来源[①]。

《远西奇器图说录最》第三卷图说，介绍各种机械的构造和应用，共有 54 幅图说。包括起重 11 图，引重 4 图，转重 2 图，取水 9 图，转磨 15 图，解木 4 图，解石、转碓、书架、水日晷、代耕各 1 图，水铳 4 图。这些机械适用于起重、搬运、提水、取水、粮食加工、锯木等各种实际用途。

据惠泽霖(H. Verhaeren)、李约瑟(J. Needham，1900～1995)等人研究考证，《远西奇器图说录最》一书中许多内容取材于欧洲著名科技专家的著作，如维特鲁维乌斯(Vitruvius，公元前 30 年左右，即旧译未多)的《建筑术》(De Architectura，1567)；斯特芬(Simon Stevin，1548～1620. 即旧译西门)的《数学记录》(Hypomnemata Mathematica，1605)；阿格里科拉(Georgius Agricola，1494～1555. 即旧译耕田)的《论金属》(De Re Metallica，1556)；拉梅里(Agostino Ramelli，1531～1590. 即旧译剌墨里)的《论各种精巧机械》(Le Diversi e Artificiose Machine，1588)；维伦特乌斯(Faustus Verantius)的《新机械》(Machinae Novae，1615)；贝松(Jecques Besson)的《数学仪器》(Theatre des Instruments Mathematiques，1578)；等等[②]。

《新制灵台仪象志》详细描述了当时新制成的六种天文仪器的制造、安装和使用方法。在该书的第二卷之中，也较多涉及简单机械的知识。在“新仪运用莫便于滑车”一节，介绍使用定滑轮、动滑轮和滑轮组吊起或移动重物，既安全又省力。“用一轮之滑车，而力之半能起重之全，... 若用二轮之滑车，则是以力之四分之一而能当全重，... 三四等轮之比例，

---

① 参阅严敦杰，伽利略的工作早期在中国的传布，科学史集刊，1964，(7)：8～27。

② 参阅惠泽霖著、景明译，王徵与所译奇器图说，上智编译馆馆刊，1947，2(1)：26～33；Joseph Needham：Science and Civilisation in China (Cambridge Univ. Press，1965)，Vol. IV -Part II，pp. 211～225.

皆仿此。...”还叙述了使用多对滑轮和滑轮组之所以省力的道理。在“新仪用轮相连以便运动”一节，介绍使用轮轴①，“用大小轮法，... 所为轻便者，在大小轮相连一定之比例，盖大轮之径比小轮之径尺寸有若干，则即省转动之力有若干。”在“新仪用螺旋转以便起动”一节，介绍使用螺旋，“诸仪中最有力者，螺旋转也.... 螺旋转上端用绞柄开之、旋之、紧松之，其绞柄之尺寸比螺旋转之半径若干，则其省力亦若干。其螺旋所以省力之故，则在勾股形之弦与股之比例。”从《灵台仪器图》的图 68 至图 89 所示，可以看出，在各种仪器及其主要零部件的安装(包括移动、搬运、吊装、架设等)过程中，大都应用了杠杆、斜面、绞车、滑轮式滑车(即起重葫芦)，以达到“用小力运大重”的目的。又如图 84 所示，当时还已经使用了多组齿轮装置，来传递运动和动力。

另外，在明代末年，汤若望与焦勖曾辑译《火攻挈要》三卷(1643 年刊行，后又名《则克录》)。在该书的上卷，叙述下铸模和运铳等时，也述及起重、运重、引重的机器，如滑车、绞盘等。又如，汤若望与李天经译述的《坤舆格致》四卷(1643 年刊行，后佚失)，其底本即阿格里科拉的《论金属》(又名《矿冶全书》)②。原著是西方有名的矿冶著作，其中也介绍了矿山机械，如，绞车和绞盘等运输机械，斗链和吸入泵等汲水机械，提升机等起重机械③。

五　热学与气象学知识的传入

1. “四元素说”与冷热干湿性质

与中国的“五行”说相类似和相对应的，西方古代就有了“四元素说”，即认为构成物质的是最基本的四种“元素”——火、水、气、土，它们分别具有热、冷、湿、干四种特性。古希腊哲学家恩培多克勒(Empedocles，公元前 490～前 430)是物质四元素学说的创立者。亚里士多德(Aristotle，公元前 384～前 322)支持并发展了恩培多克勒的学说，加上他自己的关于物质运动和变化的思想以及宇宙观念，构成了亚里士多德的著作《气象学》(Meteorologica)的理论基础。这部著作大约写于公元前 340 年，而在这以后大约 2000 年间，甚至直到 17 世纪末，西方公众广为接受的有关气象学的知识，都是以此理论为依据的④。

明末来华耶稣会士的著作之中，多有涉及西方古代物理学思想和知识的论述。中国最早述及西方四元(火、气、水、土)学说及天地间诸自然现象的著作，大约是高一志(A. Vagnoni，1566～1640)的《空际格致》(二卷，1633)⑤。

在南怀仁的《新制灵台仪象志》卷四里，“验气说”一节的开始就指出：“气者，四元行之一。”又说：“四元行之中，惟气行为最易变.... 但其所为易变者，难以分别，而大概则自冷热干湿而来。”显然，这里所依据的就是“四元素说”和亚里士多德的理论。南怀仁又说，“气在天地之间”，并把天地之间分成上中下三域，“上域近火，近火常热；下域近水土，水土常

---

① 按《灵台仪器图》所示为齿轮。

② 参阅潘吉星，阿格里科拉的《矿冶全书》及其在明代中国的流传，自然科学史研究，1983，2(1)：32～44。

③ 参阅 Joseph Needham：Science and Civilisation in China(Cambridge Univ. Press，1965)，Vol. Ⅳ-Part Ⅱ，pp. 213，216，350，351，395.

④ 参阅 H. H. Frisinger：The History of Meteorology：to 1800(Science History Publications，New York，1977)，pp. 15～16，22.

⑤ 参阅徐宗泽编著，明清间耶稣会士译著提要，1989 年中华书局影印本，第 472 页。

为太阳所射，故气暖也；中域上远于天，下远于地，故寒也。”他以高山顶部和底部、地球南北两极和赤道附近的冷热不同，说明气有“寒暖之分”，“又有轻重厚薄之不同”，“以是知气域之不齐也”。

南怀仁在《验气图说》和《新制灵台仪象志》中，介绍了测量冷热变化和干湿变化的概念。书中说，

> 检验“气”冷热干湿的变化，“全赖人触觉之官”，然而“人之五官所司，惟触司顽钝，而不能显证其气细微之变。”“如有外热攻伐吾身，而身内之本热与之相等，则触司必不觉也；惟外来之热，有过不及于吾身之热，而人之触司才能辨其热之强弱也。”

说明因此需要制造仪器，借感官中最灵敏的视觉，补足触觉之所不及，观察冷热干湿的变化。

2. 温度计

温度计是最早发明的物理仪器之一。一般认为[1]，伽利略在16世纪末的最后几年里发明了温度计，圣托里奥(Santorio Santorre，又作Sanctorius，1561～1636)、弗拉德(Robert Fludd，1574～1637)和德雷贝尔(Cornelius Drebbel，1572～1633)在17世纪初的二十多年间，都曾独立地发明过。初期的温度计，大多都是结构类似的空气温度计。这种温度计在17世纪前半叶曾得到广泛使用。

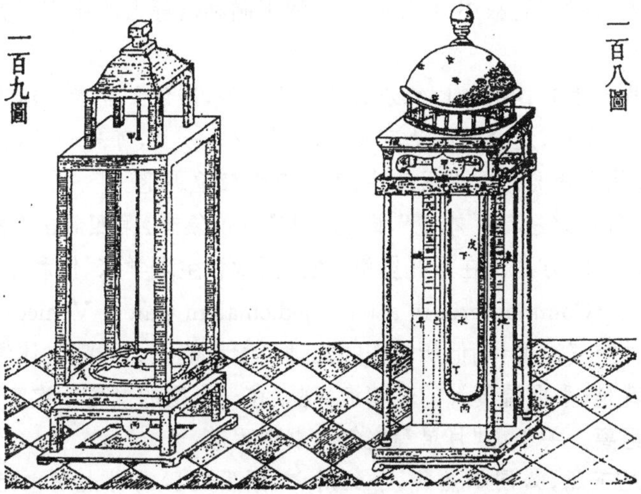

图7-3 南怀仁介绍的温度计和湿度计

右：温度计；左：湿度计

南怀仁在《新制灵台仪象志》中描述了“测气寒热”的仪器即温度计(见图7-3，右)的制作方法：

> 用琉璃器，如甲乙丙丁；置木板架，如一百八图[2]。上球甲，与下管乙丙丁相

① 参阅 F. Sherwood Taylor: The Origin of Thermometer, Annals of Science, Vol. 5(1942), No. 2, pp. 129～156; W. E. Knowles Middleton: A History of the Thermometer and Its Use in Meteorology (Baltimore, The Johns Hopkins Press, 1966), pp. 4～23.

② 原文误为“一百九图”。

通；大小长短，有一定之则。木架随管长短，分三层，以象天地间元气之三域。下管之小半，以地水平为准。其上大半，两边各分十度。其所划之度分，俱不均分，必须与天气寒热加减之势相应。故其度分离地平线上下远近若干，则其大小应加减亦若干。...盖冷热之验有所必然者，故候气之具，自与之相应。而以冷热之度，大小不平分相对之。

在《验气图说》的“作法”一节，有几乎完全相同的描述。不同之处仅在于，缺自“其所划之度分”至“大小不平分相对之”之间的文字，而有这样的话：“管内注烧酒（冬月免冻），酒满至地水平线。而验气之具备矣。”

因此，可以知道，南怀仁制作的温度计，管子呈U形，管内注烧酒（或水）；他以一水平线为基准，将管子划分成上半部较长、下半部较短的两部分，对应天气的冷热作了一些不等分的分度，以作为测量温度的标尺。显然，从本质上说，这种温度计类似于伽利略等人发明和使用的温度计，它实际上仍属早期那种没有固定点而且温标是任意的空气温度计。

南怀仁的著作中列举了温度计的四种用途——“测天气”、“测地气”、“测人物气”和“测太阴金木等星之情气”。研究表明①，南怀仁介绍的温度计用途和使用方法，来源于西方近代早期的一些知识。他在书中叙述可用温度计测一日之内的不同时刻、一年之内的不同季节、不同年份的各节气、以及各个地点的温度变化。而伽利略等人就是利用他们制作的温度计测定过同一地点在不同时间和季节、以及不同地点的温度变化。因此，南怀仁的关于测“天气”和测“地气”的叙述，可以视为来源于伽利略等人的研究。关于测“人物气”，书中写道：

比如有两人于此，其齿同，欲分别其气质何如，则使之各摩上球甲，至刻之一二分（一分即六十秒。定分秒之法有本论，大约以脉一至，可当一秒），视水升降若干，则两人之气质分矣。医者用是法，可定病之轻重进退。

这里所谓“定分秒之法”的“本论”，即《新制灵台仪象志》第四卷的“垂线球仪”一节中叙述的用摆测量时间的方法。在圣托里奥（他是医学和生理学家，伽利略的朋友）的《关于盖伦医药学的评注》(Commentaria in artem medicinalem Galeni Venice，1612)中，曾最早描述和图示了多种空气温度计。他所制作的几种可测量健康人和病人体温的温度计，其中一种的测量方法就是，手握温度计的玻璃泡，观察在一个摆的摆球十次来回摆动期间温度计中液体下降的距离。关于测“月星等之气”，书中写道：

天星之光下照，必同带热气，今欲辨之，则用此器面对太阴之光，则乙庚之水，必退数分而向地平。若有它物遮隔其光，则水必上地平而归原数。故知太阴之光，全属冷气，测金木等星之情气，皆仿此。但星光愈微，则所用测器必愈大矣。

圣托里奥曾用他制作的温度计比较太阳和月亮的热度。当然，事实上，月亮及其它星球的光线的热度小得用这种方法根本探测不到。南怀仁所介绍的测“人物气”和“月星等之气”的方法，可认为来源于圣托里奥的研究。

至于温度计的原理，南怀仁解释说：

夫水之升降，为冷热之效故矣，然其何故也？盖如上球甲，一触外来热气，则内所含之气稀微舒放，奋力充塞，则球腔既无所容，又无隙漏可出，势必逼左管之

① 参阅王冰，南怀仁介绍的温度计和湿度计试析，自然科学史研究，1986 5(1)：76～83。

水，从地平而下至丁，右管之水，从地平而上至戊矣。此热之理所必然也。若冷之理则反是，盖冷气于凡所透之物，收敛凝固，如本球甲，一触外来之冷气，则内所含之气必收敛，左管之水，欲实其虚，故不得不强之而上升矣。…

所述甚是肤浅。其实，这种温度计只能观察到温度的变化，也只能测量相对的冷热程度。17 世纪欧洲许多科学家曾进行有关温度计的使用及其改进的大量实验研究。对此，来华西方传教士未能及时介绍。

在《验气图说》和《新制灵台仪象志》中，某些内容，例如，述及温度计的制作时，将"木架随管长短分三层，以象天地间元气之三域"；温度计"亦可以别药材花草等香味力气，以定其性之温热平冷"；等等，显然是不科学或错误的。

3. 湿度计

17 世纪时在欧洲出现了定量的湿度计。因为人们很早就认识到物质有吸湿的性质，所以根据物质吸收潮气后在重量、形状、尺寸(长度或体积)等方面的变化，制成了各种类型的吸湿性湿度计①。其中有一种是弦线扭转式湿度计，即利用弦线或肠线在干燥和潮湿情况下扭转程度的不同来测定湿度。这种类型的湿度计又可依弦线的长短而分作两类。一般认为，莫利纽克斯(William Molyneux，1656～1698)在 1686 年发表的著作中描述了长弦线型湿度计。用大约一磅重的金属球，悬挂在一定长度的肠线下端，球上附有一个指针，随着空气湿度的变化，肠线会朝一个方向或另一个方向扭转，指针就在一个水平刻度盘上作出定量的指示。

南怀仁在《新制灵台仪象志》卷四"测气燥湿之分"一节中，介绍了湿度计(见图 7-3，左)的制作及测量方法：

欲察天气燥湿之变，而万物中惟鸟兽之筋皮显而易见，故借其筋弦以为测器，见一百九图。法曰：用新造鹿筋弦，长约二尺，厚一分，以相称之斤两坠之，以通气之明架空中横收之。上截架内夹紧之，下截以长表穿之。表之下安地平盘，令表中心即筋弦垂线正对地平中心。本表以龙鱼之形为饰。验法曰：天气燥，则龙表左转；气湿，则龙表右转。气之燥湿加减若干，则表左右转亦加减若干，其加减之度数，则于地平盘上之左右边明划之。而其器备矣，其地平盘上面界分左右，各划十度而阔狭不等，为燥湿之数，左为燥气之界，右为湿气之界。其度各有阔狭者，盖天气收敛其筋弦有松紧之分，故其度有大小以应之。…凡欲分别东西南北各方之风气，或上下左右各房屋之气，燥湿何如，以此器验之，无不可也。

显然，这里所叙述与图示的"测器"，应属弦线式吸湿性湿度计。虽然南怀仁介绍得比较简单而且不是很清楚，不过仍然可以知道他所描述的湿度计极类似于莫利纽克斯制作的湿度计。值得注意的是，一些权威著作在论述弦线扭转式湿度计时，均以莫利纽克斯的记述为最早②，然而事实上，南怀仁绘制《灵台仪器图》和著述《新制灵台仪象志》，则都在

① 参阅 W. E. K. Middleton：Invention of the Meteorological Instruments(The Johns Hopkins Press，Baltimore，1969)，pp. 85～110；A. Wolf：A History of Science，Technology and Philosophy in the XVIth and XVIIth Centuries (London，George Allen & Unwin Ltd.，1935，1950)，pp. 307～308.

② 参阅 W. E. K. Middleton：Invention of the Meteorological Instruments(The Johns Hopkins Press，Baltimore，1969)，p. 95；A. Wolf：A History of Science，Technology and Philosophy in the XVIth and XVIIth Centuries(London，George Allen & Unwin Ltd.，1935，1950)，p. 307.

此之前。由于缺乏深入研究所必需的早期的史料，目前尚不能断定南怀仁制作的湿度计是仿制他人抑或自己创造。但是可以肯定的是，17世纪下半叶，来华西方传教士制作了中国最早的定量的湿度计，并且在时间上早于西方书籍中有关同种类型湿度计的记述①。

六　光学知识的传入

1.《崇祯历书》中的光学知识

明清之际，来华传教士在介绍西方天文学知识的著作《崇祯历书》（清初被改编为《西洋新法历书》）中，也介绍了一些浅显的光学知识，内容涉及有关影、像、光、色、大气折射等方面。

几何光学基本定律，在有的书里得到了明确的阐述。如《测量全义》中说到，“有光之体自发光，必以直线射光至所照之物”，这实际上就是光的直线行进定律；还说到，“有光之多体同照，光复者必深，而各体之本光不乱”，这实际上就是光的独立传播定律。《交食历指》中说到，“凡象斜射次澈之体，以垂线为主，曲折通之，初入则聚折而向于垂线，既出则散析而离于垂线也。”这里描述了光从光疏介质射入光密介质，以及从光密介质射入光疏介质时，光线曲折的情形。

2. 关于视觉

人究竟是如何看见周围的物体的？这个问题自古以来始终被人们所关注。它既是光学问题又是生理学问题。事实上，视觉机制是一极复杂的生理光学过程，至今科学家们仍在深入探索。

汤若望在《远镜说》一书的开始，即“自序”一节中首先说到：

> 人身五司，耳目为贵，无疑也。耳与目又孰为贵乎？昔亚利斯多称耳司为百学之母．．．．若目司，则巴拉多称为理学之师。何者？盖当其陡与物遇，见其然，即索其所以然。由粗入细，由有形入无形，理学始终总目为牖矣．．．．

这里所提到的“亚利斯多”即亚里士多德，“巴拉多”即柏拉图（Plato，约前427～前347）。在“原由”一节中又说到：“盖凡物之有形者，必发越本象于空明中以射人目。若象目交接之间无所阻碍，则象从径线直射入目矣；苟如为他物所间，则本象或斜透其照而易者有之，或反映其照而易者有之。”这里的“本象”与“象”，意指物体本身发出某种东西；“斜透”与“反映”分别意指折射与反射。

上面的两段话涉及古代西方关于视觉问题的观点。在古希腊，一种观点，以毕达哥拉斯（Pythagoras，前570～前496）、德谟克利特（Democritus，前460～前370）等人为代表，认为视觉是由物体发射出的微粒进入人眼而引起的。另一种观点，则以柏拉图、恩培多克勒、欧几里得等人为代表，认为视觉是由于人眼发射的某种东西与物体发出的某种东西相遇才引起的②。《远镜说》极为简略地提到了柏拉图等人关于视觉的看法。

在此需要指出，明末清初甚至直到晚清，一些基本概念的表述时常十分含混，名词术语也多不达意。例如关于“物”、“影”和“像”，现在一般认为：“物”——物体或实物；

---

① 参阅王冰，南怀仁介绍的温度计和湿度计试析，自然科学史研究，1986，5(1)：76～83。

② 参阅 Florian Cajori：A History of Physics (MacMillian Company，1928)，p. 10.

"影"——光在传播过程中遇到不透明物体时，在物体后方形成的阴暗区域；"像"——从物体发出的光经过光学系统（即按某种方式排列使光线反射或折射的镜、透镜、棱镜、光阑等，或者它们的组合）后所形成的与物体相似的图景。在中国古代，对"影"和"像"的概念不能明辨，两者常混淆。从先秦的《墨经》直到晚清邹伯奇(1819～1869)的《格术补》(1874)，均是如此。这种情况也出现在明清传教士介绍西学的著作中。

3. 反射与折射

光在介质中传播，介质可以分为两种。《远镜说》述及，"象与目交而为物所间，概有二焉：一曰不通光之体；一曰通光之体。"《新制灵台仪象志》则称之为"难通光之体"和"易通光之体"。

光在传播过程中，在两种介质的界面处传播方向会发生变化，即发生反射和折射。关于反射，《远镜说》指出，"不通光之体可借喻镜面。夫镜有突如球、平如案、洼如釜之类。其面皆能受物象，而其体之不通彻皆不能不反映物象。反映之象自不能如本象之光明也，所谓反映者此也。"这里说到：光遇到"不通光"的凸面、平面、凹面的镜面时，必然被反射；而且，反射光的强度比入射光的强度为小。但是未能明确阐述反射定律。

关于折射，汤若望的《远镜说》指出，"通光之体又分二体：一谓物象遇大光明易通彻者，比发象元处更光明而形似广而散焉；一谓物象遇次光明难通彻者，比发象元处少昏暗而形似敛而聚焉。"这里所说，经"通光之体"折射后的光，或"广散"或"敛聚"，实际上对应了"通光之体"为光疏介质或光密介质的情况。该书又进一步指出，光通过同样质地的物体，"亦有广散敛聚之别，则以同体而不同形耳。"如"中高类球镜"（即凸透镜）和"中洼类釜镜"（即凹透镜），分别有"渐聚"和"渐散"的功能。该书还试图以人们视水盂底钱币位置的升高——"置钱于碗，远立者视之不见，注水溢碗，钱浮于水面矣"，水中篙橹的曲折，以及渔夫叉鱼的经验为例，定性解释折射现象。但总的说来，《远镜说》关于折射现象的叙述和解释很不清楚也不科学。

在南怀仁著《新制灵台仪象志》的卷四，"测气燥湿之分"和"气水等差表"等节中，也论及光的折射现象的规律，以及使用仪器测量折射的方法和结果。该书中说：

> 夫通广之体有二：一光明易为透彻；一难透彻，皆由本体各有厚薄之分，厚薄有加减，则其所通光之差亦因之而有加减。又凡其所差，以天顶线为主，其顶线则立于光所初入之地。夫日月诸星之光，若从易通光之体而入难通光之体，则其所透之光必向顶线而凝聚矣；若从难通光之体而入易通光之体，则其所透之光必离顶线而涣散矣。

这里的叙述比将近半个世纪前的《远镜说》稍有进步。然而，该书将介质的疏密（即折射率）不同说成"厚薄之分"，将法线说成"天顶线"或"顶线"，这些错误说法极易造成概念上的混淆。

《新制灵台仪象志》介绍了测量折射的方法。在一个半球形的容器中盛满水，"用两象限仪，一在水面上，一正对于水面下"，使"两象限仪相对"，且同穿于顶线轴上。通过"窥衡表"，测量"水外日高之度数"和"水中表影所射之度数"；或者不用日光，"则目依窥衡表"，观察"水中所窥对之度数"，这样可测得空气-水折射时的入射角和折射角。用类似的方法也可测得其他介质情况的入射角和折射角。该书叙述的方法，从根本上来说，即为托勒密(Claudius Ptolemy，约90～160)开创的、由阿勒哈增(Ibn al-Haitham，约965～1038)、维特罗(Witelo,约1230～1275)等后人因袭沿用的实验方法。

《新制灵台仪象志》依“比例法”列出了七个折射表。其中“气水差全表”是入射角为1～90度(间隔为1度)时的折射角度表;其余“气水差”、“水气差”、“气玻璃差”、“玻璃气差”、“水玻璃差”和“玻璃水差”等六个表,都是入射角为10～80度(间隔为10度)时的折射角度表。在表7-1中列出了上述六个表的数值(“南怀仁值”),同时列出了各相应情况的折射角的理论值[计算时取折射系数为n(空气)=1,n(水)=4/3,n(玻璃)=3/2],以及托勒密测定的空气-水折射角(“托勒密值”)。

表7-1　《新制灵台仪象志》中的六个折射表(附理论值及托勒密值)

入射角	空气-水折射角(“气水差”)			水-空气折射角(“水气差”)		空气-玻璃折射角(“气玻璃差”)		玻璃-空气折射角(“玻璃气差”)		水-玻璃折射角(“水玻璃差”)		玻璃-水折射角(“玻璃水差”)	
	理论值	南怀仁值	托勒密值	理论值	南怀仁值	理论值	南怀仁值	理论值	南怀仁值	理论值	南怀仁值	理论值	南怀仁值
10°	7°29′	7°46′	8°	13°24′	12°05′	6°39′	7°0′	15°06′	13°0′	8°53′	9°30′	11°16′	10°30′
20°	14°52′	15°25′	15°30′	27°08′	24°30′	13°11′	13°30′	30°52′	26°30′	17°42′	18°30′	22°38′	21°30′
30°	22°01′	22°50′	22°30′	41°48′	37°30′	19°28′	19°30′	48°36′	40°30′	26°23′	27°0′	34°14′	33°0′
40°	28°49′	30°0′	29°	58°58′	51°0′	25°22′	25°0′	74°37′	55°0′	34°51′	35°0′	46°19′	45°0′
50°	35°04′	36°35′	35°		65°0′	30°43′	30°0′		70°0′	42°55′	42°30′	59°31′	57°30′
60°	40°30′	42°21′	40°30′		79°30′	35°16′	34°30′		85°30′	50°20′	49°30′	76°58′	70°30′
70°	44°48′	46°58′	45°30′		94°30′	38°47′	38°30′		101°30′	56°37′	56°0′		84°0′
80°	47°37′	50°	50°		110°0′	41°02′	42°0′		118°0′	61°05′	62°0′		98°0′

可以看出,以上折射表中,除“气水差”表外,其余“水气差”(该表首项也除外)、“气玻璃差”、“玻璃气差”、“水玻璃差”、“玻璃水差”等五个表中的折射角数值,各自组成二阶等差数列,即各表中每相邻两个折射角数值的差形成公差为半度的等差数列,其来源可追溯到托勒密的《光学》(Optics)和维特罗的《透视学》(Perspectiva,1270)。在“水气差”、“玻璃气差”、“玻璃水差”三个表中,出现了光从光密介质到光疏介质时折射角大于90度的情况。对于确定了的两种介质,对应每一入射角,疏-密折射时的入射角与折射角的角度之差,数值上等于密-疏折射时的折射角与入射角的角度之差。这种情况来源于维特罗错误地运用了光的可逆原理,而对全(内)反射现象没有认识①。

17世纪初,开普勒已从原理和实验上揭示了全反射现象。1621年斯涅尔从实验中总结出折射定律,1637年笛卡尔又以正弦形式表示了该定律。南怀仁在《新制灵台仪象志》中介绍的是17世纪初以前西方对折射现象的认识和定量结果。虽然该书1674年出版时,距离斯涅尔和笛卡尔的工作已有数十年,而且,明末编纂《崇祯历书》时,关于三角函数的知识已经传入我国,但是《新制灵台仪象志》一书却没有给出严格的数学关系,即未能介绍折射定律。

此外,明末清初,在《崇祯历书》、《新制灵台仪象志》等一些天文学著作中,也多涉及“蒙气差”问题,即,由于地球周围大气的折射作用,因而视天体的方向和高度与其真实情况有差别。

4. 色散现象

最早在中国介绍西方关于色散现象的知识的是利玛窦。他来华后,住处陈列有世界地

① 参阅王冰,南怀仁《新制灵台仪象志》所述之折射,自然科学史研究,1985,4(2):195～198。

图、天文仪器、自鸣钟、三棱镜等使中国人感到新奇的物品。他用三棱镜演示光的色散现象,引起了众人的惊喜和好奇。这也是西方物理学知识传入中国之肇始。

南怀仁在《新制灵台仪象志》卷四的“测空际异色并虹霓珥晕诸象”一节中,比较详细地讨论了棱镜,尤其虹霓的色散现象。书中说,“空际彩色之异,从云气之厚薄而生”,“...三棱角玻璃...分三等厚薄 ...因而所见彩色约分三等”。棱镜顶端部分“较他层更薄,日光易透,故其所映之光稍混而彩色与原光相近,其所现之色浅淡如香圆色是也”;棱镜底部“较他层厚甚,日光难透,故其所映之光朦混而彩色与原光相近,其所现之色深浓如天青色是也”;“玻璃中层在厚薄之间,故人目透视之日光其彩色乃在青黄之中如红花色是也。”“其余诸色,从此三色交映而生。盖太阳之光斜玻璃必多混杂,其玻璃厚薄若干,则日光混杂亦若干,而其所现彩色浓淡即若干矣。”“然则日光之浓淡昏明,无不从玻璃之厚薄而生也。审此,则玻璃所现之彩色与虹霓之彩色,其理固无异矣。”所述大多是西方早期的一些不科学乃至错误的认识。书中还以较大的篇幅讨论了虹霓的情况:如,水滴与阳光是生成虹的必要条件,“虹霓,乃润云被日对照,而成多色之弧也”;虹出现的方位,“虹之见也,必朝西而暮东,亦或东北也”;数量,“同时多虹可成”;色彩的浓淡与排列,“论其色之奇,三变不如二变,二变不如初变....至言二变之虹较初变之虹,色虽同而序相反”;并定量地介绍了虹霓和日晕的彩弧的视半径,“天文家常测得虹霓之半径为四十五度,日晕半径为二十二度半”。总之,南怀仁叙述的关于棱镜色散和虹霓生成的解释,是牛顿以前西方对色散现象的知识。1666 年牛顿用三棱镜研究日光的色散,两年后他又制成反射望远镜,他认为,折射望远镜不能消除色差,色散的产生是由于透镜本身厚度的不同而引起的。后来,牛顿经过进一步研究,发现白光是由各种色光复合而成的,1672 年发表了著名的《关于光和色的新理论》,正确解释了棱镜的分光现象。这些新的知识和新的发现,比《新制灵台仪象志》成书稍早些,但未能及时被介绍。

5. 眼镜和望远镜

眼镜大约在明代从外国传入,具体时间不确。明末汤若望的《远镜说》则最早从光学角度述及眼镜。该书的“附分用之利”部分,就叙述了构成望远镜的两种透镜——凸透镜和凹透镜——即眼镜的功用。书中指出,“中高镜”“利于苦近视者用之”,即凸透镜便利于患远视的人;“中洼镜”“利于苦远视者用之”,即凹透镜便利于患近视的人。《远镜说》一书中还画有凸透镜的凹透镜的光路图,然而这些光路图却是错误的。

望远镜最早在阳玛诺(E. Diaz Jr. ,1574~1659)所著《天问略》(1615)中提及——该书以问答及图解形式说明天象原理。书中说到,“近世西洋精于历法一名士,务测日月星辰奥理而衰其目力尪羸,则造创一巧器以助之。”在简要说明了持此器观远物,观月、金星、土星、木星、及列宿之天的情况之后,又说,“待此器至中国之日,而后详言其妙用也。”显然,这里所说的“近世西洋精于历法”的“名士”,即为伽利略,他在 1609 年制成望远镜,并首先用于天文观测。次年伽利略在《星际使者》(Sidereus Nuncius,1610)一书中公布了他借助于望远镜观测而获得的天文学上的新发现。《天问略》在中国最早简要介绍了天文望远镜及其观测的情形,只是未提及伽利略的名字,而实物望远镜当时尚未传入中国。

数年之后汤若望在《远镜说》的“利用”部分,一开始就说,“夫远镜何昉乎?昉于大西洋天文士也。”虽然未提及人名,实际即指伽利略。在这部分,通过列举利用望远镜仰观太阴(月亮)、金星、太阳、木星、土星和宿天诸星,以及直观远处山川江河、树林村落、人物行动、海上行舟和室中诸远物的情形，说明望远镜在天文观测、战争及日常生活中的功用。“附分用之利”部分，首先说到，“夫远镜者，二镜合之以成器者也。”在叙述了凸透镜和凹透镜的功用之后，指出两者“分用不如合用之”，“远镜者，目明益明，象显益显，实备非常之用者也。”“原由”部分，在描述并定性解释光的折射现象之后，说明凸透镜和凹透镜组合使用可“彼此相济，视物至大而且明也。”“造法用法”部分，首先叙述望远镜的制造和结构，“用玻璃制一似平非平之圆镜，曰筒口镜，即前所谓中高镜，所谓前镜也。制一小洼镜，曰靠眼镜，即前所谓中洼镜，所谓后镜也。须察二镜之力若何相合，若何长短，若何比例，若何苟既；知其力矣，知其合矣，长短宜而比例审矣，方能聚一物像虽远而小者，形形色色不失本来也。”“镜止于两，筒不止于两。筒筒相套，欲长欲短，可伸可缩。”其次叙述望远镜的使用，安置和保养的方法与注意事项。

《远镜说》的“利用”部分列举的用望远镜仰观太阴、金星、太阳、木星、土星和宿天诸星的情形，多取材于伽利略的著作《星际使者》。书中所附望远镜观测示意图“月初四形”、“月上弦形”、“积尸气之图”和“觜宿之图”，亦引自伽利略《星际使者》中的月面图、蜂巢星团图和猎户星团图①。但上述四幅图中的后三幅，与伽氏原著附图或上下或左右颠倒，疑为刻板时不慎所致(见图 7-4，图 7-5)。

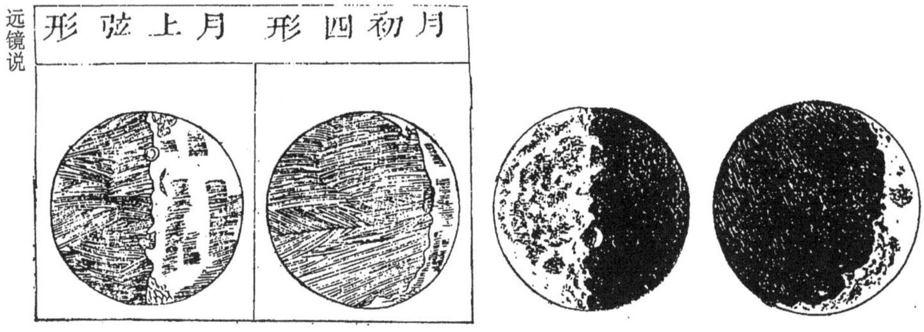

(a)　　(b)

图 7-4　汤若望《远镜说》与伽利略《星际使者》中的月面图

(a)汤若望《远镜说》中的月面图　(b)伽利略《星际使者》中的月面图

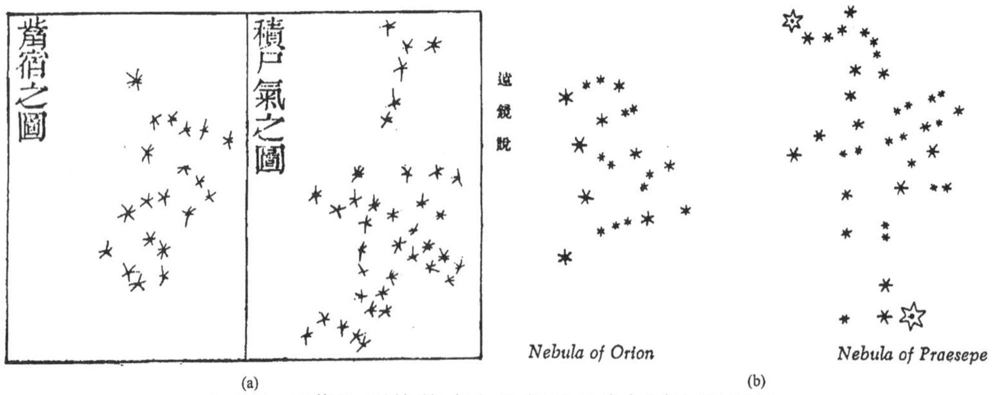

(a)　　(b)

图 7-5　汤若望《远镜说》与伽利略《星际使者》中的星团图

(a)汤若望《远镜说》中的星团图　(b)伽利略《星际使者》中的星团图

① 参阅严敦杰，伽利略的工作早期在中国的传布，科学史集刊，1964，(7)：8～27。

需要指出的是,《远镜说》中关于光的折射现象及其定性解释,透镜及透镜组的成像原理等的叙述,既不清楚也不科学。书中所附"金星消长上下弦之图"、"太阳之图"和"木星之图"三幅图,实为持地球中心说的观点。另外,说明人眼通过透镜视物以及说明折射现象的七幅光路图,全部都是错误的。这些对后世也有相当影响。

关于《远镜说》翻译所据的底本问题,至今说法不一。如方豪认为①,该书是吉罗拉莫·西尔图里(Girolamo Sirturi)著《望远镜,新的方法,伽利略观察星际的仪器》(Telescopium,Sive ars Perficiendi novum illud Galilaei Visorium Instrumentum ad Sidera,Frankfurt,1618)一书的译本。李约瑟(Joseph Needham,1900～1995)则认为并不是这样,虽然很可能是据此撰写的②。总之,有关这方面的问题尚有待进一步研究。

七 西方物理学知识传播的影响

1. 力学与机械学知识的应用及影响

清代康熙初年,一些物质的比重数值传入中国后,由于它们比中国历来沿用的数值准确,因此推动了清廷进行重新测定比重的工作。康熙年间,梅瑴成(1681～1763)等人在清廷内蒙养斋大规模地进行天文律历数学书籍编纂的工作时,曾主持测定了赤金、纹银、水银、红铜、白铜、黄铜、钢、生铁、熟铁、高锡、六锡、倭铅、黑铅、白玉、金珀、白玛瑙、红玛瑙、砗磲、青石、白石、红石、象牙、牛角、沉香、白檀、紫檀、花梨、楠木、黄杨、乌木、油、水等32种物质的比重("轻重率")。测定结果记载在《数理精蕴》(1723)下编卷三十("各体权度比例")和《增删算法统宗》(1757)卷一("蒙养斋校准之率")之中。我们如果根据清代和现今的度量衡对所测各值加以换算,则可知当时测定的数值与现今使用的数值相当接近③。乾隆年间,清廷还曾进行过各地泉水比重的测定。"高宗纯皇帝称试天下各水,以京师玉泉山为最轻",故以玉泉水为基准,"曾制银斗较量玉泉之水,每斗重一两",然后用这一量器去测定其他地方的水的重量④。

康熙皇帝鉴于在清初的历法之争中因不通天算而无法明断是非,因而发奋学习中西科学知识。他命传教士每日轮流进讲西学,在出外巡幸期间也携带仪器观察。康熙曾测算过雷声和炮声传播的距离:"其算法依黄钟准尺寸,定一秒之垂线,或长或短,或轻或重,皆有一定之加减。先试之铳炮之属,烟起即响,其声益远益迟。得准比例,而后算雷炮之远近,即得矣。"⑤ 他的方法是利用单摆("垂线球仪")测定时间,即测出从看到烟起或闪电至听到炮声或雷声的时间间隔,从而推断出声源的距离。

西方力学和机械学知识传入中国,17世纪初,出现了有关机械、工程和水利方面最早的和影响最大的三部书,即《泰西水法》、《远西奇器图说录最》和《新制诸器图说》。前两部

---

① 方豪,伽利略生前望远镜传入中国朝鲜日本史略,《方豪文录》,(北平,上智编译馆,1948年)第292～294页;方豪,《中西交通史》,(长沙,岳麓书社,1987年重印本)下册第709页。

② 李约瑟、鲁桂珍,江苏的光学技艺家。见潘吉星主编:李约瑟文集,沈阳,辽宁科学技术出版社,1986,第532～566页。

③ 参阅王冰,西方物质比重知识在明末清初的传入及影响,中国科技史料,1997,**18**(4):11～19。

④ 见(清)刘岳云《格物中法》卷二(1899)。

⑤ 见《康熙几暇格物编》"雷声不过百里"条。

书是来华耶稣会士与中国学者合作译述的，而最后的一部则是王徵本人的著述。王徵在《新制诸器图说》中整理总结了他多年研制机械的成果，同时亦吸收了西方的机械知识。书中包括虹吸、鹤饮、轮激、风垲、自行磨、自行车、轮壶、代耕、连弩等九种器械。王徵还有《额辣济亚牖造诸器图说》等多种著作。他应用西方力学和机械学知识，结合中国传统技术，设计和制造了许多实用器械，其中大部分是农用机械，如龙尾车、恒升车、榨油活机、螺丝转梯、运石机器等；他曾为明军设计制造连弩活机、自行车、自飞炮等攻防武器；他还制造过天文仪器。

中国学者吸收西方力学和机械知识，进行研究和仿制，甚至有所创造者，明末当以王徵为典型，清初则应推黄履庄(1656～?)为代表。据《虞初新志》卷六之中的“黄履庄传”载，他青少年时代就有奇巧的制作，后来，“因闻泰西几何、比例、轮捩机轴之学，而其巧因以益进”。他在28岁之前，已经制造过相当多的机械仪器，并著成《奇器目略》一书(已佚)。在黄履庄的表兄戴榕为他所作的这篇小传中，虽仅“偶录数条，以见一斑”，但就已列出了27种器具。其中与机械有关的有自行驱暑扇、木人掌扇、龙尾车、报时水、瀑布水等。

然而总的说来，西方力学和机械学知识在明末清初的中国传播和影响的范围是很有限的。《远西奇器图说录最》等书出版后，只有少数机械在部分地区被仿制和应用。

2. 温度计、湿度计及气压计的应用与制作

在南怀仁介绍并制作了定量的温度计和湿度计之后十数年，1689年康熙南巡期间，来华传教士毕嘉(J. D. Gabiani，1623～1696)和洪若翰(J. de Fontaney，1643～1710)在南京呈献的方物之中有“验气管”二架。这两架仪器于第二年被送抵北京，它们很可能是最早传入宫廷的寒暑表和风雨表。后来康熙曾向传教士张诚(J. F. Gerbillon，1654～1707)询问过它们的用法①。“验气管”，又名“察天筒”，“以玻璃筒二，式如笔管，长一尺余，内实水银，置之匣中，旁书和(荷)兰字。其水银自能升降，大约晴明则水银下沉，阴晦则水银上浮，然浮沉有高低，睹其旁字，以察风雨晦暝，未尝不验。”②由此可知，这时已有水银温度计和水银气压计传入中国，并且得到应用。

温度计和湿度计的知识及其实物传入之后，中国民间也有人仿制或自制。康熙年间，黄履庄曾制可测量气温与体温的“验冷热器”，“此器能诊试虚实，分别气候，证诸药之性情。”这大概是一种空气温度计。他又制“验燥湿器”，“内有一针，能左右旋，燥则左旋，湿则右旋，毫发不爽，并可预证阴晴。”这可能是一种湿度计或气压计③。乾嘉年间，黄超(原名黄桢，字铁年)、黄履父女也曾”自制寒暑表，不差累黍”④。

3. 光学器具的研制和光学知识的发展

《远镜说》刊行之后，许多书中都论及伽利略望远镜。明末，中国开始制造实用光学仪器。1629年徐光启曾奏请制造“急用仪象”，其中有“装修测候七政交食远镜三架”，请求拨工料制造⑤。但关于望远镜的透镜如何制作或来自何处，至今尚未发现记载，亦不知望远镜是否制成。然而两年之后，徐光启确实已经使用望远镜观测日食和月食，并体会到用望

① 参阅方豪，伽利略与科学输入我国之关系，《方豪文录》，北平，上智编译馆，1948年，第287-292页。

② 见王大海，《海岛逸志》。

③ 参阅戴榕，黄履庄传。见张潮，《虞初新志》卷六。

④ 见(清)王端履辑，《重论文斋笔录》卷五。

⑤ 见《徐文定公集》卷四，“条议历法修正岁差疏”；《明史》卷二十五，志第一，天文一，仪象。

远镜观测天象要比目测优越得多①。徐光启去世后，1634 年李天经又“请制日晷，星晷，望远镜三器”②。并且除伽利略式望远镜之外，其它类型的望远镜也传入中国，如在《皇朝礼器图式》(1759)中记载的一种“摄光千里镜”实际上就是格雷戈里式反射望远镜。

实物望远镜大约在《远镜说》刊行前后由传教士携至中国。明清来华传教士呈献的珍奇方物之中，多有望远镜。如汤若望和罗雅谷于 1634 年 2 月 2 日向朝廷呈献一架从欧洲带来的单筒望远镜③。可惜的是，传教士带来的包括望远镜在内的仪器物品大都被深藏在宫廷内（其中，收藏在圆明园宫殿里的许多器物则于 19 世纪 60 年代英法联军入侵北京时被毁），未能发挥应有的作用和影响。

明清时期，中国民间也有不少人研制望远镜等光学器具。明末，薄珏曾成功地把“千里镜”（即望远镜）应用于战争，观察敌方所在和炮弹落点④。孙云球是苏州眼镜业的创始人，他还制造过“千里镜”（望远镜）、“存目镜”（放大镜）、“万花镜”、“鸳镜”、“半镜”、“夕阳镜”、“多面镜”、“幻容镜”、“察微镜”（显微镜）、“放光镜”、“夜明镜”等七十种光学仪器和器具，后人誉之为“神明不可思议”。他总结制镜经验，写成《镜史》一书（已佚），当时“坊市依法制造，遂盛行于世”。他的工作对于中国早期光学仪器的发展起了重要作用。黄履庄也研究制作过“千里镜”（望远镜）、“临画镜”、“显微镜”、“多物镜”、“取火镜”、“取水镜”等。更有“瑞光镜”，“制法大小不等，大者径五六尺，夜以一灯照之，光射数里，其用甚巨。冬月人坐光中，遍体生温，如在太阳之下”⑤，似为探照灯一类的装置。黄履曾将“千里镜于方匣上布镜四，就日中照之，能摄数里之外之影，平列其上，历历如绘。”⑥这大概是把取景器和千里镜结合起来的一种远程取景器。

清代以郑复光（1780～？）和邹伯奇（1819～1869）为代表的光学理论研究，使中国传统光学的研究达到了顶峰。他们的研究不但继承了中国古代传统的光学知识，而且充分吸收了传入的西方光学知识。郑复光在他的著作《费隐与知录》（1842 年刊行）和《镜镜诊痴》（1847 年刊行）中，多处引用明末清初来华传教士著作的内容。由于郑复光生活在闭关锁国的时代，不可能也无从及时了解同时代西方科学发展的情况，因此他除了吸取明末清初传入的知识之外，研究和著述基本上是在孤立状态中进行的。邹伯奇在他的著作《格术补》（1847 年刊行）中，独立推导出透镜和透镜组的焦距公式，详细讨论了放大镜、几种折射和反射望远镜（实即伽利略式、开普勒式、格雷戈里式、和卡塞格伦式望远镜），以及显微镜的结构、原理和性能。关于邹伯奇接受西方光学知识的情况，尚有待进一步探讨。

4. *物理学概念和物理学名词的形成*

随着近代西方物理学知识的传播，明末清初，在中国出现了许多新的概念——如，物理学、力学、重力、重量、重心、平衡、浮力、比重、反射、折射、色散、等等；也出现了许多新的器物——如，各种简单机械、摆、温度计、湿度计、眼镜、望远镜，等等。

① 见《徐文定公集》卷四，“日食疏”，“月食依法推步具图呈览疏”；《明史》卷三十一，志第七，历一。

② 见《明史》卷二十五，志第一，天文一。

③ 见 Alfons Väth：Johann Adam Schall von Bell S. J.：Missionar in China，Kaiserlicher Astronom und Ratgeber am Hofe von Peking 1592～1666（Koln，1933），p. 105.

④，⑤ 见《吴县志》卷七十五下，列传艺术二。

⑥ 见（清）王端履辑，《重论文斋笔录》卷五。

在这些概念和器物之中，虽则少数在中国古已有之，然而这时被赋予了新的含义和科学意义；多数则未曾有过，因此自然需要加以说明解释和定义定名。明清之际，来华耶稣会士和中国学者在译述这些概念和器物时，多用汉文“释义”，表述它们所包含的意思，创译并形成了汉语中最早的物理学概念和词汇。

分析中国最早的一批物理学词汇，可以看出，采用音译的词汇极少且未能流传使用，例如："费西加"（见《职方外纪》，系译自拉丁文 physica——物理学），"谏尼渣"（见《海岛逸志》，系译自意大利文 cannocchiale——望远镜）。事实上，这些音译名称甚至在当时也几乎没有被使用，而很快被意译名称取代。绝大部分的物理学词汇，都是采用两三个汉字简明地解释新概念或新事物，以义定名或以形定名。有些词，如"力学"、"重心"、"平衡"、"螺旋"等，因简明达意而沿用至今①。

5. 物理学知识经中国传入朝鲜和日本

明末清初西方物理学知识传入之后的另一影响是，经中国传到朝鲜和日本。

据史籍记载，望远镜于崇祯四年(1631)已由朝鲜陈奏使郑斗源自中国携带到朝鲜。《李朝实录·仁祖大王实录》载：仁祖九年七月(崇祯四年七月)"甲申，陈奏使郑斗源回自帝京，献千里镜、西炮、自鸣钟、焰硝花、紫木花等物。千里镜者，能窥测天文，觇敌于百里外云。... 西洋人陆若汉者，来中国赠斗源者也。..."②陆若汉(J. R. Tcuzzu，?～1634)为来华耶稣会士，崇祯四年，他与孙元化同在登莱，并曾赴京复命，其间当与郑斗源晤面并赠诸物③。

耶稣会士著述的包含物理学知识的书籍，在明末清初时期亦流传日本。但是，17 世纪初，德川幕府明令禁教。1630 年(日本宽永七年)幕府制定"禁书令"，《天问略》、《泰西水法》等即被列为禁书，《远西奇器图说录最》于 1685 年也被列为禁书。然而，《远镜说》、《验气图说》和《新制灵台仪象志》则均未列入禁书之中。直到 1720 年(日本享保五年)，禁书范围才放宽，西方学术著作因此而得到解禁。此后，从中国到日本的商船曾携运包括物理学书籍在内的许多书籍。由于当时的日本尚处于"锁国"时代，幕府只准在长崎对中国和荷兰进行有限通商，所以，耶稣会士的汉文著作实际上是日本学者了解西方科学的一个重要途径④。

第二节　仪器制造与中西物理学知识的融合

明清之际由耶稣会士作中介人而传播到中国的物理学知识包括两个方面：一、如前节所述，通过译书形式将西方某些物理学知识介绍到中国；二、将一些物理仪器携入或介绍到中国，如三棱镜、望远镜、温度计、计时器、钟表和单摆，阿基米德螺旋等简单机械。对于大众而言，那些有形的实物或许更具影响。值得注意的是，虽然明末清初传入中国的这两方面知识极为有限、零散，但对于中国科学文化和物理学本身的发展却是

① 王冰，我国早期物理学名词的翻译及演变，自然科学史研究，1995，**14**(3)：215～226.

② 见《李朝实录》，第三十四册卷二十五。

③ 参阅方豪，伽利略生前望远镜传入中国朝鲜日本史略，《方豪文录》，(北平，上智编译馆，1948 年)第 292～294 页；方豪，《中西交通史》，(长沙，岳麓书社，1987 年重印本)，下册第 710，780 页。

④ 参阅王冰，近代早期中国和日本之间的物理学交流，自然科学史研究，1996，**15**(3)：227～233。

积极的。雍正五年（1727）清廷颁布驱逐教士令，乾隆二十二年（1757）又颁布闭关令。正是在这之后、到1840年鸦片战争前后的约百年间，中国知识分子吸收了传入中国的有限知识，会通中西，而将传统物理学、尤其是在光学方面推向一个新的发展阶段。本节对此作一简单介绍。

一　眼　　镜

眼镜的发明对于光学和医学的发展都曾起过重要作用。据说，欧洲的眼镜是由比萨城的一个玻璃工创制的，时在1286年之后不久。为了挣钱，他一直保守其制作方法。有关眼镜的最早文献见之于1352年特雷维索(Treviso)地方的一幅画像①。此后约60年，眼镜就传到了中国，它比入华耶稣会士更早到达中国。

在中国较早的眼镜记载，见之于明代张宁的《方洲杂录》。他写道：

> 尝于指挥胡䂣寓所，见其父宗伯公所得宣庙赐物，如钱大者二，其形色绝似云母石，类世之硝子，而质甚薄，以金相轮廓，而衔之为柄，纽制其末，合则为一，歧则为二，如市肆中等子匣。老人目昏，不辨细字，张此物于双目，字明大加倍。近者，又于孙景章参政所再见一具，试之复然。景章云：此良马易得于西域贾胡满剌，似闻其名为僾逮。此二物皆世所罕见。②

《方洲杂录》为一卷本；其作者张宁（生卒年不详），字靖之，海盐（今浙江）人，景泰五年(1454)进士，授礼部给事中，官至汀州知府③。"僾逮"，或写为"叆叇"，这是阿拉伯语或波斯语"眼镜"一词的音译：前者为al-unwainat，后者为ainak。叆(ai)叇(dai)一词原意指云彩遮住日光。《续一切经音义》卷三引《通俗文》说："云覆日为叆叇也"。《康熙字典》戌集中"雨部"收集有关叆叇之解释中，既有该词古义、原义；又有该词从明代以来的新义，即今谓眼镜之义。如该字典引《玉篇》："叆叇，云貌"；引《正字通》："叆叇，眼镜也"；引《方舆胜略》："满剌加国出叆叇"。"满剌加"即Malacca，是14～16世纪马来亚封建王国，约今马六甲州。时有从满剌加传进眼镜，故称"满剌加国出叆叇"。"叆叇"一词原意与眼镜毫不相干，绝不可由此推断早在汉唐时代中国已有眼镜或眼镜已传入中国。明代传入眼镜之初，中国人以"叆叇"或"僾逮"作为阿拉伯语或波斯语的译音罢了。由此可见，15世纪初来中国从事贸易的商人多为阿拉伯人或波斯人。是他们将眼镜从欧洲贩运至中国西北部地区，或从海路经马六甲运至中国。受中国的影响，日本国在18世纪初也将眼镜称为"叆叇"。成书于1712年的《倭汉三才图会》如是写之。

弄清楚这些背景之后，我们再看看《方洲杂录》的记述。在其所记的两副眼镜中，早者属胡䂣之父胡宗伯，而胡宗伯的眼镜乃朝廷所赐，所谓"宣庙赐物"是也。若胡䂣与张宁年龄相仿，则可推断，这副眼镜传入中国当在15世纪初。可以为此推断作证的是，罗懋登在16世纪末著《三宝太监西洋记通俗演义》一书，其中第五十回写道：满剌加国王贡"叆叇十枚，状如眼镜，看书明目，价值百金。"满剌加国朝贡时在郑和出航征服女儿国之后，第三次

---

① Joseph Needham，同上，Vol. 4，part 1，pp. 118～121.

② 张宁《方洲杂录》。丛书集成初编本；或《说郛续》卷十八，上海古籍出版社，第9册，第871～872页。

③ 《明史》卷一八〇《张宁传》，第十六册，第1765页。

(1409～1411)出航到满剌加，时为永乐八年(1410)。该书虽是章回小说，但其述及明代航海家郑和的航海事迹，保存了许多已失传的史料。

根据上述文献，早期眼镜传入中国的渠道有二：一、如同郑和等航海家和海上商人从东南沿海的海路携入；二、大多数由西北陆路进入。后者不仅有《方洲杂录》所载孙景章的叙述佐证，孙景章的眼镜是“以良马易得于西域贾胡满剌”；而且还有郎瑛的记述。郎瑛述及他大约 60 岁(1546 年)之时，霍子麒送他一副眼镜。霍子麒在答郎瑛“问所从来”中说：“旧任甘肃，夷人贡至而得者”①。

最早的眼镜式样称为“单照”，大概如同今日手持单片放大镜。清初郑光祖在《一斑录》中写道：“人眼视物远近多弊，玻璃水晶之凹凸济之，眼镜之用宏焉。明时或行单照，或制两圆如钱。”②

这种单照实际上与宋代刘跂《暇日记》中所叙述的史沆断狱所用水晶放大镜相同。张宁在《方洲杂录》所记的眼镜是一种折叠式夹鼻镜。两枚圆形镜片装在木质或金属框里，框可开合折叠，佩戴时夹在鼻子上；不用时，将其叠起，置于镜盒内。在张宁之后，郎瑛(1487～?)有类似记载：

> 少尝闻贵人有眼镜，老年看书，小字看大，出西海中，虏人得而制之，以遗中国，为世宝也。……后与霍都司子麒言。霍送予一枚。质如白琉璃，大可如钱，红骨镶成二片，若灯剪然，可开合而折叠。问所从来，则曰：旧任甘肃，夷人贡至而得者。予甚喜。置之眉间，未若人言也。

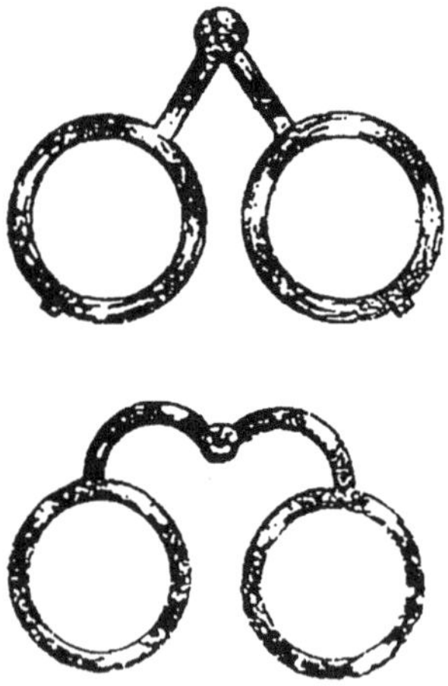

图 7-6　欧洲早期的夹鼻式眼镜

图 7-7　欧洲 1380 年绘圣保罗像

郎瑛，字仁宝，浙江仁和人，历经明弘治、正德、嘉靖三朝，于嘉靖丙寅年(1566)写成《七修类稿续稿》，时年 80 岁。其祖父与父亲均为古董商人。霍子麒送他的眼镜，其形制与张宁所记完全相同，都是夹鼻镜(图 7-6；7-7)，也就是所谓“张此物于双目”或“置之眉间”之意。中国历史博物馆藏明人绘《南都繁会景物图卷》，其中有观看“杂耍把戏”的画面，一

① 郎瑛《七修类稿续稿》卷六《眼镜》，中华书局，1959，第 836 页。

② 郑光祖《一斑录》卷三《物理》。

位老者戴一副眼镜坐在“兑换金珠”的金店门口(图7-8)。他戴的眼镜就是这种夹鼻式镜①。

图7-8　明人绘《南都繁会景物图卷》(局部)

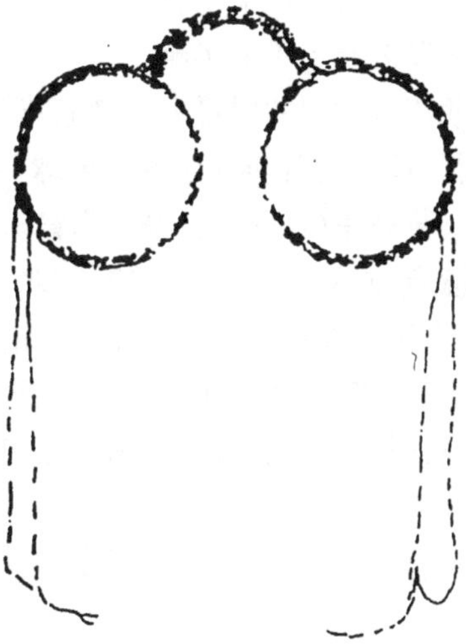

图7-9　江苏吴县祥里村毕沅墓出土眼镜

在夹鼻式眼镜之后,出现了系绳式眼镜:左右两镜框中间以一弧形弯杆相连,两镜框上分别装一绳,佩戴时将绳子系于脑后。系绳式眼镜大约于16世纪下半叶传入中国。据明代田艺蘅的《留青日札摘抄·叆叇》载:

提学副使潮阳林公有二物,大如钱形,质薄而透明,如硝子石,如琉璃,色如云母。每看文章,目力昏倦,不辨细书,以此掩目,精神不散,笔画倍明。中用绫绢联之,缚于脑后。人皆不识,举以问余。余曰:“叆叇也。”②

田艺蘅,字子萩,生活于16世纪。他所记述的“中用绫绢联之,缚于脑后”的系绳式眼镜,在江苏吴县祥里村清代毕沅(1730～1797)墓中有出土实物(图7-9)。这种系绳式眼镜一直延续到20世纪初,尤为老花眼镜所采用。

在眼镜传入中国之后,虽然多数人称其为“叆叇”。但在15世纪末已有个别学者称其为“眼镜”。如前所述,明代郎瑛在其《七修类稿续稿》中已有专门一节题为“眼镜”。“眼镜”方为其时的俗称。然而,正是这个名词一直被沿用至今③。

眼镜传入中国后,它就成为文人墨客的赞颂对象。《桃花扇》的作者孔尚任(1648～1718)在其40余岁时曾作五言诗《试眼镜》,其中几行写道:

西洋白玻璃,市自香山嶴。制镜大如钱,秋水涵双窍。蔽目目转明,能察毫末妙。暗窗细读书,犹如在年少。

从诗中看,他戴的是老花镜。其时传入中国的均为此种眼镜,即凸透镜。有趣的是,乾隆五十六年(1791),朝廷以眼镜为题考翰林。这是中国历史上破天荒地以纯科技事物择才

① 时得之,我国早期的眼镜,文物天地,1988年第3期,18～19页。
② 田艺蘅《留青日札摘抄》卷二《叆叇》,丛书集成初编本。
③ 董树岩,眼镜八华考,物理通报,1992年第6期。

的事件。通晓西方科技知识的阮元、吴省兰二人双获甲等翰林①。

当汤若望在《远镜说》中从光学角度述及凹凸透镜并制作眼镜时，其比实物传入中国晚了200年。可惜，该书中有关凹、凸透镜的光路图有不可忽略的错误，以致对中国清代中期的光学发展起了不良影响。

早期传入中国的眼镜大多是老花镜。随着光学知识在明末清初的传入，中国人不久就学会了制造眼镜。江苏光学家孙云球(生活于17世纪30～60年代)、薄珏(生活于17世纪上半叶)、黄履庄(1656～?)等人都曾以制眼镜和光学仪器谋生。18世纪期间，一个新兴产业即眼镜店、眼镜街在中国形成了。北京的眼镜店"三山斋"建于乾隆初年；而乾隆末、嘉庆初，广州太平门外眼镜街的产品已行销全国。北京、上海、苏州、广州等地都有不少人以制眼镜谋生②。鸦片战争前后，中国的眼镜在数量、质量(均为水晶片)和品种(除老花镜外，尚有近视、平光、平凸等镜)上都超过舶来品。眼镜随之逐渐普及。

二　三棱镜和望远镜

在16世纪晚期，三棱镜传入中国。耶稣会士将它和钟表一起作为进贡或贿赂地方官吏和朝廷的物品，以便买通进京道路、居留北京和传教的权利。据利玛窦记述，他于1582年入华时将三棱镜分别送给广东省和肇庆府总督，"镜中的物品映出漂亮的五颜六色。在中国人看来，这是新鲜玩意儿"。有一次将它展示于百姓时，百姓"惊得目瞪口呆"③。此时中国人多称它为"五彩石"：

> 五彩石亦用药制成者，琢作镇纸，体具三棱，著眼下向有物处照之，目、镜所遇，瓦砾草木尽成五色④。

将制造阳燧或玻璃的原料称之为"药"，这是中国的传统说法。耶稣会士将三棱镜传入中国后，除了它的折射阳光成五彩、引人入胜之外，当时也确实找不到它的其他用途。出乎预料之外，它却成了文房四宝中的"镇纸石"、"压纸石"。据方以智的记述，中国人立即学会仿造三棱镜，以水晶、烧料作成三面的压纸石。方以智在其著《物理小识》中述及宝石"有数棱必有一面五色"时，例举了"水晶压纸三面，烧料三面"⑤ 等。

特别要指出，三棱镜传入中国时，耶稣会士中任何人都尚无白光是由各种色光组成的概念。这一知识是牛顿于1666年通过棱镜色散实验而作出的。20年之后，1689年成书的《穷理学》中述及白光可以分成五色光。

望远镜何时传入中国？原本是较清楚的问题。但近年有人根据一二条不确切的中文史料而提出，利玛窦入华时已携有望远镜⑥。利玛窦1582年来华，西方望远镜的成功制造最早也早不过1590年。利玛窦不可能携带望远镜实物入华，而且他的脑海中连"望远镜"的概念都不曾有过。由利玛窦本人撰写、又经金尼阁(Nicolas Trigault，1577～1628)增补

---

① 李调元《淡墨录》卷十六《考翰林眼镜题》。

② 王锦光、洪震寰，《中国光学史》，第157～159页。

③ 何高济等译，利玛窦中国札记，中华书局，1983，第149、151、164、190、283页。

④ 刘岳云《格物中法》卷三《火部》引《漳州府志》。

⑤ 方以智《物理小识》卷八，《器用类·阳燧倒影》。

⑥ 江晓原，关于望远镜的一条史料，中国科技史料，1990年第4期，第91～92页。

的《利玛窦中国札记》对望远镜只字未提，而三棱镜、钟表、洋画等物品却喧染有加。这就是最好的说明。

望远镜是由德国耶稣会士汤若望(J. A. Schall von Bell，1592～1666)于明天启二年(1622)入华时携入中国的。

在汤若望携望远镜来华之前，万历四十三年(1615)，葡萄牙耶稣会士阳玛诺(E·Diaz (Jr)，1574～1659)著《天问略》，书末写道："近世西洋精于历法一名士，务测日月星辰奥理而哀其目力衰羸，则造创一巧器以助之"，并述及该"名士"以此器观测月、金星、土星、木星、银河中的一些发现。显然，这"名士"即伽利略，"巧器"是望远镜。最后阳玛诺说："待此器至中国之日，而后译言其妙用也。"因此，汤若望入华后的第一件事，就是译撰旨在介绍望远镜的《远镜说》一书。

天启六年(1626)汤若望的《远镜说》初稿毕，天启七年(1627)邓玉函和王徵译《远西奇器图说》将《远镜说》取作参考书之一，但题名为《望远镜说》。"望远镜"一词最早是由王徵定名的。它的其他中文名称有"远镜"、"窥筩远镜"、"窥筩"，俗名"千里镜"。

汤若望携入华的那架望远镜，其型制应当与《远镜说》所绘望远镜(见图 7-1)相同。《远镜说》就望远镜造法写道："夫远镜者二镜合之以成器者也"，其物镜为"一似平非平之图镜，曰筒口镜"或"中高镜"，或"前镜"，也即今日所谓平凸透镜；其目镜为"一小窪镜"，或曰"中窪镜"、"后镜"，也即今日所谓凹透镜。这是伽利略式望远镜(图 7-10)，在图中，F_o，f_o，分别为物镜的焦点和焦距；F_e，f_e 分别为目镜的焦点和焦距，θ'/θ 为望远镜的放大率。

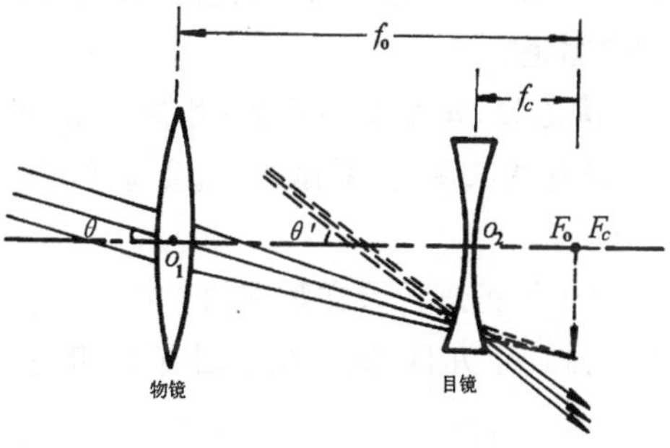

图 7-10　伽利略式望远镜

崇祯八年(1635)，刘侗(约 1594～1637)和于奕正(约 1597～1636)合著《帝京景物略》一书。该书述及他们亲眼所见北京西城天主堂内所藏望远镜。该天主堂正是汤若望初入京时居住之地。《帝京景物略》就望远镜写道：

"远镜，状如尺许竹笥，抽而出，出五尺许，节节玻璃，眼光过此，则视小(为)大，视远(为)近[①]。"

"节节玻璃"若是每节筒都有玻璃透镜之意，则此语有误。这可能是该教堂内之教士未曾向刘侗等介绍望远镜之实情。明营造尺 1 尺＝32 厘米，"五尺许"合 1.6 米左右。由此可知这教堂内所藏望远镜节筒数与大约长度。汤若望携入华者或与此相当，或即是此一具。

① 刘侗、于奕正《帝京景物略》卷四《天主堂》，北京古籍出版社，1982，第 153 页。

方以智在京城也曾见耶稣士所携带的望远镜。他在《物理小识》中写道：

“西用远镜，四层，皆凸外而窪内，以窪近目，能拓小影为大。”①

所谓“四层”指望远镜节筒数。实为五层，即五节筒。方以智只计算了可以抽出的四筒，而最外一筒未计入其内。“皆凸外而窪内。以窪近目”，正是伽利略式望远镜。

继《远镜说》之后，在明崇祯历局耶稣会士所译著书中，如邓玉函《测天约说》、罗雅谷《五纬历指》、汤若望《新法历引》和《历法西传》等，都曾指名或不指名地介绍了伽利略及其用望远镜所作的天文观察的成果。罗雅谷在《五纬历指》卷九《五纬后论》中将伽利略译为“加利娄”；汤若望在《历法西传·引说》中将伽利略译为“加利勒阿”，并说伽利略“发千古星学之所未发，著书一部”等等。

随着汤若望入崇祯历局，望远镜也常为历局观察天象所用。崇祯四年(1631)十月初一，日食。徐光启在次日“奏为日食事”中写道：

>……初一日到局督领钦天监秋官正周胤、五官司历刘有庆、漏刻博士刘承志、天文生周士昌、薛文灿同两远臣罗雅谷、汤若望在局知历人等……(预调仪器)，又于密室中斜开一隙，置窥筩远镜以测亏复，画日体分数圆板以定食分。各安顿讫，候至午正二刻，内方见初亏……而食甚分数，以窥筩远照，实未及二分，比原推少半分以下，此诸官生人等，众目共见也。……惟密室窥筩形象分明，故得此分数时刻。与该监官生，明白共见，不能不信。若不用此法，止凭目力，则眩耀不真，或用水盆映照，亦荡摇难定②。

望远镜的优越性从此逐渐为朝廷内外、保守历官所认同。同年十月十五日夜，月食，徐光启在次日“奏为月食事”中写道：

>日食之难，苦于阳精晃耀，每先食而后见；月食之难，苦于游气纷侵，每先见而后食，且阇虚之实体与外周之游气，界限难分。臣等亦用窥筩远镜，乃得边际分明，而臣自守自窥③ ……。

1631年是中国人最早用望远镜进行天文观察的一年。这望远镜就是汤若望携入的那一具。崇祯七年(1634)十二月二十九日，这具在中国有12年之久的望远镜经崇祯历局修葺一新后上进御览④。

在此需要解说的是，只能用作观察天象的伽利略式望远镜何如能用以观测日月食分？我们从汤若望的《远镜说》谈起。《远镜说》在“避眩便观”三条之二中写道：

“视太阳，又有两法：一加青绿镜，如上所云；一不必加青绿镜，只以‘筒镜’两相合宜，以前镜直对太阳，以白净纸一张置眼镜下，远近如法。撮其光射，则太阳本体在天，在纸丝毫不异。若用硬纸尺许，中剪空圆形，冒靠后镜上，则日光团聚，下射纸面，四暗中光，黑白更显，体相更真矣。”

---

① 方以智《物理小识》卷一《历类·光肥影瘦之论》。

② 徐光启等撰，《新法算书》卷二《缘起》：“崇祯四年十月初二日徐光启日食疏”，四库全书(台湾商务印书馆影印)本。

③ 徐宗泽编《增定徐文定公集》卷四，上海徐家汇天主堂藏书楼刻板，1933卷四之91～93页(此奏中原题无时间，疏文最后两行字误植)；也见，“崇祯四年闰十一月初六日徐光启奏月食事”。

④ 徐光启等撰，同上，卷三《缘起》，“崇祯七年十月二十九日李天经遵旨制器告成恳敕验明用法并议安置恭进御览事疏”。

这段文字中,所谓“青绿镜”,今称“滤光片”;“只以‘筒镜’两相合宜”一句的“筒镜”,不是指整具望远镜,而是指带有“前镜”(物镜)的望远镜各节镜筒,带“后镜”(即目镜,或下一句所言“眼镜”)的最末一节镜筒撤下,换成一只无目镜的空筒,并令空筒与望远镜筒刚好彼此套合。因此,“筒镜”二字似是“镜筒”之误;“以白纸一张置眼镜下”,即将白纸(或称“素纸”,或以白薄绢等半透明物代之)贴于空筒原目镜所在位置。若以此观测日月食分,可先在白纸上画上圆圈十字和刻度;“远近如法”,指调节空筒位置的方法与调节望远镜同。前后拉动空筒,使太阳的像刚好与白纸上所画圆圈相合。若观测食分,此时白纸上像的黑暗区与食区相对应,只是太阳上真食区与白纸上暗区南北相反或左右相反(图 7-11)。为了看清太阳或月亮的像,在镜筒后端加一挡光屏,以造成观测区域的黑暗背景。这就是“若用硬纸尺许,中剪空圆形,冒靠后镜上”云云。如果在暗室内观测日食,就不必加挡光屏,只要将望远镜的物镜端伸出暗室窗外、对准太阳即可。

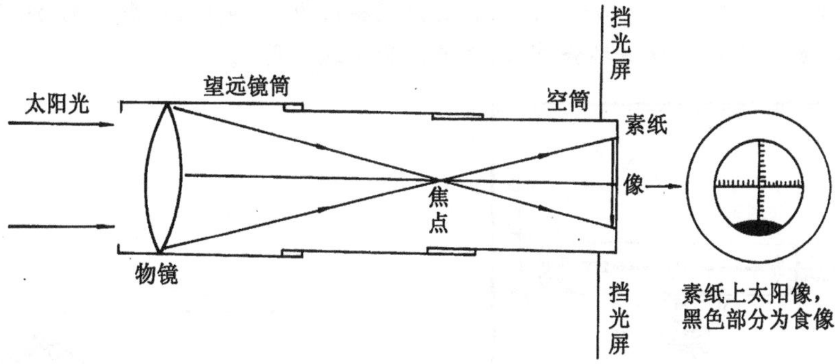

图 7-11　以影画器观测日食

起初,汤若望在《远镜说》中介绍这种方法只是为了避免用望远镜观测太阳时强烈阳光刺激肉眼而造成目眩现象。迄崇祯历局开设,才以此方法观测日月食。由于此法中撤去了伽利略式望远镜中的目镜、即凹透镜,实际上成为仅以凸透镜观测日月食,不过利用了望远镜的镜筒而已。因此,这种方法与早期影画器本质上相同,可称它为“筒式影画器”。作为观测日食用的影画器,其物镜直径要大些,使其聚光本领增大;物镜焦距要大些,以便在筒内调节像距。早期伽利略式望远镜正好满足这些条件。故而可以将它改造成为观测日月食的光学仪器。影画器原理与汤若望《远镜说》中“借照作画”同,郑复光在其著《镜镜诊痴》中称其为“取景器”。

入清以后,传入中国的望远镜数量和类型都有增加。由印光任和张汝霖于乾隆十六年(1751)合作撰写的《澳门纪略》中,对传入该地区的西方光学器具写道:

> 有照身大镜。有(千人镜)[多宝镜],悬之物物在镜中。有(多宝镜)[千人镜],合众小镜为之,连照一人作千百人。有千里镜,可见数十里外。有显微镜,见花鬚之蛆背负其子,子有三四;见蝇虱毛黑色,长至寸许,若可数。有火字镜。有照字镜,以架支而照之。有眼镜,西洋国儿生十岁者,即戴一镜以养目,明季传入中国①。

① 印光任、张汝霖《澳门纪略》卷下《澳蕃篇》。笔记小说大观本。

《澳门纪略》中的这段文字是对明清之际传入中国的各类镜子和光学器具的一个总结。在该文字中，括号内“千人镜”与“多宝镜”原文误植，今以方括号将其改正。这里涉及的各种镜中，“照身大镜”即穿衣镜；“多宝镜”和“千人镜”实为一种镜型，它是由许多平面镜组合而成带棱的球形镜。在《澳门纪略》成书之前约 100 年，孙云球称其为“多面镜”，黄履庄称其为“多物镜”；其后，郑复光对此也有记述并制作。“千里镜”即望远镜；“显微镜”与今称谓同，从其记述中，可见其时人们已用它观察昆虫之情状；“火字镜”似是阳燧或凸透镜；“照字镜”当是阅读专用的放大镜。澳门实属明清时期接触西学、洋器最先之地。乾隆九年(1744)清政府设澳门行政区，属香山县，并予该年委印光任为首任香山县澳门同知，张汝霖为其继任者。

乾隆二十四年(1759)敕撰《皇朝礼器图式》，其内载一具“摄光千里镜”(图 7-12)：

镜凡四重，管端小孔内施显微镜，相接处施玻璃镜，皆凸向外筒。中施大铜镜，凹向外，以摄影，镜心有小圆孔。近筒端施筒镜，凹向内，周隙通光，注之大镜而纳其影。筒外为钢铤螺旋贯入，进退以为施远之用[1]。

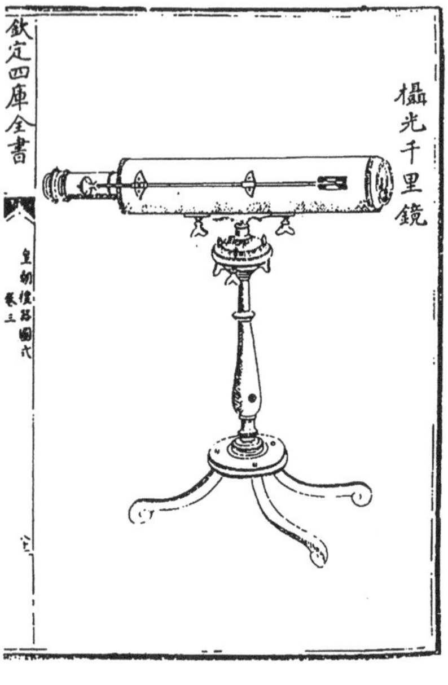

图 7-12　《皇朝礼器图式》绘摄光千里镜

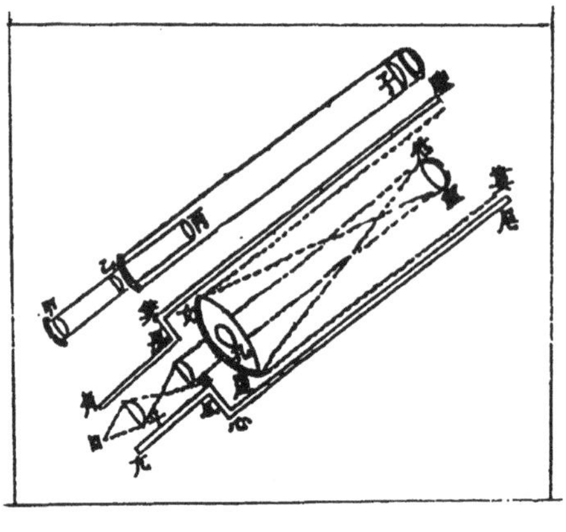
图 7-13　郑复光绘摄光千里镜及其光路

据《皇朝礼器图式》载，这具“摄光千里镜”是乾隆年间清宫所制；作者推测有可能是入华耶稣会士献清廷的。郑复光根据图 7-12 曾对它作研究[2]，并描绘了它的剖面图(图 7-13)。它是由两枚铜质抛物面反射镜组成的格雷戈里式望远镜，它的目镜是由两枚平凸透镜组成的惠更斯式目镜(图 7-14)。两面反射镜和两面平凸透镜，故言“凡四重”；“管端小孔内施显微镜”即图 7-14(b)之 L_2。因单面透镜有放大功能，故谓其“显微镜”；“相接处施玻璃镜”即图(b)中之 L_1；“中施大铜镜，凹向外”，即图(a)中之 M_1；“近筒端施铜镜，凹向内”，即 M_2。图 7-

① 《皇朝礼器图式》卷三《仪器》；也见《清朝文献通考》卷二五八《象纬三》。
② 郑复光《镜镜诊痴》卷五《远镜》。

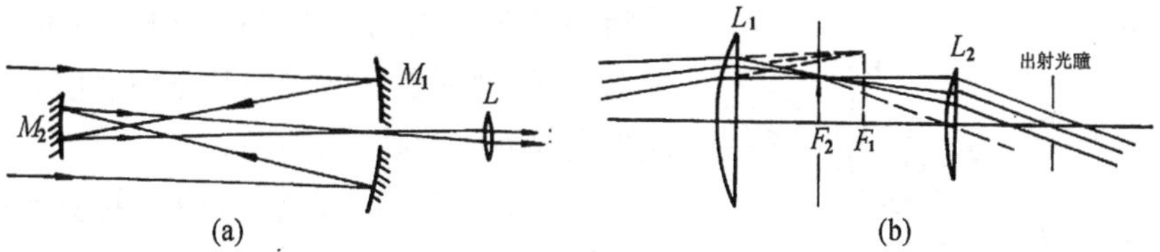

图 7-14 格雷戈里式望远镜(a)及惠更斯式目镜(b)

14(a)中,M_1 和 M_2 为抛物面反射镜,L 为目镜;图(b)L_1 和 L_2 为平凸透镜,凸面均朝向物镜,F_1 为 L_1 的焦点,F_2 为 L_2 焦点,而且,两平凸透镜之距离 $d>f_1>f_2$(f_1 和 f_2 分别为 L_1 和 L_2 的焦距,图中未标出这些参数)。图(b)整个装置可代替图(a)中L。

在《皇朝礼器图式》中还绘有"四遊千里镜半圆仪"图一帧(图 7-15)①,这是将望远镜装于上下左右可移动的圆仪上,以便进行天文或大地测量。估计它也是康乾年间外国使臣、或商旅、或耶稣会士献清廷的贡品。

除此之外,流布于民间的西洋望远镜也不少。郑复光在《镜镜诊痴》中说:"小远镜,曾见洋制两种"②。这是可以随身携带的望远镜。除了安装小焦距的物镜和目镜之外,在物镜筒与目镜筒之间装上几片平光反射镜,如同潜望镜一样,镜筒就可以"屈曲"成几段。早于郑复光大约30年的王大海(1746~?)、在其成书于约乾隆五十八年(1793)的《海岛逸志》中就曾写道:

> 千里镜,能观远,常制也。有屈曲管者能观其室之偏隅及房户幽隐之处,无不毕见,佳者每管值千金,用以御敌,可照敌营虚实,诚鬼工之奇器也③。

这种"屈曲管者"大概属于郑复光所说的"小远镜"之一种。说它能照见"偏隅"及"幽隐之处",是指能照见屋内不明亮的角落。它在军事上"用以御敌",也是因它形制小、便于携带的缘故。

郑复光又说:"梅余万先生曾以家藏远镜一具见示,中有铁丝十字"④。这是开普勒式望远镜(图 7-16)。所谓"中有铁丝十字",即今谓之光阑。开普勒式望远镜的物镜和目镜有一个共焦平面,将光阑装于共焦平面上以便测量用。只有开普勒式望远镜才能装光阑。

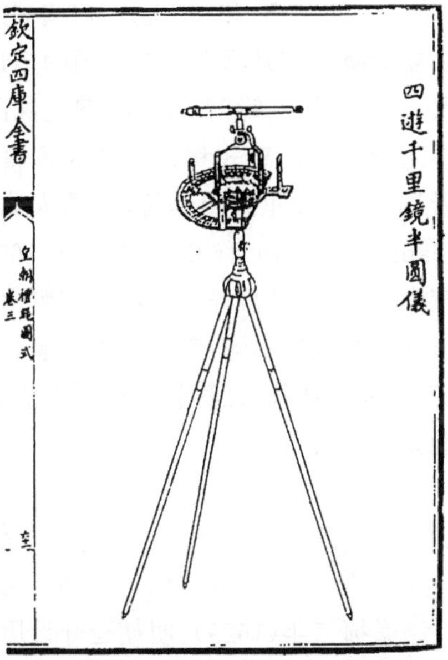

图 7-15 《皇朝礼器图式》绘测量望远镜

有意思的是,在清代阮元(1764~1849)撰《畴人传》中还为 1608 年发明望远镜的荷兰

① 《皇朝礼器图式》卷三《仪器》。
② 郑复光《镜镜诊痴》卷五《远镜》。
③ 王大海《海岛逸志》,小方壶斋舆地丛钞本。
④ 郑复光《镜镜诊痴》卷二《圆董》。

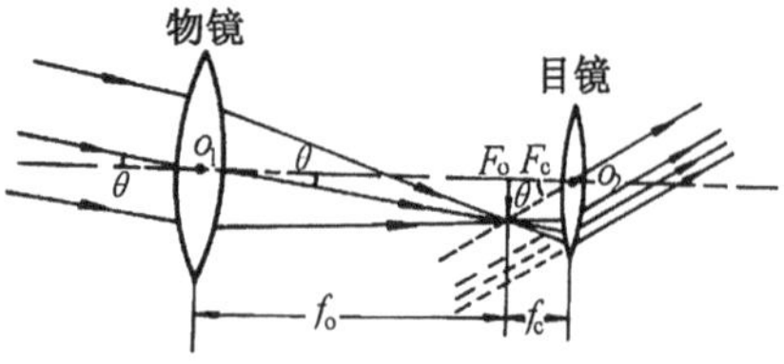

图 7-16　开普勒式望远镜及其光路

人梅蒂乌斯(Adriam Metius)立传,不过,阮元将他的名字译为"默爵",并将伽利略的发明和天文观察成果全部列属默爵名下了①。

郑复光对明清之际传入中国的望远镜作了如下评述:

论曰:"远镜创于默爵,止传一凹一凸"。厥后汤若望著《远镜说》,南怀仁撰《仪象志》,皆无异辞。然所见洋制小品,长五六寸,止可于三五丈,内见人眉宇耳;其大者径不过二寸,长不过五尺,则皆纯用凸镜视;一凸一凹工力倍,凡于十数里内窥山岳、楼台,颇复了了;或视月亦大胜于目,至观星象则胜无几。后来改作而能力反不及,何耶?以意逆之,《远镜说》虽无大小之度,然其图筩有七节,至短必寻以外,又凹能缩凸,其径非五六寸不可。依显此器重大,可观象而不便登临。此改作所由来欤。曾见纯凸数种,怀之可五六寸,展之可三尺者;又见外口盖铜,开孔露镜止二三分者,远寺红墙径寸,能辨其署书,亦游览一快也。想此种果及寻丈,能力亦更胜,缘非常用之器,故鲜得遇之。②

"一凹一凸"和"长五六寸"者,以及《远镜说》所绘"七节图筩"(见图 7-1),都是伽利略式望远镜。它是明末传入中国的望远镜中主要一种类型。"其大者径不过二寸,长不过五尺,则皆纯用凸镜"者,以及"曾见纯凸数种,怀之可五六寸,展之可三尺者",都是开普勒式望远镜。伽利略式和开普勒式都属折射式望远镜。"又见外口盖铜、开孔露镜止二三分者"是格雷戈里式望远镜,中国人称之为"摄光千里镜"。它是由英国天文学家格雷戈里(James Gregory,1638～1675)于 1663 年设计的一种反射式望远镜。此种望远镜传入中国较少,且藏于皇宫,故郑复光说"鲜得遇之"。伽利略式和开普勒式虽同属折射类型望远镜,但其用途截然不同:前者适于观象,后者适宜观测。但后者装上不同目镜后,可变倒像为正像,亦适宜观象,且其放大率好于前者。郑复光或许对此尚不全了解,误以为"后来改作而能力反不及"。

三　崇祯历局制望远镜

崇祯二年(1629),明朝廷开设历局,命礼部左侍郎徐光启督修历法。徐光启又举荐南京太僕寺少卿李之藻、并先后举荐 耶稣会士龙华民(Nicolas Longobardi,1559～1654)、邓玉函(1630 年卒)、汤若望、罗雅谷等同襄历事。徐光启于崇祯六年(1633)卒,明朝廷又委山东布政使李天经督修历法。徐光启、李天经主持的崇祯历局,在耶稣会士帮助下制成几具望远镜?什么类型?何时制成?

《明史 · 天文志》载:

崇祯二年(1629),礼部侍郎徐光启兼理历法,请造象限大仪六、纪限大仪三、……候时钟三、望远镜三。报允。

① 阮元《畴人传》卷四十三《默爵传》,1935,商务印书馆国学基本丛书本,第 559～560 页。

② 郑复光《镜镜诊痴》卷三《圆叠》。

崇祯七年(1634),督修历法右参政李天经言:"辅臣光启言定时之法,……特请制日晷、星晷、望远镜三器"。臣奉命接管,敢先言其略……。帝命太监卢维宁、魏国徵至局验试用法。

为了解崇祯历局何时制几具望远镜,必需认真阅读《崇祯历书·治历缘起》中徐光启、李天经的大量奏疏。这些奏疏还见之于徐光启等撰《新法算书》之中。《新法算书》100卷本,前8卷为"缘起",记载了从崇祯二年至十七年二月间历局主要奏章,其余各卷为汤若望等译、徐光启等润色过的有关历法、测算之书,亦即历书。近年,《四库全书》的各种影印版问世,《新法算书》就容易读到了。

历局新成,徐光启与耶稣会士均忙于译书;崇祯三年,满洲主皇太极围蓟州等地,徐光启奉旨练兵铸炮,制造天文仪器事未及实施。崇祯四年(1631),徐光启等借用汤若望携入华之望远镜观察日食、月食,从而得到仅凭目视与水盆映视所未有的精度。崇祯五年(1632)十月十一日,徐光启为月食事上奏书写道:

臣前疏尝言,日食时阳精晃耀,每先食而后见;月食时游气纷侵,每先见而后食……。今欲灼见实分,有近造窥筩新法,日食时用于密室中,取其光影映照尺素之上。自初亏至复圆,所见分数,界限真确,画然不爽。……若日晷、星晷、窥筩三器者,局中所用,体制甚小,工作尤粗,尚需上呈御览,则模式应加广长,赋列应加精胆,其费也不过数十金耳。如蒙赐俞容臣等仰遵前旨,仍于户工二部例银内咨取,令在局诸 臣募工备料,造成恭进,伏候敕旨①。

乍看起来,还以为徐光启和耶稣会士在历局已粗制小型望远镜,其实不然。所谓"有近造窥筩新法"者是指西方近年造望远镜;"局中所用,体制甚小",是指耶稣会士携带来华的小型伽利略式望远镜。如前所述,将它改成筒式影画器就可以观测日月食。因此,徐光启奏请拨银造适宜天文观测的望远镜。然而,此时明朝廷受南北夹攻,正处于危难关头。南有李自成农民军步步威逼,北有满洲皇太极虎视眈眈。吏治积弊日深,官宦彼此内讧,"数十金"又谈何容易。次年(1633)三月,徐光启宿疾突发,饮食不进,反复之后,于十一月八日卒。因此,徐光启主持历局期间,未曾制造望远镜。

徐光启卒后,李天经接管历局。他在崇祯七年(1634)十月二十九日奏道:

(崇祯五年十月十一日奏请造日晷、星晷和望远镜三器。李天经接历局以来)遂督监局供事官生鸠工依新法制造,今当告成。除支用工价另行奏缴外,臣切惟制器所以明时而详法,乃能利用。诸仪虽已就绪待进,然用法颇为细微,稍有分毫之差,即不便御览,将以有用疑为无用,臣兹惧焉。敢祈皇上敕令近侍内臣一二员到局验看,容臣等面与详论所以用之之法,并议所以安置之宜,然后人器相习,方适于用。兹敢先言其略。一为日晷……;一为星晷……;若夫窥筩,亦名望远镜,前奉明问,业已约略陈之。但其制,两端俱用玻璃,而其中层层虚管,随视物远近以为长短,亦有引伸之法,不但可以仰窥天象,且能映数里外物如在目前,可以望敌施炮,有大用焉。此则远西诸臣罗雅谷、汤若望等从其本国携来而修葺之,以呈御览者也②。

---

① 徐光启《新法算书》卷二《缘起》。

② 徐光启《新法算书》卷三《缘起》。

由此奏文可见，1634年历局尚未制成望远镜，而是将汤若望等携入华之望远镜加以修葺后，进呈朝廷御览。三天以后（十一月初三日）圣旨下；又隔日，太监卢维宁、魏国徵会同内臣到历局验看这架经过装修的西来望远镜。十一月初九日，李天经恭进这架望远镜并奏本，奏中称："其间引伸之法，窥视之宜，臣已与二臣（即卢、魏二太监）详言之矣。"可以想见，这具望远镜呈奉朝廷后，是由卢、魏二太监在宫内教崇祯帝如何使用、观察的。

方豪在其论著中对此彻底弄错了。他不仅将1634年当成"中国自制第一架望远镜完成"的时间，而且还以为崇祯帝走出皇宫、登临观象台"步临观看，颇为嘉奖"①。

崇祯历局制成"望远镜"是在崇祯八年（1635）七八月间。或许，崇祯帝在观览历局所进汤若望远镜之后，极想看历局自制的望远镜，因此，曾多次下旨历局。李天经于崇祯八年八月初九"为遵旨恭进仪器"疏中写道：

> 先，臣接得司礼监传奉手本开称、该御用监把总官周福奏称奉旨造进窥远镜等因，崇祯八年七月十二日奉圣旨、司礼监传与李天经："将窥远镜造二具来进，钦此、钦遵"。臣即督同本局远臣汤若望、罗雅谷等，将本国携来玻璃、星夜如法制造。今已造完。谨将窥远镜二具恭进御览、伏乞圣鉴。缘系遵旨恭进仪器来，理未敢擅便谨题，请旨。
>
> 计开
>
> 窥远镜二具　　托镜铜器各二件　　黄绫镜箓二具　　木架两座②。

由此奏疏看，可能已制成两架"望远镜"，而且是用玻璃透镜制造的，透镜是汤若望从欧洲携来的。至于这二架望远镜的长度、节筒数、筒管是何种物质所造，物镜与目镜各属哪一类透镜，放大率如何，如此等等均未记载。毋庸置疑，制镜的主要功劳是属于耶稣会士汤若望和罗雅谷，崇祯帝的多次督促对于望远镜的完成制造也颇有关系。令人不解的是，当汤若望和金尼阁来华时已在欧洲募集到许多"镜面"物体，而制造望远镜镜筒、镜架和其余附件对于中国宫廷工匠而言亦非难事，何如从徐光启于崇祯二年（1629）奏请制造望远镜以来，经整六年时间才得以制成，是经费问题还是汤若望等耶稣会士有关的光学知识和工艺技术准备不足？③

至于这两具新制望远镜倒底是何种类型尚可在历局后来使用它的过程中作出判断。崇祯十年（1637）正月初一，日食，历局内外各人所推食分均有参差。临期之时，

> 日光闪烁，止凭目力，眩耀不真，或用水盆亦荡摇难定，惟有臣所进窥远镜，用以映照，尺素之上，自初亏至复圆，所见分数，界限真确、画然不爽。随以亏复之际，以地平日晷，时刻自定。其法：以远镜与日光正对，将圆纸壳中开圆孔，安于镜尾，以掩其光，复将别纸界一圆圈，大小任意，内分十分，置对镜下，其距离远近以光满圈界为度。将亏时，务移所界分数就之，而边际了了分明矣。但在天之正南，

---

① 方豪，伽利略生前望远镜传入中国朝鲜日本史略，方豪文录，北平上智编译馆，1948，第292～294页；又见方豪《中西交通史》，台北：中华文化出版事业委员会，1954，第四册，第20～23页；长沙：岳麓书社，1987，下册，第708～710页。

② 徐光启等撰《新法算书》卷四《缘起》，崇祯八年八月初九日李天经奏为遵旨恭进仪器事。

③ 有关崇祯历局制望远镜的详细情形，参见戴念祖《明清之际望远镜在中国的传播与制造》。载《燕京学报》2000年11月，新第9期。

实为纸上之正北，方向乃相反矣”①。

同年十一月初四，预测有日月交食。初一这一天，李天经率罗雅谷、汤若望等人“随带臣局窥远镜等器”齐赴观象台。迄时，罗雅谷、汤若望等“用远镜照看，随见初亏，众目共睹”，“至未初二刻半，远镜映照，见食分六分有余，随见食分退，众目皆同。”

从这奏疏中有关望远镜用法(“其法”)的文字描述看。这两具所谓望远镜既不是伽利略式、也不是开普勒式，而是只有一枚凸透镜的筒式影画器。只要成像在凸透镜焦点以外，像的方向就与物体方向相反。如果这望远镜是伽利略式，在用法中又不指出需将目镜筒取下，那就不能在其目视端加一另纸，因为伽利略式望远镜的成像位置理论上在目镜前方“极远处”，而且是虚像；如果是开普勒式望远镜，则可以在筒内共焦面上事先安装光阑，在镜尾贴刻度纸会影响出射光瞳的亮度和观测者的视觉，其成像是在光阑上而不在镜尾纸上。从崇祯二年(1629)徐光启奏请制造望远镜、到崇祯九年(1636)李天经领导历局制成“二具望远镜”，却原来是筒式影画器。从今天科学眼光看，实在是令人惊讶！因为此时距伽利略制成望远镜已有26年，距谢伊纳(C. Scheiner)根据开普勒建议于1613～1617年间制成开普勒式望远镜几近20年。汤若望和罗雅谷手中既有伽利略式望远镜作参照，又有从欧洲带来的各类透镜，而前后时经七年才制成筒式影画器以观测日月食，这表明，并非崇祯历局制望远镜的经费不足，而是汤若望等耶稣会士光学知识不足，尤其是不知道如何组合、匹配多枚透镜的知识。

从李天经奏疏的“其法”文字中作出如上判断，对于汤若望等耶稣会士而言也许过于苛刻。或许，汤若望等人确实制造了最普通的伽利略式望远镜。一则相信李天经主持的崇祯历局不敢贸然以影画器代替望远镜上进朝廷御览；二则，又可以将伽利略式望远镜极简便地改成筒式影画器，作为测天之用。由此，可以作出这样的结论：

崇祯八年七至八月间，李天经主持的历局以汤若望、罗雅谷为主可能制造了两具伽利略式望远镜，亦可能仅仅是两具筒式影画器。或者，兼而有之：上进朝廷的是伽利略式望远镜，而在历局用以观测日月食的是筒式影画器。

顺此要指出，入清以后，汤若望还为清朝廷制造了一具望远镜，时在清顺治二年(1645)②。大概这也是一具筒式影画器。汤若望卒后，南怀仁在康熙年间曾一度主持清廷历算和钦天监工作。南怀仁所制的天文观测仪器不比汤若望少，但是他没有制望远镜，甚至也不重视以望远镜观测天象。他所制造的天文仪器都是第谷时代、甚至第谷之前的欧洲仪器的仿制品，这些仪器比起元朝郭守敬所制者自然有一定进步，但从“中国天文仪器欧洲化”这一角度看，它们却是落后于科学潮流、并在欧洲已被淘汰或正在被淘汰的经典仪器。京师同文馆总教习丁韪良曾对南怀仁造天文仪器而不造望远镜一事提出过严厉的批评③。

① 徐光启等撰《新法算书》卷六《治历缘起》。

② 魏特(A. Vath)著，杨丙辰译，《汤若望传》、商务印书馆，1949，第一册，第235～236页。

③ 丁韪良，同文馆记(下篇)。见朱有瓛主编《中国近代学制史料》第一辑上册，第177页。上海：华东师范大学出版社，1990。

四　薄珏、孙云球和黄履庄

明清之际，不仅官方机构制造望远镜等器具，以供观象修历之需，更多的是在民间制造眼镜、望远镜、显微镜等器具，从而出现了一批民间光学仪器制造师，如薄珏、孙云球、黄履庄、黄履、郑复光、邹伯奇，等等。他们的成就构成此时期丰富多彩的光学史篇章。我们先叙述除郑复光、邹伯奇以外的其他一些人的工作，而郑、邹二位的成就在以下将作较充分的讨论。

薄珏，字子珏，江苏长洲（今苏州）人，生于明万历三十四到三十八年（1606～1610）间的某年，活跃于崇祯年间。明亡（1634），隐遁嘉兴，其后活动鲜为人知。民国《吴县志》载《薄珏传》如下：

> 薄珏，字子珏，长洲人，居嘉兴。其学精微博奥。凡阴阳、占步、战阵、屯牧、制造、雕镂，皆以口代书，以手代口，远近叹服。然莫知所授。崇祯中，流寇犯安庆，巡抚张国维令珏造铜炮。炮发三十里。每发一炮，设千里镜视贼所在，贼先后糜烂。又制水车、水铳、地雷、地弩等器，歼贼无算（数）。国维荐于朝，不报，退归吴门。萧然蓬户室中，器具毕备。尝造浑天仪，周围不踰尺，而日月之盈缩、朓朒，星辰之宿离、伏逆，不爽累黍。其法：用直线分割圆轮，以有定之角絜无定之边，东西南北远至亿万里，如在咫尺，即勾股法也。于古来诸历家独推郭守敬授时历，海外亦重其名，然卒于穷死。①

该传、抄自乾隆《吴县志》，但后者今已难见。乾隆年间所编《元和县志》、《苏州府志》等，内容与此雷同②。就薄珏制造望远镜事，还有文献写道：其“镜筒两端嵌玻璃，望四五十里外，如在咫尺”③。

一般地认为，薄珏所制望远镜是伽利略式，其用望远镜作战时间为崇祯四年（1631）、作战对象为李自成部队④。但是，近年王士平等对薄珏及其望远镜的研究⑤，对此作出了文献分析和调查访问，得出了令人信服的如下结论：

王士平等人的文章指出，被访问人于50年代初曾见过薄珏和孙云球制造的望远镜：单筒、三节，可伸缩，成倒像。这“显然是开普勒式望远镜”，即由两具双凸透镜组成的折射望远镜。

薄珏用望远镜于战场的时间，不是崇祯四年（1631），而是崇祯八年（1635）二月。崇祯四年，李自成农民军聚山西；六年辗转入河南；八年正月，农民军内部战略分歧，部分进入

---

① 曹允源等总纂，（民国）《吴县志》卷七十五下《列传艺术二》。1933，苏州文新公司铅印本。

② 沈德潜等纂，（乾隆）《元和县志》卷二十四《人物·薄珏》；雅尔哈善等纂，（乾隆）《苏州府志》卷六十六《艺术·薄珏》；顾诒禄等，（乾隆）《长洲县志》卷二十三《人物·薄珏》，等等。

③ 邹漪《启祯野乘》一集卷六《薄文学传》，1932，故宫博物院图书馆印本。

④ 王锦光、洪震寰，中国光学史，湖南教育出版社，1986，第160页；李迪，关于徐光启制造望远镜问题，自然科学史研究，1987，第4期，第372～375页；潘吉星主编，李约瑟文集，辽宁科学技术出版社，1986，第532～566页。

⑤ 王士平等，薄珏及其千里镜，中国科技史料，1997，第3期，第26～31页。

皖中南[①]。张国维"擢右佥都御史,巡抚应天、安庆等十府"是在崇祯七年[②]。故而其聘请薄珏造炮和用千里镜事当在七年或其后。而《安庆府志》更清楚写道:(崇祯)八年乙亥春正月,流寇围桐不下,二月破太宿转掠怀境。巡抚张国维率大兵至安庆"云云[③]。

《明史》也写道:

> (崇祯)七年……,其冬,流寇犯安庆,官军覆没。国维方壮年,一夕须发顿白。明年正月率副将许自强救援……。国维至,解桐围,……安庆山民桀石以投贼,贼多死,乃越英山、霍山而遁[④]。

在崇祯八年初的安庆之战中,张国维讨伐的是张献忠部,非李自成部。该年正月,李自成、张献忠进入安徽凤阳,因是否立"真龙皇帝"之分歧,李自成复入陕西,而张献忠独东下安庆诸城。因而,"应天巡抚张国维御之,献忠从英、霍山遁[⑤]。"这就是说,薄珏使用千里镜、炮击的对象是张献忠。薄珏"每发一炮,设千里镜视贼所在(远近),贼先后糜烂"。这就告诉我们,薄珏以望远镜观察敌军所在地之远近,并指挥发炮;并非将望远镜置于大炮上作为瞄准器。

由此可见,薄珏制望远镜当在崇祯七年(1634)或之前一二年。他比李天经主持历局时在1635年所造望远镜要早几年。无论如何,薄珏是中国民间最早制望远镜的人。也是世界上最早在实战中使用望远镜的人[⑥]。他能制成望远镜,大概是得益于来自西方的有关信息、甚或受到汤若望《远镜说》一书的启发。但可以肯定的是,薄珏是在这些信息、甚至是带有错误思路(如《远镜说》)的影响下,最终以自己的实验创制了望远镜。

比薄珏稍晚时候的又一个光学仪器制造师是孙云球。他是薄珏同乡,生于明崇祯(1628～1644)初年,卒于清康熙(1662～1735)初年,卒年三十三。王锦光推测,"大致说来是生于1630年左右,卒于1662年左右。他原为江苏吴江县人,后寓居苏州虎丘。"[⑦] 据民国《吴县志》载:

> 孙云球,字文玉,一字泗滨,居虎丘。母董如兰,通文艺。云球幼禀夙慧,年十三为县学生,父殁,家坠丧乱,常卖药得资以供母。云球精于测量,凡所制造,时人服其奇巧。尝以意造自然晷、定昼夜,晷刻不违分秒。又用水晶创为眼镜,以佐人目力。有老少花、远近光之类,随目对镜不爽毫发,闻者不惜出重价相购。天台文康裔患短视,云球出千里镜相赠,因偕登虎丘试之,远见城中楼台塔院若接几席,天平、灵岩、穹窿诸峰崚嶒苍翠,万象毕见,乃大诧且喜曰:"神哉,技至此乎。"云球笑曰:"此未足以尽吾奇也。"又出数十镜示之。如存目镜,百倍光明,无微不瞩;万花镜,能视一物化为数十;其余鸳镜、半镜、夕阳镜、多面镜、幻容镜、察微镜、放光镜、夜明镜种种,神明不可思议。著《镜史》一帙,今坊市依法制造,遂盛行于世。董母序之曰:"夫人有苦心,每不敢求人知,甚至有不欲为人所知者,故无恒产而

---

① 《明史》卷三〇九《李自成、张献忠》,第二十六册,第7949～7754页。

② 《明史》卷二七六《张国维传》,第二十三册,第7063页。

③ 张楷等纂,(清)《安庆府志》卷六《民事志·兵氛》,1963年安庆古旧书店油印本。

④ 同②。

⑤ 同①。

⑥ 潘吉星主编,李约瑟文集,辽宁科学技术出版社,1986,第532～566页。

⑦ 王锦光、洪震寰,中国光学史,第159页。

有恒心者，惟士为能。今吾子不得已，托一艺以给薪水，岂吾子之初心哉。”康熙初卒，年三十三①。

在该《吴县志》述及当地物产时，或许由于孙云球始创眼镜制造、而兴起了苏州的眼镜制造业，因而，该志将眼镜作为当地物产之一。《吴县志》卷五十一《物产二》写道：

眼镜，用水晶为之，元人所谓叆叇，出西域，即此也。明时只有单照，清初孙云球始创之。据汪士锽“孙云球传”云：孙字文玉，吴江县学生，漳州知府志儒子，寓虎丘，有巧思，善制眼镜之类不下数，以年别者老少花，以地分者远近光，百倍真明者存目镜，能化一物为数十者万花镜，其他以鸳名者、以夕阳名者、以多面名者、以幻容名者，以察微名者、以放光名者、以夜明名者，凡七十二种，巧妙不可思议，而千里镜尤奇绝。著《镜史》一卷行于世。今市坊依法制造、各处行之。乾嘉时有褚三山者，亦以善制称，见《吴门表隐》；至造眼镜作，多在新郭，见《吴门补乘》。

从上记载可知，孙云球之母董如兰，“通文艺”，曾为其子之作《镜史》作序；孙云球之父孙志儒，官漳州（今属福建）知府。但因父卒，孙云球家境中落，原居吴县，后迁乡下虎丘，以卖药和制造、售卖眼镜为生，如其母所言，“不得已，托一艺以给薪水”。孙云球所造眼镜，“以年别者老少花，以地分者远近光”。这即是今日所谓老花眼镜或远视眼镜，少花眼镜或近视眼镜。可见，他充分掌握了凸透镜和凹透镜的性能。尤其是孙云球能“随目对镜”，根据各人视觉距离而矫正视觉，甚至达到“不爽毫发”之地步。这在17世纪中期的欧洲也是一件不容易的事。

在配制眼镜、揣摩各种透镜性能的基础上，加上外界信息或受薄珏的影响，孙云球也制成望远镜。尤其是他赠予患有近视的天台人文康裔一具“千里镜”，并以此登虎丘山，远望城中楼阁和山峰之情，描述极为逼真。他的《镜史》一书，今已佚。但可以猜想到，其内容之一无疑是教人如何配制眼镜，因此才会有“今坊市依法制造”，并且其后才有“以善制称”的褚三山其人，才会在“新郭”这地方出现了许多专制眼镜的作坊。

大家感兴趣的是，孙云球所制的留下名称的各种镜、究竟是什么镜？王锦光对此曾作过推测②，在他的基础上，李约瑟博士作了更深入的分析、并与欧洲作了引人入胜的比较研究③。李约瑟认为：

“千里镜”即望远镜；“存目镜”即单式显微镜或称放大镜；“万花镜”即万花筒；“鸳镜”即单眼镜，也就是没有眼镜腿的单一透镜而不是有腿的眼镜；“半镜”是那种只有下半部分的眼镜，即半平圆形眼镜，戴镜者还可以从它的上面望出去以肉眼看见远距离的物品；“夕阳镜”即墨镜、太阳镜；“多面镜”是成像无限循环的平面镜，或多个面的镜；“幻容镜”即哈哈镜或“幻镜”；“察微镜”即复式显微镜；“放光镜”即幻灯；“夜明镜”即探照灯、或暗灯。

李约瑟的考证推测令人信服。惟“鸳镜”之说尚需推敲为何物。因为，郑复光《镜镜诊痴》言及“鸳鸯眼镜”④，是“两目深浅不同”的近视眼镜。“鸳镜”与“鸳鸯镜”会否相同呢？再

① 曹允源等总纂《吴县志》卷七十五下《列传艺术二》，1933，苏州文新公司铅印本。

② 王锦光，清初光学仪器制造家孙云球，科学史集刊，第5期(1963)，58～62页。

③ Joseph Needham，江苏的光学技艺家。见潘吉星主编《李约瑟文集》，辽宁科学技术出版社，1986，532～566页。

④ 郑复光《镜镜诊痴》卷一《原目》第八条。

者，“多面镜”在其后常称之为“多宝镜”。“放光镜”和“夜明镜”很可能就是后来郑复光在《镜镜诊痴》描绘的“地灯镜”(探照灯)和“诸葛灯镜”。这里的某些镜是中国传统的发展或演变。如“放光镜”或称为地灯镜，在明代戏剧舞台上曾作为光源和舞台布景使用；放大镜至少在宋代已被用于侦刑、鉴别不清的文字，在后来用于微雕工艺之中；“多面镜”或“万花镜”是早在汉代就为人所认识和利用的组合平面镜的发展；而“幻容镜”之一即柱面镜，也为汉代人所知晓。孙云球在制镜工艺上的成就正是中西光学知识相融合的一个例子。

这里尚需指出，地方志中有些记载不如正史确切。如《吴县志》言及眼镜即“元人所谓叆叇，出西域”。我们在前面已讨论眼镜传入中国是在明初，以其译音写为“叆叇”。明以前所谓叆叇，均指遮日之薄云。

黄履庄是在孙云球之后十余年诞生的光学仪器制造师。他的姑表兄弟戴榕曾撰《黄履庄小传》一文，载于清康熙二十二年(1683)由张潮编辑的《虞初新志》之中①。据该文所言，黄履庄，江苏人，生于顺治丙申十三年(1656)，至张潮编辑《虞初新志》、也即戴榕为其作传时间，为28岁。其时是否在世，不得而知。按照中国的文化传统，人已故去，方为之作传。由此推测，黄履庄最多只活了二十八岁。10岁左右，因其父丧，移广陵(今扬州)居戴榕家。黄履庄，“少聪颖，读书不数过，即能背诵。尤喜出新意，作诸技巧。七八岁时，尝背塾师，暗窃匠氏刀锥，凿木人长寸许，置案上能自行走，手足皆自动，观者异以为神。”后来，“因闻泰西几何比例，轮捩机轴之学，而其巧因以益进”。他曾制造双轮小车，“不烦推挽能自行。行住，以手挽轴旁曲拐，则复行如初”；作木狗，“触机则立吠不止”；作木鸟，“能自跳舞飞鸣”等等。戴榕在其撰《黄履庄小传》后还附有黄履庄所创制的“奇器目略”，其中包括早期湿度计、温度计、水器、玩器和各种镜。

“奇器目略”所列黄履庄制造的“诸镜”包括：“千里镜，大小不等；取火镜，向太阳取火；临画镜；取水镜：向太阳取水；显微镜；多物镜；瑞光镜，制法大小不等，大者径五六尺，夜以灯照之，光射数里，其用甚巨。冬月人坐光中，遍体生温，如在太阳之下。”“目略”所列“诸画”中亦多与镜相关，如“镜中画；管窥镜画：全不似画，以管窥之，则生动如真；上下画：一画上下观之，则成二画；三面画：一画三面观之，则成三画。”“目略”所列“玩器”中有“灯衢”，亦与镜相关。“灯衢”：作小屋一间，内悬灯数盏。人入其中，如至通衢大市，人烟稠杂，灯火连绵，一望数里。”除了以上诸镜之外，黄履庄还有“造诸镜规矩”，即“造器之器”。

据近代光学知识不难识别黄履庄所制诸镜为何物。其中，“取水镜”，即微凹之铜镜，是中国传统镜之一。“多物镜”，孙云球称其为“多面镜”，印光任和张汝霖的《澳门纪略》称其为“多宝镜”，郑复光在《镜镜诊痴》中也有记述并制作。“瑞光镜”，孙云球称之为“夜明镜”，郑复光称之为“地灯镜”、“诸葛灯镜”。其他的，如“千里镜”、“取火镜”为众所周知。而“临画镜”即《远镜说》所谓“借照作画”。《远镜说》写道：

> 室中照镜画像，全闭门窗，务极幽暗，或门或窗开一孔，大小与“前镜”(望远镜之凸透镜)称。取出“前镜”，置诸孔眼，以白净纸如法对置内室，则镜照诸外像入纸上，丝毫不爽，模而画之。西土所谓物像像物者此也。

可见，“临画镜”是装于暗房门窗孔上的一枚凸透镜。郑复光在《镜镜诊痴》中述及的“取景镜”之一种、“放景镜”之一种，都是它的发展，前者“令大为小”，后者“令小为大”，我

① 张潮编《虞初新志》卷六《黄履庄小传》，河北人民出版社，1985，113～116页。

们在下面有关节中再讨论它。《奇器目略》之“诸画”中的“镜中画”大概就是以“临画镜”画成的。而那些类似微雕工艺品上的绘画，诸如《韩非子·外储说左上》所载画荚，在黄履庄看来，就是“管窥镜画”，看来“全不似画”，而“以管窥之，则生动如真”。这个“窥管”可能是显微镜。至于“上下画”、“三面画”，估计也是利用了组合平面镜的结果。至于“灯衢”，无疑是组合平面镜，使成像无限循环。古代的道家、佛家均有类似制作。

从薄珏到孙云球、到黄履庄，也即从 17 世纪初年到 1683 年，在江苏地区光学器具的制造方兴未艾。尤其是眼镜的制造，在孙云球及其《镜史》的影响下，发展成为一种手工制造业。

颇为有趣的是，光学器具的制造正兴盛之时，小说家就将它们编入小说故事之中，从而保存了此时期某些种类的镜子名称、用途。郭永芳(1940～1992)的一篇精彩的文章述及此事，该文题为“清初章回小说《十二楼》中的一份珍贵光学史料”[①]。《十二楼》的作者李渔(1610～1680)，浙江兰溪人，该书早期版本中有清顺治十五年(1658)的版本，即在黄履庄生前 2 年该书已出版。

李渔《十二楼》之“夏宜楼”第二回，题为“冒神仙才郎不测，断诗句造物留情”。其故事内容是，元至正(1341～1368)年间浙江金华一位叫瞿佶的旧家子弟，利用“千里镜”窥探退职还乡的官宦小姐瞿娴娴的闺阁生活，从而“骗取”姻缘之传奇。小说中将时间背景定格在元代，而不是望远镜传入中国并在中国生产制造的明末清初，这一点人们容许小说家的编造。但作者为了表明自己对“千里镜”的了解，便在故事之前用了一段较长的文字述说当时的光学器具之背景，这就成了难得的光学史料了。我们将《十二楼·夏宜楼》这段有关光学的文字摘引如下。

> 这件东西(即千里镜—引者注)的出处，虽然不在中国，却是好奇访异的人家都收藏得有，不是甚么荒唐之物。但可惜世上的人都拿来做了戏具，所以不觉其可宝。独有此人善藏其用，别处不敢劳他，直到遴娇选艳的时节，方才筑起坛来，拜为上将；求他建立肤功，能使深闺艳质不出户而罗列于前，别院奇葩才着想而烂然于目。你道是件甚么东西？有《西江月》一词为证：
>
> 非独公输炫巧，离娄画策相资。微光一隙仅如丝，能使瞳人生翅。
>
> 制体初无远近，全凭用法参差。休嫌独目把人嗤，眇者从来善视。
>
> 这件东西名为千里镜，出在西洋，与显微、焚香、端容、取火诸镜同是一种聪明，生出许多奇巧。附录诸镜之式于后：
>
> 显微镜
>
> 大似金钱，下有二足。以极微极细之物置于二足之中，从上视之，即变为极宏极巨，虮虱之属，几类犬羊；蚊虻之形，有同鹳鹤。并虮虱身上之毛，蚊虻翼边之彩，都觉得根根可数，历历可观。所以叫做“显微”，以其能显至微之物而使之光明较著也。
>
> 焚香镜
>
> 其大亦似金钱，有活架，架之可以运动。下有银盘。用香饼香片之属置于镜之下、盘之上，一遇日光，无火自爇。随日之东西，以镜相逆，使之运动，正为此耳。

① 郭永芳，中国科技史料，1988 年第 2 期，87～89 页。

最可爱者,但有香气而无烟,一饼龙涎,可以竟日。此诸镜中之最适用者也。

端容镜

此镜较焚香、显微更小,取以鉴形,须眉毕备。更与游女相宜。悬之扇头或系之帕上,可以沿途掠物,到处修容,不致有飞蓬不戢之虑。

取火镜

此镜无甚奇特,仅可于日中取火,用以待燧。然迩来烟酒甚行,时时索醉,乞火之仆,不胜其烦。以此伴身,随取随得,又似于诸镜之中更为适用。此世运使然,即西洋国创造之时,亦不料其当今至此也。

千里镜

此镜用大小数管,粗细不一。细者纳于粗者之中,欲使其可放可收,随伸随缩。所谓千里镜者,即嵌于管之两头,取以视远,无遐不到。"千里"二字虽属过称,未必果能由吴视越,坐秦观楚,然试千百里之,内便自不觉其诬。至于十数里之中,千百步之外,取以观人鉴物,不但不觉其远,较对面相视者更觉分明。真可宝也。

以上诸镜皆西洋国所产。二百年以前不过贡使携来,偶尔一见,不易得也。自明朝至今,彼国之中有出类拔萃之士,不为员幅所限,偶来设教于中土,自能制造,取以赠人。故凡探奇好事者,皆得而有之。诸公欲广其传,常授人以制造之法。然而此种聪明,中国不如外国,得其传者甚少。数年以来,独有武林诸曦庵讳口者,系笔墨中知名之士,果能得其真传。所作显微、焚香、端容、取火及千里诸镜,皆不类寻常,与西洋上著者无异,而近视、远视诸眼镜更佳,得者皆珍为异宝。

这些都是闲话,讲他何用?只因说千里镜一节,推类至此,以见此事并不荒唐。看官们不信,请向现在之人购而试之可也。

吉人的天资最多奇慧,比之闻一知十则不足,较之闻一知二则有余。同是一事,别人所见在此,他之所见独在彼,人都说他矫情示异,及至做到后来,才知道众人所见之浅,不若他所见之深也。一日,同了几个朋友到街上购买书籍,从古玩铺前经过,看见一种异样东西摆在架上,不识何所用之。及至取来观看,见着一条金笺,写者五个小字贴在上面,道:

"西洋千里镜"。

众人问说:"要他何用?"店主道:"登高之时取以眺远,数十里外的山川,可以一览而尽。"众人不信,都说:"那有这般奇事?"店主道:"诸公不信,不妨小试其端。"就取一张废纸,乃是选落的时文,对了众人道:"这一篇文字,贴在对面人家的门首,诸公立在此处可念得出么?"众人道:"字细而路远,那里念得出?"店主人道:"既然如此,就把他试验一试验。"叫人取了过去,贴在对门,然后将此镜悬起。众人一看,甚是惊骇,都说:"不但字字碧清可以朗诵得出,连纸上的笔画都粗壮了许多,一个竟有几个大。"店主道:"若还再远几步,他还要粗壮起来。到了百步之外、一里之内,这件异物才得尽其所长。只怕八咏楼上的牌匾,宝婺观前的诗对,还没有这些字大哩。"

众人见说,都一齐高兴起来,人人要买。吉人道:"这件东西,诸公买了只怕不得其用,不如让了小弟罢。"众人道:"不过是登高凭远、望望景致罢了,还有甚么用处?”吉人道:“恐怕不止于此。等小弟买了回去,不上一年半载,就叫他建立奇功,替我做一件终身大事。一到建功之后,就用他不着了,然后送与诸兄,做了一件公器,何等不好。”众人不解其故,都说:“既然如此,就让兄买去。我们要用的时节,过来奉借就是了。”

吉人问过店主,酌中还价,兑足了银子,竟袖之而归。

我们在前面曾述及乾隆朝廷曾以眼镜为题考翰林,不少文人学士将眼镜入诗,却不料在更早时候,类似“千里镜”一类光学器物已成为小说家编纂故事传奇的动机,而且还保存了非同一般的光学史料。其中,“显微镜”、“取火镜”、“千里镜”当众所周知,而“焚香镜”实为取火凸透镜;“端容镜”,也即微凸小平面镜,它与今日小姐、女士们随身携带的化妆盒内之小镜几无二样。尤其是李渔所描述的“显微镜”特别值得我们注意。这不仅因为孙云球称它为“察微镜”之后不久,李渔已将它定名为“显微镜”;而且还在于,按照李约瑟博士之说,在欧洲显微镜可能始于1619年,“直到1625年该仪器才有显微镜(microscopium)这个名称”,该年欧洲人用显微镜观察蜜蜂的微细构造。李约瑟又述及亚洲,认为在亚洲、“显微镜的最早图画及其观察物体的最早说明,出现在日本医生森岛中良(1754~1808)的著作、并于1787年出版的名为《红毛杂话》的书中”①。森岛书中描述了用显微镜观察晶体、种子和昆虫,并画有图。现在看来,李渔对“显微镜”定名之早,用它观察“虮虱”、“蚊虻”,看到“虮虱身上之毛,蚊虻翼边之彩,都觉得根根可数,历历可观”,这比日本森岛中良的《红毛杂话》书中的相关描述要早130年,比欧洲人用显微镜观察蜜蜂只晚33年。

王锦光据《西泠闺咏》记述,曾发现清嘉庆(1796~1820)、道光(1821~1850)之际一位叫黄履的女科学家也曾制造一种“千里镜”。《西泠闺咏》为钱塘(今杭州)人陈文述(字退庵、云伯,1771~1843)所著书,该书称:黄履“于方匣上布镜四,就日中照之,能摄数里之外之影,平列其上历历如绘。”② 其实,这是在开普勒式望远镜的目镜端加装上一个取景器(图7-17)。黄履用其作远景图画,而实已孕育了天文照相机的雏型。

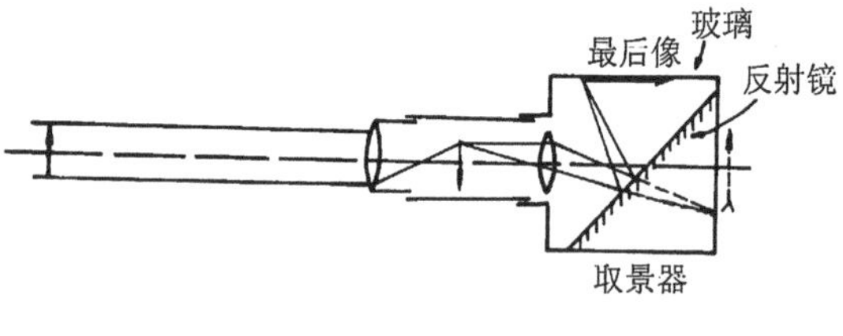

图7-17　黄履创制的“千里镜”

五　计时器、钟表和单摆

计时器在中国有悠久的历史,除了圭表、日晷、刻漏和“火钟”(点燃附有标尺或有标记的香烛)外,中国是世界上最早成功地制造机械计时器的国家。中国古代机械计时器的特

① 李约瑟,江苏的光学技艺家。载潘吉星主编,李约瑟文集,550~551页。

② 王锦光等,中国光学史,163~164页。

点是多与天文仪器相结合，既可以演示天象变化，又能同时报告时刻，而且是以一个机械系统同时推动、控制和调节天文仪器和计时器。这种机械装置在近代称为天文钟。从东汉张衡到唐僧一行，这种计时器屡被制造。宋初，张思训于公元979年制成世界上第一座有擒纵装置的"浑仪"。其后，苏颂于1087年制造了古代文明史上最大型、最齐全、最先进的天文钟，称之为"水运仪象台"。它们都是近代钟表的祖先①。

近代机械钟表发展的关键理论是17世纪由物理学家作出的。伽利略和惠更斯各自独立地研究了摆线和单摆的等时性，为近代钟表的产生与兴起奠定了理论基础。钟表也成为表征当时力学发展的重要技术成就。

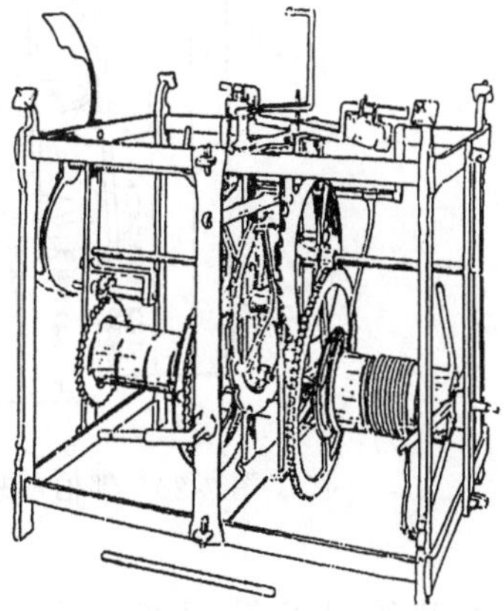

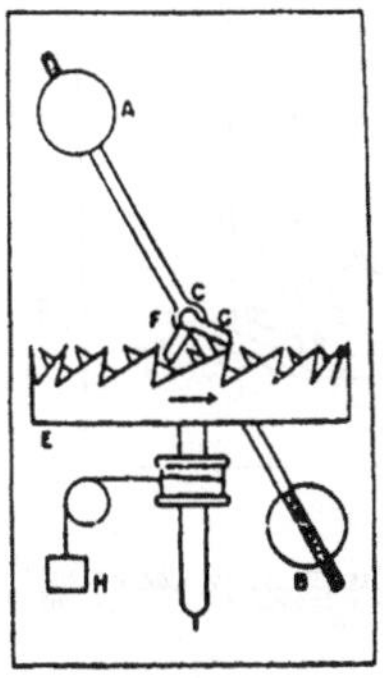

(a)　(b)

图7-18　中世纪欧洲自鸣钟及其梳摆

欧洲从14世纪流行以重锤驱动、以心轴节摆控制的机械钟(a)所示自鸣钟。后者在明清时期称为"梳摆"(b)。图(a)未画出系于绳索上(见该图右下部)的驱动锤；图(b)中，AB为可调重锤，其中央C处有棘爪FG，以控制冕轮E的转动。E轴上缠绕绳索，索一端悬挂驱动锤H。伽利略晚年曾设计钟，但似乎未曾完成。而后惠更斯于1657年取得了摆钟发明权，1673年又发明了盘簧、表簧。1680年伦敦钟表师克莱门特(Clement)在钟表内装上节摆锚、即擒纵器②。这历史情况对于了解不同时期传入中国的钟表状况是重要的。可以说，明亡(1644)之前，耶稣会士带入中国的钟是欧洲古代水钟、沙漏，中世纪重锤驱动的钟或稍加改进的产品；从清顺治十五年(1658)起，传入中国的钟表有可能是惠更斯型钟；而康熙二十年(1681)以后，就有可能主要是带擒纵器和发条(或游丝)的钟(表)。

在耶稣会士进入大陆之前，居住澳门的外国商人和传教士已将中世纪欧洲钟携至澳门。耶稣会士罗明坚和利玛窦分别于1581、1582年来华，他们不仅携带钟，而且有钟表修理匠随行。《利玛窦中国札记》多处描写了利玛窦一行在肇庆、韶州、南昌和南京如何以钟表、三棱镜等奇巧之物赠送地方官吏、朝廷使臣，而换取居留当地或进京的许可；后者又如何贪婪地向他们索取这些奇巧之物。当1601年初，利玛窦抵京，将其礼物包括自鸣钟二具

① 戴念祖，中国力学史，第246～270页。
② 沃尔夫(A. Wolf)著，周昌忠等译，十六、十七世纪科学、技术和哲学史。北京：商务印书馆，1985，124～129页。

奉呈朝廷时，“皇帝陛下（指明神宗）对这些新奇的钟如此着迷”，不仅为它“花了一千三百金币”造钟楼，高兴得连太监都“进级加俸”，甚至着急地“想看看这些送来礼物的异国人”①。这些钟是属于重锤驱动的自鸣钟或稍加改进的产品。

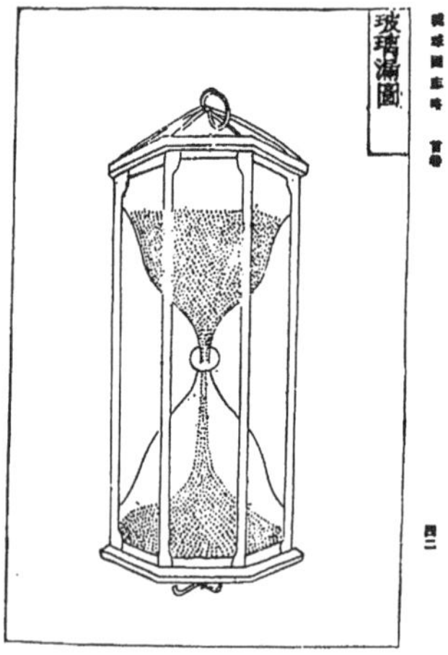

图 7-19　《琉球国志略》绘沙漏

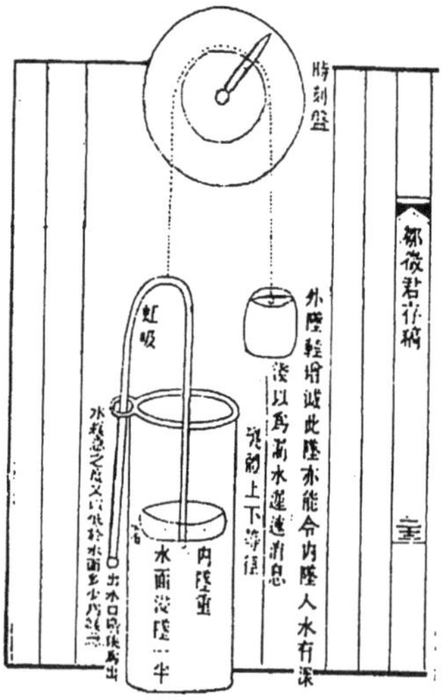

图 7-20　邹伯奇改进的欧洲水钟

欧洲人普遍使用的沙漏（图 7-19）、水钟（即水日晷，见第一章）和重锤驱动的自鸣钟同时传入中国。沙漏传入中国后，曾在航海上用作计时器。乾隆二十三年（1758），周煌撰《琉球国志略》，言及从福州开船到琉球，船行“一更为六十里”，并用沙漏计时，“每二漏半有零为一更”②。水钟初期传入中国者，如同《远西奇器图说》所绘“水日晷”，其原理类似古代中国的单壶漏。实际上，这种水钟只是一种玩具，它不能均匀、准确地指示时刻；长期使用，漏孔也必为水垢、泥沙堵塞。鉴于此，邹伯奇对它作了改进，以虹吸管代替漏孔（图 7-20）③。

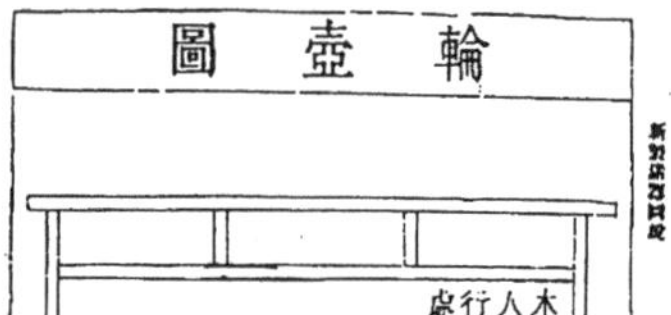

图 7-21　《新制诸器图说》绘轮壶

绘画重锤驱动的自鸣钟，最早见于王徵的《新制诸器图说》（完稿于 1627 年）一书。该书所绘“轮壶图”就是这种机械钟，“轮壶”又称“轮钟”，王徵所绘只是示意图罢了。轮壶图（图 7-21）中央由下而上的四个圈，表示由重锤驱动的彼此啮合的齿轮，其上似“天平”之画就是梳摆。王徵结合中国机械钟报时传统将报时装置改为敲钟、击鼓和司辰木偶。当然，这一改就使王徵的设计比欧洲自鸣钟复杂得多。王徵还根据这种自鸣钟原理设计了钟机传动的“自行车”、“自行磨”。虽然它们并无实用价值，但表明王徵学会制造欧洲自

① 何高济等译，利玛窦中国札记，中华书局，1983，151，174，194，289，383，400～406 页。
② 周煌《琉球国志略》卷五。丛书集成初编本。
③ 邹伯奇，答友人问漏箭简法，见《邹徵君遗书》。

鸣钟。崇祯二年(1629),徐光启主持历局,他在奏请制造天文仪器的清单中,有“候时钟三”[①]。候时钟虽未制成,但徐光启最早提出向西方学制钟表的设想。

欧洲机械钟传入中国后,民间有人相继学制机械钟。清初刘献廷《广阳杂记》详细记述民间制钟者张硕忱、吉坦然二人制造自鸣钟的情形[②],就是其中一例。在南京博物院珍藏一具铁制时辰钟,内有重锤和梳摆。它大概是明末清初中国人自制的自鸣钟之一[③]。

值得指出的是,从欧洲机械钟传入之初,为适应中国人的计时制度,欧洲钟不得不在计时方法上作修改。表盘显示数字由欧洲一日转两圈的24小时制改为中国的一日转一圈的十二时辰制,显时盘上的罗马数字也改成汉字。明万历十年冬(1583年初),罗明坚送肇庆府“总督”一架带车轮的大自鸣钟[④],是迄今所知最早作计时制修改的例子。改成中国计时制后,“大钟鸣时,正午一击,初未二击,以至初子十二击;正子一击,初丑二击,以至初午十二击。小钟鸣刻,一刻一击,以至四刻四击。”[⑤] 入清后,又改为正午、正子各十二击。或者,如王大海在《海岛逸志》中所述者:

> 定时钟,以一日分十二时,钟分十二点:子时一点,巳末十二点,午时又一点,亥末又十二点。钟小者盈尺,大者高数尺,钟鸣之后,又有小钟十余事,铿锵可听,名曰闹钟[⑥]。

这里的“十二时”是十二个时辰,“十二点”是指钟鸣响次数。当然,在北京、天津、南京各地制造的钟表,也有时辰鸣钟数不完全相同者。然而,十二时辰计时制及其显时盘从此一直延续到清末。

从顺治十五年(1658)起,传入中国者当有惠更斯型摆钟。由于调查、研究不够,还不能向读者说清,今存故宫博物院等地的哪些钟属于这一类。或许,存世者极少。或许,刘献廷所记吉坦然制的钟,属于这一类。因为刘献廷记述中,只涉及钟内“大小轮多至二十余,皆以黄铜为之”。既未涉及重锤梳摆,亦未涉及发条之类。康熙二十年(1681)起,有擒纵器和发条的机械钟传入中国。康熙二十三年(1684),康熙帝赐葡萄牙耶稣会士徐日升(Thomas Pereira,1645～1708)金扇,上绘自鸣钟,并作《戏题自鸣钟》诗。诗曰:

> 昼夜循环胜刻漏,绸缪宛转报时全;
> 阴阳不改衷肠性,万里遥来二百年。[⑦]

从诗中“衷肠”二字可见,有发条的机械钟表已传入中国。时人称“发条”为“钢肠”。《古今图书集成·历法典》卷九十四《仪象部》绘一闹钟(图7-22),故宫藏清初闹钟(图7-23),大概都是早期输入中国或中国自制的具有发条和擒纵器的机械钟,其时称为“时辰醒钟”。

---

① 《明史》卷二十五《天文志》,第二册,359页;也见徐光启等《新法算书》卷一《缘起》。

② 刘献廷《广阳杂记》卷二,中华书局,1957,第99、140～141页。

③ 徐文璘、李文光,谈清代的钟表制造,文物,1959年第2期,第34～35页。

④ 裴化行(Henri Bernard)著,肖濬华译,天主教十六世纪在华传教志,下编,商务印书馆,1936,第205～208页。

⑤ 刘锦藻《清朝续文献通考》卷百二十《乐考·夷部乐》;德礼贤,中国天主教传教史,商务印书馆,1940,第56页。

⑥ 王大海《海岛逸志》,小方壶斋舆地丛钞本。

⑦ 方豪,中西交通史(下册),长沙:岳麓书社影印本,1987,第758页。

图 7-22　《古今图书集成》绘闹钟

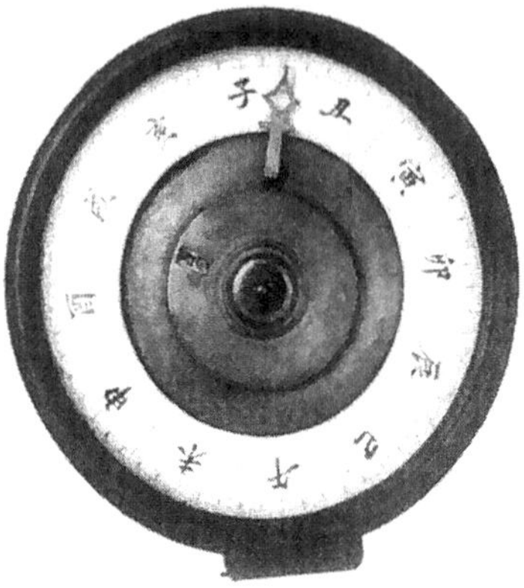

图 7-23　北京故宫藏闹钟

清宫内设钟表作坊大概起于康熙十六年(1677)前后。该年，宫廷内"敬事房"下设"做钟处"，置"侍监首领一人"；在"端凝殿"置"兼自鸣钟执守侍首领一人，专司……并验钟鸣时刻"①。此后，"做钟处"逐渐扩大，工匠增多。康熙三十年(1691)后，迁出廷，另设作坊，有厂房 150 余间，颇具规模；雍正时又成为造办处内一个作坊，从事保管、修理和制造钟表，供宫廷所需。在做钟处工作过的耶稣会士和欧洲钟匠，有利类思(Ludovice Buglio，1606～1683)、安文思(Gabriel de Magalhaens，1609～1677)，瑞士钟表匠林济各(Pater Stedlin，1668～1740)等前后十余人。他们领导制造了各种钟表，还培养了不少钟表匠。《皇朝礼器图式》卷三《仪器》中绘一自鸣钟(图 7-24)和一时辰表(图 7-25)，当为做钟处作品。它是中西结合的特殊的钟，表盘以十二时初正记时，短针指时，长针指刻。表盘又以罗马数字示时辰初正。与宫内做钟几乎同时，在广州、苏州、南京、宁波、福州等地也先后有了家庭作坊式的钟表制造或修理业。制造钟表最重要的发条、游丝多自澳门、广州、宁波等地外商中购进。此外，清廷还从欧洲各国购买了各式各样艺术钟表。它们中，尚存北京故宫的一部分近年经整理，刊载于《清宫钟表珍藏》一书之中②。

自明末欧洲自鸣钟和计时器传入中国以来，钟表一直为人们所喜爱。据说，乾隆时贪官和坤家中藏大小自鸣钟 38 座，洋表百余个③。小说《红楼梦》多处描写钟表，以表现荣国府的富有与奢侈。其中，有摆钟、时辰钟、价值 560 两银子的自鸣钟，以及欧洲式钟表、核桃大小的金表等④。乾隆十六年(1751)，印光任和张汝霖合撰《澳门纪略》，对传入该地西洋钟表作了如下描写：

三巴条有十二辰盘，揭之定时台前，俟某时钟动，则蟾蜍移至某位。自鸣钟有数种：曰桌钟；曰挂钟。小者圆如银铤，皆按时发响。起子末一声，至午初十二声；复起午末一声，至子初十二声。鸣时八音并奏者，谓之乐钟。欲知其辰而非其应鸣之时，则掣绳转机而报响，谓之问钟。小者亦可问。自行表，大小同日规月影，

---

① 《清史稿》卷一一八《职官志》，第十二册，第 3439，3441 页。

② 陆燕贞等，《清宫钟表珍藏》，香港：麒麟书业有限公司，北京：紫禁城出版社，1995。

③ 方豪，中西交通史(下册)，岳麓书社影印，1987，第 758 页。

④ 它们分别见《红楼梦》第六回，九十二回，四十五回，七十二回，五十一回等。

以及璇玑诸器。又一物如鹅卵，实沙其中，而颠倒渗泄之，以候更数，名曰鹅卵沙漏①。

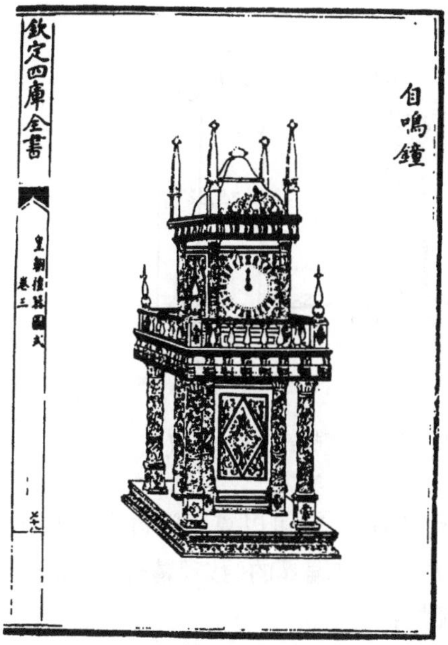

图 7-24　《皇朝礼器图式》绘清宫制自鸣钟

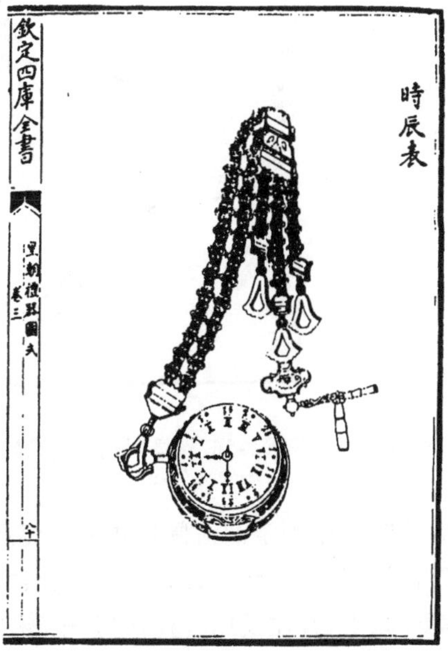

图 7-25　《皇朝礼器图式》绘清宫制时辰表

这段文字可以看作鸦片战争之前传入中国的西洋钟表名目总汇。

随着钟表的传播，有关单摆的知识亦传入中国并为人们所掌握。

在 1674 年成书的《灵台仪象志》卷四《垂线球仪》中，作者比利时耶稣会士南怀仁介绍了单摆知识，包括摆的制作及其在测时方面的应用、单摆弧线运动和等时性原理、摆长与其振动周期平方成正比。

大约在《灵台仪象志》成书后约 150 年，邹伯奇指出计算条形摆长所必需注意之处："然摆之长短不在铜条之度，而在重心之高下：重心高者（摆）短也；重心下者（摆）长也。"②

重心概念在计算摆长中确实重要。邹伯奇还指出了改变条形摆长的方法。

早期的秒摆是由图 7-18 中的梳摆发展而来的，在清宫内称其为"六合验时仪"，或简称"验时仪"、"验时仪坠子"。北京故宫博物院还藏有实物。在清代钟表行业中称其为"竖表"，南京博物院藏有实物③。故宫博物院收藏乾隆九年（1744）制"六合验时仪"与《皇朝仪器图式》卷三《仪器》绘画完全一致，如图 7-26。它类似一个置于盒内的复摆，摆锤铜质，摆杆钢质。经近年实验证实，其摆动周期为 1 秒④。

康熙年间曾用这种秒摆测定河水流速。康熙帝于三十一年（1692）在乾清门给众臣言

① 印光任、张汝霖，《澳门纪略》卷下《澳蕃篇》。
② 邹伯奇《说自鸣钟》，载《邹徵君遗书·存稿》。
③ 徐文璘、李文光，谈清代钟表制造，文物，1959 年第 2 期，第 34 页。
④ 白尚恕、李迪，六合验时仪，科技史文集，第 12 辑，133～135 页，上海科技出版社，1984。

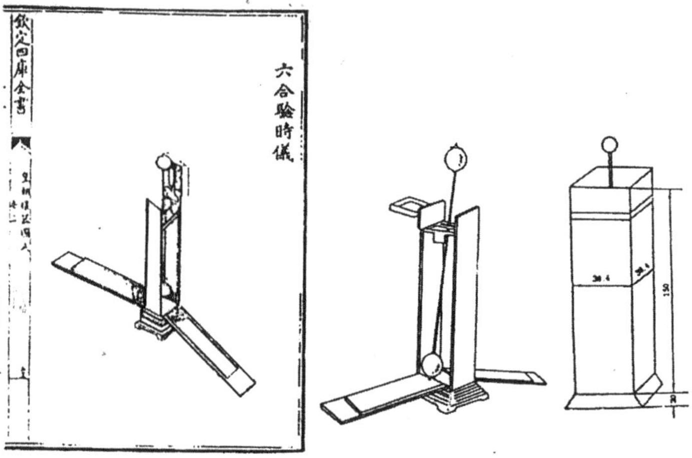

图 7-26　《皇朝礼器图式》绘六合验时仪(左),北京故宫藏实物(右)

及以验时坠子测定河流闸口每秒的流速,再乘以闸口面积,就可以算出闸口流量①。这是康熙帝从耶稣会士学来的知识。康熙六十一年(1722)完成编纂的《数理精蕴》下编卷三十七第十题中,曾述及以“验时仪坠子”测定流速和流量:

> 请一木板一块,置于水面,用验时仪坠子候之,看六十秒内木板流远几丈。
>
> 此法先用木板验水流之缓急,……看水之缓急则知水流之多少。故先求得河口面积,再以远乘之,即得水流之积数也。

据《皇朝礼器图式》载,乾隆时曾用六合验时仪测定声速:该仪之摆“一往一返为一秒,

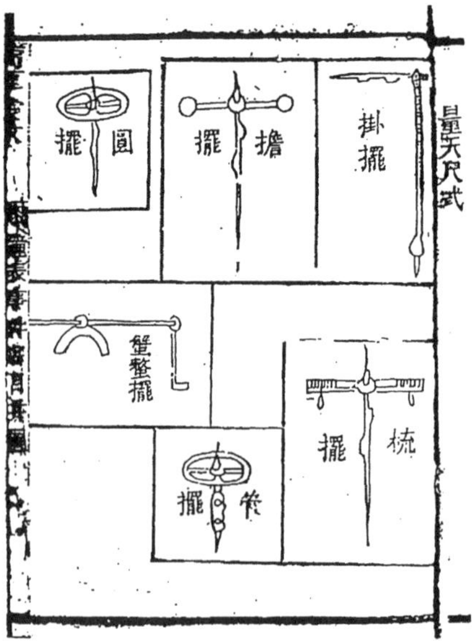

图 7-27　徐朝俊《钟表图说》绘六种钟摆

① 徐锡麟、钱泳《熙朝新语》卷五。

七秒为五里,凡发声时拨之使动,验秒数以知声之远近。”① 由清代度量衡制,并将其换算成今制,知当时测得声速为 411 米/秒②。这个数值不同于近代初期欧洲各种测定值,可断其为乾隆时中国声速测定值。

随着国内钟表制造的逐渐兴起,嘉庆十四年(1809)徐光启的后裔徐朝俊撰写《钟表图说》一书,总结了有关制造技术和理论。全书包括:钟表名目,钟表事件节目,事件图,配齿轮法,作法,修钟表停摆法,装拆钟表法,用钟表法,钟表锁略。全书 50 余帧机械零件图。从用途言之,它介绍了挂钟、摆钟、问钟、闹钟、座钟、乐钟、时辰钟、表和问表等多种,其中重点介绍了重锤驱动的挂钟和钢肠发动的摆钟。就摆言之,它介绍了六种摆:挂摆、担摆、梳摆、圆摆、管摆、蟹螯摆,总称为“量天尺”(图 7-27)。《钟表图说》是我国历史上第一部有关机械钟的工艺大全,亦是当时难得的一部测时仪器和应用力学著作。

六 阿基米德螺旋

在力学、光学方面,有许多事例说明此时期中西知识相融合而推动了中国传统科学的发展。

王徵和邓玉函合译《远西奇器图说》之后,又独自撰稿《新制诸器图说》。根据重锤驱动的自鸣钟机构,王徵设计了“自行车”、“自行磨”;将西方自鸣钟与中国传统报时机构相结合而设计了“轮壶”,即按中国古代报时机构而设计的自鸣钟;将西方抽气筒原理和中国的虹吸管相结合而制造虹吸机;将桔槔和戽斗组合成提水机械“鹤饮”,等等。继王徵之后,清初黄履庄“因闻泰西几何、比例、轮捩机轴之学”,制造了多达十余种光学和力学器具,其中有“自行驱暑扇”(风扇)和“龙尾车”(阿基米德螺旋),并著有《奇器目录》一书。可见,此时期中国人不仅仅停留在学习与仿制上。

在技术方面如此,在纯科学理论上亦是如此。根据传入中国的重心、比重等知识,程瑶田(1725～1814)在《考工创物小记》中推测《考工记》所载磬体重心。邹伯奇还撰写了《磬求重心术》和《求重心说》二文,后者计算了垛积术中各种形体的中心,计算了组合体和曲线体的重心。古代中国人虽然重视比重的概念和测定物质比重的工作,但西学传播才引起了康熙帝和乾隆帝极大兴趣。梅瑴成(1681～1763)在清宫蒙养斋测量了金属、木料、玉石、象牙等 32 种物质比重③。其测定值与今日使用值接近④。乾隆出游,每至一地,必测该地泉水比重,他还特制一个专为测量液体比重的“银斗”⑤。

由于阿基米德杠杆定律的传入,关于杠杆的数学计算问题又成为明清之际数学家感兴趣的题目。有些算题具有一定难度,反映当时力学水平的提高。梅瑴成等人于 1719 年编写的《数理精蕴》中已采用代数法求解杠杆力学,接近于近代静力学解法⑥。中国数学家

---

① 《皇朝礼器图式》卷三《仪器·六合验时仪》。

② 白尚恕、李迪,同上页注①。

③ 梅瑴成编《数理精蕴》下编卷三十;《增删算法统宗》卷一《蒙养斋校准之率》。

④ 王燮山,中国古代所测定的物质比重,自然科学史研究,1985 年第 4 期,305～311 页;李迪,我国古代比重的测定和应用,《科技史文集》第 12 辑,122～126 页。

⑤ 刘岳云《格物中法》卷二《水》。

⑥ 王燮山,关于明清之际中国杠杆力学问题的算法,中国科技史料,1991 年第 1 期,53～62 页。

将传统又高度发展的古代代数方法运用于杠杆计算中,从而发展了杠杆力学的计算技术与相关的知识。

螺旋问题既是简单力学机械,又是最基础的力学知识。正如前面力学章所述,古代人曾在数学理论上探讨了所谓“藤线绕葛”的问题,但始终未发明螺旋。属螺旋一类的螺丝钉是由《远西奇器图说》最早介绍到中国,它包括柱螺丝、球螺丝、尖螺丝,以及工程技术上的螺杆、螺帽等(图 7-28)[①]。就像中国传统的铁钉一样,后来,它们在中国得到普遍的应用。

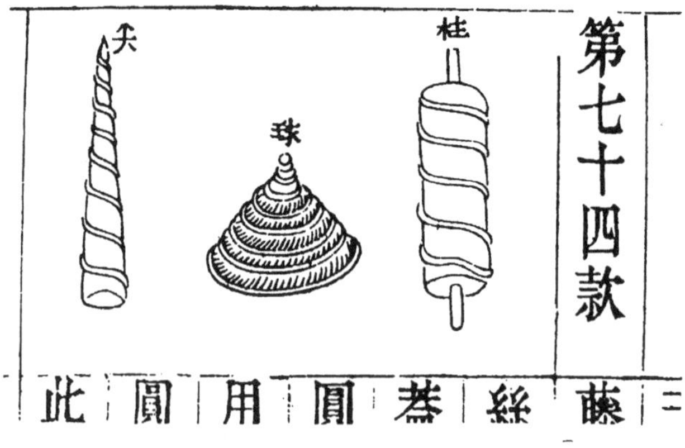

图 7-28　《远西奇器图说》绘藤线器

除了其时中国人称为“藤线器”的螺丝之外,有关转重、升重、提水等机械,都不同程度地在农业、水利和某些手工作坊中获得应用。如水铳(图 7-29),即压力水泵,虽初期极为笨重,但它成为城市中不可或缺的灭火器械。然而,在物理学或物理学史上常提及的阿基米德螺旋,中国人称为龙尾水车(图 7-30),却始终未曾在中国发展起来。

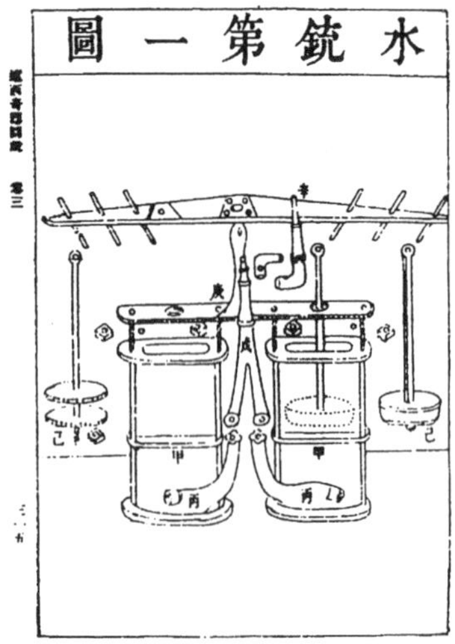

图 7-29　《远西奇器图说》绘水铳

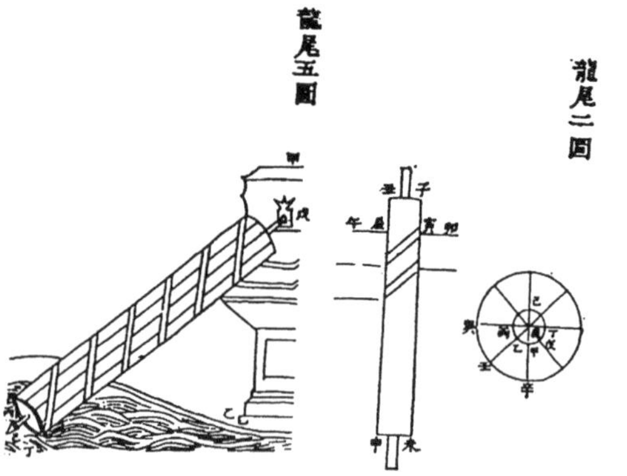

图 7-30　《泰西水法》绘龙尾水车

① 郭永芳,王徵与译,远西奇器图说,科技史文集,等 12 辑,137～141 页。

郑光祖在其著《一斑录》中讲述了两个例子，为我们了解这一问题甚有助益，他写道：

> 熊三拔，太西人，明万历年来中土。其地人心精巧，于一切事物之理，类能够深致远，故有所制造，皆他方所不逮。著有《太西水法》一卷①。其戽水有龙尾车者，形如大木桶、而长过丈，中具机巧，人为旋转则水逆而上。道光十四年(1834)，本地(郑光祖为江苏常熟人)开白茆河，郡中发下"神仙车"，即太西法也。试之，机虽巧，而终藉人力，且制造匪易；傥有损伤，修葺为难，不如当地水车为便易。然其巧妙，实大过人，不可概没也。

郑光祖又举一例道：

> 道光十六年(1836)，清江浦治河，需戽水之具。购得龙尾车法式，谓可以自为运动，制成为用，藉以省河上工费不少也。于时制军陶设局，费化宫(工)费及三千金。成之，车大四五抱，杠抬需百夫，坏墙垣以出。试以池沼，立刻告涸。然，运转甚重，推挽亦必多人。乃才试一二而关键已坏。然即不坏，亦全资人力。非果能自为行运也。卒归废弃焉②。

由此可见，龙尾车虽工效快速，但制造成本高、笨重、易损坏。相比之下，不如中国传统的脚踏龙骨水车。加之，其时尚无电动力源。因此，龙尾车在中国未曾发展起来。其实，乾隆年间，钱泳(1759～18zwlx6/s84)就指出，龙尾车"一车需费百余金，一坏即不能用。余谓农家贫者居多，分毫计算，岂能办此。"③

这些事例，颇能说明中国人在吸收西方科学技术方面"因地制宜"的灵活态度。

七　郑复光及其《镜镜诊痴》

这是在鸦片战争之前中国传统科学和西方科学知识相融合的典型事例。为了更好了解这事例，我们先补充一点有关《崇祯历书》中的光学知识。

1.《崇祯历书》中的光学知识

如前所述，在徐光启主持历局期间，为适应改历需要，一些耶稣会士撰写了与天文观测、数学和光学相关的著作。在这些著作中，除了前述望远镜在天文测量中的应用和成影现象之外，主要的光学知识有如下几方面。

汤若望在《历法西传·西古历法》中介绍了学科分类的思想。他写道：

> 西洋之学，其大者有五科：一道科，二治科，三理科，四医科，五文科。而理科中旁出一支为度数之学。此一支又分为七家：曰数学家，曰几何家，曰视学家，曰音律家，曰轻重家，曰历学家，曰地学家。七家俱统于度数④。

在这里，所谓"视学家"即光学家，所谓"音律家"即声学家，所谓"轻重家"即力学家。值得注意的是，汤若望在这里最早介绍了"多禄某"(今译托勒密，即 Ptolemy，活动于公元 2 世纪)的 13 卷《天文学大成》纲目，"歌白尼"(今译哥白尼，即 Copernius，1473～1543)《天

---

① 该书也见徐光启《农政全书》卷十九、二十。

② 郑光祖《一斑录·杂述六·太西水法》。

③ 钱泳《履国丛话》卷三《水车》。

④ 汤若望《历法西传·西古历法》，见徐光启等撰《新法算书》卷九十八，四库全书本。

体运行论》一书六卷的题目，也述及了“西满”(Simon Stevin，1548～1620)、“第谷”(Tycho Brahe，1546～1601)等人的姓名及天文工作。

就凹面镜和凸透镜所以能点火的原因，邓玉函在《测天约说》中写道：

> 天之能力下及，每用二器，其一光也，其一施光也。光不独能照天下，亦能作热。如用窪镜对日而成返照，则能生火；又用玻璃圆球对日而成折照，亦能生火。其故为何？光于天下为最尊，热于四大物情中亦为最尊，以尊生尊是其理也。其次亦能生冷、亦能生燥、亦能生湿。为光本非热、非冷、非燥、非湿，而其中有情，足当四情，故能生热、生冷、生燥、生湿。天光之为体，若其发而及物，为何施之不尽。若其不发，则一切所受为从何来。故其体其用总非人间意量所及①。

人们立刻看出，这是古希腊的自然哲学。恩培多克勒(Empedocles，前 493～前 433?)提出火、空气、水和土为万物基源，亚里士多德发展了这个观念，提出热、冷、干、湿为万物质料。邓玉函又借用中世纪神学家的“至尊”观念，并以此解释凹面镜和凸透镜的点火现象。

如何看待光与色？如何解释天空的颜色？邓玉函又写道：

> 天下之物皆以颜色为其美，颜色之外别有二美饰：一为透彻，一为光耀也。颜色之美，美之下分明光之美；美之上分何者？其形妙好，异于他色，一也；人之见之，无不喜悦，二也；他物不能自见其美，惟光能自见，三也；他物有色，惟光能发扬其美妙，四也。有此四者，故为天下真宝。天最尊于万物，故一切颜色不足为其文饰，惟光为其饰矣。或云，天望之苍苍然。苍，非色耶。何谓无色？曰苍苍非色也。太空之中，气盈其处，气亦无色，气积极厚，则成苍苍之色。譬如玻璃，本白透明，略无他色，积之数重，则成苍色。太空中色亦犹此耳②。

这个解释又充满了中世纪经院哲学的浓重气息。

在《崇祯历书》内一批耶稣会士的著作中，从光学知识角度看，以汤若望撰《交食历指》较为卓越。《交食历指》卷一旨在讨论日月食的光学问题，其所涉及的光学知识比他自己此前所撰《远镜说》深刻得多。《交食历指》卷一的内容有前言，“七章界说”(即七条定义)，然后分七节叙述，顺次为：“太阳光照月及地”，“景之处所”，“景之形势”，“景之作用”，“月在景之光色”，“日月食有定时”，“日月食合论”。这里的“景”即“影”。

“七章界说”分别为：

(1) 定义“暗体”(不透明物体)、“彻体”(透明物体)，并将“彻体”分为“甚彻”(全透明体)和“次彻”(半透明体)；

(2) 定义“原光”和“照光”(反射光)：“光在本体为原光，其出而显他物之象为照光”；

(3) 定义“最光”和“次光”：“原光以直径发照为最光，因而旁及者为次光”。进而解释说：“日光正照以直线至于物体则为最光，有物隔之、旁周映射则生次光。如云之上，日体所照，最光也；云之下不复见日而犹有光，是次光也。”在这里，表述了光线直进性质。其“最光”与前条“原光”相雷同，而“次光”近似于今日散射光；

(4) 定义“满光”和“少光”：“满光者原光之全体所发，少光者原光之半体所发”。这显

---

① 邓玉函《测天约说》卷下。

② 邓玉函《测天约说》卷下。

然是为解释日月食的需要而特设的术语；

(5) 以类似后来形成的照度的概念定义影："景之四周有最光绕之，即景为次光。以景为明者，误也；以影为暗者，亦误也；称景为明暗之中，庶几近之。""盖全无光，乃为暗"，"景中犹存微光，不失为次光也"。由此看来，《交食历指》中"景"与"影"二字是有区别的；

(6) "最光所不及为初景，次光所不及则为次景。景与光并行，光渐微、景渐厚，故次景与最光相反，若初景即次光也。"这仍以类似照度概念将影分类。所谓"光渐微，景渐厚"之"光"乃是指"景"中之"光"。按照其定义的逻辑推理，"初景"、"次景"之说分别类似于"半影"、"本影"；

(7) "最光全不及之处则为满景，若受正照之微光，即为缺景"。进而解释说，"满景与光正相反。无景之极则为满光，无光之极则为满景。"在其说明图(图 7-31)中(图中甲乙为光源，丙为球，庚辛戊为丙球之满景。)指出，"庚戊辛为最光全不及之处，则满景也"。可见，"满景"即今谓之本影。"缺景"也纯粹为解释日月食而特设之词。

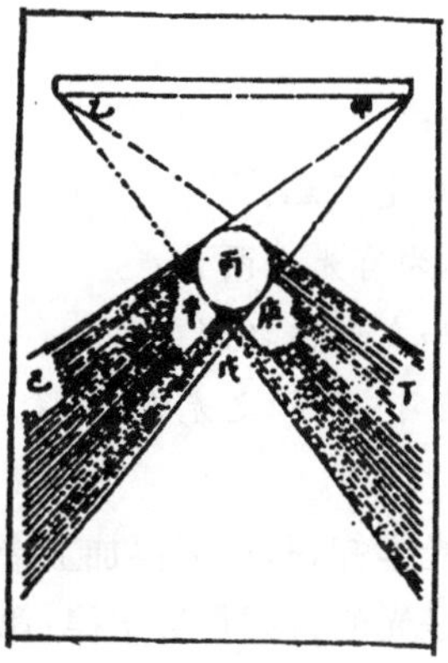

图 7-31 《交食历指》
绘满景图

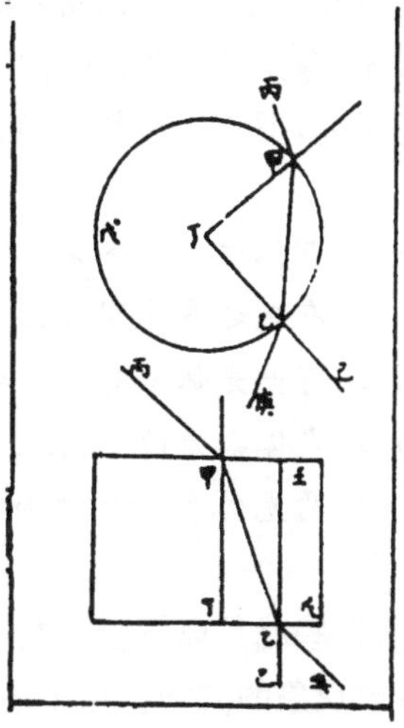

图 7-32 《交食历指》绘折射光路
(疏-密-疏介质)

《交食历指》是为解释日月食而作。所涉及光学内容有反射、影子的形成、蒙气差或大气折射。与《远镜说》相比，《交食历指》描述的折射现象是完全正确的。汤若望写道：

> 视学之家有公论，凡象斜射次沏之体，以垂线为主，曲折通之。初入则聚折而向于垂线，既出则散折而离于垂线也。何谓垂线？盖于沏体之面过受形之点作线下垂，则是折照所向、所离之线。如图(图 7-32)，圆体甲戊乙，方体甲丁戊，皆次沏也。当其面有斜照之光在丙，至甲点而入，至乙点而出，则甲丁与丁乙皆为垂线。照光至甲点而入，必聚而折向于甲丁垂线，至乙点而出必又散而折离于乙丁或乙壬垂线。若言光至乙点出，或不照庚而照己，则是返照之光，非折照之光也。

汤若望在此描述了光线从光疏介质进入光密介质，又从光密介质出射至光疏介质的折射现象，所绘之图也是正确的。

遗憾的是，汤若望在该书中不仅没有述及反射定律，也没有提到欧洲古代或中世纪期间粗略的折射定律。

汤若望在《交食历指》卷五、卷六中还叙述了“视差”、“视会”、“人目差”、清蒙高差”、“清蒙径差”等属于大气折射的现象。这些概念多来自第谷。汤若望以此解释日、月在升起或下落中的视高度和视径发生变化的现象。

由于《远镜说》比《交食历指》刊行量大，更为浅显易懂，因此，在1840年之前，后者的影响远不如前者广泛。此亦一憾也。

关于大气折射知识，在罗雅谷撰、汤若望校订的《日躔历指·论清蒙气之差》中叙述较为简练。该书写道：

> 清蒙之气者地中游气，时时上腾，入夜为多，水上更多，其质轻微，略似澄清之水。其于物体不能隔碍人目、使之隐蔽，却能映小为大、升卑为高。故日月出入，人从地平望之，比于中天则大；星座出入，人从地平望之，比于中天则广，此映小为大也。定望日时，地在日月之间，人在地平，无两见之理，而恒得两见，或日未西没而已月食于东，日已东出而尚见月食于西；或高山之上，见日月出入，以较历家算定时刻，每先升后坠，此升卑为高也①。

颇有意思的，罗雅谷在其撰《测量全义》中对测量仪器中所含光学知识作了小结。他写道：

> 一曰、有体之光自发光，必以直线射光所照之物；
> 二曰、有光之多体同照，光复者必深，而各体之本光不乱；
> 三曰、有大光体中有暗体分光体为二，即一光体为有光之两体；
> 四曰、光体射光过小圆孔，若所照不远，则光仍如本光体之形；
> 五曰、两光体各射光过小孔，反照之上体之光在下、下体之光在上，左在右、右在左②。

实际上，这些就是耶稣会士在明亡之前传入中国的光学知识，最多再加上诸如望远镜等仪器和折射现象的知识。这个小结中之第一条，也就是光的直线行进定律；第二条是光的独立传播定律和光叠加的知识；第三条述及一个大光源可以看成由许多小光源组成，方便于处理几何光学现象；第四条、第五条，是小孔成像知识。作为一种知识或科学认识，这几条为古代中国人所知晓；作为一种逻辑思维或认知方式（如作图，几何论证等），却为古代中国人所鲜有。

总的说来，明清之际传入中国的光学知识，既没有粗略的折射定律，也没有反射定律；对某些光学现象和光的特性的描述也有浓厚的中世纪经院哲学的风味。由于《崇祯历书》或入清后的《新法历书》印行量极少，因此，《崇祯历书》中的光学知识虽有较大进步，但却知者甚少。郑复光也因此未曾读过《交食历指》等书，对他影响最深的却是《远镜说》。

2. 郑复光的《镜镜诊痴》

关于郑复光（1780～1853年之后若干年）的生平，我们已在第一章有所涉及。林文照有一专门研究《镜镜诊痴》的文章③，可资参阅。

---

① 罗雅谷撰，汤若望订《日躔历指·论清蒙气之差第三》。

② 罗雅谷撰《测量全义》卷十《仪器图说》。

③ 林文照《镜镜诊痴》的初步研究，科技史文集，第12辑，上海科学技术出版社，1984，103～121页。

《镜镜诊痴》这书名中，第二个“镜”字为动词，是“照”之意。“镜镜”就是用镜子照物。“诊”原意为“叫卖”。“诊痴”在此书名中为自谦词，意为“无才学”、“无高见”。因此，“镜镜诊痴”一语可译为“光学愚见”、“光学浅说”之类。道光二十六年(1846)，该书刊版之时，张穆为《镜镜诊痴》题词，道明了《镜镜诊痴》一书的完稿时间。张穆写道：

> 乙未冬初，晤浣香于银湾客馆，从之学算，围炉温酒，无夕或闲。一日夜深月上，出自制远镜，相与窥月，中窅(yao)联(chìe 或 chì)，黑点四散，作浮萍状。懽呼叫绝。浣香因为说远镜之理，旁喻曲证，亹亹(wei)不倦。次日，复手是书见示。穆读而喜之，以为闻所未闻。倩胥录副，藏之箧衍。逮丑寅之交，海孽鸱张，或颇诧其善：以远镜立船桅上，测内地虚实。惜无能出一技与之敌者。穆因从臾当事，延浣香幕中，以所录副本为券。当事既不甚措意。未几抚局大定，议亦遂寝①。……

郑复光字浣香，“乙未”即道光十五年(1835)。此时郑复光已将《镜镜诊痴》书稿送张穆阅览。可见，至迟1835年《镜镜诊痴》已成书。张穆题词表明，一是郑复光曾以自制望远镜和张穆一起观察月球；二是望远镜及郑复光的著作在实学中的重要性。郑复光和张穆以望远镜观察到月球的山谷和山峰，“窅联”指一道深谷，“窅”意为深远，“联”原意为“以矢贯耳”。“黑点四散，作浮萍状”，是描写山峰座落月球四处，当太阳光射及山峰时，反射光四散而开，在地面看就成黑色之点了。而较为平坦的高原或山脉之余，阳光却能集束反射至地面，在地面看来是光亮的。因而造成山峰之黑点“作浮萍状”。这是中国人用望远镜观察月球的较早的详细记载②。张穆初读《镜镜诊痴》，大为惊喜，即“倩胥录副，藏之箧衍”。也就是请一小吏代为抄下一副本，并将副本藏于箱笼之中。迄辛丑(1841)、壬寅(1842)之交，英国在中国东南沿海发动侵略战争，“海孽鸱张”，以望远镜在海上窥视“内地虚实”，人或诧异其能，实则中国也有郑复光等制造了望远镜。张穆因之以《镜镜诊痴》一书向一老官吏荐郑复光之才，岂料该官昏庸，“不甚措意”。能者不得其用，这正是中国当时之悲哀。

《镜镜诊痴》参考或采用了耶稣会士所译撰的一些中文著作，例如言及光叠加和独立传播原理时，注明“本自《历书》”③，即《崇祯历书》或《西洋新法历书》；言及眼睛组织“水晶球”时，注明“本《人身说概》”④；言及镜心测高之理，注明“法见《测量全义》”⑤；言及三棱镜彩色与其厚薄之关系，注明“本《仪象态》”，即南怀仁的《灵台仪象态》⑥；言及光与物影的关系，“本《测天约说》”⑦。等等。同时，也参考并采用了许多传统著作，如沈括《梦溪笔谈》、《考工记》、司马彪《庄子注》、《元史·天文志》有关郭守敬创制的仪器、李时珍《本草纲目》、谷应泰《博物要览》、以致《虞初新态·黄履庄传》、清代纪文达的小说，等等，吸收了中国传统文化的精髓。当然，其中最重要的参考书是汤若望的《远镜说》。郑复光在《镜镜诊痴》自序中写道：“本《远镜说》，推广其理，敢曰‘犹贤诊吾痴焉耳’。”也就是说，《镜镜诊痴》一书

---

① 《镜镜诊痴》张穆题词。

② 揭暄于17世纪后30年间曾借助望远镜绘有月面图，见石云里，中国人借助望远镜绘制的第一幅月面图，《中国科技史料》，1991年第4期，88～91页。

③ 《镜镜诊痴》卷一《原景》第十四条。

④ 同上，卷一《原目》第三条。

⑤ 同上，卷一《原线》第五条。

⑥ 同上，卷一《镜形》第十六条。

⑦ 同上，卷一《原景》第六条。

本是受汤若望《远镜说》的启发，发展了《远镜说》中之道理，表明郑复光自己痴恋于汤若望《远镜说》所倡导、教诲的学术。书名中“诊痴”一语亦包含了这层意思。由此也见，《镜镜诊痴》一书是1840年之前中西光学知识彼此融合的一本重要著作。

梁启超于20世纪初曾对郑复光和《镜镜诊痴》作了极高评价。他写道：

明末历算学输入，各种器艺亦副之而来。如《火器图说》、《奇器图说》、《仪象志》、《远镜说》等，或著或译之书亦不下十余种。后此治历算者，率感于‘欲善其事先利其器’，故测候之仪，首所注意，亦因端而时及他器。梅定九（即梅文鼎，定九乃其字，1633～1721）所创制则有……，戴东原（即戴震，东原乃其字，1723～1777）亦因西人龙尾车法作赢族车，因西人引重法作自转车，又亲制璿玑玉衡——观天器，李申耆（即李兆洛，申耆乃其字，1769～1841）自制测天绘图之器亦有数种。凡此皆历算学副产品也。而最为杰出者，则莫如歙县郑浣香（复光）之《镜镜诊痴》一书。

浣香之书，盖以所自创获之光学知识而说明制望远、显微诸镜之法也。据张石洲（即张穆，石洲乃其字，1805～1849）《序》，知其书成于道光十五年（1835）以前，其自序云：“时逾十稔，然后成稿”。则知属稿在道光初年矣。时距鸦片战役前且二十年，欧洲学士未有至中国者，译书更无论，浣香所见西籍仅有明末清初译本之《远镜说》、《仪象志》、《人身说概》等三数种。然其书所言纯属科学精微之理，其体裁组织亦纯为科学的……全书体例，每篇例举公例若干条，理难明者则为之解，有异说者则系以论，表象或布算则演以图（全书为图一百二十八——原注）。大抵采用西人旧说旧法者什之二三，自创者什之七八（书中凡采旧说必注明。其“原光”公例十八条采旧说者三；“原目”公例十二条采旧说者四。余类推。——原注）。……百年以前之光学书，如此书者，非独中国所仅见，恐在全世界中亦占一位置。浣香所以能为此者，良由其于算学造诣极深，而又好为深沈之思。张石洲言：“浣香雅善制器，而测天之仪、脉水之车，尤切民用。”则其艺事之多能又可知矣。以前宋后郑之学，而不见推于士林（《畴人传》中无浣香——原注）。嘻！“艺成而下”毒人之观念深矣[①]。

梁启超的赞扬与感叹毫不过分。可以说，《镜镜诊痴》是在近代科学真正输入中国之前，在极为有限、甚而错误的西方光学知识启发下，根据中国人（尤其是郑复光本人）制造光学仪器的经验，以中国的传统术语，有理论、有数学的有关光学仪器制造的总结之作。

《镜镜诊痴》卷一，题为“明原”，是全书的光学理论。郑复光对“明原”注解说：“镜以镜物。不明物理，不可以得镜理。物之理，镜之原也。作明原。”该卷分为“原色”、“原光”、“原景”、“原线”、“原目”、“原镜”、“类镜”各节。分别叙述色、光、影、光线、眼睛、各类镜型的总的物理特性或光学性质。在“类镜”一节中又分为“镜资”、“镜质”、“镜色”、“镜形”四小节。郑复光注解“类镜”道：“镜之制各有其材，镜之能各呈其用，以类别也。不详厥类，不能究其归。作类镜。”实际上，“类镜”一节除“镜资”外，主要涉及制造镜子的质料、这些质料的颜色和各种镜的形状，尤其详于后者对光的影响和特性。而所谓“镜资”，共三条，以“透照”、“通光”和“返照”、“含光”区分透镜和反射镜。大体上，卷一多采自耶稣会士所译著之书，不过，

① 梁启超，中国近三百年学术史，第十六章，中华书局，1936，354～355页。

是以郑复光的理解和语言而编排的，当然，其中亦有他自己的根据制镜经验而得到的知识。《镜镜诊痴》卷二、三，题为"释圆"。郑复光注解"释圆"说，"镜多变者惟凹与凸。察其形则凹在圆外，凸在圆内。天之大者以圆成化，镜之理以圆而神。作释圆。""释圆"分为"圆理"、"圆凸"、"圆凹"、"圆叠"、"圆率"各节。实际上，就是对凸透镜、凹透镜及其组合透镜（圆叠）的光学性质一一作阐述。其中，"圆率"节分别列出凸透镜和凹透镜各参数表，或组合透镜的参数表，并有例题、教人如何使用这些表以配制镜片。这两卷，多为郑复光在《远镜说》基础上的创见，及其磨镜、配镜实践经验的理论总结。卷四、五，题为"述作"，涉及十几种镜子的制造，是郑复光对自己和他人制镜经验的总结。我们在下一节中讨论它。

读读《镜镜诊痴》卷一《明原》，看看郑复光掌握了哪些光学理论。

如同耶稣会士所译书一样，郑复光将透镜和反射镜分别称之为"通光镜"和"含光镜"，将折射与反射分别称之为"斜透"与"返照"。郑复光大概最早提出了"光线"概念，他说："物与物交必有相射之线，光能照有光线，目司视有目线，景承光有景线，镜受景有镜线是也"。这一分类太繁琐了，实则均为光线。接着，郑复光仿《几何原本》而定义"平行线"、"广行线"、"移行线"与"约行线"："两线相距等而不相合者为平行线；若相距不等、一端相距狭、一端相距阔者名广行线。"广行线中分为移行线（自狭向阔言之）和约行线（自阔向狭言之）。这些定义都在郑复光绘光路图中得以运用。关于光的直进性质，他写道："线之相射，或正或斜，或自此至彼而反折，皆是直线而无曲。"①

又在卷二"圆理"第五条中说："物之相射，其线必直"。

关于光的叠加原理和独立传播原理，郑复光直接引述载于《崇祯历书》中罗雅谷所撰的《测量全义》卷十《仪器图说》。他写道："两光体同照，光复处必深，而各体之光本不乱。"②

值得我们注意的是，关于反射定律的一段文字。郑复光在其书卷一《原线》第五条中写道："折线必是斜射，故其所会之角必正而不偏。此镜心测高之法所本也。法见《测量全义》。"

所谓"折线"在此是指今日之反射光线，"折"是对于入射光线的方向变化而言的。郑复光以图（见图 7-33）说明。在图 7-33 中，乙丙丁是置于地平面上的一具平面镜，壬辛是要测的物高。若找到一"已"点，在该点见"辛"之像恰落于平面镜之镜心"甲"处，按照欧几里得《镜书》第一条③，在测量学和几何学上即可认定角"辛甲壬"等于角"已甲庚"。由于此时"辛甲"、"已甲"、"丑甲"均在同一平面上，且"丑甲"垂直于"乙丙"，辛甲壬和已甲庚为两个相似三角形，由实际测量可以获得已庚、庚甲和壬甲之长，因而辛壬之高即可计算而得。明清之际的耶稣会士没有将反射定律传入中国，而他们所介绍的测量学著作（无论是《测量法义》还是《测量全义》）虽然借助了光反射中的入射角等于反射角的知识，毕竟始终未将此义讲明，且重在角"辛甲壬"等于"已甲庚"上。郑复光大概由此

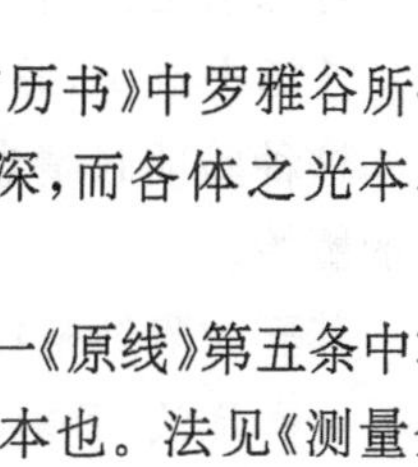

图 7-33　镜心测高之法

① 《镜镜诊痴》卷一《原线》，第一、二、三条。

② 同①，卷一《原景》第十四条。

③ 利玛窦、徐光启合译《测量法义》第九题"以平镜测高"。

受到启发，他说："试以庚壬作丑甲垂线，则丑甲辛与丑甲己二角必等"。这一叙述才是完全清楚、正确的光反射定律。郑复光所言"故其所会之角必正而不偏"，也就是角"丑甲辛"与"丑甲己"相等并同在一个平面上，故谓"必正而不偏"。明明白白的光反射定律是由郑复光在西学启发下最先讲出来的。郑复光所言"镜心测高之法"本之《测量全义》，可能是《测量法义》之误，因为后者更清楚地例解了"以平镜测高"的方法。

《镜镜诊痴》卷一还涉及视差、蒙气差、水浮钱影等折射现象，以及眼睛生理组织，这些知识都来自前述由耶稣会士传入中国的光学知识。关于眼睛内"水晶球"之说及其某些生理光学特性，原自邓玉函编译、毕拱辰润色的《泰西人身说概》(简称《人身说概》)。这是第一部传入中国的解剖生理学著作。但是，《镜镜诊痴》关于水晶球凸起的深浅程度与引起近视或老花之间的关系，叙述更为详细、精到。此外，在卷一《原目》中有几个关于视觉的观察实验似是郑复光独创的：

其一，蜻蜓眼球对其视觉之影响。郑复光说：

> 睛凸深者不见远，而视近则愈明。如蜻蜓之属，目若半球，深极矣。故一二尺外绝不畏人，不见远也；若近至寸许，虽捷者攫之则难，(其)视近至钜且明也。

这在近日关于眼睛与视觉的科普著作中也不失为一个好例子。

其二，以视字验眼屈光度。

> 以常人之目视一字，颇明显也。徐徐近之，必有昏花之处，以意牢记其大小；再骤引远至明显处，必觉略大；再渐远之，然后渐小。夫近大远小者，远差理也。今反远大近小，非景溢而觉其小乎？由是则老花之理明，而近视之理可反推矣。

这种验明眼睛老花与近视之方，正是近日医学上以一定距离内不同大小字验眼屈光度的肇始。

其三，"隔纱视物"。

> 试法：目前数寸，隔纱视物，合眸微启，则纱之经纬井然，而外物模糊不清；若旻其目，则外物呈露，而纱之经纬茫然矣。岂非伸缩眸子之故乎？

其中，"旻"(hiè)，《说文解字》曰："举目使之也"。

其四，测量视角。

> 试法：取数寸之物，逼目视之，眸不动、必不能见两端；徐远之使恰见两端而止，量目距物，可知此人目角几何也。

值得指出，《镜镜诊痴》一书中许多正确的光学结论，都是来自郑复光所做的诸如此类种种观察实验。

在这卷一之中的理论部分，还涉及小孔成像和透镜成像、及其光路绘画问题。我们知道，《远镜说》给郑复光提供的光路榜样是错误的。郑复光如何在它的基础上前进呢？在这里，传统光学给郑复光极大帮助。他从沈括《梦溪笔谈》的"格术"中晤知，小孔与所有镜面成倒像的光路必相交于一点，他将"格术"之"格"释为"隔"[①]；甚而，他还据此认为，本是凸镜似的眼内水晶球，成像当为倒像，但人见之为正像，这是"倒格术"所致[②]。这些知识决定了郑复光的成像光路图。他在"原线十二"中写道：

---

① 《镜镜诊痴》卷一《原线》第八条。

② 同上，《原目》第十一条。

借光取影，由于交线或因孔束之线成交，或因镜面弯环之光线成交，其理自同，而交处则不同，有在向光前面者，有在背光后面者。

对此，郑复光以图(图 7-34)解释。如图 7-31 上图的小孔成像，来自光源的光在孔"前无所碍，则顺入(如甲丙与乙丁)，顺入则出交得景(如过孔自戊至庚)，出交者虽远皆能取景，但渐淡耳。"但对于下图的透镜而言，来自光源的光在镜"前有交线(如寅)碍之，则倒入(镜内)(如子入辰，丑入卯)，倒入则约光成景(如卯辰入午)，约光者稍出入即不能取景，缘交处异势故也。"

由图 7-34 可见，郑复光对于小孔成像的光路描绘是正确的，其中成倒像的物理解释也是清楚的。这或许因为中国古代人有关记载与实验非常丰富的缘故。但是，在该图中关于凸透镜成像的光路尚需作出认真讨论。首先，应当肯定，这图比《远镜说》所绘(如图 7-35)有着极大进步。尤其是，光线通过透镜之后相交于"午"点，《远镜说》对于这交点及其物理意义毫无认识。郑复光清楚地知道这交点的含义，只是未曾归纳出"焦点"这一术语，而是在不同的镜型和各种成像过程中作了不同的描述。郑复光的错误是，他认为光线在镜前已相交于"寅"，在寅点与凸透镜之间已形成倒像。造成这一错误的原因，很可能郑复光在制造光学玻璃(或水晶)时已发现了透镜的虚焦点，这"寅"点可能属此，只是郑复光在透镜两边未画成对称，也不明白虚焦点的真正含义。所以作这一推测，由于他在卷三"圆凹"第十七条中明白述及凹透镜有"凹实"、"凹虚"，其光线有"线实"、"线虚"之分。

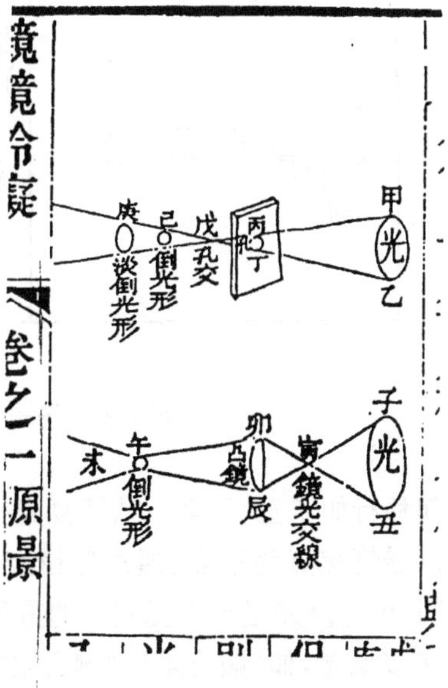

图 7-34　郑复光绘小孔成像和透镜成像光路

《镜镜诊痴》卷一的主要内容大致如此，其中关于颜色的论述多为传统知识，我们在有关颜色一章中已涉及它。

我们再看看该书卷二、三，郑复光如何讨论凹、凸透镜及其组合镜的成像问题。

首先要明白郑复光、乃至今日磨镜工、眼镜店和我们自己平常所说的镜子"深浅"的含义。郑复光说："凡圆形以弧而见，弧出于曲线，线愈曲、弧愈深。"① 换句话说，所谓"镜深"是指镜面弧线的曲率。今天的人们，以曲率半径衡量它：弧愈深凸，曲率半径愈小。而郑复光在理论上是以对应于该弧线的弦高来衡量它，但在实际中又以其"顺收限"(焦距)作为镜深的度量。

对于透镜成像的解释及其组成复合镜的计算方法中，郑复光提出一些概念或术语，它们在解读《镜镜诊痴》一书时极为重要。诸如"镜光线"、"顺三限"、"侧三限"、"距显限"等。

所谓"镜光线"有二种，在卷二"圆理"第九条中作图(图 7-36)说明之。其一，称为"弧面光线"，它出于弧面甲己乙，从面约行如甲丁、乙丁，而面交于丁，然后再移行如乙戊、甲庚；其二，称为"弧背光线"，它出于弧背甲丙乙，从背约行如甲子、乙子，而背交于子，从交

① 《镜镜诊痴》卷二《圆理》第六条。

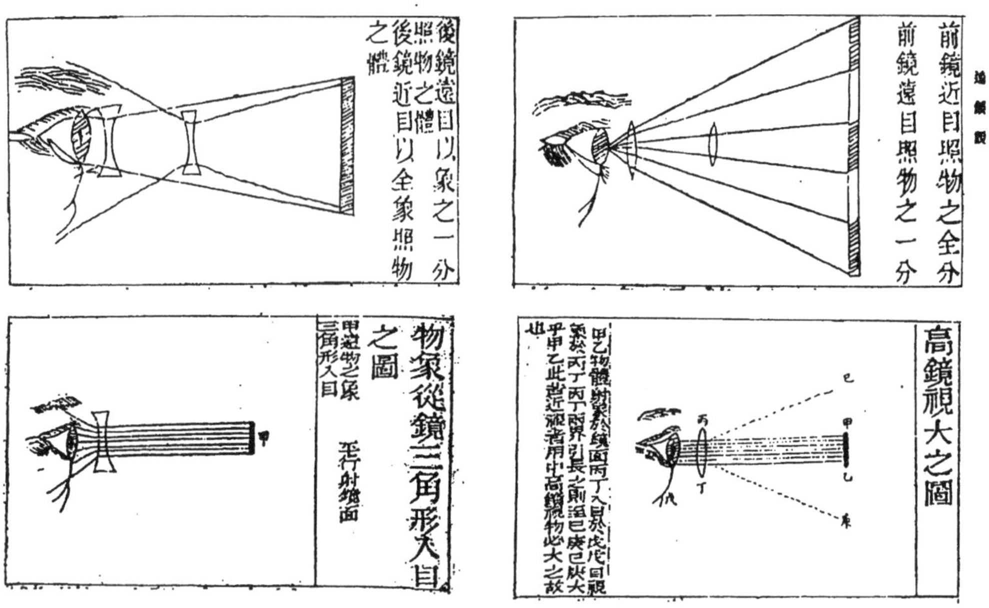

图 7-35　汤若望《远镜说》绘凹透镜、凸透镜及视觉矫正图

起移行如子壬、子癸。从郑复光有关透镜光路作图及其解说中，这两种“镜光线”实际上是以透镜焦点为顶点、通过透镜所在平面的光锥，它只能说明以焦点为视点的透镜可视空间，但郑复光过分宣扬它们的重要性，以致出了许多错误。郑复光由此两线而演变出其他许多概念，如“顺三限”、“侧三限”。所谓“顺三限”即“顺收限”、“顺展限”、“顺均限”；所谓“侧三限”即“侧收限”、“侧展限”、“侧均限”。顺三限为凸透镜所专用，侧三限为凹透镜所专用。

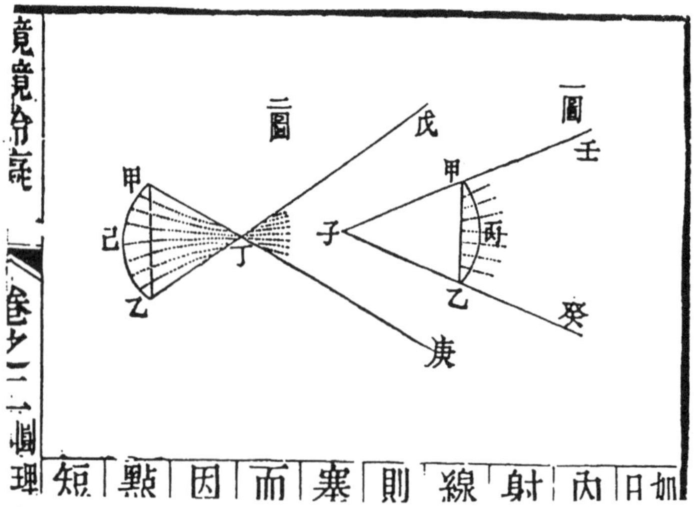

图 7-36　郑复光定义“镜光线”

"顺三限"中的"顺收限"是这样一个概念,当光线(日光)从极远处"革"射到凸透镜"甲丙乙"时(如图 7-37 中之"三图"),在其"水火"处,"以板承光,则见成为倒像,而面距(如己斗)"就是顺收限。因此,所谓顺收限实则为今之焦距。但是,郑复光在释此成像过程中,由日射至镜面的光线不是一束平行光线,而是一个以光源或物体作为底面的光锥,如"石丁土",这是其错误之一。郑复光以"镜光线"释凸透镜成像,他说,远方光线到达"丁"处成"面交","倒入于镜",即从"丁"交点再往前,已成倒像,形成"镜光线";再往前"透镜而出为背线(如甲水与乙火),所函不得不约行,约极则成像"于"水火"之处。初读起来,真令人费解。应当看到,这是在当时无任何光路知识、甚而在《远镜说》错误光路图引导下,郑复光能达到的认识,已是一个了不起的思辨成就。在凸透镜"甲丙乙"左边有关焦点(斗)与焦距(斗己)的认识是他所作的透镜光学实验的结果;而右边的光路变化、甚而在"丁"点面交、面交之后成倒像入射于镜,是他的关于"镜光线"的思辨认识,这些认识是错误的。

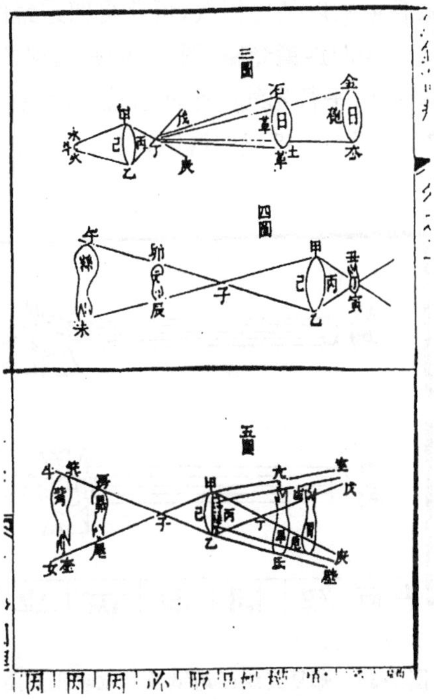

图 7-37　郑复光以"顺三限"释凸透镜成像

"侧收限"是这样一个概念,如图 7-37 中之"四图",当物体或光源"丑寅"置于极近"面交"之点即"丁",而在镜另一侧,镜光线交于"子"之后成放大的倒像,如"午未"。此时,背距"丁丙""则有定度"。这个"定度"称为侧收限。当侧收限即"丁丙"在某一恰当位置时,像"卯辰"与物"丑寅"大小相等。众所周知,在凸透镜成像中,当物置于透镜焦点上,则其成像在无穷远处,只有在物置于焦点之外又靠近焦点的某一位置 P_1 起,(图 7-35)才能在透镜另一侧成放大倒立的实像;而当物置于 P_2 点,则其像 P_2' 与物相等大小、而倒立。图 7-38 中 P_1o 相当于郑复光图中的"丁丙",即侧收限;P_2o 就相当于郑复光的"顺均限":即此时,物或光在凸透镜外"远近之间","面交、背交,此两交分权;面距、背距,斯两距恰等"。如前所述,"面交"是不存在的。自然,Fo 等于 $F'o$,说此二者分权倒是事实。所谓"面距、背距"

相当于今日物距、像距。在此时，物距等于像距。

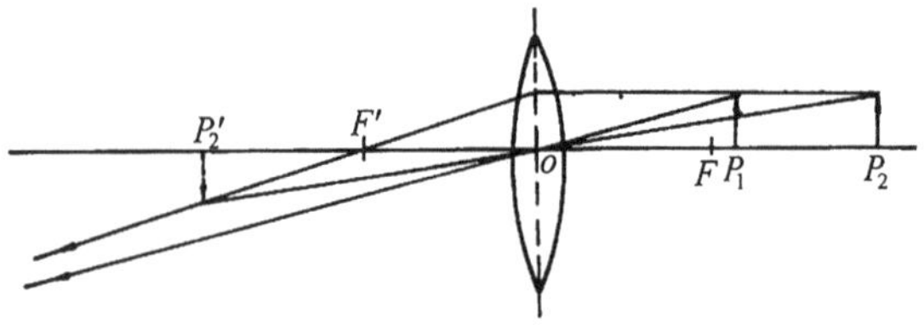

图 7-38　所谓“顺三限”现代释义图

至于凹透镜，郑复光指出，“凹无顺限，以其侧限为深”。凹透镜无顺三限，只有侧三限，大概是、凹透镜为发散透镜，其成像是与物同在一侧的虚像。在郑复光看来，侧收限、侧展限和侧均限与顺收限、顺展限、顺均限之意义相同。获得侧三限的方法是“借凸率虚取之”，也就是，以凸透镜的顺三限各值乘以某比例数，可获得凹透镜的侧三限诸值①。其正确与否，姑且不论。但是，郑复光所绘凹透镜光路（图 7-39）是错误的。该图与《远镜说》所绘（图 7-35）相比，却是退步了。其错在，平行光线抵平凹透镜之后，在镜内发散，出镜另一侧又会聚成三角形入于人眼；或者，平行光线抵双凹透镜，在凹镜的前半发散、又在其后半会聚成三角入于人眼。

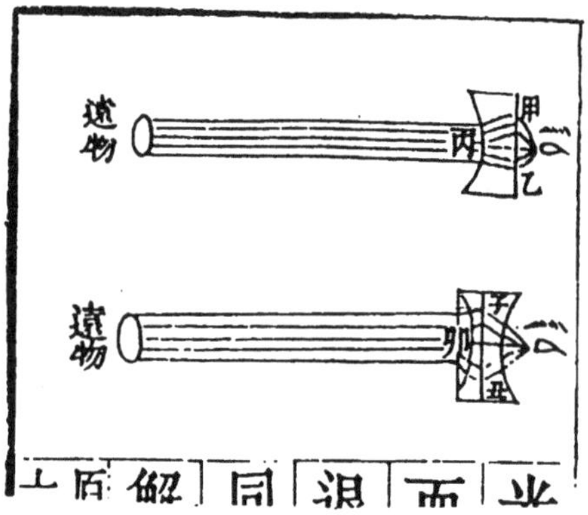

图 7-39　郑复光绘凹透镜及视觉矫正光路

然而，郑复光在其光学实验中又有一些不为常人注意的重要发现。例如，如图 7-40 中平凸透镜，郑复光观察到它类似凹面镜聚焦作用，并绘出其反射聚焦的像。当阳光穿过凸透镜后，他又观察到由透镜本身形成的淡影与晕光②。这些，说明他的实验观察都是非常细致认真的。

虽然郑复光对于光路的描述与绘画有错误，但在实验的基础上，他对于各种透镜成像的描述是正确的。例如，对凸透镜视物，郑复光写道：

> 目切凸视近、在顺收限内，则物必大；视远出限，即昏不可视，虽凸浅可视，物必反小；若目离凸，则昏而渐大；若目离适到限，则大塞满；若目离出限，则物倒、

① 《镜镜詅痴》卷三《圆凹》第四条。

② 《镜镜詅痴》卷二《圆凸》第八条。

小而更清。皆镜光诸线之为也①。

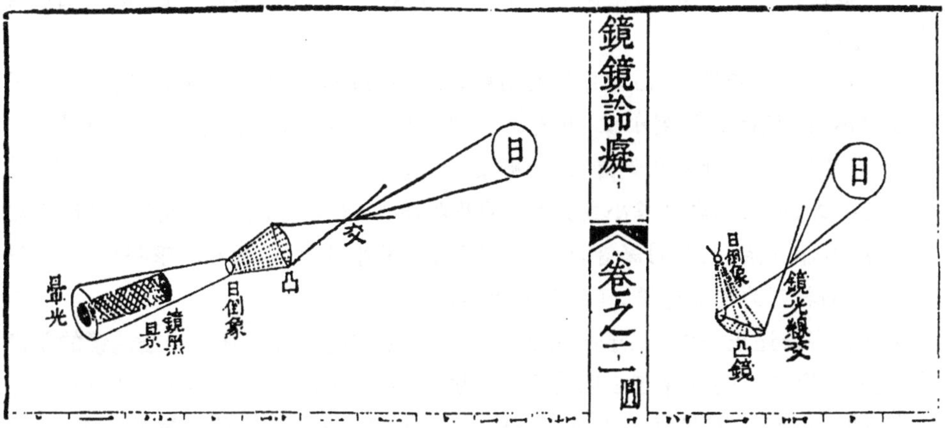

图 7-40　郑复光关于凸透镜对日反射与透射的新发现图

在这段文字中，所有“物”字实际上都是像。物与像的概念不清，是造成郑复光有关光路知识不清的一个重要原因。郑复光在此将目与凸透镜之距离远近、物体所在位置及其成像情形分为以下五种：

(1) 目切凸	物在顺收限内	像大
(2) 目切凸	物在顺收限外	像昏、小
(3) 目离凸	物在顺收限外	像昏、大
(4) 目离凸至限	物在顺收限外	光塞镜面
(5) 目出限	物在顺收限外	像倒、小而清

如前所述，所谓顺收限或这里的“限”，都相当于凸透镜焦距。这五种情形，分别表明物在焦点内外、以眼睛作屏所见的成像情况。第一种情况，物在凸透镜焦点内，所成像与物同一侧，是放大的虚像。在透镜另一侧并且接近透镜的眼睛看到的正是这虚像。第二种至第五种情形，物在焦点之外，所成的像是倒立实像。但在第二、三种情形下，眼睛在焦点之内（无论是切凸或稍离凸），成像在眼睛之后、甚而脑后，人眼自然看不清，所以称为“昏”。但是，郑复光还是分别出像小或大之感，这可能是一种视幻觉。当第四种情形，眼在焦点处，自然，人眼只能见到来自镜另一侧的平行光，且充塞镜面，而不能分辨出任何像。当眼睛处于焦点以外第五种情形，人眼所看到的是物体倒立缩小的实像，也就是郑复光记述的“像倒、小而清”。郑复光对于这些实验观察记载，都是正确的。但是，在他以“镜光线”等图画解释这些现象时，却出现了某些令人难于理解的勉强之说。因为“镜光线”这一概念本身就是错误的。

《镜镜诊痴》卷三《圆叠》是讨论透镜组及其成像问题。“圆叠”的内容对于制造望远镜、显微镜而言是必需的。郑复光说：

通光镜，两平相叠，视物如常。……若两凹或两凸相切，则浅者可加深；一凸

① 《镜镜诊痴》卷二《圆凸》第十六条。

并一凹，则深者可使浅；至于两叠相离及三叠、四叠，斯变化生而诸用出焉矣①。

这个叙述正是望远镜、显微镜等光学仪具得以产生的实验基础。对于两个凸透镜的组合，郑复光说：

物远在限距界外，凸切目视之则昏，外加一凸切之，则益昏矣。若离之，则外凸以离目，视远物得到小像，有大光明理；内凸以切目，视近镜（即外凸）得顺大像，有显微理。故外凸之倒者，内凸顺之仍为倒；内凸之昏者，外凸制之使不昏；外凸之小者，内凸助之则或小或大也。两凸相距，必有定度，名曰距显限。此限取之最易，其推算法，两凸同深者，则倍顺收限；内深外浅者，以两顺收限拼之；若内深外浅，翻转则为内浅外深，距短而无用，略焉②。

这段文字描述正是由两个凸透镜组成的开普勒式望远镜。其两个凸透镜的距离即称为“距显限”，有关它的计算方法也是完全正确的。望远镜的放大率为$M=f_{物}/f_{目}$。$f_{物}$即物镜焦距，即“外凸”之镜的焦距，“外浅”表示其焦距大；$f_{目}$是“内凸”之焦距，“内深”表示其焦距小。这样，M值才能大于1。“内深外浅”翻转用之，成为“内浅外深”，M值成为小于1的数，因此，“距短而无用”。

对于一凹一凸之两透镜的组合，郑复光在《圆叠》第十二至十五条均有论述。他说：

凹与凸相切则深者，可使变为浅，名变浅限，然有不可过之界焉；

凹与凸相离则昏者，可使变为显，名变显限；

凸凹相叠，使凹离于凸，内用变显限，即成远镜。

郑复光还以比率方法计算“变显限”的数值。在《圆率》中又分别给出了凹、凸透镜各限比率表，供配制透镜组和光学仪器者使用。

郑复光将望远镜分为三类：

以一凸一凹者，非大至寻丈不足用，止可施于观象，名曰观象远镜；两凸者专施于窥箭，名曰窥箭远镜；四凸以上者，大之固妙，小之至尺余，能力亦胜，游览最便，名曰游览远镜①。

观象远镜即伽利略式望远镜，窥筒远镜即开普勒式望远镜，小型的游览眼镜迄今亦为旅游者所喜好。

《镜镜诊痴》一书极大地丰富和发展了《远镜说》的光学内容和光学仪具的制造，其中许多文字内涵、解读乃至评价，尚待作出深入探讨。该书综论古今、结合中西，不仅汇集了当时中西光学知识之大成，而且也是中国历史上第一部有中国人自己研究成果的光学专著。

郑复光另有一著作，题为《费隐与知录》。该书从嘉庆丙子年(1816)始撰，于道光辛丑(1841)之前完稿，刊刻于道光壬寅(1842)年。该书不分卷，列235则，问答体裁，涉及天文、地理、生物、气象、物理、化学、医药等多方面知识，尤以光学知识精到。就其多则光学文字而言，它是《镜镜诊痴》一书姐妹篇，其特点是以通俗形式叙述了诸如小孔成像，冰透镜，凹、凸透镜、折射现象，视觉及眼睛矫正等内容，该书中也多次引述《镜镜诊痴》中的见解。

---

① 《镜镜诊痴》卷三《圆叠》第一条。

② 同上《圆叠》第八条。

3. 郑复光制镜种种

除了前述光学理论探讨之外，郑复光还制作了十几种镜。《镜镜诊痴》中有“述作”两卷，专门叙述这些镜的制造。对于这些镜，我们简要介绍如下。

(1)“照景镜”，也就是反射镜。“其类有二：曰铜，曰玻璃”。在这里，郑复光还详述了打磨铜镜的药方和工艺，在玻璃上镀水银的工艺。

(2)眼镜，“其类有三：曰平光，曰近视，曰老花；其质有二，曰玻璃，曰水晶。而作法则皆从同。”

平光镜，又称“保光镜”。老花镜，即凸镜，“或一面凸、一面平，或两面俱凸，然必中度，否则不适用。”凸透镜也是点火镜。近视镜是凹透镜，“或一面凹、一面平，或两面俱凹”。在此，郑复光除了介绍磨制凹、凸透镜的巧妙方法外，还述及为其“姻家范曾定造老花眼镜：上半平，下半凸，为临画之用”。这大概就是孙云球所造的“半镜”。

有趣的是，郑复光还述及眼镜架的发展：“眼镜自洋舶初来，止用一片，用时持而照之。不知何时增为两片，挂于耳际。”应当是，两片眼镜，先是仅仅装于无腿的眼框中，夹在鼻子上，然后以绳系于脑后，后来又发展为有腿的眼镜架。郑复光还制作了一种同装于一副眼镜架上的“双副眼镜”(图 7-41)。可见，19 世纪三四十年代，中国已有带腿的眼镜架。所谓“双副眼镜”是，“其法：用撑夹两耳上，如常，而两旁镜边别轴、安眼镜一副。用则合而重之，不用则开而置于两旁太阳处。迩来式更小巧便用。”图 7-41 中，子、丑为一副眼镜；寅、卯为另一副眼镜，其轴辰、午可装入于子丑镜的镜架内端甲乙上，庚辛，壬癸为撑夹，轴接于寅卯眼镜之外，这样，“带镜一副而具两副之用”。双副眼镜对于老花、近视，均可加深之用，也可平光带墨镜之用。郑复光还说，惟镜架“中梁用直，取随手戴用、不拘上下。然未免压鼻架，不可久用，不如寻常曲梁为妙。”从郑复光的记述中，可见古时眼镜腿还是两条直的撑夹，夹于耳缝内；弯拐式眼镜腿、可挂于耳后，这又是后来的发展。而眼镜中梁，此时已有直式与曲式两种形式。

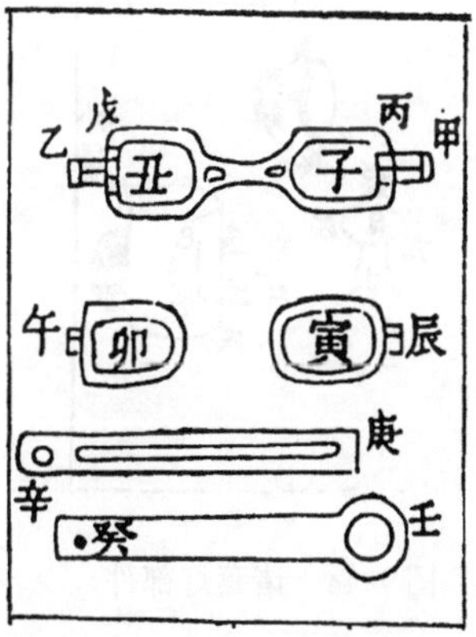

图 7-41　郑复光绘“双副眼镜”部件

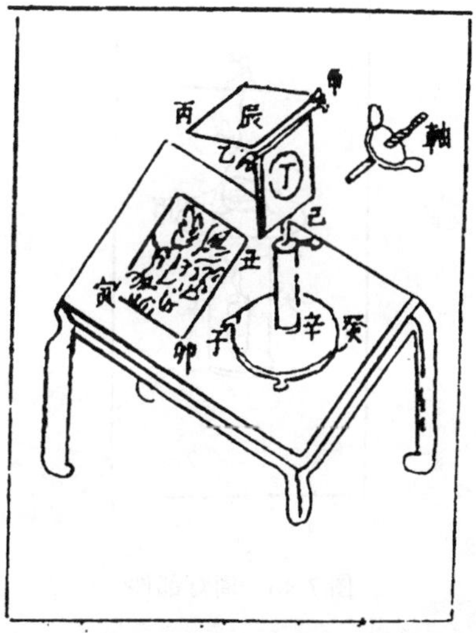

图 7-42　郑复光制显微镜

(原图中，“已”标误，今已改正)

(3) 显微镜。郑复光称其制造为“通光显微镜”，即“老花镜”，用以观洋画。

其法：倒置画册于案侧，置含光于上，立置显微于旁，目从显微上视含光内画，画景自顺如图(图 7-42)。辰为含光镜，嵌入木匣，镜面向下，甲乙处作轴，上套螺旋，连于显微镜框上，可使斜边支撑、收合而不脱。丁为显微，己为镜柄，活入座柄，座柄之口安螺旋，使可伸缩。高低配定，则转螺旋以固之。

所谓“通光镜”即透镜，显微镜是凸透镜，故以老花镜同。“含光镜”是平面反射镜。整个装置是由一平面镜和一凸透镜组成，其放大率就是单一透镜的放大率。由于平面镜辰是活动安装的，故而，观察较为方便。

郑复光还“拟制”凹面镜式显微镜。使镜面“微凹，而大约径五六寸以外，侧收限一尺，用以自照，毫发毕见，远胜平镜。”当物体置于凹面镜焦点以内近焦点处，成像是放大正立的虚像。“侧收限一尺”即焦距约一尺，这就可使像与人眼之距在明视距离(25 厘米)处。

(4) 取火镜。郑复光不仅制造了用以取火的凹面镜、凸透镜，而且对以冰透镜的制造及取火方法颇有研究。前面有关章节中已述，此不赘。

(5) “地灯镜”。郑复光所作地灯实含三类：一是一般地灯，即探照灯；一是“商灯”，即无影灯；一是“诸葛灯”，即强光束探照灯。

一般的“地灯镜，即含光凹也。旧法：锡为烛台，高三尺余，后作凹形镜各四只，或六只、八只，演戏用之，亦颇助光”。这在中国具有较为久远的历史，前几章述及戏景布幕、舞台灯光，大概用此地灯镜助之。而郑复光设计一种新式地灯，以铜制凹面镜，灯烛置其焦点处，“需活装，固以螺旋，便于远近上下相对”，“使发光处不见倒形，而光大昼”，又“作架座，令可高下俯仰”，“于黑暗室中，以烛细微，置之灯旁，可以显大灯光于帷幕中；以照诵读，极为奇妙。”

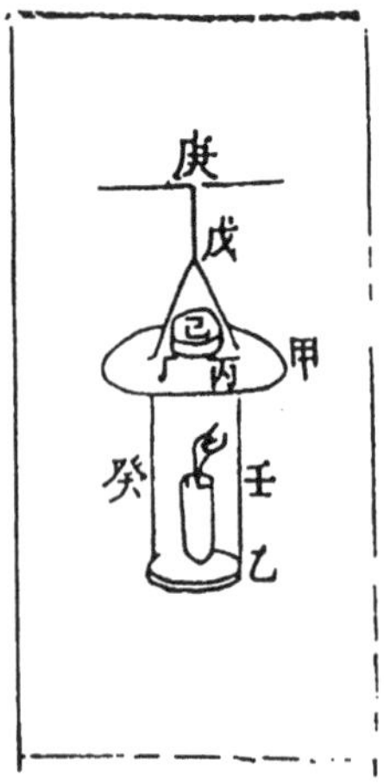

图 7-43　商灯部件

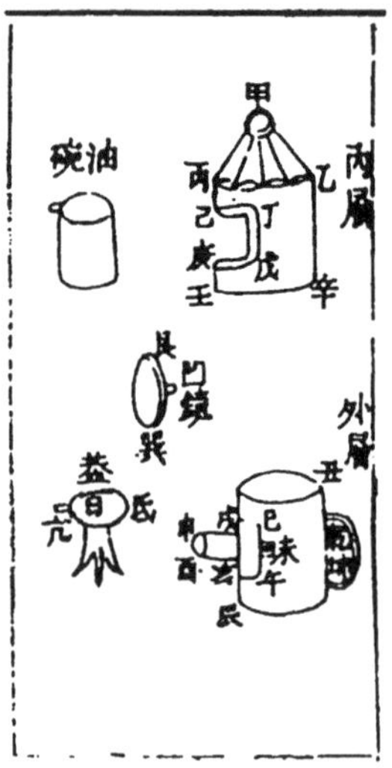

图 7-44　诸葛灯部件

“商灯，非镜也，而有镜理。”如图 7-43，以锡“作一盏如凹镜，中心开孔起墙、状似圆茶船而心空者，倒悬用之，上用两绳(如丙、丁)、交于戊合而为一，挂于庚。或用滑车，以便高低……下作小盘如乙，置烛焉。光照于盏，盏如凹镜，聚光下射，能使烛盘无景而光更明焉。

已孔所以出烟”。“悬之书室，不碍笔砚，四照无景，几上更显灯光，下烛且不射目”。

据郑复光记述，“商灯”因传自河南商城而得名，“甲辰、乙巳始见于都门宴，挂席上通席毕照。”(当是乾隆四十九、五十年，即 1784，1785 年)可见，这种无影灯在中国传统久远。郑复光对它的悬挂方法作了改进，将易于转动的绳索悬挂改为倒丫形构架，并以双滑轮拉举之。

“诸葛灯”是否出自诸葛武侯，郑复光说“不可知”，但“今所见者皆洋制、广制”均有。其“形如圆亭”，如图 7-44。作法：

> 两层相套，内层上连于顶，作甲乙丙形，甲为提系，甲乙及甲丙如瓦沟，使透火气而不透光。甲之下为顶尖，开细孔，使出烟。己辛为内层，虚其半，如己丁戊庚；外层(如丑辰)后壁作把(如乾坤)、作前门(如己午戌亥)，中心作篇(如戌酉)、安通光凸镜(如申酉)，门有键(如未)，艮巽为含光凹，安于内层后壁，内底之中心安油碗，上有盖(如氐亢)，恐油外泼也。盖旁作把(如亢)，以便揭盖，中作管，以安灯心，管末分作三足，立于油碗之底，取其稳也。

这是一个由凹面镜和凸透镜组成的探照灯，当灯烛置于凹面镜焦点处，即成平行光，又由凸透镜将光收敛而射出。“盖欲使含光凹受灯光令满，通光凸显凹光会圆，如放字法”。它不仅如此形成强光束，而且“如放字法”，即下面将述及的幻灯机。

(6)“取景镜”，相当于照相机。郑复光叙述了旧式取景镜和他改进的新型取景镜。

旧式取景镜如图 7-45。制一长方形木匣(如甲乙)，令其顶面后小半部分(丙)空，可在此装玻璃；令其侧面(戊)空，以便套入另一木匣(酉戌)。甲乙木匣内之后半部分斜装于一平面反射镜(乾坤)。酉戌木匣之辰面中心装凸透镜(亥)，辰之相对面为空，该木匣之大小以恰好套入甲乙木匣之戊面。取景原理如图 7-46。图中：1. 凸透镜；2. 平面反射镜；3. 白玻璃；4. 暗盒；5. 镜头套筒(或套盒)；6. 物；7. 像。酉戌木匣可在甲乙木匣内移动，以便调整像距。丙处装毛玻璃，即可看见由凸透镜所摄的景物实像；若装白玻璃、上蒙白纸，即可在纸上描画所摄景物。

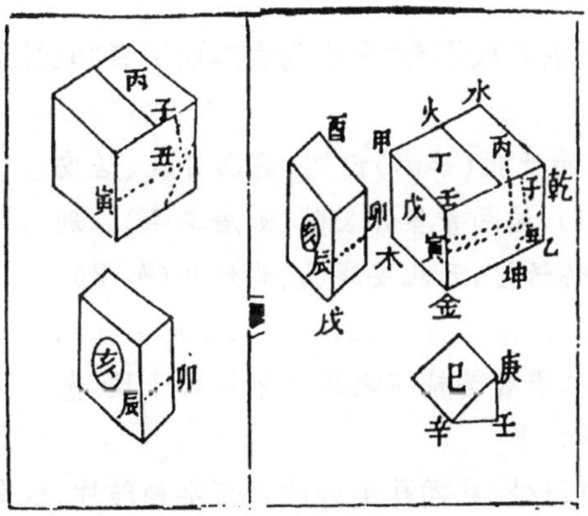

图 7-45 旧式取景镜

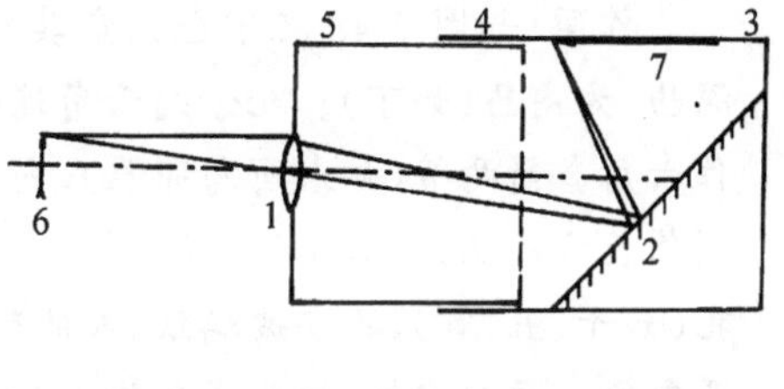

图 7-46 取景器原理图

郑复光对此旧式取景器作了如下改进。其一，以活动可拉伸六角套筒代替旧式装有透镜的内木盒(图 7-47)，在套筒“斗牛”处装凸透镜，这样，像距的可变度增大。其二，由于凸透镜成像为倒像，对于取景之影响无妨。但其左右相反，对于所照人像似不恰当。于是，郑复光在照人像时，特增加一“屏镜”，即大反射镜。人对反射镜成像，而取景器的镜头对反射镜内的像取景。这样，所照人像之左右与人相合。其三，旧式取景器需置于暗室，白玻璃上的像景才能清楚，也才能调整镜头距离以得到清晰的像。郑复光制作了一个木质活动暗室，可套进整个照景器。暗室顶开一个小孔，通过小孔观察取景器的像是否清楚。新式取景器的原理与旧式者相同，若“蒙纸于丙（白玻璃上）能收山水园亭宛然纸上，而分寸无失；若取人景，不但须眉毕具，并能肖其肉色，非绘事所及”。如果其时有感光底片、显影液等化学药品，这个取景镜就可作照相机使用了。其后，邹伯奇就是在这个基础上创造了中国的摄影事业。

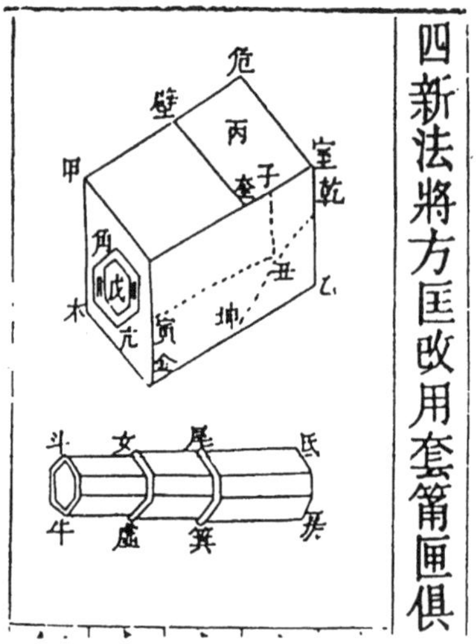

图 7-47　新式取景器部件

（7）“放字镜”，相当于现在的幻灯机。

郑复光指出，放字镜与取景镜原理相同，只是前者取影是“令小为大”，而后者“取景是令大为小”。关于它的制造，郑复光写道：

> 作匣（如图 7-48 之甲乙），空其后面，上面开孔（如丙）出烟，前面开孔、活安深凸，为内凸（如丁）。孔旁起六角墙（如戊己），墙两旁各开长隙（如庚与辛）。别作六角套筒两节（如未酉与卯辰），内筒之端作活盖，开孔安线凸、为外凸（如甲）。别作长方玻璃片（如壬癸）或作长板（如戌亥），配准庚隙，板上配丁孔之度任开几孔（如子、丑、寅），各安玻璃纸，或玻璃纸匣，二者皆为钩字之用。不拘若干块，愈多愈便。匣内安灯，灯头高低使正对丁孔中心。

将装上镜头的六角套筒安装在匣旁六角墙戊己处；从插孔庚处放入带字画玻片，从辛处抽出；匣内置烛光或灯光，在黑暗房间或夜晚即可在屏幕上见到字画之影像。其原理如图 7-49。拉伸套筒，改变物距，使屏幕上显像清晰。

郑复光还指出，放字镜中两枚凸镜的焦距比例。

> 凸镜两面，内凸宜深，外凸宜浅，其深浅无定度。如匣大、径五寸，内凸顺收限不得过二寸五。而内凸与外凸则若一与二为恰好。故又一法，用相等之凸三面：

以一面安于丁孔内，外一面安于乾坤之间，并为内凸；一面为外凸。则内凸与外凸亦若一与二。

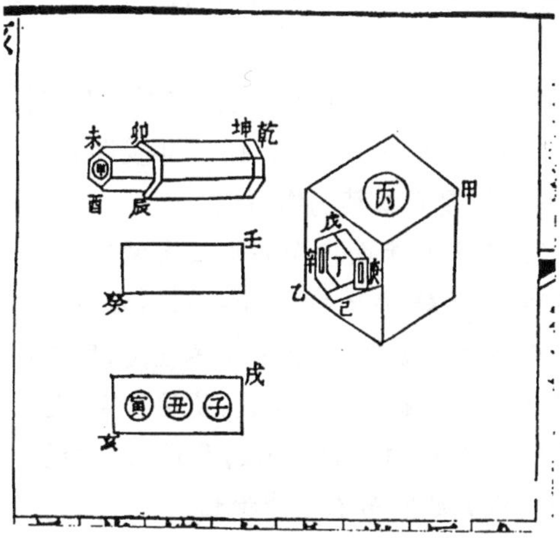

图 7-48　放字镜部件

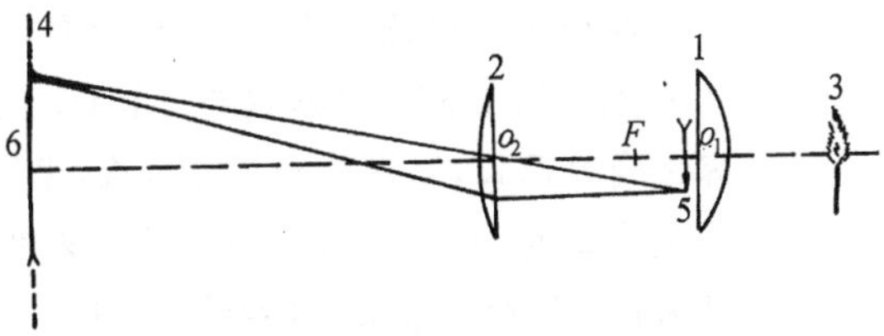

图 7-49　放字镜原理图

1. 聚光透镜　2. 映像透镜　3. 灯光　4. 屏幕

5. 带字画玻璃　6. 像 $o_2F=2o_1F$

其时，“姑苏有制”各种透镜售卖者，为方便自制放字镜，郑复光还开列了一张透镜配定尺寸表。

青年时，郑复光对放字镜所表演的“取景灯戏”尤感兴趣。如在玻璃质胶片上作画，“以燕支(胭脂)之红、靛花之青、黄连膏之黄、靛加藤黄之绿，无不能取其色于楮上。故画作人物以为戏具，所谓取景灯戏也。”实际上，取影灯戏即今幻灯表演。郑复光曾与其弟郑北华年轻时在邗上(今扬州)观看此等街头演出，他写道：“忆自再游邗上，见取景灯戏，北华弟好深湛之思，归而相与研寻，颇多弋获，遂援笔记之。时逾十稔，然后成稿”①。“成稿”即指完成《镜镜诊痴》一书。可见，《镜镜诊痴》的写作与取景灯戏甚为相关。

郑复光还指出，“放字镜可与取景镜改或并用一匣，各作套筒，用时调换可也。”只要将取景镜木匣内那块反射镜活装，可以取下，那么，放字镜与取景镜可共用一匣。若放字或观看取景灯戏，则在木匣上装入放字镜套筒；若取景，则装上取景套筒、并在木匣内置反射镜，一物就可两用了。

(8) 三棱镜、多宝镜、柱镜和万花筒镜

三棱镜的制作也显得特别简单，一块三棱白玻璃即可。郑复光曾见“东洋人”(日本)制，该国称其为“天人目镜”。对三棱镜成五彩的解释，郑复光直接引用南怀仁《灵台仪象志》中所谓“厚薄”之说。南怀仁的解释是错误的。

“多宝镜”也即前述“多面镜”、“多物镜”。郑复光述及其制法：

> 通光玻璃一面平、一面碾成多隔，每隔俱为平面，则照一物而每隔各见一物之景，成多景，名多宝镜。

在郑复光看来，黄履庄的“灯衢”“或亦用之”。

“柱镜”，今称哈哈镜，亦同前述“幻容镜”。郑复光写道：“柱镜者，形如柱，以铜为之，磨

① 郑复光《镜镜诊痴》自序。

以方药。直处如平镜，故照物常称‘本形’；横处如凸镜，故照物长者缩短”，“必成曲线。以显画置案，照常作人形，则柱镜中像、成形者必不成形矣；反之，画不照常作为人形，则柱镜中像不成形者亦可成形矣。”郑复光还具体绘制了柱面镜成像光路，教人如何在“格子纸”（今绘图纸）上绘画以在柱镜上显成形之像。

“万花篇镜”即今称万花筒，前述孙云球称其为“万花镜”。可见，它在中国也有较长的时间了。英国物理学家布儒斯特(Sir Darid Brewster，1781～1868)于1816年发明万花筒。布氏比孙云球晚，与郑复光约略同时作成该玩具。郑复光就其制作写道：

> 取含光玻璃镜三条，一端稍杀之（如甲乙丁丙），光面内向并成三角镜（如戊己）（参见图7-50），装入篇内。篇（如庚癸）略长于镜约以寸（如子壬），篇之径适容三角镜而止，篇内口一端作木盖，中穿一孔安通光玻璃，其孔宜小不宜大，取其不见内三角形；篇之又一端切三角镜处（如子丑）安通光圆玻璃镜，镜边切篇，无使露隙。镜外一节空处（如子癸）填以五色残碎玻璃及玻璃珠，不拘多寡。别作通光圆玻璃镜、涂粉，护以白纸，安以篇之外口，欲其透明而不见外物也。”

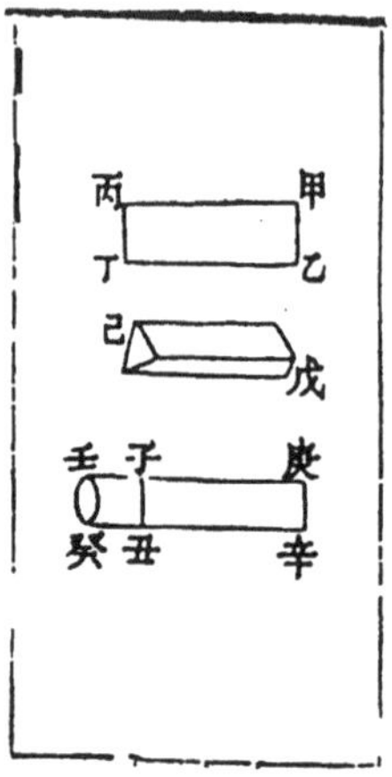

图7-50　万花筒部件

图7-51　罗汉堂部件

“含光玻璃镜”即反射镜，“通光玻璃”即透明白玻璃。郑复光指出，“万花篇心用三角，取其省也”，“或用六角亦可，然必用等边。盖三角等边者，俱六十度”，故碎彩玻璃“俱成六出”花色。若三面或六面反射镜，不成等边，即其夹角不成60°或30°，则“展照相照之景乃乱乃萃矣，故无取矣。”作成万花筒后，“篇动则变，万转万变，而无一重复花样。其想至奇，其制至易，而其理制精”。郑复光还解释了万花筒成像原理。

与万花筒类似，郑复光还描述了一种称为“罗汉堂”的玩具（图7-51）。这是一个六角形木匣，六边俱安反射镜，镜面内向。匣中央安三尊罗汉，外围栏干，底画砖形。匣顶开一小孔，安玻璃，玻璃内贴一白纸，取其透光而不见物。匣外六面中任取一面开小孔，刮除正对小孔的反射镜背的镀锡汞，使眼通过小孔能视匣内。此时，见匣内“千门万户，百千罗汉矣。理同万花，不无蹈袭，却善夺胎。”

郑复光还顺此解释了黄履庄的“灯衢”。“于斗室中安六座大屏风镜于四壁，施灯结彩，则坐室内者视若灯衢。”若室开一窗，窗安玻璃或多宝镜，则“窥户外者，皆作灯衢观也”。其实，灯衢是前几章所述道家、佛家的“四规镜”之类的发展。

(9)“视日镜”和“测日食镜”。

“视日镜”即今日所谓墨镜或太阳镜。此外，郑复光据《远镜说》和南怀仁《灵台仪象志》所述“避光镜”，特制一装于望远镜上用以观察太阳的“视日镜”(图 7-52)，以免伤害肉眼。其作法：用彩色玻璃数面：

镶嵌作方匡(如甲乙)，一角作圆轴(如乙)，叠安轴座上。轴座(如庚辛)旁作两轴(如丙丁)、中开槽(如壬)，以受乙轴。座之一边下垂处作两孔(如戊己)，安于方板角上(如子)。方板中心开孔(如丑)，作为套篇(如癸)、套远镜内口。相日光盛、微，抽拨用之，绝不射目。

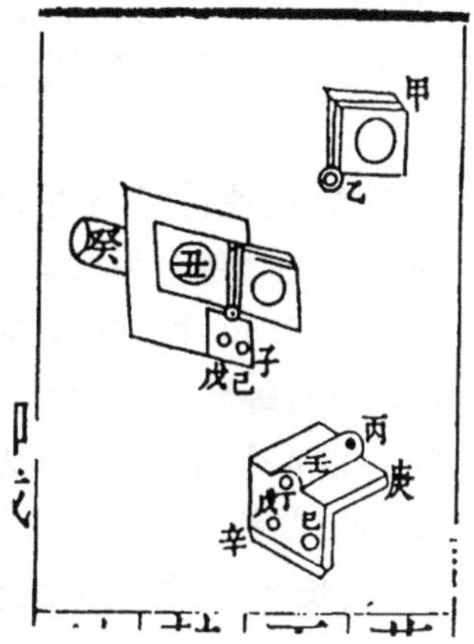

图 7-52　视日镜部件

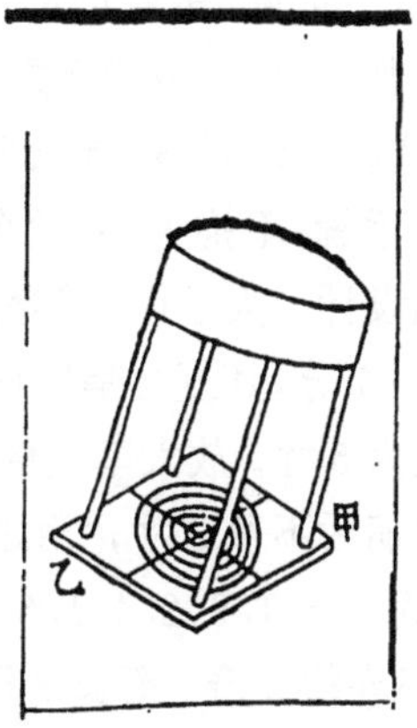

图 7-53　测日食镜部件

“测日食镜”，原名“倒光镜”，因其成倒像所致。郑复光所制如图 7-53。在甲乙板上斜立四根铜柱，柱上端活装一套筒。板上贴有十字架和同心圆的度规纸。套筒可接望远镜，也可安置凸透镜，拉动套筒使太阳的像恰落于度规纸上。为防度规纸被烧毁，可在纸上涂以微色。

《远镜说》或《灵台仪象志》对于“视日镜”或“测日食镜”均言而未明，述而未作。郑复光虽明言，其制作来源于耶稣会士之译作，实则均为其自创自制的仪器。

(10)“远镜”，也即望远镜。郑复光将望远镜分为三类：窥篇远镜；观象远镜和游览远镜。并分别对这三类望远镜的设计、安装及观察等注意事项一一作了详述。其内容为汤若望《远镜说》所不可比拟，郑复光说：

两凸者名窥篇远镜，象限诸仪以代两耳者也。法作篇长与仪边称。篇内口安深凸，外口安浅凸，其顺收限视仪之大小为则。设仪边足安一尺八寸之篇，则篇长当一尺八寸。其外凸顺收限当一尺六寸，其内凸顺收限二寸为宜。

篇内安十字铜丝，以窥所测，使恰合十字中心。

可见，窥篇远镜是开普勒式望远镜，其放大率

$$M=\frac{f_{外}}{f_{内}}=\frac{1.6}{0.2}=8。$$

筒内焦平面上安十字铜丝，今称之视场光栏。这对于观察日月食之食分比起目视来确实优越甚多。

郑复光说："凡观象远镜也只用两镜，所谓一凸一凹者也。"他所设计的透镜深浅为：

法，先以凸深定其(筩)长，如外凸限一丈，径至小必五六寸(径大益妙，然再大则难，小则不适于用)，其两镜之距即一丈。如法求得单凹侧收限八寸三分有奇，可略浅，定为八寸四分可也(计算方法，见《圆率》五之一条)。

可见，观象远镜是伽利略式望远镜。郑复光这一设计，其外凸透镜焦距为 1 丈，内凹透镜焦距为 8.4 寸。此外，郑复光还设计了焦距分别为外凸 4 尺、内凹 1 尺；外凸 2.4 尺，内凹 3 寸的观象远镜。这三种观象远镜的放大率按计算分别为 12 倍、4 倍和 8 倍。

由于观象远镜镜筒长，为防止筒内光线发散和外光渗入筒内，便在镜筒中设"束腰之法"，也就是，"在内筩之内安一木隔，中心开孔，名为'束腰'，孔之大小须称外凸，以恰见外凸镜边为度。"可见，郑复光的"束腰"一语，即今日的视场光瞳。郑复光说："束腰之法，《远镜说》未著其名，今远镜皆有之。虽于视远无关，盖欲使筩内遮黑，令目居暗视明也。"可见，在设计制造望远镜时，郑复光吸收了当时的先进成果。

"游览远镜，不拘大小"，"今以收之则小，展之亦不必过大，既便携带、于用已足"为标准，郑复光设计了大小两种类型的游览远镜。其小者，以 4 个凸透镜组合为目镜，其焦距分别为 5、6、7、7 分，其复合焦距(郑复光称之为"大光明限")约为 2.50 寸。外凸(即物镜)一枚，其焦距为 5 寸。放大率 2 倍。筒长 1 尺。若是作成 5 节套筒，每筒约 2.7 寸，共长 1.35 尺，全筒收缩后不及 3 寸，"用之亦佳，携带方便"。其大者，亦以 4 个凸透镜组合为目镜，其焦距分别为 1.5、1.9、2.4、1.6 寸，复合焦距约为 7.2 寸；外凸(物镜)一枚，其焦距为 1.45 尺。放大率亦约 2 倍。筒长 3 尺。若亦作成 5 节套筒，每筒约长 8 寸，全筒收缩之不及尺，"携带亦便，游览大胜矣。"

此外，郑复光还详细探讨了《皇朝礼器图式》所载"摄光千里镜"的镜头组合、构造及光路等问题，详见前述。

关于如何匹配望远镜各透镜问题，郑复光叙述尤详。对于望远镜的镜架制作、安装方法以及保养等问题亦都作了图解和讨论。

除上十大类镜之外，郑复光对传统"透光镜"也有深刻研究，我们在前面几章中已有讨论。受"镜心测高法"启示，他还钻研并改进了西方传进中国的测高仪，并称其为"测量高远仪镜"。

八　邹伯奇及其《格术补》

邹伯奇(1819～1869)，字一谔、特夫，号徵启。他恰好生活于鸦片战争前后。我们将他的光学成就放在"西学东渐"的第一时期加以讨论，其原因是多方面的。其中，主要是他的光学研究得益于沈括《梦溪笔谈》关于"格术"的启发，也可能受到郑复光《镜镜诊痴》的影响。尤其是，邹伯奇的重要光学著作《格术补》是以传统术语和写作方式撰述的，其成书时间在 1844 年之后几年内。而在西学东渐的第二个时期、最早的一本重要光学著作是英国艾约瑟和张福僖合译的《光论》，该书虽较为全面地介绍了近代光学知识，但与邹伯奇研究相关的透镜成像公式和望远镜原理却未有涉及，其成书时间也至少晚于《格术补》5 年。清代著名学者陈澧(1810～1882)于同治十二年(1873)为《格术补》一书刊版作序中写道：

格术补者，古之算家有所谓格术，后世亡之，而吾友邹特夫徵君补之也。"格术"之名见《梦溪笔谈》，其说云……。徵君得《笔谈》之说，观日月之光影，推求数理，穷极微妙，而知西洋制镜之法，皆出于此。乃为书一卷，以补古算家之术。……有此书而古算家失传之法，复明于世。又可知西洋制器之法，实古算家所有。此今世算家之奇书也。

陈澧从传统观点评价《格术补》一书。邹伯奇著作中所涉中译西方著作，也即对邹伯奇有过影响的译书，如《远镜说》、《灵台仪象志》等，均属于中西交流第一个时期的译作。自然，邹伯奇取得超越前人的成就，也有一定原因。其一，他家居广东南海，处于中西交往最盛行之地，学术信息较为通便。据说，"他从不轻易与外国人接触，但他的遗物中就有产自外国的几件科学仪器"[①]；其二，他具有深厚的数学功底。他不仅擅长文字小说、名物制度考证，而且著有《乘方捷术》、《对数尺记》等当时一流的数学著作。他还与数学家夏鸾翔(1823～1864)交谊甚厚，欣赏夏鸾翔的数学著作并为之刊版作序。邹伯奇的透镜和透镜组成像公式，是他自己从几何学入手而获得的。在考证历代名物制度方面，过去往往忽略其中数量关系，而邹伯奇"皆以算术权衡之"，故而，"解释多前人所未发，又能正舛误、别是非。"[②] 陈璞于同治十三年(1874)为《邹徵君遗书》刊版作序时称道："粤中明算之士，莫不以徵君为宗，海内闻其名者咸慕之"。这赞语反映当时邹伯奇之名望而毫不过分。

梁启超曾将邹伯奇、戴煦(1805～1860)、夏鸾翔、李善兰并列为道光末讫咸丰、同治之交这一历史时期中国算学之"斯学重镇"。梁启超又进而说，"已而出邹特夫，所造或为江左诸师所不及云"；"邹特夫之发明乘方捷术，创造对数尺，补古格术"，"以算学释物理，自特夫始"[③]。从邹伯奇的《格术补》中，我们可以看到他驾驭数学的能力，他是以数学为手段，用数学描述、阐释物理(尤其是几何光学)问题的中国近代史上第一人。

《格术补》一卷，41条，约为5500字。其中最后2条是几何光学题解。前有陈澧"序"文一篇。全卷内容大致如下：

第1～4条，叙述影子与小孔成像。

第5～15条，讨论平镜(平透镜、平玻璃)、"斜镜"("左右厚薄不同"的透镜)的光路，主要是讨论凸透镜的光路与成像。邹伯奇写道：光通过平镜，"光线直"；"光线至斜镜，则折角而下"，"折照所差之角，必与斜面所成之角等"。这是从几何学作出的近似结论：当光线由空气入射到介质、再从后者出而入前者所产生的折射光线与初始入射光线之夹角、与"斜镜"的两个斜面所成之夹角相等。这个说法显然与折射定律不合。但是，在"斜镜"(透镜)的两个斜面之夹角较小、入射光线为平行、或其入射角也较小的情况下，可以看作近似成立。

邹伯奇对凹透镜写道："斜镜虽左右厚薄不同，而底面各为平面，光线折而不聚"。这里指出凹透镜是发散透镜。对于凸透镜，他又写道：

凸面圆镜渐曲而下迤，中厚而边薄，近边则差角多，而折照势斜；近中则差角少，而折照势直、惟中线不折，近左者折而入右，近右者折而入左，皆交于中线，是谓聚光。过聚光点，则线侈行而散。

除了"近边则差角多"的概念不清外，对于凸透镜是会聚透镜的描述，总的说来是正确

① 李迪、白尚恕，我国近代科学先驱邹伯奇，自然科学史研究，1984年第4期，378～390页。

② 陈璞，邹徵君遗书序，载《邹徵君遗书》。

③ 梁启超，中国近三百年学术史，第十六章，中华书局，1936，第344～348，351，355页。

的。在这几条中，邹伯奇还正确地叙述了凹透镜、凸面镜和凹面镜的光路。

在这几条中，最精彩的是，邹伯奇给出了透镜和透镜组的成像公式①。第 10 条写道：

> 物之远者，莫如日。凸透向日取得火，则聚光最近限也。凡言收光限皆准此。以之取远物影，亦仅至此而已。物若近，则影加远。算法：置日限尺寸自乘为实，以物距镜减日限为法除之，得影加远之数；并入日限，为影距镜尺寸。或置日限尺寸为实，以物距镜乘之，物距镜减日限除之，亦同。若先有影距镜数，与物距镜相乘，与物距镜相并为法除之，得此镜之日限。若物距镜倍日限，则影距镜亦倍日限。既得倒影，再以镜取顺影，其算法亦同。若物距镜足日限，则影距镜为无涯。凡聚光成影，皆光线敛故也。影距镜远至无涯，则（光线）与平行等。若物距镜不及日限，则光线变为侈行。先有倒影，接以凸镜，其相距不及限，理亦同。平行线无交点，敛行线之交点即在聚光处；侈行之交点，反在镜上。

这段文字中，所谓“聚光限”、“收光限”或“日限”，均指凸透镜的焦距（设为 f）；“物距镜”，即物距（设为 u）；“影距镜”即像距（设为 l）；“影加远之数”指像距焦点之长度值。按照以上邹伯奇的算法，可写为：

$$\frac{f^2}{u-f}=l-f；或\frac{uf}{u-f}=l；或\frac{ul}{u+l}=f。$$

大约 17 世纪下半叶，牛顿（I. Newton，1643～1727）在光学研究中已经得到了透镜成像的物像关系式。1841 年，德国数学家高斯（C. F. Gauss，1777～1855）也得到了计算物像关系的高斯公式，即

$$\frac{1}{u}+\frac{1}{l}=\frac{1}{f}。$$

从邹伯奇得到的上述三式中，不难将它演化为高斯公式。可见，邹伯奇是在高斯之后不过十年间又一次独立地获得透镜物像关系的高斯公式。

邹伯奇还指出透镜成像中物像关系的一些特殊情况：“物距镜足日限”，即 $u=f$，则“影距镜为无涯”，即 $l=\infty$，此时，由透镜出射的光线“与平行等”，即相当于平行光线；“若物距镜不及日限”，即 $u<f$，“则光线变为侈行”，“侈行之交点，反在镜上”。由于 $u<f$，像与物在镜的同一侧，而且是放大的虚像，该虚像往往比凸透镜本身大，故此，邹伯奇言之谓“反在镜上”。此时，成像位置即像距如何计算呢？邹伯奇在《格术补》第 11 条写道：“算侈行线交点法，置物距镜与日限相乘，物不及日限除之，即交点距镜之数”。

“物不及日限”即 $f-u$。按照邹伯奇所示，此时有关系式：

$$\frac{uf}{f-u}=l。$$

实际上这一公式就是上述邹伯奇三式中的第二式。不过，由第二式得到 l 为负值。“负值”表明物与像同在凸透镜之一侧，并且是虚像。

至于透镜组焦距计算法，第 15 条写道：

> 有两凸相叠，求聚光法：以两凸聚光限相乘，两凸聚光限相并除之，得两凸相叠聚光限；若先有相叠聚光限，与一凸聚光限相乘，与一凸聚光限相减为法除法，

① 骆正显的一篇文章，最早解读了《格术补》中有关内容。见骆正显，释邹伯奇《格术补》，载《中国科技史料》，1983 年第 2 期，31～37 页。

得余一凸聚光限。

设两凸镜之聚光限即焦距分别为 f_1，f_2，两凸相叠即组合后的焦距为 f，则有：

$$f=\frac{f_1f_2}{f_1+f_2}\text{，以及 } f_2=\frac{ff_1}{f_1-f}\text{。}$$

邹伯奇得到的求组合透镜焦距的公式也是完全正确的。

在第14条中，邹伯奇发现了“玻璃差”。他说：“单凸、单凹（透镜），一面是平，平面无交点，则交点惟一。然底面光明互映，则有玻璃差。惟铜铁镜回光只一面无差。”这“玻璃差”与光学系统中“像差”概念不同，它是由单凸透镜或单凹透镜的平面部分造成的；抑或是“像差”，而邹伯奇解释有误。尚待考。

第16～19条，讲述眼睛和视觉，以望远镜视物之不同眼睛位置与像的关系。重要内容如下。

第16条就眼睛的光学原理写道：“目睛如凸镜，物光点射至睛面，折照而聚光点与眼底，合成物倒影，乃能见之。”然后，又涉及视觉矫正：

> 若视远物，而睛过凸，则聚光不及眼底，故不能远视，加凹镜变浅，则聚光及眼底而可见矣；若视近物，而睛浅，则聚光过眼底，故不能近视，加以凸镜变形，则聚光仅至眼底，而可见矣。……此作眼镜之理也。

这个关于用透镜矫正视觉的叙述，是从西学东渐以来第一次完全正确的描述。从而也纠正了耶稣会士汤若望等人以及郑复光的相关说法和绘图。

邹伯奇关于眼睛组织的知识，他还认识到“目睛如凸镜”，这“目睛”或“晶珠”指晶状体；又，“凡人目内，有井栏能收展”，“视明则金井收狭，视暗则展大”。“井栏”拟是指捷状体；“金井”指瞳孔，瞳孔的大小会随光亮度而变化。视觉不清及其矫正，最终是以通过晶状体后的光线是否达到“眼底”即视网膜上为准则的。这又是邹伯奇第一次作出清楚而正确的叙述。在这些方面，他比郑复光和西方传入中国的有关知识进步多了。

第18条述及视角，这与西方传入中国的有关知识一致。

第19条，述及眼睛在光学系统（如望远镜）的位置及其视觉。如果眼睛太靠近望远镜目镜，则

> 光线散入目底，则不成影，但见镜光而已。置目在倒影之前，则光线未聚，以敛行人目，聚影不及目底，不可见矣。加以深凹，使光线平行，则目底成影而可见矣。置目在倒影之后，则光线既聚，复以广行入目，再聚影过于目底，亦不见矣。加以深凸，使光线变为平行，则目底成影而可见矣。

这些，正是望远镜目镜系统的理论基础。不仅如此，邹伯奇还给出了望远镜放大率公式：“以内镜深凹深凸之限，归除外镜浅凸之限，而得其比例焉”。

此所谓“限”即焦距。设外凸焦距为 f_o，内凸焦距为 f_e；且 $f_o>f_e$，即外凸浅，内凸深；放大率为 M。按邹伯奇说，则有

$$M=\frac{f_o}{f_e}\text{。}$$

若为“内凹”，其焦距也为 f_e，其放大率公式亦同。

第20～34条，讲述四种望远镜的制作及相关的光学问题等内容。具体如下。

第20条，涉及伽利略式望远镜，即所谓“外浅凸，内深凹者”。邹伯奇指出，对于此种

"远镜","目可切镜而视","然(望远镜)筩中无公聚光点,不能作界线以测视度",只可作游览用之。就伽利略式望远镜的视场,邹伯奇还写道:"内深凹可狭,足目瞳而止,广亦无用。外浅凸宜广,广则视物多"。如果以 2α 表示视场即眼睛张角,那么,在目镜(内深凹镜)不特别狭小的情况下,

$$\mathrm{tg}\alpha=\frac{D}{2M(L+Ml)}。$$

式中,D 为物镜(外浅凸镜)直径,M 为放大率,L 为两镜之距,l 为眼瞳与目镜之距。据此可知,视场与物镜直径成正比,而与目镜直径无关,故此,外凸广"则视物多",内凹"广亦无用"。又,l 越小,则分母越小,而视场越大。因此,眼可以"切镜而视",且会有较大视场[①]。当然,要保证眼与像之距在 25 厘米的明视距离上。

第 21 条,涉及开普勒式望远镜,即所谓"外浅凸、内深凸两镜者"。邹伯奇指出,对于这种"远镜","目切镜而视,则视物少","须离内深凸如收光限处,作小望眼,亦足目瞳而止。"所谓"小望眼"即在镜筒端、离目镜 L_2 外约 L_2 的焦距远处开一个小孔 k,今称出射光瞳(图 7-54)。由于这种望远镜在两透镜之间有"公聚光点,于此作微丝界格,则可量取度分,是为两凸倒像测量远镜"。

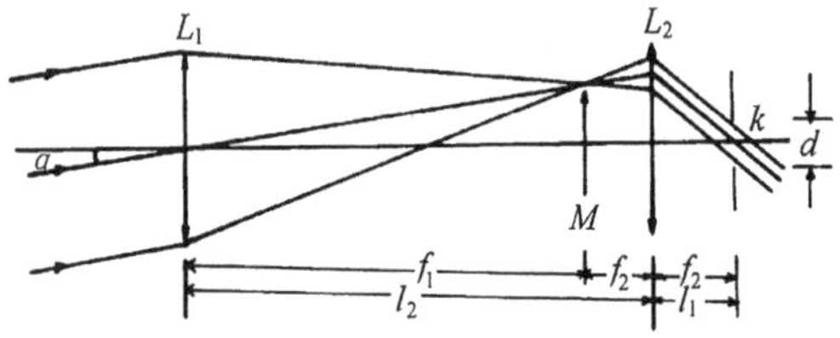

图 7-54 邹伯奇设计开普勒式望远镜

对于开普勒式望远镜,邹伯奇还指出:"其视物之多,因内凸镜之广;其聚光之盛,因外凸之广"。也就是说,视场大小与内凸有关,而集光本领与外凸相关。外凸直径越大,集光越多,像的亮度越佳;由图 7-54 可见,内凸(L_2)越广,直径越大,则射入物镜的成像光束允许越斜,即 α 增大。α 增大,即视场广,视物多。同时,邹伯奇还指出,这种望远镜的视场与望眼(出射光瞳)所在位置有关。望眼"须离内深凸如收光限处",亦即位于目镜像方焦点以外又与之很靠近之处。

为要满足足够视场和像的亮度,在二凸与望眼的彼此约束下,邹伯奇给出了一个经验公式。他写道:

> "其率以望眼距内镜、与内镜距外镜之比,同于望眼径与外镜径之比;内镜径则必半于外镜径矣。"

这就是说,设望眼 k 与内凸 L_2 之距为 l_1,内、外镜(L_2 与 L_1)之距为 l_2,k 的直径为 d,L_1 直径为 D_1,L_2 直径为 D_2,按邹伯奇所述,则有:

$$\frac{l_1}{l_2}=\frac{d}{D_1};\quad \frac{D_2}{D_1}=\frac{1}{2},\text{或 } D_2=\frac{D_1}{2}。$$

由于,近似地 $l_2=f_1+f_2$,$l_1=f_2$,因此又有

$$\frac{f_2}{f_1+f_2}=\frac{d}{D_1};\text{因此}\quad d=\frac{f_2}{f_1+f_2}\cdot D_1。$$

① 骆正显,释邹伯奇《格术补》,中国科技史料,1983 年第 2 期,31~36 页。

f_1 与 f_2 分别为外凸(L_1)、内凸(L_2)的焦距，这样，望眼的直径就可以从此式中获得。

第 22 至 25 条讲述在开普勒式望远镜中，如何以透镜组来改造目镜，从而缩短镜筒或改变像的顺逆方向，或增大放大率。我们先谈谈惠更斯目镜和拉姆斯登(Jesse Ramsden，1735～1800)目镜。

如图 7-55，惠更斯目镜和拉姆斯登目镜都是由两片平凸透镜组成。前者(上图)的凸面均朝向物镜，两透镜距离 d 等于它们的焦距平均值，即 $d=\frac{1}{2}(f_1+f_2)$，这是为满足消除色差所需的条件。由于 $f'_1>f'_2$，故此，$d>f'_2$，目镜的物方焦点 F 就落在两片平凸透镜之间。因此，无法在物方焦平面设置分度光栏，惠更斯目镜就不能用于测量。拉姆斯登目镜(下图)的两片平凸透镜的凸面相对，两透镜距离 $d<\frac{1}{2}(f'_1+f'_2)$，其优点是目镜物方焦点 F 位于目镜外，可以在焦平面上设置分度光栏，可以用于测量和瞄准等系统。

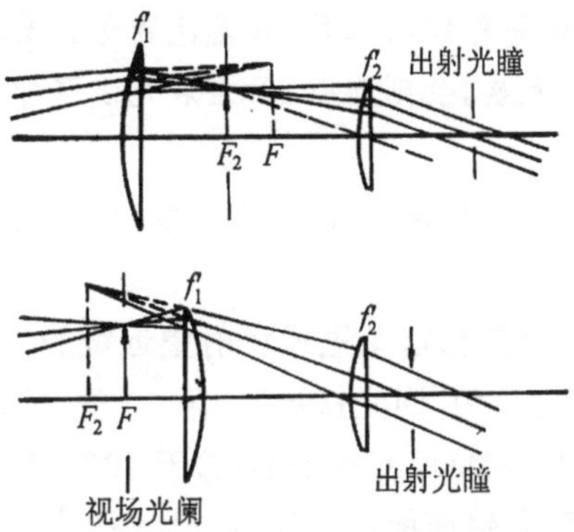

图 7-55　惠更斯目镜和拉姆斯登目镜

邹伯奇就开普勒式望远镜中增加一片透镜作为目镜组的情形写道：

> 于外凸镜收光限之前，加一深凸，令聚光缩短。再于聚光之后，加一更深凸为目镜，令光线平行，则物形亦倒，而视径愈变大。其中镜、目镜之距，以中镜收外镜光可至目镜、目镜收光限不能至中镜为率。目镜径可小，中镜径宜大，大则视物多也。其公聚光点在中镜、目镜之间，亦可为界线以测度。此作三凸倒像镜之法也。

"外凸镜"即物镜；"加一深凸"之"中镜"，即图 7-55 中 f'_1，又称为场镜；"更深凸为目镜"即 f'_2。根据邹伯奇述及的"中镜、目镜之距"以及"公聚点在中镜、目镜之间"，可知其为惠更斯式目镜装置。但是，惠更斯目镜不能"界线以测度"，即不能在 f'_1 与 f'_2 之间置光阑。关于此，邹伯奇大概弄错了。

在开普勒式望远镜中加入转像系统，以获得正像，这种望远镜也称"地景望远镜"，以便观察地面目标。邹伯奇在第 24 条中也述及这种望远镜。其转像系统由二凸镜或三凸镜组成。加以外凸(物镜)便是邹伯奇所谓"三凸顺像"镜和"四深凸"顺像镜。转像系统要充分了解透镜成像规律、适当安排各透镜所在位置。对此，邹伯奇写道："若以外浅凸镜收光成倒影之后，加一深凸透镜，其深凸镜距倒影长于深凸镜收光限，则能复成顺影"，"再以顺影后加一深凸(此深凸收光限短于中镜)，距顺影恰如其收光限"。这是三凸顺像望远镜。至于四凸顺像法，是在三凸顺像镜的"中镜之前、倒影之后，加一深凸，其收光限比中镜略短，其相距则略长"，当然也要相应调整中镜与目镜距离，改换不同焦距的中镜。关于此，邹伯奇的叙述一清二楚，甚而可以据其叙述绘画光路图。我们不一一赘述了。

在第 23 条中，邹伯奇涉及了渐晕和场镜的作用。所谓“渐晕”就是，在由二凸组成的望远镜中，如果内凸（目镜）小，那么，除了平行射入光线之外斜射至外凸（物镜）的光线只有其镜边缘的少量能进入目镜边缘，其余皆逾出目镜镜面（如图 7-56），造成目镜中央光暗、边缘光亮的现象。邹伯奇写道：

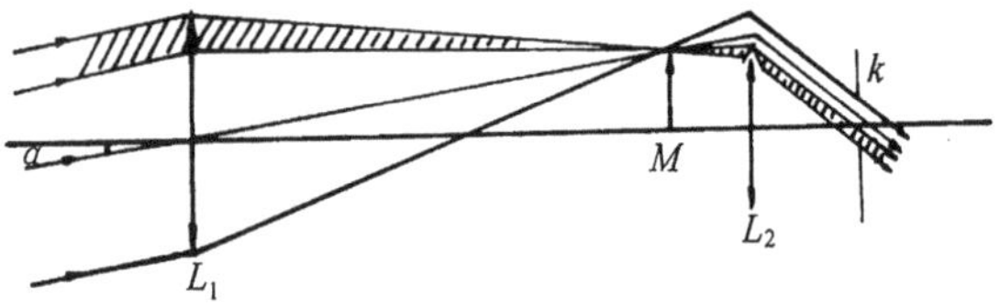

图 7-56　渐晕现象

凡物左右光线，俱遍穿外镜而入目，故光色皆等。其二凸者，若（内）（原文误为“外”）凸狭，惟物中点光盛，余则渐微，因左右光线穿外镜旁而入目。所得光渐少也。

邹伯奇将这种透镜外路与内凸狭造成“中点光盛，余则渐微”，“光色不等”的渐晕现象讲述出来了。

第 29 条，邹伯奇讲述了制造格雷戈里式反射望远镜的方法，也即前述“摄光千里镜”（见图 7-12、13、14），邹伯奇称之为“回光铁镜”。第 30 条，是叙述卡塞格林式反射望远镜的制法，它是法国科学家卡塞格林（N. Cassegrain）于 1672 年设计的。邹伯奇详细讲述了回光铁镜中两片凹面反射镜、及镜筒前后两端各一片凸透镜、出射光瞳（望眼）之间的光路情况，改变筒后端凸透镜的深浅可获得正像或倒像之理。至于卡塞格林式望远镜（图 7-57），邹伯奇说：“又法：物光射入浅凹铁镜回光，及其未成倒影，接以深凸回光小铁镜，则光线折而下，透筒底下深凸玻璃，亦成倒影甚大。”这里的“浅凹铁光回镜”即图 7-57 中的 M_1，“深凸回光小铁镜”即 M_2，“深凸玻璃”即 L。

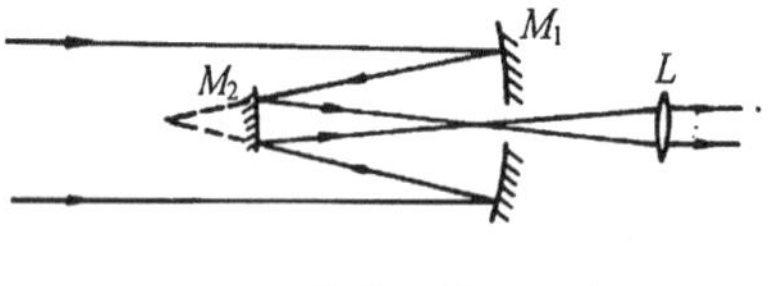

图 7-57　卡塞格林望远镜

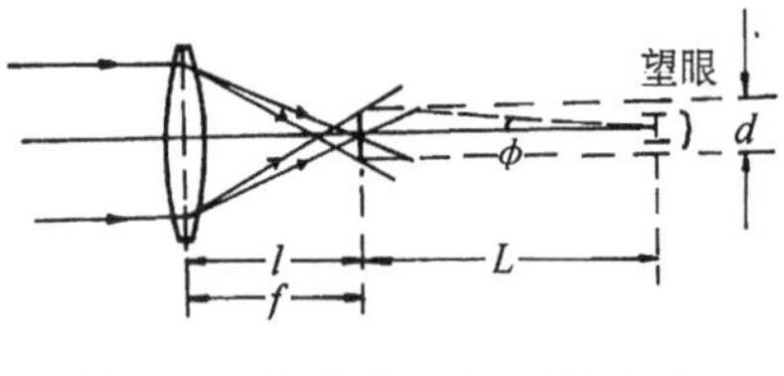

图 7-58　邹伯奇定义“远镜之力”

第 34 条，可能涉及望远镜的分辨本领。现今分辨本领的定义是远处刚能被分开的二物点对入射光瞳中心的张角 φ，表示为 $\varphi=\dfrac{1.22\lambda}{D}$（弧度）。其中 D 为入射光瞳的直径或物镜的有效直径，而 λ 是光波长，若取肉眼最敏感的色光波长 $\lambda=0.000555$ 毫米，则 $\varphi''=\dfrac{140}{D}$（角秒，D 以 mm 计）。邹伯奇写道：

以一凸镜向日取影，以板承之，板距镜远与所成影径之比，常若一百〇七分之一。设收光一尺，则影径九厘。若以远镜向日、力大者则影必大。算法：置所得影径，以一百〇七乘之，以影距望眼之远除之，得此镜视物若干倍大，是为若干倍力。

见图 7-58，设影径为 d，影距镜为 l，影距望眼为 L。按照邹伯奇之说，由 $d/l=d/f=1/107$，因而有 $2\varphi=107d/L$。即 $\varphi=107d/2L=53.5d/L$。这个比值概念类似于分辨本领，但不是望远镜物镜的分辨本领，而是望远镜的出射光瞳（望眼）对影像的分辨本领。邹伯奇以此定义"远镜之力"，除了此公式本身是一个经验性结果之外，这一概念亦不见近代光学有关内容。

此外，在涉及望远镜的第 20～34 条中，邹伯奇还讨论了对于近视眼或远视眼有关望远镜的调节问题；镜筒内安装"束腰"（视场光阑）的位置及作用；在透镜玻璃上或入射光瞳处横贴纸条对观测物体无影响，只是光线略暗而已，望远镜镜架的安装；滤光片的使用："视日需加黑玻璃，视月加蓝玻璃，光不甚盛，则用紫玻璃"，等等。

第 35～39 条，叙述显微镜的原理及制作方法。其中，第 35 条，讲清了单片凸透镜作为显微镜的原理。此时要注意，"令（该镜）收光限（即焦距）适及物点"。第 36 条，详述由两片透镜组成的显微镜。邹伯奇写道：

> 镜不能甚凸，则以一凸隔物、一凸切目，其两镜相距短于收光限，则视物更大，仍得顺像，而物距镜应愈近。盖物距镜近，以广行线至镜，过镜仍为广行；加一深凸，乃变为平行入目也。若物距镜过收光限，则光线过镜变为敛行，及其未交，接于深凹镜，则变为平行，仍得顺像；及其既交，接以深凸，则亦为平行，而得倒像，当交内有倒影故也。目镜愈凸，则距交愈近，适足收光限故也；物距外镜愈近限，则成影愈远愈大，两镜相距亦远，目近而视大影，所以见形甚大也。此用两镜，与望远镜用两镜同理。三镜以下，仿此推之。

这里清楚地叙述以两凸、或一凸一凹配制显微镜时各参数之间的关系，宛如其图画就在眼前一样。

最后两条，即第 40、41 条，是几何光学例题。

数学家吴加善（字子登）向邹请教一道计算题。

吴说："两凸相距不及两光限之拼，光必侈行。欲以一凸或一凹间之，令得平行，问去前凸若干置之？"

邹答："设前凸限六，后凸限四，相距六，加凹力一。答曰：加凹去前凸四。法曰：以距不及两限四、凹力一乘之，得四为面积。乃以距不及两限四为长阔和，用和数开平方，得阔二，以减前凸限六，余四，为去凸数。"

在这里，所谓"前凸限"，"后凸限"的"限"即焦距，"凹力一"亦即凹透镜的焦距为 1。设 x 为所加凹镜与前凸之距（即"去凸数"），$f_{前}$、$f_{后}$ 和 $f_{凹}$ 分别为前凸、后凸和所加凸镜之焦距，d 为前后两凸之距，则所谓"距不及两限"即（$f_{前}+f_{后}-d$）。因此，邹伯奇的解法是：

$$(f_{前}+f_{后}-d)\cdot f_{凹}=4,$$

$$f_{前}-\sqrt{(f_{前}+f_{后}-d)}=4。$$

以今天数学式可写为：

$$(f_{前}+f_{后}-d)\cdot f_{凹}=(f_{前}-x)[(f_{前}+f_{后}-d)-(f_{前}-x)]。$$

以同样的方法，邹伯奇给出加凸透镜时关系式[①] 为：

$$(f_{前}+f_{后}-d)\cdot f_{凸}=(f_{前}-x)[(f_{前}-x)-(f_{前}+f_{后}-d)]。$$

这道题是以代数方法求解光学问题，下一题是几何法求解的。

如图 7-59，“有甲亥镜，半径甲乙，有光限乙壬，有物距乙，求影辛距乙。”

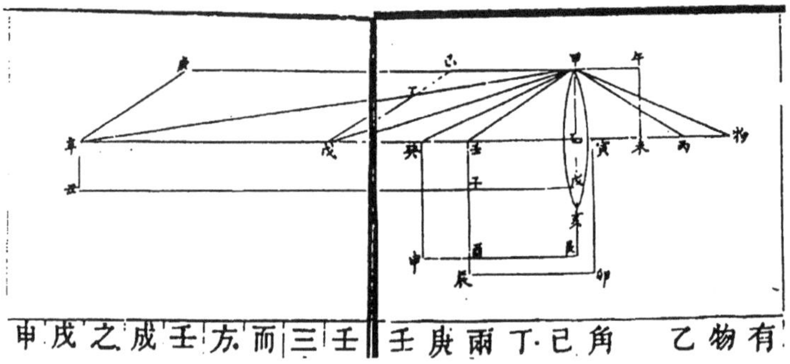

图 7-59　邹伯奇的几何光学习题图

这就是说，已知双凸透镜的半径、焦距和物距，要求解影距为多少。这对于今天学过几何光学的读者而言，是极容易的事。但是，邹伯奇从几何学入手解答它。已知焦距、物距，则图中乙丙＝乙壬，并作乙艮＝乙丙，物乙＝乙癸，壬癸就为已知；角丙甲庚＝角物甲辛。然后，“依甲壬截甲庚于己，又作己戊与甲壬平行，截甲辛于丁，成甲己丁形”。然后可证明三角形甲己丁、甲丙物、甲壬癸、甲庚辛为相似三角形，又由此可证明正方形壬辰卯寅与长方形壬子丑辛面积相等，壬子丑辛长方形加乙戌壬子长方形得乙戌丑辛长方形之面积，以壬癸即乙戌除此面积，即得乙辛之长，是为影距。又，可证明，午未乙甲之面积（镜半径自乘）与乙癸申艮之面积（物距×焦距）之和等于乙戌丑辛之面积，已知乙戌＝壬癸＝物距－焦距，故乙辛即可知。

以此几何证题法解影距乙辛之值，在今日看来，无疑是繁琐的智巧。但在几何光学初起之近代，光学家与数学家几乎都尝试了这条风景独秀的学术道路。

邹伯奇的《格术补》是继《镜镜诊痴》之后又一部中国近代的光学著作。如果说后者充分体现了制镜工匠的经验，那么前者则富于数理的推演和计算，善于用语言定义形式总结光学中的数学问题。从“科学”的意义上，前者比后者更接近于科学的实质。然而，它们都是在西方科学知识传入中国极为有限的情况下发展起来的传统科学，亦是中西学术在科学方面彼此融合的结果。当然，《格术补》又是在《镜镜诊痴》基础上发展而成的。前者所用的许多术语，如“侈行线”、“束腰”等概念都是从后者继承下来的。邹伯奇不仅是中国近代光学的开创者之一，而且，在中国近代科学史上，他是第一个将数学和物理学相结合、充分运用数学解决物理问题的人。在这个意义上，他又是中国近代科学的先驱。

① 二式均参见骆正显，同前引。

九　邹伯奇的玻璃摄影术

前述黄履、郑复光都曾经制造“取景镜”，其结构与原理均与照相机同，惟其时尚未发明照相底版和相关化学药品，因此，只能对景绘画于纸上。邹伯奇将类似的制作称为“摄影之器”，并写了一篇题为《摄影之器记》的文章。据该文叙述，当“岁在乙未”之时，即道光十五年(1835)，邹伯奇17岁，读《梦溪笔谈》塔倒影与阳燧倒影同理，而兴趣于各种镜的成像现象。“甲辰岁”，即道光二十四年(1844)，时年邹伯奇26岁，“因用镜取火，忽悟其能摄诸形色也。急开窗穴板验之，引申触类而作”摄影之器。这个摄影器甚而比郑复光的新式取景器(图7-47)更为简单，而与旧式取景器(图7-45)雷同。邹伯奇写道：

余尝制为摄影之器，以木为方箱，前面开孔，置中高镜，中张一净白薄纸，后面为门，将此器前面向所欲绘之处，以黑布蔽后面，开门视之，则此地诸物悉见纸上，形色位置不失毫厘。以彩笔摹之，则为平远山水一幅。

然而，邹伯奇并未停留在以摄影器作画上，他从耶稣会士传入中国的有关测量著作中“以平镜测高”的几何原理得到启发，立即将它用作大地测量和绘图的仪器。接上引文，邹伯奇又写道：

又移别位，复摹一幅。以二幅各较其差角(以所绘各地距镜心之远近、高下，求之)，即得各地之远近。可以画为平面图矣。变而通之，其用不穷，亦快事也[①]。

实际上，《摄影之器记》前大半文字，就是叙述如何用此器测绘地图。同治三年(1864)，广东巡抚郭嵩焘(1818～1891)聘请邹伯奇测绘广东沿海地图，这摄影器就是邹伯奇实测使用的仪器之一。由邹伯奇指导其弟子绘的《浔岗洲图》(勒于石上的石刻地图)、《桑园围全图》等[②]，都是以此法测绘的。此外，邹伯奇还以此摄影器代替元代郭守敬仰仪，以测绘天空星月“升降经纬之度”。

此后，邹伯奇以其摄影器作为照相机使用。当然，关键是要有感光化学物和配制感光板。根据梁恒心[③]、李迪[④]的调查、研究，邹伯奇解决了这些问题。在邹伯奇的一篇散存文献中，述及摄影器和湿板照相法。其中，就摄影器和摄影方法，邹伯奇写道：

故此而作暗箱，其一端嵌有凸鉴，是用凸鉴以面风景或人物，则暗箱内有风景或人物之小象在焉。使之象映于(白)色玻璃，而前后动其玻璃则象可明显，迨取出此玻璃，换用别种玻璃板，此玻璃板乃以受光作用之一种药料涂于其表面者也(药料说明见《理化精详》)。斯时箱内之象，遇此善感之化合物，则象之明处以其作用玻璃板之药物，使先变其性质，而象之暗处则反之，故其象惟留痕迹于表面，此痕迹则象之明处现为暗，象之暗处(则现为明)，故可得物之小照也。

“则现为明”四字或邹氏原稿漏，或梁恒心抄漏。“药料说明见《理化精详》”为邹氏原文。《理化精详》为邹氏著作，专述摄影药料之配制与方法，但迄今未找到该书稿本。就湿

---

① 邹伯奇《摄影之器记》。载《邹徵君遗书·存稿》。

② 梁家勉，现代数理科学的先行者邹伯奇先生，载方励之主编，科学史论集，117～126页。

③ 梁恒心，邹伯奇摄影史料初探，中国摄影学会广东分会编印，单行本，共7页，1962。

④ 李迪、白尚恕，我国近代科学先驱邹伯奇，自然科学史研究，1984年第3期，378～390页。

板照相过程，邹伯奇又写道：

“一以（强水或）枧水洗玻璃片，去其腻，再以清水漂之，去其碱，以火炙干，以粉擦候用。

“二以凸鉴暗箱对人安置，取其鉴内影所照之玻璃暗片大小合度。校其收光，得形明朗。乃视天色光暗，加鉴中光限，初见形暗，细视实明晰乃合。如太光则濛，太阴则薄也。

“三以已擦之玻璃阴片，两指持一小角，倾（过罗甸）光药水于上，要速而匀，余仍纳樽中，挨一息，稍干，浸入水银桶中。此桶放在黑房内，不得见光。常常取此看，见成淡绿色无水纹为度。乃安在夹板内，提出安照鉴箱中，拔其盖，再去其凸鉴口活动弹簧。照片之久暂，视药力之烈缓、天光之明暗，此在乎人之测度矣。照毕下盖，提夹板放入房内，取出以显影水浇之，见人形眉目以现，急以清水洗极净。视其面色厚薄，如厚也安留形水中浸之；如薄以加厚水和淡银水三滴浇其上，摇动见其面厚。去其加厚水以清水淋之极净，遂浸于留形水中。候消尽，取出晾干，以白漆过之则成暗板矣。乃以银质阳面板合度复于画上，以晒板匣夹之，于太阳中晒板，刻取看，其面成赭色乃合。取出，夹于书、无令见光。洗晒毕，于夜间以清水一盅，将有画之板放入，以手拍之，令银粉去尽，过清水数次，乃以真金水浸之，见其色以变黑为度。取出浸于清水中，换水数次，浸于留形水中，过一宿，晾干，以黑漆涂底则成功矣。”

这段文字引自梁恒心文校对稿，梁恒心对其印刷体文本作了校对。李迪文与此同。操作程序“一”之中，“枧水”即今“碱水”，以洗玻片之碱水，尚可淡。梁文校对稿加“强水”，以致李迪文亦同，似有误。操作程序“三”中，“过罗甸光药水”或称“过罗甸”或称“光药水”，二名重复：前者为西名译音；后者为邹伯奇自制，它们都是银盐溶液在玻板上的载体。“过罗甸”即英文 Collodion 或 Collodium，今译胶棉、硝棉胶，俗称棉花水。玻璃板光滑，在其上均匀冲过胶棉水或邹伯奇自制光药水后，其表面有黏性，可以挂住银盐溶液。待那种涂有过罗甸或光药水的玻片“稍干，浸于银水桶中”，就制成了湿板玻璃银盐板。“过罗甸”三字为梁恒心在校对稿之旁注，李迪文中将其撰入正文。邹伯奇原文为何，待考。“凸鉴口弹簧活动”，即今曰“快门”。操作程序“三”中各步骤完全符合照相物理过程和银盐感光变化的化学过程。其中，“玻璃阴片”今称“负片”；“银质阳面板”今称“正片”，它是涂有银盐溶液的玻璃板。由此可见，邹伯奇的摄影术是玻璃摄影术（Photography on glass）。

上述操作过程涉及的化学物质有：枧水、光药水（过罗甸）、银水（银盐溶液）、显影水、留形水、加厚水、真金水、白漆和黑漆。邹伯奇还留有一页散稿，记述了这些化合物的药料配方：

光药水：木捥（樬）子，阳起石蕊（观音岩有），红信石铁锈水（滴水岩有），食盐。

银　粉：银薄，水艮（滤过），白铅，硝酸。

显影水：青矾，火酒，醋酸，食盐。

加厚水：盐酸，硝酸，气水，火酒。

留形水：鹿角汁，火酒，红丹（即金坭）

金　水：真金薄，硝酸，石灰，食盐。

银　水：艮粉，醋酸，枧水，火酒。

白　漆：桃树胶，苦木胶，火酒化。

黑　漆：松香炭，京墨炭，火酒化。

鸡蛋胶：鸡蛋白，食盐，明矾，气水。

在这药料配方中，首先令人惊讶的是，邹伯奇最早定名“硝酸”、“盐酸”、“醋酸”三类酸化合物。这批药料从19世纪50年代起都可以在澳门购买，但邹伯奇多以本地产原料配制。其中，光药水中“木挽(樬)子”，樬是果木，产闽粤等地，其果称为“木挽子”，可煎取胶汁；阳起石蕊或即阳起石，其化学成分为$Ca_2(Mg,Fe^{2+})\cdot Si_8O_{22}(OH)_2$；红信石铁锈水，即红砷镍矿($NiAs$)。后二者似是为煎取木挽子胶汁所用。邹伯奇以此胶代替棉胶。由银粉和银水的成分，可见感光剂为硝酸银或硝酸汞。显影水与《脱影奇观》所载相同①，其中青矾，又称绿矾，其成分为$FeSO_4\cdot 7H_2O$。加厚水是为了弃除玻板上未受阳光作用的银或汞离子。留形水即今日定影液，其中“鹿角汁”，据梁恒心文为氨水；“红丹”即Pb_3O_4，古代炼丹家称其为铅丹、朱粉。邹伯奇的留形水与同时西方定影液大不同：西方多用含钠的苏打(如Na_2CO_3)类物质。或许，梁恒心推断有误，鹿角汁可能为含钠、钙的物质，那么，它和西方定影液的成分与功用就基本相同了。金水中缺盐酸(HCl)，仅有硝酸或硝酸与盐酸比例不当，都不能将金箔溶化。此金水配方是邹伯奇原稿缺失，或是梁恒心抄漏，不可考。金水中$HAuCl_4$可定正片黑白程度。

在药料配方中，鸡蛋胶是玻璃摄影术中极为重要的化合物，其主要成分是蛋清(蛋白)。其中，“气水”可能是蒸馏水，加明矾，以净水之故。将蛋清、少量食盐加纯净水以筷箸打匀(搅打时间不宜过短)，刮去浮沫，再打，将丝缕打化，再倒入盆中澄之。俟清之后，倾入瓷盘或玻盘中待用。这蛋清能成为玻板或纸板的令人满意的银盐载体。将玻板或纸的一面细心放入盛有蛋清的瓷盘中，使其均匀地黏连蛋清之后，该玻板或纸面就可以置银盐溶液中而均匀地附着银盐溶液，因而就制成了银质阳面板或纸(胶片也可)的正片。早期玻璃板照相术迟迟未成功，就是因为未曾发现蛋清胶及其耐心细致的操作法。遗憾的是，邹伯奇的这份药料配方手稿未曾留下各种化学物质的具体数量。

邹伯奇以自制摄影器和感光物拍了许多照片。他的自拍像玻璃底板之一迄今尚珍藏在广州市博物馆。20世纪60～70年代，在时隔百余年之后还用它冲印了极为清晰的邹伯奇像片(见彩色插图7-57)。

在进一步讨论邹伯奇的玻板摄影术研制并完成的具体时间之前，让我们简略地回顾西方摄影术史。

从战国时代墨翟、宋代沈括已知暗箱原理，直到17世纪黄履庄制临画镜、18世纪黄履制成远距离临画镜、郑复光制造类似今日照相机的取景机，邹伯奇终于完成了摄影术的初步阶段并开创了中国的摄影业。在西方，摄影术的完成也经过了漫长时间。早在10世纪时，阿拉伯光学家阿勒·哈增(Al Hazen)曾描述过暗箱原理；17世纪制成带有凸透镜的暗箱，为摄影术的发明作好了准备。此时，“万事齐备、只欠东风”，人们等待着能感光的化学物质的发现。1727年，舒尔茨(J. H. Schulze，1687～1744)发现银盐在阳光下变黑。遗憾的是，在此后近一个世纪，人们没有将光学与化学知识结合在一起。直到1800年，韦奇伍德(T. Wedgwood，1771～1805)试图把暗箱影像固定在涂有硝酸银溶液的白纸或白皮

① [英]德贞撰《脱影奇观》卷中之上《配发影水阳法》，同治癸酉(1873)年，北京清和月刻本。

上，然而，因不知如何掌握感光时间，照片在阳光下变成黑漆一片。1816 年，尼普斯(J. N. Niepce，1765～1833)用氯化银感光纸取影，但他从负片翻转成正片过程中失败，10 年之后，他用了长达 8 个小时的曝光时间，以犹太沥青作感光底片拍摄世界上第一张照片。虽然，后来尼普斯改进了底片，使其感光时间只需 2～3 小时，但是仍然不切实用，因为任何一个照相者都不能忍受在阳光下纹丝不动地坐 2～3 小时。1837 年，法国物理学家达盖尔(L. J. M. Daguerre，1787～1851)才以银板照相法，以相对较短的曝光时间拍摄了一张较清晰和能保存较持久的照片。达盖尔将磨光的银铜合金板的一面，裸置于碘化银蒸气之中，使其形成一薄层可感光的碘化银。该银板经过 20～30 分钟的曝光，表面形成隐约图像；再将其置于一个盛有 60℃汽化水银的箱内显影。20 分钟后，水银颗粒附着在板上，被曝光部分形成有光泽的画面。未感光的碘被溶解，形成阴暗图像。达盖尔自己将这一发明命名为达盖尔银板法。1839 年 8 月 19 日将其操作方法公诸于众。这一日期，称为摄影学的官方诞生日。法国政府授予达盖尔和尼普斯的儿子发明奖金。

自从达盖尔银板照相法发明之后，人们又作了许多改进，又发明了碘化银纸和蜡纸照相术、以蛋清印像或胶棉(即过罗甸)湿板的玻板照相术、明胶乳剂照相术。与此同时，照相机也有了许多改进。胶卷摄影术是在 19 世纪 80～90 年代之际才得以形成，因为它与胶片制作的化学工艺关系密切①。

令人惊讶的是，在达盖尔银板照相术成功之后，直到 1847 年才有玻板照相术问世。后者比前者便宜，又比纸的透明性强，具有许多优点。但是，起初人们不知道如何在玻板上固定银盐溶液。当发现蛋清是它的优良载体后玻板照相术才成功。只要在玻板上附有一薄层均匀的带有几滴碘化钾溶液的蛋清，不仅银盐溶液易黏着其上，且在显影、定影和漂洗过程中，银盐浮在玻板上且不易被置换的难题就迎刃而解。但是，蛋清玻板照相术发明后，在欧美尚未解决用其照人物肖像的工艺，一直用其制作玻璃幻灯片②。邹伯奇却使之成功地拍照人物肖像。这大概与他的药料配方和欧洲不尽相同颇有关系。

胶棉湿板照相术是在 1851 年获得成功的。

邹伯奇何时以玻板照相术成功地拍摄人物像？据梁恒心在其文《邹伯奇摄影史料初探》中引清代周寿昌《思益堂日札》卷九记载，1846 年已有外国人携摄影机为中国人照相。此时来华的外国摄影师定是利用达盖尔于 1839 年发明的银板照相术，或碘化银纸或蜡纸照相术。博学多能的邹伯奇很可能从此学到了感光、显影、定影和冲洗等一系列摄影工艺和有关化学药料的知识。此时的邹伯奇已制成摄影器多年并用以绘制地图，只要有一点相关信息，对于善思考和制作的邹伯奇而言就足够了。或许，可以推测，邹伯奇于 1846 年之后、1850 年之前用"光药水"和"鸡蛋胶"而独立地发现了玻板照相术。当 1851 年西方又发明胶棉湿板照相法并在此后传入中国时，邹伯奇便在上引散稿的"光药水"旁加上了"过罗甸"三字。

又据梁恒心文，邹伯奇手稿中有一些像赞诗词。其中一首题为"自照遗真"。邹伯奇写道：

> 自照遗真：平常容貌古，通套布衣新。自照原无意，呼之有如神。均瞻留地步，觉处悟天真。樵占鳌峰侧，渔居泌水滨。行年将五十，乐道识纤尘。

---

①，② Chares Singer et al，A History of Technology，Vol，V，Oxford University Press，1958，pp. 722～729.

“自照原无意”，说明邹伯奇的肖像是自己拍摄的；“行年将五十”，说明他自拍时年龄。一般地，人过45岁或在45～48岁之间都可以自称“行年将五十”。这表明，邹伯奇自拍像是在1863～1866年间拍的。插图7-60与此年龄相当。但这首诗是为哪一张照片所题，难予断定。

这样，自拍照时间与上述推断邹伯奇独立发现玻板照相术相距16年左右。这里，并非有矛盾。完全可以独立发现于前，自拍照于后。惟不足之处，推断其独立发现的明证尚付阙如。

自然，从邹伯奇的“自照遗真”断定他于1863～1866年间在西方传入中国的摄影术启示下以玻板照相术开创了中国摄影业，这是毫无疑问的。而且，如前所述，他理应享有以玻板照相术拍摄人物肖像获得成功者的荣誉。

图7-60 邹伯奇自拍像

英国传教医师德贞(John Hepburn Dudgeon，1837～1901)于1860年来华，1863～1867年任英国驻华使馆医师并北京英国教会医院(设在北京崇文门内，其时称为“施医院”)院长。因其在国内喜玩照相，并携有“聚影匣”(照相机)来华。在众人鼓励下，1863年他在北京崇文门内开设照相馆。他以中文撰写的有关摄影之术《脱影奇观》刊刻于同治癸酉年(1873)。此时，邹伯奇已卒四年整。邹伯奇所写下的有关摄影之文稿，是中国最早的相关科学文献。值得称道的是，《脱影奇观》一书全面地介绍了其时的摄影术，包括有关摄影化合物的名称、分子式。1877年，另一本有关摄影之著作、即英国教士傅兰雅和中国科学家徐寿(1818～1884)合译的《色相留真》由上海江南制造局刊版。

附注：在本文稿完成之后，1999年10月6日夜，邹伯奇的后裔邹锡良从广东南海来电话告知，已发现比图7-60早10年的邹伯奇自拍像。这就是说，邹伯奇于1853～1856年间已用玻版照相术成功地拍摄了人物肖像。邹伯奇以玻板照像术拍摄肖像的时间可能还要早几年。特此附记，以备查考。

十 郑光祖和中西宇宙观的融合

如前所述，这个时期正是动力学的创建时期，也是经典物理的宇宙观形成时期。所谓经典物理宇宙观即是日心说、椭圆轨道和万有引力。不无遗憾的是，这种与今天人们生活及思想行为密切相关的宇宙观在此时期并未传进中国。

传教士在中国传播的是与神权密切相关的托勒密体系。明崇祯年间，参与编撰《崇祯历书》的耶稣会士龙华民、邓玉函、汤若望等人，为了历法计算的准确，而不得不采用第谷体系。它是修正了的地心说：行星绕太阳运行，而太阳、月亮和恒星绕地球运行。明亡，《崇祯历书》改名《西洋新法历书》而在清朝被采用。1714～1722年，清朝廷又重新修订《西洋新法历书》，从而完成了《历象考成》的编撰。后者却仍然以第谷体系为其理论基础。而此时，哥白尼的《天体运行论》(1543)已出版了179年。开普勒第一、二定律(1609)发表了

113 年，而牛顿的《自然哲学的数学原理》(1687)初版问世已 35 年。雍正八年(1730)六月初一日食，按《西洋新法历书》的推算与结果不符，这就表明第谷体系并非完美无瑕。清朝廷要求重新修订历法。此时，传教士不得不放弃托勒密体系和第谷体系，而采用了开普勒的椭圆轨道和等面积定理，甚而采用了牛顿的日地距离的数据和计算方法。但是，他们并不放弃地心说，而是将开普勒宇宙体系颠倒过来。将地球放在椭圆轨道的一个焦点上。根据这种设想，于乾隆七年(1742)完成了增修《历象考成后编》的工作。"奈端"(牛顿一名在当时的译音)正是在该书中首次出现的。由此可见，颠倒的开普勒体系是耶稣会士精心构想出来的①。

在传教士们与中国学者的学术接触中，耶稣会士知道了有关古代中国的地动理论。于是波兰耶稣会士穆尼阁(1611～1656)向个别中国学者道出了一点哥白尼日心地动说②。但是并未对中国知识界产生任何影响。1760 年，法国耶稣会士蒋友仁(1715～1774)借着向乾隆皇帝献《坤舆全图》的机会，在插图文字说明中写上了日心地动说、开普勒三定律，以及诸如地球为椭圆体等一些欧洲的最新发现。由于这幅《坤舆全图》一直锁在深宫，因此，一般学者不知其详。而牛顿的万有引力思想还要等到约 100 年之后才在中国传播开来。

托勒密体系在 16～17 世纪之间初次传入中国时，中国人对于地是宇宙中心的观念并不感到陌生，令他们奇怪的是，整个天空怎么会成为像葱头似的层层硬壳？当第谷体系被《西洋新法历书》采用时，绝大多数人只是认为其"图表不合"，"立说复深隐不可解"③。后来颠倒的开普勒体系被采作制订历法的理论时，其情形大致也如此，此间有两个人的态度值得一提。一个是明代大科学家徐光启。他在《崇祯历书》修订之后，出于对欧洲近代科学的崇拜，将第谷体系夸大为"二三百年不易之法"④。一个是曾任清钦天监监正的杨光先(?～约 1671)，他"宁可使中夏无好历法，不可使中夏有西洋人"⑤。这是对待外来文化的两个极端例子。

清代学者郑光祖的观点大概代表了当时大多数中国人的心情。如同其他学者一样，他还不知道哥白尼的日心地动说，更不知道开普勒的椭圆轨道和牛顿万有引力。在他于 1822 年完成初稿的《一斑录》中，他对西方传至中国而又被神化了的托勒密体系提出了质疑：

> 诸人(指利玛窦等相继来华士)不谓地之旋于中，而谓天之旋于外，则不敢知；且分天为十二重，以最上一重为天主上帝所居之处，亦不敢知；又，既以为地球不动于内，第十二重天不动于外，却以其间各重天或自东旋西、或自西旋东，尤不敢知；又以为日月五星之丽诸天如木节在板，诸天自内及外如葱白、层层包裹，然，日与金、水、火三星彼此上下无一定，此四重天何以忽内忽外、错杂并行，则愈

① 戴念祖，早期中西宇宙观念的冲突与融合，物理，1996 年第 9 期，572～576 页。

② 席泽宗等，日心地动说在中国，中国科学，1973 年第 3 期，270～279 页。

③ 《四库全书总目提要 · 历象考成》。

④ 徐光启撰、王重民辑校《徐光启集》卷八《治历疏稿二 · 历书总目表》。中华书局，1963，第 374 页。

⑤ 杨光先《不得已 · 日食天象验》。杨光先的态度曾受到鲁迅的抨击，见《鲁迅全集》第一卷《坟 · 看镜有感》，人民文学出版社，1973，第 184 页。

不敢知。余学浅，未敢轻辩，姑俟质之高明①。

所谓"不敢知"，也就是不能同意。郑光祖并未停留在批判上，而是根据中国古代地动理论对中西方的古代宇宙观作出了第一次融合。他指出中国古代宇宙观的不足："究未知大地空悬"；同时他感谢利玛窦将悬于空中的球形大地观传到中国。于是，郑光祖修改了西方古代的地心地静观，摒弃十二重天的思想，提出了"地心地动说"。他写道：

地转于中，动也。

天空于外，地旋于中。人居地上，不知地之旋于中，而谬谓天之旋于外。犹坐舟中，从穴隙外窥，反认两岸行动，不知舟之载己而行之也。

以天地全势论之，有中外无上下。盖大地如球，实空悬无著。中即是下，外则六面皆上也。七曜因地之旋而随之旋，近地者随地较速。月最近地，故每日随旋十三度；远地者随地渐迟，日已远地，故每日随旋一度；恒星更远，故七十年随旋一度。犹以竹竿搅缸中之水使之旋，愈中则旋愈速也②。

在这里，我们看到，他论证地心地动的"坐舟"之例子，是哥白尼用以论证日心地动的例子，也是汉代"考灵曜"用以论证地动的例子。竹竿旋水，在明末清初方以智的学生揭暄曾以此论证天体运动中逆留迟退现象③。郑光祖的"地心地动说"既高于中国古代传统宇宙观，也高于由耶稣会士带进中国的托勒密体系和神化的宇宙观。这是他融合东西方有关知识的结果。

郑光祖及其著作《一斑录》，我们在第一章已有所叙述，此不赘。

第三节　晚清西方物理学知识的传入及影响

一　中国和欧洲的社会与科学技术

1．18 世纪上半叶至 19 世纪上半叶西方科技知识输入的中断

明末清初，西方教士的东来，使中国首次接触欧洲的科学技术知识。西士在撰著、以及与中国学者合作译述的过程中，促成了西方科技知识的传播。事实上，西方教士来华，几乎成为当时中国接触外部世界的惟一途径；而他们的撰著译述，也几乎成为当时中国了解西方的惟一来源。

然而，天主教的教义教理与中国传统文化多相违背，也与习惯势力格格不入，关于礼仪问题的争论长久未得到解决，因此，自传教士明末来华，磨擦冲突始终不断，并曾多次发生驱逐传教士、禁止传教的情况。18 世纪初罗马教皇谕令的传教方针，更使康熙皇帝愤怒④。清政府出于巩固封建统治的政治需要，1683 年（康熙二十二年）刚刚开放的海禁，于 1717 年（康熙五十六年）又重新严行。海禁政策不但沉重打击了商品经济和对外贸易，而

---

① 郑光祖《一斑录》卷一《天地》。

② 郑光祖《一斑录》卷三《物理·物理总论》。

③ 揭暄《璇玑遗术》卷一《写天总论》。

④ 参阅故宫博物院编，康熙与罗马使节关系文书，影印本，1932 年。

且严重限制了中外文化和科技交流。雍正年间(1723～1735),各省天主教堂被拆除殆尽,“但留京师一所,俾西洋人入钦天监者居之。入内地传教,辄绳以法。”[①]在华传教士的活动受到全面禁止,此后其活动范围几乎仅限于钦天监。禁海与禁教,断绝了中国与外界仅有的联系,严重阻碍了西方科技知识的传入。1757 年(乾隆二十二年)清政府仅允许外国商船在广州一地进行贸易,并附加了种种规定和限制。至道光年间,“时监官已深习西法,不必复用西洋人。奏奉宣宗谕,停西洋人入监。”[①]因钦天监官员已熟谙明末清初以来西方传教士介绍的推历测算方法,钦天监遂不再有西士任事。

尽管清王朝一心只想紧闭国门,可是世界的情势已经发生了很大变化。18 世纪下半叶至 19 世纪上半叶,欧洲一些国家曾多次派使节来华。最为著名的一次是,经过产业革命当时已成为资本主义强国的英国,派特使马嘎尔尼(Lord MaCartney,1737～1806)率团于 1793 年(乾隆五十八年)抵华,要求通商和互派使节。然而清王朝认为,“此则与天朝体制不合,断不可行”,“天朝物产丰富,无所不有,原不藉外夷货物以通有无”,等等,加以回绝[②]。使团带来的大批礼物之中,包括天体运行仪、天球仪、地球仪、报告月日时的仪器、预报气象的仪器、空气抽气机、力学器械、反射望远镜、派克氏透光镜、各种枪炮、军舰模型、以及照明灯具、毛棉制品、钢铁制品、手工艺品、等等,它们代表了当时欧洲科学技术发展的水平[③]。但是,随后这些物品大部分被收藏在圆明园,差不多完全没有发挥它们应有的作用。马嘎尔尼及其随行人员在华还曾介绍过欧洲科技的某些进展,如气球的发明能使人凌空升天;残废人能安装假肢;通过手术使白内障患者重见光明;关于电学的报告和实验;等[④],然而其影响也仅只使人惊奇而已。英国使团一行虽然到达了北京,马嘎尔尼等还谒见了乾隆皇帝,但其使命并未完成。到了 19 世纪初,清王朝仍对西方社会和科技的进步顽固地掩耳不闻、闭目不视。1816 年(嘉庆二十一年)英国再次要求通商贸易,又遭拒绝。理由依旧是,“天朝不宝远物,凡尔国奇巧之器,亦不视为珍异”,“嗣后毋庸遣使远来,徒烦跋涉,但能倾心效顺,不必岁时来朝始称向化”之类[⑤]。

总之,清政府顽固地推行闭关自守的政策,妄自尊大、愚昧无知,致使在 18 世纪 20 年代至 19 世纪 40 年代的一百多年间,西方科学技术知识的传入几乎完全中断。

2. 晚清的中国社会和科技态势

19 世纪的清王朝,政治制度腐败,贪官污吏横行;经济发展迟缓,国家财政枯竭;皇亲国戚和达官贵人的穷奢极欲,与广大人民群众的水深火热形成鲜明对照;加上在思想统治方面的高压禁梏政策,国内阶级矛盾日趋激化。晚清时期,为反对残酷的剥削压迫,农民起义接连不断。声势浩大的太平天国运动(1850～1864)和义和团运动(1900),更是沉重地打击了清王朝腐朽衰败的封建统治。

1840 年爆发的鸦片战争,在西方列强的洋枪大炮的轰击下,中国被迫打开了闭关自守的大门。战争的失败和不平等条约的签订,使中国社会开始发生重大变化。继鸦片战争

① 《清史稿·南怀仁传》,卷二七二,中华书局,1977。

② 转引自[英]斯当东著、叶笃义译,《英使谒见乾隆纪实》,商务印书馆,1965 年,第 558～562 页;“乾隆敕谕”乾隆五十八年八月己卯。

③ 《英使谒见乾隆纪实》,第 248～251 页。

④ 《英使谒见乾隆纪实》,第 498 页。

⑤ “嘉庆敕谕”嘉庆二十一年。

之后，19 世纪下半叶到 20 世纪初，帝国主义列强对中国发动了多次大规模的侵略战争——英法联军之役(1856～1860)、中法战争(1883～1885)、中日战争(1894～1895)、八国联军之役(1900)，还有帝国主义之间在我国领土上进行的日俄战争(1904～1905)等。这些侵略战争以及一系列不平等条约的签订，使得中国延续了二千多年的封建社会逐步演变为半封建半殖民地社会。

从整个人类社会以及全世界的范围来看，决定科学技术发展的迅速和迟缓的最根本因素是经济基础与政治制度。中国古代科学技术，产生于古代的封建社会，并随着封建社会本身及其生产水平的发展而发展。它们的产生和发展，既与封建社会的需要相适应，又为当时社会的发展状况所制约。在封建社会的上升阶段，中国科学技术曾经具有先进的水平和丰富的内容。然而，随着封建社会的衰败，在明清时期，传统科技的发展已基本停顿；到了晚清阶段，除中医药学外，则更是趋向终结。

3. 欧洲的社会

18 和 19 世纪是欧洲资产阶级革命广泛和深入发展的时期。资本主义生产关系在西欧各国逐渐确立并得到充分发展，资产阶级夺取了政权并逐渐建立起稳固的统治。特别是 18 世纪下半叶，英国的工业革命和法国的资产阶级民主革命，对社会和科技的发展产生了极大影响和推动作用。资产阶级掌握政权之后，采取重视和奖励科学的政策，使得科学技术更加迅速地发展。科学技术的进步促成了工业革命在英国发端，工业革命在不到一个世纪里创造出的财富，比人类几千年间创造的全部财富还要多。反过来，工业革命又导致了许多新的发明和发现，推动了科学技术愈益迅速发展。法国大革命不仅对世界范围的资产阶级革命，而且对整个近代科学的发展都影响深远。由于国家保护和鼓励科学技术的发明创造，重视和加强科学教育，19 世纪上半叶，法国继英国之后成为世界科学中心。而注重科学和工业相结合、强化应用研究并改革教育的结果，又使得德国的科技水平在 19 世纪下半叶处于世界最前列。总之，18 世纪中期至 20 世纪初期，英国、法国和德国的科学技术相继突飞猛进。

4. 物理学的辉煌成就

经典物理学以伽利略、牛顿创立的经典力学为基础，在 18、19 世纪得到了全面和充分的发展。这一时期，牛顿力学被成功地和普遍地应用于解决静力学和动力学问题。力学成为工程技术的重要基础，并且发展了许多应用力学分支。在热学方面，各种用途的温度计逐渐发展得相当完善，进行了有关热的性质的许多实验研究，推翻了“热质说”，发现了气体定律，成功地将气体液化。蒸汽机经过了许多人的研究改进，尤其瓦特(J. Watt，1736～1819)的重大改进，提高了效率，得到了广泛应用。卡诺(S. Carnot，1796～1832)用物理和数学的方法研究蒸汽机的效率问题，从而奠定了热力学的基础。物理学家们大量的理论和实验研究确立了热力学的基本定律。对物质分子性质的研究、特别是气体分子运动论的建立，促进了统计力学的发展。迈尔(J. R. Mayer，1814～1878)、焦耳(J. P. Joule，1818～1889)等不同学科的科学家从不同侧面各自独立发现了能量守恒原理——这是 19 世纪三项重大科学发现之一，也是 19 世纪物理学的最重大发现。声学被放置在物理学的意义上进行研究，即研究声波的产生、传播、接收、作用等问题，而且这方面的研究还扩展到一般的振动和波的情形。在光学方面有很多新进展，由于托马斯·杨(T. Young，1773～1829)、菲涅耳(A. J. Fresnel，1788～1829)等人的工作，光的干涉、衍射、偏振、双折射等波动性现象相继发现，19 世纪初起，光的波动说复活并得到大多数物理学家的接受。这个世纪中叶，物理学家们用多种方法精确测定了光速。19 世纪对光谱的研究，使得光谱学成为光学研究的一个重要分支。18 世纪下半叶开始，电磁学方面的成就十分辉煌。人们揭示了雷电的奥秘，发现了电流及电流的各种效应。法拉第(M. Faraday，1791～1867)电磁感应定律的发现，从实验上奠定了电磁学的基础。麦克斯韦(J. C. Maxwell，1831～1879)则运用数学方法，建立了定量描述电磁场规律的方程组。电磁理论所预言的电磁波，也由赫兹(H. R. Hertz，1857～1894)于 1888 年在实验上验证其存在。电磁学的发现和发明对社会生产和人们生活的各个方面都产生了极深远的影响。

19 世纪末，物理学接连出现了三项重大发现——1895 年伦琴(W. K. Röntgen，1845～1923)发现 X 射线，1896 年贝克勒耳(A. H. Becquerel，1852～1908)发现放射性现象，1897 年汤姆孙(J. J. Thomson，1856～1940)发现电子。随后，20 世纪初期又有重大理论性突破——1900 年普朗克(M. Planck，1858～1947)提出量子论，1905 年爱因斯坦(A. Einstein，1879～1955)创立狭义相对论，1911～1913 年玻尔(N. Bohr，1885～1962)提出原子结构理论，1915 年爱因斯坦建成广义相对论，1923～1926 年量子力学建立。短短三十余年间，物理学的发展突飞猛进。知识的迅速更新，使得人类对自然界的认识进入了一个新的时期。

二　基督教新教传教士来华以及西方人士在华的科学与教育活动

1. 新教传教士来华

基督教新教是 16 世纪欧洲宗教改革运动中脱离天主教而产生的新宗派。其派到中国的第一个传教士是英国伦敦会传教士马礼逊(R. Morrison，1782～1834)，他于 1807 年到达广州。1830 年代初，欧美的新教传教士相继来华，著名的如美国人裨治文(E. C. Bridgman，1801～1861)、德国人郭实腊(K. E. A. Gutzlaff，1803～1851)、英国人麦都思(W. H. Medhurst，1796～1857)等。鸦片战争失败后，中国被迫门户开放，在清政府与外国签订的条约中，写入了允许通商和传教的条款。19 世纪中期之后，包括传教士在内的大批西方人士来到中国。

近代来华的基督教新教传教士，一般说来，他们的科学素养要远逊于明末清初来华的天主教耶稣会士。然而，18 和 19 世纪近代科学在欧洲得到了全面的发展，西方科学技术已经远远领先于中国，来华的新教传教士掌握的一点点科学常识，也足以令中国的翰林学士啧啧称羡。因为在闭关锁国百余年之后，中国人无从了解也不懂得西方近代科学知识。正是在这种状况下，接踵而来的新教传教士仿效明末清初耶稣会士以学术助传教的方法，借助于介绍近代科技知识这一手段，实现其进行宗教活动的根本目的。由于 19 世纪中叶至 20 世纪初的整个晚清阶段，各方面的情况——无论在世界范围和中国内部、或者科学技术本身的发展与进步——均已明显不同于明末清初阶段，所以传教士的活动和科技知识传播的情况也表现出很大的不同。

2. 新教传教士等西方人士在华的科学和教育活动

19 世纪中叶至 20 世纪初，在中国进行科学和教育活动的西方人士，以新教传教士为主。在其传教活动中,从一开始就比较重视教育工作以及科技常识的传播。

19世纪中期,中国开始有基督教新教传教士的科学著述出现。传教士凭个人兴趣和专长进行译述,代表人物如合信(B. Hobson,1816~1873)、玛高温(D. J. MacGowan,1814~1893)、理雅各(J. Legge,1815~1897)等。著作主要有:《博物通书》(1851)、《全体新论》(1851)、《航海金针》(1853)、《博物新编》(1855)、《智环启蒙塾课初步》(1856)、《西医略论》、《妇婴新说》、《内科新说》(1857)等。其中尤以《博物新编》与几种医书影响较大。

外国传教士在中国设立了最早的近代编译出版印刷机构——上海墨海书馆,从1843年起大约开办了二十年之久。先后由麦都思和伟烈亚力(A. Wylie,1815~1887)主持。该馆除主要印刷宣教物品之外,还编译出版科学书籍。19世纪50年代,传教士伟烈亚力、艾约瑟(J. Edkins,1823~1905)、韦廉臣(A. Williamson,1829~1890)等人,和中国学者李善兰(1811~1882)、王韬(1828~1897)、张福僖(?~1862)等人合作,在墨海书馆翻译了多种科学著作。包括:《数学启蒙》(1853)、《光论》(1853)、《几何原本》后九卷(1857)、《重学浅说》(1858)、《代数学》(1859)、《代微积拾级》(1859)、《谈天》(1859)、《重学》(1859)、《植物学》(1859)等。从此,西方近代科学知识开始比较系统地传入中国。另外,该馆还出版了合信编译的《博物新编》,并发行由伟烈亚力主编的月刊《六合丛谈》(1856~1857)。

晚清时期,来华西方人士传播科技知识最主要的途径是翻译出版书籍。尤其在19世纪60年代至90年代的洋务运动期间,他们的积极参与,使得大量科技书籍在中国被翻译出版。1865年清政府在上海创办了江南机器制造总局,于1868年附设翻译馆,该馆是中国近代科技著作翻译出版最重要的机构。馆内有徐寿(1818~1884)、华蘅芳(1833~1902)、赵元益(1840~1902)、徐建寅(1845~1901)等中国著名学者,并聘请傅兰雅(J. Fryer,1839~1928)、金楷理(C. T. Kreyer)、林乐知(Y. J. Allen,1836~1907)等西方人士为译员,还有伟烈亚力、玛高温等人的参加,在近四十年间共翻译科技书籍二百几十种(其中数十种已译而未刊刻)。译书内容广泛,包括科学、技术、工程、军事、医药等等各个方面(该馆也翻译出版了有关历史、地理、时事、政治等方面的许多书籍),翻译质量亦属上乘。在翻译馆译书的西方人士之中,英国人傅兰雅为出力最大者。他任该馆编译职长达28年,与中国学者合作翻译书籍的数量达一百几十种之多。另外,傅兰雅还译辑丛书《格致须知》(1882~1894)和《格致图说》(1885~1894),以及编译其他一些科普读物。可以说,在近代中国,翻译科技书籍、介绍和传播西方近代科技知识,傅兰雅的贡献最大。

洋务运动时期,清政府为培养急需的外交翻译人员,在1862年设立了北京京师同文馆。1866年同文馆添设天文数学馆,这是中国学校正式讲授近代科学的开始。之后,该馆又逐步开设物理、化学、生理等课程。同文馆除聘请中国学者李善兰(图7-61)等人任教习外,还聘请西方人士丁韪良(W. A. P. Martin,1827~1916)、毕利干(A. A. Billequin,1837~1894)、德贞(J. H. Dudgeon,1837~1901)、欧礼斐(C. H. Oliver,1857~?)、骆三畏(S. M. Russell,?~1917)等人任教习。在同文馆,西方人士在科学教育和科学书籍翻译方面也发挥了相当重要的作用。他们编译的科学书籍,如:《格物入门》(1866)、《化学指南》(1873)、《化学阐原》(1882)、《天学发轫》、《格物测算》(1883)、《全体通考》(1886)等,先后出版发行,也有一定影响。

来华西方人士在中国办的报刊,如艾约瑟主编的《中西通书》(1852年创刊)、伟烈亚力主编的《六合丛谈》、北京施医院编辑出版的《中西闻见录》(1872~1875)等,亦常涉及一

图 7-61 李善兰像

些科技常识。傅兰雅创办和主持的《格致汇编》(1876～1892，在此期间实际发行 7 年)，是中国近代最早的科技刊物，刊载文章多译自英文科技著述，内容广泛涉猎当时西学各科。该刊影响甚大，对于在中国普及近代科技知识起到了良好的作用。

大约从 19 世纪 60 年代开始，外国教会和传教士在中国各地陆续开办了一些学校，学校中有科学常识教育。起初，各差会的办学教育各自为政；但在 70 年代教会学校有了较大发展。为了解决诸如教科书的编撰、课程的设置等问题，在华基督教新教传教士于 1877 年在上海举行全国大会，成立了"学校教科书委员会"(The School and Text-book Series Committee，中文名称为"益智书会")。此后，教会教育逐渐有组织相协调地发展，而编译出版教科书则成为该会的重要工作。由于教会学校迅速发展的需要，新教传教士于 1890 年在上海举行第二次全国大会，成立"中国教育会"(Educational Association of China，中文名称仍为"益智书会"，至 1905 年改称"中国教育会")，取代先前的"学校教科书委员会"。编译学校用的教科书依然是其主要工作。该组织自 1877 年至 1905 年编译出版 80 余种图书，半数为科学教科书。其主要成员，如丁韪良、韦廉臣、狄考文(C. W. Mateer，1836～1908)、林乐知、伟烈亚力、麦嘉缔(D. B. McCartee，1820～1900)、潘慎文(A. P. Parker，1850～1924)、赫士(W. M. Hayes，1857～?)、嘉约翰(J. G. Kerr，1824～1901)、师图尔(G. A. Stuart，1859～1911)、等等，均为著名的来华传教士。他们还邀请受雇于清政府官办的江南制造局翻译馆的傅兰雅，一起工作，尽管他不是教会中人。传教士编译的有些教科书很有名，如狄考文在山东登州文会馆(1864 年开设)编译的几种数学教科书，曾风行一时，影响颇广。

来华基督教新教传教士的另一个比较著名的组织，是 1887 年成立的"基督教与普及学识传布会"(The Society for the Diffusion of Christian and General Knowledge Among Chinese，1905 年改名为 The Christian Literature Society for China)。其中文名称为"同文书会"，1894 年后改称"广学会"。主要成员有韦廉臣、李提摩太(T. Richard，1845～1919)等人。然而，该会的主要目的在于传播基督教教义、宣扬西方文化，因此，出版的书籍多数是社会科学方面的，但也有少数是自然科学与工程技术方面的。科技书籍多属内容浅易的通俗普及读物,有些亦被用作教科书。

在洋务运动期间,清政府创办了一些新式学堂。与北京京师同文馆类似的,有上海广方言馆(1863)和广州同文馆(1864)。还创办了一些军事学校,如福建马尾船政学堂(1866)、北洋水师学堂(1880)、天津武备学堂(1885)等。在这些学校中,也都有传教士等西方人士任教,讲授自然科学、军事技术、以及外文和法律等各种课程,并编译一些科学书籍供教学之用。此外,傅兰雅、徐寿等人还创建了上海格致书院(1876),书院定期授课和举办讲演。虽则上述学校的性质和教学内容各不相同,然而,在各类学校任教的西方人士在传播近代科技知识和培养科技人才方面是有功绩的。

3. 物理学知识的传入

在这一时期,物理学逐渐成为一门独立的学科。物理学知识已不再像在明末清初时期那样随天文历算知识的传播而传播,而是与其他学科知识一样自成体系地传播。

翻译书籍仍然是传播知识的重要途径。这一时期,比较重要的物理学译书有数十种,而明末清初涉及西方物理学知识的译书仅数种(实际上它们大多应归类于其他学科),译书的质量亦有明显提高,远非明末清初时期所能相比。

近代科技教育是传播知识的另一重要途径。近代物理学教育是早年没有也不可能有的事情。它主要表现为在新式学堂中的物理学知识教学、以及物理学教科书的翻译编撰。这一时期,虽然物理学教育刚刚起步,但是教育逐渐并最终成为传播知识最重要的途径。

19 世纪中期至 20 世纪初期,物理学知识在中国的传播,从时间上划分,大致可分为两次鸦片战争期间、洋务运动期间、戊戌维新前后、学制改革前后等几个阶段。每一阶段各有其特点。从总体上看,传播的途径逐渐由翻译书籍为主过渡到以学校教育为主。

三　物理学书籍的翻译

1. 两次鸦片战争期间

19 世纪 50 年代初,包含物理学知识的科学普及读物开始在中国翻译出版。最早的一本很可能是《博物通书》(又名《电气通标》),该书由玛高温译述,1851 年印行于宁波,介绍电磁学基础知识和电报①。随后相继有《博物新编》和《智环启蒙塾课初步》。《博物新编》(三集)由合信编译,介绍近代科学常识,第一集包括物理、化学、气象等学科的基础知识。该书 1855 年在广州出版,同年又由上海墨海书馆印行。《智环启蒙塾课初步》由理雅各编译,书中也有一些物理学内容。该书 1856 年香港初版为英文-中文对照本,后有中文本(1859,广州)和修订的英文-中文对照本(1864,香港)。这几种书籍之中以《博物新编》影响最大。

50 年代,上海墨海书馆翻译出版了中国近代最早的一批科学著作,其中物理学书籍有:《光论》、《重学浅说》和《重学》。《光论》由艾约瑟和张福僖译述,1853 年刊行,是中国最早翻译的较为系统的光学著作。《重学浅说》(一卷)由伟烈亚力和王韬译述,1858 年刊行,是力学方面的最早译著。《重学》(二十卷)由艾约瑟和李善兰译述,1859 年刻毕始印,但

① 此书在中国似已佚失,但在日本尚有抄本藏存。我们现在对书中内容的了解,主要来自日本学者的研究。参阅布施光男,《電気通標》おすひ《博物通書》についつ,[日本]《科学史研究》,1977,16(122):74~85。

"无几同毁于兵"[①]，1866 年重刻印行。其原著者胡威立，即英国著名物理学家、科学和哲学史家休厄尔(W. Whewell，1794～1866)，底本当是其著作《初等力学》(An Elementary Treatise on Mechanics)，所据版次不详。《重学》是中国第一部系统介绍包括运动学和动力学、刚体力学和流体力学知识的力学著作，也是当时最重要和最有影响的物理学专著。另外，墨海书馆 1859 年刊行的《谈天》(十八卷)，虽然是一部系统介绍近代天文学知识的书籍，但也包含相当多的力学知识。其原著者侯失勒，即英国著名天文学家赫歇尔(J. Herschel，1792～1871)，底本即其著作《天文学纲要》(The Outline of Astronomy)。伟烈亚力和李善兰据原著 1858 年第 5 版译述。《谈天》介绍的近代天文学和力学知识，在当时也极有影响。自此，西方物理学知识开始比较系统地在中国传播。

这期间，在中国传播物理学知识的途径是译书。传入的知识以力学知识为主，还有光学知识以及少量的电磁学知识。

2. *洋务运动期间*

19 世纪 60 年代初至 90 年代中，是中国历史上的洋务运动时期。在大约三十五年的时间里，由清政府上层统治集团内的部分人士推动，以"自强"和"求富"为目标，掀起了兴办洋务的热潮。洋务运动的重要内容，是引进西方先进的武器和技术。在此期间，建立了官办，官督商办、民营、外资等多种形式的一大批工矿企业。随着近代军事工业和工矿企业等洋务事业的兴办，各种应用科学及工业技术知识也逐渐在中国传播。洋务运动时期，翻译了大量书籍，其中以军事和工程技术为主要内容、同时涉及自然科学各门学科。在此期间，翻译出版物理学书籍是传播物理学知识最主要的途径。

在引进近代物理学知识方面，上海江南制造局翻译馆起了重要的作用。翻译馆从 1870 年代初以后的大约三十年间，翻译出版物理学书籍十余种，有：《声学》、《光学》、《电学》、《格致启蒙·格物学》、《电学纲目》、《格致小引》、《电学测算》、《无线电报》、《物体遇热改易记》、《通物电光》、《物理学》等。其中的前六种都刊行于 1895 年之前。此外，还有已译成因故未刊、或因未译全而未刊的《热学》、《燥湿表说》、《风雨表说》、《摄铁器说》、《奈端数理》、《分光求原》等。

江南制造局在洋务运动时期翻译出版的物理学书籍都相当重要、极有影响。《声学》(八卷)由傅兰雅和徐建寅译述，1874 年刊行。原著者田大里，即英国著名物理学家廷德耳(J. Tyndall，1820～1893)。中文译本据其原著《声学》第二版(Sound，1869)译出(缺译第 7 章)。该书系统论述了声学的理论与实验，比较准确地介绍了许多物理概念，是中国最早出版的声学专著。直至 20 世纪初，在中国介绍的近代声学知识，基本上没有超出该书的范围。《光学》(二卷)由金楷理和赵元益译述，1876 年刊行。该书原本为廷德耳 1869 年夏讲授光学时的讲稿《光学》(Light，1870)。波动光学是这部书的主要内容，该书的翻译出版使波动光学知识首次在中国得到系统介绍。《电学》(十卷首一卷)由傅兰雅和徐建寅译述，1879 年刊行。原著者瑙挨德(又译作奴搭)，即诺德(H. M. Noad)，英国人。此书译自其编著的《电学教科书》(The Student's Text Book of Electricity，1867)。该书比较系统地叙述了 19 世纪 60 年代中期以前的电学知识。《格致启蒙》一书共四卷——化学、格物学、天文学和地理学各一卷，第二卷格物学由林乐知和郑昌棪译述，1879 年刊行。原著者司都藿，

① 见《重学》，钱鼎卿序(1859)、李善兰序(1866)。

即英国著名物理学和气象学家斯图尔特(B. Stewart,1828～1887)。该书译自其原著《格致启蒙丛书·物理学》(Science Primer Series,Physics,1872)。《电学纲目》(一卷)由傅兰雅和周郇(1850～1882)译述,约1881年刊行。系译自廷德耳的《电学七讲教程讲义》(Notes of a Course of Seven Lectures on Electricity,1875)。该书概述电磁学基础知识。《格致小引》(一卷)由罗亨利和瞿昂来译述,1886年刊行。原著者赫师赉,即英国著名生物学家赫胥黎(T. H. Huxley,1825～1895)。该书译自其原著《科学概论》(Introduction to the Science)。可以看出,这些书籍大多译自英国当时著名科学家的著作。

属于其他学科的一些译书,有的也包含物理学方面的许多内容。《谈天》一书,江南制造局1874年出版了徐建寅的补充续译本,增加了1851～1871年间天文学的许多新发现和研究成果,该书对于近代力学知识在中国传播有很大作用。《金石识别》(十二卷),玛高温和华蘅芳译述,江南制造局1871年刊行。其原著者代那,即美国著名地质学和矿物学家戴纳(J. D. Dana,1813～1895)。该书译自其原著《矿物学手册》(Manual of Mineralogy)。这部书虽为矿物学著作,但其中包含许多晶体物理学内容,它首次将近代晶体学知识系统介绍到中国。《测候丛谈》(四卷),金楷理和华蘅芳译述,江南制造局1877年刊行。该书译自《不列颠百科全书》(Encyclopedia Britannica)中的"气象学"(Meteorology),讨论大气现象及其变化,也包含物理学的许多知识。

在江南制造局未刊译书之中,有的也极重要。伟烈亚力和傅兰雅曾先后与李善兰合作译述《奈端数理》(三册,又名《数理格致》)。奈端即牛顿。此即译其名著《自然哲学的数学原理》(Philosophiae Naturalis Principia Mathematica),估计所据底本为英文本。他们翻译了第一编共十四章,但是没有译全,未能出版①。金楷理和江衡曾译述《热学》(二册),系译自博克斯(Box)的《热学》(Practical Treatise on Heat)。伟烈亚力还曾译《分光求原》(一册),系译自舍伦(H. Schellen)的《光谱分析》(Spectrum Analysis),但也未译完。

就传播知识而言,科普著作与学术专著两者相辅相成。洋务运动期间,关于物理学知识的启蒙与通俗读物大量流行于世。其中尤以傅兰雅编译的《格致须知》丛书中的重学、力学、气学、水学、热学、声学、光学、电学等各册,以及《格致图说》丛书中的格物、重学、水学、热学、光学、电学等各册,影响较大。益智书会和广学会刊行的一些书籍,也较有影响。另外,一些报纸刊物也常登载文章和译文,介绍科技知识。由傅兰雅主持的《格致汇编》常刊载介绍物理学知识的译文,某些重要译文还有单行本出版,如《测候器说》、《格致释器》、《量光力器图说》等。由于该刊颇具影响,因此对物理学知识在中国的传播和普及很有积极作用。

3. 戊戌维新前后

清政府自上而下推行的学习西方科学技术的洋务运动,没有获得成功,"自强"、"求富"的目标未能实现。1894年中日甲午战争,中国败于日本。这一结局宣告了洋务运动的彻底失败。1898年中国发生了近代史上规模最大的资产阶级改良主义运动——戊戌变法。资产阶级改良主义的代表人物,企图通过自上而下的政治和经济变革,达到救亡图强的目的。然而,戊戌变法仅"百日维新",又惨遭失败。在戊戌维新前后,科学知识在中国传

① 参阅《皇朝掌故汇编》内编卷四十·礼政十二·学校三·直省学堂;傅兰雅,江南制造总局翻译西书事略,《格致汇编》,1880年6月至9月四期连载;丁福保,《算学书目提要》,1899年。

播的情况都多少有些不同于洋务运动时期，即在译书和教育两个方面开始表现出同等的重要性。

江南制造局翻译馆在这一时期继续有重要的物理学书籍翻译出版。《无线电报》(一卷)，英国克尔原著，卫理(E. T. Williams，1854～1944)和范熙庸译述，1898年刊行。原著与著者情况不详。该书比较详细叙述无线电报的实验和应用。《物体遇热改易记》(四卷)，傅兰雅和徐寿译述，1899年刊行。系译自瓦特斯(H. Watts)辑《化学及其他科学的同类分科辞典》(A Dictionary of Chemistry and Allied Branches of Other Sciences，1875)，著者为福斯特(G. Foster)①。该书涉及热膨胀和气体定律等热学理论与实验方面的知识。《通物电光》(四卷)，傅兰雅和王季烈译述，1899年刊行。其原著者莫耳登即美国神经学家和医生莫顿(W. J. Morton，1845～1920)，他是美国最早将X射线应用于医疗的医生之一。该书译自莫顿和汉莫尔(E. W. Hammer)合著的《X射线——不可见的照相术及其在外科术的价值》第五版(X-ray，or Photography of the Invisible and Its Value in Surgery，1896)。该书除叙述电学基础知识与实验装置外，主要介绍X射线装置以及X射线在医学上的应用。另外还有《电学测算》(一卷)，由徐兆熊译述，王汝骃、陈炳华校勘，大约刊于20世纪初。其原著者及底本均不详。该书论述电学知识并注重电学计算。

这一时期，来华传教士等西方人士译述或编著了很多通俗读物。例如广学会曾出版博恒理(H. D. Porter，1845～1916)译的《电学总览》(1896)、李提摩太译的《电学纪要》(1899)、以及《质学新编》(1904)等。

总的说来，戊戌维新前后，即19世纪90年代，物理学书籍的翻译出版依然是物理学知识在中国传播的一个重要途径。然而从下面我们将要述及的情况，可以看出，这一时期开始出现了译书与教育并进的局面。

到学制改革前后，即20世纪初，物理学书籍的翻译基本上是教科书的翻译。因此，关于教科书的翻译及编撰等情况，我们放在下面的教育部分讨论。

四　物理学教育

1. 两次鸦片战争期间

以教育为手段传播物理学知识，可以追溯到19世纪中叶新教传教士在中国各地陆续开办的一些学校中的科学常识教育。包含物理学知识的书籍用于教学者，大概以《智环启蒙塾课初步》为最早。这部书是当时香港英华书院的教科书。

两次鸦片战争期间，中国尚未出现近代新式教育和科技教育。西方物理学知识只可能零散地在传教士办的学校中有一些介绍。中国当时的社会状况以及教会学校的性质等因素，决定了这一时期通过教育传播的物理学知识是很有限的。

2. 洋务运动期间

继京师同文馆之后，创办新式学堂、派遣学生留学欧美，成为兴办洋务在教育方面的具体举措。随着新式学堂的建立，中国开始出现近代科技教育，其中也包括了刚刚起步的近代物理学教育。

---

① 该书原题“英国华特斯撰”，误。

这一时期，新式学堂的教学开始成为传播科技知识的另一重要途径。19世纪70年代初起，同文馆已设置物理学课程，该馆各科岁考题中有"格物题"或"格物测算题"，也就是物理知识试题①。同文馆的格物或格致课程起初由总教习丁韪良教授，1879年后由欧礼斐继任教职。丁韪良译著的《格物入门》和《格物测算》均曾用作教材。它们的原著者和所据底本不详。这两部书均采用问答式体裁。1866年刊行的《格物入门》，有水学(流体力学)、气学(包括声学)、火学(包括热学和光学)、电学、力学、化学和算学共七卷。除第六卷化学外，其余各卷都是物理学最基本的知识。第七卷算学是关于水学、气学、光学和力学的一些计算。1883年刊行的《格物测算》，由丁韪良口授，副教习席淦、贵荣，以及学生胡玉麟等多人笔述，是在《格物入门》算学一卷的基础上增补扩充而成的，包括力学三卷及水学、气学、火学、光学和电学各一卷。该书的目的主要是通过"演题"加深对书中叙述的物理学原理和规律的理解。《格物测算》首次将微积分知识应用于物理学(但仍采用自明末西方数学传入中国后一直使用的旧式符号)，它是明清时期唯一的一部以计算为主要内容的物理学著作。同文馆作为中国最早开始近代自然科学教育的机构，物理学课程的设置和教学在全国都有相当影响。

此外，洋务运动期间开办的一些新式学堂，除主要进行外文或军事技术教育外，也讲授包括物理学在内的自然科学。上海格致书院聘请中外学者授课，定期举办科学讲演。书院曾讲授电学原理等物理学基本知识，并作演示实验。上述各类学校，尽管他们的性质、教学目的和内容各不相同，然而在传播物理学知识和推动物理学教育方面都起了一定的作用。

3. 戊戌维新前后

1898年戊戌变法推行新政的措施包括：设立农工商、铁路、矿务、邮政等总局，倡办实业；奖励发明创造，保护专利权；开办京师大学堂，各省兴办中、小学堂以及各种实业学堂；成立译书局，翻译外国新书；准许办报馆、学会；等等。这些措施，有利于在中国发展民族资本主义工业、发展文化教育和科学技术。虽则戊戌变法仅"百日维新"就遭失败，然而迫于形势，在被宣布作废的新政之中，兴办学校这一措施不得不保留了下来。

随着新式学堂的逐渐建立，对物理学教学用书的需求大大增加了。从总体上看，洋务运动时期翻译出版的物理学书籍，虽然其原本多为教材，译本有的亦曾被用作教材，但是它们对于物理学的系统教学却不尽适宜。所以，尽管可用于启蒙与普及物理学知识的书籍的种类和数量不少，但真正用作学校教科书的却并不很多。19世纪90年代起，由于社会状况的变化和教育的需要，出版的物理学书籍的性质发生了显著的改变，即以翻译和编纂的物理学教科书为主。

19世纪90年代，在中国已有多种译自欧美著名教科书的中文物理学教科书问世。比较著名的，如山东登州文会馆曾先后出版了赫士(W. M. Hayes，1857～?)和中国学者合作译述的《声学揭要》(一卷，1893)、《热学揭要》(一卷，1897)和《光学揭要》(二卷，1898)。它们所据底本为法国迦诺(A. Ganot，1804～1887)著《初等物理学》(Element de Physique)的英译本(Elementary Treatise on Physics)第十四版，但中文译本略去了难度较大的章

① 参阅朱有瓛主编，中国近代学制史料，第一辑上册，甲编京师同文馆"课程和考试"，华东师范大学出版社，1983年。

节。这三部物理学教科书与该馆翻译出版的其他学科的教科书一样，有一定的影响。《光学揭要》还是中国最早介绍X光的书籍之一。

甲午战争和戊戌变法的相继失败，使得清末开明官员和士人学者深刻认识到仿效日本、发愤自强的必要。于是出现了大批学生赴日本留学、广泛翻译日文书籍特别是教科书、以及20世纪初的教育改革。这一时期，江南制造局有一部最重要的译书——《物理学》(十二卷)。该书由日本物理学家饭盛挺造(1851～1916)编纂，药学和化学家丹波敬三(1852～1927)与柴田承桂校补，东洋史学家藤田丰八(1870～1929)翻译，中国学者王季烈(1873～1952)润辞重编。于1900至1903年间刊行。该书明确指出，物理学的研究对象是自然界的万物，研究方法是观察和实验的方法。书中在系统阐述物理学理论和实验的同时，还特别注意介绍有关著名实验进行和著名定律发现的历史。这是中国第一部全面系统的真正可称之为“物理学”的书籍，也是20世纪20年代以前最重要的物理学教科书。

4. 学制改革前后

从洋务运动时期起，就不断有废科举、兴学校的建议。戊戌变法的新政之中，也有关于改革科举、设立学堂、出国留学的措施。然而，直到1903年清政府颁布学堂章程，此后全国大、中、小学才有较大发展。1905年清政府明令取消科举考试制度，并成立学部，至此学制改革才算完成。清末，中国近代教育体制初步建立，但整个体系尚不完善。

1898年成立的北京京师大学堂，于1902年在格致科下设天文、地质、高等算学、化学、物理学和动植物学等六目。不过，京师大学堂的物理学教育，与当时欧美或日本的大学物理学教育相比，尚有相当距离。戊戌变法之后，兴办学堂的新政得以保留，物理学和其他学科被正式列为学堂课程。1903年颁布的学堂章程规定小学设理化课；高等学堂分政艺两科，艺科所设课程中有力学、物性、声学、热学、光学、电学和磁学等物理学内容。1905年科举废除之后，在新学制下建立的各级各类学校有较大发展，物理学知识逐渐正规地在大、中、小学堂得到讲授。

20世纪初，根据日文书籍翻译或编译的物理学教科书的数量骤增，种类繁多。除《物理学》外，日本其他一些物理学家编撰的教科书，也被翻译出版，如：木村骏吉的《新编小物理学》(樊炳清译，1903)、中村清二(1869～1961)的《近世物理学教科书》(学部编译图书局译，1906)、后藤牧太的《物理学初步》(张云阁译，年份不确)、田丸卓郎的《物理学新教科书》(谭其茳译，1909)、本多光太郎(1870～1954)的《物理学教科书》(丛琯珠译，1911)等，都是较好的教材。留日学生还组织了一些翻译团体，从事译书及出版工作。如，1902年在东京成立的、以翻译出版中学教科书为目的的教科书译辑社，曾翻译出版《物理易解》(陈榥译，1902)、《中学物理教科书》(水岛久太郎编著、陈榥译，1903)；中国留学生馆出版了《物理学新教科书》；教育世界社(由罗振玉在上海发起成立)刊行《科学丛书》，其中有《新编小物理学》、《理化示教》(樊炳清译，1903年)等。另外，还有一些日本学者在华从事教育活动，如藤田丰八曾在上海、广东、江苏、北京等地任教习，他曾任总教习的江苏两级师范学堂据日本教科书及教授笔记编译了《江苏师范讲义》共16册，其中一册为《物理》(1906)。20世纪初，中国的物理学教科书，大约半数以上是根据日文教科书翻译或编译的。

与此同时，欧美著名的物理学教科书也继续被翻译出版。如：京师大学堂译书局的《额伏烈特物理学》(1903)，原著者埃弗雷特(J. D. Everett，1831～1904)是英国物理学家、皇家学会会员，曾将法国德夏内尔(A. P. Deschanel)著的《初等物理》(Traite Elementaire de Physique)译成英文，中文译本是根据英译修订本翻译的；学部编译图书局的《力学课编》(1906)，译自英国马格纳(P. Magina)著《力学》，原著曾刊行十数次之多，中文译本系译自其1891年第17版并据其1896年修订本增补而成；还有《初等理化教科书》(1910)，原著者之一格雷戈里(R. A. Gregory)是英国天文学家、皇家学会会员，曾著数种物理学教科书；等等，都是较好的物理学教科书。

清末，许多程度不等的物理学教科书被翻译出版。这时，中国学者已具备一定的外语和物理学知识，开始能够独立翻译欧美和日本的物理学书籍，并且能够根据需求进行编著。同时，中国还出现了以编译出版教科书为主的书局或印书馆，有名的像上海文明书局和商务印书馆，先后编译出版的物理学教科书，有：《蒙学理科教科书》(1902)、《最新理化示教》(1904)、《初等理化教科书》(1904)、《理化示教》(1904)、《格致教科书》(1904)、《物理教科书》(1907)、《物理学讲义》(1908)、《初等物理教科书》(1909)、《中学教科书物理学》(1909)、等等，在当时都比较有影响。

可以看出，随着社会状况的变化和学制改革的进行，清末物理学知识的传播主要表现在教育方面。教科书的翻译或编撰，尤其引人注目。根据日文书籍翻译和编撰的教科书占了很大的比例。所有这些教科书，虽则多数内容尚属浅易，然而它们的翻译、编撰和出版，不仅反映了晚清时期中国在引进和吸收物理学知识方面的进步，而且奠定了20世纪初期中国近代物理学教育的基础。

五　晚清时期传入的近代物理学知识

19世纪中期开始，西方近代物理学知识逐步在中国得到系统的介绍。

1. 力学知识

力学最基础的知识首先在《博物新编》第一集中述及，有关于大气压力及其性质与应用等力学常识。《智环启蒙塾课初步》中，有关于物质可分、物质不灭、运动、以及简单机械方面的内容。《重学浅说》是最早介绍西方力学知识的著作，但相当概括简要。

19世纪下半叶，系统介绍力学知识最重要的书籍是《重学》。该书二十卷，分静力学(“静重学”)、动力学(“动重学”)和流体力学(“流质重学”)三部分。第一至第七卷是静重学部分，各卷标题依次为：论杆；论并力分力；论七器(杆、轮轴、齿轮、滑车、斜面、劈、螺旋)；论诸器合力；论重心；论刚质相定之理；论面阻力。这部分详细讨论了有关力、力的合成与分解、简单机械[①] 及其原理、重心与平衡、静磨擦等静力学问题。其中部分内容在《远西奇器图说录最》和《新制灵台仪象志》中已有涉及。第八至第十七卷是动重学部分，各卷标题依次为：论质体动之理；论平动相击；论平加速及互相摄引之理；论抛物之理；论物行于曲线之理；论动体绕定轴之理；论器动；论动面阻力；论诸器利用；论相击抵力之理。这部分详细讨论物体的运动，包括匀加速运动(“平加速”)、抛射体运动、曲线运动、平动、转动等，碰撞(“相击”)、动磨擦(“动面阻力”)、功(“程功”)和能等动力学问题。其中关于牛顿运动三定律、用动量(“重速积”)的概念讨论物体的碰撞、功能原理等，都是首次在中国得到介绍。

① 简单机械应为杠杆、滑轮、轮轴、斜面、螺旋和劈的总称。齿轮实际上不属于简单机械。

第十八至第二十卷是流质重学部分，各卷标题依次为：总论；论轻流质；论流质之动。这部分简要介绍了流体的压力（“抵力”）、浮力、阻力、流速等流体的一般性质。其中包括阿基米德定律、波义耳定律、托里拆利实验等。关于《重学》，李善兰在该书“序”中引用了艾约瑟的话：“几何者度量之学也，重学者权衡之学也。昔我西国以权衡之学制器、以度量之学考天，今则制器考天皆用重学矣，故重学不可不知也。我西国言重学者其书充栋，而以胡君威立所著者为最善...”晚清时期，中国介绍西方自然科学知识的书籍之中，《重学》是最有影响的书籍之一，中国学者也确实如李善兰所说的那样，视该书为“制器考天之理皆寓于其中”。

与《重学》同时，还有另一部同样极具影响的、系统介绍近代天文学知识的书籍——《谈天》。然而正是《谈天》这部书，首次在中国介绍了有关用牛顿力学的理论分析日月五星运动、开普勒行星运动三定律、万有引力（“摄力”）的概念、以及测定行星质量等力学方面的内容。《谈天》的徐建寅续述本（1874 年），在清代晚期也极有影响。

极为遗憾的是，包括物体运动理论和关于万有引力的讨论的《奈端数理》（《数理格致》），未能译全出版。这很可能是因为中西译者学识水平有限的结果。

在《格物入门》的“力学”卷中，提及“恒行永无停止之器，人不能为之”。明确说到制造永动机是不可能的。这很可能是中文书籍中最早关于这方面的论述。

有评论说，《重学》之后，传播力学知识的书籍“后无继者”①。的确，此后相当长的一段时期内，许多译书中所包含的力学知识，几乎都没有超出《重学》的范围。直到 20 世纪初，才有较好的初等力学教科书《力学课编》出现。清末，译自日本欧美的一些重要的物理学教科书中，力学知识得到了清晰明了的阐述。

2. 热学知识

晚清时期，热学知识与物理学其他分支学科的知识一起传入中国。《博物新编》第一集有物质三态及其变化、抽气机的原理与构造、蒸汽机的原理与构造等热学方面的知识。此后，物理学书籍和许多通俗读物中都包含热学的一般知识，更有如《热学须知》和《热学图说》这样专门的科普读物。另外，应归属于气象学的书籍，如《测候丛谈》、《测候器说》等，在讨论大气的各种现象及其变化、论述气象仪器的原理和功用等的同时，也多涉及热学知识。

19 世纪 60 年代，一些书籍中有关于热的本质、热的传播等知识。《格物入门》的“火学”卷谈到关于热的本质的物质说与运动说，作者丁韪良对热的本质持物质说。在《格致启蒙》卷二“格物学”、《热学须知》和《热学图说》等书籍中，则都明确说到热是由物质运动而产生的。《格物入门》（以及后来的许多书籍中）还述及热的传播的三种方式——传导（“引”）、辐射（“射”）、对流（“返照”）。

洋务运动期间，热学书籍或与之有关一些书籍虽已译成但未能出版印行，如《热学》、《燥湿表说》、《风雨表说》等。后来的《热学揭要》（1897），又将原著难度较大的章节略去不译。这些情况，对于热学知识在中国的传播，不能说不是损失。

至 19 世纪末，近代热学知识在中国传播可以《热学揭要》和《物体遇热改易记》为代表。《热学揭要》共六章，各章标题依次为：论热及寒暑表；论定质之涨缩；论熔化及蒙气；论

---

① 见《续修四库全书提要 • 子部 • 西学格致类》。

水量与诸物射热引热及收热之力；论热量；论热源。书中叙述关于热效应与温度的测量、物态变化、热传递、热膨胀现象及其规律等热学基本知识。该书有插图，简明易读。在此，特别应该提到的是《物体遇热改易记》。该书共四卷，“总说”之外，各卷的标题依次为：气质得热而涨之理；流质得热而涨之理；论定质遇热涨大之数；物体遇热涨大之公式。前三卷分别阐述气体（“气质”）、液体（“流质”）和固体（“定质”）的热膨胀理论与实验，第四卷总结物体热膨胀公式、并论述各种状态物质受热膨胀的规律。关于气体定律、理想气体状态方程、以及绝对零度（“真零度”）等概念，都在书中有比较系统的介绍。该书的内容还涉及：物体质点的运动、受力与温度变化的关系，物质状态的变化与潜热的研究，晶体和非晶体受热后体积变化的规律，等等，尤其有价值的是详细地介绍了欧洲科学家测量液体与固体热膨胀率的实验及结果。

3. 声学知识

19世纪中期近代声学知识开始介绍到中国。在《博物新编》第一集，就有关于声音能在空气（“生气”）中传播而不能在真空（“空虚无气”）中传播的知识。《格物入门》的“气学”卷提出了声音的传播速度及其高低、大小的概念。

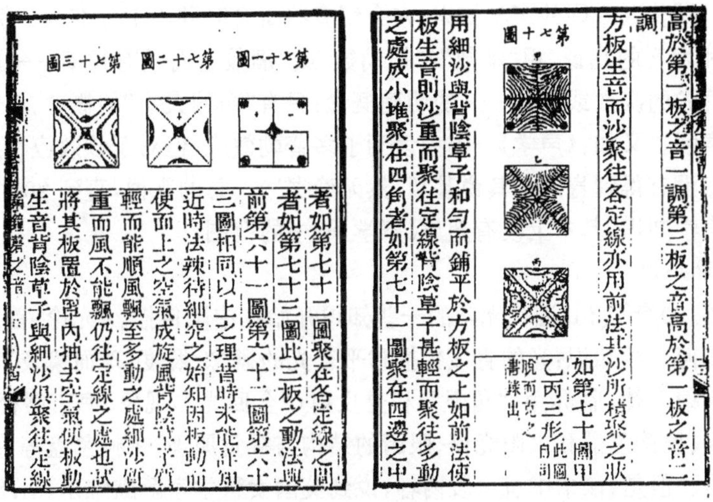
高於第一板之音一調第三板之音高於第一板之音二
調
方板生音而沙聚往各定線亦用前法其沙所積聚之狀
如第七十圖甲
乙丙三形 [illegible]
第七十圖
用細沙與背陰草子和勻而鋪平於方板之上如前法使
板生音則沙重而聚往定線背陰草子甚輕而聚往多動
之處成小堆聚在四角者如第七十一圖聚在四邊之中
第七十一圖 第七十二圖 第七十三圖
者如第七十二圖聚在各定線之間
者如第七十三圖此三板之動法與
前第六十一圖第六十二圖第六十
三圖相同以上之理昔時未能詳知
近時法辣待細究之始知因板動而
使面上之空氣成旋風背陰草子質
輕而能順風飄至多動之處細沙質
重而風不能飄仍往定線之處也試
將其板置於罩內抽去空氣使板動
生音背陰草子與細沙俱聚往定線

图 7-62 《声学》书影

晚清时期传入中国的近代声学知识，可以《声学》（图 7-62）一书中所介绍的内容为代表。这部书也是中国最早翻译出版的声学专著。廷德耳的原著有九章，每章后面有提要。中译本基本上按原著译出（包括每章后面的提要），分为八卷，但略去了原著第七章有关大气声学的内容。八卷的标题依次为：总论发声传声；论成音之理；论弦音；论钟磬之音；论管音；论摩荡生音；论交音浪与较音；论音律相和。书中比较准确地介绍了许多物理概念，如：振动（“荡动”）、振动的传播、声波（“声浪”）、振幅（“动路”）、频率（“动数”）、声速（“传声之速率”）、波长（“浪长”）、波腹（“动点”）、波节（“定点”）、声波的叠加（“交音浪”）、基音（“本音”）、泛音（“附音”）、声共振（“放音”）等等。该书各卷分别详细论述了：声的产生和传播，声的大小与振幅和频率有关，声速取决于传声的介质的性质和状态；音的形成，乐器成音及其频率的测量，声频，多普勒效应；弦振动，弦的振动频率与弦的长度和直径、以及密度（“重率”）的平方根成反比例、与其所受张力（“挂重”）的平方根成正比例，弦的基音与泛音振动；板振动，有固定点的板振动的频率与板的长度或半径的平方成反比例，克拉尼（E.

F. F. Chladni，1756～1827）图形，板的基音与泛音振动；管内空气柱与簧片的振动，声共振现象，管内空气柱的振动频率与管长成反比例，开口管和闭口管的振动情况的异同；声波的叠加，声的干涉现象；音律相和，振动的合成，利萨如（J. A. Lissajous，1822～1880）图形；等等。书中还涉及有关语言声学和生理声学的一些内容；介绍了欧洲许多物理学家在声学方面的实验和发现；并有解释声学知识，说明声学实验和声学仪器的插图共 169 幅。总之，《声学》这部书详细系统地论述了近代声学的理论与实验，这些知识在清代末期很有影响。

19 世纪晚期，物理学书籍和许多科普读物中一般都有声学方面的内容，但是都比较浅易。《声学揭要》（1893）一书共六章，71 节。各章的标题依次为：论声之由来、速率及被返被折之理；论测诸音之颤数；论乐音；论弦琴风琴；论条片颤动之理；论以光显声原（源）之颤动。书中在介绍有关多普勒原理、声折射现象、测量频率（“颤数”）的各种方法等知识方面，较《声学》一书所述略为详细；另外还介绍了诸如扬声器（“扬声筒”）、听诊器（“闻病筒”）、声波记振仪（“写声机”）、留声机（“储声机”）等器具。该书有插图，简明易读，但是中译本略去了原著中难度较大的章节。

晚清时期传入中国的声学知识，在介绍有些概念时并不十分准确。例如：描述物体振动的快慢和发音的高低，用“动数”、“振动数”或“颤数”，而没有频率——单位时间内完成振动（或振荡）的次数或周数——的明确概念；只有“声的大小”的概念，而没有或者不能区分响度与声强。又如，《声学》一书中谈到了多普勒效应，但对于该效应在天文学和光学中的正确性却没有得到肯定（“其说甚巧，然无确据”）。总的来说，直到 20 世纪初，在中国传播的近代声学知识，基本上没有超出《声学》一书的范围。

4. *光学知识*

19 世纪 50 年代初，近代光学的一些知识开始在中国传播。《光论》首次较有系统地介绍了许多几何光学知识：光的直线传播和平行光的概念、照度、球面镜及其特性与成像、反射定律和折射定律、临界角（“角限”）和全反射（“全回光”）现象、海市蜃楼的成因、光速及其测定方法、棱镜色散和太阳光谱、眼睛的结构与视觉原理、牛顿色盘等等。书中还附有正确的光路图。但是，该书中有一段内容，说到英国女科学家萨默维尔（M. Somerville，1780～1872）及其他人曾提出，太阳光谱中的紫外线具有像磁性一样吸引物体的作用。《光论》将这一早已被否定的观点作为正确的知识加以介绍。在《博物新编》的第一集中，也有关于光与视觉的关系、光的行为、光与色、大气中的各种光学现象、光的传播与光速的测定等内容，并且还有关于面镜成像、透镜成像、显微镜、眼睛视物成像、棱镜色散等方面的图示。该书的第二集“天文略论”中，附有望远镜等光学仪器的外形图。《光论》和《博物新编》分别是中国近代最早专门论述和涉及几何光学的书籍，所介绍的知识还比较粗浅。

洋务运动兴起之后，欧洲较早一些时候的光学理论逐渐比较全面系统地在许多译著中得到介绍。在这些译书里，既有对光学现象的定性解释及应用方面的内容，也有关于光学的重要实验、发明和发现的内容，并且开始进行一些定量的讨论。60 年代中期起，波动光学的知识传入中国。《格物入门》火学卷简单提及关于光的本质的“有质”和“无质”两种假说、光的以太说，以及光的干涉现象。

晚清时期，介绍光学知识最重要的译著是《光学》（图 7-63）。该书二卷，共 502 节，由浅入深、系统详细地论述几何光学和波动光学。书中的几何光学部分包括：光线及其直线

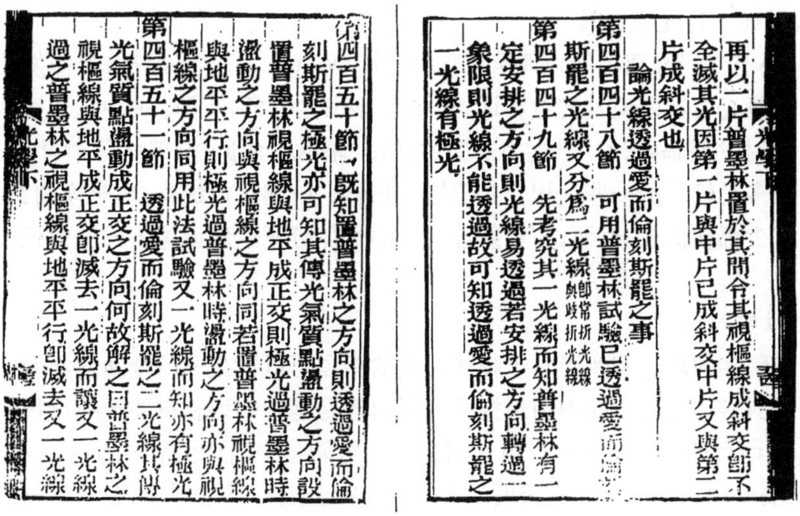

再以一片普墨林置於其間令其視樞線成斜交卽不全滅其光因第一片與中片已成斜交中片又與第二片成斜交也

論光線透過愛而倫刻斯罷之事

第四百四十八節　可用普墨林試驗已透過愛而[illegible]斯罷之光線又分爲二光線卽常光線與歧折光線

第四百四十九節　先考究其一光線而知普墨林有一定安排之方向則光線易透過若安排之方向轉過一象限則光線不能透過故可知透過愛而倫刻斯罷之一光線有極光

光學下

第四百五十節　旣知置普墨林之方向則透過愛而倫刻斯罷之極光亦可知其傳光氣質點盪動之方向設置普墨林視樞線與地平成正交則極光過普墨林時盪動之方向與視樞線之方向同若置普墨林視樞線與地平平行則極光過普墨林時盪動之方向亦與視樞線之方向同用此法試驗又一光線而知亦有極光

第四百五十一節　透過愛而倫刻斯罷之二光線其傳光氣質點盪動成正交之方向何故解之曰普墨林之視樞線與地平成正交卽滅去一光線而讓又一光線過之普墨林之視樞線與地平平行卽滅去又一光線

图 7-63　《光学》书影

传播，照度和照度定律，光速及其测算，反射和各种面镜成像，折射和各种透镜成像，眼睛的视觉原理和眼镜等。虽然介绍的新知识不很多，但是非常系统，而且内容无论在深度还是在广度方面，均为它书所不及。另外，译者在翻译此书时，还参考了其他著作中的论述，如，在“测算光行速率器之图说”、“球形镜之燃面”（即焦散面）和“定透光质折光指之法”等节中，都引用了其他书中的内容，作了深入的讨论。书中的波动光学部分系统介绍了：关于光的本质的粒子与波动两种假说、欧洲一些著名物理学家们各自所持的观点；光的传播的以太（“传光气”）说；光波（“光浪”），用波动说解释照度（“光明”）定律、反射（“回光”）和折射（“折光”）定律；棱镜色散，光的颜色与波长的关系，色觉原理，光谱（“光带”）及其应用；光的衍射（“转浪”），产生衍射的方法，衍射条纹的明暗与光程差的关系，利用衍射条纹测算光波波长；光的干涉（“相阻”），等厚干涉，等倾干涉，牛顿环的单色光干涉；晶体的双折射（“歧光”），偏振光（“极光”），晶体的光轴（“视枢轴”），用反射、折射和双折射法产生偏振光，偏振光的干涉、合成，偏振面的旋转，椭圆与圆偏振光，晶体的旋光性，等等。波动光学是《光学》这部书的主要内容，特别是关于衍射、干涉和偏振现象，它们产生的实验方法、原理及应用等，对中国来说是完全新的知识。

90 年代末刊行的《光学揭要》一书，二卷，共七章 189 节，插图 188 幅。各章标题依次为：论光之速率与光表；论返光与返光镜；论折光与透光镜；论光分色及无色镜；论光器；论眼（附论光源）；论光相碍（附论奇光极光）。该书也比较系统地论述了几何光学和波动光学的基本知识，书中还介绍了多种光学仪器。在谈到光、热、电、磁等各种现象时，作者指出，它们或许都与以太（“以脱”）的振动有关。在介绍光谱（“光图”）的应用时，则肯定了多普勒效应引起的恒星光谱的红移。

有关光谱学的初步知识，从 50 年代初的《光论》开始，在许多书籍中或多或少都有介绍。但是，内容专门介绍光谱分析的《分光求原》一书，因没有译完而未能刊刻。

关于光学仪器的构造、原理和使用方面的知识，介绍得也较多。例如，丁韪良曾在《中西闻见录》上撰文介绍赫歇尔望远镜、分光镜等；傅兰雅也编著介绍望远镜、显微镜、照相机等的小册子。金楷理和赵元益译述的《视学诸器说》一卷（作为《光学》的附卷初刊于

1876年)，叙述多种光学器具。

此外，还有专门介绍英国物理学家克鲁克斯(W. Crookes，1832～1919)发明的辐射计的书籍，即《量光力器图说》(傅兰雅译，一卷)。该书共六章，有图。书中叙述克鲁克斯在进行真空实验时发明辐射计("量光力器")的经过、辐射计的原理、各式辐射计及其应用等，然而介绍的多是较早的一些认识。关于这一仪器，在《格致汇编》、《热学须知》与《物理学》中也或多或少都曾提及。然而，与辐射计有关的气体分子运动论等方面的知识没有得到介绍。

5. 电磁学知识

近代电磁学的理论和实验对于晚清时期的中国可以说是一门全新的学问。19世纪中期至20世纪初期，电磁学在中国传播的主要内容是基础知识和有关无线电报的知识。

1851年印行的《博物通书》(《电气通标》)很可能是中国近代最早的物理学书籍。该书共六章，简要介绍了电磁学和电报的初步知识。内容包括：静电现象，摩擦起电机的构造和使用，电池的制法和应用，静磁现象、电流的磁效应和电磁铁，电磁感应及其应用，电报机及通信电缆的利用等。数年之后，在《博物新编》第一集中也述及起电机、蓄电瓶、电磁铁等。60年代，《格物入门》的"电学"卷叙述了静电("干电")现象、电流("湿电")及其各种效应、电报等知识。

洋务运动期间至20世纪初，江南制造局翻译出版的数种电学书籍颇有影响，集中反映了传入中国的电磁学方面的知识。《电学》一书，共十卷256节，402幅插图。卷首为"总论源流"，十卷的标题依次为：摩电气；论吸铁气；论生物电气；论化电气；论电气吸铁；论吸铁气杂理；论吸铁电气；论热电流；论电气报；论电气时辰钟及诸杂法。该书虽然内容有些陈旧，介绍的均为60年代中期以前的知识，但是比较系统地叙述了静电学，静磁学，生物电流，电流的化学效应、热效应和磁效应，电磁感应("吸铁附电气")，电报等电磁学基础知识。《电学纲目》一书，共40章357款，概括叙述了电流和电流的各种效应、电阻及其测量、电磁感应、电报、稀薄气体放电等内容。《无线电报》则回顾了19世纪30年代以来电信通讯的历史，赫兹验证电磁波("赫而此浪")的实验，特别是比较详细地专述有关无线电报的实验和应用方面的知识。另外还有《电学测算》，专门讲述关于电磁学的计算。该书共十一章，分别论述电学基本概念的定义、欧姆定律、电阻("阻力"、"阻电力")与电导("传力"、"传电力")、分电阻与总电阻("合阻力")、导线截面积与电阻的关系、电路的连接、功("程功")与功率、电池、发电机与电动机等内容。书末有各章的提要及公式；每章末尾有习题，可供教学之用。书中附有关于长度、面积、体积、重量、及功和能的单位换算表，金属的电阻率与电阻系数，液体与溶液的电阻率，纯铜在各温度的相对电阻与电导，线规，化学与热化当量("热化率")，化学与电化当量("电化率")，磁化强度，磁导率("传磁率")，磁阻("阻磁力")等共15个物理数据表。

关于电荷与电流的本质，傅兰雅在《电学须知》和《电学图说》中介绍的是二流体说，"……凡体皆含一种极稀无重之电质，为二种流质合而成者，……"另外，传入的一些电磁学方面的知识，使人们知道电、磁、光、热之间存在密切关系，但是距离从本质上认识它们相互间的关系还很遥远。

主要论述X射线产生的装置和X射线性质的《通物电光》一书，也包含了许多电磁学知识。书中介绍了：电压、电流、电量、电阻、电功率、电容等单位的定义，感生电流("附电气")以及螺线管["苏伦诺"(solenoid)]、感应圈("附电圈")等电学实验常用器具,产生电流的各种方法、发电机,变压器、特斯拉(Tésla)变压器,各种克鲁克斯管,以及电路的连接,等等。

6. 晶体学知识

晶体学又称结晶学,是研究晶体的各种性质及其规律的科学。晚清时期,有关近代晶体学的知识传播到中国。这些知识主要集中在19世纪70年代刊行的两部书——《金石识别》和《光学》中。矿物学著作《金石识别》一书里包含了晶体物理学和晶体光学的一些内容,如介绍各种晶系,晶体的几何形态与构成,晶体的硬度,光通过晶体或从晶体表面反射时所发生的反射、折射、双折射等现象,以及利用分光计鉴定分类矿物等。这是近代晶体学知识首次成系统地传播到中国。《光学》一书也包含了晶体光学的一些内容,即光在晶体中的传播情形,光通过晶体或从晶体表面反射时所发生的反射、折射、双折射、偏振、色散、旋光等现象。

7. 有关X射线与镭的知识

晚清时期,西方近代物理学知识逐渐在中国得到比较系统的传播,但总的说来,传播的大多是基础知识。若将这些知识与同时期物理学本身的发展水平比较,则两者相去甚远。这种情形自然不得不归因于中国社会与科学进步的迟缓。

几乎唯一的例外,是关于X射线与镭的知识的介绍。

距离伦琴发现X射线不足两年,1898年,山东登州文会馆翻译出版了《光学揭要》一书,该书末尾5节(第185～189节)附"然根光",简单介绍了X光的发现、特性和用途,以及阴极射线管的结构。关于X光,译述者注明:"虽名为光,亦关乎电,终难知其属于何类。以其与光略近,故权名之为光。"书中又说到,"其理甚奥,无人能解,故西国又名X线"。

1899年,江南制造局翻译出版了《通物电光》一书(图7-64)。译者在书中加按语曰:"爱克司即华文代数式中所用之'天'字也。今因用'天光'二字文义太晦,故译时改名之曰'通物电光'。"这一名称形象地反映了X光的特性。该书共四卷,共有插图91幅。卷一"论各名目解说",介绍电学基本概念;卷二"论各种器具",介绍发电机、感应圈、各种克鲁克斯管、显光器、照像器等实验装置;卷三"论各事手工",介绍各部件的制作、装置的连接、X光的发现、特性及实验研究、X光照像的方法等;卷四"论医学内致用之益",介绍X光在医学上的应用,并附有多幅X光透视照片(第54-91图)。全书的重点在第二、三两卷。

除了以上两部书之外,同一时期或稍后,一些报刊亦刊载关于X射线原理与应用的文章。

居里夫妇(Pierre Curie,1859～1906; Marie Skolodowska Curie,1867～1934)于1898年发现了两种新的放射性元素钋(Po)和镭(Ra),又于1902年成功地提取出纯镭盐。1903年10月,鲁迅在《浙江潮》月刊第8期上发表了《说钼》一文,这是中国最早介绍镭的发现、特性、及其意义的文章。

可以说,与整个晚清时期在中国传播的物理学的其他知识相比,有关X射线与镭的知识的介绍,还是比较及时的。

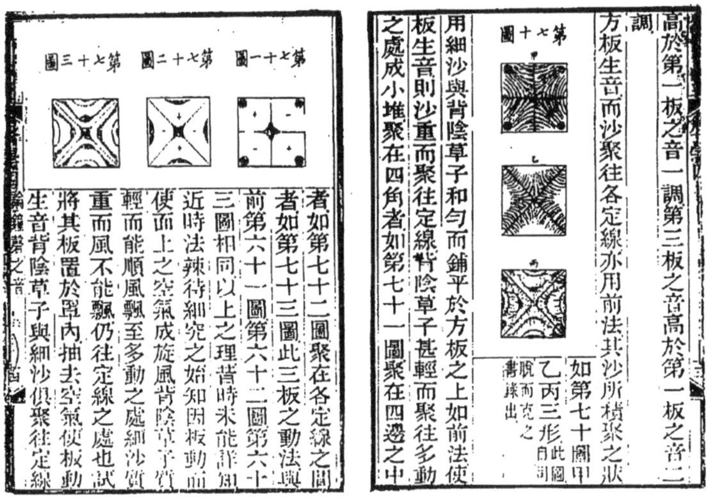
高於第一板之音一調第三板之音高於第一板之音二
調
方板生音而沙聚往各定線亦用前法其沙所積聚之狀
如第七十圖甲乙丙三形（此圖自司脫而克之書採出）
第七十圖
甲
乙
丙
用細沙與背陰草子和勻而鋪平於方板之上如前法使
板生音則沙重而聚往定線背陰草子甚輕而聚往多動
之處成小堆聚在四角者如第七十一圖聚在四邊之中
第七十一圖　第七十二圖　第七十三圖
者如第七十二圖聚在各定線之間
者如第七十三圖此三板之動法與
前第六十一圖第六十二圖第六十
三圖相同以上之理昔時未能詳知
近時法辣待細究之始知因板動而
使面上之空氣成旋風背陰草子質
輕而能順風飄至多動之處細沙質
重而風不能飄仍往定線之處也試
將其板置於罩內抽去空氣使板動
生音背陰草子與細沙俱聚往定線
論鐘磬之音

图 7-64　《通物电光》书影

六　物理学名词的翻译和审订

1. 名词术语的翻译方法和定名原则

在学习和吸收近代科技知识的过程中，名词术语的翻译定名相当重要，因为这是科技翻译和近代教育不可避免的问题。但是，由于中国学者缺乏外文和近代科技教育的背景，因此，直到 19 世纪末年，科技书籍的翻译始终沿袭明末清初以来西士口授、国人笔述的合作译书方法；而在 19 世纪中期以后出现的近代科技教育中，也很大程度上依仗来华的西方人士。这种状况的必然结果是，来华西方人士在名词工作中起了重要作用。

译书的最困难之处，在于确切表达科学概念和名词术语。关于名词术语的翻译定名问题，在明末清初时期，来华耶稣会士尚未形成明确的认识。19 世纪中期以后，来华新教传教士等西方人士在译书和教育活动中对这一问题则有相当明确的认识。翻译科技书籍最为著名的傅兰雅指出，“译西书第一要事为名目”，即把确定译名作为翻译书籍过程中的头等重要的事情。他认为，对于中国本来没有的“新意新物，必设华字新名，始能明显”①。在傅兰雅受聘任职的江南制造局翻译馆，中外学者在译书实践中，深刻体会译名的困难和重要。经过反复商议之后，曾就“华文已有之名”、“设立新名”和“作中西名目字汇”三项，大致确定了规则②。这些规则在 19 世纪下半叶很有代表性，也有一定的影响。

应该指出的是，一些从事翻译教育工作的新教传教士对译名问题甚为重视。新教传教士组织“学校教科书委员会”的重要成员狄考文，在撰文讨论教科书时指出，介绍某学科的知识必须同时介绍它的一整套名词术语，否则就不可能准确介绍科学知识，力图避免翻译

① 傅兰雅，江南制造总局翻译西书事略，《格致汇编》，1880 年，卷五至卷八连载。

② 傅兰雅，江南制造总局翻译西书事略，《格致汇编》，1880 年，卷五至卷八连载。

和使用术语的做法实际上是行不通的①。1890 年，当新教传教士在上海再次举行大会时，曾专门就名词术语问题进行讨论。会上，傅兰雅应邀作关于科技术语的长篇报告，总结了中国历史上翻译外国名词的经验，介绍了江南制造局的译书经验②。他的观点得到从事译著与教育的传教士的普遍赞同。总之，西方人士在译书和教育的实践活动中，对如何处理名词术语渐渐有了明确的规律性和理论性的认识。

中国科技术语的翻译方法和定名原则，在 19 世纪下半叶逐渐基本确立。实际上，名词的翻译不外乎音译和意译两种方式。音译方式最不足取，只能不得已而用之。采用时应以官话音译，并选用尽可能恰当的汉字。西文中各音所对应的汉字应固定。意译有三种情形：一是借用中文固有的词汇或前人的旧译而赋予新的意义。然而近代科技的迅速发展使得这种情形几乎根本不可能。二是利用汉字偏旁构造新字或利用不常用的字释以新义而成为新名。这事实上主要用于化学物质及医药词汇等的译名。三是用两三个字解释新概念新事物并给予准确定义而成为新译名。这是最可行的方法，我国各学科绝大部分术语依此方法翻译定名。

2. 物理学名词的翻译审订工作

综观前面所述，可以看出，西方物理学知识在晚清时期的传播状况，实际上反映了近代知识体系在中国被引进和移植的过程。在此过程中，无论是翻译书籍还是学校教育，都存在物理学名词这个十分重要的问题。19 世纪中叶至 20 世纪初，来华西方人士在物理学名词的翻译、审订、编集和统一方面作了许多努力③。

自 19 世纪 50 年代起，西士在译述编撰书籍的同时，就注意译名的收集和汇编。合信将《博物新编》中自然科学常识方面的词汇、短语及句子约 150 条——它们基本上均与物理学有关——汇集在一起，以“博物之理”为总名编入《医学英华字释》[A Medical Vocabulary in English and Chinese(Shanghae:Shanghae Mission Press,1858)]的最后一部分。稍后，《谈天》的一些刊本附有译名表④，但一般通行本均无此表，表中不少词汇亦为物理学名词。60 年代，一些常用的科技词汇也被收入某些英汉辞典中。如，罗存德(W. Lobscheid)的《英华行箧便览》[The Tourist's Guide and Merchant's Manual(Hong Kong,1864)]，收有包括物理学在内的自然科学的词汇⑤。又如，伟烈亚力编的力学(尤其与蒸汽机有关的)名词(系摘自《重学》和《汽机发轫》)，丁韪良编的物理学名词(系摘自 Well's Natural Philosophy)，以及前述合信所编的“博物之理”，都被收入卢公明(J. Doolittle)的《英华萃林韵府》[A Vocabulary and Handbook of the Chinese Language (Foochow : Rozario,Marcal and Co. ,1872)]。80 年代，江南制造局有数种“中西名目表”刊行，影响颇

---

① 参阅 C. W. Mateer:School Books for China. The Chinese Recorder,Vol. **8**(1877),pp. 427～432.

② 参阅 John Fryer:Scientific Terminology,Present Discrepancies and Means of Securing Uniformity. Records of the General Conference of the Protestant Missionaries of China,held at Shanghai, May 7～20,1890,Shanghai:Presbyterian Mission Press,1890,531～549.

③ 参阅王冰，我国早期物理学名词的翻译及演变，自然科学史研究，1995,**14**(3):215～226;中国早期物理学名词的审订与统一，自然科学史研究，1997,**16**(3):253～262。

④ 参阅 A. Wylie:Memorials of Protestant Missionaries to the Chinese. (Shanghae:American Presbyterian Mission Press,1867),p. 174.

⑤ 参阅 A. Wylie:Memorials of Protestant Missionaries to the Chinese,p. 187.

大。直到 90 年代，益智书会出版的《格物质学》，登州文会馆出版的《声学揭要》、《热学揭要》和《光学揭要》，也都附有英汉术语对照表。这些译名表或辞典，为其他译者以及读者提供了便利。

但是，由于时间的推移和译著数量的增多，译名之间不可避免地出现混乱。同一术语可能有数种不同的译名，而不同术语又可能有同一种译名。这种情况使得一些西士对译名问题甚为重视。70 年代起，以新教传教士为主的西方人士有组织地开展了科技名词的编译、审订和统一工作[①]。1877 年"学校教科书委员会"成立时决定[②]，其成员在编译教科书的同时，应收集各学科术语的译名，以备编制术语总表。并且为此进行了分工，其中，傅兰雅负责编集科技与工艺制造方面的译名，伟烈亚力负责编集数学、天文学与力学方面的译名。亦即物理学名词实际由他们二人负责编集。委员会还通知[③]各著译者，请他们在著译时将名词术语列表、送交该会审查。1880 年学校教科书委员会在上海开会[④]，决定该会出版的教科书中的数学、天文学和力学名词，采用伟烈亚力编译的译名。这些译名实为伟烈亚力 50 年代在墨海书馆及 60 年代在江南制造局翻译馆译书时所用。傅兰雅则向这次会议提交了他在江南制造局翻译馆所用的名词术语。后来，傅兰雅整理编成金石、化学材料、西药、汽机等数种"中西名目表"，80 年代由江南制造局刊行。其中《金石中西名目表》和《汽机中西名目表》分别包括有晶体学和力学等方面的名词术语。1890 年"中国教育会"成立时，会议将名词术语作为一个议题专门进行讨论。傅兰雅在题为"科技术语：当前的歧义与寻求统一的方法"[⑤]的长篇报告中，建议组织一个中西人士参加的委员会，制定译名原则、编订和统一译名，尽快编纂中英文对照的词典以及中文科技词典。中国教育会设立出版委员会，负责科技术语译名的统一。次年，出版委员会在上海开会，讨论译名问题。决定仍由各委员分工负责编集各学科名词术语，经审订后汇编成英汉科技词典[⑥]。物理学名词方面，有关光学、热学、电学、物理仪器、声乐、蒸汽机等的术语，由狄考文、傅兰雅、潘慎文分别负责。但由于当时译名的严重混乱状况、以及实际存在的种种困难，审订统一工作进展缓慢。1896 年中国教育会在上海召开第二届（三年一次）大会，又成立了该会科技术语委员会，负责统一术语译名。

20 世纪初，在华西方人士审订和统一科技术语的工作，在多年收集编订的基础上终于有了成果。由狄考文汇集编纂的《术语辞汇》(Technical Terms，English and Chinese)于 1904 年刊行。这部综合性的英汉科技词典，共收词条 12000 余条。其中物理学词汇包括力学、流体力学、气体力学、声学、热学、光学、电学、磁学、结晶学、科学仪器等方面最基本最重要的词汇约 1000 余条。数年之后，《术语辞汇》由师图尔(G. A. Stuart，1859～1911)修

① 参阅王扬宗，清末益智书会统一科技术语工作述评，中国科技史料，1991，**12**(2)：9～19。

② The Chinese Recorder. Vol. **8**(1877)，pp. 241～248.

③ The Chinese Recorder. Vol. **10**(1879)，pp. 303～304.

④ The Chinese Recorder. Vol. **11** (1880)，pp. 138～143.

⑤ J. Fryer：Scientific Terminology，Present Discrepancies and Means of Securing Uniformity. Records of the General Conference of the Protestant Missionaries of China ，Held at shanghai，May 7～20，1890，(Shanghai：Presbyterian Mission Press，1890)，pp. 531～549.

⑥ The Chinese Recorder. Vol. **23**(1892)，pp. 32～34.

订，于 1910 年再版①。至此，来华西方人士在物理学名词方面的工作基本结束。尽管数十年间并无单独成册的物理学名词集问世，然而他们开创的审订与统一工作影响深远，许多基础辞汇的译名沿用至今。

20 世纪初，中国物理学书籍的翻译编撰以教科书为主，一些书籍中也附有译名表或词汇的英文名称。例如：江南制造局译刊的《电学测算》一书，书末附有英汉术语对照表；《物理学》一书中，许多中文译名之后附有英文词汇；学部编译图书局译刊的《近世物理学教科书》，有附录"物理学术语集"一卷，但通行的刊本则无。尽管后两部书的原本都是日文书籍。然而总体看来，科技术语译名的混乱现象有增无减。因为不仅仍存在着从西文翻译的译名的差异，而且又增加了从日文翻译的译名的不同。因此，译名问题在清末逐渐受到中国学者士人的关注。20 世纪初，官方机构开始着手进行这方面的工作。北京京师同文馆并入京师大学堂后，1903 年改名译学馆。译学馆内兼设有文典处，以编纂文典，即"以品汇中外音名，会通中外词意，集思广益，勒成官书为宗旨"②。1905 年清政府设立学部。次年学部设编译图书局，负责管理翻译图书事宜，其下还设有审定科。尽管如此，清末编译出版的物理学著作中的名词还是很不一致。由于这些著作绝大多数是各种教科书，故译名混乱流弊严重。比较 1906 年学部编译图书局出版的《力学课编》与同年该局翻译的《近世物理学教科书》，其中的名词就很不一致。1909 年学部又奏设编订名词馆。这些机构的设立，标志着我国学者开始取代来华西方人士，自行有组织有计划地编译、审定和统一译名。但是，至于"专科学术名词，非精其学者不能翻译，俟学术大兴，专家奋起，始能议及"③，这或许是当时人们的普遍认识。由于缺乏人才等原因，这些专门机构的成绩甚微。

3. 中国第一部物理学名词集——《物理学语汇》

1908 年，由学部编译图书局发行了学部审定科编纂的《物理学语汇》。这是中国第一部汇编成书的物理学名词集，也是清末由官方机构编译、审定和发行的唯一的一本物理学名词。

《物理学语汇》一册共 90 页，收集词汇近 1000 条。这本书有别于清末以往各种译名表均采取的英文-中文的编排方式，而是分为英-中-日、中-英-日、日-中-英三个部分，分别以英文字母、汉字笔划、日文汉字笔划及日文字母为序排列。可以认为，该书的编排是仿照了日本的第一部物理学名词——《物理学术语和英法德对译字书》(《物理学术语和英佛独对译字书》，1888)的形式。

分析《物理学语汇》所列名词，可以看出如下情况：

(1) 中译和日译名称不同的条目不足条目总数的三分之一；

(2) 在中译和日译名称不同的条目之中，约半数是因为日译采取了音译的缘故。具体表现在诸如译物理单位，西方人名，与人名有关的定律和器具，以及译 lens，ion，pump，coil、energy、spectrum 等词时的情形；

(3) 中译与日译名称完全相同的条目占条目总数的三分之二以上；

---

① C. W. Mateer ed., Technical Terms, English and Chinese. Shanghai, Presbyterian Mission Press, 1904; rev. by G. A. Stuart, Shanghai, Methodist Publishing House, 1910.

② "京师大学堂译学馆章程"第七章文典。转引自张静庐辑注：中国近代出版史料二编，上海，中华书局，1954 年第 14～29 页。

③ "京师大学堂译学馆章程"第七章文典。

(4) 某些中文译名显然直接采用了日文译名，如，atom——“原子”，molecular——“分子”，magnetic storm——“磁气岚”，等。

可见，清末审定的物理学名词在相当程度上受到了日文译名的影响。

另外，《物理学语汇》所收词汇，其数量略少于《术语辞汇》中的物理学名词的数量，但明显比来华西人编纂的各种译名表中的物理学词汇的数量为多(如，以收词较多的 1902 年版《格物质学》为例，该书“中西名目录”列英汉术语 700 余条)。然而，《物理学语汇》并未将曾出现于各种译书及各种译名表中的物理学词汇搜罗完备。有关物理学基本概念的一些重要词汇，比如：collision——碰撞，moment of inertia——转动惯量、frequency——频率、grating——光栅，等等均未收入。由此可以推断，清末参与物理学名词审定的人员科学素养欠缺，对物理学知识的理解掌握较差。确实，当时中国国内尚无物理学专业的大学毕业生，仅有极个别留学生在国外大学学习物理学。《物理学语汇》的编译审定者系非物理学专业人士，这与《物理学术语对译字书》的审定由日本物理学家们所为的情形有很大的不同。

晚清时期，甚至直到清代末年，翻译审订物理学名词，目的在于介绍物理学基础知识，所以多为最普通最基本的名词，未能包含比较专门的术语，而且不够详尽。

七　物理学知识传播的影响以及影响物理学知识传播的因素

1. 西方物理学知识对晚清学术界与社会的影响

众所周知，物理学是自然科学中的一门重要的基础学科，它研究物质运动的普遍规律和物质的基本结构。在欧洲古代，物理学是自然科学的总称。西方语文中的“物理学”一词来源于希腊文，原意即指“自然”，引申为“自然哲学”的意思。随着自然科学的发展，它的各个部分逐渐分别形成独立的学科，逐渐从包罗万象的“自然哲学”中分化出去。直到近代，才有了近代科学意义的物理学学科。

在中国，近代意义的物理学体系是从西方引进和移植的。对于物理学这一学科的含义恰恰经历了类似于西方的认识过程。晚清时期，中国曾一度使用“格致”或“格物”统称包括声、光、化、电在内的自然科学。后来化学从中分化出，于是“格物学”和“格致学”代表了近代科学意义上的物理学。1900 年上海江南制造局译刊的《物理学》一书，书名袭用了日文名称(亦即日文汉字)未变。这是在中国首次正式使用“物理学”一词作为学科的名称，数年之后逐渐统一采用了这个名称。因此，尽管“物理”一词古已有之，然而“物理学”终于成为具有近代科学含义的学科名称。

自 19 世纪 40 年代开始，中国一些具有进步思想的知识分子希望通过学习西方先进的科学和技术，来抵抗西方列强对中国的侵略。鸦片战争前后，林则徐(1785～1850)、魏源(1794～1857)等人就编译了一些介绍西方各国的政治、经济、地理、历史等情况的书籍。虽然物理学等自然科学方面的书籍的编译起步要晚一些，但是几代学者科学救国的思想则始终是一脉相承的。例如，李善兰在《重学》“序”中说道：“呜呼！今欧罗巴各国日益强盛，为中国边患。推原其故，制器精也；推原制器之精，算学明也。”他翻译“制器考天之理皆寓于其中”的《重学》，目的就是希望“异日(中国)人人习算，制器日精，以威海外各国，令震摄、奉朝贡，则是书之刻其功岂浅鲜哉！”徐寿深感“(二百余年来)泰西格致大兴，新理迭出，而中国尚未知之”①，因此“创议翻译西书，以求制造根本”②。晚清时期，中国学者正是怀着这样的爱国思想，与来华的一些西方人士合作，译述了许多介绍近代物理学知识的书籍。

晚清时期翻译的物理学书籍，除单独成册出版之外，有相当一部分还被重印、再版，或者被辑入某些丛书之中。例如：《光论》于光绪年间收入江标（1860～1899）辑《灵鹣阁丛书》第二集；《重学》有《中西算学大成》本；《声学》和《光学》有《西学大成》本、《富强丛书》本；《电学》和《电学纲目》有《富强丛书》本；等等。这些书籍的重印和再版，在一定程度上反映了当时社会对物理学知识的需求，也反映了物理学知识传播和影响的程度。从前面所述传播物理学知识的两个重要途径——翻译和教育——的情况，可以知道，19世纪中期以后中国翻译出版了欧洲、美国和日本的一些著名科学家的著作。毫无疑问，翻译出版他们的比较有名的和有影响的著作和教科书，意义重大并且影响深远。另外，种类繁多的普及读物和一般教科书，由于它们的内容浅易通俗、发行数量大，所以也有相当的影响，对于在中国传播近代物理学知识有着不可忽视的作用。

西方近代物理学知识传播最直接的影响是极大地提高了人们对自然现象和对自然界本质的认识。以物理学基本概念和名词术语为例，晚清数十年间的变化沿革，相当程度上反映了中国在学习和吸收物理学知识方面的进步③。时至清末，人们尽管仍然普遍认为西方长于“格致制器”，但是就“格致”与“制器”两者而言，学者们则更加明确地视“格致”为“制器”之根本。于是在物理学知识的传播方面，出现了由重视翻译书籍到重视编译教科书的转变。晚清时期介绍到中国的物理学知识，虽然与同时期物理学本身的发展相比较显然要陈旧和落后许多，但正是这些基本知识的传播与普及，为近代和现代物理学后来在中国的成长和发展奠定了基础。

物理学知识和其他学科知识的传播，开阔了中国人的眼界，启迪了民智，从而促进了中国社会的变革。事实上，学习和应用包括物理学知识在内的西方近代科技知识，不仅成为达到洋务运动“自强”、“求富”目标的一种举措，而且成为戊戌维新和清末教育体制改革的重要内容，并最终导致人们思想的变化和社会的进步。可以看出，近代科技知识的传播确实与中国社会近代化的历程——从科技器物层次、制度层次到思想行为层次——密切相关④。

20世纪初，中国开始有学生出国留学攻读物理学。最早的一位是李复几（1885～？），他于1901年在上海南洋公学毕业后，先后在英国和德国学习，完成题为“关于P. Lenard的碱金属光谱理论的分光镜实验研究”的论文，于1907年获德国波恩皇家大学高等物理学博士学位，是中国第一位物理学博士。清代末年，出国学习物理学的还有何育杰（1882～1939，1903年赴英），张贻惠（1904年赴日），吴南薰（1905年赴日），夏元瑮（1884～1944）1906年赴美，1909年转德），李耀邦（1884～？，1909年赴美），胡刚复（1892～1966，1909年赴美），梅贻琦（1889～1962，1909年赴美）等。这些留学人员，为在中国发展科学事业，几

① 傅兰雅，江南制造总局翻译西书事略。

② 《清史稿·徐寿传》，卷五〇五，中华书局，1977年。

③ 王冰，我国早期物理学名词的翻译及演变，自然科学史研究，1995，**14**(3)：215～226。

④ 董光璧，中国近现代科学技术史论纲，湖南教育出版社，1992年，第23～28页。

乎都是学成之后立即归国，回国后绝大多数从事物理学的教学工作，为近代物理学日后在中国的成长和发展作出了贡献。

2. 晚清时期影响物理学知识传播的若干因素

西方近代物理学的一些知识于晚清时期传播到中国，然而传入的知识还是很有限的。这些知识的传播和影响，以及传播和影响的广度与深度均受到许多因素的制约。在此仅就若干因素试作简单讨论。

中国晚清时期引进和学习西方物理学知识，明显存在着重视知识应用和实际效果的情况。事实上，到 19 世纪末，研究宏观物理现象的经典物理学理论在物理学的各个部门都已经发展得相当完善。但是，无论分析力学、热力学，还是分子运动论，经典电磁理论，在中国几乎没有得到介绍。引进的物理学知识显然偏重于应用，从关于蒸汽机、电话、电报等的知识，直到关于 X 光方面的知识等等，都可以说明这一点。这种情形，与中国历来讲求实效的传统和学术思想是一脉相承的。即使在传入物理学知识最多的 19 世纪 60 至 90 年代，知识的引进也反映出与洋务运动的中心内容和目标相一致。过于重视应用与实效的必然结果是，限制了及时引进、学习和传播新的知识。

物理学是一门理论与实验的科学。虽然，在晚清时期中国翻译编著的物理学书籍之中，都有介绍物理学基础理论和实验的内容，但是对于理论分析和推导，实验思想和方法却介绍得极少。在整个晚清时期的我国学者之中，可以进行基础理论推导的大概绝无仅有，能够从事基础实验研究的大约寥寥无几。这说明，中国学者尽管学习了一些基础知识，但与真正掌握和运用物理学知识还有相当距离。确实，在中国，既缺乏必要的实验手段和仪器设备，又缺乏先进的（包括理论与实验的）科学思想和科学方法，所以对于传入的知识，很难看出从实验操作到理论方法产生的任何影响。这种情形，不仅妨碍了对已经传入的物理学知识的理解和吸收，而且从根本上影响了物理学知识的学习和发展。

近代物理学知识的发展很久以来就已与数学紧密联系在一起。实际上，只有数学，"才能以最终的、精确的和便于讲授的形式表达自然规律"，"才可以应用于错综复杂的过程中"①。然而晚清时期，甚至直到 20 世纪初，中国介绍的物理学知识，几乎都是叙述性的。这就造成了直到近代，包括物理学在内的中国科学依旧停留在定性描述的阶段。另外，中国固有的文字符号系统不适于表示近代数学知识，因此，即使将近代数学知识应用于物理学，采用旧式符号表示也同样不利于表达数学公式的物理意义。《格物测算》中用微积分求重心的公式，就充分说明了这一点。可以看出，近代数学的不发达，影响了物理学知识的学习和引进。

直到 19 世纪末，中国学者几乎尚未独立从事物理学书籍的翻译或编译工作。即使在洋务运动中大规模翻译西方科技书籍之时，译书仍然沿袭明末清初时期那种西人口译、华士笔述的翻译方法。这说明总体上看，中国学者在专业素养和外文水平两方面均有较大欠缺，因此在翻译过程中不得不在一定程度上依赖西方人士。从译述的角度看，显然外文程度制约了物理学知识的引进和传播。虽然像李善兰、徐建寅等少数人，他们在掌握物理学基础知识时并无困难，但语言文字的巨大差异毕竟对他们学习理解先进知识、以及充分发挥作用有相当的影响。这种情形在 20 世纪初才渐渐有了转变，留学生的学成归国、掌握物

① 劳埃(Max von Laue)著，范岱年、戴念祖译，物理学史，商务印书馆，1978 年，第 8 页。

理学和外文知识的学者的日渐增多，使得译书方法从根本上得到了改变。

教育对物理学知识传播的影响，无论从正面还是反面来看，都显而易见。晚清时期，中国虽然沦为半封建半殖民地社会，但整个社会的教育基本上是两千多年来封建教育的延续，知识分子仍然走着久已形成的读经籍、考科举的路。在落后的封建教育制度下，学习和传播产生于资本主义社会的近代物理学知识，如果不是不可能，也必然是极其困难。洋务运动时期中国才有了最早的近代科学教育，物理学知识开始在一些新式学堂得到教授。20世纪初的学制改革从规章制度上确保了科技基础知识的教育，大、中、小各级学堂大都开设了讲授物理学知识的课程。随着中国教育状况的逐步改善，以及由于教学需求的急剧增长，20世纪初翻译出版了数量众多的物理学教科书，最终导致物理学知识在中国广泛传播。

影响物理学知识在中国引进、学习、吸收和传播的因素有很多。总的说来，这些因素与社会的政治、经济、思想、文化、教育等等各个方面都有关联。虽然晚清时期，近代物理学的知识稍成系统地传入中国，但是大多都是最基础的知识，许多重要的内容、较新的进展都没有得到介绍。只是在学习物理学专业的留学生学成归国之后，献身于物理学的教学和研究，物理学在中国的成长和发展才进入了一个新的阶级。

第四节　近代物理学的发端

由前一节所述，我们知道，自鸦片战争之后到清朝末年，来自西方的物理学知识是属于近代的、经典物理学。如果在鸦片战争之前，由于来自西方的物理学知识多属古希腊和罗马体系，从而中国传统物理学知识可与之结合、相融，传统物理学得以又一次发展的话，那么，在此之后，中国惟有学习、引入西方近代物理学，然后才能使物理学在中国得以应用和发展。中国传统物理学因而终结其自身的历史，是很自然的现象。本节以专题讨论的形式对上一节的叙述作些补充。首先，作为近代物理学兴起的标志、即宇宙观的变革，在中国是何时发生的？换句话说，中国人何时放弃传统的盖天说或浑天说？其次，传统物理学的历史进程虽然终止，但是，人类在历史中积累的科学与文化知识是永放光芒的。那么，当近代物理学在中国传播与发端之时，传统的知识曾否起过小小的作用？其三，近代物理学在中国的发端，除了翻译西方有关著作之外，关键仍在教育。这一时期的物理教育之状况仍需作深一步阐述。其四，正值此时，中国知识界突出一种奇特的思想，即所谓“西学中源”说。它在物理学科的反映、以及应当如何认识这段思想史的实质，本书亦作一简单叙述。

一　《谈天·序》和李善兰的划时代宣言

今天的人们习以为常的宇宙观，即日心地动、椭圆轨道和万有引力的观念，何时被中国人所接受？在中国历时几千年的盖天说或浑天说何时开始才在中国人脑海中消失？随着经典物理学的传播，宇宙观倘若不彻底更改，近代科学是很难在一个陈旧、保守的环境和土壤中生根发展的。在西方，为此付出了诸如哥白尼、伽利略和布鲁诺等几代人的生命代价，那么在中国又如何呢？

我们在第二节中曾述及郑光祖提出的“地心地动”说，影响甚微。1760年耶稣会士蒋友仁假献《坤舆全图》而向清廷报告了有关日心地动说和开普勒三定律事，但常人不知其详。又过了近 40 年，即 1799，当年参与润色《坤舆全图》说明文字的钱大昕(1728～1804)将其稿本以《地球图说》为题刊刻问世，这本是宣传新宇宙观的好事，但钱大昕却对此采取实用主义态度，认为只要历法精确就不必追问什么体系或宇宙观问题。他说："言大小轮(托勒密和第谷体系中假想的星体运行轨道)可，言椭圆(开普勒提出的行星运动轨道)亦可"[①]。在钱大昕看来，无论什么体系都只是借以方便计算的假象而已。为《地球图说》作序的阮元(1764～1849)又在序中谈论什么"地球即地圆"，"必在天中"，劝告读者对新宇宙观"不必喜其新而宗之"。由于钱大昕、阮元都是当时乾嘉学派的泰斗(阮元历乾、嘉、道三朝，历兵部、礼部、户部侍郎，官至体仁阁大学士)，他们的言论致使哥白尼、开普勒建立的新宇宙观在当时的影响也极为微小[②]。阮元在其于 1799 年编写的《畴人传》卷 46《蒋友仁传》中还公开地将新宇宙观看成是异端邪说，他说：

> 夫第假象以明算理，则谓为椭圆面积可，谓为地球动而太阳静亦何所不可。然其为说，至于上下易位，动静倒置，则离经叛道，不可为训。固未有若是甚焉者也。

在阮元说这番话之后半个多世纪，通过李善兰和伟烈亚力、艾约瑟合译《谈天》、《重学》，方使整个近代宇宙体系得以在中国传播开来。李善兰在《谈天·序》中对钱大昕、阮元等散布的谬误进行了有力批判。李善兰说他们"未尝精心考察，而拘牵经义、妄生议论，甚无谓也。"李善兰以经典物理学发展史实，总结了近代宇宙体系的形成过程，他写道：托勒密和第谷学说与天体运动"不能尽合"，"刻白尔(今译开普勒)求其故，则知五星与月之道皆为椭圆，其法、行面积与时恒有比例也。然俱仅知其当然而未知所以然，奈端(牛顿)求其故，则以为皆重学之理也。"接着，李善兰又叙述了牛顿怎样以"摄力"(万有引力)解释和计算日地距离及其运动，顺此他向世人宣告：日心地动、椭圆轨道和摄力之理，"定论如山，不可移矣"。他申称自己"主地动及椭圆之说"。并告诉读者，"此二者之故不明，则此书不能读"。李善兰的《谈天·序》代表了当时中国一批先进学者接受新科学宇宙观的宣言书，成为中国人从传统宇宙观向科学宇宙观转变的一块历史界标。因此，李善兰出版《谈天·序》的 1859 年，是中国人宇宙观发生根本转变的标志性的一年[③]。李善兰本人在译完《谈天》之后，也曾兴奋地预料这种转变，他说："此书一出，海内谈天者，必将奉为崇师。"[④]

《谈天》出版之后，引起了中国人极大反响，以致该书前后重印了 13 次，之后又以活字印刷；1874 年又由徐建寅将那些迄 1871 年为止的西方天文、物理最新成就作补充，由江南制造局增订出版。梁启超称此书"最精善"，他认为，人每日居天地间而不知天地作何状，是谓大陋，因此，《谈天》一书"不可不急读"[⑤]。《谈天》和《重学》两书中述及的科学思想、宇宙观，为以后青年学生熟练掌握。上海格致书院己丑(1889)年春季考课作文中，孙维新、车

---

① 蒋友仁译，何国宗、钱大昕笔述《地球图说》，丛书集成初编本。

② 席泽宗等，日心地动说在中国，中国科学，1973 年，第 3 期，第 270～279 页。

③ 顺便指出，与李善兰同译《谈天》的英国传教士伟烈亚力在《谈天·序》中却引用经典物理学的成果大谈译书目的是"欲令人知造物主之大能"，要读者虔诚地"上答"天主之"宏恩"。

④ 《王韬日记》，中华书局，1987，第 3 页。

⑤ 梁启超《读西学书法》。引自熊月之《西学东渐与晚清社会》，上海人民出版社，1994，第 196 页。

善至、钟天纬的答卷将新的宇宙观描述得清晰明了，以致他们三人分获超等一、二、三名①。在戊戌(1898)维新运动、辛亥(1911)革命过程中，这个科学的新宇宙观，曾被人们当作变革社会的鼓舞力量，哥白尼、牛顿成为维新派和革命党人最可尊敬的人物②。

李善兰对于科学宇宙观的坚信也是出于他对经典力学的透彻理解。他在《重学·序》中概述了力学发展史实、而且特别强调动力学的内容：

> 推其暂如飞炮击敌，动重学也；推其久如五星绕太阳、月绕地，动重学也。动重学之率凡三：曰力、曰质、曰速。力同，则质小者速大，质大者速小；质同，则力小者速小，力大者速大。……动重学所推者力生速。凡物不能自动，力加之而动，若动后不复加力，则以平速动；若动后恒加力，则以渐加速动。……凡物旋动，必环重心，地动是也。二物相连而相绕，必环公重心，月地相摄而动是也。

值得指出的是，在1867、1868年间，李善兰和伟烈亚力、傅兰雅合作翻译了牛顿的《自然哲学数学原理》的第一编共14章。时称该书为《数理格致》，简称《奈端数理》。可惜的是，该译稿存中国之一部，后因故失落③。另一部抄搞，据悉，今存英国伦敦大学④。

李善兰在译《重学》之后，于1859年将力学和几何学相结合，完成《火器真诀》一书。该书将《重学》中有关抛物体运动公式具体化为12条有关枪炮发射角与射程关系的实用法则。《火器真诀》成为我国第一部弹道学著作和实用炮兵操作手册。由此可见，李善兰对西方科学的引进、消化与吸收的认真态度⑤。

李善兰(1811～1882)，字壬叔，号秋纫，浙江海宁人。幼年喜欢数学，15岁通习徐光启、利玛窦翻译的前6卷《几何原本》，青年时曾以勾股术测山高，夜露山顶、观象测纬。1845年35岁之时，已刊刻其数学著作《方圆阐微》、《弧失启秘》和《对数探源》等书，平生对尖锥术、垛积术和素论均有所阐发和贡献。1845年，李善兰曾在嘉兴设馆授徒。1852年到上海墨海书馆任职，与传教士合作译书多种，上述《谈天》、《重学》、《代微积拾级》均出自此时期。1862年曾国藩聘其入安庆军械所、主书局事，1866年受聘为京师同文馆天算总教习，在此从事教学、译书、著作，直至其卒时为止。此期间也曾被赐中书科中书、户部正郎等虚官职。⑥李善兰的数学著作汇编于同治三年(1864)出版的《则古昔斋算学》中。他和传教士合译《几何原本》、《代数学》、《植物学》等有关天文、数学、力学和植物学多种译作，在传播西方近代科学知识、科学思想和方法方面作出了卓越贡献。

李善兰的科学才华在当时就受到有科学素养的传教士称颂。伟烈亚力说："如果在卜瑞格斯(Henry Briggs，1561～1630)和耐普尔(John Napier，1550～1617)时代，他(李善兰)将取得崇高荣誉"。傅兰雅说："想中国有李善兰之才者极稀"。就译牛顿《原理》一事，傅兰雅又说："此书虽西国甚深算学，而李君亦无不洞明，且心甚悦 ，又常称赞奈端之

① 王韬编《格致课艺汇编》卷四，己丑春季考课题："泰西格致之学与近刻翻译诸书详略得失何者为最要论"。

② 戴念祖、郭永芳，牛顿在中国，载戴念祖、周嘉华主编《原理——时代的巨著》，西南交通大学出版社，1988，第81～89页。

③ 戴念祖，梁启超丢失《奈端数理》译稿，中国科技史料，1998年第2期，第86页。

④ 韩琦，《数理格致》的发现，中国科技史料，1998年第2期，78～85页。

⑤ 刘钝，别具一格的图解法弹道学——介绍李善兰的《火器真诀》，力学与实践，1984年第3期，60～63页。

⑥ 王渝生，李善兰，中国古代科学家传记，科学出版社，1993，1210～1225页。

才。"① 李善兰是中国科学从传统走向近代的座标。

二 廷德耳的《声学》、传统与近代的交流

艾约瑟和张福僖不仅合译《光论》,且译有《声论》一书,最早将西方声学知识介绍到中国。②但该书详情不明。1874年在江南制造局刊印的《声学》是全面将西方声学知识传入中国的著作。

《声学》(Sound,London,1869年第2版)原作者廷德耳(John Tyndall,1820～1893,清末译为"田大里")是英国物理学家,曾经研究晶体的磁性、蓝色天空的成因、气体吸热和辐射热的能力,尤以他的名字命名的廷德耳效应而闻名。1853年被选为伦敦皇家学院自然哲学教授,以他的出色的科普讲演轰动欧美。据其讲稿汇编的《光学》、《电学》(中译本《电学测算》)、《声学》、《热学》中,前三种均已译成中文出版。《声学》的译者是傅兰雅和徐建寅。傅兰雅(John Fryer,1839～1928),英国人,1861年入华,任香港圣保罗书院(Sr. Paul's College)院长,北京同文馆英文教习。1865年转任上海江南制造局编译馆编译,1875年主编由他首创的中文科技刊物《格致汇编》,1885年创办格致书院。仅在制造局,作为首要的口译者、与中国学者合作翻译西方科学技术著作达113种,其中刊行的95种。1896年赴美后,仍眷恋中国,不忘中国教育事业。傅兰雅为在中国传播近代科学和教育事业作出了尤为重大的贡献。《声学》中译者之一徐建寅(1845～1901),字仲虎,江苏无锡人,是晚清著名科学家徐寿次子。1862年随父进安庆军械所,1867年进江南制造局,参与筹建翻译馆和译书事。在洋务运动期间,从1874年起先后任职天津、山东、福州、金陵、湖北等地机器局或船政局,在创立和建设近代机械工厂,为将西方的工厂和科研结合的先进管理方式引入中国,也为建立制造轮船、火药等民族工业作出了特殊贡献。他平生译书15部、著作3部、专论10余篇。1901年3月31日,因试制无烟火药而殉职。

廷德耳《声学》原著九章,每章后有提要。中译本基本上按原著译出,只是删略了部分内容,分八卷刊行(详见上一节)。书中许多实验仪器和实验插图也是中国人第一次所闻见。在清亡前后,该书一直颇具影响,成为晚清各地书院的格致科教科书之一。《声学》出版后,傅兰雅又将其改编、精练成更通俗普及的著作,题为《声学须知》,于1887年出版。

《声学》是一本科普读物。或许由于此,其中某些物理概念并不确切。例如,全书以"动数"(number of vibration)一词代替"频率"(frequency)。正确的"频率"的概念,直到清末少有在中文科学著作中出现,而错误的"动数"一词此后影响极广、极长久。其中个别错误在当时就受到中国学者的注意,我们下面再讨论它。廷德耳在《声学》还透露了一些科学史的基本事实。如,欧洲人在簧管乐器中安装"活簧"的方法是"近时"之事,此前一直是"死簧"或拍击簧;毕达哥拉斯时代"不知生音之高低由于动数之多少",甚至欧拉(L. Euler,1707～1783)在测定弦音时"尚未知动数之理。近世虽有此理,而平常乐士亦未知者多"③。可见,由伽利略创建的单位时间内振动数即频率的概念被普遍接受是较晚的事。而近几十

① 戴念祖、郭永芳,牛顿在中国,出处同前。

② 王扬宗,晚清科学译著杂考,中国科技史料,1994年,第4期,32～40页。

③ 戴念祖,中国声学史,第394～395,525～526页。

年，一些科学史家偏偏要说毕达哥拉斯已发现了“音调与频率成正比”等。19 世纪的人们清楚的科学史事实，在今天却全然被“现代化”曲解了。

《声学》中译本出版后，傅兰雅曾邮送廷德耳一本，并给廷德耳写了一封信，言及他和徐建寅译书之苦衷。廷德耳在 1875 年 6 月为其《声学》英文第三版作“序”中摘引了傅兰雅信中的一段文字(图 7-65)。廷德耳写道：

6　　PREFACE.

prove the public knowledge of science. It is especially gratifying to me to be thus assured that not in England alone has the book met a public want, but also in that learned land to which I owe my scientific education.

Before me, on the other hand, lie two volumes of foolscap size, curiously stitched, and printed in characters the meaning of which I am incompetent to penetrate. Here and there, however, I notice the familiar figures of the former editions of "Sound." For these volumes I am indebted to Mr. John Fryer, of Shanghai, who, along with them, favored me, a few weeks ago, with a letter from which the following is an extract: "One day," writes Mr. Fryer, "soon after the first copy of your work on Sound reached Shanghai, I was reading it in my study, when an intelligent official, named Hsü-chung-hu, noticed some of the engravings and asked me to explain them to him. He became so deeply interested in the subject of Acoustics, that nothing would satisfy him but to make a translation. Since, however, engineering and other works were then considered to be of more practical importance by the higher authorities, we agreed to translate your work during our leisure time every evening, and publish it separately ourselves. Our translation, however, when completed, and shown to the higher officials, so much interested them, and pleased them, that they at once ordered it to be published at the expense of the Government, and sold at cost price. The price is four hundred and eighty copper cash per copy, or about one shilling and eightpence. This will give you an idea of the cheapness of native printing."

图 7-65　廷德耳《声学》第三版“序”

另一方面，在我面前摆放着二大册装帧奇特的书①，我完全不认识书中的文字，但我处处看到《声学》前两版中熟悉的插图。我感谢傅兰雅先生送我这些书。

① 这是中国传统的线装书，故为“奇特”。声学中译本分二册装订

与此同时，几周以前他给我寄来一封信。我从信中摘引一段如下。傅兰雅先生写道：

"在您的《声学》初到上海不久，一天，我正在认真阅读它的时候，一个叫徐建寅的明智的官员看到书中一些图版，就要我给他讲解其中的意思。他由此对声学变得极感兴趣，以致除了翻译它之外没有任何别的东西能使他感到满足。可是，由于工程的和其他方面的著作在当时更高的官员看来是更有实际意义和重要性，因此，我们约定在每天晚上空闲的时间翻译您的大作，并且由我们自己独立出版。可是，当我们译毕并将译稿送更高当局时，他们却对该书非常感兴趣和喜欢，他们立即同意以政府经费出版；并赔本销售。每本书的售价是 480 铜钱，或约 1 先令 8 便士。您会想到，本地印刷极为廉价。"

傅兰雅先生和他的中国朋友在掌握该书的每个概念中毫不困难。

廷德耳从傅兰雅信中知道中国人掌握《声学》中物理概念毫不困难，这一方面是由于其写作通俗易懂，全书没有一个数学公式，道理讲得浅显深刻；另一方面，声学是中国传统科学中最为发达的学科之一，"声学"一词早在 11 世纪沈括时代已经产生。

随着《声学》的出版，还出现了一起中西交流、传统科学与近代科学交流的事。

在 1874 年之前，徐寿对管乐器的管口校正发生兴趣。他查阅了历代文献，作了种种律管实验，并在明代朱载堉思想的启发下，发现了管乐器的末端效应，找到了管口校正数。他将自己的研究成果以《考正律吕说》为题发表于 1880 年《格致汇编》杂志第三年秋季上。他的结论是，弦线发音，可以弦长的倍半关系而成八度谐和；而开口管却不然，同径开口之管、长度成倍半关系并不产生八度谐和，要谐和必是 4/9 比例。徐寿在此发现了管乐器的末端效应，但他不知道其中道理。因此，他在《考正律吕说》文后写道：

所以敢告同志，所有正律半律之不应，实体空积之不同，可将心得之精微而发明其理，即藉其理而制器，以器证理，以理明器，确有实据而无疑义者，敬以重仪相酬。

这是说，徐寿愿以重金奖赏那些能对管乐器末端效应作出正确解释的学者同仁。在徐寿有所发现并急于求教其物理解之时，《声学》出版了。廷德耳在该书中写道："半长管的音为全长管的八度"。这个结论显然是错误的。可在当时，廷德耳的看法却使他的东方的同时代人徐寿大为疑虑。徐寿多次请教傅兰雅，傅兰雅不能解答。于是，只好写信去请教西方物理学大师廷德耳本人。徐寿的信中写道：

在古代中国音乐著作中曾指出，折半或两倍的弦(或管)会发出比原弦(或管)高或低一个八度的音。……

明代朱载堉在其著作中指出，这个法则只能很好地吻合于弦乐器，而不吻合于如笛或箫一类的开管式乐器。……

几年以前，我曾尝试研究这个差别的原因和它精确数量。譬如说，九寸长的一根圆形黄铜开口管，将它的一端紧对着下嘴唇并让气流通过吹口而产生某音。将该管对半分，四寸半的管并不发八度音；将四寸半再切掉半寸多一些，剩下约四寸的管却准确地产生八度音。我曾在不同长度和内径的管上作过实验，得到类似的结果，也即，九分之四长的管总是发出约略准确的八度。在观察外国调音和谐的长笛时，我注意到，在演奏乐曲时为了产生八度音而运用了同样的原理。可是，我不知道为什么开管乐器不像弦线和闭管乐器一样遵从同一个法则的原因。……

当我读到廷德耳的专题著作《声学》时，我惊讶地发现，陈旧的中国观念被严格地表述出来了。它说(p. 214)："在闭管和开管两种情形中，给定时间内的振动数反比于管的长度"等等。按照这个说法，由于任一音的八度必定是这个给定时间内振动数的精确的两倍，所以开管应当精确地分成两半才能使它发出高八度音。我的实验已经证明这是错误的。……

我惟恐自己误解了这位英国教授的意思，我请求他就这个问题写一篇文章，使我的疑义得以澄清……。

1880 年 6 月 1 日，傅兰雅将徐寿的信英译完之后，又在信前加上了他自己的说明和请求。于是，该信最后成为以傅兰雅的名义写给廷德耳教授。是年 11 月 25 日，傅兰雅将此信分别寄给廷德耳和英国《自然》(Nature)周刊。1881 年 3 月 10 日出版的《自然》周刊就以"中国声学"为题刊载了这封信。就管乐器的末端效应和管口校正问题，东西方学者的碰撞思维就这样形成了一熠火光。

徐寿的信在《自然》周刊发表后，引起了积极的反响。可以说，徐寿和瑞利勋爵(Lord Rayleigh，1842～1919)几乎同时发现并提出管乐器的末端效应，而朱载堉却在他们之前几百年对此作了有价值的研究。瑞利的《声学》(1877～1878 成书)在欧洲最早指出了管乐器的末端效应、给出了管口校正公式。廷德耳的《声学》早于瑞利的《声学》问世。或由于廷德耳的科普讲座、他显然疏忽了末端效应问题。《自然》的编辑在"中国声学"的编者按中指出：

看来，发现对旧定律(指弦管同长同律)的真正有科学意义的现代修正却来自中国，并且以最原始的器具证明该修正是有根据的。

英国声学家斯通博士(Dr. W. H. Stone)还为徐寿的信写了短评、并由《自然》周刊附于"中国声学"之后刊发。斯通博士说，徐寿"在他的观察报告中所持的意见是完全正确的"，"证实这个鲜为人知的事实(指末端效应及管口校正的物理事实及原理)却是来自遥远的东方，而且是以如此简单的实验方法得到的。"

廷德耳本人未有应徐寿之请而作答。此事当可理解之。

徐寿的信既是中国学者第一篇刊载于外国科学期刊上的学术论文，也是中国传统科学的结晶。

图 7-66　徐寿像

徐寿(1818～1884)，字雪邨，号生元，江苏无锡人。少年时期，喜好格物学，研读古天算博物语书和明末清初的各种西学译书。1857 年在上海墨海书馆结识李善兰，从此购买书籍、仪器，在家乡进行各种物理、化学实验。1862 年进安庆军械所，与华蘅芳共同研制轮船，主持建造我国第一艘"黄鹄"号蒸汽轮船。1867年携同次子徐建寅进江南制造局翻译馆，译书达16部，如《化学鉴原》、《物体遇热改易记》、《汽机发轫》等，都在清末极有影响。1876年，与傅兰雅共同创办中国最早的科学教育机构格致书院、中国最早的科技期刊《格致汇编》。他不仅是我国近代科学技术著作的翻译家、教育家，也为我国建立近代机械工业作出了卓越的贡献(图7-66)。

在此时期，另一个与中西交流相关的趣事是，19世纪70～80年代，英国教士傅兰雅作为《格致汇编》杂志主编，多次收到读者来信，询问或提出有关透光镜反射成像的原因。傅兰雅为此与读者展开讨论。最后傅兰雅直率地承认："此镜本非出自西国，西国之书不论及之"，因此不能作出恰切回答。我们在光学章涉及透光镜中已对此作了叙述，此不赘。

三 近代物理教学的肇始

从19世纪60年代起兴办洋务运动，除了办工厂(制造局)，造轮船、枪炮之外，还相继办起了以汲取西方科技知识为主的文教机构。1862年清政府办京师同文馆，旨在培养翻译人才，承办洋务。馆内教书与译书并行。1866年同文馆增设天文、算学二馆。1888年，又设格致馆、翻译处。仿效同文馆，各地相继设立类似学校。上海广方言馆成立于1863年。1864年开设广州同文馆。1893年成立湖北自强学堂，等等。各地创办的制造局也设立相应的技术或军事技术学堂：1865年开办上海江南制造局，1868年该局下设翻译馆，1874年设操炮学堂。1866年开办福建船政局和船政学堂。1880年广东设立旨在造船、驾驶的实学馆(西学馆)。1880年，天津设立电报学堂和水师学堂，1885年设天津武备学堂。上海、福州、广州等地也相继仿效，它们分属专业技术学校和军事学校。在这些不同性质的学校中，物理学教育，无论其内容深浅，都是一门必需的课程。

如果说在鸦片战争之前，由于精确历法的需要，人们只知道天、算学科的重要性，那么，战争后，由于船坚利炮和机器生产的需要，人们又认识到物理、化学的重要性。同治五年十一月初五日(1866年12月11日)，恭亲王、总理各国事务奕䜣(1833～1898)在奏请京师同文馆增设天算馆事写道："华人之智巧聪明不在西人之下，举凡推算格致之理，制器尚象之法，钩河摘洛之方，倘能专精务实，尽得其妙，则中国自强之道在此矣。"①

北洋大臣、直隶总督李鸿章于光绪二年十一月二十九日(1877年1月13日)奏疏中亦说：

"窃谓西洋制造之精，实源本于测算、格致之学，奇才迭出，日新月异。"②

数学、物理学在此时已被看作是"奇才迭出、日新月异"的"自强之道"。1888年，增设格致馆的理由是："察格致一门，为新学之至要，富国强兵，无不资之以著成效。"③

如此强调物理学的重要，物理学在各类各级学校中开课讲授，就成为必然了。甚至于将20世纪30～60年代流行于中国的"学会数理化，走遍天下都不怕"的思潮溯源至此，也不过分。

以京师同文馆格致馆的教学为例，可以总览当时物理教学之一斑。格致馆教习(相当现代教授)1888～1892年间是美国人丁韪良，1983年起为爱尔兰人欧礼斐(Charles Hen-

① 朱有瓛《中国近代学制史料》第一辑上册，13～14页，华东师范大学出版社，1983。

② 《李文忠公全书·奏稿二十八》。

③ 同①。

ry Oliver，1857～?）。德国人施德明原是化学和矿物学教习，1894年兼任格致教习。格致馆的格致课程大概安排是：八年的课程中，第四年起设格致课，称“数理启蒙”；第五年设有“讲求格致、几何原本”等课程；第六年“讲求机器”，第七、八年“天文测算”中都粗略涉及一点物理学内容。对于年长的学生，五年学完全部课程，格致课安排在首年、第三年。“首年：数理启蒙、九章算法，代数学”；“三年：格物入门，兼讲化学、重学测算”。事实上，第四、五年的“航海测算”、“天文测算”和“讲求机器”各课程中也要涉及物理学。当然，这样的课程安排在同文馆的历史上并非一成不变。随着教师不同、学生理解力之差异会作某些调整。但是，总的要求变化不大。当时，将格致学分为七门：力学；水学（流体力学中液体部分，或水力学）；声学；气学（流体力学中气体部分，还包括少量化学内容）；火学（即热学）；光学；电学。植物学、动物学也列入格致学之中。《清会典》记载了这七门课程的教学要求。它写道：

凡格致之学有七：

一曰力学，审吸压之理以利于用。有重学斯有力学，天气压于上，地气吸于下，见重斯见力矣。有动静二理，静者运使动，动者阻使静，皆需力。明其理则剂物力以省人力，助人力以胜物力，妙用自无穷矣。省力助力之器有七：一曰杠杆，二曰轮轴，三曰滑车，四曰斜面，五曰尖劈，六曰螺旋，七曰齿轮；

一曰水学，审动静之性以利于用。水含氢氧二气居多，当其静，即有浮力、涨力、压力，及其动，力可百倍，性又最平，激流使上行，必如其源之高而止。体其性而资其力，济以机器，功用无穷；

一曰声学，审响应之微以利于用。凡物相触，藉天气颤动，传之于耳而成声。其行也如海中之浪，有所阻则回应。声之高下徐疾，视气之寒热厚薄顺逆。束之则不散，虽远可达；储之则不销，虽久可留；放之则大，扬之则长，藉电通之，尤奇尤速；

一曰气学，审蒸化之方以利于用。细缊化醇，绕地球者天气。静则为气，动则为风。天气中诸气悉备，其最要而常存者有三：曰氧气，曰炭强，曰硝气。群生资氧气，植物资炭强，掺和二气资硝气。压而储之，则有涨力；提而去之，是谓真空。至于蒸水气以激轮机，化诸气以验物质，则不能无待加热之功；

一曰火学，审腾热之力以利于用。火有四类：一曰日火，二曰电火，三曰磨击之火，四曰化合之火，而其功皆在热。惟热气能吸万物，吸之使坚实，解之使流失；

一曰光学，审回返之理以利于用。光分四类：日光，电光，火光，冷光也。光物亦分四类：自明者为发光物，借明者为返光物，过光者为透光物，不过光者为阻光物。取光于镜，镜有平、凸、凹三种。于三种中变而通之，则有返光、折光、夜视、水视、分影、分光、显微诸镜，故视远为明，秋毫毕察；

一曰电学，审触引之捷以利于用。电即雷也，发声为雷，光热为电。空中万物，到处存焉，欲为触引，必先考察情状、用法，以防其患。用二物磨擦而生者为干电，用强酸配制而生者为湿电。所用器具有电筒、电管、电堆、电圈、电匣、电池、电瓶、生电、试电、磁铁诸机；电性、测电诸表；阻电之物，则有玻璃、松香、瓷料、橡皮胶等物；

至于动植之学，以教树畜长地力、蕃物类，节人工，则皆格致之属焉①。

《清会典》的这一记载，也是晚清物理学的教学大纲，更是由官方颁布的学科介绍。它的水平充其量仅相当于今日小学自然知识课和初中低年级物理课。这个大纲可能是京师同文馆格致馆初设时拟定的，实际教学内容远高于大纲。况且，这个大纲无疑经过缺乏理工知识的文儒润色文字，虽平仄对应，却有失格致之貌。

此时期格致学或格物学所用教材，各学校并不一致。同文馆教材有丁韪良于1866年编译的《格物入门》，1883年编译的《格物测算》。前者包括力学、气学、水学、火学、电学、化学、算学共七卷，附有插图，用问答体裁，以适宜学生熟背硬记；后者包括力学三卷，气学、水学、火学、光学、电学各一卷，仍采用问答体裁，在简明叙述物理原理和定律之后，以"演题"形式加深理解。《格物测算》在中国首次教学生以微积分计算物理问题。后来，欧礼斐又编译《电理测微》一书、作为教材使用。傅兰雅编译的《格致图说》丛书（内有重学、热学、水学、光学、电学各册）、《格致须知》丛书（内有重学、力学、光学、气学、声学、水学、热学、电学各册），既是他创办的格致书院教科学，也被其他学校采用。有些专业技术学校或军事学校也有一些专门教科书，如天津水雷局译的《电学问答》。由赫士等人翻译的《光学揭要》、《声学揭要》、《热学揭要》也是一套较好的教科书，除了登州文会馆以外，其他学校也采用它们。自然，前述《重学》、《声学》、《光学》、《电学》等，在学校教学和师生用书中也是不可缺的。

京师同文馆是当时中国的皇家学校。但是，1900年之前，格致馆学生数较少。虽然不知道历年学生数，但据统计，学习格物并参加"大考"的学生，1893年为20人，1898年为4人；学习格物测算并参加"大考"的学生，1879年7人，1888年4人，1893年3人②。教学中，也无任何实验仪器或演示教具。

京师同文馆实行年有"岁考"，"三年一大考"，类似科举的考试制度。通过考试，分别优劣。优者授七、八、九品官，劣者分别降级、留级或革除。有一些考题很可以判定当时教学内容和水平情况。

同治十一年(1872)，格物岁考题分汉文题和英文题二种。汉文题中，如：

"以水为则而权物之轻重，其理若何？"

"测算汽机之力，其式若何？其理若何？"

等等；英文题中，如

"冬夏之冷暖有别，以图考之，其理若何？"

"光有二说，其理孰长？"

等等。汉文与英文格物考题各为9题，除其中一二题为简单算题外，其余均为只要背书即可考好的简单知识题。但是，从考题看来，历年水平在逐渐提高。同治十三年(1874)月考格物试卷中有一道题如下：

今有甲乙丙丁四人各持一绳曳重物，甲乙两人各用力百斤，丁丙二人各用力百五十斤，甲乙之间其角二十度，乙丙之间其角二十二度，丙丁之间其角二十四度。试推其共力（今为合力）若何？费力（指四人用力总和比合力多出者）若何？及

① 《清会典》卷一百。

② 朱有瓛，同上，第62页。

重物所行方向若何?"

显然,这是一道由力的平行四边形法则求合力与合力方向的考题。但是,考生必需首先明确4个分力的方向,它们构成一个适当的立体图才能解出此题。学生贵荣在考卷中作图如图7-67,这表明他充分掌握了有关的物理学和数学知识,概念清楚,思维敏捷。

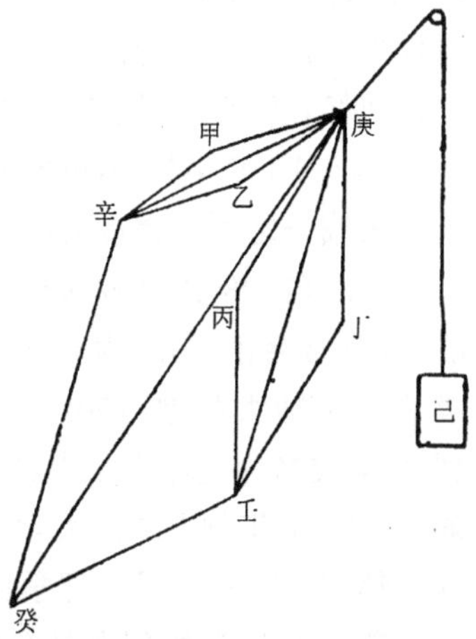

图7-67 学生贵荣为1874年月考题作图

光绪十二年(1886)格物测算大考题已相当于今日高中水平了。例数题如下:

物自无穷远落地,其末速几乎七洋里,设自无穷远而落于太阳,试推其末速何如?

有钟自赤道移至北极,试推其秒摆次数加增若干?并明其用以探测地形之法。

船有铁桅,必为空身,试言其故,并算其空身与实体者强弱比例①。

一般说来,格物考题多为物理知识、原理或定律的基本问答题,而格物测算考题多为这些原理或定律的应用计算题。从上述考题可见,同文馆格致学水平确实有提高。它的教学情况可以作为19世纪下半叶我国近代物理教学萌芽的代表。各个地方的同文馆仿效京师同文馆,并将其优秀生送至京师同文馆深造。专业技术学校和军事学校也大同小异。如福建船政学堂,学习操炮和制造轮船的学生,学习科目中有格物、重学;学习驾驶和管轮的学生,学习科目中有气学、力学、水学、火学等。据《严几道年谱》载,严复15岁入福建船政学堂,"所习者为英文、算术、几何、代数、解析几何、割锥、平三角、弧三角、代积微、动静重学、水重学、电磁学、光学、音学、热学、化学、地质学、天文学、航海术等。"② 天津水师学堂规定驾驶班学生在"重学、静重学、动重学、水学"方面要得125分,在"格物学(水、气、重学,理镜学,热学,吸铁学,风雨表、远镜、地平经纬仪、纪限仪、干湿寒暑表、地平经仪等的制法用法)"方面要得100分方为合格③。

在教会学校中,以监理会林乐知(Young John Allen,1836~1907)于1882年在上海创办的中西书院、长老会狄考文(Calvin Wilson Mateer,1836~1908)在山东登州创办的文会馆为例。中西书院为8年一贯制,其第4年课程中设"讲求格致"课,第6年设"重学"课。登州文会馆分备斋三年、正斋六年,相当于从小学到初中阶段的教育。正斋课程中第3年设"格物"课,第四年设"格物、声学、光学、电学"课,第5年设"格物测算"课。一般地,教会学校比较重视自然科学课程,少数学校除挂图外,还有一些简单的教学演示仪器。

在我国物理学教学肇始阶段,各地和各类学校相继培养了一批学生。虽然人数甚少,水平也不能与欧洲相比,但他们毕竟是中国培养的最早的物理学人才。京师同文馆毕业生贵荣,成绩优异而留馆任教,不久升任格致副教习,并曾作为"笔述"者之一与丁韪良合译《格物测算》一书。学生朱格仁在前述1872年试卷中,考试成绩优异,其答卷物理概念清

① 以上各考题资料,均见朱有瓛,同上,81~123页。

② 王遽常编《严几道年谱》,商务印书馆,1936,第4~5页。

③ 朱有瓛,同上,511~513页。

晰，作图正确无误，文字表达言简意明。朱格仁毕业后也留校任教，此后成为同文馆副教习，上海广方言馆副教习。他也参与《格物测算》一书的翻译。此外，还有席淦、胡玉麟二人，不仅参与译《格物测算》一书，留校任教，此后分别成为兵部主事或其他学校的教习。据丁韪良回忆，还有一位同文馆学生，对于抛物体运动方程学得尤精，计算子弹射径迅速，因而在1884～1885年的中法战争中被派往广州军中任工程师①。这位学生可能就是席淦，他于中法战争之后任清政府兵部主事。

戊戌(1898)维新变法运动历时103天而告败，但维新运动的施政纲领、特别是废除八股，改各省会馆、书院为学堂，奖励新著作、新发明等举措，都为清政府在此后所接纳。1898年成立京师大学堂，1902年京师同文馆并入其中。1895年在天津创办的中西学堂、于1902年改名为北洋大学堂。1896年上海创办南洋公学，即后来南洋大学、上海交通大学的前身。1897年创办浙江大学堂，1902年山西大学堂，1903年湖南高等学堂，等等。这些学堂大都在格致科下设物理学目，前者相当于理科，后者相当于物理系。

京师大学堂的创办是我国近代国立大学的肇始，1902年由于同文馆并入而初具规模。管学大臣张百熙从实际出发，开始不设本科，只设预科。预科又分政(文、法)、艺(理、工、农、医)两科，学制三年。为收急效，又设速成科，下设仕学馆和师范馆，学制3～4年。师范馆下设数学物理学部，这是大学数理专业教学之始。师范馆格致课程大致为：第1年，力学、声学、热学；第2年，热学、光学；第3年，电气、磁学；第4年，数理科之次序与方法(相当于科学史与教学法)。早期物理学家何育杰是京师大学堂师范馆首届(1902)学生，1904年被派往英国留学。

1902年，管学大臣张百熙拟定学堂章程，1903年(癸卯)又《奏定学堂章程》，称为“癸卯学制”。这是我国历史上第一个法定的并在全国施行的学制，它规定了从小学到大学的整个教育制度。小学9年，中学5年，高等学堂分预科3年、本科3或4年。这个学制主要是仿照日本而制定的，从1902年公布起一直延用到1911年清朝灭亡为止。癸卯学制颁布后，物理学以法定形式列入大中学校的教学之中。1905年清政府取消科举制度，1906年设定“学部”、相当于后来的教育部。

根据癸卯学制，大学一般地分几个科。其中格致科又分6门：算学门、星学(天文学)门、物理学门、化学门、动植物学门、地质学门。物理学门即是物理系的前身。本科物理学门三年的课程是：物理学、力学、天文学、物理化学、应用力学、应用电气学，每周3至5学时；数理结晶学、物理实验法、最小二乘法、气体论、毛管作用论、音论、电磁光学论、物理星学，每周1至2学时；物理学实验、化学实验、理论物理学演习、星学实验。最后这部分课程只列课名而无课时安排，徒有其名而已。实验课和理论物理课，由于诸多原因而不能开课。这些原因或是缺教师、或无实验设备、或教材太深学生不易理解。

在中学5年学制中，第4年有每周4学时物理课。而为了准备进入数理农工大学而培养的学生，第2、3年就开设物理课，包括力学、物性、声学、热学、光学、电气学、磁气学，大约每周3个学时。

为适应新办各级学校之需，从1901年起，日本各类中等学校教科书被译成中文出版。物理学教科书也不例外，甚至在2年内多达20余种。1904年，清政府对教科书的出版加

① 丁韪良《同文馆记》，见朱有瓛，同上，第182页。

以审订，从此不仅有从欧、美、日翻译的中学教科书，也有国内学者编纂的教科书，而且后者日益增多。

此时期的大学教科书，除教师据自己喜好而采用英、德、日文原版外，主要的有：1900年和1903年分别出版饭盛挺造编、藤田丰八译、王季烈重编的《物理学》上、下册；同年，京师大学堂译书局出版《额伏烈特物理学》五卷。英国物理学家额伏烈特(Joseph David Everett，1831～1904)曾于1870年将法国德夏内尔(A. P. Deschanel)著《初等物理学》译成英文，中译本据英译本译出；1905年山西大学堂译书局刊行、日本西师意编译的《物理学教科书》；由常福元重新增补编定、并由学部图书馆编译局1906年出版的《力学课编》，等。

在这短短十几年的物理学教学中，不仅有京师大学堂培养的何育杰，还有南洋公学培养的李复几、夏元瑮、丁燮林等人，都成为我国下一时期物理学发展的栋梁之才。

出国留学生可以追溯到18世纪，19世纪洋务运动期间又有数百人以官费、自费出国留学，但是，除了学习神学、文学等之外，他们几乎都是学习实用技术或军事技术。清政府也尚无眼光派学生出国学习数理化基础学科。直到20世纪头10年，才有学生出国学习物理学。1902年，赴日留学生中有5人进入物理学校，但不久即转入陆军学校学习了①。第一个出国学习物理学的是李复几(1885～?)。李复几早年就读于长沙习武学堂，后入上海南洋公学。1901年毕业后，旋赴伦敦国王书院(King's College)和劳斯伯里学院(Finsbury College)学习机械，于1904年毕业。此后又在伦敦机械工程师研究所(Institution of Mechanical Engineers)实习一年。1906年赴德国波恩皇家大学(Konigliche Universitat)继续深造，在著名物理学家、大气中氦的发现者凯瑟尔(H. Kayser，1853～1940年)指导下，从事光谱学研究。1907年1月(光绪三十二年冬季)获该校高等物理学博士学位。其论文题目是《关于勒纳的碱金属光谱理论的分光镜实验研究》，主要内容是，以高倍摄谱仪拍摄钠在电弧中的火焰光谱，证明勒纳(P. Lenard，1862～1947)提出的关于光谱形成原因即火焰中心发射说是错误的②。继李复几之后，出国学习物理学的有：何育杰于1903年留学英国曼彻斯特大学；张贻惠于1904年留学日本东京高等师范数理系，后转入京都帝国大学；吴南薰于1905年留学日本；李耀邦于1909年入美国芝加哥大学，于1914年因测定电子电荷而获哲学博士学位；1909年，还有以庚款赴美留学的胡刚复、梅贻琦。前者于1918年获哈佛大学哲学博士学位；后者学习物理与电机，毕业后回国长期任清华大学校长。他们中，除李复几不知回国与否，李耀邦后转入商界外，其余诸人都为下一个时期中国物理学事业的创建与发展作出了贡献。

四　"西学中源"说

"西学中源"意思是，西方近代科学技术都是从中国起源的。这种说法，流传于清代。盛于清中晚期。起初，只涉及历算，而后扩展到其他领域。大凡西方近代某一学科传入中国之后，又确证其比中国传统科学优越，随之就有人提出，这门学问在中国古已有之，而西方人是从中国古代人那里学去的，甚至一些人不客气地将它说成是"剽窃"之类。

---

① 房兆楹《清末民初洋学生题名录初辑》，精华印书馆(台湾)，1962年。

② 戴念祖，我国第一个物理学博士李复几，中国科技史料，1990年，第4期，32～36页。

王夫之在《思问录·外篇》中说：

“盖西夷之可取者，唯远近测法一术，其他皆剽窃中国之余绪。”

黄宗羲说：

“尝言勾股之术乃周公商高之遗而后人失之，使西人得以窃其传。”[①]。

自从康熙帝将西方代数学 algebra 之读音认定为“东来法”之原意后[②]，众臣呼应，学人回响，西学中源说逐起高浪。以至数学、天文学家梅文鼎既然根据《尚书·尧典》中传说，认为上古传说中人物“和仲”在向西迁徙过程中将中国天文学传到西方。有关西学中源的种种奇谈怪论以及对它的分析、批判，近年有许多相关论著[③]。我们再看看在物理学方面的一些说法。

邹伯奇曾写下《论西法皆古所有》一文。在该文中，他首先提出，西方数学中割圆术原起于《考工记·轮人》中“轮辐三十，以象日月”。在他看来，欲将圆形的车轮分为 30 等分、以使辐均分地插入轮辋，“欲其分度之均，则必有数也，非割圆则安取之？”然后，他表示不同意梅文鼎提出的“和仲”西迁而传播“中法”于西的说法，他主张西学尽出《墨子》范围。他例举了《墨经》中有关几何与数学的一些条文后指出，“此《墨子》俱西洋数学也”。接着，邹伯奇写道：

> 西人精于制器，其所持以为巧者，数学之外有重学、视学。重学者能举重若轻，见邓玉函《奇器图说》及南怀仁所纂《灵台仪象图志说》最详悉。然其大旨亦见《墨子·经说下》“招负衡木”一段升重法也，“两轮高”一段转重法也。视学者，显微为著、视远为近，详汤若望《远镜说》。然其机要亦见《墨子·经下》“临鉴而立、一小而易、一大而正”数语，及《经说下》“景、光至，远近，临正鉴”二段，足以赅之。至若泰西之奉上帝、佛氏之明因果，则《尊天》、《明鬼》之旨，同源异流者耳。《墨子·经上》云“此书旁行”，正无非西国书皆旁行亦祖其遗法？故谓西学源出《墨子》可也。

在邹伯奇看来，岂止天文历法、数学、物理学源出于《墨子》，甚而宗教、乃至西方从左至右横式的书写习惯亦出于《墨子》。其中的是是非非，人们不难辨识。

初，持西学中源说者武断有加；迄邹伯奇之时，重于引经据典；迄清末，又是搜罗典籍、考据严密了。清末刘岳云撰《格物中法》，花费了多年时间，分门别类收集有关各学科和技术的古代记载并列出西方相关的发明发现。企图全面论证西学中源，甚而不顾捉襟见肘之情状。他在 1900 年为《格物中法》写的序言中说：

> 使天下知戎之技皆中国所自有，所不有者则中国鄙屑不为与戎从小慧引伸得之也。……今作此书，乃与戎争工艺之长、重自愧已。

大约早在刘岳云写序之前 20 年，刘岳云曾将其《格物中法》之稿本寄李善兰批阅。李善兰阅后复信如下：

> 前年蒙寄书，已悉大略，兹复。蒙示数卷，乃知征引群书至数百种之多，又多

---

① 金祖望，梨洲先生神道碑文，载《鲒埼亭集》卷十一。

② 江晓原，试论清代西学中源说，自然科学史研究，1988 年，第 2 期，101～108 页。

③ 同②；樊洪业，耶稣会士与中国科学，人民大学出版社，1992，221～224 页；熊月之，西学东渐与晚清社会，上海人民出版社，1994，第 716～723，369～370 页；等等。

人间罕见书，其证西学皆确有见地，与耳食附会者不同。此本朝绝大著作也。幸早刻，俾予暮年见之。

对西学推崇的李善兰，其复信是比较客观的，《格物中法》实际上已经走向在“西学中源”说的幌子下作起中西学术的比较研究了。虽然这个比较尚有失实与不当之处，甚至于刘岳云本人也未辨析其中征引的许多清代典籍是否受西学传播之影响，比较的方法也极为简单，但他毕竟是最早的中西科学技术史的比较研究之著作。

因此，有人说：在西学中源说的影响下，晚清学界出现了一股发掘、研究中国古代科学技术史的风气。除刘岳云的《格物中法》外，尚有王仁俊的《格致古微》，章太炎《历物疏证》；墨学在此时期复兴，几千年不为人所重的《墨经》、墨子受到空前关注，古代大批能工巧匠、科技人物的名字，在湮灭久矣之后，突然走到历史前台，频繁地出现在报刊上①。

与那种曾经在世界范围流布的欧洲文化中心说、言必称希腊或巴比伦相比较，西学中源说仅为中国人在特定历史时期所特有，且其产生的背景极为复杂。中华民族有着世界上最为长久、丰厚的文化遗产，而长期闭关自守所造成的自尊、自大的心态又容不得自身周围有更高大、先进的事物，同时也确实日夜存在外部列强“以夷变夏”之图谋。因此，无论是仕宦的政治需要，还是平民的安稳心态的要求，西学中源说确实为许多人所赞赏。那些反对学习西学的人可以以“中源”自居，或假之作矛而刺向他人；那些主张学习西学的人，也可以举之作旂、崇尚西学，更可以用之作盾以防箭伤，从而在中西之间架起一座向西方学习的桥梁；大多数背负沉重传统文化包袱的人，也可以用之作手杖而维持自身心理平衡；普通的学者们却可以从其熟悉而浩瀚的典籍中检集与西学雷同之文字，宣讲西学中源之学术。问题的关键是，当时的西学中源说者，除了政治需要而随意捏造之外，大部分人缺少历史的辩证眼光，他们看不到近代西学、西方科技，即使有与古代中国雷同之处，却有着质的根本不同。诸如四大发明，传到西方后又经一而再地创新，已难于与古代中国同一而语。问题的另一方面是，除了少数如李善兰等先进者外，清代的学者们大多数不可能知晓文化中心的多源头之说，中华民族只是其中之一。即使今日研究中国科学技术史的一大批国际知名学者一而再地公布其成果，也只能证明中国是世界文化的源头之一，更何况源流以下又有澎湃壮观的发展。

对于清代西学中源说的批判分析需要我们持谨慎和冷静的态度。可喜的是，近年有些著作对此作得很好。他们抓住了西学中源说最盛时期的时代特征，即 19 世纪 60～90 年代，这是中国自上而下搞洋务、学习西方，中西文化激烈冲突、作为一个民族承受巨大心理压力的时期。而持有西学中源说者大多数又恰恰是主张向西方学习的人，如王韬、郑观应、梅文鼎、邹伯奇等等。西学中源说是一个背负深厚文化传统的民族、在文化激荡时期的复杂心态的表现，也是这样的民族面对先进科学文化、祈求走出传统藩篱、趋同世界近代步伐这一过程中的产物②。

对西学中源说采取完全否定的态度是不可取的。有人斥责它“是一种可悲的自我欺骗”、“是一种虚构”③。这种批判等于否定中国也是世界文化的发源地之一。这种批判也不

---

① 熊月之，同上，第 772 页。

② 熊月之，同前引。

③ 董光璧主编，中国近现代科学技术史，湖南教育出版社，1995，第 29～31 页。

明白文化遗产中的信息与文化的历史发展之辩证关系；文化遗产进入新的历史时期、新的环境，一旦遇上点燃发火的引信，却可以成为沸腾着的、各个层次在运动中搅杂、翻滚、渗透，在激荡状态中产生新的升华、嬗变，从而达到新的高度的一种事物。

图录　表录　谱例

一、图　录

2-1 《天工开物》绘安装盐井架图(1933年商务印书馆本)

2-2 汉代桔槔画像石(引自山东省博物馆等编《山东汉画像石选集》图189、367、462、190、齐鲁书社,1982)

2-3 王祯《农书》绘脚踏碓(永乐大典本)

2-4 王祯《农书》绘槽碓(永乐大典本)

2-5 长沙出土楚国天平和砝码(引自《考古》1972年4期,第42页)

2-6 萧梁朝张僧繇绘二十八宿神像图之一

2-7 墨家杆秤标识图

2-8 广西容县真武阁(广西民族学院李世红教授赠照片)(彩图)

2-9 真武阁横断面草图(引自《梁思成文集》(四),第218页,图九,北京:中国建筑工业出版社,1986)

2-10 真武阁杠杆结构及其受力示意图

2-11 汉代滑轮画像石(a引自同2-2,图325;b引自"山东沂南汉画像石墓",《文物》1954年第8期,图29;c引自《重庆市博物馆藏四川汉画像石选集》图1,北京:文物出版社,1957)

2-12 汉代陶井模型上的滑轮装置(引自"洛阳五女冢新莽墓发掘简报",《文物》1995年第11期,第13页)

2-13 汉画像石"泗水取鼎"图(引自朱锡禄《武氏祠汉画像石》,济南:山东美术出版社,1986)

2-14 机汲示意图(引自李崇洲文,《农业考古》1983年1期,第143页)

2-15 辘轳(a引自同2-2,图188;b引自《考古》1955年4期,图版17)

2-16 《墨经》分析"挈"与"收"两种力的作用

2-17 《墨经》讨论滑轮

2-18 新石器时代石、骨器

2-19 葛藤绕木及其题解图(引自白尚恕《九章算术今译》,山东教育出版社,1990,第432页)

2-20 墨家的斜面车及其引重实验(引自《钱宝琮科学史论文选集》,科学出版社,1983,第490页)

2-21 砖石砌墙的法式

2-22 《墨经》对砌墙砖石的受力分析

2-23 半坡尖底陶罐(引自《新中国的考古收获》,文物出版社,1961)

2-24 山西垣曲仰韶文化早期的小平底罐和三足罐(引自《文物》1995年7期,第47页)

2-25 体现重心与平衡的古代器物(商爵引自《文物》1993年6期,第57页;铜奔马摹自《文物》1972年2期彩色插页;朱雀铜灯引自《满城汉墓发掘简报》上册,第263页,文物出版社,1980)

2-26 明刻本《孔子家语图》绘孔子"观周欹器"

2-27 广西全州县石岗村燕子窝楼(全州县政府提供资料)(彩图)

2-28 不倒翁

2-29 磬的各部分名称

2-30 作图法求磬的重心

2-31 王振铎所作的候风地动仪设计复原图之一(引自王振铎《科技考古论丛》)
2-32 古代的陀螺
2-33 近代两种回转器
2-34 平衡环(a 引自《文化大革命期间陕西出土文物》,陕西人民出版社,1973,第 37 页,图 50;b 引自李约瑟,Vol. 4,part2,Fig. 480)
2-35 隆兴寺转轮藏殿剖面图(引自《梁思成文集》(一)、中国建筑工业出版社,1982,第 183 页)
2-36 《营造法式》绘转轮藏外观图
2-37 人与转轮运动方向示意图
2-38 箭矢飞行轨道的古今看法图
2-39 考古工作者发掘唐代铁牛的场(朱启新先生赠送照片)(彩图)
2-40 曹冲称象绘图
2-41 近代液体比重计之一
2-42 以鸡蛋测试盐水浓度
2-43 莲筒
2-44 堤坝及其静水压强示意图
2-45 尾闾
2-46 宋杨甲《六经图考》绘唐吕才刻漏图
2-47 发绳应力实验及简单拉伸示意图
2-48 墨家讨论梁与绳的力学特性
2-49 辐条与车毂接合尺寸比例
2-50 曾侯乙墓衣箱上绘弋射图(引自《文物》1993 年 6 期,第 83 页)
2-51 《天工开物》绘“试弓定力”图
2-52 弓干各部分名称及其构成材料
2-53 床子弩(b 图引自《文物》1985 年 5 期,第 69 页)
2-54 测试弩弓弹力的新方法
2-55 河姆渡遗址矩形梁(引自《考古学报》1978 年 1 期,第 47 页)
2-56 宋代唐慎微绘晶体图(引自《证类本草》)
2-57 近代绘雪花图
2-58 巴罗设想的密堆积(引自 W. Barlow, Nature, 29(1883), 186)
2-59 内蒙古呼和浩特市南托克托出土汉代石质日晷面(引自中国社会科学院考古研究所编著,《中国古代天文文物图集》,第 43 页,图四一,北京:文物出版社,1980)
2-60 地平方位图
2-61 元代王祯《农书》绘田漏,其下壶标有十二辰的白昼时辰
2-62 刘仙洲复原明代詹希元五轮沙漏(引自刘仙洲《中国机械工程发明史》,科学出版社,1962)
2-63 明末从欧洲传入中国的水钟(引自邓玉函口授,王徵译绘《远西奇器图说》)
2-64 徐朝俊设计制造的闹钟盘(引自徐朝俊《自鸣钟表图法》)
2-65 清中叶钟表师徐朝俊设计的新式日晷(引自徐朝俊《日晷测时图法》)
2-66 春秋“左伯君铜权”和邾国铜权(引自国家计量总局主编《中国古代度量衡图集》,北京:文物出版社,1981,第 103 页,单色图 153,154)
2-67 商鞅铜方升(引自同 2—66)(彩图)
2-68 新莽铜嘉量(引自同 2—66)
2-69 新莽嘉量上各种量具示意图(引自刘复文,《辅仁学志》第 1 卷第 1 期,1928 年,第 2 页)
2-70 新莽铜卡尺的鱼背,正面及背面拓片(引自《中国历史博物馆馆刊》1979 年第 1 期,第 94—97 页)

2-71　新莽铜卡尺结构图(引自同 2-70)
2-72　新莽铜卡尺刻线原理和读法示意图(引自同 2-70)
2-73　新莽铜卡尺使用示意图(引自同 2-70)
2-74　山西永济县永乐宫三清殿壁画:校正尺度(引自《新中国的考古收获》,北京:文物出版社,1961,图版一二八)(彩图)
2-75　朱载堉的三种黍尺(引自朱载堉《律吕精义内篇》卷五)
2-76　朱载堉的律龠(引自同 2-75,卷十)

3-1　公元前 6000 年河姆渡遗址中太阳图画(引自《考古》1993 年 6 期,第 551 页;《文物》1992 年 4 期,第 59 页)
3-2　公元前 5000 年郑州大河村遗址陶器上的太阳图画(引自《文物》1992 年 4 期,第 59 页)
3-3　远古时期的表意性太阳图(引自同 3-1)
3-4　汉代日月画像石(引自山东省博物馆等编,《山东汉画像石选集》,图 169、170、171,济南:齐鲁书社,1982)
3-5　汉代端灯侍女画像石(引自南阳汉代画像石编委会,《南阳汉代画像石》,图 171,北京:文物出版社,1985)
3-6　汉代长信宫灯(引自《满城汉墓发掘报告》,文物出版社,1980)(彩图)
3-7　汉代凤鸟铜灯(引自同 3-6;《文物》1972 年 5 期,第 22 页;高丰等,《中国灯具简史》,第 25 页)
3-8　东汉铜圭表(引自中国社会科学院考古研究所编著《中国古代天文文物图集》、文物出版社,1980)
3-9　洛阳金村出土汉代日晷(引自同 3-8)
3-10　重影
3-11　反射光成影
3-12　竿影之一(引自洪震寰,《科学史集刊》第 4 期(1962))
3-13　竿影之二(引自钱临照,见方励之主编《科学史论集》,中国科学技术大学出版社,1987)
3-14　竿影之三(引自方孝博《墨经中的数学和物理学》,第 85 页,中国社会科学出版社,1983)
3-15　方以智的小孔衍射实验
3-16　清代金昆等绘《庆丰图》(引自中国艺术研究院音乐研究所编《中国音乐史图鉴》,人民音乐出版社,1988)(彩图)
3-17　小孔成像
3-18　郑复光绘“塔影倒垂”光路图(引自郑复光《镜镜诊痴》)
3-19　赵友钦实验室
3-20　郭守敬的景符,阙几和仰仪示意图(引自中国天文学史整理研究小组《中国天文学史》,科学出版社,1981,页 179—180)
3-21　李诫《营造法式》绘望筒
3-22　河南偃师杏园北魏铜镜(引自《考古》1991 年第 9 期,第 830 页)
3-23　浙江龙游县东华山汉代铜镜(引自《考古》1993 年第 4 期,第 338 页)
3-24　晋顾恺之绘《女史箴》图局部(引自《中国历代服饰》图 143,上海学林出版社,1984)(彩图)
3-25　开管式潜望镜(引自《物理通报》1957 年 7 期,第 394 页)
3-26　凹面镜成像
3-27　凸面镜成像
3-28　“镜形如杯”的柱面镜成像
3-29　西汉透光镜(引自阮崇武等《中国透光古铜镜的奥秘》,上海科学技术出版社,1982)(彩图)
3-30　不等曲率镜面的反射(同 3-29)

3-31 透镜光路图
3-32 反射"四镜"说(引自王锦光等《中国光学史》,湖南教育出版社,1986,第 100 页)
3-33 透射"四镜"说(引自徐克明文,《自然科学史研究》1989 年 1 期,第 54 页)
3-34 谭峭的"四镜"
3-35 圭视者大
3-36 珠视者小
3-37 砥视者正
3-38 盂视者倒
3-39 道士收集的古圭之一
3-40 青华酒杯及其成像图
3-41 青华酒杯成像光路图
3-42 郑复光绘色度图
3-43 汉代雨虹画像石(引自南阳汉代画像石编辑委员会编《南阳汉代画像石》图 36,文物出版社,1985)
3-44 西安唐墓出土的白石英和紫石英(引自《文化大革命期间出土文物》,文物出版社,1972,第 66 页)

4-1 在河南舞阳县贾湖村发掘的公元前 60 世纪的骨笛(引自《文物》1989 年 1 期,第 12 页)(彩图)
4-2 贾湖骨笛各音孔与吹口的距离(引自李纯一,《中国上古出土乐器综论》,第 359 页,文物出版社,1996)
4-3 山西侯马出土春秋中叶晋国编钟(引自《考古》1963 年 5 期,图版 3-8)
4-4 曾侯乙编钟(引自《曾侯乙墓》,文物出版社,1989)(彩图)
4-5 曾侯乙钟的十二律半音音阶
4-6 《吕氏春秋》相生法
4-7 《淮南子·天文训》生律法
4-8 荀勖黄钟笛比例示意图(引自杨荫浏《中国古代音乐史稿》上册,人民音乐出版社,1981)
4-9 两端固定的弦振动
4-10 安阳大司空村殷铙(引自《考古学报》1979 年 1 期)
4-11 琴的构造(引自《中国大百科全书·音乐卷》)
4-12 荣启期弹琴(引自同 3-16)
4-13 宋人摹顾恺之《斲琴图》之局部(引自郑振铎编《伟大的艺术传统图录》,中国古典艺术出版社,1956)(彩图)
4-14 阮咸弹阮(引自同 3-16)
4-15 朱载堉塑像(沁阳市朱载堉纪念馆藏)
4-16 曾侯乙墓出土的均钟木(引自同 4-4)
4-17 宋代陈旸绘京房准(引自陈旸《乐书》卷一四六)
4-18 长沙马王堆汉墓出土律管(引自《长沙马王堆一号汉墓发掘简报》,文物出版社,1973)(彩图)
4-19 朱载堉的新制律准(引自《律学新说》卷一)
4-20 朱载堉的异径律管(引自《律吕精义内篇》卷八)
4-21 夹墙声波反射示意图
4-22 推测陈遵测距离示意图
4-23 建于 13 世纪的晋南舞台(引自戴念祖《中国声学史》,河北教育出版社,1994,第 459 页)(彩图)
4-24 北京故宫清代漱芳斋戏台(引自同 3-16)(彩图)
4-25 清人绘北京茶园演戏图(引自同 3-16)(彩图)
4-26 山西南部当代舞台建筑中的深坑和陶瓮(引自同 4-23,第 455 页)

4-27　天坛内建筑:回音壁和圜丘(引自景长顺等编《天坛》画册,新华出版社,1994)(彩图)
4-28　回音壁声波反射示意图
4-29　莺莺塔塔檐声波反射示意图(引自丁士章等《世界奇塔莺莺塔之谜》,西安交通大学出版社,1989)
4-30　喷水鱼洗及其内底鱼纹拓片(引自同 4-23,第 445 页)
4-31　鱼洗周壁振动节线及其相应的水面驻波
4-32　曾侯乙笙匏及簧片(引自李纯一《中国上古出土乐器综论》,文物出版社,1996)
4-33　笙结构示意图
4-34　曾侯乙编磬(引自同 4-4)(彩图)
4-35　铜鼓(引自《古代铜鼓学术讨论会论文集》,文物出版社,1982)
4-36　古代铜鼓的加工刮痕之一(引自《自然科学史研究》1989 年 4 期,第 339 页)
4-37　圆形板振动的纵、横节线
4-38　编钟各部分名称
4-39　欧洲圆形钟
4-40　编钟钟口及其纵、横剖面
4-41　双音钟右鼓标志(a 引自《文物》1994 年第 9 期,第 88 页;b 引自《文物》1994 年第 1 期,第 22 页;c、d 引自《音乐研究》1988 年第 1 期)
4-42　实验测绘的编钟节线图例(引自《声学学报》1980 年 3 期,第 161 页)
4-43　宋代陈旸《乐书》绘錞于
4-44　梅花调各笛孔音高图
4-45　亥姆霍茨共鸣器的形状之一
4-46　《武经总要》绘瓮听和地听

5-1　王振铎复原的微型司南模型(引自王振铎《科技考古论丛》,文物出版社,1989)
5-2　《武经总要》载指南鱼复原图(引自同 5-1)
5-3　《事林广记》载指南鱼复原图(引自同 5-1)
5-4　《事林广记》载指南龟复原图(引自同 5-1)
5-5　元代"针碗"(a 引自《文物》1959 年 6 期,第 59 页图 8;b 引自《考古》1966 年 2 期,第 99 页)
5-6　沈括和寇宗奭记述的 4 种指南针安装法(引自同 5-1)
5-7　安徽阜阳出土侯栻盘(引自《考古》1978 年 5 期,第 340 页)
5-8　汉栻占铜地盘 24 方位图(引自同 5-1)
5-9　明《罗经解》绘三针图(引自同 5-1)
5-10　张仙人瓷俑(引自《考古》1988 年 4 期,图版 3)
5-11　北京故宫博物院藏明代瓷罗盘(引自同 5-1)(彩图)
5-12　明代铜水罗盘构造图(引自同 5-1)
5-13　近代温州制航海旱罗盘(引自同 5-1)
5-14　装于陀螺中的罗盘(引自《皇朝礼器图式》卷三)
5-15　周达观航海路线图(引自夏鼐《真腊风土记校注》,中华书局,1981,第 24 页)

6-1　《武备志》绘钢轮匣机件图(引自茅元仪《武备志》卷一四三)
6-2　三种钢轮匣的结构复原图(引自刘仙洲,《文物》1973 年 11 期,第 46 页)
6-3　景颇族人发明的取火器
6-4　四川邛窑出土的省油灯(引自《文物》1986 年 12 期,第 78 页)
6-5　辽宁北票水泉一号辽墓出土省油灯及其剖面图(引自同 6-4)

6-6 铜玄武灯座(引自《文物》1984年8期,第47页)
6-7 走马灯
6-8 战国曾侯乙铜制保温器(引自《随县曾侯乙墓》,文物出版社,1980)(彩图)

7-1 《远镜说》绘望远镜
7-2 《新制灵台仪象志》中的物质相对比重表
7-3 南怀仁介绍的温度计和湿度计
7-4 汤若望《远镜说》与伽利略《星际使者》中的月面图
7-5 汤若望《远镜说》与伽利略《星际使者》中的星团图
7-6 欧洲早期夹鼻式眼镜(引自时得之文,《文物天地》1988年第3期)
7-7 欧洲1380年绘圣保罗像(引自同7-6)
7-8 明人绘《南都繁会景物图卷》局部(引自同7-6)
7-9 江苏吴县祥里村毕沅墓出土眼镜(引自同7-6)
7-10 伽利略式望远镜
7-11 以影画器观测日食
7-12 《皇朝礼器图式》绘摄光千里镜
7-13 郑复光绘摄光千里镜及其光路
7-14 格雷戈里式望远镜及惠更斯式目镜
7-15 《皇朝礼器图式》绘测量望远镜
7-16 开普勒式望远镜及其光路
7-17 黄履创制"千里镜"(引自王锦光、洪震寰《中国光学史》,163页)
7-18 中世纪欧洲自鸣钟及其梳摆(引自沃尔夫著,周昌忠等译,《十六、十七世纪科学、技术和哲学史》。商务印书馆,1985,124页)
7-19 《琉球国志略》绘沙漏
7-20 邹伯奇改进的欧洲水钟(引自《邹征君遗书·答友人漏箭筒法》)
7-21 《新制诸器图说》绘轮壶
7-22 《古今图书集成》绘闹钟
7-23 北京故宫藏闹钟
7-24 《皇朝礼器图式》绘清宫制自鸣钟
7-25 《皇朝礼器图式》绘清宫制时辰表
7-26 《皇朝礼器图式》绘六合验时仪(左),北京故宫藏实物(右)(后者引自白尚恕、李迪文,《科技史文集》第12辑,第153页)
7-27 徐朝俊《钟表图说》绘六种钟摆
7-28 《远西奇器图说》绘藤线器
7-29 《远西奇器图说》绘水铳
7-30 《泰西水法》绘龙尾水车(引自徐光启著、石声汉校注《农政全书校注》,上海古籍出版社,1979,第485页
7-31 《交食历指》绘满景图
7-32 《交食历指》绘折射光路
7-33 镜心测高之法(引自利玛窦、徐光启合译《测量法义》)
7-34 郑复光绘小孔成像和透镜成像光路
7-35 汤若望《远镜说》绘凹透镜、凸透镜及视觉矫正图
7-36 郑复光定义"镜光线"

7-37 郑复光以“顺三限”释凸透镜成像
7-38 所谓“顺三限”的现代释义图
7-39 郑复光绘凹透镜及视觉矫正光路
7-40 郑复光关于凸透镜对日反射与透射的新发现图
7-41 郑复光绘“双副眼镜”部件
7-42 郑复光制显微镜
7-43 商灯部件
7-44 诸葛灯部件
7-45 旧式取景镜
7-46 取景器原理图
7-47 新式取景器部件
7-48 放字镜部件
7-49 放字镜原理图
7-50 万花筒部件
7-51 罗汉堂部件
7-52 视日镜部件
7-53 测日食镜部件
7-54 邹伯奇设计开普勒式望远镜
7-55 惠更斯目镜和拉姆斯登目镜
7-56 渐晕现象
7-57 卡塞格林望远镜
7-58 邹伯奇定义“远镜之力”
7-59 邹伯奇的几何光学习题图
7-60 邹伯奇自拍像
7-61 李善兰像
7-62 《声学》书影
7-63 《光学》书影
7-64 《通物电光》书影
7-65 丁铎尔《声学》第三版“序”
7-66 徐寿像
7-67 学生贵荣为1874年月考题作图(引自朱有瓛《中国近代学制史料》第一辑上册,华东师范大学出版社,1983)

二、表 录

2-1 古籍记载的晶体古今名称对应表
2-2 历代回归年、朔望月长度对日数的换算
2-3 六十干支表
2-4 十二时辰与今日24小时计时法的对应关系
2-5 将一辰分为12个分单位的加时制
2-6 历代常用尺度表

4-1 十二律与五声、七声

4-2 贾湖骨笛测音结果
4-3 侯马钟实测频率与《管子·地员》理论计算比较表
4-4 曾侯乙编钟的音阶
4-5 三分损益七声音阶与纯律和五度律音阶之比较
4-6 祖孝孙律与三分损益律、等程律之比较
4-7 荀勖笛上三宫位置及传统十二律律长
4-8 何承天新律
4-9 何承天新律与等程律比较
4-10 刘焯律
4-11 王朴律
4-12 五度律音阶与纯律大小音阶
4-13 中义钟的中鼓-侧鼓音程
4-14 柞钟的中鼓-侧鼓音程
4-15 十三徽在琴上的位置
4-16 十二等程律各参数
4-17 朱载堉计算的倍、正、半三十六律的数据
4-18 朱载堉关于等比数列各项计算公式
4-19 阮逸、胡瑗律管数据
4-20 朱载堉 36 支律管数据

7-1《新制灵台仪象志》中的六个折射表

三、谱 例

4-1 琉璃阁殷墓五音孔陶埙
4-2 小屯殷墓五音孔陶埙
4-3 侯马编钟的测音
4-4 琴与瑟的定弦

参 考 文 献

古典文献

(1910 年以前书目,包括今人对古典文献的注、校、释等书目)

A

艾约瑟[英]口译,张福僖笔述,光论,灵鹣阁丛书本,丛书集成初编本

艾约瑟[英]纂辑,1872～1875,中西闻见录,北京施医院编辑出版

敖英(明)撰,绿雪亭杂言,说郛(商务印书馆)本

B

班固(东汉)撰,1983,汉书,中华书局校点本

博明希哲(清)撰,1801,西斋偶得,嘉庆辛酉年刻本

毕沅(清)撰,墨子注,丛书集成初编本

C

曹绍(元)撰,安雅堂酒令,说郛(商务印书馆)本

曹昭(明)撰,格古要论,四库全书本

晁说之(宋)撰,晁氏客语,说郛(商务印书馆)本

陈椿(元)撰,熬波图,四库全书,台湾:商务印书馆影印(以下凡引《四库全书》本均同此)本

陈某(五代)(一说"龙明子")撰,葆光录,丛书集成初编本

陈鼓应注译,1984,老子注译及评介,中华书局

陈鼓应注译,1983,庄子今注今译,中华书局

陈元龙(清)撰,格致镜源,四库全书本

陈彭年(宋)撰,江南别录,说郛,商务印书馆本

陈霆(明)撰,两山墨谈,丛书集成初编本

陈子龙(明)等辑,1962,明经世文编,中华书局

陈旉(宋)撰,1956,农书(又题"陈旉农书"),中华书局

陈寿(晋)撰,1982,三国志,中华书局校点本

陈元靓(宋)撰,长泽规矩也[日]编,1990,事林广记(全名"新编纂图增类群书类要事林广记"或"纂图增类事林广记"),至元郑氏积学堂刊本;和刻本类书集成第一辑,上海古籍出版社影印

陈元靓(宋)撰,岁时广记,丛书集成初编本

陈翥(宋)撰,桐谱,丛书集成初编本

陈旸(宋)撰,乐书,四库全书本

陈开俊、戴树英等译,1983,马可波罗游记,福建科技出版社

陈澧(清)撰,声律通考,番禺陈氏东塾丛书本

陈万鼐著,1992,朱载堉研究,故宫丛刊甲种(台北)

陈师道(宋)撰,后山谈丛,四库全书本

程瑶田(清)撰,考工创物小记,皇清经解本

程大昌(宋)撰,演繁露,四库全书本

蔡襄(宋)撰,茶录,说郛,商务印书馆

蔡邕(汉),王谟(清)辑,月令章句,汉魏遗书钞本

蔡絛(宋)撰,铁围山丛谈,四库全书本

蔡元定(宋)撰,律吕新书,四库全书本
崔豹(晋)撰,古今注,四库全书本
崔旦(明)撰,海运编,丛书集成初编本
常璩(晋)撰,华阳国志,四部丛刊本
岑仲勉撰,1958,墨子城守各篇简注,北京古籍出版社
曹允源等纂,1933,吴县志,苏州文新公司

D

董浩等(清)编,1983,全唐文,北京中华书局
董仲舒(汉)撰,春秋繁露,四库全书本
董逌(宋)撰,广川书跋,四库全书本
戴震(清)撰,1955,考工记图,上海:商务印书馆
杜宝(隋)撰,马国翰(清)辑,水饰,玉函山房辑佚书本
杜牧(唐)注,考工记注,琳琅秘室丛书本
杜光庭(宋)撰,录异记,道藏本
杜绾(宋)撰,云林石谱,丛书集成初编本
都邛(明)撰,三余赘笔,丛书集成初编本
丁韪良[美]译著,1869,格物入门,日本明親館本;1899,上海美华书馆重订铅印本
丁韪良[美]译著,1883,格物测算,北京京师同文馆
丁福保(清)编,1959,全汉三国晋南北朝诗,中华书局
段成式(唐)撰,方南生点校,1981,酉阳杂俎,中华书局
邓玉函[德]口授,王徵译绘,远西奇器图说录最,明天启年间刊本,丛书集成初编本
段安节(唐)撰,1958,乐府杂录,中华书局

E

额伏烈特[英]著,1903,额伏烈特物理学,京师大学堂译书局

F

符朗(晋)撰,马国翰(清)辑,苻子,玉函山房辑佚书,鄉嬛馆本
符某(汉)撰,归有光(明)辑评,符子,诸子汇函本
傅兰雅[英]主编,1876～1892,格致汇编,上海
傅兰雅[英]撰,1882～1894,格致须知,上海格致书室本
傅兰雅[英]辑译,1885～1894,格致图说,益智书会本
范晔(刘宋)撰,1982,后汉书,中华书局校点本
范耕研撰,1935,墨辩疏证,商务印书馆
冯云鹏、冯云鹓(清),金石索,道光元年刻本
房玄龄等(唐)撰,1982,晋书,中华书局点校本
费衮(宋)撰,梁谿漫志,四库全书本
方以智(明)撰,物理小识,万有文库本
饭盛挺造[日]编纂,丹波敬三、柴田承桂[日]校补,藤田丰八[日]译,王季烈(清)润色重编,1900～1903,物理学,上海江南制造局
富察敦崇(清)撰,1983,燕京岁时记,北京古籍出版社
樊绰(唐)撰,赵吕甫校释,云南志校释,1985,中国社会科学出版社

G

郭璞(晋)注,邢昺(宋)疏,尔雅注疏,十三经注疏本
郭璞(晋)注,穆天子传,四库全书本。
郭璞(晋)撰,1958,(足本)山海经图赞,北京,古典文学出版社
郭柏苍(清)撰,海错一百录,郭氏丛刻本
郭彖(宋)撰,睽车志,四库全书本

郭宪(汉)撰,洞冥记,四库全书本
郭若虚(宋)撰,图画见闻录,丛书集成初编本
郭庆藩(清)辑,庄子集释,中华书局,新编诸子集成本
高文虎(宋)撰,蓼花洲闻录,丛书集成初编本
高亨撰,1962,墨经校诠,中华书局
高承(宋)撰,李果(明)订,1989,事物纪原,中华书局
葛洪(晋)撰,孙星衍(清)校正,抱朴子,诸子集成本
谷神子(又题许还古)(唐)撰,1980,博异志,中华书局
顾野王(梁)撰,孙强(唐)增字,陈彭年等(宋)重修,重修玉篇,四库全书本
公孙龙(周)撰,谢希深(宋)注,公孙龙子,四部备要本
格雷戈里·西蒙斯[英]著,刘光照译,1910,初等理化教科书,上海
管仲(周)撰,尹知章(唐)注,戴望(清)校正,管子校正,诸子集成本
干宝(晋)撰,搜神记,四库全书本
桂万荣(宋)撰,棠阴比事,四库全书本

H

何薳(宋)撰,张明华点校,1983,春渚纪闻,中华书局
合信[英]著,1855,博物新编,上海墨海书馆
赫士[美]口译,朱葆琛笔述,周文源校阅,1898,光学揭要,登州文会馆
赫士[美]口译,刘永贵笔述,1897,热学揭要,登州文会馆
赫士[美]口译,朱葆琛笔述,1893,声学揭要,登州文会馆
韩婴(汉)撰,赵怀玉(清)校并补遗,韩诗外传,龙豁精舍丛书本
韩婴(汉)撰,王仁俊(清)辑,韩诗外传佚文,经籍佚文本
黄奭(清)辑,1982,神农本草经,中医古籍出版社
黄鉴(宋)辑,杨公文谈苑,说郛(商务印书馆)本
侯失勒[英]著,伟烈亚力口译,李善兰删述,徐建寅续述,1879,谈天,上海江南制造局
洪刍(宋)撰,香谱,丛书集成初编本
洪迈(宋)撰,夷坚志,四库全书本
皇甫牧(宋)撰,玉匣记,说郛(宛委山堂)本
胡威立[英]著,艾约瑟口译,李善兰笔述,1866,重学,金陵书局

J

蒋一彪(明)撰,古文参同契集解,丛书集成初编本
蒋友仁[法]译,何国宗,钱大昕(清)笔述,地球图说,丛书集成初编本
贾思勰(北魏)撰,齐民要术,四库全书本
贾思勰(北魏)撰,1982,齐民要术,农业出版社
贾谊(汉)撰,卢文弨(清)校,新书,丛书集成初编本
江邻几(宋)撰,嘉祐杂志,四库全书本
江永(清)撰,律吕阐微,四库全书本
江永(清)撰,律吕新论,四库全书本
江少虞(宋)撰,事实类苑,四库全书本
焦循(清)撰,孟子正义,诸子集成本
焦勖(明)、汤若望[德]合撰,火攻挈要,丛书集成初编本
揭暄(清)撰,璇玑遗述,刻鹄斋丛书本。
金幼孜(明)撰,北征录(又名《北征记》),说郛续(商务印书馆)本
靳浦(清)撰,治河方略,中国水利珍本丛书本
嵇康(三国魏)著,吉联抗译注,1987,声无哀乐论,人民音乐出版社

K

克尔[英]著，卫理[美]口译，范熙庸笔述，1898，无线电报，上海江南制造局
孔鲋(汉)撰，孔丛子，丛书集成初编本
孔安国(汉)传，孔颖达(唐)疏，尚书正义，十三经注疏本
崑冈(清)等纂修，1909，(钦定)大清会典，商务印书馆影印
康熙(清)御制，1960，全唐诗，北京：中华书局
寇宗奭(宋)撰，本草衍义，丛书集成初编本

L

李百荮(唐)撰，1983，北齐书，北京：中华书局校点本
李昉(宋)等撰，1981，太平广记，中华书局
李昉(宋)等撰，太平御览，四部丛刊本
李延年(唐)撰，1983，北史，中华书局校点本
李时珍(明)撰，1982，本草纲目，人民卫生出版社校点本
李世南(隋)撰，北堂书钞，四库全书本
李诫(宋)撰，1954，营造法式，商务印书馆
李调元(清)撰，淡墨录，丛书集成初编本
李吉甫(唐)撰，贺次君点校，1983，元和郡县图志，中华书局
李延寿(唐)撰，1983，南史，中华书局校点本
李廌(宋)撰，师友谈记，丛书集成初编本
李筌(唐)撰，(神机制敌)太白阴经，四库全书本
李肇(唐)撰，1979，唐国史补，上海古籍出版社
李善兰(清)撰，火器真诀，则古昔斋算学本
利玛窦[意]、金尼阁[比]著，何高济等译，何兆武校，1983，利玛窦中国札记，中华书局
刘侗、于奕正(明)撰，1982，帝京景物略，北京古籍出版社
刘徽(晋)，李淳风(唐)等注，九章算术，四部丛刊本
刘岳云(清)撰，1896，格物中法，食旧德斋集本
刘献庭(清)撰，1957，广阳杂记，中华书局校点本
刘安(汉)撰，高诱注，淮南万毕术(又题“万毕术”)，郎園先生全书本，马总(唐)《意林》辑本
刘安(汉)撰，高诱注，淮南子，诸子集成本
刘昫等(后晋)撰，1975，旧唐书，中华书局校点本
刘恂(唐)撰，岭表录异，丛书集成初编本
刘歆(汉)撰(一说晋葛洪撰)，1985，西京杂记，中华书局点校本
刘基(明)、焦玉(明)辑，火龙经，南阳石室刻本
刘基(明)撰，诚意伯文集，四库全书本
刘义庆(刘宋)撰，刘孝标(梁)，世说新语，四部丛刊本
刘跂(宋)撰，暇日记，说郛(商务印书馆)本
刘敬叔(刘宋)撰，异苑，四库全书本
刘昼(北齐)撰，袁孝政(唐)注，刘子，丛书集成初编本
刘熙(汉)撰，释名，四库全书本
刘智(晋)撰，王仁俊(清)辑，论天，玉函山房辑佚书本
梁章钜(清)撰，1981，归田锁记，中华书局校点本
梁启超撰，1924；1936，墨经校释，商务印书馆；中华书局
林景熙(宋)撰，霁山文集，丛书集成初编本
林洪(宋)撰，山家清事，说郛(宛委山堂)本
陆游(宋)撰，1979，老学庵筆记，中华书局校点本
陆佃(宋)撰，埤雅，丛书集成初编本

陆深(明)撰,蜀都杂抄,丛书集成初编本
陆容(明)撰,1985,菽园杂记,中华书局点校本
令狐德棻等(唐)撰,1983,周书,中华书局点校本
郎瑛(明)撰,1959,七修类稿,中华书局明清笔记丛刊本
吕不韦(秦)撰,高诱(汉)注,吕氏春秋,诸子集成本
吕坤(明)撰,救命书,丛书集成初编本
郦道元(北魏)注,王国维校,1984,水经注校,上海人民出版社
罗颀(明)撰,物原,丛书集成初编本

M

马永卿(宋)撰,嬾真子,四库全书本
马格纳斐立[英]著,严文炳译,常福元重订,吴孟龙校阅,1906,力学课编,学部编译图书局
马总(唐)辑,意林,四部备要本
墨翟等(战国)撰,墨子,道藏本
莫耳登[美]等撰,傅兰雅[英]口译,王季烈笔述,1899,通物电光,上海江南制造局
茅元仪(明)撰,1989,武备志,中国兵书集成本
孟元老(宋)撰,邓之诚注,1982,东京梦华录注,中华书局

N

瑙挨德[英]纂著,傅兰雅口译,徐建寅笔述,1879,电学,上海江南制造局
耐得翁(宋)撰,都城纪胜,四库全书本
南怀仁[比]著,验气图说,清康熙年间刻本
南怀仁[比]著,刘蕴德等筆受,1674,新制灵台仪象志,清康熙年间刻本
南卓(唐)撰,1958,羯鼓录,中华书局"中国文学参考资料丛书"本

O

欧阳修(宋)撰,李伟国点校,1981,归田录,中华书局
欧阳修(宋)撰,集古录,四库全书本
欧阳修(宋)撰,六一笔记,说郛(商务印书馆)本
欧阳修(宋)撰,1986,新五代史,中华书局
欧阳修,宋祁(宋)撰,1975,新唐书,中华书局
欧阳询(唐)撰,1985,艺文类聚,上海古籍出版社

P

潘荣陛(清)撰,1983,帝京岁时纪胜,北京古籍出版社
庞元英(宋)撰,文昌杂录,丛书集成初编本

Q

瞿昙悉达(唐)撰,唐开元占经,四库全书本
钱泳(清),履园丛话,笔记小说大观本
乾隆十一年敕撰,律吕正义后编,四库全书本
乾隆十四年敕撰,西清古鉴,四库全书本
乾隆三十一年敕撰,皇朝礼器图式,四库全书本

R

任昉(萧)撰,述异记,四库全书本
任光印、张汝霖(清)撰,澳门纪略,笔记小说大观本
阮元(清)撰,1935,畴人传,商务印书馆
阮元(清)撰,揅经室集,皇清经解本
阮逸(宋)、胡瑗(宋)撰,皇祐新乐图记,四库全书本
阮葵生(清)撰,茶余客话,丛书集成初编本

S

苏颂(宋)撰,钱熙祚校,新仪象法要,四库全书本
苏鹗(唐)撰,苏氏演义,四库全书本
苏鹗(宋)撰,杜阳杂编,四库全书本
苏轼(宋)撰,仇池笔记,四库全书本
苏轼(宋)撰,1981,东坡志林,中华书局点校本
苏轼(宋),沈括撰,1956,苏沈良方,人民卫生出版社
苏轼(宋)撰,物类相感志,丛书集成初编本
苏轼(宋)撰,格物粗谈,丛书集成初编本
孙珏(明)辑,古微书,丛书集成本
孙诒让(清)撰,墨子闲诂,诸子集成本
孙诒让(清)撰,周礼正义,十三经注疏本
孙武(春秋)撰,曹操等(魏)注,孙子十家注,诸子集成本
孙冯翼(清)辑,桓子新论,四部备要本
司马迁(汉)撰,裴骃(刘宋)集解,司马贞(唐)索引,张守节正义,1982,史记,中华书局校点本
尸佼(战国)撰,孙星衍(清)辑,尸子,四部备要本
施润章(清)撰,矩斋杂记,施愚山先生全集本
沈约(题梁,或唐张说)撰,梁四公记,说郛(宛委山堂)本
沈约(梁)撰,1983,宋书,中华书局点校本
沈括(宋)撰,梦溪笔谈,四库全书本
慎到(周)撰,钱熙祚(清)校辑,慎子,诸子集成本
盛弘之(刘宋)撰,荆州记,说郛(宛委山堂)本
宋慈(宋)撰,1981,洗冤集录,上海科技出版社
宋濂(明)撰,1983,元史,中华书局校点本
宋应星(明)撰,1976,论气,《宋应星佚著四种》,上海人民出版社
宋应星(明)撰,1933,天工开物,商务印书馆
沙克什(元)撰,河防通仪,丛书集成本
盛昱(清)辑录,康熙几暇格物编,光绪年间刊本

T

陶宗仪(元)撰,辍耕录(又题"南村辍耕录"),四部丛刊本
陶谷(五代)撰,清异录,说郛(商务印书馆)本
陶弘景(梁)注,鬼谷子,四部丛刊本
檀萃(清)撰,滇海虞衡志,丛书集成初编本
天历中官(元)撰,胡敬(清)辑,大元海运记,雪堂丛刻本
田大里[英]辑,金楷理[美]口译,赵元益笔述,1876,光学,上海江南制造局
田大里[英]辑,傅兰雅[英]口译,徐建寅笔述,1874,声学,上海江南制造局
田大里[英]辑,傅兰雅[英]口译,周郇笔述,1881,电学纲目,上海江南制造局
田艺蘅(明)撰,留青日札,丛书集成初编本
田艺蘅(明)撰,煮泉小品,说库本
田汝成(明)撰,西湖游览志余,四库全书本
脱脱等(元)撰,1977,宋史,中华书局校点本
脱脱等(元)撰,1983,金史,中华书局校点本
脱脱等(元)撰,1974,辽史,中华书局校点本
屠隆(亦作"屠龙",明)撰,考槃余事,丛书集成初编本
谭峭(南唐)撰,化书(又题"谭子化书"),四库全书本
谭戒甫撰,1981,墨经分类译注,中华书局

谭戒甫撰,1958,1964,墨辩发微,科学出版社,中华书局
汤若望[德]译著,远镜说,艺海珠尘本;丛书集书初编本

W

瓦特斯[英]辑,傅兰雅[英]口译,徐寿笔述,赵元益校录,1899,物体遇热改易记,上海江南制造局
万震(孙吴)撰,陈运溶(清)辑,南州异物志,麓山精舍丛书本
王弼(魏),韩康伯(晋)注,孔颖达(唐)正义,1980,周易兼义,十三经注疏本,中华书局影印
王端履(清)撰,重论文斋笔录,笔记小说大观本
王灼(宋)撰,1958,碧鸡漫志,中华书局"中国文学参考资料丛书"
王黼(宋)撰,宣和博古图,四库全书本
王聘珍(清)撰,王文锦点校,1983,大戴礼记解诂,中华书局
王度(唐)撰,古镜记,说郛(宛委山堂)本
王士性(明)撰,吕景琳点校,1981,广志绎,中华书局
王士祯(清)撰,分甘余话,四库全书本
王士祯(清)撰,香祖笔记,筆记小说大观本
王重民辑,1956,敦煌曲子词集,商务印书馆
王文禄(明)撰,海沂子,丛书集成初编本
王冰(唐)注,1963,黄帝内经,人民卫生出版社
王明清(宋)撰,挥麈录,四库全书本
王肃(魏)注,孔子家语,四部丛刊本
王充(汉)撰,论衡,诸子集成本
王闢之(宋)撰,1981,渑水燕谈录,中华书局校点本
王定保(五代)撰,唐摭言,丛书集成初编本
王谠(宋)撰,1985,唐语林,上海古籍出版社
王祯(元)撰,王毓瑚校,1981,王祯农书,农业出版社
王嘉(晋)撰,萧绮(梁)录,1981,拾遗记,中华书局点校本
王圻、王思义(明),1988,三才图会,上海古籍出版社
王符(东汉)撰,潜夫论,诸子集成本
王韬(清)编,1897,格致课艺汇编,光绪二十三年上海书局石印本
王徵(明)撰,新制诸器图说,丛书集成初编本
王先谦(清)撰,荀子集解,诸子集成本
王先慎(清)撰,韩非子集解,诸子集成本
王楙(宋)撰,野客丛书,四库全书
王恽(元)撰,玉堂嘉话,四库全书本
王弼(魏)注,孔颖达(唐)正义,周易正义,十三经注疏本
王肯堂(明)撰,1959,证治准绳,上海科技出版社
王夫之(明)撰,1956,张子正蒙注,古籍出版社点校本
王夫之(明)撰,1975,楚辞通释,上海人民出版社
王夫之(明)撰,1975,读四书大全说,中华书局
吴仁杰(宋)撰,离骚草木疏,四库全书本
魏伯阳(汉)撰,参同契(又题"周易参同契"),丛书集成初编本
魏泰(宋)撰,李裕民点校,1983,东轩笔录,中华书局
魏徵(唐)等撰,1982,隋书,中华书局校点本
魏收(北齐)撰,1984,魏书,中华书局校点本
文莹(宋)撰,1984,湘山野录,中华书局点校本
文莹(宋)撰,1984,玉壶清话(又题"玉壶野史"),中华书局点校本
文震亨(明)撰,长物志,丛书集成初编本

危素(明)撰,元海运志,丛书集成初编本
武则天(唐)撰,乐书要录,四库全书本
吾衍(元)撰,闲居录,四库全书本
吴自牧(宋)撰,1980,梦梁录,浙江人民出版社
吴曾(宋)撰,能改斋漫录,丛书集成初编本
吴处厚(宋)撰,1985,青箱杂记,中华书局点校本
韦绚(唐)撰,刘宾客嘉话录,说库本

X

夏纬英校,1981,管子地员篇校释,农业出版社
薛居正等(宋)撰,1976,旧五代史,中华书局
薛尚功(宋)撰,历代钟鼎彝器款识法贴,四库全书本
萧绎(梁)撰,金楼子,丛书集成初编本
萧子显(梁)撰,1983,南齐书,中华书局点校本
萧统(梁)编,李善(唐)注,文选,四部备要本
辛钘(旧题周)撰,钱熙祚(清)校勘,文子,四部备要本
熊三拔[意]口授,徐光启笔述,泰西水法
徐光启(明)撰,石声汉校注,西北农学院古农学研究室整理,1979,农政全书,上海古籍出版社
徐光启(明)等撰,新法算书,四库全书本
徐宗泽编,1933,增定徐文定公集,上海徐家汇天主堂藏书楼刻本
徐宗泽编著,1989,明清间耶稣会士译著提要,中华书局重印本
徐锡麟、钱泳(清),熙朝新语,笔记小说大观本
徐坚等(唐)撰,1989,初学记,中华书局
徐宏祖(明)撰,褚绍唐等整理,1982,徐霞客游记,上海古籍出版社
徐兢(宋)撰,宣和奉使高丽图经,丛书集成初编本
徐兆熊译述,王汝驸、陈炳华校勘,1908,电学测算,上海江南制造局
许慎(汉)撰,1963,说文解字,中华书局
玄应(唐,又作“元应”)(释)撰,一切经音义,丛书集成初编本
向达整理,1961,郑和航海图,中华书局

Y

虞世南(隋)撰,北堂书钞,四库全书
虞溥(晋)撰,江表传,玉函山房辑佚书本
杨屾(清)撰,1962,豳风广义,农业出版社校勘本
杨瑀(元)撰,山居新话,四库全书本
杨瑀(元)撰,观海市记,古今游记丛钞本
杨伯峻撰,1985,列子集释,中华书局新编诸子集成本
杨甲(宋)撰,毛邦翰补,六经图考,四库全书本
叶子奇(明)撰,1983,草木子,中华书局
叶梦得(宋)撰,宇文绍奕考异,1984,石林燕语,中华书局点校本
叶梦得(宋)撰,避暑录话,四库全书本
姚宽(宋)撰,西溪丛语,四库全书本
姚思廉(唐)撰,1982,陈书,中华书局校点本
姚思廉(唐)撰,1983,梁书,中华书局校点本
严可均(清)辑,1985,全上古三代秦汉三国六朝文,中华书局
袁柯校注,1980,山海经校注,上海古籍出版社
应拗谦(清)撰,古乐书,四库全书本
岳珂(宋)撰,1981,桯史,中华书局点校本

桓谭(汉)撰,孙冯翼(清)辑,新论,丛书集成初编本
颜之推(北齐)撰,颜氏家训,诸子集成本
尹文(题周)撰,钱熙祚(清)校,尹文子,诸子集成本
尹喜(题周)撰,关尹子,丛书集成初编本(道藏本,题"无上妙道元始真经")

Z

曾公亮(宋)等撰,1959,武经总要前集,中华书局影印本
曾三异(宋)撰,因话录,说郛(商务印书馆)本
曾敏行(宋)撰,独醒杂志,四库全书本
张华(晋)撰,范宁校证,1980,博物志校证,中华书局
张宁(明)撰,方洲杂录,丛书集成初编本
张鷟(唐)撰,朝野佥载,四库全书本
张鷟(唐)撰,耳目记,说郛(商务印书馆)本
张揖(北魏)撰,曹宪(隋)音释,广雅,丛书集成初编本
张岱(明)撰,陶庵梦忆,丛书集成初编本
张湛(晋)注,列子注,诸子集成本
张惠言(清)撰,墨子经说解,风雨楼秘笈留真本
张廷玉等(清)撰,1974,明史,中华书局点校本
张邦基(宋)撰,墨庄漫录,四库全书本
张燮(清)撰,东西洋考,丛书集成初编本
张君房(宋)撰,云笈七签,四库全书本
张耒(宋)撰,明道杂志,丛书集成初编本
张潮(清)辑,虞初新志,河北人民出版社(1985),小说笔记大观本,江苏广陵古籍刻印社(1984)
张世南(宋)撰,1981,游宦纪闻,中华书局点校本
张志和(唐)撰,玄真子,丛书集成初编本
赵爽(汉)注,李谆风(唐)注释,周髀算经,四部丛刊本
赵希鹄(宋)撰,洞天清录集,丛书集成初编本
赵翼(清)撰,陔余丛考,瓯北全集本
赵友钦(元)撰,革象新书,四库全书本
赵尔巽等撰,1977,清史稿,中华书局校点本
赵汝适(宋)撰,诸蕃志,四库全书本
赞宁(题宋)撰,感应类从志,说郛(宛委山堂)本
赞宁(题宋)撰,宋高僧传,四库全书本
左丘明(传春秋)撰,三国吴韦昭注,上海师范大学古籍整理研究所校点,1988,国语,上海古籍出版社
左丘明(传春秋)撰,杜预(晋)注,孔颖达(唐)疏,1980,春秋左传,十三经注疏本,中华书局影印
庄绰(宋)撰,鸡肋编,四库全书本
庄元臣(明)撰,叔苴子,丛书集成初编本
中村清二[日]撰著,学部编译图书局译,1906,近世物理学教科书,京师官书局
周煇(宋)撰,清波杂志,四库全书本
周密(元)撰,齐东野语,丛书集成初编本
周密(元)撰,乾淳岁时记,说郛本
周密(元)撰,癸辛杂识,四库全书本
周密(元)撰,云烟过眼录,四库全书本
周达观(元)撰,夏鼐校注,1981,真腊风土记校注,中华书局
周去非(宋)撰,岭外代答,丛书集成初编本
朱载堉(明)撰,律吕融通,《乐律全书》郑藩刻本
朱载堉(明)撰,律吕精义,《乐律全书》郑藩刻本

朱载堉(明)撰,律学新说,《乐律全书》郑藩刻本
朱载堉(明)撰,乐律全书,郑藩刻本
朱载堉(明)撰,乐学新说,《乐律全书》郑藩刻本
朱琰(清)撰,1988,陶说,天津古籍书店影印本
朱彧(宋)撰,萍洲可谈,丛书集成初编本
储泳(宋)撰,祛疑说,四库全书本
郑玄(汉)笺,孔颖达(唐)疏,1980,毛诗正义,十三经注疏本,中华书局
郑玄(汉)注,贾公彦(唐)疏,1980,周礼注疏,十三经注疏本,中华书局
郑玄(汉)注,孔颖达(唐)疏,陆德明音义,1980,礼记正义,十三经注疏本,中华书局
郑克(宋)撰,折狱龟鉴,四库全书本
郑若曾(明)撰,1990,筹海图编,中国兵器集成本,解放军出版社、辽沈书社
郑复光(清)著,镜镜诊痴,丛书集成初编本
郑复光(清)著,费隐与知录,清道光年间刊本
郑光祖(清)撰,1990,一斑录,北京中国书店
邹伯奇(清)撰,邹徵君遗书,同治十三年活字线装本
邹伯奇(清)撰,律数说,邹徵君遗书本
邹伯奇(清)撰,格术补,邹徵君遗书本,
邹伯奇(清)撰,摄影之器记,邹徵君遗书本
邹漪(清)撰,1932,启祯野乘,故宫博物院图书馆印本

作者不详

春秋考异邮,载孙瑴(明)辑《古微书·春秋纬》
春秋纬·元命苞,孙瑴(明)辑《古微书》
广古今五行记,佚名唐,旧小说(1957年)本
国史异纂,佚名唐,说郛(商务印书馆)本
海道经,佚名明,丛书集成初编本
两种海道针经:顺风相送、指南正法,明代成书,向达校注,1561,中华书局
尚书纬,考灵曜,西汉成书,孙瑴(明)辑《古微书》
真率笔记,佚名宋,说郛(宛委山堂)本
清学部审定科编,1908,物理学语汇,学部编译图书局

近代文献

A

亚里士多德[希腊]著,张竹明译,1982,物理学,商务印书馆

B

布喇格,W,H,,著,陈岳山译,1947,光的世界,商务印书馆

C

陈开俊、戴树英等译,1983,马可波罗游记,福建科学技术出版社

陈万鼐著,1992,朱载堉研究,故宫丛刊甲种(台北)

崔宪著,1997,曾侯乙编钟钟铭校释及其律学研究,人民音乐出版社

曹允源等纂,1933,吴县志,苏州文新公司

D

戴念祖主编,1994,20世纪上半叶中国物理学论文集粹,湖南教育出版社

戴念祖著,1988,中国力学史,河北教育出版社

戴念祖著,1994,中国声学史,河北教育出版社

戴念祖著,1986,朱载堉——明代的科学和艺术巨星,人民出版社

丁士章、吴寿鍠等著,1989,1995,世界奇塔莺莺塔之谜,西安交通大学出版社

杜石然等编著,1982,中国科学技术史稿,科学出版社

F

方励之主编,1987,科学史论集,中国科学技术大学出版社

方孝博著,1983,墨经中的数学和物理学,中国社会科学出版社

方豪著,1987,中西交通史,岳麓书社重印本

方豪著,1948,方豪文录,北平上智编译馆

方授楚著,1989,墨学源流,《中华文史精刊》复印本,上海书店,中华书局

樊洪业著,1992,耶稣会士与中国科学,人民大学出版社

G

伽利略〔意〕著,上海外国自然科学哲学著作编译组编,1974,关于托勒密和哥白尼两大世界体系的对话,上海人民出版社

高丰、孙建君著,1991,中国灯具简史,北京工艺美术出版社

故宫博物院编,1932,康熙与罗马使节关系文书,影印本

关洪著,1994,物理学史选讲,高等教育出版社

国家计量总局主编,1981,中国古代度量衡图集,文物出版社

关增建著,1991,中国古代物理思想探索,湖南教育出版社

H

黄翔鹏著,1990,传统是一条河流(音乐论集),人民音乐出版社

黄翔鹏著,1993,溯流探源,人民音乐出版社

黄翔鹏著,1997,中国人的音乐和音乐学,山东文艺出版社

杭州大学宋史研究室编,1985,沈括研究,浙江人民出版社

何丙郁等著,1995,中国科技史论文集,台北联经出版事业公司

何堂坤著,1992,中国古代铜镜技术研究,中国科学技术出版社

华同旭著,1991,中国漏刻,安徽科学技术出版社

湖北省博物馆、美国圣迭各加州大学、湖北省对外文化交流协会编,1992,曾侯乙编钟研究(论文集),湖北人民出版社

K

卡约里[美]著,戴念祖译,范岱年校,1981,物理学史,内蒙古人民出版社

孔祥星、刘一曼著,1984,中国古代铜镜,文物出版社

L

老亮著,1991,中国古代材料力学史,长沙:国防科技大学出版社

梁启超著,1992,墨子学案,上海书店影印《民国丛书》本

梁启超著,1989,饮冰室合集,中华书局

梁启超著,1936,中国近三百年学术史,中华书局

雷仕湛、应兴国编著,1982,光的世界,北京,科普出版社

陆燕贞等主编,1995,清宫钟表珍藏,香港:麒麟书业有限公司;北京:紫禁城出版社

栾调甫著,1957,墨子研究论文集,人民出版社

李志超著,1995,天人古义——中国科学史论纲,河南教育出版社

李纯一著,1994,先秦音乐史,人民音乐出版社

李纯一著,1996,中国上古出土乐器综论,文物出版社

刘仙洲著,1962,中国机械工程发明史,科学出版社

劳厄[德]著,范岱年、戴念祖译,1978,物理学史,商务印书馆

M

缪天瑞著,1983,律学,人民音乐出版社

P

潘吉星主编,1986,李约瑟文集,辽宁科技出版社

潘吉星著,1989,天工开物校注及研究,巴蜀书社

潘吉星著,1987,中国火箭技术史稿,科学出版社

裴化行(Henri Bernard)著,肖濬华译,1940,天主教十六世纪在华传教志,商务印书馆

Q

钱穆著,1930,墨子,商务印书馆《万有文库》本

R

任道斌著,1983,方以智年谱,安徽教育出版社

阮崇武、毛增填著,1982,中国透光古铜镜的奥秘,上海科技出版社

S

沈有鼎著,1982,墨经的逻辑学,中国社会科学出版社

孙机著,1996,中国圣火——中国古文物与东西文化交流中的若干问题,辽宁教育出版社

T

唐林等著,1991,音乐物理学导论,中国科学技术大学出版社

铁木生可,S,P,[美]著,常振檝译,1961,材料力学史,上海科学技术出版社

W

王宇信著,1989,甲骨学通论,中国社会科学出版社

王遽常编,1936,严几道年谱,商务印书馆

王振铎著,1989,科技考古论丛,文物出版社

王子初著,1995,荀勖笛律研究,人民音乐出版社

王锦光、洪震寰著,1986,中国光学史,湖南教育出版社

王锦光、洪震寰著,1990,中国古代物理学史略,河北科学技术出版社

闻人军著,1993,考工记译注,上海古籍出版社

魏特[德]著,杨丙辰译,1949,汤若望传,商务印书馆

万辅彬等著,1992,中国古代铜鼓科学研究,广西民族出版社

X

夏鼐著,1979,考古学和科技史,科学出版社

熊月之著,1994,西学东渐与晚清社会,上海人民出版社

Y

杨荫浏著,1980,中国古代音乐史稿,人民音乐出版社

Z

中国科学院考古研究所编,1965,甲骨文编,中华书局

中国社会科学院考古研究所编,1980,中国古代天文文物图集,文物出版社

赵匡华著,1990,化学通史,高等教育出版社

自然科学史研究所编,1980,1984,科技史文集(第6辑,第12辑),上海科技出版社

詹剑峰著,1981,墨子的哲学与科学,人民出版社

中国科学院自然科学史研究所编,1983,钱宝琮科学史论文选集,科学出版社

中国天文学史整理研究小组编著,1981,中国天文学史,科学出版社

章鸿釗著,石雅,上海书店《民国丛书》本

中国大百科全书·力学卷,1985.中国大百科全书出版社

中国大百科全书·物理卷,1987,中国大百科全书出版社

中国大百科全书·音乐舞蹈卷,1989,中国大百科全书出版社

朱有瓛主编,1983,中国近代学制史料(第一辑),华东师范大学出版社

中国艺术研究院音乐研究所编,1988,中国音乐史图鉴,人民音乐出版社

编著者不详

庆祝蔡元培先生65岁论文集,1933,北平

外国文献

山口鋭之助等编，1888 年，物理學術語和英獨佛對譯字書，東京，博聞社

Chen Cheng-Yih. 1996. Early Chinese Work in Natural Science. Hong Kong Univ. Press.

Chen Cheng-Yih. 1994. Two-Tone Set-Bells of Marquis Yi. World Scientific, Singapore.

Cohen , M. R. and Drabkin, I. E. ed 1958. A Source Book in GREEK Science. Harvard Univ. Press.

Doolittle ,J. 1872. A Vocabulary and Handbook of the Chinese Language. Foochow, Rozario, Marcal and Co.

Favaro, A. ed. 1965. Le Opere ai Galileo Galilei. Florence.

Frisinger ,H. H. 1977. The History of Meteorology ; to 1800. Science History Publications, New York

Helmholtz, H. von. A. J. Ellis, trans. 4th ed, 1912. On the Sensation of Tone, as a Physiological Basis for the Theory of Music. London

Hobson, B. 1858. A Medical Vocabulary in English and Chinese. Shanghae, Shanghae Mission press.

Jeans, J. 1968. Science and Music. Dover

Lobscheid, W. 1864. The Tourist's Guide and Merchant's Manual Hong Kong

Magie, W. F. 1965. A Source Book in Physics Harvard Univ. Press, Cambridge, Massachusetts

Mateer, C. W. ed. 1904. Technical Terms, English and Chinese.

Shanghai, Presbyterian Mission Press. Revised by Stuart, G. A. 1910. Shanghai, Methodist Publishing House.

Middleton, W. E. K. 1969. Invention of the Meteorological Instruments. The Johns Hopkins Press, Baltimore

Middleton, W. E. K. 1966. A History of the Thermometer and Its Use in Meteorology The Johns Hopkins Press, Baltimore

Needham, J. 1965. Science and Civlisation China. Vol. Ⅳ—Part Ⅱ Mechanical Engineering. Cambridge Univ. Press

Needham, J. 1962. Science and Civilisation in China. Vol. Ⅳ—Part Ⅰ Physics. Cambridge Univ. Press

Rayleigh, Lord. 1929. Theory of Sound. Dover Pub.

Roy, Claude. 1953. La Chine dans un Miroir Lausanne

Sachs Curt . 1942. The History of Musical Instruments. London.

Sarton. G. 1953. Introduction to the History of Science. Washington

Schoder, E. W. and Dawson. F. M. 1934. Hydraulics. Mc. Graw-Hill Book Company, Inc.

Singer, C. et al. 1957. A History of Technology (Vol. III). Oxford University Press.

Stadie, S. ed. 1980. The New Grove Dictionary of Music and Musicians. MacMillan.

Tyndall, John 1875. Sound. 3rd ed.

Väth ,A. 1933. Johann Adam Schall von Bell S. J. : Missionar in China, Kaiserlicher Astronom und Ratgeber am Hofe von Peking 1592～1666. Koln

Whittaker, E. 1951. A History of the Theories of Aether and Electricity (The Classical Theories). London, Reviced and Enlarged ed.

Wolf ,A. 1950. A History of Science, Technology and Philosophy in the XVIth and XVIIth Centuries. London, George Allen & Unwin Ltd. (中译本，周昌忠等译 . 1985.《十六、十七世纪科学、技术和哲学史》，商务印书馆)

Wylie ,A. 1867. Memorials of Protestant Missionaries to the Chinese. Shanghae, American Presbyterian Mission Press

主 题 索 引

（按汉语拼音字母顺序排列）

A

阿基米德螺旋 506,507
凹面镜 203,205

B

八度 283,288
八音盒 350
百刻制 144
被中香炉 9,11,68,71,421
比重 13,87,123,124,464
　比重计 88
　莲筒 91
变彩 251
变色 251
编钟 274,364,365,371
　侯马 275,276
　敬事天王 276,277
　曾侯乙 277,278,367,368
表面张力 14,92
　演示仪 92,93
表面现象 13,92
冰透镜 10,232,233
不倒翁 45,46
不等曲率镜(见透光镜)

C

侧三限 17,517
侧收限 517,518
测湿 446
测温 445
层流 96
超距作用 401,402
齿轮 9,20
冲力说 6,81
冲击波 337
纯律 282,297,312
磁幻术 406
磁排斥 10,401,403
磁偏角 13,410,415
磁屏蔽 402
磁倾角 13,410
磁吸引 400,401,403,405,406

D

大气压 11,104,105
单摆 464,503
导体 395,394
等比数列 308,309
等程律 11,14,265,288,289,290,293,301,303,306,309,312,314,317
笛律 290,292
地听器 13,382,385
地心地动说 543
动量矩 73,74
度量衡 150
　标准器 156,158,159
　标准尺 162
垛积术 140

F

返宫 283,312
反射 221,225,249,338,339,345,346,471;
放大镜 238
放电 389
放字镜(见幻灯)
沸腾 10,437
　递次沸腾 10
分层叠置 91
分光 13,249,250
分光镜 559
烽燧 172
浮力 82,84
浮体 11,84
复合透镜 116,240

颟—曾关系 277,278

G

杠杆 9,18,21,23,24,25,26,27
钢轮匣 429
嚆矢 351
隔声 345
格术 12,214,215
格物学(或格致学)3,579
功 76,77
共振 10,11,13,268,373,374,375,377,381
共鸣器(见地听器)
骨笛 7,264,272,322
管口校正 292,323,328
管乐器 357
惯性 51,52
光源 166,168,173

H

哈哈镜 216,525,526
何承天新律 293,294
合力 50
横梁高宽比 6,120～122
虹 11,246～249
虹吸管 13,100,101,102
滑轮 20,27,30～33
幻灯 11,193,524,525
幻容镜(见哈哈镜)
簧 358,359
回转仪(见被中香炉)
混响 343
火候 447
火箭 15
活塞点火器 430

J

记里鼓车 12,20
计时器 498
　沙漏 500
　水钟 500
　水运仪象台 499
　自鸣钟 499,500
　计时制 501
加速度 62(也见益疾里、减迟里)
焦点 11,214
焦距 17,214
角速度 63
尖端放电 394
尖劈 33
减迟里 5,62
桔槔 21
晶体 6,126
　形态 130
　对称 135
　赝形性 137,139
绝热压缩 430
绝缘体 393,394

K

空间 54,55,56,57

L

雷 392
　避雷 396,398
冷光 166,173,179
量光力器(今名辐射计) 560
灵渠 82,83
刘焯律 294
辘轳 9,20,27,29,30
露 438
律 270
　60 律 285
　360 律 285
律管 158,321,325
律吕 270
律学 271
律龠 161,162
律准 319
　京房准 319
　通 320
　陈仲儒准 320
　王朴准 321
　朱载堉准 325
轮轴 29
罗盘 14,417,421
螺旋 34,35,506

M

猛火油柜(见液压泵)

密堆积 140,142
摩擦 51,426,427,429

N

能 77
浓度 88,90

P

喷水鱼洗 14,352
平衡环(见被中香炉)
平面镜 206～208
　组合 209

Q

攲器 14,42
气压计 477
潜望镜 10,205,209
强度 464
琴徽 300,301,302
琴律 278,300～302
擒纵器 12,20
磬 362
球面镜 211
取景镜 523,524

R

燃烧 432,442
热传导 439,440,441
热的运动说 442
热辐射 452
热膨胀 435
热气球 450
热质 442
人造冰 433,434,439

S

三分损益 279～284
三棱镜 482
散射 183,192
色觉 244
　颉颃 246
　负后象 246
色散 472
闪燃点 426
摄影术 537～540
笙 266
声呐 349
声速 340
“声学”定义 236,264
声音 330
　声定义 262,263
　音定义 262,263
　分类 330
省油灯 440,441
湿度计 469,476
十二辰 147
时间 54,55,56,57
　单位 143～150
视觉 243,470
势 79,84,85,110
黍尺 161
术画 180～182
双音钟 7,367,368
水箱放水实验 98～100
水运仪象台 499
顺三限 17,515,517
顺收限 515,517
“四镜” 234～237
司南 408

T

太常寺 267
弹簧 114,115
弹力 114
弹性 11,113,114
探照灯 522
天体演化 443
天文钟 499
　水运仪象台 499
听音器(见地听器)
铜鼓 363
铜嘉量 156
铜卡尺 156,157
同律度量衡 274
“透光”镜 11,12,13,166,205,216～220
透镜 10,225,226,229,231,232,234～237
凸面镜 7,203,208,215
陀螺 67,68,421

W

弯曲 109,111
万花镜 526
王朴律 295
望远镜 17,473,477,482,488～491,492,493,494,495,497,498,511,520,527,528,559
温度计 467,476
物态 436
“物理”词义 1,2
物理学名词 563
五度律 282,290(也见三分损益)

X

吸引 387,390,391(也见磁吸引)
斜面 34,35～37
显微镜 17,494,495,496,498,520,522,535,559
响度 331,333
相对运动 64～67
相对性原理 6,10,71
新法密律 306,314(也见等程律)
漩涡 97,98
弦乐器 355～357
埙 273

Y

压强 94,95
眼镜 473,479,521
衍射 190,191,252,253,338,340
阳燧 166,204,205,211,212,214(也见凹面镜)
液压泵 12,13
益疾里 5,62
音差 284,290,295,298
　普通 298
　京房 285
　钱沈 286
　毕达哥拉斯 290
音调 331,333,356
音阶 270,271,278,279
音品 331,332,333
引火柴 429
应力 109,110
荧光 13,173,176
影戏 11,193
鱼洗(见喷水鱼洗)
约束 107
乐学 271
运动 58,59,61,62
　平动 60
　转动 60
　滚动 60
均(yun)钟木 268,278,300,318,319

Z

噪声 262
照度 200
照相机 17,537
折射 338,340;471,472
振动 264,336,354
蒸发 436
钟律 278,298
重心 38,39,42,44～47,462
重学 2,20
指极性 13,414
指南针 13,14,410,412
　指南鱼 410,411
　指南龟 411
　航海 421
指南车 12,20
质量 150
诸葛灯(见探照灯)
柱面镜(见哈哈镜)
自鸣(见共振)
自燃 430
自由落体 60,61
走马灯 451

书 名 索 引

（按汉语拼音字母顺序排列。本索引只含：1. 其作者不明或有争议者；2. 本书未标出其作者姓名者；3. 本书对其作过重点介绍者）

A

熬波图 14,88,90

B

葆光录 177
抱朴子 11,107
本草纲目 14,87,126,131～134,138
博物通书 560
博物志 10,230,389

C

春秋繁露 4,10,425
春秋考异邮 387
春秋纬·元命苞 65,392
春秋左传(见左传)

D

电学 550,560
电学纲目 551,560

F

符子 86

G

格术补 528～536
革象新书 14,198,199
关尹子 103,400,427,433,442
光论 549,558
光学 550,558,559
管子 9,57,94,96,97,115,229,275,276,278,280,332,335,364,399,427
鬼谷子 400
国语 9,121,277,279,298,318,425

H

韩非子 8,9,37,54,77,105,106,168,193,274,356,408,427
化书 11,234～238
淮南万毕术(又名万毕术)10,92,139,169,209,232,401,402,407,434,439
淮南子 2,4,10,40,50,51,60,75,78,82,169,171,174,178,211,214,215,243,281,301,333,348,392,400,401,421,434,442,444,446,448

J

羯鼓录 11,376,377
镜镜诊痴 17,510～520
九章算术 4,5,34,61～63,95,121,124

K

考工记 3～5,7,11,34,51,60,78,80,83,95,105,106,108,109,111,112,115,123,155,182,245,284,361,362,370,371,447

L

老子 56,100
礼记 21,27,30,157,176,243,263,282,322,332,334,427
力学课编 556
量光力器图说 560
灵台仪象志 461
列子 11,110,433,442
刘子 107,436
吕氏春秋 8,9,64,105,106,157,274,280,281,283,323,332,333,375,399,400,433,444
论衡 10,39,53,65,75,96,106,171,425,436,446

M

梦溪笔谈 12(见人名索引“沈括”)
孟子 97,99,123
墨经 3～5,7～10,25～27,32,34～36,38,49,50,53～56,58,60,61,65,85,109～111,163～165,185～187,195,206,211,215,243,442,447
墨子 7,8,21,22,27,29,60,374,382,383

S

尚书 274,425,442

尚书纬·考灵曜 4,6,10,17,71
慎子 24,393
神农本草经 126,404
声学 550,557,572
诗经 4,113,169,176,202,247,264,274,301,318,358,363,432
世说新语 45
尸子 56,65
数理格致(又称《奈端数理》,即牛顿的《自然哲学的数学原理》) 18,551,571
说文解字 262
宋应星佚著四种 15
孙子兵法 60,77,78,79,96
孙子算经 95,125,153

T

太平广记 13
谈天 18,19,550,551,556,569
唐摭言 11
天工开物 15
通物电光 552,560,561

W

王祯农书 23
武备志 15
武经总要 13
物类相感志 93
物理学 554,581
物理学语汇 565
物理小识 15,16
无线电报 552,560

X

西京杂记 69,169,170,229,350,388,452
荀子 34,42,106,243,332,335,436

Y

一斑录 16,17,542
茔原总录 13,415
远镜说 16,18,459,460
远西奇器图说 6,460
乐府杂录 11
乐府诗集 388
乐书要录 11,266,283,334,354,357
月令章句 11,321,322

Z

张邱建算经 125
重学 18,549,555
重学浅说 549
周礼 4,7,11,145,156,169,211,232,269,282,307,330,369,373,404,433
周髀算经 221
周易 107,109,167,375
庄子 8,22,24,56,57,60,84,98,100,101,168,186,333,338,351,374,375,378,427,433,434,442
左传 30,115,148,279,280,432

人 名 索 引

（按汉语拼音字母顺序排列）

A

阿尔贝(Albert of Saxouy,约1316～1390)81

阿基米德(Archimedes,前287～前212)6,26,126,463

阿拉哥(D. F. J. Arago,1786～1853)220

阿勒·哈齐尼(Al-Khazini,生活于11、12世纪之间)126

阿勒·哈增(Al-Hazen,965?～1038)241,242,471,539

阿契塔(Archytas of Tarentum,约前400～前350)302,334

埃拉托色尼(Eratosthenes,约前276～前196)302

艾儒略(Jules Aleni,1582～1649)464

艾约瑟(Joseph Edkins,1823～1905)18,260,547,549

安家瑶 227

安文思(Gabriel de Magalhaens,1609～1677)398,398,502

奥里斯姆(Nicalas Oresme,1320～1382)81

奥辛(G. W. Osam,生活于18、19世纪之间)182

敖英(明代人,生卒年不详)431

B

巴罗(William Barlow,1845～1934)141

白昂(1435～1503)100

白尚恕 35,503

班固(32～92)323

包世臣(1775～1855)342

毕达哥拉斯(Pythagoras,前570～前496)282,283,470

毕岚(活跃于2世纪下半叶)9,101

毕沅(1730～1797)7,8,26,187,481

比里当(Jean Buridan,1300～1358)81

比维斯(J. Luis Vives,1492～1540)81

波里奥(Vitruvius Pollio,约前85～前26)336,343

波义耳(Robert Boyle,1627～1691)389,429,457

博明(生活于18世纪)16,17,246

博赞克特(R. H. M. Bosanquet)290

薄珏(生活于17世纪上半叶)18,210,477,482,492

伯努利(D. Bernoulli,1700～1782)96

泊肃叶(J. L. M. Poiseulle,1799～1869)97

布喇格(W. H. Bragg,1862～1954)217,220

布鲁格曼(Anton Brugmans,1732～1789)401

布儒斯特(David Brewster,1781～1868)220

C

蔡襄(1012～1067)83,437,445

蔡元定(1135～1193)296,312

蔡邕(132～192)11,247,268,274,298,300,321,322,323,356,357

曹操(155～220)371

曹冲(196～208)85

曹叡(魏明帝)(205～239)45

曹绍(元代人,生卒年不详)88

曹绍夔(生活于7、8世纪之间)4,11,381

曹昭(生活于14世纪)137

曹植(192～232)401

晁说之(1059～1129)438

岑仲勉 22

柴玉(活跃于2世纪下半叶)269

陈藏器(活跃于8世纪上半叶)87,399

陈承(活跃于11世纪下半叶)138

陈椿(生活于14世纪)14,88,90

陈定荣 419

陈旉(1076～?)444

陈敦应 56

陈久金 144,147

陈澧(1810～1882)185,296,314,528

陈美东 144,146,255

陈彭年(961～1017)343

陈少微(8世纪初年人)448

陈师道(1053～1101)52,431

陈通 346,366,367,368

陈万鼐 303

陈显微(宋代人)402
陈旸(生活于11世纪)263,300,301,319
陈元靓(南宋人)406,410
陈元龙(1685年进士,生活于17、18世纪之交)414
陈仲儒(生活于5、6世纪之交)320
陈遵(活跃于4世纪中期)341
程大昌(1123～1195)13,87,93,223,228,249
程瑶田(1725～1814)47,505
程颐(1033～1107)443
程贞一49,55,58,59,283,361
储泳(宋代人)194,238
崔佚(活跃于8世纪下半叶)130
崔宪279

D

达芬奇(L. Da Vinci,1452～1519)79
达盖尔(L. J. M. Daguerre,1787～1851)540
戴念祖9,20,29,45,59,62,79,100,162,255,279,288,290,303,306,329,336,352,369,389,542,571,572
戴普鲁万斯(Gyuot de Provins,生活于12、13世纪之间)424
戴维(Humphrey Davy,1778～1829)425
戴震(1724～1777)124,512
道尔顿(John Dalton,1766～1844)430
到溉(477～548)409,411
德谟克利特(Democritus,前460～前370)470
德贞(John H. Dudgeon,1837～1901)541
邓保吉(生活于11世纪)138
邓保信(生活于11世纪)160
邓平(汉代人)143
邓析(前545～前501)21
邓玉函(Johann Terrenz,1576～1630)2,18,35,316,460,464,483,488,505,508
第谷(Tycho Brahe,1546～1601)76,457
狄考文(Calvin Wilson Mateer,1836～1908)548,579
狄塞尔(Rudolt Disel,1858～1913)430
丁度(990～1053)13,160,325
丁福保(1874～1952)64
丁光涛91
丁缓(西汉人)9,69,170,420
丁士章346
丁韪良(William Alexander Parsons Martin,1827～1916)491,547,553,559,577
东方朔(前154～前93)340
董庭蔺(活跃于8世纪后半叶)377
董仲舒(前180～前115)10,270,336
杜宝(生活于6、7世纪之间)14,350
杜甫(712～770)1
杜绾(生活于11、12世纪之间)135,179,251
杜光庭(850～933)251
杜夔(生活于3世纪)269,371
杜牧(803～852)51,78,87,341
杜诗(?～公元38)9
杜石然141
杜彀(生活于3、4世纪之间)22
杜佑(735～812)102,103
杜预(222～284)42,148
杜子春(约公元前30～公元58)123
都邛(生活于16世纪)4,390
段安节(生活于9世纪)11,374,377
段成式(803～863)88,103,130,180,196,222,348,377,389,412,448,449
段祖(生活于5世纪)373

E

额伏烈特(J. D. Everett,1831～1904)554

F

(僧)法藏(活跃于7世纪下半叶)211
樊洪业582
范成大(1126～1193)174,260,451
范纯礼(1031～1106)431
范耕研185
范镇(1007～1087)160,268
饭盛挺造(日)(1851～1916)3,554,581
房庶(生活于11世纪)160
房玄龄(578～648)1,380
方豪476,478,490,501,502
方孔炤(1591～1655)2,15
方授楚9
方孝博25,31,49,55,164,189,195,207
方以智(1611～1671)1,2,3,15,17,57,84,87,88,91,94,96,99,103,105,107,131,136,175,178,181,184,189,190,196,206,211,215,224,232,251,259,338,339,345,354,374,379,390,394,

395,403,414,425,427,428,434,435,439,443,449,482
方中德(1632～?)16
方中发(1639～?)16
方中履(1638～?)16,189,192
方中通(1634～1698)16,57,189,191,259,385
菲洛波努斯(John Philoponus,6世纪人)80
菲涅耳(A. J. Fresnel,1788～1827)252
费衮(生活于11、12世纪之间)84
裴松之(372～451)350
冯云鹏(清代人)217
夫琅和费(Joseph von Fraunhofer,1787～1826)99
富察敦祟(满族,生活于18世纪)92
富兰克林(B. Franklin,1706～1790)393,398
傅兰雅(John Fryer,1839～1928)18,19,219,541,547,550～552,559,560,562,564,572,576
傅里叶(Joseph Fourier,1768～1830)108
傅玄(217～278)356
服虔(生活于2世纪)23,137
腹䵍(战国人)8

G

盖里克(Ctto von Guericke,1602～1686)105,389,390
干宝(生活于3、4世纪之交)373
甘德(战国时楚国人,生活于约公元前4世纪中期)172
高丰 170,171
高亨(1900～1986)25,58,164,207
高间(425～502)320
高文虎(生活于12、13世纪之际)181
高一致(A. Vagnoni,1566～1640)466
高诱(生活于2、3世纪之间)174,178,179,214,375,399,402,407,448,450
高至善 24,151
哥白尼(N. Copernicus,1473～1543)6,66,457
格里马耳迪(F. M. Grimaldi,1618～1663)191,252
格雷戈里(J. Gregory,1638～1675)458,488
葛洪(284～364)9,11,65,69,138,210,250,436
耿询(?～618)43
公孙龙(约前320～前250)59,60,110,243
公子牟(战国时人)110
顾观光(1799～1862)18
顾恺之(346～407)302
顾文荐(宋人,生卒年不详)251
顾野王(519～586)262
关汉卿(生年不详,卒于1279年之后几年)173
关洪 79,81,151
关增建 63,119,192
管仲(?～前645)276
桂馥(1736～1805)21
桂万荣(生活于12、13世纪之交)431
贵荣(清代人)579
郭柏苍(清末人)349
郭黛姮 122
郭道源(生活于9世纪)374
郭茂清(宋代人)388
郭沫若(1892～1978)7,13,287
郭璞(276～324)387
郭若虚(宋代人)239
郭守敬(1231～1316)14,155,163,184,200,201
郭书春 140
郭象(生活于约12世纪)391
郭永芳(1940～1992)349,496,506,571
郭宗昌(?～1652)80

H

哈根(G. H. L. Hagen,1797～1884)97
哈特曼(G. Hartmann)410
韩琦 571
韩显符(940～1013)13,415
韩婴(生活于公元前2世纪)4,54,135,375
韩愈(768～824)170
何丙郁 255
何承天(370～447)143,292,312
何稠(?～约619)227
何瑭(1474～1543)160,312
何堂坤 114,203,204,206,209,216,217,219
何育杰(1882～1939)567,580,581
何薳(生活于11世纪下半叶至12世纪上半叶)4,176,222,240,352,449
合信(B. Hobson,1816～1873)547
赫姆霍兹(H. von Helmholtz,1821～1894)245,317,345,381
赫士(W. M. Hayes,1857～?)548,553

赫歇尔(J. Herschel,1792～1871)550
贺怀智(唐代人)323
黑林(Ewald Hering,1834～1918)246
桓谭(前 33～公元 39)256
桓团(战国人)59
桓温(312～373)341
洪刍(生活于 11、12 世纪之间)69
洪迈(1123～1202)452,453
洪震寰(1933～1995)25,31,32,49,85,181,186,187,207,211,213,439,450
胡刚复(1892～1966)567
胡瑗(993～1059)160,324,371
胡克(Robert Hook,1635～1703)117,458
斛斯徵(529～584)373
华蘅芳(1833～1902)547,551
(僧)怀丙(生活于 11 世纪)83,84
皇侃(又作皇甫侃,488～545)244,263
皇甫牧(生活于 10 世纪)13,253,254
黄超(原名黄桢,生活于 18 世纪下半叶)476
黄亘(生活于 6、7 世纪之间)14
黄兖(生活于 6、7 世纪之间)14,351
黄履(女,生活于 18 世纪下半叶)476,477,498,539
黄履庄(1656～?)18,476,477,482,495,539
黄翔鹏(1927～1997)271,273,274,275,278,289,290,318,355
惠更斯(C. Huygens,1629～1695)458
惠施(约前 370～前 310)59,338
惠特克(E. Whittaker,1873～1956)424

J

吉尔伯特(W. Gilbert,1540～1603)391,416
吉联抗 280
嵇康(223～262)300,301,323,440
贾公彦(生活于 7 世纪)4,116,117,118
贾思勰(活跃于 6 世纪前半叶)83,88,89,169,445
贾谊(前 201～前 169)1
伽利莱(Vincenzo Galilei,约 1520～1591)290
伽利略(G. Galileo,1564～1642)6,16,72,122,290,457
江邻几(?～1005)88,90
江少虞(宋代人)119
江晓原 582
江淹(444～505)247
江永(1681～1762)123,124,296,314,315
姜夔(约 1155～1221)302
姜岌(活跃于 4、5 世纪之际)257
蒋友仁(Benoist Michel,1715～1774)569,570
焦延寿(生活于公元前 1 世纪)285
焦玉(生活于 14、15 世纪之间)429
揭暄(生活于 17 世纪)16,52,94,96,98,105,189,192,257,259,345
金楷理(Carl T. Kreyer,生卒年不详)547,550,551,559
金尼阁(Nicolas Trigault,1577～1628)316,459,482
金秋鹏 83
金盈之(生活于 12 世纪)452
金幼孜(生活于 14 世纪下半叶～15 世纪上半叶)94
京房(前 77～前 37)221,222,285,312,319,321

K

卡丹(H. Cardan,1501～1576)84
卡塞格林(N. Cassegrain)458,534
卡约里(F. Cajori,1859～1930)423
开普勒(J. Kepler,1571～1630)76,137,457
坎顿(John Canton,1718～1772)182
康德(I. Kant,1724～1804)6
康与之(活跃于 12 世纪上半叶)181
克拉尼(E. F. F. Chladni,1756～1827)354
克鲁克斯(W. Crookes,1832～1919)560
孔德绍(?～约 623)249
孔丘(孔子)(前 551～前 479)300
孔严(?～370)88
孔奕(活跃于 4 世纪初)88
孔颖达(574～648)247,263,324,332
寇宗奭(生活于 11、12 世纪之间)131,132,135,250,388,401,413,414,416
库仑(C. A. de Coulomb,1736～1806)114,402,413
库萨(Nicolaus de Cusa,1401～1464)446

L

拉莫斯(B. Ramos,或 Ramis,1441～约 1491)302
拉普拉斯(M. de Laplace,1749～1827)341
莱布尼兹(G. W. Leibniz,1646～1716)457

朗伯(J. Lambert，1728～1777)200
郎瑛(1487～约 1566)180,218,240,258,480
劳厄(M. von Laue,1879～1960)141
老亮 54,106,107,112,116～118,121,122
老普林尼(Pling the Elder,23～79)359
雷敩(生活于 5 世纪)387,400
李冰(前 3 世纪)107
李崇洲 29
李处厚(生活于 10 世纪)253,254
李淳风(602～670)138,154,254
李纯一 273,274,279,310,364
李迪 538
李东阳(1447～1516)99
李昉(925～996)13,43,44,45,70,104,350,380
李复几(1885～?)567,581
李皋(733～792)9,43,44,103
李诫(? ～1110)4,13,73,76,77,112,121,122,201
李兰(北魏道士,生卒年不详)87,102,146
李评(生活于 11 世纪)175
李隆基(唐玄宗)(682～762)268
李筌(唐代人,生卒年不详)23,82,383,384
李善(唐代人)114
李善兰(1811～1882)18,19,547,549,550,551,566,569,571,582,583
李世红 363
李时珍(1518～1593)14,87,126,129,131,132,133,134,138,139,175,176,178,180,232,349,387,400,404,425,426,443,444
李石(晋代人)69
李树桐 9
李提摩太(T. Richard,1845～1919)548,552
李天经(活跃于 17 世纪上半叶)489
李琬(? ～755)375
李贤(654～684)101
李珣(活跃于 756～779 年间)445
李耀邦(1884～?)567,581
李冶(1192～1279)63
李渔(1610～1680)496
李豫亨(明代人)414
李元嘉(约 618～687)44,351
李约瑟(Joseph Needham,1900～1995)44,58,70～72,148,153,181,194,221,234,239,255,289,290,310,317,336,360,428,429,438,439,450,475,494,498
李廌(1059～1109)24
李肇(生活于 8、9 世纪之间)33,377
李照(生活于 10、11 世纪之间)160,372
李贽(1527～1602)84
李之藻(1565～1630)314
李志超 192,196,209,213,214,227,403,434,450
利类思(L. Buglio,1606～1683)501
利玛窦(Matteo Ricci,1552～1610)16,455,500
郦道元(? ～527)73,341,405
黎曼(Hugo Riemann,1849～1919)317
里曼(G. W. Richmann,1711～1753)398
梁恒心 537,540
梁启超(1873～1928)8,9,25,164,185,512,529
梁思成(1901～1972)26,73
林德(Carl Linde,1842～1934)430
林济各(Pater Stedlin,1668～1740)502
林景熙(1242～1310)258
林文照 409,510
林乐知(Y. J. Allen,1836～1907)547,579
临孝恭(生活于 6 世纪)351
刘安(前 179～前 122)10,40,50,92,209,407,434,439
刘秉正 409
刘东瑞 151,156
刘钝 571
刘复(1891～1934)144,147,148,156,289,315
刘广定 7
刘洪(生活于 2 世纪)143
刘徽(生活于 3 世纪)5,35,62,124
刘晖(隋代人,生卒年不详)43
刘基(1311～1375)393
刘几(1008～1088)160
刘敬叔(390～470)380
刘峻(462～521)45,377
刘跂(? ～1117)239,480
刘侗(约 1594～1637)67,92,483
刘熙(生活于 2 世纪)247,357,437,438
刘献廷(1648～1695)16,17,80,210,302,395,402,403,501
刘仙洲(1890～1975)149,428
刘向(前 77～前 6)21,73,109,437
刘歆(? ～公元 23)69,152,159,323

刘昫(887～946)289
刘恂(唐代人)175
刘言史(中晚唐人)427
刘义庆(403～444)45,229,377
刘禹锡(772～842)29,381
刘岳云(1848～1917)215,339,582
刘昼(514～565)85,107,215,216,436,442
刘焯(544～610)162,294,312
龙华民(Nicolas Longobardi,1559～1654)488
鲁遽(传说周初人)375
鲁胜(西晋人,生卒年不详)8
陆德明(556～627)205
陆龟蒙(? ～约 881)348
陆机(261～303)333
陆敬严 84
陆陇其(1630～1692)311
陆容(1436～1494)88,91,174,176,179,259
陆深(1477～1544)261
陆佃(1042～1102)135,136,247,248,392
陆学善(1905～1981)123,127,134,137,138,142,179,253
陆燕贞 148
陆游(1125～1209)103,170,196,436,441
吕不韦(? ～前 235)9,64,375
吕才(600～665)102
吕坤(1536～1613)80
卢秉(? ～卒于 1086～1094 年间)90,175
卢克莱修(Lucretius,约前 99～前 55)388,399
栾大(生活于公元前 2 世纪)401,403,406
栾调甫 185
伦福德伯爵(Count Rumford, 即 Benjamin Thompson,1753～1814)425
罗明坚(Michal Ruggieri,1543～1607)499,501
罗颀(明代人)21,169
罗雅谷(Jacques Rho,1590～1638)484,488
罗伊(Claude Roy,1915～?)397,398
罗英 83
骆正显 532,536

M

马待封(生活于 8 世纪上半叶)14,43
马缟(约 854～933)176
玛高温(D. J. MacGowen,1814～1893)547,551
马格纳(P. Magina)555
马格纳斯(A. Magnus,生活于 13 世纪)137
马格纳斯(O. Magnus,生活于 16 世纪)137
马钧(生活于 3 世纪)9,350
马克思(Karl Marx,1818～1883)407
马可波罗(Marco Polo,1254～1324)356
马隆(? ～约 305)405
马永卿(约 11、12 世纪之间)348
马志(生活于 10 世纪)132,134
马总(? ～823)24,50,85
麦卡托(G. Mercator,1512～1594)290
茅元仪(约 1570～1637)15,17,50,114,429,383,385
梅文鼎(1633～1721)311,512
梅尧臣(1002～1060)138,341
梅珏成(1681～1763)88,475,505
梅贻琦(1889～1962)567
孟郊(751～814)427
孟康(生活于 3 世纪)324,435,446
孟轲(约前 372～前 289)123
孟胜(战国人)8
孟元老(生活于 11、12 世纪之交)341
米切尔(John Michell,1724～1793)114
米友仁(1086～1165)181
缪天瑞 289,312,380
墨翟(约前 5 世纪～前 4 世纪初)8,9,26,50,56,165,166,343,447
默爵(Adriam Metius)488
默森(Marin Mersenne,1588～1648)315,316
牟永抗 167
穆尼阁(J. N. Smogolenski,1611～1656)542

N

南宫说(唐代人)162
南怀仁(F. Verbiest,1623～1688)461,467,491
南卓(活跃于 9 世纪中期)11,103,104,361,376,378
尼古拉(Nicholas of Cusa,1401～1464)72
尼坎姆(A. Neckam,1157～1217)424
牛顿(旧译"奈端")(I. Newton,1642～1727)2,16,57,245,249,251,390,457,551
牛弘(555～610)288
诺德(旧译"瑙挨德"、"奴搭")(H. M. Noad)550

诺曼(Robert Norman)410

O

欧礼斐(C. H. Oliver,1857～?)547,553,577
欧阳修(1007～1072)45,108,114,138,289,372,445
欧阳询(557～641)84,196,176,216

P

帕朗特(A. Parent,1666～1716)122
潘吉星 252
潘荣陛(活跃于18世纪上半叶)67,92
潘永祥 40
庞元英(生活于11世纪)178,437
彭海 122
彭赛列(Jean Victor Poncelet,1788～1867)98
培根(Francis Bacon,1561～1626)407
培根(Roger Bacon,1214～1249)249
佩雷格林纳斯(Petrus Peregrinus,生活于13世纪)424
皮日休(? ～883)348

Q

齐少翁(前2～前1世纪之间)171,193
戚继光(1527～1587)383
钱宝琮(1892～1974)25,26,31,36,37,49,125,141
钱大昕(1728～1804)571
钱德明(J. M. Amiot,1718～1793)360
钱临照(1906～1999)25,31,49,111,185,186,189,195,207,212
钱穆 9
钱俶(929～988)107
钱塘(1735～1790)314
钱泳(1759～1844)507
钱乐之(生活于5世纪)155,285,312
强至(活跃于11世纪中期)431
禽滑鳌(战国时人)8
秦九韶(1202～约1261)95
丘明(494～590)25,301
丘光明 155
瞿昙悉达(生活于7、8世纪之间)254
全和钧 144

R

阮崇武 216,218
阮籍(210～263)437
阮逸(生活于10、11世纪之间)160,324
阮元(1764～1849)372,487,570
瑞利(Lord Rayleigh,1842～1919)183,337,575

S

萨顿(Georse Sarton,1884～1956)424
森岛中良(日)(1754～1808)498
沙克什(又名赡思,1277～1351)97
沈汾(南唐人)11
沈括(1031～1095)13,14,45,71,82,93,107,113,114,133,140,142,166,175,176,179,183,184,196,197,208,214,215,217,219,223,231,248,252,254,258,263,269,283,323,356,357,362,365,371,372,378,384,391,393,410,412,413,414,415,446
沈约(441～513)196,229
沈重(500～583)285,286
盛弘之(生活于5世纪)397
史沆(10世纪人)239
史密斯(Hamilton Smith,1840～1900)98
史树青 69,70
师图尔(G. A. Stuart,1859～1911)548
石季龙(又名石虎,295～349)380
石云里 119
尸佼(约前390～前330)337
施润章(1618～1683)348
舒尔茨(J. H. Schulze,1687～1744)539
薮内清(日)(1906～2000)388
束皙(261～303)64,65,256
司马光(1019～1086)30,160,233,268
司马彪(? ～约306)8,98
司马迁(前145～?)158
司马绍(生活于8世纪)374
司马相如(前179～前117)69,158,300
司马贞(唐人)322
斯涅尔(W. R. Snell,1591～1626)458
斯特芬(Simon Stevin,1548～1620)108,315,465
斯图尔特(B. Stewart,1828～1887)551
斯宣达(生活于6世纪)347
宋白(936～1012)170,441
宋慈(1186～1249)254
宋濂(1310～1381)427

宋祁(996～1061)160,289
宋彦(明代人)87
宋应星(1587～约 1666)17,20,34,114,116,228,252,330,331,333,336,365,388,389,429,448
宋沇(生活于 9 世纪)376～378
苏鹗(活跃于 9 世纪下半叶)248
苏恭(生活于 7 世纪)126,132,133,134,135,139,140,178,400,412,448
苏峻(? ～328)376
苏轼(1036～1101)88,93,209,222,228,253,387,437,451
苏舜钦(1008～1048)348
苏颂(1020～1101)13,138,231,400,449,454,499
孙光宪(宋代人)194
孙机 119,441
孙思恭(见孙彦先)
孙思邈(581～682)404
孙星衍(1753～1818)7
孙彦先(名思恭,生活于 11 世纪)249
孙诒让(1848～1908)8,9,25,124,164
孙云球(活跃于 17 世纪 30～60 年代)18,477,482,493,494
孙瑴(明代人)71,388,393
索维尔(Joseph Sauveur,1653～1716)264

T

塔尔塔利亚(N. F. Tartaglia,1499～1557)79
泰勒斯(Thales of Miletus,前 640～前 546)388
谭白明 114
谭戒甫(1887～1974)25,55,164,165,185,189,207
谭峭(生活于 10 世纪)65,179,210,228,231,234,237,238,354,401,442
檀萃(1725～?)448
唐慎微(生活于 11 世纪)126,129,132～134,412
唐顺之(1507～1560)429
汤若望(Adam Schall von Bell,1592～1666)18,316,459,473,483,485,488,491,507,508～510
汤显祖(1550～1616)173
陶谷(915～986)429,439,452
陶弘景(456～536)126,134,135,139,140,176,178,387,404,448
陶宗仪(? ～约 1397)14,129,132,179,196,240,253,407,429,435
滕揖(明代人)414
藤田丰八(日)(1870～1929)554
提奥弗拉斯特(Theophrastus,约前 370～前 287)388
田大里,见廷德耳
田汝成(生活于 16 世纪)349
田襄子(战国时人)8,9
田艺蘅(生活于 16 世纪)69,87,232,481
廷德耳(John Tyndall,1820～1893)19,183,184,360,550,551,572,575
屠隆(也作屠龙,1542～1605)69,205,343,344,438,454
托勒密(Ptolemy,约 90～160)302,471
托里拆利(E. Torricelli,1608～1647)96

W

万宝常(生活于 6 世纪)286～287
万延之(生活于 11、12 世纪之间)449
王安石(1021～1086)222,323
王冰(生活于 8 世纪)103
王冰(女)463,468,478,563
王充(公元 27～约 97)3,10,34,39,53,54,65,75,79,97,101,116,166,174,205,211,223,227,230,256,335,336,386,387,393,408,436,439,446
王存(宋代人)170
王大海(1746～?)487,501
王大钧 40,353
王定保(870～?)11,46
王度(585～625)216
王符(生活于 2 世纪)171,172,243
王黼(1079～1126)373,374
王夫之(1619～1692)59,169,330,436
王光祈(1892～1936)279
王衮(生活于 10 世纪)260
王恽(1227～1304)201
王季烈(1873～1952)552,554,581
王嘉(生活于 4 世纪)24,193,229,230
王锦光 12,181,211,214,234,239,241,249,254,255,341,409,492～494,498
王肯堂(1549～1613)246
王明清(1136～?)4,344,352

王阐之(1031～?)176,179
王溥(922～982)146
王朴(生于906年,一说为915年;卒于959年)76,284,294,296,372
王漆匠(元代人)23
王士平 492
王士性(1546～1598)349
王士祯(1634～1711)252
王实甫(元代戏曲作家,生卒不详)173
王说(生活于11、12世纪之间)30,83,104
王韬(1828～1897)18,547,549
王廷相(1474～1544)63
王祎(1322～1373)198
王孝礼(萧梁朝人)208
王夔山 123,125,226,230
王圻(1565年进士,生活于16世纪)134
王宣(?～1648)1,15,438,443
王扬宗 564,572
王倚(唐代人)239
王渝生 571
王允红 326
王祯(生活于13、14世纪之间)14,78,149,169,438,443,444
王徵(1571～1644)2,3,18,35,460,464,483,500,505
王振铎(1913～1992)388,399,401,403,408,409,413,417
王质(宋代人)169
王重民(1902～1975)64
韦尔斯(W. C. Wells,1757～1817)437
韦绚(生活于9世纪)4,381
韦应物(737～790)337
韦昭(204～273)318
韦肇(生年不详,卒于766～780年间)409
韦庄(约836～910)97
韦奇伍德(T. Wedgwood,1771～1805)539
魏汉津(生活于11世纪)160
魏丕(919～999)119
魏西河 31
魏征(580～643)160,324
卫道弼(生活于7、8世纪之间)381
卫理(E. T. Williams,1854～1944)552
威廉(William of Ockham,1285～1349)81
威特洛(Vitelo,生活于13世纪)249
伟烈亚力(Alexander Wylie,1815～1887)18,547,549,550,551
闻人军 7,12,78,118,410
温庭筠(812～870)170
(僧)文莹(生于998～1022年间,卒于1068～1085年间)13,44,174,180,181,221
文震亨(1585～1645)344
吴处厚(生活于11世纪)146
吴南薰 567
吴仁杰(活跃于12世纪下半叶)88
吴伟业(1609～1671)46
吴育(1004～1058)90
吴曾(生活于12世纪)84,86,88,90
吴曾德 28
吴自牧(生活于13世纪)4,70,194,422,451
吾衍(又名吾丘衍,1276～1311)218
邬家林 178
武则天(624～705)11,266,354

X

希波克拉底(Hippocrates,约前460～前375)103
希罗多德(Herodotus,约前484～前430或420)349
席泽宗 542,570
席淦 580
夏侯灶(?～前165)101
夏鼐(1910～1985)153,423
夏元瑮(1884～1944)567,581
萧鉴(?～491)373
萧统(萧梁朝人)114
萧衍(梁武帝,464～549)320,323,357
萧绎(梁元帝,508～554)64,179,408
谢在杭,见谢肇淛
谢肇淛(1602年进士,活跃于17世纪上半叶)136,232,406
信都芳(生年不详,卒于543～550年间)43,351
邢云路(生活于16、17世纪之间)143,296,305
熊明遇(1579～1649)175
熊三拔(S. de Ursis,1575～1620)464
徐朝俊(生活于18、19世纪之间)18,149,150,505
徐飞 329
徐光启(1562～1633)102,163,316,464,489,542

徐坚(659～729)69,102
徐建寅(1845～1901)547,550,572
徐兢(1091～1153)4,178,421
徐克明(1927～1996)9,25,31,49,55,58,85,186,195,207,213,234,235
徐启平 242
徐寿(1818～1884)19,329,541,547,566,574,575
徐寿基(清代人)114
徐霞客(即徐弘祖,1587～1641)95,96,435
徐衍(活跃于 11 世纪中期)269
徐有贞(1407～1472)99,100
许慎(约公元 58～147)48,138,263,437
(释)玄应(也作元应,活跃于 7 世纪中期)227
宣兆琦 7
荀勖(? ～289)11,154,284,290,325
荀子(名荀况,荀卿,约前 313～前 238)332,335

Y

亚里士多德(Aristotle,前 384～前 322)1,2,6,64,79,80,81
严敦杰(1917～1988)410,463,474
阎林山 144
延明(? ～约 530)324
颜师古(581～645)32,152,434
燕肃(961～1040)44,52,97,146,371,372
杨(Thomas Young, 1773～1829)122,245,425
杨承信(921～964)119
杨光先(? ～约 1671)542
杨辉(生活于 13 世纪)141
杨荫浏(1899～1984)265,266,274,289,292,297,301,312,358
杨甲(宋代人)102,146
杨杰(约 1021～1090)160,333,372
杨泉(晋代人)1
杨屾(1687～1785)83
杨收(生活于 9 世纪)367
杨维德(生活于 10 世纪末至 11 世纪上半叶)13,410,412,415
杨渥(886～908)343
杨务廉(生活于 7 世纪)9,351
杨亿(974～1020)251
杨瑀(1285～1361)23,196,197,240,258
杨忠辅(生活于 12 世纪)143
阳玛诺[E. Diaz (Jr),1574～1659]473,483
姚广孝(1335～1418)345
姚宽(1105～1162)68,89,90,392
叶梦得(1077～1148)73,269
(僧)一行(683～727)75,76,143,155,162
殷涤非 417
殷文亮(生活于 7、8 世纪之间)351
殷芸(471～529)409,411
印光任(生活于 18 世纪)485,502
应㧑谦(1615～1683)296,314
于豪亮 148
于奕正(1597～1636)67,92,483
虞翻(164～233)387,401
虞世南(558～638)333
虞诩(? ～约 137)107,435
虞兆隆(清代人)196,197,214
俞文光 346
俞琰(生活于 13 世纪)103,176,177,179,402,422
喻皓(生活于约 11 世纪)45,107,108
庾信(513～581)135,210,216,249
元宝炬(魏文帝,507～551)42,43
(僧)元达(生活于 11 世纪)445
袁高(727～786)381
乐蔼(? ～503)431
乐史(930～1007)89

Z

札利诺(G. Zarlino,约 1517～1590)303
赞宁(919～1001)93,174,184,209,211,446
曾公亮(999～1078)4,13,30,105,119,120,172,383,384,410,421
曾敏行(宋代人)171
曾三异(生活于 13 世纪)340,415,420
詹成(生活于 12 世纪)240
张邦基(生活于 12 世纪)4,46,138,385,389
张岱(1597～1689)173
张福僖(? ～1862)18,260,547,549
张衡(78～139)9,51,155,222,256,342,351
张华(232～300)1,10,11,93,174,226,227,230,252,389,398,430,438
张弘靖(760～824)377
张惠言(1761～1802)8
张居正(1525～1582)196,390,392

张君房(活跃于11世纪前30年)210,211
张耒(1054～1114)194,384
张穆(1805～1849)511,512
张宁(生活于15世纪)479
张让(?～189)101
张汝霖(生活于18世纪)485,502
张世南(生活于12、13世纪之间)92,93
张守节(活跃于8世纪上半叶)172
张文虎(1808～1885)18
张文收(?～670)289
张燮(1594年举人,生活于16、17世纪之间)423
张旭敏 99,100,451
(僧)张繇(萧梁朝人)24
张贻惠 567,581
张永(?～474)347
张虞卿(生活于12世纪)452,453
张载(1020～1077)14,330
张湛(生活于4世纪)8,11,110
张昭(894～972)296
张志和(744～773)248
张子高(1886～1976)448
张鹭(约660～约740)351,449
章鸿钊(1877～1951)133,137,227,387
芝诺(Zeno of Elea,约前490～前430)59
赵匡华 226,228
赵令畤(又名赵德麟,1051～1134)69
赵汝适(1170～1231)228,422
赵世纲 277
赵希鹄(生活于13世纪)44,343
赵翼(1727～1814)46,148
赵友钦(约1260～1332)4,14,146,166,171,198～200,223,224
赵元益(1840～1902)547,559
郑复光(1780～?)16,17,18,170,173,196,197,211,215,217,218,219,233,236,246,477,487,488,507～528
郑光祖(1776～约1848)1,16,338,339,385,442,445,480,507,542,569
郑和(1371～1433)423
郑克(宋代人)254
郑连第 83
郑玄(127～200)4,6,11,116,117,118,124,145,262,263,323,332,376,404
郑宥(活跃于8世纪下半叶)377
郑振铎(1898～1958)25
中根璋(日)315
周达观(生活于13、14世纪之间)422,423
周煇(活跃于12世纪上半叶)181
周履靖(生活于16世纪)93
周密(1232～1308)70,94,194,206,238,337,379,429,451
周去非(宋代人)83,103
周兴嗣(?～521)341,437
周郇(1850～1882)551
周衍勋 40
朱常葆(生活于16世纪)305
朱服(生活于11、12世纪之交)421
朱格仁(清末人)579
朱厚烷(1518～1591)304,311,313
朱济南(?～1197)419
朱世杰(生活于13、14世纪之间)125,141
朱维(活跃于12世纪初年)269
朱熹(1130～1200)57,136,224,248,249,301,312
朱琰(生活于18世纪)347,406
朱由校(明熹宗,1605～1627)93
朱有瓛 576,578,579
朱彧(生活于11、12世纪初)4,179,421
朱震亨(1281～1358)443
朱中有(生活于12、13世纪之间)97
朱仲福(生活于16世纪)311
朱载玺(生活于16世纪)305
朱载堉(1536～1611)14,56,143,155,161,162,224,271,297,301,302,303,304,305,310～312,317,321,328,357,416,447
庄元臣(1568年进士,生活于16世纪)85,104,112,243,354,432,436
庄绰(名季裕,生活于11、12世纪之间)4,394,403
庄周(约前369～前286)334
邹伯奇(1819～1869)8,17,18,48,185,187,297,477,500,503,505,528,529,536,537,582
祖冲之(429～500)9,42,143,287
祖暅(生活于5世纪至6世纪初)257,287
祖孝孙(生活于6、7世纪之间)11,284,287,289,290

后　记

本书作为《中国科学技术史》大书课题中之一卷，是该课题初始计划中所拟定的。1992年初，在科学史所领导和大书编纂委员会指导下，成立了物理学卷写作班子。他们是：

科学史研究所研究员戴念祖先生，负主编之责并撰写力学章、声学章和绪论三部分；

温州大学副校长洪震寰教授，负责撰写历史概述和光学章；

科普出版社编审徐克明先生，负责撰写电磁学章、热学章和物质结构章；

科学史所王冰研究员，负责撰写明清中西交流章。

班子组成，分工明确。此后便是各自搜集史料，调查研究并着手撰稿了。初，拟定物理学卷于1995年底完成并交稿。1994年10月，该卷写作人员还在温州召开了一次编写讨论会。岂料“天有不测之风云”，在1992年落实写作班子和分工之后，洪震寰先生和徐克明先生先后身患重病。1995年2月洪震寰逝世，1996年9月徐克明又猝然去世。在这种不可抗拒的非人为因素影响下，本书的写作和完成计划产生了极大困难。此时，惟有主编自己捉笔，重新构架有关章节内容。夜以继日，终于1997年初春完成了补撰工作。

迄今，令人难忘的是，洪震寰先生和徐克明先生生前都全力支持物理学卷的撰写工作。洪震寰在遗书中写道：“诸事已毕，可瞑目矣。所感稍憾者，未能完成《中国科学技术史》多卷本分配之任务。”徐克明在卒前三日，异常兴奋地给主编通电话，说：“我已经出院了，全好了。你不用担心大书中我承担的任务，我10月底可能交稿。”回想这些，仍催人泪下。

由多人合作完成一个重大课题，务必保证课题组成员中每个人都有坚实的体质，以能荷负艰巨重任；同时，成员之间的和谐，彼此理解、取长补短，也是不可或缺的要素之一。终于，本书能交出版社刊发，乃实属大幸。

本书第七章第一、三两节由王冰撰写。其余均为戴念祖执笔。参考文献由姜淑华整理。

感谢金秋鹏先生、陈美东先生在审稿中提出的诸多建议，李安平先生为本书拍照图片，姜淑华女士在编阅稿中亦多有指正，特别感谢科学出版社综合出版中心诸同仁的宽容和大力协助，使本书稿在出版过程中更趋完善。

戴念祖

1999年10月15日

总　跋

凡是听到编著《中国科学技术史》计划的人士，都称道这是一个宏大的学术工程和文化工程。确实，要完成一部30卷本、2000余万字的学术专著，不论是在科学史界，还是在科学界都是一件大事。经过同仁们10年的艰辛努力，现在这一宏大的工程终于完成，本书得以与大家见面了。此时此刻，我们在兴奋、激动之余，脑海中思绪万千，感到有很多话要说，又不知从何说起。

可以说，这一宏大的工程凝聚着几代人的关切和期望，经历过曲折的历程。早在1956年，中国自然科学史研究委员会曾专门召开会议，讨论有关的编写问题，但由于三年困难、"四清"、"文革"，这个计划尚未实施就夭折了。1975年，邓小平同志主持国务院工作时，中国自然科学史研究室演变为自然科学史研究所，并恢复工作，这个打算又被提到议事日程，专门为此开会讨论。而年底的"反右倾翻案风"，又使设想落空。打倒"四人帮"后，自然科学史研究所再次提出编著《中国科学技术史丛书》的计划，被列入中国科学院哲学社会科学部的重点项目，作了一些安排和分工，也编写和出版了几部著作，如《中国科学技术史稿》、《中国天文学史》、《中国古代地理学史》、《中国古代生物学史》、《中国古代建筑技术史》、《中国古桥技术史》、《中国纺织科学技术史(古代部分)》等，但因没有统一的组织协调，《丛书》计划半途而废。1978年，中国社会科学院成立，自然科学史研究所划归中国科学院，仍一如既往为实现这一工程而努力。80年代初期，在《中国科学技术史稿》完成之后，自然科学史研究所科学技术通史研究室就曾制订编著断代体多卷本《中国科学技术史》的计划，并被列入中国科学院重点课题，但由于种种原因而未能实施。1987年，科学技术通史研究室又一次提出了编著系列性《中国科学技术史丛书》(现定名《中国科学技术史》)的设想和计划。经广泛征询，反复论证，多方协商，周详筹备，1991年终于在中国科学院、院基础局、院计划局、院出版委领导的支持下，列为中国科学院重点项目，落实了经费，使这一工程得以全面实施。我们的老院长、副委员长卢嘉锡慨然出任本书总主编，自始至终关心这一工程的实施。

我们不会忘记，这一工程在筹备和实施过程中，一直得到科学界和科学史界前辈们的鼓励和支持。他们在百忙之中，或致书，或出席论证会，或出任顾问，提出了许多宝贵的意见和建议。特别是他们关心科学事业，热爱科学事业的精神，更是一种无形的力量，激励着我们克服重重困难，为完成肩负的重任而奋斗。

我们不会忘记，作为这一工程的发起和组织单位的自然科学史研究所，历届领导都予以高度重视和大力支持。他们把这一工程作为研究所的第一大事，在人力、物力、时间等方面都给予必要的保证，对实施过程进行督促，帮助解决所遇到的问题。所图书馆、办公室、科研处、行政处以及全所的同仁，也都给予热情的支持和帮助。

这样一个宏大的工程，单靠一个单位的力量是不可能完成的。在实施过程中，我们得到了北京大学、中国人民解放军军事科学院、中国科学院上海硅酸盐研究所、中国水利水电科学研究院、铁道部大桥管理局、北京科技大学、复旦大学、东南大学、大连海事大学、武汉交通科技大学、中国社会科学院考古研究所、温州大学等单位的大力支持，他们为本单位参加编撰人员提供了种种方便，保证了编著任务的完成。

为了保证这一宏大工程得以顺利进行，中国科学院基础局还指派了李满园、刘佩华二位同志，与自然科学史研究所领导（陈美东、王渝生先后参加）及科研处负责人（周嘉华参加）组成协调小组，负责协调、监督工作。他们花了大量心血，提出了很多建议和意见，协助解决了不少困难，为本工程的完成做出了重要贡献。

在本工程进行的关键时刻，我们遇到经费方面的严重困难。对此，国家自然科学基金委员会给予了大力资助，促成了本工程的顺利完成。

要完成这样一个宏大的工程，离不开出版社的通力合作。科学出版社在克服经费困难的同时，组织精干的专门编辑班子，以最好的纸张，最好的质量出版本书。编辑们不辞辛劳，对书稿进行认真地编辑加工，并提出了很多很好的修改意见。因此，本书能够以高水平的编辑，高质量的印刷，精美的装帧，奉献给读者。

我们还要提到的是，这一宏大工程，从设想的提出，意见的征询，可行性的论证，规划的制订，组织分工，到规划的实施，中国科学院自然科学史研究所科技通史研究室的全体同仁，特别是杜石然先生，做了大量的工作，作出了巨大的贡献。参加本书编撰和组织工作的全体人员，在长达10年的时间内，同心协力，兢兢业业，无私奉献，付出了大量的心血和精力。他们的敬业精神和道德学风，是值得赞扬和敬佩的。

在此，我们谨对关心、支持、参与本书编撰的人士表示衷心的感谢，对已离我们而去的顾问和编写人员表达我们深切的哀思。

要将本书编写成一部高水平的学术著作，是参与编撰人员的共识，为此还形成了共同的质量要求：

1. 学术性。要求有史有论，史论结合，同时把本学科的内史和外史结合起来。通过史论结合，内外史结合，尽可能地总结中国科学技术发展的经验和教训，尽可能把中国有关的科技成就和科技事件，放在世界范围内进行考察，通过中外对比，阐明中国历史上科学技术在世界上的地位和作用。整部著作都要求言之有据，言之成理，经得起时间的考验。

2. 可读性。要求尽量地做到深入浅出，力争文字生动流畅。

3. 总结性。要求容纳古今中外的研究成果，特别是吸收国内外最新的研究成果，以及最新的考古文物发现，使本书充分地反映国内外现有的研究水平，对近百年来有关中国科学技术史的研究作一次总结。

4. 准确性。要求所征引的史料和史实准确有据，所得的结论真实可信。

5. 系统性。要求每卷既有自己的系统，整部著作又形成一个统一的系统。

在编写过程中，大家都是朝着这一方向努力的。当然，要圆满地完成这些要求，难度很大在目前的条件下也难以完全做到。至于做得如何，那只有请广大读者来评定了。编写这样一部大型著作，缺陷和错讹在所难免，我们殷切地期待着各界人士能够给予批评指正，并提出宝贵意见。

《中国科学技术史》编委会

1997年7月